Arm Cortex-M23/M33 プロセッサ・システム 開発ガイド

DEFINITIVE GUIDE TO ARM CORTEX-M23
AND CORTEX-M33 PROCESSORS

Joseph Yiu 著

五月女 哲夫 訳

CQ出版社

Definitive Guide to Arm® Cortex®-M23 and Cortex-M33 Processors
by Joseph Yiu

Copyright © 2021 Elsevier Ltd.
All rights reserved, including those for text and data mining, AI training, and similar technologies.
Publisher's note: Elsevier takes a neutral position with respect to territorial disputes or
jurisdictional claims in its published content, including in maps and institutional affiliations.

This edition of *Definitive Guide to Arm Cortex-M23 and Cortex-M33 Processors, 1e* by **Joseph
Yiu** is published by arrangement with Elsevier Ltd.
through Japan UNI Agency, Inc., Tokyo

Joseph Yiu 著の *Definitive Guide to Arm Cortex-M23 and Cortex-M33 Processors* の
日本語翻訳版は，Elsevier Ltd. との取り決めにより出版されたものである．

ISBN: 978-0-12-820735-2（原著）

この翻訳の書籍発行に関しては，CQ出版社が責任を持って行いました．本書に記載されている情報や方法，プログラム，実験を
評価および使用する際は，常にご自身の経験と知識の上，自己責任で行いください．特に医学の急速な進歩のため，診断や薬剤
投与量については，独自の検証を行う必要があります．法律の最大限の範囲において，Elsevierや著者，編集者，寄稿者は，翻訳
に関連して，または製造物責任，過失，またはその他の問題による人または財産への傷害および/または損害，または本書に含ま
れる方法や製品，指示，アイデアの使用または操作に起因する損害について，一切の責任を負いません．

本書に記載されているArmの商標は，米国およびその他の国におけるArm Limited（またはその子会社）の登録商標または商標
です．全ての権利を留保している．掲載されている他の全てのマークは，それぞれの所有者の商標である可能性があります．

献 辞

Dedication

この本は私の家族，
そして，
私を楽しませてくれた近所の猫や犬たちに捧げます．☺
（でも，私の椅子の下にいたネズミはもう結構です!!）

前書き

Preface

前回の『Definitive Guide to Arm Cortex-M Processor』が出版されてからしばらく経ちました．現在，Cortex-M23およびCortex-M33ベースの製品が市場に登場しており，その多くが高度なセキュリティ機能を備えています．「最新のマイクロコントローラ」の定義は大きく前進したようです．これらのセキュリティ機能のメカニズムは，消費電力の少ない小型シリコン・デバイス向けに仕立てられていますが，これらのセキュリティ・テクノロジの多くは，原理的にはハイエンド・コンピューティング・システムと同様のものです．

セキュリティは，非常に幅広いトピックですが，数十億のコネクテッド・デバイスのセキュリティにおける要所は，秘密鍵やセキュア・ブートのメカニズムなどの「Root of Trust」であり，これらは全て保護される必要があります．Cortex-M23とCortex-M33プロセッサでサポートされているArm TrustZoneテクノロジを使用すると，これらのセキュリティ上の重要な資産を安全な処理環境（セキュア・ワールド）で保護できると同時に，通常の処理環境（非セキュア・ワールド）で実行されるアプリケーションを簡単に開発でき，セキュア・ファームウェアによって提供されるセキュリティ機能を利用できます．

Platform Security Architecture（PSA）やTrusted Firmware-Mなどの他のArmプロジェクトと組み合わせることで，ソフトウェア開発者は，安全なIoT製品用のソフトウェアを簡単に作成できます．

セキュア・ソフトウェア・コンポーネントと非セキュア・ソフトウェア・コンポーネント間の相互動作により，アーキテクチャに新たな次元の複雑さがもたらされます．非セキュア・ソフトウェア開発は，以前のCortex-Mプロセッサで必要とされていたものと非常に似ていますが，セキュア・ファームウェアを作成するセキュア・ソフトウェア開発者は，Armv8-Mアーキテクチャで導入されたさまざまな新しいアーキテクチャ機能に精通している必要があります．

以前のArm Cortex-Mプロセッサ決定版ガイドとは異なり，この本はArm Cortex-M23とCortex-M33プロセッサのアーキテクチャに重点を置いています．ソフトウェア開発者がArmv8-Mアーキテクチャに基づくセキュアなソリューションを作成できるようになるには，この本で提供されているような，現在他では提供されていないアーキテクチャ機能の詳細な説明が必要です．一つの結果として，ページ数を抑えるため，この本には，アプリケーション・レベルの例と開発ツールの取り扱いに関する解説は掲載されていません．さまざまなツールのアプリケーション・レベルの例とアプリケーション・ノートはそのツール企業から入手できるため，そちらの資料を参考にしてください．

この本が皆さまにとって有益で，価値があるものとなることを願っています．

Joseph Yiu
ジョゼフ・ユー

執筆協力者:
ポール・ベックマン

Contributing author:
Paul Beckmann

Paul Beckmannが「The Definitive Guide to Arm Cortex-M3 aコd Cortex-M4 processor」の第21章と第22章に寄稿した内容は，この書籍の第19章と第20章でも使用しています．これらの章には新しい資料が追加されており，CMSIS-DSPライブラリに基づくリアルタイム・フィルタの例が含まれています．

Paul Beckmannは，DSPアルゴリズムの開発とサポート・ツールを専門とするエンジニアリング・サービス会社「DSP Concepts」の創設者です．彼は，オーディオ，通信，ビデオ用の数値計算アルゴリズムの開発と実装で長年の経験を持っています．Paulは，デジタル信号処理に関する業界コースを教えており，処理技術に関するさまざまな特許を保有しています．DSP Conceptsを設立する前は「Bose Corporation」に9年間勤務し，研究開発と製品開発活動に携わっていました．

謝 辞

Acknowledgments

この本のプロジェクトに多大な協力をしてくれた友人たち，特に5ヶ月間校正を手伝ってくれたIvanに感謝します．（手伝うことに同意したとき，私の文章がどれほどひどいかを彼は知りませんでした…申し訳ありません!）

このプロジェクトをサポートしてくれたArmマーケティング・チーム，セキュア・ソフトウェアの技術情報を提供してくれたArm ResearchのThomas Grocutt，ディジタル・フィルタ設計トピックのサポートを提供してくれたAdvanced Solutions Nederland B.V.のSanjeev Sarpal，デジタル信号処理に関する章に寄稿してくれたDSP ConceptsのPaul Beckmannに感謝します．

そしてもちろん，以前の本についてフィードバックをくれた全ての読者に感謝します．これは，この新しい本を書く準備をする上で大きな助けとなり，私を助けてくれました．最後に，この本の出版を可能にしてくれたElsevierのスタッフに感謝します．

Joseph Yiu

日本語版発行にあたって

On the publication
of the Japanese version

● 著者から ●

　マイクロコントローラ技術は，携帯電話のような他の技術分野ほど急速に進化していないように見えますが，実際は急速に進歩しています．例えば，Armv8-Mのような高度なアーキテクチャの採用は，すでに数年前から始まっています．現在では，Arm Cortex-M33/M23プロセッサをベースにした新しいマイクロコントローラが数多く存在し，これらの設計にはArm TrustZoneなどの新技術が採用されています．一方，Cortex-M52，Cortex-M55，Cortex-M85などのさらに新しいArmプロセッサも市場に登場し始めています．これらの新しいプロセッサは，多くの部分でCortex-M23やCortex-M33と下位互換性があるので，本書で扱うアーキテクチャ情報は最新の設計にも適用できます．

　IoTアプリケーションで主に使用されるセキュリティ機能であるTrustZoneテクノロジは，Armv8-Mの新しい主要な機能ですが，他方で，組み込みシステムの堅牢性を高めるための新機能もいくつかあります．例えば，スタック限界チェックや改善されたメモリ保護ユニット（MPU）などです．また，Cortex-M23とCortex-M33プロセッサは，同じクロック周波数のCortex-M0+やCortex-M3/M4と比較して性能が向上していますので，多くのアプリケーションでArmv8-Mプロセッサを利用するメリットがあります．

　この本が，Armv8-Mベースのプロジェクトを始めようとしている多くの開発者の役に立つことを願っています．この本を翻訳してくれた，日本の友人でありかつての同僚でもある五月女さん，出版のために尽力頂いた関係者の方々，CQ出版社，編集担当の松元様に感謝します（この本の翻訳は膨大な作業だったはずです）．私の知識を日本の皆さんと共有できることをとても嬉しく思います．コーディングを楽しんでください！

Joseph Yiu

● 翻訳者から ●

　Armが普及するきっかけとなったARM7TDMIが世に出てそろそろ30年の時が経ちます．そのARM7TDMIと比較すれば，本書で取り上げられているCortex-M33/M23には数多くの機能や仕様が盛り込まれています．身軽さが身上のマイクロコントローラですから，これらの機能や仕様は慎重に検討して厳選した末に追加されたものばかりです．従って，それらは"故有って"追加されています．しかし，マニュアルでは辞書的に説明されていますが，その"故"や，どう使いこなせばいいかまでは記述しきれません．そこで登場するのが本書です．本書は，基本的な事から動作から説き起こし，実際にどう使いこなせば良いかまでを記述しているので，基本知識を前提としたノウハウ集的ではなく，これから初めてCortex-M33/M23ベースでマイクロコントローラのソフトウェアを開発するプログラマにも役立つと思います．

　原著者のJosephは，Cortex-Mシリーズが開発される前からArmでエンジニアとして活躍していて，Cortex-Mシリーズの開発やサポートにも関わってきました．Cortex-M0/M0+やCortex-M3/M4の同様なガイドブックも執筆していて，Cortex-M33/23について語る，語り部としてJosephは最適だと信じています．

五月女 哲夫

目次 Contents

- ◆ 献 辞 ... 3
- ◆◆ 前書き ... 4
- ◆◆◆ 執筆協力者: ポール・ベックマン ... 5
- ◆◆◆◆ 謝 辞 ... 6
- ◆◆◆◆◆ 日本語版発行にあたって ... 7

第1章　序　章 ... 15
- 1.1　マイクロコントローラとプロセッサ ... 15
- 1.2　プロセッサの分類 ... 16
- 1.3　Cortex-M23, Cortex-M33プロセッサとArmv8-Mアーキテクチャ ... 17
- 1.4　Cortex-M23とCortex-M33プロセッサの特徴 ... 18
- 1.5　なぜ2つの異なるプロセッサがあるのか? ... 19
- 1.6　Cortex-M23とCortex-M33のアプリケーション ... 20
- 1.7　技術的特徴 ... 21
- 1.8　前世代のCortex-Mプロセッサとの比較 ... 22
- 1.9　Cortex-M23プロセッサとCortex-M33プロセッサの利点 ... 24
- 1.10　マイクロコントローラのプログラミングを理解する ... 25
- 1.11　さらに知るには ... 26

第2章　Cortex-Mプログラミングを始める ... 29
- 2.1　概　要 ... 29
- 2.2　幾つかの基本的な概念 ... 31
- 2.3　Arm Cortex-Mプログラミング入門 ... 38
- 2.4　ソフトウェア開発の流れ ... 48
- 2.5　コモン・マイクロコントローラ・ソフトウェア・インターフェース標準（CMSIS） ... 50
- 2.6　ソフトウェア開発に関する追加情報 ... 56

第3章　Cortex-M23とCortex-M33プロセッサの技術概要 ... 57
- 3.1　Cortex-M23とCortex-M33プロセッサの設計目標 ... 57
- 3.2　ブロック図 ... 58
- 3.3　プロセッサ ... 60
- 3.4　命令セット ... 61

3.5	メモリ・マップ	62
3.6	バス・インターフェース	63
3.7	メモリ保護	64
3.8	割り込みと例外処理	64
3.9	低消費電力の特徴	65
3.10	OSサポート機能	66
3.11	浮動小数点ユニット	66
3.12	コプロセッサ・インターフェースとArmカスタム命令	66
3.13	デバッグとトレースのサポート	67
3.14	マルチコア・システムの設計支援	67
3.15	Cortex-M23とCortex-M33プロセッサの主な機能強化	68
3.16	他のCortex-Mプロセッサとの互換性	71
3.17	プロセッサの構成オプション	72
3.18	TrustZoneの紹介	73
3.19	TrustZoneがより良いセキュリティを実現する理由	79
3.20	eXecute-Only-Memory（XOM）によるファームウェア資産保護	81

第4章 アーキテクチャ — 83

4.1	Armv8-Mアーキテクチャの紹介	83
4.2	プログラマーズ・モデル	85
4.3	メモリ・システム	104
4.4	例外と割り込み	114
4.5	デバッグ	120
4.6	リセットとリセット・シーケンス	122
4.7	その他関連するアーキテクチャ情報	124

第5章 命令セット — 127

5.1	背景	127
5.2	さまざまなCortex-Mプロセッサにおける命令セットの特徴	128
5.3	アセンブリ言語の構文を理解する	130
5.4	命令内でのサフィックスの使用	134
5.5	ユニファイド・アセンブリ言語	135
5.6	命令セット - プロセッサ内のデータ移動	136
5.7	命令セット - メモリ・アクセス	142
5.8	命令セット - 算術演算	160
5.9	命令セット - 論理演算	163

5.10	命令セット - シフトとローテート操作	164
5.11	命令セット - データ変換（拡張とリバース・オーダリング）	166
5.12	命令セット - ビット・フィールド処理	168
5.13	命令セット - 飽和演算	170
5.14	命令セット - プログラム・フロー制御	172
5.15	命令セット - DSP拡張	180
5.16	命令セット - 浮動小数点サポート命令	188
5.17	命令セット - 例外に関連する命令	192
5.18	命令セット - スリープ・モード関連命令	194
5.19	命令セット - メモリ・バリア命令	195
5.20	命令セット - TrustZoneサポート命令	197
5.21	命令セット - コプロセッサとArmカスタム命令のサポート	198
5.22	命令セット - その他の機能	202
5.23	CMSIS-COREでの特殊レジスタへのアクセス	204

第6章 メモリ・システム — 207

6.1	メモリ・システムの概要	207
6.2	メモリ・マップ	209
6.3	メモリの種類とメモリの属性	211
6.4	アクセス許可管理	214
6.5	メモリのエンディアン	218
6.6	データ整列と非整列データのアクセス・サポート	220
6.7	排他アクセスのサポート	221
6.8	メモリ・オーダリングとメモリ・バリア命令	224
6.9	バス・ウェイト・ステートとエラーのサポート	225
6.10	シングル・サイクルI/Oポート - Cortex-M23のみ	227
6.11	マイクロコントローラのメモリ・システム	228
6.12	ソフトウェアに関する考察	233

第7章 メモリ・システムのTrustZoneサポート — 235

7.1	概要	235
7.2	SAUとIDAU	236
7.3	バンク化レジスタと非バンク化レジスタ	237
7.4	テスト・ターゲット（TT）命令と領域ID番号	239
7.5	メモリ保護コントローラとペリフェラル保護コントローラ	244
7.6	セキュリティに対応したペリフェラル	247

第8章　例外と割り込み - アーキテクチャの概要　　249

8.1	例外と割り込みの概要	249
8.2	例外の種類	252
8.3	割り込みと例外管理の概要	253
8.4	例外シーケンスの紹介	255
8.5	例外の優先度レベルの定義	257
8.6	ベクタ・テーブルとベクタ・テーブル・オフセット・レジスタ（VTOR）	262
8.7	割り込み入力と保留中の動作	264
8.8	TrustZoneシステムの例外と割り込みのターゲット状態	267
8.9	スタック・フレーム	269
8.10	EXC_RETURN	277
8.11	同期例外と非同期例外の分類	282

第9章　例外と割り込みの管理　　283

9.1	例外管理と割り込み管理の概要	283
9.2	割り込み管理用NVICレジスタの詳細	287
9.3	システム例外管理のためのSCBレジスタの詳細	292
9.4	例外または割り込みマスキングのための特殊レジスタの詳細	298
9.5	プログラミングにおけるベクタ・テーブル定義	304
9.6	割り込みレイテンシと例外処理の最適化	307
9.7	コツとヒント	311

第10章　低消費電力とシステム制御機能　　313

10.1	低消費電力の探求	313
10.2	Cortex-M23とCortex-M33プロセッサの低消費電力機能	314
10.3	WFI, WFE, SEV命令についての詳細	324
10.4	低消費電力アプリケーションの開発	329
10.5	システム制御ブロック（SCB）とシステム制御機能	332
10.6	補助制御レジスタ	338
10.7	システム制御ブロックの他のレジスタ	339

第11章　OSサポート機能　　341

11.1	OSサポート機能の概要	341
11.2	SysTickタイマ	342
11.3	バンク化スタック・ポインタ	349
11.4	スタック限界チェック	353

11.5	SVCallとPendSV例外	356
11.6	非特権実行レベルとメモリ保護ユニット（MPU）	363
11.7	排他アクセス	364
11.8	TrustZone環境でRTOSを実行するにはどうすればよいか？	366
11.9	Cortex-MプロセッサにおけるRTOS動作の概念	368

第 12 章 メモリ保護ユニット（MPU） —————————— 379

12.1	MPUの概要	379
12.2	MPUレジスタ	381
12.3	MPUの構成	388
12.4	TrustZoneとMPU	394
12.5	Armv8-MアーキテクチャのMPUと旧世代のアーキテクチャの主な違い	396

第 13 章 フォールト例外とフォールト処理 —————————— 397

13.1	概 要	397
13.2	フォールトの原因	398
13.3	フォールト例外を有効にする	403
13.4	フォールト・ハンドラの設計上の考慮事項	404
13.5	フォールト・ステータスとその他の情報	406
13.6	ロックアップ	413
13.7	フォールト・イベントの分析	415
13.8	スタック・トレース	417
13.9	スタック・フレームを抽出し，フォールト・ステータスを表示するフォールト・ハンドラ	419

第 14 章 Cortex-M33プロセッサの浮動小数点ユニット（FPU） —— 423

14.1	浮動小数点データ	423
14.2	Cortex-M33浮動小数点演算ユニット（FPU）	427
14.3	Cortex-M33のFPUとCortex-M4のFPUの主な違い	437
14.4	レイジ・スタッキングの詳細	438
14.5	FPUを使う	444
14.6	浮動小数点の例外	449
14.7	ヒントとコツ	452

第 15 章 コプロセッサ・インターフェースとArmカスタム命令 ——— 453

15.1	概 要	453
15.2	アーキテクチャの概要	458

15.3	C言語の組み込み関数を介したコプロセッサ命令へのアクセス	458
15.4	Cの組み込み関数を介してArmカスタム命令にアクセスする	461
15.5	コプロセッサとArmカスタム命令を有効にするときに実行するソフトウェアの手順	462
15.6	コプロセッサの電力制御	462
15.7	ヒントとコツ	463

第 16 章　デバッグとトレース機能の紹介　　465

16.1	導入	465
16.2	デバッグ・アーキテクチャの詳細	470
16.3	デバッグ・コンポーネントの紹介	482
16.4	デバッグ・セッションの開始	511
16.5	フラッシュ・メモリ・プログラミング・サポート	511
16.6	ソフトウェア設計の考察	513

第 17 章　ソフトウェア開発　　515

17.1	導入	515
17.2	Keil Microcontroller Development Kit（MDK）の使用を開始するには	517
17.3	Armアーキテクチャのプロシージャ・コール標準	544
17.4	ソフトウェア・シナリオ	546

第 18 章　セキュアなソフトウェア開発　　549

18.1	セキュアなソフトウェア開発の概要	549
18.2	TrustZoneの技術的な詳細	551
18.3	セキュア・ソフトウェア開発	562
18.4	Keil MDKでセキュア・プロジェクトを作成する	577
18.5	他のツールチェーンでのCMSEサポート	586
18.6	セキュアなソフトウェア設計の考察	587

第 19 章　Cortex-M33プロセッサでのディジタル信号処理　　603

19.1	マイクロコントローラでDSP？	603
19.2	なぜDSPアプリケーションにCortex-Mプロセッサを使用するのか？	604
19.3	内積の例	605
19.4	SIMD命令を利用して性能を向上させる	608
19.5	オーバフローへの対応	610
19.6	信号処理のためのデータ型の紹介	611
19.7	Cortex-M33 DSP命令	614

13

19.8	Cortex-M33プロセッサ用に最適化されたDSPコードの記述	627

第20章 Arm CMSIS-DSPライブラリの使用 — 645

20.1	ライブラリの概要	645
20.2	関数命名規則	646
20.3	Helpの利用方法	647
20.4	例1 - DTMF復調	647
20.5	例2 - 最小二乗モーション・トラッキング	657
20.6	例3 - リアルタイム・フィルタ設計	661
20.7	Cortex-M33ベースのシステムで実装されている命令セットの仕様を決定する方法	685

第21章 高度なトピック — 687

21.1	スタック・メモリ保護の詳細情報	687
21.2	セマフォ, ロードアクワイヤとストアリリース命令	688
21.3	非特権割り込みハンドラ	691
21.4	リエントラント割り込みハンドラ	696
21.5	ソフトウェア最適化のトピック	700

第22章 IoTセキュリティとPSA Certifiedフレームワークの紹介 — 711

22.1	プロセッサ・アーキテクチャからIoTセキュリティまで	711
22.2	PSA認証の紹介	712
22.3	Trusted Firmware-M(TF-M)プロジェクト	720
22.4	追加情報	726

索 引	727
略 語	737

Appendix A　デバッグとトレースのコネクタ	サポート・ページ
Appendix B　DSP命令の図解	サポート・ページ

サポート・ページ　https://cc.cqpub.co.jp/system/contents/4045/

◆ 第1章 ◆

序 章

Introduction

1.1 マイクロコントローラとプロセッサ

　プロセッサは，電話やテレビ，リモコン，家電製品，電子玩具，コンピュータとその付属品，交通機関，ビルのセキュリティと安全システム，銀行カードなど，多くの電子製品に使用されています．多くの場合，これらのプロセッサは，マイクロコントローラと呼ばれるチップの中に搭載されており，幅広いアプリケーションに対応できるように設計されています．マイクロコントローラは，プログラマブルのため，ソフトウェア開発者はこれらのチップ上で動作するソフトウェアを記述する必要があります．このような製品は，通常，チップが製品内部に組み込まれているため，これらの製品は組み込みシステムと呼ばれています．

　マイクロコントローラには，外部環境と連動させるために，ペリフェラルと呼ばれるさまざまな機能ブロックが搭載されています．例えば，A-Dコンバータ（Analog to Digital Converter：ADC）は，センサからの外部電圧信号の測定を可能にし，シリアル・ペリフェラル・インターフェース（Serial Peripheral Interface：SPI）は，外部液晶ディスプレイ・モジュールを制御できます．マイクロコントローラによってペリフェラル回路は異なり，異なるベンダのマイコンの場合，ペリフェラル回路が似ていてもプログラマーズ・モデルや機能が異なる場合があります．

　ペリフェラル機器からデータを収集・処理し，各種インターフェースを制御するには，マイクロコントローラに搭載されたプロセッサと，そのプロセッサ上で動作するソフトウェアが必要です．マイクロコントローラの内部には，プロセッサの他にもさまざまな部品があります．図1.1は，マイクロコントローラに共通する構成要素を示します．

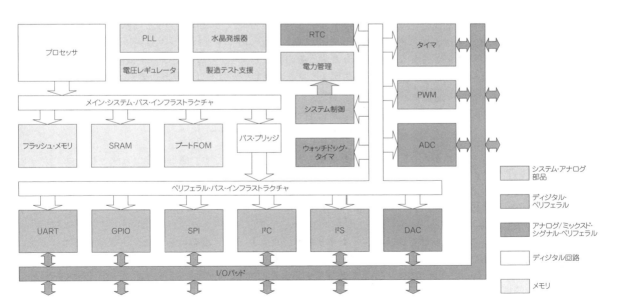

図1.1　シンプルなマイクロコントローラ

　図1.1の中には，多くの略語があります．表1.1で略語を説明します．

第1章　序章

表1.1　マイコン内の代表的なコンポーネント

項　目	説　明
ROM	Read Only Memory の略. プログラム・コードを格納する不揮発性メモリ
フラッシュ・メモリ	プログラム・コードを格納するために何度もプログラムを書き換えることができる特別なタイプの ROM
SRAM	Static Random Access Memory の略. データ・ストレージ（揮発性）用
PLL	Phase Locked Loop の略. 基準クロックに基づいて, プログラム可能なロック周波数を生成する装置
RTC	Real Time Clock の略. 秒数をカウントするための低電力タイマ（通常は低電力発振器で動作）で, 場合によっては分, 時間, カレンダ機能も備えている
GPIO	General Purpose Input/Output の略で, 汎用入出力. パラレル・データ・インターフェースを持ち, 外部機器の制御や外部信号の状態を読み出すためのペリフェラル
UART	Universal Asynchronous Receiver/Transmitter の略で, 汎用非同期レシーバ/トランスミッタ. シンプルなシリアル・データ・プロトコルで, データ転送を処理するためのペリフェラル
I²C	Inter-Integrated Circuit の略. シリアル・データ・プロトコルでデータ転送を処理するためのペリフェラル. UARTとは異なり, クロック信号が必要となり, より高いデータレートを提供できる
SPI	Serial Peripheral Interface の略. オフチップ・ペリフェラルのためのシリアル通信インターフェース
I²S	Inter-IC Sound の略. オーディオ情報に特化したシリアル・データ通信インターフェース
PWM	Pulse Width Modulator の略で, パルス幅変調器. プログラム可能なデューティサイクルで波形を出力するペリフェラル
ADC	Analog to Digital Converter の略で, A-D変換器. アナログ信号のレベル情報をディジタルに変換するためのペリフェラル
DAC	Digital to Analog Converter の略で, D-A変換器. データ値をアナログ信号に変換するためのペリフェラル
ウォッチドッグ・タイマ	プロセッサがプログラムを実行していることを確認するためのプログラム可能なタイマ装置. 有効にすると, 実行中のプログラムは, 一定時間内にウォッチドッグ・タイマを更新する必要がある. プログラムがクラッシュするとウォッチドッグがタイムアウトし, これを使用してリセットや重要な割り込みイベントを発生させることができる

　複雑なマイクロコントローラ製品の中には, もっと多くのコンポーネントが含まれているものもあります. また, 多くの場合, DMA（Direct Memory Access）コントローラやデータ暗号化アクセラレータ, USB, イーサネットのような複雑なインターフェースも搭載されています. マイクロコントローラの中には, 複数のプロセッサを搭載できるものもあります.

　マイクロコントローラは製品によって, プロセッサ, メモリ・サイズ, ペリフェラル回路, パッケージなどが異なることがあります. そのため, 同じプロセッサを搭載した2つのマイクロコントローラでも, メモリ・マップやペリフェラル・レジスタが異なる場合があります. その結果, 同じアプリケーション機能を実現するために, 異なるマイクロコントローラ製品のため, プログラム・コードが全く異なることがあります.

1.2　プロセッサの分類

　プロセッサには多くの種類があり, それらを分類する方法もさまざまです. 簡単な分類方法としては, データパスの幅（例えば, ALU内のデータ・パスやレジスタ・バンク内のデータ・パス）に基づいて分類する方法があります. この方法では, 8ビット, 16ビット, 32ビット, 64ビットのプロセッサに分類できます.

　もう1つの分類方法は, そのアプリケーションに基づく方法です. 例えば, Armはプロセッサ製品を次のように分類しています.

　アプリケーション・プロセッサ：コンピュータやサーバ, タブレット, 携帯電話, スマートテレビのメイン・プロセッサとして使用されるプロセッサです. 通常, これらのプロセッサは, Linux, Android, Windowsなどのフル機能OSをサポートし, ユーザがデバイスを操作できるようにするためのユーザ・インターフェースを備えています. 一般的に, これらのプロセッサは高いクロック周波数で動作し, 非常に高い性能を発揮します.

　リアルタイム・プロセッサ：リアルタイム・プロセッサは, 高い性能を必要としますが, フル機能のOSを必要としないシステムによく見られ, 製品の内部に組み込まれています. 多くの場合これらのプロセッサでは, タスク・スケジューリングとタスク間メッセージングのために, リアルタイム・オペレーティング・システム（RTOS）が使用されています. リアルタイム・プロセッサは, 電話のベースバンド・モデム, 車載システムに特化したマ

イクロコントローラ，ハード・ディスク・ドライブやソリッド・ステート・ドライブ（SSD）のコントローラなどに見られます．

マイクロコントローラ・プロセッサ：マイクロコントローラ製品に搭載されているプロセッサです（マイクロコントローラの中には，アプリケーション・プロセッサやリアルタイム・プロセッサを代わりに使用するものもあります）．これらのプロセッサの設計では，通常，処理能力やデータ処理スループットよりも，低消費電力と高速応答性に重点が置かれています．場合によって，極めて低消費電力であること，また，低コストであること，また，その両方を考慮して設計する必要があります．

これらの異なる要件をカバーするために，Armは複数のプロセッサ製品ファミリを開発しました．

- アプリケーション・プロセッサ市場向けCortex-Aプロセッサ
- リアルタイム・プロセッサ市場向けCortex-Rプロセッサ
- マイクロコントローラ・プロセッサ市場向けCortex-Mプロセッサ

2018年，Armはサーバやインフラ製品向けのプロセッサ製品群であるNeoverseという別製品をリリースしました．

幾つかのチップ設計では，異なるプロセッサを組み合わせて使うことがあります．例えば，ネットワーク接続ストレージ（Network Attached Storage：NAS）デバイス用に設計されたチップには，次のように異なるプロセッサが搭載されている場合があります．

- データ記憶管理を扱うためのCortex-Rプロセッサ
- ネットワーク・プロトコル処理やウェブ・ベースの管理インターフェースをサポートする組み込みサーバ・ソフトウェアを実行するためのCortex-Aプロセッサ
- 電力管理のためのCortex-Mプロセッサ

1.3 Cortex-M23，Cortex-M33プロセッサとArmv8-Mアーキテクチャ

Cortex-M23とCortex-M33プロセッサは，Arm（https://www.arm.com/）が設計したもので，2016年10月のArm TechConで発表されました．2018年中には，この2つのプロセッサをベースにしたシリコン製品が市場に出始めました．

Cortex-M23とCortex-M33プロセッサは，2015年に発表されたArmv8-Mと呼ばれるプロセッサ・アーキテクチャ・バージョンをベースにしています．このアーキテクチャ・バージョンは，これまでのArmv6-MおよびArmv7-Mアーキテクチャの後継であり，非常に成功したCortex-Mプロセッサ製品に多数使用されています（図1.2）．

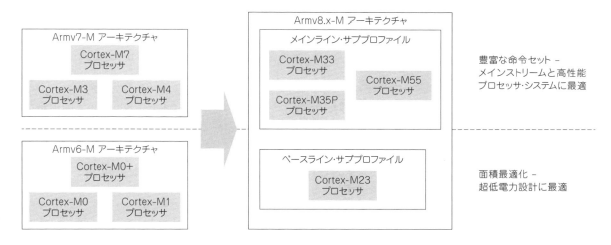

図1.2 Cortex-Mプロセッサのアーキテクチャ・バージョンの進化

以前は，Cortex-Mプロセッサのアーキテクチャには2つのバージョンがありました：

第1章 序章

- **Armv6-Mアーキテクチャ**：超低消費電力アプリケーション向けに設計されている．小型でコンパクトな命令セットをサポートし，一般的なデータ処理やI/O制御タスクに適している
- **Armv7-Mアーキテクチャ**：ミッドレンジおよび高性能システム向けに設計されている．このアーキテクチャは，より豊富な命令セット（Armv6-Mの命令のスーパーセットであり，オプションの浮動小数点およびDSP拡張を備えている）をサポートする

Armv8-Mは，アーキテクチャを2つのサブプロファイルに分割し，同様の分類のしかたを維持しています．

- **Armv8-Mベースライン**：超低消費電力設計用にデザインされたアーキテクチャ．機能と命令セットはArmv6-Mのスーパーセット
- **Armv8-Mメインライン**：メインストリームおよび高性能設計用にデザインされたアーキテクチャ．機能と命令セットはArmv7-Mのスーパーセット

アーキテクチャ仕様の観点から見ると，Armv8-Mメインラインは，Armv8-Mベースライン・アーキテクチャを拡張したものです．アーキテクチャには，他にも次のような拡張があります．

- DSP命令［単一命令複数データ（Single Instruction Multiple Data：SIMD）演算を含む］メインライン・サブプロファイルでのみ利用可能
- 浮動小数点拡張（浮動小数点ユニットのハードウェアと命令を含む）は，メインライン・サブプロファイルでのみ利用可能
- TrustZoneと呼ばれるセキュリティ拡張機能は，ベースラインとメインラインの両方のサブプロファイルで利用可能
- Heliumテクノロジは，M-profile Vector Extension（MVE）とも呼ばれるベクタ拡張．これはArmv8.1-Mで導入され，Cortex-M55プロセッサで利用できるようになった．Cortex-M55プロセッサは，2020年2月に発表された（注意：HeliumテクノロジはCortex-M33プロセッサには搭載されていません）

これらの拡張機能はオプションです．さらに，これらのプロセッサでは，多くのシステム・レベルの機能もオプションとなっています．それぞれのシステム・レベルの機能については，後の章でより詳細な説明があります．

Armv8-Mアーキテクチャ・リファレンス・マニュアル[1]と呼ばれるアーキテクチャ仕様書は，プログラマーズ・モデル，命令セット・アーキテクチャ（Instruction Set Architecture：ISA），例外処理モデル，デバッグ・アーキテクチャを詳細に記述した公開文書です．しかし，この文書では，プロセッサがどのように構築されているかは明記されていません．例えば，Armv8-Mアーキテクチャでは，パイプラインが何段必要なのか，どのようなバス・インターフェース設計を使用すべきなのか，命令サイクルのタイミングがどのようになっているのかなどは明記されていません．

1.4 Cortex-M23とCortex-M33プロセッサの特徴

Cortex-M23プロセッサとCortex-M33プロセッサは次の特徴を持っています．

- 32ビット・バス・インターフェースを備え，32ビット論理演算ユニット（Arithmetic Logic Unit：ALU）を搭載した32ビット・プロセッサ
- 最大4Gバイトのメモリとペリフェラルをサポートする32ビットのリニア・アドレス空間を持つ
- 割り込み管理として，ネスト型ベクタ割り込みコントローラ（Nested Vectored Interrupt Controller：NVIC）と呼ばれるハードウェア・ユニットを使用（ペリフェラル割り込みと内部システム例外を含む）
- システム・ティック・タイマ（SysTickタイマ），シャドウ・スタック・ポインタなど，オペレーティング・システム（OS）用にさまざまな機能を搭載
- スリープ・モードのサポートとさまざまな低消費電力の最適化機能が含まれている
- 特権と非特権の実行レベルの分離をサポートし，重要なシステム制御リソースにアクセスする非特権のアプリケーション・タスクを，OS（または他の特権ソフトウェア）が制限できる
- オプションのメモリ保護ユニット（Memory Protection Unit：MPU）をサポートしており，OS（または他の特権ソフトウェア）は，非特権の各アプリケーション・タスクがアクセス可能なメモリ空間を定義することができる
- シングルプロセッサまたはマルチプロセッサ設計で使用できる
- ソフトウェア開発者がアプリケーション・コードの問題やバグを迅速に分析できるように，オプション

18

のデバッグとトレース機能をサポートしている
- オプションのTrustZoneセキュリティ拡張機能をサポートしており，ソフトウェアをさらに別のセキュリティ・ドメインに分割できる

2つのプロセッサには幾つかの違いもあります．まず，Cortex-M23プロセッサは次の特徴を持っています．
- 2段パイプラインのノイマン（von Neumann）型のプロセッサ設計．メインシステム・バスは，Advanced Microcontroller Bus Architecture（AMBA）バージョン5のAdvanced High-performance Bus（AHB）オンチップ・バス・プロトコルをベースにしている
- オプションのシングルサイクルI/Oインターフェースをサポートしている（これはCortex-M0+プロセッサでも使用可能）．このインターフェースにより，一部のペリフェラルに1クロック・サイクルでアクセスできる（通常のシステム・バスは，パイプライン化されたオンチップ・バス・プロトコルに基づいているため，転送ごとに最低2クロック・サイクルが必要）
- Armv8-Mアーキテクチャで定義された命令のサブセットをサポート（すなわち，ベースラインのサブプロファイル）

Cortex-M33プロセッサは次の特徴を持っています．
- ハーバード・バス・アーキテクチャをサポートした3段パイプライン設計．命令アクセスとデータ・アクセスを同時に実行するために2つのメインバス・インターフェース（AMBA5 AHBがベース）を備えている．また，デバッグ・サブシステムを拡張するためのAMBA Advanced Peripheral Bus（APB）インターフェースも別途用意
- オプションのコプロセッサ・インターフェースをサポート．このインターフェースにより，チップ設計者は，プロセッサと緊密に結合したハードウェア・アクセラレータを追加して，特殊な演算処理を高速化することが可能
- オプションのDSP命令や単精度浮動小数点命令など，Armv8-Mメインライン・サブプロファイルで定義された命令をサポート

2019年10月，ArmはCortex-M33プロセッサの将来のリリースでArmカスタム命令をサポートすることを発表しました．この新しいオプション機能により，チップ設計者は，さまざまな特殊なデータ処理操作に対して製品を最適化できるようになります．

従来，Armプロセッサは，縮小命令セット・コンピュータ（RISC）アーキテクチャとして定義されてきました．しかし，Armプロセッサの命令セットが長年にわたって進化してきたことにより，Cortex-M33プロセッサがサポートする命令数は，従来のRISCプロセッサに比べてかなり多くなっています．同時に，複合命令セット・コンピュータ（CISC）プロセッサの中には，RISCプロセッサと同様のパイプライン構造を持つものもあります．その結果，RISCとCISCの境界が曖昧になり，厳密な分類はできなくなっています．

1.5　なぜ2つの異なるプロセッサがあるのか？

Cortex-M23とCortex-M33プロセッサはともにArmv8-Mアーキテクチャをベースにしており，TrustZoneセキュリティ拡張をサポートしています．また，多くの共通機能があります．しかし，次のような点で違いがあります．

Cortex-M23プロセッサ：
- Cortex-M23プロセッサは，Cortex-M33よりもはるかに小さい（標準的な構成で最大75%の小型化）
- Cortex-M23プロセッサは，単純なデータ処理タスクにおいて，Cortex-M33と比較して50%エネルギー効率が高い（Dhrystoneベンチマークにより測定）
- Cortex-M23プロセッサは，低レイテンシのペリフェラル機器アクセスを実現する，シングルサイクルI/Oをオプションでサポート

Cortex-M33プロセッサ：
- Cortex-M33プロセッサは，同じクロック周波数でCortex-M23よりも約50%高速（Dhrystone と CoreMarkベンチマークにより測定）
- Cortex-M33プロセッサは，オプションのDSP拡張と単精度浮動小数点ユニットをサポート（これらの機能はCortex-M23プロセッサでは使用できない）

第1章　序章

- Cortex-M33は，チップ設計者がハードウェア・アクセラレータを追加できるように，オプションのコプロセッサ・インターフェースをサポートし，Armカスタム命令機能をサポート

また，フォールト処理例外など，システム・レベルの機能にも若干の違いもあります．

Cortex-M23（Armv8-Mベースライン）とCortex-M33（Armv8-Mメインライン）に分けた理由は，組み込みシステムには多くの種類があり，それぞれが非常に異なった多様な要件を持っているからです．

多くの場合，これらのシステムに内蔵されたプロセッサは，単純なデータ処理や制御タスクを実行するだけです．そして，潜在的に，これらのシステムの幾つかは，非常に低消費電力である必要があります．例えば，プロセッサ・システムにエネルギーを供給するためにエネルギー・ハーベスティングが使用される場合です．このような場合には，単純なプロセッサで十分であり，これらのアプリケーションには，Cortex-M23プロセッサで十分でしょう．

また，より高い処理性能が求められるとき，特に浮動小数点演算を頻繁に行う必要がある場合，Cortex-M33プロセッサが適しています．また，Cortex-M23，Cortex-M33，および他のCortex-Mプロセッサを使用して要件を満たすことができるアプリケーションもあります．このような場合，チップ上で利用可能な周辺機器，その他のシステム・レベルの機能，製品の価格などを考慮して選択できます．

1.6　Cortex-M23とCortex-M33のアプリケーション

Cortex-M23とCortex-M33プロセッサは，どちらも非常に汎用性が高く，幅広い用途に使用できます．

マイクロコントローラ：Cortex-Mプロセッサは，マイクロコントローラ製品，特にIoT（Internet of Things）アプリケーションに焦点を当てた設計に広く使用されています．これらの製品の一部では，セキュリティ拡張機能「TrustZone」を活用し，システムの安全性を高めています．これらのプロセッサは，民生機器（タッチ・センサ，オーディオ制御など）や情報技術（コンピュータ・アクセサリなど），産業システム（モータ制御，データ収集など），フィットネス/医療機器（健康監視など）など，他のアプリケーションでも使用できます．Cortex-M23プロセッサは，ゲート数が少ないため，家電製品やスマート照明など幅広い低コストの民生機器に特に適しています．

オートモーティブ：自動車産業で必要とされるような，非常に高い機能安全性が要求されるアプリケーション向けにつくられた，特殊なマイクロコントローラ製品群です．Cortex-M23とCortex-M33プロセッサは，これらのシステムの一部で重要な，リアルタイム応答性を提供するように設計されています．さらに，Cortex-Mプロセッサのメモリ保護ユニット（Memory Protection Unit：MPU）は，システム・レベルの動作に対して高いレベルの堅牢性を実現します．Cortex-M23とCortex-M33プロセッサは，さまざまな条件での機能的な正しさを確認するために，広範囲な試験が実施されています．近年，自動車業界では，自動車内の接続性の向上と犯罪対策（自動車盗難やハッキングなど）のために，セキュリティ要件が高まっています．Cortex-M23とCortex-M33プロセッサのTrustZoneセキュリティ拡張は，自動車システム設計者がこのような攻撃からシステムを防御するために，より専門性の高いセキュリティ対策の実装を可能にする重要な機能です．

データ通信：今日のデータ通信システムは非常に複雑であると同時に，バッテリ駆動であるため，非常に優れたエネルギー効率が要求されます．これらのシステムの多くは，通信チャネル管理，通信パケットのエンコード/デコード，電源管理などの機能を処理するプロセッサを内蔵しています．Cortex-Mプロセッサのエネルギー効率と性能は，これらのアプリケーションに最適です．Cortex-M33プロセッサの命令の一部（ビットフィールド操作など）は，通信パケットのタスク処理で特に有用です．現在，多くのBluetoothおよびZigBeeコントローラは，Cortex-Mプロセッサをベースにしています．IoTアプリケーションにおけるセキュリティ要件が高まるにつれ，Cortex-M23とCortex-M33プロセッサのTrustZoneセキュリティ拡張は，ソフトウェアのオーバーヘッドを大幅に増加させることなくセキュリティ上の機密情報を保護できるため，非常に魅力的なものとなっています．

システム・オン・チップ（SoC）：携帯電話やタブレットで使用されている多くのアプリケーションSoCにはCortex-Aプロセッサ（より高いレベルの性能を持つ，別の製品適用範囲をもつArmアプリケーション・プロセッサ）が使用されていますが，電源管理，周辺管理（オーディオなど）の負荷分散，有限状態マシン（finite state machine：FSM）の置き換え，センサ・ハブなどの機能のために，Cortex-Mプロセッサがさまざまなサブシステ

ムに搭載されていることもよくあります．Cortex-Mプロセッサは，幅広いマルチコア設計シナリオをサポートするように設計されており，Armv8-M用のTrustZoneの導入により，Cortex-Aプロセッサに存在するTrustZoneサポートとのより優れた統合が可能になりました．

ミックスド・シグナル・アプリケーション：スマートセンサ，電力管理IC（Power Management IC：PMIC），MEMS（Micro Electro Mechanical Systems）などの新製品には，較正，信号調整，イベント検出，エラー検出などの付加的なインテリジェンスを提供するプロセッサも搭載されるようになってきました．Cortex-M23プロセッサの低ゲート数と低消費電力の特徴は，これらのアプリケーションの多くで最適です．スマートフォンのような他のアプリケーションでは，レベルの高いディジタル信号処理（Digital Signal Processing：DSP）能力が必要とされるため，Cortex-M33プロセッサの方が適していることが多いでしょう．

現在，Arm Cortex-Mプロセッサをベースにしたマイクロコントローラ部品は，3000種類以上あります．Cortex-M23とCortex-M33プロセッサは，新しいプロセッサであるため，これら2つのプロセッサをベースにしたデバイスの数は比較的少ないです．しかし，いずれはこの2つのプロセッサが，より一般的になることが予想されます．

1.7 技術的特徴

表1.2は，Cortex-M23とCortex-M33プロセッサの主な技術的特徴をまとめたものです．

表1.2　Cortex-M23とCortex-M33プロセッサの主な特徴

	Cortex-M23	Cortex-M33
アーキテクチャ	Armv8-Mベースライン・サブプロファイル	Armv8-Mメインライン・サブプロファイル
ベースライン命令	あり	あり
メインライン命令（拡張）	–	あり
DSP拡張	–	オプション
浮動小数点拡張	–	オプション（単精度）
ハードウェア		
バス・アーキテクチャ	フォンノイマン	ハーバード
パイプライン	2段	3段
主なバス・インターフェース	1×32ビットAHB5	2×32ビットAHB5
その他のバス・インターフェース	シングルサイクルI/Oインターフェース	デバッグ・コンポーネント用の専用ペリフェラル・バス（PPB）
コプロセッサとArmカスタム命令サポート	–	コプロセッサ/アクセラレータ8個までサポート
ネスト型ベクタ割り込みコントローラ（NVIC）	あり	あり
割り込みサポート	最大240本の割り込み	最大480本の割り込み
プログラム可能な優先度レベル	2ビット（4レベル）	3〜8ビット（8〜256レベル）
ノンマスカブル割り込み（NMI）	あり	あり
低電力サポート（スリープ・モード）	あり	あり
OS対応	あり	あり
SysTick（システム・ティック）タイマ	オプション（2個まで）	あり（2個まで）
シャドウ・スタック・ポインタ	あり	あり
メモリ保護ユニット（MPU）	オプション（4/8/12/16領域）	オプション（4/8/12/16領域）
TrustZoneセキュリティ拡張機能	オプション	オプション
セキュリティ属性ユニット（SAU）	0/4/8領域	0/4/8領域
カスタム属性ユニットのサポート	あり	あり

1.8 前世代のCortex-Mプロセッサとの比較

　Cortex-Mプロセッサが登場してかなりの時間が経ちます（10年以上）．最も古いCortex-Mプロセッサは2004年に発表されたCortex-M3です．Cortex-Mプロセッサは，大きな成功を収めました．ほとんどのマイクロコントローラのベンダは，Cortex-Mプロセッサを使用してマイクロコントローラ製品を構築し，これらのプロセッサをマルチコア・システム・オン・チップ（System-on-Chips：SoC），特定用途向け集積回路（Application Specific Integrated Circuits：ASIC），特定用途向け標準製品（Application Specific Standard Products：ASSP），センサなどに使用しています．

　これまでのCortex-Mプロセッサは，多くのアプリケーションの要件を十分に満たしていましたが，近年では，以下のような新たな課題に対応するべくCortex-Mプロセッサを強化する必要性が高まっています．

- セキュリティ
- 柔軟性
- 処理能力
- エネルギー効率

　その結果，Cortex-M23とCortex-M33プロセッサが開発されました．Cortex-M23プロセッサには，以前のCortex-M0およびCortex-M0+プロセッサよりも多くの機能強化が含まれています（図1.3）．

Armv6-M アーキテクチャ

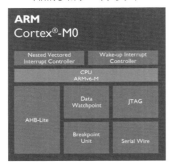

Armv6-M アーキテクチャ

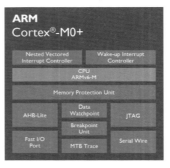

追加：
- 非特権実行レベル
- メモリ保護ユニット（MPU）
- シングルサイクル I/Oインターフェース
- マイクロ・トレース・バッファ（MTB）

Armv8-Mベースライン・アーキテクチャ

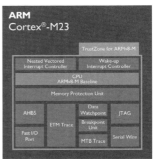

追加：
- TrustZoneセキュリティ拡張
- 命令セットの強化
- 割り込み数の増加
- 新しいMPU設計
- スタック限界チェック（セキュア・スタックのみ）
- エンベデッド・トレース・マクロセル（ETM）
- デバッグ・コンポーネントの強化

図1.3　Cortex-M0およびCortex-M0+プロセッサと比較した場合のCortex-M23プロセッサの主な強化点

　Armv6-MからArmv8-Mベースラインへの命令セットの強化は次のとおりです．

- 符号付きおよび符号なしの整数除算命令
- 2つの比較分岐命令（いずれも16ビット）と32ビット分岐命令（より大きな分岐範囲をサポート）
- 即値データを生成するための追加のMOV（移動）命令
- セマフォ操作のための排他アクセス命令
- C11のアトミック・データ・サポートのためのロード・アクワイヤ，ストア・リリース命令
- TrustZoneセキュリティ拡張機能に必要な命令

1.8 前世代のCortex-Mプロセッサとの比較

同様に，Cortex-M33もCortex-M3やCortex-M4プロセッサと比較すると，多くの機能強化がなされています（図1.4）.

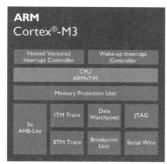
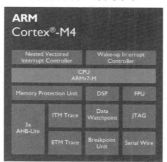
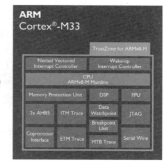

追加:
- 浮動小数点ユニット(単精度)
- DSP命令
- より高速な積和(MAC)演算

追加:
- TrustZoneセキュリティ拡張
- 命令セットの強化
- 割り込み数の増加
- 新しいMPU設計
- スタック限界チェック
- コプロセッサ・インターフェース
- Armカスタム命令(2020年のr1から)
- マイクロ・トレース・バッファ(MTB)
- デバッグ・コンポーネントの強化
- より高い性能
- より高いエネルギー効率

図1.4　Cortex-M3およびCortex-M4プロセッサと比較した場合のCortex-M33プロセッサの主な強化点

Cortex-M4(Armv7-M)からArmv8-Mメインラインへの命令セットの強化には，以下のようなものがあります：
- 浮動小数点命令がFPv4アーキテクチャからFPv5にアップグレード
- C11のアトミック・データ・サポートのためのロード・アクワイヤ，ストア・リリース命令
- TrustZoneセキュリティ拡張機能に必要な命令

さらに，Cortex-M23とCortex-M33プロセッサは，チップレベルの設計の観点から，他にもさまざまな機能強化が施されています．例えば，次のようなものです：
- 設計構成オプションの柔軟性が向上
- 新しい複数の電力ドメイン制御インターフェースにより，より優れた低消費電力をサポート

さまざまな機能強化が行われていますが，従来のCortex-Mプロセッサから新しいプロセッサへの移行は，ほとんどのアプリケーションで容易に行えるはずです．
- これらは32ビットアーキテクチャをベースにしており，同じ4Gバイトのアーキテクチャで定義されたメモリ空間分割を採用している．NVICやSysTickタイマのようなプロセッサ内部コンポーネントは，同じプログラミング・モデルをサポート
- 以前のプロセッサの全ての命令に対応

Armv8-Mアーキテクチャは，Armv6-MとArmv7-Mアーキテクチャと，高い互換性を持つように設計されていますが，新しいマイクロコントローラ・デバイスに移行する際に，ソフトウェア開発者は既存のアプリケーション・ソフトウェアをArmv8-Mアーキテクチャへ適応させる必要があります．例えば，ペリフェラルのプログラマーズ・モデルやメモリ・マップなどの違いにより，ソフトウェアの変更が必要になる可能性があります．さらに，開発ツールとリアル・タイム・オペレーティング・システム(Real Time Operating System：RTOS)は，これらの新しいプロセッサをサポートするために更新する必要があります．

23

1.9 Cortex-M23プロセッサとCortex-M33プロセッサの利点

従来のCortex-Mプロセッサと同様に，Cortex-M23とCortex-M33プロセッサは，一般的にマイクロコントローラとして使用されている他の多くのプロセッサと比較して，特にレガシーな8ビットおよび16ビット設計と比較して，多くの利点があります．

実装面積が小さい：Cortex-M23とCortex-M33プロセッサを他の32ビットプロセッサと比較すると，Cortex-Mプロセッサは比較的小さく，平均して必要な電力が非常に低くなっています．8ビット・プロセッサやその他の16ビット設計よりも実装面積は大きくなり，特に8051のような8ビット・デザインとCortex-M33プロセッサを比較した場合，プロセッサのサイズが大きくなっても，コード密度が高いため，同じアプリケーションをより小さなプログラム・メモリで，実行できるので，その大きさは相殺されます．プロセッサの面積と消費電力は，マイクロコントローラ・システム全体の面積と消費電力に比べて小さいことが多いため（特に，フラッシュ・メモリやアナログ部品の面積，消費電力と比較した場合），マイクロコントローラ・システムで32ビットCortex-Mプロセッサを使用しても，コストに大きな影響を与えたり，消費電力を増加させたりすることはありません．

低消費電力：Cortex-M23とCortex-M33プロセッサは，その小さなシリコン・サイズに加えて，さまざまな低消費電力機能をサポートしています．例えば，アーキテクチャ的には，プロセッサはスリープ・モードに入るための特殊な命令をサポートしています．そして，プロセッサの消費電力を低減するためのさまざまな設計最適化が行われています．例えば，クロックを停止したり，回路のある部分が使用されていないときに，その部分の電力を止めたりすることで，プロセッサの消費電力を削減します．

性能：Cortex-M23プロセッサは，市場で最も小さい32ビットプロセッサの1つですが，それでも0.98DMIPS/MHz（Dhrystone2.1），2.5CoreMark/MHzの性能を実現しており，ほとんどの8ビットと16ビット設計よりもはるかに高性能です．さらに，システムレベルの消費電力とシリコン面積を大幅に増加させることもありません．より高い性能を必要とするアプリケーションには，1.5 DMIPS/MHz，4.02 CoreMark/MHzという優れた性能を持つCortex-M33プロセッサが代わりに使用されます．これらのプロセッサの高いスループットにより，システムは処理作業をより早く完了し，電力を節約するようにスリープ・モードの状態を長く維持できます．また，プロセッサをより低いクロック・レートで実行してピーク時の消費電力を抑えることもできます．

エネルギー効率：Cortex-M23とCortex-M33は，低消費電力と優れた性能を兼ね備えた，幅広い組み込みアプリケーション向けの最もエネルギー効率の高いプロセッサです．これにより，電池寿命の延長，電池サイズの小型化が可能になり，チップおよび回路基板レベルでの電源設計の簡素化が可能になります．他のCortex-Mプロセッサの低消費電力性能は，これまでにもEEMBC社のULPMark-CP（http://www.eembc.org/ulpmark/）を用いて実証されています．そのため，Cortex-M23とCortex-M33プロセッサをベースにした多くの新しいマイクロコントローラ・デバイスは，同等またはそれ以上の結果を達成することが期待されています．

割り込み処理機能：全てのCortex-Mプロセッサには，割り込み処理用のネスト型ベクタ割り込みコントローラ（Nested Vectored Interrupt Controller：NVIC）が内蔵されています．このユニットとプロセッサコアの設計が低遅延の割り込み処理をサポートしています．例えば，割り込み遅延はCortex-M23ではわずか15クロック・サイクル，Cortex-M33プロセッサでは12サイクルです．ソフトウェア実行のオーバーヘッドを減らすために，例外ベクタ（割り込みサービスルーチンの開始アドレス）の読み出し，レジスタのスタッキングや割り込みサービスのネスティング（入れ子構造）は，ハードウェアによって自動的に処理されます．割り込み管理機能も非常に柔軟で，例えば，全ての周辺割り込みにプログラム可能な優先度レベルを設定できます．これらの特性により，Cortex-Mプロセッサは多くのリアルタイムアプリケーションに適しています．

セキュリティ：TrustZoneセキュリティ拡張機能を使用すると，マイクロコントローラのベンダやチップ設計者は，さまざまな高度なセキュリティ機能をIoTチップ設計に組み込むことができます．TrustZoneテクノロジは，デフォルトで，2つのセキュリティ・ドメイン（セキュアと非セキュア）をサポートしており，Trusted Firmware-Mなどの追加ソフトウェアを使用することで，ソフトウェア内にさらに多くのセキュリティ・パーティションを作成できます．

使いやすさ：Cortex-Mプロセッサは，使いやすく設計されています．例えば，ほとんどのアプリケーションは，C言語でプログラムできます．Cortex-Mプロセッサは，32ビット・リニア・アドレッシングを使用するため，最大4Gバイトのアドレス範囲を扱うことができ，8ビットと16ビット・プロセッサで一般的に見られるアーキテクチャ上の制限（メモリ・サイズやスタック・サイズの制限，リエントラント・コードの制限など）を回避できます．

通常，アプリケーション・ソフトウェア開発環境（TrustZone環境においてセキュア側で実行されるソフトウェアを開発する場合を除く）では，特別なC言語拡張は必要ありません．

コード密度：他の多くのアーキテクチャと比較して，Cortex-Mプロセッサで使用される命令セット（Thumb命令と呼ばれる）は，非常に高いコード密度を提供します．Thumb命令セットには，16ビット命令と32ビット命令の両方が含まれており（Cortex-M23プロセッサでサポートされている命令のほとんどは16ビット命令です），C/C++コンパイラは，16ビット版の命令を選択することで，プログラム・サイズを小さくすると同時に，非常に効率の良いコード・シーケンスを生成します．コード密度が高いため，小さなプログラム・メモリを搭載したチップにアプリケーションを搭載でき，コストを削減し，消費電力とチップパッケージサイズを削減できます．

OSサポート：多くのレガシー・プロセッサとは異なり，Cortex-Mプロセッサは，効率的なOS動作をサポートするように設計されています．このアーキテクチャには，シャドウ・スタック・ポインタ，複数のシステム・ティック・タイマ，OS操作に応じた専用例外タイプなどの機能が含まれています．現在，Cortex-Mプロセッサ上で動作するRTOSは40種類以上あります．

スケーラビリティ（拡張性）：Cortex-Mプロセッサは，2つの点で高いスケーラビリティを備えています．まず，これらのプロセッサのプログラマーズ・モデルのほとんどの部分が，最小のCortex-M0から最高性能のCortex-M7プロセッサまでの異なる設計間で，一貫しています．これにより，ソフトウェアを，異なるCortex-Mプロセッサ間で簡単に移植できます．第二の側面として，Cortex-Mプロセッサは，非常に柔軟性が高く設計されていることが挙げられます．これにより，単一のプロセッサ・システム（低消費電力で低コストのマイクロコントローラなど）で使用することも，また，多くのプロセッサが混在する複雑なSoC設計の一部として使用することも可能です．

ソフトウェアの移植性と再利用性：アーキテクチャの一貫性は　Cortex-Mプロセッサの重要な利点で，ソフトウェアの高い移植性と再利用性にもつながります．Common Microcontroller Software Interface Standard（CMSIS）などに代表される，さまざまなCortex-M設計に一貫したソフトウェア・インターフェースを提供するArmの取り組みは，ソフトウェアの高い移植性と再利用性をさらに強化しています．これにより，ソフトウェア・ベンダや開発者は，長期的に投資を保護し，製品開発をより迅速に行うことが可能になります．

デバッグ機能：Cortex-Mプロセッサには，ソフトウェア開発者がコードをテストし，ソフトウェアの問題を簡単に解析したりするための多くのデバッグ機能が搭載されています．Cortex-Mプロセッサのデバッグ機能には，最新のマイクロコントローラの標準機能であるソフトウェア実行の停止，ブレークポイント，ウォッチポイント，シングルステッピングに加えて，命令トレース，データトレース，プロファイリングのサポートが含まれており，これらの機能をマルチコア・システムでリンクすることで，マルチコア・システムのデバッグが容易になります．Cortex-M23とCortex-M33プロセッサのデバッグおよびトレース機能は，従来の設計と比較して，より柔軟性を高めるように強化されています．

柔軟性：Cortex-Mプロセッサの設計は，回路構成の変更が可能です．そのため，チップ設計者は，チップ設計段階で設計に追加するオプション機能を決定できます．これにより，機能性，コスト，エネルギー効率の最適なトレードオフを実現できます．

ソフトウェア・エコシステム：Cortex-Mプロセッサは，幅広いソフトウェア開発ツール，RTOS製品，およびその他のミドルウェア（オーディオ・コーデックなど）によってサポートされています．数多くのCortex-Mデバイスや開発ボードに加えて，これらのソフトウェア・ソリューションにより，ソフトウェア開発者は短時間で高品質の製品を作成できます．

品質：Armプロセッサは，非常に高品質なレベルを満たすように徹底的にテストされており，Cortex-M23やCortex-M33のようなほとんどのCortex-Mプロセッサは，安全要件に準拠するように設計されています．これにより，Cortex-Mマイクロコントローラは，自動車，産業用，医療用の幅広いアプリケーションで使用できます．また，Cortex-Mベースの製品は，宇宙産業向けアプリケーションを含む 多くの安全性が要求されるシステムでも使用されています．

1.10　マイクロコントローラのプログラミングを理解する

デスクトップでプログラミングの経験があり，マイクロコントローラ・システムのプログラミングを学んでいるとしたら，マイクロコントローラのプログラミングが，今までに学んだものや慣れていることと，例えば次のように大きく違うことに驚くかもしれません．

第1章 序章

- ほとんどのマイクロコントローラ・システムには，グラフィカル・ユーザ・インターフェース（Graphical User Interface：GUI）がない
- マイクロコントローラ・システムには，オペレーティング・システムが含まれていない場合がある（通常，これはベアメタルと呼ばれる）．場合によっては，タスク・スケジューリングとタスク間通信のみを管理する軽量のRTOSが使用される．デスクトップ環境とは異なり，これらのオペレーティング・システムの多くは，他のシステムのデータ通信とペリフェラル制御のためのアプリケーション・プログラミング・インターフェース（Application Programming Interface：API）を提供しない
- デスクトップ環境では，アプリケーションは，OSが提供するAPIやデバイスドライバを介してペリフェラル機能にアクセスする．一方，マイクロコントローラ・アプリケーションでは，ペリフェラル・レジスタに直接アクセスすることは珍しくない．しかし，ほとんどのCortex-Mマイクロコントローラのベンダは，ソフトウェア開発者がアプリケーションを作成しやすくするために，デバイスドライバ・ライブラリも提供している
- 多くのマイクロコントローラ・システムでは，メモリ・サイズと消費電力が制約要因となっている．一方，デスクトップ環境では，メモリ量や処理能力が圧倒的に大きい．
- デスクトップ環境では，アセンブリ言語を使用することは非常にまれで，ほとんどのアプリケーション開発者は，Java/JavaScript，C#，Pythonを含む広範囲の高級プログラミング言語を使用している．今日でも，ほとんどのマイクロコントローラ・プロジェクトはCとC++をベースにしている．場合によっては，ソフトウェアのごく一部がアセンブリ言語で書かれていることもある

Cortex-Mプロセッサ・ファミリのマイクロコントローラのプログラミングを学ぶには，以下が必要です．

- C言語でのプログラミング経験．マイクロコントローラのプログラミング・ツールを使用した経験は，確かに役立つが，必ずしも必要ではない．従来の8ビットと16ビットのマイクロコントローラを使用するのに比べて，Cortex-Mプロセッサをベースにしたマイクロコントローラを使用する方がはるかに簡単であると多くの人が感じている
- エレクトロニクスの基本的な理解．本書の例題の幾つかを理解するためには，電子工学の知識が役に立つ．例えば，UARTを使ってコンピュータに接続してプログラムの動作結果を表示するのは一般的に使用されている技術なので，UARTとは何かを理解しておくと役に立つ
- 必須ではないが，リアルタイムオペレーティングシステム（Real-Time Operating Systems：RTOS）を使用した経験があれば，本書のトピックの幾つかを理解するのに役立つ

本書に掲載されている例のほとんどは，Keil Microcontroller Development Kit（Keil MDK）に基づいています．しかし，関連するセクションでは，IAR Electronic Workbench for Arm（EWARM）とgccツールチェーンに関する情報を掲載しています．

1.11 さらに知るには

Armのウェブ・サイトは，Arm Cortex-Mプロセッサ製品のさまざまな側面に関する有益な情報を持つセクションに分かれています．

1.11.1 developer.arm.comの製品ページ

これは，製品の概要とArmのウェブサイトのさまざまな部分への関連リンクを見つけることができる製品情報のウェブ・ページです．

ウェブサイト	
Cortex-Mプロセッサのページ	https://developer.arm.com/ip-products/processors/cortex-m/
Cortex-M23プロセッサのページ	https://developer.arm.com/Processors/Cortex-M23
Cortex-M33プロセッサのページ	https://developer.arm.com/products/processors/cortex-m/cortex-m33
Mプロファイル・アーキテクチャ	https://developer.arm.com/products/architecture/m-profile
TrustZone	https://developer.arm.com/Processors/TrustZone%20for%20Cortex-M

1.11.2　developer.arm.comのドキュメント

　Armのウェブサイトには，Cortex-M23とCortex-M33プロセッサのソフトウェア開発について学ぶのに役立つさまざまなドキュメントが用意されています．メインのドキュメントページはdeveloper.arm.com（`https://developer.arm.com/docs`）と呼ばれています．

　ウェブサイトに掲載されているCortex-M23/Cortex-M33の重要なドキュメントには，次のようなものがあります．

番　号	ドキュメント
(1)	Armv8-M アーキテクチャ・リファレンス・マニュアル Cortex-M23 と Cortex-M33 プロセッサのベースとなるアーキテクチャの仕様．命令セットやアーキテクチャで定義された動作などの詳細な情報が含まれている
(2)	Cortex-M23 デバイス・ジェネリック・ユーザ・ガイド Cortex-M23 プロセッサを使用するソフトウェア開発者向けに書かれたユーザ・ガイド．プログラマーズ・モデルに関する情報，NVIC などのコア・ペリフェラルの使用方法の詳細，および命令セットに関する一般的な情報が記載されている
(3)	Cortex-M23 テクニカル・リファレンス・マニュアル Cortex-M23 プロセッサの仕様．実装されている機能についての情報と，実装固有の動作の詳細が記載されている
(4)	Cortex-M33 デバイス・ジェネリック・ユーザ・ガイド Cortex-M33 プロセッサを使用するソフトウェア開発者向けに書かれたユーザ・ガイド．プログラマーズ・モデルに関する情報，NVIC などのコア・ペリフェラルの使用方法の詳細，および命令セットに関する一般的な情報が記載されている
(5)	Cortex-M33 テクニカル・リファレンス・マニュアル Cortex-M33 プロセッサの仕様．実装されている機能についての情報と，実装固有の動作の詳細が記載されている
(6)～(9)	Arm CoreSight MTB-M23/ETM-M23/MTB-M33/ETM-M33 テクニカル・リファレンス・マニュアル 命令トレース・サポート・コンポーネントの仕様であり，デバッグ・ツールのベンダのみを対象としている．ソフトウェア開発者は，これらのドキュメントを読む必要はない

　開発者向けのウェブサイトには，さまざまなアプリケーションノートや追加の有用なドキュメントも掲載されています．注目したいドキュメントの1つは，第17章の幾つかのセクションで参照されている"Armアーキテクチャ・プロシージャ・コール標準（Procedure Call Standard for the ARM Architecture：AAPCS）"です．

番　号	ドキュメント
(10)	Armアーキテクチャ・プロシージャ・コール標準 この文書は，ソフトウェア・コードが関数間呼び出しでどのように動作すべきかを規定している．この情報は，アセンブリ言語とC言語が混在するソフトウェア・プロジェクトでしばしば必要になる

1.11.3　Community.arm.com

　このセクションでは，Armの専門家を含むウェブサイトのユーザが交流したり，個人（企業を含む）がArm技術に関連する文書やその他の資料を投稿したりできます．Arm ウェブサイトのユーザがCortex-M プロセッサに関する情報を見つけやすくするために，Arm Communityウェブサイト内に幾つかのブログ・ページを作成しています．

番　号	ドキュメント
(11)	Armv8-Mアーキテクチャ技術概要 このホワイト・ペーパでは，Armv8-Mアーキテクチャの強化点をまとめ，TrustZoneテクノロジがどのように機能するかを説明している．また，Armv8-Mアーキテクチャに関連するさまざまな有用なドキュメントへのリンクも掲載している
(12)	Cortex-M リソース Cortex-M のさまざまなトピックに関する論文，ビデオ，プレゼンテーションへの有用なリンクのリストを管理している
(13)	これから始める Arm マイクロコントローラ関連資料 これから Arm マイコンを使い始めたい人のための入門ページ．このブログでは，Cortex-A，Cortex-R，Cortex-M プロセッサのエントリ・レベルの情報を扱っている

第1章　序章

◆ **参考・引用＊文献** ………………………………………………………………

(1) Armv8-Mアーキテクチャ・リファレンス・マニュアル
https://developer.arm.com/documentation/ddi0553/am（Armv8.0-Mのみのバージョン）
https://developer.arm.com/documentation/ddi0553/latest/（Armv8.1-Mを含む最新バージョン）
注意: Armv6-M，Armv7-M，Armv8-M，Armv8.1-M用のMプロファイル・アーキテクチャ・リファレンス・マニュアルは次にある
https://developer.arm.com/Architectures/M-Profile%20Architecture#Resources

(2) Arm Cortex-M23デバイス一般ユーザ・ガイド
https://developer.arm.com/documentation/dui1095/latest/

(3) Arm Cortex-M23プロセッサ・テクニカル・リファレンス・マニュアル
https://developer.arm.com/documentation/ddi0550/latest/

(4) Arm Cortex-M33デバイス一般ユーザ・ガイド
https://developer.arm.com/documentation/100235/latest/

(5) Arm Cortex-M33プロセッサ・テクニカル・リファレンス・マニュアル
https://developer.arm.com/documentation/100230/latest/

(6) Arm CoreSight MTB-M23テクニカル・リファレンス・マニュアル
https://developer.arm.com/documentation/ddi0564/latest/

(7) Arm CoreSight ETM-M23テクニカル・リファレンス・マニュアル
https://developer.arm.com/documentation/ddi0563/latest/

(8) Arm CoreSight MTB-M33テクニカル・リファレンス・マニュアル
https://developer.arm.com/documentation/100231/latest/

(9) Arm CoreSight ETM-M33テクニカル・リファレンス・マニュアル
https://developer.arm.com/documentation/100232/latest/

(10) Armアーキテクチャ・プロシージャ・コール標準（AAPCS）
https://github.com/ARM-software/abi-aa/releases/download/2022Q1/aapcs32.pdf

(11) Armv8-Mアーキテクチャ技術概要
https://community.arm.com/developer/ip-products/processors/b/processors-ip-blog/posts/
whitepaper-armv8-m-architecture-technical-overview

(12) Cortex-Mリソース
Cortex-Mのさまざまなトピックに関する論文，ビデオ，プレゼンテーションへの有用なリンクのリストを管理している
https://community.arm.com/developer/ip-products/processors/b/processors-ip-blog/posts/
cortex-m-resources

(13) これから始めるArmマイクロコントローラ関連資料
これからArmマイコンを使い始めたい人のための入門ページ．このブログでは，Cortex-A，Cortex-R，Cortex-Mプロセッサのエントリーレベルの情報を扱っている
https://community.arm.com/developer/ip-products/processors/b/processors-ip-blog/posts/
getting-started-with-arm-microcontroller-resources

◆第2章◆

Cortex-Mプログラミングを始める

Getting Started with Cortex-M
programming

2.1 概　要

　マイクロコントローラをプログラミングしたことがない方，マイクロコントローラのソフトウェア開発のエキサイティングな世界へようこそ．心配は無用です．Arm Cortex-Mプロセッサは，非常に使いやすくできています．本書は，プロセッサのアーキテクチャのさまざまな側面をカバーしています．しかし，ほとんどのアプリケーションの開発では，それらの側面を全て理解する必要はありません．

　他のマイクロコントローラを使用したことがある方は，Cortex-Mベースのマイクロコントローラでのプログラミングが非常に簡単であることに気づくでしょう．ほとんどのレジスタ（ペリフェラルなど）がメモリ・マップされているため，ほとんどの処理をC/C＋＋でプログラムでき，割り込みハンドラもC/C++で完全にプログラミングできます．また，通常のアプリケーションでは，他のプロセッサのアーキテクチャで必要とされる，コンパイラ固有の言語拡張を使用する必要がありません．C言語の基本的な知識があれば，すぐにCortex-M23とCortex-M33プロセッサ上で簡単なアプリケーションを開発して実行できるようになります．

　通常，マイクロコントローラ上のアプリケーションを開発するための，ツール/リソースは，以下のとおりです．

- 開発スイート（コンパイルツール，デバッグ環境ソフトウェアを含む）
- マイコン付き開発ボード
- デバッグ・アダプタが必要になる可能性もある．MCUベンダが提供する開発ボードの中には，USBデバッグ・アダプタが内蔵されており，コンピュータのUSBポートに直接接続できるものもある
- 一部のアプリケーションでは，通信ソフトウェア・ライブラリのような組み込みオペレーティング・システム（OS）やファームウェア・パッケージを使用する必要があるかもしれない．これらは，ミドルウェアとして知られている．リアル・タイム・オペレーティング・システム（Real-Time Operating Systems：RTOS）のようなさまざまなミドルウェア・ソリューションがオープン・ソース・コミュニティから提供されており，無料で利用できる
- アプリケーションによっては，追加の電子ハードウェア（モータ制御用のモータ・ドライバ回路など）や電子機器（マルチメータ，オシロスコープなど）が必要になる場合がある

2.1.1　開発スイート

数多くの開発スイート（開発ソフトウェア一式）が用意されています．

- Keil（カイル）Microcontroller Development Kit（Keil MDK, https://.www.keil.com），IAR Embedded Workbench for Arm（EWARM, https://.www.iar.com），Segger Embedded Studio（https://www.segger.com/embedded-studio.html）などの市販の開発スイート
- gcc（https://developer.arm.com/open-source/gnu-toolchain/gnu-rm）のようなオープン・ソースのツール・チェーンとEclipse Embedded CDT（https://projects.eclipse.org/projects/iot.embed-cdt）
- マイクロコントローラ・ベンダのツール・チェーン
- mbedOSのようなウェブ・ベースの開発環境（https://mbed.com）

商用ツール・チェーンの中には，無料のトライアル版を提供しているものもありますが，コード・サイズに制限があります．

第2章 Cortex-Mプログラミングを始める

本書に掲載されているソフトウェア開発事例のほとんどは，Keil MDKをベースにしています．他のベンダのツール・チェーンを使用することもできます．ほとんどの場合，Cコードは変更せずに再利用できるはずですが，アセンブリやインライン・アセンブリを説明している多くのプロジェクトでは，別のツール・チェーンを使用する場合は，変更が必要になります．

2.1.2 開発ボード

初心者の方は，マイクロコントローラ・ベンダの開発・評価ボードを利用した方が簡単に始められます．開発ボードを自作することも可能ですが，それには，かなりの技術的知識とさまざまなスキルや機材が必要になります（例えば，表面実装された小さな電子部品のはんだ付けには専用の工具が必要です）．
Cortex-Mプロセッサ用の低価格の開発キットが各種用意されており，通常，サンプルやサポート・ファイル（Cヘッダ・ファイルやペリフェラル定義用のドライバ・ライブラリなど）を含むソフトウェア・パッケージが付属しています．注意することは，開発ボードの中には，特定の開発ツールを使用しなければならない制約があることです．
ツール・チェーンの中には，命令セット・シミュレータの機能を備えており，実際のハードウェアを使わずにプログラミングを学ぶことができます．しかし，シミュレータで特定のペリフェラル機能をエミュレートすることはできない場合もあります．さらに，実際のハードウェア開発ボードでは，アプリケーションを外部デバイス（例えば，モータ，オーディオ，ディスプレイ・モジュール）に接続できます．

2.1.3 デバッグ・アダプタ

Cortex-Mプロセッサのデバッグ・インターフェースは，デバッグ機能とフラッシュ・プログラミング・サポート（コンパイル済みプログラム・イメージをチップにダウンロードするため）へのアクセスを提供します．ほとんどのCortex-Mマイクロコントローラは，シリアル・ワイヤ・デバッグ（チップ上の2ピンが必要）または，JTAG（4ピンまたは5ピン）プロトコルに基づくデバッグ・インターフェースを備えています．USB/Ethernetインターフェースをこれらのデバッグ・プロトコルのいずれかに変換するには，デバッグ・アダプタが必要です．
多くの低コスト開発ボードには，デバッグ・アダプタとして機能する追加のマイクロコントローラが付属しており，仮想COMポート機能をサポートしている場合もあります（図2.1）．

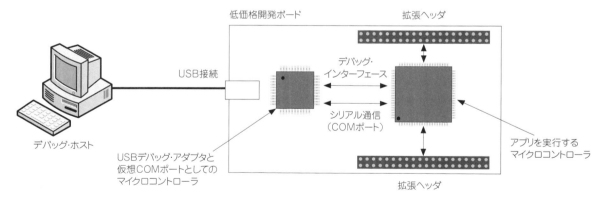

図2.1 よくある低コスト開発ボードの構成

使用しているボードにデバッグ・アダプタがない場合は，外部のデバッグ・アダプタ・ハードウェアを使用する必要があります．Keil，IAR，Seggerおよびその他の会社から，さまざまな価格帯の製品が発売されており，機能一覧も異なっています（図2.2）．開発スイートの多くは，複数のタイプのデバッグ・アダプタをサポートしています．
マイクロコントローラ・ボードを自作する場合，マイクロコントローラをデバッグ・アダプタに簡単に接続できるようにする必要があります．標準化されたコネクタの配置には幾つかの種類があり，本書のAppendix Aで取り上げています．（Appendix A：サポート・ページ　https://cc.cqpub.co.jp/system/contents/4045/）

図2.2　デバッグ・アダプタの例（Keil ULINK2，Keil ULINKPro，IAR I-Jet，Segger J-Link）

2.1.4　リソース

ツールや開発ボードを入手した後は，ベンダのウェブ・ページを見て，必要と思われる参考資料をダウンロードすることを忘れないようにしましょう．

- ソフトウェア・パッケージ，ペリフェラルレジスタとペリフェラルドライバ機能の定義を提供するヘッダ・ファイルを含む
- サンプル・コード，チュートリアル
- マイクロコントローラ・デバイスと開発ボードに関するドキュメント

ほとんどのMCUベンダは，質問を投稿できるオンライン・フォーラムを用意しています．プロセッサやツールなどのArm製品に関する質問があれば，Arm Community（https://community.arm.com）と呼ばれるArmオンライン・フォーラムに投稿できます．

2.2　幾つかの基本的な概念

マイコンを初めて使用する場合は，まずここを読んでください．すでにマイクロコントローラのアプリケーションを使用した経験のある読者の方は，この部分を飛ばして2.3節に進んでください．

第1章の1.1節では，マイクロコントローラの中に何が入っているかを説明しました．ここでは，マイクロコントローラを動作させるために必要なことを説明します．

2.2.1　リセット

マイクロコントローラは，プログラムの実行を開始する前に，あらかじめ決められた状態にするために，リセットが必要です．リセットは通常，外部ソースからのハードウェア信号によって生成されます．例えば，単純な回路を使用してリセット・パルスを生成するリセット・ボタンが開発ボード上にある場合があります（図2.3）．また，より高度な電力監視用の集積回路（Integrated Circuit：IC）によりリセットを制御することもあります．ほとんどのマイクロコントローラ・デバイスには，リセット用の入力ピンがあります．

Armベースのマイクロコントローラでは，マイクロコントローラ・ボードに接続されたデバッガによってリセットをトリガすることもできます．これにより，ソフトウェア開発者は，統合開発環境（Integrated Development Environment：IDE）を経由してマイクロコントローラをリセットできます．デバッグ・アダプタの中には，デバッグ・コネクタの専用ピンを使用してリセットを生成できるものもあります．このリセット信号は，マイコンのリセット回路に接続され，デバッグ接続によりデバッガから制御可能です．

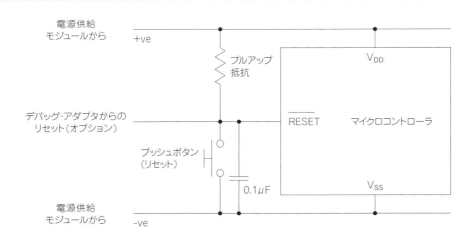

図2.3 低コストのマイクロコントローラ・ボードのリセット接続例（リセット端子はアクティブ・ローであると仮定）

　リセットが解除された後，プロセッサがプログラムの実行を開始できるようになるまでに，内部マイクロコントローラのハードウェアは，少し時間が必要になるかもしれません（内部クロック発振器の安定待ちなど）．この遅延は，通常非常に短く，ユーザが気付くことはありません．

2.2.2 クロック

　ほとんどのプロセッサやディジタル回路（ペリフェラルを含む）は，動作するためにクロック信号を必要とします．マイクロコントローラは，通常，基準クロックの生成に外部水晶振動子をサポートします．また，マイクロコントローラの中には，内部発振器を搭載しているものもあります（ただし，RC発振器のような実装では，出力周波数がかなり不正確な場合があります）．
　最新のマイクロコントローラの多くは，どのクロック・ソースを使用するかをソフトウェアで制御でき，必要とされるさまざまな動作周波数を生成するためのプログラマブル位相同期回路（Phase Locked Loop:PLL）とクロック分周器を備えています．その結果，わずか12MHzの外部水晶振動子を搭載したマイクロコントローラ回路で，はるかに高いクロック速度（例：100MHz以上）でプロセッサ・システムを動作させ，一部のペリフェラルを分周クロック速度で動作させている場合があります．
　省電力化のために，多くのマイクロコントローラでは，ソフトウェアで個々の発振器やPLLをON/OFFしたり，各ペリフェラルへのクロック信号をOFFにしたりできます．また，多くのマイクロコントローラは，低消費電力のリアルタイム・クロックを動作させるために，32kHzの水晶発振器（水晶はボード上の外付け部品でもよい）を追加で搭載しています．

2.2.3 電圧レベル

　全てのマイクロコントローラは，動作に電源が必要なので，マイクロコントローラには電源ピンがあります．最近のほとんどのマイクロコントローラは，非常に低い電圧を必要とし，一般的には3ボルト（V）を使用します．中には2V以下の供給電圧で動作するものもあります．
　独自のマイクロコントローラ開発ボードや試作回路を作成しようとしている場合，使用しているマイクロコントローラのデータシートを確認し，マイクロコントローラが接続されるコンポーネントの電圧レベルを決定する必要があります．例えば，リレー・スイッチのような外部インターフェースの中には5V信号を必要とするものがありますが，これはマイクロコントローラからの3V出力信号では動作しません．この場合，追加のドライバ回路が必要になります．
　マイクロコントローラ開発ボードを設計する場合に，電源電圧が定電圧化されていることも確認しておく必要があります．多くのDCアダプタは電圧出力を定電圧化していないため，電圧レベルが常に変動する可能性があり，電圧レギュレータを追加しない限り，そのようなアダプタはマイクロコントローラの回路の電源供給には適していません．

2.2.4 入力と出力

PCとは異なり，多くの組み込みシステムには，ディスプレイ，キーボード，マウスがありません．利用可能な入出力は，ボタン/キーパッド，LED，ブザー，そしておそらくLCDディスプレイ・モジュールのようなシンプルなインターフェースに限られます．このハードウェアは，ディジタルとアナログ入出力（I/O），UART，I²C，SPIなどのインターフェースを使用してマイクロコントローラに接続されます．また，多くのマイクロコントローラは，USB，イーサネット，CAN，グラフィックLCD，SDカードのインターフェースを提供しています．これらのインターフェースは，専用のペリフェラルで処理されます．

Armベースのマイクロコントローラでは，ペリフェラルはメモリ・マップされたレジスタで制御されます（ペリフェラル・アクセスの例は，本章の2.3.2節で説明します）．これらのペリフェラルの中には，8ビットや16ビット・マイクロコントローラで利用可能なペリフェラルよりも高機能なものもあり，ペリフェラルのセットアップ中にプログラムしなければならないレジスタの数が多い場合があります．

一般的に，ペリフェラルの初期化処理は，次のような構成になることが多いです．

I. ペリフェラルに接続されたクロック信号と，必要に応じて対応するI/Oピンを有効にするために，クロック制御回路をプログラムする．多くの低消費電力マイクロコントローラでは，チップ内の異なる部分に分配するクロック信号を個別にON/OFFすることで，省電力化を図っている．通常，デフォルトでは，ほとんどのクロック信号がOFFになっており，ペリフェラルをプログラムする前に有効にする必要がある．場合によっては，特定のペリフェラルにアクセスするため，バス・システムの一部のクロック信号を有効にする必要がある

II. I/Oコンフィギュレーションのプログラミング．ほとんどのマイクロコントローラは，各I/Oピンに複数の機能を割り当てている．ペリフェラルのインターフェースを正しく動作させるために，I/Oピンの割り当て（マルチプレクサのコンフィギュレーション・レジスタなど）をプログラムする必要がある場合がある．さらに，一部のマイクロコントローラは，I/Oピンの電気的特性を設定できる．このため，I/Oコンフィギュレーションの手順が追加される

III. ペリフェラル・コンフィギュレーションのプログラミング．ほとんどのインターフェースのペリフェラルには，その動作を制御するためのプログラマブルなレジスタが多数含まれているため，ペリフェラルを初期化して正しく動作させるには，通常，プログラミングの手順が必要

IV. 割り込み設定のプログラミング．ペリフェラルで割り込み処理が必要な場合，割り込みコントローラ（Cortex-MプロセッサのNVICなど）の追加のコンフィグレーション手順が必要になる

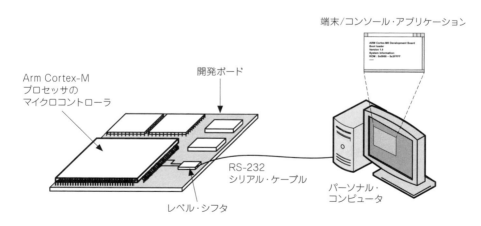

図2.4 ソフトウェア開発時のユーザ入力と出力にUARTインターフェースを使用する場合

ほとんどのマイクロコントローラのベンダは，ソフトウェア開発を容易にするためペリフェラル機能/デバイス・ドライバ・ライブラリを提供しています．デバイス・ドライバ・ライブラリが利用可能であっても，使用するアプリケーションによっては，低レイヤのプログラミングが必要な場合があります．例えば，ユーザ・インターフェースが必要な場合，ユーザフレンドリなスタンドアロンの組み込みシステムのために，独自のインターフェー

ス機能を開発する必要があるかもしれません（注意：市販のミドルウェアでGUIを作成するためのミドルウェアも販売されています）．それでも，マイクロコントローラのベンダが提供するデバイス・ドライバ・ライブラリを利用すれば，組み込みアプリケーションの開発はより容易になります．

製品に組み込まれるシステムの開発では，リッチなユーザ・インターフェースを持つ必要はありません．しかし，LEDやディップ・スイッチ，プッシュ・ボタンのような基本的なインターフェースでは，限られた情報しか伝えられません．開発中のソフトウェアのデバッグを支援するために，シンプルなテキスト入出力コンソールが非常に便利です．マイクロコントローラのUARTインターフェースから，PCのUARTインターフェース（またはUSBアダプタ経由）に通信するなら，単純なRS-232接続で対応可能です．このシステム構成により，マイクロコントローラのアプリケーションから，テキスト・メッセージを転送や表示し，ターミナル・アプリケーションを使用したユーザ入力が可能になります（図2.4）．これらのメッセージ通信を作成するための説明は，第17章-17.2.7節で説明します．

メッセージ表示にUARTを使用する代わりに，デバッグ接続でメッセージを転送する機能を持つ開発ツールもあります（この機能の例については17.2.8節で説明します）．

2.2.5 組み込みソフトウェアのプログラム・フローの紹介

アプリケーションの処理フローの構築には，さまざまな方法があります．ここでは，幾つかの基本的な考え方を取り上げます．なお，パソコンでのプログラミングとは異なり，ほとんどの組み込みアプリケーションでは，プログラムの流れに終了点がないことに注意してください．

2.2.5.1 ポーリング方式

単純なアプリケーションで，ポーリング（スーパ・ループと呼ばれることもある）は，設定が簡単で，基本的なタスクでかなりうまく動作します（図2.5）．

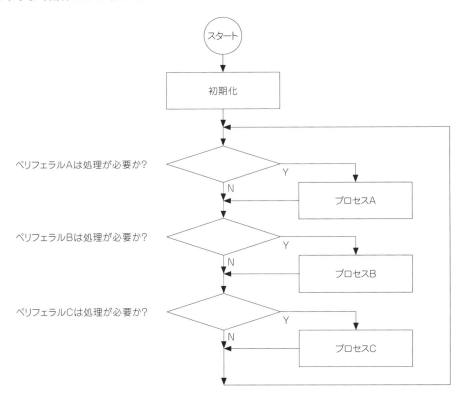

図2.5 簡単なアプリケーション処理のポーリング方式

アプリケーションがより複雑で，より高い処理性能が要求される場合，ポーリングは適していません．例えば，図2.5のプロセスAが完了するまでに長い時間がかかる場合，他のプロセスBとCは，プロセッサによって迅速にサービスを受けることができません（プロセスAが完了するまで）．ポーリング方式を使用するもう1つの欠点は，処理が必要ない場合でも，プロセッサがポーリング・プログラムを常に実行しなければならないことであり，エネルギー効率を低下させます．

2.2.5.2 割り込み駆動方式

低消費電力が要求されるアプリケーションでは，割り込みサービス・ルーチンで処理を行い，処理が必要ないときには，プロセッサをスリープ・モードにできます（図2.6）．割り込みは通常，プロセッサを起動するために，外部ソースまたはオンチップのペリフェラルによって生成されます．

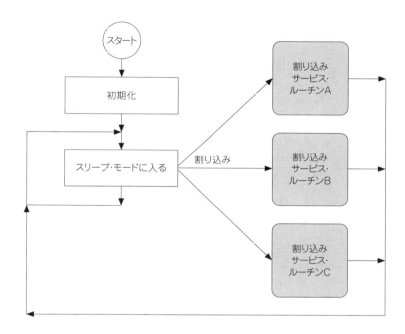

図2.6　割り込み駆動アプリケーション

割り込み駆動のアプリケーションでは，異なるペリフェラルからの割り込みに，異なるレベルの割り込み優先度を割り当てることができます．このようにすると，優先度の高い割り込み要求は，優先度の低い割り込みサービスが動作していてもサービスを受けることができ，その場合，優先度の低い割り込みサービスは，一時的に中断されます．その結果，優先度の高い割り込みサービスのレイテンシ（割り込み要求が発生してから要求元のペリフェラルがサービスを受けるまでの遅延時間）が短縮されます．

2.2.5.3 ポーリング方式と割り込み駆動方式の組み合わせ

多くの場合，アプリケーションは，ポーリングと割り込みを組み合わせて使用できます．ソフトウェアの変数を使用することで，割り込みサービス・ルーチンとアプリケーション・プロセスの間で情報を転送できます（図2.7）．

ペリフェラル処理タスクを割り込みサービス・ルーチンとメインプログラム内で動作するプロセスに分割することで，割り込みサービスの継続時間を短縮できます．さまざまな割り込みサービスの継続時間を短くすることで，優先度の低い割り込みサービスであっても，より迅速に処理を行うことができます．同時に，システムが処理するタスクがない場合には，スリープ・モードに入ることができます．図2.7で，アプリケーションは，プロセ

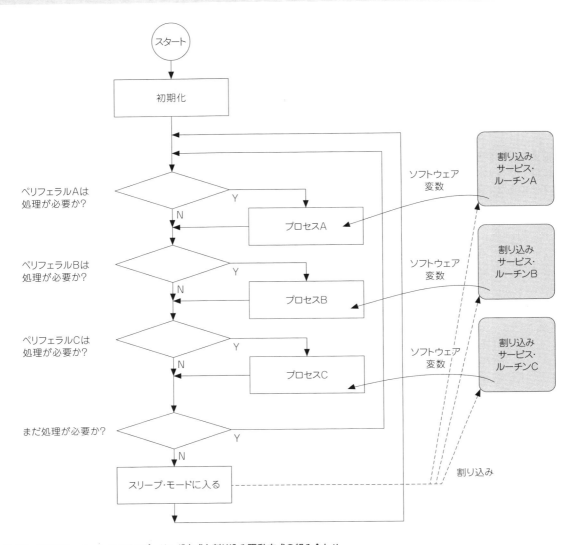

図2.7 アプリケーションにおけるポーリング方式と割り込み駆動方式の組み合わせ

スA，B，Cに分割されていますが，アプリケーションのタスクを簡単に分割できない場合には，1つの大きなプロセスとして記述する必要があります．その場合でも，ペリフェラルの割り込み要求の処理が遅れることはありません．

2.2.5.4 同時進行プロセスの処理

図2.7に示すように，あるアプリケーションの処理が完了するまでにかなりの時間を要することがあり，そのため，大規模なアプリケーション・ループで処理することは望ましくありません．処理Aの完了までに時間がかかりすぎると，処理BとCがペリフェラルからの要求に十分に対応できなくなり，システム障害につながる可能性があります．これに対する一般的な解決策は以下のとおりです．

1. 長い処理タスクを一連の状態に分解する．処理のたびに1つの状態だけが実行される
2. リアルタイム・オペレーティング・システム（RTOS）を使用して，複数のタスクを管理する

方法1（図2.8）では，処理を幾つかの部分に分割し，ソフトウェアの状態変数を使用して処理の状態を追跡します．処理が実行されるたびに状態情報が更新されるので，次に処理が実行されたときに処理シーケンスを正しく再開できます．

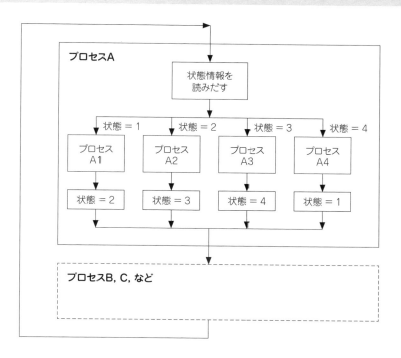

図2.8 アプリケーション・ループ内でプロセスを複数のパートに分割する

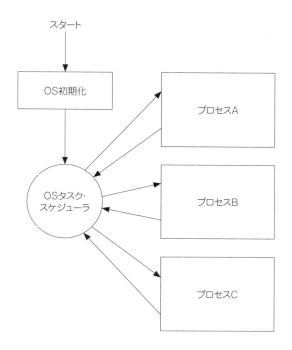

図2.9 RTOSを使用して複数のアプリケーション・プロセスを同時に処理する場合

　この方式では，プロセスの実行経路が短縮されるため，アプリケーション・ループ内では，メイン・ループの他のプロセスにより早く到達できます．処理に必要な総時間は変わらない（または，状態の保存と復元のオー

第2章　Cortex-Mプログラミングを始める

バーヘッドのためにわずかに増加する場合もある）ものの，システムの応答性は向上します．しかし，アプリケーション・タスクがますます複雑になると，手動でアプリケーション・タスクを分割するのは非現実的になります．

　より複雑なアプリケーションでは，リアルタイム・オペレーティング・システム（Real-Time Operating Systems：RTOS）を使用できます（図2.9）．RTOSを使用すると，プロセッサの実行時間をタイム・スロットに分割し，各タスクにタイム・スロットを割り当てることで，複数のアプリケーション・プロセスを同時に実行できます．RTOSを使用するには，割り込み要求を発生させるためのタイマが必要です（通常，これらの要求は定期的に発生する）．各タイム・スロットが終了すると，タイマ割り込みサービスは，RTOSのタスク・スケジューラをトリガし，コンテキストの切り替えを行うかどうかを決定します．コンテキスト切り替えを行う場合，タスク・スケジューラは，現在実行中のタスクを一時停止し，実行待ちの次のタスクに切り替えます．

　RTOSを使用することで，全てのタスクが一定時間内に処理されることが保証されるので，システムの応答性が向上します．RTOSの使用例は，第17章（17.2.9節）と第20章（20.6.4節）で説明します．

2.3　Arm Cortex-Mプログラミング入門

2.3.1　C言語プログラミング-データ型

　C言語は多くの"標準"データ型をサポートしています．ただし，データ型の実装は，プロセッサのアーキテクチャやCコンパイラの機能に依存します．Arm Cortex-Mプロセッサの場合，次のデータ型は，全てのCコンパイラでサポートされています（表2.1）.

表2.1　Cortex-Mプロセッサのデータ型のサイズ

CとC99（stdint.h）データ型	ビット数	範囲（符号付き）	範囲（符号なし）
char, int8_t, uint8_t	8	−128 ～ 127	0 ～ 255
short int16_t, uint16_t	16	−32768 ～ 32767	0 ～ 65535
int, int32_t, uint32_t	32	−2147483648 ～ 2147483647	0 ～ 4294967295
long	32	−2147483648 ～ 2147483647	0 ～ 4294967295
long long, int64_t, uint64_t	64	$-(2^{63}) \sim (2^{63-1})$	$0 \sim (2^{64-1})$
float	32	$-3.4028234 \times 10^{38} \sim 3.4028234 \times 10^{38}$	
double	64	$-1.7976931348623157 \times 10^{308} \sim 1.7976931348623157 \times 10^{308}$	
long double	64	$-1.7976931348623157 \times 10^{308} \sim 1.7976931348623157 \times 10^{308}$	
pointer	32	0x0 ～ 0xFFFFFFFF	
enum	8/16/32	コンパイラ・オプションで上書きされる場合を除き，可能な限り小さいデータ型	
bool（C++のみ），_Bool（C99）	8	真か偽か	
wchar_t	16	0 ～ 65535	

　他のプロセッサ・アーキテクチャからアプリケーションをArmプロセッサに移植する場合，データ型のサイズが異なるとき，プログラムが正しく動作するようにCプログラムのコードを修正する必要があります．

　デフォルトでは，Cortex-Mプログラミングのデータ変数のメモリ・アドレスはアラインされており，変数のメモリ・アドレスは，データ・サイズの倍数でなければなりません．しかし，Armv8-Mメインライン・サブプロファイルでは，アンアラインド・データ・アクセスも可能です．このトピックの詳細については，第6章–メモリ・システム（第6.6節）に記載されています．

　Armプログラミングでは，データ・サイズをバイト，ハーフ・ワード，ワード，ダブル・ワードと呼んでいます（表2.2）.

　これらの用語はArmのドキュメントによく出てくるもので，例えば命令セットの詳細に記載されています．

2.3 Arm Cortex-Mプログラミング入門

表2.2 Armプロセッサにおけるデータ・サイズの定義

項目	サイズ
バイト	8ビット
ハーフ・ワード	16ビット
ワード	32ビット
ダブル・ワード	64ビット

2.3.2 C言語でのペリフェラルへのアクセス

　Arm Cortex-Mベースのマイクロコントローラでは，ペリフェラル・レジスタはメモリ・マップされており，データ・ポインタでアクセスできます．ほとんどの場合，マイクロコントローラのベンダが提供するデバイス・ドライバを使用することで，ソフトウェア開発タスクを簡素化し，異なるマイクロコントローラ間でのソフトウェアの移植を容易にできます．ペリフェラル・レジスタに直接アクセスする必要がある場合は，次の方法を使用できます．

　幾つかのレジスタにアクセスするだけという簡単なシナリオでは，Cマクロを使って各ペリフェラル・レジスタをポインタとして定義できます．

ポインタを使用したUARTのレジスタ定義とレジスタへのアクセスの例

```
#define UART_BASE   0x40003000 // Arm Primecell PL011のベース
#define UART_DATA   (*((volatile unsigned long *)(UART_BASE + 0x00)))
#define UART_RSR    (*((volatile unsigned long *)(UART_BASE + 0x04)))
#define UART_FLAG   (*((volatile unsigned long *)(UART_BASE + 0x18)))
#define UART_LPR    (*((volatile unsigned long *)(UART_BASE + 0x20)))
#define UART_IBRD   (*((volatile unsigned long *)(UART_BASE + 0x24)))
#define UART_FBRD   (*((volatile unsigned long *)(UART_BASE + 0x28)))
#define UART_LCR_H  (*((volatile unsigned long *)(UART_BASE + 0x2C)))
#define UART_CR     (*((volatile unsigned long *)(UART_BASE + 0x30)))
#define UART_IFLS   (*((volatile unsigned long *)(UART_BASE + 0x34)))
#define UART_MSC    (*((volatile unsigned long *)(UART_BASE + 0x38)))
#define UART_RIS    (*((volatile unsigned long *)(UART_BASE + 0x3C)))
#define UART_MIS    (*((volatile unsigned long *)(UART_BASE + 0x40)))
#define UART_ICR    (*((volatile unsigned long *)(UART_BASE + 0x44)))
#define UART_DMACR  (*((volatile unsigned long *)(UART_BASE + 0x48)))
/* -----UART初期化 ---- */
void uartinit(void) // Arm Primecell PL011の簡単な初期化
{
  UART_IBRD  =40;   // ibrd : 25MHz/38400/16 = 40
  UART_FBRD  =11;   // fbrd : 25MHz/38400 - 16*ibrd = 11.04
  UART_LCR_H =0x60;   // ライン制御：8N1
  UART_CR    =0x301;   // cr : TXとRX有効化，UART有効化
  UART_RSR   =0xA; // バッファ・オーバーランがあればクリア
}
/* -----文字を送信する---- */
int sendchar(int ch)
{
```

39

第2章　Cortex-Mプログラミングを始める

```
  while (UART_FLAG & 0x20); //  ビジー,待ち
  UART_DATA = ch; //  文字を書く
  return ch;
}
/*  文字を受信する ---- */
int getkey(void)
{
  while ((UART_FLAG & 0x40)==0); //  データがない,待ち
  return UART_DATA; //  文字を読む
}
```

　前述したように，この方法（Cマクロを使って各ペリフェラルのレジスタをポインタとして定義する）は，単純なアプリケーションであれば問題ありません．しかし，システム内に同じペリフェラルが複数存在する場合には，それらのペリフェラルごとにレジスタを定義する必要があり，コードのメンテナンスが困難になります．さらに，各レジスタを個別のポインタとして定義すると，各レジスタ・アドレスがプログラムのフラッシュ・メモリに32ビットの定数として格納されるため，プログラム・サイズが大きくなる可能性があります．

　コードを簡略化し，プログラム領域をより効率的に使用するために，ペリフェラル・レジスタ・セットをデータ構造として定義し，このデータ構造へのメモリ・ポインタとしてペリフェラルを定義します（次のCプログラム・コードに示す）．

この構造体に基づくデータ構造体とメモリ・ポインタを使用したUARTのレジスタ定義例

```
typedef struct { //  Arm Primecell PL011のベース
  volatile unsigned long DATA;          // 0x00
  volatile unsigned long RSR;           // 0x04
           unsigned long RESERVED0[4];// 0x08 - 0x14
  volatile unsigned long FLAG;          // 0x18
           unsigned long RESERVED1;     // 0x1C
  volatile unsigned long LPR;           // 0x20
  volatile unsigned long IBRD;          // 0x24
  volatile unsigned long FBRD;          // 0x28
  volatile unsigned long LCR_H;         // 0x2C
  volatile unsigned long CR;            // 0x30
  volatile unsigned long IFLS;          // 0x34
  volatile unsigned long MSC;           // 0x38
  volatile unsigned long RIS;           // 0x3C
  volatile unsigned long MIS;           // 0x40
  volatile unsigned long ICR;           // 0x44
  volatile unsigned long DMACR;         // 0x48
} UART_TypeDef;
#define Uart0   ((UART_TypeDef *)    0x40003000)
#define Uart1   ((UART_TypeDef *)    0x40004000)
#define Uart2   ((UART_TypeDef *)    0x40005000)
/*-----UART初期化 ---- */
void uartinit(void) // Primecell PL011の簡単な初期化
{
  Uart0->IBRD  =40;   // ibrd : 25MHz/38400/16 = 40
```

2.3 Arm Cortex-Mプログラミング入門

```c
  Uart0->FBRD  =11;    // fbrd : 25MHz/38400 - 16*ibrd = 11.04
  Uart0->LCR_H =0x60;   // ライン制御：8N1
  Uart0->CR    =0x301;  // cr : TXとRX有効化，UART有効化
  Uart0->RSR   =0xA;   // バッファ・オーバーランがある場合はクリア
}
/*------- 文字を送信する-- */
int sendchar(int ch)
{
  while (Uart0->FLAG & 0x20);  // ビジー，待ち
  Uart0->DATA = ch;  // 文字を書く
  return ch;
}
/* -----文字を受信する ---- */
int getkey(void)
{
  while ((Uart0->FLAG & 0x40)==0);  // データがない，待ち
  return Uart0->DATA;  // 文字を読む
}
```

　この例では，上記のように，UART#0のIBRD（Integer Baud Rate Divider）レジスタは，Uart0->IBRDというシンボルでアクセスし，UART#1の同じレジスタはUart1->IBRDでアクセスするようになっています．

　このように構成することで，チップ内の複数のUARTで同じレジスタ・データ構造体を共有でき，コードのメンテナンスが容易になります．また，即値データを保存する必要がなくなるため，コンパイルされるコードが小さくなる可能性があります．

　さらに改良を加えれば，関数にベース・ポインタを渡すことで，ペリフェラル用に開発された関数を複数のユニット間で共有できるようになります．

UARTのレジスタ定義とベース・ポインタをパラメータとして渡して，複数のUARTをサポートするドライバ・コードの例

```c
typedef struct { // Arm Primecell PL011のベース
  volatile unsigned long DATA;         // 0x00
  volatile unsigned long RSR;          // 0x04
           unsigned long RESERVED0[4]; // 0x08 - 0x14
  volatile unsigned long FLAG;         // 0x18
           unsigned long RESERVED1;    // 0x1C
  volatile unsigned long LPR;          // 0x20
  volatile unsigned long IBRD;         // 0x24
  volatile unsigned long FBRD;         // 0x28
  volatile unsigned long LCR_H;        // 0x2C
  volatile unsigned long CR;           // 0x30
  volatile unsigned long IFLS;         // 0x34
  volatile unsigned long MSC;          // 0x38
  volatile unsigned long RIS;          // 0x3C
  volatile unsigned long MIS;          // 0x40
  volatile unsigned long ICR;          // 0x44
  volatile unsigned long DMACR;        // 0x48
} UART_TypeDef;
```

第2章 Cortex-Mプログラミングを始める

```c
#define Uart0    (( UART_TypeDef *)    0x40003000)
#define Uart1    (( UART_TypeDef *)    0x40004000)
#define Uart2    (( UART_TypeDef *)    0x40005000)
/* -----UART初期化 ---- */
void uartinit(UART_Typedef *uartptr) //
{
uartptr->IBRD  =40;    // ibrd : 25MHz/38400/16 = 40
uartptr->FBRD  =11;    // fbrd : 25MHz/38400 - 16*ibrd = 11.04
uartptr->LCR_H =0x60;   // ライン制御：8N1
uartptr->CR    =0x301;   // cr : TXとRX有効化，UART有効化
uartptr->RSR   =0xA;   // バッファ・オーバーランがある場合はクリア
}
/* -----文字を送信する---- */
int sendchar(UART_Typedef *uartptr, int ch)
{
  while (uartptr->FLAG & 0x20); // ビジー，待機中
  uartptr->DATA = ch; // 文字を書く
  return ch;
}
/* -----文字を受信する ---- */
int getkey(UART_Typedef *uartptr)
{
  while ((uartptr ->FLAG & 0x40)==0); // データがない
  return uartptr ->DATA; // 文字を読む
}
```

　ほとんどの場合，ペリフェラル・レジスタは32ビット・ワードとして定義されます．これは，ほとんどのペリフェラル機能は，全ての転送を32ビットで処理するペリフェラル・バス（AMBA APBプロトコルを使用，第6章の6.11.2節を参照）に接続されているためです．一部のペリフェラルは，プロセッサのシステム・バスに接続されている場合があります（さまざまな転送サイズをサポートするAMBA AHBプロトコルを使用，6.11.2節も参照）．このような場合，レジスタは，他の転送サイズでもアクセス可能な場合があります．各ペリフェラル機能でサポートされている転送サイズについては，マイクロコントローラのユーザ・マニュアルを参照してください．

　ペリフェラル・アクセスのためのメモリ・ポインタを定義する場合，レジスタの定義で"volatile"キーワードを使用する必要があります．これにより，コンパイラがアクセスを正しく生成することが保証されます．

2.3.3　プログラム・イメージの中は？

　アプリケーションがコンパイルされると，ツール・チェーンは，プログラム・イメージを生成します．プログラム・イメージの中には，ユーザが書いたアプリケーションのプログラム・コードに加えて，他のソフトウェア・コンポーネントも含まれています．これらは以下のとおりです．

- ベクタ・テーブル
- リセット・ハンドラ/スタートアップ・コード
- Cのスタートアップ・コード
- アプリケーション・プログラム・コード
- Cのランタイム・ライブラリ関数
- その他のデータ

　ここでは，これらのコンポーネントがどのようなものなのかを簡単に紹介します．

2.3 Arm Cortex-M プログラミング入門

2.3.3.1 ベクタ・テーブル

Arm Cortex-M プロセッサでは,ベクタ・テーブルに各例外と割り込みの開始アドレスが格納されています.例外の1つにリセットがありますが,これはリセット後にプロセッサがベクタ・テーブルからリセット・ベクタ(リセット・ハンドラの開始アドレス)をフェッチして,リセット・ハンドラから実行を開始することを意味します.ベクタ・テーブルの最初のワードは,第4章(4.2節プログラマーズ・モデル)で紹介するメイン・スタック・ポインタの開始値を定義しています.プログラム・イメージでベクタ・テーブルが正しく設定されていないと,デバイスは起動できません.

Cortex-M23とCortex-M33プロセッサでは,スタートアップ時のベクタ・テーブルの初期アドレスはチップ設計者によって指定されます.これは,これまでのほとんどのCortex-Mプロセッサとは異なります.

> 注意:Cortex-M0/ M0+/M3/M4プロセッサでは,ベクタ・テーブルの初期アドレスは,メモリ・アドレス開始の0x00000000として定義されています

ベクタ・テーブルの内容は,デバイス固有のものであり(サポートされている例外によって異なる),通常はスタートアップ・コードにマージされます.ベクタ・テーブルの詳細については,8.6節と9.5節で説明します.

2.3.3.2 リセット・ハンドラ/スタートアップ・コード

リセット・ハンドラ,すなわち,スタートアップ・コードは,システム・リセット後に最初に実行されるソフトウェアです.通常,リセット・ハンドラは,Cスタートアップ・コードの構成データ(スタックやヒープ・メモリのアドレス範囲など)を設定するために使用され,その後,Cのスタートアップ・コードに分岐します(2.3.3.3節を参照).場合によっては,リセット・ハンドラには,ハードウェア初期化シーケンスも含まれています.CMSIS-CORE(本章2.5節で紹介するCortexマイコン用ソフトウェア・フレームワーク)を使用したプロジェクトでは,リセット・ハンドラは,クロックとPLL(Phase-Locked Loop)の設定を行う"SystemInit()"関数を実行した後,C言語のスタートアップ・コードに分岐しています.

使用する開発ツールによっては,リセット・ハンドラを省略できます.リセット・ハンドラが省略された場合,代わりにCのスタートアップ・コードが直接実行されます.

スタートアップ・コードは,通常,マイクロコントローラのベンダによって提供され,ツール・チェーンの中にバンドルされていることが多いです.それらは,アセンブリ・コードまたはCコードの形で提供されます.

2.3.3.3 Cのスタートアップ・コード

C/C++でプログラミングしている場合,また,他の高級言語を使用している場合,プロセッサはプログラム実行環境を設定するためにあるプログラム・コードを実行する必要があります.これには,次のものが含まれます(ただし,これに限定されません)

- グローバル変数などのSRAMの初期データ値の設定
- ロード時に初期化されていない変数に対して,データ・メモリの一部をゼロ初期化する
- ヒープ・メモリを制御するデータ変数の初期化("malloc()'のようなC関数を使用するアプリケーションの場合)

初期化後,Cのスタートアップ・コードは"main()"プログラムの開始に分岐します.

Cのスタートアップ・コードは,ツール・チェーンによって自動的に挿入され,ツール・チェーン固有で,アセンブリでプログラムが書かれている場合は,ツール・チェーンによって挿入されません.Armコンパイラでは,Cのスタートアップ・コードは"__main"というラベルが付けられ,GNU Cコンパイラで生成されたスタートアップ・コードは通常"_start"というラベルが付けられています.

2.3.3.4 アプリケーション・コード

通常,アプリケーション・コードは,main()の先頭から始まります.これは,アプリケーションのプログラム・コードから生成された命令を含んでおり,実行されると,指定されたタスクが実行されます.命令シーケンスとは別に,プログラム・コードの中にはさまざまなタイプのデータが含まれています.これらは次のようなものです.

第2章　Cortex-Mプログラミングを始める

- 変数の初期値．関数やサブルーチンのローカル変数は初期化する必要があり，これらの初期値はプログラムの実行中に設定される
- プログラム・コード中の定数．定数データは，データ値，ペリフェラル・レジスタのアドレス，定数文字列など，多くの方法でアプリケーション・コード中で使用される．このデータは，リテラル・データと呼ばれ，「リテラル・プール」と呼ばれるデータ・ブロックとして，プログラム・イメージ内にまとめられることもある
- ルックアップ・テーブル内の定数やビット・マップなどのグラフィック・イメージ・データのような追加の値．ただし，このデータがプログラム・コード内に存在する場合に限る

このデータは，コンパイル・プロセス中にプログラム・イメージにマージされます．

2.3.3.5　Cライブラリ・コード

C/C++関数を使用した場合，リンカによってプログラム・イメージにCのライブラリ・コードが挿入されます．また，浮動小数点演算などのデータ処理タスクの利用で，Cのライブラリ・コードが挿入されることもあります．

開発ツールの中には，目的に応じてさまざまなバージョンのCライブラリを提供しているものがあります．例えば，Keil MDKやArm Development Studio（Arm DS）では，Microlibと呼ばれる特別なバージョンのCライブラリを使用するオプションがあります．Microlibは，マイクロコントローラをターゲットにしており，メモリ・サイズは非常に小さくなっていますが，標準Cライブラリの全ての機能や性能を提供するものではありません．高いデータ処理能力を必要とせず，プログラム・メモリが少ない組み込みアプリケーションでは，Microlibを使用することでコード・サイズを小さくできます．

アプリケーションによっては，単純なCのアプリケーション（Cライブラリの関数呼び出しがない場合）や純粋なアセンブリ言語プロジェクトでは，Cライブラリのコードが存在しない場合があります．

2.3.3.6　その他のデータ

また，プログラム・イメージには，プロセッサ自体では使用しない，他のハードウェア処理で使用される追加データが含まれている場合があります．

2.3.4　SRAMのデータ

プロセッサ・システム内のスタティック・ランダム・アクセス・メモリ（Static Random Access Memory：SRAM）は，さまざまな用途で使用されています．

データ：データは通常，グローバル変数とスタティック変数を含む（注意：ローカル変数は，スタック・メモリに置くことができるので，使用していない関数のローカル変数がメモリ空間を占有することはない）

スタック：スタック・メモリの役割には，関数呼び出し（通常のスタック・プッシュとポップ操作）を処理する際の一時データの保存，ローカル変数の保存，関数呼び出しでのパラメータの受け渡し，例外シーケンス中のレジスタの保存などがある．Thumb命令セットは，Stack Pointer（SP）関連のアドレス指定モードを使用するデータ・アクセスの処理において非常に効率的である．つまり，非常に低い命令オーバーヘッドで，スタック・メモリ内のデータにアクセスできる

ヒープ：ヒープ・メモリの使用は任意であり，アプリケーションの要件に依存する．ヒープ・メモリは，"alloc()"や"malloc()"のように動的にメモリ領域を確保するCの関数や，これらの関数を内部的に使用する他の関数呼び出しによって使用される．これらの関数が正しくメモリを割り当てられるように，Cのスタートアップ・コードは，ヒープ・メモリとその制御変数を初期化する必要がある

使用するツール・チェーンに応じて，スタックとヒープ空間のサイズは，リセット・ハンドラの中で定義するか，プロジェクトの構成ファイルの中で定義します．

Armプロセッサは，プログラム・コードを揮発性メモリ（例えばSRAM）にコピーし，そこから実行することも可能です．しかし，ほとんどのマイクロコントローラ・アプリケーションでは，プログラム・コードはフラッシュ・メモリなどの不揮発性メモリから直接実行されます．

SRAMにデータを配置する方法には，さまざまなアプローチがあります．これは多くの場合，ツール・チェーンに依存します．OSを使用しない単純なアプリケーションでは，SRAMのメモリ・レイアウトは，**図2.10**のよ

44

うになります．Armアーキテクチャでは，スタック・ポインタは，スタック・メモリ空間の最上部に初期化されます．スタック・ポインタは，スタック・プッシュ操作によってデータがスタックに置かれると減少し，スタック・ポップ操作によってデータがスタックから取り除かれると増加します．

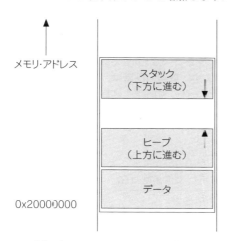

図2.10　シングル・タスク・システム(OSなし)でのRAM使用例

　組み込みOSやRTOS（例：Keil RTX）を搭載したマイクロコントローラ・システムでは，各タスクのスタックは別々になります．多くのOSでは，ソフトウェア開発者が各タスク/スレッドのスタック・サイズを定義することができます．一部のOSでは，RAMを幾つかのセグメントに分割し，各セグメントをタスクに割り当て，それぞれに個別のデータ，スタック，およびヒープ領域が含まれています（図2.11）．

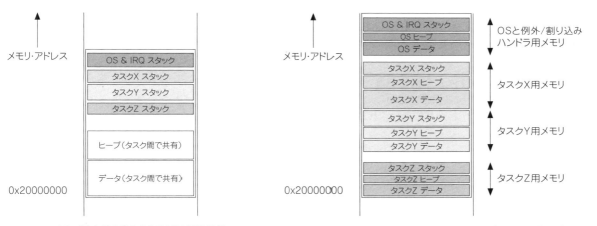

図2.11　複数のタスク・システム(OSを使用した場合)でのRAM使用例

　RTOSを搭載した多くのシステムでは，図2.11の左側に記載されているデータ配置が使用され，この例では，グローバル変数とスタティック変数とヒープ・メモリが共有されています．

2.3.5　マイコンが起動するとどうなるのか？

　最近のマイクロコントローラの多くは，コンパイルされたプログラムを保持するため，不揮発性メモリ（フラッ

シュ・メモリなど）を内蔵しています．フラッシュ・メモリは，バイナリ・マシン・コード形式のプログラムを保持しているため，C言語で書かれたプログラムは，フラッシュ・メモリにプログラムする前にコンパイルする必要があります．これらのマイクロコントローラの中には，フラッシュ・メモリ内のユーザ・プログラムを実行する前に，マイクロコントローラの起動時に実行される小さなブート・ローダ・プログラムを含む別個のブートROMを持っているものもあるかもしれません．多くの場合，フラッシュ・メモリ内のプログラム・コードのみ変更可能で，ブート・ローダ内のプログラム・コードはメーカによって固定されています．

TrustZoneセキュリティ拡張機能を持たないシンプルなCortex-Mマイクロコントローラでは，リセットとブートのシーケンスは，図2.12に示すようになります．最初の段階は，リセット・シーケンスで，ハードウェアが最小限のスタック・ポインタとプログラム・カウンタの初期化を処理します．ブート・ローダが存在する場合，初期のベクタ・テーブル・アドレスは，ブート・ローダ内のベクタ・テーブルを指しています．ベクタ・テーブル・アドレスは，ブート・ローダの実行終了時に，アプリケーション・プログラム・イメージ内のベクタ・テーブルを指すようにソフトウェアで変更できます．

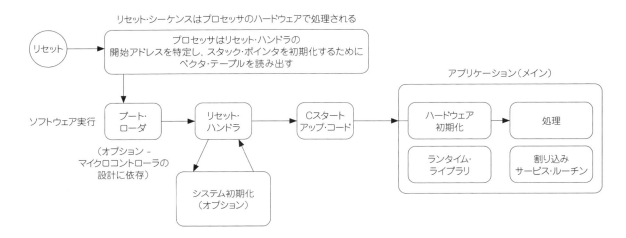

図2.12 TrustZoneセキュリティ拡張がないCortex-Mマイクロコントローラのブート・シーケンスの例

TrustZoneセキュリティ拡張機能を備えたCortex-M23またはCortex-M33マイクロコントローラの場合，内部のプロセッサは，セキュア状態で起動し，セキュア・ファームウェアを使用してブート・アップします．セキュア・アプリケーションが起動して実行されると，非セキュア・アプリケーションを初期化できます．これを図2.13に示します．

このようなシステムでは，セキュア・アプリケーションと非セキュア・アプリケーションは，それぞれ独自のベクタ・テーブル，スタック・メモリ，ヒープ・メモリ，データ・メモリ，プログラム・メモリ空間を持っています．図2.13に示すように，2つのアプリケーション・イメージ（セキュアと非セキュアのワールド）は，異なるプロジェクトで別々に開発されますが，それにもかかわらず，関数呼び出しを使用して，それらの間でやりとりを行うことができます．これについては，第18章で詳しく説明します．

2.3.6 ハードウェア・プラットフォームを理解する

Cortex-Mプロセッサの設計は，非常に柔軟で，多くのオプション機能を備えています．例えば，チップ設計者は，次のカスタマイズが可能です．
- TrustZoneセキュリティ拡張機能を実装するかどうか
- サポートしている割り込みの数と実装している優先度レベルの数（Cortex-M33プロセッサの設計で，優先度レベルの数は，Armv7-Mプロセッサと同様に設定可能）
- Cortex-M33ベースのマイクロコントローラの場合，浮動小数点ユニット（Floating-Point Unit：FPU）を搭載するかどうか

2.3 Arm Cortex-Mプログラミング入門

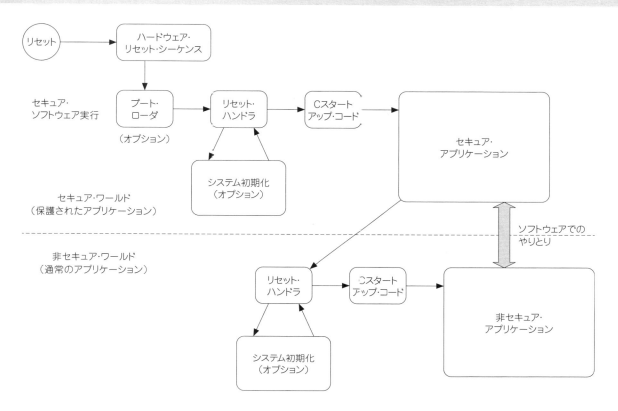

図2.13 TrustZoneセキュリティ拡張機能を備えたCortex-Mマイクロコントローラのブート・シーケンスの例

- メモリ保護ユニット（Memory Protection Unit：MPU）を含めるかどうか，含める場合は，MPU領域の数を定義できる．TrustZoneセキュリティ拡張機能が実装されている場合，プロセッサの中には，オプションで2つのMPUが有る場合があり，それは，1つはセキュア状態でのオペレーションともう1つは非セキュア状態でのオペレーションとなる．これら2つのMPUの領域の数は，個別に構成できる
- デバッグ機能とトレース機能の範囲．例えば，命令トレース機能をサポートするかどうか，サポートする場合は，エンベデッド・トレース・マクロセル（Embedded Trace Macrocell：ETM）をベースにしているか，マイクロ・トレース・バッファ（Micro Trace Buffer：MTB）をベースにしているかなど

使用可能な構成オプションに関する追加情報は，第3章の3.17節プロセッサの構成オプションで説明しています．

構成オプションの中にはアプリケーション・ソフトウェアの設計に直接影響を与えるものがあるため，使用しているデバイスに実装されている構成オプションを理解することは重要です．また，ソフトウェアを開発する際に利用できる開発ツールの機能を決定する可能性があります．明らかに，マイクロコントローラ・デバイスのメモリ・マップは，開発ツール内のソフトウェア・プロジェクトの設定にも影響を与えます．さらに，以下のプロセッサの構成オプションは，ソフトウェアの開発に影響を与えます．

- TrustZoneセキュリティ拡張機能がマイクロコントローラに実装されている場合，ソフトウェア開発者は，セキュア・ワールド（保護された環境など）用のソフトウェアを実装しているのか，非セキュア・ワールド（通常のアプリケーション環境など）用のソフトウェアを実装しているのかを知る必要がある．これは，次のような理由からである．
  ○ セキュア・ソフトウェアのコンパイルには，追加のコンパイラ・オプションの使用が必要（例：プロジェクト設定オプションやコマンドライン・オプションの形で使用できる）．これがないと，ArmC言語拡張（Arm C Language Extension：ACLE）で定義されている幾つかのソフトウェア機能が使用できない
  ○ Armv8-Mのハードウェア機能の中には，セキュア・ワールドでしか利用できないものがある

47

- ○ TrustZone用の異なるRTOS構成が存在する．そのため，同じRTOSでも複数のバリエーションがある場合があり，プロジェクトに適したバージョンを使用する必要がある
- RTOSの機能によっては，MPUを必要とする場合がある．アプリケーションに高い信頼性が要求される場合，MPUは，アプリケーション・タスク間のメモリ空間の分離を可能にすることに役立つ
- システム・ティック・タイマ（System Tick Timer：SysTick）は，Cortex-M23プロセッサではオプションで，Cortex-M33プロセッサでは常に使用可能である．しかし，ほとんどのマイクロコントローラ・デバイスでは，通常，SysTickが利用可能であることが期待されている
- 浮動小数点ユニット（Floating-Point Unit：FPU）がある場合，FPUが浮動小数点データ処理を高速化するために，特定のプロジェクト・オプションが必要になる場合がある
- エンベデッド・トレース・マクロセル（Embedded Trace Macrocell：ETM）がある場合，リアルタイムに命令トレースをキャプチャできる．そのためには，ソフトウェア開発者は，パラレル・トレース・ポート・インターフェースをサポートするデバッグ・プローブ/アダプタを使用する必要がある．しかし，ほとんどの低価格の開発用アダプタ（オープンソースのCMSIS-DAPベースの開発ボードのアダプタを含む）は，パラレル・トレース・ポート・インターフェースをサポートしていないことに注意

通常，デバイスのデータシートには必要な情報が全て記載されています．

2.4 ソフトウェア開発の流れ

Armマイコンには多くの開発ツール・チェーンが用意されています．その多くは，C/C++とアセンブリ言語をサポートしています．ほとんどの場合，プログラム生成の流れは図2.14のようになります．

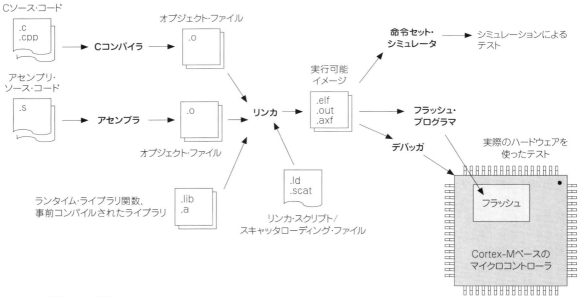

図2.14　典型的なプログラム生成フロー

ほとんどの基本的なアプリケーションでは，プログラムは完全にC言語で書くことができます．Cコンパイラは，C言語のプログラム・コードをオブジェクト・ファイルにコンパイルし，リンカを使って実行可能なプログラムイメージ・ファイルを生成します．GNU Cコンパイラの場合，コンパイルとリンクの段階は，しばしば1つのステップに統合されます．

アセンブリ・プログラミングを必要とするプロジェクトでは，アセンブラを使用してアセンブリ・ソース・コードからオブジェクト・コードを生成します．このオブジェクト・ファイルは，プロジェクト内の他のオブジェクト・ファイルとリンクして，実行可能なイメージを生成できます．

プログラム・コードの他に，オブジェクト・ファイルや実行イメージには，デバッガ・ソフトウェアが追加のデバッグ機能を提供できるようにするためのデバッグ情報などの追加データが含まれている場合があります．

使用する開発ツールによっては，コマンド・ライン・オプションを使用してリンカにメモリ・レイアウトを指定できます．しかし，GNU Cコンパイラを使用するプロジェクトでは，通常，メモリ・レイアウトを指定するために，リンカ・スクリプトが必要になります．他の開発ツールでもメモリ・レイアウトが複雑な場合，リンカ・スクリプトが必要です．Arm開発ツールでは，リンカ・スクリプトは，スキャッタローディング・ファイルとも呼ばれます．Keilのマイクロコントローラ開発キット（Microcontroller Development Kit：MDK）を使用している場合，メモリ・レイアウト・ウィンドウからスキャッタローディング・ファイルを自動的に生成できます．しかし，必要に応じて独自のスキャッタローディング・ファイルを使用することもできます．

ベクタ・テーブルは，メモリ・マップの特定の位置に配置する必要がありますが，それ以外のプログラム・イメージ内の要素の配置には，他の制約はありません．場合によって，プログラム・メモリ内の項目のレイアウトが特に重要である場合，プログラム・イメージのレイアウトは，リンカ・スクリプトによって制御できます．例えば，メモリ保護ユニット（Memory Protection Unit：MPU）を用いてセキュリティ管理を行う場合，アプリケーション・タスクのアクセス権を定義するために必要なMPU領域の数を最小限にするために，同じセキュリティ・パーティションのプログラム・コードとデータを一緒にグループ化することが一般的です．

実行イメージが生成された後，それをフラッシュ・メモリまたはマイクロコントローラの内部RAMにダウンロードしてテストできます．ほとんどの開発環境には，ユーザフレンドリな統合開発環境（Integrated Development Environment：IDE）が装備されており，このプロセス全体は非常に簡単です．デバッグ・プローブ［インサーキット・エミュレータ（In-Circuit Emulator：ICE），インサーキット・デバッガ，USB-JTAGアダプタと呼ばれることもある］を使って作業すると，プロジェクトの作成，アプリケーションのビルド，マイクロコントローラへの組み込みアプリケーションのダウンロードをわずか数ステップで行うことができます（**図2.15**）．

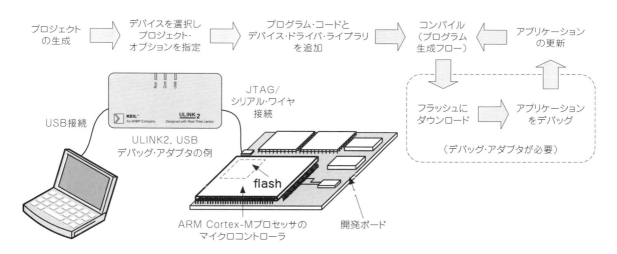

図2.15　開発フローの一例

多くのマイクロコントローラ開発ボードには，USBデバッグ・アダプタが内蔵されています．前述のアダプタが付属しておらず，デバッグ・ホスト（PC）とターゲット・ボードを接続するためにデバッグ・プローブが必要な場合もあります．Keil ULINK2/ULINKPro（**図2.2**）もその1つで，Keilマイクロコントローラ開発キット（Microcontroller Development Kit：MDK）と組み合わせて使用できます．

TrustZoneセキュリティ拡張機能付きのCortex-M23/Cortex-M33マイクロコントローラを使用していて，セキュア・ファームウェア用のソフトウェア・プロジェクトを作成している場合，セキュア・ワールドと非セキュア・ワールドで実行されるソフトウェア間のやりとりをテストするために，非セキュア・プロジェクトも同時に作成する必要があります．一部の開発環境スイートには，これを簡単にするためにマルチプロジェクト・ワークスペースと呼ばれる機能をサポートしているものもあり，複数のソフトウェア・プロジェクトを同時に開発して

テストできます.

　フラッシュ・プログラミング機能は，開発スイートのデバッガ・ソフトウェアや，場合によっては，マイクロコントローラ・ベンダのウェブサイトから入手可能なフラッシュ・プログラミング・ユーティリティを利用して実行できます．プログラム・イメージをマイクロコントローラ・デバイスのフラッシュ・メモリにプログラムした後，プログラムのテストを行います．デバッガ・ソフトウェアをマイクロコントローラ（アダプタ経由）に接続し，プログラムの実行を制御（停止，シングル・ステップ，レジューム，リスタート）し，その動作を観察できます．これらは全て，Cortex-Mプロセッサ上のデバッグ・インターフェースを介して実行できます（図2.16を参照）．

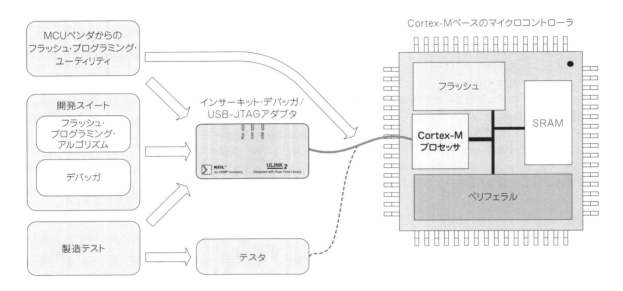

図2.16　Cortex-Mプロセッサにおけるデバッグ・インターフェースの各種機能

　単純なプログラム・コードの場合，シミュレータを使用してプログラムの動作をテストできます．これにより，プログラムの実行シーケンスを完全に把握でき，ハードウェアを使用せずにテストを行うことができます．しかし，ほとんどのシミュレータは，命令実行をエミュレートするだけで，ペリフェラル・ハードウェアの動作は確認できません．さらに，シミュレートされたプログラム実行のタイミング特性は不正確な場合があります．
　各種Cコンパイラが，異なる動作をするという事実はさておき，各種開発スイートもまた，異なるC言語拡張機能を提供し，異なるアセンブリ・プログラミングにおける構文やディレクティブを提供しています．本書の第5章5.3節では，Arm開発ツール（Arm Development Studio 5とKeil MDKを含む）とGNUコンパイラのアセンブリ構文情報を紹介しています．また，各種開発スイートは，それぞれ異なるデバッグ機能を提供し，さまざまなデバッグ・プローブをサポートしています．ソフトウェアの移植性を高めるため，ツール・チェーンの根本的な違いがアプリケーション・ソフトウェアに影響を与えないように，コモン・マイクロコントローラ・ソフトウェア・インターフェース標準（Cortex Microcontroller Software Interface Standard：CMSIS，2.5節参照）が一貫性のあるソフトウェア・インターフェースを提供しています．

2.5　コモン・マイクロコントローラ・ソフトウェア・インターフェース標準（CMSIS）

2.5.1　CMSISの紹介

　組み込みシステムの複雑さが増すにつれ，ソフトウェア・コードの互換性と再利用性がこれまで以上に重要になってきています．再利用可能なソフトウェアがあれば，次のプロジェクトの開発時間を短縮し，市場投入まで

2.5 コモン・マイクロコントローラ・ソフトウェア・インターフェース標準(CMSIS)

の時間を短縮できます．ソフトウェアの互換性は，サードパーティのソフトウェア・コンポーネントを使用することも可能にします．例えば，組み込みシステム・プロジェクトは，次のソフトウェア・コンポーネントで構成されています．

- 社内のソフトウェア開発者が開発したソフトウェア
- 他のプロジェクトから再利用したソフトウェア
- マイクロコントローラ・ベンダのデバイス・ドライバ・ライブラリ
- 組み込みOS/RTOS
- 通信プロトコル・スタックやコーデック(圧縮/伸長)などの他のサードパーティ製ソフトウェア製品

1つのプロジェクトで非常に多くの異なるソフトウェア・コンポーネントが使用されるため，これらのコンポーネントの互換性は，多くの大規模なソフトウェア・プロジェクトにおいて急速に重要な要素になってきています．また，システム開発者は，将来のプロジェクトで別のプロセッサを使用することになった場合でも，すでに開発したソフトウェアを再利用できるようにしたいと考えています．

ソフトウェア間の高い互換性を可能にし，移植性と再利用性を向上させるために，Armは多くのマイクロコントローラやツールベンダ，ソフトウェア・ソリューション・プロバイダと協力して，ほとんどのCortex-Mプロセッサとcortex-Mマイクロコントローラ製品をカバーする共通のソフトウェア・フレームワークであるCMSIS-COREを開発してきました．

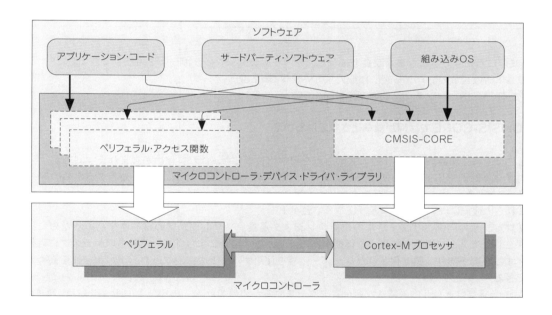

図2.17 CMSIS-COREはプロセッサ機能の標準化されたアクセス関数を提供

CMSIS-COREは，マイクロコントローラ・ベンダから提供されたデバイス・ドライバ・ライブラリの一部として実装されています(**図2.17**)．CMSIS-COREは，割り込み制御やシステム制御機能などのプロセッサ機能への標準化されたソフトウェア・インターフェースを提供します．これらのプロセッサ機能やアクセス関数の多くは，全Cortex-Mプロセッサで利用可能であり，これらのプロセッサをベースにしたマイクロコントローラ間でのソフトウェア移植を容易にします．

CMSIS-COREは，複数のマイクロコントローラ・ベンダで標準化されており，複数のCコンパイラ・ベンダでもサポートされています．例えば，Keil Microcontroller Development Kit(Keil MDK)，Arm Development Studio(Arm DS)，IAR Embedded Workbench，そして，さまざまなGNUベースのCコンパイラ・スイートで使用できます．

CMSIS-COREは，CMSISプロジェクトの第一段階であり，追加のプロセッサを包含するように進化を続けてき

第2章　Cortex-Mプログラミングを始める

表2.3　既存のCMSISプロジェクト一覧

CMSISプロジェクト	説　明
CMSIS-CORE	プロセッサ機能のための API セットとレジスタ定義を含むソフトウェア・フレームワーク. デバイス・ドライバ・ライブラリのための一貫したソフトウェア・インターフェースを提供
CMSIS-DSP	全ての Cortex-M プロセッサで利用可能な無料の DSP ソフトウェア・ライブラリ
CMSIS-NN	機械学習アプリケーションのための無料のニューラル・ネットワーク処理ライブラリ
CMSIS-RTOS	アプリケーション・コードと RTOS 製品とのインターフェースを実現するための API 仕様. これにより, 複数の RTOS で動作するミドルウェアを開発することが可能になる
CMSIS-PACK	ソフトウェア・パッケージ・メカニズムは, ソフトウェア・ベンダ (デバイス・ドライバ・ライブラリを提供するマイクロコントローラ・ベンダを含む) がソフトウェア・パッケージを提供することを可能にし, 開発スイートに容易に統合できるようにする
CMSIS-Driver	ミドルウェアが一般的に使用されるデバイス・ドライバの機能にアクセスできるようにするデバイス・ドライバ API
CMSIS-SVD	System View Description (SVD) は, マイクロコントローラ・デバイス内部のペリフェラル・レジスタを記述する XML ベースのファイルの標準規格. CMSIS-SVD ファイルは, マイクロコントローラのベンダによって作成される. CMSIS-SVD をサポートするデバッガは, これらのファイルをインポートしてペリフェラル・レジスタを視覚化できる
CMSIS-DAP	USB 接続の低価格なデバッグ・プローブのリファレンス・デザイン. これにより, 開発環境におけるデバッガと USB デバッグ・アダプタの標準的な通信インターフェースが実現する. CMSIS-DAP により, マイクロコントローラ・ベンダは, 複数のツールチェーンで動作する低コストのデバッグ・アダプタを作成できる
CMSIS-ZONE	複雑なシステム記述を XML ファイルで標準化し, 開発ツールでのプロジェクトの設定を簡素化する取り組み

ました. 長年にわたり, さまざまな改良を統合し, ツール・チェーンのサポートを追加してきました.
　今日, CMSISは複数のプロジェクトに拡大しています (**表2.3**).
　さまざまなCMSISプロジェクト間の関係を**図2.18**に示します.

2.5.2　CMSIS-COREでは何が標準化されているか?

CMSIS-COREは, 組み込みソフトウェアの分野を標準化しました. これには次が含まれます.
- 割り込み制御やSysTick初期化など, プロセッサの内部ペリフェラルにアクセスするためのアクセス関数/アプリケーション・プログラミング・インターフェース (Application Programming Interface : API). これらの機能については, 本書の後の章で説明する
- プロセッサの内部ペリフェラルのためのレジスタ定義. ソフトウェアの移植性を高めるためには, 標準化されたアクセス関数を使用する必要がある. しかし, 場合によっては, それらのレジスタに直接アクセスする必要があり, 標準化されたレジスタ定義を使用することで, ソフトウェアの移植性を高めることができる
- Cortex-Mプロセッサ内の特殊な命令にアクセスするための関数. Cortex-Mプロセッサには, 通常のCコードでは生成できない命令がある. それらの命令が必要な場合は, 提供されている関数を利用して生成することができる. そうでない場合は, Cコンパイラが提供する組み込み関数を使用するか, ツール・チェーン特有の組み込み/インライン・アセンブリ言語を使用しなければならない
- システム例外ハンドラの名前. 組み込みOSでは, システム例外が必要になることがよくある. システム例外ハンドラの名前を標準化することで, 組み込みOS内で異なるデバイス・ドライバ・ライブラリをサポートすることが容易になる
- システム初期化関数の名前. 共通のシステム初期化関数 "void SystemInit (void)" を利用することで, ソフトウェア開発者が最小限の労力で簡単にシステムのセットアップを行うことができる
- プロセッサのクロック周波数を決定するための "SystemCoreClock" というソフトウェア変数
- ファイル名やディレクトリ名の規約など, デバイス・ドライバ・ライブラリの共通の決め事. これにより, 初心者がデバイス・ドライバ・ライブラリに慣れ親しむことが容易になり, ソフトウェアの移植も容易になる

CMSIS-COREプロジェクトは, 大半のプロセッサ動作のソフトウェア互換性を確保するために開発されました. マイクロコントローラ・ベンダは, デバイス・ドライバ・ライブラリに追加機能を追加してソフトウェア・ソリュー

2.5 コモン・マイクロコントローラ・ソフトウェア・インターフェース標準(CMSIS)

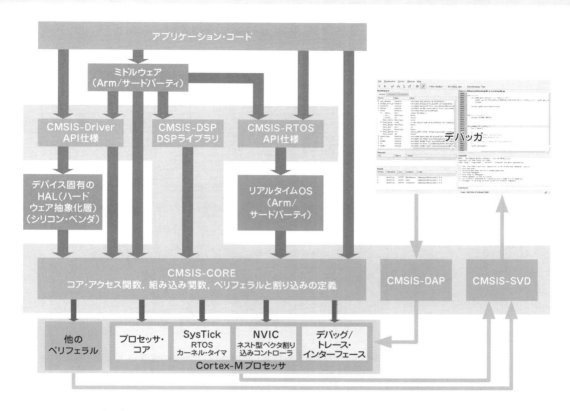

図2.18 異なるCMSISプロジェクト間の関係

ションを強化できます．従って，CMSIS-COREはベンダの組み込み製品の機能と能力を制限するものではありません．

2.5.3 CMSIS-COREの利用

CMSIS-COREは，マイクロコントローラ・ベンダが提供するデバイス・ドライバ・パッケージに組み込まれています．ソフトウェア開発にデバイス・ドライバ・ライブラリを使用している場合は，すでにCMSIS-COREを使用していることになります．CMSISプロジェクトはオープンソースであり，以下のGitHubのウェブサイトから自由にアクセスできます．
`https://github.com/ARM-software/CMSIS_5`(CMSISバージョン5)

ほとんどのCプログラム・プロジェクトでは通常，Cファイルに1つのヘッダ・ファイルを追加するだけで済みます．このヘッダ・ファイルは，マイクロコントローラのベンダが提供するデバイス・ドライバ・ライブラリの中で提供されます．通常，このヘッダ・ファイルの中にはデバイス・レジスタの定義があります(他のファームウェア・ライブラリのために，追加のヘッダ・ファイルが必要になる場合がある)．また，CMSIS-COREに必要な機能のための追加のヘッダ・ファイルを必要とするコードもあります．また，他のペリフェラル関数を必要とするヘッダコードが含まれている場合もあります．

プロジェクトには，CMSISに準拠したスタートアップ・コードを含める必要があります．これはCまたはアセンブリ・コードのどちらでもかまいません．CMSIS-COREは，さまざまなツール・チェーンに対応したさまざまなスタートアップ・コードのテンプレートを提供しています．

図2.19はCMSIS-COREパッケージを使用した簡単なプロジェクトの構成を示しています．幾つかのファイル名は実際のマイクロコントローラ・デバイスの名前に依存しています(図2.19では`<device>`と表示されています)．デバイス・ドライバ・ライブラリで提供されているヘッダ・ファイルを使用すると，他の必要なヘッダ・ファイルが自動的に含まれます(表2.4)．

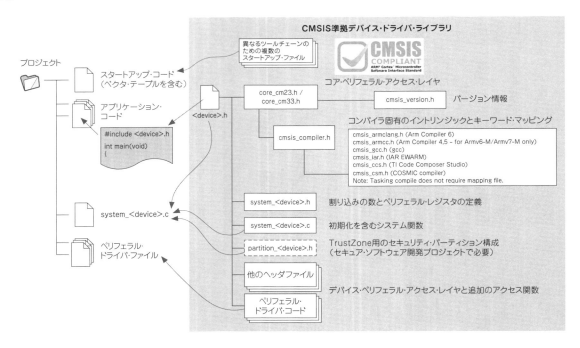

図2.19 ソフトウェア・プロジェクトでのCMSIS-COREを使用したデバイス・ドライバ・パッケージの使用

表2.4 典型的なソフトウェア・プロジェクトにおけるCMSIS-COREファイルのリスト

ファイル	説明
`<device>.h`	他のヘッダ・ファイルを含むマイクロコントローラ・ベンダから提供されるファイルで，CMSIS-COREで必要とされる多数の定数の定義，デバイス固有の例外タイプの定義，ペリフェラル・レジスタの定義，ペリフェラルのアドレス定義を提供
`core_cm23.h/core_cm33.h`	このファイルには，NVIC，システム・ティック・タイマ，システム制御ブロック(System Control Block：SCB)などのプロセッサのペリフェラル・レジスタの定義が含まれている．また，割り込み制御やシステム制御などのコア・アクセス関数も提供
`cmsis_compiler.h`	コンパイラ固有のヘッダ・ファイルの選択を有効にする

`cmsis_armclang.h`
`cmsis_armcc.h`
`cmsis_gcc.h`
`cmsis_iar.h`
`cmsis_ccs.h`
`cmsis_csm.h`
	組み込み関数とコア・レジスタ・アクセス関数を提供
	注
	・各コンパイラ／ツールチェーンは，それぞれ独自のファイルを持っている
	・`cmsis_armcc.h`(Armコンパイラ4/5)はCortex-M23とCortex-M33をサポートしていない．Armツールチェーンを使用する場合は，"`cmsis_armclang.h`"を使用する

`cmsis_version.h`	CMSISのバージョン情報
`Startup code`	スタートアップ・コードは，ツール固有のため，CMSIS-COREの中に，複数のバージョンが存在する．スタートアップ・コードには，ベクタ・テーブル，多数のシステム例外ハンドラのダミー定義が含まれている．CMSIS-COREバージョン1.30以降では，スタートアップ・コード・シーケンスのリセット・ハンドラは，システム初期化関数("`void SystemInit(void)`")への関数呼び出しを含んでいる．この関数は，Cのスタートアップ・コードに分岐する前に，さまざまなハードウェアの初期化ステップを実行する
`system_<device>.h`	`system_<device>.c`で実装されている関数のヘッダ・ファイル
`system_<device>.c`	このファイルには次を含む ・システム初期化機能"`void SystemInit(void)`"の実装(クロック，PLL設定用) ・変数"`SystemCoreClock`"(プロセッサのクロック速度)の定義 ・"`SystemCoreClock`"変数を更新するために，クロック周波数を変更するたびに使われる，"`void SystemCoreClockUpdate(void)`"と呼ばれる関数 `SystemCoreClock`変数と`SystemCoreClockUpdate`関数は，CMSISバージョン1.3以降で利用可能

2.5 コモン・マイクロコントローラ・ソフトウェア・インターフェース標準（CMSIS）

ファイル	説　明
その他のファイル	ペリフェラル制御コードやその他のヘルパ関数のための追加ファイルもある．これらのファイルは，デバイスのペリフェラル機能へのアクセスを提供

図2.20は小規模なプロジェクトでCMSIS準拠のドライバを使用した例を示しています．

```
#include "vendor_device.h"

void main(void) {
 …
 NVIC_SetPriority(UART1_IRQn, 0x0);          コア・アクセス関数でのNVIC設定
 NVIC_EnableIRQ(UART1_IRQn);                 <vendor_device>.hで定義された
 …                                           割り込み本数
}
void UART1_IRQHandler {
 ...                                         ペリフェラル割り込み名はデバイス固有で，
}                                            デバイス固有のスタートアップ・コードで定義

void SysTick_Handler(void) {
 …                                           システム例外ハンドラ名は全ての
 }                                           Cortex-Mマイクロコントローラで共通
```

図2.20　CMSIS-COREに基づくアプリケーション例

通常，CMSIS準拠のデバイス・ドライバ・ライブラリを使用するための情報や例は，マイクロコントローラ・ベンダのライブラリ・パッケージに記載されています．CMSISプロジェクトのオンライン・リファレンスは，http://www.keil.com/cmsisにあります．

2.5.4　CMSISのメリット

CMSIS-COREと他のCMSISパッケージは，多くのユーザに次のような利点を提供します．

ソフトウェアの移植性と再利用性：あるCortex-Mベースのマイクロコントローラから別のマイクロコントローラへのアプリケーションの移植は，CMSIS-COREを使用することではるかに簡単になります．例えば，ほとんどの割り込み制御機能は，Cortex-Mプロセッサの全てで利用可能です．これにより，新しい別のプロジェクトに取り組む際に，ソフトウェア・コンポーネントの一部を再利用することがはるかに簡単になります．

ソフトウェア開発の容易性：多くの開発ツールはCMSIS（CMSIS-COREや他のCMSISプロジェクト）をサポートしており，それにより，新しいソフトウェア・プロジェクトの設定プロセスを簡素化し，ユーザにより良いセットアップ環境を提供します．

新しいデバイスのプログラミングを簡単に習得：新しいCortex-Mベースのマイクロコントローラの使用方法を簡単に習得できます．CMSIS準拠のデバイス・ドライバ・ライブラリは同じコア関数と類似したソフトウェア・インターフェースを持っているため　一度，Cortex-Mベースのマイクロコントローラを使用した後は，別のマイクロコントローラの使い方をすぐに習得できます

ソフトウェア・コンポーネントの互換性：CMSISを使用することで，サードパーティのソフトウェア・コンポーネントを統合する際に，互換性がないというリスクを減らすことができます．異なるソースからのソフトウェア・コンポーネント（RTOSを含む）は，CMSISに存在する同じコア・レベルのアクセス関数に基づいているので，競合するコードが存在するリスクは減少しています．また，ソフトウェア・コンポーネントが独自のコア・レベルのアクセス関数とレジスタ定義を含む必要がないため，コード・サイズを小さくできます．

将来の保証：CMSISは，ソフトウェア・コードが将来の資産になるように支援します．将来のCortex-MプロセッサとCortex-Mベースのマイクロコントローラは，CMSISをサポートしており，将来の製品でアプリケーショ

第2章　Cortex-Mプログラミングを始める

ン・コードを再利用できることを意味します.

　品質：CMSISのコア・アクセス関数は，小さくできています．CMSIS内部のプログラム・コードは複数の関係者によってテストされ，ソフトウェアのテスト時間を短縮します．CMSISは，Motor Industry Software Reliability Association（MISRA：ミスラ）に準拠しています.

　組み込みOSやミドルウェア製品を開発する企業にとって，CMSISの利点は大きいです．CMSISは複数のコンパイラ・スイートをサポートし，複数のマイクロコントローラ・ベンダがサポートしているため，CMSIS用に開発された組み込みOSやミドルウェアは複数のマイクロコントローラ・ファミリで動作し，異なるツール・チェーンでコンパイルできます．また，CMSISを使用することは，企業が独自のポータブルなデバイス・ドライバを開発する必要がないことを意味し，開発時間と検証の労力を節約できます.

2.6　ソフトウェア開発に関する追加情報

　Cortex-Mプロセッサは，使いやすいように設計されており，ほとんどの操作は，標準のC/C++コードでコーディングできます．しかし，アセンブリ言語が必要な場合もあります．ほとんどのCコンパイラは，Cプログラム内でアセンブリ・コードを使用できるようにするための方法を提供しています．例えば，多くのCコンパイラは，インライン・アセンブラを提供しており，Cプログラムのコードにアセンブリ関数を簡単に含めることができます．しかし，インライン・アセンブラを使用するためのアセンブリ構文は，ツール・チェーン固有のものであり，互換性はありません.

　Arm Development Studio（Arm DS）やKeil MDKのArm Cコンパイラなど，一部のCコンパイラは，特殊な命令を挿入できるようにする組み込み関数も提供しています．なぜなら，これらの命令は通常のCコードでは生成できないためです．組み込み関数は通常，ツール・チェーン固有のものです．しかし，Cortex-Mプロセッサ内の特殊な命令にアクセスするためのツール・チェーンに依存しない組み込み関数もCMSIS-CORE内で利用可能です．これについては第5章で説明します.

　プロジェクトの中でC，C++，アセンブリ・コードを混在させることができます．これにより，プログラムの大部分をC/C++で記述し，C/C++で扱えない部分はアセンブリで記述できます．これを処理するためには，関数間のインターフェースを一貫して処理し，入力パラメータと返り値を正しく転送できるようにしなければなりません．Armソフトウェア・アーキテクチャでは，関数間のインターフェースは，ARMアーキテクチャ・プロシージャ・コール標準（Arm Architecture Procedure Call Standard：AAPCS）[1]と呼ばれる仕様書で規定されています．AAPCSは，組み込みアプリケーション・バイナリ・インターフェース（Embedded Application Binary Interface：EABI）の一部です．アセンブリでコードを書く場合は，AAPCSで定められたガイドラインに従う必要があります．AAPCSのドキュメントとEABIのドキュメントは，Armのウェブサイトからダウンロードできます.

　これについての詳細は，第17章17.3節に記載されています.

◆ **参考・引用＊文献** ………………………………………………………

(1)　Armアーキテクチャ・プロシージャ・コール標準（AAPCS）
　　　https://developer.arm.com/documentation/ihi0042/latest

◆第3章◆

Cortex-M23とCortex-M33プロセッサの技術概要

Technical Overview of the Cortex-M23
and Cortex-M33 processors

3.1 Cortex-M23とCortex-M33プロセッサの設計目標

　Arm Cortex-Mプロセッサは，マイクロコントローラや低消費電力の特定用途向け集積回路（Application Specific Integrated Circuit：ASIC）で広く使用されています．多くの点で，Cortex-Mプロセッサの設計は，これらのアプリケーションに最適化されています．これは，前世代のCortex-Mプロセッサで実証されており，これらの特定の要件にうまく対応しています．Internet-of-Things（IoT）アプリケーションの人気の高まりに伴い，追加の要件，特にプロセッサのセキュリティ機能が不可欠になってきています．
　Cortex-M23とCortex-M33プロセッサの設計目標は以下です．

- **低消費電力**：多くのIoTアプリケーションは電池駆動だが，中にはエナジー・ハーベスティング（環境発電）を使用して電力を供給するものもある．また，プロセッサは，スリープ・モードなどの低消費電力機能を幅広くサポートする必要がある
- **小シリコン面積/少論理ゲート数**：プロセッサのサイズが小さいことが望ましいのは，チップのコスト削減に役立つからである．例えば，ミックスド・シグナル回路では，トランジスタの形状の性質上，少ないゲート数であることが必要なアプリケーションもある
- **性能**：マイクロコントローラにおけるデータ処理への要求は年々増加している．例えば，オーディオ処理に使用されるものもある．また，IoTアプリケーションで使用されるプロセッサは，複雑な通信プロトコルを実行する必要があるかもしれない
- **リアルタイム機能**：これには，低割り込みレイテンシとソフトウェアの実行動作における厳密な実行時間の保証が含まれる．例えば，高速なモータ制御アプリケーションでは，割り込みへの応答が遅れると，速度/位置制御の精度が低下し，システムのエネルギー効率が低下し，ノイズや振動が増加し，最悪の場合，安全性に影響を与える可能性があるため，低い割り込みレイテンシが不可欠である
- **使いやすさ**：マイクロコントローラは，学生や趣味の人などの経験の浅いユーザを含め，さまざまなソフトウェア開発者によって使用されている．多くのプロジェクトでは，市場からの要請により，マイクロコントローラやプロセッサのアーキテクチャを研究するのに長時間かけることができないため，使いやすさは専門家にとっても重要である
- **セキュリティ**：多くのマイクロコントローラがIoTアプリケーションで使用されているため，セキュリティは，非常に重要な要件となっている．そのため，TrustZoneセキュリティ拡張機能がArmv8-Mアーキテクチャに搭載されている
- **デバッグ機能**：ソフトウェアの複雑化に伴い，アプリケーションの複雑なソフトウェアに起因する問題で，デバッグが難しくなっているため，高度なプロセッサ・デバッグ機能が必要である
- **柔軟性**：チップ設計が異なると，システム設計の要件が大きく異なるため，プロセッサ設計はそれぞれの要件に対応できなければならない．例えば，あるアプリケーションでは，必要不可欠な機能であっても，別のアプリケーションでは低消費電力化やシリコン面積の削減を可能にするために削除する必要がある場合がある．このように，Cortex-M23とCortex-M33プロセッサは，高度に構成可能なように設計されている
- **システム・レベルでの容易な統合**：Cortex-M23とCortex-M33プロセッサは，チップ設計者がシステム・レベルの設計で，容易にプロセッサを統合できるように，さまざまなインターフェース・レベルの機能と構成オプションを備えるように設計されている
- **スケーラビリティ（拡張性）**：Cortex-Mプロセッサは，シングル・コアとマルチコア設計で使用される．ス

57

ケーラビリティの要件を満たすために，プロセッサの設計にはマルチコアシステムの要件をサポートする多くの機能がある
- **ソフトウェアの再利用性**：ソフトウェア開発コストを削減するために，Cortex-M23とCortex-M33プロセッサは，以前のCortex-M用に設計されたソフトウェアのほとんどを再利用できるように設計されている
- **品質**：プロセッサ設計は，複数の検証手法を用いて広範囲にテストされている

多くのエンジニアリング・プロジェクトと同様に，多くの目的の間にはトレードオフが存在します．例えば，性能とエネルギー効率，使いやすさとセキュリティなどです．Cortex-M23とCortex-M33プロセッサは，ほとんどのマイクロコントローラ設計に1番最適なものを目標としています．

3.2 ブロック図

3.2.1 Cortex-M23

Arm Cortex-M23プロセッサのブロック図を図3.1に示します．

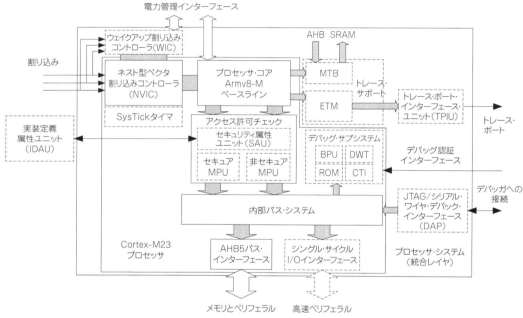

図3.1 Arm Cortex-M23プロセッサのブロック図

Cortex-M23プロセッサの設計には，表3.1のような多数のユニットが含まれています．

表3.1 プロセッサ内部のコンポーネントの簡単な説明

ユニット名	簡単な説明
AHB5	アドバンスト・ハイパフォーマンス・バス・バージョン5(Advanced High-performance Bus version 5)：低レイテンシ，低ハードウェア・コストなオンチップ・バス・プロトコル．バージョン5は，TrustZoneセキュリティ拡張をサポートしている
SAU	セキュリティ属性ユニット(Security Attribution Unit)：セキュア領域と非セキュア領域の間のメモリ空間の分割を定義する
IDAU	実装定義属性ユニット(Implementation Defined Attribution Unit)：SAUと連携し，メモリ空間の分割を定義するオプションのハードウェア・ブロック
MPU	メモリ保護ユニット(Memory Protection Unit)：特権状態と非特権状態の間のアクセス許可の分離を定義する．TrustZoneセキュリティ拡張機能が実装されている場合，プロセッサには2つのMPUがある

ユニット名	簡単な説明
NVIC	ネスト型ベクタ割り込みコントローラ(Nested Vectored Interrupt Controller)：割り込みや内部システム例外要求の優先順位付けと処理
WIC	ウェイクアップ割り込みコントローラ(Wakeup Interrupt Controller)：プロセッサへの全てのクロックが停止している場合や，プロセッサ回路が低消費電力状態が保持されている場合に，プロセッサをスリープ・モードから起動することを可能にする
SysTick	システム・ティック・タイマ(System tick timer)：OSの定期的な割り込み処理やその他の時間管理のための基本的な24ビット・タイマ．TrustZoneが存在する場合，最大2つのSysTickタイマを使用できる
DAP	デバッグ・アクセス・ポート(Debug Access Port)：JTAGまたはシリアル・ワイヤ・デバッグ・プロトコルを使用して，デバッグ・プローブがプロセッサのメモリ・システムおよびデバッグ機能にアクセスできるようにする
BPU	ブレーク・ポイント・ユニット(Break Point Unit)：デバッグ用のブレーク・ポイント処理を提供する
DWT	データ・ウォッチ・ポイントとトレース(Data Watchpoint and Trace)：データ・ウォッチ・ポイントとトレース動作の処理を行う(データ・トレースのサポートはArmv8-Mベースラインには含まれていない)
ROMテーブル	ROMテーブル：デバッガがシステムに実装されているデバッグ機能を発見できるようにするための小さなルックアップ・テーブル
CTI	クロス・トリガ・インターフェース(Cross Trigger Interface)：マルチコア・システムのデバッグ・イベント通信用
ETM	エンベデッド・トレース・マクロセル(Embedded Trace Macrocell)：リアルタイムの命令トレースをサポートするハードウェア・ユニット
TPIU	トレース・ポート・インターフェース・ユニット(Trace Port Interface Unit)：内部トレース・バスをトレース・ポート・プロトコルに変換するためのハードウェア・ブロック
MTB	マイクロ・トレース・バッファ(Micro Trace Buffer)：オンチップSRAMに命令トレースを保存するための代替の命令トレース機能．この機能により，低コストのデバッグ・プローブを使用して命令トレースを行うことができる

前述のコンポーネントの多くは，オプションであることに注意してください(ブロック図では破線で示されている)．

3.2.2 Cortex-M33

Arm Cortex-M33プロセッサのブロック図を**図3.2**に示します．

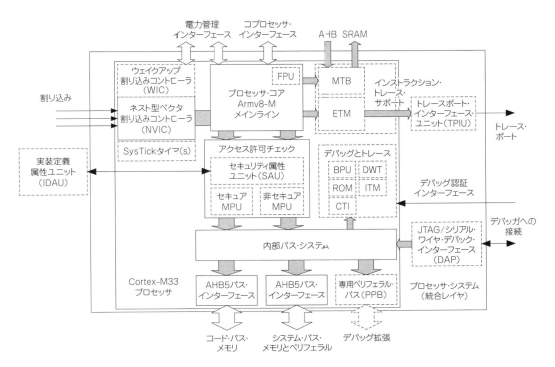

図3.2　Arm Cortex-M33プロセッサのブロック図

第3章　Cortex-M23とCortex-M33プロセッサの技術概要

　Cortex-M23プロセッサと比較して，Cortex-M33プロセッサは，メモリ・アクセス用のAHB5インターフェースが1つ追加されています．さらに，Cortex-M33プロセッサには，幾つかの追加ユニットがあります．これらを**表3.2**に示します．

表3.2　Cortex-M33の追加コンポーネント

ユニット名	簡単な説明
FPU	浮動小数点ユニット(Floating Point Unit)：浮動小数点データ処理を行うプロセッサ・ハードウェア
ITM	計装トレース・マクロセル(Instrumentation Trace Macrocell)：ソフトウェアでトレース・データを生成できるようにするためのトレース・ユニット
PPB	専用ペリフェラル・バス(Private Peripheral Bus)：追加のデバッグ・コンポーネントを容易に追加するバス・インターフェース

　Cortex-M23(Armv8-Mベースライン)とは異なり，Armv8-Mメインライン・プロセッサでは，SysTickタイマが常に存在します(オプションではありません)．

3.3　プロセッサ

　Cortex-M23とCortex-M33はいずれも32ビット・プロセッサで，Armv8-Mアーキテクチャをベースにしています．
- Cortex-M23プロセッサはArmv8-Mアーキテクチャのベースライン・サブプロファイルがベース
- Cortex-M33プロセッサは，Armv8-Mアーキテクチャのメインライン・サブプロファイルがベース

　Cortex-M23プロセッサは，2段のパイプラインを備えています．
- 第1段：命令フェッチとプリデコード
- 第2段：メインの命令デコードと実行

　Cortex-M23プロセッサは，2段のシングル・パイプライン設計を採用することで，小さなシリコン面積と超低消費電力を必要とするアプリケーションに最適化されています．設計の複雑さを軽減するため，サポートされる命令数は比較的少なくなっています．それでもこのプロセッサは，一般的なデータ処理やI/O制御タスクを十分に処理できます．

　Cortex-M33プロセッサは，3段パイプラインを備えています．
- 第1段：命令フェッチとプリデコード
- 第2段：デコードと簡単な実行
- 第3段：複雑な実行

　一部の動作は，第2段目のパイプラインで完了します．この構成により，低消費電力と効率性の向上が可能になります．このプロセッサ・パイプライン設計は，16ビット命令の限定的な2命令発行もサポートしています．

　Cortex-M23とCortex-M33プロセッサの性能を**表3.3**に示します．

表3.3　Cortex-M23プロセッサとCortex-M33プロセッサの整数処理性能

	Cortex-M23	Cortex-M33
Dhrystone バージョン2.1	0.98 DMIPS/MHz	1.5 DMIPS/MHz
CoreMark 1.0	2.64 CoreMark/MHz	4.02 CoreMark/MHz

　Cortex-M33プロセッサの性能が高いのは，次が理由です．
- 充実した命令セット
- ハーバード・バス・アーキテクチャを採用して，データと命令の同時フェッチが可能
- 限定的な2命令発行機能

3.4 命令セット

Arm Cortex-Mプロセッサで使用される命令セットは，Thumb命令セットと呼ばれています．この命令セットには，さまざまな拡張機能が含まれています（表3.4）．

表3.4 命令セットと拡張

プロセッサ	命令セットと拡張
Cortex-M23	Armv8-M ベースライン命令セット + オプションの TrustZone セキュリティ拡張
Cortex-M33	Armv8-M ベースライン命令セット + メインライン命令拡張 + オプションの DSP 拡張 + オプションの単精度 FPU 拡張 + オプションの TrustZone セキュリティ拡張

Cortex-M33の命令セットは，Cortex-M23プロセッサの命令セットのスーパーセットです．プロジェクトの移行を容易にするために，従来のCortex-Mプロセッサで利用可能な全ての命令は，Armv8-Mアーキテクチャでも利用可能です（図3.3）．

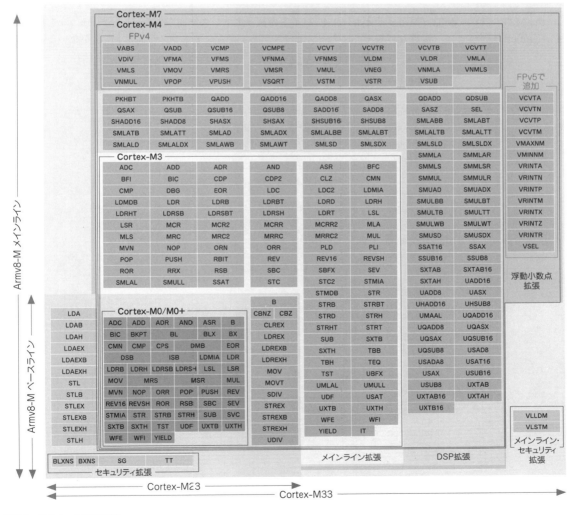

図3.3 命令セットの互換性

第3章 Cortex-M23とCortex-M33プロセッサの技術概要

一般に，Cortex-Mプロセッサの命令セットは，上位互換性を提供します．例えば，次のようなものです．

- Cortex-M23の命令セットは，Cortex-M0/M0+プロセッサに見られる命令セットのスーパーセット．Cortex-M0/M0+では利用できないハードウェア除算器などの一連の命令セット仕様が，Armv8-Mベースライン/Cortex-M23プロセッサに追加された．これに関する詳細は，3.15.1節に記載されている
- Cortex-M33の命令セットは，Cortex-M3とCortex-M4プロセッサに見られる命令セットのスーパーセット
- 倍精度浮動小数点演算命令とキャッシュ・プリロード命令を除き，Cortex-M7プロセッサでサポートされている全ての命令がCortex-M33で利用可能

> 注意：Cortex-M33には倍精度FPUオプションやキャッシュ・メモリ・コントローラ機能はない

　この上位互換性は，ソフトウェアの再利用性と移植性を実現する，Cortex-Mプロセッサ・ファミリの重要な特性です．Armv8-Mベースライン命令セットで使用されている命令の多くは16ビット・サイズです．これにより，高いコード密度を実現しています．一般的なデータ処理や制御タスクでは，ほとんどのプログラム・コードを（32ビットではなく）16ビット命令で構成することで，プログラム・メモリのサイズを小さくできます．

3.5　メモリ・マップ

　Cortex-M23，Cortex-M33プロセッサともに，4Gバイトの統一アドレス空間（32ビット・アドレス）を持っています．Unified（統一）とは，複数のバス・インターフェースがあっても，アドレス空間は1つしかないことを意味

図3.4　Armv8-Mアーキテクチャで定義されたデフォルトのメモリ空間

します. 例えば, Cortex-M33プロセッサは, 命令とデータの同時アクセスが可能なハーバード・バス・アーキテクチャを採用していますが, 命令用に4Gバイトのメモリ空間を持ち, データ用にもう1つ4Gバイトのメモリ空間を持つということではありません.

この4Gバイトのアドレス空間は, アーキテクチャ定義で幾つかの領域に分割されています (図3.4).

専用ペリフェラル・バス (Private Peripheral Bus：PPB) の幾つかのアドレス範囲は, 内部コンポーネント, すなわち, ネスト型ベクタ割り込みコントローラ (Nested Vectored Interrupt Controller：NVIC), メモリ保護ユニット (Memory Protection Unit：MPU), および多くのデバッグ・コンポーネントに割り当てられています.

残りのメモリ領域は, 予め定義されたメモリ属性を有しており, プログラム (例えば, CODE領域) やデータ (例えば, SRAM領域) を格納したり, ペリフェラル (例えば, ペリフェラル領域) にアクセスしたりするのに特に適しています. メモリ領域の使用法はかなり柔軟です. 例えば, SRAM領域とRAM領域からプログラムを実行できます. 必要に応じて, MPU (Memory Protection Unit) でメモリ属性の一部を上書きできます.

Cortex-M23/Cortex-M33ベースのシステムがTrustZoneセキュリティ拡張をサポートしている場合, メモリ空間はセキュアと非セキュアのアドレス範囲に分割されます. このパーティショニングは, セキュリティ属性ユニット (Security Attribution Unit：SAU) と実装定義属性ユニット (Implementation Defined Attribution Unit：IDAU) を使用してプログラム可能です. セキュアと非セキュアの両方のソフトウェアには, 独自のプログラム, データ, およびペリフェラルのアドレス空間が必要です.

チップの実際のメモリ・マップは, チップ設計者によって定義されます. 同じCortex-Mプロセッサでも, チップ・メーカは, 異なるメモリ・サイズと異なるメモリ・マップを実装できます. また, Cortex-Mプロセッサは, 異なるメモリ・タイプでも動作します. 例えば, ほとんどのマイクロコントローラは, プログラム記憶用にフラッシュ・メモリを使用し, データ記憶用にオンチップSRAMを使用します. しかし, プログラム記憶用にマスクROM (リード・オンリ・メモリの一種で, 製造工程で内容が固定されるもの) を使用し, データ記憶用にダブル・データ・レート・ダイナミック・ランダムアクセス・メモリ (Double Data Rate Dynamic Random-Access Memory：DDR-DRAM) を使用することも可能です. また, 理論的には, 磁気抵抗ランダムアクセス・メモリ (Magnetoresistive Random-Access Memory：MRAM) や強誘電体RAM (Ferroelectric RAM：FRAM) のような高度な不揮発性メモリ (Non Volatile Memory：NVM) をプログラム記憶とデータ記憶の両方に使用することも可能です.

3.6 バス・インターフェース

Cortex-M23とCortex-M33プロセッサは, メイン・システム・バスにArm AMBA5 AHBプロトコル (AHB5とも呼ばれる) を使用しています. AHB5 (Advanced High-Performance Bus version5) は, Arm社が定義したオンチップ・バス仕様の集合体であるAMBA (Advanced Microcontroller Bus Architecture) のバス・プロトコルの1つで, チップ設計業界では, オープンで広く使用されているものです. AHBは, 低電力システム向けに最適化された軽量パイプライン化バス・プロトコルです. AHB5は, 従来のAHB仕様 (AHB-LITE) と比較すると, 多くの機能強化が行われています. これらの機能強化のハイライトは, 次をサポートしていることです.

- TrustZoneセキュリティ拡張機能
- 正式な排他アクセスのサイドバンド信号
- メモリ属性の追加

システム・レベルの統合を簡素化するため, Cortex-M23プロセッサは, フォン・ノイマン (Von Neumann) バス・アーキテクチャ (プログラムやデータ, ペリフェラル用の単一メイン・バス・インターフェース) を使用しています. Cortex-M23のプロセッサは, 低レイテンシのハードウェア/ペリフェラル・レジスタ・アクセス用のシングルサイクルI/Oインターフェースもオプションで備えています.

Cortex-M33プロセッサは, ハーバード・バス・アーキテクチャを使用し, 2つのAHB5マスタ・インターフェースを備えています. 1つはCODE領域へのアクセス用で, もう1つは残りのメモリ空間 (専用ペリフェラル・バス：PPBは別) へのアクセス用です. この構成により, CODE領域へのプログラム・フェッチとRAMやペリフェラル機能のデータへのアクセスを同時に行うことができます.

Cortex-M33プロセッサには, オプションのデバッグ・コンポーネントを接続するための追加のPPBインターフェースもあります. このインターフェースは, AMBA4のAdvanced Peripheral Bus (APB) プロトコルに基づいています.

3.7 メモリ保護

Cortex-M23とCortex-M33プロセッサ・システムでは，2種類のメモリ・アクセス制御があります（図3.5）．

1. セキュアと非セキュア・メモリの分離に基づいて，アクセス権限を定義する仕組み

    TrustZoneセキュリティ拡張が実装されている場合，メモリ空間はセキュアと非セキュアのアドレス範囲に分割されます．セキュア・ソフトウェアは，両方のアドレス範囲にアクセスできますが，非セキュア・ソフトウェアは非セキュアなアドレス範囲にしかアクセスできません．非セキュア・ソフトウェア・コンポーネントがセキュア・メモリ・アドレスにアクセスしようとすると，フォールト例外が発生し，そのアクセスがブロックされます．

    システム・レベルでは，アドレス位置とバス・トランザクションのセキュリティ属性に基づいて，転送をブロックし，さらなる転送フィルタリング・メカニズムを配置できます．

    セキュアと非セキュアなアドレス範囲の分割は，SAUとIDAUで処理されます．

2. 特権ソフトウェアと非特権ソフトウェアの分離に基づいて，アクセス許可を定義する仕組み

    プロセッサにおける特権と非特権の実行レベルの概念は，何年も前から存在しています．オペレーティングシステム（Operating Systems：OS）を搭載したシステムでは，OSカーネルや例外ハンドラは，特権アクセス・レベルで実行され，アプリケーション・スレッドは（通常は）非特権アクセス・レベルで実行されています．メモリ保護ユニット（Memory Protection Unit：MPU）を使用することで，非特権スレッド/タスクのアクセス許可を制限できます．

    TrustZoneセキュリティ拡張が実装されている場合，プロセッサ内には2つのMPUがあります（どちらもオプション）．1つはセキュア・ソフトウェアのアクセス権限を管理するために使用され，もう1つは非セキュア・ソフトウェアのアクセス権限を管理するために使用されます．

TrustZone対応システムでは，この2種類のメモリ保護メカニズムを併用できます．実行中のソフトウェアがあるメモリ位置にアクセスしようとし，アクセス許可チェックが保護手段のいずれかで失敗した場合，転送はメモリ/ペリフェラルに届かないようにブロックされます．その後，問題を処理するためにフォールト例外が発生します．

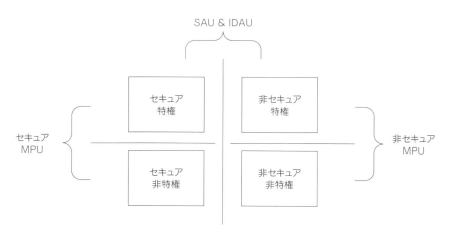

図3.5　メモリ・アクセス制御機構

3.8 割り込みと例外処理

Armプロセッサでは，割り込み［ペリフェラルによって生成されるIRQ（Interrupt Request：割り込み要求）など］は例外の一種です．例外には，フォールト・イベント処理やOSがサポートする例外も含まれます．Cortex-Mプロセッサでは，例外（割り込みを含む）は，内蔵のネスト型ベクタ割り込みコントローラ（Nested Vectored Interrupt Controller：NVIC）によって処理されます．この割り込みコントローラは，割り込みの管理と処理を非常に簡単にで

きるように設計されています．NVICの"ネスト型"および"ベクタ"という言葉は，次の意味を表しています．

- ネストされた割り込み処理：割り込みサービスのネスト処理は，ソフトウェアの介入を必要とせずにプロセッサが自動的に処理する．例えば，優先度の低い割り込みサービスの実行中に，優先度の高い割り込みを通常通りに処理できる
- ベクタ化された割り込み処理：割り込みサービス・ルーチン（Interrupt Service Routine：ISR）の開始プログラム・アドレスは，プロセッサのハードウェアがベクタ・テーブルから自動的に取得する．どの割り込み要求を処理する必要があるかをソフトウェアで判断する必要がないため，割り込みサービスの待ち時間を短縮できる

NVICはチップ設計者によって次のように構成できます．

- サポートされる割り込みの数はカスタマイズ可能
- サポートされる優先度レベルの数は，Cortex-M33プロセッサでは構成可能で，Cortex-M23プロセッサでは4レベルに固定

Cortex-M23とCortex-M33プロセッサのNVIC仕様を**表3.5**に示します．

表3.5　NVICの仕様

	Cortex-M23	Cortex-M33
割り込み入力数	1 ～ 240	1 ～ 480
マスク不可割り込み （Non-Maskable Interrupt：NMI）入力	あり	あり
優先レベル・レジスタの幅	2ビット（4プログラマブル・レベル）	3ビット（8プログラマブル・レベル）から 8ビット（256プログラマブル・レベル）
割り込みマスキング・レジスタ	PRIMASK	PRIMASK, FAULTMASK, BASEPRI
割り込みレイテンシのクロック・サイクル数 （ウエイト・サイクルがゼロのメモリ・システムが使用されていると仮定した場合）	15	12

TrustZoneセキュリティ拡張が実装されている場合，各割り込みソースはセキュアまたは非セキュアとしてプログラムできます．2つのベクタ・テーブルがあるため，セキュアと非セキュアのベクタ・テーブルは分離され，それぞれセキュアと非セキュアのメモリ空間に配置されます．

3.9　低消費電力の特徴

Cortex-M23とCortex-M33プロセッサは，多くの低消費電力機能をサポートしています．

- スリープ・モード
- 内部の低電力最適化
- ウェイクアップ割り込みコントローラ（Wakeup interrupt controller：WIC）
- 状態保持電力ゲーティング（State Retention Power Gating：SRPG）対応

スリープ・モード：アーキテクチャ上，Cortex-Mプロセッサは，スリープ・モードとディープスリープ・モードをサポートしています．これらのスリープ・モードで，電力をどのように削減するかは，チップの設計によって異なります．チップ設計者は，システム・レベルの制御ハードウェアを使用して，スリープ・モードの数をさらに増やすことができます．

内部の低電力最適化：Cortex-M23とCortex-M33プロセッサの設計では，クロック・ゲーティングや電力ドメイン分割など，消費電力を削減するためにさまざまな低消費電力最適化技術を使用しています．また，ゲート数が少ない特性は，リーク電流（クロッタ動作がないときに消費される電流）の量を減らすことができ，全体的な消費電力を削減するのに役立ちます．

ウェイクアップ割り込みコントローラ（Wakeup Interrupt Controller：WIC）：これは，NVICから分離された小さなハードウェア・ブロックで，プロセッサへのクロック信号が停止した場合や，プロセッサがパワー・ダウ

第3章　Cortex-M23とCortex-M33プロセッサの技術概要

ン状態に置かれた場合（状態保持電力ゲーティング使用時など）であっても，割り込み要求を検出してシステムを「起動」できます．

　状態保持電力ゲーティング（State-Retention Power Gating：SRPG）のサポート：Cortex-M23とCortex-M33プロセッサは，さまざまな高度な低消費電力設計技術を使用し，実装できます．これらの技術の1つがSRPGで，スリープ・モードで使用すると，プロセッサ内のディジタル回路のハードウェアの大部分がパワー・ダウンします．SRPGによる待機状態の期間では，少数のトランジスタのみに給電されており，プロセッサのレジスタの状態（値は0または1）を維持します．このようにして，割り込みが発生した場合，プロセッサは非常に迅速に動作を再開できます．

3.10　OSサポート機能

　Cortex-M23とCortex-M33プロセッサは，幅広い組み込みオペレーティング・システム（OS）［これにはリアル・タイムOS（RTOS）が含まれます］をサポートするように設計されています．OSサポート機能は次のとおりです．

- バンク化スタック・ポインタの採用により，コンテキストの切り替えが容易
- スタック・リミット・チェック用のスタック・リミット・レジスタ
- 特権状態と非特権状態間を分離する能力
- メモリ保護ユニット（MPU）：OSはMPUを使用して非特権スレッドのアクセス許可を制限できる
- OSサポート専用の例外タイプ：スーパーバイザ・コール（SuperVisor Call：SVCall），保留可能スーパーバイザ・コール（Pendable SuperVisor call：PendSV）を含む
- SysTickと呼ばれる，OSへの定期的な割り込みを生成するための24ビットの小型システム・ティック・タイマ．TrustZoneセキュリティ拡張機能が実装されている場合，プロセッサには2つのSysTickタイマがある

現在，Cortex-Mプロセッサ用のRTOSは40以上あります．RTXと呼ばれるCortex-M23とCortex-M33プロセッサ用の無料のリファレンスRTOSデザインは，Arm（`https://github.com/ARM-software/CMSIS/tree/master/CMSIS/RTOS/RTX`）から入手可能です．

3.11　浮動小数点ユニット

　Cortex-M33プロセッサは，オプションの浮動小数点演算ユニット（Floating-Point Unit：FPU）をサポートしています．このFPUは単精度（C/C++では"float"）演算をサポートし，IEEE-754規格に準拠しています．Cortex-Mプロセッサ（Cortex-M23プロセッサを含む）では，ソフトウェア・ライブラリを使用することで，FPUを使用せずに浮動小数点演算を処理できますが，システムの動作が遅くなり，余分なプログラム・メモリ容量が必要になります．

3.12　コプロセッサ・インターフェースとArmカスタム命令

　Cortex-M33プロセッサは，チップ設計者がプロセッサに直接結合されたハードウェア・アクセラレータを追加できるように，オプションのコプロセッサ・インターフェースをサポートしています．このインターフェースの主な特徴は次のとおりです．

- 1回のクロック・サイクルでプロセッサとコプロセッサのレジスタ間の32ビット転送と64ビット転送のサポート
- ウエイト・ステートとエラー応答信号
- 1命令で，カスタム定義された操作コマンドとデータを同時に転送可能
- 最大8個のコプロセッサをサポートする機能を持ち，それぞれが多数のコプロセッサ・レジスタをサポート可能
- TrustZoneテクノロジのサポート．各コプロセッサは，セキュアまたは非セキュアとして割り当てることができる．インターフェース・レベルでは，各コプロセッサのレジスタ/オペレーションの細かいセ

キュリティ制御を可能にするセキュリティ属性もある

コプロセッサ・インターフェースは，さまざまな方法で使用できます．例えば，アクセラレータの接続や数学演算，暗号化などに利用できます．

Armカスタム命令（アーキテクチャ的にはカスタム・データ・パス拡張）は，以前のArmプロセッサにはなかった新機能です．コプロセッサのサポート機能と同様に，処理タスクを高速化するためにArmカスタム命令テクノロジが導入されました．この技術は2019年10月のArm TechConで発表されました．2020年半ばにリリースされた，Cortex-M33プロセッサのアップデート・リリースは，Armカスタム命令機能をサポートする最初のArmプロセッサとなっています．

ハードウェア・アクセラレータに独自のコプロセッサ・レジスタを含める必要があるコプロセッサ命令と異なり，Armカスタム命令では，チップ設計者が，アクセラレータを作成し，プロセッサのデータ・パスに統合することを可能にします．この構成により，プロセッサのレジスタを直接使用することで，特殊なデータ処理動作を高速化できます．これにより，ハードウェア・アクセラレータを使用した場合の低レイテンシ化を実現しました．

アーキテクチャ上の定義では，Armカスタム命令の演算は，32ビット，64ビット，およびベクタデータ（整数演算や浮動小数点演算，ベクタ演算を含む）をサポートできます．これらの命令の全てが，Cortex-M33の実装に含まれている訳ではありません．

3.13 デバッグとトレースのサポート

デバッグ機能は，最新のマイクロコントローラや組み込みプロセッサ・システムに必要です．デバッグ機能は，ソフトウェア開発者がソフトウェアの問題を分析するのに役立ち，コードがどの程度効率的に実行されているかを（アプリケーションのプロファイリングによって）理解するのに役立ちます．Cortex-M23とCortex-M33プロセッサの両方とも，次のような一連の標準デバッグ機能をサポートしています．

- プログラム・フロー制御：停止，シングル・ステップ，再開，リセット（再起動）
- コア・レジスタとメモリ空間へのアクセス
- プログラムのブレーク・ポイントとデータのウォッチ・ポイント

さらに，次の高度な機能も利用可能です．

- 命令トレース（Cortex-M23とCortex-M33プロセッサの両方で利用可能）
- その他のトレース機能：データやイベント，プロファイリング，ソフトウェアで生成されたトレース（Cortex-M33プロセッサでのみ利用可能）

命令トレース機能により，ソフトウェア開発者はハードウェア内部のプログラム実行フローを見ることができ，ソフトウェアの問題がどのように発生したかを理解できます．デバッグをさらに支援するために，Cortex-M33プロセッサの例外イベント・トレースのような他のトレース機能は，追加情報（例外イベントの識別やタイミングなど）を加えることで命令トレースを補完できます．

トレース機能のほとんどは非侵襲的（システムの実行に影響を与えない）であり，ソフトウェア開発者は，プログラムの実行動作（実行タイミングなど）に大きな影響を与えることなく，プログラムの実行に関する情報を収集できます．

3.14 マルチコア・システムの設計支援

Cortex-M23とCortex-M33プロセッサは，シングル・コア・マイクロコントローラ・デバイスのスタンドアロン・プロセッサとしてだけでなく，マルチコアSoC製品の一部として使用できます．適切なバス・インターコネクト・ハードウェアのサポートにより，複数のプロセッサのバス・インターフェースを共有メモリやペリフェラルに接続できます．Cortex-M23プロセッサに排他アクセス命令を搭載したことで，（搭載されていないCortex-M0+と比較して）マルチコア・ソフトウェアのサポートが強化されます．例えば，マルチコア・システムで，OSのセマフォ処理を可能にできます．

また，デバッグ・アーキテクチャにより，複数のプロセッサを単一のデバッグとトレース接続で，デバッガに

接続できます．2011年からローエンドのArmマイクロコントローラ開発ツールでマルチコア・デバッグがサポートされています．

3.15 Cortex-M23とCortex-M33プロセッサの主な機能強化

3.15.1 Cortex-M0+プロセッサとCortex-M23プロセッサの比較

Cortex-M23プロセッサは，既存のCortex-M0+の機能を継承していますが，Cortex-M0+ と比較して大幅に強化されています．図3.6にそれらの機能強化の詳細を示します．

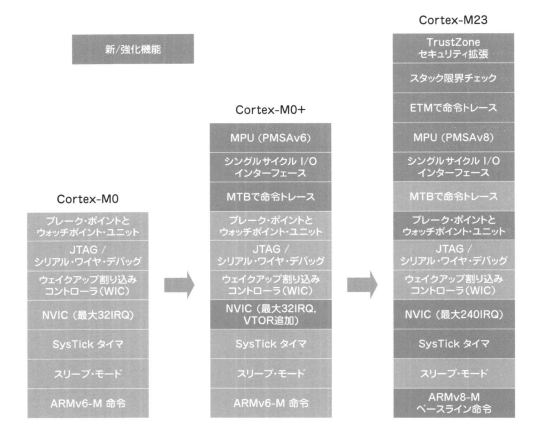

図3.6 Cortex-M0とCortex-M0+プロセッサと比較した場合のCortex-M23プロセッサの強化点

機能強化の内容を簡単に説明すると次のようになります．
- TrustZone：オプションのセキュリティ拡張機能
- スタック・リミット・チェック：セキュア・スタック・ポインタのスタック・オーバフロー・エラーを検出し，フォールト例外をトリガして問題に対応する
- エンベデッド・トレース・マクロセル（Embedded Trace Macrocell：ETM）：リアルタイム命令トレース用オプション・ユニット
- メモリ保護ユニット（Memory Protection Unit：MPU）：MPUのプログラマーズ・モデルが更新され，Protected Memory System Architecture version 8（PMSAv8）に基づいている．これにより，MPUはより柔軟で使いやすくなった．また，MPU領域の最大数も8から16に増加
- シングルサイクルI/Oインターフェース：頻繁に使用されるペリフェラルへのシングルサイクル・アク

セスをサポートするオプションのインターフェース. これは, TrustZoneセキュリティ拡張をサポート するために更新された

- マイクロ・トレース・バッファ (Micro Trace Buffer:MTB):低コストの命令トレース・ソリューション. これはオプションで, Cortex-M0+ プロセッサで初めて導入された
- ブレークポイントとウォッチポイント・ユニット:Armv8-M アーキテクチャで導入された新しいプログラマ・モデルで, より柔軟性が向上した. データ・ウォッチポイント・コンパレータの最大数が2から4に増加
- ネスト型ベクタ割り込みコントローラ (Nested Vectored Interrupt Controller:NVIC):Cortex-M0+ の NVICでは, ベクタ・テーブルの再配置のためのベクタ・テーブル・オフセット・レジスタ (Vector Table Offset Register:VTOR) が追加された. Cortex-M23 プロセッサでは, サポートする割り込みの数が32から240に増加
- SysTickタイマ:OSの定期的な割り込みや, その他のタイミングのための24ビットの小型システム・ティック・タイマ. Armv8-Mでは, セキュアと非セキュアの2つのSysTickタイマを使用できる
- 命令セットの機能強化 (下記参照)

Armv6-M アーキテクチャと比較すると, Armv8-M ベースライン・アーキテクチャには多くの命令が追加されています. これらには, 以前はArmv7-M アーキテクチャ (Cortex-M3 など) でしか利用できなかった幾つかの命令が含まれています. 命令セットの強化点をまとめました.

表3.6 Cortex-M23の命令セットのCortex-M0/Cortex-M0+ と比較した場合の強化点

特徴	説明
ハードウェア除算	符号付きおよび符号なしの整数除算演算を高速化
比較と分岐	ゼロとの比較と条件分岐を組み合わせることで, より高速な制御コードを実現
長分岐	32 ビット版の分岐命令で, より長い分岐先オフセットが可能になった. また, 幾つかのリンク・ステージの最適化も可能になった
ワイドな即値移動命令 (MOVW 命令, MOVT 命令)	リテラル・ロードを必要とせずに, 16ビットの即値データまたは32ビットの即値データ (ペアで使用される場合) を生成. また, eXecute-Only-Memory (XOM, 3.20節参照) と呼ばれるファームウェア保護技術も可能にした
排他アクセス命令	セマフォ使用のためのロード・リンク/条件付きストア・サポート. これにより, マルチコア・システムで共通のセマフォ処理が可能になった
ロード・アクワイヤ, ストア・リリース	C11 アトミック変数処理命令 (Armv8-M の新機能)
セキュア・ゲートウェイ, テスト・ターゲット, 非セキュア分岐	TrustZone サポート命令 (Armv8-M の新機能)

他にも改善点はあります:

- Cortex-M23 プロセッサは, 命令セットの強化により, Cortex-M0+ プロセッサよりもわずかに性能が向上
- Cortex-M23 プロセッサでは, チップ設計者がベクタ・テーブルの初期アドレスを定義できるようになっている. これは, Cortex-M0 と Cortex-M0+ プロセッサでは構成できない

3.15.2 Cortex-M3/M4とCortex-M33プロセッサの比較

Cortex-M33 プロセッサと Cortex-M3/M4 プロセッサを比較すると, 多くの機能強化があります (**図3.7**).
前述の強化機能の多くは, Cortex-M23 プロセッサに見られるものと類似しています.

- TrustZone:オプションのセキュリティ拡張機能
- メモリ保護ユニット (Memory Protection Unit:MPU):MPUのプログラマーズ・モデルが更新され, 現在はProtected Memory System Architecture version 8 (PMSAv8) に基づいている – これはMPUをより柔軟で使いやすくしている. さらに, MPU領域の最大数に8から16に増加
- マイクロ・トレース・バッファ (Micro Trace Buffer:MTB):低コストの命令トレース・ソリューション. 従来のCortex-M3/M4 プロセッサでは使用できなかった

69

第3章 Cortex-M23とCortex-M33プロセッサの技術概要

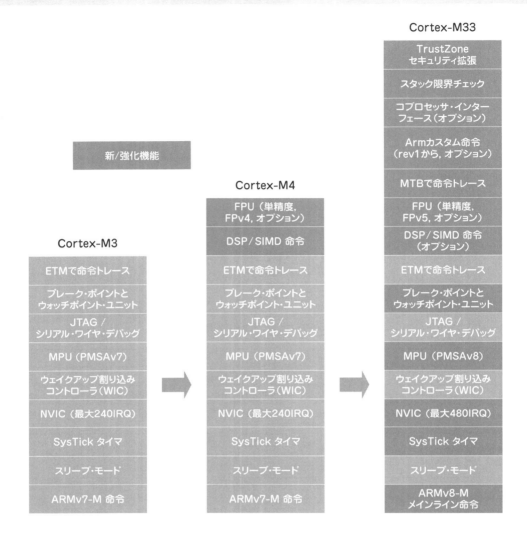

図3.7 Cortex-M3 と Cortex-M4 プロセッサと比較した場合の Cortex-M33 の強化点

- ブレーク・ポイントとウォッチ・ポイント・ユニット：Armv8-Mアーキテクチャに，新しいプログラマ・モデルが導入され，柔軟性が向上
- ネスト型ベクタ割り込みコントローラ（Nested Vectored Interrupt Controller：NVIC）：Cortex-M33でサポートされる最大割り込み数は，Cortex-M3/M4プロセッサの240本から480本に増加
- SysTickタイマ：OSの周期割り込みやその他のタイミングのための24ビットの小型システム・ティック・タイマ．Armv8-Mプロセッサは，最大2つのSysTickタイマをサポート可能で，セキュア動作と非セキュア動作の2種類がある

しかし，Cortex-M23プロセッサにはない機能強化もあります．

- スタック・リミット・チェック（Stack limit checking）：セキュア・スタック・ポインタと非セキュア・スタック・ポインタの両方でスタック・オーバフロー・エラーを検出し，フォールト例外をトリガして問題を処理する
- 浮動小数点演算ユニット（Floating point unit：FPU）：浮動小数点命令のアーキテクチャがFPv4からFPv5に更新された
- DSP/SIMD命令セットはオプションで，従来よりもプロセッサの構成が柔軟になった
- コプロセッサ・インターフェース：チップ設計者がプロセッサと密接に結合したハードウェア・アクセラレータをチップに追加できるようにする新しいインターフェース

- Armカスタム命令：この機能により，シリコン設計者は，Cortex-M33プロセッサにカスタム・データ処理命令を追加できる．この機能は，2020年半ばにCortex-M33設計のリビジョン1で追加される予定

また，命令セットの機能強化も数多く行われています（**表3.7**）．

表3.7　Cortex-M4と比較した場合のCortex-M33命令セットの強化点

特徴	説明
浮動小数点 FPv5	Cortex-M4 の FPv4 と比較して，FPv5 はデータ変換や max/min 値の検索などの命令を追加でサポート
ロード・アクワイヤ，ストア・リリース	C11 アトミック変数処理命令（Armv8-M の新機能）
セキュア・ゲートウェイ，テスト・ターゲット，非セキュア分岐	TrustZone サポート命令（Armv8-M の新機能）

また，他にも改善した点があります：

- Cortex-M33 プロセッサは，Cortex-M3/M4 プロセッサに比べて性能が向上しているが，その向上の程度はアプリケーションで使用される命令タイプの構成に依存する
- Cortex-M33 プロセッサでは，チップ設計者がベクタ・テーブルの初期アドレスを定義できるようになっている．これは，Cortex-M3/M4 プロセッサでは構成できない

3.16　他のCortex-Mプロセッサとの互換性

多くの点で，Cortex-M23とCortex-M33プロセッサは，前世代のCortex-Mプロセッサと高い互換性を持ちます．
命令セット

- Cortex-M0/M0+ プロセッサの全ての命令は，Cortex-M23 プロセッサで利用可能
- Cortex-M3/M4 プロセッサの全ての命令は，Cortex-M33 プロセッサで利用可能（Cortex-M4 から Cortex-M33への移行については，DSPと浮動小数点拡張が実装されているかどうかが互換性の条件となる）

割り込み処理，SysTick，スリープ・モード

- プログラマーズ・モデルはほとんど変更されておらず，既存の割り込み管理コードを再利用できる．TrustZoneセキュリティ拡張機能が実装されている場合，割り込みをセキュアまたは非セキュアとして割り当てるために，プログラミング・コードを追加する必要がある
- SysTick プログラマーズ・モデルは変更されていない．TrustZone セキュリティ拡張機能が実装されている場合，SysTick タイマを2つ実装できる
- スリープ・モードとスリープ・モードに入るための命令（WFIおよびWFE）は従来と同じ．TrustZone セキュリティ拡張が実装されている場合，システム制御レジスタに追加のプログラマブル・レジスタ・ビットが追加され，ディープ・スリープ設定が非セキュア側から構成可能かどうかを定義

ただし，ソフトウェアの変更が必要な部分もあります．

- 組み込みOS：MPUのプログラマーズ・モデルの変更とEXC_RETURN（例外からの復帰）コードの拡張は，Armv8-Mアーキテクチャをサポートするためには，OS/RTOS（Real-Time Operating System）の更新が必要
- TrustZone セキュリティ拡張機能が実装されている場合，メモリ空間をセキュアと非セキュアのアドレス範囲に分割する必要がある．そのため，古いデザインから新しいデザインに移行する際に，マイクロコントローラのメモリ・マップを変更する必要があることが多い．TrustZoneが実装されていない場合，前世代と同じ，または互換性のあるメモリ・マップを使用して新しいデバイスを作成するのは非常に簡単

TrustZoneテクノロジを使用して，セキュアなファームウェアを開発するソフトウェア開発者は，CコンパイラがTrustZoneサポート用の新しい命令を生成できるようにするために，新しいC言語拡張機能を使用する必要があります．これらのC言語拡張機能は，Cortex-Mセキュリティ拡張（Cortex-M Security Extension：CMSE）として知られており，ArmC言語拡張（Arm C Language Extension：ACLE）の一部です．ACLEはオープンな仕様で，多くのコンパイラ・ベンダがサポートしています．

第3章　Cortex-M23とCortex-M33プロセッサの技術概要

　他の多くのプロジェクトの移行シナリオと同様に，Cortex-M33プロセッサとCortex-M3/M4プロセッサ間の実行タイミングの違いにより，コードを変更しなければならない可能性があります．とはいえ，Cortex-M33の性能/MHzは，Cortex-M3/M4よりも高く，メモリ・システムの特性（待機状態）が類似している場合は，その必要はないはずです．

3.17　プロセッサの構成オプション

　第2章の2.3.6節で，Cortex-M23とCortex-M33プロセッサは，構成可能な設計であり，その結果，異なるベンダのCortex-M23/M33マイクロコントローラが異なる機能を持つ可能性があることを強調しました．
　主な構成オプションを示します（**表3.8**）．

表3.8　Cortex-M23およびCortex-M33プロセッサの主な機能オプション

特徴	説明	Cortex-M23	Cortex-M33
命令セット	DSP（SIMD）命令の拡張	利用不可	オプション
	単精度浮動小数点命令	利用不可	オプション
	TrustZone サポート命令（TrustZone 構成に基づく）	オプション	オプション
	乗算命令	スモール / 高速	固定
	除算命令	スモール / 高速	固定
	コプロセッサ命令と Arm カスタム命令	利用不可	オプション
初期ベクタ・テーブル	ブート・シーケンスの初期ベクタ・テーブルのアドレス	構成可能	構成可能
割り込みコントローラ	割り込み本数	1 〜 240	1 〜 480
	プログラム可能な割り込み優先度の数	4	8 から 256 まで
	例外ベクタ・テーブル再配置（実装しない場合でも，チップ設計者がベクタ・テーブル・アドレスを構成可能）	オプション	常に利用可能
	低電力保持状態でシステムをウェイクアップするためのウェイクアップ割り込みコントローラ WIC（Wakeup interrupt controller）	オプション	オプション
TrustZone	セキュア状態と非セキュア状態をサポートするセキュリティ拡張機能	オプション	オプション
	セキュリティ属性ユニット（Security Attribution Unit：SAU）がサポートするプログラム可能な領域の数 - TrustZone が実装されている場合のみ	0, 4, 8	0, 4, 8
メモリ保護ユニット（Memory Protection Unit：MPU）	非セキュア・ワールド（通常環境）用の MPU と，プログラム可能な MPU 領域の数	オプション，4/8/12/16 領域	オプション，4/8/12/16 領域
	セキュア・ワールド（保護された環境）用の MPU，およびプログラム可能な MPU 領域の数（オプションは非セキュア MPU とは独立している）	オプション，4/8/12/16 領域	オプション，4/8/12/16 領域
SysTick タイマ	定期的なシステム・ティック割り込みのタイマ数（2個のSysTickも可能だが，TrustZoneが実装されている場合のみ）	0, 1, 2	1, 2
追加のインターフェース	シングルサイクル I/O インターフェース	オプション	利用不可
	コプロセッサ・インターフェース	利用不可	オプション
デバッグ	デバッグ機能	オプション	オプション
	デバッグ・インタフェース・プロトコル（JTAG, SWv1=シリアル・ワイヤ・プロトコル・バージョン 1, SWv2=シリアル・ワイヤ・プロトコル・バージョン 2）	JTAG または SWv1 または SWv2	JTAG および / または SWv2
	ブレーク・ポイント・コンパレータの数	0 〜 4	0/4/8
	データ・ウォッチポイント・コンパレータの数	0 〜 4	0/2/4

	マイクロ・トレース・バッファ(Micro Trace Buffer：MTB)を使用した命令トレース(実装されている場合は，MTB に接続する SRAM のサイズも設定可能)	オプション	オプション
デバッグ	エンベデッド・トレース・マクロセル(Embedded Trace Macrocell：ETM)を使用した命令トレース	オプション	オプション
	その他のトレース(計装トレース，データ・トレースなど)	利用不可	オプション
	マルチコア・デバッグ用クロス・トリガ・インターフェース(Cross trigger interface：CTI)	オプション	オプション

ここでは，利用可能なオプションのすべてが文書化されているわけではありません．例えば，チップ設計者にとってより関連性が高く，ソフトウェア開発者には見えない構成オプションがあります(例：未使用の割り込みラインを削除するオプション)．

3.18 TrustZoneの紹介

3.18.1 セキュリティ要件の概要

セキュリティについては，アプリケーションによって，セキュリティ要件が大きく異なることがあります．組み込みシステムでは，一般的に5つのタイプのセキュリティ要件があります．

通信の保護：第三者による通信の盗聴や改ざんを防止するためのセキュリティ対策．これには通常，通信内容の暗号化と復号化が含まれ，さらに，場合によって，追加の技術を使用して安全な接続リンクを確立することもある(鍵交換など)

データ保護：多くのデバイスには機密情報が含まれています(携帯電話に保存されている支払口座情報など)．デバイスが盗まれた場合や，デバイス上で他のアプリケーションが実行している場合に，第三者がそのデータにアクセスできないようにするためのセキュリティ対策が必要となる

ファームウェアの保護：ソフトウェアは，多くのソフトウェア開発者にとって貴重な資産であり，ソフトウェアのコピーや，リバース・エンジニアリングされないセキュリティ対策が必要となる

操作の保護：組み込みシステムの中には，幾つかの特定の機能において，強い堅牢性を確保するため，特定の操作に追加の保護を必要とするものがある(当然ながら，ある程度まで)．例えば，Bluetooth をサポートしているマイクロコントローラは，ユーザ・アプリケーションがクラッシュした場合でも，Bluetooth の動作が Bluetooth 仕様に準拠していることを保証するための特別な考慮が必要になる場合がある．同様の保護要件は，医療機器や機能安全性に影響を与えるシステム(自動車や産業用制御システムなど)では非常に重要になる

改ざん防止保護：これは，改ざん攻撃をより困難にし，発生した攻撃を確実に検知して，適切な措置を講じるために必要(秘密データの即時消去など)．通常，スマートカードや決済関連システムで必要とされる

TrustZone テクノロジは，データ保護，ファームウェア保護，操作保護を提供するのに直接使用できます．また，通信保護のためのソリューションを間接的に強化することもできます(例えば，暗号鍵の保存をより強力に保護することで)．この章の後半では，TrustZone テクノロジの展開方法について詳しく説明します．

TrustZone テクノロジは，ソフトウェアとシステム・アーキテクチャに焦点を当てているため，それ自体が改ざん防止機能を提供しているわけではありません．しかし，改ざん防止対策は，製品レベル，基板レベル，チップ・パッケージング・レベル，チップ設計レベルで実装できるため，Armv8-M ベースの製品(Cortex-M35P プロセッサなど)には，耐タンパ(改ざん防止)機能を搭載でき，実際に搭載しているものもあります．

3.18.2 組み込みシステムにおけるセキュリティの進化

従来，多くのマイクロコントローラシステムは，接続性がないか，接続機能が非常に制限されていたため，高度なセキュリティ機能に対する需要は，アプリケーション・プロセッサ(携帯電話や他のコンピューティング・デバイスなど)と比較しても割りと低いのが実情です．

シンプルなマイクロコントローラ・システム

シンプルなシステムの場合，ほとんどのマイクロコントローラには，読み出し保護機能（ファームウェア保護）が搭載されています．保護機能が有効になると，デバッグ・ツールを使用して，チップ上のソフトウェアにアクセスできなくなり，プログラム・コードを変更する唯一の方法は，フル・チップ消去を実行することだけになります．一部のデバイスでは，フルチップ消去機能を無効にできます．

接続性のある従来のマイクロコントローラ・システム

接続性のあるシステムでは，通信経路や暗号鍵の保管場所を保護するためのセキュリティ対策が求められています．近年，接続性のあるアプリケーション向けに開発されたマイクロコントローラの多くは，暗号エンジンや真性乱数発生器（True Random Number Generator：TRNG），暗号化されたデータ・ストレージなど，さまざまなハードウェア機能を搭載しています．これらの機能により，より良い通信とデータ保護が可能になります．また，これらの製品の多くは，チップ・レベルの改ざん防止機能を備えています．したがって，既存のCortex-Mデバイスの多くは，前に説明した一般的なセキュリティ要件をカバーする幅広いセキュリティ機能をすでに備えています．

TrustZoneの詳細を見始める前に，前世代Cortex-Mシリーズのプロセッサ（Armv6-MおよびArmv7-M）に存在したセキュリティ要件とセキュリティ技術について説明しておくことは有益だと思います．

マイクロコントローラにおけるセキュリティ要件

低コストのマイクロコントローラは，これまで以上に多くのIoTソリューションで使用され，年間数百万台以上の製品に使用されるようになり，現在，これらのデバイスがハッカーの関心を集めるようになっています．侵害された一台のデバイスにアクセスをしても，ハッカーにとって特にメリットはありませんが，数百万台の侵害されたデバイスにアクセスができることは，ハッカーにとってメリットがあると言えます．例えば，DDoS攻撃を開始するためのボットネットとして使用できます．その結果，IoTデバイスへの攻撃はますます巧妙化し，頻繁に行われるようになっています．

ソフトウェアのセキュリティ・バグは，よくあることで，多くの製品では，リモートでのファームウェア更新を可能にする信頼性の高い手段を提供する必要があります．これは，製品が市場に展開されるとき，製品設計者が，更新メカニズム（フラッシュ・プログラミング機能など）を単純に除外できないことを意味します．したがって，ファームウェアのアップデート・サポートは，セキュアでなければなりません．

- リモート接続でダウンロードしたファームウェアは，アップデート処理で使用する前に検証する必要がある
- フラッシュ・プログラミング手順は，検証ステップをバイパスできないようにする必要がある

Armv-6MとArmv-7Mアーキテクチャのセキュリティ機能

Armv6-MとArmv7-Mアーキテクチャでは，セキュアな実行環境を構築するために，Cortex-Mプロセッサのほとんどが特権実行と非特権実行の分離をサポートしています．そのため，メモリ保護ユニット（MemoryProtection Unit：MPU）と共に，各アプリケーション・スレッドのアクセス許可が定義され，実行されます．その結果，図3.8に示すように，1つのアプリケーション・スレッドの障害をそこだけに閉じ込めておくことができます．

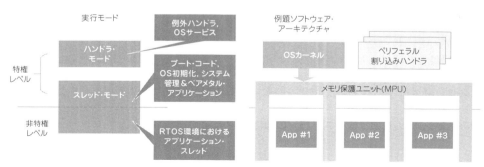

図3.8 Armv6-MとArmv7-Mアーキテクチャのソフトウェア・セキュリティ

この構成では，MPUは各コンテキスト切り替えでOSによって再構成され，非特権レベルで動作しているアプリケーションは，メモリとそれに割り当てられたペリフェラルのみにアクセスできます．他のアプリケーションやOSに割り当てられたメモリやペリフェラルにアクセスすると，フォールト例外が発生し，OSはエラーに対処できます（アプリケーション・スレッドの終了や再起動など）．

この機能により，アプリケーション開発者は，通信プロトコル・スタックを含むほとんどのアプリケーションを非特権レベルで実行するようにソフトウェア構造を構築できます．スレッドの1つがクラッシュしても（例えば，通信インターフェースがパケット・フラッド攻撃を受けてスタック・オーバフローが発生した場合など），メモリの破損がOSや他のアプリケーション・スレッドが使用するデータに影響を与えないため，システムをよりセキュアで信頼性の高いものにできます．

アプリケーション・スレッドは，メモリ空間へのアクセスを制限されているため，セキュリティ・チェックを迂回してフラッシュ・メモリの内容を変更することはできません．また，他のアプリケーション・スレッドを停止することもできないため，このソリューションは個々の動作を効果的に保護します．

このセキュリティの構成は，幅広いアプリケーションに適していますが，これだけでは十分ではない場合もあります．そこで，TrustZoneセキュリティ技術が必要となります．

- まず，アプリケーション・スレッドは非特権レベルで実行されるため，割り込み管理に直接アクセスできず，特権ソフトウェアはこれらのスレッドに割り込み管理サービスを提供しなければならない．システム・サービスは通常，スーパバイザ・コール（SuperVisor Call：SVC）例外を介して処理される－このプロセスは，ソフトウェアの複雑さと実行タイミングのオーバヘッドを増加させる
- 残念ながら，ペリフェラル割り込みハンドラにはバグがある場合があり，これが脆弱性につながる可能性がある．割り込みハンドラは特権状態で実行されるため，もしハッカーがペリフェラル割り込みハンドラを攻撃して侵害することに成功した場合，ハッカーはMPUを無効にでき，特権的なアクセスしかできない他のアドレス空間にもアクセスできるようになり，システムを侵害できる
- 最近では，通信プロトコルのソフトウェア・スタックや，セキュアなIoT接続を可能にするさまざまなソフトウェア機能を含むオンチップ・ソフトウェア・ライブラリを搭載したマイクロコントローラも登場している．これにより，ソフトウェア開発者は，IoTソリューションを簡単に作成できるようになった（図3.9）が，新たな課題も出てきた．
  ◦ ファームウェア保護機能は，マイクロコントローラ・ベンダが，あらかじめ搭載しているファームウェアをコピーやリバース・エンジニアリングから保護するために必要とされる機能だ．特に，そのソフトウェアが，サードパーティ企業からライセンスされている場合には，なおさらである．
  ◦ セキュアなIoT接続を確立するため，使用されるデータを保護するセキュアなストレージ機能が必要とされている．例えば，秘密鍵や証明書をチップに格納できる．これらの保護機能は，デバイスの複製を防止し，認証の詳細のリバース・エンジニアリングを防止するために必要

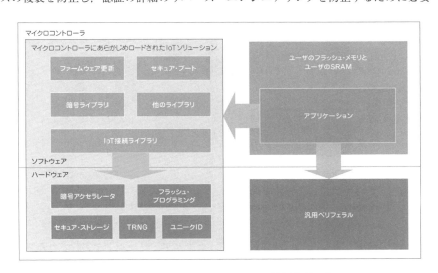

図3.9　IoTファームウェアを搭載したマイクロコントローラにより，市場投入までの時間を短縮できる

マイクロコントローラでIoTソリューションを提供する傾向が高まっています．IoTデバイスプロジェクトはコストに敏感で，プロジェクト・スケジュールが厳しいことが多いため，IoTに特化したマイクロコントローラは，魅力的なソリューションを提供します．

- ソフトウェア・ベンダから直接ミドルウェアのライセンスを取得するのは，コストが高くなる可能性がある
- ミドルウェアを統合するために必要な追加作業は，技術的な課題を生み出し，プロジェクトの予定の遅れにつながる可能性がある
- 多くのソフトウェア・エンジニアは，IoTデバイスのセキュアな接続のための技術的な知識を持っていない．パッケージ化されたソリューションを使用することで，はるかに簡単になり，（脆弱性につながる可能性のある）間違った実装のリスクを減らすことができる

システムや製品の設計者は，IoTマイクロコントローラを簡単に購入でき，それをベースにした製品をすぐに作ることができますが，一方でハッカーもリバース・エンジニアリング目的で，それらのマイクロコントローラにアクセス可能です．これらのデバイスへの特権的なアクセスは，ソフトウェア開発者にとって不可欠であり，許可されなければならないのですが，前述のようにファームウェア資産や秘密鍵を保護するためには，そのMPUソリューションは何の役にも立ちません．その結果，セキュリティ管理のための新しいメカニズムを見つける必要があり，すなわちそれが，TrustZone技術です．

Cortex-Aプロセッサでは，TrustZone技術は長い間利用されていて，TrustZone動作の幾つかの概念は，IoTマイクロコントローラ・アプリケーションにも有益です．その結果，ArmはそのTrustZoneの概念の一部をCortex-Mベースのシステムに最適化して採用しました．これがTrustZone for Armv8-Mとなり，Cortex-M23とCortex-M33プロセッサに実装されました．

3.18.3　TrustZone for Armv8-M

TrustZone for Armv8-Mは，プログラマーズ・モデル，割り込み処理メカニズム，デバッグ機能，バス・インターフェース，メモリ・システム設計など，プロセッサのアーキテクチャのすべての側面に統合されています．前述のように，以前のCortex-Mプロセッサでは，特権実行レベルと非特権実行レベルの分離がありました．

Armv8-Mでは，オプションのTrustZoneセキュリティ拡張機能により，実行環境を通常の環境（非セキュア・ワールド）と保護された環境（セキュア・ワールド）に分ける分離境界が追加されました．これを図3.10に示します．

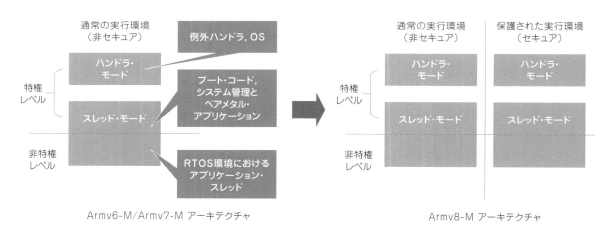

図3.10　プロセッサの実行環境をArmv6-M/Amv7-MからArmv8-Mアーキテクチャに変更する

Cortex-Aプロセッサで利用可能なTrustZoneと同様に，セキュア・ワールドで実行されるソフトウェアは，セキュアと非セキュアの両方のメモリとリソースにアクセスできますが，非セキュア・ワールドでは，非セキュアのメモリとリソースにしかアクセスできません．

3.18 TrustZoneの紹介

　Cortex-M23とCortex-M33プロセッサでは，TrustZoneセキュリティ拡張はオプションです．実装されていない場合は（チップ設計者が決定する），非セキュア・ワールドのみが存在します．

　通常の実行環境（非セキュア・ワールド）は，従来のCortex-Mプロセッサからほとんど変更されておらず，以前のCortex-Mプロセッサ用に書かれた多くのアプリケーションは，変更を必要とせずに非セキュア・ワールドで実行できます．それができない場合は，最小限の変更が必要となります（例：RTOSの更新が必要）．

　追加の保護された環境（セキュア・ワールド）も通常の環境と同様です．実際，ほとんどのベア・メタル・アプリケーションでは，同じコードをどちらのワールドでも実行できます．ただし，セキュア・ワールドでは，セキュリティ管理のための追加の制御レジスタが用意されています．さらに，2つのワールドのそれぞれで，利用可能な多数のハードウェア・リソース（SysTickタイマ，MPUなど）があります．

　セキュア・ワールドと非セキュア・ワールドの分離は，セキュリティ上重要な動作とリソースを保護するための方法を提供します．しかし，同時にこのアーキテクチャは，セキュリティ・ドメインの境界（図3.11）で，直接関数を呼び出せるようにしているため，非常に少量のソフトウェアのオーバーヘッドで，保護された一連のアプリケーション・プログラミング・インターフェース（Application Programming Interfaces：API）を介して，セキュリティ機能を通常のアプリケーションから効率的にアクセスできます．

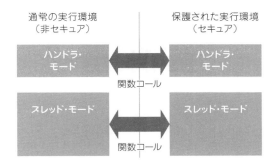

図3.11　Armv8-Mアーキテクチャは，セキュア・ワールドと非セキュア・ワールドの間で直接関数を呼び出すことを可能にする

　APIコールの仕組みをセキュアにするために，非セキュアからセキュア関数への関数呼び出しは，最初の命令がセキュア・ゲートウェイ（Secure Gateway：SG）命令であり，非セキュア・コール可能（NSC）属性でマークされたセキュア・メモリ・アドレスにある場合にのみ許可されます．これにより，セキュアAPIやその他のセキュア・メモリの場所の途中に，非セキュア・コードが分岐してくることを防ぎます．同様に，非セキュア関数呼び出しから戻るときに，非セキュア状態からセキュア状態に切り替えることも，FNC_RETURN（function-return：関数リターン）と呼ばれる別のメカニズムで保護されています．第18章18.2.5節で説明されています．

　4Gバイト・アドレス空間のArmv6-M/Armv7-Mアーキテクチャで定義されたメモリ・マップは，Armv8-Mアーキテクチャでも変更されていません．しかし，セキュリティ拡張は，メモリ・マップをさらにセキュア空間と非セキュア空間に分割し，両方のワールドに独自のプログラム・メモリ，データ・メモリ，およびペリフェラルが含まれるようにします．この分割は，セキュリティ属性ユニット（Security Attribution Unit：SAU）と呼ばれる新しいブロックと，オプションで実装定義属性ユニット（Implementation Defined Attribution Unit：IDAU）と呼ばれる新しいブロックによって定義されます（図3.12）．正確なメモリ分割は，チップ設計者とセキュア・ファームウェアの作成者（SAUのプログラミングでメモリ分割の構成を定義する人）に任されています．

　プロセッサのセキュリティ状態は，プログラム・アドレスのセキュリティ属性によって決定されます．
- セキュア・メモリでセキュア・ファームウェアを実行しているとき，プロセッサはセキュア状態
- 非セキュア・メモリ内のコードを実行しているとき，プロセッサは非セキュア状態

　プロセッサの状態の切り替えは，不正な状態遷移がないことを確認するために，ハードウェアによって監視されています．

第3章 Cortex-M23とCortex-M33プロセッサの技術概要

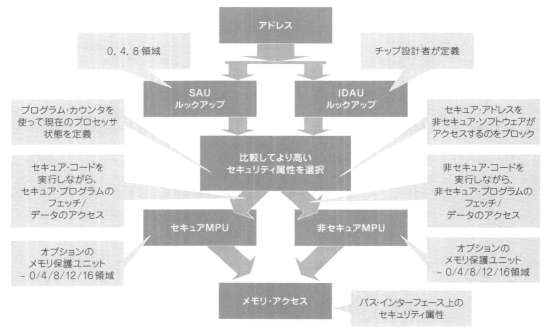

図3.12　SAUとIDAUを用いたメモリ空間分割

　各ワールドの整合性を確保するために，セキュア・ワールドと非セキュア・ワールドのスタック・アドレス空間とベクタ・テーブルは分離されています．その結果，スタック・ポインタは，セキュリティ状態間でバンク化されます．より強固なセキュリティを実現するため，Cortex-M23とCortex-M33プロセッサの両方では，セキュア・スタック・ポインタをサポートする，スタック・リミット・チェック機能が使用されており，Cortex-M33プロセッサでは，非セキュア・スタック・ポインタ用のスタック・リミット・チェックもサポートされています．
　セキュアと非セキュアのペリフェラルを持つ必要があるため，それぞれの割り込みは，セキュア・ソフトウェアによって，セキュアと非セキュアに割り当てることができます．セキュリティ状態の遷移は，例外による実行中断や例外からの復帰などの例外シーケンスによって，引き起こされることがあります（図3.13）.

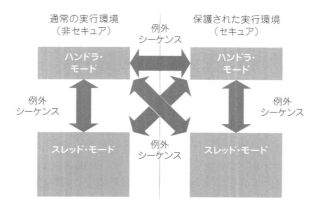

Armv8-M アーキテクチャ

図3.13　セキュリティ状態の遷移は例外／割り込みイベントによって引き起こされる可能性がある

　セキュアと非セキュアのソフトウェアは，同じ物理レジスタ（スタック・ポインタを除く）を使用するため，セキュア・レジスタの内容は，プロセッサの例外処理シーケンスによって自動的に保護され，セキュア情報の漏洩を防止します．

78

RoT（Root-of-Trust）セキュリティを有効にするため，プロセッサは，セキュア状態で起動します．セキュリティ管理ブロックがプログラムされた後（メモリ分割や割り込み割り当ての設定など），セキュア・ソフトウェアは，非セキュア・ワールドのスタートアップ・コードを実行できます（図3.14）．

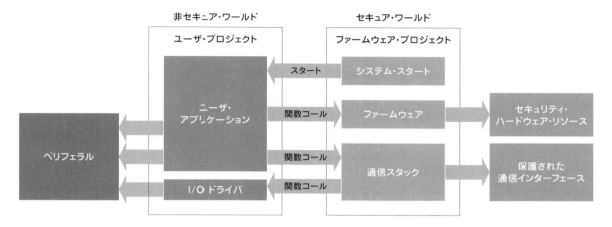

図3.14　セキュアと非セキュア・ワールドの分離（プロセッサはセキュア状態で起動）

非セキュア・ワールドで実行されるアプリケーションは，従来のCortex-Mシステムとほぼ同じ方法で動作します．次を完全に制御できます．
- 非セキュア（Non-secure：NS）メモリ
- 非セキュア・ペリフェラル
- 非セキュア割り込み管理レジスタ
- 非セキュア・メモリ保護ユニット（Memory Protection Unit：MPU）

さらに，セキュア・ファームウェアで提供される他のAPIを利用して，他の機能（暗号化機能など）にアクセスすることも可能です．セキュア・ファームウェアは，オプションとして，非セキュア・メモリに配置できるAPI（I/Oドライバ・ライブラリなど）を利用することも可能です．

3.19　TrustZoneがより良いセキュリティを実現する理由

他の多くのセキュリティ・テクノロジと同様に，Armv8-MのTrustZoneは，ソフトウェア・コンポーネントが割り当てられたリソースにのみアクセスできるようにするパーティション・メカニズムを提供することで機能します．このような構成により，攻撃者（ハッカーなど）は，ソフトウェア・コンポーネントの1つが侵害されても，システムを完全に制御したり，秘密のデータにアクセスしたりできなくなります．前世代のCortex-Mプロセッサでは，特権と非特権レベルが既に提供されていましたが，3.18.2節で説明する新しいシナリオの一部では，前述の方法ではシステムのセキュア性を確保するには不十分です．例えば，次のようなものです．
- ペリフェラル・ドライバ（割り込みハンドラを含む）などの特権的なコードにあるソフトウェアの脆弱性は，ハッカーが特権的な実行レベルを得て，システムへの完全なアクセスを可能にする可能性がある
- オンチップ・ファームウェアがあらかじめ搭載されているマイクロコントローラは，ハッカーがソフトウェア開発者を装い，チップを購入してリバース・エンジニアリングを試みる可能性があるため，信頼できないソフトウェア開発者から保護する必要があるかもしれない

最新のIoTマイクロコントローラ設計の一部では，チップにIoT接続用のさまざまなファームウェアがあらかじめ搭載されています．このファームウェアには，搭載されたセキュリティ証明書やセキュリティ鍵が含まれている場合があり，ソフトウェア開発者は，搭載されたファームウェア内のAPIにアクセスすることで，クラウド・サービスへのセキュアな接続を確立するアプリケーションを作成できます．TrustZoneテクノロジは，このような場合に非常に適しており，図3.15はその例を示しています．

図3.15 IoTマイクロコントローラの概念図 - アプリケーションは，セキュアAPIを介してクラウド・サービスへのセキュアな接続を確立する

このようなTrustZoneベースのシステムでは，次のようなことが期待されます．

- セキュリティ鍵（暗号鍵を含む）は，非セキュア・ワールドからはアクセスできない － すべての暗号操作は，搭載されたファームウェアによって処理される
- セキュア・ストレージやユニークID，真性乱数発生器（True Random Number Generator：TRNG）などのセキュリティ・リソースも保護される．TRNGにはセッション・キー生成用のエントロピーが含まれている可能性があるため，保護する必要がある（セッション・キーはセキュアなインターネット接続を保護するために使用される）
- ファームウェアの更新機能も保護されている．保護機能が有効になっている場合，検証済みのプログラム・イメージ（暗号化操作を使用して正しく署名されているなど）のみが更新に使用できる．このような保護は，製品のライフサイクル状態（Life-Cycle-State：LCS）管理サポートとデバッグ認証機能で使用される．LCS管理の例は，チップ・レベルで次のように定義できる（表3.9）．

表3.9 製品のライフサイクル状態の例

ライフサイクル状態	フラッシュ・プログラミング保護状態	デバッグ認証の状態
チップ製造	セキュアと非セキュア両方のフラッシュ・メモリのページを更新できる	セキュアと非セキュアの両方のデバッグが可能
セキュアなファームウェアがチップに搭載されていて，ソフトウェア開発の準備ができている	非セキュア・フラッシュ・メモリのページのみ更新可能．セキュア・メモリはプロテクトされている（読み出し不可）	非セキュア・デバッグのみ許可
製品が開発され展開する	非セキュア・フラッシュ・メモリのページのみ，署名の確認があれば更新が可能．セキュアと非セキュア・メモリの両方に対応した読み出し保護機能	デバッグを有効にするための追加の認証手順付きで非セキュア・デバッグのみ許可

- チップにはLCS管理用の不揮発性メモリ（Non-volatile memory：NVM）が搭載されている．NVMには，LCSの反転を防ぐための保護機構がある
- セキュア・ソフトウェアは，オプションで，システムが展開されたとき，バックグラウンドで実行されるシステム・ヘルス・チェック・サービスを実装する．これは，セキュア・タイマ割り込みによってトリガを掛けられるため，定期的に実行される．このタイマ割り込みの優先度は，他の非セキュア割り込みよりも高いレベルに構成でき，非セキュア・ソフトウェアによってブロックされないようにできる

IoTシステムがインターネットに接続されている場合，接続インターフェース（WiFiなど）を介して攻撃を受ける可能性があります．アプリケーションが複雑化すればするほど，必然的にアプリケーションに脆弱性をもたらすバグが発生し，ハッカーに悪用される可能性があります．以前のCortex-Mシステム設計では，ハッカーが特権

レベルで実行できるようになると，システムを完全に制御できるようになり，フラッシュ・プログラム・メモリを独自のバージョンに変更できる可能性がありました．そのようなシナリオが実現した場合，IoTシステムを交換するか，エンジニアが現場に出向いて，デバイスを再プログラムする必要があります．

　TrustZone対応のIoTマイクロコントローラでは，状況はもっと良くなります．セキュリティ上重要なリソースが保護されているので，ハッカーは次のことができません．

- フラッシュ・メモリの再プログラム／消去ができない
- 秘密鍵を盗むことができない
- デバイスのクローンができない
- セキュア・ソフトウェア・サービスを停止できない（健康診断サービスなど）

健康診断サービスが実装されていれば，攻撃を検出し（またはシステムの異常動作を検出し），システムの回復動作をトリガできます．フラッシュ・メモリが変更されていないため，システムは再起動するだけで回復できます．

　一般的に，TrustZoneの機能は，複数の当事者にとって次のメリットがあります．

- マイクロコントローラ・ベンダは，セキュアなIoT接続ファームウェアを提供することで，製品ソリューションを差別化できる．また，非セキュア・ソフトウェア開発者は，セキュア・ファームウェアを読み出すことができないため，ファームウェア資産は保護される
- ソフトウェア開発者は，セキュアなIoT接続ファームウェアで提供される機能を利用して製品を開発でき，その結果，市場投入までの時間を短縮し，エラーのリスクを低減できる（例えば，サードパーティ製のミドルウェアを統合する際や，社内で安全なソフトウェア・ソリューションを開発する際に，エラーが発生する可能性がある）
- IoT製品をよりセキュアにできるので，製品のエンドユーザにメリットがある

　もちろん，システムのセキュリティ・レベルは，セキュア・ファームウェアの品質に大きく依存します．したがって，搭載されたセキュア・ファームウェアは，徹底的にテストされ，十分にレビューされた，確立したセキュリティ技術に基づいているべきです．

　IoTマイコンの他に，次もTrustZoneが使われています．

- ファームウェアの保護：場合によって，マイクロコントローラ・ベンダは，サードパーティのソフトウェア・コンポーネントをデバイスに統合する必要があり，また，ファームウェア資産がリバース・エンジニアリングされないようにする必要がある．TrustZoneテクノロジは，ソフトウェア開発者がソフトウェア・コンポーネントを利用しながら，ファームウェア資産の保護を可能にした
- 認証されたソフトウェア・スタックの動作の保護：重要なセキュア動作を保護できるため，Bluetoothソフトウェア・スタックのような，幾つかの認定ソフトウェアは，TrustZoneを使用して運用を保護できる．非セキュア・アプリケーションが誤ってプログラムされたり，クラッシュしたりした場合でも，保護されたBluetooth動作は機能を維持し，認証が無効になることはない
- 複数のプロセッサを1つに統合：以前は，幾つかの複雑なSoC設計には，セキュア・データと非セキュア・データの処理を分離するため，複数のCortex-Mプロセッサ・サブシステムがあった．今では，Cortex-M23とCortex-M33プロセッサで利用できるTrustZone機能により，これらの幾つかのプロセッサ・システムを統合が可能になった
- サンドボックス化されたソフトウェア実行環境の提供：OSの設計では，セキュリティ分割機能により，サンドボックス化された環境で，OSがソフトウェア・コンポーネントを実行できるようになっている

　もちろん，IoTセキュリティを必要とせず，プロセッサを単純なシステム構成で使用する設計もあります．たとえば，プロセッサを内蔵したスマート・センサには，"信頼された"ホスト・プロセッサに接続するためのシリアル・インターフェース（I²C/SPIなど）があるかもしれません．その結果，TrustZoneセキュリティ拡張機能はオプションとなります．

3.20 eXecute-Only-Memory(XOM)によるファームウェア資産保護

　場合によっては，チップ設計者は，TrustZoneを使用する代わりに，eXecute-Only-Memory（XOM）と呼ばれるよりシンプルなファームウェア資産保護技術を選択することもあります．XOM方式では，プログラム・メモリの一部を命令フェッチでのみアクセスできるようにし，ソフトウェア実行やデバッグ・ホストによるデータ・ア

クセスはできないように，チップ内部のバス・システムを設計しています．
　XOMは通常，関数/APIを保護するために使用され，内部のプリロードされた関数を呼び出すことはできますが，ソフトウェア開発者がコードの詳細を読み出すことができません（図3.16）．

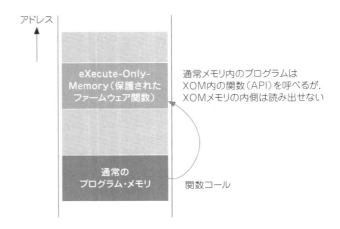

図3.16　XOMは通常のプログラム・コードでAPIにアクセス(呼び出し)できるが，API内部のコードを読み出すことはできない

　XOMテクニックは，XOM内部のソフトウェア・コードのリバース・エンジニアリングを，より困難にするのに役立ちます．ただし，TrustZoneソリューションほど安全ではありません．例えば，XOM内部のAPIの実行が頻繁に中断される場合，実行された各命令の影響を割り込みハンドラで観察でき，これだけで，ハッカーが実行中の命令を推測するには，十分かもしれません．
　XOMテクニックを使用する場合，プログラム・コードは，プログラム・メモリ内の即値データを読み出すためのデータ読み出し操作が必要なので，即値データを生成するリテラル・データ読み出し（5.7.6節参照）を使用することはできません．その結果，MOVWとMOVTの命令（5.6.3節参照）は，XOM用のコードを作成する場合の即時データ生成に使用されます．これらの命令はすべてのArmv8-Mプロセッサでサポートされています．これらの命令は，Armv7-Mアーキテクチャでもサポートされていますが，Armv6-Mアーキテクチャ（Cortex-M0，Cortex-M0+プロセッサなど）では利用できません．
　MOVWとMOVTの命令は，即値データ生成を必要とする，他のシナリオでも使用できます．
　XOMについての詳細情報は，ArmのWebページ"An introduction to eXecute-Only-Memory"[1]を参照してください．

◆ 参考・引用＊文献

(1)　eXecute-Only-Memoryの紹介
　　https://community.arm.com/developer/ip-products/processors/b/processors-ip-blog/posts/what-is-execute-only-memory-xom

第4章

アーキテクチャ

Architecture

4.1 Armv8-Mアーキテクチャの紹介

4.1.1 概要

Arm Cortex-M23とCortex-M33プロセッサは，Armv8-Mアーキテクチャに基づいています．アーキテクチャ・ドキュメントであるArmv8-Mアーキテクチャ・リファレンス・マニュアルは，1000ページを超える膨大な文書です[1]．この文書では，次のようにプロセッサの多くの側面がカバーされています．

- プログラマーズ・モデル
- 命令セット
- 例外モデル
- メモリ・モデル（アドレス空間，メモリ・オーダリングなど）
- デバッグ

このアーキテクチャには，ベースライン・アーキテクチャ機能セットとオプションの拡張機能を多数搭載しています．拡張機能の例としては，次のようなものがあります．

- メインライン拡張 – Armv8-Mメインライン・サブプロファイルは，Armv8-Mベースラインにメインライン拡張を加えたもの
- DSP拡張 – シングル・インストラクション，マルチプル・データ（Single Instruction, Multiple Data：SIMD）機能を持つ幾つかの命令を含む，デジタル信号処理演算のための一連の命令．このオプションの拡張機能には，メインライン拡張機能が必要で，Cortex-M33プロセッサで使用できる
- 浮動小数点拡張 – 単精度および倍精度処理のための一連の命令．この拡張機能には，メインライン拡張機能が必要．単精度浮動小数点ユニットは，Cortex-M33プロセッサでオプション機能として使用できる
- MPU拡張 – メモリ保護ユニット（Memory Protection Unit：MPU）は，Cortex-M23とCortex-M33プロセッサの両方でオプション
- デバッグ拡張 – デバッグ機能はオプション
- セキュリティ拡張機能 – TrustZoneと呼ばれる機能．Cortex-M23とCortex-M33プロセッサでは，オプション．TrustZoneセキュリティ拡張は，プログラマーズ・モデル，例外処理，デバッグなど，プロセッサのさまざまな側面に影響を与える

アーキテクチャのさまざまな拡張機能に加えて，プロセッサにはさまざまなオプション機能が用意されています．例えば，第3章3.17節に記載されている構成オプションにより，さまざまなCortex-M23/M33デバイスで使用可能な幅広いバリエーションが可能になります．アーキテクチャ・リファレンス・マニュアルでは，プロセッサがどのように動作するかという根本的な仕組みは明記されていないことに注意してください．プロセッサの設計は，次の"アーキテクチャ"の概念に基づいています．

- アーキテクチャ – Armv8-Mアーキテクチャ・リファレンス・マニュアルで指定されている．プログラムの実行がどのように動作し，デバッグ・ツールがプロセッサとどのように相互動作するかを定義している
- マイクロアーキテクチャ – アーキテクチャに厳密に基づくプロセッサの実装．例えば，内部に幾つのパイプライン・ステージがあるか，実際の命令実行タイミング，使用されるバス・インターフェースの種類など．前述の幾つかについては，プロセッサのテクニカル・リファレンス・マニュアル（Technical Reference Manual：TRM）に詳細が記載されている[2][3]．また，そのドキュメントでは，どのようなオプション機能が設計に含まれているかを規定している

83

第4章 アーキテクチャ

Armv8-Mアーキテクチャ・リファレンス・マニュアルには，命令セットのような非常に詳細なプロセッサのアーキテクチャ動作が記載されていますが，読むのは簡単ではありません．幸いなことに，Cortex-Mプロセッサを使用するためにアーキテクチャを完全に理解している必要はありません．ほとんどのアプリケーションで，Cortex-Mプロセッサベースのマイクロコントローラを使用するために必要なのは，次の基本的な理解だけです．

(a) プログラマーズ・モデル
(b) 例外（割り込みを含む）をどのように処理するか
(c) メモリ・マップ
(d) ペリフェラルの使い方
(e) マイクロコントローラ・ベンダのドライバ・ライブラリの使い方

4.1.2 Armv8-Mアーキテクチャの背景

Armv8-Mアーキテクチャは，図4.1に示すように，Armv7-MとArmv6-Mアーキテクチャから発展したものです．

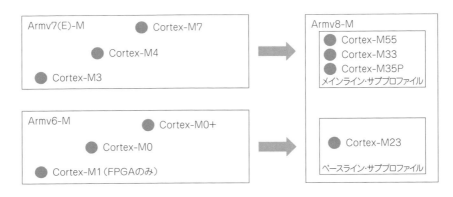

図4.1 Cortex-Mプロセッサのアーキテクチャの進化

> 注意："Armv7E-M"の"E"という文字は，Armv7-MのDSP拡張を指しています．これはArm9プロセッサ（アーキテクチャv5TE）から始まった歴史的な命名規則です．Armv8-Mでは，多くの拡張機能があるため，この命名規則は使われなくなりました．

Armv7-MやArmv6-Mと比較すると，Armv8-Mには多くの類似点があります．実際，ほとんどのベアメタル（OSを使用しないシステム）アプリケーションは，ほとんど変更（メモリマップの変更など）を加えることなく，Cortex-M23/Cortex-M33ベースのデバイス上に移行して実行できます．類似点の例を幾つか次に挙げます．

- Armv8-Mは，依然として，4Gバイトのアドレス空間を複数の領域に分割したメモリ・マップをアーキテクチャ的に定義した，32ビット・アーキテクチャである
- 割り込み管理には，ネスト型ベクタ割り込みコントローラ（Nested Vectored Interrupt Controller：NVIC）を使用している（Armv6-M/Armv7-Mアーキテクチャにある全ての割り込み制御レジスタは，Armv8-Mアーキテクチャで利用可能で，そのため，必要なソフトウェアの変更は少ない）
- アーキテクチャ的に定義されたスリープ・モード（スリープとディープ・スリープ）
- サポートされている命令セット；以前のArmv6-M/Armv7-Mアーキテクチャからの全ての命令がArmv8-Mでサポートされている

しかし，変更された部分が幾つかあり（次に記載），これらの変更は，主にRTOSの設計に影響を与えます．

- MPUのプログラマーズ・モデル
- EXC_RETURN（例外リターン・コード）定義
- TrustZoneセキュリティ拡張機能

3.15節で説明したように，Cortex-M23とCortex-M33プロセッサを前世代と比較すると，多くの機能強化が行

われています．TrustZoneセキュリティ拡張，スタック限界チェック，コプロセッサ・インターフェースなどの新機能を利用するには，ソフトウェア・コードを更新する必要があります．

4.2 プログラマーズ・モデル

4.2.1 プロセッサのモードと状態

第3章で説明したように，プロセッサの動作は次のように分けることができます．
- 特権状態と非特権状態 – この状態分離は常に利用可能
- セキュア状態と非セキュア状態 – この状態の分離は，TrustZoneセキュリティ拡張機能が実装されている場合に使用可能

プロセッサが非特権状態にある場合，メモリ空間の一部へのアクセスが制限されます．例えば，NVIC，MPU，システム制御レジスタなど，プロセッサの内部ペリフェラルのほとんどは，非特権のソフトウェア・アクセスからブロックされます．追加のメモリ・アクセス許可規則は，メモリ保護ユニット（Memory Protection Unit：MPU）を使用して設定できます．例えば，RTOSはMPUを使用して，非特権のアプリケーション・タスクによって，アクセス可能なメモリ空間をさらに制限できます．典型的なシステムでは，RTOSの実行は，以下のように特権レベルを利用します．
- OSソフトウェアとペリフェラルの割り込みハンドラ – 特権状態で実行される
- アプリケーションのスレッド／タスク – 非特権状態で実行される

この構成により，ソフトウェアの信頼性を高めることができます – アプリケーションのスレッドやタスクがクラッシュしても，OSや他のアプリケーションのスレッド，タスクが，使用するメモリやリソースを破壊することはありません．非特権状態は，ドキュメントによっては，"ユーザ・モード"と呼ばれることがあり，この用語は，非特権動作用のユーザ・モードがあるArm7TDMIのようなレガシなArmプロセッサから継承されました．

プロセッサが非セキュア特権状態にある場合，セキュア・ソフトウェアで定義されたセキュリティ・アクセス許可で指定されるリソースにアクセスできます．プロセッサがセキュア特権状態の場合，全てのリソースにアクセスできます．

セキュアと非セキュア状態の概念については，すでに第3章3.18節で説明しました．特権と非特権の分離とセキュアと非セキュアの分離に加えて，Cortex-Mプロセッサには，プロセッサの状態と動作モードに関する次の概念もあります．
- Thumb状態とデバッグ状態 – Thumb状態とは，プロセッサがThumb命令を実行していることを意味する．デバッグ状態とは，プロセッサが停止したことを意味し，デバッガが内部レジスタの状態を調べることができる
- ハンドラモードとスレッドモード – プロセッサが例外ハンドラ（割り込みサービス・ルーチンなど）を実行しているときは，プロセッサはハンドラ・モードになっている．それ以外の場合は，スレッド・モード．プロセッサのモードは，次のように特権レベルと関連している
  - ハンドラ・モードは特権アクセス・レベル
  - スレッド・モードは，特権または非特権のどちらでも構わない

これらを全て組み合わせると，図4.2のような状態図になります．

特権スレッド・モードで実行されるソフトウェアは，"CONTROL"と呼ばれる特別なレジスタをプログラムすることで，プロセッサを非特権スンッド・モードに切り替えることができます（セクション4.2.2.3節のnPRIVビット"CONTROLレジスタ"を参照）ので注意してください．しかし，一度プロセッサが非特権レベルに切り替わってしまうと，スレッド・モードのソフトウェアは，CONTROLに書き込むことで自分自身を特権スレッド・モードに戻すことができなくなります―なぜならCONTROLレジスタは，特権状態でのみ書き込み可能だからです．

非特権コードは，システム例外の1つをトリガすることで，特権システム・サービスにアクセスできます（例えば，システム・サービス・コール，SVC-4.4.1節と11.5節を参照）．このメカニズムは通常，RTOSがOSサービスのアプリケーション・プログラミング・インターフェース（Application Programming Interfaces：API）を提供するために使用されます．例外ハンドラは，例外復帰後に特権スレッド動作へ，システムが復帰できるようにCONTROLレジスタをプログラムすることもできます．

第4章 アーキテクチャ

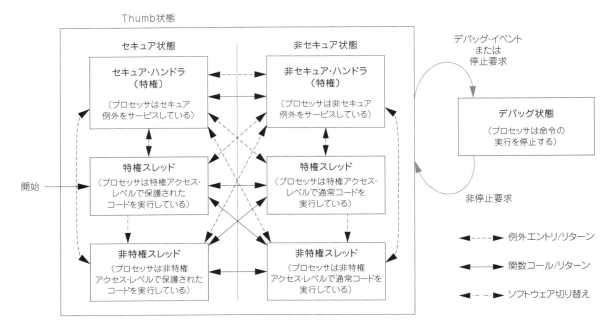

図4.2 TrustZoneを実装した場合の動作状態とモード

　特権状態と非特権状態の遷移は，あるセキュリティ・ドメインから別のセキュリティ・ドメインへ移行する，関数呼び出しの間でも発生する可能性があるので注意してください．これは，CONTROLレジスタの中で，nPRIVビットがバンク化されているためです（セキュア状態と非セキュア状態の両方に独自のnPRIVビットがあります）．一見するとこれは，奇妙に聞こえるかもしれませんが，一般的なセキュア・システムでは，OSのAPI経由を除き，非特権コードによる特権レベルへのアクセスを許可しないためです．しかし，次のシナリオで説明するように，Armv8-Mプロセッサではこれは問題ではありません．

- セキュア特権APIを呼び出す非セキュア非特権スレッド・ソフトウェア（**図4.3**）：セキュアAPIは，信頼されたパーティによって作成される．これらの信頼されたAPIのコードは，APIが悪用されないようにセキュリティ対策を考慮して設計されている．その結果，これらのAPIの実行において，非特権レベルから特権レベルへの移行を許可することは，セキュリティ上の問題はない

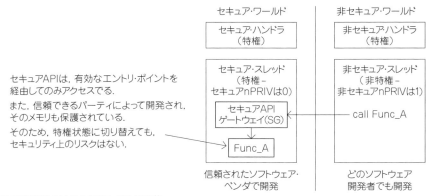

図4.3 セキュアAPI呼び出しにおける特権レベルの遷移

- セキュアな非特権スレッド・ソフトウェアが非セキュアな特権コードを呼び出す（**図4.4**）：セキュア・コードは，信頼されたパーティによって開発されることが想定されるため，セキュアな非特権コードが非セキュアな特権を取得する際のセキュリティ・リスクは問題ではない．セキュアな非特権ソフトウェアが完全に信頼されていない場合でも，非セキュアな特権リソースへのアクセスを許可してもセキュリ

ティ・リスクは発生しない．これは，セキュアな非特権ソフトウェアが，セキュアな特権コードのセキュリティ管理をバイパスしたり，無効にしたりすることを許可しないからである

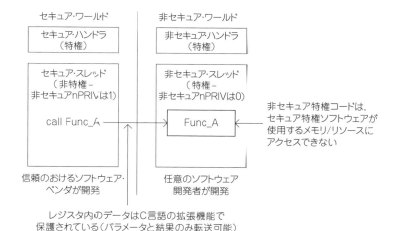

図4.4 非セキュアAPI呼び出しにおける特権レベルの遷移

TrustZoneセキュリティ拡張機能が実装されていない場合，状態遷移図は，次のように簡略化できます（**図4.5**）．

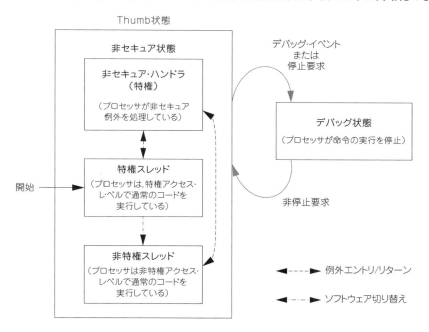

図4.5 TrustZoneセキュリティ拡張が実装されていない場合の動作状態とモード

これは，Armv6-MとArmv7-Mアーキテクチャと同一です．
　単純なアプリケーションの場合，非特権スレッドの状態を未使用のままにしておくことも可能です．この場合，特権スレッド（アプリケーション・コードの大部分）とハンドラ・モード（ペリフェラルの割り込みサービス・ルーチン用など）のみが使用されます．
　TrustZoneセキュリティ拡張機能が実装されたシステムでは，非セキュア状態を使用せず，アプリケーション全体をセキュア状態で実行することも可能です．
　デバッグ状態は，ソフトウェア開発中に使用されます．停止モードのデバッグ機能が有効になっている場合（こ

第4章 アーキテクチャ

れにはデバッグ接続が必要です）．ソフトウェア開発者がプロセッサを停止させたとき，または，ブレークポイントのようなデバッグ・イベントが発生したときに，プロセッサはデバッグ状態に入ることができます．これにより，ソフトウェア開発者は，プロセッサのレジスタ値を調べたり，変更したりできます．メモリの内容とペリフェラル・レジスタは，Thumbまたはデバッグ状態のいずれかで，デバッガを介して検査または変更できます．デバッガが接続されずに市場に展開されたシステムでは，プロセッサはデバッグ状態にはなりません．

4.2.2 レジスタ

4.2.2.1 各種レジスタの種類

Cortex-Mプロセッサの内部には，幾つかの種類のレジスタがあります．
- **レジスタ・バンク内のレジスタ** – ほとんどが汎用で，ほとんどの命令で使用される．幾つかのレジスタは特別な用途を持っている（R15はプログラム・カウンタなど，詳細は，4.2.2.2節参照）
- **特殊レジスタ** – 特殊な目的（割り込みマスクなど）を持った幾つかの特殊レジスタがあり，それらにアクセスするために特別な命令（MRS，MSRなど）が必要（4.2.2.3節参照）
- **メモリ・マップド・レジスタ** – 組み込みの割り込みコントローラ（NVIC）と多くの内部ユニットは，メモリ・マップド・レジスタを使用して管理されている．これらのレジスタは，Cプログラミングのポインタでアクセスできる．これらのレジスタは，この本のさまざまな章で説明する

システムレベル（プロセッサの外部）では，チップ内に追加のレジスタがあります．
- **ペリフェラル・レジスタ** – さまざまなペリフェラルを管理するために使用される．これらはメモリ・マップされているため，ポインタを使用してCプログラムで簡単にアクセスできる
- **コプロセッサ・レジスタ** – Cortex-M33プロセッサには，チップ設計者がコプロセッサ（特定の処理タスクを高速化するためのハードウェア）を追加できるコプロセッサ・インターフェースがある．コプロセッサのハードウェアには，コプロセッサ・レジスタが含まれており，コプロセッサ命令を使用してアクセスできる（5.21節参照）

次の節では，レジスタ・バンクにあるレジスタと特殊レジスタについて説明します．

4.2.2.2 レジスタ・バンクのレジスタ

他のArmプロセッサと同様に，プロセッサ・コアには，データ処理と制御のための多数のレジスタがあります．メモリ内のデータの操作を実行するために，Armプロセッサは，まずレジスタにデータをロードし，プロセッサ内で操作を実行し，その後，オプションとして，結果をメモリに書き戻す必要があります．これは一般的に"ロードストア・アーキテクチャ"と呼ばれています．レジスタは，データ転送を処理するためのアドレス値を保持するためにも使用されます．

レジスタ・バンクに十分な数のレジスタを持つことで，Cコンパイラは，さまざまな演算を効率的に処理するためのコードを生成できます．Cortex-Mプロセッサのレジスタ・バンクには，R0 ～ R15までの16個のレジスタがあります（**図4.6**参照）．これらのレジスタの中には，次のように特別な用途を持つものがあります．
- R13 – スタック・ポインタ（SP）．スタック・メモリへのアクセス（スタックのPUSHまたはPOP操作など）に使用される．物理的には，2つまたは4つのスタック・ポインタを使用できる – セキュア・スタック・ポインタは，TrustZoneセキュリティ拡張が実装されている場合にのみ使用できる．スタック・ポインタの選択についての詳細は，4.3.4節を参照
- R14 – リンク・レジスタ（LR）．このレジスタは，関数やサブルーチンを呼び出したときのリターン・アドレスを保持するために自動的に更新される．関数／サブルーチンの終了時に，LRからの値がプログラム・カウンタ（PC）に転送され，動作を再開する．ネストした関数呼び出しの場合（別のコードによって呼び出された，関数の中で関数呼び出しが行われる場合），第2レベルの関数呼び出しが行われる前に，LRの値をまず保存しなければならない（スタックPUSH操作を使ってスタック・メモリに値を保存するなど）．そうしないと，LR内の値は失われ，元のプログラムに戻ることができなくなる．LRは，例外／割り込み処理時に，EXC_RETURN（例外リターン）と呼ばれる特殊な値を保持するためにも使用される．割り込みサービス・ルーチンの終了時に，EXC_RETURNの値がPCに転送され，例外リターンのトリガと

なる．これについての詳細は第8章の8.4.5節と8.10節を参照
- R15 - プログラム・カウンタ（PC）．レジスタ・バンクにPCを搭載する主な利点は，プログラム・コード内の定数データへのアクセスが容易になることである（テーブル分岐動作で分岐オフセットにアクセスするため，"PC相対アドレッシング・モード"のデータ・リード命令で定数を取得するなど）．また，PCへの読み出し/書き込みも可能．このレジスタを読み出すと，現在の命令アドレス（偶数）に4のオフセットを加えた値が返される（これは，プロセッサのパイプラインの性質と，Arm7TDMIなどのレガシ・プロセッサとの互換性要件によるもの）．このレジスタに書き込むと分岐動作が発生する．しかし，一般的な分岐動作には通常の分岐命令を使用することを勧める

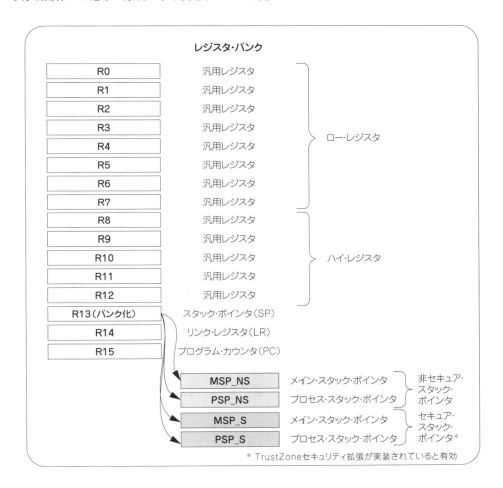

図4.6 レジスタ・バンクのレジスタ

　残りのレジスタ（R0 〜 R12）は汎用です．R0 〜 R7はロー・レジスタとも呼ばれます．16ビット命令で利用できる命令空間が限られているため，多くの16ビットThumb命令はロー・レジスタにしかアクセスできません．ハイ・レジスタ（R8 〜 R12）は，32ビット命令とMOV（移動）のような幾つかの16ビット命令で使用できます．

　R0 〜 R12の初期値は，起動時には予測できない場合があります．ハードウェア起動シーケンスは，TrustZoneセキュリティ拡張が実装されている場合，セキュア・メイン・スタック・ポインタ（Secure Main Stack Pointer：MSP_S）の値を自動的に初期化し，実装されていない場合は，非セキュア・メイン・スタック・ポインタ（Non-secure Main Stack Pointer：MSP_NS）の値を初期化します．ハードウェア起動シーケンスは，プログラム・カウンタ（R15/PC）も初期化します．

　これらのレジスタの詳細情報を**表4.1**に示します．

第4章 アーキテクチャ

表4.1 レジスタR0～R15の読み出し／書き込み動作

レジスタ	初期値	読み出し／書き込みの動作
R0～R12	不明	32ビット，読み出し／書き込み可能
R13	MSP_S/MSP_NSは，ハードウェア起動シーケンスで初期化される	32ビットだが，最下位2ビットは常に0(スタック・ポインタは，常にワード・アラインしている)．読み出し／書き込みが許可され，最下位2ビットへの書き込み値は無視される
R14	Cortex-M33(およびメインライン拡張を持つ他のプロセッサ)では0xFFFFFFFFにリセットされる．Cortex-M23(ベースライン)では不明	32ビット，読み出し／書き込み可能．R14の値は，プロセッサが関数を呼び出したとき，または，割り込み／例外サービスの提供を開始したときにも自動的に更新される．これにより，ソフトウェアの流れが，呼び出し元に戻ったり，中断されたプログラムに戻ったりできる
R15	ハードウェア起動シーケンスによりプログラム・カウンタ(PC)が初期化される	ビット0は常に0だが，間接分岐命令でPCに書き込む場合，書き込まれた値のビット0には特別な意味がある PCへの書き込み(移動命令の使用など)で分岐をトリガすることも可能だが，通常の分岐操作には分岐命令を使用することを勧める

プログラミングでは，レジスタR0～R15は，大文字または小文字のいずれかの名前(R0～R15またはr0～r15)を使用してアクセスできます．R13～R15については，次のようにアクセスすることもできます．

- R13：SPまたはsp(現在選択されている**スタック・ポインタ**)
- R14：LRまたはlr(**リンク・レジスタ**)
- R15：PCまたはpc(**プログラム・カウンタ**)

図4.6に示すように，SPはセキュアと非セキュアな状態の間でバンク化されます．MSR/MRS命令でスタック・ポインタにアクセスする場合，どちらのスタック・ポインタを使用するかを指定できます．

- MSP－現在のセキュリティ状態のメイン・スタック・ポインタ(MSP_SまたはMSP_NSのいずれか)
- PSP－現在のセキュリティ状態のプロセス・スタック・ポインタ(PSP_SまたはPSP_NSのいずれか)
- MSP_NS－これにより，セキュア・ソフトウェアが，非セキュア・メイン・スタック・ポインタにアクセスできるようになる
- PSP_NS－これにより，セキュア・ソフトウェアが，非セキュア・プロセス・スタック・ポインタにアクセスできるようになる

Armの資料(Armv8-Mアーキテクチャ・リファレンス・マニュアルなど)では，スタック・ポインタはメイン・スタック・ポインタ(Main Stack Pointer：SP_main)とプロセス・スタック・ポインタ(Process Stack Pointer：SP_process)にラベル付けされています．

スタック・ポインタ操作の詳細については，4.3.4節を参照してください．

R0～R15は，プロセッサがデバッグ状態(つまり停止状態)のときに，デバッグ・ソフトウェア(PCなどのデバッグ・ホスト上で実行されている)を使用してアクセス(読み出し/書き込み)することもできます．

4.2.2.3 特殊レジスタ

レジスタ・バンク内のレジスタ以外にも，特殊な目的を持ったレジスタが多数存在します．例えば，割り込みマスキングのための制御レジスタや，演算／論理演算結果の条件フラグなどがあります．これらのレジスタは，MRSやMSRなどの特殊レジスタ・アクセス命令を使用してアクセスできます(5.6.4節の特殊レジスタ・アクセス命令を参照)．

```
MRS <reg>, <special_reg>;   特殊レジスタをレジスタに読み出し
MSR <special_reg>, <reg>;   特別レジスタへ書き込み
```

プログラミングでは，CMSIS-COREは，特殊レジスタにアクセスするためのC関数を多数定義しています．

注意：特殊レジスタをペリフェラル・レジスタと混同しないでください．MCS51/8051(基本的なマイクロコントローラ用の8ビット・アーキテクチャ)のような一部のレガシ・プロセッサのアーキテクチャでは，特殊機能レジスタは，ほとんどがペリフェラル・レジスタです．Arm Cortex-Mプロセッサでは，ペリフェラル・レジスタはメモリ・マップされており，C/C++のポインタを使用してアクセスできます．

プログラム・ステータス・レジスタ（Program Status Register：PSR）

プログラム・ステータス・レジスタは，32ビットで，次のように細分化できます．
- アプリケーションPSR – 条件分岐や特別なフラグを必要とする命令動作に必要なさまざまな"ALUフラグ"を持っている（キャリー・フラグを使った加算など）
- 実行PSR – 実行状態情報を持っている
- 割り込みPSR – 現在の割り込み／例外の状態情報を持っている

これら3つのレジスタは，図4.7に示すように，一部のドキュメント（Armv8-Mアーキテクチャ・リファレンス・マニュアルなど）で"xPSR"と呼ばれる1つの結合レジスタとしてアクセスできます．プログラミングでは，PSR全体にアクセスする場合，PSRというシンボルが使用されます．例えば，次のようになります．

```
MRS r0, PSR;   結合プログラム・ステータス・ワードの読み出し
MSR PSR, r0;   結合プログラム・ステータス・ワードに書き込み
```

また，各PSRに個別にアクセスすることもできます．例えば，次のようなものです．

```
MRS r0, APSR;  フラグの状態をレジスタr0に読み出し
MRS r0, IPSR;  レジスタr0への例外/割り込み状態の読み出し
MSR APSR, r0;  フラグ状態の書き込み
```

	31	30	29	28	27	26:25	24	23:20	19:16	15:10	9	8	7	6	5	4:0
APSR	N	Z	C	V	Q**				GE*							
IPSR										例外番号						
EPSR						ICI/IT**	T			ICI/IT**						

APSR, IPSR, EPSRの各レジスタは組み合わせてアクセスでき，
3つをまとめてアクセスする場合はxPSRと呼ばれる

	31	30	29	28	27	26:25	24	23:20	19:16	15:10	9	8	7	6	5	4:0
xPSR	N	Z	C	V	Q**	ICI/IT**	T		GE*	ICI/IT**						例外番号

*GE（Greater than or Equal flags）ビットは，DSP拡張が搭載されたCortex-M33プロセッサで使用できる．また，Cortex-M4およびCortex-M7プロセッサでも使用可能．Cortex-M23，Cortex-M0，Cortex-M0+，およびCortex-M3プロセッサでは使用できない

**Q（スティッキー飽和）ビットおよびICI/IT（If-Thenと割り込み継続）ビットは，Cortex-M33プロセッサ（メインライン拡張）で使用可能であり，Armv7-Mプロセッサ（Cortex-M3，Cortex-M4，Cortex-M7プロセッサ）でも使用可能．Cortex-M23，Cortex-M0，Cortex-M0+の各プロセッサでは使用できない

図4.7　プログラム・ステータス・レジスタ - APSR, IPSR, EPSR, xPSR

表4.2は，xPSRにアクセスするために使用できるレジスタ・シンボルを示しています．
一部制限がありますのでご注意ください．
- EPSRは，MRS（ゼロとして読み取られる）またはMSRを使用して，ソフトウェア・コードから直接アクセスすることはできない．しかし，例外シーケンス中（xPSRがスタックに保存され，復元されるとき）は表示され，デバッグ・ツールでも表示される
- IPSRは読み出し専用で，MSR命令を使用して変更することはできない

表4.2　プログラミングに有効なxPSRのシンボル

シンボル	説明
APSR	アプリケーションPSRのみ
EPSR	実行PSRのみ
IPSR	割り込みPSRのみ
IAPSR	APSRとIPSRの組み合わせ
EAPSR	APSRとEPSRの組み合わせ
IEPSR	IPSRとEPSRの組み合わせ
PSR	APSRとIPSR，EPSRの組み合わせ

第4章 アーキテクチャ

PSRに含まれるビット・フィールドの定義を次に示しています.

表4.3 プログラム・ステータス・レジスタのビット・フィールド

ビット	説 明
N	ネガティブ・フラグ
Z	ゼロ・フラグ
C	キャリー・フラグ(またはノット・ボロー・フラグ:not borrow flag)
V	オーバフロー・フラグ
Q	スティッキー飽和フラグ:Sticky saturation flag (Armv8-M メインラインと Armv7-M で使用可能. Armv8-M ベースラインと Armv6-M では使用不可)
GE[3:0]	各バイトレーンのより大きい(Greater-Than)または等しい(Equal)フラグ(DSP 拡張が実装された Armv7-M および Armv8-M メインラインで使用可能). これは, DSP 拡張のさまざまな命令によって更新され, SEL(SELECT)命令で利用できる
ICI/IT	割り込み継続可能命令(Interrupt-Continuable Instruction:ICI)ビットと条件付き実行用のIF-THEN(IT)命令ステータス・ビット(Armv8-MメインラインとArmv7-Mで利用可能. Armv8-Mベースラインおよび Armv6-Mでは使用できない)
T	Thumb 状態, 通常の動作では常に 1. このビットをクリアしようとすると, フォールト例外が発生する
例外番号	プロセッサが処理している例外 / 割り込みサービスがどれかを示す

注意:TrustZone が実装されていて, セキュア例外ハンドラが非セキュア関数を呼び出す場合, 関数呼び出し中にIPSRの値が1にセットされ, セキュア例外サービスを処理していることを認識させなくする

Armv6-Mアーキテクチャと比較して, Armv8-Mでは, プログラム・ステータス・レジスタの例外番号フィールドの幅が9ビットに拡大されました. これにより, Armv8-Mプロセッサはより多くの割り込みをサポートできるようになりました. Cortex-M0とCortex-M0+プロセッサ(これらのプロセッサでは, 例外番号フィールドの幅が5ビットです)の32の割り込みに対して, Cortex-M23プロセッサは, 最大240の割り込みをサポートしています.
xPSRの他のフィールドは, Armv6-MまたはArmv7-Mアーキテクチャのものと同じです. これまでのように, Armv8-Mベースライン(つまりCortex-M23プロセッサ)では利用できないビット・フィールドもあります.
図4.8は, さまざまなArmアーキテクチャにおけるPSRビット・フィールドを示しています. Cortex-Mプロ

	31	30	29	28	27	26:25	24	23:20	19:16	15:10	9	8	7	6	5	4:0
Arm汎用 (Cortex-A/R)	N	Z	C	V	Q	IT	J	予約	GE[3:0]	IT	E	A	I	F	T	M[4:0]
Arm7TDMI (Armv4)	N	Z	C	V	予約								I	F	T	M[4:0]
Armv7-M (Cortex-M3)	N	Z	C	V	Q	ICI/IT	T			ICI/IT			例外番号			
Armv7E-M (Cortex-M4/M7)	N	Z	C	V	Q	ICI/IT	T	GE[3:0]		ICI/IT			例外番号			
Armv6-M (Cortex-M0/M0+)	N	Z	C	V			T									例外番号
Armv8-Mベースライン (Cortex-M23)	N	Z	C	V									例外番号			
Armv8-Mメインライン DSP拡張なし	N	Z	C	V	Q	ICI/IT	T			ICI/IT			例外番号			
Armv8-Mメインライン DSP拡張つき	N	Z	C	V	Q	ICI/IT	T	GE[3:0]		ICI/IT			例外番号			

図4.8 異なるArmアーキテクチャにおけるプログラム・ステータス・レジスタの比較

セッサのPSRは，Arm7TDMIのようなクラシック・プロセッサとは異なることに注意してください．例えば，従来のArmプロセッサは，モード（M）ビットを持ち，Tビットはビット24ではなくビット5にあります．さらに，従来のArmプロセッサの割り込みマスキング・ビット（IとF）は，新しい割り込みマスキング・レジスタ（PRIMASK，FAULTMASKなど）に分離されています．

APSRの詳細な動作については，4.2.3節を参照してください．
ICI/ITビットはArmv7-MとArmv8-Mメインラインで利用可能で，次の2つの目的を果たします．

- IT（IF-THEN）命令ブロックの実行中，これらのビット（IT）は条件付き実行情報を保持している
- 複数ロード/ストア命令の実行中，これらのビット（ICI）は，命令の現在の進行状況を保持する

ICI/ITビット・フィールドは，ほとんどの場合プログラム・コードが2つの機能を同時に使用しないため，重複しています．例外が発生した場合，ICI/ITの状態は自動スタッキング動作の一部として保存されます（8.4.3節"ICI/ITビットはスタッキングされたxPSRの内部にある"を参照）．割り込みが発生した後は，復元されたICI/ITビットを使用して割り込みコードの実行が再開されます．
ICI/ITビットの詳細については，9.6.2節を参照してください．

割り込みマスキング・レジスタ

各割り込みはNVICで有効または無効にできます．さらに，一括して割り込み／例外をマスクするレジスタが幾つかあり，優先度レベルに基づいて，割り込みや例外をブロックできます．詳細は次のとおりです．

- PRIMASK － 全てのCortex-Mプロセッサで使用可能．これを1にセットすると，プログラム可能な優先度レベル（0～0xFF）を持つ全ての例外がブロックされ，ノンマスカブル割り込み（NMI，レベル-2）とハードフォールト（レベル-1または-3）のみが発生できるようになる．割り込みマスキングは，デフォルト値である0の場合には無効になる
- FAULTMASK － Armv8-Mメインライン（Cortex-M33）およびArmv7-M（Cortex-M3，Cortex-M4，およびCortex-M7）で使用できる．これを1にセットすると　プログラム可能な優先度レベル（0～0xFF）を持つ全ての例外とハードフォールトがブロックされる（幾つかの例外がある．9.4.3節の9章の表9.23を参照）．割り込みマスキングは，デフォルト値である0の場合は無効になる
- BASEPRI － Armv8-Mメインライン（Cortex-M33）およびArmv7-M（Cortex-M3，Cortex-M4，およびCortex-M7）で使用可能．このレジスタは，プログラム可能な優先度レベルに基づいて割り込み／例外をブロックすることを可能にする．デフォルト値である0の場合は無効になる

PRIMASK，FAULTMASK，BASEPRIレジスタは

- 特権状態でのみアクセス可能
- TrustZoneセキュリティ拡張機能が実装されている場合，セキュア状態と非セキュア状態のそれぞれに対して1つずつ存在する．セキュア・ソフトウェアは，セキュアと非セキュアの両方のマスキング・レジスタにアクセスできるが，非セキュア・ソフトウェアは，非セキュアなものにしかアクセスできない

PRIMASKとFAULTMASKのレジスタの幅は1ビットで，BASEPRIレジスタの幅は3ビット～8ビットの範囲です（優先度レベルのレジスタの幅に依存します）．BASEPRIレジスタ・フィールドの最上位ビットは，ビット7に固定されていて，このレジスタの他のビットは未実装です（図4.9）．

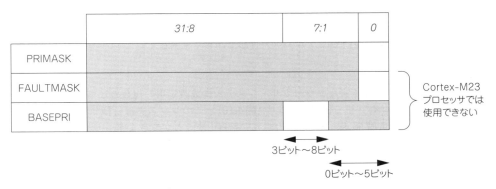

図4.9　PRIMASK，FAULTMASK，BASEPRIレジスタ

第4章　アーキテクチャ

割り込みマスキング・レジスタの目的は次のとおりです．

- PRIMASK – 割り込みや例外を一般的に無効にするためのもので，プログラム・コード内のクリティカルな（並列に実行されると不都合が生じる）領域を割り込みで中断されることなく実行できるようにする
- FAULTMASK – フォールト例外ハンドラがフォールト処理中に，さらなるフォールト（抑制可能なフォールトには制限がある）の発生を抑制するために使用できる．例えば，セットされた場合，MPUをバイパスでき，オプションでバス・エラー応答を抑制できる．これにより，フォールト処理コードがエラーからの回復処理を実行するのが容易になる可能性がある．PRIMASKとは異なり，FAULTMASKは例外終了時に自動的にクリアされる（NMIを除く）
- BASEPRI – 優先度レベルに基づいて，割り込みや例外を一般的に無効にする．OSの動作によっては，短時間の間，幾つかの例外をブロックする必要がある場合もあるが，同時に，優先度の高い割り込みを処理できるようにする必要もある．このレジスタは8ビット幅だが，最下位ビットは実装されていない可能性がある（**図4.9**）．このレジスタがゼロ以外の値に設定されている場合，BASEPRIのレベルと同じかそれより低い優先度の例外と割り込みをブロックする

これらの割り込みマスキング・レジスタは，MRSやMSR命令を使用して特権レベルでアクセスできます．Cプログラミングでは，CMSIS-COREのヘッダ・ファイルに，これらの割り込みマスキング・レジスタにアクセスするための関数が多数定義されています．例えば，次のようになります．

```
x = __get_BASEPRI();  // BASEPRIレジスタの読み出し
x = __get_PRIMASK();  // PRIMASKレジスタの読み出し
x = __get_FAULTMASK();  // FAULTMASKレジスタの読み出し
__set_BASEPRI(x);  // BASEPRIに新しい値を設定
__set_PRIMASK(x);  // PRIMASKに新しい値を設定
__set_FAULTMASK(x);  // FAULTMASKに新しい値を設定
__disable_irq();  // PRIMASKをセットし，IRQを無効にする
__enable_irq();  // PRIMASKをクリアし，IRQを有効にする
```

PRIMASKとFAULTMASKレジスタは，プロセッサ状態変更（Change Processor State：CPS）命令を使用してセットまたはクリアすることもできます．例えば，以下のようになります：

```
CPSIE i ;  割り込みを有効にする（PRIMASKクリア）
CPSID i ;  割り込みを無効にする（PRIMASKセット）
CPSIE f ;  割り込み有効にする（FAULTMASKクリア）
CPSID f ;  割り込み無効にする（FAULTMASKセット）
```

プログラミングでは，MRS命令とMSR命令を使用して，現在実行中のセキュリティ・ドメインの割り込みマスキング・レジスタである，PRIMASK，FAULTMASK，BASEPRIにアクセスできます．TrustZoneセキュリティ拡張が実装されていて，プロセッサがセキュア状態にある場合，セキュア特権ソフトウェアは，PRIMASK_NS，FAULTMASK_NS，BASEPRI_NSシンボルを使用して，非セキュア割り込みマスキング・レジスタにアクセスできます．

割り込みや例外のマスキングについては，第9章の9.4節で詳しく説明しています．

CONTROLレジスタ

CONTROLレジスタには，さまざまなプロセッサ・システム構成設定用の複数のビット・フィールドが含まれており，全てのCortex-Mプロセッサで使用できます（**図4.10**）．このレジスタは特権状態で書き込むことができますが，特権ソフトウェアと非特権ソフトウェアの両方で読み出すことができます．

TrustZoneセキュリティ拡張が実装されている場合，一部のビット・フィールドはセキュリティ状態間でバンクされます．CONTROLレジスタの2つのビット・フィールドは，浮動小数点ユニット（Floating-Point Unit：FPU）が実装されている場合にのみ使用できます．

図4.10　CONTROLレジスタ

CONTROLレジスタのビット・フィールドを示します．

表4.4　CONTROLレジスタのビット・フィールド

ビット	ビット・フィールド	機能
3	SFPA	セキュア浮動小数点アクティブ（Secure Floating-Point Active：SFPA）- このビットは，FPUレジスタにセキュア状態ソフトウェアに属するデータが含まれており，例外が発生したときにコンテキスト保存メカニズムによって使用されることを示す．このビットは，セキュア・ソフトウェアが浮動小数点命令を実行すると1に設定され，新しいコンテキストが開始されたとき（ISRの開始など）0にクリアされる．このビットは，非セキュア状態からはアクセスできない
2	FPCA	浮動小数点コンテキスト・アクティブ（Floating Point Context Active：FPCA）- このビットは，FPUが実装されている場合に使用できる．このビットは，浮動小数点命令が実行されると1にセットされ，リセット時と新しいコンテキストが開始されるとき（ISRの開始時など）0にクリアされる．例外処理メカニズムは，このビットを使用して，例外が発生したときに，FPUのレジスタをスタック・メモリに保存する必要があるかどうかを判断する
1	SPSEL	スタック・ポインタ選択（Stack Pointer select：SPSEL）- スレッド・モードで，メイン・スタック・ポインタ（Main Stack Pointer：MSP）とプロセス・スタック・ポインタ（Process Stack Pointer：PSP）のどちらかを選択する． - このビットが0（デフォルト）の場合，MSPが選択される - このビットが1の場合，PSPが選択される ハンドラ・モードでは，MSPが常に選択されており，このビットは0で - このビットへの書き込みは無視される
0	nPRIV	非特権（Not privileged）- スレッド・モードの特権レベルを定義する このビットが0（デフォルト）で，プロセッサがスレッド・モードの場合，プロセッサは，特権レベルにある．それ以外の場合，スレッド・モードは，特権レベルではない ハンドラ・モードでは，プロセッサは常に特権アクセス・レベルにある．このビットは，ハンドラ・モードでプログラム可能で，これにより例外ハンドラがスレッド・モードの特権アクセス・レベルを変更できるようになる

プロセッサがリセットされると，CONTROLレジスタの値は0になります．これは以下を意味します．
- MSPは現在選択されているスタック・ポインタ（SPSELビットは0）
- プログラムの実行が特権スレッド・モードで開始される（nPRIVビットが0）
- FPUが実装されている場合，FPUはアクティブなソフトウェア・コンテキスト・データ（FPCAビットの値が0で示される）を含まず，セキュア・データを保持しない（SFPAは0）

特権スレッド・ソフトウェアは，オプションで，次の目的でCONTROLレジスタに書き込むことができます．
- スタック・ポインタの選択を切り替え（ソフトウェアは，これを慎重に処理する必要があり，そうしないと，現在選択されているSP値が変更された場合，スタックに保持されている現在のソフトウェアによって使用されるデータにアクセスできなくなる）
- 非特権レベルへの切り替え - 特権コードがnPRIVを1に変更すると，プロセッサは非特権レベルに切り替わる．しかし，非特権スレッド・ソフトウェアは，nPRIVに0を書き込むことで，自分自身を特権レベルに戻すことはできない（特権を持たないコードは，CONTROLレジスタに書き込むことができない）．しかし，例外/割り込みハンドラがnPRIVビット（CONTROLビット0）を0に戻すことは可能

非特権コードのCONTROLレジスタへの書き込みはブロックされます．これは不可欠であり，非常に高いレベルのセキュリティを保証します - 侵害された非特権ソフトウェア・コンポーネントが，システム全体を乗っ取ることを防ぎ，また，信頼性の低いアプリケーション・スレッドがシステムをクラッシュさせることを防ぎます．通常OSは，システム例外を介してさまざまなシステム・サービスを提供し，特権リソースへのアクセスを可能にします（割り込みの有効化や無効化など）．これにより，OSを搭載したシステムで，アプリケーション・スレッド

が非特権状態で実行されることが，問題にならないことを保証します．

スレッド・モードのコードが特権アクセスを回復する必要がある場合，システム例外（第11章で説明するSVCまたはSuperVisor Callなど）とそれに対応する例外ハンドラが必要です．例外ハンドラは，CONTROLレジスタのビット0を0に再プログラムでき，例外ハンドラがスレッドに戻ると，プロセッサは特権スレッド・モードになります（図4.11）．

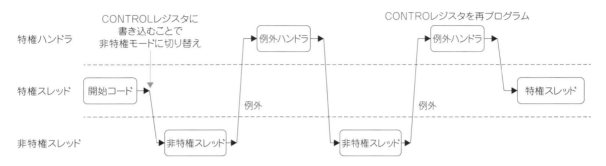

図4.11　特権スレッド・モードと非特権スレッド・モードの切り替え

組み込みOSを使用している場合，OSが各コンテキスト・スイッチでCONTROLレジスタをプログラムして，一部のアプリケーション・スレッドが特権レベルで動作し，他のスレッドが非特権レベルで動作することが考えられます．

OSを使用しないシンプルなアプリケーションでは，CONTROLのデフォルト設定を使用しても全く問題ありません（CONTROLレジスタをプログラムする必要はありません）．場合によっては，OSが存在しない場合でも，"main()"プログラムと例外/割り込みハンドラに使用されるスタックを分離することが望ましい場合があります．そのような場合，特権コードはCONTROLレジスタをプログラムして，"main()"にPSPを，例外と割り込みのハンドラにMSPを選択できます（図4.12）．

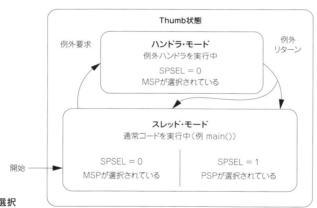

図4.12　スタック・ポインタの選択

OSを使用している場合，CONTROLレジスタのプログラミングは，通常OSコードで処理されます．

CONTROLレジスタにアクセスするには，MSRとMRS命令の使用に加えて，CMSIS-COREで提供されているアクセス機能を利用できます．詳細は次のとおりです．

```
x = __get_CONTROL();      // CONTROLの現在の値を読み出し
__set_CONTROL(x);          // CONTROLの値をxに設定
```

セキュア特権ソフトウェアは，CONTROL_NSシンボルを使用して非セキュアCONTROLレジスタにアクセスすることもできます．

4.2 プログラマーズ・モデル

CONTROLレジスタの値を変更する際には，次の幾つかの具体的な注意点があります．

- FPUが実装されている場合，FPCAとSFPAビットは，浮動小数点命令の実行時に，プロセッサのハードウェアによって自動的に設定される．CONTROLレジスタのSPSELビットとnPRIVビットを更新する場合，FPCAビットとSFPAビットを保存するように注意する必要がある．保存しないと，FPUレジスタに格納されているデータが，例外処理シーケンスでスタックに保存されず，例外／割り込みが発生した際にデータが失われてしまう可能性がある．その結果，一般的に言えば，ソフトウェアは読み取り‐変更‐書き込みシーケンスを使用して，CONTROLレジスタを更新し，FPCAとSFPAが誤ってクリアされないようにする必要がある
- CONTROLレジスタを変更した後，Armv8-Mアーキテクチャ・リファレンス・マニュアルで指定されているように，命令同期バリア（Instruction Synchronization Barrier：ISB）命令を使用して，更新の効果が後続のコードにすぐに適用されるようにする必要がある．ISB命令はCMSIS-COREの__ISB（）関数を使ってアクセスできる
- SPSELとnPRIVの設定は直交している（つまり独立して動作する）ので，4つの設定の組み合わせが可能．しかし，実世界のアプリケーションで一般的に使用されているのは，そのうちの3つだけ（**表4.5**）

表4.5 nPRIV（Not privileged）と**SPSEL**（Stack Pointer select）**の組み合わせの違い**

nPRIV	SPSEL	使用シナリオ
0	0	シンプルなアプリケーション – アプリケーション全体が特権アクセス・レベルで実行される．メイン・スタックのみが使用され，MSPが常に選択される
0	1	現在実行中のスレッドが**特権**スレッド・モードで実行されており，スタック操作のためにプロセス・スタック・ポインタ（Process Stack Pointer：PSP）が選択されている組み込みOSのアプリケーション．さらに，例外／割り込みハンドラ（OSコードのほとんどを含む）はメイン・スタックを使用している
1	1	現在実行中のスレッドが**非特権**スレッド・モードで実行されており，スタック操作のためにプロセス・スタック・ポインタ（Process Stack Pointer：PSP）が選択されている組み込みOSのアプリケーション．さらに，例外／割り込みハンドラ（OSコードのほとんどを含む）はメイン・スタックを使用している
1	0	非特権スレッド・モードで動作し，MSPを現在のスタック・ポインタとして使用しているスレッド／タスク．例外ハンドラは，CONTROLレジスタのnPRIV=1とSPSEL=0の組み合わせを確認できるが（ハンドラ・モード中は，SPSELが0に切り替わるため），特権ソフトウェアがスレッド・モードの操作にこの設定を使用することはほとんどない．これは，この設定では，アプリケーション・スレッドでスタック・オーバフローが発生すると，システム全体がクラッシュする．通常，OSのあるシステムでは，アプリケーション・スレッドのスタック・メモリは，特権コード（OSや例外／割り込みハンドラを含む）が使用するスタック・メモリとは分離して，信頼性の高い動作を確保する必要がある

他の特殊レジスタとは異なり，CONTROLレジスタは，非特権状態で読み出すことができます．これにより，ソフトウェアは，IPSRレジスタとCONTROLレジスタの値を読み取ることで，現在の実行レベルが特権状態であるかどうかを判断できます．

```
int in_privileged(void)
{
  if (__get_IPSR() != 0) return 1; // ハンドラ・モードではTrue
  else // スレッド・モード
    if ((__get_CONTROL() & 0x1)==0) return 1; // nPRIV==0のときはTrue
      else return 0; // nPRIV==1のときはFalse
}
```

スタック限界レジスタ

Cortex-Mプロセッサは，降順のスタック操作モデルを採用しています．これは，スタックに，さらにデータが追加されると，スタック・ポインタが減少することを意味します．あまりにも多くのデータがスタックに積まれ，消費されたスペースが，割り当てられたスタック・スペースよりも多い場合，オーバフローしたスタック・データは，他のアプリケーション・タスクで使用されるOSカーネル・データやメモリを破壊する可能性があります．こ

第4章 アーキテクチャ

れにより，さまざまな種類のエラーが発生し，潜在的にセキュリティ上の脆弱性が発生する可能性があります．

スタック限界レジスタは，スタック・オーバフロー・エラーの検出に使用されます．これらはArmv8-Mアーキテクチャで導入され，前世代のCortex-Mプロセッサでは利用できませんでした．スタック限界レジスタは，4つあります（**表4.6**）.

表4.6　スタック限界レジスタ一覧

シンボル	レジスタ	留意事項
MSPLIM_S	セキュア・メイン・スタック・ポインタ限界レジスタ	セキュア MSP のスタック・オーバフロー検出用 Cortex-M33 および Cortex-M23 プロセッサで使用可能
PSPLIM_S	セキュア・プロセス・スタック・ポインタ限界レジスタ	セキュア PSP のスタック・オーバフロー検出用 Cortex-M33 および Cortex-M23 プロセッサで使用可能
MSPLIM_NS	非セキュア・メイン・スタック・ポインタ限界レジスタ	非セキュア MSP のスタック・オーバフロー検出用 Cortex-M33 プロセッサで使用可能
PSPLIM_NS	非セキュア・プロセス・スタック・ポインタ限界レジスタ	非セキュア PSP のスタック・オーバフロー検出用 Cortex-M33 プロセッサで利用可能

スタック限界レジスタは，32ビットで，各スタックに割り当てられた，各スタック・アドレス範囲の最下位アドレスに設定できます（**図4.13**）.これらのスタック限界レジスタの最下位3ビット（ビット2からビット0まで）は，常にゼロであるため（これらのビットへの書き込みは無視されます），スタック限界は，常にダブル・ワード境界で揃えられます．

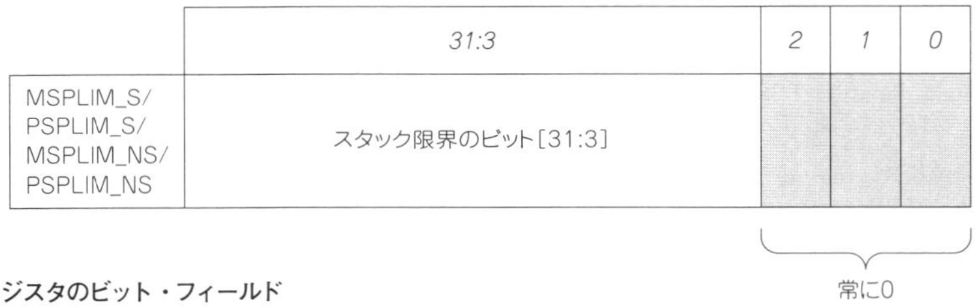

図4.13　スタック限界レジスタのビット・フィールド

デフォルトでは，スタック限界レジスタは，0（メモリ・マップの最下位アドレス）にリセットされ，スタック限界に到達せず，事実上，スタック限界チェックは，起動時に無効になっています．スタック限界レジスタは，プロセッサが特権状態で実行しているときにプログラムできます．次の点に注意してください．
- セキュアな特権ソフトウェアは，全てのスタック限界レジスタにアクセスできる
- 非セキュアな特権ソフトウェアは，非セキュア・スタック限界レジスタにのみアクセスできる

スタック・ポインタが，対応するスタック限界レジスタよりも下に行くと，スタック限界に違反します．他のアプリケーションで使用されているメモリの破損を避けるために，違反したスタック操作（つまり，スタック限界以下のアドレスへのメモリ・アクセス）は行われません．スタック限界チェックは，次のようなスタック関連の動作の間にのみ発生します．
- 例外シーケンス中を含む，スタック・プッシュ
- スタック・ポインタが更新された場合（関数がローカル・メモリを使用するために，スタックが割り当てられたときなど）

スタック限界レジスタが更新されても，スタック制限チェックはすぐに実行されません．これにより，OS設計におけるコンテキスト切り替え動作が容易になります[プロセス・スタック・ポインタ（Process Stack Pointer：PSP）を更新する前にスタック限界レジスタを0にする必要はありません].

スタック限界違反が発生すると，フォールト例外が発生します（UsageFault/HardFault）．Cortex-M23プロセッサでは，非セキュア・スタック・ポインタ用のスタック限界レジスタはありませんが，メモリ保護ユニット（Memory Protection Unit：MPU）を使用してスタック限界チェックを実行することは可能です．ただし，スタック限界レジスタの方が使いやすいです．

4.2.2.4 Cortex-M33の浮動小数点レジスタ

FPUハードウェアは，Cortex-M33，Cortex-M4，Cortex-M7，および他のArmv8-Mメインライン・プロセッサではオプションです．浮動小数点ユニットが利用可能な場合，浮動小数点ユニット（Floating-Point Unit：FPU）には，32個のレジスタ（S0～S31，それぞれ32ビット）と浮動小数点状態制御レジスタ（Floating-Point Status and Control Register：FPSCR）を含む追加のレジスタ・バンクが含まれています．これを図4.14に示します．

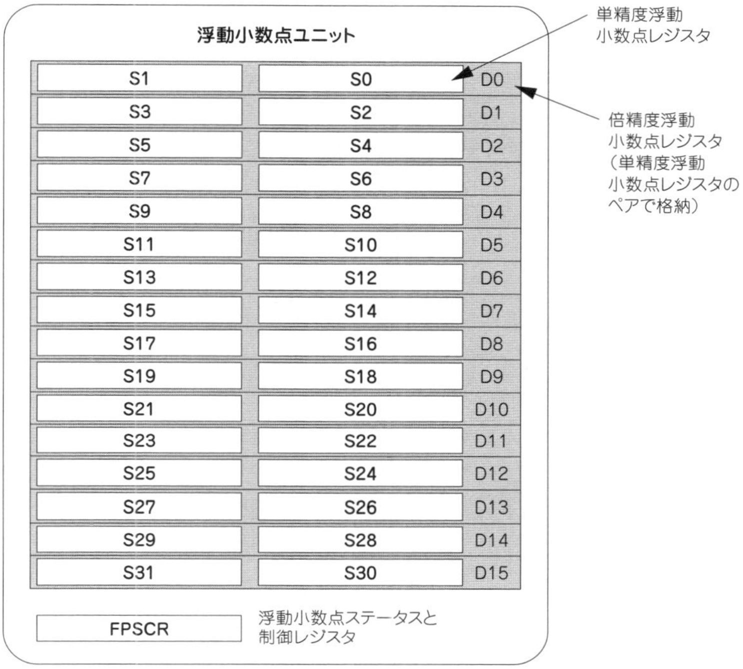

浮動小数点ユニット

S1	S0	D0
S3	S2	D1
S5	S4	D2
S7	S6	D3
S9	S8	D4
S11	S10	D5
S13	S12	D6
S15	S14	D7
S17	S16	D8
S19	S18	D9
S21	S20	D10
S23	S22	D11
S25	S24	D12
S27	S26	D13
S29	S28	D14
S31	S30	D15

単精度浮動小数点レジスタ

倍精度浮動小数点レジスタ（単精度浮動小数点レジスタのペアで格納）

FPSCR　浮動小数点ステータスと制御レジスタ

図4.14　浮動小数点演算ユニット（FPU）のレジスタ

32ビットの各レジスタ，S0～S31（単精度は"S"）は，浮動小数点命令で個別にアクセスすることも，レジスタ名D0～D15（"D"はダブルワード／倍精度を表す）としてペアでアクセスすることもできます．例えば，S1とS0をペアにするとD0になり，S3とS2をペアにするとD1になります．Cortex-M33プロセッサの浮動小数点ユニットは，倍精度浮動小数点演算をサポートしていませんが，倍精度データの転送には，浮動小数点命令を使用できます．

FPSCRは特権状態でのみアクセス可能であり，さまざまなビット・フィールドを含みます（図4.15）．これらのビット・フィールドの目的は以下のとおりです．

- 浮動小数点演算の動作の幾つかを定義
- 浮動小数点演算結果のステータス情報を提供

	31	30	29	28	27	26	25	24	23:22	21:8	7	6:5	4	3	2	1	0
FPSCR	N	Z	C	V		AHP	DN	FZ	RMode	予約	IDC	予約	IXC	UFC	OFC	DZC	IOC

予約

図4.15　FPSCRのビット・フィールド

デフォルトでは，FPUの動作は，IEEE754の単精度演算に準拠するように設定されています．通常のアプリケーションでは，FPUの制御設定を変更する必要はありません．表4.7にFPSCRのビット・フィールドを示します．

第4章 アーキテクチャ

表4.7 FPSCRのビット・フィールド

ビット	説明
N	ネガティブ・フラグ(浮動小数点比較演算で更新)
Z	ゼロ・フラグ(浮動小数点比較演算で更新)
C	キャリー / ボロー・フラグ(浮動小数点比較演算で更新)
V	オーバフロー・フラグ(浮動小数点比較演算で更新)
AHP	代替えの半精度制御ビットの切替 0 - IEEE 半精度フォーマット(デフォルト) 1 - 代替の半精度フォーマット
DN	デフォルト NaN(Not a Number)モード制御ビット 0 - NaN オペランドは, 浮動小数点演算の出力まで伝搬(デフォルト) 1 - 1つ以上のNaNになる操作は, デフォルトNaNを返す
FZ	フラッシュ・ツー・ゼロ・モード制御ビット 0 - フラッシュ・ツー・ゼロ・モードは無効(デフォルト)(IEEE754 規格準拠) 1 - フラッシュ・ツー・ゼロ・モードは有効
RMode	丸めモード制御フィールド. 指定された丸めモードは, ほとんど全ての浮動小数点命令で使用される 00 - 直近に丸め(RN) モード (デフォルト) 01 - プラス無限大に向けて丸め(RP)モード 10 - マイナス無限大に向けて丸め(RM)モード 11 - ゼロに向けて丸め(RZ)モード
IDC	入力非正規累積例外ビット. 浮動小数点の例外が発生すると1にセットされ, 本ビットに0を書き込むことでクリアされる. (1の場合, 浮動小数点演算の結果が正規化された値の範囲内にないことを示す. 14.1.2 節参照)
IXC	不正確な累積例外ビット. 浮動小数点の例外が発生した場合は1にセットされ, このビットに0を書き込むことでクリアされる
UFC	アンダーフロー累積例外ビット. 浮動小数点の例外が発生した場合は1にセットされ, このビットに0を書き込むことでクリアされる
OFC	オーバーフロー累積例外ビット. 浮動小数点の例外が発生した場合は1にセットされ, このビットに0を書き込むことでクリアされる
DZC	ゼロ除算累積例外ビット. 浮動小数点の例外が発生した場合は1にセットされ, このビットに0を書き込むことでクリアされる
IOC	無効演算累積例外ビット. 浮動小数点の例外が発生した場合は1にセットされ, このビットに0を書き込むことでクリアされる

注意:FPSCRの例外ビットは, ソフトウェアが浮動小数点演算の異常を検出するために使用できます. FPSCRのビット・フィールドについては, 第14章で説明します.

浮動小数点レジスタ・バンクとFPSCRのレジスタに加えて, 浮動小数点ユニットの演算に関連する追加のメモリ・マップされたレジスタが多数あります. 重要なものの1つは, コプロセッサ・アクセス制御レジスタ(Coprocessor Access Control Register:CPACR, 図4.16)です. デフォルトでは, 消費電力を削減するために, プロセッサがリセットされると, FPUは無効になります. FPUを使用する前に, まずFPUを有効にする必要が

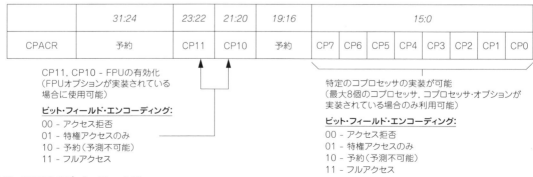

図4.16 CPACRのビット・フィールド

4.2 プログラマーズ・モデル

あり，これは，CPACRをプログラミングすることで実現されます．

なお，CPACRは，Armv8-Mメインラインのみで利用できます．

CMSIS-CORE準拠ドライバを使ってC/C++でプログラミングする場合，Cマクロ"__FPU_USED"が1にセットされていると，システムの初期化関数"SystemInit()"でFPUが有効になります．これによりCPACRの値が設定され，アプリケーション・コード内で，CPACRをプログラムする必要がないことを意味します．

CPACRはアドレス0xE000ED88にあり，特権アクセス専用で，プロセッサがリセットされると0にクリアされます．TrustZoneセキュリティ拡張機能が実装されている場合，このレジスタはセキュリティ状態の間でバンクされます．セキュア・ソフトウェアは，NSエイリアス・アドレス0xE002ED88を使用して，CPACRの非セキュア・バージョン（CPACR_NS）にアクセスすることもできます．セキュア・ソフトウェアは，非セキュア・アクセス制御レジスタ（Non-secure Access Control Register：NSACR，14.2.4節参照）と呼ばれるレジスタを使用して，非セキュア・ソフトウェアが各コプロセッサにアクセスできるかどうかも定義できます．CPACRとNSACRのレジスタは，コプロセッサ・インターフェースを有効にするために使用され，Armカスタム命令機能の有効化にも使用されます．このトピックの詳細については，第15章を参照してください．

4.2.3 APSRの挙動（ALUステータス・フラグ）

算術演算と論理演算の結果は，アプリケーション・プログラム・ステータス・レジスタ（Application Program Status Register：APSR）の多くのステータス・フラグに影響を与えます．これらのフラグには次が含まれます．

- N-Z-C-Vビット：整数演算のステータス・フラグ
- Qビット：飽和演算のステータス・フラグ（Armv8-Mメインライン/Cortex-M33プロセッサで使用可能）
- GEビット：SIMD動作のためのステータス・フラグ（DSP拡張機能付きArmv8-Mメインライン/Cortex-M33プロセッサで使用可能）

4.2.3.1 整数ステータス・フラグ

他のほとんどのプロセッサ・アーキテクチャと同様に，Arm Cortex-Mプロセッサは，整数演算の結果を示す幾つかのステータス・フラグを持っています．これらのフラグは，データ処理命令によって更新され，次で使用されます．

- 条件分岐
- 特定のタイプのデータ処理命令（例えば，キャリーとボローのフラグは，加算と減算で入力として使用することができる．キャリー・フラグは，ローテート命令でも使用される）

Cortex-Mプロセッサには4つの整数フラグがあります（**表4.8**）．

表4.8 Cortex-MプロセッサのALUフラグ

フラグ	説 明
N（ビット31）	"1"の場合，結果は負の値を持ち（符号付き整数として解釈した場合），"0"の場合，結果は正の値を持つかゼロに等しい（実質的には処理結果のビット31と同じ値を持つ）
Z（ビット30）	実行された命令の結果がゼロの場合，"1"にセットされる．また，比較命令を実行した後，2つの値が同じ場合に，"1"に設定されることもある
C（ビット29）	結果のキャリー・フラグ．符号なし加算では，符号なしオーバフローが発生した場合，本ビットは"1"にセットされる．符号なし減算演算の場合，本ビットは，ボロー出力状態の反転となる．また，シフトとローテートの演算でも更新される
V（ビット28）	結果のオーバフロー．符号付き加算または減算では，符号付きオーバフローが発生した場合，このビットは"1"にセットされる

ALUフラグの結果の幾つかの例を**表4.9**に示します．

Cortex-Mプロセッサのアーキテクチャ（Armv6-M，Armv7-M，Armv8-M）では，16ビット命令のほとんどが4つのALUフラグの一部または全てに影響を与えます．32ビット命令のほとんどでは，ALUフラグの更新は条件付きで行われます（命令エンコーディングの1ビットが，APSRフラグを更新するかどうかを定義しています）．一部のデータ処理命令は，VフラグまたはCフラグを更新しないことに注意してください．例えば，MULS（乗算）命令は，NフラグとZフラグのみを変更します．

第4章 アーキテクチャ

表4.9 ALUフラグの例

演 算	結果, フラグ
0x70000000 + 0x70000000	結果 = 0xE0000000, N=1, Z=0, C=0, V=1
0x90000000 + 0x90000000	結果 = 0x20000000, N=0, Z=0, C=1, V=1
0x80000000 + 0x80000000	結果 = 0x00000000, N=0, Z=1, C=1, V=1
0x00001234 - 0x00001000	結果 = 0x00000234, N=0, Z=0, C=1, V=0
0x00000004 - 0x00000005	結果 = 0xFFFFFFFF, N=1, Z=0, C=0, V=0
0xFFFFFFFF - 0xFFFFFFFC	結果 = 0x00000003, N=0, Z=0, C=1, V=0
0x80000005 - 0x80000004	結果 = 0x00000001, N=0, Z=0, C=1, V=0
0x70000000 - 0xF0000000	結果 = 0x80000000, N=1, Z=0, C=0, V=1
0xA0000000 - 0xA0000000	結果 = 0x00000000, N=0, Z=1, C=1, V=0

　条件分岐または条件付き実行コードに加えて，APSRのキャリー・ビットを使用して，加算および減算演算を32ビット以上に拡張することもできます．例えば，2つの64ビットの整数を加算する場合，上位32ビット加算演算の追加入力として，下位32ビット加算演算からのキャリー・ビットを使用できます．

```
// Z = X + Y を計算する. X,Y,は全て64ビット
Z[31:0] = X[31:0] + Y[31:0];  // ADDを用いて下位ワード加算を計算する
                              // キャリー・フラグが更新される
Z[63:32] = X[63:32] + Y[63:32] + Carry;  // ADDCを使用して上位ワード加算を計算する
```

　N-Z-C-Vフラグは，全てのArmプロセッサで使用可能です．

　浮動小数点演算のステータスは，FPSCR（Floating Point Status and Control Register：浮動小数点ステータスと制御レジスタ）と呼ばれるFPU内の別の特殊レジスタで処理されることに注意してください．FPCSRからのフラグはAPSRに転送され，必要に応じて条件分岐やデータ処理に使用できます．

4.2.3.2 Qステータス・フラグ

　APSRのQビットは，Armv8-MメインラインおよびArmv7-Mアーキテクチャで使用できますが，Armv8-Mベースライン（Cortex-M23プロセッサ）および全てのArmv6-Mプロセッサでは使用できません．これは，飽和演算または飽和調整演算中に，飽和が発生したことを示すために使用されます．整数のステータス・フラグとは異なり，このビットがセットされた後は，APSRへのソフトウェア書き込みでQビットがクリアされるまで，セットされたままになります．飽和演算／調整演算では，このビットはクリアされません．その結果，このビットを使用して，一連の飽和演算／調整演算の最後に飽和が発生したかどうかを判断できます．命令シーケンスの各ステップ間で飽和の状態を確認する必要はありません．

　飽和演算は，ディジタル信号処理に使えます．場合によっては，演算結果を保持するために使用する，デスティネーション・レジスタのビット幅が十分でない場合があり，その結果，オーバフローやアンダフローが発生することがあります．通常のデータ演算命令を使用したときに，このようなことが起こると，演算結果のMSBが失われ，出力の歪みの原因となります．飽和演算では，単にMSBをカットするのではなく，結果を強制的に最大値（オーバフローの場合）または，最小値（アンダフローの場合）にして，信号の歪みの影響を軽減します（**図4.17**）．

　飽和をトリガする実際の最大値と最小値は，使用する命令によって異なります．ほとんどの場合，飽和演算の命令は"QADD16"のように文字"Q"で始まるニーモニックです．飽和が発生すると，次の命令で，Qビットがセットされます．

　QADD，QDADD，QSUB，QDSUB，SSAT，SSAT16，USAT，USAT16；飽和が発生しない場合，Qビットの値は，変更されません．

　DSP拡張がなくても，Cortex-M33プロセッサは，幾つかの飽和調整命令（USATとSSAT）を提供します．DSP

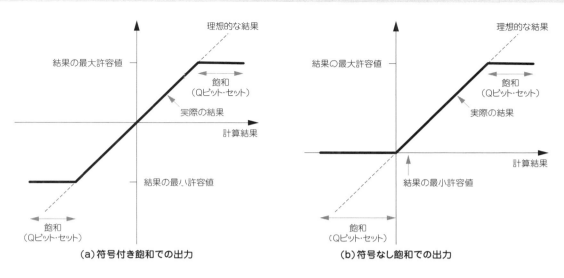

図4.17　符号付きと符号なしの飽和

拡張オプションが実装されている場合，Cortex-M33プロセッサは　飽和演算命令の完全なセットと共に，飽和調整命令を提供します．

4.2.3.3　GEビット

"Greater-Equal"（GE）は，APSRの4ビット幅のフィールドで，DSP拡張機能を備えた，Armv8-Mメインライン・プロセッサで利用できます（すなわち，DSPオプションが実装されている場合は，Cortex-M33プロセッサで利用可能）．Armv8-Mベースライン（つまり，Cortex-M23プロセッサ）やDSP拡張が実装されていないプロセッサでは使用できません．

GEビットは，多くのSIMD命令によって更新され，一般に各ビットは，各バイトのSIMD演算の正またはオーバフローを表します（**表4.10**）．16ビットのデータを持つSIMD命令の場合，ビット0とビット1は，下半分のワードの結果によって制御され，ビット2とビット3は，上半分のワードの結果によって制御されます．

表4.10　GEフラグの結果

SIMD操作	結果
SADD16, SSUB16, USUB16, SASX, SSAX	下半分のワードの結果 >=0 の場合，GE[1:0] = 2'b11 その他は GE[1:0] = 2'b00 上半分のワードの結果 >=0 の場合，GE[3:2] = 2'b11 その他は GE[3:2] = 2'b00
UADD16	下半分のワード結果 >=0x10000 の場合，GE[1:0] = 2'b11 その他は GE[1:0] = 2'b00 上半分のワード結果 >=0x10000 の場合，GE[3:2] = 2'b11 その他は GE[3:2] = 2'b00
SADD8, SSUB8, USUB8	バイト0 の結果 >=0 の場合，GE[0] = 1'b1 その他は GE[0] = 1'b0 バイト1 の結果 >=0 の場合，GE[1] = 1'b1 その他は GE[1] = 1'b0 バイト2 の結果 >=0 の場合，GE[2] = 1'b1 その他は GE[2] = 1'b0 バイト3 の結果 >=0 の場合，GE[3] = 1'b1 その他は GE[3] = 1'b0
UADD8	バイト0 の結果 >=0x100 の場合，GE[0] = 1'b1 その他は GE[0] = 1'b0 バイト1 の結果 >=0x100 の場合，GE[1] = 1'b1 その他は GE[1] = 1'b0 バイト2 の結果 >=0x100 の場合，GE[2] = 1'b1 その他は GE[2] = 1'b0 バイト3 の結果 >=0x100 の場合，GE[3] = 1'b1 その他は GE[3] = 1'b0
UASX	下半分のワードの結果 >=0 の場合，GE[1:0] = 2'b11 その他は GE[1:0] = 2'b00 上半分のワード結果 >=0x10000 の場合，GE[3:2] = 2'b11 その他は GE[3:2] = 2'b00
USAX	下半分のワード結果 >=0x10000 の場合，GE[1:0] = 2'b11 その他は GE[1:0] = 2'b00 上半分のワード結果 >=0x0 の場合，GE[3:2] = 2'b11 その他は GE[3:2] = 2'b00

GEフラグは，SEL命令で使用され(図4.18)，各GEビットに基づいて，2つのソース・レジスタからのバイト値を切り替えます．SIMD命令とSEL命令を組み合わせると，SEL命令を使って簡単な条件付きデータ選択を作成し，性能を向上させることができます．

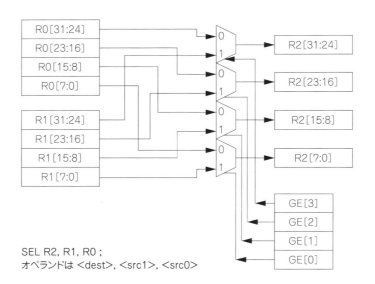

図4.18　SEL動作
SEL R2, R1, R0 ;
オペランドは <dest>, <src1>, <src0>

また，追加処理のためにAPSRを汎用レジスタに読み込んでGEビットを読み出すこともできます．SIMDとSEL命令の詳細については，第5章で説明します．

4.2.4　TrustZoneがプログラマーズ・モデルに与える影響

特定の特殊なレジスタを除けば，一般的にプログラマーズ・モデルでは，セキュアと非セキュアの違いはほとんどありません．これは，Armv6-M/Armv7-MからArmv8-Mアーキテクチャに移行する際に，ほとんどのランタイム・ライブラリやアセンブリ・コードをセキュアまたは非セキュアのどちらの状態でも再利用できることを意味します．

TrustZoneセキュリティ拡張機能が実装されたときに存在するプログラマーズ・モデルのレジスタ（メモリ・マップド・レジスタを除く）には，次のようなものがあります：

- セキュア・スタック・ポインタ(MSP_S, PSP_S)
- セキュア・スタック限界レジスタ(MSPLIM_S, PSPLIM_S)
- FPUが実装されている場合は，CONTROLレジスタのビット3(Cortex-M33プロセッサで使用可能)
- 割り込みマスキング・レジスタ(PRIMASK_S, FAULTMASK_S, BASEPRI_S)のセキュア・バージョン

他のレジスタは，セキュアと非セキュアの状態の間で共有されます．TrustZoneセキュリティ拡張が実装されていない場合，Armv8-Mのプログラマーズ・モデルは，Cortex-M33プロセッサの前世代のCortex-Mプロセッサと非常に似ています．ただし，Cortex-M33プロセッサには，Armv7-Mプロセッサでは使用できない追加の非セキュア・スタック制限レジスタがあります．

4.3　メモリ・システム

Cortex-M23とCortex-M33プロセッサは，次のメモリ・システムの特徴を持っています．

- 4Gバイトのリニア・アドレス空間 – 32ビット・アドレッシングを使用するとArm Cortex-Mプロセッサは，最大4Gバイトのメモリ空間にアクセスできる．多くの組み込みシステムでは，1Mバイト以上のメモリを必要としないが，32ビット・アドレッシング機能により，将来的なアップグレードや拡張の可能性が確保される．Cortex-M23とCortex-M33プロセッサは，AMBA 5 AHBと呼ばれる汎用バス・プロト

コルを使用して32ビット・バスを提供する．Cortex-Mプロセッサのバス・インターフェースでは，適切なメモリ・インターフェース・コントローラを使用して32/16/8ビット・メモリ・デバイスに接続できる

- アーキテクチャ的に定義されたメモリ・マップ – 4Gバイトのメモリ空間は，さまざまな定義済みメモリおよびペリフェラルの使用シナリオに合わせて，多数の領域に分割されている．これにより，プロセッサの設計を最適化して性能を向上させ，初期化プロセスを簡素化できる．例えば，Cortex-M33プロセッサには2つのバス・インターフェースがあり，CODE領域（プログラム・コード・フェッチ用）とSRAMまたはペリフェラル領域（データ処理用）への同時アクセスを可能にしている

- リトル・エンディアンとビッグ・エンディアン・メモリ・システムのサポート – Cortex-M23とCortex-M33プロセッサは，リトル・エンディアンまたはビッグ・エンディアン・メモリ・システムのいずれかで動作する．実際に，マイクロコントローラ製品は，通常，1つのエンディアン構成で設計されている

- メモリ保護ユニット（オプション）– MPUは，さまざまなメモリ領域のアクセス許可を定義するためのプログラマブル・ユニット．Cortex-M23とCortex-M33プロセッサのMPUは，16のプログラム可能領域をサポートしており，堅牢なシステムを提供するために組み込みOSとともに使用できる

- アンアラインド転送のサポート – Armv8-Mメインライン・アーキテクチャをサポートする全てのプロセッサ（Cortex-M33プロセッサを含む）は，アンアラインド・データ転送をサポートする

- オプションのTrustZoneセキュリティ・サポート – システムにTrustZoneセキュリティ拡張機能が実装されている場合，メモリ・システムは，セキュア・メモリ空間（保護されている）と非セキュア・メモリ空間（通常のアプリケーション用）に分割される

Cortex-Mプロセッサのバス・インターフェースは，汎用的に設計されており，異なるメモリ・コントローラを介して，異なるタイプとサイズのメモリに接続できます．マイクロコントローラのメモリ・システムは多くの場合，2種類以上のメモリを含んでいます．例えば，プログラム・コード用のフラッシュ・メモリ，データ用のスタティックRAM（SRAM），場合によっては，構成データ用の電気的に消去可能な読み取り専用メモリ（Electrically Erasable Read Only Memory：EEPROM）などです．ほとんどの場合，これらのメモリは，オンチップであり，実際のメモリ・インターフェースの詳細は，ソフトウェア開発者は意識する必要がありません．その結果，ソフトウェア開発者は，次のことだけを知る必要があります．

- プログラム・メモリのアドレスとサイズ
- SRAMのアドレスとサイズ
- プログラム・メモリとSRAMが，セキュアと非セキュアのメモリ領域でどのように分割されるか（TrustZoneセキュリティ拡張機能が実装されている場合のみ適用される）

2つの例外を除いて，Cortex-M3プロセッサとCortex-M4プロセッサのメモリ機能は，Cortex-M33プロセッサで利用可能です．その2つの例外とは次のとおりです．

- ビット・バンド・アクセス – Cortex-M3とCortex-M4プロセッサのオプションのビット・バンド機能は，メモリ空間内に，2つの1Mバイト領域を定義し，2ビット・バンド・エイリアス領域を介してビット・アドレスを指定可能にする．ビット・バンド・アクセスのアドレス再マッピング処理は，TrustZoneセキュリティ構成と競合する可能性があるため（2つのアドレスのセキュリティ属性が異なるように設定されている場合），この処理を含めることはできない

- ライト・バッファ – Cortex-M3とCortex-M4プロセッサには，単一エントリのライト・バッファがあり，これは，Cortex-M33プロセッサには含まれていない．ただし，Cortex-M23/M33ベースのシステムでは，バス・ブリッジなどのバス相互接続コンポーネントにライト・バッファが存在する可能性がある

一方，Cortex-M33プロセッサのバス・インターフェースは，システムAHB（アドレス0x20000000以上）でコードを実行する際のパフォーマンスの低下がないという点で，Cortex-M3とCortex-M4プロセッサの制限要因を克服しています．一方，Cortex-M3/M4プロセッサ（アドレス0x20000000以上）では，命令のフェッチごとに遅延サイクルを引き起こすレジスタ・ステージがあります．

Cortex-M0とCortex-M0+プロセッサの主要なメモリ・システム機能は全て，Cortex-M23プロセッサに搭載されています．

4.3.1　メモリ・マップ

デフォルトでは，Cortex-Mプロセッサの4Gバイト・アドレス空間は，**図4.19**に示すように，幾つかのメモリ領

域に分割されています．この分割は，一般的な使用法に基づいていて，さまざまな領域が主に次の目的で使用されるように設計されています．

- プログラム・コード・アクセス（コード領域など）
- データ・アクセス（SRAM領域など）
- ペリフェラル（ペリフェラル領域など）
- プロセッサの内部制御とデバッグ・コンポーネント（例えば，割り込みコントローラ）．これは，図4.19に示すように，専用ペリフェラル・バスのアドレス範囲にある

このアーキテクチャは，ほとんどのメモリ領域を他の目的に使用できるので，高いレベルの柔軟性があります．例えば，プログラムはCODE，SRAM，RAM領域から実行できます．マイクロコントローラは，CODE領域を含むほとんどの領域にSRAMブロックを統合することもできます．

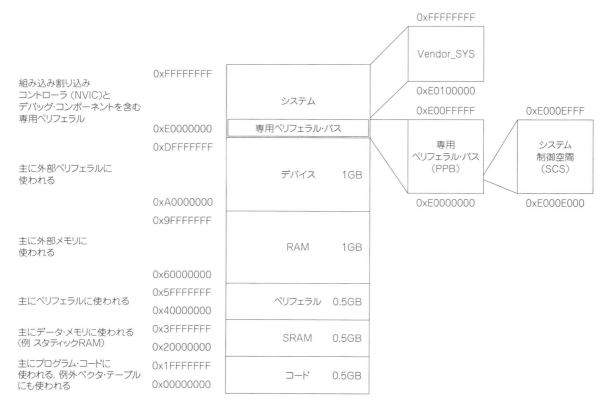

図4.19　Cortex-Mプロセッサのデフォルト・メモリ・マップ

デフォルトのメモリ・マップのほとんどは，メモリ保護ユニット（Memory Protection Unit：MPU）を設定することで上書きできます．これについての詳細は，第12章で説明します．

Cortex-M33プロセッサは，ハーバード・バス・アーキテクチャを採用しているため，命令フェッチとデータ・アクセスは2つの別々のバス・インターフェースで同時に実行できます．第3章3.5節で述べたように，これは統合されたメモリ・ビューを持っています（つまり，命令とデータ・アクセスは同じ4Gバイトのアドレス空間を共有しています）．CODEバス・インターフェースは，CODE領域（アドレス0x00000000～0x1FFFFFFF）をカバーし，SYSTEMバス・インターフェースは，残りのアドレス空間（0x20000000～0xFFFFFFFF）をカバーしますが，専用ペリフェラル・バス（Private Peripheral Bus：PPB）アドレス範囲（0xE0000000～0xE00FFFFFF）はカバーしません．

このアーキテクチャでは，プログラム・コードの格納用に512Mバイトのアドレス領域，SRAM用に512Mバイト，ペリフェラル用に別の512Mバイトが割り当てられています．実際には，ほとんどのマイクロコントローラ・デバイスは，これらの各領域のほんの一部しか使っていません．一部の領域は使用されないこともあります．同

4.3 メモリ・システム

時に，Cortex-Mプロセッサが，はるかに大きなメイン・メモリ空間を持つ複雑なSoCのサブシステムとして使用されている場合，そのメイン・メモリ・システムにアクセスするために，他のアドレス領域を利用することも可能です．異なるマイクロコントローラでは，異なるメモリ・サイズとペリフェラル・アドレス領域を有しています．この情報は通常，マイクロコントローラ・ベンダのユーザ・マニュアルまたはデータシートに概説されています．

高レベルでは，メモリ・マップの配置（領域の定義やPPBアドレス範囲上の内部ブロックのアドレスなど）は，全てのCortex-Mプロセッサ間で同一です．PPBアドレス空間には，ネスト型ベクタ割り込みコントローラ（Nested Vectored Interrupt Controller：NVIC）用のレジスタ，プロセッサの構成レジスタ，およびデバッグ・コンポーネント用のレジスタが格納されています．これは，全てのCortex-Mデバイスで同じです．これにより，あるCortex-Mデバイスから別のデバイスへのソフトウェアの移植が容易になり，ソフトウェアの再利用性が向上します．また，デバッグ・コンポーネントのベース・アドレスが一貫しているため，ツール・ベンダにとっても容易になります．

4.3.2 TrustZone内のアドレス空間の分割

Cortex-M23またはCortex-M33プロセッサが，TrustZoneセキュリティ技術を実装すると，4Gバイトは次のように分割されます．

- セキュア・アドレス – セキュア・ソフトウェアのみがアクセス可能．セキュア・アドレス空間の一部は，非セキュア・コーラブル（Non-Secure Callable：NSC）として定義することもできます．これにより，非セキュア・ソフトウェアがセキュアAPIを呼び出すことができる
- 非セキュア・アドレス – セキュアと非セキュアのソフトウェアの両方でアクセス可能
- 適用除外アドレス – セキュリティ・チェックの対象外となるアドレス領域．セキュアと非セキュアなソフトウェアの両方が，適用除外領域にアクセスできる．非セキュア・アドレスとは異なり，適用除外領域の設定は，プロセッサがリセットを終了する前でも適用され，通常はデバッグ・コンポーネントによって使用される

上記の3つのアドレス・タイプの比較をします．

表4.11 TrustZoneセキュリティ拡張機能に基づくアドレスの種類

アドレス・タイプ	利用しやすさ	使用法	バス・レベル・セキュリティ属性
セキュア	セキュア・ソフトウェアのみでアクセス可能	セキュア・プログラム，セキュア・データ，セキュアなペリフェラル	セキュア
非セキュア・コーラブル（NSC）	セキュア・ソフトウェアのみでアクセス可能．また，非セキュア・ソフトウェアがNSCのセキュアAPIエントリ・ポイントを呼び出すこともできる	セキュアAPIのエントリ・ポイント	セキュア
非セキュア	セキュアと非セキュア・ソフトウェアでアクセス可能	一般的なプログラム，データ，ペリフェラル	非セキュア（セキュア・ソフトウェアでアクセスしても）
適用除外	セキュアと非セキュアのソフトウェアでアクセス可能	プロセッサの内部ペリフェラルとデバッグ・コンポーネント	プロセッサの現在のセキュリティ状態に基づいて

TrustZoneベースのマイクロコントローラの設計では，システムにはセキュアと非セキュアのプログラム空間，データ空間，およびペリフェラル空間が含まれています．その結果，デフォルト・メモリ・マップのメモリ領域は図4.19に示すように，さらに，セキュアと非セキュアのセクションに分割されます．このような分割の例を図4.20に示します．

図4.20に示すメモリ・マップは，"Trusted Based System Architecture for Armv8-M"と呼ばれる，チップ設計者がセキュアなデバイスを作成するためのガイドライン文書に記載されている例です．チップ設計者がセキュリティ分割を別の方法で定義することも可能です．分割にアドレス・ビット28を使用することは，デフォルトのメモリ・マップ内の各領域内のセキュアと非セキュアな領域に最大の連続アドレス空間を与えるため，一般的に使用されています．もう一つの利点は，アドレス分割のための実装定義属性ユニット（Implementation Defined Attribution Unit：IDAU）のためのハードウェア設計が非常に簡単なことです．

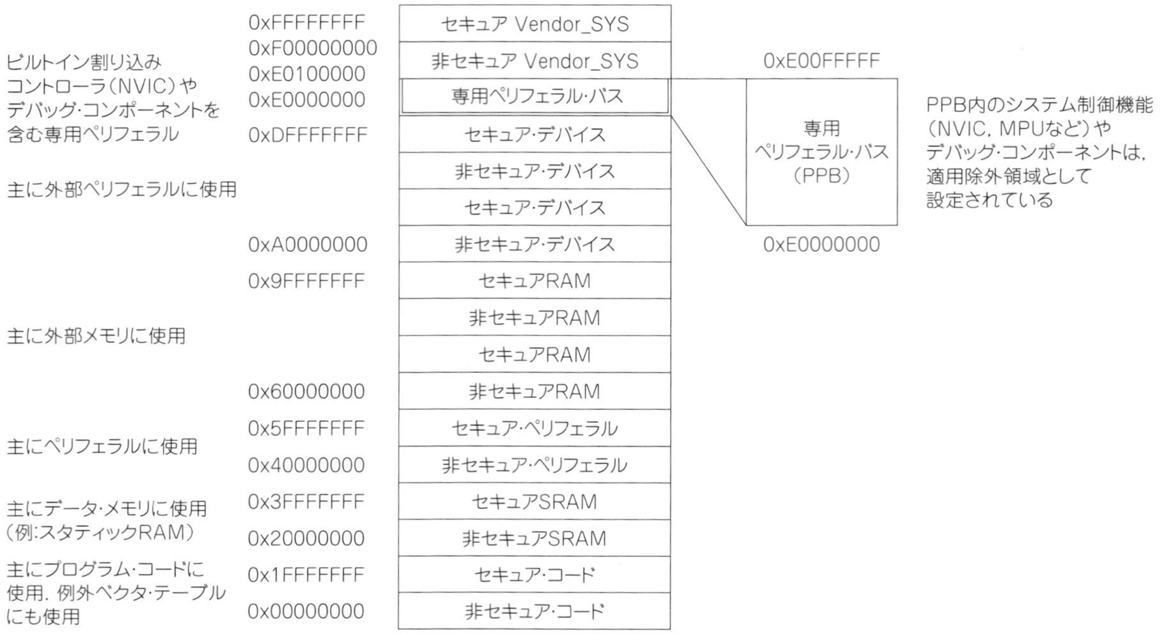

第4章　アーキテクチャ

0xFFFFFFFF	セキュア Vendor_SYS	
0xF00000000	非セキュア Vendor_SYS	0xE00FFFFF
0xE0100000	専用ペリフェラル・バス	
0xE0000000		
0xDFFFFFFF	セキュア・デバイス	

ビルトイン割り込みコントローラ（NVIC）やデバッグ・コンポーネントを含む専用ペリフェラル

主に外部ペリフェラルに使用

セキュア・デバイス	
非セキュア・デバイス	
セキュア・デバイス	
0xA0000000　非セキュア・デバイス	0xE0000000
0x9FFFFFFF　セキュアRAM	

専用ペリフェラル・バス（PPB）

PPB内のシステム制御機能（NVIC, MPUなど）やデバッグ・コンポーネントは，適用除外領域として設定されている

主に外部メモリに使用

非セキュアRAM
セキュアRAM
0x60000000　非セキュアRAM

主にペリフェラルに使用
- 0x5FFFFFFF セキュア・ペリフェラル
- 0x40000000 非セキュア・ペリフェラル

主にデータ・メモリに使用（例：スタティックRAM）
- 0x3FFFFFFF セキュアSRAM
- 0x20000000 非セキュアSRAM

主にプログラム・コードに使用．例外ベクタ・テーブルにも使用
- 0x1FFFFFFF セキュア・コード
- 0x00000000 非セキュア・コード

図4.20　デフォルトのメモリ・マップのセキュアと非セキュアの分割

　第3章3.5節で述べたように，アドレス空間の分割は，セキュリティ属性ユニット（Security Attribution Unit：SAU）と実装定義属性ユニット（Implementation Defined Attribution Unit：IDAU）によって処理されます．SAUは最大8つのプログラム可能な領域を含むことができ，IDAU（一般的にはハードウェア・ベースのアドレス・ルックアップ・コンポーネント）は最大256の領域をサポートできます．場合によっては，一部のデバイスではIDAUが限定的なプログラマビリティを持つ可能性があります．通常，IDAUはデフォルトのセキュリティ分割を定義するために使用され，SAUはオプションでIDAUのセキュリティ領域定義の一部を上書きするために，セキュア特権ソフトウェアによって使用されます．

　アドレス分割，SAU，IDAUについての詳細は，第7章と第18章で説明します．

4.3.3　システム制御空間（System Control Space：SCS）とシステム制御ブロック（System Control Block：SCB）

　図4.19に示すように，プロセッサのメモリ空間にはSCSが含まれています．このアドレス範囲には，次のためのメモリ・マップされたレジスタが含まれています．
- NVIC（Nested Vectored Interrupt Controller：ネスト型ベクタ割り込みコントローラ）
- MPU（Memory Protection Unit：メモリ保護ユニット）
- SysTick（System tick timer：システム・ティック・タイマ）
- システム制御ブロック（System Control Block：SCB）と呼ばれるシステム制御レジスタのグループ

SCBには，次のさまざまなレジスタが格納されています．
- プロセッサ構成の制御（低電力モードなど）
- フォールト・ステータス情報の提供（フォールト・ステータス・レジスタ）
- ベクタ・テーブルの再配置（VTOR）

SCSのアドレス範囲は，アドレス0xE000E000 ～ 0xE000EFFFFFまでです．TrustZoneセキュリティ拡張機能が実装されている場合，多数のレジスタ（MPUやSysTickなど）をセキュリティ状態間でバンク化できます．各セキュリティ状態では，ソフトウェアは，そのSCSアドレス空間内のSCSレジスタの自分のバンクにアクセスします．セキュア・ソフトウェアは，SCSの非セキュア・エイリアス（0xE002E000 ～ 0xE002FFFFの範囲）を使用して，非セキュアなSCSレジスタにアクセスすることもできます．

　SCBレジスタに関する詳細な情報は，第10章で説明します．

4.3.4 スタック・メモリ

ほとんどのプロセッサ・アーキテクチャと同様に，Cortex-Mプロセッサは，動作するためにスタック・メモリとして割り当てられた読み出し/書き込みメモリの一部を必要とします．Arm Cortex-Mプロセッサには，スタック操作のための専用のスタック・ポインタ(R13)ハードウェアが搭載されています．スタックは，メモリ使用メカニズムの一種で，メモリの一部を後入れ先出し(Last-In-First-Out)のデータ・ストレージ・バッファとして使用できるようにするものです．Armプロセッサは，スタック・メモリ操作のためにメイン・メモリのアドレス空間を使用し，スタックにデータを格納するためのPUSH命令と，データを取り出すためのPOP命令を持ちます．現在選択されているスタック・ポインタは，PUSHとPOP命令の操作ごとに自動的に調整されます．

スタックは，次の用途で使えます．

- 実行中の関数がデータ処理のためにレジスタ(レジスタ・バンク内)を使用する必要がある場合に，元のデータを一時的に保存．関数の終了時に値を復元できるので，関数を呼び出したプログラムがデータを失うことはない
- 関数やサブルーチンに情報を渡す
- ローカル変数の保存
- 割り込みなどの例外処理を行う際に，プロセッサのステータスやレジスタの値を保持

Cortex-Mプロセッサは，"フルディセンディング(完全降順)スタック(full-descending stack)"と呼ばれるスタック・メモリ・モデルを使用しています．プロセッサが起動されると，スタック・ポインタ(Stack Pointer：SP)の値は，予約されたスタック・メモリ空間が終了した直後のアドレスに設定されます．各PUSH動作では，プロセッサは最初にSPの値を減少してから，SPが指すメモリ位置に値を格納します．操作中SPは，最後のスタック各プッシュ・データが置かれたメモリ位置を指しています(図4.21)．

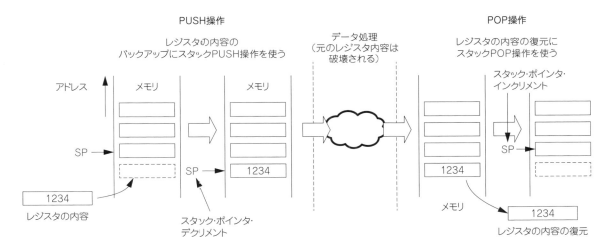

図4.21 スタックPUSHとPOP

POP操作の場合

- SPが指し示すメモリ位置に格納されているデータがプロセッサによって読み出される
- その後，SPの値はプロセッサによって自動的に増やされる

PUSHとPOP命令の最も一般的な使用方法は，関数/サブルーチン呼び出し時にレジスタ・バンクの内容を保存することです．関数呼び出しの最初に，PUSH命令を使って幾つかのレジスタの内容をスタックに保存し，POP命令を使って関数の終了時に元の値に戻すことができます．例えば，図4.22では，メインプログラムから"function1"という名前の単純な関数/サブルーチンが呼び出されています．"function1"はデータ処理のためにR4, R5, R6を使用し，変更する必要がありますが，これらのレジスタには，後でメイン・プログラムが必要とする値が格納されているため，PUSHでスタックに保存し，"function1"の終了時にPOPで元の値に戻します．このようにして，関数を呼び出したプログラム・コードは，データを失うことなく，実行を継続できます．各PUSH

（メモリへの格納）操作には，対応するPOP（メモリからの読み出し）が必要であることに注意し，POPのアドレスはPUSH操作のアドレスと一致する必要があります．

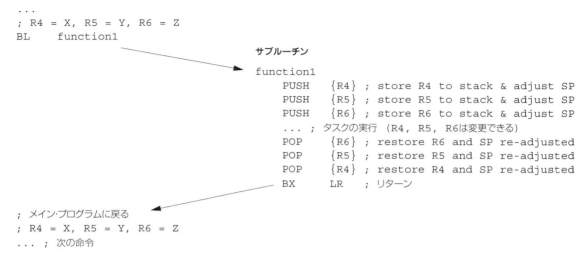

図4.22　関数内での簡単なPUSHとPOPの使用法 − 各スタック操作で1つのレジスタ

　各PUSHとPOP命令は，スタック・メモリとの間で，複数のデータを転送できます．これを図4.23に示します．レジスタ・バンク内のレジスタは32ビットなので，各スタックPUSHとスタックPOP命令は，少なくとも1ワード（4バイト）のデータを転送します．スタック・アドレスは，常に4バイト境界に揃えられ，SPの最下位2ビットは常にゼロです．

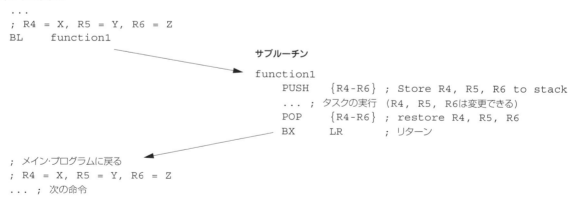

図4.23　関数内での簡単なPUSHとPOPの使用法 − 各スタック操作で複数のレジスタ

　また，リターンとPOP操作を組み合わせることもできます．これは，図4.24に示すように，最初にLR（R14）の値をスタック・メモリにプッシュし，サブルーチン/関数の終了時に，ポップしてLRをPC（R15）に書き戻すことで実現されます．
　TrustZoneセキュリティ拡張機能が実装されていない場合，物理的に，Cortex-Mプロセッサには2つのスタック・ポインタがあります．それらは次のとおりです．

4.3 メモリ・システム

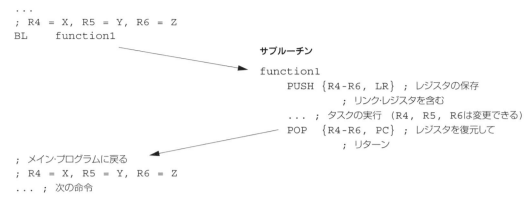

```
メイン・プログラム
    ...
    ; R4 = X, R5 = Y, R6 = Z
    BL    function1




                             サブルーチン
                             function1
                                PUSH  {R4-R6, LR}  ; レジスタの保存
                                                   ; リンク・レジスタを含む
                                ...  ; タスクの実行 (R4, R5, R6は変更できる)
                                POP   {R4-R6, PC}  ; レジスタを復元して
                                                   ; リターン
    ; メイン・プログラムに戻る
    ; R4 = X, R5 = Y, R6 = Z
    ...  ; 次の命令
```

図4.24 スタックPOPと関数リターンの組み合わせ

- メイン・スタック・ポインタ（Main Stack Pointer：MSP）- リセット後に使用されるデフォルトのスタック・ポインタで，全ての例外ハンドラに使用される
- プロセス・スタック・ポインタ（Process Stack Pointer：PSP）- スレッド・モードでのみ使用可能な代替スタック・ポインタ．通常，組み込みオペレーティング・システム（Operating System：OS）を実行している組み込みシステムのアプリケーション・タスクに使用される

TrustZoneセキュリティ拡張機能が実装されている場合，4つのスタック・ポインタがあります．これらは次のとおりです．

- セキュアMSP（MSP_S）
- セキュアPSP（PSP_S）
- 非セキュアMSP（MSP_NS）
- 非セキュアPSP（PSP_NS）

セキュア・ソフトウェアは，セキュア・スタック・ポインタ（MSP_SとPSP_S）を使用し，非セキュア・ソフトウェアは，非セキュア・スタック・ポインタ（MSP_NSとPSP_NS）を使用します．スタック・ポインタは，メモリ・マップのセキュリティ分割に基づいて，正しいアドレス空間を使用するように初期化する必要があります．

"CONTROLレジスタ"セクション（4.2.2.3節）と表4.4で説明したように，CONTROLレジスタのSPSELビット（ビット1）は，スレッド・モードで，MSPとPSPを選択するために次のように使用されます．

- SPSELが0の場合，スレッド・モードではスタック操作にMSPを使用
- SPSELが1の場合，スレッド・モードではスタック操作にPSPを使用

SPSELビットはセキュリティ・ステート間でバンクされているため，セキュアと非セキュアのソフトウェアでは，スレッド・モードでのスタック・ポインタを選択するための設定が異なる場合があることに注意してください．また，SPSELビットの値は，例外からの復帰時に自動的に更新される可能性があります．

スタック・メモリは，関数呼び出し時にレジスタを保存するだけでなく，例外イベント時に特定のレジスタを保存するためにも使用されます．例外（ペリフェラル割り込みなど）が発生すると，プロセッサのレジスタの一部が現在選択されているスタックに自動的に保存されます（使用されるSPは，例外が発生する前の現在選択されているSPです）．これらの保存された値は，例外リターンで自動的に復元されます．

TrustZoneを使用しない単純なシステムの場合，SPSELビットを0にすることで，最小限のアプリケーションで，MSPのみを使用して，全ての操作を行うことができます．これを図4.25に示します．割り込みイベントがトリガされると，プロセッサはまず，割り込みサービス・ルーチン（Interrupt Service Routine：ISR）に入る前に，幾つかのレジスタをスタックにプッシュします．このレジスタの状態を保存する操作を"スタッキング"と呼びます．ISRが終了すると，これらのレジスタはレジスタ・バンクに復元され，これを"アンスタッキング"と呼びます．

オペレーティング・システムを使用する場合，各アプリケーション・スレッドのスタックは通常，互いに分離されています．そのため，プロセス・スタック・ポインタ（Process Stack Pointer：PSP）をアプリケーション・スレッドに使用し，特権コードによって使用されるスタックに影響を与えることなく，より簡単にコンテキスト

第4章　アーキテクチャ

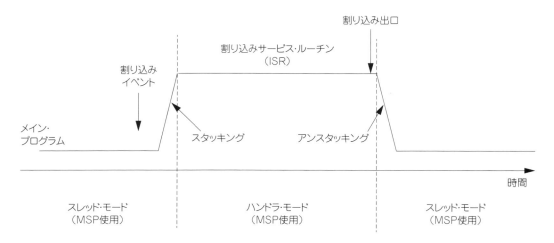

図4.25　SPSELを0にセット − スレッドとハンドラ・モードの両方でMSPを使用

を切り替えることができるようになります．この構成では，例外ハンドラなどの特権コードは，先ほどの例と同様にMSPを使用します（**図4.25**）．スレッド・モードとハンドラ・モードでは，異なるスタック・ポインタを使用するため，SP選択は，例外エントリと例外出口で切り替わります．この切り替えを**図4.26**に示します．自動の"スタッキング"と"アンスタッキング"動作は，例外の前に現在選択されているSPであるため，PSPが使用されることに注意してください．スタックを分離することで，スタックの破損やアプリケーション・タスクのエラーによって，OSが使用するスタックが破損するのを防ぐことができます．また，OSの設計を簡素化することでコンテキストの切り替えを高速化できます．

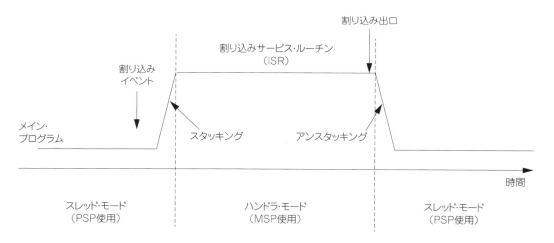

図4.26　SPSELを1にセット − スレッド・レベル・コードはPSPを使用し，ハンドラはMSPを使用

　TrustZoneセキュリティ拡張機能が実装されたシステムでは，セキュアと非セキュアのソフトウェアがCONTROLレジスタの対応するSPSELビットを管理するため，スレッド・モードでは，セキュリティ状態間で関数呼び出しがあるときに，プロセッサは異なるSPSEL設定間を切り替えることができます．ハンドラ・モードでは，例外/割り込みのセキュリティ・ドメインに応じて，MSP_SまたはMSP_NSのいずれかが使用されます．

4.3.5　スタック・ポインタとスタック限界レジスタの設定とアクセス

　プロセッサが起動した後：

112

4.3 メモリ・システム

- TrustZoneが実装されていない場合，プロセッサは，ベクタ・テーブルを読み込んで自動的にMSPを初期化
- TrustZoneが実装されている場合，プロセッサは，セキュア・ベクタ・テーブルを読み込んで自動的にMSP_Sを初期化

ベクタ・テーブルの詳細については，8.6節を参照してください．リセット・シーケンスで，初期化されない他のスタック・ポインタは，ソフトウェアによって初期化する必要があります．これには，セキュア・ソフトウェアが，セキュリティ初期化を終了した後に，非セキュア・アプリケーションを起動する必要がある状況が含まれます［非セキュアMSP（MSP_NS）は，非セキュア・アプリケーションを起動する前に，セキュア・ソフトウェアによって初期化されている必要があります］．

一度に選択されるSPは1つだけですが（SPやR13を使用してアクセスする場合），プロセッサが特権状態であれば，MSPとPSPへの直接の読み出し/書き込みを指定が可能です．プロセッサがセキュア特権状態にある場合，ソフトウェアは非セキュア・スタック・ポインタにもアクセスできます．CMSIS-COREソフトウェア・フレームワークは，スタック・ポインタ・アクセスのための多くの機能を提供しています（**表4.12**）．

表4.12　スタック・ポインタ・アクセスのためのCMSIS-CORE関数

CMSIS-CORE関数	用途	適用可能なセキュリティ状態
__get_MSP(void)	現在のセキュリティ状態のMSPの値を取得する	S/NS
__get_PSP(void)	現在のセキュリティ状態のPSPの値を取得する	S/NS
__set_MSP(uint32_t topofstack)	現在のセキュリティ状態のMSPの値を設定する	S/NS
__set_PSP(uint32_t topofstack)	現在のセキュリティ状態のPSPの値を設定する	S/NS
__TZ_get_MSP_NS(void)	MSP_NSの値を取得する	S
__TZ_get_PSP_NS(void)	PSP_NSの値を取得する	S
__TZ_get_SP_NS(void)	MSP_NS/PSP_NSの値を取得する （非セキュア・ワールドで，現在選択されているものに依存）	S
__TZ_set_MSP_NS(uint32_t topofstack)	MSP_NSの値を設定する	S
__TZ_set_PSP_NS(uint32_t topofstack)	PSP_NSの値を設定する	S
__TZ_set_SP_NS(uint32_t topofstack)	MSP_NS/PSP_NSの値を設定する （非セキュア・ワールドで現在選択されているものに依存）	S

スタック・ポインタ・アクセスと同様に，スタック限界レジスタにアクセスするための多くの関数がCMSIS-COREで定義されています（**表4.13**）．

表4.13　スタック限界レジスタ・アクセスのためのCMSIS-CORE関数

CMSIS-CORE関数	用途	適用可能なセキュリティ状態
__get_MSPLIM(void)	現在のセキュリティ状態のMSPLIMの値を取得する	S/NS
__get_PSPLIM(void)	現在のセキュリティ状態のPSPLIMの値を取得する	S/NS
__set_MSPLIM(uint32_t limitofstack)	現在のセキュリティ状態のMSPLIMの値を設定する	S/NS
__set_PSPLIM(uint32_t limitofstack)	現在のセキュリティ状態のPSPLIMの値を設定する	S/NS
__TZ_get_MSPLIM_NS(void)	MSPLIM_NSの値を取得する	S
__TZ_get_PSPLIM_NS(void)	PSPLIM_NSの値を取得する	S
__TZ_set_MSPLIM_NS(uint32_t limitofsack)	MSPLIM_NSの値を設定する	S
__TZ_set_PSPLIM_NS(uint32_t limitofstack)	PSPLIM_NSの値を設定する	S

アセンブリ言語プログラミングを使用する場合，これらの機能は，MRS（特殊レジスタから一般レジスタへの移動）命令と，MSR（一般レジスタから特殊レジスタへの移動）命令を使用して実行できます．

一般的には，スタック・メモリの一部が，ローカル変数や他のデータの格納に使用される可能性があるため，C

第4章 アーキテクチャ

言語の関数で，現在選択されているSPの値を変更することは推奨されません．ほとんどのアプリケーション・コードでは，MSPとPSPに，明示的にアクセスする必要はありません．関数呼び出しでパラメータを渡す場合は，コンパイラが自動的にスタック管理を処理するので，アプリケーション・コードからは完全に透過的です．

　組み込みOSの設計に携わるソフトウェア開発者にとって，MSPとPSPへのアクセスは，次のような状況で必要となります．

1. PSPの直接操作を必要とするコンテキスト切り替え操作
2. OSのAPIの実行中（MSPが使用されている）－ APIが呼び出される前に，APIはスタックにプッシュされたデータを（PSPを使用して）読み出す必要があるかもしれない（例えば，プッシュされたデータには，SVC命令の実行前のレジスタの状態が含まれている － その一部はSVC関数の入力パラメータになるかもしれない）

4.3.6　メモリ保護ユニット（MPU）

　メモリ保護ユニット（Memory Protection Unit：MPU）は，Cortex-M23とCortex-M33プロセッサではオプションです．そのため，全てのCortex-M23とCortex-M33マイクロコントローラに，MPU機能が搭載されているわけではありません．

　Cortex-M23とCortex-M33プロセッサのMPUは，Cortex-M0+やCortex-M3，Cortex-M4，Cortex-M7プロセッサのMPUとは多くの点で異なります．

- Cortex-M23とCortex-M33プロセッサのMPUは，0（MPUなし）/4/8/12/16MPU領域をサポートする．一方，Cortex-M0+/M3/M4プロセッサでは0または8の領域を，Cortex-M7プロセッサでは0/8/16の領域をサポートする
- Armv8-MのMPUのプログラマーズ・モデルは，Armv6-MとArmv7-Mアーキテクチャとは異なる．この変更により，MPU領域の定義の柔軟性が向上した
- TrustZoneセキュリティ拡張が実装されている場合，Cortex-M23プロセッサとCortex-M33プロセッサは，最大2つのMPU（セキュアMPUと非セキュアMPU）を持つことができる．これら2つのMPUでサポートされるMPU領域の数は，異なる可能性がある

MPUはプログラム可能で，MPU領域の設定は多数のメモリ・マップされたMPUレジスタによって管理されます．デフォルトでは，MPUはリセット後に無効になります．単純なアプリケーションでは，MPUは使用されず，無視できます．高い信頼性を必要とする組み込みシステムでは，MPUを使用して，特権および非特権アクセス状態のアクセス許可を定義することで，メモリ領域を保護できます．例えば，組み込みOSは，アプリケーション・スレッドごとにアクセス許可を定義できます．他の場合，MPUは特定のメモリ領域を保護するためだけに構成されます．例えば，メモリ範囲を読み取り専用にするなどです．

　MPUはシステムのメモリ属性，例えばキャッシュ属性も定義します．システムにシステム・レベルのキャッシュを含んでいる場合，特定のアドレス空間のキャッシュ属性を定義するため，MPUをプログラムすることが不可欠かもしれません．

　MPUに関する詳細は，第12章を参照してください．

4.4　例外と割り込み

4.4.1　例外とは何か

　例外は，プログラムの流れに変化をもたらすイベントです．これが発生すると，プロセッサは現在実行中のタスクを一時停止し，例外ハンドラと呼ばれるプログラムの一部を実行します．例外ハンドラの実行が終了すると，プロセッサは通常のプログラム実行に戻ります．Armアーキテクチャでは，割り込みは例外の1つのタイプです．割り込みは通常，ペリフェラルまたは外部入力から生成され，場合によってはソフトウェアによってトリガされることがあります．割り込みの例外ハンドラは，割り込みサービス・ルーチン（Interrupt Service Routines：ISR）とも呼ばれています．

　Cortex-Mプロセッサでは，幾つかの例外発生源があります（図4.27）．

114

4.4 例外と割り込み

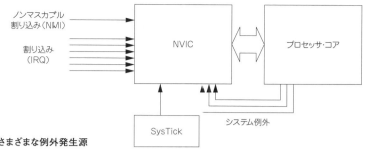

図4.27 Cortex-Mプロセッサのさまざまな例外発生源

例外はNVICによって処理されます．NVICは，ノンマスカブル割り込み（Non-Maskable Interrupt：NMI）要求と多数の割り込み要求（Interrupt Requests：IRQ）を処理できます．通常，IRQはオンチップのペリフェラル，または，I/Oポートを介した外部割り込み入力から生成されます．NMIは，ウォッチドッグ・タイマまたは低電圧検出器（電源電圧が一定レベル以下に低下したとき，プロセッサに警告を発する電圧監視装置）によって使用されることがあります．プロセッサ内部には，定期的なタイマ割り込み要求を生成するように，プログラムできるSysTickと呼ばれるタイマ（TrustZoneセキュリティ拡張機能が実装されている場合は，2つのタイマを使用できる可能性があります）もあります．これは，組み込みOSが時間を保持するために使用したり，OSを必要としないアプリケーションの単純なタイミング制御に使用したりできます．

表4.14 例外の種類

例外番号	CMSIS-CORE 割り込み番号	例外の種類	優先順位	機能
1	NA	Reset	-4（最高）	リセット
2	-14	NMI	-2	ノンマスカブル割り込み
3	-13	HardFault	-3 か -1	全てのクラスのフォルト（障害）：対応するフォルト・ハンドラが現在無効になっているか，例外のマスキングによってマスクされているため対応するフォルト・ハンドラをアクティブにできない場合にトリガされる
4	-12	MemManage（Armv8-Mベースライン / Cortex-M23では使用できない）	設定可能	メモリ管理フォルト：MPUの違反または無効なアクセス（非実行領域からの命令フェッチなど）が原因
5	-11	BusFault（Armv8-Mベースライン / Cortex-M23では使用できない）	設定可能	バス・システムから受信したエラー応答：命令プリフェッチ・アボートまたはデータ・アクセス・エラーが原因
6	-10	UsageFault（Armv8-Mベースライン / Cortex-M23では使用できない）	設定可能	UsageFault：典型的な原因は，無効な命令や無効な状態遷移の試行（Cortex-M23/M33でARM状態に切り替えようとするなど）
7	-9	SecureFault（Armv8-Mベースライン / Cortex-M23では使用できない）	設定可能	SecureFault：セキュリティ違反によって引き起こされるフォルト・イベント．Armv8-MベースラインまたはTrustZoneセキュリティ拡張が実装されていない場合は利用できない
8 - 10	-	-	-	予約済み
11	-5	SVC	設定可能	SVC命令によるスーパバイザ・コール
12	-4	デバッグ・モニタ	設定可能	デバッグ・モニタ：ソフトウェア・ベースのデバッグ用（多くの場合は使用しない）Armv8-Mベースラインでは使用できない
13	-	-	-	予約済み
14	-2	PendSV	設定可能	システム・サービスの保留可能な要求
15	-1	SYSTICK	設定可能	システム・ティック・タイマ
16 - 255	0 - 479 または 0 - 239	IRQ	設定可能	Cortex-M33のIRQ入力 #0-479 または Cortex-M23のIRQ入力 #0-239

第4章　アーキテクチャ

プロセッサ自体もまた，例外イベントの発生源となります．これらは，システム・エラー状態を示すフォールト・イベント，または，組み込みOSの動作をサポートするために，ソフトウェアによって生成された例外などが考えられます．例外のタイプを**表4.14**に示します．

各例外ソースには，例外番号があります．例外番号1 ～ 15はシステム例外に分類され，例外番号16以上は割り込み用に分類されます．Cortex-M23のNVICの設計は，最大240の割り込み信号をサポートし，Cortex-M33のものは最大480をサポートします．しかし，割り込みの数は，チップ設計者によって定義され，実際には，設計で実装されている割り込み信号の数は，はるかに少なく，通常は16 ～ 100の範囲になります．この構成可能性により，設計のシリコン面積を小さくでき，消費電力も削減できます．

例外番号は，IPSRを含むさまざまなレジスタに反映され，例外ベクタのアドレスを決定するために使用されます．例外ベクタはベクタ・テーブルに格納されており，プロセッサはこのテーブルを読み込んで，例外エントリ・シーケンスの間に例外ハンドラの開始アドレスを決定します．例外番号の定義は，CMSIS-COREデバイス・ドライバ・ライブラリの割り込み番号とは異なることに注意してください．CMSIS-COREデバイス・ドライバ・ライブラリでは，割り込み番号は0から始まり，システム例外番号は負の値になります．

Arm7TDMIなどのクラシックArmプロセッサとは異なり，Cortex-MプロセッサにはFIQ（Fast Interrupt Request：高速割り込み）機能はありません．しかし，Cortex-M23とCortex-M33プロセッサの割り込みレイテンシは非常に低く，それぞれ，わずか15と12クロック・サイクルであるため，FIQ機能がなくても問題ありません．

リセットは特殊な例外です．プロセッサがリセットを終了すると，リセット・ハンドラは，スレッド・モードで実行されます（他の例外のようにハンドラ・モードではなく）．また，IPSR内の例外番号はゼロとして読み込まれます．

4.4.2　TrustZoneと例外

TrustZoneセキュリティ拡張機能が実装されている場合：

- 各割り込み（例外タイプ16以上）は，セキュア（デフォルト）または，非セキュアとして構成できる．これは実行時に構成可能
- 一部のシステム例外は，セキュリティ状態間でバンクされる［例：SysTick，SVC，PendSV，HardFault（条件付き），MemManage Fault，UsageFault］
- 一部のシステム例外は，デフォルトではセキュア状態をターゲットにするが，ソフトウェア（NMI，BusFault）によって非セキュア状態をターゲットにするように構成できる
- デバッグ・モニタ例外のターゲット・セキュリティ状態は，デバッグ認証の設定によって定義される（第16章参照）
- SecureFault例外は，Armv8-Mメインライン（Cortex-M33プロセッサなど）で利用可能で，セキュア状態のみを対象としている

4.4.3　ネスト型ベクタ割り込みコントローラ（NVIC）

NVIC（Nested Vectored Interrupt Controller）は，Cortex-Mプロセッサの一部です．NVICは，プログラマブルで，そのレジスタはメモリ・マップされたシステム制御空間（System Control Space：SCS）に配置されています（**図4.19**を参照）．NVICは，例外と割り込みの設定，優先順位付け，および割り込みマスキングを処理します．NVICには次の機能があります．：

- 柔軟な例外および割り込み管理
- ネストした例外/割り込みのサポート
- ベクタ化された例外/割り込みエントリ
- 割り込みマスキング

4.4.3.1　柔軟な例外と割り込み管理

各割り込み（NMI以外）は，有効化または無効化が可能で，ソフトウェアによって保留中のステータスを，セットしたりクリアしたりできます．NVICはさまざまなタイプの割り込み要求信号を処理します．

116

- パルス割り込み要求 – 割り込み要求の長さは少なくとも1クロック・サイクル．NVICが割り込み入力でパルスを受信すると，ステータスが保留中にセットされ，割り込みが処理されるまで保持される
- レベル・トリガ割り込み要求 – 割り込み発生源（ペリフェラルなど）は，割り込みが処理されるまで，割り込み要求信号をハイ（アクティブ）レベルで保持する

NVIC入力の信号レベルはアクティブ・ハイ（1＝アクティブ）です．しかし，マイクロコントローラ上の実際の外部割り込み入力は，異なる設計にすることができます［すなわち，アクティブ・ロー（0＝アクティブ）］．この場合，オンチップの回路を使用して，信号をアクティブ・ハイに変換し，NVICが信号を受け付けるようにします．

NVICの割り込み管理レジスタは，例外の優先度を定義し（プログラム可能なレベルの例外の場合），また，TrustZoneセキュリティ拡張機能が実装されている場合，各割り込みをセキュア，または，非セキュアとして定義することもできます．

4.4.3.2 ネストされた例外/割り込みのサポート

各例外には優先度レベルがあります．割り込みなどの例外の中には，プログラム可能な優先度レベルを持つものと，固定の優先度レベルを持つもの（NMIなど）があります．例外が発生すると，NVICはこの例外の優先度レベルをプロセッサの現在のレベルと比較します．新しい例外の方が，優先度が高い場合次が行われます．
- 現在実行中のタスクが中断される
- レジスタの一部はスタック・メモリに格納される
- プロセッサは，新しい例外の例外ハンドラの実行を開始する

この処理を"横取り（preemption）"と呼びます．優先度の高い例外ハンドラの処理が完了したとき，例外復帰動作で終了します．その後，プロセッサは，スタックからレジスタを自動的に復元し，以前に実行していたタスクを再開します．このメカニズムにより，ソフトウェアのオーバーヘッドなしに，例外サービスをネストできます．

TrustZoneセキュリティ拡張機能を備えたシステムでは，例外の優先度レベルは，セキュアと非セキュアの例外の間で共有されます．従って，次のようになります．
- あるセキュリティ状態で割り込みが処理されている場合，他のセキュリティ状態で優先度の高い別の割り込みが発生した場合，割り込みの横取りを行うことができる
- あるセキュリティ状態で割り込みを処理している場合，その割り込みがセキュアか非セキュアかに関わらず，優先度の低い割り込みや同じ優先度の割り込みを全てブロックする

4.4.3.3 ベクタ化された例外/割り込みエントリ

例外が発生した場合，プロセッサは対応する例外ハンドラの開始点を見つける必要があります．従来，Arm7TDMIなどのArmプロセッサでは，ソフトウェアがこのステップを処理していました．Cortex-Mプロセッサは，メモリ内のベクタ・テーブルから例外ハンドラの開始点を自動的に見つけます．その結果，例外の開始から例外ハンドラの実行までの遅延が短縮されます．

ベクタ・テーブルのトピックの詳細については，4.4.5節を参照してください．

4.4.3.4 割り込みマスキング

Cortex-M23とCortex-M33プロセッサのNVICは，PRIMASK特殊レジスタなどの割り込みマスキング・レジスタを提供しています．PRIMASKレジスタを設定すると，HardFaultとNMIを除く全ての例外が無効化されます．このマスキングは，時間的に重要な制御タスクやリアル・タイムのマルチメディア・コーデックなど，中断すべきではない動作に便利です．Cortex-M33ベースのシステムでは，BASEPRIレジスタを使用して，特定の優先度レベル以下の例外や割り込みを選択的にマスクできます．

TrustZoneセキュリティ拡張機能が実装されている場合，割り込みマスキング・レジスタはバンクされ，割り込みマスキングの動作は，セキュアと非セキュアの両方の割り込みマスクの結果の組み合わせに基づいています．これについての詳細は，第9章で説明します．

第4章　アーキテクチャ

4.4.4　CMSIS-COREによる割り込み管理

CMSIS-COREは，さまざまな割り込み制御機能に簡単にアクセスできるようにする関数セットを提供します．また，NVICの柔軟性と能力はCortex-Mプロセッサを非常に使いやすくし，割り込み処理におけるソフトウェアのオーバヘッドを削減することで，より優れたシステム応答を提供します．割り込み制御機能を簡素化することで，プログラムが必要とするメモリ・サイズを削減できます．

これについての詳細は，第9章で説明しています．

4.4.5　ベクタ・テーブル

例外イベントが発生し，プロセッサ・コアに受け付けられると，対応する例外ハンドラが実行されます．例外ハンドラの開始アドレスを決定するために，ベクタ・テーブル機構が使用されます．ベクタ・テーブルは，システム・メモリ内の32ビット・データの配列であり，それぞれが1つの例外タイプの開始アドレスを表しています（図4.28）．ベクタ・テーブルは再配置可能であり，ベクタ・テーブルのベース・アドレスは，ベクタ・テーブル・オフセット・レジスタ（Vector Table Offset Register：VTOR）と呼ばれるNVIC内のプログラマブル・レジスタによって制御されます．

リセット後，VTORはチップ設計者によって定義された値にリセットされます．これは，リセット後にベクタ・テーブルのオフセットがアドレス0x0に設定される以前のCortex-M0/M0+/M3/M4プロセッサとは異なります．

例外タイプ	CMSIS割り込み番号	アドレス・オフセット	ベクタ	
18–255または495	2–239または479	0x48–0x3FC/0x7BC	IRQ #2 - #239または#479	[1]
17	1	0x44	IRQ #1	[1]
16	0	0x40	IRQ #0	[1]
15	-1	0x3C	SysTick	[1]
14	-2	0x38	PendSV	[1]
NA	NA	0x34	予約	
12	-4	0x30	DebugMonitor	[1]
11	-5	0x2C	SVC	[1]
NA	NA	0x28	予約	
NA	NA	0x24	予約	
NA	NA	0x20	予約	
7	-9	0x1C	SecureFault	[1]
6	-10	0x18	UsageFault	[1]
5	-11	0x14	BusFault	[1]
4	-12	0x10	MemManage Fault	[1]
3	-13	0x0C	HardFault	[1]
2	-14	0x08	NMI	[1]
1	NA	0x04	Reset	[1]
NA	NA	0x00	MSPの初期値	

最大で，Cortex-M23プロセッサでは#239，Cortex-M33プロセッサでは#479

Cortex-M23プロセッサでは使用できない

図4.28　ベクタ・テーブルの配置（注意：例外ベクタの最下位ビット（LSB）は1にセットすること）

開始アドレスを決定するために使用されるベクタ・アドレスは次のとおりです．

　　　　例外タイプ×4 + VTOR

ベクタ・テーブルから読み出されたベクタのビット0は，その後ISRの開始アドレスとして使用するためにマスクされて0とみなされます．

例えば，VTORが0にリセットされた場合，リセット用のベクタ・アドレスとNMI例外の計算は次のようになります．
　（1）リセット例外を扱う場合，リセットは例外タイプ1なので，リセット・ベクタのアドレスは1×4（各ベクタは4バイト）+ VTORとなり，0x00000004に相当

118

(2) NMI例外を処理する場合，NMIベクタ（タイプ2）は2×4 − VTOR = 0x00000008に配置される

アドレス・オフセット0x00000000は，MSPの開始値を格納するために使用されます．

各例外ベクタのLSBは，その例外をThumb状態で実行するかどうかを示します．Cortex-MプロセッサはThumb命令しかサポートしていないため，全ての例外ベクタのLSBを1にセットする必要があります．

Cortex-M23プロセッサでは，VTORはオプションで，チップ設計者は，VTORを省略してシリコン面積を最小限に抑えることができます．VTORレジスタが実装されていない場合，チップ設計者によって定義された値に固定され，変更することはできません．従って，VTORが実装されていない場合でも，ベクタ・テーブルは0以外の値になることがあります．これは，VTORが実装されていない場合にVTORが0に固定されるCortex-M0+プロセッサの動作とは異なります．

TrustZoneセキュリティ拡張機能が実装されている場合，2つのベクタ・テーブルがあります．セキュア例外用のベクタ・テーブルはセキュア・アドレス範囲に，非セキュア例外用のベクタ・テーブルは非セキュア・アドレス範囲に配置する必要があります．VTORレジスタは，VTOR_S（セキュアVTOR）とVTOR_NS（非セキュアVTOR）にバンクされます．

4.4.6　フォールト処理

表4.14に示す幾つかの例外は，フォールト処理の例外です．フォールト例外は，プロセッサが未定義命令の実行などのエラーを検出したとき，またはバス・システムがメモリ・アクセスに対してエラー応答を返したときにトリガされます．フォールト例外メカニズム（図4.29）により，エラーを迅速に検出でき，ウォッチドッグ・タイマによるトリガを待たずにエラー状態に応答できます．

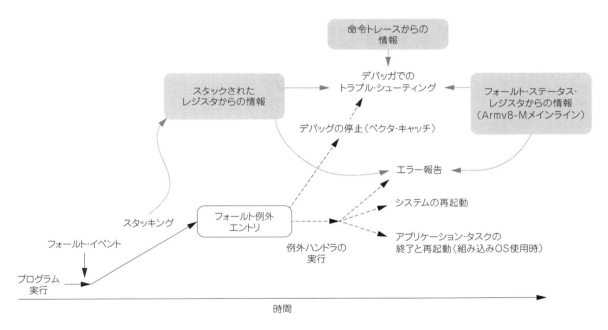

図4.29　フォールト・イベント後に考えられるアクション

フォールト処理機能に関して，Armv8-Mベースラインとメインラインのサブプロファイルの間には，幾つかの違いがあります．これらは次のとおりです．
- BusFaultやUsageFault，MemManageFault，SecureFaultの例外は，Armv8-Mメインラインで利用できるが，Armv8-Mベースライン（すなわちCortex-M23プロセッサ）では利用できない
- Armv8-Mベースラインには，ソフトウェアがフォールトのクラスを決定できるようにするフォールト・ステータス・レジスタがない

第4章　アーキテクチャ

Armv8-Mベースライン（Cortex-M23プロセッサ）では，全てのフォールト・イベントがHardFault例外をトリガします．TrustZoneセキュリティ拡張が実装されている場合，セキュア・バージョンのHardFaultハンドラが，デフォルトで実行されます（ベクタはセキュア・ベクタ・テーブルからフェッチされます）．セキュア・ワールドが使用されていない場合，オプションにより，デフォルトでセキュア・ブート・コードが，HardFaultとNMIに対して非セキュア状態（AIRCR.BFHFNMINSレジスタの詳細については9.3.4節を参照）をターゲットとするように構成できます．しかし，この状況では，セキュリティ違反は，セキュアなHardFaultをトリガします．

Armv8-Mメインライン・アーキテクチャ（Cortex-M33プロセッサなど）は，デフォルトで全てのフォールト・イベントがHardFault例外をトリガします．これは，BusFaultやUsageFault，MemManageFault，SecureFaultがデフォルトでは無効化されているため，HardFaultにエスカレートするからです．これらの構成可能なフォールト例外が有効になっている場合（これらの例外はソフトウェアで個別に有効にできます），特定のクラスのフォールト・イベントによってトリガされる可能性があります．その場合，対応するフォールト・ハンドラは，フォールト・ステータス・レジスタを利用して，正確なフォールト・タイプを判断し，可能であれば対応策を実行できます．Armv8-Mベースラインと同様に，セキュリティ違反を除き，非セキュア状態をターゲットにするようにHardFault（BusFaultと同様）を設定することが可能です．

Armv8-Mメインラインとベースラインの両方で，HardFault例外は常に有効になっています．

フォールト例外は，ソフトウェアの問題をデバッグするのに便利です．ソフトウェアを開発する場合，プロセッサがフォールト・イベントで自動的に停止するように，デバッグ・ツールを設定できます（この機能はベクタ・キャッチと呼ばれる）．このような停止が発生した場合，ソフトウェア開発者はデバッガを使用して問題を分析できます（例：例外スタック・トレースを使用してフォールトしているコード・シーケンスを特定する）．

エラー情報をユーザまたは別のシステムに報告できるようにフォールト・ハンドラを設定することが可能です．Cortex-M33プロセッサ（Armv8-Mメインライン）の場合，報告メカニズムは，フォールト・ステータス・レジスタから情報を抽出することで，エラー・ソースに関するヒントを含めることができます．デバッグ・ツールは，トラブル・シューティングを支援するために，そのような情報を利用することもできます．

4.5　デバッグ

ソフトウェアの複雑化に伴い，最新のプロセッサ・アーキテクチャでは，デバッグ機能の重要性がますます高まっています．Cortex-M23とCortex-M33プロセッサは，非常にコンパクトなプロセッサ設計ですが，停止やステッピングを含むプログラム実行制御，命令ブレークポイント，データ・ウォッチポイント，レジスタやメモリ・アクセス，プロファイリング，トレースなどの包括的なデバッグ機能を備えています．

Cortex-Mプロセッサには，開発者がソフトウェア動作のデバッグや解析を行うのに役立つ2種類のインターフェースが用意されています．それはデバッグとトレースです．

デバッグ・インターフェースにより，デバッグ・アダプタをCortex-Mベースのマイクロコントローラに接続して，デバッグ機能を制御したり，チップ上のメモリ領域にアクセスしたりできます．Cortex-Mプロセッサは以下をサポートしています．

- 4ピンまたは5ピンのいずれかを使用する伝統的なJTAGプロトコル
- シリアル・ワイヤ・デバッグ（Serial Wire Debug：SWD）と呼ばれる2ピンのプロトコル．シリアル・ワイヤ・デバッグ・プロトコルは，Arm社が開発したもので，JTAGプロトコルと同じデバッグ機能を，デバッグ性能を損なうことなく，わずか2ピンで処理できる

デバイスにより，1つのデバッグ・プロトコルが実装されているものや，2つ実装されているものがあります．両方のプロトコルが実装されている場合，特別な信号シーケンスを使用して，プロトコルをダイナミックに切り替えることができます．両方のプロトコルをサポートする多くのデバッグ・アダプタがありますが，その中には，KeilのULINK PlusやULINK Proなどの市販品も含まれています．この2つのプロトコルは，JTAG TCKをシリアル・ワイヤ・クロックで共有し，また，JTAG TMSをシリアル・ワイヤ・データで共有することで，同じコネクタ上に共存できます．シリアル・ワイヤ・データ・ピンは，SWDプロトコル・モードで使用される場合，双方向です（**図4.30**）．両方のプロトコルは，さまざまな会社の異なるデバッグ・アダプタが広くサポートしています．

120

4.5 デバッグ

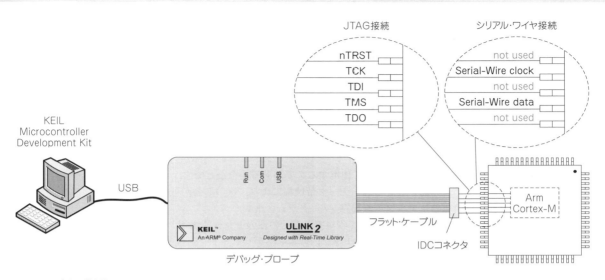

図4.30 デバッグ接続

　トレース・インターフェースは，実行時にプロセッサから情報を収集するために使用されます．これは，データ値，例外イベント，プロファイリング情報などです．エンベデッド・トレース・マクロセル(Embedded Trace Macrocell：ETM)が使用されている場合は，プログラム実行の完全な詳細を提供することもできます．トレース・インターフェースには，シリアル・ワイヤ出力(Serial Wire Output：SWO)と呼ばれるシングル・ピン・プロトコルと，トレース・ポートと呼ばれるマルチピン・プロトコルの2種類がサポートされています(図4.31)．

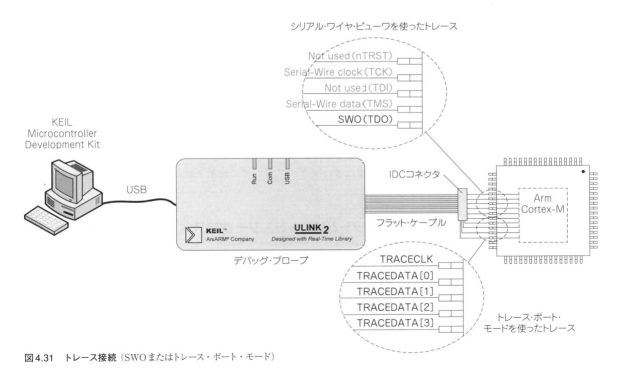

図4.31 トレース接続(SWOまたはトレース・ポート・モード)

　シリアル・ワイヤ出力(Serial Wire Output：SWO)は，パラレル・トレース・ポートよりも低いトレース・データ帯域幅を持つ低コストのトレース・ソリューションです．しかし，その帯域幅は，選択的なデータ・トレースやイベント・トレース，基本的なプロファイリングをキャプチャするのに十分です－これらは，シリアル・ワ

121

第4章　アーキテクチャ

イヤ・ビューア（Serial Wire Viewer：SWV）と総称される基本的なトレース機能です．シリアル・ワイヤ出力（SWO）と呼ばれる出力信号は，JTAG TDOピンと共有されていることが多く，これは，デバッグとトレースの両方に1つの標準JTAG/SWDコネクタがあればよいことを意味しています（トレース・データは，2ピンSWDプロトコルがデバッグに使用されている場合にのみ，キャプチャ可能なのは明らかです）．

トレース・ポート・モードでは，1つのクロック・ピンと複数のデータ・ピンが必要です．使用するデータ・ピンの数は構成可能で，ほとんどの場合，Cortex-M23とCortex-M33マイクロコントローラは最大4本のデータ・ピンをサポートします（トレース・クロックを含めると合計5本のピン）．トレース・ポート・モードは，SWOよりもはるかに高いトレース帯域幅をサポートしています．必要に応じて，より少ないピン数でトレース・ポート・モードを使用することもできます．例えば，トレース・データ・ピンの一部が，I/O機能と多重化されており，アプリケーションでそれらのI/Oピンの一部を使用する必要がある場合などです．

トレース・ポート・モデルの高いトレース・データ帯域幅により，次のことが可能になります．
- • プログラム実行情報のリアルタイム記録（プログラム・トレース）
- • SWV（Serial Wire Viewer）を使用して収集できるその他のトレース情報

リアルタイムのプログラム・トレースには，チップ内のエンベデッド・トレース・マクロセル（Embedded Trace Macrocell：ETM）と呼ばれるコンパニオン・コンポーネントが必要です．これは，Cortex-M23とCortex-M33プロセッサ用のオプション・コンポーネントです．一部のCortex-M23とCortex-M33マイクロコントローラには，ETMが搭載されていないため，リアルタイムのプログラム/命令トレース機能が提供されていません．Cortex-M23とCortex-M33プロセッサには，マイクロ・トレース・バッファ（Micro Trace Buffer：MTB）と呼ばれるもう1つの命令トレース・ソリューションも用意されています．これはトレース履歴に限界があり，また，命令トレース・データを取得するためにデバッグ接続だけが必要です．

リアルタイムのトレース・データをキャプチャするには，Keil ULINK-PlusやSegger J-Linkなどの低コストのデバッグ・アダプタを使用して，SWOインターフェース経由で，データをキャプチャできます．あるいは，Keil ULINK ProやSegger J-Traceなどの高度な製品を使用して，トレース・ポート・モードでトレース・データをキャプチャすることもできます．

前世代のCortex-Mプロセッサと比較すると，Cortex-M23とCortex-M33プロセッサでは，多くのデバッグとトレース機能が強化されています．例えば，ETMとMTBの両方の命令トレースが，両方のプロセッサでサポートされています（前世代のプロセッサでは，これらのソリューションのうちの1つのみがサポートされていました）．さらに，デバッグ・アーキテクチャは，TrustZoneデバッグ認証サポートのために拡張されており，これはチップ設計がセキュアと非セキュアのソフトウェアのデバッグアクセス性を別々に制御できることを意味しています．

Cortex-M23とCortex-M33プロセッサの内部には，他にも多くのデバッグ・コンポーネントがあります．例えば，Cortex-M33プロセッサの計装トレース・マクロセル（Instrumentation Trace Macrocell：ITM）により，マイクロコントローラ上で実行されるプログラム・コードが，トレース・インターフェースを介して，出力するデータを生成します．このデータは，デバッガ・ウィンドウに表示できます．デバッグ機能の詳細については，第16章で説明します．本書の付録Aでは，さまざまなデバッグ・アダプタで使用される標準デバッグ・コネクタに関する情報も提供しています．

4.6　リセットとリセット・シーケンス

ほとんどのCortex-Mマイクロコントローラでは，幾つかのタイプのリセットがあります．プロセッサのアーキテクチャの観点からは，少なくとも次の2つのタイプがあります．
- パワーオン・リセット – マイクロコントローラ内の全てをリセットする．これには，プロセッサとそのデバッグ・サポート・コンポーネントとペリフェラルが含まれる
- システム・リセット – プロセッサとペリフェラルのみをリセットし，プロセッサのデバッグ・サポート・コンポーネントはリセットしない

通常の動作では，プロセッサ・システムは，システムの最初の電源投入時にパワーオン・リセットを受け取ります．パワーオン・リセットは，デバイスがOFFになった後にデバイスがONになるときにも適用される可能性がありますが，そのようなシナリオでは，デバイスがシステム・リセットのみを受信する可能性もあります．これは，チップの設計だけでなく，製品の回路基板の設計にも依存します（例えば，デバイスが"OFF"になったときに，チッ

4.6 リセットとリセット・シーケンス

プが実際に電源から切り離されているのか，それとも単にスタンバイ状態にあるのかが要因の1つになります）．

システム・デバッグまたはプロセッサ・リセット動作の間，Cortex-M23またはCortex-M33プロセッサ内のデバッグ・コンポーネントは，リセットされず，デバッグ・ホスト（コンピュータ上で実行されているデバッガ・ソフトウェア）とマイクロコントローラ間の接続が維持されます．デバッグ・セッション中にプロセッサをリセットするには，ほとんどの場合（これはデバッグ・ツールで構成可能かもしれません），デバッグ・ホストは，システム・コントロール・ブロック（System Control Block：SCB）のアプリケーション割り込みとリセット制御レジスタ（Application Interrupt and Reset Control Register：AIRCR）を使用します．これについては，10.5.3節で説明します．

パワーオン・リセットとシステム・リセットの持続時間は，マイクロコントローラの設計に依存します．設計によっては，リセット・コントローラが水晶発振器などのクロック源が安定するのを待つ必要があるため，リセットは数ミリ秒続きます．

パワーオン/システム・リセット後　プロセッサがプログラムの実行を開始する前に，Cortex-Mプロセッサは，メモリ内のベクタ・テーブル（4.4.5節で説明）から最初の2つのワードを読み出します（図4.32）．ベクタ・テーブルの最初のワードは，メイン・スタック・ポインタ（Main Stack Pointer：MSP）の初期値であり，2番目のワードは，リセット・ハンドラの開始アドレスです．これら2つのワードが読み出された後，プロセッサはリセット・ハンドラの実行を開始します．

図4.32　リセット・シーケンス

TrustZoneセキュリティ拡張機能のないCortex-M23/Cortex-M33プロセッサ・システムでは，プロセッサは，非セキュア状態で起動し，非セキュア・ベクタ・テーブル（この場合，セキュア・ベクタ・テーブルは存在しません）がリセット・シーケンスに使用されます．

TrustZoneセキュリティ拡張機能を備えたCortex-M23/Cortex-M33プロセッサ・システムでは，プロセッサはセキュア状態で起動し，セキュア・ベクタ・テーブルは，リセット・シーケンスに使用されます．非セキュア・メイン・スタック・ポインタ（Non-secure Main Stack Pointer：MSP_NS）は，この場合，セキュア・ソフトウェアによって初期化されます．

NMIやHardFaultハンドラのような幾つかの例外が，リセット直後に発生する可能性があるため，MSPの設定が必要です．スタック・メモリとMSPは，例外処理の一部として，実行されるスタッキング処理のために必要になります．

> 注意：ほとんどのC言語の開発環境では，C言語のスタート・アップ・コードは，メイン・プログラムの"main()"に入る前にMSPの値も更新します．2段階のスタック初期化方法により，マイクロコントローラ・デバイスは，起動時にスタックを内部RAMに配置し，その後MSPを更新してスタックを外部メモリに配置できます．例えば，外部メモリ・コントローラが初期化シーケンスを必要とする場合，マイクロコントローラは起動時にスタックを外部メモリに配置することはできません．このシナリオでは，最初に内部SRAMにスタックを配置した状態で起動し，次にリセット・ハンドラで外部メモリ・コントローラを初期化し，最後にCのスタート・アップ・コードを実行しなければなりません – そして，スタック・メモリを外部メモリに設定します．

スタック・ポインタの初期化動作は，Arm7TDMIのような従来のArmプロセッサとは異なります．これらのプロセッサでは，リセット時にプロセッサは，メモリの先頭（アドレス・ゼロ）から命令を実行し，ソフトウェアがスタック・ポインタを初期化します．さらに，これらのプロセッサのベクタ・テーブルは，アドレス値ではなく，命令コードを保持しています．

Cortex-M23とCortex-M33プロセッサのスタック動作は，フル・ディセンディング・スタック（スタックPUSH

動作中，データを格納する前にSPの値が減少する）に基づいているため，SPの初期値は，スタック・メモリの最後に割り当てられたアドレスの後の最初のアドレス位置に設定する必要があります．例えば，スタック・メモリの範囲が0x20007C00 ～ 0x20007FFF（1Kバイト）の場合，図4.33に示すように，初期スタック値は0x20008000に設定する必要があります．

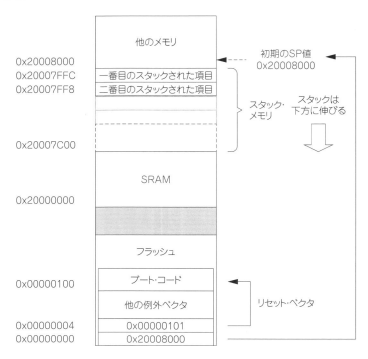

図4.33 スタック・ポインタの初期値とプログラム・カウンタの初期値の例（ベクタ・テーブルがアドレス0に配置されていると仮定）

4.4.5節で説明したように，Thumb状態を示すには，例外ベクタのLSBを1にセットする必要があります．そのため，図4.33の例では，リセット・ベクタに0x101がありますが，ブート・コードは，アドレス0x100から始まります．リセット・ベクタをフェッチした後，Cortex-Mプロセッサは，リセット・ベクタのアドレスからプログラムの実行を開始し，通常の動作を開始します．

通常，開発ツール・チェーンは，例外ベクタのLSBを自動的に1にセットします（リンカは，アドレスがThumbコードを指していることを認識する必要があり，アドレスのLSBを1にセットします）．さまざまなソフトウェア開発ツールには，開始スタック・ポインタの値とスタック・メモリの割り当てを指定するさまざまな方法があります．このトピックの詳細については，開発ツールで提供されているプロジェクト例を参照することをお勧めします．

4.7　その他関連するアーキテクチャ情報

Armv8-Mアーキテクチャ・リファレンス・マニュアルに加えて，Cortex-M23とCortex-M33プロセッサのさまざまな側面を定義するのに役立つ追加のアーキテクチャ仕様があります．例えば，図4.34に示すように，Cortex-M23プロセッサ・システムは，幾つかのアーキテクチャに基づいています．

同様に，Cortex-M33プロセッサは，さまざまなアーキテクチャ仕様に基づいています．Cortex-M23とCortex-M33プロセッサの唯一の違いは次のとおりです．

- 使用されているETMアーキテクチャのバージョン（Cortex-M33プロセッサのETMはETMv4.2をベースにしており，Cortex-M23のETMはETMv3.5をベースにしている）
- Cortex-M33プロセッサには，AMBA4 APB仕様に基づく専用ペリフェラル・バス（Private Peripheral Bus：PPB）が追加されている

4.7 その他関連するアーキテクチャ情報

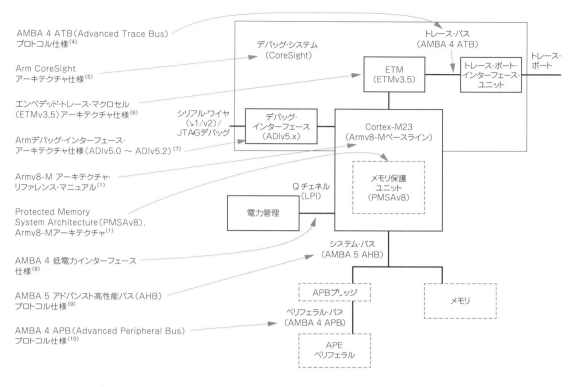

図4.34　Cortex-M23プロセッサ・システムは，多くのアーキテクチャ仕様に基づいている[1],[4]～[10]

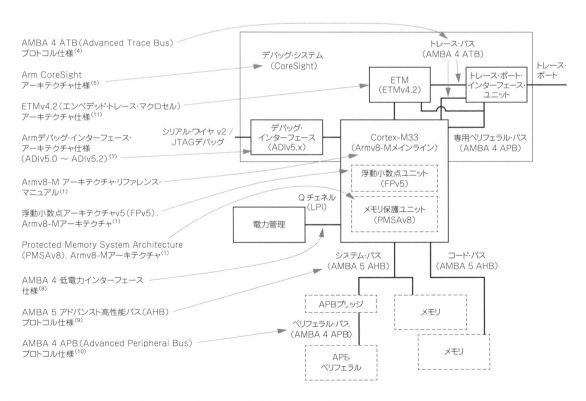

図4.35　Cortex-M33プロセッサ・システムに関連するアーキテクチャ[1],[4]～[5],[7]～[11]

第4章　アーキテクチャ

　図4.34と図4.35に記載された文書は，ほとんどの場合，チップ設計者および開発ツール・ベンダを対象としています．従って，Cortex-M23/M33ベースのデバイスを使用するほとんどのソフトウェア開発者は，それらの前述の文書の全てを読む必要はないでしょう．例えば，バス・プロトコル仕様は，チップ設計者のみ有用であり，他のアーキテクチャ仕様（ETM，ADI，CoreSightなど）の幾つかはデバッグ・ツール・ベンダにのみ必要とされます．従って，本書の残りの部分は，ソフトウェア開発者に関連するトピックのみに焦点を当てます．

◆ 参考・引用＊文献 ………………………………………………………

(1) Armv8-Mアーキテクチャ・リファレンス・マニュアル
 https://developer.arm.com/documentation/ddi0553/am（Armv8.0-Mのみのバージョン）
 https://developer.arm.com/documentation/ddi0553/latest（Armv8.1-Mを含む最新版）
 注意：Armv6-M, Armv7-M, Armv8-M, Armv8.1-M用のMプロファイル・アーキテクチャ・リファレンス・マニュアルはここにある
 https://developer.arm.com/architectures/cpu-architecture/m-profile/docs
(2) Arm Cortex-M23プロセッサ・テクニカル・リファレンス・マニュアル
 https://developer.arm.com/documentation/ddi0550/latest
(3) Arm Cortex-M33プロセッサ・テクニカル・リファレンス・マニュアル
 https://developer.arm.com/documentation/100230/latest
(4) AMBA 4 ATBプロトコル仕様
 https://developer.arm.com/documentation/ihi0032/b/
(5) Arm CoreSightアーキテクチャ仕様書バージョン2
 https://developer.arm.com/documentation/ihi0029/d/
(6) エンベデッド・トレース・マクロセル（ETMv3.5）アーキテクチャ仕様
 https://developer.arm.com/documentation/ihi0014/q/
(7) Armデバッグ・インターフェース・アーキテクチャ仕様（ADIv5.0 ～ ADIv5.2）
 https://developer.arm.com/documentation/ihi0031/e/
(8) AMBA 4低消費電力インターフェース仕様
 https://developer.arm.com/documentation/ihi0068/c/
(9) AMBA 5アドバンスト高性能バス（AHB）プロトコル仕様書
 https://developer.arm.com/documentation/ihi0033/b-b/
(10) AMBA 4アドバンスト・ペリフェラル・バス（APB）プロトコル仕様書
 https://developer.arm.com/documentation/ihi0024/c/
(11) エンベデッド・トレース・マクロセル（ETMv4.2）アーキテクチャ仕様
 https://developer.arm.com/documentation/ihi0064/g/

◆ 第 5 章 ◆

命令セット

Instruction set

5.1 背景

5.1.1 この章について

　この章では，Arm Cortex-M23 と Cortex-M33 プロセッサで使用できる命令セットを紹介します．命令セットの全詳細は，Armv8-M アーキテクチャ・リファレンス・マニュアル[1]に記載されています．加えて，次にも命令セットの説明があります．

- Cortex-M23 デバイス・ジェネリック・ユーザ・ガイド[2]
- Cortex-M33 デバイス・ジェネリック・ユーザ・ガイド[3]

ほとんどのソフトウェア開発者にとって，ソフトウェア・コードの大半は，C/C++ で書かれているため，Cortex-M プロセッサを使用するために命令セットを完全に理解する必要はありません．しかし，命令セットの一般的な理解は，次のような場合に役立ちます．

- デバッグ（例：問題を理解するためにアセンブリ・コードをシングル・ステップで実行する場合）
- 最適化（最適化された C/C++ コード列を作成するなど）

アセンブリ・コーディングが必要な場合もあります．例えば次になります．

- 幾つかのツール・チェーンでは，スタートアップ・コード（リセット・ハンドラなど）は，アセンブリ言語で記述されている．従って，（必要に応じて）スタートアップ・コードの変更には，アセンブリ言語の理解が必要になる
- 最適化のための手書きコードの作成（例：Cortex-M33 マイクロコントローラでの DSP 処理など．注意として，CMSIS-DSP ライブラリは，既に最適化されているため，手書きコードを作成することなく使用できる）
- RTOS 設計におけるコンテキスト切り替え操作や，スタック・メモリを直接操作するような場合，アセンブリ・コーディングが必要（通常，コンテキスト切り替えのためのアセンブリ・ソースは，RTOS ソフトウェアに含まれているため，RTOS を使用する場合はアセンブリ・コーディングは必要ない）
- 現在選択されているスタック・ポインタが有効なアドレス範囲を指していない場合のフォールト例外ハンドラの作成（13.4.1 節参照）

C/C++ プロジェクトにアセンブリ・コードを追加できます．幾つかの方法が利用できます．これらは次のとおりです．

- アセンブリのソース・ファイルをプロジェクトに追加
- インライン・アセンブラを使って，C/C++ コードの内部にアセンブリ・コードを追加

このトピックの詳細については，第17章を参照してください．

5.1.2 Arm Cortex-M プロセッサの命令セットの背景

　命令セットの設計は，プロセッサのアーキテクチャの中で最も重要な部分の1つです．Arm の用語では，命令セット設計は通常，命令セット・アーキテクチャ（Instruction Set Architecture：ISA）と呼ばれています．全ての Arm Cortex-M プロセッサは Thumb-2 技術をベースにしており　1つの動作状態内で16ビットと32ビットの命令を混在して使用できます．これは，Arm7TDMI などの従来の Arm プロセッサとは異なります．

　命令セットを "Thumb" と呼ぶ理由は，歴史的なものです．Thumb 命令セットと Cortex-M プロセッサの簡単な歴史について，次に詳しく説明します．

127

第5章 命令セット

- Arm7TDMIプロセッサより前のArmプロセッサは，Arm命令と呼ばれる32ビット命令セットをサポートしていた．このアーキテクチャは，Armアーキテクチャのバージョン1からバージョン4まで，幾つかのバージョンを経て進化してきた

- Arm7TDMIプロセッサ（1994年頃発表）[注1]は，2つの動作状態をサポートするように設計されていた．32ビットのArm命令セットを使用するArm状態と，Thumb命令セットと呼ばれる16ビットの命令セットを使用するThumb状態があった．16ビット版の方が命令サイズは小さいため，"Thumb"と呼ばれるようになった（言葉遊びで"arm"と対比させて）．Thumb命令はコード密度が高く，16ビット・メモリ・システム用に最適化されていた．場合によっては，Thumb命令は同等のArm命令と比較してコード・サイズを30%削減できた．その結果，特にメモリが消費電力とコストの大きな要因となっていた当時の携帯電話の設計者にとって，Arm7TDMIは非常に魅力的なものとなった．動作中，プロセッサは，高性能なタスクや例外処理のためにArm状態に切り替え，残りの処理はThumb状態に切り替えていた．アーキテクチャのバージョンはその後，バージョン4Tに更新された（TのサフィックスはThumbのサポートを示している）

- Arm1156T-2（アーキテクチャ・バージョン6のプロセッサ）を皮切りに，Thumb-2技術を発表した．Thumb-2技術により，プロセッサは，Thumb状態とArm状態を切り替えずに，32ビット命令を実行できるようになった．これにより，切り替えのオーバヘッドが減少し，ソフトウェア開発が容易になった．ソフトウェア開発者は，コードのどの部分をArm状態で実行し，どの部分をThumb状態で実行するかを手動で選択する必要がなくなった．32ビットのThumb命令は，32ビットのArm命令とエンコーディングが異なるが，一部の命令名は同じものもあるので注意が必要．ほとんどのArm命令は，同等のThumb命令に移植できるので，アプリケーションの移植はかなり簡単である

- Thumb-2はその後のArmプロセッサで使用された．そして，2006年にArmはCortex-M3プロセッサをリリースしたが，これはThumb命令のサブセットのみをサポートしており，Arm命令はサポートしていなかった．Cortex-M3プロセッサは，Armv7-Mアーキテクチャの最初のリリースだった．この段階で，プロセッサとアーキテクチャの開発は，Cortex-A，R，Mファミリに分割された．Cortex-Mプロセッサは，超低消費電力，短い応答レイテンシ，使いやすさを必要とするマイクロコントローラ製品や組み込みシステムに焦点を当てている

Armアーキテクチャは進化を続けています．2011年，Armは64ビット・サポートを含む，Cortex-Aプロセッサ用のArmv8-Aを発表しました．そして2015年にArmv8-Mアーキテクチャが発表され，TrustZoneと多くのアーキテクチャ強化が追加されました．Armv8-Aとは異なり，Armv8-Mは次の理由により32ビット・アーキテクチャのままです．

(a) 小型マイクロコントローラ・システムでは，64ビット・サポートの需要はあまりない

(b) ソフトウェアの移植を容易にするため

5.2 さまざまなCortex-Mプロセッサにおける命令セットの特徴

全てのCortex-Mプロセッサは，Thumb命令の異なるサブセットをサポートしています．これにより，一部のCortex-Mプロセッサは非常に小型化され，他のプロセッサは高いエネルギー効率で複雑な処理を実現できます．命令セットのサポートの例を第3章の図3.3に示しています．

小型のCortex-Mプロセッサの全ての命令は，大型のCortex-Mプロセッサでサポートされており，アーキテクチャの他の面でも一貫性があるため，小型のCortex-Mプロセッサから大型のCortex-Mプロセッサへのソフトウェアの移行は通常，プロセッサ・レベルで簡単に行えます．これを上位互換性と呼びます．もちろん，ペリフェラル・レベルでは，特にチップが別のベンダのものである場合，これは全く異なる可能性があります．

次の表（表5.1）は，異なるCortex-Mプロセッサの命令セットの特徴をまとめたものです．

小型のCortex-Mプロセッサでは，さまざまな命令（浮動小数点処理命令など）が不足する可能性があるため，システム設計者は，アプリケーションに適したマイクロコントローラを選択する際に，命令セットの特徴を考慮する必要があります．例えば，次のようなものがあります．

注1：https://en.wikipedia.org/wiki/ARM7の情報に基づく

5.2 さまざまな Cortex-M プロセッサにおける命令セットの特徴

表5.1 Cortex-M プロセッサの命令セットの特徴

命令の特徴	Armv6-M (Cortex-M0, Cortex-M0+, Cortex-M1)	Armv8-M ベースライン (Cortex-M23)	Armv7-M (Cortex-M3)	Armv7E-M (Cortex-M4)	Armv7E-M (Cortex-M7)	Armv8-Mメインライン (Cortex-M33/ Cortex-M35P/ Cortex-M55)
16ビット Thumb（一般的なデータ処理とメモリ・アクセス）	Y	Y	Y	Y	Y	Y
32ビット Thumb（追加のデータ処理とメモリ・アクセス）			Y	Y	Y	Y
64ビット・ロード / ストア			Y	Y	Y	Y
32ビット乗算	Y	Y	Y	Y	Y	Y
64ビット乗算とMAC			Y	Y	Y	Y
ハードウェア除算		Y	Y	Y	Y	Y
ビット・フィールド処理			Y	Y	Y	Y
先行ゼロ・カウント			Y	Y	Y	Y
飽和			Y	Y	Y	Y
16ビット即値		Y	Y	Y	Y	Y
比較と分岐		Y	Y	Y	Y	Y
条件付き実行(If-Then)			Y	Y	Y	Y
テーブル分岐			Y	Y	Y	Y
排他アクセス(セマフォに便利)		Y	Y	Y	Y	Y
DSP 拡張				Y	Y	Y（オプション）
単精度浮動小数点				Y（FPv4, オプション）	Y（FPv5, オプション）	Y（FPv5, オプション）
倍精度浮動小数点					Y（FPv5, オプション）	
システム命令(スリープ, スーパバイザ・コール, メモリ・バリア)	Y	Y	Y	Y	Y	Y
TrustZone		Y				Y
C11 アトミック		Y				Y

- オーディオ処理：このタイプのアプリケーションでは，DSP拡張機能が必要不可欠．処理アルゴリズムによっては，浮動小数点のサポートが必要になることもある
- 通信プロトコル処理：これには多くのビット・フィールド演算が必要となるため，Armv7-M または Armv8-M メインライン・プロセッサの方が適している可能性がある
- 複雑なデータ処理：16ビットのThumb命令と比較すると，32ビットのThumb命令セットは，以下のような機能を提供する
  - データ処理命令の選択肢が増えた
  - メモリ・アクセス命令では，より多くのアドレッシング・モードを使用できる
  - データ処理命令における即値データの範囲を大きくした
  - 分岐命令のオフセット範囲が大きくなった
  - 全てのデータ処理命令で上位レジスタ（r8 〜 r12）にアクセスできる

  そのため，複雑な演算を扱うアプリケーションには，Armv7-M や Armv8-M メインライン・プロセッサの方が適している
- 一般的なI/O処理：全てのCortex-Mプロセッサはこれを十分に処理できる．しかし，低消費電力を必要とするアプリケーションでは，Cortex-M0+ またはCortex-M23プロセッサを使用すると，小型である（低消費電力でシリコン面積コストが低い）という利点がある．同時に，これら2つのプロセッサは，高速で効率的なI/Oアクセス動作を可能にするシングルサイクルI/Oインターフェースを備えている

第5章 命令セット

システム・レベルの機能の数も，プロセッサ/マイクロコントローラ・デバイスを選択する上で重要な役割を果たします．例えば，メモリ保護ユニット（Memory Protection Unit：MPU）が利用できることは，RTOSがプロセス分離にMPUを利用してソフトウェアの堅牢性を高めることができる車載/産業用のアプリケーションには不可欠かもしれません．MPUは，Cortex-M0とCortex-M1プロセッサを除き，全てのCortex-Mプロセッサでオプションで搭載できます．

Cortex-Mプロセッサは多くの命令をサポートしていますが，幸いなことに，Cコンパイラは十分に効率的なコードを生成するので，全ての命令を詳細に理解する必要はありません．また，無償のCMSIS-DSPライブラリやさまざまなミドルウェア（ソフトウェア・ライブラリなど）を利用することで，ソフトウェア開発者は各命令の詳細を理解することなく，高性能DSPアプリケーションを実装できます．

幾つかの命令は，複数のエンコード形式で利用できることに注意してください．例えば，ほとんどの16ビットThumb命令は，32ビットの同等の命令でエンコードすることもできます．しかし，前述の命令の32ビット版には，次のような追加制御のためのビット・フィールドが追加されています．

- フラグを更新するかどうかの選択
- より広い即値データ/オフセット
- ハイ・レジスタ（r8～r12）へのアクセスが可能

これらの制御機能は，一部の16ビット命令では，命令のエンコーディング空間の制限のために実行できません．同じ命令の16ビット版と32ビット版のどちらでも演算が可能な場合，Cコンパイラは次から選択できます．

- コード・サイズを小さくするための16ビット・バージョンの命令
- 場合によっては，後続の32ビット分岐ターゲット命令の位置を32ビット境界に合わせるために，32ビット・バージョンの命令を使用（これにより，32ビット命令を1回のバス転送でフェッチできるため，性能が向上する）

32ビットのThumb-2命令は，ハーフワード・アラインメントが可能です．例えば，32ビット命令をハーフワードの位置に配置できます［アンアラインド（非整列），図5.1］．

```
0x1000: LDR r0,[r1]   ;16ビット命令（0x1000-0x1001を占有）
0x1002: RBIT.W r0     ;32ビットThumb-2命令（0x1002-0x1005を占有）
```

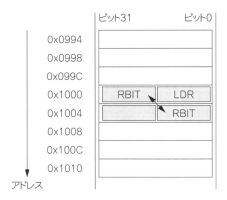

図5.1　アンアラインド（非整列）32ビット命令

5.3　アセンブリ言語の構文を理解する

ほとんどのプロジェクトでは，アプリケーション・コードは，C言語やその他の高級言語で書かれているため，ほとんどのソフトウェア開発者はアセンブリ言語の構文に関する完全な知識を持っている必要はありません．しかし，どのような命令が利用可能なのかについて一般的な概要を把握し，アセンブリ・コードの構文を理解していることは依然として有用です．例えば，この分野の知識は，デバッグに非常に役立ちます．本書のアセンブリ例のほとんどは，Keil Microcontroller Development Kit（Keil MDK）で使用されているArmアセンブラ（armasm）用に書かれています．異なるベンダのアセンブリ・ツール（GNUツール・チェーンなど）は，異なる構文を持って

5.3 アセンブリ言語の構文を理解する

います．ほとんどの場合，アセンブリ命令のニーモニックは同じですが，アセンブリ命令，定義，ラベル付け，コメント構文が異なる場合があります．

C言語のコードにアセンブリ・コードを追加する際には，アセンブリ言語の構文の知識が必要になります．これは一般的にインライン・アセンブリとして知られており，全ての主要なツール・チェーンで利用できます（インライン・アセンブリ・コードを処理する機能はインライン・アセンブラと呼ばれています）．しかし，インライン・アセンブリの正確な構文はツール・チェーン固有のものです．

> 注意：Arm Compilerのバージョン4または5からバージョン6にプロジェクトを移行する場合で，Cコードにインライン・アセンブリが含まれている場合はインライン・アセンブリのコードを更新する必要があります．これは，Arm Compiler 6では異なるインライン・アセンブリの構文が使用されているためです．これについての詳細は，第17章の17.2.10節を参照してください．

Armアセンブラ（"armasm" - Arm DS，Armコンパイラ・ツール・チェーンとKeilマイクロコントローラ開発キットに適用）では，次の命令フォーマットが使用されます．

```
label
    mnemonic operand1, operand2, ... ; comments
```

"label"は，アドレスの位置を参照するために使用されます．これは任意で，命令によっては，ラベルを使って命令のアドレスを取得できるように，命令の前にラベルがあるかもしれません．ラベルはデータのアドレスを参照するためにも使用できます．例えば，プログラムの中にルックアップ・テーブルのラベルを付けることができます．"label"の後には，命令の名前である"mnemonic"があり，その後に幾つかのオペランドが続きます．アセンブリ命令に含まれる情報は，命令の種類によって異なります．例えば，次のようになります．

- Armアセンブラ用に記述されたデータ処理命令では，最初のオペランドは，演算の宛て先
- 1回のメモリ読み出し命令（複数のロード命令を除く）では，最初のオペランドは，データがロードされるレジスタ
- メモリ書き込み命令（複数ストア命令，排他ストア命令を除く）では，最初のオペランドは，メモリに書き込むデータを保持するレジスタ

複数のロードとストアを扱う命令は　単一のロード/ストア命令と比較して構文が異なります．

各命令のオペランドの数は，命令タイプによって異なります．オペランドを必要としない命令もあれば，1つだけ必要な命令もあります．

> 注意：一部のニーモニックは，異なるタイプのオペランドで使用でき，これにより，異なる命令エンコーディングが生じる可能性があります．例えば，MOV（移動）命令は，2つのレジスタ間でデータを転送するために使用でき，また，即値定数値をレジスタに入れるための使用もできます．

命令中のオペランドの数は，それがどのような命令であるかによって異なり，また，オペランドの構文もケースごとに異なる場合があります．例えば，次のように，即値データは通常"#"を先頭に付けます．

```
MOVS R0, #0x12   ; R0 = 0x12 (16進数)を設定
MOVS R1, #'A'    ; R1 = ASCII文字Aを設定
```

各セミコロン";"の後のテキストはcomments（コメント）です．コメントはプログラムの動作には影響しませんが，人間がプログラムを理解しやすくするためのものです（…まあ，普通はですが！）．

GNUツール・チェーンでは，一般的なアセンブリ構文は次のとおりです．

```
label: mnemonic operand1, operand2, ... /* Comments */
```

オペコードとオペランドは，Armアセンブラの構文と同じですが，ラベルとコメントの構文が異なります．上記と同じ命令を使って，GNU版は次のようになります．

```
MOVS R0, #0x12   /* R0 = 0x12 (16進数)に設定 */
```

第5章　命令セット

```
MOVS R1, #'A'    /* R1 = ASCII文字Aに設定 */
```

　GNUツール・チェーンにコメントを挿入する別の方法は，インラインのコメント文字"@"を使用することです．
例えば，次のようになります．

```
MOVS R0, #0x12  @ R0に0x12（16進数）を設定
MOVS R1, #'A'    @ R1にASCII文字Aを設定
```

　アセンブリ・コードでよく使われる機能の1つに，定数を定義する機能があります．定数を定義することで，
プログラム・コードをより読みやすくし，コードのメンテナンスを容易にできます．Armアセンブリでは，定数
を定義する例は次のとおりです．

```
NVIC_IRQ_SETEN EQU 0xE000E100
NVIC_IRQ0_ENABLE EQU 0x1
…
LDR R0,=NVIC_IRQ_SETEN        ; 0xE000E100をR0に入れる
                             ; ここでのLDRは，アセンブラでPC相対リテラル・データ・ロー
                             ドに変換される疑似命令
MOVS R1, #NVIC_IRQ0_ENABLE   ;即値データ（0x1）をR1に入れる
STR R1, [R0]                 ; 0x1を0xE000E100にストア，これは外部割り込みIRQ#0を有
                             効化する
```

　上のコードでは，擬似命令LDRを使用して，NVICレジスタのアドレス値をR0レジスタにロードしています．ア
センブラは定数値をプログラム・コード内のある場所に配置し，メモリ読み出し命令を挿入します．メモリ読み出
し命令の実行で，定数値がR0に入ります．値が大きすぎて1回の即値移動命令にエンコードできないため，疑似命
令の使用が必要です．LDR疑似命令を使用してレジスタに値をロードする場合，値には"="プリフィックスが必要
です．MOV（移動）命令を使用して即値データ値をレジスタにロードする場合，値の先頭には"#"が付けられます．
　前のコード例と同様に，次のようにGNUツール・チェーン・アセンブラの構文を使って同じコードを書くこと
ができます．

```
.equ NVIC_IRQ_SETEN, 0xE000E100
.equ NVIC_IRQ0_ENABLE, 0x1
…
LDR R0,=NVIC_IRQ_SETEN  /* 0xE000E100をR0に入れる
            ここでのLDRは，アセンブラでPC相対リテラル・データ・ロードに変換される疑似命令  */
MOVS R1, #NVIC_IRQ0_ENABLE  /* 即値データ（0x1）をレジスタR1に入れる */
STR R1, [R0]         /* 0x1 ～ 0xE000E100を格納し，これで外部割り込みIRQ#0を有効化する  */
```

　アセンブリ・ツールでよく使用されるもう1つの機能として，データをプログラム内に挿入できるようにする
機能があります．例えば，この機能を使うと，プログラム・メモリの特定の場所にデータを定義して，メモリ読
み出し命令でアクセスできます．Armアセンブラでは，その一例として，次のようなものがあります．

```
LDR R3,=MY_NUMBER  ; MY_NUMBERのメモリ位置を取得
LDR R4, [R3]        ; R4にR3が示す0x12345678の値を読み出す
…
LDR R0,=HELLO_TEXT  ; HELLO_TEXTの開始アドレスを取得する
BL PrintText        ; PrintTextという関数を呼び出して文字列を表示する
…
ALIGN    4
```

132

```
MY_NUMBER DCD 0x12345678
HELLO_TEXT DCB "Hello\n", 0  ;  ヌル終端文字列
```

上記の例では，プログラム・コードの最後に次のように記述します：
- "DCD"はワード・サイズのデータを挿入するために使用
- "DCB"はバイト・サイズのデータを挿入するために使用

ワード・サイズのデータをプログラムに挿入する場合，データの前に"ALIGN"ディレクティブを使用する必要があります．ALIGNディレクティブの後の数字がアライメント・サイズを決定します．この場合（上の例）では，値4は，次のデータをワード境界に強制的に整列します．MY_NUMBERに配置されたデータがワード・アライメントされるようにすることで，プログラムは1回のバス転送でデータにアクセスできます．このようにすることで，コードはよりポータブルになります（Cortex-M0/M0+/M1/M23プロセッサでは，アライメントされていないアクセスはサポートされていません）

先ほどの例のコードも，GNUツール・チェーン・アセンブラの構文で次のように書き換えることができます．

```
LDR R3,=MY_NUMBER   /*  MY_NUMBERのメモリ位置を取得  */
LDR R4, [R3]        /*  値0x12345678をR4に読み出す */
…
LDR R0,=HELLO_TEXT  /*  HELLO_TEXTの開始アドレスを取得 */
BL PrintText        /*  文字列を表示するためにPrintText関数を呼び出す  */
…
.align 4
MY_NUMBER:
        .word 0x12345678
HELLO_TEXT:
        .asciz "Hello\r"  /*  ヌル終端文字列  */
```

ArmとGNUアセンブラの両方で，データをプログラムに挿入できるように，多くの異なるディレクティブが用意されています．**表5.2**に一般的に使われている例を幾つか挙げます．

表5.2 プログラムにデータを挿入するためによく使われるディレクティブ

挿入するデータの種類	Armアセンブラ（例：Keil MDK）	GNUアセンブラ
バイト	DCB 例 DCB 0x12	.byte 例 .byte 0x12
ハーフワード	DCW 例 DCW 0x1234	.hword / .2byte 例 .hword 0x01234
ワード	DCD 例 DCD 0x01234567	.word/.4byte 例 .word 0x01234567
ダブルワード	DCQ 例 DCQ 0x12345678FF0055AA	.quad /.octa 例 .quad 0x12345678FF0055AA
浮動小数点（単精度）	DCFS 例 DCFS 1E3	.float 例 .float 1E3
浮動小数点（倍精度）	DCFD 例 DCFD 3.14159	.double 例 .double 3.14159
文字列	DCB 例 DCB "Hello\n", 0	.ascii / .asciz（NULL 終端） 例 .ascii "Hello\n" 　.byte 0 /* NULL 文字を追加する */ 例 .asciz "Hello\n"
命令	DCI 例 DCI 0xBE00 ;ブレーク・ポイント（BKPT 0）	.inst/.inst.n/.inst.w 例 .inst.n 0xBE00 /* ブレーク・ポイント（BKPT 0） */

第5章　命令セット

　ほとんどの場合，ディレクティブの前にラベルを追加することで，データのアドレスの位置を決定して，プログラム・コードの他の部分で使用できるようにできます．

　アセンブリ言語プログラミングでよく使われる便利なディレクティブは他にもたくさんあります．例えば，次のArmアセンブラ・ディレクティブ（**表5.3**）はよく使われており，本書の例でもその幾つかが使われています．

表5.3　よく使われるディレクティブ

ディレクティブ（GNUアセンブラに相当）	説　明
THUMB (.thumb)	アセンブリ・コードをユニファイド・アセンブリ言語(Unified Assembly Language：UAL)形式のThumb命令として指定する
CODE16 (.code 16)	アセンブリ・コードを，レガシpre-UAL構文でThumb命令として指定する
AREA <section_name>{,<attr>}{,attr}... (.section <section_name>)	新しいコードまたはデータ・セクションをアセンブルするようアセンブラに指示する．セクションは，リンカによって操作されるコードやデータの塊．各セクションは次のとおり． • 名前がつけられる • 他のセクションから独立 • リンカによって不可分
SPACE <num of bytes> (.zero <num of bytes>)	メモリのブロックを予約し，ゼロで埋める
FILL <num of bytes>{,<value>{,<value_sizes>}} (.fill <num of bytes>{,<value>{,<value_sizes>}})	メモリのブロックを予約し，指定された値で埋める．値のサイズは，value_sizes(1/2/4)で指定され，バイト(1)，ハーフワード(2)，ワード(4)のいずれかになる
ALIGN {<expr>{,<offset>{,<pad>{,<padize>}}}} (.align <alignment>{,<fill>{,<max>}})	現在の位置をゼロまたはNOP命令でパディングすることにより，指定された境界に位置を合わせる．例えばALIGN 8 (次の命令またはデータが8バイト境界に整列されていることを確認する)
EXPORT <symbol> (.global <symbol>)	別のオブジェクト(別のCファイルのコンパイルされた出力など)または，ライブラリ・ファイル内のシンボル参照を解決するためにリンカが使用するシンボルを宣言する
IMPORT <symbol>	リンカによって解決されなければならない，別のオブジェクトまたはライブラリ・ファイル内のシンボル参照を宣言する
LTORG (.pool)	現在のリテラル・プールを直ちにアセンブルするように，アセンブラに指示する．リテラル・プールには，LDR擬似命令の定数値などのデータが含まれている

　Armアセンブラのディレクティブに関する追加情報は，ウェブ・サイト"Arm Compiler armasm User Guide - version 6.9",[4]からダウンロードできるPDFファイル[注2]を参照してください．

5.4　命令内でのサフィックスの使用

　アセンブリ言語を使用してArmプロセッサをプログラミングする場合，幾つかの命令の後にサフィックスを付けることができます．Cortex-Mプロセッサに適用されるサフィックスを**表5.4**に示します．

　Cortex-M33/M3/M4/M7プロセッサでデータ処理命令を使用する場合，その命令はオプションでAPSR（フラグ）を更新できます．一方，Cortex-M23/M0/M0+プロセッサでは，ほとんどのデータ処理命令は常にAPSRを更新します（これは，ほとんどの命令ではオプションではありません）．

　ユニファイド・アセンブリ言語(UAL)構文を使用している場合は，APSR更新を実行するかどうかを指定できます．これは，一部の命令ではサポートされていないかもしれません – Cortex-M23プロセッサでのほとんどのデータ処理命令は常に更新されます．例えば，あるレジスタから別のレジスタにデータを移動する場合は次のようにします．

注2：Arm Compiler Version 6.9 armasm User GuideのChapter 21 Directives Reference

表5.4 アセンブリ・プログラミングにおけるCortex-Mプロセッサの命令サフィックス

サフィックス	説 明
S	キャリーやオーバフロー，ゼロとネガティブ・フラグなどの APSR（Application Program Status Register）を更新する．例えば，次のような add 命令を実行すると，APSR が更新される ADDS R0, R1
EQ, NE, CS, CC, MI, PL, VS, VC, HI, LS, GE, LT, GT, LE	条件付きの実行．EQ = Equal, NE = Not Equal, LT = Less Than, GT = Greater Than など．Cortex-M プロセッサでは，これらの条件を条件分岐に適用できる．例えば，次のようになる． 　　BEQ label 　　　; 前の操作の結果が Equal 状態なら 　　　; ラベルに分岐 条件付きサフィックスは，条件付きで実行される命令に適用できる（5.14.6 節の IF-THEN 命令を参照）例えば，次のようになる 　　ADDEQ R0, R1, R2 　　　; 前の操作の結果が Equal ステータスなら 　　　; 加算を実行
.N, .W	16ビット命令（N=narrow）または 32 ビット命令（W=wide）の使用を指定
.32, .F32	32ビット単精度データに対する操作であることを指定．ほとんどのツールチェーンでは，.32のサフィックスはオプション
.64, F64	64ビットの倍精度データに対する操作であることを指定．ほとんどのツールチェーンでは，.64のサフィックスはオプション

```
    MOVS R0, R1   ; R0にR1を移動し，APSRを更新
```

または

```
    MOV R0, R1   ; R1をR0に移動し，APSRを更新しない
```

2種類目のサフィックスは次のために使われます．
- 条件分岐命令．これらの命令は，全てのCortex-Mプロセッサでサポート
- 命令の条件付き実行．これは，条件付き命令をIF-THEN（IT）命令ブロックに入れることで実現され，Cortex-M33/M3/M4/M7プロセッサでサポートされている

これらのサフィックス（EQ，NE，CSなど）を**表5.4**に示します．次を用いてAPSRを更新します．
- データ操作
- テスト命令（TST）
- 比較命令（例，CMP）など

プログラムの流れは，命令操作の結果に基づいて，制御できます．

5.5 ユニファイド・アセンブリ言語

　Cortex-Mアセンブリ・プログラミングに使用されるアセンブリ言語構文は，ユニファイド・アセンブリ言語（Unified Assembly Language：UAL）と呼ばれています．この構文は，Arm7TDMI用に開発された従来のThumbアセンブリ構文よりも若干厳しいルールを持っていますが，同時に，より多くの機能（.Nおよび.Wサフィックスなど）を提供しています．

　従来のThumb命令構文が開発されたとき，当時定義されていたThumb命令セットは非常に小さいものでした．その中のデータ処理命令のほとんどがAPSRを更新するものでした．そのため，"S"サフィックス（**表5.4**）は厳密には必須ではなく，命令の中で"S"サフィックスを省略してもAPSRを更新する命令になっていました．新しいThumb-2命令セットでは，より柔軟性があり，データ処理命令で任意にAPSRを更新できます．その結果，ソース・コードで".S"サフィックスを使用する必要があり，APSRを更新するかどうかを明示的に記述する必要があります．

第5章　命令セット

UALと従来のThumb構文のもう1つの違いは，一部の命令に必要なオペランドの数です．従来のThumb構文では，16ビットThumb命令は第2オペランド（レジスタ）と結果レジスタに同じビット・フィールドを使用していたため，命令の一部は2つのオペランドだけで記述できます．同じThumb命令の32ビット版では，結果レジスタが第1オペランドと第2オペランドと異なる場合があります．その結果，アセンブラ・ツールでは，曖昧さを避けるために追加のオペランドを指定する必要があります．

例えば，16ビットThumbコード用のpre-UAL ADD命令は次のようになります

```
ADD R0, R1 ; R0 = R0 + R1, APSRを更新
```

UALの構文では，次のように記述するべきで，レジスタの使用法とAPSRの更新操作についてより具体的です．

```
ADDS R0, R0, R1 ; R0 = R0 + R1, APSRを更新
```

しかし，ほとんどの場合，使用するツールチェーンによって，UAL以前のコーディング・スタイル（2つのオペランドのみ）で命令を記述できますが，"S"サフィックスの使用を明示的に記述しなければなりません．例えば，次のようになります．

```
ADDS R0, R1 ; R0 = R0 + R1, APSRを更新（Sサフィックスを使用）
```

ソフトウェア開発者は，従来のコードをCortex-M開発環境に移植する際に注意が必要です．例えば，Armツール・チェーンを使用する場合，従来のThumbコードには"CODE16"ディレクティブが使用されています．UAL構文では，このディレクティブは"THUMB"でなければなりません．多くの場合，上で説明した理由により，従来のThumb構文からUAL構文にコードを移植する際には，他の追加のコード変更が必要になります．オプションで，UAL構文の命令にサフィックスを追加することで，必要な命令を指定できます．例えば，次のコードは，16ビット命令と32ビット命令の選択を示しています．

```
ADDS R0, #1      ; サイズを小さくするには，デフォルトで16ビットThumb命令を使用します
ADDS.N R0, #1    ; 16ビットThumb命令を使用（N=ナロー）
ADDS.W R0, #1    ; 32ビットThumb-2命令を使用（W=ワイド）
```

.W（ワイド）サフィックスは32ビット命令を指定します．サフィックスが指定されていない場合，アセンブラ・ツールは，32ビット命令か16ビット命令のどちらかを選択できますが，通常は最良のコード密度を得るために小さい方のオプションがデフォルトとなります．ツールのサポートによっては，.N（ナロー）サフィックスを使用して16ビットのThumb命令を指定することもできます．

16ビット命令のほとんどは，レジスタR0〜R7にのみアクセスできます．32ビット版のThumb命令にはこの制限はありません．ただし，一部の命令では，PC（R15），LR（R14），SP（R13）などの特定のレジスタの使用を許可していません．これらの制限に関する詳細については，"Armv8-Mアーキテクチャ・リファレンス・マニュアル"[1] または，"Cortex-M23/M33デバイス一般ユーザーガイド"[2],[3] を参照してください．

5.6　命令セット - プロセッサ内でデータを移動する

5.6.1　概要

プロセッサにおける最も基本的な操作の1つは，プロセッサ内でデータを移動することです．これには，**表5.5**のように，幾つかの操作タイプがあります．

メモリ読み出し操作（ロード）は，レジスタ内に定数データを作成するために使用できますので，注意してください．これは一般的にリテラル（データ）ロードとして知られています．これについては5.7.6節で説明しています．

5.6 命令セット - プロセッサ内でデータを移動する

表5.5 プロセッサ内部でのデータ移動命令

操作の種類	Cortex-M23で利用可能	Cortex-M33で利用可能
あるレジスタから別のレジスタへデータを移動	Y	Y
レジスタと特殊レジスタ間のデータ移動	Y	Y
即値データ(定数)をレジスタに移動	Y	Y
通常のレジスタ・バンクのレジスタと浮動小数点レジスタ・バンクのレジスタの間でデータを移動	–	Y(FPU が存在する場合)
浮動小数点レジスタ・バンク内のレジスタ間のデータ移動	–	Y(FPU が存在する場合)
通常のレジスタ・バンクのレジスタと浮動小数点システム・レジスタ(Floating Point Status and Control Register:FPSCR - 浮動小数点ステータス制御レジスタなど)の間でデータを移動	–	Y(FPU が存在する場合)
即値データ(定数)を浮動小数点レジスタ・バンクのレジスタに移動	–	Y(FPU が存在する場合)
レジスタとコプロセッサのレジスタ間でデータを移動(コプロセッサのサポート方法については5.21 節を参照)	–	Y(コプロセッサが存在する場合)

5.6.2 レジスタ間のデータ移動

表5.6 レジスタ間のデータ移動命令を示します.

表5.6 Armv8-M プロセッサ内でのデータ転送命令

命令	説明	Armv8-Mベースライン(Cortex-M23)の制限
MOV *Rd*, *Rm*	レジスタからレジスタへ移動	
MOVS *Rd*, *Rm*	レジスタからレジスタへの移動,フラグ更新(APSR.Z, APSR.N)	RmとRdは共にロー・レジスタ
MVN *Rd*, *Rm*	反転された値をレジスタに移動	Armv8-Mベースラインではサポートされていない
MVNS *Rd*, *Rm*	反転された値をレジスタに移動,フラグ更新(N, Z)	RmとRdは共にロー・レジスタ

表5.7 に幾つかの移動命令の例を詳細に示します.

表5.7 プロセッサ内でのデータ転送命令

命令	デスティネーション	ソース	操作 (コメントのテキスト)
MOV	R4,	R0	; R0 から R4 に値をコピー
MOVS	R4,	R0	; R0 から R4 に値をコピーし APSR(フラグ)を更新
MVN	R3,	R7	; R3 から R7 にビット単位の反転値を移動

MOVS命令は,APSRのフラグを更新するという事実を除けば,MOV命令と似ているため,"S"サフィックスが使用されます.

また,ADD命令を使ってデータを移動させることも可能ですが(次の命令を参照),これはあまり一般的ではありません.

```
ADDS Rd,Rm,#0   ; RmをRdに移動しAPSR(Z, N, Cフラグ)を更新
```

Armv8-M メインラインにおいて,レジスタ(r0-r13)に対するMOVの32ビット・エンコーディングでは,オプションで,データの値を直接シフト/回転も可能です(すなわち,シフト/回転は移動と同時に行われます).MOVでシフト/回転を行う場合には,移動命令は異なるニーモニックで記述します(表5.8を参照).

137

第5章　命令セット

表5.8　回転/シフトつきのデータの移動

命　令	説　明	代替命令構文
ASR{S} *Rd, Rm, #n*	算術右シフト	MOV{S} *Rd, Rm,* ASR *#n*
LSL{S} *Rd, Rm, #n*	論理左シフト	MOV{S} *Rd, Rm,* LSL *#n*
LSR{S} *Rd, Rm, #n*	論理右シフト	MOV{S} *Rd, Rm,* LSR *#n*
ROR{S} *Rd, Rm, #n*	右回転	MOV{S} *Rd, Rm,* ROR *#n*
RRX{S} *Rd, Rm*	拡張右回転	MOV{S} *Rd, Rm,* RRX

これらの命令はArmv8-Mベースライン（Cortex-M23プロセッサなど）ではサポートされていません.

5.6.3　即値データ生成

即値データ生成のためには，多くの命令の中から選択できます．**表5.9**は，即値データ生成の目的で使用できる移動命令を示しています.

表5.9　即値データ生成のための移動命令

命　令	説　明	Armv8-Mベースライン（Cortex-M23）の制限
MOVS *Rd, #immed8*	即値データ（0~255）をレジスタに移動	
MOVW *Rd, #immed16*	16ビットの即値データ（0~65535）をレジスタに移動	
MOV *Rd, #immed*	即値データをレジスタに移動. immed の形式は： 0x000000ab/0x00ab00ab/0xab00ab00 /0xabababab /0x000000ab << n （ここでab は8ビットのパターンであり，n は1 から24 までである）	Armv8-Mベースラインではサポートされていない
MOVT *Rd, #immed16*	16ビットの即値データ（0~65535）をレジスタの上位16ビットに移動 下位の16ビットは変更されない	
MVN *Rd, #immed* MVNS *Rd, #immed*	反転された即値データを次の #immed の形式でレジスタに移動 0x000000ab/0x00ab00ab/0xab00ab00 /0xabababab/0x000000ab << n （ここでab は8ビットのパターンであり，n は1 から24 までである） N, Z, C フラグ更新	Armv8-Mベースラインではサポートされていない

MOV命令の16ビット版は，次の場合に使用できます.
- 即値データは，0から255までの範囲
- デスティネーション・レジスタはロー・レジスタ
- APSRの更新が許可されている

より大きな即値データの場合，32ビット版のMOV命令を使用する必要があります．次のように，幾つかのオプションがあります.
- 値が16ビット以下の場合，MOVW命令を使用できる
- 値が32ビットで，特定のパターンに収まる場合（**表5.9**の最後の行の例を参照），即値データをエンコードして1つのMOV命令に収めることができる
- 上記の2つのオプションが適用されない場合，MOVW命令とMOVT命令のペアを一緒に使用して，32ビットの即値データ値を生成できる

表5.10は，即値データを作成する場合の幾つかの例を詳しく説明しています.

即値データをレジスタに配置するための追加の方法の1つは，リテラル・ロード操作を使用することです（5.7.6節参照）.

5.6 命令セット - プロセッサ内でデータを移動する

表5.10 即値データ生成の命令

命 令	デスティネーション	ソース	操 作 （コメントのテキスト）
MOV	R3,	#0x34	; R3 に 0x34 の値をセット
MOVS	R3,	#0x34	; R3 に 0x34 の値をセットして APSR を更新
MOVW	R6,	#0x1234	; R6 に 16 ビットの定数 0x1234 をセット
MOVT	R6,	#0x8765	; R6 の上位 16 ビットに 0x8765 をセット

5.6.4 特殊レジスタ・アクセス命令

第4章で取り上げたレジスタの多くは，特殊レジスタです（例：CONTROL，PRIMASK）．これらのレジスタにアクセスするには，MRSとMSR命令が必要です（表5.11）．

表5.11 特殊レジスタ・アクセス命令

命 令	説 明	制 約
MRS *Rd*, *spec_reg*	特殊レジスタからレジスタへの移動（表5.12を参照）	Rd は SP または PC であってはならない
MSR *spec_reg*, *Rn*	レジスタから特殊レジスタへの移動（表5.12を参照）	Rn は SP または PC であってはならない

MRS，MSR命令で使用できる特殊レジスタのリストを**表5.12**に示します．APSRとCONTROLを除いて，他の全てのレジスタは特権状態でしか更新できません．

表5.12 MRSとMSR命令でアクセス可能な特殊レジスタ

シンボル	説 明	制 約
APSR	Application Program Status Register：アプリケーション・プログラム・ステータス・レジスタ（非特権状態で書き込み可）	
EPSR	Execution Program Status Register：実行プログラム・ステータス・レジスタ	ゼロとして読みだされ，書き込みは無視
IPSR	Interrupt Program Status Register：割り込みプログラム・ステータス・レジスタ	書き込みは無視
IAPSR	APSR + IPSR	IPSR の制約を参照
EAPSR	EPSR + APSR	EPSR の制約を参照
IEPSR	IPSR + EPSR	IPSR および EPSR の制約を参照
XPSR	APSR + EPSR + IPSR	IPSR および EPSR の制約を参照
MSP	Main Stack Pointer：メイン・スタック・ポインタ（現在のセキュリティ・ドメイン）	
PSP	Process Stack Pointer：プロセス・スタック・ポインタ（現在のセキュリティ・ドメイン）	
MSPLIM	MSP Stack Limit：MSP スタック限界（現在のセキュリティ・ドメイン）	
PSPLIM	PSP Stack Limit：PSP スタック限界（現在のセキュリティ・ドメイン）	
PRIMASK	Priority Mask Register：割り込みマスキング・レジスタ（構成可能な割り込みを全てマスキングする）	
BASEPRI	Base Priority Mask Register：割り込みマスキング・レジスタ（割り込み優先度を設定することでそれより低い割り込みをマスキングする）	Arvmv8-M ベースラインでは使用不可
BASEPRI_MAX	Base Priority Mask MAX Register：割り込みマスキング・レジスタ（BASEPRIと同じだが，新しいブロッキング・レベルが前のレベルよりも高い場合にのみ更新される）	Arvmv8-M ベースラインでは使用不可
FAULTMASK	Fault Mask Register：割り込みマスキング・レジスタ［割り込み優先度を -1（Hardfault レベル)に設定することでそれより低い割り込みをマスキングする］	Arvmv8-M ベースラインでは使用不可

第5章 命令セット

シンボル	説明	制約
CONTROL	CONTROL register：コントロール・レジスタ	
MSP_NS	Non-secure MSP：非セキュア MSP	TrustZone が実装されている場合, セキュア特権状態で利用可能
PSP_NS	Non-secure PSP：非セキュア PSP	TrustZone が実装されている場合, セキュア特権状態で利用可能
MSPLIM_NS	Non-secure MSP Stack Limit：非セキュア MSP スタック限界	TrustZone が実装されている場合, セキュア特権状態で利用可能
PSPLIM_NS	Non-secure PSP Stack Limit：非セキュア PSP スタック限界	TrustZone が実装されている場合, セキュア特権状態で利用可能
PRIMASK_NS	Non-secure PRIMASK：非セキュア PRIMASK	TrustZone が実装されている場合, セキュア特権状態で利用可能
BASEPRI_NS	Non-secure BASEPRI：非セキュア BASEPRI	TrustZone が実装されている場合, セキュア特権状態で利用可能
FAULTMASK_NS	Non-secure FAULTMASK：非セキュア FAULTMASK	TrustZone が実装されている場合, セキュア特権状態で利用可能
CONTROL_NS	Non-secure CONTROL：非セキュア CONTROL	TrustZone が実装されている場合, セキュア特権状態で利用可能
SP_NS	Non-secure current selected stack pointer：非セキュアな現在選択されているスタック・ポインタ（これはセキュア非特権状態で使用可能）	TrustZone が実装されている場合は, セキュアな状態で利用可能

表5.13に幾つかの例を示します．

表5.13 MRS, MSR 命令の例

命令	デスティネーション	ソース	操作
MRS	R7,	PRIMASK	; R7 に PRIMASK（特殊レジスタ）の値をコピー
MSR	CONTROL,	R2	; CONTROL（特殊レジスタ）に R2 の値をコピー

Cコンパイラのインライン・アセンブリ機能でMRS/MSRを使用する代わりに，C/C++言語でプログラミングする際に特殊なレジスタにアクセスするためのCMSIS-CORE APIが多数用意されています．詳細は5.23節を参照してください．

5.6.5 浮動小数点レジスタ・アクセス

Cortex-M33プロセッサは，浮動小数点演算ユニット（Floating-Point Unit：FPU）が実装されている場合，FPUレジスタ・バンク内のレジスタにアクセスするための多くの命令をサポートしています（**表5.14**）．指定がない限り，これらの命令でのPC（R15）とSP（R13）の使用は認められていません．

注意：Cortex-M33プロセッサは倍精度の算術演算をサポートしていませんが，一部の倍精度データ移動命令はサポートしています．

表5.14 浮動小数点レジスタ間のデータ転送命令

命令	説明	制約
VMOV Sn, Rt	単精度の値を Rt から Sn に移動	
VMOV Rt, Sn	単精度の値を Sn から Rt に移動	
VMOV Rt, Rt2, Dm	倍精度の値を Dm から {Rt2, Rt} に移動	
VMOV Dm, Rt, Rt2	倍精度の値を {Rt2, Rt} から Dm に移動	
VMOV Rt, Rt2, Sm, Sm1	2つの単精度値を {Sm1, Sm} から {Rt2, Rt} に移動	"m1" は "m"+1 でなければならない

5.6 命令セット - プロセッサ内でデータを移動する

命 令	説 明	制 約
VMOV Sm, Sm1, Rt, Rt2	2つの単精度値を {Rt2, Rt} から {Sm1, Sm} に移動	"m1"は"m"+1でなければならない
VMOV Rt, Dn[0]	Dnの下半分を Rt に移動	
VMOV Rt, Dn[1]	Dnの上半分を Rt に移動	
VMOV.F32 Sd, Sm	単精度の値を Sm から Sd に移動	
VMOV.F64 Dd, Dm	倍精度の値を Dm から Dd に移動	
VMRS Rt, FPSCR	FPSCRを Rt に読み出す	Rt は R0～R14, または APSR_nzcv （FPU フラグを APSR にコピー）のいずれか
VMSR FPSCR, Rt	FPSCRに Rt を書き込む	

例えば，浮動小数点ユニットを搭載したCortex-M33プロセッサでは，次のような命令があります（**表5.15**）．

表5.15 浮動小数点ユニットと通常のレジスタ・バンクのレジスタ間でデータを転送する命令例

命 令	デスティネーション	ソース	操 作
VMOV	R0,	S0	; 汎用レジスタ R0 に浮動小数点レジスタ S0 をコピー
VMOV	S0,	R0	; 汎用レジスタ R0 を浮動小数点レジスタ S0 にコピー
VMOV	S0,	S1	; S0（単精度）に浮動小数点レジスタ S1 をコピー
VMRS.F32	R0,	FPSCR	; R0 に FPSCR（浮動小数点ユニットのシステム・レジスタ）の値をコピー
VMRS	APSR_nzcv,	FPSCR	; APSR のフラグに FPSCR からフラグをコピー
VMSR	FPSCR,	R3	; 浮動小数点ユニットのシステム・レジスタ FPSCR に R3 をコピー
VMOV.F32	S0,	#1.0	; 浮動小数点レジスタ S0 に単精度の値を移動

5.6.6 浮動小数点即値データ生成

VMOVを使って即値データを生成することは可能です．しかし，データ範囲は限られています．この操作の構文を**表5.16**に示します．

表5.16 FPUレジスタの即値生成命令

命 令	説 明	制 約
VMOV.F32 Sn, #immed	単精度の値を Sn に移動	値は命令内の8ビットのフィールドでエンコードする必要がある
VMOV.F64 Dn, #immed	倍精度の値を Dn に移動	値は命令内の8ビットのフィールドでエンコードする必要がある

例として，次の命令では，1.0の値を単精度浮動小数点レジスタのS0に移動します（**表5.17**）．

表5.17 FPUレジスタの即値生成命令（値1.0をS0に移動）

命 令	デスティネーション	ソース	操 作
VMOV.F32	S0,	#1.0	; 浮動小数点レジスタ S0 に単精度値を移動

即値浮動小数点値は，リテラル・データ・ロードを使用して生成することもできます（**表5.18**）．

表5.18 FPUレジスタの即値生成命令

命 令	説 明	制 約
VLDR.F32 Sn, [PC, #imm]	メモリから単精度の値を Sn にロード	#imm は 0 から +/-1020 の範囲で, 4 の倍数でなければならない

141

第5章 命令セット

命 令	説 明	制 約
`VLDR.F64 Dn, [PC, #imm]`	メモリから倍精度の値を Dn にロード	#imm は 0 から +/-1020 の範囲で，4 の倍数でなければならない

リテラル・データのロードに関するさらなる情報は，5.7.6節に記載されています.

5.6.7 レジスタとコプロセッサのレジスタ間のデータ移動

これは，"5.21節 – コプロセッサのサポート手順"で説明されています.

5.7 命令セット - メモリ・アクセス

5.7.1 概要

Arm プロセッサでは，メモリ・アクセス動作は"ロード"と"ストア"と呼ばれています．Armv8-M アーキテクチャは，包括的で広範なメモリ・アクセス命令を提供します．それらは次を可能にします.
- 異なるデータ・サイズ
- 異なるアドレス・モード
- シングルおよび複数転送

ロードとストア命令の基本ニーモニックを表5.19に示します.

表5.19 FPUレジスタの即値生成命令

データ型	ロード（メモリからの読み出し）	ストア（メモリへの書き込み）
8 ビット符号なし	LDRB	STRB
8 ビット符号付き	LDRSB	STRB
16 ビット符号なし	LDRH	STRH
16 ビット符号付き	LDRSH	STRH
32 ビット	LDR	STR
複数の 32 ビット	LDM	STM
ダブルワード（64 ビット） （Armv8-M ベースライン，すなわち Cortex-M23 では利用できない）	LDRD	STRD
スタック操作（32 ビット）	POP	PUSH

LDRSB命令とLDRSH命令は，読み出したデータを符号付き32ビット値に変換するための符号拡張操作をその場で自動的に行います（つまり，操作は同時に実行されます）．例えば，LDRSB命令で0x83が読み出された場合，値は，0xFFFFFF83に変換されてからデスティネーション・レジスタに格納されます.

浮動小数点ユニット（Floating-Point Unit：FPU）が使用可能で有効な場合，Cortex-M33プロセッサはFPUのメモリ・アクセス命令をサポートします．これについては，5.7.10節で説明します.

5.7.2 シングル・メモリ・アクセス

次のシングル・メモリ・ロード命令は，Armv8-MベースラインとArmv8-Mメインラインの両方で利用可能です（表5.20）.

注意：imm5はアドレス・オフセット生成のための5ビットの即値です．アセンブリ・プログラミングではオプションです

5.7 命令セット - メモリ・アクセス

表5.20 シングル・メモリ読み出し命令（Armv8-Mベースラインとメインライン）

命令	説明	制約
LDR *Rt*, [*Rn*, *Rm*]	ワード読み出し Rt=memory[Rn+Rm]	Armv8-M ベースラインの場合, Rt や Rn, Rm は ロー・レジスタ. アドレスは整列されている必要がある. Armv8-M メインラインにはこのような制限はない
LDRH *Rt*, [*Rn*, *Rm*]	ハーフワード読み出し Rt=memory[Rn+Rm]	同上
LDRSH *Rt*, [*Rn*, *Rm*]	符号拡張付きで, ハーフワード読み出し Rt=memory[Rn+Rm]	同上
LDRB *Rt*, [*Rn*, *Rm*]	バイト読み出し Rt=memory[Rn+Rm]	同上
LDRSB *Rt*, [*Rn*, *Rm*]	符号拡張付きでバイト読み出し Rt=memory[Rn+Rm]	同上
LDR *Rt*, [*Rn*, #*imm5*]	ワード読み出し（即値オフセット） Rt=memory[Rn+(#imm5<<2)]	同上 0 <= オフセット <=124
LDRH *Rt*, [*Rn*, #*imm5*]	ハーフワード読み出し（即値オフセット） Rt=memory[Rn+(#imm5<<1)]	同上 0 <= オフセット <= 62
LDRSH *Rt*, [*Rn*, #*imm5*]	符号拡張付きでハーフワード読み出し （即値オフセット） Rt=memory[Rn+(#imm5<<1)]	同上 0 <= オフセット <= 62
LDRB *Rt*, [*Rn*, #*imm5*]	バイト読み出し（即値オフセット） Rt=memory[Rn+#imm5]	同上 0 <= オフセット <=31
LDRSB *Rt*, [*Rn*, #*imm5*]	符号拡張付きでバイト読み出し （即値オフセット） Rt=memory[Rn+#imm5]	同上 0 <= オフセット <=31

　ロード命令と同様に, Armv8-MベースラインとArmv8-Mメインラインの両方のシングル・メモリ・ストア命令のリストもあります（**表5.21**）. 前と同様に, imm5アドレス・オフセット情報はオプションです.

表5.21 シングル・メモリ書き込み命令（Armv8-Mベースラインとメインライン）

命令	説明	制約
STR *Rt*, [*Rn*, *Rm*]	ワードの書き込み memory[Rn+Rm]=Rt	Armv8-M ベースラインの場合, Rt, Rn, Rm は ロー・レジスタ. アドレスは整列されている必要がある. Armv8-M メインラインにはこのような制限はない
STRH *Rt*, [*Rn*, *Rm*]	ハーフワード書き込み memory[Rn+Rm]=Rt	同上
STRB *Rt*, [*Rn*, *Rm*]	バイト書き込み memory[Rn+Rm]=Rt	同上
STR *Rt*, [*Rn*, #*imm5*]	ワード書き込み（即値オフセット） memory[Rn+(#imm5<<2)]=Rt	同上 0 <= オフセット <=124
STRH *Rt*, [*Rn*, #*imm5*]	ハーフワード書き込み（即値オフセット） memory[Rn+(#imm5<<1)]=Rt	同上 0 <= オフセット <=62
STRB *Rt*, [*Rn*, #*imm5*]	バイト書き込み（即値オフセット） memory[Rn+#imm5]=Rt	同上 0 <= オフセット <=31

　バイトとハーフワードのストア命令を使用する場合, ソース・レジスタの上位24ビット（バイトの場合）または16ビット（ハーフワードの場合）は使用されず — 書き込み操作に値は, 適切なサイズに切り捨てられます. ストア命令の符号付きバージョンと符号なしバージョンを別々に用意する必要はありません.

　Cortex-M23などのArmv8-Mベースライン・プロセッサを使用する場合は, データ・メモリ・アクセスは, 整列している必要があります. 例えば, ワードサイズの転送は, アドレス・ビット1とビット0が, 0にセットされ

143

第5章　命令セット

ているアドレス位置でのみ実行できます．同様に，ハーフワード・サイズのアクセスは，アドレス・ビット0が0であるアドレス位置でのみ実行できます．バイト転送は，常に整列しています．ソフトウェアが，整列されていない転送を実行しようとすると，HardFault例外が生成されます．この動作は，Cortex-M0やCortex-M0+プロセッサなどのArmv6-Mアーキテクチャと同じです．Armv8-Mメインライン・プロセッサには，単一メモリ・アクセス命令に対するこのアドレス配置の制限はありません．

Armv8-Mメインライン・プロセッサ（Cortex-M33プロセッサなど）は，次のような追加命令をサポートしています（**表5.22**）．

表5.22　Armv8-Mメインラインにおける追加のシングル・メモリ・アクセス命令

命　令	説　明	制　約
LDR Rt, [Rn, #imm12]	ワード読み出し - 即値オフセット Rt=memory[Rn+#imm12]	ハイ・レジスタの使用が可能．整列されていないアドレスでも可能 -255 < = オフセット < =4095
LDRH Rt, [Rn, #imm12]	ハーフワード読み出し - 即値オフセット Rt=memory[Rn+#imm12]	同上 -255 < = オフセット < =4095
LDRSH Rt, [Rn, #imm12]	符号拡張付きでハーフワード読み出し Rt=memory[Rn+(imm12)]	同上 -255 < = オフセット < =4095
LDRB Rt, [Rn, #imm12]	バイト読み出し - 即値オフセット Rt=memory[Rn+#imm12]	同上 -255 < = オフセット < =4095
LDRSB Rt, [Rn, #imm12]	符号拡張付きでバイト読み出し Rt=memory[Rn+(imm12)]	同上 -255 < = オフセット < =4095
LDRD Rt, Rt2, [Rn, #imm8]	ダブルワード読み出し {Rt2,Rt}=memory[Rn+imm8<<2]	アドレスはワードで整列が必須 -1020 < = オフセット < =1020
STR Rt, [Rn, #imm12]	ワード書き込み - 即値オフセット memory[Rn+#imm12]=Rt	ハイ・レジスタの使用が可能．アドレスはワードで整列が必須 -255 < = オフセット < =4095
STRH Rt, [Rn, #imm12]	ハーフワード書き込み - 即値オフセット memory[Rn+#imm12]=Rt	同上 -255 < = オフセット < =4095
STRB Rt, [Rn, #imm12]	バイト書き込み - 即値オフセット memory[Rn+#imm12]=Rt	同上 -255 < = オフセット < =4095
STRD Rt, Rt2, [Rn, #imm8]	ダブルワード書き込み memory[Rn+imm8<<2] = {Rt2,Rt}	アドレスはワードで整列が必須 -1020 < = オフセット < =1020

これらのメモリ・アクセス命令は，Armv8-Mベースラインのロード/ストア命令と比較して，より広いアドレス・オフセット範囲を提供します．

5.7.3　スタック・ポインタ（SP）相対ロード/ストア

ロードとストア命令の別のグループは，スタック・ポインタ（stack pointer：SP）をベース・アドレスとして使用し，アドレスの計算には即時オフセット値を使用します．これらの命令は，C関数のローカル変数にアクセスするのに最適化されています．レジスタ・バンクには，C関数で使用される全ての変数を一時的に格納するのに十分なレジスタがないため，これらのデータ変数はスタック・メモリ空間に格納されることが多いです．これにより関数がアクティブでない場合，その関数のローカル変数はメモリ空間を消費しません．

SP相対アドレッシング・モードの使用例を次に示します．関数の実行の最初に，SPの値を一定量減らして，ローカル変数のための空間を確保します．ローカル変数には，SP相対アドレッシングを使用してアクセスできます．関数の終了時に，SPの値が元の値に増加され，以前に割り当てられたスタック空間が解放されます．その後，関数は終了し，呼び出し元のコードに戻ります（**図5.2**）．

SP相対アドレッシング・モードの命令を**表5.23**に示します．

アーキテクチャ的に，SP相対アクセスに対して負のオフセットを持つことが可能ですが，一般的には使用されるオフセットは正の数であるべきであることに注意してください．これは，使用されるデータが割り当てられたスタック空間内にあることを保証するためです．もしそうでない場合，処理中のデータが割り込みサービスによっ

5.7 命令セット - メモリ・アクセス

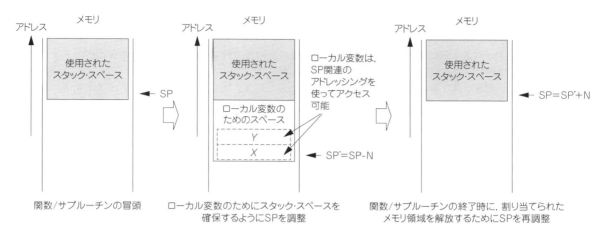

図5.2 ローカル変数空間の割り当てとスタック内の変数へのアクセス

表5.23 スタック・ポインタ相対メモリ・アクセス命令

命令	説明	制約
LDR Rt, [SP, #offset]	ワード読み出し Rt=memory[SP+(#imm8<<2)]	Armv8-M ベースラインの場合, Rtはロー・レジスタ. アドレスはワード・アラインメントされている必要がある 0 <= オフセット <= 1020
STR Rt, [SP, #offset]	ワード書き込み memory[SP+(#imm8<<2)]=Rt	Armv8-M ベースラインの場合, Rtはロー・レジスタ. アドレスはワード・アラインメントされている必要がある 0 <= オフセット <= 1020
LDR Rt, [SP, #offset]	ワード読み出し Rt=memory[SP+#imm12]	Armv8-M ベースラインでは使用できない -255 <= オフセット <= 4095
LDRH Rt, [SP,#offset]	ハーフワード読み出し Rt=memory[SP+#imm12]	Armv8-M ベースラインでは使用できない -255 <= オフセット <= 4095
LDRSH Rt, [SP, #offset]	符号拡張付きハーフワード読み出し Rt=memory[SP+#imm12]	Armv8-M ベースラインでは使用できない -255 <= オフセット <= 4095
LDRB Rt, [SP, #offset]	バイト読み出し Rt=memory[SP+(#imm8<<2)]	Armv8-M ベースラインでは使用できない -255 <= オフセット <= 4095
LDRSB Rt, [SP,#offset]	符号拡張付きバイト読み出し Rt=memory[SP+(#imm8<<2)]	Armv8-M ベースラインでは使用できない -255 <= オフセット <= 4095
STR Rt, [SP, #offset]	ワード書き込み memory[SP+#imm12]=Rt	Armv8-M ベースラインでは使用できない -255 <= オフセット <= 4095
STRH Rt, [SP, #offset]	ハーフワード書き込み memory[SP+#imm12]=Rt	Armv8-M ベースラインでは使用できない -255 <= オフセット <= 4095
STRB Rt, [SP, #offset]	バイト書き込み memory[SP+(#imm8<<2)]=Rt	Armv8-M ベースラインでは使用できない -255 <= オフセット <= 4095

て予期せず変更されてしまう可能性があります.

SP相対アドレッシング命令は16ビットです.**表5.23**に示すSP相対アドレッシングの32ビット版は，実際は即値オフセットのロードおよびストア命令と同じ命令エンコーディングです．しかし，Armv8-Mベースラインでは，ほとんどの16ビットThumb命令はロー・レジスタのみを使用します．結果として，SP相対アドレッシングとペアになった専用の16ビット版のLDR命令とSTR命令が存在します．

5.7.4 プリインデックスとポストインデックス・アドレッシング・モード

Armv8-Mメインライン・プロセッサは，アドレス・オフセットによるアドレッシング・モードに加え，ポスト

第5章 命令セット

インデックスとプリインデックスのアドレッシング・モードをサポートしています．これらのアドレス・モードの説明は次のとおりです．

- プリインデックス：転送用のアドレスには，オフセット付きで計算され，また，その後、ベース・アドレス・レジスタはアクセスされたアドレスに更新される
- ポストインデックス：転送のアドレスには，オフセットが含まれていないが，ベース・アドレス・レジスタは，その後，オフセットで更新される

プリインデックス・アドレッシング・モードは，アドレスの後に感嘆符 (!) を付けて指定します．例えば，次のようになります．

```
LDR R0, [R1, #0x08]!  ; memory[R1+0x8]へのアクセス後，R1も0x8だけインクリメントされる
```

メモリ・アクセスのアドレスは，感嘆符 (!) の有無にかかわらず，R1+0x8の和を使用します．インデックス付きアドレス指定モードを持つ命令を**表5.24**に示します．

表5.24 プリインデックス付きメモリ・アクセス命令（Armv8-Mメインラインのみ）

命令	説明	制約
LDR *Rt*, [*Rn*, #{+/-}*imm8*]!	ワード読み出し（プリインデックス） Rt=memory[Rn+#imm8]	-255 <= オフセット <=255
LDRH *Rt*, [*Rn*, #{+/-}*imm8*]!	ハーフワード読み出し（プリインデックス） Rt=memory[Rn+(#imm8)]	-255 <= オフセット <=255
LDRSH *Rt*, [*Rn*, #{+/-}*imm8*]!	符号拡張付きハーフワード読み出し（プリインデックス） Rt=memory[Rn+(#imm8)]	-255 <= オフセット <=255
LDRB *Rt*, [*Rn*, #{+/-}*imm8*]!	バイト読み出し（プリインデックス） Rt=memory[Rn+(#imm8)]	-255 <= オフセット <=255
LDRSB *Rt*, [*Rn*, #{+/-}*imm8*]!	符号拡張付きバイト読み出し（プリインデックス） Rt=memory[Rn+(#imm8)]	-255 <= オフセット <=255
LDRD *Rt*, *Rt2*,[*Rn*, #{+/-}*imm8*]!	ダブルワード読み出し（プリインデックス） {Rt2,Rt}=memory[Rn+(#imm8<<2)]	-1020 <= オフセット <=1020
STR *Rt*, [*Rn*, #{+/-}*imm8*]!	ワード書き込み（プリインデックス） memory[Rn+#imm8]=Rt	-255 <= オフセット <=255
STRH *Rt*, [*Rn*, #{+/-}*imm8*]!	ハーフワード書き込み（プリインデックス） memory[Rn+(#imm8)]=Rt	-255 <= オフセット <=255
STRB *Rt*, [*Rn*, #{+/-}*imm8*]!	バイト書き込み（プリインデックス） memory[Rn+(#imm8)]=Rt	-255 <= オフセット <=255
STRD *Rt*,*Rt2* ,[*Rn*, #{+/-}*imm8*]!	ダブルワード書き込み（プリインデックス） memory[Rn+(#imm8<<2)]={Rt2,Rt}	-1020 <= オフセット <=1020

ポストインデックス・アドレッシング・モードは，アドレス・オペランドの後にオフセット値をつける方法で表記されます．この形式では，データ転送が正常に完了した場合，ベース・アドレス・レジスタは常に更新されるので，感嘆符を追加する必要はありません．例えば，以下のようになります．

```
LDR R0, [R1], #0x08  ; memory[R1]へのアクセス後，R1は0x8でインクリメントされる
```

ポストインデックス・アドレス・モードは，配列内のデータを処理する際に非常に便利です．配列内の要素がアクセスされるとすぐに，アドレス・レジスタは自動的に次の要素に調整され，コード・サイズと実行時間を節約します．ポストインデックス・アドレス・モードを持つ命令を**表5.25**に示します．

ポストインデックスのメモリ・アクセス命令は，32ビットです．オフセット値は，正または負のどちらでも構いません．これらの単一のプリインデックスとポストインデックスのメモリ・アクセス命令は，Armv8-Mベースラインではサポートされていないことに注意してください．

5.7 命令セット - メモリ・アクセス

表5.25 ポストインデックス・メモリ・アクセス命令（Armv8-M メインラインのみ）

命　令	説　明	制　約
LDRB Rd, [Rn], #offset	memory[Rn] からバイトを Rd に読み出し、Rn を Rn+ オフセットに更新	-255 < = オフセット < =255
LDRSB Rd, [Rn], #offset	memory[Rn] から符号拡張付きバイトを Rd に読み出し、Rn を Rn+ オフセットに更新	-255 < = オフセット < =255
LDRH Rd, [Rn], #offset	memory[Rn] からハーフワードを Rd に読み出し、Rn を Rn+ オフセットに更新	-255 < = オフセット < =255
LDRSH Rd, [Rn], #offset	memory[Rn] から符号拡張付きハーフワードを Rd に読み出し、Rn を Rn+ オフセットに更新	-255 < = オフセット < =255
LDR Rd, [Rn], #offset	memory[Rn] から Rd にワードを読み出し、Rn を Rn+ オフセットに更新	-255 < = オフセット < =255
LDRD Rd1,Rd2,[Rn],#offset	memory[Rn] からダブルワードを Rd1、Rd2 に読み出し、Rn を Rn+ オフセットに更新	-1020 < = オフセット < =1020
STRB Rd, [Rn], #offset	バイトを memory[Rn] に書き込み、Rn を Rn+オフセットに更新	-255 < = オフセット < =255
STRH Rd, [Rn], #offset	ハーフワードを memory[Rn] に書き込み、Rn を Rn+オフセットに更新	-255 < = オフセット < =255
STR Rd, [Rn], #offset	ワードを memory[Rn] に書き込み、Rn を Rn+オフセットに更新	-255 < = オフセット < =255
STRD Rd, [Rn], #offset	ダブルワードを memory[Rn] に書き込み、Rn を Rn+オフセットに更新	-1020 < = オフセット < =1020

5.7.5 レジスタ・オフセットのオプションのシフト（バレル・シフタ）

Armv8-M メインラインの場合、レジスタ・オフセットのメモリ・ロードおよびストア命令は、2番目のアドレス・レジスタ・オペランドに対するオプションのシフトをサポートしています。例えば、次の命令は、2番目のアドレス・レジスタに対し、論理左シフト（LSL）を実行します。

```
LDR R0, [R1, R2, LSL #2]  ; 使用アドレス = R1 + (R2<<2)
```

このシフト操作は、よく、バレル・シフタとして知られています。バレル・シフト構文を使用したメモリ・アクセス命令の一般的な形式を表5.26 に示します。

表5.26 オプションのシフトのついたレジスタ相対メモリ・アクセス命令（Armv8-M メインラインのみ）

命　令	説　明	制　約
LDR Rt, [Rn, Rm,LSL#n]	ワード読み出し Rt=memory[Rn+Rm<<n]	nは0から3の範囲 RnはPCであってはならない RmはPC/SPであってはならない Rtはワードのロード/ストアの場合、SPにできる Rtはワード・ロードの場合、PCにできる
LDRH Rt, [Rn, Rm, LSL#n]	ハーフワード読み出し Rt=memory[Rn+Rm<<n]	同上
LDRSH Rt, [Rn, Rm, LSL#n]	符号拡張付きでハーフワード読み出し Rt=memory[Rn+Rm<<n]	同上
LDRB Rt, [Rn, Rm, LSL#n]	バイト読み出し Rt=memory[Rn+Rm<<n]	同上
LDRSB Rt, [Rn, Rm, LSL#n]	符号拡張付きでバイト読み出し Rt=memory[Rn+Rm<<n]	同上
STR Rt, [Rn, Rm, LSL#n]	ワード書き込み memory[Rn+Rm<<n]=Rt	同上

第5章 命令セット

命令	説明	制約
STRH Rt,[Rn, Rm, *LSL#n*]	ハーフワード書き込み memory[Rn+Rm<<n]=Rt	同上
STRB Rt, [Rn, Rm, *LSL#n*]	バイト書き込み memory[Rn+Rm<<n]=Rt	同上

メモリ・アクセス命令のバレル・シフト機能は，次のようなデータの配列を扱う際に非常に便利です．
- 配列のベース・アドレスは，Rn（最初のアドレス・レジスタ）で示される
- 配列のインデックスは，Rm（第2のアドレス・レジスタ）で示される
- 配列の要素のサイズは，バレル・シフト量#n（0=バイト，1=ハーフワード，2=ワード）で表される

バレル・シフタ・ハードウェアは，データ処理命令でも使用されます（これは5.8節で説明します）．

5.7.6 リテラル・データ読み出し

プログラム・イメージには，多数の定数と読み出し専用のデータが含まれています．リテラル・データ読み出し命令は，プログラム・カウンタ（Program Counter：PC）相対アドレッシング・モードを使用して，そのデータをレジスタにロードするためのもので，つまり，データのアドレスは，現在のPC値とオフセットから計算されます．

Cortex-Mプロセッサのパイプラインの性質上，利用可能な有効な現在のPCは，リテラルのロード命令のアドレスと同じではありません．その代わりに，ずれたPC値［WordAligned（PC+4）］が使用されることがよくあります．リテラル・ロード命令を**表5.27**に示します．

表5.27 リテラル・データ読み出し（PC相対メモリ読み出し）

命令	説明	制約
LDR *Rt*, [*PC*, #imm8]	ワード読み出し（リテラル・ロード） Rt=memory[WordAligned (PC+4) + (#imm8<<2)]	Armv8-M ベースラインで利用可能だが，アドレスはワードで整列されている必要がある 4 < オフセット < 1020
LDR *Rt*, [*PC*, #{+/-}imm12]	ワード読み出し（リテラル・ロード） Rt=memory[WordAligned (PC+4) + #imm12]	Armv8-M ベースラインでは使用できない -4095 < オフセット < +4095
LDRH *Rt*,[*PC*, #{+/-}imm12]	ハーフワード読み出し（リテラル・ロード） Rt=memory[WordAligned (PC+4) + #imm12]	Armv8-M ベースラインでは使用できない -4095 < オフセット < +4095
LDRB *Rt*, [*PC*, #{+/-}imm12]	バイト読み出し（リテラル・ロード） Rt=memory[WordAligned (PC+4)+ #imm12]	Armv8-M ベースラインでは使用できない -4095 < オフセット < +4095
LDRD *Rt*, *Rt2*, [*PC*, #{+/-}imm8]	ダブルワード読み出し（リテラル・ロード） {Rt2,Rt}=memory[Rn + (#imm8<<2)]	Armv8-M ベースラインでは使用できない -1020 < オフセット < +1020

レジスタを32ビットの即値データ値に設定する必要がある場合，幾つかの方法があります．
最も一般的な方法は，"LDR"と呼ばれる疑似命令を使用することです．例えば次のようになります．

```
LDR R0, =0x12345678 ; R0を0x12345678に設定
```

これは実際の命令ではありません．アセンブラはこの命令をメモリ転送命令とプログラム・イメージに格納されたリテラル・データ項目に次のように変換します．

```
LDR R 0, [PC, #offset]
...
DCD 0x 12345678
```

148

上記の例では，LDR命令は「PC＋オフセット」でメモリを読み出し，その値をR0レジスタに格納します．Cortex-Mプロセッサのパイプラインの性質上，PCの値はLDR命令のアドレスと正確に一致しないことに注意してください．ただし，アセンブラがオフセット値を計算するので，オフセット値を手動で計算する必要はありません．

リテラル・プール

通常，アセンブラ（アセンブリ・コードをバイナリに変換するツール）は，さまざまなリテラル・データ（上記の例では，DCD　0x12345678など）をリテラル・プールと呼ばれるデータ・ブロックにグループ化します．LDR命令のオフセットの値には制限があるため，プログラムは通常，LDR命令がリテラル・データにアクセスできるように，幾つかのリテラル・プールを必要とします．そのため，"LTORG"（または「.pool」）などのアセンブラ・ディレクティブを挿入して，リテラル・プールを挿入できる場所をアセンブラに伝える必要があります．これを行わないと，アセンブラは全てのリテラル・データをプログラム・コードの最後の方に配置します．結果として得られるリテラル・データのアドレス・オフセットは，LDR命令でエンコードするには大きすぎる可能性があります．

5.7.7　複数ロード/ストア

Armプロセッサの興味深く非常に便利な機能の1つに，複数ロード/ストア命令があります．これにより，単一の命令を使用して，メモリ内で連続している複数のデータを読み書きできます．これはコード密度を向上させるのに役立ち，場合によっては性能を向上させることもでき，例えば，命令フェッチのためのメモリ帯域幅を削減します．複数レジスタ・ロード（Load Multiple registers：LDM）と複数レジスタ・ストア（Store Multiple registers：STM）の命令は32ビットのデータしかサポートしていません．

STM/LDM命令を使用するには，レジスタ・リスト（{reg_list}として示されています）を使用して，読み/書きデータを保持するために使用されるレジスタを指定する必要があります．これには少なくとも1つのレジスタが含まれていて，次が含まれます．

- "{"で始まり，"}"で終わる
- "-"（ハイフン）を使用して範囲を示す．例えば，R0-R4はR0，R1，R2，R3，R4を意味する
- ","（カンマ）で各レジスタを区切る
- スタック・ポインタ（Stack Pointer：SP）を含んではならず，また，ライト・バック形式を使用する場合は，ベース・レジスタRnが"{reg_list}"に含まれてはいけない

例えば，次の命令は，アドレス0x20000000 ～ 0x2000000F（4ワード）をレジスタR0 ～ R3に読み込んでいます．

```
LDR R4,=0x20000000  ; R4を0x20000000（アドレス）に設定
LDMIA R4!, {R0-R3}   ; 4ワードを読み込んで，R0-R3に格納
```

レジスタ・リストは，非連続であっても構いません．例えば，レジスタ・リスト"{R1, R3, R5-R7, R9, R11-12}"には，レジスタR1，R3，R5，R6，R7，R9，R11，R12が含まれています．しかし，Armv8-Mベースラインでは，ロー・レジスタ（R0 ～ R7）のみを複数ロード/ストア命令で使用できます．

他のロード/ストア命令と同様に，STMやLDMでライト・バック（下の例では"!"で示されているように）を使用できます．例えば，次のようになります．

```
LDR R8, =0x8000      ; R8を0x8000に設定（アドレス）
STMIA R8!, {R0-R3}   ; ストア後にR8は0x8010に変化
```

Armv8-Mベースラインでは，ベース・レジスタは通常，LDM/STM命令の実行後に自動的に更新されます（**表5.28**）．

第5章　命令セット

ただし，LDM命令ではRn（アドレス・レジスタ）が読み取り操作によって更新されるレジスタの1つになっている場合を除きます（つまり，Rnが{reg_list}に含まれる場合です）．

表5.28　複数ロード/ストア命令

命令	説明	制約
LDMIA Rn!, {reg_list}	Rn が指すメモリ・アドレスから複数のレジスタへの読み出し（Rn は reg_list にはない）．最後のロード操作の後，Rn は次のアドレスに更新される	Armv8-M ベースラインの場合，reg_list と Rn のレジスタは，ロー・レジスタ（R0 〜 R7）の 1 つでなければならない
STMIA Rn!, {reg_list}	Rn が指すメモリ・アドレスに複数のレジスタを書き込む．Rn は，最後のストア操作の後，後続のアドレスに更新される	同上
LDM Rn, {reg_list}	Rn が指すメモリ・アドレスから複数のレジスタに読み出し（Rn は reg_List 内にあり，前述のデータ読み出し操作のいずれかによって更新される）	同上．この形式のLDM命令は，Armv8-M ベースラインの reg_list に Rn が含まれている場合にのみ許可される．Armv8-M メインラインにはこのような制約はない

Armv8-M メインラインでは，LDMとSTM命令は，2種類のプリインデックスをサポートしています．
- IA（Increment After）：各読み出し/書き込み後にベース・アドレスが格納されているレジスタの値をインクリメント
- DB（Decrement Before）：各読み出し/書き込み前にベース・アドレスが格納されているレジスタの値をデクリメント

LDMとSTM命令は，ベース・アドレスのライト・バックなしで使用できます．例えば，Armv8-Mメインラインは，表5.29に記載されている命令をサポートしています．

表5.29　Armv8-M メインライン用の追加の複数ロード/ストア命令

命令	説明	制約
LDMIA Rn, {reg_list}	複数ワードを読み出し，アドレスは各レジスタを読み出しした後にインクリメント（IA）	この表の後のリストを参照
LDMDB Rn, {reg_list}	複数ワードを読み出し，アドレスは各レジスタを読み出しする前にデクリメント（DB）	この表の後のリストを参照
STMIA Rn, {reg_list}	複数ワードを書き込み，アドレスは各レジスタを書き込んだ後にインクリメント（IA）	この表の後のリストを参照
STMDB Rn, {reg_list}	複数ワードを書き込み，アドレスはデクリメント前（DB）に各レジスタを書き込み	この表の後のリストを参照
LDMIA Rn!, {reg_list}	複数ワードを読み出し，各レジスタを読み出した後にアドレスをインクリメント（IA）．その後，Rnは後続のアドレスに更新（ライト・バック）	この表の後のリストを参照
LDMDB Rn!, {reg_list}	複数ワードを読み出し，各レジスタを読み出す前にアドレスをデクリメント（DB）．その後，Rn は後続のアドレスに更新（ライト・バック）	この表の後のリストを参照
STMIA Rn!, {reg_list}	複数ワードを書き込み，各レジスタの書き込み後にアドレスをインクリメント（IA）．その後，Rnは後続のアドレスに更新（ライト・バック）	この表の後のリストを参照
STMDB Rn!, {reg_list}	複数ワードの書き込み，各レジスタの書き込み前にアドレスをデクリメント（DB）．その後，Rnは後続のアドレスに更新（ライト・バック）	この表の後のリストを参照

LDMとSTM命令には次の制約があります．
- ベース・レジスタRnはPCにできない
- どの場合でもSTM命令において，reg_listはPCを含められない
- どの場合でもLDM命令において，reg_listはPCとLRを同時に含んではならない

5.7 命令セット - メモリ・アクセス

- Rnがreg_list内にある場合は，ライト・バック形式（Rュ付き！）を使用できない
- 転送アドレスはワードで整列されている必要がある

　一般的に，LDMとSTM命令は，例えばFIFOレジスタのように，読み/書きによってFIFOの状態が変化するような，ペリフェラルのレジスタへのアクセスは避けなければなりません．これは，Armv8-MベースラインとArmv6-Mプロセッサでは，命令の開始後に割り込みが発生した場合，命令を放棄して再起動が許されているためです．割り込みサービス・ルーチンの後，LDM/STM命令が再起動すると，一部のレジスタへのLDM/STMアクセスが誤って繰り返される可能性があります．

　Armv8-MメインラインとArmv7-Mのアーキテクチャでは，プログラム・ステータス・レジスタの割り込み継続ビット・フィールドは，LDMとSTMの状態を保存し，既に実行された転送を繰り返すことなく再開することを可能にします．従って，これらのプロセッサは，前の段落で強調された問題の対象にはなりません．

5.7.8 PUSH/POP

　LDMとSTM命令の特別な形態は，スタック操作のためのPOPとPUSH命令です．分かりやすくするために，スタック操作にはPUSHとPOPニーモニックを使用することを推奨します．

　PUSHとPOP命令は，現在選択されているスタック・ポインタ（Stack Pointer：SP）をアドレス生成に使用し，SPはPUSHとPOPで常に更新されます．スタック・ポインタの選択は，次の幾つかの要因に依存します．

- TrustZoneが実装されている場合は，プロセッサのセキュリティ状態
- プロセッサの現在のモード（スレッドまたはハンドラ・モード）
- CONTROLレジスタのビット1の値（4.2.2.3節 "CONTROLレジスタ"，4.3.4節 "スタック・メモリ" 参照）

スタック・プッシュとスタック・ポップの動作手順を**表5.30**示します．

表5.30　コア・レジスタのスタック・プッシュ・ポップ命令

命令	説明	制約
PUSH {*reg_list*}	スタックにレジスタを格納	Armv8-Mベースラインでは，ロー・レジスタとLRのみ使用可能
POP {*reg_list*}	スタックからレジスタを復元	Armv8-Mベースラインでは，ロー・レジスタとPCのみ使用可能

　レジスタ・リスト（reg_list）の構文は，LDMとSTMの命令と同じです．例えば，次のようになります．

```
PUSH {R0, R4-R7, R9}  ; R0,R4,R5,R6,R7,R9をスタックにプッシュ
POP  {R2, R3}         ; R2とR3をスタックからポップ
```

　通常，PUSH命令は，対応するPOP命令と同じレジスタ・リストを持つことになりますが，これは必ずしも必要ではありません．例えば，このルールの一般的な例外は，POP命令が関数からの復帰命令として使用される場合です．

```
PUSH {R4-R6, LR}  ; サブルーチンの先頭でR4～R6とLR（リンク・レジスタ）を保存
                  ; LRにはサブルーチン内のリターン・アドレス処理が含まれる
...
POP  {R4-R6, PC}  ; R4～R6とリターン・アドレスを，スタックからポップ
                  ; リターン・アドレスはPCに直接格納され，
                  ; これが分岐（サブルーチン・リターン）のトリガとなる
```

　リターン・アドレスをLRにポップしてからプログラム・カウンタ（Program Counter：PC）に別のステップで書き込むのではなく，POP命令で直接PCに書き込むことができます．そうすることで，命令数とサイクル数を減らすことができます．

　16ビット版のPUSHとPOPは，ロー・レジスタ（R0～R7），LR（PUSH用），PC（POP用）に限定されています．そのため，関数内でハイ・レジスタが変更され，レジスタの内容を保存する必要がある場合は，32ビット版のPUSHとPOP命令のペアを使用する必要があります．

151

第5章 命令セット

FPUが利用可能な場合は，FPUレジスタの保存と復元のためのVPUSHとVPOPもあります．これについては
5.7.10節で説明します．

5.7.9 非特権アクセス命令

通常，OSが提供するAPIは，スーパバイザ・コール（SuperVisor Call：SVC）を介してアクセスする場合など，特
権レベルで実行されます．APIは，APIを呼び出した非特権タスクの代わりに，メモリ・アクセスを行う可能性があ
るため，APIは非特権タスクがアクセスできるはずのないアドレス空間に対して操作を行わないように注意しなけれ
ばなりません．そうしないと，悪意のあるタスクがOSのAPIを呼び出して，OSが所有するアドレスやシステム内
の他のタスクが所有するアドレスを変更してしまい，セキュリティ上の脆弱性が発生してしまう可能性があります．

この問題を解決するために，従来，多くのArmプロセッサは，特権ソフトウェアが非特権レベルでメモリにアク
セスできるようにするメモリ・アクセス命令を提供していました．これらの命令は，Armv8-Mメインライン
（Cortex-M33プロセッサ）でもサポートされています．前述したこれらの命令を使用することで，アクセス許可は，
メモリ保護ユニット（Memory Protection Unit：MPU）によって制限されます．つまり，非特権ソフトウェア・タ
スクに代わってデータにアクセスするOS APIは，非特権ソフトウェア・タスクと同じ権限を持つことになります．

特権ソフトウェアが非特権レベルでメモリにアクセスできるようにするための命令を表5.31に示します．これ
らの命令は，Armv8-Mベースラインでは利用できません．

表5.31 特権ソフトウェアが非特権アクセスでデータにアクセスするためのメモリ・アクセス命令

命　令	説　明	制　約
LDRT Rt, [Rn, #offset]	非特権レベルで32ビット・ワードを読み出し Rt=memory[Rn+#imm8]	Rn は PC であってはならない Rt は SP/PC であってはならない 0 <= オフセット <= 255
LDRHT Rt, [Rn, #offset]	非特権レベルで16ビット・ハーフワードを読み出し Rt=memory[Rn+#imm8]	同上
LDRSHT Rt, [Rn, #offset]	非特権レベルで16ビット・ハーフワードを読み出し，デー タを符号拡張 Rt=memory[Rn+#imm8]	同上
LDRBT Rt, [Rn, #offset]	非特権レベルで8ビット・バイトを読み出し Rt=memory[Rn+#imm8]	同上
LDRSBT Rt, [Rn, #offset]	非特権レベルで8ビット・バイトを読み出し，データを符号 拡張 Rt=memory[Rn+#imm8]	同上
STRT Rt, [Rn, #offset]	非特権レベルで32ビット・ワードを書き込み memory[Rn+#imm8]=Rt	同上
STRHT Rt, [Rn, #offset]	非特権レベルで16ビット・ハーフワードを書き込み memory[Rn+#imm8]=Rt	同上
STRBT Rt, [Rn, #offset]	非特権レベルで8ビット・バイトを書き込み memory[Rn+#imm8]=R	同上

Armv8-Mでは，特権APIが非特権タスクからのポインタが現在のMPU設定でアクセスを許可されているかど
うかをチェックするための代替手段を提供していますので，注意してください．テスト・ターゲット（Test
Target：TT）命令は，Arm C言語拡張（Arm C Language Extension：ACLE）で定義された，新しいC組み込み
関数と一緒に，ポインタ・チェックをより簡単に処理する方法を提供します．これにより，非特権メモリ・アク
セス命令を利用するために，ハンド・コードされたアセンブリAPIを使用する必要はありません．

5.7.10 FPUメモリ・アクセス命令

Armv8-Mメインライン・プロセッサでは，FPUが実装されている場合，FPUレジスタとメモリの間でデータ
を転送するために利用可能なFPUメモリ・アクセス命令が幾つかあります．これらの命令を表5.32に示します．

152

5.7 命令セット - メモリ・アクセス

表5.32 FPU用メモリ・アクセス命令（FPU拡張が必要．Cortex-M23プロセッサでは使用できない）

データ型	メモリからの読み出し（ロード）	メモリへの書き込み（ストア）
単精度データ（32ビット）	VLDR.32	VSTR.32
倍精度データ（64ビット）	VLDR.64	VSTR.64
複数データ	VLDM	VSTM
スタック操作	VPOP	VPUSH

シングル・メモリ・アクセスの場合，以下のような浮動小数点型メモリ・アクセス命令があります（**表5.33**）．

表5.33 FPU用シングル・メモリ・アクセス命令（FPU拡張が必要．Cortex-M23プロセッサでは使用できない）

例 （注：#{+/-}フィールドはオプション）	説 明
VLDR.32 Sd, [Rn, #{+/-}imm8]	メモリから単精度データを読み出し，単精度レジスタ Sd に格納 $Offset=+/-$ $(imm8<<2)$，すなわち，$-1020 <= Offset <= +1020$
VLDR.64 Dd, [Rn, #{+/-}imm3]	メモリから倍精度データを読み出し，倍精度レジスタ Dd に格納 $Offset=+/-$ $(imm8<<2)$，すなわち，$-1020 <= Offset <= +1020$
VSTR.32 Sd, [Rn, #{+/-}imm8]	単精度データ（単精度レジスタ Sd から）をメモリに書き込み $Offset=+/-$ $(imm8<<2)$，すなわち，$-1020 <= Offset <= +1020$
VSTR.64 Dd, [Rn, #{+/-}imm8]	倍精度データ（倍精度レジスタ Dd から）をメモリに書き込み $Offset=+/-$ $(imm8<<2)$，すなわち，$-1020 <= Offset <= +1020$

また，FPU用のリテラル・データ読み出し命令もあります（**表5.34**）．

表5.34 FPU用リテラル・データ・アクセス命令（FPU拡張が必要．Cortex-M23プロセッサでは使用できない）

例 （注：#{+/-}フィールドはオプション）	説 明
VLDR.32 Sd, [PC, #{+/-}imm8]	メモリから単精度データを読み出し，単精度レジスタ Sd に格納 $Offset=+/-$ $(imm8<<2)$，すなわち，$-1020 <= Offset <= +1020$
VLDR.64 Dd, [PC, #{+/-}imm8]	メモリから倍精度データを読み出し，倍精度レジスタ Dd に格納 $Offset=+/-$ $(imm8<<2)$，すなわち，$-1020 <= Offset <= +1020$

FPUレジスタへの複数ロード，複数ストアなどの操作が可能で，Rnレジスタを更新するベース・レジスタのライト・バックも含みます（ライト・バックはRnの後に感嘆符"！"で表示）．これらの命令を**表5.35**に示します．

表5.35 FPU用の複数ロード/ストア命令（FPU拡張が必要．Cortex-M23プロセッサでは使用できない）

例	説 明
VLDMIA.32 Rn, <s_reg list>	複数の単精度データを読み出し，各レジスタを読み出し後にアドレスをインクリメント（IA）
VLDMDB.32 Rn, <s_reg list>	複数の単精度データを読み出し，各レジスタを読み出し前にアドレスをデクリメント（DB）
VLDMIA.64 Rn, <d_reg list>	複数の倍精度データを読み出し，各レジスタを読み出し後にアドレスをインクリメント（IA）
VLDMDB.64 Rn, <d_reg list>	複数の倍精度データを読み出し，各レジスタを読み出し前にアドレスをデクリメント（DB）
VSTMIA.32 Rn, <s_reg list>	複数の単精度データを書き込み，各レジスタの書き込み後にアドレスをインクリメント（IA）
VSTMDB.32 Rn, <s_reg list>	複数の単精度データを書き込み，各レジスタを書き込む前にアドレスをデクリメント（DB）
VSTMIA.64 Rn, <d_reg list>	複数の倍精度データを書き込み，各レジスタが書き込み後にアドレスをインクリメント（IA）
VSTMDB.64 Rn, <d_reg list>	複数の倍精度データを書き込み，各レジスタの書き込み前にアドレスをデクリメント（DB）
VLDMIA.32 Rn!, <s_reg list>	複数の単精度データを読み出し，各レジスタの読み出し後にアドレスをインクリメント（IA）．Rnは，転送が実行された後にライト・バック

153

例	説明
`VLDMDB.32 Rn!, <s_reg list>`	複数の単精度データを読み出し，各レジスタの読み出し前にアドレスをデクリメント(DB)．Rnは，転送が実行された後にライト・バック
`VLDMIA.64 Rn! <d_reg list>`	複数の倍精度データを読み出し，各レジスタの読み出し後にアドレスをインクリメント(IA)．Rnは，転送が実行された後にライト・バック
`VLDMDB.64 Rn! <d_reg list>`	複数の倍精度データを読み出し，各レジスタの読み出し前にアドレスをデクリメント(DB)．Rnは，転送が実行された後にライト・バック
`VSTMIA.32 Rn!, <s_reg list>`	複数の単精度データを書き込み，各レジスタの書き込み後にアドレスをインクリメント(IA)．Rnは，転送が実行された後にライト・バック
`VSTMDB.32 Rn!, <s_reg list>`	複数の単精度データを書き込み，各レジスタの書き込み前にアドレスをデクリメント(DB)．Rnは，転送が実行された後にライト・バック
`VSTMIA.64 Rn!, <d_reg list>`	複数の倍精度データを書き込み，各レジスタの書き込み後にアドレスをインクリメント(IA)．Rnは，転送が実行された後にライト・バック
`VSTMDB.64 Rn!, <d_reg list>`	複数の倍精度データを書き込み，各レジスタの書き込み前にアドレスをデクリメント(DB)．Rnは，転送が実行された後にライト・バック

　スタック・メモリ操作はFPUレジスタに対しても可能です（**表5.36**）．

表5.36　FPUレジスタのスタック・プッシュ/ポップ命令（FPU拡張が必要．Cortex-M23プロセッサでは使用できない）

例	説明
`VPUSH.32 <s_reg list>`	単精度レジスタをスタックに格納（すなわち s0-s31）
`VPUSH.64 <d_reg list>`	倍精度レジスタをスタックに格納（すなわち d0-d15）
`VPOP.32 <s_reg list>`	スタックから単精度レジスタを復元
`VPOP.64 <d_reg list>`	スタックから倍精度レジスタを復元

　PUSHとPOPとは異なり，VPUSHとVPOP命令は次を必要とします．
- レジスタ・リスト内のレジスタは連続している
- 各VPUSHまたはVPOPでスタック/アンスタックされるレジスタの最大数は16

　16個以上の単精度浮動小数点レジスタを保存する必要がある場合は，倍精度命令を使用するか，VPUSHとVPOPの2つのペアを使用します．

5.7.11　排他アクセス

　排他アクセス命令は，セマフォまたは相互排他（MUTEX：ミューテックス）操作を実装するためのメモリ・アクセス命令の特別なグループです．これらの操作では，アトミック・リード – モディファイ – ライト動作が必要となります．排他アクセス命令は，短い命令列でアトミック操作を実装することを可能にします．"アトミック・リード – モディファイ – ライト"という用語のアトミックな側面は，高レベルのソフトウェアの観点からのみ有効であることに注意してください．動作レベルでは，読み出しと書き込みは別々の命令で処理されます．その結果，読み出しと書き込みの間にタイミング・ギャップが存在する可能性があります．

　ハードウェア・レベルでは，割り込みサービスや他のバスマスタによる別のアクセスによって，セマフォのデータが更新されるのを防ぐことはできませんが，そのようなアクセス衝突が発生した場合には，排他アクセス・サポートによって検出されます．アクセス衝突が検出されると，ソフトウェアは以前に失敗したセマフォ/ミューテックス操作を実行するために，アクセス・シーケンス全体を再起動します．

　セマフォとミューテックスは通常，複数のアプリケーション・タスクや複数のプロセッサ間でリソース（ハードウェアであることが多いが，ソフトウェアであることもある）を共有しなければならない組み込みOS内で使用されます．

　排他アクセス命令には排他ロードと排他ストアが含まれます．Armv8-Mアーキテクチャでは，排他アクセス命令の追加のバリエーションが導入されています（5.7.12節 "ロードアクワイヤとストアリリース"を参照）．排他アクセスを監視するためには，プロセッサ内部とオプションでバス・インターコネクト内に特別なハードウェアが必要

です．プロセッサ内部には，進行中の排他アクセス・シーケンスを記録するためのシングル・ビット・レジスタが存在します．これは**ローカル排他アクセス・モニタ**として知られています．システム・バス・レベルでは，排他アクセス・シーケンスで，使用されるメモリ位置（またはメモリ・デバイス）が他のプロセッサまたは他のバス・マスタによってアクセスされたかどうかをチェックするために，**グローバル排他アクセス・モニタ**が存在する場合もあります．プロセッサは，転送が排他アクセスであるかどうかを示すためのバス・インターフェースの追加信号と，システム・バス・レベルの排他アクセス・モニタからの応答を受信するための別の信号を持っています．

　セマフォまたはミューテックス動作では，トークンを表すためにRAM内のデータ変数が使用されます．この変数は，ハードウェア・リソースがアプリケーション・タスクに割り当てられているかどうかを示すために使用されます．例えば，次のようになります．

- 前記の変数が0の場合，ハードウェア・リソースが利用可能であることを示す
- 前述の変数が1の場合，ハードウェア・リソースが既にタスクに割り当てられていることを示す

　この構成では，リソースを要求するための排他アクセス・シーケンスは，図5.3のようになります．図5.3には多くのステップが示されており，これらの説明は次のとおりです．

1. 変数は，排他ロードでアクセスされる（読み出し）：ローカルの排他アクセス・モニタは，アクティブな排他アクセス転送を示すために更新され，バス・レベルの排他アクセス・モニタが存在する場合は，排他ロードに関する情報も更新される
2. 変数はアプリケーション・コードによってチェックされ，ハードウェア・リソースが既に割り当てられているかどうか（つまりロックされているかどうか）を判断する：値が1（既に割り当て済み）の場合，後で再試行するか，リソースを要求したアプリケーション・タスクに失敗ステータスを返すことができる．値が0（リソースが空いている）の場合は，次のステップでリソースの割り当てを試みることができる
3. タスクは排他ストアを使用して変数に1の値を書き込む：ローカルの排他アクセス・モニタがセットされ，バス・レベルの排他アクセス・モニタによって報告された排他アクセスの競合がない場合，変数はその後更新され，排他ストアは成功のリターン・ステータスを受け取る．排他ロードの実行と排他ストアの実行の間に，変数へのアクセスの排他性に影響を与える可能性のあるイベントが発生した場合，排他ストアは失敗したリターン・ステータスを取得し，変数は更新されない（更新はプロセッサによってキャンセルされるか，バス・レベルの排他アクセス・モニタによって更新がブロックされる）
4. 排他ストアのリターン・ステータスを使用して，アプリケーション・タスクは，ハードウェア・リソー

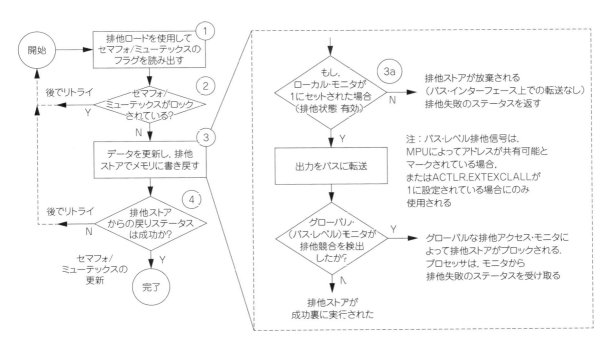

図5.3　共有リソースを要求するための排他アクセス・シーケンスの例

第5章 命令セット

スの割り当てに成功したかどうかを知ることができる．もし割り当てに成功しなかった場合は，後で再試行するか，リソースを要求したアプリケーション・タスクに失敗ステータスを返すことができる

排他ストア操作のリターン・ステータスは，レジスタによって提供されます：値0は成功を意味し，値1は失敗を意味します．次の場合，排他ストアは失敗です．

- バス・レベルの排他アクセス・モニタが排他失敗応答を返す（そのメモリ位置またはそのメモリ範囲が他のプロセッサによってアクセスされた場合など）
- ローカル排他アクセス・モニタがセットされていない．これは次の原因が考えられる
  - 不正な排他アクセス・シーケンス
  - 排他ロードと排他ストアの間の割り込みエントリ/エグジット・イベント（そのメモリ位置やメモリ範囲が割り込みハンドラや他のアプリケーション・タスクによってアクセスされた可能性がある）
  - CLREXと呼ばれる特殊な命令の実行で，ローカルの排他アクセス・モニタをクリア

排他アクセス競合の検出は，排他失敗が必ずしもアクセス競合が発生したことを意味しないという点で悲観的です．例えば，バス・レベルの排他アクセス・モニタは，アドレス値の下位の数ビットを記録して比較していないかもしれません（これは，排他モニタ・ハードウェアのアドレス粒度 — 排他予約粒度（Exclusives Reservation Granule：ERG）としても知られています）．また，例外イベントが発生した場合，例外ハンドラは，セマフォ変数にアクセスしていないかもしれません．このメカニズムは，アクセスの競合が検出されることを確実にしますが，しかし，この動作の唯一の欠点は，潜在的にセマフォ操作の間に少数のクロック・サイクルを無駄にすることです．

排他アクセス方法は，次の**表5.37**に記載します．

表5.37 排他アクセス命令

命　令	説　明	制　約
LDREXB Rt, [Rn]	メモリ位置 Rn からバイトを排他読み出し Rt=memory[Rn]	RtはSP/PCであってはならない RnはPCであってはならない
LDREXH Rt, [Rn]	メモリ位置 Rn からハーフワードを排他読み出し Rt=memory[Rn]	同上
LDREX Rt, [Rn, #offset]	即値オフセット付きでワードを排他読み出し Rt=memory[Rn+(imm8<<2)]	同上 *0 <= Offset <= 1020*
STREXB Rd, Rt, [Rn]	Rtのバイトをメモリ位置Rnに排他書き込み．ステータスをRdに返す	同上
STREXH Rd, Rt, [Rn]	Rt のハーフワードをメモリ位置 Rn に排他書き込み．ステータスをRdに返す	同上
STREX Rd, Rt, [Rn, #offset]	ワードを即値オフセット付き排他書き込み．ステータスをRdに返す memory[Rn+(imm8<<2)]=Rt	同上 *0 <= Offset <= 1020*
CLREX	ローカルの排他アクセス・モニタを強制的にクリア状態にする．これはメモリ・アクセス命令ではないが，排他アクセス・シーケンスとの関係からここに記載している	なし

移植性の高いセマフォ/ミューテックス・コードを作成する際には，メモリ・バリア命令を追加しなければなりません．これは，ハイエンド・プロセッサが性能上の理由からメモリ・リオーダ技術を利用しているためで，セマフォの操作に関連して複雑な問題を引き起こす可能性があるからです（この問題については5.7.12節で説明します）．伝統的には，この問題を克服するためにDSBまたはDMB命令が使用されています（5.19節を参照）．Armv8-Mでは，メモリ・バリア・セマンティクスを持つ排他アクセス命令のバリエーションが導入されています（すなわち，ロードアクワイヤ命令とストアリリース命令，**表5.38**参照）．

表5.38 メモリ・バリア・セマンティクスを持つ排他アクセス命令

命　令	説　明	制　約
LDAEXB Rt, [Rn]	メモリ位置 Rn から排他アクセスでバイトを読み出し Rt=memory[Rn]	RtはSP/PCであってはならない RnはPCであってはならない

5.7 命令セット - メモリ・アクセス

命令	説明	制約
LDAEXH Rt,[Rn]	メモリ位置 Rn から排他アクセスでハーフワードを読み出し Rt=memory[Rn]	同上
LDAEX Rt,[Rn]	メモリ位置 Rn から排他アクセスでワードを読み出し Rt=memory[Rn]	同上
STLEXB Rd, Rt, [Rn]	メモリ位置 Rn に Rt のバイトを排他書き込み. ステータスを Rd で返す memory[Rn]=Rt	同上
STLEXH Rd, Rt, [Rn]	メモリ位置 Rn に Rt のハーフワードを排他書き込み. ステータスを Rd で返す memory[Rn]=Rt	同上
STLEX Rd, Rt, [Rn]	メモリ位置 Rn に Rt のワードを排他書き込み. ステータスを Rd で返す memory[Rn]=Rt	同上

メモリ・バリアとロードアクワイヤ/ストアリリース命令の詳細については，5.7.12 節を参照してください.

Cortex-M23 と Cortex-M33 プロセッサの排他アクセスの動作は，Cortex-M3 と Cortex-M4 プロセッサとは異なります. Cortex-M23 と Cortex-M33 プロセッサでは，バス・レベルの排他信号は，次の場合にのみ使用されます.

- メモリ保護ユニット（Memory Protection Unit：MPU）が，そのアドレスを共有可としてマークしている
- 補助制御レジスタ（Auxiliary Control Register：ACTLR）の外部全排他（External Exclusive All：EXTEXCLALL）ビットが 1 にセットされている

Cortex-M3 と M4 プロセッサでは，アドレスの共有属性に関係なく，全ての排他アクセスに排他サイド・バンド信号が使用されます. そのため，Cortex-M23 や Cortex-M33 プロセッサを使用する場合，セマフォ・データを複数のプロセッサでアクセスする場合は，MPU でセマフォ変数のアドレスを共有とマークするようにプログラムするか，ACTLR.EXTEXCLALL を 1 にセットする必要があります.

Armv6-M プロセッサ（Cortex-M0，Cortex-M0+ プロセッサなど）は，排他アクセスをサポートしていません.

5.7.12 ロードアクワイヤとストアリリース命令

ロードアクワイヤ命令とストアリリース命令は，メモリ・オーダ要件を持つメモリ・アクセス命令です. これらの命令は，Cortex-M プロセッサ・ファミリの新しい命令であり，マルチプロセッサ・システム全体でのデータ・アクセスの処理を支援するように設計されています. これには，C11 標準で導入されたアトミック変数の処理が含まれます.

高性能プロセッサでは，プロセッサのハードウェアは，性能を向上させるためにメモリ・アクセスをリオーダできます. この最適化は，次の場合ではソフトウェアに問題を引き起こしません.

(a) プロセッサは，アクセスのオーダを追跡し続け，

(b) その動作結果に影響を与えないことを保証する

メモリ・アクセスのリオーダ技術としては，次のようなものがあります.

- データを読み出す場合，プロセッサはオプションで，そのデータを使用する後続のデータ処理動作が停止するのを防ぐために，読み出し動作をより早く実行できる. 長いパイプラインを有する高性能プロセッサでは，メモリ位置がペリフェラルでない限り，読み出し動作は潜在的にパイプラインのより早い段階で投機的に開始できる. 投機的読み出しは，TrustZone セキュリティ拡張のメモリ分割などのセキュリティ管理に違反することはない
- データ書き込みの場合，プロセッサは，複数のバッファ・エントリを有するライト・バッファを実装する場合がある. そのような場合，書き込み操作は遅延して，ライト・バッファ内に一定期間留まる可能性があり，その結果，潜在的には，後続の書き込み操作の方が先にメモリに到達する可能性がある

シングル・プロセッサ・システムでは，このようなメモリ・アクセスのリオーダは全く問題ありません. しかし，システムに 2 つ以上のプロセッサがあり，それらのプロセッサ上で動作するソフトウェア間の相互作用がある場合，リオーダが行われるときに問題が発生する可能性があります. 例として，このような問題が発生する可能性のある動作シーケンスを**図5.4**に示します.

第5章 命令セット

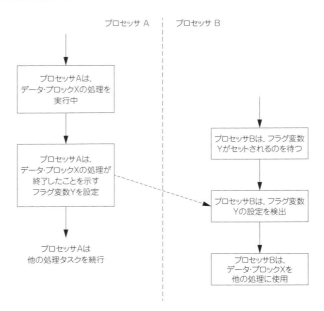

図5.4 2つのプロセッサ上で動作するソフトウェアの相互作用

メモリ・アクセスのリオーダが行われると，プロセッサBは，**図5.5**に示すように，更新されていないメモリ位置Xからデータを取得する可能性があります．このような問題は，プロセッサのバス・インターフェースが潜在的なアクセス競合を検出し，ライト・バッファ内の書き込みデータを位置Xの投機的な読み出しアクセスに転送することで解決するため，シングル・コア・システムでは発生しません．

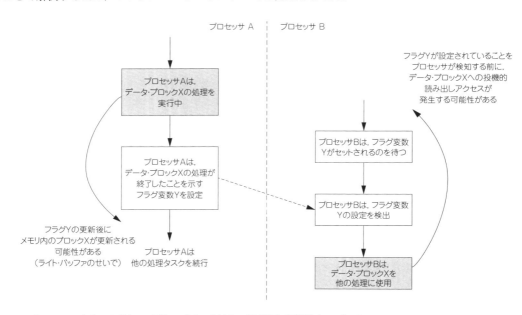

図5.5 マルチコア・ソフトウェアでは，メモリ・アクセスのリオーダが原因で問題となることがある

これまでのArmプロセッサでは，デバイス（すなわちペリフェラル・アドレス範囲）に対するメモリ・アクセス・オーダ要件がありました．しかし，通常のメモリ（SRAMなど）に対するメモリ・アクセスのオーダは厳密には要求されておらず，図5.5に示すような問題が発生する可能性があります．この問題を解決するには，システム内の他のバス・マスタによって観測されるメモリ・アクセスのオーダがプログラムの意図した動作と一致するように，メモリ・バリア命令（5.19節参照）を追加する必要があります（**図5.6**）．しかし，高性能なプロセッサでは，

これらのメモリ・バリア命令の使用には多くのクロック・サイクルが必要となり，性能に影響を与える可能性があります．例えば，ライト・バッファ内の全てのデータを排出する必要があり，後続の読み取りのいずれかが早期に開始された場合，それらを破棄して再発行する必要があります．

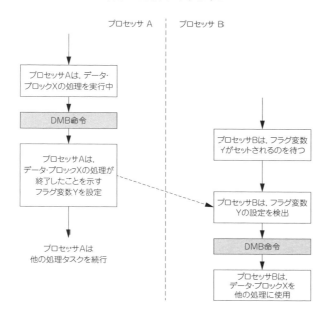

図5.6 データ・メモリ・バリア（Data Memory Barrier：DMB）命令を使用してアクセス・オーダの問題を回避する

性能への影響を軽減するために，新しいArmプロセッサ（Arm-v8-M以降）では，次のストアリリース命令とロードアクワイヤ命令が導入されました（図5.7）．

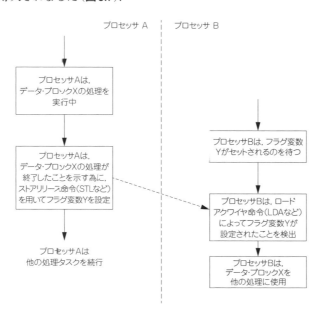

図5.7 ロードアクワイヤとストアリリース命令を使用してオーダ問題を防ぐ

- ストアリリース – バスに発行される前に，以前に発行された書き込み操作が完了するまで待つ必要があるメモリ・ストア操作．この状況では，他のバス・マスタがフラグ変数Yの更新（ストアリリース命令

第5章 命令セット

によって更新された)を観測した場合,データ・ブロックX上の更新が完了していなければならない
- ロードアクワイヤ – ロードアクワイヤ操作が完了するまで,後続のリード・アクセスが事前に発行されないようにするメモリ・ロード操作.先行するバッファされた書き込みが排出される必要がないため,長時間の遅延を避けることができる.

Armv8-Mアーキテクチャでは,ワード,ハーフワード,バイトのデータ・サイズに対応したロードアクワイヤとストアリリースの命令が用意されています(表5.39).

表5.39 ロードアクワイヤとストアリリース命令

命 令	説 明	制 約
LDAB Rt, [Rn]	メモリ位置 Rn からバイトを読み出す Rt=memory[Rn]	RtはSP/PCであってはならない RnはPCであってはならない
LDAH Rt, [Rn]	メモリ位置 Rn からハーフワードを読み出す Rt=memory[Rn]	同上
LDA Rt, [Rn]	メモリ位置 Rn からワードを読み出す Rt=memory[Rn]	同上
STLB Rt, [Rn]	Rt のバイトをメモリ位置 Rn に格納	同上
STLH Rt, [Rn]	Rt のハーフワードをメモリ位置 Rn に格納	同上
STL Rt, [Rn]	Rt のワードをメモリ位置 Rn に格納	同上

ロードアクワイヤ命令とストアリリース命令の排他アクセスのバリエーションは表5.38に示します.

Cortex-M23とCortex-M33プロセッサでは,パイプラインが比較的単純で,メモリ・アクセスのリオーダがないため,ロードアクワイヤとストアリリース命令は,通常のメモリ・アクセス命令と同様に実行されます.これらの命令を含めることで,異なるクラスのプロセッサ間のアーキテクチャの整合性を高めることができます(小型で低消費電力のCortex-Mプロセッサだけでなく高性能なCortex-Aプロセッサも).Cortex-Mプロセッサ製品は,Cortex-M7プロセッサと同様のスーパースカラ・パイプラインを持つように設計することが可能であり,これらの命令をアーキテクチャに含めることで,そのような設計をより効率的にできます.この製品群は,製品ライフ・サイクルが非常に長いため,これはCortex-Mプロセッサ・ファミリにとって重要です.

5.8 命令セット - 算術演算

算術演算は,ソフトウェア操作の重要な部分であり,全てのArmv8-Mプロセッサは,さまざまな算術命令をサポートされています.例えば,次のようなものがあります.
- 加算(キャリー付き加算を含む)
- 減算(ボロー付き減算を含む)
- 乗算と積和演算(Multiply-and-Accumulate:MAC) 注意:MACはメインラインでのみ利用可能
- 除算

上記の演算命令は,さまざまな形態(異なる構文とバイナリ・エンコーディング)で利用可能です.例えば,次のようなものがあります.
- 2つのレジスタ間の演算
- レジスタと即値データ間の演算

Cortex-M23プロセッサは,小型化を目指して設計されているため,前述の算術命令のサブセットしかサポートしていませんが,そのほとんどは16ビット命令です.Cortex-M23プロセッサで利用できる算術命令のほとんどは,次の条件です:
- ロー・レジスタ(r0 ~ r7)のみに限定
- APSRを常に更新
- より小さな範囲の即値データ値をサポート

通常,16ビット・データ処理命令は常にAPSRを更新し,サフィックス"S"で記述されます.しかし,これら

5.8 命令セット - 算術演算

の命令の1つがCortex-M33のようなArmv8-Mメインライン・プロセッサで使用されている場合，APSRが更新されない例外があります．それは，その命令が条件付き実行構造 "IF-THEN" で使用されている場合です．このような場合，命令はAPSRを更新しませんので，サフィックス "S" を付けずに記述する必要があります．

次の命令（表5.40）は，除算命令を除いてほとんどが16ビットで，Cortex-M23とCortex-M33プロセッサでサポートされています．

表5.40　Armv8-Mベースラインとメインラインの両方で利用可能な算術命令

命令	説明	制約
ADD Rd, Rm	Rd=Rd-Rm	RdとRmはハイ/ロー・レジスタ
ADD Rd, SP, Rd	Rd=SP-Rd	Rdはハイ/ロー・レジスタ
ADDS Rd, Rn, Rm	Rd=Rn-Rm, APSR更新	Rd,Rn,Rmはロー・レジスタ
ADDS Rd, Rn, #imm3	Rd=Rn+Zero_Extend(#imm3), APSR更新	同上
ADDS Rd, Rd, #imm8	Rd=Rd+Zero_Extend(imm8), APSR更新	同上
ADD SP,Rm	SP=SP+Rm	Rmはハイ/ロー・レジスタ
ADD Rd, SP, #imm8	Rd=SP+Zero_Extend(#imm8<<2)	Rdはロー・レジスタでなければならない
ADD SP, SP, #imm7	SP=SP+Zero_Extend(#imm7<<2) （ローカル変数のスタック・スペースを確保するためにC関数で使用）	
ADR Rd, label ADD Rd, PC, #imm8	Rd=(PC[32:2]<<2)+Zero_Extend(imm8<<2) プログラム・メモリ内のデータ・アドレスを見つけるために使用（リテラル・データ，ルックアップ・テーブル，ブランチ・テーブルのいずれか）．データ・アドレスは，現在のプログラム・カウンタの近くにある必要がある	Rdはロー・レジスタでなければならない．結果として得られるアドレスはワード整列されている必要がある
ADCS Rd, Rm	キャリー付き加算 Rd=Rd+Rm+Carry, APSR更新	Rd,Rmはロー・レジスタ
SUBS Rd, Rn, Rm	Rd=Rn-Rm, APSR更新	Rd,Rn,Rmはロー・レジスタ
SUBS Rd, Rn, #imm3	Rd=Rn-Zero_Extend(#imm3), APSR更新	Rd,Rnはロー・レジスタ
SUBS Rd, #imm8	Rd=Rd-Zero_Extend(#imm8), APSR更新	Rdはロー・レジスタ
SBCS Rd, Rd, Rm	キャリー（ボロー）付きで減算 Rd=Rd-Rm- Borrow, APSR更新	Rd,Rmはロー・レジスタ
RSBS Rd, Rn, #0	反転減算（ネガティブ）Rd=0-Rn, APSRの更新	Rd,Rnはロー・レジスタ
CMP Rn, Rm	比較：Rn-Rmを計算し，APSRを更新	RdとRmは両方ともロー・レジスタ，または両方ともハイ・レジスタ
CMP Rn, #imm8	比較：Rn-Zero_Extend(#imm8)の計算し，APSRの更新	Rnはロー・レジスタ
CMN Rn, Rm	ネガティブ比較：Rn+Rmを計算し，APSRを更新	Rd,Rnはロー・レジスタ
MULS Rd, Rm, Rd	Rd=Rd*Rm(32ビット結果),APSR.NとAPSR.Zの更新	Rd,Rmはロー・レジスタ
UDIV Rd, Rn, Rm	Rd=Rn/Rm(符号なし除算)	Rd,Rn,Rmはハイまたはロー・レジスタ
SDIV Rd, Rn, Rm	Rd=Rn/Rm(符号付き除算)	Rd,Rn,Rmはハイまたはロー・レジスタ

Armv8-Mメインラインは，次の追加の演算命令を提供します．
- より大きな即値データ範囲
- ハイ・レジスタを利用する能力
- 柔軟な二番目のオペランドのオプション（柔軟なop2）

柔軟な第2オペランド機能は5.6.3節で部分的に説明されており，op2は次の形で定数にできます（注意：次のXとYは16進数です）．
- 32ビット・ワード内の任意のビット数だけ8ビット値を左にシフトすることで生成できる任意の定数
- 0x00XY00XY形式の任意の定数

第5章 命令セット

- 0xXY00XY00形式の任意の定数
- 0xXYXYXYXY形式の任意の定数

柔軟な第2オペランドの第2形式は，任意のシフト／ローテートを有するレジスタです．これは，通常，Rmの後に追加のシフトオペランドによって示されます．例えば，次のようになります．

```
opcode Rd, Rn, Rm, LSL #2; Rm のシフト動作は "LSL #2"，すなわち2ビット左シフト
```

ここで，Rmは2番目のオペランドのデータを保持するレジスタを指定し，shiftはRmに適用されるシフト操作のオプション指定子です．次のいずれかになります（**表5.41**）．

表5.41 第2オペランド(バレル・シフタ)のオプション・シフト操作

シフト式	説 明
ASR #n	算術右シフト n ビット, 1≦n≦32
LSL #n	論理左シフト n ビット, 1≦n≦31
LSR #n	論理右シフト n ビット, 1≦n≦32
ROR #n	n ビット右ローテート, 1≦n≦31
RRX	拡張して 1 ビット右ローテート(5.10 節の RRX の説明を参照)

シフトはオンザフライで動作し，Rmレジスタに保持されているデータには影響しません．しかし，シフト操作によってキャリー・フラグが更新される可能性があります．シフト指定子が省略された場合，またはシフト表現でLSL#0を指定した場合，命令はRmの値を変更せずに使用します．

柔軟な第2オペランド機能は，算術演算だけでなく，多くの命令にも適用されます．

Armv8-Mメインライン拡張によって提供される追加の演算命令は，次の**表5.42**に記載されています．この表では，"{S}"(Sサフィックス – APSR更新)と"{,shift}"(シフト操作指定子)を使用して，これらのパラメータがオプションであることを示します．これらの命令では，ハイ・レジスタとロー・レジスタの両方を使用できます．

Armv8-MのベースラインとArmv6-Mを比較したときの算術命令の違いの1つは，Armv6-Mがハードウェア除算命令(UDIVとSDIV)をサポートしていないことです．しかし，これらの命令は全てのArmv8-Mプロセッサでサポートされています．

表5.42 Armv8-Mメインラインで利用可能な演算命令

命 令	説 明
ADD{S} Rd, Rn, Rm {,shift}	Rd=Rn+shift(Rm)，APSR 更新の有無にかかわらず
ADD{S} Rd, Rn, #imm12	Rd=Rn+#imm12，APSR 更新の有無にかかわらず
ADD{S} Rd, Rn, #imm	Rd=Rn+#imm (柔軟な op2：第 2 オペランド形式)，APSR 更新の有無にかかわらず
ADD{S} Rd, SP, Rm {,shift}	Rd＝SP+shift(Rm)
ADDW Rd, SP, #imm12	Rd=SP+#imm12
ADD{S} Rd, SP, #imm	Rd=SP+#imm (柔軟な op2 形式)，APSR 更新の有無にかかわらず
ADC{S} Rd, Rn, #imm	Rd=Rn+#imm (柔軟な op2 形式)+carry，APSR 更新の有無にかかわらず
ADC{S} Rd, Rn, Rm {,shift}	Rd=Rn+shift(Rm)+carry，APSR 更新の有無にかかわらず
ADR Rd, label	Rd=(WordAlign(PC)+4) +/- #immed12
SUB{S} Rd, Rn, Rm {,shift}	Rd=Rn-shift(Rm)，APSR 更新の有無にかかわらず
SUB{S} Rd, Rn, #imm12	Rd=Rn-#imm12，APSR 更新の有無にかかわらず
SUB{S} Rd, Rn, #imm	Rd=Rn-#imm (柔軟な op2 形式)，APSR 更新の有無にかかわらず
SUB{S} Rd, SP, Rm {,shift}	Rd=SP-Shift(Rm)
SUBW Rd, SP, #imm12	Rd=SP-#imm12

命令	説明
SUB{S} Rd, SP, #imm	Rd=SP-#imm（柔軟な op2 形式），APSR 更新の有無にかかわらず
SBC{S} Rd, Rn, #imm	Rd=Rn-#imm（柔軟な op2 形式）-borrow，APSR 更新の有無にかかわらず
SBC{S} Rd, Rn, Rm {,shift}	Rd=Rn-shift(Rm)+borrow，APSR 更新の有無にかかわらず
RSB{S} Rd, Rn, #imm	Rd=#imm（柔軟な op2 形式）-Rn，APSR 更新の有無にかかわらず
RSB{S} Rd, Rn, Rm	Rd=shift(Rm)-Rn，APSR 更新の有無にかかわらず
CMP Rn, Rm{,shift}	比較：Rn-shift(Rm) を計算し，APSR を更新
CMP Rn, #imm	比較：Rn-#imm（柔軟な op2 形式）を計算して APSR を更新
CMN Rn, Rm{,shift}	負の比較：Rn+shift(Rm) を計算し，APSR を更新
CMN Rn, #imm	負の比較：Rn+#imm（柔軟な op2 形式）を計算して APSR を更新
MUL Rd, Rn, Rm	Rd= Rn*Rm，32 ビット結果
MLA Rd, Rn, Rm, Ra	Rd= Ra+Rn*Rm（32 ビット MAC 命令，32 ビット結果）
MLS Rd, Rn, Rm, Ra	Rd= Ra-Rn*Rm（32 ビット乗算と減算命令，32 ビット結果）
SMULL RdLo, RdHi, Rn, Rm	32 ビット符号付き乗算，64 ビット結果 {RdHi,RdLo}=Rn*Rm
SMLAL RdLo, RdHi, Rn, Rm	32 ビット符号付き乗算，64 ビット結果 {RdHi,RdLo}+=Rn*Rm
UMULL RdLo, RdHi, Rn, Rm	32 ビット符号付き乗算，64 ビット結果 {RdHi,RdLo}=Rn*Rm
UMLAL RdLo, RdHi, Rn, Rm	32 ビット符号なし積和，64 ビット結果 {RdHi,RdLo}+=Rn*Rm

Cortex-M33 プロセッサでは，ハードウェア除算命令の動作を構成可能です．デフォルトでは，ゼロによる除算が発生すると，UDIV 命令と SDIV 命令の結果はゼロになります．NVIC 構成制御レジスタの DIVBYZERO ビットを設定して，ゼロ除算が発生したときにフォールト例外（HardFault/UsageFault）がトリガされるようにできます．

5.9 命令セット - 論理演算

データ処理命令のもう一つのタイプは，ビット単位の論理演算です．次の命令（**表5.43**）は，Cortex-M23 と Cortex-M33 プロセッサでサポートされています．これらの16ビット命令では，Rd と Rn は同じでなければならないので，Rd オペランドはオプションです．

表5.43 Armv8-M ベースラインとメインラインで利用可能な論理命令

命令	説明	制約
ANDS {Rd,} Rn, Rm	And Rd=Rn AND Rm，APSR(N,Z) 更新	Rd と Rn は同じレジスタを指定する必要がある．全てのレジスタはロー・レジスタ
ORRS {Rd,} Rn, Rm	Or Rd=Rn OR Rm，APSR(N,Z) 更新	同上
EORS {Rd,} Rn, Rm	排他 or Rd=Rn XOR Rm，APSR(N,Z) 更新	同上
BICS {Rd,} Rn,Rm	ビット・クリア Rd=Rn AND (!Rm)，APSR(N,Z) 更新	同上
MVNS Rd, Rm	ビット単位の否定（5.6.2 節にも記載） Rd=!Rm，APSR(N,Z) 更新	Rd,Rm はロー・レジスタ
TST Rn,Rm	テスト（ビット単位で AND，ただし，デスティネーション・レジスタを更新しない） Rn AND Rm を計算し，APSR(N,Z) のみ更新	Rn,Rm はロー・レジスタ

第5章　命令セット

Armv8-Mメインライン・プロセッサは，**表5.44**に示すように，幅広い論理演算をサポートしています．これらの命令では，ロー・レジスタとハイ・レジスタの両方を使用できます．

表5.44　Armv8-Mメインラインで使用可能な追加の論理命令

命令	説明
AND{S} Rd, Rn, Rm {,shift}	AND（論理積） Rd=Rn AND (shift(Rm))，APSR(N, Z, C)の更新の有無にかかわらず
AND{S} Rd, Rn, #imm	AND（論理積） Rd=Rd AND imm（柔軟な2オペランド:op2形式），APSR(N, Z, C)の更新の有無にかかわらず
ORR{S} Rd, Rn, Rm {,shift}	OR（論理和） Rd=Rn OR Rm，APSR(N, Z, C)の更新の有無にかかわらず
ORR{S} Rd, Rn, #imm	OR（論理和） Rd=Rd OR imm（柔軟なop2形式），APSR(N, Z, C)の更新の有無にかかわらず
ORN{S} Rd, Rn, Rm {,shift}	Not OR（否定論理和） Rd=Rn OR !Rm，APSR(N, Z, C)の更新の有無にかかわらず
ORN{S} Rd, Rn, #imm	Not OR（否定論理和） Rd=Rd OR !imm（柔軟なop2形式），APSR(N, Z, C)の更新の有無にかかわらず
EOR{S} Rd, Rn, Rm {,shift}	Exclusive OR（排他的論理和） Rd=Rn XOR Rm，APSR(N, Z, C)の更新の有無にかかわらず
EOR{S} Rd, Rn, #imm	Exclusive OR（排他的論理和） Rd=Rd XOR imm（柔軟なop2形式），APSR(N, Z, C)の更新の有無にかかわらず
BIC{S} Rd, Rn, Rm {,shift}	ビット・クリア Rd=Rn AND (!Rm)，APSR(N, Z, C)の更新の有無にかかわらず
BIC{S} Rd, Rn, #imm	ビット・クリア Rd=Rd AND (!imm)（柔軟なop2形式），APSR(N, Z, C)の更新の有無にかかわらず
MVN{S} Rd, Rm {,shift}	ビット単位の否定（5.6.2節にも記載） Rd=!Rm，APSR(N, Z, C)の更新の有無にかかわらず
TST Rn, Rm {,shift}	テスト（ビット単位でAND，ただしデスティネーション・レジスタを更新しない） Rn AND Rmを計算し，APSR(N, Z, C)のみを更新
TST Rn, #imm	テスト（ビット単位でAND，ただしデスティネーション・レジスタを更新しない） Rn AND imm（柔軟なop2形式）を計算し，APSR(N, Z, C)のみを更新
TEQ Rn, Rm {,shift}	テスト（ビット単位でXOR，ただしデスティネーション・レジスタを更新しない） Rn XOR Rmを計算し，APSR(N, Z, C)のみを更新
TEQ Rn, #imm	テスト（ビット単位でXOR，ただしデスティネーション・レジスタを更新しない） Rn XOR imm（柔軟なop2形式）を計算し，APSR(N, Z, C)のみを更新

注意：Cフラグは，柔軟な2番目のオペランドで指定されるシフト/ローテート操作の一部として更新される可能性があります．

5.10　命令セット - シフトとローテート操作

次の16ビット命令（**表5.45**）は，Cortex-M23とCortex-M33プロセッサでサポートされています．

表5.45　Armv8-Mベースラインとメインラインで利用可能なシフトとローテートの命令

命令	説明	制約
ASRS {Rd,} Rm, Rs	算術右シフト Rd=Rn>>Rm（シフト長 0 ～ 255）	RdとRmは同じレジスタを指定する必要がある．全てのレジスタはロー・レジスタ
ASRS {Rd,} Rm, #imm	算術右シフト Rd=Rm>>imm（シフト長 1 ～ 32）	同上

5.10 命令セット - シフトとローテート操作

命令	説明	制約
`LSLS {Rd,} Rm, Rs`	論理左シフト Rd=Rn<<Rm（シフト長 0 ～ 255）	同上
`LSLS {Rd,} Rm, #imm`	論理左シフト Rd=Rm<<imm（シフト長 0 ～ 31）	同上
`LSRS {Rd,} Rm, Rs`	論理右シフト Rd=Rn>>Rm（シフト長 0 ～ 255）	同上
`LSRS {Rd,} Rm, #imm`	論理右シフト Rd=Rm>>imm（シフト長 1 ～ 32）	同上
`RORS {Rd,} Rm, Rs`	右ローテート Rd＝Rm を Rs でローテート	同上

　シフトやローテートの長さをレジスタで指定する場合は，最下位の8ビットが使用されますのでご注意ください（32より大きい値を指定できる）．論理シフト演算の場合，シフト量が32以上の場合，デスティネーション・レジスタに書き込まれる結果は0となります．

　ASRが使用されると，結果の最上位ビット（Most Significant Bit：MSB）は変更されず，同時に，最後にシフト・アウトされたビットを使用してキャリーフラグ（"C"）が更新されます（図5.8）．

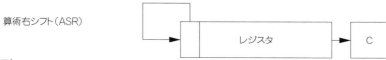

図5.8　算術右シフト

　論理シフト演算では，レジスタ内の全ビットが更新されます（図5.9，図5.10）．

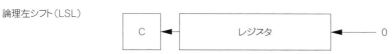

図5.9　論理左シフト

図5.10　論理右シフト

　右ローテート命令を図5.11で示しています．

図5.11　右ローテート

　このアーキテクチャは，右ローテート命令のみを提供します．次の左ローテート命令が必要な場合，これは異なるオフセットを持つROR（右ローテート）を使用して実行できます（ただし，キャリー・フラグは，左ローテートとは異なります）．

```
Rotate_Left(Data, offset) == Rotate_Right(Data, (32-offset))
```

　32ビット版のシフトとローテート命令（表5.46）は，追加の動作オプションとAPSRを更新するオプションを

提供します．

表5.46 Armv8-Mメインラインで利用可能な追加のシフトとローテート命令

命令	説明
ASR{S} Rd, Rm, Rs	算術右シフト Rd=Rn>>Rm（シフト長0〜255）
ASR{S} Rd, Rm, #imm	算術右シフト Rd=Rm>>imm（シフト長1〜32）
LSL{S} Rd, Rm, Rs	論理左シフト Rd=Rn<<Rm（シフト長0〜255）
LSL{S} Rd, Rm, #imm	論理左シフト Rd=Rm<<imm（シフト長0〜31）
LSR{S} Rd, Rm, Rs	論理右シフト Rd=Rn>>Rm（シフト長0〜255）
LSR{S} Rd, Rm, #imm	論理右シフト Rd=Rm>>imm（シフト長1〜32）
ROR{S} Rd, Rm, Rs	右ローテート Rd=RmをRsでローテート（ローテート範囲0〜255）
ROR{S} Rd, Rm, #imm	右ローテート Rd=immでローテートさせたRm（1〜31）
RRX{S} Rd, Rm	拡張して1ビット右ローテート Rd=Rmを1ビット右にローテート

RRXの動作を図5.12に示します．

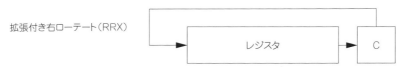

図5.12 拡張右ローテート

5.11 命令セット - データ変換（拡張とリバース・オーダリング）

Cortex-Mプロセッサは，異なるデータ・タイプ間でデータを変換するためのさまざまな命令をサポートしています．例えば，データを8ビットから32ビットに変換したり，16ビットから32ビットに変換したりします．これらの命令は，符号付きデータと符号なしデータで使用できます．これらの命令の16ビット・バージョンは，全てのCortex-Mプロセッサで利用可能で，ロー・レジスタ（r0〜r7）にのみアクセスできます（表5.47）．

表5.47 Armv8-Mベースラインおよびメインラインの符号付きおよび符号なしの拡張命令

命令	説明	制約
SXTB Rd, Rm	符号付きバイト・データをワードに拡張 Rd=signed_extend(Rm[7:0])	Rd,Rmはロー・レジスタのみ
SXTH Rd, Rm	符号付きバイト・データをワードに拡張 Rd=signed_extend(Rm[15:0])	同上
UXTB Rd, Rm	符号なしバイト・データをワードに拡張 Rd=unsigned_extend(Rm[7:0])	同上
UXTH Rd, Rm	符号なしバイト・データをワードに拡張 Rd=unsigned_extend(Rm[15:0])	同上

5.11 命令セット - データ変換（拡張とリバース・オーダリング）

SXTBとSXTH命令は，ビット[7]（SXTBの場合），ビット[15]（SXTHの場合）を使用して，入力値（Rm）を符号拡張します．UXTBとUXTHでは，入力値は32ビットの結果にゼロ拡張されます．

例えば，R0が0x55AA8765の場合，次のようになります．

```
SXTB R1, R0 ; R1 = 0x00000065
SXTH R1, R0 ; R1 = 0xFFFF8765
UXTB R1, R0 ; R1 = 0x00000065
UXTH R1, R0 ; R1 = 0x00008765
```

これらの命令の32ビット版は，ハイ・レジスタの使用を可能にし，入力データのローテート・パラメータをオプションで提供します（表5.48）．

表5.48　Armv8-Mメインラインのための追加の符号ありおよび符号なし拡張命令

命　令	説　明
SXTB Rd, Rm {,ROR #n} (n = 0/ 8 / 16/ 24)	バイト・データをワードに符号拡張 Rd=sign_extend(Rm[7:0])　；ローテートなし Rd=sign_extend(Rm[15:8])　；n＝8 Rd=sign_extend(Rm[23:16])　；n＝16 Rd=sign_extend(Rm[31:24])　；n＝24
SXTH Rd, Rm {,ROR #n} (n = 0 / 8 / 16/ 24)	ハーフワード・データをワードに符号拡張 Rd=sign_extend(Rm[15:0])　；ローテートなし Rd=sign_extend(Rm[23:8])　；n＝8 Rd=sign_extend(Rm[31:16])　；n＝16 Rd=sign_extend(Rm[7:0], Rm[31:24])　；n＝24
UXTB Rd, Rm {,ROR #n} (n = 0 / 8 / 16/ 24)	バイト・データをワードに符号なし拡張 Rd=unsign_extend(Rm[7:0])　；ローテートなし Rd=unsign_extend(Rm[15:8])　；n＝8 Rd=unsign_extend(Rm[23:16])　；n＝16 Rd=unsign_extend(Rm[31:24])　；n＝24
UXTH Rd, Rm {,ROR #n} (n = 0 / 8 / 16/ 24)	ハーフワード・データをワードに符号なし拡張 Rd=unsign_extend(Rm[15:0])　；ローテートなし Rd=unsign_extend(Rm[23:8])　；n＝8 Rd=unsign_extend(Rm[31:16])　；n＝16 Rd=unsign_extend(Rm[7:0], Rm[31:24])　；n＝24

これらの命令は，異なるデータ・タイプ間でデータを変換するのに便利です．メモリからデータをロードする際に，符号拡張や符号なし拡張の操作がオン・ザ・フライ（臨機応変）に行われることがあることに注意してください（例：符号なしデータの場合はLDRB，符号ありデータの場合はLDRSB）．

Armv8-MメインラインのDSP拡張には，追加の拡張命令も含まれています．これについては5.15節で説明します．

もう1つのデータ変換命令として，リトル・エンディアンとビッグ・エンディアンの間でデータを変換する命令があります．これらの命令は，表5.49に示すように，レジスタのバイト順を逆にします．

これらの命令の動作を図5.13に示します．

表5.49　Armv8-Mベースラインとメインラインのリバース命令

命　令	説　明	制　約
REV Rd, Rm	ワード内のバイトを反転	Armv8-M のベースラインは 16 ビット版のみをサポートし，ロー・レジスタのみをサポート
REV16 Rd, Rm	各ハーフワードのバイトを反転	同上
REVSH Rd, Rm	下位のハーフワードのバイトを反転し，結果を32ビットに拡張	同上

167

第5章 命令セット

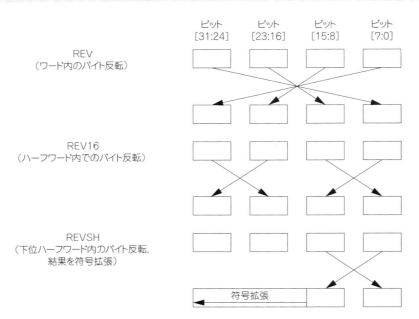

図5.13 リバース操作

REVは，データ・ワード内のバイト順を反転し，REVHはハーフワード内のバイト順を反転させます．例えば，R0が0x12345678の場合，次のように実行します．

```
REV   R1, R0
REV16 R2, R0
```

R1は0x78563412になり，R2は0x34127856になります．
REVSHは，下位のハーフワードのみを処理し，結果を符号拡張するという点を除いて，REV16と同じです．例えば，R0が0x33448899の場合，次のように実行します．

```
REVSH R1, R0
```

R1は0xFFFF9988になります．
　これらの命令の16ビット形式（Armv8-Mベースラインとメインラインの両方で利用可能）は，ロー・レジスタ（R0～R7）のみにアクセスします．これらの命令の32ビット版（Armv8-Mメインラインで利用可能）は，ロー・レジスタとハイ・レジスタを利用できます．

5.12　命令セット-ビット・フィールド処理

ビット・フィールド処理は，制御アプリケーションや通信プロトコル処理で一般的に使用されています．Armv8-Mメインライン・プロセッサは，表5.50のように，さまざまなビット・フィールド処理命令をサポートしています．これらの命令は，Armv8-Mベースラインでは使用できません．
　ビット・フィールド・クリア（Bit Field Clear：BFC）は，レジスタの任意の位置にある1～31の隣接ビットをクリアします．命令の構文は次のとおりです．

```
BFC Rd, #lsb, #width
```

例えば

5.12 命令セット-ビット・フィールド処理

表5.50 Armv8-Mメインラインのビット・フィールド処理命令

命 令	説 明	制 約
BFC Rd, #lsb, #width	レジスタ内のビット・フィールドを0にクリア	*lsb : 0-31* *width : 1-32* *lsb+width <=32*
BFI Rd, Rn, #lsb, #width	位置 #lsb で, Rn から Rd へビット・フィールドを挿入	同上
SBFX Rd, Rn, #lsb, #width	レジスタからビット・フィールドをコピーして符号を拡張	同上
UBFX Rd, Rn, #lsb, #width	レジスタからビット・フィールドをコピーし, 符号を付けずに拡張	同上
CLZ Rd, Rm	先行するゼロの数をカウント	
RBIT Rd, Rn	ビット順序を反転	

```
LDR R0,=0x1234FFFF
BFC R0, #4, #8
```

これにより，R0 = 0x1234F00F となります．

ビット・フィールド・インサート（Bit Field Insert：BFI）は，1 〜 32ビット（#width）を1つのレジスタから別のレジスタの任意の位置（#lsb）にコピーします．構文は次のとおりです．

```
BFI Rd, Rn, #lsb, #width
```

例えば

```
LDR R0,=0x12345678
LDR R1,=0x3355AACC
BFI R1, R0, #8, #16  ; R0[15:0] を R1[23:8] に挿入
```

これにより，R1 = 0x335678CC となります．

CLZ命令は，先頭のゼロの数をカウントします．ビットが設定されていない場合，結果は32になり，全てのビットが設定されている場合，結果は0になります．これは一般的に，値を正規化するのに必要なビット・シフト数を決定するために使用され，1である先頭のビットがビット31にシフトされます．浮動小数点演算でよく使われます．

RBIT命令は，データ・ワードのビット順序を反転させます．構文は次のとおりです．

```
RBIT Rd, Rn
```

この命令は，データ通信におけるシリアル・ビット・ストリームの処理に非常に便利です．例えば，R0が0xB4E10C23（バイナリ値 1011_0100_1110_0001_0000_1100_0010_0011）の場合，次の命令を実行します．

```
RBIT R0, R0
```

R0は0xC430872D（バイナリ値1100_0100_0011_0000_1000_0111_0010_1101）となります．

UBFXとSBFXは，符号なしと符号付きのビット・フィールド抽出命令です．これらの命令の構文は次のとおりです．

```
UBFX Rd, Rn, #lsb, #width
SBFX Rd, Rn, #lsb, #width
```

UBFXは，任意の位置（#lsbオペランドで指定された）から始まり，ビット31までの任意の幅のビット・フィー

ルドをレジスタから抽出します．抽出されるビット・フィールドの幅は#widthオペランドで指定されます．ビット・フィールドが抽出された後，それはゼロ拡張され，デスティネーション・レジスタに置かれます．例えば，次のようになります．

```
LDR  R0,=0x5678ABCD
UBFX R1, R0, #4, #8
```

これにより，R1 = 0x000000BC（0xBCのゼロ拡張）となります．
同様に，SBFXはビット・フィールドを抽出しますが，それをデスティネーション・レジスタに入れる前に符号拡張します．例えば，次のようになります．

```
LDR  R0,=0x5678ABCD
SBFX R1, R0, #4, #8
```

これにより，R1 = 0xFFFFFFBC（0xBCの符号付き拡張）となります．

5.13 命令セット - 飽和演算

Armv8-Mメインライン・プロセッサは，符号付き飽和（Signed Saturation：SSAT）と符号なし飽和（Unsigned Saturation：USAT）と呼ばれる2つの飽和調整命令をサポートしています．これらの命令は，DSP拡張が含まれていない場合でも存在します．DSP拡張機能が含まれている場合は，飽和算術命令の追加セットが提供されます．SSATとUSAT命令を表5.51に示し，飽和算術命令については5.15節で説明します．

表5.51　Armv8-Mメインラインの飽和調整命令

命令	説明	制約
SSAT Rd,#imm,Rn{,shift}	符号付き値の飽和．飽和のビット位置は，即値（#imm）で定義される．アプリケーション・プログラム・ステータス・レジスタ（Application Program Status Register：APSR）のQビットは，飽和が発生すると1になる	#imm: 1-32 可能なシフトは ASR #amount(1-31)，または LSL #amount(0-31)
USAT Rd,#imm,Rn{,shift}	符号なし値の飽和．飽和のビット位置は，即値（#imm）で定義される．アプリケーション・プログラム・ステータス・レジスタ（Application Program Status Register：APSR）のQビットは，飽和が発生すると1になる	#imm: 0-32 可能なシフトは ASR #amount(1-31)，または LSL #amount(0-31)

　飽和は，信号処理で一般的に使用されます．例えば，増幅などの特定の操作の後，信号の振幅が最大許容出力範囲を超えることがあります．この値を単にMSBビットをカットすることで調整すると，結果として得られる信号波形が完全に歪んでしまう可能性があります（図5.14）．
　飽和動作では，値を強制的に最大許容値にすることで歪みを低減します．歪みはまだ存在しますが，値が最大範囲を大きく超えていなければ，目立ちにくくなります．
　SSAT命令とUSAT命令は，飽和の結果をデスティネーション・レジスタ（Rd）に格納します．並行して，SSAT/USAT動作中に飽和が発生した場合，SSAT命令またはUSAT命令により，APSRのQフラグが1にセットされます．Qフラグは，ソフトウェアがAPSRのQフラグに，0を書き込むことでクリアされます（5.6.4節参照）．例えば，32ビット符号付き値を16ビット符号付き値に飽和させる場合，次の命令を使用できます．

```
SSAT R1, #16, R0
```

表5.52は，SSAT操作結果の幾つかの例を示しています．

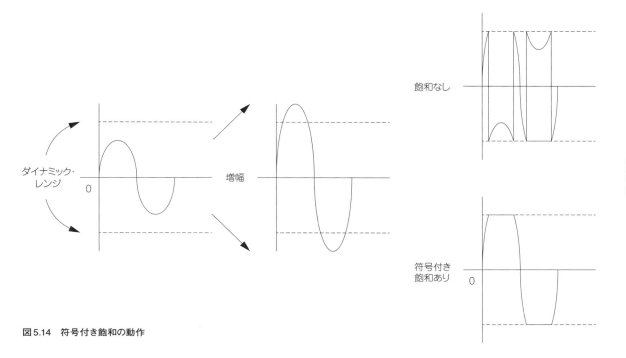

図5.14 符号付き飽和の動作

表5.52 SSATの結果の例

入力（R0）	出力（R1）	Qビット
0x00020000	0x00007FFF	セット
0x00003000	0x00007FFF	セット
0x00007FFF	0x00007FFF	変わらない
0x00000000	0x00000000	変わらない
0xFFFF8000	0xFFFF8000	変わらない
0xFFFF7FFF	0xFFFF8000	セット
0xFFFE0000	0xFFFF8000	セット

USATは，結果が符号なしの値である点でSSATと若干異なります．この命令は，図5.15に示すような飽和動作を提供します．

図5.15に示すような飽和調整動作を行うには，例えば，次のコードでUSAT命令を使用して32ビットの符号付

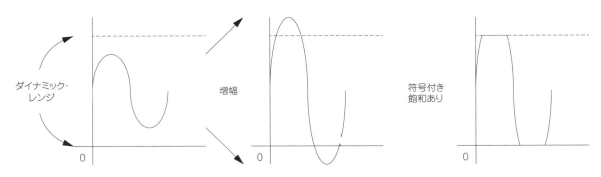

図5.15 符号なし飽和演算

第5章 命令セット

き値を16ビットの符号なし値に変換できます.

```
USAT R1, #16, R0
```

表5.53に，USATの動作結果の例を幾つか示します.

表5.53 USAT の結果の例

入力（R0）	出力（R1）	Qビット
0x00020000	0x0000FFFF	セット
0x00008000	0x00008000	変わらない
0x00007FFF	0x00007FFF	変わらない
0x00000000	0x00000000	変わらない
0xFFFF8000	0x00000000	セット
0xFFFF8001	0x00000000	セット
0xFFFFFFFF	0x00000000	セット

SSATとUSAT命令の入力値は，実際の飽和動作の前にシフトさせることができます．これらの命令に"#LSL N"（論理左シフト）または"#ASR N"（算術右シフト）パラメータを追加できます.

5.14 命令セット-プログラム・フロー制御

5.14.1 概要

プログラム・フロー制御には，幾つかの命令タイプがあります．これらは次のとおりです.
- 分岐
- 関数呼び出し
- 条件分岐
- 比較と条件分岐の組み合わせ
- 条件付き実行（IF-THEN命令） – Armv8-Mメインラインのみ
- テーブル分岐 – Armv8-Mメインラインのみ

TrustZoneセキュリティ拡張機能には，幾つかの分岐命令（BXNS，BLXNSなど）が追加されました．これらについては，5.20節で説明します．Armv8.1-Mアーキテクチャ（Cortex-M55など）では，さまざまな分岐命令が追加されましたが，Cortex-M23とCortex-M33プロセッサではサポートされていないため，本書では取り上げません.

5.14.2 分岐

多くの命令は分岐動作を発生できます．これらは次のとおりです.
- 分岐命令（"B label"，"BX Rn"など）
- R15（プログラム・カウンタ：Program Counter：PC）を更新するデータ処理命令（MOV，ADDなど） – 通常，分岐命令の方が最適化されているため，この方法はほとんどの場合に使用されない
- PCに書き込むメモリ読み出し命令（LDR，LDM，POPなど） – PCを更新するPOP命令は，関数のリターンによく使われる

上記のいずれかの動作を使って分岐を作成することが可能ですが，B（Branch）命令，BX（Branch and Exchange）命令，POP命令（関数リターンで一般的に使用されている）を使用するのが一般的です．Armv8-MベースラインやArmv6-Mプロセッサでは，テーブル分岐で他のメソッドを使用することもあります．Armv8-Mメイン

172

ラインおよびArmv7-Mアーキテクチャでは，これらのプロセッサにはテーブル分岐用の特定の命令があるため，これらの方法は必要ありません．

Armv8-Mベースラインとメインラインの両方が，**表5.54**に示す分岐命令をサポートしています．

表5.54 無条件分岐命令（Armv8-Mベースラインとメインライン）

命 令	説 明	制 約
B label	分岐命令の16ビット版	分岐範囲は±2Kバイト
B.W label	分岐命令の32ビット版 注：オフセットが2Kバイト以上で，アセンブラが自動的に32ビット版を選択する場合は，"B label"と書くことができる	分岐範囲は±16Mバイト
BX Rm	分岐および交換．*Rm*に格納されているアドレス値に分岐し，*Rm*のビット0を基準にプロセッサの実行状態（T-bit）を設定する（Cortex-Mプロセッサは Thumb状態しかサポートしていないため，*Rm*のビット0は1でなければならない）	

まれに，アセンブリ言語プログラミングでは，分岐先が±2Kバイトの範囲の限界にギリギリの場合，分岐命令の32ビット版を指定する必要がある場合があることに注意してください．

Armv8-MベースラインとArmv6-Mを比較すると，Armv6-Mアーキテクチャは，32ビット版の分岐命令（"B.W label"）をサポートしていません．これは，Armv8-Mベースラインに含まれており，ツール・チェーンがリンク時関数テールチェイニング（あるモジュール内の関数の最後から別のモジュール内の別の関数の最初への分岐に関連する）などのより優れた最適化メカニズムを提供できるようにします．

TrustZoneセキュリティ拡張によって導入された分岐命令"BXNS"については，5.20節を参照してください．

5.14.3 関数呼び出し

関数を呼び出すには，分岐とリンク（Branch and Link：BL）命令または，交換付き分岐とリンク（Branch and Link with eXchange：BLX）命令を使用します（**表5.55**参照）．これらの命令を実行すると，プログラム・カウンタが目的のアドレスに更新され，同時にリターン・アドレスがリンク・レジスタ（Link Register：LR）に保存されます．リターン・アドレスはLRに保存され，関数呼び出しが終了した後にプロセッサが元のプログラムに分岐して戻ることができるようになっています．

表5.55 関数呼び出し命令（Armv8-Mベースラインとメインライン）

命 令	説 明	制 約
BL label	分岐とリンク命令（32ビット）．ラベルで指定されたアドレスに分岐し，その戻りアドレスをLRに保存	分岐範囲は±16Mバイト
BLX Rm	交換付き分岐とリンク．*Rm*で指定されたアドレスに分岐し，LRにリターン・アドレスを保存し，EPSRのTビットを*Rm*のLSB（最下位ビット）で更新	*Rm*のLSBは1でなければならない

Cortex-MプロセッサはThumb命令しかサポートしていないため，BLX命令を実行する際にはRmのLSBを1にセットする必要があります．1にセットされていない場合，BLX命令の実行はArm状態に切り替えようとして，フォールト例外が発生します．

TrustZoneセキュリティ拡張で導入された分岐とリンク命令"BLXNS"については，5.20節を参照してください．

注意：サブルーチンを呼び出す必要がある場合はLRを保存する

BL命令は，LRレジスタの現在の内容を破壊します．したがって，プログラム・コードが後の段階で，LRレジスタに保持されている現在のデータを必要な場合，BL命令を使用する前に，LRを保存する必要があります．通常の方法は，サブルーチンの最初にLRをスタックにプッシュすることです．例えば，次のようになります．

第5章 命令セット

```
main
  ...
  BL functionA
  ...
functionA
  PUSH {R0, LR} ; LRの内容をスタックに保存
       ;(スタック・ポインタをダブルワード・アドレスに揃えるために，偶数個のレジスタを保存
       ; Arm Cインターフェースの要件)
  ...
  BL functionB ; 注意: LRのリターン・アドレスが変更されているかも
  ...
  POP {R0, PC} ; スタックされたLRの内容を使用して，mainに戻る
functionB
  PUSH {R0, LR}
  ...
  POP {R0, PC} ; スタックされたLRの内容を使用して，functionAに戻る
```

　呼び出されたサブルーチンがC関数の場合，LRレジスタの内容を保存するだけでなく，後の段階で必要になる場合はR0-R3とR12の内容も保存する必要がある場合があります．AAPCS[5]によると，これらのレジスタの内容は，C関数によって変更される可能性があります．また，AAPCSは，C関数の境界でダブルワード・スタック・アライメントを要求するので，上のコード例では，偶数個のレジスタをPUSHする必要があります．

5.14.4 条件分岐

　条件分岐は，APSR（**表5.56**に示すようにN，Z，C，Vフラグ）の現在の値に基づいて条件付きで実行されます．

表5.56 条件分岐の制御に使用できるAPSRのフラグ（ステータス・ビット）

フラグ	PSRビット	説明
N	31	負フラグ（最後の演算結果が負の値）
Z	30	ゼロ・フラグ（最後の演算結果はゼロの値を返した．例えば，同じ値を持つ2つのレジスタの比較）
C	29	キャリー・フラグ - 最後の演算がADDでキャリー・フラグがセットされている場合，キャリー・アウト・ステータスを示す - 最後の演算がSUBTRACTでキャリー・フラグがクリアされている場合，これはボロー・ステータスを示す - 最後の操作がシフトまたはローテートの場合，キャリー・フラグはシフトまたはローテート操作でシフト・アウトされた最後のビット
V	28	オーバフロー・フラグ（最後の操作でオーバフローの状況になった）

　APSRフラグは，次の影響を受ける可能性があります．
- ほとんどの16ビット・データ処理命令
- Sサフィックスを持つ32ビット（Thumb-2）データ処理命令．例えば，ADDS.W
- 比較（CMPなど）とテスト（TST，TEQなど）命令
- APSR/xPSRに直接書き込む命令
- 例外/割り込みサービスの終了時のアンスタッキング処理

Armv8-Mメインライン・プロセッサでは，ビット27にQフラグと呼ばれる別のAPSRフラグ・ビットがあります．これは飽和算術演算のためのものですが，条件分岐には使用されません．

　条件分岐命令の条件タイプは，**表5.58**にリストされているサフィックスで示されます．これらのサフィックスは，条件付き実行演算にも使用されます（5.14.6節参照）．条件分岐命令（**表5.57**，<cond>は条件サフィックスの1つ）は，16ビット版と32ビット版があります．16ビット版と32ビット版では分岐範囲が異なり，Armv8-Mベースラインでは，16ビット版の条件分岐命令のみをサポートしています．

5.14 命令セット-プログラム・フロー制御

表5.57 条件分岐命令

命令	説明	制約
B<cond> label	条件分岐の16ビット版 <ccnd>は，表5.58の条件サフィックスの1つ	分岐範囲は-256バイトから254バイトまで
B<cond>.W label	条件分岐の32ビット版 注：オフセットが2Kバイト以上で，アセンブラが自動的に32ビット版を選択する場合，これは"B<cond>ラベル"と書くことができる． <ccnd>は表5.58の条件サフィックスの一つ	分岐範囲は±1Mバイト．Armv8-MベースラインではサポートされていないA

<cond>は，表5.58に記載されている14の可能な条件サフィックスのうちの1つです．

表5.58 条件分岐と条件実行のサフィックス

サフィックス	分岐条件	フラグ(APSR)
EQ	等しい	Zフラグがセット
NE	等しくない	Zフラグがクリア
CS/HS	キャリーセット / 符号なしでより大きいかまたは同じ	Cフラグがセット
CC/LO	キャリークリア / 符号なしでより小さい	Cフラグがクリア
MI	負 / 否定	Nフラグがセット(マイナス)
PL	プラス / 正またはゼロ	Nフラグがクリア
VS	オーバフロー	Vフラグがセット
VC	オーバフローなし	Vフラグがクリア
HI	符号なしで，より大きい	Cフラグがセットで，Zフラグがクリア
LS	符号なしで，より小さいかまたは同じ	Cフラグがクリアか，Zフラグがセット
GE	符号付きで，より大きいかまたは同じ	Nフラグがセットで，Vフラグがセット，または Nフラグがクリアで，Vフラグがクリア(N==V)
LT	符号付きで，より小さい	Nフラグがセットで，Vフラグがクリアか Nフラグがクリアで，Vフラグがセット(N!=V)
GT	符号付きで，より大きい	Zフラグがクリアで，NフラグとVフラグの両方がセットか，NフラグとVフラグの両方がクリア(Z == 0 と N == V)
LE	符号付きで，より小さいかまたは同じ	Zフラグがセットか，または以下のいずれか NフラグがセットでVフラグがクリアか，またはNフラグがクリアでVフラグがセット (Z == 1 または N != V)

条件分岐命令の使用例を図5.16に示します．図の操作は，R0の値に基づいてR3の新しい値を選択します．

図5.16のプログラム・フローは，次のように条件分岐命令と通常の分岐命令を用いて実装できます．

```
    CMP  R0, #1   ; R0 と1 を比較する
    BEQ  p2       ; 等しいならば，p2 に進む
    MOVS R3, #1   ; R3 = 1
    B    p3       ; p3 に行く
p2                ; ラベル p2
    MOVS R3, #2
p3                ; ラベル p3
    ...           ; その他の後続の演算
```

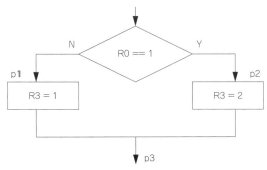

図5.16 単純な条件分岐の例

第5章 命令セット

5.14.5 比較と分岐（CBZ, CBNZ）

Armv8-Mアーキテクチャには，比較と分岐命令であるCBZとCBNZが含まれています（**表5.59**）．以前は，この2つの命令はArmv6-Mプロセッサにはなく，Armv7-Mプロセッサでのみ利用可能でした．Armv8-Mでは，CBZとCBNZはベースラインとメインラインのサブプロファイルの両方で利用可能です．

表5.59 比較と分岐命令（Armv8-Mベースラインとメインライン）

命 令	説 明	制 約
CBZ Rn,label	ゼロと比較して分岐 – Rn がゼロの場合に label に分岐	+4 〜 +130 バイトの分岐範囲
CBNZ Rn,label	非ゼロと比較して分岐 – Rn がゼロでない場合に label に分岐	同上

CBZとCBNZは，"while"ループのようなループ構造で，例えば次のように非常に便利です．

```
i = 5;
while (i != 0){
     func1();   // 関数呼び出し
     i--;
}
```

これは次のようにコンパイルできます．

```
       MOV R0, #5          ; ループ・カウンタを設定
loop1  CBZ R0,loop1exit    ; ループ・カウンタが0の場合はループを終了
       BL func1            ; 関数を呼び出す
       SUBS R0, #1         ; ループ・カウンタの減少
       B loop1             ; 次のループ
loopexit
```

CBNZの使用は，Zフラグがセットされていない場合（結果が0でない場合）に分岐するという点を除けば，CBZと非常によく似ています．例えば，次のようになります．

```
status = strchr(email_address, '@');   // 文字列の中の'@'を検索
if (status == 0){   //email_addressに@が含まれていない場合は0
     show_error_message();   // エラー・メッセージを表示する関数
     exit(1);
     }
```

これは次のようにコンパイルできます．

```
  ...
  BL strchr
  CBNZ R0, email_looks_okay   ; 結果がゼロでなければ分岐
  BL show_error_message
  BL exit
email_looks_okay
  ...
```

APSR値は，CBZとCBNZの命令の影響を受けません．

5.14.6 条件付き実行（IF-THEN命令ブロック）

IT（IF-THEN）命令は，最大4つの後続命令の条件付き実行をサポートするために使用されます．これは，Armv8-Mメインラインと Armv7-M プロセッサでサポートされていますが，Armv8-Mベースラインと Armv6-M プロセッサでは使用できません．

IT命令ブロックは，次で構成されています．

- 条件付き実行の詳細を含むIT命令
- 1〜4つの条件付きで実行される命令．条件付き実行命令は，データ処理命令またはメモリ・アクセス命令．ITブロック内の最後の条件付き実行命令は，条件分岐命令にすることもできる．

IT命令文は，IT命令のオペコードに，最大3つの追加オプションのサフィックス "T"（then）または "E"（else）を加えたもので，その後に表5.58に示すような条件サフィックスが続きます（条件分岐の条件記号に使用されるのと同じ記号を使用）．"IT"の最初の"T"を最大3個までの追加の"T"または"E"と組み合わせると，その命令は，次の1〜4つの命令のための1〜4つの条件を定義します．"T"は条件が真の場合に実行される命令を指定し，"E"は条件が偽の場合に実行される命令を指定します．IT命令ブロックの最初の条件実行には，"T"条件を使用しなければいけません．

IT命令ブロックの使用例を以下に示します．同じプログラム・フローを用いて，図5.16のように，IT命令ブロックを用いた動作を次のように記述できます．

```
CMP R0, #1        ; R0と1の比較
ITE EQ            ; Zがセット（EQ）されると次の命令が実行され，
                  ; Zがクリア（NE）されるとその次の命令を実行
MOVEQ R3, #2      ; EQの場合はR3を2に設定
MOVNE R3, #1      ; EQ（NE）でない場合はR3を1にセット
```

サフィックスが"E"の場合，ITブロック内の対応する命令の実行条件は，IT命令で指定された条件の反転でなければいけませんので注意してください．

"T"と"E"のシーケンスのさまざまな組み合わせが可能です．それらは次のとおりです．

- 条件付き実行命令が1つだけのシーケンス：IT
- 2つの条件付き実行命令を持つシーケンス：ITT，ITE
- 3つの条件付き実行命令を持つシーケンス：ITTT，ITTE，ITET，ITEE
- 4つの条件付き実行命令を持つシーケンス：ITTTT，ITTTE，ITTET，ITTEE，ITETT，ITETE，ITEET，ITEEE

表5.60に，さまざまな形式のIT命令ブロックのシーケンスと例を示します．

表5.60　各種サイズのIT命令ブロック（Armv8-Mメインライン/Armv7-M）

	ITブロック[\<x\>, \<y\>, \<z\>のそれぞれはT(then)またはE(else)のいずれか]	例
条件付き命令は1つだけ	IT \<cond\> instr1\<cond\>	IT EQ ADDEQ R0, R0, R1

2つの条件付き命令	IT\<x\> \<cond\>
	instr1\<cond\>
	instr2\<cond or ~(cond)\>
		ITE GE
		ADDGE R0, R0, R1
		ADDLT R0, R0, R3

3つの条件付き命令	IT\<x\>\<y\> \<cond\>
	instr1\<cond\>
	instr2\<cond or ~(cond)\>
	instr3\<cond or ~(cond)\>
		ITET GT
		ADDGT R0, R0, R1
		ADDLE R0, R0, R3
		ADDGT R2, R4, #1

4つの条件付き命令	IT\<x\>\<y\>\<z\> \<cond\>
	instr1\<cond\>
	instr2\<cond or ~(cond)\>
	instr3\<cond or ~(cond)\>
	instr4\<cond or ~(cond)\>
		ITETT NE
		ADDNE R0, R0, R1
		ADDEQ R0, R0, R3
		ADDNE R2, R4, #1
		MOVNE R5, R3

第5章 命令セット

表5.60については，次のとおりです．
- <x>は2番目の命令の実行条件を指定
- <y>は3番目の命令の実行条件を指定
- <z>は4番目の命令の実行条件を指定
- <cond>は命令ブロックの基本条件を指定（<cond>が真の場合，ITに続く最初の命令を実行）

"AL"が<cond>に使われている場合，命令が実行されないことを意味するので，条件制御に"E"を使うことはできません．

アセンブリ開発環境によっては，IT命令をアセンブラが自動的に挿入されます．例えば，次のアセンブリ・コードをArmツール・チェーンで使用する場合，表5.61に示すように，アセンブラは必要なIT命令を自動的に挿入できます．

表5.61 Armアセンブラ(Armv8-Mメインライン/Armv7-M)へのIT命令の自動挿入

オリジナルのアセンブラ・コード	生成されたオブジェクト・ファイルから逆アセンブルしたアセンブリ・コード

...
CMP R1,#2
ADDEQ R0, R1, #1
...
	...
	CMP R1,#2
	IT EQ ; アセンブラで追加されたIT
	ADDEQ R0, R1, #1
	...

このアセンブリ・ツール機能は，ソフトウェアの移行を支援します．IT命令を手動で挿入する必要がないため，従来のArmプロセッサ（Arm7TDMIなど）用のアセンブリ・アプリケーション・コードをCortex-Mプロセッサ（Armv7-MまたはArmv8-Mメインライン）に簡単に移植できます．

IT命令ブロック内のデータ処理命令で，APSRのフラグ値を変更すると，プログラムのデバッグが困難になる可能性があるため，変更しないようにしてください．なお，一部の16ビット・データ処理命令がIT命令ブロック内で使用されている場合，APSRは更新されません．これは，APSRを更新する16ビット命令の通常の動作とは異なります．この動作の違いにより，IT命令ブロック内で16ビットデータ処理命令を使用することでコード・サイズを小さくできます．

多くの場合，IT命令は，分岐ペナルティを回避し，分岐命令の数を減らすことができるため，プログラム・コードの性能を大幅に向上させることができます．例えば，通常は1つの条件分岐と無条件分岐を必要とする短いIF-THEN-ELSEプログラム・シーケンスを1つのIT命令で置き換えることができます．

他の例では，実行されないIT命令シーケンス内の条件不成立の命令は，依然としてクロック・サイクルを消費するので，従来の分岐方法がIT命令よりも効果的である場合があります．例えば，ITTTT <cond>を指定し，実行時にAPSR値のために条件が不成立の場合，このコード・シーケンスは，4クロック・サイクルを消費する可能性があります．そのため，IT命令ブロック（IT命令自体を含めて5命令）よりも条件分岐を使った方が早いです．

5.14.7 テーブル分岐（TBBとTBH）

Armv8-Mメインライン・アーキテクチャは，2つのテーブル分岐命令をサポートしています：テーブル分岐バイト（Table Branch Byte：TBB）とテーブル分岐ハーフワード（Table Branch Halfword：TBH）です．これらの命令は分岐テーブルで使用され，Cコードでswitch文を実装するためによく使用されます．プログラム・カウンタ値のビット0は常にゼロであるため，テーブル分岐命令を使用する分岐テーブルはそのビットを格納する必要がなく，従って，ターゲット・アドレス計算では分岐オフセットが2倍になります．

TBBは，分岐テーブルの全てのエントリがバイト配列（ベース・アドレスからのオフセットが $2 \times 2^8 = 512$ バイト未満）として編成されている場合に使用されます．TBHは，全てのエントリがハーフワード配列（ベースアドレスからのオフセットが $2 \times 2^{16} = 128K$ バイト未満）として編成されている場合に使用されます．ベース・アドレスは，現在のプログラム・カウンタ（Program Counter：PC）値であるか，別のレジスタからのものである可能性があります．Cortex-Mプロセッサのパイプラインの性質上，現在のPC値はTBBまたはTBH命令のアドレスに4を加えたものであり，分岐テーブルの生成時にはこの値を考慮に入れる必要があります．TBBとTBHはどちらもフォワード分岐のみをサポートしています．

TBB命令の構文は次のとおりです．

　TBB　[Rn, Rm]

ここで，Rnは分岐テーブルのベース・アドレス，Rmは分岐テーブル・インデックスです．TBBオフセット計算のための即値は，メモリ[Rn + Rm]に格納されます．R15/PCをRnとして使用する場合の動作は次のとおりです（図5.17）．

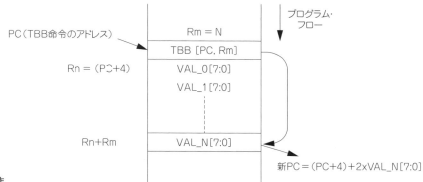

図5.17　TBBの動作

TBH命令の動作は，分岐テーブルの各エントリのサイズが2バイトであるため，配列のインデックスが異なり，分岐オフセットの範囲が大きくなることを除けば，（TBB命令と）非常によく似ています．TBH命令の構文は，インデックスの違いを反映させるためにTBB命令とは若干異なります．TBH命令の構文は次のとおりです．

　TBH　[Rn, Rm, LSL #1]

R15／PCをRnとして使用した場合，次のように動作します（図5.18）．

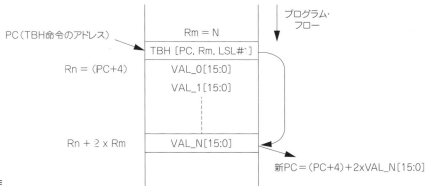

図5.18　TBHの動作

TBBとTBH命令は，通常Cコンパイラが"switch(case)"文で使用します．これらの命令をアセンブリ・プログラミングで直接使用することは，分岐テーブルの値が現在のプログラム・カウンタの値と相対的なので，あまり簡単ではありません．分岐先アドレスが同じアセンブリ・プログラム・ファイルにない場合，アセンブリ段階でアドレス・オフセット値を決定することはできません．
Keil MDKを含むArmアセンブラ（Armツール・チェーンのarmasm）では，次のようにアセンブリでTBB分岐テーブルを作成できます．

```
        TBB [pc, r0]  ; この命令を実行すると
                      ; TBB命令のサイズは32ビットなので
                      ; PCは分岐テーブルのアドレスと同じになる
```

第5章 命令セット

```
branchtable              ; ラベル - 分岐テーブルの開始
        DCB ((dest0 - branchtable)/2) ; DCBが使われていることに注意
                                      ; なぜなら値が8ビットであるため
        DCB ((dest1 - branchtable)/2)
        DCB ((dest2 - branchtable)/2)
        DCB ((dest3 - branchtable)/2)
dest0
        ... ; r0 = 0の場合に実行
dest1
        ... ; r0 = 1の場合に実行
dest2
        ... ; r0 = 2の場合に実行
dest3
        ... ; r0 = 3の場合に実行
```

上記の例では，TBB命令が実行されるとき，現在のPC値はTBB命令のアドレスに4を加えたものになります（プロセッサのパイプライン構造のため）．TBB命令のサイズも4バイトなので，このアドレスは分岐テーブルの開始アドレスと同じです（TBBとTBH命令は，32ビット命令です）．

TBBの例と同様に，TBH命令の例は次のように書くことができます．

```
        TBH [pc, r0, LSL #1]
branchtable ; ラベル - 分岐テーブルの開始
            ; DCIが使われていることに注意
            ; なぜなら値が16ビットであるため
            DCI ((dest0 - branchtable)/2)
            DCI ((dest1 - branchtable)/2)
            DCI ((dest2 - branchtable)/2)
            DCI ((dest3 - branchtable)/2)
dest0
            ... ; r0 = 0の場合に実行
dest1
            ... ; r0 = 1の場合に実行
dest2
            ... ; r0 = 2の場合に実行
dest3
            ... ; r0 = 3の場合に実行
```

分岐テーブルを作成するために必要なコーディング構文は，使用している開発ツールに依存することに注意してください．

5.15 命令セット - DSP拡張

5.15.1 概要

Armv8-Mメインラインは，オプションのDSP（Digital Signal Processing：ディジタル信号処理）拡張命令セットをサポートしています．これはCortex-M33プロセッサのオプション機能として利用可能で，他のArmv8-Mメインライン・プロセッサでも利用可能です．チップ設計者は，アプリケーション要件に基づいて，この機能をチップ設計に含めるかどうかを決めることができます．このDSP拡張機能は，Cortex-M4およびCortex-M7プロセッ

サでも利用可能でした．
　DSP拡張機能には，整数処理と固定小数点処理のための一連の命令が含まれています．これらの例は次のとおりです．

- "Single-Instruction, Multiple-Data：単一命令複数データ"（SIMD：シムド）命令
- 飽和演算命令
- 乗算と"積和（Multiply-and-Accumulate：MAC）"命令
- パッキングとアンパッキング命令

　APSRフラグ（N，C，V，Z）を更新する代わりに，DSP命令の多くは，APSRのQビットとGE（4ビット）を更新します．Qビットは演算中に飽和が発生したことを示し，GE（Greater than or Equal）フラグは結果がゼロより大きいかもしくは等しくなったことを示します（GEフラグはSIMD演算ではレーンごとに1ビットです）．GEフラグは，DSP拡張機能が実装されている場合にのみ存在することに注意してください．
　DSP拡張により，Cortex-Mプロセッサはリアルタイム DSPタスクをより効率的に処理できるようになります．一部のソフトウェア開発ツール（Cコンパイラなど）では，DSP拡張の命令の一部を一般的なデータ処理に利用できることに注意してください．従って，C/C++コードをコンパイルする際には，チップに実装されている命令セット機能と一致するように，正しいコンパイル・オプションを使用することが重要です．
　性能を向上させるために使用される一般的な方法の1つは，単一命令複数データ（Single-Instruction, Multiple-Data：SIMD）技術を使用することです．

5.15.2　SIMD概念

　DSPアプリケーションで処理が必要なデータは，8ビットおよび16ビットであることがよくあります．例えば，ほとんどのオーディオは16ビット以下の分解能のアナログ・ディジタル変換器（Analog to Digital Converter：ADC）を使用してサンプリングされ，画像ピクセルは複数チャネルの8ビット・データ（RGB色空間など）で表現されることが多いです．Cortex-M33プロセッサ内部のデータ・パスは32ビットなので，このデータ・パスを利用して，2個の16ビット・データまたは4個の8ビット・データを扱うことができます．このデータは符号付きまたは符号なしの形式である可能性があるため，プロセッサの設計ではこの要件を考慮する必要があります．
　Cortex-M33プロセッサ（およびDSP拡張機能を備えた他のArmv8-Mメインライン・プロセッサ）の32ビット・レジスタは，4種類のSIMDデータに使用できます（図5.19）．

図5.19　32ビット・レジスタ内のSIMDデータの4つの可能な表現

　ほとんどの場合，SIMDデータ・セット内のデータは同じ型になります（すなわち，符号付きデータと符号なしデータの混合，および8ビットと16ビットのデータの混合はありません）．この構成により，SIMD命令セットの設計が簡素化されます．
　SIMDデータを処理するためには追加の命令が必要で，Armv8-MアーキテクチャのDSP拡張によってカバーされています．以前のアーキテクチャでは，この拡張はEnhanced DSP拡張と呼ばれています．以前のCortex-Mプロセッサの場合，Armv7E-Mアーキテクチャと呼ばれ，"E"はEnhanced DSPの存在を示します．
　Armv8-MのDSP拡張は，Armv7-MのEnhanced DSP拡張とバイナリ互換性があり，Armv5EアーキテクチャのEnhanced DSP拡張とソース・レベルで互換性があります．これにより，以前のCortex-MプロセッサとArm9Eプロセッサ（Arm926とArm946など）用に開発されたコーデックを，Cortex-M33や他のArmv8-Mメインライン・プロセッサに簡単に移植できます（注意：Armv5Eとの互換性はソース・レベルであり，バイナリ・レベルではないため，Armv7-M/Armv8-Mメインライン・プロセッサで再利用する際にはコードを再コンパイルする必要があります）．

第5章　命令セット

SIMDデータ型は，C言語でネイティブにサポートされていないので，通常のCコードでは，必要なDSP命令をCコンパイラは生成できません．ソフトウェア開発者がより簡単に利用できるようにするために，CMSIS-COREに準拠したドライバ・ライブラリのヘッダ・ファイルに組み込み関数が追加されています．

これにより，ソフトウェア開発者はこれらのSIMD命令に容易にアクセスできます．また，DSP処理機能をより簡単に利用できるように，ArmではCMSIS-DSPというDSPライブラリを提供しており，ソフトウェア開発者は無償で利用できます．

本書のAppendix Bには，DSP命令の動作を説明するための図が多数掲載されています．Appendix Bの図の中では，データを表現するためにC99データ・タイプ（**表5.62**参照）が使用されています．

表5.62　CMSIS-COREで使用されるC99データ型

タイプ	サイズ（ビット）	等価なCデータ型
uint8_t	8	unsigned char
uint16_t	16	unsigned short int
uint32_t	32	unsigned int
int8_t	8	signed char
int16_t	16	signed short int
int32_t	32	signed int

5.15.3　SIMDと飽和演算命令

SIMDと飽和演算命令はかなりの数があります．飽和算術命令の中にはSIMD演算をサポートしているものもあります．SIMD命令の多くは，似たような演算を含んでいますが，その命令が符号付きデータ用か符号なしデータ用かを示すために，異なるプリフィックスを付けています（**表5.63**）．

表5.63　SIMD命令

演算 （次の表参照）	プレフィックス					
	S [注1] 符号付き	Q [注2] 符号付き飽和	SH [注3] 符号付きハーフ	U [注1] 符号なし	UQ [注2] 符号なし飽和	UH [注3] 符号なしハーフ
ADD8	SADD8	QADD8	SHADD8	UADD8	UQADD8	UHADD8
SUB8	SSUB8	QSUB8	SHSUB8	USUB8	UQSUB8	UHSUB8
ADD16	SADD16	QADD16	SHADD16	UADD16	UQADD16	UHADD16
SUB16	SSUB16	QSUB16	SHSUB16	USUB16	UQSUB16	UHSUB16
ASX	SASX	QASX	SHASX	UASX	UQASX	UHASX
SAX	SSAX	QSAX	SHSAX	USAX	UQSAX	UHSAX

注1："S"と"U"のGEビット（APSRレジスタ内）を更新
注2："Q"と"UQ" – これらの命令は，飽和が発生したときにQビットをセットしない
注3："SH"と"UH" – SIMDの演算結果の各値は，符号付きハーフ（SH）と符号なしハーフ（UH）の演算では2で除算される

基本動作の説明を**表5.64**に示します．

表5.64　SIMD命令の基本動作

演算	説明
ADD8	4組の8ビット・データの加算
SUB8	4組の8ビット・データの減算
ADD16	2組の16ビット・データの加算

182

5.15 命令セット - DSP拡張

演 算	説 明
SUB16	2組の16ビット・データの減算
ASX	第2オペランド・レジスタのハーフワードを交換し,上位ハーフワードを加算し,下位ハーフワードを減算
SAX	第2オペランド・レジスタのハーフワードを交換し,上位ハーフワードを減算し,下位ハーフワードを加算

SIMD命令には,**表5.65**に記載されているものも含まれています.

表5.65　追加のSIMD命令

演 算	説 明
USAD8	4組の8ビット・データ間の絶対差の符号なし和
USADA8	4組の8ビット・データ間の絶対差の符号なし和と累積
USAT16	2つの符号付き16ビット値を,選択された符号なし範囲に符号なし飽和
SSAT16	2つの符号付き16ビット値を,選択された符号なし範囲に符号付き飽和
SEL	GEフラグに基づき,第1オペランドまたは第2オペランドからバイトを選択

飽和命令の一部(**表5.66**)はSIMDではありません.

表5.66　SIMD命令ではない幾つかの飽和命令

演 算	説 明
SSAT	符号付き飽和(DSP拡張なしでもサポート)
USAT	符号なし飽和(DSP拡張なしでもサポート)
QADD	2つの符号付き32ビット整数を飽和加算
QDADD	32ビット符号付き整数を2倍にして,もう1つの32ビット符号付き整数を加算 両方の演算で飽和が可能
QSUB	2つの符号付き32ビット整数を飽和減算
QDSUB	32ビット符号付き整数を2倍にして,もう1つの32ビット符号付き整数から減算 両方の演算で飽和が可能

これらの命令の構文を**表5.67**に示します.最後の列(図)の数字は,Appendix Bの数字を参照しています.これらの図は,動作をグラフィカルに表現したものです.(Appendix B:サポート・ページ https://cc.cqpub.co.jp/system/contents/4045/)

表5.67　SIMDと飽和命令の構文

ニーモニック	オペランド	簡単な説明	フラグ	図
SADD8	{Rd, } Rn, Rm	符号付き加算8	GE[3:0]	B.13
SADD16	{Rd, } Rn, Rm	符号付き加算16	GE[3:0]	B.14
SSUB8	{Rd, } Rn, Rm	符号付き減算8	GE[3:0]	B.17
SSUB16	{Rd, } Rn, Rm	符号付き減算16	GE[3:0]	B.18
SASX	{Rd, } Rn, Rm	符号付き加算・減算,交換付き	GE[3:0]	B.21
SSAX	{Rd, } Rn, Rm	符号付き減算・加算,交換付き	GE[3:0]	B.22
QADD8	{Rd, } Rn, Rm	飽和加算8		B.5
QADD16	{Rd, } Rn, Rm	飽和加算16		B.4
QSUB8	{Rd, } Rn, Rm	飽和減算8		B.9
QSUB16	{Rd, } Rn, Rm	飽和減算16		B.8

183

第5章　命令セット

ニーモニック	オペランド	簡単な説明	フラグ	図
QASX	{Rd, } Rn, Rm	飽和で加算と減算, 交換付き		B.10
QSAX	{Rd, } Rn, Rm	飽和で減算と加算, 交換付き		B.11
SHADD8	{Rd, } Rn, Rm	符号付きハーフ加算 8		B.15
SHADD16	{Rd, } Rn, Rm	符号付きハーフ加算 16		B.16
SHSUB8	{Rd, } Rn, Rm	符号付きハーフ減算 8		B.19
SHSUB16	{Rd, } Rn, Rm	符号付きハーフ減算 16		B.20
SHASX	{Rd, } Rn, Rm	符号付きハーフ加算と減算, 交換付き		B.23
SHSAX	{Rd, } Rn, Rm	符号付きハーフ減算と加算, 交換付き		B.24
UADD8	{Rd, } Rn, Rm	符号なし加算 8	GE[3:0]	B.69
UADD16	{Rd, } Rn, Rm	符号なし加算 16	GE[3:0]	B.70
USUB8	{Rd, } Rn, Rm	符号なし減算 8	GE[3:0]	B.73
USUB16	{Rd, } Rn, Rm	符号なし減算 16	GE[3:0]	B.74
UASX	{Rd, } Rn, Rm	符号なしの加算と減算, 交換付き	GE[3:0]	B.77
USAX	{Rd, } Rn, Rm	符号なしの減算と加算, 交換付き	GE[3:0]	B.78
UQADD8	{Rd, } Rn, Rm	符号なし飽和加算 8		B.85
UQADD16	{Rd, } Rn, Rm	符号なし飽和加算 16		B.84
UQSUB8	{Rd, } Rn, Rm	符号なしの飽和減算 8		B.87
UQSUB16	{Rd, } Rn, Rm	符号なしの飽和減算 16		B.86
UQASX	{Rd, } Rn, Rm	符号なしの飽和加算と減算, 交換付き		B.88
UQSAX	{Rd, } Rn, Rm	符号なしの飽和減算と加算, 交換付き		B.89
UHADD8	{Rd, } Rn, Rm	符号なしのハーフ加算 8		B.71
UHADD16	{Rd, } Rn, Rm	符号なしのハーフ加算 16		B.72
UHSUB8	{Rd, } Rn, Rm	符号なしのハーフ減算 8		B.75
UHSUB16	{Rd, } Rn, Rm	符号なしのハーフ減算 16		B.76
UHASX	{Rd, } Rn, Rm	符号なしのハーフ加算と減算, 交換付き		B.79
UHSAX	{Rd, } Rn, Rm	符号なしのハーフ減算と加算, 交換付き		B.80
USAD8	{Rd, } Rn, Rm	絶対差分の符号なし和		B.81
USADA8	{Rd, } Rn, Rm, Ra	絶対差分の符号なし和と累積		B.82
USAT16	Rd, #imm, Rn	2 つの符号付き 16 ビット値を符号なし飽和	Q	B.83
SSAT16	Rd, #imm, Rn	2 つの符号付き 16 ビット値を符号付き飽和	Q	B.62
SEL	{Rd, } Rn, Rm	GE ビットをベースにバイトを選択		B.25
USAT	{Rd, }#imm, Rn {, LSL #n} {Rd, }#imm, Rn {, ASR #n}	値の符号なし飽和(オプションでシフト)	Q	5.12
SSAT	{Rd, }#imm, Rn {, LSL #n} {Rd, }#imm, Rn {, ASR #n}	値の符号付き飽和(オプションでシフト)	Q	5.11
QADD	{Rd, } Rn, Rm	飽和加算	Q	B.3
QDADD	{Rd, } Rn, Rm	飽和 2 倍と加算	Q	B.6
QSUB	{Rd, } Rn, Rm	飽和減算	Q	B.7
QDSUB	{Rd, } Rn, Rm	飽和 2 倍と減算	Q	B.12

　これらの命令の中には，飽和が発生したときにAPSRのQビットをセットするものがあることに注意してください．しかし，これらの命令ではQビットはクリアされず，APSRに書き込み手動でクリアしなければなりません．通常，プログラム・コードは，計算フロー中にいずれかのステップで飽和が発生した場合，APSRのQビットの値を調べて，検出する必要があります．従って，Qビットは，明示的に指定されるまでクリアされません．

184

5.15.4 乗算命令とMAC命令

DSP拡張機能には，さまざまな乗算命令と積和（Multiply-and-Accumulate：MAC）命令が含まれています．この章の前のセクションでは，Armv8-Mメインライン・アーキテクチャで常に利用可能な乗算命令とMAC命令の一部を取り上げました．これらの命令は，DSP拡張機能が実装されていない場合でも使用できます．これらの命令を**表5.68**に示します

> 注意：Armv8-MベースラインはMULSのみをサポートしています

表5.68　Armv8-MプロセッサでDSP拡張なしで利用可能な乗算命令と積和命令

命令	説明(サイズ)	フラグ	サブプロファイル
MULS	符号なし乗算(32b×32b=32b)	NとZ	全て
MUL	符号なし乗算(32b×32b=32b)	なし	メインライン
UMULL	符号なし乗算(32b×32b=64b)	なし	メインライン
UMLAL	符号なし積和((32b×32b)+64b=64b)	なし	メインライン
SMULL	符号付き乗算(32b×32b=64b)	なし	メインライン
SMLAL	符号付き積和((32b×32b)+64b=64b)	なし	メインライン

DSP拡張機能が含まれている場合，プロセッサは追加の乗算と積和の命令をサポートします（**表5.69**）．そして，これらの命令の幾つかは，入力オペランドから下位ハーフワードと上位ハーフワードを選択するため，複数の形式で提供されます．

表5.69　DSP拡張における乗算命令と積和命令のまとめ

命令	説明	フラグ
UMAAL	符号なし積和((32b×32b)+32b+32b=64b)	なし
SMULxy	符号付き乗算(16b×16b=32b) SMULBB：下位ハーフワード×下位ハーフワード SMULBT：下位ハーフワード×上位ハーフワード SMULTB：上位ハーフワード×下位ハーフワード SMULTT：上位ハーフワード×上位ハーフワード	
SMLAxy	符号付き積和((16b×16b)+32b=32b) SMLABB：(下位ハーフワード×下位ハーフワード) ＋ ワード SMLABT：(下位ハーフワード×上位ハーフワード) ＋ ワード SMLATB：(上位ハーフワード×下位ハーフワード) ＋ ワード SMLATT：(上位ハーフワード×上位ハーフワード) ＋ ワード	Q
SMULWx	符号付き乗算（32b×16b=32b, 結果の上位32ビットを返し，下位16ビットは無視） SMULWB：ワード×下位ハーフワード SMULWT：ワード×上位ハーフワード	
SMLAWx	符号付き積和((32b×16b)+32b<<16=32b, 結果の上位32ビットを返し，下位16ビットは無視） SMLAWB：(ワード×下位ハーフワード) ＋ (ワード<<16) SMLAWT：(ワード×上位ハーフワード) ＋ (ワード<<16)	Q
SMMUL	符号付き乗算（32b×32b=32b, 上位32ビットを返し，下位32ビットは無視）	
SMMULR	丸め付き符号付き乗算（32b×32b=32b, 丸めて上位32ビットを返し，下位32ビットは無視）	
SMMLA	符号付きMAC((32b×32b)+32b<<32)=32b, 上位32ビットを返し，下位32ビットは無視）	
SMMLAR	丸め付き符号付き積和((32b×32b)+32b<<32=32b, 丸めて上位32ビットを返し，最下位32ビットは無視）	
SMMLS	符号付き乗算と減算（32b<<32−(32b×32b)=32b, 上位32ビットを返し，下位32ビットは無視）	
SMMLSR	丸め付き符号付き乗算と減算（32b<<32−(32b×32b)=32b, 丸めて上位32ビットを返し，下位32ビットは無視）	

第5章 命令セット

命令	説明	フラグ
SMLALxy	符号付き積和((16b×16b)+64b=64b) SMLALBB：（下位ハーフワード×下位ハーフワード）+ ダブルワード SMLALBT：（下位ハーフワード×上位ハーフワード）+ ダブルワード SMLALTB：（上位ハーフワード×下位ハーフワード）+ ダブルワード SMLALTT：（上位ハーフワード×上位ハーフワード）+ ダブルワード	
SMUAD	符号付きで2つの乗算をして加算((16b×16b)+(16b×16b)=32b)	Q
SMUADX	符号付きで2つの乗算と交換して加算((16b×16b)+(16b×16b)=32b)	Q
SMUSD	符号付きで2つの乗算をして減算((16b×16b)−(16b×16b)=32b)	
SMUSDX	符号付きで2つの乗算と交換して減算((16b×16b)−(16b×16b)=32b)	
SMLAD	符号付きで2つの乗算をして加算および累積((16b×16b)+(16b×16b)+32b=32b)	Q
SMLADX	符号付きで2つの乗算をして交換し,加算して累積((16b×16b)+(16b×16b)+32b=32b)	Q
SMLSD	符号付きで2つの乗算をして減算して累積((16b×16b)−(16b×16b)+32b=32b)	Q
SMLSDX	符号付きで2つの乗算をして交換し,減算して累積((16b×16b)−(16b×16b)+32b=32b)	Q
SMLALD	符号付きで2つの乗算をして,加算および累積((16b×16b)+(16b×16b)+64b=64b)	
SMLALDX	符号付きで2つの乗算をして交換し,加算して累積((16b×16b)+(16b×16b)+64b=64b)	
SMLSLD	符号付きで2つの乗算をして,減算して累積((16b×16b)−(16b×16b)+64b=64b)	
SMLSLDX	符号付きで2つの乗算をして交換し,減算して累積((16b×16b)−(16b×16b)+64b=64b)	

　これらの命令の中には，飽和が発生したときにAPSRのQビットをセットするものがあることに注意してください．ただし，Qビットはこれらの命令ではクリアされないため，APSRに書き込むことによって手動でクリアする必要があります．通常，プログラム・コードは，計算フロー中のいずれかのステップで飽和が発生したかどうかを検出するために，APSRのQビットの値を調べなければなりません．従って，Qビットは明示的に指定されるまでクリアされません．

　これらの命令の構文を**表5.70**に示します．最後の列（図）の数字はAppendix Bの数字を参照しています．これらの図は，操作をグラフィカルに表現したものです．

表5.70　DSP拡張における乗算命令と積和命令の構文

ニーモニック	オペランド	簡単な説明	フラグ	図
MUL{S}	{Rd,} Rn, Rm	符号なし乗算, 32ビット結果	N, Z	
SMULL	RdLo, RdHi, Rn, Rm	符号付き乗算, 64ビット結果		B.26
SMLAL	RdLo, RdHi, Rn, Rm	符号付き乗算および累積, 64ビット結果		B.27
UMULL	RdLo, RdHi, Rn, Rm	符号なし乗算, 64ビット結果		B.90
UMLAL	RdLo, RdHi, Rn, Rm	符号なし乗算および累積, 64ビット結果		B.91
UMAAL	RdLo, RdHi, Rn, Rm	符号なし乗算および累積 ロング		B.92
SMULBB	{Rd,} Rn, Rm	符号付き乗算（ハーフワード）		B.28
SMULBT	{Rd,} Rn, Rm	符号付き乗算（ハーフワード）		B.29
SMULTB	{Rd,} Rn, Rm	符号付き乗算（ハーフワード）		B.30
SMULTT	{Rd,} Rn, Rm	符号付き乗算（ハーフワード）		B.31
SMLABB	Rd, Rn, Rm, Ra	符号付き積和（ハーフワード）	Q	B.36
SMLABT	Rd, Rn, Rm, Ra	符号付き積和（ハーフワード）	Q	B.37
SMLATB	Rd, Rn, Rm, Ra	符号付き積和（ハーフワード）	Q	B.38
SMLATT	Rd, Rn, Rm, Ra	符号付き積和（ハーフワード）	Q	B.39
SMULWB	Rd, Rn, Rm, Ra	符号付き乗算（ワードをハーフワードにした）		B.40
SMULWT	Rd, Rn, Rm, Ra	符号付き乗算（ワードをハーフワードにした）		B.41

5.15 パッキングとアンパッキング命令

ニーモニック	オペランド	簡単な説明	フラグ	図
SMLAWB	Rd, Rn, Rm, Ra	符号付き積和（ワードをハーフワードにした）	Q	B.42
SMLAWT	Rd, Rn, Rm, Ra	符号付き積和（ワードをハーフワードにした）	Q	B.43
SMMUL	{Rd, } Rn, Rm	符号付き 最上位ワードの乗算		B.32
SMMULR	{Rd, } Rn, Rm	符号付き 最上位ワードの乗算を丸め		B.33
SMMLA	Rd, Rn, Rm, Ra	符号付き 最上位ワードの積和		B.34
SMMLAR	Rd, Rn, Rm, Ra	符号付き 最上位ワードの積和を丸め		B.35
SMMLS	Rd, Rn, Rm, Ra	符号付き 最上位ワードの積差		B.44
SMMLSR	Rd, Rn, Rm, Ra	符号付き 最上位ワードの積差を丸め		B.45
SMLALBB	RdLo, RdHi, Rn, Rm	符号付き積和ロング（ハーフワード）		B.46
SMLALBT	RdLo, RdHi, Rn, Rm	符号付き積和ロング（ハーフワード）		B.47
SMLALTB	RdLo, RdHi, Rn, Rm	符号付き積和ロング（ハーフワード）		B.48
SMLALTT	RdLo, RdHi, Rn, Rm	符号付き積和ロング（ハーフワード）		B.49
SMUAD	{Rd, } Rn, Rm	符号付きデュアル積和	Q	B.50
SMUADX	{Rd, } Rn, Rm	符号付きデュアル積和, 交換付き	Q	B.51
SMUSD	{Rd, } Rn, Rm	符号付きデュアル積差		B.56
SMUSDX	{Rd, } Rn, Rm	符号付きデュアル積差, 交換付き		B.57
SMLAD	Rd, Rn, Rm, Ra	符号付きデュアル積和	Q	B.52
SMLADX	Rd, Rn, Rm, Ra	符号付きデュアル積和, 交換付き	Q	B.53
SMLSD	Rd, Rn, Rm, Ra	符号付きデュアル積差	Q	B.58
SMLSDX	Rd, Rn, Rm, Ra	符号付きデュアル積差, 交換付き	Q	B.59
SMLALD	RdLo, RdHi, Rn, Rm	符号付きロング・デュアル積和		B.54
SMLALDX	RdLo, RdHi, Rn, Rm	符号付きロング・デュアル積和, 交換付き		B.55
SMLSLD	RdLo, RdHi, Rn, Rm	符号付きロング・デュアル積差		B.60
SMLSLDX	RdLo, RdHi, Rn, Rm	符号付きロング・デュアル積差, 交換付き		B.61

5.15.5 パッキングとアンパッキング命令

SIMDデータのパッキングとアンパッキングを容易にするために，多くの命令が利用可能です（**表5.71**）．これらの命令の幾つかは，第2オペランド上の追加操作（バレルシフトまたはローテート）をサポートしています．第2オペランド上の追加操作はオプションであり，下表に示すように，ローテート（ROR：Rotate Right）のための"n"の値は8，16，24が可能です．PKHBTとPKHTBの命令におけるシフト演算は，任意のビット数のシフトをサポートできます．

表5.71 DSP拡張におけるパッキング/アンパッキング命令の構文

命令	オペランド	説明	図
PKHBT	{Rd, } Rn, Rm {,LSL #imm}	第1オペランドから下半分, シフトした第2オペランドから上半分でハーフワードをパック	B.1
PKHTB	{Rd, } Rn, Rm {,ASR #imm}	第1オペランドから上半分, シフトした第2オペランドから下半分でハーフワードをパック	B.2
SXTB	Rd, Rm {,ROR #n}	符号付きバイト拡張	B.63
SXTH	Rd, Rm {,ROR #n}	符号付きハーフワード拡張	B.67
UXTB	Rd, Rm {,ROR #n}	符号なしバイト拡張	B.93
UXTH	Rd, Rm {,ROR #n}	符号なしハーフワード拡張	B.97

第5章 命令セット

命令	オペランド	説明	図
SXTB16	Rd,Rm {,ROR #n}	2つのバイトを2つのハーフワードに符号付き拡張	B.64
UXTB16	Rd,Rm {,ROR #n}	2つのバイトを2つのハーフワードに符号なし拡張	B.94
SXTAB	{Rd,} Rn,Rm{,ROR #n}	符号付きバイト拡張と加算	B.65
SXTAH	{Rd,} Rn,Rm{,ROR #n}	符号付きハーフワード拡張と加算	B.68
SXTAB16	{Rd,} Rn,Rm{,ROR #n}	2バイトを符号付きハーフワード拡張してデュアル加算	B.66
UXTAB	{Rd,} Rn,Rm{,ROR #n}	符号なしバイト拡張と加算	B.95
UXTAH	{Rd,} Rn,Rm{,ROR #n}	符号なしハーフワード拡張と加算	B.98
UXTAB16	{Rd,} Rn,Rm{,ROR #n}	2つのバイトを符号なしハーフワード拡張してデュアル加算	B.96

5.16 命令セット - 浮動小数点サポート命令

5.16.1 Armv8-Mプロセッサの浮動小数点サポートの概要

Armv8-Mメインライン・アーキテクチャは，オプションの浮動小数点拡張をサポートしています．浮動小数点ハードウェアが含まれている場合，プロセッサに次の実装が可能です．

(1) 単精度浮動小数点演算をサポートするための，単精度（32ビット）浮動小数点ユニット（Floating Point Unit：FPU）を含める

(2) 単精度と倍精度（64ビット）の浮動小数点演算をサポートする浮動小数点ユニット（FPU）を含める

Cortex-M33および他のArmv8-Mメインライン・プロセッサでは，浮動小数点ユニットはオプションであり，実装された場合，Cortex-M33プロセッサはオプション1 ― 単精度FPUをサポートします．FPUが使用できない場合でも，ソフトウェア・エミュレーションを使用して単精度浮動小数点計算を処理することは可能です．ただし，その場合の性能レベルは，ハードウェアベースのアプローチを使用した場合よりも低くなります．浮動小数点ユニットが実装されている場合でも，アプリケーション・コードに倍精度浮動小数点データ処理が含まれている場合，Cortex-M33プロセッサでは，ソフトウェア・エミュレーション・アプローチが必要となります．

Cortex-M23プロセッサは浮動小数点拡張をサポートしていません．Cortex-M23プロセッサでソフトウェア・エミュレーションを使用して浮動小数点計算を処理することは可能ですが，FPUを搭載していないCortex-M33を使用するよりも性能はさらに低下します．

5.16.2 FPUを有効にする

浮動小数点命令を使用する前に，まず，コプロセッサ・アクセス制御レジスタ（アドレス0xE000ED88のSCB->CPACR）のCP11とCP10ビット・フィールドを設定して浮動小数点ユニットを有効にする必要があります．CMSIS-CORE準拠のデバイス・ドライバを使用しているソフトウェア開発者の場合，この動作は通常，マイクロコントローラ・ベンダが提供するデバイス初期化コードのSystemInit（void）関数内で行われます．FPUを搭載したCortex-MマイコンのCMSIS-COREヘッダ・ファイルでは，"__FPU_PRESENT"ディレクティブが1にセットされています．CPACRレジスタは特権状態でのみアクセスできます．従って，非特権ソフトウェアがこのレジスタにアクセスしようとすると，フォールト例外が生成されます．

TrustZoneセキュリティ拡張が実装されているシステムでは，セキュア・ソフトウェアは，非セキュア・ソフトウェアが浮動小数点ユニット機能にアクセスできるようにするかどうかを検討する必要があります．これは，非セキュア・アクセス制御レジスタ（アドレス0xE000ED8CのSCB->NSCAR）によって制御され，このレジスタは，セキュアな特権状態からのみアクセスできます．非セキュア・ソフトウェアがFPUにアクセスできるようにするには，このレジスタのCP11（ビット11）およびCP10（ビット10）フィールドを1にセットする必要があります．さらに，TrustZoneセキュリティ拡張が実装されている場合，コプロセッサ・アクセス制御レジスタ（Coprocessor Access Control Register：CPACR）はセキュリティ状態の間でバンクされます．アクセス許可は次のとおりです．

5.16 命令セット - 浮動小数点サポート命令

- CPACRのセキュア・バージョンは，SCB->CPACR（アドレス0xE000ED88）を使用してセキュア・ソフトウェアでのみアクセスできる
- CPACRの非セキュア・バージョンは，セキュアと非セキュアなソフトウェアの両方からアクセスできる．セキュア・ソフトウェアは，非セキュア・エイリアス・アドレス（アドレス0xE002ED880のSCB_NS->CPACR）を使用してこのレジスタにアクセスでき，非セキュア・ソフトウェアは，アドレス0xE000ED88のSCB->CPACRを使用して同じレジスタにアクセスできる

セキュア・ソフトウェアは，非セキュア・ソフトウェアがFPUの電力制御ビット・フィールドにアクセスできるかどうかを決定するために，コプロセッサ電力制御レジスタ（CPPWR）をプログラムする必要があるかもしれません．このトピックの詳細については，15.6節を参照してください．

5.16.3 浮動小数点命令

浮動小数点命令には，浮動小数点データ処理と浮動小数点データ転送の命令が含まれます（**表5.72**）．浮動小数点演算命令は全てVで始まります．Cortex-M33プロセッサの浮動小数点命令セットは，FPv5（Arm浮動小数点アーキテクチャ・バージョン5）に基づいています．これは，FPv4に基づくCortex-M4の浮動小数点命令セットのスーパーセットです．追加の浮動小数点命令のおかげで，幾つかの浮動小数点処理性能の向上が図られています．FPv5は，Cortex-M33とCortex-M55，Cortex-M7プロセッサでサポートされています．

表5.72　浮動小数点命令

命令	オペランド	動作
VABS.F32	Sd, Sm	浮動小数点絶対値
VADD.F32	{Sd,} Sn, Sm	浮動小数点加算
VCMP{E}.F32	Sd, Sm	2つの浮動小数点レジスタを比較 VCMP：どちらかのオペランドがシグナリングNaNの場合，無効操作例外を発生 VCMPE：どちらかのオペランドがNaNのいずれかの型の場合，無効操作例外を発生
VCMP{E}.F32	Sd,#0.0	浮動小数点レジスタをゼロ(#0.0)と比較
VCVT.S32.F32	Sd, Sm	浮動小数点から符号付き32ビット整数に変換（ゼロ方向丸めモードで丸め）
VCVTR.S32.F32	Sd, Sm	浮動小数点から符号付き32ビット整数に変換（FPCSRで指定された丸めモードを使用）
VCVT.U32.F32	Sd, Sm	浮動小数点から符号なし32ビット整数に変換（ゼロ方向丸めモードで丸め）
VCVTR.U32.F32	Sd, Sm	浮動小数点から符号なし32ビット整数に変換（FPCSRで指定された丸めモードを使用）
VCVT.F32.S32	Sd, Sm	32ビット符号付き整数から浮動小数点に変換
VCVT.F32.U32	Sd, Sm	32ビット符号なし整数から浮動小数点に変換
VCVT.S16.F32	Sd, Sd, #fbit	浮動小数点から符号付き16ビット固定小数点値に変換 #fbitの範囲は1〜16(仮数ビット)
VCVT.U16.F32	Sd, Sd, #fbit	浮動小数点から符号なし16ビット固定小数点値に変換 #fbitの範囲は1〜16(仮数ビット)
VCVT.S32.F32	Sd, Sd, #fbit	浮動小数点から符号付き32ビット固定小数点値に変換 #fbitの範囲は1〜32(仮数ビット)
VCVT.U32.F32	Sd, Sd, #fbit	浮動小数点から符号なし32ビット固定小数点値に変換 #fbitの範囲は1〜32(仮数ビット)
VCVT.F32.S16	Sd, Sd, #fbit	符号付き16ビット固定小数点値から浮動小数点に変換 #fbitの範囲は1〜16(仮数ビット)
VCVT.F32.U16	Sd, Sd, #fbit	符号なし16ビット固定小数点値から浮動小数点値に変換 #fbitの範囲は1〜16(仮数ビット)
VCVT.F32.S32	Sd, Sd, #fbit	符号付き32ビット固定小数点値から浮動小数点に変換 #fbitの範囲は1〜32(仮数ビット)
VCVT.F32.U32	Sd, Sd, #fbit	符号なし32ビット固定小数点値を浮動小数点に変換 #fbitの範囲は1〜32(仮数ビット)
VCVTB.F32.F16	Sd, Sm	半精度から単精度に変換（下位16ビットを使用し，上位16ビットは影響を受けない）

第5章 命令セット

命 令	オペランド	動 作
VCVTT.F32.F16	Sd, Sm	半精度から単精度に変換(上位16ビットを使用し,下位16ビットは影響を受けない)
VCVTB.F16.F32	Sd, Sm	単精度から半精度に変換(下部16ビットを使用)
VCVTT.F16.F32	Sd, Sm	単精度から半精度に変換(上位16ビットを使用)
VCVTA.S32.F32	Sd, Sm	浮動小数点から符号付き整数に変換(Ties to Away モードで最も近いものに丸める) FPv5で導入され,Cortex-M4では利用できない
VCVTA.U32.F32	Sd, Sm	浮動小数点から符号なし整数に変換(Ties to Away モードで最も近いものに丸める) FPv5で導入され,Cortex-M4では利用できない
VCVTN.S32.F32	Sd, Sm	浮動小数点から符号付き整数に変換(最も近いものに丸め) FPv5で導入され,Cortex-M4では利用できない
VCVTN.U32.F32	Sd, Sm	浮動小数点から符号なし整数に変換(最も近いものに丸め) FPv5で導入され,Cortex-M4では利用できない
VCVTP.S32.F32	Sd, Sm	浮動小数点から符号付き整数に変換(+ 無限大に向けて丸め) FPv5で導入され,Cortex-M4では利用できない
VCVTP.U32.F32	Sd, Sm	浮動小数点から符号なし整数に変換(+ 無限大に向けて丸め) FPv5で導入され,Cortex-M4では利用できない
VCVTM.S32.F32	Sd, Sm	浮動小数点から符号付き整数に変換(マイナス(-)無限大に向けて丸め) FPv5で導入され,Cortex-M4では利用できない
VCVTM.U32.F32	Sd, Sm	浮動小数点から符号なし整数に変換(マイナス(-)無限大に向けて丸め) FPv5で導入され,Cortex-M4では利用できない
VDIV.F32	{Sd,} Sn, Sm	浮動小数点除算
VFMA.F32	Sd, Sn, Sm	浮動小数点融合積和 Sd=Sd+(Sn*Sm)
VFMS.F32	Sd, Sn, Sm	浮動小数点融合積差 Sd=Sd-(Sn*Sm)
VFNMA.F32	Sd, Sn, Sm	浮動小数点融合ネゲート積和 Sd=(-Sd)+(Sn*Sm)
VFNMS.F32	Sd, Sn, Sm	浮動小数点融合ネゲート積差 Sd=(-Sd)-(Sn*Sm)
VLDMIA.32	Rn{!},{S_regs}	浮動小数点複数ロード後増加(1 ～ 16個の連続した32ビットFPUレジスタ)
VLDMDB.32	Rn{!},{S_regs}	浮動小数点複数ロード前減少(1 ～ 16個の連続した32ビットFPUレジスタ)
VLDMIA.64	Rn{!},{D_regs}	浮動小数点複数ロード後増加(1 ～ 16個の連続した32ビットFPUレジスタ)
VLDMDB.64	Rn{!},{D_regs}	浮動小数点複数ロード前減少(1 ～ 16個の連続した32ビットFPUレジスタ)
VLDR.32	Sd, [Rn{,#imm}]	メモリ(レジスタ+オフセット)から単精度データを読み出し #Imm の範囲は -1020 ～ +1020 で,4の倍数
VLDR.32	Sd,label	メモリ(リテラル・データ)から単精度データを読み出し
VLDR.32	Sd, [PC, #imm]	メモリ(リテラル・データ)から単精度のデータを読み出し #Imm の範囲は -1020 から +1020 で,4の倍数
VLDR.64	Dd, [Rn{, #imm}]	メモリ(レジスタ+オフセット)から倍精度データを読み出し #Imm の範囲は -1020 ～ +1020 で,4の倍数
VLDR.64	Dd, label	メモリ(リテラル・データ)から倍精度データを読み出し
VLDR.64	Dd, [PC, #imm]	メモリ(リテラル・データ)から倍精度データを読み出し #Imm の範囲は -1020 から +1020 で,4の倍数
VMAXNM.F32	Sd, Sn, Sm	最大数. Sn と Sm を比較し,大きい方の値で Sd にロード FPv5で導入され,Cortex-M4では利用できない
VMINNM.F32	Sd, Sn, Sm	最小値. Sn と Sm を比較し,小さい方の値で Sd にロード FPv5で導入され,Cortex-M4では利用できない
VMLA.F32	Sd, Sn, Sm	浮動小数点積和 Sd=Sd+(Sn*Sm)
VMLS.F32	Sd, Sn, Sm	浮動小数点積差 Sd=Sd-(Sn*Sm)
VMOV	Rt, Sm	浮動小数点(スカラ)を Arm コア・レジスタにコピー
VMOV{.32}	Rt,Dm[0/1]	倍精度レジスタの半分である上位[1]/下位[0]を Arm コア・レジスタにコピー
VMOV{.32}	Dm[0/1], Rt	Arm コア・レジスタを倍精度レジスタの半分である上位[1]/下位[0]にコピー
VMOV	Sn, Rt	Arm コア・レジスタを浮動小数点(スカラ)にコピー

5.16　命令セット - 浮動小数点サポート命令

命令	オペランド	動作
VMOV{.F32}	Sd, Sm	浮動小数点レジスタ Sm を Sd（単精度）にコピー
VMOV	Dm, Rt, Rt2	2つの Arm コア・レジスタを倍精度レジスタにコピー
VMOV	Rt, Rt2, Dm	倍精度レジスタを2つの Arm コア・レジスタにコピー
VMOV	Sm, Sm1, Rt, Rt2	2つの Arm コア・レジスタを2つの連続した単精度レジスタにコピー （代替構文：VMOV Dm, Rt, Rt2）
VMOV	Rt, Rt2, Sm, Sm1	2つの連続した単精度レジスタを2つの Arm コア・レジスタにコピー （代替構文：VMOV Rt, Rt2, Dm）
VMRS	Rt,FPCSR	FPSCR（FPU システム・レジスタ）の値を Rt にコピー
VMRS	APSR_nzcv,FPCSR	FPSCR のフラグを APSR のフラグにコピー
VMSR	FPSCR,Rt	Rt を FPSCR（FPU システム・レジスタ）にコピー
VMOV.F32	Sd, #imm	単精度の値を浮動小数点レジスタに移動
VMUL.F32	{Sd,} Sn, Sm	浮動小数点乗算
VNEG.F32	Sd, Sm	浮動小数点符号反転
VNMUL	{Sd,} Sn, Sm	浮動小数点乗算と符号反転 Sd=-(Sn * Sm)
VNMLA	Sd,Sn,Sm	浮動小数点積和と符号反転 Sd=-(Sd + (Sn * Sm))
VNMLS	Sd,Sn,Sm	浮動小数点積差と符号反転 Sd=-(Sd - (Sn * Sm))
VPUSH.32	{S_regs}	浮動小数点単精度レジスタ・プッシュ
VPUSH.64	{D_regs}	浮動小数点倍精度レジスタ・プッシュ
VPOP.32	{S_regs}	浮動小数点単精度レジスタ・ポップ
VPOP.64	{D_regs}	浮動小数点倍精度レジスタ・ポップ
VRINTA.F32.F32	Sd, Sm	浮動小数点丸め，Ties To Away モードで直近の整数に丸める FPv5 で導入され，Cortex-M4 では利用できない
VRINTM.F32.F32	Sd, Sm	浮動小数点をマイナス(-)無限大に向かって直近の整数に丸める FPv5 で導入され，Cortex-M4 では利用できない
VRINTN.F32.F32	Sd, Sm	浮動小数点を Ties to Even モードで最も近い直近の整数に丸める FPv5 で導入され，Cortex-M4 では利用できない
VRINTP.F32.F32	Sd, Sm	浮動小数点をプラス(+)無限大に向かって直近の整数に丸める FPv5 で導入され，Cortex-M4 では利用できない
VRINTR.F32.F32	Sd, Sm	浮動小数点を FPSCR で指定された丸めモードを使用し，直近の整数に丸める FPv5 で導入され，Cortex-M4 では利用できない
VRINTX.F32.F32	Sd, Sm	浮動小数点を FPSCR で指定された丸めモードを使用して，直近の整数値と同じ値を持つ浮動小数点値に丸め，結果の値が入力値と数値的に等しくない場合に精度落ち例外を発生させる．FPv5 で導入され，Cortex-M4 では使用できない
VRINTZ.F32.F32	Sd, Sm	浮動小数点をゼロに向かって直近の整数に丸める FPv5 で導入され，Cortex-M4 では利用できない
VSEL<cond>.F32	Sd, Sn, Sm	浮動小数点条件付き選択 条件が成立する場合，Sd=Sn，そうでない場合は Sd=Sm FPv5 で導入され，Cortex-M4 では使用できない <cond> には，EQ（Equal），GE（Greater or Equal），GT（Greater Than），VS（overflow）を指定でき，その他の条件は，ソース・オペランドを交換することで満たすことができる
VSQRT.F32	Sd, Sm	浮動小数点平方根
VSTMIA.32	Rn{!},<S_regs>	浮動小数点複数ストア後増加（Increment After）
VSTMDB.32	Rn{!},<S_regs>	浮動小数点複数ストア前減少（Decrement Before）
VSTMIA.64	Rn{!},<D_regs>	浮動小数点複数ストア後増加（Increment After）
VSTMDB.64	Rn{!},<D_regs>	浮動小数点複数ストア前減少（Decrement Before）
VSTR.32	Sd, [Rn{,#imm}]	単精度データをメモリ（レジスタ＋オフセット）にストア

第5章 命令セット

命令	オペランド	動作
VSTR.64	Dd,[Rn{,#imm}]	倍精度データをメモリ(レジスタ+オフセット)にストア
VSUB.F32	{Sd,} Sn, Sm	浮動小数点減算

　TrustZoneセキュリティ管理に特化したFPU関連の命令が他に2つあります．VLLDMとVLSTMです．これらについては，5.20節で説明します．

　浮動小数点処理では例外が発生する可能性があることに注意してください．例えば，32ビットのデータ・パターンは常に有効な浮動小数点数に変換されるとは限らず，そのためFPUは通常のデータとして処理しない場合があります – NaN(Not a Number：このトピックに関する詳細情報は，第14章を参照)．FPUの例外信号はプロセッサの出力にエクスポートされますが，このような場合ではNVICで例外が発生しない場合があります．例外が発生するかどうかは，チップのシステム・レベルの設計に依存します．NVICの例外処理メカニズムを介したFPUの例外の発生に頼るのではなく，ソフトウェアは浮動小数点演算の終了後にFPUの例外ステータスを調べることで異常(NaNなど)を検出できます．このトピックの詳細については，第14章の14.6節を参照してください．

5.17　命令セット - 例外に関連する命令

　幾つかの命令は，例外に関連した操作に使用されます．それらを**表5.73**に示します．

表5.73　例外演算に関する命令

命令	説明	制約
SVC #imm8	スーパバイザ・コール - SVC 例外を生成	即値の範囲は 0 ～ 255 . SVC 優先度の設定は，現在のレベルよりも高くなければならない
CPSIE I	PRIMASK をクリア(割り込みを有効にする)	特権状態であること
CPSID I	PRIMASK を設定(設定可能な優先度レベルで割り込みや例外をマスクする)	同上
CPSIE F	FAULT をクリア(割り込みを有効にする)	Armv8-MベースラインおよびArmv6-Mでは使用できない．プロセッサが特権状態である必要がある
CPSID F	FAULTMASK の設定(NMI 以外の割り込みや例外をマスクする)	同上

　スーパバイザ・コール(SVC)命令は，SVC例外(例外タイプ11)を生成するために使用されます．通常，SVCは，組み込みOS/リアルタイムOS(RTOS)が特権を持たないアプリケーション・タスクにサービス(特権状態で実行される)を提供することを可能にします．SVC例外は，非特権状態から特権状態への移行メカニズムを提供します．

　SVCメカニズムは，OSサービス・ゲートウェイとしての目的に最適化されています．これは，OSサービスにアクセスするアプリケーション・タスクは，SVCサービス番号と入力パラメータを知る必要があるだけで，アプリケーション・タスクは，サービスの実際のプログラム・メモリ・アドレスを知る必要がないからです．

　SVC命令は，SVC例外の優先度レベルが現在の優先度レベルよりも高くなければならず，例外がマスキング・レジスタ，例えば，PRIMASKレジスタによって，マスキングされていないことが必要です．優先度が高くない場合，SVC命令の実行は，代わりにフォールト例外をトリガします．結果として，NMIまたはHardFaultハンドラでSVC命令を使用することはできません．これは，これらのハンドラの優先度レベルが常にSVC例外よりも高いためです．

　SVC命令には，次の構文があります．

```
SVC #<immed>
```

即値（#<immed>）は8ビットです．この値自体はSVC例外の動作には影響しませんが，SVCハンドラはソフトウェアを介してこの値を抽出し，入力パラメータとして使用できます．例えば，SVC命令を実行したアプリケーション・タスクがどのサービスを要求しているかを判断します．

従来のArmアセンブリ構文では，SVC命令の即値は，"#"記号を必要としません．従って，命令は次のように書くことができます．

    SVC <immed>

ほとんどのアセンブラ・ツールで，この構文を使用できますが，新しいソフトウェアでは"#"記号の使用をお勧めします．

C言語のプログラミング環境において，SVC命令を挿入する最も一般的な方法は，インライン・アセンブラを使用し，インライン・アセンブリの形式でコードを記述することです．例えば，以下のようになります．

    __asm volatile("SVC #3"); // 即値3でSVC命令を実行

キーワード "volatile" は，CコンパイラがSVC別のコードで命令を並べ替えないようにするために必要です．追加のパラメータをレジスタR0-R3を介して，SVCに渡す必要がある場合，SVC関数は次のように記述します．

```
__attribute__((always_inline)) void svc_3_service(parameter1,
parameter2, parameter3, parameter4)
{
 register unsigned r0 asm("r0") = parameter1;
 register unsigned r1 asm("r1") = parameter2;
 register unsigned r2 asm("r2") = parameter3;
 register unsigned r3 asm("r3") = parameter4;
 __asm volatile(
     "SVC #3"
      :
      : "r" (r0), "r" (r1), "r" (r2), "r" (r3)
     );
}
void foo(void)
{
 svc_3_service (0x1, 0x2, 0x3, 0x4);
}
```

Keilマイコン開発キットを含むArmツール・チェーンを使用しているソフトウェア開発者にとって，Arm Compiler 5の"__svc"関数修飾子がArm Compiler 6（ARMCLANG）では利用できないことに注意してください．（参考：http://www.keil.com/support/docs/4022.htm）

例外に関連する別の命令として，チェンジ・プロセッサ・ステート（Change Processor State：CPS）命令があります．Cortex-Mプロセッサでは，この命令を使用してPRIMASKやFAULTMASK（Armv8-Mメインラインでのみ使用可能）などの割り込みマスキング・レジスタをセットまたはクリアできます．これらのレジスタは，MSRやMRS命令を使用してアクセスすることもできます．

CPS命令は，次のサフィックスのいずれかを付けて使用できます．IE（Interrupt Enable：割り込み有効化）またはID（Interrupt Disable：割り込み無効化）です．Armv8-Mメインライン・プロセッサ（Cortex-M33と他の全てのArmv8-Mメインライン・プロセッサ）には，複数の割り込みマスク・レジスタがあるため，どのマスク・レ

第5章 命令セット

ジスタをセット／クリアするかを指定する必要があります．**表5.74**に，Cortex-M23やCortex-M33，その他の Armv8-Mメインライン・プロセッサで使用できるCPS命令のさまざまな形式を示します．

表5.74 C言語プログラミング環境での割り込みマスキング・レジスタのセットとクリア

命 令	Cプログラミング
CPSIE I	__enable_irq(); // 割り込みを有効にする(PRIMASK をクリア)

CPSID I	__disable_irq(); // 割り込みを無効にする(PRIMASK をセット)
	// 注意：NMI と HardFault は影響を受けない

CPSIE F	__enable_fault_irq(); // 割り込みを有効にする(FAULTMASK をクリア)
	// 注意：Cortex-M23/M0/M0+/M1 では使用できない

CPSID I	__disable_fault_irq(); // フォールト割り込みを無効にする(FAUTMASK をセットする)
	// 注意：NMIは影響を受けない．Cortex-M23/M0/M0+/M1では使用できない

PRIMASKまたはFAULTMASKの割り込みの無効化と有効化の切り替えは，タイミングが重要なコードが中断されることなく，迅速に終了できるようにするために一般的に使用されます．別の割り込みマスキング・レジスタであるBASEPRIは，Armv8-MメインラインとArmv7-Mで使用でき，MSRとMRS命令によってのみアクセス可能です．

TrustZoneセキュリティ拡張機能を備えたArmv8-Mプロセッサでは，割り込みマスキング・レジスタはバンク化されています．CPS命令（**表5.74**）は，現在のセキュリティ・ドメインの割り込みマスキング・レジスタにアクセスするためにのみ使用できます．セキュア特権ソフトウェアが非セキュア割り込みマスキング・レジスタにアクセスする必要がある場合は，MSRとMRS命令を使用する必要があります．

5.18 命令セット - スリープ・モード関連命令

スリープ・モードに入るには，2つの命令があります．1つは，Sleep-on-Exitと呼ばれるスリープ・モードに入る方法があり，これは例外終了時にプロセッサがスリープに入ることを可能にするものです（10.2.5節）．

2つの命令のうちのもう1つがWait-For-Interruptです．アセンブリ言語プログラミングでは，次のようにこの命令にアクセスできます．

    WFI ; 割り込み待ち（スリープに入る）

CMSIS-CORE準拠のデバイス・ドライバを使ったC言語プログラミングでは次を使用します．

    __WFI(); // 割り込み待ち（スリープに入る）

WFI（Wait for Interrupt：割り込み待ち）命令により，プロセッサは直ちにスリープ・モードに入ります．その後，プロセッサは，割り込み，リセット，またはデバッグ操作によって，スリープ・モードからウェイク・アップされます．

> 注意：WFI命令の実行がスリープ・モードのトリガにならない特殊なケースがあります．これは，PRIMASKが設定されていて割り込みが保留されている場合です（10.3.4節）．

WFE（Wait for Event：イベント待ち）と呼ばれる別の命令により，プロセッサは条件付きでスリープ・モードに入ります．アセンブリ言語プログラミングでは，次のようにこの命令にアクセスできます．

    WFE ; イベント待ち（条件次第でスリープに入る）

また，CMSIS-CORE準拠のデバイス・ドライバを使ったC言語プログラミングでは次を使用します．

　　　__WFE(); // イベント待ち（条件次第でスリープに入る）

　Cortex-Mプロセッサの内部には，イベントを記録するための1ビットの内部レジスタがあります．このレジスタがセットされている場合，WFE命令はスリープ状態にはなりません．その代わり，イベント・レジスタをクリアして次の命令に進みます．このレジスタがクリアされると，プロセッサはスリープ状態になり，イベントが発生するとウェイク・アップします．イベントは次のいずれかになります．
- 割り込み発生
- デバッグ操作（デバッガからの停止要求に続いて）
- リセット
- 外部イベントインターフェースでのパルス信号の到着（プロセッサの入力ピンを介して，10.2.9節）

　プロセッサのイベント入力は，マルチプロセッサ・システム内の他のプロセッサからのイベント出力から生成できます．この構成では，WFEスリープ中のプロセッサ（スピンロックを待っているなど）を他のプロセッサによってウェイク・アップさせることができ，これは，マルチプロセッサ・システムのセマフォ動作に役立ちます．他のケースでは，イベント信号は，Cortex-MマイクロコントローラのI/Oポート・ピンを使用してトリガできます．他の設計では，イベント入力は，ローに固定され，使用されません．

　イベント入力に加えて，Cortex-Mプロセッサのイベント・インターフェース信号には，イベント出力が含まれます．イベント出力は，イベント送信（Send Event：SEV）命令を使用してトリガできます．アセンブリ言語プログラミングでは，次のようにこの命令にアクセスできます．

　　　SEV ; イベントを送信

CMSIS-CORE準拠のデバイス・ドライバを使ったC言語プログラミングでは次のようにします．

　　　__SEV(); // イベントを送信

　SEVが実行されると，イベント出力インターフェースに1サイクル・パルスが発生します．SEV命令は，SEV命令を実行しているプロセッサのイベント・レジスタもセットします．一部のCortex-Mマイクロコントローラでは，イベント出力は，何にも接続されていないため，使用されません．

　WFI，WFE，SEVの命令，およびイベント・レジスタに関する詳細は，第10章を参照してください．

5.19　命令セット - メモリ・バリア命令

　Cortex-M23，Cortex-M33，その他のArmv8-Mプロセッサは，いずれも小型の組み込みシステム向けに最適化されており，比較的短いパイプラインを持っているため，メモリ・アクセスの順序を入れ替える（リオーダ）ことはありません．しかし，Armアーキテクチャ（Armv6-M，Armv7-M，Arm8-M）では，プロセッサの設計でメモリ転送の順序を変更できます．つまり，メモリ・アクセスは，データ処理操作の結果に影響を与えない限り，プログラム・コードとは異なる順序で発生または完了する可能性があります．

　メモリ・アクセスのリオーダは，キャッシュ，スーパースカラ・パイプライン，アウトオブオーダ実行機能などの設計を有するハイエンド・プロセッサでしばしば起こります．しかし，メモリ・アクセスをリオーダすることで，データが複数のプロセッサ間で共有されている場合，別のプロセッサによって観測されるデータ・シーケンスは，プログラムされたシーケンスとは異なることがあります．これにより，さまざまなアプリケーションでエラーやグリッチが発生する可能性があります．これらの障害の原因の例（**図5.4**参照）については，5.7.12節 "ロードアクワイヤとストアリリース命令" を参照してください．

　メモリ・バリア命令は，次の目的で使用できます．
- メモリ・アクセス間の順序付けを強制する
- メモリ・アクセスと他のプロセッサの動作の間で順序付けを強制する

第5章　命令セット

- 後続の操作の前に，システム構成の変更の効果が発生することを保証する

Cortex-Mプロセッサは，次のメモリ・バリア命令をサポートしています（表5.75）．

表5.75　メモリ・バリア命令

命令	説明
DMB	Data Memory Barrier（データ・メモリ・バリア）： 新しいメモリ・アクセスがコミットされる前に，全てのメモリ・アクセスが完了することを保証する
DSB	Data Synchronization Barrier（データ同期バリア）： 次の命令が実行される前に全てのメモリ・アクセスが完了することを保証する
ISB	Instruction Synchronization Barrier（命令同期バリア）： パイプラインをフラッシュし，新しい命令を実行する前に，前の命令が全て完了していることを保証する

CMSISを使用したCプログラミング（CMSIS-CORE準拠のデバイス・ドライバを使用）では，次の関数を使用してこれらの命令にアクセスできます．

```
void __DMB(void);  // データ・メモリ・バリア
void __DSB(void);  // データ同期バリア
void __ISB(void);  // 命令同期バリア
```

Cortex-M23とCortex-M33プロセッサのパイプラインは，比較的単純であり，これらのプロセッサで使用されているAMBA5 AHBバス・プロトコルでは，メモリ・システム内の転送の並び替えができないため，ほとんどのアプリケーションはメモリ・バリア命令を使用せずに動作します．しかし，前述のバリア命令を使用する必要があるケース（表5.76）が幾つかあります．

表5.76　メモリ・バリア命令が必要な場合の例

シナリオ（Cortex-Mプロセッサの大部分の実装で必須）	必要なバリア命令
MSR命令でCONTROLレジスタを更新した後，ISB命令を使用して，更新された構成が後続の操作に使用されるようにする必要がある	ISB
システム制御レジスタのSLEEPONEXITビットが，例外ハンドラ内で変更された場合，例外から戻る前に，DSBを使用する必要がある	DSB
保留中だった例外が有効にされていて，その保留だった例外が後続の操作の前に発生することを確実にしたいとき	DSBに続いてISB
NVICのクリア有効化レジスタを使用して割り込みを無効にしていて，次の動作を開始する直前に割り込み無効化の効果を確実にしたい場合	DSBに続いてISB
自己修正コードがプログラム・メモリの一部を修正する場合（後続の命令はすでにフェッチされているので，フラッシュする必要がある）	DSBに続いてISB
ペリフェラルの制御レジスタで，プログラム・メモリ・マップを変更し，新しいプログラム・メモリ・マップをすぐに使用しなければならない場合（これは，書き込み完了後，直ちにメモリ・マップが更新されることを前提としている）	DSBに続いてISB
ペリフェラルの制御レジスタで，データ・メモリ・マップを変更し，新しいデータ・メモリ・マップをすぐに使用しなければならない場合（これは，書き込み完了後，直ちにメモリ・マップが更新されることを前提としている）	DSB
メモリ保護ユニット（Memory Protection Unit：MPU）の構成が更新され，後続のプログラム・コードが，MPUの構成変更の影響を受けたメモリ領域中の命令を，直ちにフェッチされ実行した場合	DSBに続いてISB

アーキテクチャの観点から見ると，2つの操作の間にメモリ・バリアを使用する必要がある状況（表5.77）がさらにあるかもしれません．しかし，現在のCortex-M23とCortex-M33プロセッサでは，メモリ・バリアを省略しても問題はありません．

Cortex-M7のようなハイエンド・プロセッサにはメモリ・バリアが不可欠で，バス・インターフェースには，ライト・バッファが含まれており，バッファされた書き込みが確実に排出されるようにDSB命令が必要です．

Cortex-Mプロセッサのメモリ・バリア命令の使用に関する，アプリケーション・ノートは，Armから入手可能

で，"メモリ・バリア命令の ARM Cortex-M プログラミング・ガイド"[6] と呼ばれています．

表5.77　アーキテクチャ定義でメモリ・バリア命令を推奨する場合の例

シナリオ（アーキテクチャに基づく推奨）	必要なバリア命令
ソフトウェアが，メモリ保護ユニット（Memory Protection Unit：MPU）の構成を更新し，それから MPU の構成変更の影響を受けるメモリ領域のデータにアクセスする（変更によって影響を受ける MPU 領域はデータ・アクセス専用で，命令フェッチはない）．	DSB
スリープに入る前（WFI または WFE）	DSB
セマフォ操作	DMB または DSB
例外（SVC など）の優先度レベルを変更して，例外をトリガ	DSB
ベクタ・テーブル・オフセット・レジスタ（Vector Table Offset Register：VTOR）を使用してベクタ・テーブルを新しい場所に移動し，新しいベクタで例外を発生させる	DSB
ベクタ・テーブル内のベクタ・エントリを変更して（SRAM に再配置されている場合），すぐにその例外を発生させる	DSB
自己リセットの直前（現在進行中のデータ転送がある可能性がある）	DSB

5.20　命令セット - TrustZone サポート命令

　TrustZone セキュリティ拡張機能を動作させるために，Armv8-M 用に多くの命令が導入されました．次の命令は，Armv8-M ベースラインとメインラインのプロセッサの両方で利用可能です（**表5.78**）．

表5.78　TrustZone サポート命令

命令	説明	制約
SG	Secure Gateway：セキュア・ゲートウェイ．SG は，非セキュア・ソフトウェアが非常に低いレイテンシで，セキュア関数を呼び出すことができるような，セキュアな方法を提供する． 非セキュア・コードが，セキュア関数を呼び出す場合，呼び出された関数の最初の命令は，SG である必要があり，NSC（Non-secure Callable）属性と定義されたアドレスの場所にある必要がある	セキュア・ワールドでのみ利用可能で，有効なエントリ・ポイントとなるためには，Non-secure Callable 領域に配置する必要がある
BXNS Rm	Branch and exchange：交換付き分岐（非セキュア）．レジスタに格納されているアドレスに分岐する．アドレスのビット0 が0で，32ビットの値が EXC_RETURN または FNC_RETURN でない場合，プロセッサを非セキュア状態に切り替える	セキュア・ワールドでのみ利用可能
BLXNS Rm	Branch with link and exchange：交換付き分岐とリンク（非セキュア）．レジスタ内に格納されているアドレスに分岐する．アドレスのビット0 が0で，32ビット値が EXC_RETURN または FNC_RETURN でない場合，プロセッサを非セキュア状態に切り替える．リンク・レジスタはセキュア・スタックに保存され，LR は FNC_RETURN に更新される	セキュア・ワールドのみ利用可能
TT Rd, Rn TTT Rd, Rn TTA Rd, Rn TTAT Rd, Rn	Test target：テスト・ターゲット - メモリ・ロケーションのセキュリティ状態とアクセス許可を照会する． Rn = テストするメモリ・アドレス位置 Rd = セキュリティと許可の結果 TT と TTT は，現在のセキュリティ・ドメイン内でテストを実行する（TTT は非特権アクセス・レベルでテストを実行する）． TTA と TTAT はセキュア状態から実行し，非セキュアなセキュリティと権限設定でテストを行う．TTAT は非セキュア非特権レベルを指定するので，TTA 命令とは異なる	TTA と $TTAT$ はセキュア・ワールドでのみ利用可能

　セキュアと非セキュアのソフトウェア遷移の取り扱い，TT{A}{T} 命令の使用に関する情報は，第7章の7.4.2節と第18章で説明しています．

　VLLDM と VLSTM は，コンテキスト保存と浮動小数点ユニット（Floating Point Unit：FPU）内のレジスタ内容の復元のために Armv8-M メインライン・プロセッサに追加された2つの命令です．セキュア・ソフトウェアが

第5章 命令セット

特定の非セキュア関数/サブルーチンを頻繁に呼び出す必要がある場合，この2つの命令が利用できないと，非常に効率が悪くなります．

VLLDMとVLSTM命令を使用しない場合，各非セキュア関数の呼び出しごとに

- FPU内のデータをセキュア・スタックに保存してから
- FPUレジスタを消去する必要（リークを防ぐため）があり，それから
- 非セキュア関数を呼び出す必要がある

非セキュア関数の呼び出しが完了した後，レジスタを復元する必要があります．これは，呼び出される非セキュア関数/サブルーチンの多くがFPUを使用していない可能性があるため非効率的です．そこで，プロセスをより効率的にするために，VLSTMとVLLDM命令が導入されました．

VLSTMとVLLDM命令（**表5.79**）では，非セキュア関数がFPUを使用した場合にのみ，FPUレジスタの保存と復元を行うことで，処理を改善しました．非セキュア・サブルーチンを呼び出す前に全てのFPUレジスタ・バンク・データをセキュア・スタックに保存する代わりに，セキュア・ソフトウェアはセキュア・スタック（Rnが指し示す）内にスペースを確保し，VLSTMを使用してレイジ・スタッキング（遅延スタック操作）を有効にします．これは，セキュアFPUレジスタの実際のスタックとクリアは，非セキュア・サブルーチンがFPUを使用する場合にのみ発生することを意味します．非セキュア関数/サブルーチンが完了してセキュア・ワールドに戻ると，セキュア・ソフトウェアはVLLDMを使用してセキュア・スタックから保存されたデータを復元しますが，セキュアFPUデータがセキュア・スタックにプッシュされている場合に限ります．呼び出された非セキュア関数/サブルーチンがFPUを使用しなかった場合，FPUレジスタの実際の保存と復元は行われず，必要なクロック・サイクル数が減少します．

表5.79 Armv8-MメインラインのTrustZoneサポート用VLSTMとVLLDM命令

命　令	説　明	制　約
VLSTM Rn	浮動小数点レイジ（遅延）複数ストア FPUのセキュア・データのレイジ・スタッキング（遅延スタック操作）を有効にする．Rnは，浮動小数点命令が実行される場合に，セキュアFPUデータを保存するためにセキュア・ソフトウェアによって確保されたスタック空間のアドレス	Armv8-Mメインラインでセキュア状態でのみ利用可能
VLLDM Rn	浮動小数点レイジ（遅延）複数ロード 非セキュア・サブルーチン/関数中にFPUデータがセキュア・スタックにプッシュされた場合，セキュア・スタック・メモリ（Rnが指す）からFPUデータを復元	Armv8-Mメインラインでセキュア状態でのみ利用可能

FPUが実装されていないか，無効化されている場合，VLSTMとVLLDM命令はNOP（無操作）として実行されます．

5.21　命令セット - コプロセッサとArmカスタム命令のサポート

コプロセッサ命令とArmカスタム命令により，チップ設計者はプロセッサのシステムの処理能力を拡張できます．

コプロセッサ命令は，Cortex-M33プロセッサがリリースされた当初に導入され，Armカスタム命令は，Cortex-M33リビジョン1がリリースされた2020年半ばに導入されました．

前述の命令は，Cortex-M23プロセッサでは使用できません．

コプロセッサ・インターフェースのサポートにより，チップ設計者は，密接に結合されたハードウェア・アクセラレータをCortex-M33プロセッサに追加できます．アクセラレータの機能は，チップ設計者またはマイクロコントローラ・ベンダ，あるいはその双方によって定義されます．これらのハードウェア・アクセラレータは，通常，数学計算（三角関数など）や暗号化アクセラレーションなどに使用されます．

Cortex-M33プロセッサは，最大8個のカスタム定義コプロセッサ（#0 ～ #7）をサポートしていて，それぞれが次のように実装される可能性があります．

198

5.21 命令セット - コプロセッサとArmカスタム命令のサポート

- プロセッサの外部にあり，二プロセッサ・インターフェースを介して接続されたコプロセッサ・ハードウェア・ユニット
- プロセッサ内のカスタム・データ・パス・ユニット（この機能はCortex-M33リビジョン1で2020年半ばから利用可能）

プロセッサの外部にあるコプロセッサのハードウェア・ユニットは，最大16個のコプロセッサ・レジスタを持つことができます．プロセッサとコプロセッサ間のインターフェース（図5.20）は，レジスタ・バンクとコプロセッサのレジスタ間の32ビットと64ビットのデータ転送をサポートしていますが，コプロセッサ・レジスタの正確なサイズはチップ設計者によって定義されます．

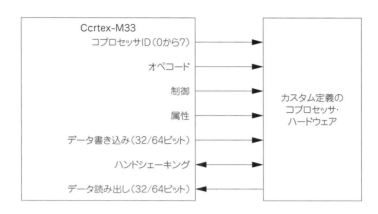

図5.20 コプロセッサ・インターフェース

コプロセッサの命令は次の3種類に分けられます．

- 演算を定義するためのオペコードとともに，プロセッサのレジスタ・バンクから1つまたは，2つのコプロセッサ・レジスタにデータを転送
- 操作を定義するためのオペコードとともに，1つまたは，2つのコプロセッサ・レジスタからプロセッサのレジスタ・バンクにデータを転送
- コプロセッサ操作（オペコード＋コプロセッサ・レジスタ指定子）

メモリ・マップド・ペリフェラル・アプローチと比較すると，コプロセッサ・インターフェースは，ハードウェア・アクセラレータにアクセスするためのより高速な方法を提供します．これは，次の理由です．

- コプロセッサ・インターフェースは，一度に最大64ビットのデータを転送できるが，Cortex-M33プロセッサのバス・インターフェースは，1サイクル当たり最大32ビットまでしか転送できない
- コプロセッサの転送は，システム・レベルのバス・トラフィックの影響を受けない（例えば，複数のウェイト状態のクロック・サイクルを持つ可能性のある別のバス転送によって遅延されることはない）
- ソフトウェアは，転送を開始する前に，最初にレジスタにアドレスを設定する必要はない．これは，コプロセッサIDとコプロセッサ・レジスタ指定子がコプロセッサ命令のエンコーディングの一部だからである
- ソフトウェアは，コプロセッサの動作を定義するために別の転送を使用する必要はない．これは，コプロセッサのオペコードがコプロセッサ命令のエンコーディングの一部だからである

場合によって，チップ設計者は，そのシングル・サイクル・アクセス能力により，コプロセッサ・インターフェースを利用して，特定のペリフェラル・レジスタへのアクセスを高速化できます．

Cortex-M33プロセッサでサポートされているコプロセッサ命令を**表5.80**にまとめます．

MRCおよびMRC2命令は，プロセッサ・レジスタ・フィールド（Rt）がPC（0xF）に設定されている場合に，APSR.NZVCフラグの転送をサポートします．

歴史的な理由から，複数の命令エンコーディングが利用可能です（例：MCR，MCR2）．初期のArmプロセッサではコプロセッサ命令が利用可能でしたが，Armアーキテクチャv5からは，より多くのコプロセッサ命令（MCR2，MCR2，MCRR2，MRRC2，CDP2）がArm命令セットに導入されました（Thumb命令セットには含ま

第5章 命令セット

表5.80 コプロセッサ命令

命 令	操 作
MCR coproc, opc1, Rt, CRn, CRm{, opc2} MCR2 coproc, opc1, Rt, CRn, CRm{, opc2} （例：MCR p0, 1, R1, c1, c2, 0）	32ビットをコプロセッサ・レジスタに転送（オペコード1は4ビット，オペコード2は3ビットでオプション）
MRC coproc, opc1, Rt, CRn, CRm{, opc2} MRC2 coproc, opc1, Rt, CRn, CRm{, opc2} （例：MRC p0, 1, R1, c1, c2, 0）	コプロセッサ・レジスタから32ビットを転送（オペコード1は4ビット，オペコード2は3ビットでオプション）
MCRR coproc, opc1, Rt, Rt2, CRm MCRR2 coproc, opc1, Rt, Rt2, CRm	コプロセッサ・レジスタへ64ビットを転送（オペコード1は4ビット）
MRRC coproc, opc1, Rt, Rt2, CRm MRRC2 coproc, opc1, Rt, Rt2, CRm	コプロセッサ・レジスタから64ビットを転送（オペコード1は4ビット）
CPD coproc, opc1, CRd, CRn, CRm {, opc2} CPD2 coproc, opc1, CRd, CRn, CRm {, opc2}	コプロセッサ・データ処理（オペコード1は4ビット，オペコード2は3ビットでオプション）

れていません）．新しい追加により，オペコード・ビットのためのスペースが増えましたが，条件付き実行機能はありません．

　Armv8-Mアーキテクチャでは，メモリ・アクセスのための追加のコプロセッサ命令が定義されていることに注意してください．しかし，これらの命令（**表5.81**）は，Cortex-M33プロセッサではサポートされていません．これらの命令を実行しようとすると，フォールト例外（未定義命令エラーのUsageFault）が発生します．

表5.81　サポートされていないコプロセッサ命令

サポートされていないコプロセッサ命令	操 作
LDC coproc, CRd, [Rn {,#imm}] LDC2 coproc, CRd, [Rn {,#imm}]	コプロセッサ・レジスタをデータ転送先とする32ビット・メモリ読み出し
LDC coproc, CRd, [Rn ,#imm]! LDC2 coproc, CRd, [Rn ,#imm]!	コプロセッサ・レジスタをデータ転送先とする32ビット・メモリ読み出し，プリインデックス付き
LDC coproc, CRd, [Rn],#imm LDC2 coproc, CRd, [Rn],#imm	コプロセッサ・レジスタをデータ転送先とする32ビット・メモリ読み出し，ポストインデックス付き
LDC coproc, CRd, [PC {,#imm}] LDC2 coproc, CRd, [PC {,#imm}]	コプロセッサ・レジスタをデータ転送先とする32ビット・リテラル・メモリ読み出し
LDCL coproc, CRd, [Rn {,#imm}] LDC2L coproc, CRd, [Rn {,#imm}]	コプロセッサ・レジスタをデータ転送先とする64ビット・メモリ読み出し
LDCL coproc, CRd, [Rn ,#imm]! LDC2L coproc, CRd, [Rn ,#imm]!	コプロセッサ・レジスタをデータ転送先とする64ビット・メモリ読み出し，プリインデックス付き
LDCL coproc, CRd, [Rn],#imm LDC2L coproc, CRd, [Rn],#imm	コプロセッサ・レジスタをデータ転送先とする64ビット・メモリ読み出し，ポストインデックス付き
LDCL coproc, CRd, [PC {,#imm}] LDC2L coproc, CRd, [PC {,#imm}]	コプロセッサ・レジスタをデータ転送先とする64ビット・リテラル・メモリ読み出し
STC coproc, CRd, [Rn {,#imm}] STC2 coproc, CRd, [Rn {,#imm}]	コプロセッサ・レジスタをデータ転送元とする32ビット・メモリ書き込み
STC coproc, CRd, [Rn ,#imm]! STC2 coproc, CRd, [Rn ,#imm]!	コプロセッサ・レジスタをデータ転送元とする32ビット・メモリ書き込み，プリインデックス付き
STC coproc, CRd, [Rn],#imm STC2 coproc, CRd, [Rn],#imm	コプロセッサ・レジスタをデータ転送元とする32ビット・メモリ書き込み，ポストインデックス付き
STCL coproc, CRd, [Rn {,#imm}] STC2L coproc, CRd, [Rn {,#imm}]	コプロセッサ・レジスタをデータ転送元とする64ビット・メモリ書き込み
STCL coproc, CRd, [Rn ,#imm]! STC2L coproc, CRd, [Rn ,#imm]!	コプロセッサ・レジスタをデータ転送元とする64ビット・メモリ書き込み，プリインデックス付き
STCL coproc, CRd, [Rn],#imm STC2L coproc, CRd, [Rn],#imm	コプロセッサ・レジスタをデータ転送元とする64ビット・メモリ書き込み，ポストインデックス付き

5.21 命令セット - コプロセッサと Arm カスタム命令のサポート

Arm カスタム命令により，チップ設計者は Cortex-M33 プロセッサ内でカスタム・データ処理命令を定義できます．Arm カスタム命令のアーキテクチャは，次の5つのデータ・タイプをサポートしています．

- 32 ビット整数
- 64 ビット整数（D-デュアル・バリアント）
- 単精度浮動小数点（32 ビット，FP32）-FPU が含まれている場合，Cortex-M33 r1 でサポート
- 倍精度（64 ビット，fp64，Cortex-M33 r1 ではサポートされていない）
- Armv8.1-M の MVE ベクタ（128 ビット，Cortex-M33 r1 ではサポートされていない）

Arm カスタム命令の各データ・タイプには，3つのサブタイプがあり，合計15のクラスがあります（**表5.82**）．これらのサブタイプは，ゼロから3つの入力オペランドと，複数の命令を定義できる追加の即値データをサポー

表5.82 Arm カスタム命令（全15クラス）

クラス	命 令	入力データ型	結果のデータ型	<imm>の幅
CX1{A}	CX1 <coproc>, <Rd>, #<imm> CX1A <coproc>, <Rd>, #<imm>	32 ビット整数 または APSR_nzcv	32 ビット整数または APSR_nzcv	13
CX2{A}	CX2 <coproc>, <Rd>, <Rn>, #<imm> CX2A <coproc>, <Rd>, <Rn>, #<imm>	32 ビット整数 または APSR_nzcv	32 ビット整数または APSR_nzcv	9
CX3{A}	CX3 <coproc>, <Rd>, <Rn>, <Rm>, #<imm> CX3A <coproc>, <Rd>, <Rn>, <Rm>, #<imm>	32 ビット整数 または APSR_nzcv	32 ビット整数または APSR_nzcv	6
CX1D{A}	CX1D <coproc>, <Rd>, <Rd+1>, #<imm> CX1DA <coproc>, <Rd>, <Rd+1>, #<imm>	Rd:64 ビット整数 または APSR_nzcv	64 ビット整数	13
CX2D{A}	CX2D <coproc>, <Rd>, <Rn>, #<imm> CX2DA <coproc>, <Rd>, <Rd+1>, <Rn>, #<imm>	Rd:64 ビット整数 または APSR_nzcv Rn : 32 ビット整数 または APSR_nzcv	64 ビット整数	9
CX3D{A}	CX3D <coproc>, <Rd>, <Rn>, <Rm>, #<imm> CX3DA <coproc>, <Rd>, <Rd+1>, <Rn>, <Rm>, #<imm>	Rd:64 ビット整数 または APSR_nzcv Rn, Rm :32 ビット整数 または APSR_nzcv	64 ビット整数	6
VCX1{A}.S	VCX1 <coproc>, <Sd>, #<imm> VCX1A <coproc>, <Sd>, #<imm>	Float(fp32)	Float（fp32）	11
VCX2{A}.S	VCX2 <coproc>, <Sd>, <Sm>, #<imm> VCX2A <coproc>, <Sd>, <Sm>, #<imm>	Float (fp32)	Float (fp32)	6
VCX3{A}.S	VCX3 <coproc>, <Sd>, <Sn>, <Sm>, #<imm> VCX3A <coproc>, <Sd>, <Sn>, <Sm>, #<imm>	Float (fp32)	Float (fp32)	3
VCX1{A}.D	VCX1 <coproc>, <Dd>, #<imm> VCX1A <coproc>, <Dd>, #<imm>	Double (fp64)	Double (fp64)	11
VCX2{A}.D	VCX2 <coproc>, <Dd>, <Dm>, #<imm> VCX2A <coproc>, <Dd>, <Dm>, #<imm>	Double (fp64)	Double (fp64)	6
VCX3{A}.D	VCX3 <coproc>, <Dd>, <Dn>, <Dm>, #<imm> VCX3A <coproc>, <Dd>, <Dn>, <Dm>, #<imm>	Double (fp64)	Double (fp64)	3
VCX1{A}.Q	VCX1 <coproc>, <Qd>, #<imm> VCX1A <coproc>, <Qd>, #<imm>	Vector	Vector	12
VCX2{A}.Q	VCX2 <coproc>, <Qd>, <Qm>, #<imm> VCX2A <coproc>, <Qd>, <Qm>, #<imm>	Vector	Vector	7
VCX3{A}.Q	VCX3 <coproc>, <Qd>, <Qn>, <Qm>, #<imm> VCX3A <coproc>, <Qd>, <Qn>, <Qm>, #<imm>	Vector	Vector	4

第5章 命令セット

トしています.

　各クラスには,通常バリアントと累積バリアントがあります.これらの命令の累積バリアント(サフィックス{A}で示される)では,宛先レジスタをソース・データとして,また,宛先として使用できます.整数型Armカスタム命令の累積バリアントのみが,条件付き実行のIT命令ブロックで使用できます.浮動小数点やベクトル・データ型,非累積バリアント用などのArmカスタム命令は,IT命令ブロックでは使用できませんのでご注意ください.

　CX1{A},CX2{A},CX3{A}命令は,コプロセッサ・インターフェース命令と同様に,プロセッサ・レジスタ・フィールド(Rd/Rn)をAPSR_nzcv(0xF)に設定するとN,Z,C,Vフラグの転送をサポートします.CX1D{A},CX2D{A},CX3D{A}命令では,APSR_nzcvは入力として使用でき,レジスタ・フィールドは,0xEとしてエンコードされます.

　ダブルワードArmカスタム命令(CX1D{A},CX2D{A},CX3D{A})を使用している場合,転送先はRdとR(d+1)に配置され — ここで,dは偶数で12未満でなければなりません.

　組み込み関数を使用して,C言語でこれらのコプロセッサ命令を使用する方法については,第15章15.4節を参照してください.

　コプロセッサ命令またはArmカスタム命令を使用する前に,対応するコプロセッサは,既定では無効になっているため,ソフトウェアで有効にする必要があります.さらに,セキュア・ソフトウェアは,セキュリティの初期化時にコプロセッサのアクセス許可も設定する必要があります.アクセス許可の設定要件の詳細については,第15章15.5節で説明します.

5.22　命令セット - その他の機能

　他にもさまざまな命令があります.

　Cortex-Mプロセッサは,ノー・オペレーション(No Operation:NOP)命令をサポートしています.この命令を使用して,命令のアライメントをとったり,遅延を導入したりできます.アセンブリ言語でプログラミングする場合,NOP命令は次のように記述されます.

```
NOP        ;何もしない
```

　あるいは,CMSIS-CORE準拠のデバイス・ドライバを使って,C言語でプログラミングする場合は,次のように記述します.

```
__NOP();  // 何もしない
```

　一般的に,NOP命令によって生成される遅延は保証されておらず,異なるシステム(メモリ待機状態,プロセッサの種類など)間で動作が異なる可能性があることに注意してください.従って,ソフトウェアを異なるシステムで使用する必要がある場合,正確なタイミング遅延を生成するのには適していません.正確なタイミング遅延が必要な場合は,ハードウェア・タイマを使用する必要があります.

　ソフトウェアの開発中に役立つもう1つの特別な命令は,ブレークポイント(Breakpoint:BKPT)です.これは,ソフトウェア開発/デバッグ中にアプリケーションにソフトウェア・ブレークポイントを作成するために使用されます.デバッグ中のプログラムがSRAMから実行される場合,通常,デバッガは元の命令(ブレークポイントがある場所)をBKPTに置き換えることで,プログラムにブレークポイントを挿入します.ブレークポイントにヒットすると,プロセッサは停止し,デバッガが元の命令を復元します.その後,ユーザはデバッガを介してデバッグ・タスクを実行できます.BKPT命令は,デバッグ・モニタ例外を生成するためにも使用できます.BKPT命令は8ビットの即値を持ちます.デバッガまたはデバッグ・モニタ例外ハンドラは,このデータを抽出し,抽出した情報に基づいて実行するアクションを決定できます.例として,即値の使用方法の1つとして,特定の特別な値を使用するセミホスト要求を示すために使用できます(これはツール・チェーンに依存します).

　アセンブリ・プログラミング言語のBKPT命令の構文は,次のとおりです.

```
BKPT #<immed> ; ブレークポイント
```

SVCと同様に，ほとんどのアセンブラ・ツールでは"#"記号を省略することもできます．

```
BKPT <immed> ; ブレークポイント
```

または，CMSIS-CORE準拠のデバイス・ドライバを使用したC言語プログラミングでは，BKPT命令は次のように記述されます．

```
__BKPT(immed) ;
```

Cortex-M23とCortex-M33プロセッサは，BKPT命令のサポートに加えて，最大4個（Cortex-M23の場合）または8個（Cortex-M33の場合）のハードウェア・ブレークポイント比較器を提供するブレークポイント・ユニットもサポートしています．ハードウェア・ブレークポイント・ユニットを使用する場合，ソフトウェア・ブレークポイント動作のように，プログラム・メモリ内の元の命令を置き換える必要はありません．

Thumb命令セットには，多数のヒント（Hint）命令が定義されています（**表5.83**）．これらの命令は，Cortex-M23とCortex-M33プロセッサ上でNOPとして実行されます．

表5.83　その他のサポートされていないヒント命令

サポートされていない命令	機 能
DBG	デバッグとトレースのためのプロセッサのハードウェアへのヒント命令．正確な効果は，プロセッサの設計に依存する．既存の Cortex-M プロセッサでは，この命令は使用されない
PLD	データのプリロード（Preload Data）．これは通常，データ・アクセスを高速化するためにキャッシュ・メモリ・コントローラによって，使用されるヒント命令である．ただし，Cortex-M23 と Cortex-M33 プロセッサ内にはデータ・キャッシュがないため，この命令は NOP（無操作）として動作する
PLI	命令のプリロード（Preload Instruction）．これは，一般的にキャッシュ・メモリ・コントローラで使用されるヒント命令で，プログラム・コード内の特定のメモリ領域が使用される場所を示すことで命令アクセスを高速化する．ただし，Cortex-M23 と Cortex-M33 プロセッサ内には，命令キャッシュがないため，この命令は，NOP（無操作）として動作する
YIELD	マルチスレッド・システム内のアプリケーション・タスクが，スワップ・アウト可能なタスクを実行中であることを示すためのヒント命令（ストールしていたり，何かが起こるのを待つなど）．このヒント情報は，ハードウェア・マルチスレッドをサポートしているプロセッサでは，システム全体の性能を向上させるために使用できる．Cortex-M23 と Cortex-M33 プロセッサは，ハードウェア・マルチスレッドをサポートしていないため，このヒント命令はNOPとして実行される

その他の全ての未定義命令は，実行されると，HardFaultまたはUsageFaultのいずれかのフォールト例外が発生します．

Armv8-Mアーキテクチャのリリース以来，Armv8-Mアーキテクチャは，多くの新しい命令を含むように更新されてきました．例えば，SpectreとMeltdown（セキュリティ脆弱性）が発見されて以来，Armは，一部のプロセッサ実装における投機的実行最適化に起因する潜在的なセキュリティ問題に対処するために，追加の命令を導入しています．投機的実行は，長いパイプラインと複雑なメモリ・システムを持つハイエンド・プロセッサでよく使われる最適化手法です．

Cortex-M23とCortex-M33プロセッサは，投機的実行や高度なプロセッサ・キャッシュ・システムを持たないため，SpectreやMeltdownのような脆弱性の影響を受けることはありません．しかし，一貫性のあるソフトウェア・アーキテクチャを作成するために，メインライン拡張内のArmv8-Mアーキテクチャ（すなわち，Cortex-M33プロセッサなどのメインライン・サブプロファイル・プロセッサ）では，次の命令（**表5.84**）がサポートされています．

これらの命令（SSBB，PSBB，CSDB）をIT命令ブロック内で使用してはいけません．

これらの命令の詳細な情報は，ホワイトペーパー"Cache Speculation Side-channels"に記載されており，https://developer.arm.com/support/arm-security-updates/speculative-processor-vulnerabilityからダウンロードできます．

第5章 命令セット

表5.84 SpectreとMeltdownの脆弱性に対処するためにArmv8-Mメインライン・アーキテクチャに追加された命令

命 令	機 能
SSBB	Speculative Store Bypass Barrier（投機的ストア・バイパス・バリア） この命令は，投機的なロードで次が発生しないようにする - そのロード前のプログラム順序に現れる同じ**仮想**アドレスへの直近のストアより古いデータを返す - そのロード後のプログラム順に現れる同じ**仮想**アドレスを使うストアからデータを返す この命令はCortex-M33プロセッサではDSBとして実行される
PSSBB	Physical Speculative Store Bypass Barrier（物理的投機的ストア・バイパス・バリア） この命令は，投機的なロードで次が発生しないようにする - そのロード前のプログラム順に現れる同じ**物理**アドレスへの直近のストアより古いデータを返す - そのロード後のプログラム順に現れる同じ**物理**アドレスを使うストアからデータを返す この命令はCortex-M33プロセッサでDSBとして実行される
CSDB	Consumption of Speculative Data Barrier（投機的データ・バリアの消費） これは，実行された後，後続の特定のタイプの命令の投機的な実行を防止するメモリ・バリアである この防止は，未解決の状態が解決される（投機的でなくなる）まで続く CSDB後に投機的に実行されないようにする命令には，次のようなものがある： • 非分岐命令 • データ値予測の結果である命令 • 条件分岐命令以外の命令からのALUフラグ予測結果である命令 非投機的な命令と投機的な分岐命令はまだ実行可能である この命令は，Cortex-M33プロセッサではNOPとして実行される

Cortex-MプロセッサはSpectreとMeltdownの脆弱性の影響を受けないため，本書ではこれらの手順を取り上げていません．

5.23　CMSIS-COREでの特殊レジスタへのアクセス

5.6.4節では，特殊レジスタへのアクセスに使用されるMRSとMSR命令を取り上げました．CMSIS-COREでは，プログラミングを容易にするために，特殊レジスタへのアクセスのための幾つかの関数を導入しました（**表5.85**）．

表5.85　特殊レジスタ・アクセスのためのCMSIS-CORE関数

レジスタ	関 数	Cortex-M23で利用可能?
現在のセキュリティ・ドメインのCONTROL	`uint32_t __get_CONTROL(void)`	Yes
現在のセキュリティ・ドメインのCONTROL	`void __set_CONTROL(uint32_t control)`	Yes
CONTROLの非セキュア版	`uint32_t __TZ_get_CONTROL_NS(void)`	Yes
CONTROLの非セキュア版	`void __TZ_set_CONTROL_NS(uint32_t control)`	Yes
現在のセキュリティ・ドメインのPRIMASK	`uint32_t __get_PRIMASK(void)`	Yes
現在のセキュリティ・ドメインのPRIMASK	`void __set_PRIMASK(uint32_t priMask)`	Yes
CPS命令を使用して，現在のセキュリティ・ドメインのPRIMASKをクリアする	`__enable_irq(void)`	Yes
CPS命令を使用して，現在のセキュリティ・ドメインのPRIMASKをセットする	`__disable_irq(void)`	Yes
PRIMASKの非セキュア版	`uint32_t __TZ_get_PRIMASK_NS(void)`	Yes
PRIMASKの非セキュア版	`void __TZ_set_PRIMASK_NS(uint32_t priMask)`	Yes
現在のセキュリティ・ドメインのBASEPRI	`uint32_t __get_BASEPRI(void)`	No
現在のセキュリティ・ドメインのBASEPRI	`void __set_BASEPRI(uint32_t basePRI)`	No
BASEPRIの非セキュア版	`uint32_t __TZ_get_BASEPRI_NS(void)`	No

5.23　CMSIS-CORE での特殊レジスタへのアクセス

レジスタ	関　数	Cortex-M23で利用可能?
BASEPRI の非セキュア版	`void __TZ_set_BASEPRI_NS(uint32_t basePRI)`	No
現在のセキュリティ・ドメインの FAULTMASK	`uint32_t __get_FAULTMASK(void)`	No
現在のセキュリティ・ドメインの FAULTMASK	`void __set_FAULTMASK(uint32_t faultMask)`	No
CPS 命令を使用して, 現在のセキュリティ・ドメインの FAULTMASK をクリアする	`__enable_fault_irq(void)`	No
CPS 命令を使用して, 現在のセキュリティ・ドメインの FAULTMASK をセットする	`__disable_fault_irq(void)`	No
FAULTMASK の非セキュア版	`uint32_t __TZ_get_FAULTMASK_NS(void)`	No
FAULTMASK の非セキュア版	`void __TZ_set_FAULTMASK_NS(uint32_t faultMask)`	No
IPSR	`uint32_t __get_IPSR(void)`	Yes
APSR	`uint32_t __get_APSR(void)`	Yes
xPSR	`uint32_t __get_xPSR(void)`	Yes
現在のセキュリティ・ドメインの MSP	`uint32_t __get_MSP(void)`	Yes
現在のセキュリティ・ドメインの MSP	`void __set_MSP(uint32_t topOfMainStack)`	Yes
MSP の非セキュア版	`uint32_t __TZ_get_MSP_NS(void)`	Yes
MSP の非セキュア版	`void __TZ_set_MSP_NS(uint32_t topOfMainStack)`	Yes
現在のセキュリティ・ドメインの PSP	`uint32_t __get_PSP(void)`	Yes
現在のセキュリティ・ドメインの PSP	`void __set_PSP(uint32_t topOfProcStack)`	Yes
PSP の非セキュア版	`uint32_t __TZ_get_PSP_NS(void)`	Yes
PSP の非セキュア版	`void __TZ_set_PSP_NS(uint32_t topOfProcStack)`	Yes
現在のセキュリティ・ドメインの MSPLIM	`uint32_t __get_MSPLIM(void)`	Yes
現在のセキュリティ・ドメインの MSPLIM	`void __set_MSPLIM(uint32_t MainStackPtrLimit)`	Yes
MSPLIM の非セキュア版	`uint32_t __TZ_get_MSPLIM_NS(void)`	No
MSPLIM の非セキュア版	`void __TZ_set_MSPLIM_NS(uint32_t MainStackPtrLimit)`	No
現在のセキュリティ・ドメインの PSPLIM	`uint32_t __get_PSPLIM(void)`	Yes
現在のセキュリティ・ドメインの PSPLIM	`void __set_PSPLIM(uint32_t ProcStackPtrLimit)`	Yes
PSPLIM の非セキュア版	`uint32_t __TZ_get_PSPLIM_NS(void)`	No
PSPLIM の非セキュア版	`void __TZ_set_PSPLIM_NS(uint32_t ProcStackPtrLimit)`	No
現在の SP の非セキュア版	`uint32_t __TZ_get_SP_NS(void)`	Yes
現在の SP の非セキュア版	`void __TZ_set_SP_NS(uint32_t topOfStack)`	Yes
FPSCR (FPU 搭載の Cortex-M33 で利用可能)	`uint32_t __get_FPSCR(void)`	No
FPSCR (FPU 搭載の Cortex-M33 で利用可能)	`void __set_FPSCR(uint32_t fpscr)`	No

表5.85では
- 関数名にプリフィックス“__TZ”が付いた関数は, セキュア状態で実行されているソフトウェアでのみ使用できる
- 指定がない限り, これらの関数はMRS命令またはMSR命令のいずれかを使用する
- APSRやCONTROLにアクセスする関数以外は, 特権レベルで実行する必要がある

第5章　命令セット

◉ **参考・引用＊文献** ………………………………………………

(1)　Armv8-Mアーキテクチャ・リファレンス・マニュアル
　　　https://developer.arm.com/documentation/ddi0553/am/（Armv8.0-Mのみのバージョン）
　　　https://developer.arm.com/documentation/ddi0553/latest/（Armv8.1-Mを含む最新版）
　　　注意：Armv6-M，Armv7-M，Armv8-M，Armv8.1-M用のMプロファイルアーキテクチャ・リファレンス・マニュアルは以下にある
　　　https://developer.arm.com/architectures/cpu-architecture/m-profile/docs
(2)　Arm Cortex-M23デバイス一般ユーザ・ガイド
　　　https://developer.arm.com/documentation/dui1095/latest
(3)　Arm Cortex-M33デバイス一般ユーザ・ガイド
　　　https://developer.arm.com/documentation/100235/latest
(4)　Arm Compiler armasmユーザ・ガイド‐バージョン6.9
　　　https://developer.arm.com/documentation/100069/0609
　　　最新版のArm Compiler armasmユーザ・ガイドは以下のサイトにある
　　　https://developer.arm.com/documentation/100069/latest/
(5)　Armアーキテクチャ・プロシージャ・コール標準（Procedure Call Standard for the Arm Architecture：AAPCS）
　　　https://developer.arm.com/documentation/ihi0042/latest
(6)　メモリ・バリア命令のARM Cortex-Mプログラミング・ガイド
　　　https://developer.arm.com/documentation/dai0321/latest

◆第6章◆

メモリ・システム

Memory System

6.1 メモリ・システムの概要

6.1.1 メモリ・システムには何が入っているのか？

Arm Cortex-Mプロセッサは，メモリ・ブロック（SRAM，ROM，エンベデッド・フラッシュなど）やペリフェラルをプロセッサに接続できるようにするための汎用バス・インターフェースを提供します．これらのコンポーネントは，マイクロコントローラの動作に不可欠であり，全てのCortex-Mベースのシステムに含まれています．多くのマイクロコントローラでは，プロセッサに加えて，メモリやペリフェラルにアクセスするバス・マスタ（バス転送を開始するユニット）が追加されています．この例として，プロセッサの介入なしに，あるアドレスから別のアドレスへデータを転送するダイレクト・メモリ・アクセス（Direct Memory Access：DMA）コントローラがあります（これは，スループットの向上やシステムの消費電力レベルの低下に役立ちます）．この章では，プロセッサのメモリ・システムのサポートに焦点を当てます．DMAコントローラのような他のブロックは，異なるベンダが提供する製品なので，ものによって動作が異なる可能性があるため，本書では取り上げません．

Armv8-Mアーキテクチャ[1]は，32ビット（Armv7-M，Armv6-Mアーキテクチャと同じ）ですが，バス・システムの幅に制限はありません．重要なのは，メモリがバイト単位で，アドレス可能（転送でアクセスできるメモリの最小単位は1バイト）であることです．Cortex-M23とCortex-M33プロセッサでは，バス・インターフェースは32ビットです．これらのプロセッサには，データ転送幅の変換を処理するための適切なバス・インフラ・ストラクチャが備えられていれば，別のデータ幅のメモリ・ブロックを接続することが可能です．

Cortex-Mプロセッサは，4Gバイトのアドレス空間（32ビット・アドレッシング）をサポートしています．チップ設計におけるメモリの正確なサイズとタイプには，柔軟性があるため，異なるメモリ仕様のマイクロコントローラ製品を見つけることがあります．ペリフェラルはメモリ・マップされていて，ペリフェラル・レジスタには，メモリ・ロード/ストア命令でアクセスできるアドレス・ロケーションが割り当てられています．バス・システムの設計を簡単にするために，Armプロセッサのペリフェラル・レジスタは，通常32ビットでアラインされています（つまり，アドレス値は4の倍数になっています）．アドレス空間の一部は，プロセッサ内部のレジスタに割り当てられています．例えば，NVIC，MPU，SysTickタイマ，デバッグ・コンポーネントは，全てメモリ・マップされたレジスタを持っています．

Cortex-M33プロセッサは，ハーバード・バス・アーキテクチャに基づいており，複数のバス・インターフェースを使用して命令フェッチとデータ・アクセスの両方を同時に実行できます．Cortex-Mプロセッサのメモリ空間は，命令とデータが統合されて，同じアドレス空間を共有することに注意してください．

6.1.2 メモリ・システムの特徴

幅広いアプリケーションをサポートするために，Cortex-M23とCortex-M33プロセッサのメモリ・システムは，さまざまな機能を提供しています．これらには次のようなものがあります．

- バス・インターフェース設計は，AMBA（Advanced Microcontroller Bus Architecture）5 AHB（Advanced High-Performance Bus）プロトコル[2]に基づいている．このバス・プロトコルを使用すると，システム・バス内でメモリやペリフェラルにパイプライン動作でアクセスが可能になる．また，プロセッサは，デバッグ・コンポーネントへのアクセスにアドバンスト・ペリフェラル・バス（Advanced Peripheral Bus：APB）プロトコル[3]を使用する．AMBAは，バス・インターフェース・プロトコルの仕様をまと

207

めたもので，組み込みSoCデザインのための事実上の標準オンチップ・バス規格である
- Cortex-M23のみ，オプションで，低レイテンシのペリフェラル・レジスタ・アクセス用のシングル・サイクルI/Oインターフェース
- Cortex-M33のみハーバード・バス・アーキテクチャ
- Cortex-M33のみ，非整列データを処理する機能
- 排他アクセス（これは，組み込みOSまたはRTOSを持つシステムのセマフォ操作によく使われる）
- オプションで，システム・レベルでのTrustZoneセキュリティのサポート
- リトル・エンディアンとビッグ・エンディアン・メモリ・システム用の構成オプション
- 異なるメモリ領域のメモリ属性とアクセス許可
- オプションのメモリ保護ユニット（MPU）のサポート．MPUが利用可能な場合，メモリ属性とアクセス許可の構成は，実行時にプログラムできる

Armv7-MおよびArmv6-Mアーキテクチャと同様に，Armv8-Mアーキテクチャの4Gバイトのアドレス空間は，第3章の図3.4で述べたように，アーキテクチャ的に事前に定義された領域に分割されています．TrustZoneセキュリティ拡張が実装されている場合，アドレス空間はさらにセキュアと非セキュアのアドレス範囲に分割されます．

6.1.3 従来のCortex-Mプロセッサと比較した場合のCortex-M23/M33の主な変更点

Cortex-M23とCortex-M33プロセッサ・ベースの製品を使用するソフトウェア開発者は，以前のCortex-Mベースの製品と比較して，メモリ・システムに幾つかの違いがあることに気づくでしょう．次のセクションのリストには，ソフトウェアから見える変更点の詳細が記載されており，チップ・レベルの設計変更は含まれていません．
Cortex-M0/M0+とCortex-M23のメモリ・システムの違いは次のとおりです．

- 初期ブート・ベクタ・テーブルは，アドレス0x0に制限されなくなった．また，TrustZoneセキュリティ拡張機能が実装されている場合，システムには，セキュア初期ベクタ・テーブルと非セキュア初期ベクタ・テーブルのアドレスが別々に用意されている
- MPUの新しいプログラマーズ・モデル
- TrustZoneセキュリティ拡張機能の追加（これはオプション．Cortex-M23プロセッサをベースにした一部のマイクロコントローラにはTrustZoneが搭載されていない）
- 排他アクセス・サポートの追加

同様に，Cortex-M3/M4とCortex-M33のメモリ・システムの違いは，次のとおりです．

- 初期ブート・ベクタ・テーブルは，アドレス0x0に制限されなくなった．また，TrustZoneセキュリティ拡張機能が実装されている場合，システムには，セキュアと非セキュアの初期ベクタ・テーブルのアドレスが別々に用意されている
- MPUの新しいプログラマーズ・モデル
- TrustZoneセキュリティ拡張機能の追加（これはオプション．Cortex-M33プロセッサをベースにした一部のマイクロコントローラにはTrustZoneが搭載されていない）
- Cortex-M3/M4プロセッサにあったビット・バンド機能の削除：ビット・バンド機能のアドレス再マッピングの性質がTrustZoneセキュリティと競合することがあったため，Armv8-Mでは削除された

Armv6-M/Armv7-MとArmv8-Mの間には，幾つかのアーキテクチャ定義の変更があります．しかし，これらの変更がプログラム・コードに影響を与えることはほとんどありません．これらの変更には次が含まれます．

- メモリ・タイプ – ストロングリ・オーダ（Strongly Ordered：SO）メモリ・タイプは，デバイス・タイプのサブセットの1つになり，デバイス・タイプの新しい属性が定義された
- 共有可能属性 – メモリ・タイプの1つであるデバイスは，Armv8-Mアーキテクチャでは常に共有可能になった．以前のアーキテクチャでは，共有可能でも非共有可能でもよかった

マイクロコントローラ・デバイスのメモリ・マップは，前世代のCortex-MベースのデバイスからArmv8-M上のデバイスに移行すると変更される可能性があります．これは特に，TrustZoneセキュリティがシステムに含まれていて，セキュアと非セキュア・リソース（メモリやペリフェラル）のメモリ・アドレス範囲を分離する場合に当てはまります．この種の変更は，デバイスのヘッダ・ファイルとプロジェクト設定を更新することで簡単に処理できます．ペリフェラルに互換性がない場合を除き，通常，アプリケーション・コードに必要な変更は簡単です．

6.2 メモリ・マップ

4Gバイトのアドレス指定可能なメモリ空間の中で，アドレス範囲の一部は，NVICやデバッグ・コンポーネントなどのプロセッサ内の内部ペリフェラルに割り当てられています．これらの内部コンポーネントのメモリ位置は固定されています．さらに，図6.1に示すように，メモリ空間はアーキテクチャ的に幾つかのメモリ領域に分割されています．この配置により，次のことが可能になります．

- プロセッサが異なるタイプのメモリやデバイスを，構成することなくサポートできる．これにより，アプリケーション・コードを実行する前に，異なるアドレス範囲のメモリ属性を構成する必要がないため，ソフトウェアの起動プロセスが簡素化される
- 高性能化のために最適化された配置

アーキテクチャ的に定義されたメモリ・マップは，図6.1に示すようにデフォルトのメモリ・マップと呼ばれます．次の2点を除いた残りのアドレス範囲のメモリ属性を，MPUを使用してソフトウェアで再構成できます．

- プロセッサの内部コンポーネントに割り当てられた空間
- システム/ベンダ固有のアドレス範囲

図6.1で，網掛けの領域はデバッグ・コンポーネント用です．

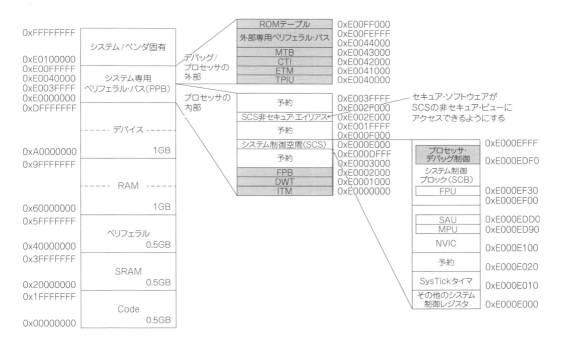

図6.1 Cortex-M23とCortex-M33プロセッサのデフォルトのメモリ・マップ

デフォルトのメモリ・マップは，固定されていますが，高い柔軟性を持ったアーキテクチャを採用しているため，シリコン設計者は異なるメモリやペリフェラルで製品を設計でき，製品の差別化を図ることができます．

まず，図6.1の左側にあるメモリ領域の定義を見てみましょう．表6.1に説明を示します．

表6.1 メモリ領域

領域	アドレス範囲
コード	0x00000000 ～ 0x1FFFFFFF

主にプログラム・コードに使用される512Mバイトのメモリ空間で，プログラム・メモリの一部であるデフォルトのベクタ・テーブルを含む．この領域はデータ・アクセスも可能

第6章　メモリ・システム

領域	アドレス範囲
SRAM	0x20000000 ～ 0x3FFFFFFF
SRAM領域は，コードの次の512Mバイトのメモリ空間に位置している．主にSRAM，オンチップSRAMを接続するために使用されるが，正確なメモリ・タイプは特に限定されない．また，この領域からプログラム・コードを実行することもできる	
ペリフェラル・メモリ	0x40000000 ～ 0x5FFFFFFF
ペリフェラル・メモリ領域も512Mバイトの大きさで，ほとんどがオンチップ・ペリフェラルに使用される	
RAM	0x60000000 ～ 0x9FFFFFFF
RAM領域には，オフチップ・メモリなどの他のRAM用に512Mバイトのメモリ空間（合計1Gバイト）のスロットが2つある．RAM領域は，データだけでなくプログラム・コードにも使用できる．2つのスロット空間は，異なるデフォルトのキャッシュ属性を持つ（表6.3を参照）	
デバイス	0xA0000000 ～ 0xDFFFFFFF
デバイス領域には，オフチップ・ペリフェラルなどの他のペリフェラル用に512Mバイトのメモリ空間のスロットが2つある（合計1Gバイト）	
システム	0xE0000000 ～ 0xFFFFFFFF
システム領域には次の幾つかの部分が含まれる 内部の専用ペリフェラル・バス（Private Peripheral Bus：PPB），0xE0000000 ～ 0xE003FFFF 　　内部の専用ペリフェラル・バス（PPB）は，NVIC，SysTick，MPU などのシステム・コンポーネントや Cortex-M プロセッサ内のデバッグ・コンポーネントにアクセスするために使用される．ほとんどの場合，このメモリ空間は，特権状態で実行されているプログラム・コードによってのみアクセス可能．一部のレジスタ（SAU など）は，セキュア状態からのみアクセスできる 外部の専用ペリフェラル・バス，0xE0040000 ～ 0xE00FFFFF 　　オプションのデバッグ・コンポーネントを追加するのに，追加の PPB 領域を使うことができる．プロセッサの実装（Cortex-M33 など）でPPBバスが利用可能な場合，シリコン・ベンダが独自のデバッグ・コンポーネントやベンダ固有のコンポーネントを追加できる．このメモリ空間は，特権状態で実行されているプログラム・コードによってのみアクセス可能．このバス上のデバッグ・コンポーネントのベース・アドレスは，シリコン設計者によって変更される可能性があることに注意 ベンダ固有領域，0xE0100000 ～ 0xFFFFFFFF 　　残りのメモリ領域はベンダ固有のコンポーネント用に予約されており，ほとんどの場合は使用されない	

　ペリフェラルやデバイス，システム・メモリ領域からのプログラム実行は許可されていません．アーキテクチャ的には，これらの領域にはeXecute-Never（XN）属性があらかじめ設定されており，これらの領域でのプログラム実行は禁止されています．しかし，他のメモリ属性と同様に，メモリ領域（CODE，SRAM，ペリフェラル，RAM，デバイスなど）のXN属性は，MPUを使用してソフトウェアで上書きできます．

　NVIC，MPU，SCB，および各種システム・ペリフェラルのためのメモリ空間は，システム制御空間（System Control Space：SCS）と呼ばれています．これらのコンポーネントに関する詳細な情報は，本書の各章に記載されています（章番号と説明は表6.2に記載されています）．これらの内蔵コンポーネントのアドレス位置については，図6.1を参照してください．

表6.2　Cortex-M23とCortex-M33プロセッサの各種内蔵コンポーネント

コンポーネント	説明
NVIC	Nested Vectored Interrupt Controller：ネスト型ベクタ割り込みコントローラ（第 9 章） 例外（割り込みを含む）を処理するためのビルトイン割り込みコントローラ
MPU	Memory Protection Unit：メモリ保護ユニット（第 12 章） さまざまなメモリ領域のメモリ・アクセス許可およびメモリ・アクセス属性（特性または動作）を設定するためのオプションのプログラマブル・ユニット Cortex-M マイクロコントローラの中には，MPU を持たないものもある
SAU	Security Attribution Unit：セキュリティ属性ユニット（第 18 章） TrustZone セキュリティ拡張機能を使用しているときに，セキュアと非セキュアのアドレス分割を定義するオプションのプログラマブル・ユニット
SysTick	System Tick timer：システム・ティック・タイマ（第 11 章） 主に定期的な OS 割り込みを発生させるために設計された 24 ビットのタイマ．OS が使用されていない場合は，アプリケーション・コードで使用することもできる．TrustZone が実装されている場合，最大 2 つの SysTick タイマを使用できる：1 つはセキュア・ソフトウェア用，もう 1 つは非セキュア・ソフトウェア用
SCB	System Control Block：システム制御ブロック（第 10 章） プロセッサの動作を制御するために使用し，ステータス情報を提供するレジスタのセット

コンポーネント	説 明
FPU	Floating-Point Unit：浮動小数点ユニット（第14章） 浮動小数点ユニットの動作を制御し，ステータス情報を提供するために，幾つかのレジスタがここに配置されている．FPUが実装されていない場合，これらのレジスタは省略される
FPB	Flash Patch and BreakPoint unit：フラッシュ・パッチとブレーク・ポイント・ユニット（第16章） デバッグ操作用．最大8個のコンパレータを含み，それぞれのコンパレータは，ブレーク・ポイント・アドレスで命令が実行されたときなど，ハードウェア・ブレーク・ポイント・イベントを生成するように構成できる
DWT	Data Watchpoint and Trace unit：データ・ウォッチポイントとトレース・ユニット（第16章） デバッグやトレース操作に使用．最大4つのコンパレータを含み，それぞれを設定してデータ・ウォッチ・ポイント・イベントを発生させることができる．例えば，特定のメモリ・アドレス範囲がソフトウェアによってアクセスされたときなど．また，データ・トレース・パケットを生成して，デバッガが監視対象のメモリ位置へのアクセスを監視できるようにするためにも使用できる
ITM	Instrumentation Trace Macrocell：計装トレース・マクロセル（第16章）- Cortex-M23では使用できない デバッグとトレースのためのコンポーネント．トレース・インターフェースまたはトレース・バッファのいずれかで，キャプチャできるデータ・トレース・スティミュラスをソフトウェアで生成できる．また，トレース・システムにおけるタイム・スタンプ・パッケージの生成も提供
ETM	Embedded Trace Macrocell：エンベデッド・トレース・マクロセル（第16章） ソフトウェア・デバッグ用の命令トレースを生成するためのコンポーネント
TPIU	Trace Point Interface Unit：トレース・ポイント・インターフェース・ユニット（第16章） トレース・ソースからのトレース・パケットをトレース・インターフェース・プロトコルに変換するためのコンポーネント．トレース・インターフェース・プロトコルを使用することで，最小限のピン数でトレース・データを簡単にキャプチャできる
ROMテーブル	ROM Table：ROMテーブル（第16章） デバッグ・ツールがデバッグおよびトレース・コンポーネントのアドレスを抽出できるようにするシンプルなルックアップ・テーブル．デバッグ・ツールは，ROMテーブルを使用してシステムで利用可能なデバッグ・コンポーネントを識別できる．また，システムの識別に使用されるIDレジスタも提供

6.3 メモリの種類とメモリの属性

6.3.1 メモリ・タイプの分類

デフォルトのメモリ・マップにおいて異なるメモリ領域間の重要な違いは，それらのメモリ属性です．前のセクション（6.2：メモリ・マップ）では，XN（eXecute Never）属性について簡単に触れましたが，他にもあります．メモリ属性が異なる組み合わせにより，異なるメモリの種類が生成されます（図6.2）．

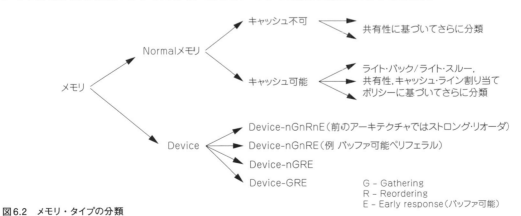

図6.2 メモリ・タイプの分類

6.3.2 メモリ属性の概要

メモリ・マップは，メモリ・アクセスのメモリ属性を定義します．Cortex-Mプロセッサで利用可能なメモリ属

性には，次のものがあります．

バッファ可能：プロセッサが次の命令を実行している間にも，書き込みバッファによってメモリへの書き込みを行うことができる

キャッシュ可能：メモリ読み出しで得たデータをメモリ・キャッシュにコピーして，次回アクセス時にキャッシュから値を取得してプログラムの実行を高速化できる

実行可能：プロセッサは，このメモリ領域からプログラム・コードをフェッチして実行することを許可されている．プログラム・コードの実行を許可しないメモリ領域（例：ペリフェラル領域）がある場合，そのメモリ領域はXN (eXecute Never) 属性でマークされる

共有可能：このメモリ領域のデータは，複数のバス・マスタで共有される可能性がある．メモリ領域が共有可能属性で構成されている場合，メモリ・システムは異なるバス・マスタ間のデータの一貫性を確保する必要がある

トランジェント：メモリ領域がこの属性でマークされている場合，このメモリ領域のデータが近い将来アクセスされる必要がないことを示している

バッファ可能属性は，"ノーマル・メモリ"と"デバイス"に適用できます．例えば，キャッシュ・メモリ・コントローラは，この属性を使用して，ライトバックとライトスルーのキャッシュ・ポリシから選択できます．書き込みがバッファ可能で，キャッシュ・コントローラが，ライトバック・キャッシュ・ポリシをサポートしている場合，書き込みはダーティ・データとしてキャッシュ・ユニットに保持されます．

例えば，書き込みバッファが存在する場合，バッファ可能なメモリ領域へのデータ書き込みを1クロック・サイクルで実行でき，実際の転送がバス・インターフェース上で完了するのに数クロック・サイクルを必要とする場合でも（図6.3），すぐに次の命令を実行できます．

図6.3 バッファされた書き込み動作

以前のCortex-M3/M4プロセッサとは異なり，Cortex-M33プロセッサには，内部の書き込みバッファがありません．しかし，書き込みバッファは，バス・ブリッジや外部メモリ・インターフェースなどのシステム・レベルのコンポーネントに，まだ存在する場合があります．

ノーマル・メモリのキャッシュ可能属性は，さらに次のように，細かく分類できます．

- 内部キャッシュ属性
- 外部キャッシュ属性

これらのキャッシュ可能属性は，MPUが実装されていれば構成可能です．内部属性と外部属性を分離することで，プロセッサは組み込みキャッシュを内部属性に，システム/L2キャッシュに外部属性を使用できます．しかし，Cortex-M23とCortex-M33プロセッサには，キャッシュ・サポートがないため，これらの属性はバス・インターフェースにのみエクスポートされます．従って，チップ設計者は，キャッシュ・コンポーネントを設計に含めることを決定した場合，エクスポートされたキャッシュ可能情報を利用できます．

Armv8-Mアーキテクチャのもう1つの新しいメモリ属性機能は，ノーマル・メモリに新しいトランジェント属性が追加されたことです．アドレス領域がトランジェントとしてマークされている場合，その中のデータが頻繁に使用される可能性が低いことを意味します．従って，キャッシュ設計は，この情報を利用して，キャッシュラインの削除のために，一時データに優先順位をつけることができます．プロセッサが新しいデータをキャッシュに格納する必要があるが，対応するキャッシュ・インデックスの全てのキャッシュウェイが古い有効なデータによってすでに使用されている場合，キャッシュラインの削除操作が必要となります．Cortex-M23とCortex-M33プロセッサの場合，(a) データ・キャッシュのサポートがなく，また，(b) AHBインターフェースにはトランジェント表示用の信号がないため，この属性は使用されません．Armv8-Mプロセッサがデータ・キャッシュのトラン

6.3 メモリの種類とメモリの属性

ジェントをサポートしている場合でも，この属性はオプション機能であることに注意してください．これは，この機能を使用するとキャッシュ・タグに必要なSRAM領域が増えるため，設計によっては好ましくない場合があるためです．

残りの属性情報はプロセッサの最上位階層の境界にエクスポートされ，バス・インフラストラクチャ・コンポーネントが転送の処理方法を決定するために使用できます．ほとんどの既存のCortex-Mマイクロコントローラでは，実行可能属性とバッファ可能属性のみがアプリケーションの動作に影響を与えます．キャッシュ可能と共有可能の属性は通常，キャッシュ・コントローラによって使用され，また，多くのCortex-Mマイクロコントローラ設計には，キャッシュ・コントローラが含まれていませんが，小型のキャッシュ・ユニットが，例えば，外部DDRメモリ・コントローラやQSPIフラッシュ・インターフェースなどの外部メモリ・インターフェースなどのシステム・レベルに存在する場合があります．

共有可能メモリ属性は，キャッシュ・コヒーレンシ制御をサポートする複数のプロセッサと複数のキャッシュ・ユニットを有するシステムにおいて必要とされます（図6.4）．データ・アクセスが共有可能であると示された場合，キャッシュ・コントローラは，値が他のキャッシュ・ユニットとの間でコヒーレンシ（一貫性）があることを保証する必要があります．これが必要なのは，値がキャッシュされ，かつ別のプロセッサによって変更された可能性があるためです．

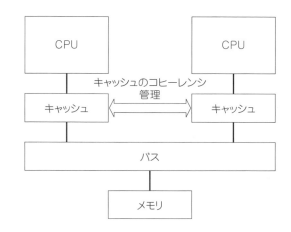

図6.4 マルチプロセッサ・システムのキャッシュ・コヒーレンシ管理で使用される共有可能属性

ペリフェラルは，"デバイス"メモリ・タイプとして定義する必要があります．Armv8-Mのデバイス属性は，以前のアーキテクチャと比較すると変更されました．デバイス・タイプには，次の3つの特性を用いて定義される幾つかのサブカテゴリがあります．

- ギャザリング – バスの内部構造は，複数の転送をマージ（結合）することが許可されている
- リオーダリング – バスの内部構造は，異なる転送間をリオーダ（順序を変更）することが許可されている
- 早期応答 – バスの内部構造は，書き込み転送をバッファし，プロセッサへ投機的にバス応答を返すことが許可されている（すなわち，バッファ可能）

特性は3つですが，有効な組み合わせは4つしかありません（表6.3）．

表6.3 デバイス・タイプのサブカテゴリ

デバイス・タイプ	説明
Device-nGnRnE	Device-nGnRnE領域をターゲットとしたバス転送の場合．バス転送を処理するバス・インターコネクト・ハードウェアは，データ・サイズとアクセス順序を保持していなければならない．さらに，プロセッサは，続行する前にデバイスからの応答を待たなければならない（注意：Armv6-MおよびArmv7-Mプロセッサのストロングリ・オーダ（Strongly Ordered: SO）メモリ・タイプは，Armv8-Mでは事実上，Device-nGnRnEサブカテゴリになる）
Device-nGnRE	Device-nGnRE領域をターゲットとするバス転送の場合，バス・インターコネクト・ハードウェアまたはプロセッサは，書き込み操作に早期に応答することにより，書き込み操作が完了する前に動作を継続できる
Device-nGRE	Device-nGRE領域をターゲットにしたバス転送の場合 バス・インターコネクト・ハードウェアまたはプロセッサは，次のことが可能 • 転送の順序を変更 • 書き込み動作が終了する前に，その書き込み動作に対する早期応答を提供することで，動作を継続
Device-GRE	Device-GRE領域をターゲットとしたバス転送の場合，バス・インターコネクト・ハードウェアまたはプロセッサは，次のことが可能 • 転送の順序を変更 • 書き込み動作が終了する前に，その書き込み動作に対する早期応答を提供することで，動作を継続 さらに，データ転送サイズは，転送をマージした結果として変更できる．例えば，4つの連続したバイトの書き込みシーケンスは，より高い性能を達成するために，1つのワード書き込みにマージできる

第6章　メモリ・システム

一般的なペリフェラルには，Device-nGnREまたはDevice-nGnRnEを使用する必要があります．Device-nGRE およびDevice-GREタイプは，アクセス順序が問題にならないディスプレイ・バッファなどのメモリのようなデバイスに使用できます．しかし，データ転送サイズを保持しなければならない場合には，Device-GREは使用すべきではありません．

6.3.3　デフォルトのメモリ・マップのメモリ属性

各メモリ領域のデフォルトのメモリ・アクセス属性を**表6.4**に示します．

表6.4　デフォルトのメモリ属性

領　域	メモリ/デバイス・タイプ	XN	キャッシュ,共有可能性	留意事項
コード・メモリ領域 (0x00000000-0x1FFFFFFF)	Normal	-	WT-RA	ライト・スルー(Write Through：WT)， リード・アロケート(Read Allocated：RA)
SRAMメモリ領域 (0x20000000-0x3FFFFFFF)	Normal	-	WB-WA, RA	ライト・バック(Write Back：WB)， ライト・アロケート(Write Allocate：WA)， リード・アロケート
ペリフェラル領域 (0x40000000-0x5FFFFFFF)	Device-nGnRE	Y	共有可能	バッファ可能,キャッシュ不可
RAM領域 (0x60000000-0x7FFFFFFF)	Normal	-	WB-WA, RA	ライト・バック, ライト・アロケート, リード・アロケート
RAM領域 (0x80000000-0x9FFFFFFF)	Normal	-	WT, RA	ライト・スルー, リード・アロケート
デバイス (0xA0000000-0xBFFFFFFF)	Device-nGnRE	Y	共有可能	バッファ可能,キャッシュ不可
デバイス (0xC0000000-0xDFFFFFFF)	Device-nGnRE	Y	共有可能	バッファ可能,キャッシュ不可
システム - PPB (0xE0000000-0xE00FFFFF)	Device-nGnRnE (ストロングリ・オーダ)	Y	共有可能	バッファ不可,キャッシュ不可
システム - ベンダ固有 (0xE0100000-0xFFFFFFFF)	Device-nGnRE	Y	共有可能	バッファ可能,キャッシュ不可

デフォルトでは，全てのノーマル・メモリ領域は，共有不可と定義されていますが，これはMPUを使用して変更できます．シングル・プロセッサ・システムでは，メモリ属性を共有可能に変更する必要はありませんが，**図6.4**に示すように，キャッシュを持つマルチコア・プロセッサ・システムでは，共有可能属性が必要になります．

6.4　アクセス許可管理

6.4.1　アクセス許可管理の概要

長年にわたり，ほとんどのCortex-Mプロセッサでは，メモリ保護と特権レベルの形で，セキュリティ管理が利用可能でした．Armv8-Mでは，主な機能強化はTrustZoneセキュリティ拡張です．組み込みシステムではセキュリティの重要性がますます高まっているため，多くのマイクロコントローラ・ベンダは，システム・レベルでのセキュリティ管理機能を追加しています．

セキュリティ管理の主要な部分は，アクセス許可制御です．この目的は，プロセッサ内部，システム・レベル，またはその両方のアクセス許可機能によって達成されます．ソフトウェアがあるメモリの場所にアクセスしようとすると，**図6.5**に示すように，転送は幾つかのセキュリティ・チェック・プロセスを通過する必要があります．

214

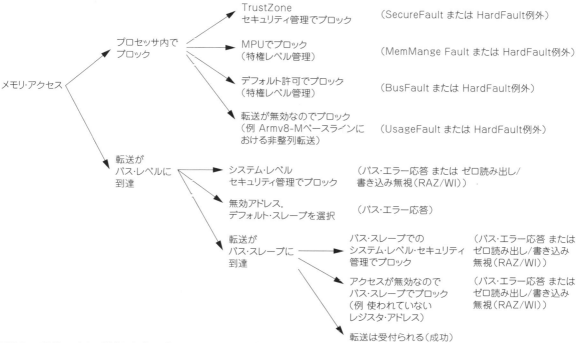

図6.5 メモリ・アクセス動作におけるセキュリティ・チェックの概要

6.4.2 アクセス制御機構

図6.5に示すように，各メモリ・アクセスをチェックするときに，多くのセキュリティ・チェック機構が関与している可能性があります．Armv8-Mプロセッサの内部には，次のようなセキュリティ・メカニズムが存在します．

- オプションのTrustZoneセキュリティ拡張機能を使用して，非セキュア・ソフトウェアがセキュア・メモリのアドレス範囲にアクセスするのを防ぐ．次のようにアドレス分割が定義されている
  - セキュリティ属性ユニット（Security Attribution Unit：SAU）- これはプログラム可能で，セキュア・ファームウェアによって制御される
  - 実装定義属性ユニット（Implementation Defined Attribution Unit：IDAU）- チップ設計者によって定義され，プログラム可能な場合とそうでない場合がある
- オプションのメモリ保護ユニット（Memory Protection Unit：MPU）．このハードウェアは次を行う
  - 非特権ソフトウェアが特権のみのメモリにアクセスするのを防ぐ
  - ソフトウェアが，どの有効なMPU領域でも定義されていないアドレス範囲にアクセスすることを防ぐ
  - MPUによって読み出し専用として定義されたアドレス領域への書き込みを防止
- 特権レベル管理．これは，非特権ソフトウェアが，重要なプロセッサ・リソース（割り込み制御など）にアクセスするのを防ぐために使用される．この機能は，MPUがない場合やTrustZoneが実装されていない場合でも，常に存在する
- ソフトウェアの不正操作を検知する仕組み．これは正確にはセキュリティ機能ではないが，異常な行動（セキュリティ・インシデントの結果である可能性がある）を検出するために使用できる

転送の特権レベルとTrustZone属性は，プロセッサのバス・インターフェースにエクスポートされ，転送がバス・レベルに達すると，システム・レベルのセキュリティ管理がシステム・レベルのアクセス許可を許可/拒否できるようになります．システム・レベルでは，セキュリティ管理ブロックには，次の機能を含めることができます（全てデバイス固有の機能）．

- TrustZoneバス・フィルタは，特定のアドレス範囲に非セキュア転送でアクセスできるかどうかを定義する．これらには次のものが含まれる
  - TrustZoneメモリ保護コントローラ - このユニットは，メモリ・ページを使用して，またはウォー

第6章　メモリ・システム

ターマーク・レベル・メカニズムを使用して，メモリ・デバイスをセキュアと非セキュアなアドレス範囲に分割する

° TrustZoneペリフェラル保護コントローラ － このユニットは，ペリフェラルのグループをセキュアなペリフェラルと非セキュアなペリフェラルに定義する

- システム・レベルのメモリ保護ユニット．これは，ペリフェラルの特権アクセス管理を提供し，TrustZoneペリフェラル保護コントローラと組み合わせることができる

実現可能ではありますが，通常のメモリ（RAMやROMなど）のアクセス許可制御にシステム・レベルのMPUを使用することは考えにくいです．これは，最新のマイクロコントローラのプロセッサは，アーキテクチャ的に定義されたMPUを備えている可能性が高いからです．しかし，プロセッサ内部のMPUは，MPU領域の数が限られており，また，チップには多数のペリフェラルが搭載される可能性があるため，プロセッサのMPUだけでは，ペリフェラルのアクセス管理には十分ではないでしょう．この問題を克服するために，一部のマイクロコントローラ・ベンダは，システム・レベルのMPUを製品に追加しています．

6.4.3　SAU/IDAUとMPUの違い

SAUとMPUはどちらもアクセス許可制御に使用され，開始アドレスと終了アドレスを使用して，領域を定義する類似のプログラマーズ・モデルを持っていますが，目的は異なります．これを**図6.6**に示します．

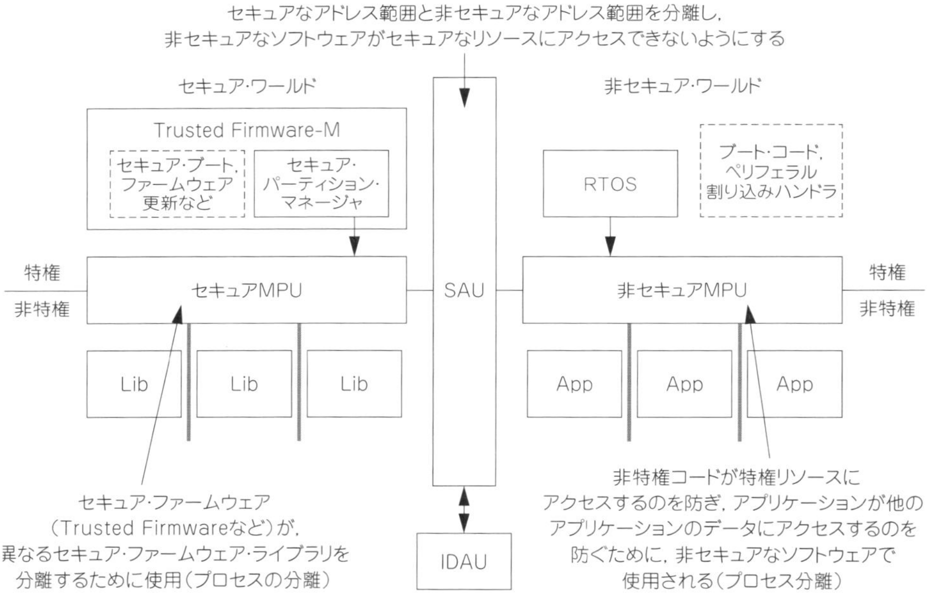

図6.6　SAU/IDAUとMPUの比較

SAU/IDAUとMPUの分離は，TrustZoneの重要な特徴です．これにより，RTOSをセキュリティ管理ファームウェアから切り離すことができて，次のような利点があります．

- マイクロコントローラ・ユーザは，独自に選択したRTOSを使用するか，デバイスをベア・メタル（RTOSなし）で使用できる．どちらのシナリオでも，デバイス上で実行されるアプリケーションは，セキュア・ファームウェアで提供されるセキュリティ機能を利用できる
- RTOSの内部や他の非セキュア特権コードにバグが存在していても，セキュア・ソフトウェアのセキュリティの完全性には影響しない
- OSは，非セキュア・プログラム・イメージの定期的な更新には，標準的なファームウェア更新機構を使用して更新できる．これにより，製品のメンテナンスが容易になる

図6.6は，Trusted Firmware-M（TF-M）を参照しています．これはオープンソースのプロジェクトなので，

216

`https://www.trustedfirmware.org/` からアクセスできます．TF-Mは，Armが2017年に発表したプラットフォーム・セキュリティ・アーキテクチャ（Platform Security Architecture：PSA）と呼ばれる取り組みの一環です．これは，IoT製品や組み込みシステムのセキュリティを向上させることを目的としています．詳細は次をご覧ください．

- PSAとTF-Mについては，第22章に記載
- TrustZoneセキュリティ管理は，第7章と第18章に記載
- メモリ保護ユニット（Memory Protection Unit：MPU）については，第12章に記載

6.4.4 デフォルトのアクセス許可

Cortex-Mメモリ・マップには，メモリ・アクセス許可のデフォルト構成があります．これにより，非特権（ユーザ）アプリケーションがNVICなどのシステム制御メモリ空間にアクセスすることを防ぎます．デフォルトのメモリ・アクセス許可は，MPUが存在しない場合，またはMPUが無効化されている場合に使用されます．

デフォルトのメモリ・アクセス許可を**表6.5**に示します．

表6.5　デフォルトのメモリ・アクセス許可

メモリ領域	アドレス	非特権（ユーザ）プログラムでのアクセス
ベンダ固有	0xE0100000-0xFFFFFFFF	フル・アクセス
ROM テーブル	0xE00FF000-0xE00FFFFF	非特権アクセスがブロックされ，バス・フォールトが発生
ETM, TPIU, CTI, MTB を含む PPB	0xE0040000-0xE00FEFFF	非特権アクセスがブロックされ，バス・フォールトが発生
内部 PPB	0xE000F000-0xE003FFFF	非特権アクセスがブロックされ，バス・フォールトが発生
NVIC, SCS, コアのデバッグ・レジスタなど	0xE000E000-0xE000EFFF	非特権アクセスがブロックされ，バス・フォールトが発生．ただし，ソフトウェア・トリガ割り込みレジスタ（Armv8-M メインラインでのみ使用可能）へのアクセスであり，非特権アクセスを許可するように設定されている場合を除く．Armv8-M ベースライン（すなわち Cortex-M23）では，プロセッサ上で動作するソフトウェアは，コアのデバッグ・レジスタにアクセスできない
FPB/BPU	0xE0002000-0xE0003FFF	非特権アクセスはブロックされ，バス・フォールトが発生．Armv8-M ベースライン（すなわち Cortex-M23）では，プロセッサ上で実行されているソフトウェアは，ブレーク・ポイント・ユニット（Breakpoint Unit：BPU）にアクセスできない
DWT	0xE0001000-0xE0001FFF	非特権アクセスはブロックされ，バス・フォールトが発生．Armv8-M ベースライン（すなわち Cortex-M23）では，プロセッサ上で実行されているソフトウェアに，データ・ウォッチポイント・アンド・トレース・ユニット（Data watchpoint and Trace Unit：DWT）にアクセスできない
ITM （Cortex-M23 では使用不可）	0xE0000000-0xE0000FFF	非特権読み出しは許可され，非特権書き込みは無視されるが，非特権アクセスを許可するように設定できるスティミュラス・ポート・レジスタを除く（実行時に構成可能）
外部デバイス	0xA0000000-0xDFFFFFFF	フル・アクセス
外部 RAM	0x60000000-0x9FFFFFFF	フル・アクセス
ペリフェラル	0x40000000-0x5FFFFFFF	フル・アクセス
SRAM	0x20000000-0x3FFFFFFF	フル・アクセス
コード	0x00000000-0x1FFFFFFF	フル・アクセス

MPUが存在し，有効になっている場合，MPUの設定で定義された追加のアクセス許可ルールによって，他のメモリ領域に非特権アクセスが許可されているかどうかも決まります．

非特権アクセスがブロックされると，フォールト例外が直ちに発生します．フォールト例外には，HardFaultまたはBusFault例外（Armv8-Mベースラインでは使用できません）のいずれかを使用できます．フォールト例外のタイプは，BusFault例外が有効かどうか，およびその優先度が例外をトリガするのに十分かどうかによって異なります．

第6章 メモリ・システム

6.5 メモリのエンディアン

Cortex-Mプロセッサは，リトル・エンディアンまたはビッグ・エンディアンのメモリ・システムで使用されます．リトル・エンディアン・メモリ・システムでは，ワード・サイズ・データの最初のバイトは，32ビット・メモリ位置の最下位バイトに格納されます（**表6.6**）.

表6.6 リトル・エンディアンのメモリ表現

アドレス	ビット31〜24	ビット23〜16	ビット15〜8	ビット 7〜0
0x0003 - 0x0000	バイト - 0x3	バイト - 0x2	バイト - 0x1	バイト - 0x0
…				
0x1003 - 0x1000	バイト - 0x1003	バイト - 0x1002	バイト - 0x1001	バイト - 0x1000
0x1007 - 0x1004	バイト - 0x1007	バイト - 0x1006	バイト - 0x1005	バイト - 0x1004
…				
…	バイト - 4xN+3	バイト - 4xN+2	バイト - 4xN+1	バイト - 4xN

ビッグ・エンディアン・メモリ・システムでは，ワード・サイズ・データの最初のバイトは，32ビット・アドレス・メモリ位置の最上位バイトに格納されます（**表6.7**）.

表6.7 ビッグ・エンディアンのメモリ表現

アドレス	ビット31〜24	ビット23〜16	ビット15〜8	ビット 7〜0
0x0003 - 0x0000	バイト - 0x0	バイト - 0x1	バイト - 0x2	バイト - 0x3
…				
0x1003 - 0x1000	バイト - 0x1000	バイト - 0x1001	バイト - 0x1002	バイト - 0x1003
0x1007 - 0x1004	バイト - 0x1004	バイト - 0x1005	バイト - 0x1006	バイト - 0x1007
…				
…	バイト - 4xN	バイト - 4xN+1	バイト - 4xN+2	バイト - 4xN+3

ほとんどのCortex-Mマイクロコントローラでは，ハードウェア設計はリトル・エンディアン配置のみに基づいています．Cコンパイラで正しいエンディアンのコンパイル設定を使用することが重要で，そうしないとソフトウェアが動作しなくなります．マイクロコントローラ製品のエンディアンを確認するには，マイクロコントローラ・ベンダのデータシートや，または，参考資料を参照してください．Cortex-Mマイコン・システムのエンディアンは次のように構成されています.

- Armv8-Mベースライン（Cortex-M23プロセッサ）とArmv6-Mプロセッサ – エンディアン構成はチップ設計者が設定し，ソフトウェアで設定することはできない
- Armv8-Mメインライン（Cortex-M33プロセッサ）とArmv7-Mプロセッサ – これらのプロセッサは，システム・リセット時に構成信号によってメモリ・システムのエンディアンを決定する．一度起動すると，次のシステム・リセットまでメモリ・システムのエンディアンを変更することはできない．しかし，システムのハードウェアは，1つの構成だけのために設計されている可能性が高いため，変更できない

場合によって，一部のペリフェラル・レジスタは，異なるエンディアンのデータを含めることができます．このような状況では，これらのペリフェラル・レジスタにアクセスするアプリケーション・コードは，ソフトウェア（REV，REV16とREVSH命令を使用）を使用してデータを正しいエンディアンに変換する必要があります.
Cortex-Mプロセッサの場合は，次にご注意ください.

- 命令のフェッチは常にリトル・エンディアン
- システム制御空間（System Control Space：SCS），デバッグ・コンポーネント，専用ペリフェラル・バス（Private Peripheral Bus：PPB）を含む0xE0000000 〜 0xE00FFFFFへのアクセスは常にリトル・エンディアン

必要に応じて，ソフトウェアは，アドレス0xE000ED0Cのアプリケーション割り込みリセット制御レジスタ（Application

218

6.5 メモリのエンディアン

Interrupt and Reset Control Register：AIRCR）のビット15（ENDIANNESS）を読み出すことで，システムのエンディアンを検出できます．このビットが0のときは，リトル・エンディアン，そうでないときは，ビッグ・エンディアンになります．このビットは読み出し専用で，特権状態かデバッガによってのみアクセスできます．

Cortex-Mプロセッサでは，ビッグ・エンディアン配置はByte-Invariant Big-Endianと呼ばれますが，BE-8と呼ばれることもあります．バイト不変ビッグ・エンディアン配置は，ArmアーキテクチャのArmv6，Armv6-M，Armv7，Armv7-Mでサポートされています．BE-8システムの設計は，Arm7TDMIのような従来のArmプロセッサ上に構築されたビッグ・エンディアン・システムとは異なります．従来のArmプロセッサでは，ビッグ・エンディアンの配置は，Word-Invariant Big-Endian，またはBE-32と呼ばれています．両方の配置のメモリビューは同じですが，データ転送時のバス・インターフェースでのバイト・レーンの使用状況が異なります．**表6.8**に，BE-8のAMBA AHBバイト・レーンの使用状況を，**表6.9**にBE-32のAHBバイト・レーンの使用方法の詳細を示しています．

表6.8 32ビットAHBバスにおけるバイト不変ビッグ・エンディアン(BE-8)システムの転送時のバイト・レーン使用状況

アドレス, サイズ	ビット31～24	ビット23～16	ビット15～8	ビット 7～0
0x1000, ワード	データ・ビット[7:0]	データ・ビット[15:8]	データ・ビット[23:16]	データ・ビット[31:24]
0x1000, ハーフワード	-	-	データ・ビット[7:0]	データ・ビット[15:8]
0x1002, ハーフワード	データ・ビット[7:0]	データ・ビット[15:8]	-	-
0x1000, バイト	-	-	-	データ・ビット[7:0]
0x1001, バイト	-	-	データ・ビット[7:0]	-
0x1002, バイト	-	データ・ビット[7:0]	-	-
0x1003, バイト	データ・ビット[7:0]	-	-	-

表6.9 32ビットAHBバスにおけるワード不変ビッグ・エンディアン(BE-32)システムの転送時のバイト・レーン使用状況

アドレス, サイズ	ビット31～24	ビット23～16	ビット15～8	ビット 7～0
0x1000, ワード	データ・ビット[31:24]	データ・ビット[23:16]	データ・ビット[15:8]	データ・ビット[7:0]
0x1000, ハーフワード	データ・ビット[15:8]	データ・ビット[7:0]	-	-
0x1002, ハーフワード	-	-	データ・ビット[15:8]	データ・ビット[7:0]
0x1000, バイト	データ・ビット[7:0]	-	-	-
0x1001, バイト	-	データ・ビット[7:0]	-	-
0x1002, バイト	-	-	データ・ビット[7:0]	-
0x1003, バイト	-	-	-	データ・ビット[7:0]

リトル・エンディアン・システムでは，Cortex-Mプロセッサと従来のArmプロセッサのバス・レーン使用状況は同じです．**表6.10**を参照してください．

表6.10 32ビットAHBバスにおけるリトル・エンディアン・システムの転送時のバイト・レーン使用状況

アドレス, サイズ	ビット31～24	ビット23～16	ビット15～8	ビット 7～0
0x1000, ワード	データ・ビット[31:24]	データ・ビット[23:16]	データ・ビット[15:8]	データ・ビット[7:0]
0x1000, ハーフワード	-	-	データ・ビット[15:8]	データ・ビット[7:0]
0x1002, ハーフワード	データ・ビット[15:8]	データ・ビット[7:0]	-	-
0x1000, バイト	-	-	-	データ・ビット[7:0]
0x1001, バイト	-	-	データ・ビット[7:0]	-
0x1002, バイト	-	データ・ビット[7:0]	-	-
0x1003, バイト	データ・ビット[7:0]	-	-	-

従来のArmプロセッサから，Cortex-Mプロセッサにペリフェラルを移行するシリコン設計者にとって，ペリフェラルがBE-32用に設計されている場合，これらのペリフェラルのバス・インターフェースを変更する必要があります．以前のArmプロセッサ用に設計された，リトル・エンディアンのペリフェラルは，変更することなくArmv8-Mシステムで再利用できます．

6.6 データ整列と非整列データのアクセス・サポート

プログラマーズ・モデルの観点から見ると，Cortex-Mプロセッサのメモリ・システムは32ビットです．32ビット・メモリ・システムでは，32ビット（4バイト，すなわちワード）のデータ・アクセスまたは16ビット（2バイト，すなわちハーフ・ワード）のデータ・アクセスは，整列または非整列のいずれかです．整列転送とは，アドレス値が転送サイズ（バイト数）の倍数であることを意味します．例えば，ワード・サイズの整列転送は，アドレス0x00000000，0x00000004 … 0x00001000，0x00001004，…，などと実行できます．同様に，ハーフ・ワード・サイズの整列転送は，0x00000000，0x00000002 … 0x00001000，0x00001002，…，などのアドレスで実行できます．

整列および非整列データ転送の例を図6.7に示します．

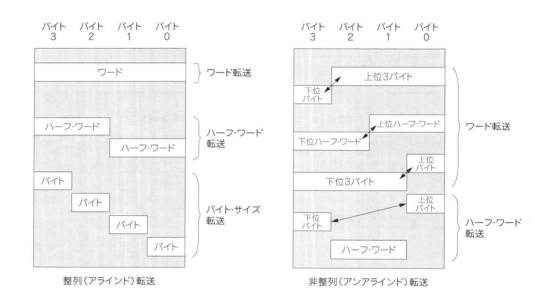

図6.7　32ビットのリトル・エンディアン・メモリ・システムにおける整列と非整列のデータ転送の例

従来，ほとんどのクラシックなArmプロセッサ（Arm7/Arm9など）では，整列転送しかできませんでした．これは，メモリにアクセスするためには，ワード転送ではアドレスのビット[1]とビット[0]の両方が0になっていなければならないことを意味します．同様に，ハーフ・ワード転送ではアドレスのビット[0]が0になっていなければなりません．例えば，ワード・データは，0x1000または0x1004に配置できますが，0x1001，0x1002，または0x1003に配置することはできません．ハーフ・ワード・データの場合，アドレスは，0x1000または0x1002になりますが，0x1001にはなりません．全てのバイト・サイズの転送は整列されます．

Armv8-Mメイン・ライン・プロセッサ（Cortex-M33など）とArmv7-Mプロセッサ（Cortex-M3，Cortex-M4，Cortex-M7プロセッサ）は，シングル・ロード/ストア命令（LDR，LDRH，STR，STRHなど）を使用する場合，メモリ・タイプが"ノーマル・メモリ"であるメモリ位置への非整列データ転送をサポートします．

非整列転送のサポートには幾つかの制限があり，これらは次のとおりです．
- 複数のロード/ストア命令では，非整列転送はサポートされていない

- 専用ペリフェラル・バス（Private Peripheral Bus：PPB）のアドレス範囲では，非整列転送は使用できない
- スタック操作（PUSH/POP）に整列している必要がある
- 排他アクセス（LDREXやSTREXなど）は整列している必要がある
- 非整列転送は，ほとんどのペリフェラルではサポートされていない．ほとんどのペリフェラルは非整列転送をサポートするように設計されていないため，一般的に，ペリフェラルへの非整列アクセスは避けるべき

Cortex-M33プロセッサの場合，非整列転送は，プロセッサのバス・インターフェース・ユニットによって複数の整列された転送に変換されます．この変換はハードウェアによって実行されるため，アプリケーション・プログラマは，アクセスを複数のソフトウェア・ステップに手動で分割する必要はありません．しかし，非整列転送から複数の整列転送への変換には，複数のクロック・サイクルが必要となります．その結果，非整列データ・アクセスは，整列されたアクセスよりも時間がかかり，高い性能が要求される状況には適していないかもしれません．従って，最高の性能を保証するには，データが適切に整列されていることを確認する価値があります．

Armv8-Mベースライン・プロセッサ（Cortex-M23）とArmv6-Mプロセッサ（Cortex-M0，Cortex-M0+，Cortex-M1プロセッサ）は，非整列アクセスをサポートしていません．

ほとんどの場合，Cコンパイラは，非整列データ・アクセスを生成しません．次の場合のみ発生します．

- C/C++コードがポインタの値を直接操作する状況
- 非整列データを含む"__packed"属性を持つデータ構造体へのアクセス
- インライン・アセンブリ・コード

非整列転送が行われたときに例外がトリガされるように，Armv8-MメインラインとArmv7-Mプロセッサを設定できます．これは，システム制御ブロック（System Control Block：SCB）の構成制御レジスタ（Configuration Control Register：CCR，アドレス0xE000ED14）のUNALIGN_TRP（Unaligned Trap）ビットを設定することで実現できます．これにより，Cortex-Mプロセッサは，非整列転送が発生したときにUsageFault例外を生成します．これは，ソフトウェアを開発する際に，アプリケーションが非整列転送を生成するかどうかをテストする手段として便利です．Armv8-MベースラインとArmv6-Mプロセッサは，非整列転送をサポートしていないため，このようなテストは，コードがArmv8-MベースラインまたはArmv6-Mプロセッサで使用できるかどうかをチェックするのに役立ちます．

6.7　排他アクセスのサポート

排他アクセスは，一般的に，複数のソフトウェア・タスク/アプリケーションで，リソースを共有することを可能にするOSのセマフォ操作に使用されています．セマフォ操作が必要なのは，多くの共有リソースが一度に1つのリクエストしか処理できないからです．例えば，次のようなものです．

- メッセージ出力の処理（例：printfによる）
- DMA動作（1つのDMAコントローラが，非常に少ない数のDMAチャネルを持つことがある）
- 低レベルのファイル・システムへのアクセス

共有リソースが1つのタスクまたに1つのアプリケーション・スレッドにしかサービスを提供できない場合，それは多くの場合，相互排他（Mutual Exclusion：MUTEX）と呼ばれます．このような場合，あるプロセスがリソースを使用しているとき，そのプロセスにロックされ，ロックが解除されるまで他のプロセスにはサービスを提供できません．リソースを共有できるようにするためには，セマフォ・データの一部にあるメモリを割り当てます（ロック・フラグと呼ばれることもある．セットされている場合，リソースがロックされたことを示す）．概念的には，リソースを共有する際のセマフォ操作には次のようなものがあります．

- プログラムの開始時にリソースが，利用可能/予約されていることを示すために行われるセマフォ・データの初期化（多くの場合，システムの起動時に，リソースは利用可能になっている）
- セマフォ・データに対する，読み出し–変更–書き込み（read-modify-write）操作：アプリケーションがリソースにアクセスする必要がある場合，まずセマフォ・データを読み出す必要がある．セマフォ・データが，リソースが他のアプリケーションによって，予約/使用されていることを示している場合，アプリケーションは待機しなければならない．リソースが利用可能であれば，セマフォ・データをセットして自分自身にリソースを割り当てることができる

第6章 メモリ・システム

　表面上では，この単純な構成でうまくいくはずですが，詳細を見ると，通常のメモリ・アクセス命令を使用して読み出し-変更-書き込み動作が行われた場合，この構成では失敗する可能性があります．このような稀な状況は，アプリケーションAとBの両方が共有リソースに同時にアクセスしたい場合に発生する可能性があります（図6.8）．

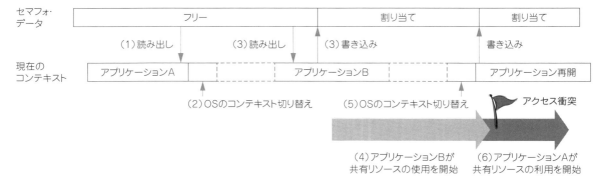

図6.8　単純なリード・モディファイ・ライト・シーケンスがセマフォに使えない理由

　図6.8の動作は次のとおりです．
（1）アプリケーションAは，最初にセマフォ・データを読み出し，共有リソースが空いていると判断する
（2）アプリケーションAがリソースを確保するためにセマフォ・データに書き戻す前にコンテキスト・スイッチが発生する
（3）アプリケーションBは，その後，セマフォ・データを読み出し，リソースが空いているという結果を得る．そして，リソースを割り当てるためにそのデータに書き戻す
（4）アプリケーションBは，リソースの使用を開始する
（5）その後，追加のコンテキスト切り替えが行われ，いつの間にかアプリケーションAが再開され，共有リソースを割り当てるためにセマフォ・データへ書き戻す
（6）アプリケーションAは，アプリケーションBがまだ使用している共有リソースの使用を開始する

　この一連のイベントの結果，アクセス競合が発生し，アプリケーションAはアプリケーションBからのデータを破壊します．
　この問題を回避するために，次の幾つかの解決策があります．
- Arm7TDMIのような従来のArmプロセッサは，セマフォ・データ更新のためのアトミックな読み出し-変更-書き込みシーケンスを提供するスワップ（SWPとSWPB）命令を提供している．しかし，このソリューションは，シンプルなバス・システム設計や短いパイプラインを持つプロセッサにしか適していない
- セマフォは，SVCall例外を介して，OSサービスとして扱うことができる．SVCall例外は一度に1つしか起こらないので，1つのアプリケーションだけがセマフォを得ることができる．しかし，SVCall例外は追加の実行サイクル（例外のエントリとリターンのレイテンシなど）を引き起こし，複数のプロセッサからのタスクが同時にセマフォを取得しようとする可能性があるマルチコア・システムの問題を解決しない
- デバイス固有のハードウェア・ベースのセマフォ・ソリューションを使用．一部のチップはセマフォ・ハードウェア付きで設計されているが，各ベンダの設計が異なるため，ソフトウェアの移植性が低くなる
- 排他アクセス・サポートを使用することで，このソフトウェアはポータブルで，複数のプロセッサで動作する．排他アクセスは，ほとんどの最新のArmベースのシステムでサポートされている（注意：マルチコア・システムでのセマフォ操作には，バス・レベルの排他アクセス・モニタが必要）

　排他アクセス操作は，第5章の5.7.11節で説明されているように，特定の排他アクセス命令を必要とします．排他アクセスは，Arm1136などのArmv6アーキテクチャで最初にサポートされました．
　排他アクセス操作の概念は非常に単純ですが，スワップ命令の動作とは異なります．ロックされたバス転送（スワップ命令が使用する）を使用して，他のバス・マスタや他のタスクが読み出し-変更-書き込み中にセマフォ・

データにアクセスできないようにするのではなく，アクセスの競合を許可して，それを検出します．読み出し−変更−書き込みに排他アクセスを使用する場合，もしセマフォが他のバス・マスタや同じプロセッサ上で実行されている他のプロセスによってアクセスされたならば，完全な読み出し−変更−書き込みシーケンスを繰り返す必要があります（図6.9）．

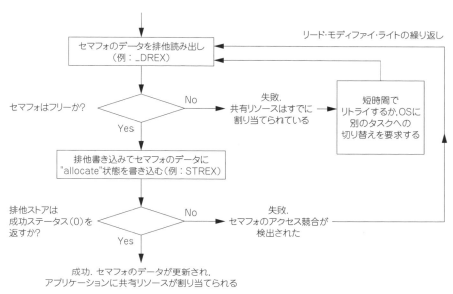

図6.9 セマフォ動作での排他アクセス命令の使用

排他アクセスをサポートするためには，次のハードウェア機能が必要です．

- ローカル排他アクセス・モニタ − これは，プロセッサ内部にあり，排他ロードによって排他状態に移行する1つの排他ステータス・ビットを持っている．このステータス・ビットは，排他ストアによってオープン状態に移行され，また，割り込み/例外の入口/出口，またはCLREX命令の実行によってもオープン状態に移行できる
- グローバル排他アクセス・モニタ − これは，インターコネクトまたはメモリ・コントローラにあり，異なるバス・マスタからのアクセスをモニタして，排他アクセス・シーケンスが他のアクセスと競合していないかどうかを検出する．アクセスの競合が検出されると，グローバル排他アクセス・モニタによって排他ストアがブロックされる．バス・インターコネクトを介し，排他アクセス・モニタもまた，排他失敗ステータスをプロセッサに返す．このような動作により，排他ストアのリターン・ステータスは1（すなわち，失敗した）となる

排他ストア（STREXなど）は，以下の条件のいずれかが発生した場合，失敗ステータスを返します．

  - CLREX命令の実行により，ローカル排他アクセス・モニタがオープン状態になっていた
  - コンテキスト・スイッチや割り込み/例外イベントが発生したため，ローカル排他アクセス・モニタがオープン状態になっていた
  - 排他ストア命令の前に，LDREX命令が実行されなかったため，ローカル排他アクセス・モニタがオープン状態になっていた
  - 外部ハードウェア（グローバル排他アクセス・モニタなど）がアクセス競合を検出し，バス・インターフェースを介して，プロセッサに排他失敗ステータスを返した

排他ストアが失敗ステータスを受信した場合，実際の書き込みはメモリ内では行われません．プロセッサまたはグローバル排他アクセス・モニタによってブロックされています．

排他アクセスの命令については，第5章（5.7.11節 排他アクセス）で紹介しています．

排他アクセスの詳細については第11章に，排他アクセスのためのコード例については21.2節に記載されています．Common Microcontroller Software Interface Standard（CMSIS）準拠のデバイス・ドライバ・ライブラリで提供されている組み込み関数（**表6.11**）を使用して，C言語で排他アクセス命令にアクセスできます．

第6章　メモリ・システム

表6.11　C/C++プログラミングで排他アクセスを使用するための組み込み関数

組み込み関数	命令	互換性
uint8_t __LDREXB(volatile uint8_t *addr)	LDREXB	Armv6-M では使用できない
uint16_t __LDREXH(volatile uint16_t *addr)	LDREXH	上記と同じ
uint32_t __LDREXW(volatile uint32_t *addr)	LDREX	上記と同じ
uint32_t __STREXB(uint8_t, volatile uint8_t *addr)	STREXB	上記と同じ
uint32_t __STREXH(uint16_t, volatile uint16_t *addr)	STREXH	上記と同じ
uint32_t __STREXW(uint32_t, volatile uint32_t *addr)	STREX	上記と同じ
void __CLREX(void)	CLREX	上記と同じ
uint8_t __LDAEXB (volatile uint8_t *addr)	LDAEXB	Armv6-MとArmv7-Mでは使用できない
uint16_t __LDAEXH(volatile uint16_t *addr)	LDAEXH	上記と同じ
uint32_t __LDAEX(volatile uint32_t *addr)	LDAEX	上記と同じ
uint32_t __STLEXB(uint8_t, volatile uint8_t *addr)	STLEXB	上記と同じ
uint32_t __STLEXH(uint16_t, volatile uint16_t *addr)	STLEXH	上記と同じ
uint32_t __STLEX(uint32_t, volatile uint32_t *addr)	STLEX	上記と同じ

　Cortex-Aプロセッサと Cortex-Mプロセッサのアーキテクチャ間では，排他アクセスに幾つかの違いがあることに注意してください．これらの違いは次のとおりです．

- Armv7-Aでは，割り込みイベントによって，ローカル・モニタの排他状態が自動的にオープン状態に移行しないため，コンテキスト切り替えコードは，CLREX命令（または，ダミーのSTREXを使用することができる）を実行して，ローカル・モニタがオープン・アクセス状態に確実に切り替えられるようにする必要がある．これはArmv8-Aプロセッサ・ファミリで変更され，それらのプロセッサでは割り込みイベントによって排他状態が自動的にクリアされる．
- Cortex-Aプロセッサ（Armv7-AとArmv8-Aの両方）では，グローバル排他アクセス・モニタからの排他失敗応答を持つ排他ロードは，フォールト例外を生成できる．この動作は，Cortex-Mプロセッサには存在しない

6.8　メモリ・オーダリングとメモリ・バリア命令

　第4章の冒頭では，アーキテクチャとマイクロアーキテクチャの違いを強調しました．Cortex-M23とCortex-M33は，アウトオブオーダ[注1]実行をサポートしておらず，バス・インターフェース上でメモリ・アクセスをリオーダしない小型プロセッサですが，それを持つハイエンドのArmv8-Mプロセッサを実装することは可能です．さまざまなプロセッサで実行できる移植性の高いソフトウェアを開発する場合，ソフトウェア開発者は，次のことが役立ちます．

- メモリ・オーダリングの概念をよく理解していること
- メモリ・バリアを使用してハイエンドプロセッサのメモリ・オーダリングの問題を解決する方法を知っていること

　アーキテクチャ的には，6.3節で説明したメモリ・タイプに基づくメモリ・オーダリングには，以下の要件があります（**表6.12**）．

注1: アウトオブオーダ実行をサポートするプロセッサのパイプラインは，後の命令の幾つかの実行を開始し，前の命令がまだ実行中である間にそれらを完了させることもできます．例えば，ハイエンドのプロセッサでは，メモリ・ロード処理が完了するまでに100クロック・サイクル以上かかることがあります．これは，1GHz以上で動作していることと，DDRメモリのレイテンシが高いことが原因です．アウトオブオーダのプロセッサは，データ処理がロードの結果に依存していなければ，後続の命令の実行を開始できます．アウトオブオーダ実行の反対はインオーダ実行です．

表6.12　メモリのオーダリング要件

メモリ・タイプ	メモリ・オーダリング要件
ノーマル・メモリ	一般的に，通常のメモリへのアクセスは，他のメモリへのアクセスに対して順番を入れ替えることができるが，次の場合を除く • データ・アクセスは，DSB, DME, ロード・アクワイヤおよびストア・リリース命令などのコンテキスト同期イベントによって分離されている • 命令フェッチは，ISBのようなコンテキスト同期イベントによって分離されている
リオーダリング属性のないデバイス・メモリ (Device-nGnRE/nGnRnE)	デバイスへのバス・トランザクションは，プログラム内のアクセス・オーダと一致していなければならない 別々のデバイスへのバス・トランザクションは，アクセスがコンテキスト同期イベントによって分離されている場合を除き，プログラムとは異なるアクセス・オーダを持つことができる
リオーダリング属性を持つデバイス・メモリ (Device-GRE/nGRE)	アクセスは，コンテキスト同期イベントで分離されている場合を除き，順番を入れ替えることができる

　第5章では，メモリ・バリア命令(ISB, DSB, DMB)とロード・アクワイヤと，ストア・リリース命令の使用について説明しました．これらの命令は，1つのソフトウェア手順の異なるステップからのメモリ・アクセスが，チップ内のメモリやペリフェラルに到達するときに正しい順序であることを保証するのに役立ちます．これは，あるプロセッサのメモリ・アクセスが別のプロセッサによって観測可能であり，それらの間の順序が相互動作のために重要である可能性があるマルチプロセッサ・システムにとって特に重要です．

　Cortex-Mプロセッサでは，アーキテクチャ要件によって定義されているように，次のシナリオでもメモリ・バリア命令が使用されます．

- DSBは，メモリ・アクセスと別のプロセッサ動作(別のメモリ・アクセスである必要はない)の間のオーダを強制するために使用される
- DSBとISBを使用して，システム構成の変更の効果が，後続の操作の前に確実に行われるようにする

　これらのバリア命令がどこで使用されるべきかのシナリオは，第5章の5.19節と**表5.76**と**表5.77**でカバーされています．

　メモリ・バリア命令が省略されていても，Cortex-M23とCortex-M33ベースのマイクロコントローラ上で実行されるほとんどのアプリケーションでは，メモリ・オーダリングの問題は発生しません．これは，次の理由によるものです．

- これらのプロセッサは，メモリ転送のリオーダを行わない(これは，多くの高性能プロセッサでは起こり得る)
- これらのプロセッサは，命令の実行順序をリオーダしない(これは，多くの高性能プロセッサでは起こり得る)
- AHBやAPBプロトコルの単純な性質上，前回の転送が終了する前に転送を開始することはできない
- これらのプロセッサには書き込みバッファがない(書き込みバッファについては**図6.23**で説明)

　しかし，ベスト・プラクティスとして，ソフトウェアの移植性を考慮して，これらのメモリ・バリア命令を使用する必要があります．メモリ・バリア命令を使用しても，システム・レベルの競合状態を防ぐのに十分ではない場合があることに注意してください．例えば，ペリフェラルのクロックを有効にした後，ソフトウェアはペリフェラルにアクセスする前に数クロック・サイクルを待つ必要がある場合があります．これは，マイクロコントローラ内のクロック制御回路がペリフェラルのクロックを有効にするために数クロック・サイクルを必要とする可能性があるためです．

6.9　バス・ウェイト・ステートとエラーのサポート

　この章の最初に，Cortex-M23とCortex-M33プロセッサはバス・インターフェースにAMBAバス・プロトコルを使用していることを述べました．それらのプロトコルは，次のとおりです．

- AMBA5 AHB (Advanced High-Performance Bus, AHB5としても知られている)は，メモリ・システム・インターフェースを提供
- AMBA4 APB (Advanced Peripheral Bus, APBv2としても知られている)は，デバッグ・コンポーネント用のバス接続と，"AHB to APB"ブリッジを介したペリフェラル・インターフェース用のバス接続を提供．

第6章　メモリ・システム

システムによっては，以前のバージョンのAPBプロトコルをペリフェラル接続に使用できる場合もある
- トレース・パケット転送用（これはデバッグ動作用であり，アプリケーションでは使用しない）の AMBA4 ATB（Advanced Trace Bus）

これらのインターフェースは，次をサポートしています．
- AHB（全バージョン）とAPB（AMBAバージョン3のリリース後に利用可能）用の，バス・ウェイト・ステートとOKAY/ERROR応答タイプ
- AHB5用の排他OKAY/FAIL応答（6.7節 排他アクセスサポート参照）

ウェイト・ステートは，メモリやペリフェラルがプロセッサよりも遅い場合に必要となり，また，そのときレイテンシ・サイクルがバス相互接続インフラストラクチャに追加されます．メモリ・アクセスの中には，完了するまでに数クロック・サイクルかかる場合があります．例えば，低消費電力のマイクロコントローラで使用されるフラッシュ・メモリの最大アクセス速度は，約20MHzですが，マイクロコントローラは，40MHz以上，あるいは100MHzで動作します．このような状況では，フラッシュ・メモリ・インターフェースは，プロセッサが転送を完了するのを待つように，バス・システムにウェイト・ステートを挿入する必要があります．

ウェイト・ステートは，次の幾つかの点でシステムに影響を与えます．
- システムの性能を低下させる
- 性能が下がるのでエネルギー効率も下がる
- システムの割り込みレイテンシを増やす
- プログラムの実行タイミングに関して，システムの動作が確定的でなくなる可能性がある

最近のマイクロコントローラの多くは，メモリ・アクセス・レイテンシの平均値を低減するために，さまざまなタイプのキャッシュ・メモリを搭載しています．Cortex-M23とCortex-M33プロセッサは，内部キャッシュをサポートしていませんが，フラッシュ・メモリを組み込まれた多くのマイクロコントローラには，キャッシュ・ユニットがあり，フラッシュ・メモリ・コントローラと密接に統合されており，次のことが可能です．
- 低速の組み込みフラッシュ・メモリで，プロセッサを高速クロックで実行できるようにする
- 組み込みフラッシュ・メモリへのアクセスを減らすことで，エネルギー効率を向上させることができる（フラッシュ・メモリは通常，電力消費量が多いため）

キャッシュ・ベースのデザインを使用する代わりに，一部のマイクロコントローラでは，ゼロウェイト・ステートでシーケンシャル・フェッチを可能にするフラッシュ・プリフェッチ・ユニットを使用しています．プリフェッチ・ユニットは，キャッシュ・ユニットよりも小さいですが，次の理由でキャッシュ・コントローラと同じレベルの利点はありません．

(1) アクセスが連続していない場合は，ウェイト・ステートを防ぐことはできない

(2) フラッシュ・メモリへのアクセス数は減らない．従って，省電力のメリットはない

エラー応答は不可欠で，何かがうまくいかなかったことを，ハードウェアがソフトウェアに知らせることを可能にし，その過程で，フォールト例外ハンドラの形で改善措置を取ることができるようにします．エラー応答は，次で生成できます．
- バス・インフラストラクチャ・コンポーネント．これは次で引き起こされることがある
  - セキュリティまたは特権レベルの違反（6.4.1節参照）
  - 無効なアドレスへのアクセス
- バス・スレーブ．これは次で引き起こされることがある
  - セキュリティまたは特権レベルの違反
  - ペリフェラルがサポートしていない動作

プロセッサがバス・エラー応答を受信すると，バス・フォールト例外またはハード・フォールト例外がトリガされます．次の条件が全て満たされている場合に，トリガされた例外はバス・フォールト例外となります．
- プロセッサはArmv8-Mメインライン・プロセッサ
- バス・フォールト例外が有効（アドレス0xE000ED24のSystem Handler Control and State Register（SHSCR）のビット17であるBUSFAULTENAが1に設定されている）
- バス・フォールト例外の優先度がプロセッサの現在のレベルよりも高い

そうでない場合は，HardFault例外が発生します．

フォールト例外処理の詳細については，第13章で説明しています．

226

6.10 シングル・サイクルI/Oポート - Cortex-M23のみ

Cortex-M23プロセッサには，シングル・サイクルI/Oポートと呼ばれるオプション機能があります．これは，1クロック・サイクルで動作する32ビット・バス・インターフェースです（このインターフェースではウェイト・ステートはサポートされていません）．この機能はCortex-M0+プロセッサで初めてサポートされ，チップ設計者は，このインターフェースに1つまたは複数のアドレス範囲を割り当てて，より低いアクセス・レイテンシを実現できます．

Cortex-M0+とCortex-M23プロセッサをベースにしたマイクロコントローラ製品は，比較的低いクロック周波数で動作するように設計されています．汎用入出力（General Purpose Input Output：GPIO）ユニットのようなペリフェラルを，システム・バスを介してプロセッサに接続する場合，バス転送がシステムAHBを使用して行われると，各アクセスには最低でも2クロック・サイクルが必要になります．ペリフェラルがAPBプロトコルを使用して接続されている場合は，アクセスのレイテンシがさらに長くなる可能性があります（2クロック・サイクル以上）．また，AHBからAPBへのブリッジで追加のレイテンシが発生すると，レイテンシはさらに増加する可能性があります．遅いクロック・レートと相まって，I/Oアクセスのレイテンシは，システムの応答時間を増加させるため，一部の制御アプリケーションでは，望ましくない結果になることがあります．この問題を克服するために，シングル・サイクルI/Oポート機能が導入され，レイテンシ・サイクルなしでI/Oポート・レジスタにアクセスできるようになりました（**図6.10**）．また，バック・ツー・バックでの複数のアクセスを連続で行うことも可能で，高いI/O動作性能を実現しています．

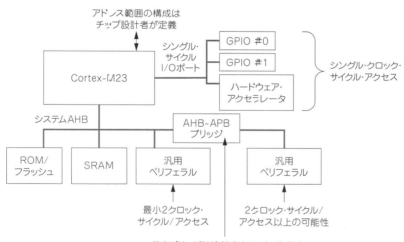

図6.10 シングル・サイクルI/Oポートの機能

シングル・サイクルI/Oポートは，次のような特徴を持つ汎用バス・インターフェースです．
- 8，16，32ビット転送
- このインターフェースでのセキュリティ管理を可能にする特権およびセキュリティ属性のサイド・バンド・シグナル（このインターフェースにはエラー応答がないので，転送をブロックする必要がある場合，インターフェースはトランザクションをゼロとして読み出し/書き込み無視として処理することに注意してください）

ソフトウェア開発者にとっては，このインターフェースに接続されたレジスタはメモリ・マップの一部に過ぎないため，標準的なペリフェラルと同様に，C言語のポインタを使って，レジスタにアクセスできます．そのため，この機能はソフトウェアには影響しません．

アクセス・レイテンシが重要となることが多いGPIOなどのペリフェラルに加えて，シングル・サイクルI/Oポートは，ハードウェア・アクセラレータのレジスタ接続にも使用できます．シングル・サイクルI/Oポートは，

第6章　メモリ・システム

UART，I²C，SPIなどの一般的なペリフェラルに接続されることはほとんどありません．これは，これらのペリフェラルの動作に，多くのクロック・サイクルが必要なため，数クロック・サイクルを節約しても大きなメリットは得られないからです．シングル・サイクルI/Oポート・インターフェースに追加するレジスタが多すぎると，バス・インターフェースのタイミングに問題が生じる可能性があるため，このインターフェースには，少数のペリフェラルのみを接続するのが一般的です．

6.11　マイクロコントローラのメモリ・システム

6.11.1　メモリ要件

　Cortex-Mプロセッサ上のバス・インターフェースは，汎用バス・プロトコルに基づいており，異なるタイプのメモリで動作しますが，これは適切なメモリ・インターフェース回路が実装されていることを条件としています．これらの回路はプロセッサの設計の一部ではなく，マイクロコントローラのベンダまたはサードパーティのデザイン・ハウスによって設計されることが多いです．異なるチップ・ベンダからのメモリ・インターフェース・コントローラは，異なる特性とプログラマーズ・モデル（プログラマブルな場合）を有する可能性があります．

　大多数のマイクロコントローラと多くのスタンドアロンなCortex-MベースのSoC設計では，組み込みフラッシュ・メモリやマスクROMなどのプログラム・ストレージ用に不揮発性メモリ（Non-Volatile Memory：NVM）が必要となります．さらに，スタティック・ランダム・アクセス・メモリ（Static Random-Access Memory：SRAM）のようなリード/ライト可能なメモリも不可欠です．SRAMは通常，データ変数やスタック・メモリのほか，ヒープ・メモリの割り当て（Cのランタイム関数のmalloc（）など）にも使用されます．

　Cortex-Mプロセッサは，1つまたは2つのプログラム・イメージ（TrustZoneセキュリティが実装されている場合は2つ）を格納するのに十分な大きさのプログラムスペースを持っていれば，メモリ・サイズの要件に特別な制限はありません．各プログラム・イメージには次が含まれます．

- ベクタ・テーブル
- Cライブラリ
- アプリケーション・コード

最もシンプルなアプリケーション向けに設計されたCortex-Mマイクロコントローラは，メモリ・フットプリントが8Kバイトの不揮発性メモリ（NVM，フラッシュなど）と1KバイトのSRAMという小さなメモリ・サイズを持つ場合があります（NXPのKinetis KL02シリーズ・デバイスの1つであるマイクロコントローラMKL02Z8VFG4は，Cortex-M0プロセッサをベースにしている）．しかし，最新の組み込みアプリケーションは，非常に複雑になっており，IoTアプリケーション用に設計された多くのマイクロコントローラでは，256Kバイト以上のフラッシュと128Kバイト以上のSRAMを搭載している場合があります．たまに，アプリケーションが大量の音声や画像データを処理する必要がある場合，これらのメモリ容量でさえ十分ではないことがあります．このようなアプリケーションでは，外部（オフチップ）メモリを搭載したマイクロコントローラが必要になります．

　一部のマイクロコントローラでは，プログラム・ストレージ用の外部シリアル・フラッシュ（Quad SPIインターフェースをベースにした外部フラッシュ・チップの使用）や，DRAM（Dynamic RAM）などの外部リード/ライト・メモリをサポートしている場合があります．しかし，多くのCortex-MマイクロコントローラがDRAMをサポートしていないのは，DRAMが多くの接続を必要とし，コストが高くなるためです．例えば，DRAMをサポートする場合，チップ・パッケージが高価になり，回路基板の設計が複雑になります．また，DRAMを使用する前にDRAMコントローラを初期化する必要があるため，初期化コードを実行するためにチップ内にSRAMが必要となります．しかし，アプリケーションがより多くのメモリを必要とする場合には，オンチップSRAMでは十分ではなく，これを克服するためには，外部メモリのサポートが必要になります．次の点に注意してください．

　（a）多くのマイクロコントローラ製品は，オフチップ・メモリ・システムをサポートしていない

　（b）外部（オフチップ）メモリへのアクセスは，オンチップSRAMへのアクセスよりもはるかに遅いことが多い

　多くのマイクロコントローラには，MCUベンダが提供するブート・ローダと呼ばれる小さなプログラムを含むブートROM/メモリが搭載されています．ブート・ローダは，フラッシュ・メモリに格納されているユーザ・アプリケーションが起動する前に実行されます．ブート・ローダは，さまざまなブート・オプションを提供し，フ

228

ラッシュ・プログラミング・ユーティリティを含む場合があります．さらに，ブート・ローダ・プログラムは，次のような構成データを設定するために使用される場合があります

- 内部クロック・ソースの工場出荷時較正データ
- 内部電圧基準の較正データ

組み込みシステムでは，セキュリティが重要な要件になってきているため，ブート・ローダ・プログラムは，次を提供することがあります．

- セキュア・ブート機能（アプリケーションを起動する前にプログラム・イメージを検証する機能）
- セキュアなファームウェア更新
- セキュリティ管理のための Trusted Firmware-M（TF-M）

> 注意：マイクロコントローラのデザインの中には，ソフトウェア開発者がブート・ローダを変更したり消去したりすることを許可しないものがあります．

従来，マイクロコントローラでは，不揮発性メモリ（Non-volatile memory：NVM）とSRAMを分離する必要がありました．ほとんどのマイクロコントローラのNVMは，組み込みフラッシュ技術をベースにしており，更新するためには複雑なプログラミング・シーケンスが必要となります．その結果，フラッシュ・メモリは，頻繁に更新する必要があるデータ（データ変数，スタック・メモリなど）の保存には使用できません．

最近では，一部のマイクロコントローラ製品で，強誘電体RAM（Ferroelectric RAM：FRAM）や磁気抵抗RAM（Magneto-resistive RAM：MRAM）を使用するようになってきました．これらの技術により，1つのメモリ・ブロックをプログラム・コードとデータ保存の両方に使用でき，メモリ・システムを完全にパワー・ダウンしてもRAMデータを失うことなく動作を再開できるという利点があります．これはSRAMよりも優れていて，なぜなら，SRAMが状態保持モードになると，SRAMの電源はまだONにしておく必要があり，従って，SRAMはまだ少量の電力を使用しています．理論的には，Cortex-Mプロセッサは上述したタイプのメモリ技術で動作できますが，そのためには，これらのメモリをプロセッサ・システムに接続するための適切なメモリ・インターフェース回路が必要です．このようなデバイス（MRAM/FRAMベース）のプロトタイプはすでに存在しており，そのような技術の製品化は，すぐにでもできそうです．

6.11.2 バス・システムの設計

Cortex-Mプロセッサ用のメモリおよびバス・システムの設計は，非常にシンプルなものから非常に複雑なものまで多岐にわたります．考慮すべき要素は次のように数多くあります．

- デザインが単一のバス・マスタ（プロセッサのみ）か，複数のバス・マスタ（DMAコントローラまたは，USBコントローラのように　バス・マスタとしても機能するペリフェラル）かどうか
- 設計にセキュリティ管理が必要かどうか（例えば，単純な固定機能のスマート・センサにはセキュリティ機能は必要ないかもしれない）
- 一部のペリフェラルに必要な性能やデータ帯域の種類
- アプリケーションに必要な低消費電力機能．省電力機能はバス・システムの設計に影響を与える．例えば，マイクロコントローラの中には，異なるクロック速度で動作するように構成できる複数のペリフェラル・バスがある場合がある．これにより，1つまたは複数のペリフェラルだけが必要な場合に，全てのペリフェラル・バス・インターフェイスを最高速度で実行する必要がなくなる

TrustZoneを使用しないCortex-M23ベースのマイクロコントローラは，図6.11に示すようなシンプルなものになります．

図6.11に示す設計は，次のように構成されています．

- メモリとAHBペリフェラル用のAHBシステム・バス
- APBペリフェラル用のAP3ペリフェラル・バス
- 低レイテンシ・ペリフェラル用のシングル・サイクルI/Oポート・バス

AHBのデフォルトのスレーブ・コンポーネントは，転送が無効なアドレスを対象としている場合，プロセッサにバス・エラー応答を提供するのに使用されます．

第6章 メモリ・システム

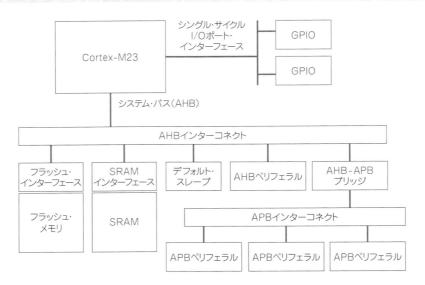

図6.11 Cortex-M23プロセッサのシンプルなシステム設計

マイクロコントローラでは，一般的なペリフェラルにAPBバスを使用することがよくあります．APBインターフェースの設計は，AHBよりもシンプルです．システム・バスはAHBプロトコルを使用するため，トランザクションをAHBからAPBへ変換するにはバス・ブリッジが必要です．さらに，バス・ブリッジはクロック・ドメインを分離できるため次が可能です．

- APBは，プロセッサのシステム・クロックとは異なるクロック速度で動作できる
- チップ設計者は，システムが達成可能な最高クロック周波数に影響を与えるような，多すぎるバス・スレーブをシステム・バス上に持つことを避けることができる

図6.11に示すCortex-M23のシステム設計と同様に，Cortex-M33プロセッサもシンプルなシステム設計が可能です．これを図6.12に示します．

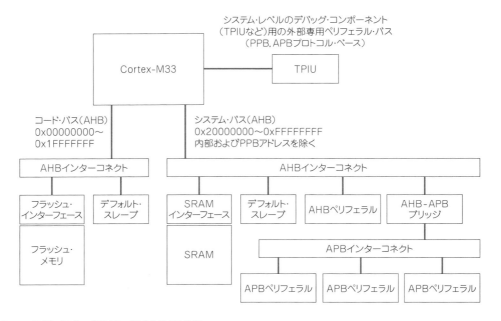

図6.12 Cortex-M33プロセッサのシンプルなシステム設計

図6.11のCortex-M23システム設計とは異なり，Cortex-M33システム設計では，2つのAHBバス・セグメント

があり，命令フェッチとデータ・アクセスを並列に実行できます．（ハーバード・バス・アーキテクチャを使用）．各バス・セグメントには，無効なアドレスへのアクセスを検出して応答するデフォルト・スレーブがあります．

一般的なCortex-M33システム設計では，NVMメモリをCODE領域に，SRAMをSRAM領域に配置していますが，SRAM領域とRAM領域からコードを実行し，データSRAMをCODE領域に配置することも可能です．Cortex-M3およびCortex-M4プロセッサとは異なり，システム・バス上でプログラムを実行しても性能上の低下はありません．

Cortex-M33プロセッサのインターフェースには，APBベースの専用ペリフェラル・バス（Private Peripheral Bus：PPB）が追加されています．これはデバッグ・コンポーネントをプロセッサに接続するためのもので，一般的なペリフェラルには使用しません．これは，次の理由によるものです．

- PPBは特権アクセスのみ
- 32ビット・アクセスのみサポート

PPBはリトル・エンディアンのみで，システム内の他のバス・マスタからはアクセスできないことに注意してください（プロセッサ上で実行されているソフトウェアと，プロセッサに接続されているデバッガだけがこのバスにアクセスできます）．

例えば，DMAやUSBコントローラなどの複数のバス・マスタを持つシステムでは，チップ設計者は，バス設計がアプリケーションのデータ帯域幅要件に対応できることを確認する必要があります．より広いバス帯域幅を可能にするために，幾つかの技術が一般的に使用されており，以下のようなものがあります．

- マルチレイヤAHB設計（バス・マトリクスとしても知られている）
- SRAMへの同時アクセスを可能にする複数のSRAMバンク

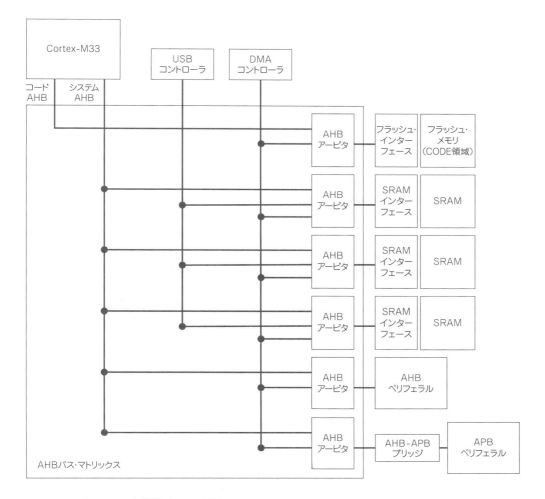

図6.13　Cortex-M33プロセッサの広帯域幅システム設計

例えば，DMAとUSBのコントローラを含むCortex-M33プロセッサ・システムは，両方が同時に実行される可能性があるため，図6.13のようなシステム設計を使用して十分なデータ帯域幅を提供できます。

この構成では，複数のバス・アービタ（バス調停器）を使用して，複数のバス・マスタが同時に異なるバス・スレーブにアクセスできるようにしています．複数のSRAMバンクと組み合わせることで，プロセッサ，DMAコントローラ，USBコントローラは，全ての異なるSRAMに同時にアクセスでき，これにより，高いデータ・スループットを実現します．

6.11.3 セキュリティ管理

TrustZoneセキュリティ機能を実装すると，プログラム格納用とデータ格納用の両方のメモリと，セキュアと非セキュアのワールドのメモリが必要になります．セキュアと非セキュアのメモリを別々のメモリ・ブロックで使用すると，コストや消費電力が増加する可能性があります．多くのマイクロコントローラは，低コストを目指して設計されているため，単一のメモリ・ブロックを使用し，それをセキュアと非セキュアのアドレス範囲に分割することが望ましいです．メモリ・アドレスの分割を行うハードウェア・ユニットは，メモリ保護コントローラ（Memory Protection Controllers：MPC）と呼ばれています．

同様に，ペリフェラルも分割する必要があります．多くのTrustZoneシステム設計では，ペリフェラル保護コントローラ（Peripheral Protection Controllers：PPC）が実装され，このコントローラは，セキュア・ソフトウェアがペリフェラルの一部をセキュアまたは非セキュア状態に割り当てるのに役立ちます．理論的には，ペリフェ

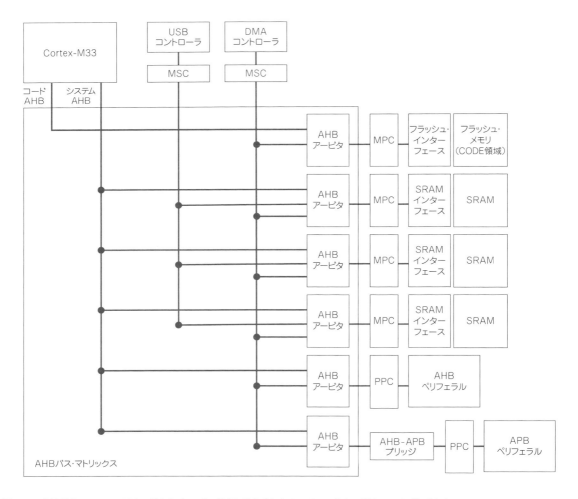

図6.14　高性能なCortex-M33システムのバス・システムに追加されたTrustZoneセキュリティ・コンポーネント

ラルのセキュリティ・ドメインの割り当てが事前に分かっている場合は、アクセス許可を相互接続にハード・ワイヤードできるため、PPCは必要ありません。しかし、多くのプロジェクトでは、ペリフェラルに固定のセキュリティ・ドメイン割り当てを使用することは容認できません。例えば、多くのプロジェクトでは、チップが製造された後にソフトウェアの設計が開始されます。その結果、チップが設計された時点では、ペリフェラルのセキュリティ・ドメイン要件が不明であることが多いです。従って、柔軟性を提供するために、PPCの使用が必要とされています。さらに、多くのチップ設計は、複数のアプリケーションを対象としているため、非常に多様な要件を持っています。その結果、要求される柔軟性が得られるようにPPCが必要とされます。

多くのマイクロコントローラには、TrustZone以外のシステム用に設計された従来のバス・マスタ・コンポーネントが組み込まれています。そのため、チップ設計者は、マスタ・セキュリティ・コントローラ（Master Security Controllers：MSC）と呼ばれる追加のコンポーネントをシステムに配置して、従来のバス・マスタ・コンポーネントが、バス・マスタ・ユニットをTrustZoneベースのシステムに接続できるようにする必要があります。

図6.13に示したシステム設計にMPCやPPC、MSCを追加すると、図6.14に示すようなシステム設計が作成されます。

MPCおよびPPCの動作に関する情報は、第7章の7.5節に記載されています。

6.12 ソフトウェアに関する考察

6.12.1 バス・レベルの電源管理

最新のマイクロコントローラを使用する場合、複数のバスとその電源管理制御機能の性質上、ソフトウェア開発者が考慮しなければならない領域が幾つかあります。

メイン・システムとペリフェラルのバスが分離されており、場合によってはクロック周波数制御が分離されているため、アプリケーションはペリフェラルの一部にアクセスする前に、マイクロコントローラ内のクロック制御ハードウェアを初期化する必要がある場合があります。場合によっては、異なるクロック周波数で動作する複数のペリフェラル・バス・セグメントが存在することもあり、それら全てを構成する必要があります。システムの一部をより遅いクロック速度で動作させることができるだけでなく、バス・セグメントを分離することで、ペリフェラル・システムのクロック信号を完全に停止させることができ、電力をさらに削減することもできます。

6.12.2 TrustZoneセキュリティ

TrustZoneセキュリティ拡張機能を実装して使用する場合、セキュリティ・ファームウェアの開発者は、セキュアなファームウェアの中に幾つかの初期化手順を含める必要があります（メモリやペリフェラルの分割を定義するためにさまざまなユニットを設定など）。これらの初期化ステップには、SAU（プログラマブルに設計されている場合はIDAUも可能）のプログラミングと、メモリ保護やペリフェラル保護コントローラなどのシステム・レベルのセキュリティ管理ハードウェアを含める必要があります。

メモリ分割に加えて、セキュアなファームウェアによる設定が必要な、その他の構成があります。これには、割り込みのターゲット状態やスタック制限チェックなどが含まれます。このトピックの詳細については、第18章で説明します。

6.12.3 複数ロードと複数ストア命令の使用

Cortex-Mプロセッサの複数ロードと複数ストア命令は、それらが正しく使用されると、システムの性能を大幅に向上させることができます。例えば、データ転送プロセスを高速化するために使用したり、メモリ・ポインタのレジスタを自動的に調整するための手段として使用したりできます。

しかし、ペリフェラルのアクセスを扱う場合、一般的にはLDM命令やSTM命令の使用は避けるべきです。その理由は、LDM/STM命令のデータ・アクセスの一部が、割り込みイベントのために繰り返される可能性があるからです。次のシナリオを例に考えてみましょう。

第6章　メモリ・システム

　Cortex-M23プロセッサ（Armv6-Mプロセッサにも適用されます）では，LDMまたはSTMの命令の実行中に割り込み要求を受信すると，LDMまたはSTMの命令は放棄され，割り込みサービスが開始されます．割り込みサービスの終了時には，プログラムの実行は，中断されたLDMまたはSTMの命令に戻り，中断されたLDMまたはSTMの命令の最初の転送から，再開されます．

　この再起動動作の結果，中断されたLDMまたはSTMの命令の転送が2回実行されることがあります．これは通常のメモリでは問題ありませんが，転送の繰り返しがエラーの原因となりえるペリフェラルのレジスタに，アクセスが実行されると，ペリフェラルのレジスタでは問題になる可能性があります．例えば，LDM命令を使用して先入れ先出し（First-In-First-Out：FIFO）バッファのデータを読み出す場合，読み出す操作が繰り返されると，FIFO内のデータの一部が失われる可能性があります．

　注意点としては，再起動動作が誤動作を起こさないことを確認しない限り，ペリフェラルにアクセスするときにLDM命令やSTM命令を使用することは避けるべきです．

　LDMとSTMの命令を使用する際のもう1つの考慮点は，アドレスが整列していることを確認する必要があるということです．整列されていない場合，HardFault（13.2.5節を参照）またはUsageFault例外（13.2.3節を参照）が発生します．

◉ **参考・引用＊文献** ……………………………………………………

(1)　Armv8-Mアーキテクチャ・リファレンス・マニュアル

　　https://developer.arm.com/documentation/ddi0553/am（Armv8.0-Mのみのバージョン）

　　https://developer.arm.com/documentation/ddi0553/latest/（Armv8.1-Mを含む最新版）

　　注意：Armv6-M，Armv7-M，Armv8-M，Armv8.1-M用のMプロファイル・アーキテクチャ・リファレンス・マニュアルは次にあります．

　　https://developer.arm.com/architectures/cpu-architecture/m-profile/docs

(2)　AMBA5 Advanced High-performance Bus（AHB）プロトコル仕様書

　　https://developer.arm.com/documentation/ihi0033/latest/

(3)　AMBA4 Advanced Peripheral Bus（APB）プロトコル仕様書

　　https://developer.arm.com/documentation/ihi0024/latest/

◆第7章◆

メモリ・システムの
TrustZone サポート

**TrustZone support
in the memory System**

7.1 概要

7.1.1 この章について

前章では，Armv8-M プロセッサのメモリ・アーキテクチャと TrustZone セキュリティ拡張の側面について簡単に説明しました．この章では，技術的な詳細をさらに詳しく説明し，Cortex-M23 と Cortex-M33 プロセッサのメモリ・システムが TrustZone セキュリティ技術をどのようにサポートしているかを説明します．Armv8-M プロセッサをベースにしたマイクロコントローラ・デバイスの中には，TrustZone をサポートしていないものもあり，また，多くのソフトウェア開発者は，非セキュア環境で動作するソフトウェアしか作成しない可能性があるため，一部の開発者は，この章で説明されている技術的な詳細を理解する必要がない場合があります．とはいえ，全ての開発者がこの章の情報を有益で興味深く思ってくれることを願っています．

7.1.2 メモリ・セキュリティ属性

オプションの TrustZone セキュリティ拡張機能には，メモリの種類を分類する追加の方法があります．セキュアと非セキュアのメモリについてはすでに説明しましたが，さらに2種類あります．**表7.1**にこれらのメモリ・タイプを示します．

表7.1 セキュリティ属性によるメモリの分類

メモリ・タイプ	説 明	制 約
非セキュア	非セキュアとセキュアの両方のソフトウェアがアクセス可能なメモリ領域．非セキュア・メモリでソフトウェアを実行すると，プロセッサは非セキュア状態になる 非セキュア領域へのバス転送は，セキュア・ソフトウェアによって生成されたものであっても，非セキュアとマークされる	
セキュア	セキュア・ソフトウェアがアクセス可能なメモリ領域．セキュア・メモリ内でソフトウェアを実行すると，プロセッサはセキュア状態になる セキュア領域へのバス転送は，セキュアとマークされる	非セキュア・ソフトウェアは，セキュア・メモリにアクセスできない
セキュア 非セキュア・コール可能 (Non-secure Callable： NSC)	非セキュア・コール可能属性(Non-secure Callable：NSC)を持つセキュア・メモリは，非セキュア空間から呼び出すことができる．セキュア API そのものエントリ・ポイントを提供するタイプのセキュア・メモリ技術的には，セキュア API をセキュア NSC に配置することは可能．ただし，最良の方法は，セキュア NSC 領域をブランチ・ベニア(セキュア・ゲートウェイ(Secure Gateway：SG)命令と分岐命令)にのみ使用し，API をセキュア・メモリに配置することである．一般的に，セキュア NSC 領域のメモリ・タイプは"ノーマル・メモリ"にする必要がある セキュア NSC 領域へのバス転送はセキュアとマークされる	非セキュア・ソフトウェアはセキュア NSC メモリへの読み書きはできないが，分岐先がSG命令であれば分岐できる
適用除外領域	チェックされない領域とも呼ばれる．これらの領域は，セキュア・ソフトウェアと非セキュア・ソフトウェアの両方でアクセスできる．適用除外領域にあるデバイス(ペリフェラルなど)がバス転送を受信すると，その転送のセキュリティ属性を使用して，アクセスしているプロセッサがセキュア状態にあるかどうかを判断できる．この情報を使用して，デバイスは異なる動作でセキュア転送と非セキュア転送を処理できる 適用除外領域は，システムとデバッグ・コンポーネント(NVIC,MPUなど)で使用される．また，ペリフェラルに使用することも可能．しかし，セキュリティ・リスクを高める可能性があるので，チップ設計者は，実行可能なノーマル・メモリに適用除外領域を使用してはいけない 適用除外領域へのバス転送は，プロセッサがセキュア状態の場合はセキュア，プロセッサが非セキュア状態の場合は非セキュアとマークされる	

第7章　メモリ・システムのTrustZoneサポート

　セキュアNSC領域とSG命令は，セキュアAPIの途中や他のセキュア・コードに非セキュア・ソフトウェアが分岐してくることでセキュリティ・チェックをバイパスするのを防ぐメカニズムを提供します．非セキュア・ソフトウェアがセキュアな実行領域に分岐した場合，次のいずれかになっています．
- 最初の命令がSG命令ではない
- アドレスにセキュアNSC属性がない

　セキュリティ違反フォールト例外がトリガされ，結果はセキュリティ・フォールト（Armv8-Mメインラインのみ）またはハード・フォールトのいずれかになります．

　メモリのセキュリティ属性はメモリ・タイプ（第6章で説明されている）とは独立して動作し，その結果，多くの異なる組み合わせが可能になります（表7.2）．しかし，例外も幾つかあり，セキュリティ属性とメモリ・タイプの組み合わせが無効な場合があります．

表7.2　メモリ・セキュリティ属性とメモリ・タイプの関係

	ノーマル・メモリ	デバイス・メモリ
セキュア	有効な組み合わせ	有効な組み合わせ
セキュアNSC	有効な組み合わせ	一般的には無効（エントリ・ポイントを有効にするには，実行可能領域にある必要があり，結果として "Deviceメモリ" は実行不可能なので，エントリ・ポイントには使用できない）
非セキュア	有効な組み合わせ	有効な組み合わせ
除外	コードの実行を防止するための追加のセキュリティ対策が講じられていない限り，一般的には無効（適用除外領域は実行可能であってはならない）	有効な組み合わせ

　セキュリティ上の問題を回避するために，チップ設計者はこれらのことを考慮してメモリ・マップのセキュリティ分割を設計する必要があります（表7.2）．

7.2　SAUとIDAU

　メモリ範囲のセキュリティ属性は，セキュリティ属性ユニット（Security Attribution Unit：SAU）によって定義されます．SAUは，実装定義属性ユニット（Implementation Defined Attribution Unit：IDAU）と呼ばれる追加の単一または複数のカスタム定義アドレス・ルックアップ・ハードウェア・ユニットと連携できます．各メモリ・アクセス（データのリード/ライト，命令のフェッチ，デバッグ・アクセスを含む）について，アドレスはSAUとIDAUで同時にルックアップされ，その結果が結合されます．

　SAUとIDAUは，4Gバイトのアドレス空間を次のような領域に分割します．
- SAU – SAUは，TrustZoneセキュリティ拡張が実装されている場合，Armv8-Mプロセッサの一部であり，セキュア特権ソフトウェアによってプログラム可能．Cortex-M23とCortex-M33プロセッサでは，SAUは0，4，または，8のSAU領域をサポート．各領域は，バス・トランザクション・アドレスを，SAU領域の開始および終了アドレスと比較する，一対のアドレス・コンパレータを使用して定義される．TrustZoneセキュリティ拡張機能がSAU領域なしで実装されている場合（つまり，SAU領域の数がゼロの場合），SAUは存在するが，アドレス・ルックアップをサポートする制御レジスタとIDAUインターフェースのみが存在する
- IDAU – IDAUは，チップ・ベンダによって設計され，デバイスによって異なる．SAUと同様に，IDAUはアドレス・ルックアップを提供し，アクセスされるアドレスのセキュリティ属性を生成する．IDUはプログラム可能な設計でなければ，SAUほど複雑ではない．Cortex-M23とCortex-M33プロセッサのIDAUインターフェースは，最大256の領域をサポートする．典型的なIDAUは固定アドレス・ルックアップ・テーブルだが，一部の設計ではプログラマブルにすることもできる．プロセッサが（ハーバード・バス・アーキテクチャのように）複数の同時転送を処理するように設計されている場合は，複数のIDAUを持つ必要があり，これらのIDAUは一貫したセキュリティ属性マッピングを持つ必要がある．

236

SAUとIDAUがアドレスをルックアップした後，図7.1に示すように結果を結合します．

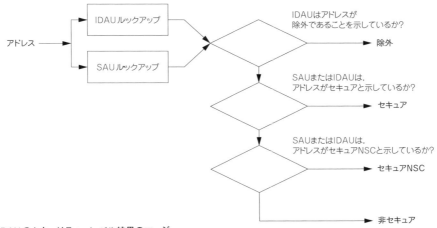

図7.1 SAUとIDAUのセキュリティ・レベル結果のマージ

次にご注意ください．
- SAUは，領域を非セキュアまたはセキュアNSCとしてのみ定義できる．アドレスがSAUの領域によってカバーされていない場合，それはセキュアである
- IDAUは，領域を"セキュア"，"非セキュア"，"セキュアNSC"，"適用除外"のいずれかに定義することができる
- 適用除外領域タイプとは別に，SAUとIDAUからのセキュリティ・レベルのマージでは，常により高いセキュリティ・レベルが選択される．これにより，セキュア・ソフトウェアがIDAUの設定を上書きして，重要なセキュリティ情報が非セキュア・ワールドにさらされることを防ぐことができる
- リセット後はSAUが無効になるため，IDAUで定義された適用除外領域を除く全てのアドレス範囲は，デフォルトではセキュアになっている
- 適用除外領域の設定は常に有効：これにより，SAUがセットアップされる前に，非セキュア・デバッガがデバッグ・コンポーネントにアクセスし，プロセッサへのデバッグ接続を確立できる

TrustZoneセキュリティ拡張機能が実装され，SAUがSAU領域なしで構成されている場合，SAU制御レジスタを含む最小限のSAUハードウェアがプロセッサ内に存在します．制約の多いシステムでは，このアーキテクチャ設計により，次を使ってTrustZoneシステムを最小限の追加ハードウェア・コストで構築できます．
- SAU領域のないSAU
- アドレス・ルックアップ用の基本IDAU

第6章では，メモリ保護コントローラ（Memory Protection Controller：MPC）やペリフェラル保護コントローラ（Peripheral Protection Controller：PPC）などのTrustZoneシステム管理コンポーネント（図6.14）について説明しました．これらのユニットは，システムにソフトウェアでセキュリティ属性を割り当てる柔軟性が必要な場合に必要になります．固定アドレス分割のチップ設計の場合，これらのコンポーネントの一部を削除できます．

アドレスのセキュリティ属性が定義されると，現在のセキュリティ設定でバス・トランザクションが許可されている場合は，アドレスのセキュリティ属性で定義されているバス・セキュリティ属性（AMBA AHB5のHNONSECなど）[1]を使用してバス・トランザクションを実行できます．

7.3 バンク化レジスタと非バンク化レジスタ

7.3.1 概要

TrustZoneセキュリティ拡張機能が実装されている場合，NVICなどのプロセッサ内部のシステム・コンポーネントを含む多くのハードウェア・ユニットには，セキュア情報と非セキュア情報の両方が含まれます．情報を分

離するために，レジスタのバンクが使用されることがあります．システム制御空間のレジスタでセキュリティを処理するための多くの取り決めがあります．それらは次のとおりです．

(1) レジスタはバンクされる（例：ベクタ・テーブル・オフセット・レジスタ，VTOR，図7.2）

物理的には，同じレジスタに2つのバージョンがある．例えばVTOR_SとVTOR_NS．セキュア状態では，SCB->VTOR（SCBはシステム制御ブロック，CMSIS-COREヘッダ・ファイルで定義されたデータ構造）にアクセスするセキュア・ソフトウェアは，セキュアVTOR（VTOR_S）を参照する．非セキュア状態の場合，SCB->VTORにアクセスする非セキュア・ソフトウェアは非セキュアVTOR（VTOR_NS）を参照する

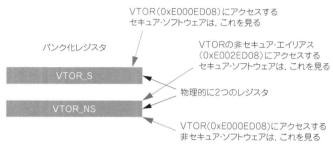

図7.2　バンク化レジスタ，例えばVTOR

(2) レジスタはバンクされない（例：ソフトウェア・トリガ割り込みレジスタ，STIR，図7.3）

物理的には，レジスタのバージョンは1つだけで，レジスタにはバンクされたコンテンツを持たない．ただし，レジスタの動作は，セキュア状態と非セキュア状態の間で同一または異なることがある．SCB->STIRの場合，セキュア・ソフトウェアのみがこのレジスタを使用してセキュア割り込み（Interrupt Request：IRQ）をトリガできる

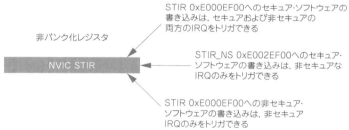

図7.3　非バンク化レジスタ，例えばSTIR

(3) レジスタの幾つかのビット・フィールドはバンクされる（例えば，システム制御レジスタ，SCR，図7.4）

レジスタの一部のビット・フィールドはバンクされているが，一部のビット・フィールドはバンクされない．セキュア・ソフトウェアはバンクされたビット・フィールドのセキュア・バージョンを，非セキュア・ソフトウェアは非セキュア・バージョンを参照する

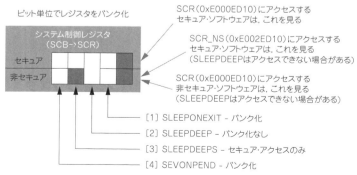

図7.4　部分的バンク化レジスタ，例えばSCR

7.3.2 システム制御空間（SCS）NSエイリアス

第6章のメモリ・マップ図（図6.1）では，アドレス0xE000E000にシステム制御空間（System Control Space：SCS）が，アドレス0xE002E000にSCS非セキュア・エイリアスが示されています．SCS非セキュア・エイリアスによって，セキュア・ソフトウェアは次の非セキュア・ソフトウェアの動作を使用してSCSにアクセス可能です．

- バンク化されたレジスタまたはレジスタ内のバンク化されたビット・フィールドの非セキュア・バージョンにアクセスできる
- 非セキュア・ソフトの動作を模倣できる

この機能の結果，Cortex-M23とCortex-M33プロセッサ用のCMSIS-COREヘッダ・ファイルは，セキュア・ソフトウェアがSCS非セキュア・エイリアス・アドレス範囲のレジスタにアクセスできるように，追加のデータ構造をサポートしています．これらのデータ構造を表7.3に示します．

表7.3 SCS非セキュア・エイリアス内のレジスタへのアクセスに対するCMSISのサポート

SCSアドレスのデータ構造	SCS非セキュア・エイリアス・アドレスのデータ構造	説 明
NVIC	NVIC_NS	ネスト型ベクタ割り込みコントローラ（Nested Vectored Interrupt Controller）
SCB	SCB_NS	システム制御ブロック（System Control Block）
SysTick	SysTick_NS	SysTick タイマ（SysTick timer）
MPU	MPU_NS	メモリ保護ユニット（Memory Protection Unit）
CoreDebug	CoreDebug_NS	コア・デバッグ・レジスタ（Core Debug Registers）
SCnSCB	SCnSCB_NS	SCBにないシステム制御レジスタ（System Control Regist：SCTLR）
FPU	FPU_NS	浮動小数点ユニット（Floating Point Unit）

7.4 テスト・ターゲット（TT）命令と領域ID番号

7.4.1 なぜTT命令が必要なのか？

第5章（5.20節）で，TrustZoneサポートに存在する命令を詳しく説明しました．そのうちの1つがテスト・ターゲット（Test Target：TT）で，これには4つのバリエーションがあります．ここでは，なぜこれらの命令が必要なのかを説明します．

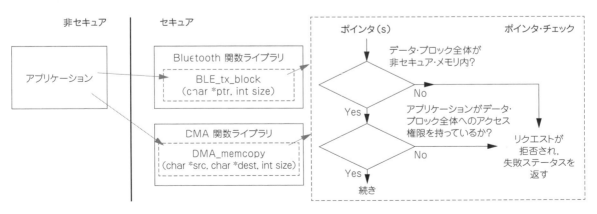

図7.5 セキュアAPIが非セキュア・ソフトウェアに代わってデータを処理できるようにするためには，ポインタ・チェックが必要

第7章　メモリ・システムのTrustZoneサポート

Armv8-MのTrustZoneの重要な機能の1つは，セキュア・ソフトウェアが，非セキュア・ソフトウェアにAPIを通してサービスを提供できることです（この例を**図7.5**に示します）．セキュアAPIは，非セキュア・アプリケーションに代わってデータを処理したり転送したりでき，セキュア・メモリにアクセスできるため，これらのセキュアAPIは，非セキュア・アプリケーションから受信したポインタが実際に非セキュア・アドレスを指しているかどうかを確認するために，ポインタを検証する必要があります．もしそうでなければ，非セキュア・ソフトウェアがこれらのAPIを誤って使用してセキュア・データにアクセスしたり変更したりすることを阻止することが必要です．

セキュアAPIのポインタ・チェック機能は次のことが必須です．
- (1) 非セキュア・ソフトウェアに代わってアクセスするデータ構造／配列全体が非セキュア空間にあることを確認 – 開始アドレスを確認するだけでは十分ではない
- (2) 非セキュア・ソフトウェアがデータへのアクセス許可を持っていることを確認．例えば，APIを呼び出す非セキュア・ソフトウェアは，非特権の可能性があり，従って，特権アクセスのみのメモリ範囲へのアクセスを許可されるべきではない．従って，セキュリティ・チェックでは，これらのAPIを使用する非セキュア非特権ソフトウェアが非セキュア特権ソフトウェアを攻撃することを防ぐために，MPUのアクセス許可を調べなければならない

従来のArmアーキテクチャでは，非特権のメモリ・アクセス命令を提供しています．これらの命令（**表7.4**）を使用することで，OS内部のAPIなどの特権ソフトウェアは，非特権としてメモリにアクセスできます．

表7.4　特権ソフトウェアが非特権としてメモリにアクセスできるようにするための命令

	ロード（メモリからの読み出し）	ストア（メモリへの書き込み）
8ビット（バイト）	LDRBT（符号なし），LDRSBT（符号付き）	STRBT
16ビット（ハーフ・ワード）	LDRHT（符号なし），LDRSHT（符号付き）	STRHT
32ビット（ワード）	LDRT（符号なし・符号付き）	STRT

しかし，この解決策には，次の幾つかの制限があります．
- これらの命令は，Armv8-MベースラインおよびArmv6-Mアーキテクチャでは利用できない
- これらの命令は非特権アクセスのみを対象としているが，TrustZoneのバリエーションはない（非セキュア・アクセス用の命令はない）
- 通常のロード／ストア命令ではなく，これらの命令をCコンパイラに強制的に使用させるための標準化されたC言語機能はない
- 実際のメモリ・アクセスがプロセッサによって実行されないアプリケーション・シナリオ（APIがDMAメモリ・コピー・サービスであり，転送がDMAコントローラによって処理される場合など）では使用できない
- アクセス違反が発生した場合，APIはフォールト例外に対処する必要があり，これは複雑になる可能性がある

Armv8-Mでは，TT命令は，ソフトウェアがそのメモリ位置（すなわち，セキュアAPIに渡されるポインタ）のセキュリティ属性とアクセス許可を決定できるようにすることで，ポインタ・チェックを処理するための新しいメカニズムを提供しています．これにより，APIサービスの開始時に（データにアクセスしている動作中ではなく）セキュリティ・チェックできるようになり，APIが他のハードウェア・リソース（DMAコントローラなど）を使用してメモリにアクセス可能になります．ポインタ・チェックをAPIサービスの先頭に移動することで，エラー処理が容易になります．

プログラミングをより簡単にするために，Arm C言語拡張（Arm C Language Extension：ACLE）[2]では，ポインタ・チェックを提供するための多くのCの組み込み関数が定義されています．ポインタ・チェックが完了した後，データ処理は標準的なC/C++コードで処理されます．

7.4.2　TT命令

TT命令は1つの入力と1つの出力を持っています（**図7.6**）．
- 32ビット入力 – アドレス

- 32ビット出力 – 複数のビット・フィールドを含む32ビット値

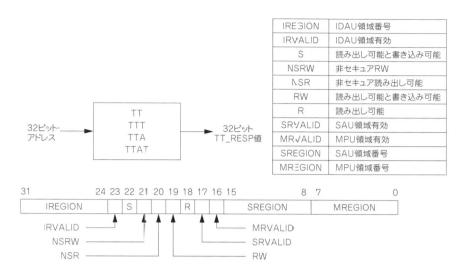

図7.6　TT命令の入出力

TTとTTT命令は，セキュア状態と非セキュア状態の両方で使用可能です．これら2つの命令が非セキュア状態で実行された場合，MREGION，MRVALID，R，RWフィールドのみが利用可能です（**図7.7**）．

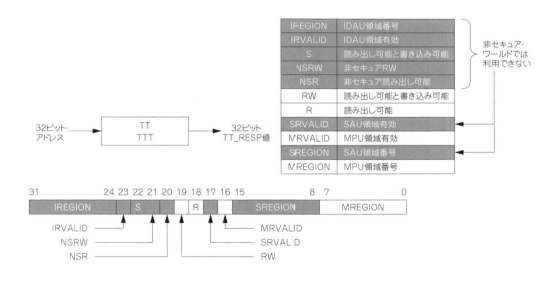

図7.7　非セキュア状態では，TT命令(TT, TTT)はRW，R，MRVALID，MREGIONのみを返す

7.4.3　領域ID番号

TT命令は，MPUやSAU，IDAUの領域番号を返します．これらのビット・フィールドにより，データ構造全体またはデータ配列が非セキュア・アドレス範囲内にあるかどうかを迅速に判断できます．アドレス分割の粒度は32バイトなので，理論的には，データ構造／配列が完全に非セキュア・アドレス範囲内にあるかどうかを判断する簡単な方法は，32バイト間隔でアドレスをテストするようにTT命令を使用することです．この方法は機能しますが，ポインタが指すデータ構造がかなり大きくなる可能性があるため，時間がかかる可能性があります．

241

第7章 メモリ・システムのTrustZoneサポート

これを克服し，アドレス・チェックの高速化を実現するために，アーキテクチャではSAUやIDAU，MPUに領域ID番号付け機能を次のように定義しています．

- SAU領域定義の各領域については，SAU領域のコンパレータ番号をSAU領域IDとして使用
- IDAU領域定義に含まれる非セキュア領域／セキュアNSC領域ごとに，IDAUの設計では一意の領域番号を割り当てる必要があり，これはIDAUインターフェースを使用してプロセッサに提供される

領域番号のサイズは8ビットですが，領域番号が有効かどうかを示す追加ビットがあります（例えば，SAU中で，あるSAU領域が無効になっている可能性があり，そのため領域番号は無効の場合があります）．

データ構造体／配列が完全に非セキュア領域にあるかどうかを確認するには，TT命令を使用して開始アドレスと終了アドレス（両方とも含まれている）を検査するだけです．次の場合，データ構造体／配列は非セキュア領域にあります．

- 開始アドレスと終了アドレスの両方が非セキュア
- 開始アドレスと終了アドレスのIDAU領域番号は同一であり，どちらも有効
- 開始アドレスと終了アドレスのSAU領域番号は同一であり，どちらも有効

SAUとIDAUの領域番号がどのように機能するかを図7.8に示します．

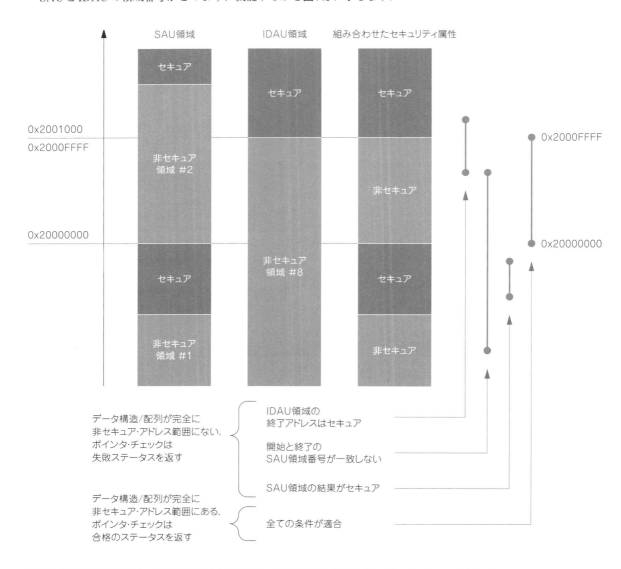

図7.8 領域ID番号を利用して，開始アドレスと終了アドレスだけを検査して，データ・ポインタのチェックを行うことができる

7.4 テスト・ターゲット（TT）命令と領域ID 番号

このメカニズムを正しく動作させるためには，チップ設計者は，IDAUで定義された非セキュア領域ごとに，それぞれが一意の有効な領域番号を持つようにする必要があります．

同様の手法を用いてソフトウェアは　MPU領域番号を用いて，データ構造体/配列が1つの連続したMPU領域にあるかどうかを検出することもできます．その場合，データ構造体/配列は開始アドレスから終了アドレスまで同じアクセス権限を持ちます．この手法は，非特権ソフトウェアがAPIを使用して，特権情報にアクセスすることを防ぐことができます．

プログラミングをより簡単にするために，さまざまなC組み込み関数がArmのC言語拡張機能で定義されており，複数のCコンパイラでサポートされています．このトピックに関する追加情報は第18章を参照してください．

チェックされているデータ構造/配列が2つの隣接する非セキュア領域を横切っている場合は，この手法は機能しないので注意してください（図7.9）．

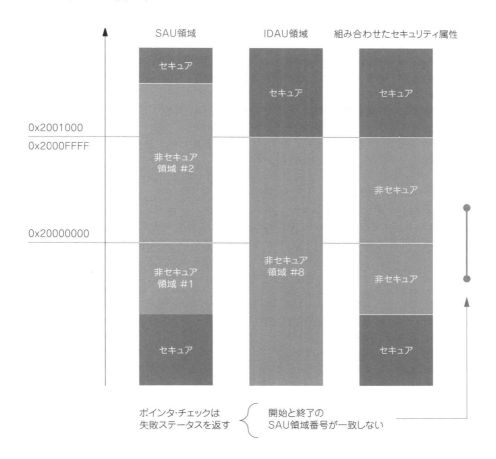

図7.9　データ構造体/配列が2つの隣接する非セキュア領域を横切ると，ポインタ・チェックで誤った結果を取得する

図7.9に示す問題を回避するために，チップ設計者やセキュア・ファームウェア開発者は，SRAMやROMが連続するようなメモリに対して隣接する非セキュア領域を持たないようにすべきです．一方，複数の非セキュア・ペリフェラルに隣接する非セキュア領域を持つことは，データ構造/配列がペリフェラル・アドレス境界を越えることはほとんどないため，問題にはなりません．

ポインタ・チェック機能は，データ構造/配列が完全に非セキュア・アドレス範囲にあるかどうかをテストするために使用されますが，データ構造/配列が完全にセキュア・アドレス範囲にあるかどうかを判断するためには使用できませんのでご注意ください．SAUは非セキュアとセキュアNSC領域のみをセットアップできるため，セキュアなアドレス範囲にはSAUの領域番号がありません．幸いなことに，通常のアプリケーション・シナリオでは，セキュアAPIは，非セキュア・アプリケーションに代わって情報を処理するためにデータ構造/配列が非

セキュアであるかどうかを判断する必要があるだけなので，データが完全にセキュア・アドレス範囲内にあるかどうかを判断する必要はありません．

7.5　メモリ保護コントローラとペリフェラル保護コントローラ

　複雑な設計に十分な領域ID空間があるかどうか疑問に思うかもしれません．確かに，SAUは8領域（現在のArmv8-Mプロセッサでは），IDAUは256に制限され，2つのハードウェアが重なり合って動作するため，作成できる領域の数に制限があるのは事実です．現在，ほとんどのマイクロコントローラが50未満のペリフェラルを搭載していますが，将来的には理論的には数100個のペリフェラルを搭載したマイクロコントローラ・デバイスを作ることが可能になるはずです．

　領域IDの範囲の制限は，高度なメモリ分割を行う上で大きな問題となります．例えば，数Mバイトの組み込みフラッシュを数千のフラッシュ・ページに分割できます（フラッシュ・ページは256バイトから1Kバイトまでの範囲です）．フラッシュ・メモリの一部がファイル・システムとして使用されている場合，フラッシュ・メモリの分割をページ単位で処理する必要があることは十分に考えられます．このような例では，IDAUの領域番号が簡単に不足する可能性があります．

　幸いなことに，多数の領域ID値を利用することなくアドレス分割を処理する別の方法があります．この方法は，メモリ・エイリアス技術に基づいており，保護コントローラを使用してメモリ・デバイス ‒ または，ペリフェラルのグループ ‒ をセクションに分割し，セキュア・エイリアスと非セキュア・エイリアスの各セクションのアクセス性を定義するためのハードウェア制御を提供します．

　例として，256Kバイトのフラッシュ・メモリを内蔵したマイコンが，メモリ保護コントローラ（Memory Protection Controller：MPC，図7.10）を介して，ページ・サイズ512バイト（256Kバイト/512バイト＝512ページ）で接続されている場合を考えてみましょう．組み込みフラッシュ・メモリは，非セキュア・エイリアス（0x00000000）とセキュア・エイリアス（0x10000000）を介してアクセス可能です．次に，MPCを使用して，セキュア・アドレス範囲で可視できるフラッシュ・ページと非セキュア・アドレス範囲で可視できるその他のページを決定します．

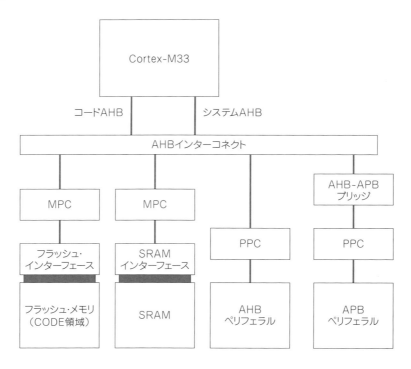

図7.10　メモリ保護コントローラを介してプロセッサに接続されたエンベデッド・フラッシュ・メモリ

MPCには,各フラッシュ・メモリ・ページのセキュリティ属性を定義するルックアップ・テーブルが含まれており,各アクセスに対してこの属性を使用して転送を許可するかブロックするかを決定します.次の図(図7.11)では,MPCは内蔵フラッシュ・メモリを4つの部分に分割しています.

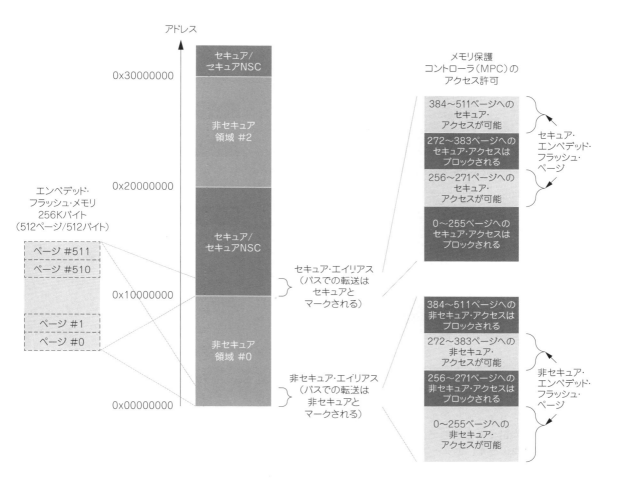

図7.11 MPCは,各フラッシュ・ページがセキュア・エイリアスからアクセスできるか,非セキュア・エイリアスからアクセスできるかを定義

この方法を使用すると,アドレス範囲に複数のホール(ブロックされているフラッシュ・ページなど)が含まれているにもかかわらず,組み込みフラッシュの非セキュア・アドレス範囲には1つの領域ID値だけが必要になります.また,この方法は,次のような,マルチコア・システムでの競合コンディション問題の発生を防ぐことができます.

- あるプロセッサはメモリ・ページを非セキュアからセキュアに変更し,一方で
- セキュアAPIを実行している別のプロセッサは,そのメモリ・ページを非セキュアとして扱う(そのページが非セキュアのときに,多分ポインタ・チェックが行われていたとか).

MPC操作は,多くの場合,次のパーティション分割方法のいずれかに基づいています.

- 1ページごとに1ビットの構成ビットが必要なページ単位での分割
- メモリ・デバイスを1つのセキュア範囲と1つの非セキュア範囲(すなわち,1つの境界のみ)に分割する必要がある場合,MPCは,境界のページ番号を定義するのにウォータマーク・レベル方式を使用するように設計できる.このような設計では,ハードウェア内の構成ビット数が少なくて済む

MPCの動作に使用されるのと同じ技術を使用して,多数のペリフェラルをセキュア・ドメインと非セキュア・ドメインに割り当てるペリフェラル保護コントローラ(Peripheral Protection Controller:PPC,図7.12)を設計

できます．これは，多数のSAUとIDAUの領域ID値を使用する必要なく実現できます．

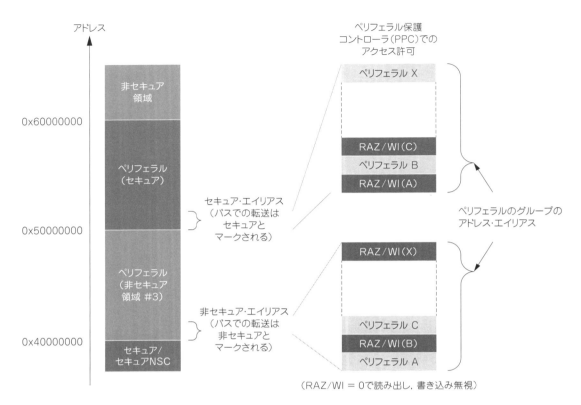

図7.12 PPCは，セキュアまたは非セキュア・エイリアスのいずれかから各ペリフェラルにアクセスできるかどうかを定義する

転送のセキュリティ属性に基づくアクセス制御機能に加えて，PPCは特権レベルに基づいてアクセス許可を決定するように設計することもできます．このようにして，特権ソフトウェアは，非特権ソフトウェア・コンポーネントがペリフェラルにアクセスできるかどうかを制御できます．
要するに
- SAUとIDAUは，そのアドレス領域のセキュリティ属性を定義し
- MPCとPPCは，各メモリ・ページまたは各ペリフェラルの実効アドレスを定義．MPCとPPCの動作は，セキュアまたは非セキュアのいずれかのエイリアス・アドレスからメモリ・ページまたはペリフェラルをマスクすることで処理される

この方法を使用する場合，ペリフェラルをセキュアとして使用している場合と非セキュアとして使用している場合では，ペリフェラルのベース・アドレスが異なりますのでご注意ください．通常，ペリフェラルのセキュリティ状態はデバイスの起動時に設定されるため，動的に変更されることはありません．従って，ペリフェラルの制御コードに問題が発生することはほとんどありません．しかし，ペリフェラルのセキュリティ状態を動的に変更できる状況では，ペリフェラル制御コードはアクセスする前にペリフェラルのセキュリティ状態を検出する必要があるかもしれません．

ペリフェラルへのソフトウェア・アクセスがPPCによってブロックされた場合，次の2つの対応が考えられます．
- バス・エラー（これはフォールト例外をトリガする）
- ゼロとして読み出し/書き込みは無視（RAZ/Wi）

どちらもArmv8-Mシステムでは有効な設定です．バス・エラー応答は，セキュア・ソフトウェアがフォールト例外を受け止め，実行中の非セキュア・ソフトウェアがシステムのセキュリティを攻撃しようとしているかどうかを検出する機会を与えるので，より安全であると主張する人もいるかもしれません．しかし，さまざまなチッ

プ製品があり，それぞれが異なるペリフェラルのセットを持っている多くのマイクロコントローラ・デバイス・ファミリでは，ソフトウェアがペリフェラルの可用性を検出できるようにするのが一般的です（ペリフェラルのアドレス範囲内のペリフェラルのIDレジスタを読み取ることによって）．このようにして，ソフトウェアは特定のペリフェラルが利用可能かどうかを確認できます．

7.6 セキュリティに対応したペリフェラル

　セキュリティに対応したペリフェラルは，セキュアと非セキュアの両方のソフトウェアでアクセスできます．このようなペリフェラルを使用すると，デバイスは，異なる動作で，セキュア転送と非セキュア転送を扱うことができます．例えば，セキュリティに対応したペリフェラルは，その機能の一部をセキュア・ソフトウェアのみに制限できます．
　チップ設計者が，セキュリティに対応したペリフェラルを作成するには，幾つかの方法があります．1番目の解決策は，メモリ・エイリアス配置を使用して，目的のペリフェラルを，セキュア・アドレスと非セキュア・アドレスの両方から見えるようにすることです（図7.13）．この解決策では，バス・トランザクションのセキュリティ属性は，どのアドレス・エイリアスが使用されるかに依存します．バス転送のセキュリティ属性は，その後，ペリフェラルの動作を定義するために，ペリフェラルの設計によって使用されます．

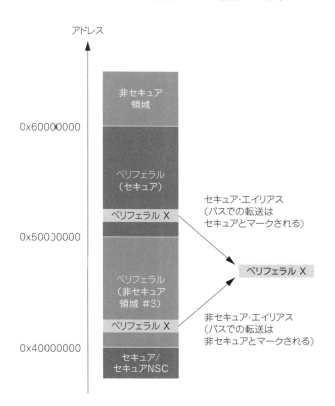

図7.13　セキュリティ対応ペリフェラルのアドレス・エイリアス方式の使用方法，解決策1

　セキュリティ対応ペリフェラルを作成する2番目の方法は，IDAUを使用して，そのペリフェラルのアドレス範囲を"適用除外領域"として定義することです．そうすることで，セキュアと非セキュアのソフトウェアの両方が同じアドレス範囲を使用して，ペリフェラルにアクセスできるようになります．この設定では，転送のセキュリティ属性は，プロセッサのセキュリティ状態に基づいて決定されます．
　ペリフェラルに適用除外領域を使用する場合の欠点は，Arm C言語拡張（Arm C Language Extensions：

第7章　メモリ・システムのTrustZoneサポート

ACLE）で提供されている，適用除外アドレス上のポインタ・チェックのための組み込み関数を使用できないことです（ポインタ・チェックは失敗ステータスを返します）．しかし，セキュア・ソフトウェアと非セキュア・ソフトウェアの両方が，ペリフェラルに同じベース・アドレスを使用できるという利点があります．

◆ **参考・引用＊文献** ………………………………………………………

(1) AMBA5 高性能バス（AHB）プロトコル仕様書
    https://developer.arm.com/documentation/ihi0033/b-b/

(2) Arm C言語拡張（Arm C Language Extensions：ACLE）ホームページ
    https://developer.arm.com/architectures/system-architectures/software-standards/acle

◆ 第 **8** 章 ◆

例外と割り込み－
アーキテクチャの概要

Exceptions and interrupts –
Architecture overview

8.1 例外と割り込みの概要

8.1.1 例外と割り込みの必要性

　割り込みと例外は，単純なマイクロコントローラからハイエンドのコンピュータまで，全ての最新プロセッサ・システムで利用可能な共通の機能です．マイクロコントローラ・システムでは，割り込みはペリフェラルの動作にとって重要で：ペリフェラルの状態を常にポーリングする代わりに，プロセッサは，処理時間を他のコンピューティング・タスクに活用し，必要に応じてペリフェラルにサービスを提供するために処理を切り替えます．

　Armの用語では，割り込みは例外の一種です．例外とは，特定のイベント（割り込み要求などのハードウェアで生成されたイベントを含む）がプログラムの流れを変更し，対応する例外ハンドラを実行することを可能にするプロセッサのメカニズムを一般的に指します．例外ハンドラは，例外イベントに対してサービスを提供するソフトウェアの一部です．通常，例外ハンドラがサービスを完了すると，中断されていた元のプログラム・シーケンスが再開されます．

　例外の発生源には，次のようなものがあります．

- ペリフェラル割り込み要求（IRQとも呼ばれる）または，その他のハードウェア・イベント信号（アーキテクチャ的にはリセットは例外の一種）
- エラー状態（メモリ・システムのバス・エラーなど）
- ソフトウェアで生成されたイベント（SVC命令の実行など）

ペリフェラル・イベントの処理に加えて，OSサポート，フォールト処理，セキュリティのために例外が必要です（TrustZoneの違反またはメモリ保護の違反は，フォールト例外ハンドラで処理できます）．OSサポートの場合，次のために例外が必要です．

- 異なるタスク／スレッド間のコンテキスト切り替え
- アプリケーション・コードへのOSサービスの提供

　その結果，例外や割り込み処理機能は，プロセッサのアーキテクチャの重要な部分となっています[1]．

　この章では，例外や割り込みに関するアーキテクチャのトピックを紹介します．割り込みや例外管理のためのレジスタなどのソフトウェア開発のトピックは，第9章で取り上げます．

8.1.2 ペリフェラルの割り込み動作の基本的な考え方

　基本的なシナリオでは，ペリフェラル制御動作に割り込みを使用する場合，ソフトウェアには次が含まれていなければなりません．

- ペリフェラルを初期化し，プロセッサ・システムの割り込みコントローラを設定するためのコード・シーケンス
- ペリフェラル・イベントが発生したときに実行される，割り込みサービス・ルーチン（Interrupt Service Routine：ISR）と呼ばれるコード．これは，割り込みまたは例外ハンドラとしても知られている
- ISRの開始アドレスを含むベクタ・テーブルの正しいエントリ

　これらは，全てコンパイルされたプログラム・イメージの一部です．

　ペリフェラルを動作させる前に，割り込みイベントを処理できるように割り込みコントローラを設定する必要があります．Cortex-Mプロセッサの場合，ソフトウェアはオプションでIRQの優先度レベルを定義する

249

ことができ，複数のIRQが同時に到着したときに，調停ハードウェアが優先度の高いペリフェラルを最初に処理できるようにIRQを選択します．もちろん，ペリフェラルには設定シーケンスも必要です．

ペリフェラルまたはハードウェアの一部がサービスを必要とする場合，通常，次のシーケンスが発生します．
1. ペリフェラルが，プロセッサにIRQ信号をアサート
2. プロセッサは，現在実行中のタスクを一時停止
3. プロセッサは，ペリフェラルにサービスを提供するために割り込みサービス・ルーチン (Interrupt Service Routine：ISR) を実行し，ISRは必要に応じてIRQ信号をクリア
4. プロセッサは，以前に中断されたタスクを再開

中断されたプログラムを再開するために，例外シーケンスでは，例外ハンドラがそのタスクを完了した後にステータスを復元できるように，中断されたプログラムのステータスを格納する何らかの方法を必要とします．一般的に，これは，ハードウェア・メカニズムによって，またはハードウェアとソフトウェアの動作をミックスした方法によって達成されます．Cortex-Mプロセッサでは，例外が受け入れられたときに，レジスタの一部が自動的にスタックに保存され，例外の復帰シーケンスの間に自動的に復元されます．このメカニズムにより，レジスタの保存と復元のためのソフトウェア手順を追加することなく，例外ハンドラを通常のC関数として記述できます．

全てのCortex-Mプロセッサは，割り込みおよび例外処理のためのネスト型ベクタ割り込みコントローラ (Nested Vectored Interrupt Controller：NVIC) を提供しています．Armv8-MプロセッサのNVICは，以前のバージョンのCortex-MプロセッサのNVICと似ています．明らかに幾つかの機能強化がありますが，プログラマーズ・モデルは一貫しているため，ソフトウェアの移行が容易になります．

8.1.3　NVICの紹介

ネスト型ベクタ割り込みコントローラ (Nested Vectored Interrupt Controller：NVIC) は，Cortex-Mプロセッサの一部として統合されています．NVICの統合により，より低い割り込みレイテンシが可能になり，システム例外をペリフェラル割り込みイベントを処理するのと同じハードウェア・ユニットで処理できるようになりました．

一般的なCortex-Mマイクロコントローラでは，図8.1に示すように，NVICはさまざまなソースから割り込み要求と例外イベントを受信します．

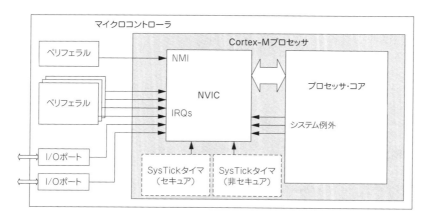

図8.1　典型的なCortex-MベースのマイクロコントローラにおけるNVICの例外と割り込みのさまざまなソース

ほとんどのIRQ (割り込み要求) は，タイマ，I/Oポート，通信インターフェース (UART，I²Cなど) などのペリフェラルから生成されます．割り込み要求の一部は，I/Oインターフェース・ポート (一般的に，General-Purpose Input/Output，略してGPIOとして知られています) を介してオフチップ・ハードウェアによって生成できます．例えば，割り込みサポート付きのGPIOを使用して，プッシュ・ボタンが割り込みイベントを生成するようにできます．

8.1 例外と割り込みの概要

　ノンマスカブル割り込み（Non-Maskable Interrupt：NMI）は通常，ウォッチドッグ・タイマ，または断線検出器（Brown-Out Detector：BOD）などのペリフェラルから生成されます．残りの例外ソースは，プロセッサ・コアから生成されます．割り込みはソフトウェアを使用して生成することもできます．

　プロセッサ内部のSysTickタイマは，システム例外のもう1つの発生源であり，例外処理の観点からは，タイマ・ペリフェラルと同じように動作します．これはCortex-M23プロセッサのオプション機能ですが，Cortex-M33と他のArmv8-Mメインライン・プロセッサでは常に使用可能です．SysTickタイマの構成オプションの範囲を**表8.1**に示します．

表8.1　SysTickオプション

	Cortex-M23 プロセッサ	Cortex-M33／その他のArmv8-Mメインライン・プロセッサ
TrustZoneが実装されていない	次から選択 • SysTick タイマなし • 1つの SysTick タイマ	常に1つの SysTick タイマ
TrustZoneが実装されている	次から選択 • SysTick タイマなし • 1つの SysTick タイマ － セキュアまたは非セキュアにプログラム可能 • 2つの SysTick タイマ（セキュア SysTick と非セキュア SysTick）	常に2つの SysTick タイマ（セキュア SysTick と非セキュア SysTick）

　SysTickタイマに関する情報は，第11章で説明しています．

　Cortex-M23とCortex-M33プロセッサでサポートされる割り込み要求の数は，前世代のCortex-Mプロセッサに存在するNVICと比較すると増加しています．詳細は次のとおりです（**表8.2**）．

表8.2　異なるCortex-Mプロセッサにおける最大IRQの比較

	Cortex-M0/M0+	Cortex-M3/M4	Cortex-M23	Cortex-M33
IRQの最大数	32	240まで	240まで	480まで
NMI	あり	あり	あり	あり
プログラム可能な優先度レベル	4	8～256まで	4	8～256まで

　さらに，Cortex-M23プロセッサに搭載されているNVICは，Cortex-M0/Cortex-M0+プロセッサと比較すると，次のように強化されています．

- オプションでTrustZoneセキュリティをサポート
- 割り込みアクティブ・ステータス・レジスタを持つ
- 散発的な割り込み回路の除去をサポート（Cortex-M0+ではサポートされているが，Cortex-M0ではサポートされていない）

　Cortex-M33プロセッサのNVICは，Cortex-M3/Cortex-M4プロセッサと比較すると，次のような機能強化が行われています．

- オプションでTrustZoneセキュリティをサポート
- 散発的な割り込み回路の除去をサポート
- 新しいSecureFault例外を追加（ただし，TrustZoneセキュリティ拡張機能が実装されている場合のみ）

　NVICには，一連のメモリ・マップされたプログラマブル・レジスタが含まれており，MRSとMSR命令を使用してアクセスできる幾つかの割り込みマスキング・レジスタがあります．Cortex-Mプロセッサ用のソフトウェアを記述する際には，CMSIS-COREヘッダ・ファイルで提供されているAPIを使用してNVICの機能にアクセスできます．これらのAPI/関数を使用すると次が可能です．

- 割り込みの有効化／無効化の設定
- 割り込みや例外の優先度レベルを設定
- 割り込みマスキング・レジスタにアクセス

　割り込み管理についての詳細は，8.3節と9章に記載されています．

第8章　例外と割り込み - アーキテクチャの概要

8.2　例外の種類

　Cortex-Mプロセッサは，システム例外や外部割り込み要求（Interrupt Requests：IRQ）など，多くの例外をサポートする機能満載の例外処理アーキテクチャを提供しています．例外には番号が付けられ：1〜15はシステム例外用に予約されており，16以上はIRQ用です．全ての割り込みを含むほとんどの例外は，プログラム可能な優先度を持ち，幾つかのシステム例外は，固定優先度を持ちます．

　異なるベンダのCortex-Mベースのマイクロコントローラでは，割り込みソースの数や優先度レベルが異なる場合があります．これは，チップ設計者が，チップのさまざまなアプリケーション要件に合わせてCortex-Mプロセッサを構成できるからです．

　表8.3に概要を示すように，例外タイプ1〜15は，システム例外です（例外タイプ0はありません）．

表8.3　システム例外1〜15の一覧

例外番号	例外の種類	優先順位	説明
1	Reset	-4（最高）	リセット
2	NMI	-2	ノンマスカブル割り込み（Non-Maskable Interrupt：NMI）は，オンチップ・ペリフェラルまたは外部ソースから生成可能
3	HardFault	-1/-3	全てのフォールト条件 - 対応するフォールト・ハンドラが有効になっていない場合
4	MemManageFault	プログラム可能	メモリ管理フォールト：MPU違反，またはXN（eXecute Never：実行しない）メモリ属性を持つアドレス位置からのプログラム実行によって引き起こされる Armv8-M ベースライン（つまり，Cortex-M23プロセッサ）では使用できない
5	BusFault	プログラム可能	バス・エラー：通常，AMBA AHB⁽²⁾インターフェースがバス・スレーブからエラー応答を受信した場合に発生（命令フェッチの場合はプリフェッチ・アボート，データ・アクセスの場合はデータ・アボートとも呼ばれる）．バス・フォールトは，不正アクセスによっても発生．Armv8-Mベースライン（つまり，Cortex-M23プロセッサ）では使用できない
6	UsageFault	プログラム可能	プログラム・エラーによる例外．Armv8-Mベースライン（つまり，Cortex-M23プロセッサ）では使用できない
7	SecureFault	プログラム可能	TrustZone のセキュリティ違反による例外．Armv8-M ベースライン（Cortex-M23プロセッサなど），またはTrustZoneが実装されていない場合は利用できない
8-10	予約済み	適用外	–
11	SVC	プログラム可能	スーパバイザ・コール：通常，OS環境で，アプリケーション・タスクがシステム・サービスにアクセスできるようにするために使用される
12	DebugMonitor	プログラム可能	デバッグ・モニタ：ソフトウェア・ベースのデバッグ・ソリューションを使用している時のブレーク・ポイントやウォッチ・ポイントなどのデバッグ・イベントに対する例外．Armv8-Mベースライン（つまり，Cortex-M23プロセッサ）では使用できない
13	予約済み	適用外	–
14	PendSV	プログラム可能	保留可能サービス・コール：通常，コンテキスト切り替えなどのプロセスでOSが使用する例外
15	SYSTICK	プログラム可能	システム・ティック・タイマ：プロセッサに組み込まれたタイマ・ペリフェラルによって生成される例外．OSで使用することもでき，単純なタイマ・ペリフェラルとして使用することもできる

　例外タイプ16以上は，外部割り込み入力です（**表8.4**）．

　表8.4の割り込み番号（例：割り込み#0）は，Cortex-Mプロセッサ上のNVICへの割り込み入力の番号を示しています．実際のマイクロコントローラ製品やシステムオンチップ（System-on-Chip：SoC）では，外部割り込み入力ピン番号がNVIC上の割り込み入力番号と一致しない場合があります．例えば，最初の数本の割り込み入力が

252

内部ペリフェラルに割り当てられ，外部割り込みピンが次の数本の割り込み入力に割り当てられることがあります．そのため，割り込みを使用するアプリケーションを開発する場合は，チップ・メーカのデータシートをチェックして割り込みの番号を確認することが重要です．

表8.4 割り込み一覧

例外番号	例外の種類	優先順位	説 明
16	割り込み #0	プログラム可能	これらは，チップ上のペリフェラルから，または外部ソースから生成できる． 注意：Cortex-M23は最大240個の割り込みをサポート（例外 #16 〜 #255）
17	割り込み #1	プログラム可能	
…	…	…	
495	割り込み #479	プログラム可能	

　例外番号は各例外の識別に使用され，Armv6-M/Armv7-M/Armv8-Mのアーキテクチャではさまざまな方法で使用されます．例えば，現在実行中の例外の値は，特殊レジスタの割り込みプログラム・ステータス・レジスタ（Interrupt Program Status register：IPSR，4.2.2.3節"プログラム・ステータス・レジスタ（Program Status Register：PSR)"参照）や，割り込み制御状態レジスタ（VECTACTIVEフィールド，9.3.2節参照）と呼ばれるNVIC内のレジスタの1つによって示されます．

　CMSIS-COREに準拠したデバイス・ドライバを使用するアプリケーションを作成する場合，割り込みの識別は，ヘッダ・ファイル内の割り込みの列挙によって処理され – 割り込み #0は値0から始まります．**表8.5**に示すように，システム例外は，列挙中で負の値を使用します．CMSIS-COREはシステム例外ハンドラの名前も定義しています．

表8.5 CMSIS-COREの例外定義

例外番号	例外の種類	CMSIS-CORE列挙（IRQn）	CMSIS-CORE列挙値	例外ハンドラ名
1	Reset	-	-	Reset_Handler
2	NMI	NonMaskableInt_IRQn	−14	NMI_Handler
3	HardFault	HardFault_IRQn	−13	HardFault_Handler
4	MemManageFault	MemoryManagement_IRQn	−12	MemManage_Handler
5	BusFault	BusFault_IRQn	−11	BusFault_Handler
6	UsageFault	UsageFault_IRQn	−10	UsageFault_Handler
7	SecureFault	SecureFault_IRQn	−9	SecureFault_Handler
11	SVC	SVCall_IRQn	−5	SVC_Handler
12	DebugMonitor	DebugMonitor_IRQn	−4	DebugMon_Handler
14	PendSV	PendSV_IRQn	−2	PendSV_Handler
15	SYSTICK	SysTick_IRQn	−1	SysTick_Handler
16	割り込み #0	デバイス固有	0	デバイス固有
17 - 495	割り込み#1〜#479	デバイス固有	1〜479	デバイス固有

　CMSIS-COREのアクセス関数に異なる番号システムを採用している理由は，アクセス関数の一部の効率を向上させるためです（優先度レベルの設定など）．割り込み番号と割り込みの列挙定義はデバイス固有のもので，マイクロコントローラ・ベンダが提供するヘッダ・ファイルで定義され – "typedef"セクションで"IRQn"と呼ばれています．この列挙定義は，CMSIS-CORE内のさまざまなNVICアクセス機能で使用されます．

8.3　割り込みと例外管理の概要

Cortex-Mプロセッサには，割り込みや例外を管理するためのプログラム可能なレジスタが多数あります（**表8.6**）.

253

第8章　例外と割り込み - アーキテクチャの概要

表8.6　割り込みと例外管理用レジスタの種類

管理機能	レジスタ・タイプ
割り込みを有効にしたり，無効にしたりする	NVIC 割り込みセット / クリア許可レジスタ（メモリ・マップド）
割り込みの優先度レベルを定義する	NVIC 割り込み優先度レジスタ（メモリ・マップド）
割り込みのステータスにアクセスする	NVICセット/クリア保留レジスタとNVICアクティブ・ビット・レジスタ（メモリ・マップド）
割り込みのターゲット・セキュリティ状態を定義する（TrustZone システムのみ）	NVIC 割り込みターゲット非セキュア・レジスタ（メモリ・マップド）
システム例外を有効にしたり，無効にしたりする（NMIと HardFault を除く – 無効にすることはできない）	SCB（システム制御ブロック）システム・ハンドラ制御および状態レジスタ（メモリ・マップド）
システム例外の優先度レベルを定義する（NMIと HardFault を除く – 優先度レベルが固定されている）	SCB（システム制御ブロック）システム・ハンドラ優先度レジスタ（メモリ・マップド）
割り込みマスク・レジスタ（PRIMASK, FAULTMASK, BASEPRI）にアクセスする	MRSと MSR 命令を使用してアクセス可能な特殊レジスタ，5.6.4 節参照
現在の例外の状態にアクセスする	IPSR（割り込みプログラム・ステータス・レジスタ，特殊レジスタ，4.2.2.3 節の"プログラム・ステータス・レジスタ（PSR）"参照）とICSR（割り込み制御と状態レジスタ，SCB 内のメモリ・マップされたレジスタ）

　NVICとSCBデータ構造は，システム制御空間（System Control Space：SCS）アドレス範囲内に配置されており，0xE000E000から始まり，4Kバイトのサイズがあります．TrustZoneセキュリティ拡張機能が実装され，プロセッサがセキュア状態の場合，SCSの非セキュア・ビューは，0xE002Exxxにある非セキュアSCSエイリアスを介してアクセスできます．SCSには，SysTickタイマ，メモリ保護ユニット（Memory Protection Unit：MPU），デバッグ・レジスタなどのレジスタも含まれています．追加のデータ構造は，これらのレジスタ用にCMSIS-COREで定義されています．

　SCSアドレス範囲内のほとんど全てのレジスタは，特権アクセス・レベルで実行されているコードによってのみアクセスできます．唯一の例外は，ソフトウェア・トリガ割り込みレジスタ（Software Trigger Interrupt Register：STIR）と呼ばれるレジスタで，これはArmv8-Mメインラインで使用でき，非特権モードでアクセスできるように設定できます．

　割り込みや例外の管理をより簡単にするために，CMSIS-COREヘッダ・ファイルは，ポータブルなソフトウェア・インターフェースを実現するためのアクセス機能を提供しています．一般的なアプリケーション・プログラミングでは，CMSIS-COREのアクセス関数を使用して，割り込み管理を行うのがベストです．例として，最も一般的に使用されている割り込み制御関数の例を**表8.7**に示します．これらの関数は，ソフトウェアの移行を容易にするために，以前のCortex-Mプロセッサでも利用可能でした．

表8.7　基本的な割り込み制御によく使われるCMSIS-CORE関数

関 数	使用方法
void NVIC_EnableIRQ (IRQn_Type IRQn)	外部からの割り込みを有効にする
void NVIC_DisableIRQ (IRQn_Type IRQn)	外部からの割り込みを無効にする
void NVIC_SetPriority (IRQn_Type IRQn, uint32_t priority)	割り込みの優先度を設定する
void __enable_irq(void)	PRIMASK をクリアして割り込みを有効にする
void __disable_irq(void)	PRIMASK をセットして，全ての割り込みを無効にする
void NVIC_SetPriorityGrouping(uint32_t PriorityGroup)	優先度グループの構成を設定する．Cortex-M23 プロセッサ（Armv8-M ベースライン）では使用できない

　幾つかの操作では，SCB/NVICレジスタに直接アクセスする必要があります．例えば，ベクタ・テーブルを別のメモリ位置に再配置する必要がある場合，プログラム・コードは，SCB内のベクタ・テーブル・オフセット・レジスタ（Vector Table Offset Register：VTOR）を直接更新する必要があります．

リセット後，全ての割り込みは無効化され，優先度レベルの値は0になります．TrustZoneセキュリティ拡張が実装されている場合，全ての割り込みはデフォルトでセキュアとして定義されます．割り込みを使用する前に，

- TrustZoneセキュリティ拡張機能が実装されている場合，セキュア・ファームウェアは，割り込みのターゲットがセキュア（セキュア・ペリフェラルの場合）または，非セキュア状態（非セキュア・ペリフェラルの場合）のどちらであるかを各割り込みに対して定義する必要がある．潜在的に，マイクロコントローラ・システムでは，デバイスが起動したときに，その割り込みのほとんどがセキュア・ドメインに割り当てられている可能性がある．非セキュア・アプリケーション・ソフトウェアが割り込みを使用できるようにするには，このシナリオでは，非セキュア・ソフトウェアが，セキュア・ファームウェア内のセキュアAPIを呼び出して，割り込みを非セキュア・ドメインに割り当てるように要求する必要がある．これはシステムに依存する

割り込みのターゲット・セキュリティ状態を設定した後，アプリケーション・ソフトウェアが割り込み機能を有効にするには，次の手順を実行する必要があります．

- 必要な割り込みの優先度レベルを設定する（このステップにオプション．デフォルトの割り込み優先度レベルは0．アプリケーションが別の優先度レベルで割り込みを設定する必要がある場合は，優先度レベルを再プログラムする必要がある）
- 割り込みを発生させるペリフェラルの割り込み発生制御を有効にする
- NVICで割り込みを有効にする

アプリケーション・コードも次が必要です．

- 割り込みをサービスするための適切な割り込みサービス・ルーチン（Interrupt Service Routine：ISR）を提供
- ISRの名前がベクタ・テーブルで定義されている割り込みハンドラの名前と一致していることを確認する（通常はマイコン・ベンダが提供するスタートアップ・コードに記載されている）．これはリンカがISRの開始アドレスをベクタ・テーブルに配置できるようにするために必要

ほとんどの典型的なアプリケーションでは，それで十分です．

割り込みが発生すると，対応する割り込みサービス・ルーチン（ISR）が実行されます（ただし，ハンドラ内でペリフェラルからの割り込み要求をクリアする必要があるかもしれません）．

8.4 例外シーケンスの紹介

8.4.1 概要

例外または割り込みイベントが発生した場合，その例外を処理したり，割り込みを処理したりするために，幾つかのステップが実行されます．図8.2に例外処理の簡単な例を示します．

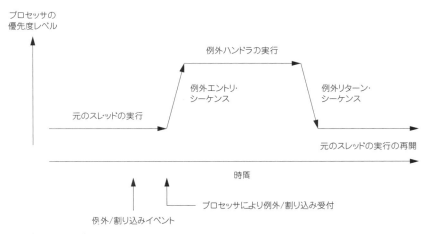

図8.2 例外処理のさまざまなステップ

8.4.2節から8.4.5節では，図8.2に示す各ステップの動作を説明します．

第8章　例外と割り込み - アーキテクチャの概要

8.4.2　例外要求の受け付け

プロセッサは，次の条件が満たされた場合に，例外要求を受け付けます．
- 割り込み，または例外イベントが発生し，その保留状態レジスタが1にセットされる
- プロセッサが動作中（停止していない，またはリセット状態ではない）
- 例外が有効になっている（注意：NMIとHardFaultの例外は常に有効になっている）
- 例外が現在の優先度レベルよりも高い優先度を持っている
- 例外が例外マスキング・レジスタ（PRIMASKなど）によってブロックされていない

> 注意：SVC例外の場合，SVC命令がSVC例外自体と同じかそれよりも高い優先度を持つ例外ハンドラで誤って使用された場合，
> 結果はHardFault例外となります．

8.4.3　例外エントリ・シーケンス

例外エントリ・シーケンスには，次の幾つかの動作が含まれています．
- 幾つかのレジスタの内容を現在選択されているスタックにプッシュする – レジスタの値にはリターン・アドレスが含まれている．これは"スタッキング"として知られており，例外ハンドラを通常のC関数として記述できる．プロセッサがスレッド・モードで，プロセス・スタック・ポインタ（Process Stack Pointer：PSP）を使用している場合，PSPが指すスタック領域がこのスタッキングに使用される．それ以外の場合は，メイン・スタック・ポインタ（Main Stack Pointer：MSP）が指すスタック領域が使用される
- 例外ベクタ（例外ハンドラ/ISRの開始アドレス）をフェッチする．Cortex-M33プロセッサのようなハーバード・バス・アーキテクチャを持つプロセッサでは，レイテンシを減らすために，スタッキング処理と並行して行うことができる
- 例外ハンドラが実行する命令をフェッチする．ベクタ・テーブルを読み込んで，例外ハンドラの開始アドレスを決定した後，命令をフェッチする
- さまざまなNVICとコア・レジスタを更新する．これには，プログラム・ステータス・レジスタ（Program Status Register：PSR），リンク・レジスタ（Link Register：LR），プログラム・カウンタ（Program Counter：PC），スタック・ポインタ（Stack Pointer：SP）などのプロセッサ・コア内のレジスタや例外の保留状態やアクティブ状態が含まれる
- プロセッサがセキュア・ソフトウェアを実行していて，非セキュア例外が発生している場合，ISRが開始される前にレジスタ・バンク内のセキュア情報を消去する．これは，セキュア情報が非セキュアワールドに漏れるのを防ぐため

どのスタックがスタッキングに使用されたかに応じて，例外ハンドラが開始される直前にMSPまたはPSPの値が調整されます．PCも例外ハンドラの開始アドレスに更新され，リンク・レジスタ（Link Register：LR）は，EXC_RETURNと呼ばれる特別な値で更新されます（8.10節参照）．この"特別な"値は32ビットで，上位25ビットは1にセットされます．下位7ビットの一部は，例外シーケンス（どのスタックが，スタッキングに使用されたかなど）に関するステータス情報を保持するために使用されます．この値は，例外からのリターンで使用されます．

8.4.4　例外ハンドラの実行

例外ハンドラ内では，割り込み要求のトリガとなったペリフェラルは，ソフトウェア動作によってサービスされます．例外ハンドラを実行しているときは，プロセッサはハンドラ・モードになっています．ハンドラ・モード中では次のようになります．
- メイン・スタック・ポインタ（Main Stack Pointer：MSP）はスタック操作に使用
- プロセッサは特権アクセス・レベルで実行

この段階でより高い優先度の例外が到着した場合，新しい割り込みを受け入れ，現在実行中のハンドラは中断され，より高い優先度のハンドラによって横取りされます．このような状況をネスト（入れ子構造）した例外と呼びます．

この段階で，優先度が同じかそれよりも低い別の例外が到着した場合，新たに到着した例外は保留状態のまま

256

で，現在の例外ハンドラが終了したときにのみ処理されます．

例外ハンドラが終了すると，プログラム・コードは，EXC_RETURN値をプログラム・カウンタ（Program Counter：PC）にロードして，リターンを実行します．これが例外からのリターン機構のトリガとなります．

8.4.5 例外からのリターン・シーケンス

一部のプロセッサ・アーキテクチャでは，例外からのリターンのために特別な命令が使用されています．しかし，このような場合は，例外ハンドラを通常のCコードとして，記述とコンパイルができないことを意味します．Arm Cortex-Mプロセッサでは，例外からのリターン機構は，EXC_RETURNと呼ばれる値を使用してトリガされます．この値は，例外エントリ・シーケンスで生成され，リンク・レジスタ（Link Register：LR）に格納されます．許可された例外からのリターン命令の1つによってこの値がPCに書き込まれると，例外からのリターン・シーケンスをトリガします．

例外からのリターンは，表8.8に示す命令によって生成できます．

表8.8　例外からのリターンをトリガするために使用できる命令

リターン命令	説　明
BX <reg>，または BXNS <reg>	例外ハンドラの終了時にEXC_RETURNの値がLRに残っている場合は，例外からのリターンを実行するのに"BX LR"命令を使える BXNS命令は，セキュア例外ハンドラに使用できるが，これは，ハンドラがセキュアAPI ― 非セキュア・ソフトウェアによって呼び出される関数，としても提供されている場合にのみ発生する（注意：BXNS命令は，TrustZoneが実装されている場合にのみ使用できる）
POP {PC}，または POP {....., PC}	非常に多くの場合，LRの値は例外ハンドラに入った後にスタックにプッシュされる．"POP {PC}"命令，または，複数のレジスタを使用した"POP {..., PC}"操作を使用できる．これらの命令では，EXC_RETURNの値がプログラム・カウンタ（Program Counter：PC）に移動され，プロセッサは例外からのリターンを実行する
ロード（LDR）または複数ロード（LDM）	Armv8-Mメインライン・プロセッサでは，PCをデスティネーション・レジスタとしてLDR命令，またはLDM命令を使用して，例外からのリターンを生成できる

例外からのリターンの間に，例外エントリでスタックに保存されている中断されたプログラムのレジスタ値は，プロセッサによって自動的に復元されます．この操作は，アンスタッキングと呼ばれます．さらに，これが発生すると，プロセッサ・コア内の多数のNVICレジスタ（割り込みのアクティブ状態など）とレジスタ（PSR，SP，CONTROLなど）が更新されます．

アンスタッキング動作と並行して，Cortex-M33のようなハーバード・バス・アーキテクチャを持つプロセッサでは，前に中断したプログラムの命令のフェッチを開始して，プログラムの動作を迅速に再開できるようにします．

EXC_RETURN値を使用して例外からのリターンをトリガすることで，例外ハンドラ（割り込みサービス・ルーチンを含む）を通常のC関数/サブルーチンとして記述できます．コード生成では，CコンパイラはLRのEXC_RETURN値を通常のリターン・アドレスとして扱います．EXC_RETURN機構で使用される値なので，通常の関数がアドレス0xF0000000から0xFFFFFFFFに戻ることはできません．ただし，このアドレス範囲はプログラム・コードには使用できないようにアーキテクチャで規定されているため（このアドレス範囲にはExecute Never（XN）メモリ属性があるため），ソフトウェア上の問題は発生しません．

8.5　例外の優先度レベルの定義

8.5.1　例外と割り込みの優先度レベルの概要

Arm Cortex-Mプロセッサの割り込みと例外には，それぞれ例外の優先度レベルがあります．優先度の低い割り込み/例外のサービス中に，優先度レベルの高い割り込み/例外が発生した場合，優先度レベルの低いサービスを横取りします．これは，ネストされた割り込み/例外処理として知られています．Cortex-Mプロセッサの場合，次のようになります．

第8章 例外と割り込み - アーキテクチャの概要

- 優先度レベルレジスタの値が大きいほど，優先度レベルが低いことを意味する（図8.3）
- ゼロの値を持つ優先度レベルは，プログラム可能な割り込み／例外の最上位レベル
- 幾つかのシステム例外（NMI，HardFault，リセット）は，負の値の固定／プログラム不可能な優先度レベルを持っている – そのため，プログラム可能な優先度レベルを持つ割り込み／例外よりも高い優先度を持っている

図8.3 3ビットと4ビットの優先度レベル・レジスタを持つCortex-M23とCortex-M33プロセッサで利用可能な優先度レベル

アーキテクチャ的には，プログラム可能な優先度レベルは，8ビットの値として定義され，0～255の範囲になります．しかし，ハードウェアのコストとタイミング遅延を減らすために，値の最上位ビットのみが実装されます（図8.4）．

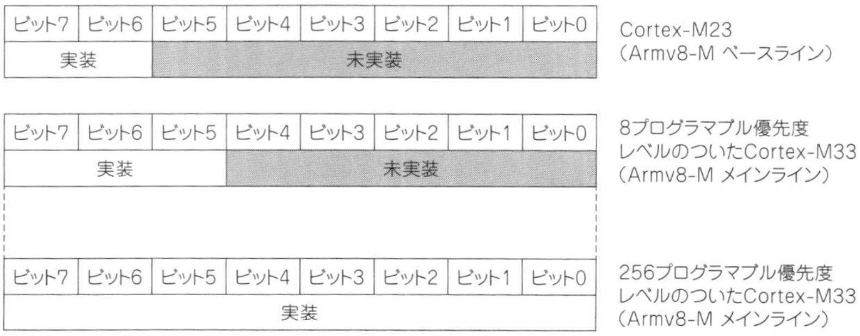

図8.4 Cortex-M23とCortex-M33プロセッサの優先度レベル・レジスタ

8.5 例外の優先度レベルの定義

Cortex-M23プロセッサ（Armv8-Mベースライン・プロセッサ）とArmv6-Mプロセッサでは次のになります.
- 優先度レベル・レジスタのビット7とビット6のみが実装されており，プログラマブルな優先度レベル・レジスタが4つ用意されている．未実装ビットはゼロとして読み出され，これらのビットへの書き込みは無視される

メイン拡張を持つArmv8-Mプロセッサ（Cortex-M33プロセッサなど）とArmv7-Mプロセッサでは次のになります.
- 優先度レベル・レジスタの実装幅は，チップ設計者が構成可能．最小幅は3ビット（8レベル），最大幅は8ビット（256レベル，最大128レベルの横取り）

優先度レベル・レジスタに8ビット未満のビットが実装されている場合，優先度構成レジスタの最下位ビット（Leas Significant Bit：LSB）部分をカットすることで，優先度レベル・レジスタの数を減らすことができます．このようにして，ソフトウェア・バイナリ・イメージが優先度レベルの少ないデバイスに移動しても，最上位ビット（Most Significant Bits：MSB）が失われた場合に発生する可能性のある優先度レベルの反転は発生しません.

通常，Cortex-M33，または他のArmv7-M/Armv8-Mメインライン・プロセッサをベースにしたマイクロコントローラは，8〜32の割り込み/例外優先度レベルを持っています．しかし，実際のアプリケーションでは，プログラム可能な優先度レベルは少数で済みます．優先度レベルの数が多いと，NVICの複雑さが増し，シリコン面積と消費電力が増加するだけでなく，最大クロック速度が低下する可能性があります．その結果，Armv7-M/Armv8-Mメインライン・アーキテクチャを搭載したCortex-Mマイクロコントローラの大半では，8と16の優先度レベルが最も一般的な実装の選択肢となっています.

割り込み/例外の優先度レベルは，プロセッサが受信した割り込み/例外を受け入れるかどうかを決定します.
- 受信した割り込み/例外イベントがプロセッサの現在の優先度レベルよりも高い優先度レベルを持っている場合，割り込み/例外要求が受け付けられ，例外入力シーケンスが開始される
- 受信した割り込み/例外イベントの優先度レベルがプロセッサの現在の優先度レベルと同じかそれよりも低い場合，入力された割り込み/例外イベントはブロックされ，保留中のステータス・レジスタに保持される（後で処理される）．これは，次のいずれかの条件が発生した場合に発生する.
  - プロセッサは，既に同じ/より高い優先度レベルの別の割り込み/例外を処理している
  - 割り込み/例外マスク・レジスタが設定され，それによりプロセッサの現在の有効な優先度レベルが，受信した割り込み/例外と同じ/より高い優先度レベルに変更された

幾つかの例外があります．例えば，SVCまたは同期フォールト例外がトリガされ，優先度レベルが対応するフォールト・ハンドラを実行するのに不十分な場合，例外イベントはHardFault例外にエスカレートします．幾つかのシステム例外は，負の値の固定優先度レベルを持っています（表8.9）.

表8.9 システム例外の優先度レベル

例外番号	例 外	優先度レベル
1	リセット	-4（注意：Armv6-M, Armv7-Mでは-3, Armv8-Mでは-4に変更されている）
3	AIRCR.BFHFNMISが1の場合は，セキュアHardFault	-3（注意：Armv8-Mでは優先度レベル-3のセキュアHardFaultが新たに設けられた）
2	NMI	-2
3	AIRCR.BFHFNMISが0の場合は，セキュアHardFault	-1
3	非セキュアHardFault	-1
4以上	その他のシステム例外と割り込み	構成可能（0〜255）

TrustZoneセキュリティ拡張が実装されていない場合，セキュアHardFaultは存在しません.

AIRCR.BFHFNMISはプログラム可能なビットで，セキュア特権ソフトウェアによってのみアクセス可能です．TrustZoneを使用している場合は，AIRCR.BFHFNMISを0に設定する必要があります．AIRCR.BFHFNMISの詳細については，8.8節と9.3.4節を参照してください.

例外や割り込みの優先度レベルは，優先度レベル・レジスタによって制御されます．これらのレジスタはメモリ・マップされており，特権状態でのみアクセスできます．デフォルトでは，プロセッサがリセットから起動するとき，全ての優先度レベル・レジスタの値は0になります.

第8章　例外と割り込み - アーキテクチャの概要

8.5.2　Armv8-Mメインラインでの優先度のグループ化

チップ設計者がCortex-M33，または他のArmv8-Mメインライン・プロセッサを使用してシステムを設計する場合，チップ設計者は，理論的に，優先度レベル・レジスタの8ビット全てが実装されるようにハードウェア構成を定義できます．ただし，Armv8-Mアーキテクチャでは，最大256（2の8乗で256）の横取りレベルを持つ代わりに，横取りレベルの最大数は128に制限されています．これは，8ビットの優先度レベル・レジスタがさらに次の2つに分割されているためです．

- 上半分（左ビット）は横取り制御のためのグループ優先度
- 下半分（右ビット）はサブ優先度

グループ優先度とサブ優先度の正確な分割は，PRIGROUP（優先度グループ化，表8.10）と呼ばれるAIRCRのビット・フィールドによって制御されます．このレジスタは，メイン拡張（すなわちメインライン・サブプロファイル）を持つArmv8-Mプロセッサでのみ利用可能で，セキュリティ状態の間でバンクされます．PRIGROUPビット・フィールドを使用して，割り込み/例外のネスティングの最大レベルを制御できます．

表8.10　優先度レベル・レジスタのグループ優先度フィールドとサブ優先度フィールドの定義と優先度グループの設定

優先順位グループ	グループ優先度フィールド	サブ優先度フィールド	ネストされたIRQの最大数
0（デフォルト）	ビット[7:1]	ビット[0]	128
1	ビット[7:2]	ビット[1:0]	64
2	ビット[7:3]	ビット[2:0]	32
3	ビット[7:4]	ビット[3:0]	16
4	ビット[7:5]	ビット[4:0]	8
5	ビット[7:6]	ビット[5:0]	4
6	ビット[7]	ビット[6:0]	2
7	なし	ビット[7:0]	1（一度に1つのIRQのみ，ネスティングなし）

グループ優先度レベルは，プロセッサがすでに別の割り込みハンドラを実行している場合に割り込みが発生するかどうかを定義します．サブ優先度レベルの値は，同じグループ優先度レベルの例外が2つ同時に発生した場合にのみ使用されます．この場合，サブ優先度レベルの高い方（値の低い方）の例外が先に処理されます．

8.5.3　セキュアな例外と割り込みの優先順位付け

一部のアプリケーションでは，セキュア割り込み，またはセキュア・システム例外の一部を，非セキュア割り込み/例外よりも優先度の高いものにすることが不可欠です．これは，バックグラウンドのセキュア・ソフトウェア・サービスが正しく動作するようにするためです．例えば，デバイスがバックグラウンドで実行している認証済みのBluetoothソフトウェア・サービスがあり，その動作が非セキュア側で実行しているアプリケーションの障害の影響を受けないようにする必要があります．この要件を満たすために，TrustZone for Armv8-Mでは，必要に応じてセキュア例外と割り込みを優先的に実行できるようにしています．

セキュア例外/割り込みの優先順位付けは，AIRCR内のPRIS（セキュア例外の優先）と呼ばれるプログラム可能なビットによって制御されます．デフォルトでは，このビットはリセットで0に設定されており，セキュアと非セキュアの例外/割り込みは，レベル0～0xFFまでの同じ構成可能なプログラマブル優先度レベル空間を共有していることを意味します．図8.5を参照してください．

AIRCR.PRISが1にセットされている場合，非セキュア・ソフトウェアは例外/割り込み優先度レベル0～0xFFであることを認識しますが，実効レベルの値は1ビット，シフトされ，セキュアな例外/割り込み優先度レベル空間の下半分に配置されます．図8.6を参照してください．

AIRCR.PRISは，バックグラウンドのセキュア例外/割り込みサービスをある程度保護できますが，停止デバッグが有効になっている場合には，サービスが停止する可能性はあります（デバッグ認証の設定次第ですが）．また，リセットまたは，デバイスのパワー・ダウンによっても停止させられる可能性があります．

8.5 例外の優先度レベルの定義

　セキュア例外/割り込み優先機能は，TrustZoneセキュリティ拡張機能が実装されている場合，全てのArmv8-Mプロセッサで利用可能です．

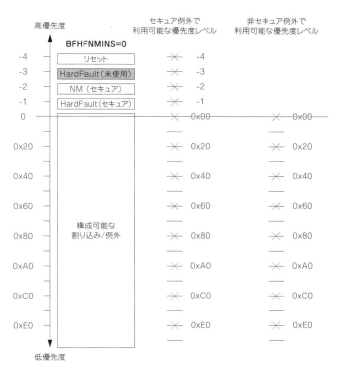

図8.5　3ビットの優先度レベル・レジスタを持つCortex-M33プロセッサで，AIRCR.PRISを0に設定した場合に利用可能な優先度レベル

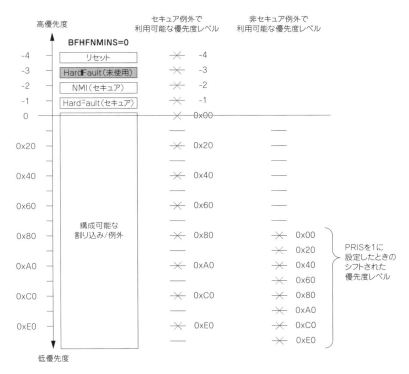

図8.6　3ビットの優先度レベル・レジスタを持つCortex-M33プロセッサで，AIRCR.PRISを1に設定した場合に利用可能な優先度レベル

8.5.4 割り込みマスク・レジスタのバンク化

TrustZoneを搭載したArmv8-Mプロセッサでは，割り込みマスク・レジスタ（PRIMASK，FAULTMASK，BASEPRI）はセキュリティ状態間でバンク化されます．優先度レベルの空間はセキュアと非セキュアの間で共有されているため，一方の側の割り込みマスク・レジスタを設定することで，もう一方の側の例外の一部，または全てをブロックできます．

AIRCR.PRISは，割り込みマスキング・レジスタの動作にも影響を与えます．例えば，AIRCR.PRISが1にセットされていて，非セキュア・ソフトウェアが非セキュアPRIMASK（PRIMASK_NS）を1にセットした場合，セキュア側では，優先度レベル0x80〜0xFFのセキュア例外はブロックされますが，非セキュア側では全ての構成可能な優先度レベル（0x0〜0xFF）の非セキュア例外がブロックされます．

8.6 ベクタ・テーブルとベクタ・テーブル・オフセット・レジスタ（VTOR）

例外エントリ・シーケンスの重要なステップの1つは，例外ハンドラの開始アドレスを決定することです．Cortex-Mプロセッサでは，これは，例外番号の順に配置された例外ベクタ（各ハンドラの開始アドレス）を持つベクタ・テーブルから読み出すことによって，プロセッサのハードウェアで自動的に処理されます（図8.7）．プロセッサによって例外が受け付けられると，ハンドラの開始アドレスがベクタ・テーブルから読み出され，ベクタ・テーブルの読み出すアドレスは次のように計算されます．

ベクタ・アドレス = exception_number x 4 + Vector_Table_Offset

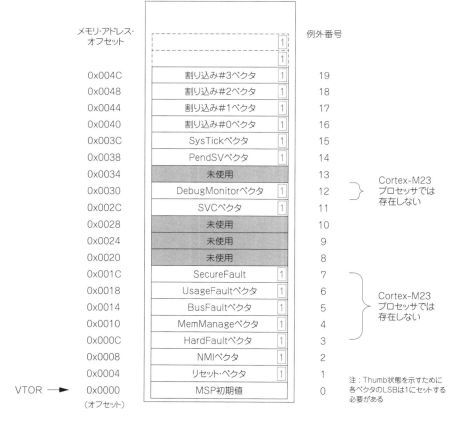

図8.7　ベクタ・テーブルの内容

8.6 ベクタ・テーブルとベクタ・テーブル・オフセット・レジスタ (VTOR)

典型的なソフトウェア・プロジェクトでは，ベクタ・テーブルは通常，スタートアップ・コード用のデバイス固有のファイルにあります．Thumb状態を示すために，ベクタのLSBを1にセットすることに注意してください．ベクタのLSBの設定は，開発ツール・チェーンによって自動的に処理されます．

ベクタ・テーブルの最初のワードは，メイン・スタック・ポインタ (Main Stack Pointer：MSP) の初期値を格納します．この値はリセット・シーケンス中にMSPレジスタにコピーされます．これが必要になるのは，プロセッサがリセットから復帰した直後に，他の初期化ステップが実行される前にNMIなどの例外が発生する可能性があるためです．

ベクタ・テーブル・オフセットは，ベクタ・テーブル・オフセット・レジスタ (Vector Table Offset Register：VTOR) によって定義されます．TrustZoneをサポートしているArmv8-Mプロセッサでは，次の2つのベクタ・テーブルがあります．

- セキュア・ベクタ・テーブルは，セキュア例外用であり，セキュア・メモリに配置される．セキュア・ベクタ・テーブルのアドレスは，VTOR_S (セキュアVTOR) で定義される
- 非セキュア・ベクタ・テーブルは，非セキュア例外用であり，非セキュア・メモリに配置される．非セキュア・ベクタ・テーブルのアドレスは，VTOR_NS (非セキュアVTOR) で定義される

TrustZoneが実装されていない場合は，非セキュアVTORのみが存在します．

Cortex-M33プロセッサでは，VTORレジスタの最下位7ビットが0に固定されており，つまりこれは，ベクタ・テーブルの開始アドレスは128バイトの倍数である必要があります．同様に，Corex-M23プロセッサでは，VTORレジスタの最下位8ビットが0に固定されており，ベクタ・テーブルの開始アドレスは256バイトの倍数でなければなりません (図8.8)．Cortex-M23プロセッサとCortex-M33プロセッサのVTORレジスタには，次の幾つかの違いがあります．

- Cortex-M23プロセッサでは，VTORはオプション．実装されている場合，VTORのビット31からビット8が存在する．実装されていない場合，VTORの値はチップ設計者が定義する
- Cortex-M33プロセッサでは，VTORは25ビット幅で実装されている (ビット31からビット7までが実装されている)

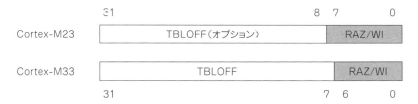

図8.8 ベクタ・テーブル・オフセット・レジスタ (VTOR)

VTORレジスタは特権状態でのみプログラム可能です．現在のセキュリティ状態のVTORのアドレスは0xE000ED08です．セキュア特権ソフトウェアは，非セキュアSCBエイリアス0xE002ED08を使用して非セキュアVTOR (VTOR_NS) にアクセスできます (このエイリアス・アドレスは，デバッガや非セキュア・ソフトウェアでは使用できません)．

アプリケーションによっては，ベクタ・テーブルを他のアドレスに再配置する必要があります．例えば，あるアプリケーションでは，実行時に例外ベクタを構成できるようにするために，ベクタ・テーブルを不揮発性メモリからSRAMに再配置する必要があります．これは次のようにして実現します．

 (1) 元のベクタ・テーブルをSRAMの新しい割り当てられた場所にコピー
 (2) 必要に応じて，幾つかの例外ベクタを修正
 (3) 新しいベクタ・テーブルを選択するためにVTORをプログラム
 (4) データ同期バリア (Data Synchronization Barrier：DSB) 命令を実行して，変更がすぐに反映されるようにする

この操作のためのプログラム・コードの例は，第9章の9.5.2節に記載されています．

以前のCortex-Mプロセッサ (Ccrtex-M0/M0+/M1/M3/M4) とは異なり，Cortex-M23とCortex-M33プロセッサのベクタ・テーブルの初期アドレスは，シリコン設計者によって定義されますが，以前のCortex-Mプロセッサではベクタ・テーブルの初期アドレスはアドレス0に固定されていました．

263

第8章 例外と割り込み - アーキテクチャの概要

Armv8-MメインラインとArmv7-Mのベクタ・テーブルのもう1つの違いは，SecureFaultベクタが追加されたことです．この例外は，Armv7-Mアーキテクチャでは利用できませんでした．

8.7 割り込み入力と保留中の動作

NVICの設計は，8.1.3節で述べたように，多くの割り込み入力をサポートしています．また，パルス状の割り込み要求を生成するペリフェラル，および要求が処理されるまで割り込み要求信号をハイレベルで継続的に保持するペリフェラルも，サポートするように設計されています．NVICはこれらの割り込みタイプのいずれかで動作するように設定する必要はありません．パルスとレベルのトリガ割り込みの詳細は次のとおりです．

- パルス状の割り込み要求の場合，パルスは最低でも1クロック・サイクルの長さでなければならない
- レベル・トリガ割り込みの場合，サービスを要求するペリフェラルは，ISR内部の操作（例：割り込み要求をクリアするためのレジスタへの書き込み）でクリアされるまで要求信号をアサートする

NVICが受信する要求信号は，アクティブ・ハイですが，I/Oピン・レベルでのペリフェラル，または外部割り込み要求はアクティブ・ローになる可能性があります（このような場合，チップ設計者は信号をアクティブ・ハイに変換するためのグルー・ロジックを挿入する必要があります）．

各割り込み入力には，次の幾つかの適用可能なステータス属性があります．

- 各割り込みは無効（デフォルト）または有効のどちらか
- 各割り込みは，保留中（リクエストの処理を待っている状態）または保留していないかのどちらか
- 各割り込みはアクティブ状態（サービス提供中）または非アクティブ状態のどちらか

これをサポートするために，NVICには，割り込み有効化制御用のプログラマブル・レジスタ，保留ステータスにアクセスするレジスタ，アクティブ・ステータスにアクセスするレジスタがあります（アクティブ・ステータス・レジスタは読み出し専用）．NVICの割り込み入力がアサートされると，その割り込みの保留ステータスがアサートされます（**図8.9**）．保留ステータスとは，要求が記録されており，プロセッサが割り込みを処理するのを待っていることを意味します．IRQ信号がデアサートされてもセットされたままです．このようにして，NVICはパルス状の割り込み要求を扱うことができます．割り込みがサービスされると，保留ステータスはクリアされ，アクティブ・ステータスがセットされ ─ これらは全て，NVICハードウェアによって自動的に実行されます．

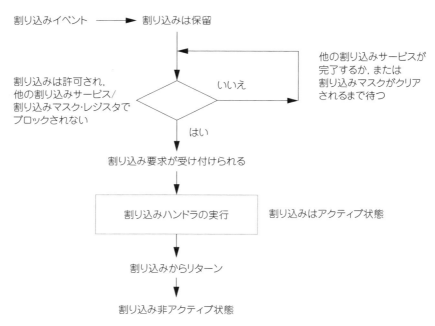

図8.9 簡易フロー：割り込み入力イベントから保留中，サービス中の割り込みまで

8.7 割り込み入力と保留中の動作

　ほとんどの場合，プロセッサは，割り込みが保留ステータスになるとすぐにリクエストを処理します．しかし，プロセッサが既に他の優先度の高い割り込み，または同じ優先度の割り込みを処理している場合や，割り込みマスク・レジスタのいずれかでマスクされている場合は，他の割り込みハンドラが終了するか，割り込みマスクがクリアされるまで，リクエストは保留状態のままになります．

　これらのステータス属性のさまざまな組み合わせが可能です．例えば，ある割り込みを処理しているとき，つまり，アクティブな状態にあるとき，必要に応じて，ソフトウェアでその割り込みを無効にできます．同時に，割り込みハンドラが終了する前に，同じ割り込みから新しい要求が再び来ることもありえます．この場合，アクティブであると同時に，保留中で，無効化された割り込みのステータス属性の組み合わせになります．

　割り込み要求の処理の簡単なシナリオ（図8.10）は次になります．

- 割り込みXが有効
- プロセッサが別の割り込みを処理していない
- 割り込み要求がどの割り込みマスキング・レジスタにもブロックされていない

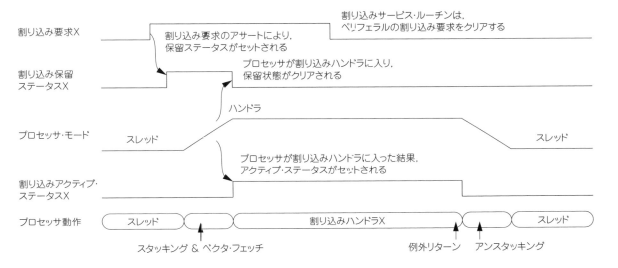

図8.10　割り込み保留と起動動作の単純なケース

　割り込みがサービスされているときは，その割り込みはアクティブ状態です．割り込みが発生している間，多数のレジスタが自動的にスタックにプッシュされることに注意してください．これをスタッキングと呼びます．スタッキング動作と並行して，Cortex-M33プロセッサ（およびハーバード・バス・アーキテクチャを持つ他のArmv8-Mプロセッサ）は，ベクタ・テーブルからISRの開始アドレスをフェッチします．フォン・ノイマン・バス・アーキテクチャに基づくCortex-M23プロセッサの場合，ISRの開始アドレスのフェッチは，スタッキング動作が完了した後に行われます．

　多くのマイクロコントローラの設計では，ペリフェラルがレベル・トリガ割り込みで動作しているため，ISRは，例えばペリフェラルのレジスタに書き込むなどして，手動で割り込み要求をクリアしなければなりません．割り込みサービスが完了すると，プロセッサは例外からのリターンを実行します（8.4.5節で説明）．自動的にスタックされていたレジスタが復元され，割り込まれたプログラムが再開されます．割り込みのアクティブ・ステータスも自動的にクリアされます．

　割り込みがアクティブになっている場合，それが完了して例外からのリターン（例外終了とも呼ばれます）で終了しない限り，同じ割り込み要求を再び受け付けることはできません．

　割り込みの保留ステータスは多くのメモリ・マップされたレジスタを介してソフトウェアからアクセスできるため，手動で保留ステータスをセットしたりクリアしたりできます．プロセッサが他の優先度の高い割り込みを処理しているときに割り込み要求が来て，プロセッサが保留中の要求への応答を開始する前に保留中のステータスがクリアされた場合，その要求はキャンセルされて処理されません（図8.11）．

第8章 例外と割り込み - アーキテクチャの概要

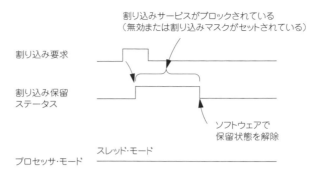

図8.11 割り込みの保留ステータスが処理される前にクリアされる

ペリフェラルが割り込み要求をアサートし続けていて，ソフトウェアが保留ステータスをクリアしようとすると，再び保留ステータスがセットされます（図8.12）．

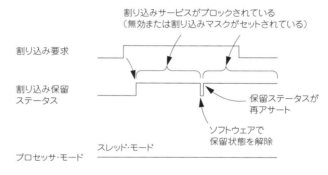

図8.12 割り込み保留ステータスがクリアされるが，その後の割り込み要求により再度アサートされる

割り込み要求がブロックされていない場合（すなわち，プロセッサによって受け付けられ，サービスされている場合），そして割り込みサービス・ルーチンの終了時に割り込みソースが割り込み要求をアサートし続けると，割り込みは再び保留状態になり，プロセッサによって再びサービスされることになります．この状況は，割り込みがブロック（例えば，他の割り込みサービスによって）されない限り発生します．これを図8.13に示します．

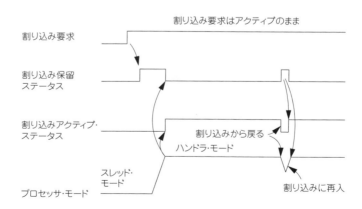

図8.13 割り込み処理終了後も割り込み要求信号がアクティブなままである場合，再び割り込み保留ステータスがセットされる

パルス状の割り込み要求の場合，プロセッサが処理を開始する前に，割り込み要求信号が数回パルスされても，1つの割り込み要求として扱われます．これを図8.14に示します．

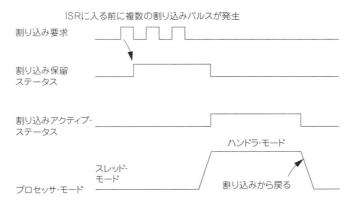

図8.14 複数のパルス割り込み要求を単一の割り込み保留要求としてマージ

割り込みの保留ステータスは，割り込みを処理しているときに再度セットされることがあります．例えば，図8.15の例では，前の要求がまだ処理中のときに新しい割り込み要求が来ています．この結果，新しい保留ステータスが発生し，最初のISRが完了した後，プロセッサは再び割り込みを処理します．

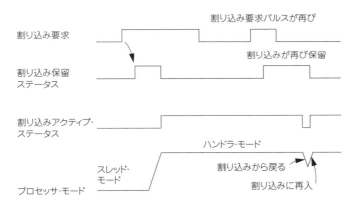

図8.15 割り込みサービス・ルーチンの実行中に再び割り込み保留が発生した場合

割り込みが無効になっている場合でも，割り込みの保留ステータスをセットできることに注意してください．この場合，後から割り込みを有効にしたときに，トリガがかけられてサービスされます．状況によっては，これは望ましい結果ではない可能性があり，その場合はNVICで割り込みを有効にする前に手動で保留ステータスをクリアする必要があります．

一般的に，NMI要求の動作は，割り込みの動作と同じです．NMIまたはセキュアHardFaultハンドラがすでに実行されているか，プロセッサが停止しているか，ロックアップ状態になっていない限り，NMI要求は，優先度が2番目に高く（セキュアHardFaultが最も高い），無効化できないため，ほぼ即座に実行されます．

8.8 TrustZoneシステムの例外と割り込みのターゲット状態

ペリフェラルはセキュアと非セキュア・ワールドに割り当てることができるため，それらの割り込みは正しいセキュリティ・ドメインの割り込みハンドラに割り当てなければなりません．さらに，セキュアまたは非セキュアのどちらかのハンドラで処理する必要があるシステム例外が多数あります．TrustZoneセキュリティ拡張機能が実装されている場合，次のようになります．

- 全ての割り込みは，セキュアまたは非セキュアのいずれかに設定できる（例えば，ペリフェラルの場合は，そのペリフェラルのセキュリティ・ドメインに基づいて割り込みのターゲット状態を設定する必要がある）

第8章　例外と割り込み - アーキテクチャの概要

- システム例外の一部はバンク化されており，これらの例外にはセキュアと非セキュア・バージョンの両方が存在する可能性がある．両方とも独立してトリガと実行でき，優先度レベルの設定が異なる
- 一部のシステム例外（NMI，HardFault，BusFault）は，セキュア状態または非セキュア状態のいずれかをターゲットにするように構成できる（AIRCR.BFHFNMINSビットを使用）
- 一部のシステム例外は，セキュア状態のみを対象とする（リセット，SecureFaultなど）

TrustZoneセキュリティ拡張機能が実装されていない場合，例外と割り込みは非セキュア状態をターゲットにします．この状態では，SecureFaultは使用できません．

例外がセキュアの場合次になります．

- 例外の開始アドレスは，セキュア・メモリ内のセキュア・ベクタ・テーブルから取得される
- ハンドラの実行中，デフォルトでセキュア・メイン・スタック・ポインタ（Secure Main Stack Pointer：MSP_S）が使用される

ソフトウェア開発者は，セキュア例外ハンドラのプログラム・コードがセキュア・メモリに配置されるようにする必要があります．これにより，これらのハンドラがセキュア状態で実行されるようになります．

例外が非セキュアの場合次になります．

- 例外の開始アドレスは，非セキュア・メモリ内の非セキュア・ベクタ・テーブルから取得される
- ハンドラの実行中，デフォルトでは非セキュア・メイン・スタック・ポインタ（Non-secure Main Stack Pointer：MSP_NS）が使用される

非セキュア例外ハンドラのプログラム・コードは，非セキュア・メモリに配置され，非セキュア状態で実行されます．

例外の設定が間違っている場合，例えば，割り込みが非セキュア状態をターゲットにするように設定されていても，ベクタがセキュア・アドレスを指している場合，SecureFault，またはHardFault例外がトリガされることになります．しかし，このアーキテクチャでは，セキュアAPIを非セキュア・ハンドラとして使用できます．このような状況では，非セキュア・ベクタ・テーブルのベクタは，有効なセキュア・エントリポイント（最初の実行命令はセキュア・ゲートウェイ（Secure Gateway：SG）であり，これはセキュアNSCメモリに配置される）を指しており，これはセキュア・アドレスです．この状況では，SecureFault，またはHardFault例外は発生しません．

例外と割り込みの種類とデフォルトのターゲット状態を**表8.11**に示します．

表8.11　割り込みと例外の構成可能性とデフォルトのターゲット状態

例外番号	例外の種類	タイプ	デフォルトのターゲット状態
1	Reset	セキュアのみ	セキュア
2	NMI	構成可能	セキュア
3	HardFault	構成可能	セキュア
4	MemManageFault	バンク化	バンク化
5	BusFault	構成可能	セキュア
6	UsageFault	バンク化	バンク化
7	SecureFault	常にセキュア	セキュア
11	SVC	バンク化	バンク化
12	DebugMonitor	構成可能	セキュア
14	PendSV	バンク化	バンク化
15	SysTick	バンク化または構成可能	2つのSysTickタイマが利用可能な場合にバンク化．SysTickタイマが1つしかない場合，既定では，SysTick例外はセキュア状態がターゲット
16 - 495	割り込み#0～#479	構成可能	セキュア

表8.11に示すように，多くの例外を構成して，セキュアまたは非セキュア状態のいずれかをターゲットにできます．対象となる状態は，プログラマブル・レジスタ，またはその他のメカニズム（**表8.12**）によって定義され，セキュア特権状態（またはセキュア・デバッグ・アクセスを持つデバッグ接続から）でのみアクセス可能です．

268

表8.12　例外と割り込みの対象となるセキュリティ状態を定義する構成レジスタ

例外番号	例外の種類	構成方法	留意事項
2	NMI	アプリケーション割り込みとリセット制御レジスタ（AIRCR）のBFHFNMINS（ビット13）	セキュア状態の実行が必要な場合は，BFHFNMINSを1にセットしてはいけない
3	HardFault	AIRCRのBFHFNMINSビット	上記参照
5	BusFault	AIRCRのBFHFNMINSビット	上記参照
12	DebugMonitor	デバッグ認証インターフェースでセキュア・デバッグが有効になっている場合，セキュア状態がターゲットになる．そうでない場合，デバッグ・モニタは非セキュア状態をターゲットにする	
15	SysTick	割り込み制御と状態レジスタ（Interrupt Control and State Register：ICSR）のSTTNSビット（ビット24）	Cortex-M23で，1つのSysTickタイマを持つように構成されている場合にのみ構成可能
16〜495	割り込み#0〜#479	NVIC（Nested Vectored Interrupt Controller）割り込みターゲット非セキュア状態レジスタ（Interrupt Target Non-secure State Register：ITNS）	

　ビットBFHFNMINS（"BusFault, HardFault, NMI非セキュア有効化"）は，AIRCR（アプリケーション割り込みとリセット制御レジスタ）のプログラム可能なビットです．このビットは，セキュア特権状態でのみアクセス可能です．BFHFNMINSが1にセットされている場合，BusFault, HardFault, およびNMIイベントは，セキュア状態をターゲットとして，HardFaultにエスカレートされるフォールトを除いて，非セキュア・システム例外ハンドラを使用して処理されます．BFHFNMINSが1のときにセキュリティ・エラーが発生した場合，トリガされる例外は，引き続きセキュアHardFaultであり，セキュア状態をターゲットとします．

　注意すべき点は，セキュア・ソフトウェアを使用せず，全てのセキュア・ソフトウェア機能へのアクセスを遮断したい場合にのみ，BFHFNMINS機能を有効にする必要があるということです．次のことをお勧めします．

- BFHFNMINSが1にセットされると，セキュア関数の呼び出しはブロックする必要がある．さらに，リターンする可能性のあるセキュア例外のトリガもブロックする必要がある
- この設定でセキュア・フォールト・イベントがトリガされた場合（すなわち，BFHFNMINSが1にセットされている場合），リセット・シーケンスを経由しない限り，その非セキュア・コードは再実行を許可されるべきではない

　TrustZoneが実装されたCortex-M23プロセッサでは，SysTickタイマを1つだけ実装できます．このような場合，セキュア特権ソフトウェアは，"割り込み制御と状態レジスタ（Interrupt Control and State Register：ICSR）"のSTTNS（ビット24）をプログラムして，SysTickをセキュア（STTNS=0の場合）または，非セキュア（STTNS=1の場合）のワールドのどちらに割り当てるかを決定できます．

8.9　スタック・フレーム

8.9.1　スタッキングとアンスタッキングの概要

　例外/割り込みハンドラが終了した後に中断されたプログラムを再開できるようにするために，Cortex-Mプロセッサは，スタック・メモリに多数のレジスタを自動的にプッシュします．その後，中断されたプログラム・コードに戻るときに，スタックからこれらのレジスタを復元します．このようにして，中断されたコードは正しく再開でき，コンテキストの変更があったことの影響を受けません．

　スタッキング（例外エントリ・シーケンス中にレジスタの内容をスタックにプッシュすること）とアンスタッキング（例外リターン時にレジスタを復元すること）の概念については，8.4節で簡単に説明しました．自動スタッキングとアンスタッキング動作は，中断されたタスクの現在選択されているスタック・ポインタを使用します．例えば，プロセッサが非セキュア状態にあり，非セキュア・プロセス・スタック・ポインタ（Non-secure Process Stack Pointer：PSP_NS）が現在のSPとして選択されているアプリケーション・タスクを実行している場合，スタッキング

とアンスタッキング処理にはPSP_NSが使用されます．これは，メイン・スタック・ポインタ（例外のターゲット状態によってセキュア，または非セキュアとして）を使用する例外ハンドラ内のスタック動作とは独立しています．

Cortex-Mソフトウェアの開発を容易にするために，スタッキングとアンスタッキングは，ほとんどの例外ハンドラと割り込みハンドラを通常のC関数としてプログラムできるように動作し－ツール・チェーン固有のキーワードを使用して，例外/割り込みハンドラであることを指定する必要はありません．

これをどのように実現するかを理解するためには，C関数のインターフェースがどのように機能するかを理解する必要があります．これは，AAPCS[3]（Procedure Call Standard for the Arm Architecture：Armアーキテクチャのプロシージャ・コール規格，8.12節を参照）と呼ばれるArmの仕様によって定義されています．

8.9.2　C関数のインターフェース

AAPCS仕様[3]に基づき，Cの関数は，レジスタR0～R3，R12，LR（R14）と，PSRをCの関数の境界内で変更できます．浮動小数点ユニットが存在し，有効になっている場合，S0～S15のレジスタと，浮動小数点ステータスと制御レジスタ（Floating Point Status and Control Register：FPSCR）もCの関数で変更できます．他のレジスタの内容もCの関数で変更できますが，これらのレジスタの内容は，変更する前にスタックに保存する必要があります．また，Cの関数を終了する前に，これらのレジスタを元の値に戻す必要があります．

前述のCの関数の要件から，レジスタ・バンク内と浮動小数点ユニットのレジスタ・バンク内のレジスタは次のように分割されます．

- 呼び出し元保存レジスタ－R0～R3，R12，LR（FPUが存在する場合はS0～S15とFPSCRも）．これらのレジスタのデータをCの関数呼び出し後に使用する必要がある場合，呼び出し元はCの関数を呼び出す前に保存する必要がある

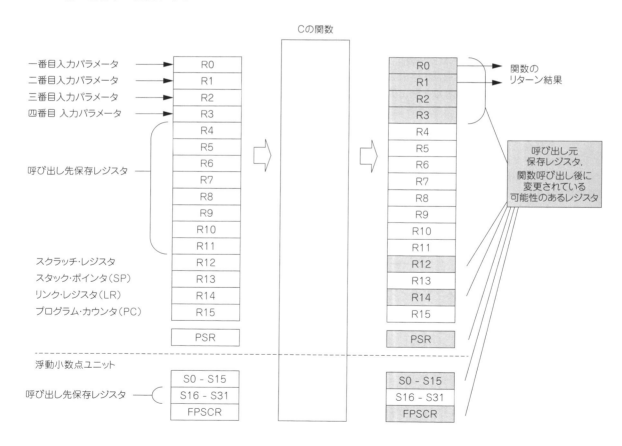

図8.16　AAPCS仕様に基づく関数入出力用レジスタの使用法

8.9 スタック・フレーム

- 呼び出し先保存レジスタ – R4 ～ R11（FPUが存在する場合はS16 ～ S31も）．Cの関数がこれらのレジスタのいずれかを変更する必要がある場合，Cの関数は最初に影響を受けるレジスタをスタックにプッシュし，呼び出し元のコードに戻る前にそれらを復元する必要がある

呼び出し元と呼び出し先で保存されるレジスタの構成に加えて，AAPCS仕様では，呼び出し元と呼び出し先の間でパラメータと結果をどのように渡すことができるかについても規定されています．単純なシナリオでは，レジスタR0 ～ R3は，Cの関数の入力パラメータとして使用できます．さらに，レジスタR0とオプションでレジスタR1を関数の結果を返すために使用できます（レジスタR1は戻り値が64ビットの場合に必要です）．図8.16は，呼び出し先保存レジスタのグループ化と，パラメータと結果の受け渡しのための幾つかの呼び出し元保存レジスタの使用法を示しています．

AAPCSのもう1つの要件は，スタック・ポインタの値は，関数インターフェースのダブル・ワード境界に揃える必要があることです．プロセッサの例外処理ハードウェアはこれを自動的に処理します．

8.9.3 Cの例外ハンドラ

Cortex-Mソフトウェアを開発する場合，割り込みハンドラを作成するのは非常に簡単です．例えば，Timerハンドラを次のように宣言できます．

```
void Timer0_Handler(void)
{
...  // 必要な処理
...  // タイマ・ペリフェラルのタイマ割り込み要求をクリア
return;
}
```

関数名（上記の例ではTimer0_Handler）は，デバイス固有のスタートアップ・コードで使用されるベクタ・テーブルで宣言されたハンドラ名と一致する必要があります．さらに，次のようにする必要があります．
- ペリフェラルの初期化時に割り込み発生を有効にする
- NVICの割り込みを有効にする（第9章で説明）

Cの関数を例外ハンドラとして使用できるようにするためには，例外メカニズムは，例外のエントリで"呼び出し元保存レジスタ"を自動的に保存し，例外の出口でそれらを復元する必要があります．これらの動作は，プロセッサのハードウェアの制御下にあります．このようにして，中断されたプログラムに戻ってきたとき，レジスタは中断が発生する前と同じ値を保持します（これは，SVCサービスのように，レジスタの一部がその戻り値に使用される可能性がある特殊なケースを除きます）．

TrustZoneが実装され，かつセキュア・コードの実行中に，非セキュア割り込みが発生した場合，スタッキング処理によって"呼び出し先保存レジスタ"も保存されている必要があります．これは，非セキュア・ハンドラが実行される前にレジスタ・バンクを消去する必要があるためです．そうすることで，セキュアな情報の流出を防ぐことができます．しかし，この動作（すなわち，呼び出し先保存レジスタの保存とレジスタ・バンク内のデータの消去）は，標準的なCの関数インターフェースを使用する例外ハンドラの変更を必要としません．

例外のスタッキング動作は，呼び出し元保存レジスタをスタック・メモリ内のデータ・ブロックに置きます．このデータ・ブロックは，例外"スタック・フレーム"と呼ばれ（8.9.4節），内部のデータのレイアウトはArmv8-Mアーキテクチャによって定義されています．

8.9.4 スタック・フレームのフォーマット

ほとんどの場合，アプリケーション・ソフトウェアの開発者がスタック・フレーム内にどのようなデータが格納されているかを知る必要はありません．割り込み処理については，自動のスタッキングとアンスタッキングはプロセッサによって処理され，ソフトウェアからは透過的です．しかし，スタック・フレームの理解が必要であり，有用な場合もあります．必要で有用な場合とは次のとおりです．
- OSソフトウェア開発者がSVC例外を経由してコンテキスト切り替えコードまたはOSサービスを作成す

る必要がある場合（OSサービスのパラメータと結果は，スタック・フレームを経由して渡すことができる）
- プロセッサがフォールト例外に入ったときのソフトウェア障害の解析用（スタック・フレーム内のスタックされたリターン・アドレスを介して障害が発生したアドレスを特定するため）．幾つかの商用開発ツールには，この情報を抽出できるデバッグ機能があることに注意．

しかし，ほとんどのソフトウェア開発者は，このレベルの詳細を必要としないので，次の段落はスキップできます．スタック・フレームには幾つかのフォーマットがあり，それぞれが次の幾つかの要素に依存しています．
- セキュア・コードを実行していたが，非セキュア割り込みを処理しようとしているかどうか．その場合，呼び出し元保存レジスタと呼び出し先保存レジスタの両方をスタックにプッシュする必要がある．

そうでない場合は，スタッキング処理中に，呼び出し元保存レジスタのみをスタックにプッシュする必要がある
- FPUが有効で，現在のコンテキストで使用されていたかどうか（CONTROL.FPCAが1に等しいことで示される）．その場合，FPUレジスタ・バンク内の呼び出し元保存レジスタをスタックにプッシュする必要がある
- FPUがセキュア・ソフトウェアによってセキュア処理に使用されているかどうか（FPCCRのTSビットによって決定される）．このビットが1にセットされている場合，セキュア・コードの実行が非セキュア例外によって中断されたときに，浮動小数点レジスタ・バンク内の呼び出し先保存レジスタもスタック上に保存されなければならない

最低でも，例外スタック・フレームには少なくとも8データ・ワードが含まれていなければなりません（図8.17）．この8ワードのデータには，通常のレジスタ・バンク内の"呼び出し元保存レジスタ"と，中断したソフトウェアを後で再開できるようにするための情報が含まれています．例外ハンドラは通常のC関数として実装できるので，R0 ～ R3，R12，LR，xPSRの内容を保存しておく必要があります．関数呼び出しとは異なり，例外処理のリターン・アドレスはLRには保存されません．例外ハンドラのエントリでは，LRの値はEXC_RETURN（例外からのリターン）と呼ばれる特別な値に置き換えられ，例外ハンドラの終了時にアンスタッキングをトリガするために使用されます．EXC_RETURNについての詳細は8.10節を参照してください．

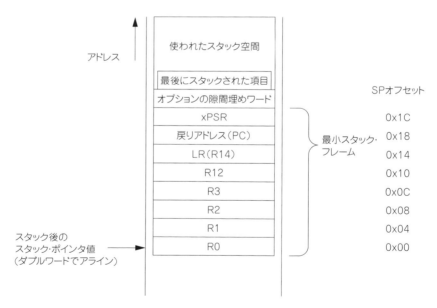

図8.17　FPUなしで，非セキュアな例外ハンドラに割り込まれるセキュアなバックグラウンド・コードでない場合の例外スタック・フレーム

8ワードのスタック・フレーム・フォーマットは，次の場合に使用します．
- FPUが利用できないか，現在のコンテキストでは，無効または非アクティブになってる
- セキュアなバックグラウンド・タスクから非セキュア・ハンドラへの移行ではない

この状況は，Armv6-MとArmv7-Mプロセッサのスタック・フレームと同じですが，アクティブな浮動小数点コンテキスト（すなわち，CONTROL.FPCA=0）がありません．

AAPCSは，スタック・ポインタの値が関数境界でダブル・ワードでアラインされている必要があるため，スタッキング・プロセスは，必要に応じて，スタック・フレームがダブル・ワードにアラインされていることを確実にするために，パディング・ワードを自動的に挿入します．このようなパディング動作が行われた場合，スタックxPSRのビット9が1に設定され，パディング・ワードの存在が示されます．この情報に基づいて，SPポインタは，その後，例外からのリターンの間に元の値に再調整できます．

　セキュア・コードの実行中に例外が発生し，割り込み/例外のターゲットが非セキュア状態にある場合，追加のレジスタ（呼び出し先保存レジスタ）をスタックにプッシュする必要があります（図8.18を参照）．拡張スタック・フレームには整合性署名（0xFEFA125Aまたは0xFEFA125B，LSBの値が0であればスタック・フレームにFPUレジスタの内容が含まれていることを示す）も含まれており，これは，非セキュアからセキュア・ワールドへの例外リターンの偽装を防止するために使用されます．このスタック・フレーム配置は，Armv8-Mで新しく導入され，TrustZoneが実装されている場合にのみ利用可能です．

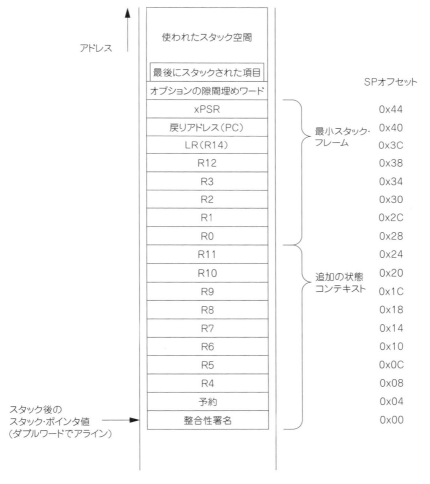

図8.18 FPUなしで，非セキュアな例外ハンドラに割り込まれるセキュアなバックグラウンド・コードの場合の例外スタック・フレーム

　追加の状態コンテキストは，前の8ワード・スタック・フレームの下にあるので，追加の状態のスタッキングは，前の8ワード状態フレームがプッシュされた後に，追加のスタッキング・ステップだけでプッシュできることに注意してください．実際，追加の状態コンテキストのスタッキングは，特定の組み合わせの例外イベント・シーケンスにおいて，完全に別個の動作として行われ得ます．例えば，プロセッサがセキュア・コードを実行していて，2つの割り込みを受け取ったとすると，最初の割り込みがセキュアで，2つ目の割り込みが非セキュアである場合，図8.19に示すような例外スタッキング動作が発生する可能性があります．

第8章 例外と割り込み - アーキテクチャの概要

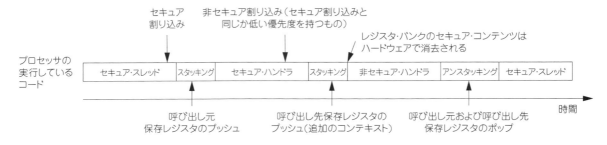

図8.19 多段スタッキングのシナリオ

　FPUが利用可能で有効になっている場合，スタック・フレームは，より複雑になる可能性があります．セキュア・ソフトウェアがFPUをセキュアとして設定しておらず(FPCCR.TS==0)，例外イベントがプロセッサをセキュア・バックグラウンド・タスクから非セキュア・ハンドラに切り替えていないと仮定すると，図8.20に示すようなスタック・フレームが生成されます．この状況は，浮動小数点コンテキスト(FPUが有効で使用されている)を持つArmv7-Mプロセッサのスタック・フレームと同じです．

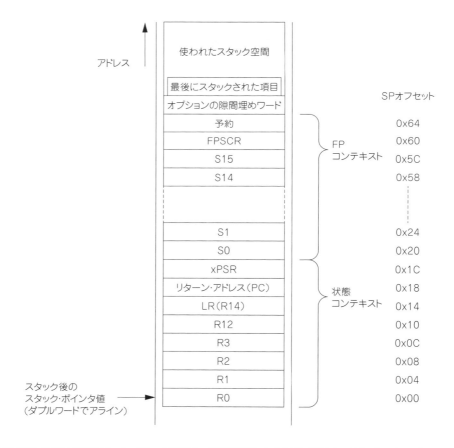

図8.20 浮動小数点コンテキスト(拡張スタック・フレーム)を持ち，追加の状態コンテキストを持たないスタック・フレーム

　プロセッサがセキュア・コードを実行していて(FPUをセキュアと設定せずに，つまりFPCCR.TS==0)，非セキュア例外が発生した場合，図8.21に示すように，追加の状態コンテキストがスタック・フレームに追加されます．このスタック・フレーム配置は，Armv8-Mで新しく追加されたもので，TrustZoneが実装されている場合にのみ利用可能です．

274

8.9 スタック・フレーム

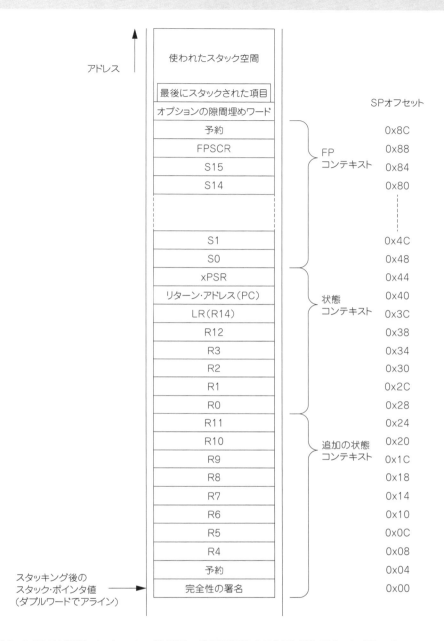

図8.21 浮動小数点コンテキスト(拡張スタック・フレーム)を持ち,追加の状態コンテキストを持つスタック・フレーム

そして最後に,セキュア・ソフトウェアがセキュア・データ処理にFPUを使用する必要がある場合は,次に基づいてFPCCR.TSを1にセットする必要があります.
- プロセッサがセキュア・ソフトウェアを実行していて,例外は非セキュア状態をターゲットにしている
- FPUが有効で,現在のコンテキストで使用されている(すなわち,CONTROL_S.FPCAが1)

この場合,最大サイズのスタック・フレームが使用されます.このシナリオのスタック・フレームは,**図8.22**に示すように,追加の浮動小数点コンテキストを含むことになります.

FPCCR.TSが1にセットされ,プロセッサがセキュア・コードを実行していて,入ってくる例外のターゲットがセキュア状態である場合,プロセッサは,追加の浮動小数点(Floating-Point:FP)コンテキスト(S16-S31)にスタック・スペースを引き続き割り当てます.これは,セキュア・ハンドラの実行中に非セキュア割り込みが発生する可能性があるためです.

第8章 例外と割り込み - アーキテクチャの概要

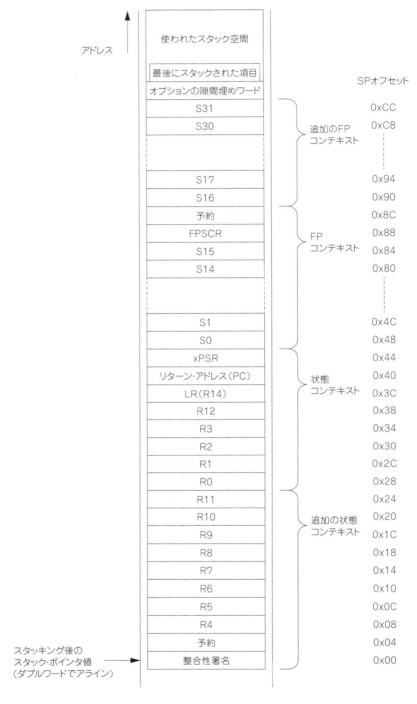

図8.22 浮動小数点コンテキスト(拡張スタック・フレーム)を持ち、追加の状態とFP(Floating-Point)の状態コンテキストを持つスタック・フレーム

ご覧のようにプロセッサは、構成によっては、例外/割り込みを処理するときに、かなり多くのレジスタをスタックにプッシュする必要がある場合があります。スタックにプッシュする必要のあるレジスタの数が多いほど、スタッキング・シーケンスに時間がかかります。割り込み処理の不必要な遅延を避けるために、浮動小数点ユニットを搭載したCortex-Mプロセッサでは、レイジ・スタッキングと呼ばれる機能をサポートしています。デフォルトでは、この機能は有効になっています。この機能を使用すると、プロセッサは浮動小数点レジスタにスタック・

スペースを割り当てますが、実際にはデータをスタックにプッシュする時間をとりません。例外/割り込みハンドラが浮動小数点命令を実行すると、レイジ・スタッキングがトリガされ、パイプラインを停止させて浮動小数点レジスタを割り当てられたスタック・スペースにプッシュします。ハンドラがFPUを使用していない場合、プロセッサはアンスタッキングの段階でFPUレジスタのアンスタッキングをスキップします。レイジ・スタッキング機能を利用することで、ほとんどの割り込み/例外（すなわち、FPUを使用しないもの）は、FPUレジスタの保存と復元を省略することで、より迅速に処理されるようになります。

レイジ・スタッキングに関する詳細は、第14章14.4節に記載されています。

8.9.5 スタッキングとアンスタッキングに使用されるスタック・ポインタはどれか？

割り込まれたバックグラウンドのスレッド/プロセスで使用されるスタック・ポインタは、スタッキングとアンスタッキングのために使用されます。これは、プロセッサのセキュリティ状態、プロセッサのモード（すなわち、例外/割り込みハンドラをすでに実行しているかどうか）と、CONTROL.SPSELの設定に依存します（これについては、4.2.2.3節の"CONTROLレジスタ"で説明します）。スタック・ポインタの選択方法を表8.13に示します。

表8.13 さまざまな状況でのスタック・ポインタの選択

	プロセッサはセキュア状態		プロセッサが非セキュア状態か、TrustZone が実装されていない	
	CONTROL_S.SPSEL = 0 (デフォルト)	CONTROL_S.SPSEL = 1	CONTROL_NS.SPSEL = 0 (デフォルト)	CONTROL_NS.SPSEL = 1
ハンドラ・モード	MSP_S	MSP_S	MSP_NS	MSP_NS
スレッド・モード	MSP_S	PSP_S	MSP_NS	PSP_NS

図8.23は、ネストされた割り込みシナリオにおけるスタッキングとアンスタッキングのためのスタック・ポインタの選択を示しています。

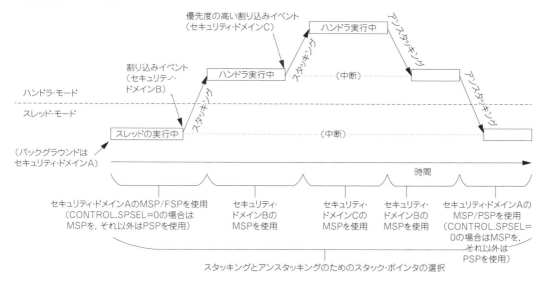

図8.23 スタッキングとアンスタッキング用スタック・ポインタの選択

8.10 EXC_RETURN

先ほど、Cortex-Mプロセッサでは割り込みハンドラをCの関数として記述できることを述べました。Cの関数

第8章 例外と割り込み - アーキテクチャの概要

では通常，関数のリターンは，例えば"BX LR"命令を実行することで，リターン・アドレス（関数呼び出し時にLRにロードされる）をPC（Program Counter）にロードすることで行われます．では，割り込みハンドラがリターンを実行したとき，プロセッサはそれが例外からのリターン（通常の関数リターンではなく，アンスタッキングのトリガとなる）であることをどのようにして知るのでしょうか？答えは，Cortex-Mプロセッサは，EXC_RETURN（図8.24を参照）と呼ばれる特別な値を使用して，PCにロードされたときに例外が返されたことを示します．これは，表8.8に示すようにPCを更新する命令を使用することによって達成されます．

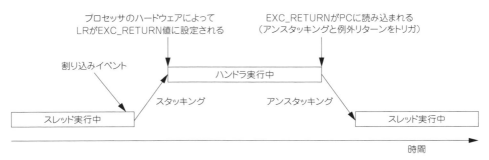

図8.24　EXC_RETURNの使用による例外からのリターンのトリガ

割り込みハンドラが起動すると，ハードウェアでEXC_RETURN値が生成され，自動的にLRにロードされます．割り込みハンドラの最後のステップでは，通常のリターン・アドレスと同じように，EXC_RETURNをPCにロードし，例外からのリターン・シーケンスをトリガします．

EXC_RETURNの値の内部のビット・フィールドを図8.25に示します．

図8.25　EXC_RETURNのビット・フィールド

EXC_RETURNのビット・フィールドを表8.14に示します．

表8.14　EXC_RETURNのビット・フィールド

ビット	ビット・フィールド	説明
6	S	セキュアまたは非セキュアのスタック（これは中断されたプログラムのセキュリティ状態も示す） 0 = 非セキュア・スタック・フレームを使用 1 = セキュア・スタック・フレームを使用 （TrustZoneが実装されていない場合は常に0）
5	DCRS	デフォルトの呼び出し先レジスタのスタッキング - デフォルトのスタッキング・ルールが適用されるか，または呼び出し先保存レジスタが，すでにスタック上にあるかどうかを示す 0 = 呼び出し先保存レジスタのスタッキングがスキップされる 1 = 呼び出し先保存レジスタをスタックするためのデフォルト・ルールに従う （TrustZoneが実装されていない場合は常に1）
4	FType	スタック・フレーム・タイプ - スタック・フレームが標準の整数のみのスタック・フレームであるか（すなわち，浮動小数点コンテキストを含まない），拡張スタック・フレームであるか（浮動小数点コンテキストを含む）を示す 0 = 拡張スタック・フレーム 1 = 標準（整数のみ）スタック・フレーム （Cortex-M23またはFPUを搭載していないプロセッサでは常に1）

ビット	ビット・フィールド	説明
3	Mode	モード - 横取り前のプロセッサ・モードを示す 0 = ハンドラ・モード 1 = スレッド・モード
2	SPSEL	スタック・ポインタ選択 - 以前は同じセキュリティ・ドメインのCONTROLレジスタに,保存されていたSPSELのコピー(すなわち,例外ハンドラがセキュア状態にある場合,前のCONTROL_S.SPSELを保持) 0 = メイン・スタック・ポインタ 1 = プロセス・スタック・ポインタ
1	-	予約済み - 常に0
0	ES	例外セキュア - 例外が処理されるセキュリティ・ドメイン 0 = 非セキュア 1 = セキュア (TrustZoneが実装されていない場合は常に0)

ビット・フィールドには多くの組み合わせがあり,これらを図8.26に示します.

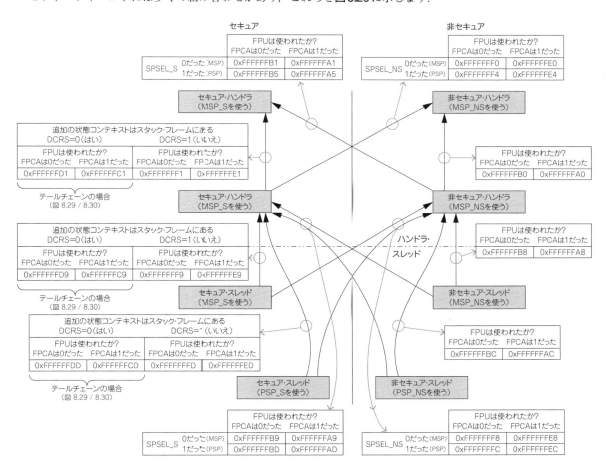

図8.26 さまざまな例外処理シナリオにおけるEXC_RETURNの値

図8.26は少し複雑に見えますが,実際にはそれほど難しいものではありません.グレー色のボックスがプロセッサの状態で,白色のボックスが1つまたは2つの条件に基づいて,EXC_RETURNの値を示しています.

例えば,プロセッサが非セキュア・スレッド・モードで,"ベア・メタル"アプリケーション(つまりRTOSのないソフトウェア・システム)を実行していると仮定した場合の,さまざまな例外/割り込みイベントにおけるEXC_RETURNの値を図8.27に示します.

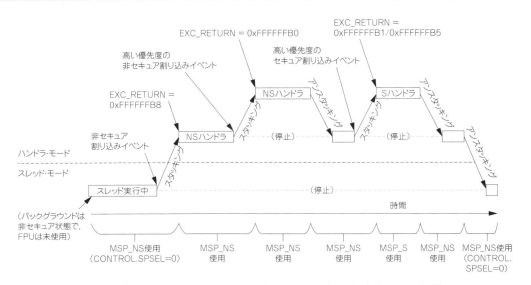

図8.27 EXC_RETURNの例1 - 非セキュア・ワールドは，スレッドでMSP_NSを使用しているが，FPUを使用していない

アプリケーションが非セキュア・ワールドで動作するRTOSを利用する場合，非セキュア・ワールドがそのスレッドにPSP_NSを使用している可能性が非常に高いです．図8.28は，PSP_NSを使用する非セキュア・スレッドが割り込まれる様子を示しています．

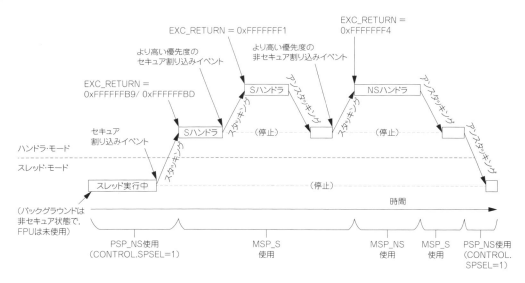

図8.28 EXC_RETURNの例2 - 非セキュア・ワールドはスレッドでPSP_NSを使用しているが，FPUを使用していない

図8.26の左側には，EXC_RETURN.DCRS＝0の場合の幾つかの例外遷移が詳細に示されており，これは次のシナリオのいずれかによって引き起こされる可能性があります．

- シナリオ1：バックグラウンド・プログラムがセキュアで，それが非セキュア割り込みによって中断され，追加の状態コンテキスト情報（すなわち，呼び出し先保存レジスタ）がスタックにプッシュされた．そして，非セキュアISRが開始される直前に，より優先度レベルの高いセキュア割り込みが発生し，プロセッサは，非セキュア割り込みがサービスされる前に，セキュア・ハンドラを先に実行するように切り替える（図8.29）．
- シナリオ2：バックグラウンド・プログラムがセキュアで，それが非セキュア割り込みによって中断され，追加の状態コンテキスト情報（すなわち，呼び出し先保存レジスタ）がスタックにプッシュされた．そして，非セキュアISRの実行中に，実行中の非セキュア割り込みの優先度と同じかそれよりも低い優

先度を持つセキュア割り込みが発生する．非セキュア割り込みハンドラの実行が終了すると，プロセッサは保留中のセキュア割り込みハンドラの実行に切り替える（図8.30）

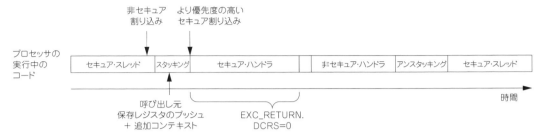

図8.29　EXC_RETURN.DCRS=0，シナリオ1

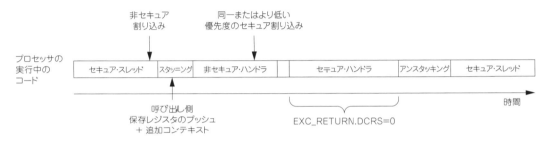

図8.30　EXC_RETURN.DCRS=0，シナリオ2

　前述のシナリオでは，バックグラウンドとISRの両方がセキュアですが，スタック・フレームには，通常非セキュア例外を扱うときに必要となる追加のコンテキストが含まれています．セキュア・ハンドラは，EXC_RETURN.DCRSを使用して，追加コンテキストがスタック・フレームにあるかどうかを判断できます．
　EXC_RETURNのビット・フィールドは，Armv7-MとArmv6-Mで利用可能なものと比較した場合，拡張されていますので注意してください．そのため，場合によっては，Armv8-Mプロセッサで使用できるようにソース・コードを更新する必要があります．ソース・コードにEXC_RETURNの値が含まれている可能性のある領域には，次のようなものがあります．
- RTOS - 例えば，タスク/スレッドを開始するため
- 例外ハンドラを非特権状態に切り替えるハンドラ・リダイレクト・コード

　RTOSの場合，スタック・フレームの直接操作は，図8.31に示すように，新しいスレッドを開始するために使用されることがよくあります．

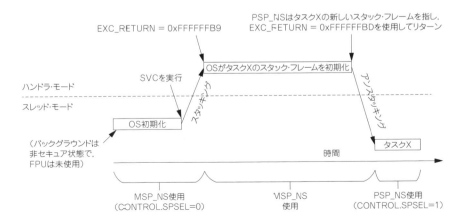

図8.31　新しいスレッドを開始するためのEXC_RETURNの使用

EXC_RETURNビット・フィールドの拡張の結果，Armv7-M/Armv6-M用に作成されたRTOSは，Armv8-Mプロセッサをサポートするように更新する必要があります．これは，RTOSがTrustZoneを実装していない新しいArmv8-Mベースのマイクロコントローラで使用されている場合でも同様です．EXC_RETURNの更新のための変更に加えて，RTOSの更新には，スタック限界チェックのサポート（第11章を参照）と新しいMPUプログラマーズ・モデルのサポート（第12章を参照）を含める必要があるかもしれません．

8.11　同期例外と非同期例外の分類

例外を分類するもう1つの方法は，例外応答と中断されているコード実行のタイミング関係の性質に基づいて次のように分類することです．

- 同期例外 – これは，現在のスレッドでこれ以上コードを実行することなく，実行されたコード・ストリームに即座に応答しなければならない例外です．このタイプの例外の例は次のとおりです．
  - SVCall – SVC命令の次の命令を実行する前に，SVCハンドラを実行する必要がある
  - SecureFault，UsageFault，MemManage fault，および同期BusFault – 現在のスレッドでエラーが発生しフォールト処理例外が行われるまでは継続できない
- 非同期例外 – これは，例外ハンドラが実行を開始する前に，プロセッサが現在のコード・ストリームの実行を短時間継続することを許可する（遅延が短いほど，より高速な割り込み応答時間を提供できる）．このタイプの例外の例としては，以下のようなものがある：
  - ノンマスカブル割り込み（Non-Maskable Interrupt：NMI）を含む割り込み
  - SysTick割り込み
  - PendSV例外
  - 非同期BusFault – バス・インターフェースにライト・バッファを含む一部のプロセッサの実装では，書き込み動作がバッファリングされて，すぐに実行されないことがある．同時に，プロセッサは後続の命令の実行を継続する．この場合に，遅延した書き込み動作がバス・エラー応答となることがあり，非同期BusFaultとして処理されることになり得る

> 注意：Cortex-M23とCortex-M33プロセッサには内部ライト・バッファがないため，非同期BusFaultはこれらのプロセッサには適用されない

同期例外の場合，通常，例外ハンドラの実行は例外イベントの直後に行われます．しかし，優先度の高い別の例外が同時に到着した場合，その例外が現在の例外エントリ・シーケンスを横取りする可能性があるため，プロセッサは，優先度の高い他の例外を最初に処理します．遅延同期例外は，優先度の高い例外ハンドラがそのタスクを完了した後に実行されます．

以前のArm Cortex-Mのドキュメントでは，非同期BusFaultは不正確なBusFaultとして，同期BusFaultは正確なBusFaultとして知られていました．その後，これらの分類名は，他のArm Cortexプロセッサのアーキテクチャに合わせて，同期と非同期に変更されました．

◆ **参考・引用＊文献** ··

(1) Armv8-Mアーキテクチャ・リファレンス・マニュアル

https://developer.arm.com/documentation/ddi0553/am （Armv8.0-M のみのバージョン）

https://developer.arm.com/documentation/ddi0553/latest （Armv8.1-Mを含む最新版）

注意: Armv6-M，Armv7-M，Armv8-M，Armv8.1-M用のMプロファイル・アーキテクチャ・リファレンス・マニュアル

https://developer.arm.com/architectures/cpu-architecture/m-profile/docs

(2) AMBA 5高性能バス（AHB）プロトコル仕様書

https://developer.arm.com/documentation/ihi0033/b-b/

(3) Armアーキテクチャのプロシージャ・コール規格（AAPCS）

https://developer.arm.com/documentation/ihi0042/latest

第9章

例外と割り込みの管理

Management of exceptions
and interrupts

9.1 例外管理と割り込み管理の概要

9.1.1 例外管理機能へのアクセス

Arm Cortex-Mプロセッサは，割り込みとシステム例外の管理のために，メモリ・マップされたレジスタと特殊レジスタを組み合わせて使用します．これらのレジスタは，次のようにプロセッサのさまざまな部分に配置されています．
- 割り込み用の管理レジスタのほとんどはNVICにある
- システム例外は，システム制御ブロック（System Control Block：SCB）のレジスタによって管理される
- 割り込みマスキング・レジスタ（PRIMASK, FAULTMASK, BASEPRI）は，特殊レジスタで，MSRとMRSの命令を使用してアクセスできる

> 注意：Cortex-M23プロセッサにはFAULTMASK，BASEPRIはない

NVICレジスタとSCBレジスタは共に，システム制御空間（System Control Space：SCS）アドレス範囲（0xE000E000 ～ 0xE000EFFF）にあります．TrustZoneセキュリティ拡張機能が実装されている場合，セキュア・ソフトウェアは，SCS非セキュア・エイリアス（アドレス範囲0xE002E000 ～ 0xE002EFFFF）を使用してSCSの非セキュア・ビューにアクセスすることもできます．

ソフトウェア開発者がさまざまな割り込みや例外管理機能に簡単にアクセスできるように，CMSIS-COREプロジェクトでは，CMSIS-COREヘッダ・ファイルを介してCortex-Mプロセッサ用にさまざまなアクセス機能を提供しています．これらのヘッダ・ファイルはマイクロコントローラ・ベンダのデバイス・ドライバ・ライブラリに統合されているため，これらのデバイス・ドライバを使用する際には，前述のアクセス機能に簡単にアクセスできます．CMSIS-COREは全ての主要なマイクロコントローラ・ベンダでサポートされているため，これらのアクセス関数は幅広いCortex-Mベースのデバイスで使用できます．

9.1.2 CMSIS-COREでの基本的な割り込み管理

一般的なアプリケーション・プログラミングの最善の方法は，割り込み管理にCMSIS-COREアクセス関数

表9.1 基本的な割り込み制御によく使われるCMSIS-CORE関数

関数	使用方法
void NVIC_EnableIRQ(n_TypeIRQn)	外部からの割り込みを有効にする
void NVIC_DisableIRQ(IRQn_TypeIRQn)	外部からの割り込みを無効にする
void NVIC_SetPriority (IRQn_TypeIRQn, uint32_t priority)	割り込みや設定可能なシステム例外の優先度を設定する
void __enable_irq(void)	割り込みを有効にするために PRIMASK をクリアする
void __disable_irq(void)	全ての割り込みを無効にするために PRIMASK をセットする
void NVIC_SetPriorityGrouping (uint32_t PriorityGroup)	優先度グループ化構成を設定する（Armv8-M ベースラインでは利用不可）

第9章 例外と割り込みの管理

を使用することです．これにより，Arm Cortex-Mプロセッサをベースにしたさまざまなマイクロコントローラ間での移行が容易になります．最も一般的に使用されている割り込み管理関数を**表9.1**に示します．指定しない限り，CMSIS-COREにある全ての割り込み管理機能は，特権状態でのみの使用となります．

表9.1の関数について次に解説します．

- IRQn_Typeは，個々の割り込み/例外を識別するためのデバイス固有のCMSISヘッダ・ファイルで定義された列挙である．値0は割り込み#0（例外番号16）．システム例外は，**表9.3**で示すように，負の値を持つ
- uint32_t priorityは優先度を表す符号なし整数．NVIC_SetPriority関数は，優先度レベル・レジスタの実装されているビットに値を自動的にシフトする（実装されたビットはMSBに揃えられる）．プログラム可能な優先度レベルが4つあるCortex-M23では，有効な優先度範囲は0〜3．Cortex-M33では，最低8つの優先度レベルがあるため，最小の有効範囲は0〜7
- uint32_t PriorityGroup．これは，0（デフォルト）〜7までの範囲の符号なし整数で，優先度レベル・レジスタのビット・フィールドをグループ優先度とサブ優先度に分離するために使用される．PriorityGroupの定義を**表8.10**に示す
- NVIC_EnableIRQ()とNVIC_DisableIRQ()関数は，割り込みの有効化，または無効化にのみ使用され，システム例外の有効化，または無効化には使用できないことに注意

優先度グループ化が使用される場合，優先度レベル・フィールドをエンコードとデコードするための追加のAPI（**表9.2**）が利用可能です

注意：優先度グループ化機能は，Cortex-M23プロセッサまたはArmv8-Mベースライン・アーキテクチャでは利用できない

表9.2 優先度グループ化を利用した場合の優先度レベル値を算出するためのCMSIS-CORE関数

関 数	使用方法
uint32_t NVIC_EncodePriority (uint32_t PriorityGroup, uint32_t PreemptPriority, uint32_t SubPriority)	PriorityGroup設定と，グループ優先度とサブ優先度の値に基づいた優先度レベルの値を返す
Void NVIC_DecodePriority (uint32_t Priority, uint32_t PriorityGroup, uint32_t* const pPreemptPriority, uint32_t* const pSubPriority)	PriorityGroup設定に基づいて優先度レベル値をグループ優先度とサブ優先度両方にデコードする

CMSIS-COREでは，システム例外のハンドラ名とIRQn_Typeの列挙のためのハンドラ名を標準化しています．**表9.3**に示すように，IRQn_Typeは，システム例外には負の値を使用し，割り込みには0と正の値を使用しま

表9.3 CMSIS-CORE 例外定義

例外番号	例外の種類	CMSIS-CORE列挙（IRQn）	CMSIS-CORE列挙値	例外ハンドラ名
1	Reset	-	-	Reset_Handler
2	NMI	NonMaskableInt_IRQn	-14	NMI_Handler
3	HardFault	HardFault_IRQn	-13	HardFault_Handler
4 注1	MemManageFault注1	MemoryManagement_IRQn	-12	MemManage_Handler
5 注1	BusFault注1	BusFault_IRQn	-11	BusFault_Handler
6 注1	UageFault注1	UsageFault_IRQn	-10	UsageFault_Handler
7 注1	SecureFault注1	SecureFault_IRQn	-9	SecureFault_Handler
11	SVC	SVCall_IRQn	-5	SVC_Handler
12 注1	DebugMonitor注1	DebugMonitor_IRQn	-4	DebugMon_Handler
14	PendSV	PendSV_IRQn	-2	PendSV_Handler
15	SYSTICK	SysTick_IRQn	-1	SysTick_Handler
16	Interrupt #0	デバイス固有	0	デバイス固有
17...	Interrupt #1 〜 #239/479	デバイス固有	1〜239/479	デバイス固有

注1：Cortex-M23/Armv8-Mベースラインでは使用不可

9.1 例外管理と割り込み管理の概要

す．この番号付け方式により，割り込みとシステム例外を容易に分離し，効率的に処理できます．

CMSIS-CORE準拠のデバイス固有のヘッダ・ファイルには，"__NVIC_PRIO_BITS"というC言語のデータ前処理のマクロもあります．このマクロは，優先度レベル・レジスタに実装されているビット数を示します．

ペリフェラル割り込みを設定するには，次の手順を踏む必要があります．

1. プログラム・コードの中で割り込みハンドラを宣言する．割り込みハンドラの名前は，ベクタ・テーブルで定義されているハンドラ名と一致している必要がある（通常はデバイス固有のスタートアップ・コードの中にある）
2. 割り込みハンドラがペリフェラルの割り込み要求をクリアすることを確認する．ペリフェラルがパルスの形で割り込み要求を生成している場合は，この操作は必要ない
3. ソフトウェアに，次の初期化ステップが含まれていることを確認する．
    - 割り込みの優先度を設定する（デフォルトは0，ペリフニラル割り込みの最高レベル）．ペリフェラルの割り込み優先度レベルを0にする必要がある場合は，優先度レベルを変更する必要はない
    - NVICの割り込みを有効にする（NVIC_EnableIRQ関数を使用するなど）
    - ペリフェラルの機能を初期化する
    - ペリフェラルでの割り込み発生を有効にする（デバイス固有）

大部分のマイクロコントローラのアプリケーションでは，これらのステップがペリフェラルの割り込みを有効にする全てです．割り込みの構成の一部として，割り込みの優先度を設定する必要があり ― これはNVIC_SetPriority関数でサポートされています．例えば，使用するデバイスが16の優先度レベル（優先度レジスタは4ビット幅）を持つCortex-M33プロセッサで，timer0の割り込みに優先度0xC0を使用したいと仮定すると，割り込みを設定する簡単な例は次のようになります．

```
// Timer0_IRQnの優先度を0xC0（4ビット優先度）に設定する
NVIC_SetPriority(Timer0_IRQn, 0xC); //CMSIS関数で0xC0にシフトする
// NVICでタイマ0の割り込みを有効にする
NVIC_EnableIRQ(Timer0_IRQn);
Timer0_initialize(); // タイマ0を初期化するデバイス固有のコード
...
void Timer0_Handler(void)
{
  ...// タイマ0割り込み処理
  ...//タイマ0IRQ要求をクリア（レベル・トリガのIRQに必要）
  return;
}
```

アプリケーションが確実に動作するように，ソフトウェア開発者は，例外処理のために十分なスタック・メモリがあることを確認する必要があり，そうしないと，スタック・オーバフローが発生した場合，システムがクラッシュする可能性があります．例外処理には，スタック・メモリの一部が必要で，アプリケーションが複数レベルのネストされた割り込みと例外を許可している場合，そのサイズは大幅に増加する可能性があります．

例外ハンドラは，常にメイン・スタックを使用するため（プロセッサがハンドラ・モードのとき，メイン・スタック・ポインタ（Main Stack Pointer：MSP）が選択される），メイン・スタック・メモリは，最悪のシナリオ（最大レベルにネストした割り込み/例外で，アクティブな各ハンドラがメイン・スタック・メモリ領域の一部を占有する）に対応するため，十分なスタック領域を常に持っていなければなりません．スタック・スペースを計算するとき，ハンドラが使用するスタック・スペースとスタック・フレームの各レベルで使用する空間を含めて計算する必要があります．ほとんどのソフトウェア・プロジェクトでは，メイン・スタック・サイズは，プロジェクト設定の一部か，スタートアップ・コードのパラメータになっています．

9.1.3 CMSIS-COREに追加された割り込み管理関数

CMSIS-COREには多くの割り込み管理関数が追加されています．これらは**表9.4**にリストされていますが，前述したように特権状態でのみ使用できます．

285

第9章 例外と割り込みの管理

表9.4 割り込み管理のための追加の CMSIS-CORE 関数（TrustZone 関連関数を除く）

関数	使用方法
uint32_t NVIC_GetEnableIRQ(IRQn_Type IRQn)	割り込みの有効 / 無効の状態を読み出す
uint32_t NVIC_GetPriority(IRQn_Type IRQn)	割り込み / 構成可能なシステム例外の優先度を読み出す注1
void NVIC_SetPendingIRQ(IRQn_Type IRQn)	割り込みの保留状態をセットする
void NVIC_ClearPendingIRQ(IRQn_Type IRQn)	割り込みの保留状態をクリアする
uint32_t NVIC_GetPendingIRQ(IRQn_Type IRQn)	割り込みの保留状態の読み出し（0 または 1 を返す）
uint32_t NVIC_GetActive(IRQn_Type IRQn)	割り込みのアクティブ状態を読み出す（0 または 1 を返す）
uint32_t NVIC_GetPriorityGrouping(void)	PriorityGrouping の値を読みだして，返す

注1: NVIC_GetPriority に関する注意: この関数は，優先度レベル・レジスタ内の未実装のビットを自動的にシフト・アウトして，値をビット0に揃える

TrustZone セキュリティ拡張が実装されている場合，セキュア特権ソフトウェアは，**表9.5** にリストされている関数を使用して，各割り込みのターゲット・セキュリティ・ドメインを構成して，読み出すことができます．

表9.5 割り込みをセキュアまたは非セキュアとして設定するための CMSIS-CORE 関数

関数	使用方法
uint32_t NVIC_SetTargetState (IRQn_Type IRQn)	割り込みのターゲット状態を非セキュアに構成し，チェックのために割り込みのターゲット状態を返す（0＝セキュア，1＝非セキュア）
uint32_t NVIC_ClearTargetState (IRQn_Type IRQn)	割り込みのターゲット状態をセキュアに構成し，チェックのために割り込みターゲット状態を返す（0＝セキュア，1＝非セキュア）
uint32_t NVIC_GetTargetState (IRQn_Type IRQn)	割り込みのターゲット・セキュリティ状態の読み出し（0＝セキュア，1＝非セキュア）

割り込みのセキュリティ状態へのアクセスに加えて，セキュア・ソフトウェアは，割り込み管理関数を介して NVIC の非セキュア・ビューにアクセスできます．これらについては，**表9.6** に詳細を示します．

表9.6 セキュア特権ソフトウェアが NVIC の非セキュア・ビューにアクセスできるようにする CMSIS-CORE の関数

関数	使用方法
void TZ_NVIC_EnableIRQ_NS(IRQn_Type IRQn)	外部からの割り込みを有効にする
void TZ_NVIC_DisableIRQ_NS(IRQn_Type IRQn)	外部からの割り込みを無効にする
uint32_t TZ_NVIC_GetEnableIRQ_NS(IRQn_Type IRQn)	割り込みの有効 / 無効の状態を読み出す
void TZ_NVIC_SetPendingIRQ_NS(IRQn_Type IRQn)	割り込みの保留状態をセットする
void TZ_NVIC_ClearPendingIRQ_NS(IRQn_Type IRQn)	割り込みの保留状態をクリアする
uint32_t TZ_NVIC_GetPendingIRQ_NS(IRQn_Type IRQn)	割り込みの保留状態の読み出し（0 または 1 を返す）
uint32_t TZ_NVIC_GetActive_NS(IRQn_Type IRQn)	割り込みのアクティブ状態を読み出す（0 または 1 を返す）
void TZ_NVIC_SetPriority_NS (IRQn_Type IRQn, uint32_t priority)	割り込みまたは構成可能なシステム例外の優先度を設定する
uint32_t TZ_NVIC_GetPriority_NS(IRQn_Type IRQn)	割り込み / 構成可能なシステム例外の優先度を読み出す注2
void TZ_NVIC_SetPriorityGrouping_NS (uint32_t PriorityGroup)	非セキュア優先度グループ化構成を設定する（Armv8-M ベースラインでは利用できない）
uint32_t TZ_NVIC_GetPriorityGrouping_NS (void)	非セキュア PriorityGrouping の値を読み出し返す

注2: TZ_NVIC_GetPriority_NS に関する注意: NVIC_GetPriority に関して，関数は優先度レベル・レジスタ内の未実装のビットを自動的にシフト・アウトして，値をビット0にそろえる

9.1.4 システム例外管理

ほとんどの場合，システム例外の管理は，システム制御ブロック（System Control Block：SCB）内のレジスタへの直接アクセスによって処理されます．これらのレジスタに関する情報は，9.3節で説明します．

9.2 割り込み管理用NVICレジスタの詳細

9.2.1 概要

NVICには，割り込み制御用（例外タイプ16 ～ 495）のレジスタが幾つかあります．これらのレジスタはシステム制御空間（System Control Space：SCS）のアドレス範囲にあります．これらのレジスタは**表9.7**にリストされています．

表9.7 NVICの割り込み制御用レジスタの概要

アドレス	レジスタ	CMSIS–COREシンボル	機 能
0xE000E100～ 0xE000E13C	割り込み有効化セット・ レジスタ	NVIC->ISER[0] ～ NVIC->ISER[15]	1を書き込んで有効化をセット
0xE000E180～ 0xE000E1BC	割り込み有効化クリア・ レジスタ	NVIC->ICER[0] ～ NVIC->ICER[15]	1を書き込んで有効化をクリア
0xE000E200～ 0xE000E23C	割り込み保留セット・ レジスタ	NVIC->ISPR[0] ～ NVIC->ISPR[15]	1を書き込んで保留ステータスをセット
0xE000E280～ 0xE000E2BC	割り込み保留クリア・ レジスタ	NVIC->ICPR[0] ～ NVIC->ICPR[15]	1を書き込んで保留ステータスをクリア
0xE000E300～ 0xE000E33C	割り込みアクティブ・ ビット・レジスタ	NVIC->IABR[0] ～ NVIC->IABR[15]	アクティブ・ステータス・ビット，読み出し専用
0xE000E380～ 0xE000E3BC	割り込みターゲット 非セキュア状態レジスタ	NVIC->ITNS[0] ～ NVIC->ITNS[15]	1を書き込むと割り込みを非セキュアに，0にクリアすると 割り込みをセキュアに設定
0xE000E400～ 0xE000E5EF	割り込み優先度レジスタ	NVIC->IPR[0] ～ NVIC->IPR[495 または 123]	各割り込みの割り込み優先度レベル Armv8-M メインラインでは，各 IPR レジスタは 8 ビット Armv8-M ベースラインでは，各 IPR レジスタは 32 ビット （4 つの割り込みの優先度レベルを含む）
0xE000EF00	ソフトウェア・ トリガ割り込みレジスタ	NVIC->STIR	割り込み番号を書き込んで，その割り込みの保留ステータス をセットする（Armv8-M メインラインのみ）

ソフトウェア・トリガ割り込みレジスタ（STIR）を除いて，これらのレジスタは全て特権レベルでのみアクセス可能です．STIRはデフォルトでは，特権レベルでのみアクセス可能ですが，構成および制御レジスタ（10.5.5節）のUSERSETMPENDビットをセットすることで，非特権レベルでもアクセス可能なように構成できます．

システム・リセット後の割り込みの初期状態は以下のとおりです：

- 全ての割り込みは無効（許可ビット =0）
- 全ての割り込みの優先度レベルは0（プログラム可能な最高レベル）
- 全ての保留中の割り込みがクリアされる
- TrustZoneセキュリティ拡張機能が実装されている場合，全ての割り込みはセキュア状態をターゲットにする

割り込みがセキュア状態をターゲットにしている場合，非セキュア・ソフトウェアの観点からは，その割り込みに関連する全てのNVICレジスタにゼロとして読み出され，書き込みは無視されます．

セキュアなソフトウェアは，NVIC非セキュア・エイリアスのアドレス範囲0xE002Exxxを使用して，NVICの非セキュア・ビューにアクセスできます．NVIC非セキュア・エイリアスは，非セキュア・ソフトウェアまたはデバッガでは使用できません．

9.2.2 割り込み有効化レジスタ

割り込み有効化レジスタは，2つのアドレスを介してプログラムされます．有効化ビットをセットするには，NVIC->ISER[n]レジスタ・アドレスに書き込み，また，有効化ビットをクリアするには，NVIC->ICER[n]レジスタ・アドレスに書き込む必要があります．こうすることで，ある割り込みの有効化または無効化は，他の割り込みの有効化状態に影響しません．ISER/ICERレジスタは32ビット幅，各ビットが1つの割り込み入力を表します．

Cortex-M23プロセッサとCortex-M33プロセッサは，32本以上の外部割り込みがあることが多いので，各プロ

第9章　例外と割り込みの管理

セッサに1つ以上のISERレジスタとICERレジスタが含まれている可能性があります．例えば，NVIC->ISER[0]，NVIC->ISER[1]のようにです（**表9.8**）．割り込み入力が32本以下の場合は，1つのISERと1つのICERしかありません．存在する割り込みの有効化ビットのみが実装され，例えば33個の割り込みがある場合，NVIC->ISER[1]のビット0のみが実装されています．

表9.8　割り込み有効化セット・レジスタ(Interrupt Set-Enable Registers：ISER)と割り込み有効化クリア・レジスタ(Interrupt Clear-Enable Registers：ICER)

アドレス	名 前	タイプ	リセット値	説 明
0xE000E100	NVIC->ISER[0]	R/W	0	外部割り込み#0～#31を有効にする．すなわち ビット[0]割り込み#0用（例外#16） ビット[1]割り込み#1用（例外#17） …など ビット[31]割り込み#31（例外#47） 1を書き込むとビットが1になり，0を書き込んでも何の効果もない 読み出し値は，現在のステータスを示す
0xE000E104	NVIC->ISER[1]	R/W	0	外部割り込み#32～63を有効にする 1を書き込むとビットが1になり，0を書き込んでも何の効果もない 読み出し値は，現在のステータスを示す
0xE000E108	NVIC->ISER[2]	R/W	0	外部割り込み#64～95を有効にする 1を書き込むとビットが1になり，0を書き込むと何の効果もない 読み出し値は，現在のステータスを示す
…	…	…	…	…
0xE000E180	NVIC->ICER[0]	R/W	0	外部割り込み#0～#31の有効化をクリアする ビット[0] 割り込み#0用 ビット[1] 割り込み#1用 …など ビット[31] 割り込み#31用 1を書き込むとビットが0にクリアされ，0を書き込んでも何の効果もない 読み出し値は，現在の有効化ステータスを示す
0xE000E184	NVIC->ICER[1]	R/W	0	外部割り込み#32～#63の有効化をクリアする 1を書き込むとビットが0にクリアされ，0を書き込んでも何の効果もない 読み出し値は，現在の有効化ステータスを示す
0xE000E188	NVIC->ICER[2]	R/W	0	外部割り込み#64～#95の有効化をクリアする 1を書き込むとビットが0にクリアされ，0を書き込んでも何の効果もない 読み出し値は，現在の有効化ステータスを示す
…	…	…	…	…

CMSIS-COREは，割り込み有効化レジスタにアクセスするための次の関数を提供します．

```
void NVIC_EnableIRQ(IRQn_Type IRQn);  // 割り込みを有効化
void NVIC_DisableIRQ(IRQn_Type IRQn); // 割り込みを無効化
```

9.2.3　割り込み保留セットと保留クリア・レジスタ

割り込みが発生してもすぐに実行できない場合（例えば，他の優先度の高い割り込みハンドラが実行されている場合など），割り込みは保留状態になります．割り込み保留状態は，割り込み保留セット（NVIC->ISPR[n]）と割り込み保留クリア（NVIC->ICPR[n]）のレジスタを介してアクセスできます．割り込み有効化レジスタと同様に，保留ステータス制御は，32以上の外部割り込み入力がある場合，複数のレジスタを含むことになります．

保留ステータス・レジスタ（**表9.9**）の値はソフトウェアで変更できるので，必要に応じてソフトウェアを使用して，次のいずれかを行うことができます．

- NVIC->ICPR[n]レジスタに書き込むことで，現在保留中の例外をキャンセル
- NVIC->ISPR[n]レジスタに書き込むことで，ソフトウェア割り込みを生成

CMSIS-COREは，割り込み保留レジスタにアクセスするため次の関数を提供します．

```
void NVIC_SetPendingIRQ(IRQn_Type IRQn); // 割り込みの保留ステータスをセット
```

9.2 割り込み管理用 NVIC レジスタの詳細

表9.9 割り込み保留セット・レジスタ(Interrupt Set-Pending Registers：ISPR)と割り込み保留クリア・レジスタ(Interrupt ClearPending Registers：ICPR)

アドレス	名 前	タイプ	リセット値	説 明
0xE000E200	NVIC->ISPR[0]	R/W	0	外部割り込み#0～#31 の保留のセット ビット[0] 割り込み#0用(例外#16) ビット[1] 割り込み#1用(例外#17) …など ビット[31] 割り込み#31用(例外#47) 1を書き込むとビットが1になり，0を書き込んでも何の効果もない 読み出し値は，現在のステータスを示す
0xE000E204	NVIC->ISPR[1]	R/W	0	外部割り込み#32～#63の保留のセット 1を書き込むとビットが1になり，0を書き込んでも何の効果もない 読み出し値は，現在のステータスを示す
0xE000E208	NVIC->ISPR[2]	R/W	0	外部割り込み#64～#95の保留のセット 1を書き込むとビットが1になり，0を書き込んでも何の効果もない 読み出し値は，現在のステータスを示す
…	…	…	…	…
0xE000E280	NVIC->ICPR[0]	R/W	0	外部割り込み#0～#31の保留のクリア ビット[0] 割り込み#0用(例外#16) ビット[1] 割り込み#1用(例外#17) …など ビット[31] 割り込み#31用(例外#47) 1を書き込むとビットが0にクリアされ，0を書き込んでも何の効果もない 読み出し値は，現在の保留ステータスを示す
0xE000E284	NVIC->ICPR[1]	R/W	0	外部割り込み#32～#63の保留のクリア 1を書き込むとビットが0にクリアされ，0を書き込んでも何の効果もない 読み出し値は，現在の保留ステータスを示す
0xE000E288	NVIC->ICPR[2]	R/W	0	外部割り込み#64～#95の保留のクリア 1を書き込むとビットが0にクリアされ，0を書き込んでも何の効果もない 読み出し値は，現在の保留ステータスを示す
…	…	…	…	…

```
void NVIC_ClearPendingIRQ(IRQn_Type IRQn);  // 割り込みの保留ステータスをクリア
uint32_t NVIC_GetPendingIRQ(IRQn_Type IRQn);  // 割り込みの保留ステータスを読み出す
```

9.2.4　アクティブ・ステータス

　各外部割り込みにはアクティブ・ステータス・ビットがあります．プロセッサが割り込みハンドラを実行すると，対応するアクティブ・ステータス・ビットは1にセットされ，リターンが実行されるとクリアされます．しかし，割り込みサービス・ルーチン(Interrupt Service Routine：ISR)の実行中に，より優先度の高い割り込みが発生して横取りされる可能性があります．これはネストした例外/割り込みのシナリオとなり，そのような場合，前のサービスしていた割り込みは相変わらずアクティブであると定義されます．

　ネストした例外/割り込み処理の間，割り込みプログラム・ステータス・レジスタ[Interrupt Program Status Register：IPSR，4.2.2.3節のプログラム・ステータス・レジスタ(PSR)を参照]には，現在実行中の例外サービス(つまり，より優先度の高い割り込みの例外番号)が表示されます．IPSRは割り込みがアクティブかどうかを識別するために使用することはできませんが，割り込みアクティブ・ステータス・ビット・レジスタを使って，ソフトウェアとデバッグ・ツールが割り込みや例外がアクティブかどうかを検出できるようにすることで，この問題を解決します．この情報は，他の優先度の高い例外によって横取りされた場合でも有効です．

　各割り込みアクティブ・ステータス・ビット・レジスタには，32本の割り込みのアクティブ・ステータスが格納されています．32本以上の外部割り込みがある場合は，複数のアクティブ・レジスタが存在します．外部割り込み用アクティブ・ステータス・ビット・レジスタは読み出し専用です(表9.10)．

　CMSIS-COREは，割り込みアクティブ・ステータス・ビット・レジスタにアクセスするために次の関数を提供します．

```
uint32_t NVIC_GetActive(IRQn_Type IRQn);  // 割り込みのアクティブ・ステータスを読み出す
```

289

第9章　例外と割り込みの管理

表9.10　割り込みアクティブ・ステータス・ビット・レジスタ(Interrupt Active Bit Register：IABR)

アドレス	名 前	タイプ	リセット値	説 明
0xE000E300	NVIC-> IABR[0]	R	0	外部割り込みのアクティブ・ステータス#0～#31 ビット[0] 割り込み#0用 ビット[1] 割り込み#1用 …など ビット[31] 割り込み#31用
0xE000E304	NVIC-> IABR[1]	R	0	外部割り込みのアクティブ・ステータス#32～#63
…	-	-	-	-

9.2.5　割り込みターゲット非セキュア・レジスタ

TrustZoneセキュリティ拡張機能が実装されている場合，割り込みターゲット非セキュア・レジスタ(NVIC->ITNS[n]，**表9.11**)も実装され，セキュア特権ソフトウェアが各割り込みをセキュアまたは非セキュアとして割り当てることができます．他の割り込み管理レジスタと同様に，ITNSレジスタは，外部からの割り込み入力が32以上ある場合，複数のレジスタを含みます．各ビットについて，0は対象のセキュリティ・ドメインがセキュア(デフォルト)，1は非セキュアであることを意味します．

表9.11　割り込みターゲット非セキュア・レジスタ(ITNS)

アドレス	名 前	タイプ	リセット値	説 明
0xE000E380	NVIC-> ITNS[0]	R/W	0	外部割り込み#0～#31のターゲット・セキュリティ・ドメインを定義 ビット[0] 割り込み#0用 ビット[1] 割り込み#1用 ビット[31] 割り込み#31用
0xE000E384	NVIC->ITNS[1]	R/W	0	外部割り込み#32～#63のターゲット・セキュリティ・ドメインを定義
…	-	-	-	-

CMSIS-COREは，割り込みターゲット非セキュア・レジスタにアクセスするため次の関数を提供します．

```
uint32_t NVIC_SetTargetState(IRQn_Type IRQn); // 割り込みを非セキュアに設定
uint32_t NVIC_ClearTargetState(IRQn_Type IRQn); // 割り込みをセキュアに設定
uint32_t NVIC_GetTargetState(IRQn_Type IRQn); //ターゲットのセキュリティ状態を読みだす
```

ITNSレジスタは，セキュアな特権状態でのみアクセス可能で，ITNSレジスタのNVIC非セキュア・エイリアス・アドレスはありません．TrustZoneセキュリティ拡張が実装されていない場合，ITNSレジスタは実装されません．

9.2.6　優先度レベル

各割り込みには対応する優先度レベルのレジスタがあり，Cortex-M23プロセッサでは2ビット幅，Cortex-M33プロセッサでは3～8ビット幅です．8.5.2節で説明したように，Armv8メインライン(Cortex-M33プロセッサなど)では，各優先度レジスタは，グループ優先レベルとサブ優先レベルに，各優先度レジスタをさらに分割できます．Armv8-Mメインラインでは，優先度レベルのレジスタは，バイト，ハーフ・ワード，ワード・サイズの転送でアクセス可能です．Armv8-Mベースラインでは，ワード・サイズの転送のみで優先度レベル・レジスタにアクセスできます．優先度レベル・レジスタの数は，チップに含まれる外部割り込みの数によって異なります(**表9.12**)．
CMSIS-COREは，割り込み優先度レジスタにアクセスするために次の関数を提供します．

```
void NVIC_SetPriority(IRQn_Type IRQn, uint32_t priority);
                              // IRQ/例外の優先度レベルを設定
uint32_t NVIC_GetPriority(IRQn_Type IRQn); // 割り込み，または例外の優先度レベルを取得
```

290

9.2 割り込み管理用NVICレジスタの詳細

表9.12 割り込み優先度レベル・レジスタ

アドレス	名 前	タイプ	リセット値	説 明
0xE000E400	NVIC->IPR[0]	R/W	0（Cortex-M33では8ビット, Cortex-M23では32ビット）	Cortex-M33：優先度レベル外部割り込み#0 Cortex-M23：優先度レベル外部割り込み#3（ビット[31:24]）, #2, #1, #0（ビット[7:0]）.
0xE000E401 （Cortex-M33） または 0xE000E404 （Cortex-M23）	NVIC->IPR[1]	R/W	0（Cortex-M33では8ビット, Cortex-M23では32ビット）	Cortex-M33：優先度レベル外部割り込み#1 Cortex-M23：優先度レベル外部割り込み#7（ビット[31:24]）, #6, #5, #4（ビット[7:0]）.
...	–	–	–	–
0xE000E41F （Cortex-M33） または 0xE000E47C （Cortex-M23）	NVIC->IPR[31]	R/W	0（Cortex-M33では8ビット, Cortex-M23では32ビット）	Cortex-M33：優先度レベル外部割り込み#31 Cortex-M23：優先度レベル外部#127（ビット[31:24]）, #126, #125, #124（ビット[7:0]）.
...	–	–	–	–

　実装されている割り込み優先度レベル・レジスタの幅，またはNVICで利用可能な優先度レベルの数を決定する必要がある場合は，マイクロコントローラ・ベンダから提供されるCMSIS-COREヘッダ・ファイル内の"__NVIC_PRIO_BITS"Cのデータ前処理のマクロを使用できます．または，割り込み優先度レベル・レジスタの1つに0xFFを書き込み，読み返して何ビットが設定されているかを確認することもできます．割り込み優先度レベルが8レベル（3ビット）のデバイスを使用している場合は，リード・バック値は0xE0となります．

9.2.7 ソフトウェア・トリガ割り込みレジスタ（Armv8-Mメインラインのみ）

　Cortex-M33などのArmv8-Mメインライン・プロセッサを使用している場合は，NVIC->ISPR[n]レジスタを使用するだけでなく，ソフトウェア・トリガ割り込みレジスタ（NVIC->STIR，表9.13）をプログラムして割り込みをトリガすることもできます．Cortex-M23プロセッサはこのレジスタをサポートしていません．

表9.13 ソフトウェア・トリガ割り込みレジスタ（0xE000EF00）

アドレス	名 前	タイプ	リセット値	説 明
0xE000EF00	NVIC->STIR	W	–	割り込み番号を書き込むと, その割り込みの保留ビットがセットされる. ビット8〜0のみ有効

　例えば，次のようなコードをC言語で記述することで，割り込み#3を発生させることができます．

```
NVIC->STIR = 3; // IRQ #3をトリガ
```

　NVIC->STIRを使用して割り込みをトリガすることは，C言語で次のCMSIS-CORE関数呼び出し（NVIC->ISPR[n]を使用）を使用した場合と同じ効果があります．

```
NVIC_SetPendingIRQ(Timer0_IRQn); //IRQ #3をトリガ
                                 // Timer0_IRQnが3だと仮定
                                 // Timer0_IRQnはデバイス固有のヘッダで定義された列挙
```

　特権アクセス・レベルでしかアクセスできないNVIC->ISPR[n]とは異なり，NVIC->STIRを使用して非特権プログラム・コードがソフトウェア割り込みをトリガできます．これを行うには，特権ソフトウェアは構成制御レジスタ（アドレス0xE000ED14，10.5.5節参照）のビット1（USERSETMPEND）をセットする必要があります．デ

フォルトではUSERSETMPENDビットは0になっており，システム起動時に特権コードのみがNVIC->STIRを使用できることを意味します．

NVIC->ISPR[n]と同様に，NVIC->STIRは，NMI，SysTickなどのシステム例外のトリガには使用できません．しかし，システム制御ブロック（System Control Block：SCB）内の割り込み制御および状態レジスタ（Interrupt Control and State Register：ICSR）は，このようなシステム例外管理機能のために利用できます（9.3.2節参照）．

9.2.8 割り込みコントローラ・タイプ・レジスタ

NVICには，アドレス0xE000E004に，割り込みコントローラ・タイプ・レジスタもあります．この読み出し専用レジスタは，NVICがサポートする割り込み入力の数を32の粒度で与えます（**表9.14**）．

表9.14 割り込みコントローラ・タイプ・レジスタ（SCnSCB->ICTR, 0xE000E004）

ビット数	名 前	タイプ	リセット値	説 明
4：0	INTLINESNUM	R（読み出し専用）	−	割り込み入力の数を32本単位で 0 = 1〜32 1 = 33〜64 …

CMSIS-CORE準拠のデバイス・ドライバ・ライブラリでは，SCnSCB->ICTRを使用して割り込みコントローラ・タイプ・レジスタにアクセスできます（SCnSCBは"SCBにないシステム制御レジスタ"を指す）．割り込みコントローラ・タイプ・レジスタは，利用可能な割り込みのおおよその範囲を提供しますが，実装されている割り込みの正確な数を提供するものではありません．そのような情報が必要な場合は，次の手順を使用して，割り込みが何本実装されているかを判断できます．

（1）PRIMASKレジスタをセットする（このテストを実施する際に割り込みが発生しないようにするため）
（2）N =（（（INTLINESNUM+1）× 32）-1）を計算
（3）割り込み番号Nから始めて，この割り込みの割り込み有効化レジスタ・ビットをセットする
（4）割り込み有効化レジスタを読み出して，有効化ビットがセットされているかどうかを判定する
（5）有効化ビットがセットされていない場合は，Nをデクリメントして（つまりN=N-1），ステップ3と4を再試行する．セットされている場合は，現在の割り込み番号Nが使用可能な最も高い割り込み番号となる

また，他の割り込み管理レジスタ（保留中のステータスや優先度レベルのレジスタなど）にも同じ技術を適用して，特定の割り込みが実装されているかどうかを判断することも可能です．

9.2.9 NVICの機能強化

Cortex-M23とCortex-M33プロセッサのNVICを以前のCortex-Mプロセッサのものと比較すると，幾つかの顕著な違いがあります：

- サポートする割り込みの最大数が増えた
- 割り込みターゲット非セキュア・レジスタ（Interrupt Target Non-secure Register：ITNS）やNVIC非セキュア・エイリアス・アドレス範囲など，TrustZoneのサポートが追加された
- Cortex-M23プロセッサを含む全てのArmv8-Mプロセッサは，アクティブ・ステータス・ビットと割り込みコントローラ・タイプ・レジスタをサポートしている．これらのレジスタは，Armv6-Mプロセッサでは使用できない．割り込みアクティブ・ステータス・ビットはArmv8-Mで利用できるため，これらのプロセッサで実行されている特権ソフトウェアは，割り込みの優先度レベルを動的に変更できる（Cortex-M0やCortex-M0+プロセッサなどのArmv6-Mプロセッサでは許可されていない）

9.3 システム例外管理のためのSCBレジスタの詳細

9.3.1 概要

9.3　システム例外管理のための SCB レジスタの詳細

システム制御ブロック（System Control Block：SCB）には，次のためのレジスタの集まりが含まれています．

- システム管理（システムの例外を含む）
- フォールト処理（これに関する詳細情報は，第13章に記載）
- コプロセッサと Arm カスタム命令機能のアクセス管理（これについての詳細は第15章を参照）．
- 多数の ID レジスタを使用して，プロセッサの利用可能な機能を決定するためのソフトウェア（これはプロセッサの構成が可能なため．一部のアプリケーションでは不可欠）

ソフトウェア開発を容易にするために，CMSIS-CORE は SCB データ構造定義を使用して，さまざまなプロセッサ機能のための標準化されたソフトウェア・インターフェースを提供します．システム例外管理に関連する多くの SCB レジスタ定義を**表9.15**にリストします．

表9.15　システム例外管理用 SCB レジスタの概要

アドレス	レジスタ	CMSIS-CORE シンボル	機 能
0xE000ED04	割り込み制御と状態レジスタ	SCB->ICSR	システム例外の制御と状態
0xE000ED08	ベクタ・テーブル・オフセット・レジスタ	SCB->VTOR	ベクタ・テーブルを他のアドレス位置に再配置できるようにする
0xE000ED0C	アプリケーション割り込み／リセット制御レジスタ	SCB->AIRCR	優先度グループ化の構成とセルフ・リセット制御用
0xE000ED18 から 0xE000ED23	システム・ハンドラ優先度レジスタ	SCB->SHP[0] から SCB->SHP[1] または SCB->SHP[11]	システム例外の例外優先度設定用．Armv8-M メインラインでは，各 SHPR は 8 ビットで 12 個ある．Armv8-M ベースラインでは，2 つの 32 ビット SHPR がある（それぞれに 4 つの例外に対する優先度レベルが含まれている）
0xE000ED24	システム・ハンドラ制御と状態レジスタ	SCB->SHCSR	フォールト例外の制御（有効／無効など）とシステム例外のステータス用

ソフトウェアは"NVIC_SetPriority()"と"NVIC_GetPriority()"を使用してシステム例外の優先度を構成／アクセスできます．加えて，CMSIS-CORE には SysTick タイマを構成するための SysTick 初期化機能が用意されていて，周期的に割り込みを発生させることができます．

CMSIS-CORE は，システム例外管理のための API を定義していないため，他のシステム例外を管理するためには，ソフトウェアが直接 SCB レジスタにアクセスする必要があります．例えば，次のようになります．

- PendSV/NMI/SysTick 例外を発生させるには，ソフトウェアが ICSR にアクセスする必要がある
- Cortex-M33 プロセッサで構成可能なフォールト例外（BusFault，UsageFault，MemManageFault，SecureFault）を管理（有効化など）するには，ソフトウェアが SHCSR にアクセスする必要がある

> 注意：これらのフォールト例外は Cortex-M23 プロセッサでは利用できない

SCB データ構造と他の SCB レジスタについての詳細は，10.5 節を参照してください．

9.3.2　割り込み制御と状態レジスタ（SCB->ICSR）

割り込み制御と状態レジスタ（Interrupt Control and State Register：ICSR）は，アプリケーション・コードによって次の目的で使用されます．

- SysTick，PendSV，NMI などのシステム例外の保留状態をセットとクリア
- VECTACTIVE を読み込んで，現在実行中の例外／割り込み番号を決定
- Cortex-M23 デバイスの SysTick タイマのセキュリティ状態を構成する ― ただし，TrustZone が実装されていて，デバイスに SysTick タイマが 1 つしかない場合に限る

ICSR は，ソフトウェアの目的で使用されるだけでなく，デバッガがプロセッサの割り込み／例外の状態を判断するためにも使用されます．SCB->ICSR の VECTACTIVE フィールドは IPSR と同じで，デバッガから簡単にアクセスできます．ICSR のビット・フィールドを**表9.16**にリストします．

293

第9章　例外と割り込みの管理

　このレジスタでは，システムの例外のステータスを判断するために，かなりの数のビット・フィールドがデバッガによって使用されます．多くのアプリケーションでは，システム例外の保留ビットとSTTNSのみがソフトウェアによって使用されます．

　Armv8-MにSTTNSビット・フィールドが追加されたため，セキュア・ソフトウェアをArmv6-MおよびArmv7-M Cortex-MプロセッサからCortex-M23プロセッサに移行する場合，STTNSビット・フィールドが誤って変更されないように，余計に注意を払う必要があります．

表9.16　割り込み制御と状態レジスタ(SCB->ICSR, 0xE000ED04)

ビット数	名 前	タイプ	リセット値	説 明
31	NMIPENDSET	R/W	0	1を書き込んでNMIを保留にする 読み出された値は，NMIの保留状態を示す AIRCR.BFHFNMINS==0の場合，本ビットはゼロとして読み出され，非セキュア・ワールドからの書き込みは無視される
30	NMIPENDCLR	W	0	1を書き込んでNMIの保留状態をクリアする 読み出すとゼロ AIRCR.BFHFNMINS==0の場合，本ビットはゼロとして読み出され，非セキュア・ワールドからの書き込みは無視される
29	予約済み	-	0	予約済み
28	PENDSVSET	R/W	0	1を書き込んでシステム・コール(PendSV)を保留にする 読み出された値は保留状態を示す このビットはセキュリティ状態の間でバンクされる
27	PENDSVCLR	W	0	1を書き込んでPendSVの保留状態をクリアする このビットはセキュリティ状態間でバンクされる
26	PENDSTSET	R/W	0	1を書き込んでSYSTICK例外を保留にする 読み出された値は保留状態を示す 2つのSysTickが実装されている場合，ビットはセキュリティ状態間でバンクされる
25	PENDSTCLR	W	0	1を書き込んでSYSTICKの保留状態をクリアする 2つのSysTickが実装されている場合，ビットはセキュリティ状態間でバンクされる
24	STTNS	R/W	0	SysTickは非セキュアをターゲットにする．1つのSysTickのみ実装されている場合，Cortex-M23プロセッサで利用可能．セキュア・アクセスのみ．1にセットすると，SysTickは非セキュア・ワールドに割り当てられる
23	ISRPREEMPT	R	0	保留中の割り込みが次のステップでアクティブになることを示す(デバッグ中のシングルステップ用) Armv8-Mベースラインでは使用できない
22	ISRPENDING	R	0	外部割り込み保留中(NMIやフォールト例外などのシステムを除く) Armv8-Mベースラインでは使用できない
21	予約済み	-	0	予約済み
20 : 12	VECTPENDING	R	0	保留中のISR番号
11	RETTOBASE	R	0	次の条件を満たす場合は1にセットされる ・プロセッサが例外ハンドラを実行していて ・他に保留中の例外はない このビットが1で，割り込みリターンがあった場合，プロセッサはスレッド・レベルに戻る このビットはArmv8-Mベースラインでは使用できない
10 : 0	予約済み	-	0	予約済み
8 : 0	VECTACTIVE	R	0	現在実行中の割り込みサービス・ルーチンの例外タイプ

9.3.3　システム・ハンドラ優先度レジスタ(SCB->SHPR[n])

　システム例外の優先度レベルの中には，プログラム可能なものがあります．システム例外用のプログラマブルなレベル・レジスタは，割り込み優先度レベル・レジスタと同じ幅を持っています．システム・ハンドラ優先度

9.3 システム例外管理のためのSCBレジスタの詳細

レジスタは，Armv8-Mメインラインではバイト・アドレス可能であり，Armv8-Mベースラインではワード・サイズ・アクセスに制限されているため，Cortex-M23とCortex-M33プロセッサ用のCMSIS-COREヘッダ・ファイルでは，これらのレジスタが異なる方法で定義されています．そして，これは次のようになっています．

Armv8-Mベースライン(Cortex-M23プロセッサ)の場合
- SVCやPendSV，SysTick例外の優先度レベルのみがプログラム可能
- SHPRで定義されたSCBデータ構造(図9.1)は，2個の32ビット符号なし整数の配列．これらのワードの中の幾つかのバイトは使用されず，0に固定されている
- 優先度レベルのビット・フィールドは8ビット幅だが，MSB2ビットのみが実装されている．残りのビットは常に0

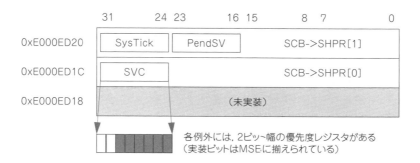

図9.1 Cortex-M23プロセッサのシステム例外優先度制御のためのCMSIS-COREのシステム・ハンドラ優先度レジスタ(System Handler Priority Registers：SHPR)

Armv8-Mメインライン用(Cortex-M33プロセッサなど)の場合
- SVCやPendSV，SysTick，フォールト例外，デバッグ・モニタ例外の優先度はプログラム可能
- SHPRで定義されたSCBデータ構造(図9.2)は12個の8ビット符号なし整数の配列．一部のバイトは使用されず，0に固定されている
- 優先度レベルのビット・フィールドは8ビット幅で，実装ビット数(3～8の範囲で)は構成可能．未実装ビットは常に0

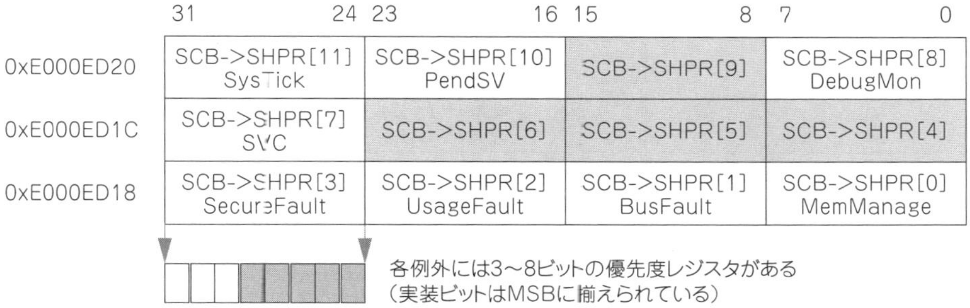

図9.2 Cortex-M33プロセッサのシステム例外優先度制御のためのCMSIS-COREのシステム・ハンドラ優先度レジスタ(System Handler Priority Registers：SHPR)

Armv8-Mベースラインとメインラインの両方で，TrustZoneセキュリティ拡張が実装されると，幾つかのシステム例外の優先度がセキュア状態と非セキュア状態の間でバンク化されます(表9.17)．

Armv8-Mメインラインとベースラインの間ではシステム例外優先度レジスタの定義方法が異なるため，これらのアーキテクチャ・サブプロファイル間でソフトウェアを移行する際には注意が必要です．ソフトウェアがSCB->SHPR[n]に直接アクセスする場合，他のArmv8-Mアーキテクチャ・サブプロファイルに移植する際には正しく動作するように修正する必要があります．ソフトウェアの変更を避けるために，システムの優先度の調整またはアクセスには，CMSIS-COREのポータブル関数である"NVIC_SetPriority"と"NVIC_GetPriority"を使用することを推奨します．

第9章 例外と割り込みの管理

表9.17 システム例外のための優先度レジスタのバンキング

例外番号	システムの例外	優先度レジスタはバンクされるか?
15	SysTick	2つのSysTickタイマが実装されている場合, SysTickの優先度レベルはセキュリティ状態間でバンクされる
14	PendSV	PendSV の優先度レベルは, セキュリティ状態間でバンクされる
12	DebugMonitor	DebugMonitor の優先度レベルはセキュリティ状態間でバンクされない
11	SVC	SVC の優先度レベルは, セキュリティ状態間でバンクされる
7	SecureFault	SecureFault の優先度レベルは, セキュア状態でしか利用できないため, バンクされない
6	UsageFault	UsageFault の優先度レベルはセキュリティ状態間でバンクされる
5	BusFault	BusFault の優先度レベルはセキュリティ状態間でバンクされない
4	MemManage Fault	MemManageFault の優先度レベルはセキュリティ状態間でバンクされる

9.3.4 アプリケーション割り込みとリセット制御レジスタ（SCB->AIRCR）

AIRCRレジスタ（表9.18）は次で使用されます.
- 例外/割り込み優先度管理における優先度グループ化の制御
- システムのエンディアンに関する情報を提供（デバッガだけでなくソフトウェアでも使用可能）
- セルフリセット機能の提供

優先度グループ化機能は8.5.2節で説明しました. ほとんどの場合, PRIGROUPフィールドはCMSIS-CORE関数 "NVIC_SetPriorityGrouping" と "NVIC_GetPriorityGrouping" を使用してアクセスできます.

表9.18 アプリケーション割り込みとリセット制御レジスタ（SCB->AIRCR, 0xE000ED0C）

ビット数	名前	タイプ	リセット値	説明
31:16	VECTKEY	R/W	-	ベクタ・キー：AIRCRレジスタへの書き込み時には, このビット・フィールドに値0x05FAを書き込む必要があり, そうしないと, 書き込みは無視される. このビット・フィールドのリードバック値は0xFA05
15	ENDIANNESS	R	-	データのエンディアンを示す：ビッグ・エンディアン（BE8）の場合は1で, リトル・エンディアンの場合は0. これはリセット時にのみ変更可能
14	PRIS	R/W	0	セキュア例外を優先する. このビットを1にセットすると, 非セキュア例外の優先順位が下がる. 詳細については, 8.5.3節を参照. このビットは, TrustZoneセキュリティ拡張機能が実装されている場合にのみ使用できる. 非セキュアなソフトウェアからはアクセスできない
13	BFHFNMINS	R/W	0	BusFaultやHardFault, NMI非セキュア有効化. このビットが1にセットされている場合, これらの例外は非セキュア状態を対象とする. セキュア・コードが使用されている場合は, 1にセットしないこと. 詳細については, 8.8節を参照 このビットは, TrustZoneセキュリティ拡張機能が実装されている場合にのみ使用できる. 非セキュアなソフトウェアからはアクセスできない
12:11	予約済み	-	0	予約済み
10:8	PRIGROUP	R/W	0	優先度グループ化（詳細については, 8.5.2節を参照）. Cortex-M23（Armv8-Mベースライン）では使用できない
7:4	予約済み	-	0	予約済み
3	SYSRESETREQS	R/W	0	システム・リセット要求セキュアのみ. このビットが1にセットされている場合, 非セキュア・ソフトウェアはSYSRESETREQを使用してシステム・リセットをトリガすることはできない. このビットは, ソフトウェアが生成したリセットにのみ影響し, デバッガのSYSRESETREQ機能へのアクセスには影響しない
2	SYSRESETREQ	W	-	システム・リセット要求. チップの制御ロジックにリセットの生成を要求する
1	VECTCLRACTIVE	W	-	例外のための全てのアクティブな状態情報をクリアする. 通常, システムがシステム・エラーから回復できるようにするデバッグ時に使用される（注意：リセットはより安全なオプション）
0	予約済み	-	0	予約済み

9.3 システム例外管理のためのSCBレジスタの詳細

SYSRESETREQ（とSYSRESETREQS）は，ソフトウェア生成リセットに使用され，開発中のハードウェア・ターゲットをリセットするためにデバッガで使用されます．このトピックの詳細については，第10章の10.5.3節で説明します．

Armv8-MのAIRCRとArmv6-MやArmv7-Mのアーキテクチャの同じレジスタとの間には，幾つかの違いがあることに注意してください．例えば：

- TrustZoneが実装された場合，セキュア・ソフトウェアで利用可能な新しいビット・フィールドがある．これらの新しいビット・フィールドには，SYSRESETREQS（セルフ・リセット機能のアクセス性の管理用）やPRIS（セキュア例外の優先順位付け用），BFHFNMINS（BusFault, HardFault, NMI例外のターゲット・セキュリティ状態の定義用）が含まれる
- プロセッサのみのリセットを生成するArmv7-MのAIRCRのVECTRESETビットが削除された．このビットは，Cortex-M3とCortex-M4プロセッサで使用できる．このビットはデバッガ使用のために予約されていたため，このビットを削除してもソフトウェアを変更する必要はない

> 注意：ソフトウェアは，リセット生成にVECTRESETを使用するのではなく，SYSRESETREQを使用する必要がある．これは，ペリフェラルをリセットせずにプロセッサだけをリセットすると，アプリケーションによっては問題が発生する可能性があるため

9.3.5 システム・ハンドラ制御と状態レジスタ（SCB->SHCSR）

Armv8-Mメインラインでは，システム・ハンドラ制御と状態レジスタ（System Handler Control and State Register：SHCSR，0xE000ED24）の有効化ビットに書き込むことで，構成可能なフォールト例外（UsageFault，メモリ管理（MemManage）フォールト，BusFault，SecureFault例外を含む）を有効にできます．フォールトの保留ステータスと，ほとんどのシステム例外のアクティブなステータスもこのレジスタ中で利用できます（**表9.19**）．

Armv8-Mベースライン・プロセッサには，これらの構成可能なフォールト例外がないため，このレジスタの多くのビット・フィールドは，Cortex-M23プロセッサでは使用できません．

表9.19 システム・ハンドラ制御および状態レジスタ（SCB->SHCSR, 0xE000ED24）

ビット数	名前	タイプ	リセット値	説明
21	HARDFAULT PENDED	R/W	0	HardFault例外保留：HardFault例外が発生したが，優先度の高い例外（NMIなど）によって横取りされた．このビットはセキュリティ状態間でバンクされる．AIRCR.BFHFNMINSが0の場合，このビットは非セキュア・ワールドではアクセスできない
20	SECUREFAULT PENDED	R/W	0	SecureFault保留：SecureFault例外がトリガされたが，優先度の高い例外によって横取りされた．このビットは非セキュア・ワールドではアクセスできない．このビットはCortex-M23では使用できない
19	SECUREFAULT ENA	R/W	0	SecureFault例外有効化．このビットは，TrustZoneが実装されていないと利用できない．このビットは，Cortex-M23では利用できない
18	USGFAULTENA	R/W	0	UsageFault例外有効化．このビットはセキュリティ状態間でバンクされる．このビットはCortex-M23では使用できない
17	BUSFAULTENA	R/W	0	BusFault例外有効化．AIRCR.BFHFNMINSが0の場合，このビットは非セキュア・ワールドではアクセスできない．このビットはCortex-M23では使用できない
16	MEMFAULTENA	R/W	0	メモリ管理例外有効化．このビットはセキュリティ状態間でバンクされる．このビットはCortex-M23では使用できない
15	SVCALLPENDED	R/W	0	SVC保留：SVCallはトリガされたが，優先度の高い例外によって横取りされた．このビットはセキュリティ状態の間でバンクされる
14	BUSFAULT PENDED	R/W	0	BusFault保留：BusFault例外が発生したが，優先度の高い例外によって横取りされた．このビットはCortex-M23では使用できない
13	MEMFAULT PENDED	R/W	0	Memory managementフォールト保留：メモリ管理フォールトはトリガされたが，優先度の高い例外によって横取りされた．このビットはセキュリティ状態間でバンクされる．このビットはCortex-M23では使用できない
12	USGFAULT PENDED	R/W	0	UsageFault保留：UsageFaultがトリガされたが，優先度の高い例外によって横取りされた．このビットはセキュリティ状態間でバンクされる．このビットはCortex-M23では使用できない

297

第9章 例外と割り込みの管理

ビット数	名 前	タイプ	リセット値	説 明
11	SYSTICKACT	R/W	0	SYSTICK例外がアクティブな場合,1として読み出される.2つのSysTickタイマが実装されている場合,このビットはセキュリティ状態間でバンクされる
10	PENDSVACT	R/W	0	PendSV例外がアクティブな場合,1として読み出される.このビットはセキュリティ状態の間でバンクされる
9	予約済み	-	0	予約済み
8	MONITORACT	R/W	0	DebugMonitor例外がアクティブな場合,1として読み出される.このビットはCortex-M23では使用できない
7	SVCALLACT	R/W	0	SVCall例外がアクティブな場合,1として読み出される.このビットはセキュリティ状態の間でバンクされる
6	予約済み	-	0	予約済み
5	NMIACT	R/W	0	NMI例外がアクティブな場合,1として読み出される.AIRCR.BFHFNMINSが0の場合,このビットは非セキュア・ワールドではアクセスできない.追加の"書き込み"制限については,ArmV8-Mアーキテクチャ・リファレンス・マニュアル[1]を参照
4	SECUREFAULTACT	R/W	0	SecureFault例外がアクティブな場合,1として読み出される.このビットはCortex-M23では利用できず,非セキュア・ワールドからはアクセスできない
3	USGFAULTACT	R/W	0	UsageFault例外がアクティブな場合,1として読み出される.このビットはCortex-M23では使用できない
2	HARDFAULTACT	R/W	0	HardFault例外がアクティブな場合,1として読み出される.このビットはセキュリティ状態の間でバンクされる.追加の"書き込み"制限については,ArmV8-Mアーキテクチャ・リファレンス・マニュアル[1]を参照
1	BUSFAULTACT	R/W	0	BusFault例外がアクティブな場合,1として読み出される.AIRCR.BFHFNMINSが0の場合,このビットは非セキュア・ワールドではアクセスできない.このビットはCortex-M23では使用できない
0	MEMFAULTACT	R/W	0	メモリ管理フォールトがアクティブの場合,1として読み出される.このビットはセキュリティ状態間でバンクされる.このビットはCortex-M23では使用できない

ほとんどの場合,このレジスタは,構成可能なフォールト・ハンドラ（MemManage Fault,BusFault,Usage Fault,SecureFaultなど）を有効にするためにアプリケーション・コードで使用されます.

重要：このレジスタへの書き込みは注意してください.システム例外のアクティブ・ステータス・ビット（ビット0〜11）が誤って変更されないようにしてください.例えば,BusFault例外を有効にする場合,次のように読み取り-変更-書き込み操作を行います.

```
SCB->SHCSR |= 1<<17;  // バス・フォールト例外を有効にする
```

そうでないと,単一の書き込み操作が使用された場合（読み取り-変更-書き込みではない）,あるシステム例外のアクティブな状態が誤ってクリアされてしまう可能性があります.これは,アクティブなシステム例外ハンドラが例外終了を実行したときに,フォールト例外が生成される結果となります.

9.4 例外または割り込みマスキングのための特殊なレジスタの詳細

9.4.1 割り込みマスキング・レジスタの概要

割り込みマスキング・レジスタの概要は,第4章,4.2.2.3節の"割り込みマスキング・レジスタ"に記載されています.割り込みマスキング・レジスタは次のように使用できます.

- **PRIMASK** – 割り込みと例外の一般的な無効化用,例えば,コード内の重要な領域を中断することなく実行できるようにする
- **FAULTMASK** – フォールト処理中にさらなるフォールトのトリガを抑制するために,フォールト例外ハンドラで使用できる（注意：一部のタイプのフォールトのみ抑制できる）.これは,Cortex-M23プロセッサ/Armv8-Mベースラインでは使用できない

9.4 例外または割り込みマスキングのための特殊なレジスタの詳細

- **BASEPRI** – 優先度レベルに基づく一般的な割り込みと例外の無効化用. 一部のOS操作では, 一部の例外を短時間ブロックすると同時に, 特定の優先度の高い割り込みを処理できることが望ましい場合がある. これは, Cortex-M23プロセッサ/Armv8-Mベースラインでは利用できない

TrustZoneが実装されると, これらの割り込みマスキング・レジスタは, セキュリティ状態の間でバンクされます. ご想像のとおり, セキュアな割り込みマスキング・レジスタは, 非セキュア・ワールドからアクセスすることはできません. 各割り込みマスキング・レジスタは, プロセッサの実効的な優先度レベルに影響を与えるため, これらのレジスタは, セキュアと非セキュアの両方の割り込み/例外をマスクできることを意味します.

非セキュアのPRIMASK_NS, FAULTMASK_NS, BASEPRI_NSのマスクされた優先度レベルは, アプリケーション・ハンドラ制御と状態レジスタ(AIRCR.PRIS)のPRIS(セキュア例外の優先)制御ビットの影響を受けることに注意してください. 例えば, PRIMASK_NSが設定されている場合, 有効なマスクされた優先度レベル0x80が意味するのは, 優先度範囲が0 〜 0x7Fのセキュア割り込み/例外はまだ起こり得ることを意味します.

マスキング・レジスタは, 特権レベルでのみアクセス可能です. これらのレジスタにアクセスするには, MRS, MSR, CPS(Change Processor State)命令を使用する必要があります. アセンブリ命令を使用する代わりに, C/C++でソフトウェアを記述する場合は, CMSIS-COREのヘッダ・ファイルで提供されているコアレジスタ・アクセス関数を使用できます. これらの関数は, 割り込みマスキング・レジスタへのアクセスを提供します(**表9.20**).

表9.20 CMSIS-COREの割り込みマスキング・レジスタ・アクセス関数

関 数	使用方法
void __set_PRIMASK(uint32_t priMask)	PRIMASKレジスタの設定
uint32_t __get_PRIMASK(void)	PRIMASKレジスタの読み出し
void __set_FAULTMASK(uint32_t priMask)	FAULTMASKレジスタの設定
uint32_t __get_FAULTMASK(void)	FAULTMASKレジスタの読み出し
void __setBASEPRI(uint32_t priMask)	BASEPRIレジスタの設定
uint32_t __get_BASEPRI(void)	BASEPRIレジスタの読み出し
void __set_BASEPRI_MAX(uint32_t priMask)	BASEPRI_MAX シンボルを使用して BASEPRI レジスタの設定

TrustZoneが実装されている場合, セキュア特権ソフトウェアが, 非セキュア割り込みマスキング・レジスタにアクセスできるようにするため, 追加のアクセス関数(**表9.21**)が利用可能です.

表9.21 セキュア・ソフトウェアが非セキュア割り込みマスキング・レジスタにアクセスするためのCMSIS-COREのアクセス関数

関 数	使用方法
void __TZ_set_PRIMASK_NS(uint32_t priMask)	PRIMASK_NSレジスタの設定
uint32_t __TZ_get_PRIMASK_NS(void)	PRIMASK_NSレジスタの読み出し
void __TZ_set_FAULTMASK_NS(uint32_t priMask)	FAULTMASK_NSレジスタの設定
uint32_t __TZ_get_FAULTMASK_NS(void)	FAULTMASK_NSレジスタの読み出し
void __TZ_set_BASEPRI_NS(uint32_t priMask)	BASEPRI_NSレジスタの設定
uint32_t __TZ_get_BASEPRI_NS(void)	BASEPRI_NSレジスタの読み出し

ソフトウェアを書くときに割り込みマスキング・レジスタを使用する場合, クリティカル・コードに入る前に, 単に割り込みマスキング・レジスタをセットし, その後にレジスタをクリアするのではなく, 読み取り-変更-書き込みのシーケンスを使用する必要がある場合もあります. そのような場合は, 割り込みマスキング・レジスタをセットする前に, その現在の状態を読み出しておく必要があります. それから, クリティカル・コードが実行される必要があり, クリティカル・コードを実行した後, 割り込みマスキング・レジスタの元の値を復元する必要があります. 例えば, 次のようになります.

第9章　例外と割り込みの管理

```
void foo(void)
{
  ...
  uint32_t prev_PRIMASK.
  ...
  prev_PRIMASK = __get_PRIMASK(); // PRIMASKを変更する前にPRIMASKを保存
  __set_PRIMASK(1); // PRIMASKをセットして割り込みを無効にする
  ...// クリティカル・コード
  __set_PRIMASK(prev_PRIMASK); //PRIMASKを元の値に戻す
  ...
}
```

　上記のコード例では，割り込みマスキング・レジスタを保存してから復元するという構成にすることで，割り込みマスキング・レジスタが誤ってクリアされてしまうことを防ぐことができます（つまり，上記コードの関数"foo"が呼び出されたときに，すでに割り込みマスキング・レジスタがセットされていた場合）．

9.4.2　PRIMASK（プライオリティマスク）

　多くのアプリケーションでは，タイミングが重要なタスクを実行するために，一時的に全てのペリフェラル割り込みを無効にする必要があるかもしれません．この目的のためにPRIMASKレジスタ（**表9.22**）を使用できます．PRIMASKレジスタは特権状態でのみアクセス可能です．

表9.22　PRIMASKレジスタ

割り込みマスキング・レジスタ	幅（ビット）	説明
PRIMASK_S （セキュアPRIMASK）	1	1にセットされると，現在の優先度レベルを0に設定する．つまり，構成可能な例外（レベル0～0xFF）は全てマスクされる．NMIとHardFault はまだ呼び出されることが可能
PRIMASK_NS （非セキュアPRIMASK）	1	1にセットされ，AIRCR.PRIS が0の場合，現在の優先度レベルは0に設定され，つまり，全ての構成可能な例外（レベル0～0xFF）がマスクされる．NMIとHardFault はまだ呼び出されることが可能. 1にセットされ，AIRCR.PRIS が1の場合，現在の優先度レベルが0x80に設定され，つまり，非セキュア・ワールドで構成可能な例外は全てマスクされる．優先度レベルが0x0～0x7FのNMIとHardFault，Secure 例外は，まだ呼び出されることが可能

　PRIMASKレジスタは，NMIとHardFault以外の全ての例外を無効にするために使用されます（有効な優先度レベルを0x0に設定します）．AIRCR.PRISが1の場合，非セキュアPRIMASKが使用されて次がブロックされます．

- 優先度レベル0x00～0xFF（セキュア・ワールドから見た場合の有効レベルは0x80～0xFF）の全ての非セキュア割り込み
- 優先度レベル0x80～0xFFのセキュア割り込み

　C言語のプログラミングでは，PRIMASKをセットとクリアするために，CMSIS-COREで提供されている次の関数があります．

```
void __enable_irq(); //PRIMASKをクリア
void __disable_irq(); //PRIMASKをセット
void __set_PRIMASK(uint32_t priMask); // PRIMASKに値を設定
uint32_t __get_PRIMASK(void); // PRIMASKの値を読み出す
```

　アセンブリ言語プログラミングでは，次のプロセッサ状態変更（Change Processor State：CPS）命令を使用してPRIMASKレジスタの値を変更します．

```
CPSIE  I  ; PRIMASKをクリア（割り込みを有効化する）
CPSID  I  ; PRIMASKをセット（割り込みを無効化する）
```

PRIMASK レジスタは，MRS と MSR の命令を使用してアクセスされます．例えば，次のようになります．

```
MOVS R0, #1
MSR PRIMASK, R0 ; PRIMASKに1を書き込むと，全ての割り込みが無効になる
```

それと：

```
MOVS R0, #0
MSR PRIMASK, R0 ; PRIMASKに0を書き込むと割り込みが有効になる
```

PRIMASK がセットされている場合，構成可能なフォールト例外（MemManage，BusFault，UsageFault など）のフォールト・イベントがブロックされる可能性があり，この場合，エスカレーションがトリガされ，HardFault 例外が発生します．

9.4.3 FAULTMASK（フォールトマスク）

動作の点では，FAULTMASK は PRIMASK に非常に似ていますが，それ以外に，HardFault ハンドラをブロックすることもできます．FAULTMASK の動作を**表9.23**に示します．Cortex-M23（Armv8-M ベースライン）では使用できません．

表9.23　FAULTMASK レジスタ（Cortex-M23 プロセッサでは使用不可）

レジスタ	幅（ビット）	説明
FAULTMASK_S （セキュアFAULTMASK）	1	1 にセットされ AIRCR.BFHFNMINS が 0 の場合，プロセッサの現在の優先度レベルは -1に設定される． 1 にセットされ AIRCR.BFHFNMINS が 1 の場合，プロセッサの現在の優先度レベルは -3に設定される
FAULTMASK_NS （非セキュアFAULTMASK）	1	1 にセットした場合： AIRCR.BFHFNMINS が 0 で AIRCR.PRIS が 0 の場合，プロセッサの現在の優先度レベルは 0 に設定される AIRCR.BFHFNMINS が 0 で AIRCR.PRIS が 1 の場合，プロセッサの現在の優先度レベルは 0x80 に設定される AIRCR.BFHFNMINS が 1 の場合，プロセッサの現在の優先度レベルは -1 に設定される

FAULTMASK は，構成可能なフォールト・ハンドラ（MemManage，BusFault，UsageFault など）によって，プロセッサの現在の優先度レベルを上げるためによく使用されます．そうすることで，前述のハンドラは次ができることを意味します．
- MPU をバイパスする（これに関する詳細情報は，MPU 制御レジスタの HFNMIENA ビットの説明の**表12.3**に記載）
- デバイス／メモリ・プロービングのためにデータ・バス・フォールトを無視する（これに関する詳しい情報は13.4.5節 構成制御レジスタの BFHFMIGN ビットの説明に記載）

FAULTMASK を使用して現在の優先度レベルを上げることで，構成可能フォールト・ハンドラは，問題に対処している間，他の例外または割り込みハンドラの処理を停止できます．フォールト処理の詳細については，第13章を参照してください．

FAULTMASK レジスタは，特権状態でのみアクセス可能です．CMSIS-CORE 準拠のドライバ・ライブラリを使用してプログラミングする場合，次の CMSIS-CORE 関数を使用して FAULTMASK のセットおよびクリアを行うことができます．

第9章 例外と割り込みの管理

```
void __enable_fault_irq(void); //FAULTMASKをクリア
void __disable_fault_irq(void); //FAULTMASKを割り込み無効に設定
void __set_FAULTMASK(uint32_t faultMask); //FAULTMASKをセット
uint32_t __get_FAULTMASK(void); // FAULTMASKを読み出す
```

アセンブリ言語の場合，FAULTMASKの現在の状態を変更するのに次のCPS命令を使用します．

```
CPSIE F ; FAULTMASKをクリア
CPSID F ; FAULTMASKをセット
```

また，MRSおよびMSR命令を使用してFAULTMASKレジスタにアクセスすることもできます．次の例では，MSR命令を使用した場合の現在のセキュリティ・ドメインのFAULTMASKのセットとクリアの詳細を説明します．

```
MOVS R0, #1
MSR FAULTMASK, R0 ; 全ての割り込みを無効にするためにFAULTMASKに1を書き込む
```

そして：

```
MOVS R0, #0
MSR FAULTMASK, R0 ; 割り込みを有効にするためにFAULTMASKに0を書き込む
```

FAULTMASKレジスタは，次の条件で，例外復帰時に自動的にクリアされます．
- TrustZoneが実装されていない場合，例外がNMI例外である場合を除き，FAULTMASK_NSは，例外復帰時に自動的にクリアされる
- TrustZoneが実装されている場合，NMIとHardFault例外を除き，現在の例外状態（EXC_RETURN.ESで示される）のFAULTMASKは，0にクリアされる

FAULTMASKが例外復帰時に自動的にクリアされるという特性を利用して，FAULTMASKの興味深い応用を提供し：例外ハンドラがより優先度の高いハンドラ（NMIを除く）をトリガしたいが，その優先度の高いハンドラを現在のハンドラが完了した後に開始したい場合，次の手順を取ることができます．
1. FAULTMASKをセットして，全ての割り込みと例外（NMI例外を除く）を無効にする
2. より優先度の高い割り込みまたは例外の保留状態をセットする
3. 現在のハンドラを終了する

FAULTMASKがセットされている間は，保留中の優先度の高い例外ハンドラは起動できないため，優先度の高い例外はFAULTMASKがクリアされるまでは保留状態のままで，優先度の低いハンドラが終了したときに発生します．その結果，優先度の低いハンドラが終了した後に，優先度の高いハンドラを強制的に起動させることができます．

9.4.4 BASEPRI（ベース・プライオリティ）

場合によっては，特定のレベルよりも低い優先度の割り込みを無効にしたい場合があります．この場合，BASEPRIレジスタを使用できます．これを行うには，表9.24に示すように，必要なマスキング優先度レベルをBASEPRIレジスタに書き込むだけです．

BASEPRIレジスタは，Cortex-M23プロセッサ（Armv8-Mベースライン）では使用できません．

例えば，優先度が0x60以下の例外を全てブロックしたい場合は，次の値をBASEPRIに書き込むことができます．

```
__set_BASEPRI(0x60); // CMSIS-CORE関数を使用して優先度0x60-0xFFの割り込みを無効に
```

アセンブリ言語を使う場合は，同じような操作を次のように記述する必要があります．

9.4 例外または割り込みマスキングのための特殊なレジスタの詳細

表9.24 BASEPRIレジスタ（Cortex-M23プロセッサでは使用できない）

レジスタ	幅（ビット）	説 明
BASEPRI_S （セキュアBASEPRI）	3～8 （優先度レベル・ レジスタと 同じ幅）	0に設定するとBASEPRI_Sは無効になる 0以外の値に設定した場合 • 同じまたはより低い優先度レベルの構成可能なセキュア例外をブロックする • BASEPRI_Sと同じかそれ以下の有効な優先度を持つ非セキュア割り込みはブロックされる AIRCR.PRISが0の場合,セキュア・ワールドから見たときの非セキュア割り込みの有効な優先度レベルは,構成された優先度レベルと同じになる AIRCR.PRISが1の場合,セキュア・ワールドから見たときの非セキュア割り込みの有効な優先度レベルは,優先度レベル空間の下半分にマッピングされる - 8.5.3節の**図8.6**に詳述されている
BASEPRI_NS （非セキュアBASEPRI）	3～8 （優先度レベル・ レジスタと 同じ幅）	0に設定するとBASEPRI_NSは無効になる 0以外の値に設定され,AIRCR.PRISが0の場合,BASEPRI_NSは,同じまたはより低い優先度レベルの構成可能な例外をマスクする 0以外の値に設定され,AIRCR.PRISが1の場合は次のようになる • BASEPRI_NSと同じかそれよりも低い優先度レベルを持つ非セキュア割り込みはブロックされる（非セキュア割り込みはBASEPRI_NSと同じ優先度レベルのビューを持つ） • 優先度レベル0～0x80のセキュア割り込みはブロックされない • 優先度レベル0x81～0xFFのセキュア割り込みは,BASEPRI_NSの有効な優先度レベルが同じかそれ以上の場合にブロックされる.優先度レベルのマッピングを8.5.3節の**図8.6**に示す

```
MOVS R0, #0x60
MSR BASEPRI, R0  ; 優先度レベル0x60-0xFFの割り込みを無効に
```

また，以下のCMSIS-CORE関数を使用して，BASEPRIの値を読み出すこともできます.

```
x = __get_BASEPRI(void);  //BASEPRIの値を読み出す
```

または，アセンブリ言語では次のようになります.

```
MRS R0, BASEPRI
```

マスキングを解除するには，次のようにBASEPRIレジスタに0を書き込むだけです.

```
__set_BASEPRI(0x0);  //BASEPRIのマスキングをOFFにする
```

または，アセンブリ言語では次のようになります.

```
MOVS R0, #0x0
MSR BASEPRI, R0  ; BASEPRIマスキングをOFFにする
```

BASEPRIレジスタには，BASEPRI_MAXというレジスタ名でアクセスできます.実際には同じレジスタですが，この名前で使用すると，条件付きの書き込み動作をしてくれます.ハードウェア的には，BASEPRIとBASEPRI_MAXは同じレジスタですが，アセンブラ・コードではレジスタ名のコーディングが異なります.BASEPRI_MAXをレジスタとして使用すると，プロセッサのハードウェアは，自動的に現在の値と新しい値を比較し，より高い優先度レベル（つまり低い値）に変更する場合にのみ更新を許可し，より低い優先度レベルに変更することはできません.例えば，次の命令シーケンスを考えてみましょう.

```
MOVS R0, #0x60
MSR BASEPRI_MAX, R0  ; 0x60, 0x61, …などの優先度の割り込みを無効にする
MOVS R0, #0xF0
MSR BASEPRI_MAX, R0  ; この書き込みは0x60より低いレベルを持つので無視
MOVS R0, #0x40
```

第9章　例外と割り込みの管理

```
MSR BASEPRI_MAX, R0  ; この書き込みは許可され, マスキング・レベルは0x40に変更
```

　この動作(条件付き書き込み)は, BASEPRIを使用してクリティカルなコードを保護する場合に非常に便利です. 先ほど, ソフトウェアを開発する際には, 割り込みマスキング・レジスタが既に設定されているかどうかを考慮する必要があると述べました. このコンセプトで, 9.4.1節で説明したサンプル・コードを書き直して, BASEPRI_MAX機能を使用したBASEPRIの更新を示します. これを以下に示します.

```
void foo(void)
{
  ...
  uint32_t prev_BASEPRI.
  ...
  prev_BASEPRI = __get_BASEPRI().
  __set_BASEPRI_MAX(0x40); // 条件付きでBASEPRIをより高いレベルに設定
  ...// クリティカル・コード
  __set_BASEMASK(prev_BASEPRI); //BASEPRI を元の値に戻す
  ...
}
```

　この例では, BASEPRI_MAXを使用して割り込みマスキング優先度レベルを上げ, BASEPRIを使用して割り込みマスキング・レベルを下げたり外したりしています. BASEPRI/BASEPRI_MAXレジスタは, 非特権ソフトウェアからはアクセスできません.
　他の優先度レベル・レジスタと同様に, BASEPRIレジスタのフォーマットは, 実装されている優先度レベル・レジスタ幅に影響されます. 例えば, 3ビットが優先レベル・レジスタに実装されている場合, BASEPRIは0x00, 0x20, 0x40...0xC0, 0xE0としてのみプログラムできます.

9.5　プログラミングにおけるベクタ・テーブル定義

9.5.1　スタートアップ・コードのベクタ・テーブル

　ベクタ・テーブルとベクタ・テーブル・オフセット・レジスタについては, 8.6節で紹介しました. マイクロコントローラのソフトウェア・プロジェクトでは, ベクタ・テーブルはデバイス固有のスタートアップ・コードで定義されます. 注意として, スタートアップ・コードは多くの場合, ツール・チェーンに依存するアセンブリ形式です. そのため, マイクロコントローラ・ベンダのソフトウェア・パッケージには, 異なるツール・チェーン用の複数のスタートアップ・ファイルが含まれていることがよくあります.
　Armツール(Keilマイクロコントローラ開発キットなど)を使用した, Cortex-M33ベースのシステムのスタートアップ・コードに含まれるベクタ・テーブルの一部を次に示します. この特定の例では, コードはCortex-M33プロセッサのFPGAプロトタイプに基づいています.

Cortex-M33ベース・システムのスタートアップ・ファイルの例にあるベクタ・テーブル定義の一部

```
        PRESERVE8
        THUMB
; リセット時にアドレス0にマッピングされるベクタ・テーブル
        AREA RESET, DATA, READONLY
        EXPORT __Vectors
        EXPORT __Vectors_End
```

304

9.5 プログラミングにおけるベクタ・テーブル定義

```
        EXPORT __Vectors_Size
__Vectors DCD __initial_sp          ; スタックのトップ
        DCD Reset_Handler           ; Resetハンドラ
        DCD NMI_Handler             ; NMIハンドラ
        DCD HardFault_Handler       ; HardFaultハンドラ
        DCD MemManage_Handler       ; MPUFaultハンドラ
        DCD BusFault_Handler        ; BusFaultハンドラ
        DCD UsageFault_Handler      ; UsageFaultハンドラ
        DCD SecureFault_Handler     ; SecureFaultハンドラ
        DCD 0                       ; 予約済み
        DCD 0                       ; 予約済み
        DCD 0                       ; 予約済み
        DCD SVC_Handler             ; SVCallハンドラ
        DCD DebugMon_Handler        ; DebugMonitorハンドラ
        DCD 0                       ; 予約済み
        DCD PendSV_Handler          ; PendSVハンドラ
        DCD SysTick_Handler         ; SysTickハンドラ
        ; コア割り込み
        DCD NONSEC_WATCHDOG_RESET_Handler ; - 0 NS Watchdog rstハンドラ
        DCD NONSEC_WATCHDOG_Handler       ; - 1 NS Watchdogハンドラ
        DCD S32K_TIMER_Handler            ; - 2 S32Kタイマハンドラ
        DCD TIMER0_Handler                ; - 3 TIMER 0ハンドラ
        DCD TIMER1_Handler                ; - 4 TIMER 1ハンドラ
        DCD DUALTIMER_Handler             ; - 5 Dualタイマ・ハンドラ
        ...
```

示しているコードの一部では，ベクタ・テーブルはRESETという名前の領域で定義されています．この名前を使用して，リンカ・スクリプトはベクタ・テーブルを配置する場所を指定できます．RESETという名前の領域を使用したArmツール・チェーンのリンカ・スクリプト（スキャッタ・ローディング・ファイル）の例を次に示します．

スキャッタ・ローディング・ファイルの例

```
LR_IROM1 0x10000000 0x00200000 { ; ロード・リージョン名, リージョン開始アドレス,
                                 ; リージョン・サイズ
ER_IROM1 0x10000000 0x001F0000 { ; 注：ロード・アドレス = 実行アドレス
*.o (RESET, +First)
*(InRoot$$Sections)
.ANY (+RO)
.ANY (+XO)
}
EXEC_NSCR 0x101F0000 0x10000 {
*(Veneer$$CMSE) ; partition.h でチェック
}
RW_IRAM1 0x38000000 0x00200000 { ; 読み書きデータ
.ANY (+RW +ZI)
}
}
```

スキャッタ・ローディング・ファイルの3行目（太字のテキスト）は，RESETという名前の領域がアドレス

305

第9章　例外と割り込みの管理

0x10000000から始まる内部ROMの最初の項目として配置されることを指定しています．このアドレス値は，使用されているハードウェア・プラットフォームの初期VTORと一致していなければなりません．そうでない場合，プロセッサはベクタ・テーブル，すなわちメイン・スタック・ポインタ（Main Stack Pointer：MSP）の初期値とリセット・ハンドラの開始アドレスを読み取ることができないため，スタートアップ・シーケンスは失敗します．

Cortex-M0/M0+/M3/M4プロセッサなどの前世代のCortex-Mプロセッサとは異なり，Cortex-M23とCortex-M33プロセッサの初期ベクタ・テーブルのアドレスはアドレス0に固定されていません．使用する正確なアドレスは，チップ設計者によって定義されているため，初期ベクタ・テーブルを配置するための正しいアドレスを決定するには，付属のドキュメントを確認するか，マイクロコントローラ・ベンダが提供するプロジェクト例を確認する必要があります．

9.5.2　ベクタ・テーブルの再配置

アプリケーションによっては，ベクタ・テーブルを別のアドレスに再配置する必要があります．例えば，次のような場合です．

- ベクタ・テーブルをフラッシュからSRAMに再配置することで，アクセス速度が速くなる（これは割り込みレイテンシの低減に役立つ可能性がある）
- ベクタ・テーブルをフラッシュからSRAMに再配置することで，プログラムの実行中に一部の例外ベクタを動的に変更できる
- プログラム・イメージ（独自のベクタ・テーブルを持つ）が外部ソースからRAMにロードされた場合

ベクタ・テーブルをフラッシュからSRAMに再配置するには，次のサンプル・コードを使用できます．

```
// ワード・アクセスのためのマクロ
#define HW32_REG(ADDRESS) (*((volatile unsigned long *)(ADDRESS)) )
#define VTOR_OLD_ADDR 0x00000000
#define VTOR_NEW_ADDR 0x20000000
# define NUM_OF_VECTORS 64
int i; // ループ・カウンタ
...
// VTORをプログラミングする前に，オリジナルのベクタ・テーブルをSRAMにコピーする
for (i=0;i< NUM_OF_VECTORS;i++){
   // 各ベクタ・テーブルエントリをフラッシュから SRAM にコピー
   HW32_REG((VTOR_NEW_ADDR + (i<<2)) = HW32_REG(VTOR_OLD_ADDR + (i<<2));
   }
__DMB(); // メモリへの書き込みが完了したことを確実にするデータ・メモリ・バリア
SCB->VTOR = VTOR_NEW_ADDR; // VTOR を新しいベクタ・テーブルの位置に設定
__DSB(); // データ同期バリア(Data Synchronization Barrier)
__ISB(); // 命令同期化バリア(Instruction Synchronization Barrier)
         // DSB+ISBは，全ての後続の命令が新しいベクタ・テーブルを使用することを保証
```

ベクタ・テーブルがSRAMに再配置された後，各例外ベクタは簡単に変更できます．例えば，次のようになります．

```
// ワード・アクセスのためのマクロ
#define HW32_REG(ADDRESS) (*((volatile unsigned long *)(ADDRESS)) )
void new_timer0_handler(void); // 新しいタイマ0割り込みハンドラ
unsigned int vect_addr; // ベクタのアドレス
//例外ベクタのアドレスを計算する
```

```
//置換される例外ベクタが "Timer0_IRQn" で示される例外番号を持つと仮定
vect_addr = SCB->VTOR + ((((int) Timer0_IRQn) + 16) << 2);
// ベクタを new_timer0_handler() のアドレスに更新
HW32_REG(vect_addr) = (unsigned int) new_timer0_handler;
__DSB(); //データ同期バリアを実行して，後続の操作の前に書き込みが完了していることを確認
```

　ベクタ・テーブルの例外ベクタを更新する場合，ベクタのビット0を1にする必要があります（8.6節参照）．これを考慮して，上記の例を参照すると "new_timer0_handler" のラベルはコンパイラによって関数アドレスとして認識されているため，ベクタのアドレス値のビット0は自動的に1にセットされます．しかし，関数アドレスで生成されていないアドレスで例外ベクタを変更する必要がある場合は，アドレスのビット0を強制的に1にするための追加のアドレス操作が必要になる場合があります．

　ベクタ・テーブルを再配置する場合，次の点を考慮する必要があります．

- ベクタ・テーブルの開始アドレスは，Cortex-M33では128の倍数，Cortex-M23では256の倍数でなければならない．この要件は，ベクタ・テーブルの開始アドレスがベクタ・テーブル・オフセット・レジスタ（Vector Table Offset Register：VTOR）で示されるため．そして，VTORレジスタでは，最下位ビットの一部が実装されていないため，前述の128バイト/256バイトのアライメント要件が発生する．VTORの実装ビットと未実装ビットは次のとおり．
  - Cortex-M23プロセッサでは，実装ビットはビット8〜31までで，未実装ビット（すなわち0に固定されたビット）はビット0〜7まで
  - Cortex-M33プロセッサでは，実装ビットはビット7〜31までで，未実装ビット（すなわち0に固定されたビット）はビット0〜6まで

  その結果，ベクタ・テーブルの開始アドレスは，VTOR内のアドレス値のアライメント特性と一致しなければならない．
- ベクタ・テーブルが更新された後にデータ・メモリ・バリアを実行して，それ以降の全ての動作が新しいベクタ・テーブルを使用するようにする必要がある（ベクタ・テーブルが更新された直後にSVC命令が実行された場合でも，新しいベクタ構成が使用される）
- ベクタ・テーブルは，対応するセキュリティ・ドメインのアドレス範囲内に配置する必要があり，つまり，セキュア・ベクタ・テーブルをセキュア・アドレスに配置し，非セキュア・ベクタ・テーブルを非セキュア・アドレスに配置する必要がある

9.6　割り込みレイテンシと例外処理の最適化

9.6.1　割り込みレイテンシとは

　割り込みレイテンシとは，割り込み要求が開始されてから割り込みハンドラの実行が開始されるまでに発生する遅延のことです．Cortex-M23とCortex-M33プロセッサでは，メモリ・システムのレイテンシがゼロ，またCortex-M33の場合は，バス・システムの設計上，ベクタのフェッチとスタックが同時に発生することが条件となり，典型的な割り込みレイテンシに次のとおりです．

- Cortex-M23は，15サイクル（Cortex-M0+と同じ）で，プロセッサがセキュア・コードを実行していて，発生した割り込みが非セキュア状態をターゲットにしている場合，24サイクルに増加する
- Cortex-M33は，12サイクル（Cortex-M3とCortex-M4と同じ）で，プロセッサがセキュア・コードを実行していて，発生した割り込みが非セキュア状態を対象としている場合，21サイクルに増加する

サイクル・カウントには，レジスタのスタック，ベクタ・フェッチ，割り込みハンドラのフェッチ命令が含まれます．

　しかし，多くの場合，メモリ・システムのウエイト状態により待ち時間が長くなることがあります．プロセッサがメモリ転送を実行している場合，AMBA AHBバス・プロトコル（AHBでは一度に1つのトランザクションしか処理できません）[2]の性質上，例外シーケンスが開始される前に，未処理の転送が完了しなければなりません．実行シーケンスの持続時間は，メモリのアクセス速度にも依存します．

第9章　例外と割り込みの管理

メモリ/ペリフェラルのウエイト状態と同様に，割り込みレイテンシを増加させる要因は他にもあるかもしれません．例えば次の場合です．

- プロセッサが，同じかそれよりも高い優先度の別の例外を処理していた場合
- プロセッサが，セキュア・プログラムを実行していて，割り込みが非セキュア状態をターゲットにしている場合．この場合，追加のコンテキストをスタック・フレームにプッシュする必要がある
- デバッガがメモリ・システムにアクセスしている
- プロセッサがアンアラインド（非整列）転送を実行している場合（Cortex-M23またはArmv8-Mベースラインには適用されない）．プロセッサの観点からは，これは単一のアクセスであるかもしれないが，バスレベルでは複数の転送とみなされる．これは，プロセッサ・バス・インターフェースが，AHBインターフェースで転送を処理するために，非整列転送を複数のアラインド（整列）転送に変換するため
- フォールト例外の場合，外部の割り込み信号と異なる扱いになるため，レイテンシは，割り込みとは異なる可能性がある

Cortex-M23とCortex-M33プロセッサは，さまざまな方法で割り込み処理のレイテンシを削減します．例えば，ネストされた割り込み処理などのほとんどの動作は，プロセッサのハードウェアによって自動的に処理されるため，レイテンシが削減されます．これは，割り込みのネストを管理するために，ソフトウェアを使用する必要がないためです．同様に，ベクタ割り込みをサポートしているため，どの割り込みをサービスするかを決定するためにソフトウェアを使用する必要がなく，さらに，割り込みサービス・ルーチン（Interrupt Service Routine：ISR）の開始アドレスをルックアップする必要もありません．

9.6.2　複数サイクル命令中の割り込み

命令の中には，実行に複数のクロック・サイクルを要するものがあります．プロセッサが複数サイクル命令（整数の除算など）を実行しているときに割り込み要求が来た場合，その命令は放棄され，割り込みハンドラが終了した後に再起動される可能性があります．Cortex-M33と他のArmv8-Mメインライン・プロセッサでは，この動作はロード・ダブルワード（Load Double-word：LDRD）やストア・ダブルワード（Store Double-word：STRD）の命令にも適用されます．

さらに，Cortex-M33プロセッサは，複数のロードとストアの命令（LDM，STM，PUSH，POPなど）の転送中に例外処理を行うことが可能です．割り込み要求が到着したときにこれらの命令のいずれかを実行中である場合，プロセッサは現在のメモリ・アクセスを完了させ，その後，スタックされたxPSR（割り込み継続可能命令（Interrupt-Continuable Instruction：ICI）ビットを使って）に命令の状態（次のレジスタ番号）を保存します．例外ハンドラが完了した後，スタックされたICIビットからの情報を使用して，転送が停止された位置から複数のロードストア／プッシュ／ポップ命令を再開します．同じアプローチが浮動小数点ユニットを搭載したCortex-M33プロセッサの浮動小数点メモリ・アクセス命令（VLDM，VSTM，VPUSH，VPOPなど）にも適用されます．この動作には，次の例外があります：割り込まれている複数のロード／ストア／プッシュ／ポップの命令が，IF-THEN（IT）命令ブロックの一部である場合，その命令はキャンセルされ，割り込みハンドラが完了したときにのみ再開されます．これは，ICIビットとIT実行ステータス・ビットは，実行プログラム・ステータス・レジスタ（Execution Program Status Register：EPSR）内の同じスペースを共有しているためです．

Cortex-M23プロセッサでは，複数のロードとストアの命令（LDM，STM，PUSH，POPなど）の途中で割り込みが発生した場合，その命令はキャンセルされ，割り込みハンドラ完了後に再起動されるだけです（注意：Armv8-MベースラインのPSRにはICI/ITビットはありません）．

Cortex-M33プロセッサに浮動小数点ユニットが実装されている場合，プロセッサが，浮動小数点平方根（floating-point square root：VSQRT），または浮動小数点除算（floating-point divide：VDIV）を実行しているときに割り込み要求が来ると，浮動小数点命令の実行はスタッキング動作と並行して継続されます．

Cortex-M33プロセッサには，複数サイクル命令の途中で割り込みを無効にする機能があります．これは，補助制御レジスタのビット0にあるDISMCYCINTを設定することで制御されます．

9.6.3　テールチェーン

例外が発生し，プロセッサが同じかそれよりも高い優先度の別の例外を処理している場合，その例外は保留状

態になります．プロセッサは，現在の例外ハンドラの実行を終了すると，保留中の例外/割り込み要求の処理に進みます．レジスタのデータをスタックから復元し（アンスタッキング），再びそのデータをスタックにプッシュする（スタッキング）のではなく，プロセッサは，アンスタッキングとスタッキングのステップを幾つかスキップして，できるだけ早く保留中の例外の例外ハンドラに入ります（**図9.3**）．この配慮により，2つの例外ハンドラ間のタイミング・ギャップが大幅に減少します．

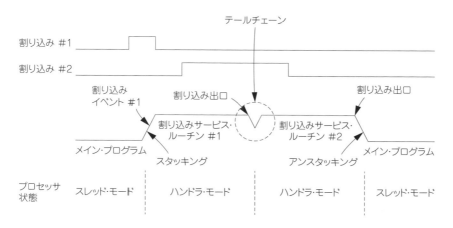

図9.3　例外のテールチェーン

　各メモリ・アクセスはエネルギーを消費するので，テールチェーンの最適化によりスタック・メモリ・アクセスの数が減り，プロセッサ・システムのエネルギー効率が向上します．

　Cortex-M3またはCortex-M4プロセッサとは異なり，テールチェーン操作によって，例外ハンドラ間のメモリ・アクセスが完全に排除される訳ではありません．これは，TrusZoneが例外リターンに追加のセキュリティ・チェック要件を持ち込んだためです．例えば，プロセッサは，次の例外を処理する前に，セキュア・スタック・フレーム内の整合性署名をチェックして，例外リターンが有効であることを確認する必要がある場合があります．もし，セキュリティのチェックが失敗した場合，プロセッサはまずフォールト例外をトリガーする必要があります．また，割り込まれたソフトウェアと最初のISRの両方がセキュアであり，テールチェーンしている割り込みが非セキュアであった場合，プロセッサは，追加のスタッキング処理を行う必要があるかもしれません．**図9.4**を参照．

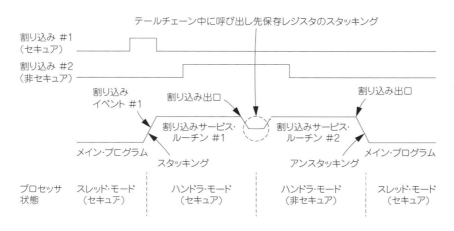

図9.4　テールチェーンでの追加スタッキング

9.6.4　後着

　例外が発生すると，プロセッサは，例外要求を受け入れ，スタッキング処理を開始します．スタッキング動作

中に，より優先度の高い別の例外が発生した場合，優先度の高い後着の例外が先に処理されます．

例えば，図9.5に示すように，例外#1（優先度の低い）が例外#2（優先度の高い）の数サイクル前に発生した場合，プロセッサはスタッキングが完了するとすぐに割り込み#2を処理します．

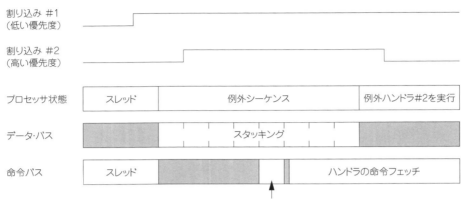

図9.5　後着の例外の動作

優先度の高い割り込みの到着が遅れると，呼び出し先保存レジスタを追加でスタックしなければならなくなる可能性があります．これは，割り込まれたコードと最初の割り込みイベントがセキュアで，2番目の割り込み（より高い優先度）が非セキュアの場合に発生します．

9.6.5　ポップの横取り

終了したばかりの例外ハンドラのアンスタッキング処理中に例外要求が到着した場合，プロセッサはアンスタッキング処理を放棄して，次の例外のためにベクタ・フェッチと命令フェッチを開始できます．この最適化は，ポップの横取りと呼ばれています（図9.6）．

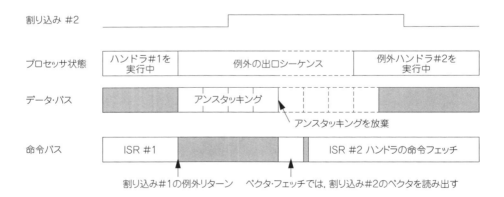

図9.6　ポップの横取り

テールチェーンの場合と同様に，新しい割り込みイベントの結果，呼び出し先保存されるレジスタが追加でスタッキングされる可能性があります．

9.6.6　レイジ・スタッキング

レイジ・スタッキングは，浮動小数点ユニット（Floating-Point Unit：FPU）内のレジスタのスタッキングに関

連する機能です．従って，FPUを搭載したCortex-Mベースのデバイスにのみ関連します．Cortex-M33/M35P/M55/M4/M7プロセッサでサポートされています．

レイジ・スタッキングの詳細は，第14章14.4節に記載されています．ここでは，レイジ・スタッキングの概要を簡単に説明します．

FPUが使用可能で，有効になっていて，割り込みが到着したときにFPUが使用されている場合，FPUのレジスタ・バンクのレジスタには保存する必要のあるデータが含まれているでしょう．レイジ・スタッキングがなければ，FPUレジスタは例外スタッキング中にスタックにプッシュされ，割り込みサービスの終了時にFPUに復元する必要があります．

これらのレジスタの保存と復元には，かなりのクロック・サイクルが必要になります．割り込みハンドラに浮動小数点命令が含まれていない場合，FPUレジスタの保存と復元は時間の無駄になり，割り込みのレイテンシが増加します．そこで，Cortex-Mプロセッサをより効率的にするために，レイジ・スタッキング最適化が導入されました．

レイジ・スタッキング機能が有効なとき（つまり，デフォルト）に割り込みが発生した場合，プロセッサはFPUレジスタをスタックにプッシュせず，そのスペースだけを確保します．また，レイジ・スタッキング保留レジスタ・ビットがセットされます．割り込みハンドラが浮動小数点命令を使用しない場合，アンスタッキング中にFPUレジスタの復元は行われません．

割り込みハンドラがFPUを使用する場合，割り込みハンドラの最初の浮動小数点命令が検出されると，プロセッサのパイプラインは停止します．このとき，プロセッサはレイジ・スタッキング処理（スタック・フレーム内の予約スペースにFPUレジスタをプッシュする処理）を実行し，レイジ・スタッキング保留レジスタをクリアした後，処理を再開します．割り込みハンドラの終了時に，FPUレジスタは，アンスタッキング処理中に，スタック・フレームから復元されます．

レイジ・スタッキング機能により，FPUを使用したCortex-M33プロセッサの割り込みレイテンシは比較的低く保たれています（例えば，追加のコンテキストを保存する必要がある場合，12または21クロック・サイクル）．

9.7　コツとヒント

さまざまなCortex-Mプロセッサで使用されるアプリケーションを開発する場合，次のような注意が必要な領域が幾つかあります．

- NVICとSCBを含むシステム制御空間（System Control Space：SCS）レジスタは，Armv6-MとArmv8-Mベースラインではワード・アクセスのみとなっている．一方，Armv7-MとArmv8-Mメインラインでは，これらのレジスタの一部は，ワードやハーフワードまたはバイトとしてアクセス可能である．その結果，割り込み優先度レジスタNVIC->IPRの定義は，2つのアーキテクチャ間で異なる．ソフトウェアの移植性を確保するために，割り込み構成を処理する際にはCMSIS-CORE関数を使用することを勧める．これらの関数を使用することで，ソフトウェア・コードの移植性が向上する
- Armv6-MまたはArmv8-Mベースラインのどちらにも，ソフトウェア・トリガ割り込みレジスタ（NVIC->STIR）はない．そのため，割り込みの保留状態をセットするには，"NVIC_SetPendingIRQ()"関数または割り込み保留セット・レジスタ（NVIC->ISPR）を使用する必要がある
- Cortex-M0にはベクタ・テーブル再配置機能はない．ただし，この機能は，Cortex-M33やCortex-M55，Cortex-M3，Cortex-M4，Cortex-M7で利用でき，Cortex-M23とCortex-M0+プロセッサではオプション
- Armv6-Mには，割り込みアクティブ・ステータス・レジスタはない．従って，NVIC->IABRレジスタと関連するCMSIS-Core関数 "NVIC_GetActive" はCortex-M0とCortex-M0+プロセッサでは使用できない
- Armv6-MまたはArmv8-Mベースラインのいずれにも，優先度のグループ化はない．従って，CMSIS-CORE関数 "NVIC_EncodePriority" と "NVIC_DecodePriority" は，Cortex-M23やCortex-M0，Cortex-M0+プロセッサでは利用できない
- Armv7-MとArmv8-Mでは，実行時に割り込みの優先度を動的に変更できる．Armv6-Mでは，割り込みの優先度を変更できるのは，割り込みを無効にしたときだけ
- FAULTMASKとBASEPRI機能は，Armv8-MベースラインまたはArmv6-Mアーキテクチャでは使用できない

第9章　例外と割り込みの管理

さまざまなCortex-Mプロセッサで利用可能なNVIC機能の比較を**表9.25**に示します.

表9.25　さまざまなCortex-MプロセッサのNVIC機能の違いのまとめ（Y=Yes, N=No）

	Cortex-M0	Cortex-M0+	Cortex-M1	Cortex-M23	Cortex-M3, Cortex-M4, Cortex-M7	Cortex-M33, Cortex-M55
割り込み本数	1〜32	1〜32	1, 8, 16, 32	1〜240	1〜240	1〜480
NMI	Y	Y	Y	Y	Y	Y
優先度レジスタの幅	2	2	2	2	3〜8	3〜8
割り込み優先度レベル・レジスタへのアクセス	ワード	ワード	ワード	ワード	ワード, ハーフワード, バイト	ワード, ハーフワード, バイト
PRIMASK	Y	Y	Y	Y	Y	Y
FAULTMASK	N	N	N	N	Y	Y
BASEPRI	N	N	N	N	Y	Y
ベクタ・テーブル・オフセット・レジスタ	N	Y（オプション）	N	Y（オプション）	Y	Y
ソフトウェア・トリガ割り込みレジスタ	N	N	N	N	Y	Y
動的優先度変更	N	N	N	Y	Y	Y
割り込みアクティブ・ステータス	N	N	N	Y	Y	Y
フォールト処理	HardFault	HardFault	HardFault	HardFault	HardFault+ 他の3つのフォールト例外	HardFault+ 他の4つのフォールト例外
デバッグ・モニタ例外	N	N	N	N	Y	Y

◉ 参考・引用＊文献 ……………………………………………………………

(1)　Armv8-Mアーキテクチャ・リファレンス・マニュアル
　　　https://developer.arm.com/documentation/ddi0553/am　（Armv8.0-Mのみのバージョン）
　　　https://developer.arm.com/documentation/ddi0553/latest　（8.1-Mを含む最新版）
　　　注意：Armv6-M，Armv7-M，Armv8-M，Armv8.1-M用のMプロファイル・アーキテクチャ・リファレンス・マニュアルは次の場所にあります
　　　https://developer.arm.com/architectures/cpu-architecture/m-profile/docs
(2)　AMBA5高性能バス（Advanced High-performance：AHB）プロトコル仕様書
　　　https://developer.arm.com/documentation/ihi0033/b-b/

◆ 第 **10** 章 ◆

低消費電力と
システム制御機能

Low power and
system control features

10.1 低消費電力の探求

10.1.1 なぜ低消費電力が重要なのか？

　多くの組み込みシステム，特に電池で動作するポータブル製品では，低消費電力のマイクロコントローラが必要とされています．また，低消費電力特性は，次のように製品設計にもメリットがあります．
  - 電池のサイズを小さくすると，製品のサイズが小さくなり，低コストの製品になる
  - 製品の電池寿命を延ばすことができる
  - 電磁干渉（Electromagnetic Interference：EMI）を低減し，無線通信の品質を向上させる
  - 電源設計を簡素化し，放熱問題を回避できる
  - 幾つかのケースでは，低消費電力の組み込みシステムの代替エネルギー源（ソーラ・パネル，エネルギー・ハーベストなど）を使用してシステムに電力を供給できる

これらの利点の中でも，ほとんどの製品にとって最も大きな利点は，より長い電池寿命を可能にすることです．これは，ウェアラブル製品，センサ，医療用インプラントなどの市場セグメントで特に重要です．例えば，多くの煙感知器は，電池を交換することなく，かなり長い時間動作します．長年にわたり，マイクロコントローラ・ベンダは，Arm Cortex-Mベースのチップ・プロセッサの低消費電力の能力を利用してきましたが，そこに低消費電力技術を加えることで，大幅な低消費電力の製品製造を達成しました．

10.1.2 低消費電力とは？ そして，どうやって測定するのか？

　従来，マイクロコントローラのデータシートは，さまざまな状態と条件におけるマイクロコントローラの"アクティブ電流"と"スリープ・モード電流"を引き合いに出してきました．幾つかのケースでは，データシートの中に製品のエネルギー効率も記載されています．これらのデータは，表10.1に示すように分類できます．

表10.1　マイクロコントローラの典型的な低消費電力要件と関連する設計上の考慮事項

要　件	代表的な測定と設計上の考慮事項
アクティブ電流	これは通常，μA/MHzで測定される．アクティブ電流は，ほとんどがメモリやペリフェラル，プロセッサによって消費される動的電力で構成されている．計算を簡単にするために，マイクロコントローラの消費電力は，クロック周波数に正比例すると仮定できるが，これは厳密には正しくない（この仮定では，わずかな誤差がある） 実際のアクティブ電流値はプログラム・コードの特性に依存するため，アクティブ電流値は場合によっては正確ではないことがある　例えば，多くのデータ・メモリ・アクセスを持つアプリケーションでは，特にメモリの消費電力が高い場合，消費電力が高くなる可能性がある
スリープ・モード電流	これは通常，μAで測定される．ほとんどの場合，マイクロコントローラが低電力スリープ・モードにあるとき，クロック信号は停止する．スリープ・モード電流は，一般的にトランジスタの漏れ電流や一部のアナログ回路とI/Oパッドで消費される電流で構成されている．一般的に，スリープ・モード電流を測定する際には，ほとんどのペリフェラルの電源はOFFになっている．しかし，現実の世界では，アプリケーションの要件により，幾つかのペリフェラルがアクティブなままになる可能性がある（リアルタイム・クロック，電圧低下検出器など）
エネルギー効率	この測定は通常，Dhrystone（DMIPS/μW）やCoreMark（CoreMark/μW）などの一般的なベンチマークに基づいて行われる．しかし，これらのベンチマークを実行しているときのプロセッサの動作は，実際のアプリケーションのデータ処理動作とは大きく異なる場合がある．クロッキング構成のさまざまな組み合わせとコンパイラの特定のオプションの組み合わせを選択することで，最高のDMIPS/μWまたはCoreMark/μW値を達成するために，システム（マイクロコントローラなど）をチューニングできる

第10章　低消費電力とシステム制御機能

要件	代表的な測定と設計上の考慮事項
ウェイクアップ・レイテンシ	ウェイクアップ・レイテンシは，特定のスリープ・モードからプロセッサをウェイクアップするのにかかる時間として規定されることが多い．これは通常，クロック・サイクル数またはμsで測定される．通常，この測定は，ハードウェア要求（ペリフェラル割り込みなど）が発生してからプロセッサがプログラムの実行を再開するまでの時間で測定される．μsで測定した場合，クロック周波数は結果に直接影響する． アプリケーション開発者は，ウェイクアップ・レイテンシとスリープ・モード電流のトレードオフを考慮する必要がある．スリープ・モード中の消費電力を最小限に抑えるためには，チップ内の回路コンポーネントの大部分をOFFにする必要がある．しかし，これらのコンポーネントの中には，電源投入と準備に長い時間を必要とするものがあり，その結果，低消費電力のスリープ・モードでは，ウェイクアップに長い時間が必要となる．例えば，PLLのようなクロック回路はOFFにできるが，OFFにした場合，通常のクロック出力を再開するのに時間がかかる．従って，製品設計者は，どのスリープ・モードがアプリケーションに最適であるかを決定する必要がある

アプリケーションの性質に応じて，これらの要件の中には他の要件よりも重要なものもあります．例えば，デバイスが長い期間（つまり，各ウェイクアップ・イベント間が数時間）スリープ状態になる可能性が高い場合，低スリープ・モード電流特性がマイクロコントローラを選択する際の最も重要な要素となります．一方，デバイスがほとんどの時間動作するように設計されている場合は，動作中のマイクロコントローラのエネルギー効率がより重要になります．

システム設計者が，最適なデバイスを理解し，決定することを支援するため，EEMBC（Embedded Microcontroller Benchmark Consortium, https://www.eembc.org）は，ここ数年間，これらのニーズに対応するために，ベンチマークを幾つか作成してきました．さらに，幾つかのチップベンダは，これらのベンチマークを使用して，ソフトウェア・プロジェクトを作成し，その結果を製品設計者に提供しています．これらは，主張している低消費電力能力をどのように実現するかのリファレンスとして使用できます．詳細は次のとおりです．

- ULPMark-CP（Ultra Low Power Mark – CoreProfile）：この処理負荷には，単純なデータ処理とスリープ動作が含まれており，8，16，32ビット・プロセッサベースのシステムを含む幅広い低消費電力マイクロコントローラに適している
- ULPMark-PP（PeripheralProfile）：処理負荷には，一連のペリフェラル動作が含まれている
- ULPMark-CM（CoreMark）：これは，エネルギー効率の報告方式を標準化し，一貫した試験条件で動作するCoreMark作業負荷に基づいている．その結果，固定電圧，ベスト電圧，性能最適化シナリオをカバーしている
- IoTMark-BLE（Bluetooth Low Energy）：IoTデバイス（この場合，BLEを使用した接続性に基づくもの）の電力効率を測定するためのベンチマーク
- SecureMark-TLS（Transport Layer Security）：トランスポート・レイヤ・セキュリティ・プロトコルを実行しているときの，プロセッサ・システムの電力効率を測定するためのベンチマーク

これらのベンチマークは，デバイスがどのように動作するかを示すのに役立ちますが，提供される情報は有用であっても，実際のアプリケーションを実行して結果を測定することが不可欠であることがよく分かります．これは，ベンチマークのテスト環境が実世界のアプリケーションの環境と完全に一致する可能性が低いためです．

10.2　Cortex-M23とCortex-M33プロセッサの低消費電力機能

10.2.1　低消費電力特性

Arm Cortex-Mプロセッサは，低消費電力要件を考慮して設計されています．これらのプロセッサをさまざまな低消費電力アプリケーションで使用できるように，プロセッサは次のさまざまな低消費電力特性を備えています．

- 小面積 – 多くのCortex-Mプロセッサは，シリコン面積が非常に小さくなるように設計されているため，静的電流と動的電流の両方を低減できる．例えば，Cortex-M23プロセッサは，さまざまな超低消費電力アプリケーション向けに設計されており，TrustZoneセキュリティ拡張機能をサポートすることで，高度なセキュリティ機能を搭載することが可能
- 低消費電力最適化 – プロセッサ内では，クロック・ゲーティングや複数の電力ドメインのサポートなど，さまざまな低消費電力最適化技術が使用されている

- 低消費電力のシステム・レベルのサポート機能 – スリープ・モードやWICなど，幾つかの低消費電力機能が用意されており，チップ設計者がシステム・レベルで消費電力を削減できるようになっている
- 高性能 – 製品がクラス最高のエネルギー効率を実現できるように，Cortex-Mプロセッサは卓越した性能を発揮するように設計されている．例えば，Cortex-M33プロセッサは，4CoreMark/MHz以上の性能レベルを達成している
- 高いコード密度 – アプリケーションを小さなプログラム・スペースのデバイスに収めることができ，システム全体の消費電力の削減にも役立つ
- 構成可能性 – Cortex-Mプロセッサは，高度に構成可能であり，チップ設計者は消費電力を削減するために，必要のない機能を省略できる

これらの特性により，Cortex-Mプロセッサは，低消費電力マイクロコントローラやSoC製品の範囲で，マイクロコントローラ・ベンダにより広く使用されています．

10.2.2 スリープ・モード

スリープ・モードは，マイクロコントローラ・アプリケーションで消費電力を削減するために一般的に使用されています．アーキテクチャ上，Ccrtex-Mプロセッサは，スリープとディープ・スリープの2つのスリープ・モードをサポートしています．システム設計者は，追加の電力制御方法とシステム・レベルの低電力を使用して，スリープ・モードをさらに拡張できます．例えば，プロセッサ・システム・レベルでは，図10.1に示すように，複数の電力レベルを作成できます．

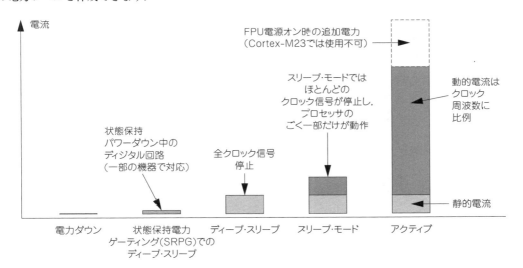

図10.1　Cortex-Mプロセッサ・システムで可能なさまざまな電力レベル

システム・レベルでは，他のコンポーネントの電力管理機能に基づいて，追加のスリープ・モードを配置できます．例えば，次のようなものです．
- 一部のメモリ（フラッシュ・メモリなど）はパワーダウンできる
- SRAMはさまざまな低電力状態にできる
- 一部のペリフェラルはOFFにできる
- プロセッサが動作していないとき，または，動作周波数が低下しているときに電圧レベルを下げることができる

Cortex-Mプロセッサは，幅広いアプリケーションをカバーするように設計されており，異なる半導体プロセス・ノードで実装できるため，さまざまなスリープ・モード期間に何が起こるかをプロセッサの設計では正確に指定していません．しかし，プロセッサのインターフェースは，スリープ・モードをサポートするためのさまざまな信号をサポートしているため，これは問題ではありません．つまり，チップ設計者は，アプリケーションの要件に基づいて，どのような電力削減技術を使用するかを決定できます．

第10章　低消費電力とシステム制御機能

単純に設計しても，プロセッサの内部にすでに備わっているクロック・ゲーティングが，スリープ期間中に良好な消費電力の削減を実現します．もっと複雑な設計においては，チップの設計者は，プロセッサ全体の電力供給を停止したり，状態保持電力ゲーティングを配置して，プロセッサが動作していないとき，その電力消費を削減するなどのオプションを使うことができます．

10.2.3　システム制御レジスタ（SCB->SCR）

スリープに入るときに，スリープ・モードまたはディープ・スリープ・モードのどちらを使用するかを決定するためには，SLEEPDEEPと呼ばれるビット・フィールドの1つをソフトウェアでプログラムする必要があります．SLEEPDEEPは，システム制御レジスタ（System Control Register：SCR）のビット2です．SCRはアドレス0xE000ED10にあるメモリ・マップされたレジスタです（CMSIS-COREヘッダ・ファイルを使用しているプロジェクトでは，SCB->SCRシンボルを使用してアクセスできます）．

SCRビット・フィールドの情報を表10.2に示します．システム制御ブロック（System Control Block：SCB）の他のほとんどのレジスタと同様に，SCRは特権状態でのみアクセスできます．

表10.2　システム制御レジスタ（SCB->SCR、0xE000ED10）

ビット	名 前	タイプ	リセット値	説 明
4	SEVONPEND	R/W	0	Send Event on Pending（センド・イベント・オン・ペンディング）：これを1にセットし，新しい割り込みが保留されると，その割り込みが現在のレベルよりも高い優先度を持っていてかつ有効になっていたかどうかに関わらず，プロセッサはWFEからウェイクアップする
3	SLEEPDEEPS	R/W	0	Sleep Deep Secure（スリープ・ディープ・セキュア）：このビットが1にセットされている場合，SLEEPDEEPビット（ビット2）は，非セキュア・ワールドからアクセスできない．それ以外の場合（つまり，ビットが0）は，SLEEPDEEPは非セキュア特権ソフトウェアからアクセス可能．SLEEPDEEPSビットは，セキュア特権状態でアクセス可能であり，TrustZoneが存在しない場合は実装されない
2	SLEEPDEEP	R/W	0	Sleep Deep（スリープ・ディープ）：1にセットすると，ディープ・スリープ・モードが選択される．それ以外の場合（ビットが0の場合）はスリープ・モードが選択される．SLEEPDEEPSが1にセットされている場合，このビットは読み出すとゼロとなり，非セキュア・ワールドからの書き込みは無視される
1	SLEEPONEXIT	R/W	0	Sleep on Exit（スリープ・オン・エグジット）：このビットを1にセットすると，Sleep-On-Exit機能が有効になり，例外ハンドラを終了してスレッド・モードに戻るときにプロセッサが自動的にスリープ・モードに入るようになる
0	予約済み	–	–	–

SLEEPDEEPビット（ビット2）を設定すると，ディープ・スリープ・モードを有効にできます．TrustZoneが実装されている場合，このビットのアクセスは，SLEEPDEEPSビット（ビット3：Armv8-Mで導入された新しいビット・フィールド）を使用して，セキュア特権ソフトウェアによって制御できます．

TrustZoneが実装されている場合，セキュア特権ソフトウェアは，SCB_NS->SCR（アドレス0xE002ED10）を使用して，このレジスタの非セキュア特権ビューにアクセスすることもできます．

システム制御レジスタは，Sleep-On-ExitやSEV-On-Pendなどの他の低消費電力機能を制御するためにも使用されます．Sleep-On-Exit機能については10.2.5節，SEVONPENDについては10.2.6節で説明します．

10.2.4　スリープ・モードに入る

Cortex-Mプロセッサは，スリープ・モードに入るための2つの命令を提供しています（表10.3）．スリープ・モードに入る第3の方法は，命令ではなく，10.2.5節で説明するSleep-On-Exit機能を使用することです．

WFIスリープとWFEスリープのどちらも，割り込み要求によってウェイクアップできます．これは，割り込

表10.3　スリープ・モードに入るための命令

命 令	CMSIS-COREイントリンジック	説 明
WFI	void __WFI(void);	割り込み待ち スリープ・モードに入る.プロセッサは,割り込み要求,デバッグ要求,またはリセットによってウェイクアップできる
WFE	void __WFE(void);	イベント待ち 条件付きでスリープ・モードに入る.内部イベント・レジスタがすでにクリアされている場合,プロセッサはスリープ・モードに入る.クリアされていない場合,内部イベント・レジスタは0にクリアされ,プロセッサはスリープ・モードに入ることなく継続する.プロセッサは,割り込み要求,イベント,デバッグ要求,またはリセットによってウェイクアップできる

みの優先度,現在の優先度レベル,および割り込みマスクの設定に依存します.10.3.4節を参照してください.

WFEスリープは,イベントによってウェイクアップできます.イベント・ソースには次のようなものがあります.
- 例外の入り口と出口
- SEVONPEND イベント:SEV-On-Pend 機能が有効な場合(システム制御レジスタのビット4),割り込み保留ステータスが0から1に変更されたときにイベント・レジスタがセットされる
- 外部イベント信号(プロセッサのRXEV入力)のアサーション.これは,オンチップ・ハードウェアからのイベントが発生したことを示す.イベント信号は1サイクルのパルスが可能で,この信号の接続はデバイス固有である
- SEV(Send Event)命令の実行
- デバッグ・イベント(例:停止要求)

プロセッサは,現在または過去のイベントによってWFEスリープからウェイクアップされることがあります.内部イベント・レジスタがセットされている場合,これは最後のWFE実行またはスリープ以降にイベントを受信したことを示します.このような場合,WFEの実行はスリープ状態にはなりません(潜在的には,一瞬だけプロセッサはスリープ・モードに入るかもしれませんが,スリープ状態になった場合,直ちにウェイクアップします).プロセッサ内部には,以前にイベントが発生したかどうかを示すシングル・ビットのイベント・レジスタがあります.このイベント・レジスタは,前述のイベント・ソースによってセットされ,WFE命令の実行によってクリアされます.

WFEスリープと同様に,WFIスリープ中に,割り込みの優先度がプロセッサの現在の優先度レベルよりも高い場合,割り込み要求によってプロセッサをウェイクアップできます.プロセッサの現在の優先度レベルは,次のいずれかに基づいています.
- 実行中の例外サービスの優先度レベル
- 設定されているアクティブな割り込みマスキング・レジスタ(BASEPRIなど)の優先レベル

この2つの優先度レベルはプロセッサのハードウェアによって比較され,優先度レベルがより高い方がプロセッサの現在の優先度レベルとして使用されます.選択されたレベルは,新しく入ってきた割り込みの優先度レベルと比較され,その割り込み要求がより高い優先度を持つ場合にプロセッサをウェイクアップします.

また,プロセッサの現在の優先度レベルと同じかそれよりも低い優先度の割り込みが入ってきた場合,また,SEV-on-pend機能が有効な場合,これはイベントとして扱われ,プロセッサをWFEスリープからウェイクアップできます.

10.2.5 Sleep-On-Exit機能

Sleep-on-Exit機能は,全ての操作(初期化以外)が割り込みハンドラを使用して実行されるような割り込み駆動型のアプリケーションで,非常に便利です.これは,プログラム可能な機能で,システム制御レジスタ(System Control Register:SCR,10.2.3節を参照)のビット1を使用して有効または無効にできます.この機能を有効にすると,Cortex-Mプロセッサは,例外ハンドラを終了するとき,すなわちスレッド・モードに戻るとき(つまり,他の例外要求が処理を待っていないとき)に,自動的にスリープ・モード(WFI動作)になります.

例えば,Sleep-on-Exit機能を利用するプログラムは,図10.2に示すようなプログラム・フローを持っているかもしれません.

第10章 低消費電力とシステム制御機能

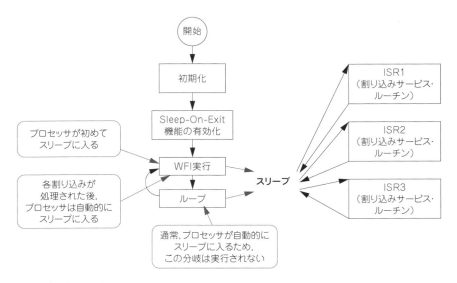

図10.2 Sleep-on-Exitプログラムの流れ

図10.2に示すシステムで実行されているプログラムの動作を図10.3に示します．通常の割り込み処理シーケンスとは異なり，プロセッサとメモリの電力を節約するため，Sleep-on-Exit時のスタッキング処理とアンスタッキング処理は削減されます．しかし，図10.3に示すように，割り込みが最初に発生した場合は，完全なスタッキング処理が必要になります．

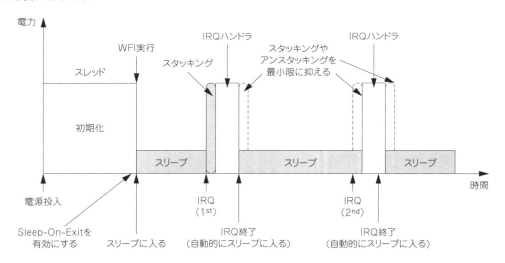

図10.3 Sleep-on-Exit動作

デバッガが接続されている場合，デバッグ要求によってプロセッサが起動する可能性があるため，図10.2中の"ループ"は必要ですので，ご注意ください．

重要：Sleep-On-Exit機能は初期化ステージが終了するまで有効にしないでください．そうしないと，初期化段階で割り込みイベントが発生し，Sleep-On-Exit機能がすでに有効になっている場合，初期化段階が終了していないにもかかわらず，プロセッサはスリープ・モードになります．

10.2.6 Send Event On Pending（SEVONPEND）の機能

システム制御レジスタ（System Control Register：SCR）のプログラマブル制御ビットの1つにSEVONPENDが

あります．この機能はWFEのスリープ動作とともに使用されます．このビットが1にセットされている場合，割り込み保留ステータスをセットした新規に入ってきた割り込みどれでもウェイクアップ・イベントとして扱われ，次の条件に関係なく，プロセッサをWFEスリープ・モードからウェイクアップさせます．

- NVICで割り込みが有効になっているかどうか
- 新規割り込みの優先度が現在の優先度よりも高いかどうか

スリープに入る前に，すでに割り込みの保留ステータスが1にセットされていた場合，新しい割り込み要求はSEV-on-pendイベントをトリガせず，プロセッサをウェイクアップしません．

10.2.7　スリープの延長／ウェイクアップ遅延

通常，Cortex-Mプロセッサがスリープ・モードのときに割り込みイベントがトリガされると，プロセッサのクロック信号が再開されるとすぐに，割り込みサービス・ルーチンのサービスが開始されます．マイクロコントローラによっては，特定のスリープ・モードではSRAMへの供給電圧を減らしたり，フラッシュ・メモリへの電源をOFFにしたりして消費電力を積極的に削減するため，ウェイクアップ処理に時間がかかる場合があります．このような場合，メモリの準備ができていないため，できるだけ早く割り込みサービスを開始しても役に立ちません．

この問題を解決するために，ほとんどのCortex-Mプロセッサ（Cortex-M1を除く）は，クロック発生中に割り込みサービスを遅延させることができる1組のハンドシェイク信号をサポートしています．この遅延により，システムが終わらせなければならない残りの部分の準備ができます．この機能はシリコン設計者にしか見えず，ソフトウェア（プログラマ）からは完全に見えません．しかし，この機能を使用した場合，マイクロコントローラのユーザは，割り込みレイテンシが長くなることに気付くかもしれません．

10.2.8　ウェイクアップ割り込みコントローラ（WIC）

特定のスリープ・モードでは，チップ設計者は，プロセッサへのクロック信号を全て停止させたり，プロセッサをパワー・ダウン状態にしたりする場合があります．このような場合，プロセッサ内部のNVICは，入力された割り込みを検出したり，プロセッサをスリープ状態からウェイクアップさせたりできなくなります．この問題を解決するために，ウェイクアップ割り込みコントローラ（Wakeup Interrupt Controller：WIC）が導入されました．

WICは，Cortex-Mプロセッサの外部にある小型のオプションの割り込み検出回路で，専用インターフェースを介してCortex-Mプロセッサ内のNVICに結合されています．WICは通常，常時通電領域に配置されているため，プロセッサの電源が切れてもWICは動作します．

WICにはプログラム可能なレジスタが含まれていないため，WICが有効になっている場合には，ハードウェア・インターフェースが自動的に割り込みマスキング情報をNVICからWICに転送する必要があります．この転送は，プロセッサがスリープ・モードに入る直前に行われます．プロセッサがウェイクアップすると，WICのインターフェースによって，割り込みマスキング情報が自動的にクリアされます．WICの動作はハードウェアによって自動的に制御されるため，WICが有効になると，ソフトウェアからはWICの存在が見えなくなります．次においてWICを利用できます．

- Armv8-Mメインライン・プロセッサとArmv7-Mプロセッサでは，ディープ・スリープが選択された場合のみ
- Cortex-M23（Armv8-Mベースライン），Cortex-M0とCortex-M0+プロセッサ（Armv6-M）では，スリープ・モードとディープ・スリープ・モードのいずれかを使用した場合

WICは，割り込みが検出されるとシステムの電源管理コントローラにWAKEUP信号を出力し，システムをウェイクアップします（図10.4）．割り込み信号の処理に加えて，WICは，受信イベント（RXEV）信号（WFEスリープからプロセッサをウェイクアップする）の検出や，Cortex-M33プロセッサの場合は，EDBGRQと呼ばれる外部デバッグ要求信号も処理できます（16.2.5節）．EDBGRQ信号はデバッグ・モニタ例外をトリガするために使用でき，したがって，WICによって割り込み信号のように処理されます．デバッグ・モニタ例外は，Cortex-M23プロセッサでは利用できず，そのWICはEDBGRQ信号をサポートしていません．

第10章 低消費電力とシステム制御機能

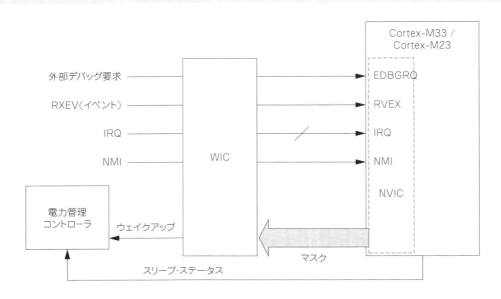

図10.4 プロセッサがパワーダウンしたとき，またはプロセッサのクロックが全て停止したときに，WIC が割り込みを検出する

　スリープ・モード中は，状態保持と呼ばれる技術を使用することで，プロセッサが使用する電力を大幅に削減できます（図10.5）．同時に，割り込みの検出はWICによって処理されます．割り込み要求が来ると，WICはその要求を検出し，プロセッサがウェイクアップし，動作を再開して，割り込み要求を処理できるように，システムの電源管理コントローラに，クロックの復元を指示します．

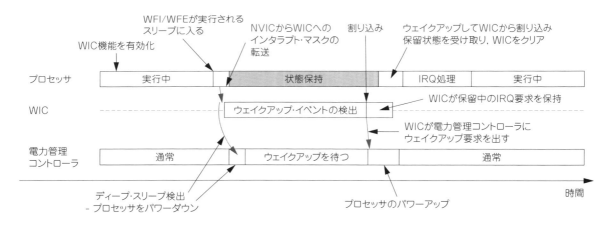

図10.5 WIC と状態保持技術を組み合わせることで，スリープ時のプロセッサの消費電力を削減

　WICの割り込み検出回路は，シリコン設計者によってカスタマイズでき，例えば，必要に応じてクロックレス動作をサポートできます．
　WIC機能が利用可能になったことで，状態保持電力ゲーティング（State Retention Power Gating：SRPG）などの高度な省電力技術を使用して，チップのリーク電流を大幅に削減できるようになりました．
　SRPG設計では，レジスタ（IC設計用語ではフリップフロップと呼ばれることが多い）の内部に，独立した電源を持つ状態保持回路が組み込まれています（図10.6）．システムがパワーダウンすると，通常の電源をOFFにして，状態保持回路への電源のみをアクティブにしておくことができます．組み合わせ回路やクロック・バッファ，レジスタのほとんどの部分がパワーダウンするため，回路の漏れ電流が大幅に低減されます．
　SRPG技術を搭載したシステムがウェイクアップした場合，プロセッサのさまざまな状態が保持されているため，プログラムが中断されていた時点から動作を再開できます．このため，通常のスリープ・モードと同様に，

10.2 Cortex-M23とCortex-M33プロセッサの低消費電力機能

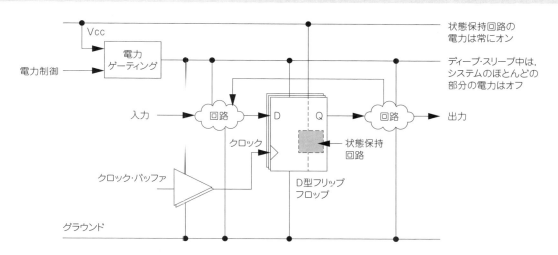

図10.6 RPG技術により，ディジタル・システムのほとんどの部分がレジスタの状態情報を失うことなくパワーダウンできる

割り込み要求にほぼ即座に対応できます．実際には，電源投入シーケンスが完了するまでには時間がかかるため，割り込みレイテンシが増加することがあります．正確なレイテンシは，使用する半導体技術，使用するメモリ，クロックの構成，電源システムの設計（電源管理コントローラの動作，電圧の安定化にどれくらいの時間がかかるかなど）に依存します．

次にご注意ください：
- Cortex-Mプロセッサをベースにした全てのマイクロコントローラ・デバイスがWIC機能を実装しているわけではない
- 特定のスリープ・モードでは，プロセッサへのクロック信号が全て停止すると，プロセッサ内のSysTickタイマも停止し，SysTick例外を発生させることができなくなる．従って，タイマを使用してウェイクアップする必要のあるアプリケーションやオペレーティングシステムは，これらのスリープ・モードの影響を受けないチップ内の他のペリフェラル・タイマを使用する必要がある
- チップのシステム・レベル・デザインによっては，スリープ・モードを使用する前にWICを有効にするために，幾つかのレジスタをプログラムする必要がある場合がある
- デバッガがプロセッサ・システムに接続されると，その低消費電力機能の一部を無効にする可能性がある．例えば，デバッガがプロセッサ・システムに接続されている場合，プロセッサのSRPGとクロック・ゲーティング機能が無効になるようにマイクロコントローラを設計できる（すなわち，プロセッサのクロックはディープ・スリープ・モード中も動作し続ける）．この構成では，アプリケーション・コードがプロセッサをディープ・スリープ・モードにしようとしているにもかかわらず，デバッガはシステムの状態を調べることができる

10.2.9 イベント通信インターフェース

この章の前（10.2.8節）で，Cortex-Mプロセッサの入力であるWFE命令は，RXEV（Receive Event）と呼ばれる信号によって起動できると述べました．プロセッサによっては，TXEV（Transmit Event：送信イベント）と呼ばれる出力信号もあります．TXEVは，SEV（Send Event）命令を実行するときに1サイクルのパルスを出力します．これらの信号をイベント通信インターフェースと呼びます（図10.7）．

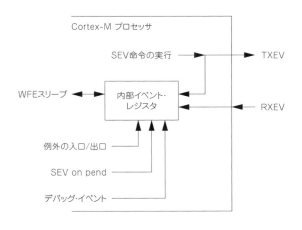

図10.7 Cortex-Mプロセッサのイベント通信インターフェース

第10章 低消費電力とシステム制御機能

　イベント通信インターフェースは，他のプロセッサやペリフェラル・ハードウェアなどの外部イベントによって，プロセッサをWFEスリープからウェイクアップすることを可能にします．

　このインターフェースの主な用途の1つは，複数のプロセッサ間でセマフォを処理するときの消費電力を削減することです．第6章では，Armv8-Mプロセッサにおける排他アクセス・サポートの話題を取り上げ，セマフォが他のプロセッサによってロックされている場合に，セマフォ操作がセマフォ・データをポーリングする必要があるというシナリオを強調しました（図6.9）．前述のシナリオで，他のプロセッサがセマフォを解放するのに時間がかかった場合，セマフォ・データをポーリングしていたプロセッサ（スピンロックと呼ばれる処理）は，スピン・ロック中にかなりのエネルギーを浪費していたことになります．

　この問題を解決するために，ポーリング・ループにWFE命令を追加して電力を削減できます．これにより，セマフォが他のプロセッサによって既にロックされている場合，プロセッサはスリープ・モードに入ります．セマフォが解放されたときにプロセッサをウェイクアップするには，イベント・クロスオーバ接続とSEV命令が必要になり：セマフォを解放したプロセッサは，SEV命令を実行する必要があり，イベント・クロスオーバ接続は，WFEスリープ（すなわち，セマフォ待ち）中のプロセッサにイベントを配信することになります．デュアルコア・システムの場合に必要なイベント・クロスオーバ接続を図10.8に示します．

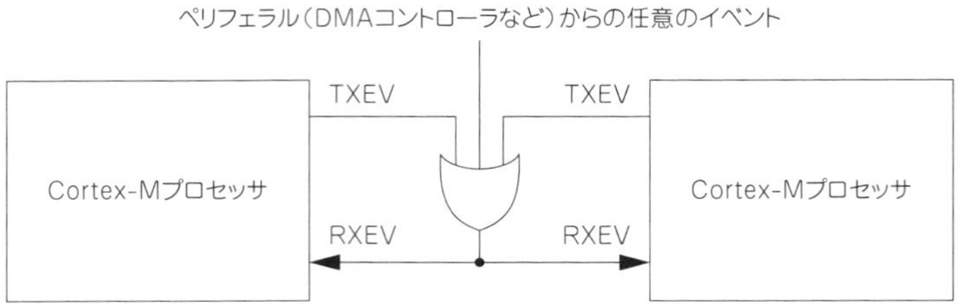

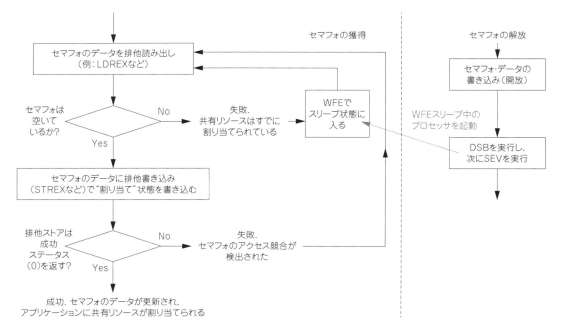

図10.8　デュアルコア・システムにおけるイベント通信接続

　イベント通信接続を使用すると，6章の図6.9に示すセマフォ操作は，WFEを含むように変更でき，これが適用された場合には，無駄になるエネルギー量の削減につながります．この変更されたセマフォの動作を図10.9に示します．

図10.9　セマフォ動作でのWFEとSEVの使用

10.2 Cortex-M23とCortex-M33プロセッサの低消費電力機能

セマフォを待っているプロセッサが他のイベントでウェイクアップされる可能性があります．これは，セマフォのデータが読み出されて再度チェックされるため，問題にはなりません．セマフォが他のプロセッサによってまだロックされている場合，プロセッサは再びスリープ・モードに入ります．

セマフォ用の排他アクセスを使用するプログラムの例は，第21章21.2節で説明しています．実際のアプリケーションでのRTOSセマフォの動作は，図10.9に示す図とは異なることに注意してください．セマフォが他のプロセッサによって既にロックされている場合，RTOSは，すぐにWFEを実行するのではなく，他のタスク/スレッドが実行を待っているかどうかをチェックします．そして，もしあれば，それらの他のタスク/スレッドを最初に実行します．処理を待っているタスク/スレッドがない場合，RTOSはWFEを実行してスリープに入ります．

図10.8に示すのと同じイベント・クロスオーバ接続を使用することで，ポーリング・ループを使用するときのエネルギーの無駄を避けるように，2つのプロセッサ間で動作を同期させることができます（図10.10）．このイベント・パス機構は，正確なタイミングを保証するものではないことに注意してください．

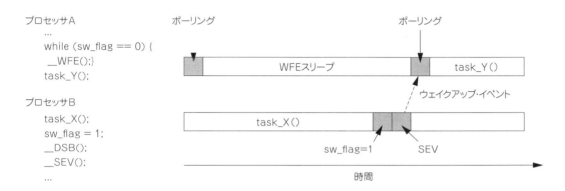

図10.10 タスク同期におけるWFEの使用 ― プロセッサAのタスクYは，プロセッサBのタスクXが完了した後にのみ実行する必要がある

イベント通信インターフェースの別の用途は，プロセッサがハードウェア・イベントの発生を待つ間，短時間のスリープ状態に入ることを可能にすることです．例えば，DMAコントローラが，DMA操作が終了したときにトリガするパルス出力信号（例えば，図10.11のDMA_Doneとして示されている）を持っている場合，ダイレクト・メモリ・アクセス（Direct Memory Access：DMA）操作で使用できます．このような構成では，プロセッサが，メモリ・コピー動作を開始するようにDMAコントローラをプログラムした後，DMA完了ステータスをポーリングする代わりに，プロセッサはループ内でWFE命令を実行してスリープ・モードに入ります．その後，DMAコントローラからイベントを受信した後にプロセッサの動作が再開されます．

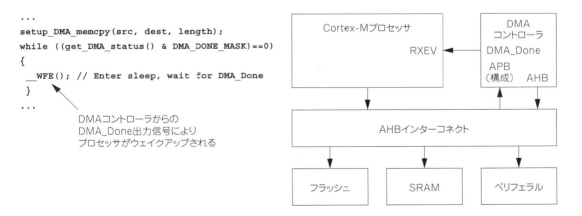

図10.11 WFE命令とRXEVイベント入力を使用した小さな遅延の処理

第10章　低消費電力とシステム制御機能

他のイベントによってプロセッサが，ウェイクアップされる可能性があるため，図10.11に示すように，プログラム・コードは，WFEスリープからのウェイクアップ後，DMA完了ステータスを再度チェックする必要があります．これは，DMAコントローラが動作を完了したことを確認するためです．

DMAコントローラは，イベント（図10.11の例ではDMA_Done信号）を発生させる代わりに，割り込みを発生させることもできます．図10.11のシナリオで割り込みを使用した場合とイベント通信信号（RXEV入力）を使用した場合を比較すると，イベント通信方式の方が割り込みハンドラへの入退出時に必要なクロック・サイクルを回避できるという利点があります．ハードウェア・イベントの待ち時間が比較的短い場合には，イベント通信インターフェースを使用するのが適しています．しかし，待ち時間が長い場合には，ハードウェア・イベントを待つ代わりに，プロセッサが他の処理タスクを処理し，DMA動作が終了したら，割り込み機構を使用してDMA動作の完了の処理に切り替えた方が効率的です．

10.2.10　スリープ・モード対応に関するTrustZoneの影響

TrustZoneが実装されたCortex-M23とCortex-M33プロセッサでは，前世代のCortex-Mプロセッサと同様に，非セキュア・ソフトウェアは，WFI，WFE，またはSleep-on-Exitを使用してスリープまたはディープ・スリープ・モードに入ることができます．しかし，セキュア・ソフトウェアはオプションで，SCB->SCRのビット3であるSLEEPDEEPSをセットすることにより，非セキュア・ソフトウェアがスリープ設定（すなわち，SCB->SCRのビット2であるSLEEPDEEP）を変更することを禁止できます．

SLEEPDEEPSビットがセットされている場合，非セキュア・ソフトウェアではSLEEPDEEPを変更することはできませんが，セキュア・ファームウェアが提供するセキュアAPIを介してSLEEPDEEPを変更できます．このメカニズムにより，非セキュア・ソフトウェアは，電源管理機能にアクセスしてSLEEPDEEPを変更できます．

一部のTrustZone対応マイクロコントローラ・システムでは，電源管理機能にアクセスするためにセキュアAPIの使用が不可欠です．これらのシステムには，デバイス固有の電源管理制御レジスタが追加されている可能性がありますが，これらのレジスタを正しく設定しないと，システムのセキュリティの整合性に影響を与える可能性があります．このため，これらのレジスタへのアクセスは，システムのセキュリティ権限制御で保護する必要があります．セキュア・ファームウェアで電源管理APIを提供することで，非セキュア・ワールドで実行されるアプリケーション・ソフトウェアはシステムの低消費電力機能を利用でき，デバイスのセキュリティを保護できます．

10.3　WFI, WFE, SEV命令についての詳細

10.3.1　プログラミングでWFI，WFE，SEV命令を使用する

第5章では，CMSIS-COREヘッダ・ファイルで定義されている次の組み込み関数（表10.4）を用いて，C/C++プログラミング環境で，WFE，WFI，SEV命令にアクセスできることを述べました．

マイクロコントローラ・アプリケーションの場合，これらの命令だけを使用しても，デバイスの低消費電力機能/最適化を十分に活用することはできません．従って，提供されたドキュメントを調べ，マイクロコントローラ・ベンダの製品例を評価し，低電力機能を

表10.4　CMSIS-CORE WFE，WFI，SEV命令への
アクセスに使用される組み込み関数

命令	CMSIS-COREで定義された組み込み関数
WFE	__WFE();
WFI	__WFI();
SEV	__SEV();

利用するために必要なソフトウェアを確認することが重要です．多くのマイクロコントローラ・ベンダは，ソフトウェア開発者が意思決定プロセスを容易にする方法として，低消費電力機能をサポートするデバイス・ドライバ・ライブラリも提供しています．そうは言っても，これらの命令を正しく使用するためには，WFI命令とWFE命令の違いを理解しておくことが重要です．

10.3.2 WFIを使用すべきとき

割り込み待ち（Wait For Interrupt：WFI）命令は無条件にスリープ・モードをトリガします．これは通常，割り込み駆動のアプリケーションで使用されます．例えば，割り込み駆動のアプリケーションでは，次のようなプログラム・フローが考えられます．

```
int main(void)
{
  // 初期化
  setup_IO();
  setup_peripherals();
  setup_NVIC();
  ...
  SCB->SCR |= 1<< 1; // オプション：Sleep-on-exit機能を有効にする
  while(1) {
    __WFI(); // 割り込みが発生していないときはスリープ・モードを維持
  }
}
```

WFIのスリープは，Sleep-on-exit機能と共に使用できます．通常，プロセッサは，WFIが実行されるとスリープ状態になります．しかし，WFIの実行によってプロセッサがスリープに入らない特殊な状況があります．これは，PRIMASKが設定されている場合と，PRIMASKによってブロックされている保留中の割り込みがある場合に発生します（すなわち，保留中の割り込みの優先度レベルがプロセッサの現在の優先度レベルよりも高い場合，しかし，PRIMASKが設定されているため，割り込みは発生しません）．

アプリケーション・シナリオによっては，WFI命令またはWFE命令のどちらを使用するかの選択は，プロセッサをウェイクアップするために使用される割り込みイベントの予想されるタイミングに依存し：例えば，次のコードでは，Nクロック・サイクル後に割り込みをトリガするようにタイマをプログラムして，Nは1000とします．タイマが初期化された後，プロセッサはWFI命令を実行してスリープ状態になり，タイマがプログラムされた値に達するとウェイクアップします．

```
NVIC_EnableIRQ(Timer0_IRQn);   // Timer0の割り込みを有効にする
setup_timer0_trigger(N);       // N=1000サイクル後に割り込みを
                               // トリガするタイマを設定する
__WFI();                       // スリープに入り，Timer0 IRQ イベントを待つ
...                            // 動作を再開し，処理を開始
```

Nが1000に等しい上記のコードを使用すると，制御機能は期待通りに動作します．しかし，同じコードを使用して，タイマ遅延を1に短縮した場合（つまり，"N"が1に等しい），WFI命令が実行される前にタイマ0割り込みが発生する可能性があります．そして，WFI命令が最終的に実行されたときには，システムをウェイクアップするためのタイマ割り込みがないため，システムはスリープ・モードのままになります．

Nが1000であっても，タイマ0が設定された直後に他の割り込みイベントが発生した場合には，同様の問題が発生する可能性があります．このような状況では，他の割り込みサービス・ルーチンの実行中に，タイマ0のIRQがトリガされ，その後サービスされます．WFIが実行されるまでに，タイマ0の割り込みがすでにトリガされてサービスされていたため，プロセッサはスリープ・モードで動けなくなってしまいます．

前述のコードを変更して，WFIが条件付きで実行されるようにすることで，前述の問題を修正しようとする人もいるかもしれません．そのための修正コードは次のとおりです．

```
Volatile int timer0_flag = 0;
                   // timer0_flag は Timer0 ISR でゼロ以外に設定
```

第10章 低消費電力とシステム制御機能

```
...
NVIC_EnableIRQ(Timer0_IRQn);   // Timer0 の割り込みを有効にする
setup_timer0_trigger(N);       // N サイクル後に割り込みをトリガするタイマを設定する
if (timer0_flag==0) {          // タイマ0のISRが実行されていない場合
__WFI(); }                     // スリープに入り, タイマ0IRQイベントを待つ
...                            // 動作を再開し, 処理を開始
```

　残念ながら，この修正されたコードでは問題は完全に解決されません．もし，ちょうど変数timer0_flagの値がソフトウェアでチェックされた後に，Timer0割り込みがトリガされるような値をタイマの遅延値Nとしていた場合，やはりWFI命令はTimer0割り込みイベントの後で実行されることになります．結果として，プロセッサはスリープ・モードで動けないままです．
　この問題を解決するためには，WFE命令を使用する必要があります（10.3.3節）．

10.3.3　WFEを使用すべきとき

　Wait for Event（WFE）命令は，前節で説明したタイマ遅延の例を含め，一般的にアイドル・ループでよく使用されます．この命令は，RTOS設計の"アイドル・タスク"でも使用されます．WFEが実行されると次のようになります．
- 内部イベント・レジスタが0の場合，プロセッサはスリープ状態になる
- 内部イベント・レジスタが1の場合，プロセッサは内部イベント・レジスタをクリアし，スリープに入ることなく次の命令に進む

WFE命令はループで使用する必要があることに注意してください．そのため，WFIをWFEに置き換えるだけではコードを変更することはできません．先ほどのスリープに入ってからタイマ割り込みを使って起きた例を元に，WFE命令を使って，"if"を"while"ループに置き換えることで，次のようにコードを変更して望みの動作を得ることができます．

```
Volatile int timer0_flag=0;
...
NVIC_EnableIRQ(Timer0_IRQn);   // Timer0の割り込みを有効に
timer0_flag = 0;               // フラグをクリア
setup_timer0_trigger(N);       // Nサイクル後に割り込みトリガするタイマを設定
  while (timer0_flag==0) {
__WFE();                       // スリープに入り, timer#0の割り込みを待つ
  };
  ...                          // 動作を再開し, 処理を開始
```

　上記のコード例では，スリープ動作（すなわちWFE命令）をループの中に入れるように変更しました．ループ動作は次のとおりです．
- WFE命令の最初の実行時に内部イベント・レジスタがセットされていた場合（以前の割り込みイベントなど），プロセッサの内部イベント・レジスタはクリアされ，スリープに入ることなく続行される．WFE命令はループ内に配置されているため，WFE命令は再び実行され，他の割り込みイベントが発生していない場合，プロセッサはスリープ状態に入る
- プロセッサがスリープ状態になると，タイマ0割り込みによりプロセッサが起動し，タイマ0割り込みハンドラが実行される．ソフトウェア・フラグ（timer0_flag）は，タイマ0割り込みハンドラによって0以外の値に設定される．ハンドラ・コードがタスクを完了すると，プロセッサは割り込まれたコードに戻る．割り込まれたコードでソフトウェア・フラグ（timer0_flag）をチェックすることで，タイマ0の割り込みが発生したことを検出し，ループを終了する
- アイドル・ループに入った後で，かつソフトウェア・フラグ（timer0_flag）がチェックされた後にタイマ0割り込みがトリガされると，タイマ0割り込みイベントによって内部イベント・レジスタがセットされる．その結果，WFE命令が実行されたとき，プロセッサはスリープに入らない．プロセッサがスリー

10.3　WFI，WFE，SEV命令についての詳細

プに入っていなかったため，アイドル・ループが再び実行され，ソフトウェア・フラグ（timer0_flag）が
セットされていたため，ループが終了する
- アイドル・ループに入る前にタイマ0割り込みがトリガされると，ソフトウェア・フラグ（timer0_flag）
がセットされ，ループはスキップされ，WFE命令は実行されない（つまり，プロセッサはスリープ状態
にはならない）

ご覧のように，WFE命令の動作により，前述のイベント・シーケンスが確実に動作し，つまり，プロセッサが
スリープ状態に入り，タイマ0の割り込み後にソフトウェアが動作を再開できるようになります．

内部イベント・レジスタの状態は，ソフトウェア・コードで直接読み出すことはできませんのでご注意くださ
い．ただし，SEV命令を実行することで，内部イベント・レジスタを1にセットできます．イベント・レジスタ
をクリアする必要がある場合は，SEVを実行してからWFEを実行します．

```
__SEV();  // 内部イベント・レジスタを設定
__WFE();  // イベント・レジスタが設定されていたため
          // このWFEはスリープをトリガしない
          // イベント・レジスタをクリアするだけ
```

WFE命令の実行直後に割り込みイベントが発生した場合は，イベント・レジスタが再度セットされます．

単一のWFE命令ではプロセッサがスリープ状態にならない場合があるため，WFEを使用してプロセッサをス
リープ状態にするためには，次のような一連のWFE命令を使用できます．

```
__SEV();  // 内部イベント・レジスタを設定
__WFE();  // イベント・レジスタをクリア
__WFE();  // スリープに入る
```

しかし，このコード・シーケンスは他に割り込みイベントが発生していない場合にのみ動作します．最初の
WFE命令が実行された直後に割り込みが発生した場合，その割り込みイベントによってイベント・レジスタが設
定されているはずなので，2番目のWFEはスリープ状態にはなりません．

SEVONPEND機能が必要な場合に，WFE命令も使用する必要があります．

10.3.4　ウェイクアップ条件

ほとんどの場合，割り込み（NMIおよびSysTickタイマ割り込みを含む）は，Cortex-Mベースのマイクロコント
ローラをスリープ・モードからウェイクアップするために使用できます．しかし，スリープ・モードの一部は，
NVICまたはペリフェラルへのクロック信号をOFFにし，その結果，それらの割り込みの一部がプロセッサをウェ
イクアップできなくなる場合があります．従って，プロジェクトを開始する前に，プロジェクトのニーズに適した
スリープ・モードを理解するため，マイクロコントローラのリファレンス・マニュアルを確認する必要があります．

WFIまたはSleep-On-Exitを使用してスリープ・モードに入った場合，ウェイクアップを行うためには，割り込
み要求を有効にする必要があり，現在のレベルよりも高い優先度レベルが必要になります（表10.5）．例えば，プ

表10.5　WFIまたはSleep-On-Exitのウェイクアップ条件

IRQ優先度条件	PRIMASK	ウェイクアップ	IRQ実行
現在の優先度レベルよりも高いIRQを受信 （IRQ優先度＞現在の優先度）AND（IRQ優先度＞BASEPRI）	0	Y	Y
現在の優先度レベルと同じかそれ以下のIRQを受信 （IRQ優先度 =< 現在の優先度）OR（IRQ優先度 =<BASEPRI）	0	N	N
現在の優先度レベルよりも高いIRQを受信 （IRQ優先度＞現在の優先度）AND（IRQ優先度＞BASEPRI）	1	Y	N
現在の優先度レベルと同じかそれ以下のIRQを受信 （IRQ優先度 =< 現在の優先度）OR（IRQ優先度 =<BASEPRI）	1	N	N

ロセッサが例外ハンドラを実行中にスリープ・モードに入った場合，または，スリープ・モードに入る前にBASEPRIレジスタが設定されていた場合，プロセッサをウェイクアップするためには，入ってくる割り込みの優先度は現在の割り込み優先度レベルよりも高い必要があります．

PRIMASKウェイクアップ条件は，プロセッサがウェイクアップした直後に小さいソフトウェアを実行し，割り込みサービス・ルーチン（Interrupt Service Routines：ISR）の実行前に特定のシステム・リソースを復元できるようにする特別な機能です．例えば，マイクロコントローラは，電力を削減するためにスリープ・モード中にフェーズ・ロックド・ループ［Phase Locked Loop：PLL（位相同期回路）は内部クロック生成に使用されます］をOFFにできます．その後，ISRの実行前にPLLの動作を復元する必要があります．これを実現するための動作を図10.12に示し，必要なステップは次のとおりです．

（ⅰ）スリープ・モードに入る前にPRIMASKを設定し，クロック・ソースを水晶クロックに切り替えてPLLをOFFにする
（ⅱ）消費電力を節約するためにPLLをOFFにして，マイクロコントローラはスリープ・モードになる
（ⅲ）割り込み要求が到着し，マイクロコントローラをウェイクアップし，WFI命令の直後の位置からプログラムの実行を再開する
（ⅳ）その後，ソフトウェア・コードがPLLを再有効化し，PLLクロックを使用するように切り替え，割り込み要求を処理する前にPRIMASKをクリアする

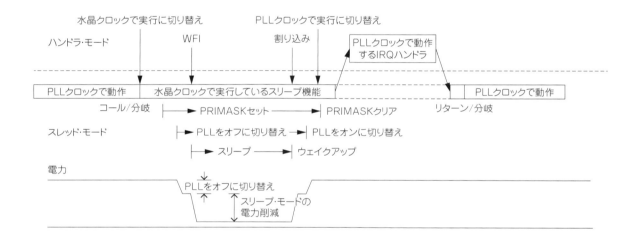

図10.12　WFIを実行する前にPRIMASKを設定することで，プロセッサはISRを実行せずにウェイクアップして実行を再開できる

WFI実行前に割り込みが来た場合，プロセッサはスリープ状態にはならず，代わりにPLLクロックをONにしてPRIMASKをクリアします．この段階に達するとISRが実行されます．

WFE命令を使用してスリープ・モードに入った場合，ウェイクアップ条件は若干異なります（**表10.6**）．割り込みに加えて，WFEは他のイベントによってもウェイクアップされることがあります（これは10.2.4節で説明）．ウェイクアップ・イベントの1つは，SEVONPENDと呼ばれる機能です（10.2.6節）．この機能が有効にされ，かつ

表10.6　WFEのウェイクアップ条件

IRQ優先度条件	PRIMASK	SEVONPEND	ウェイクアップ	IRQ実行
現在の優先度レベルよりも高いIRQを受信 （IRQ優先度＞現在の優先度）AND（IRQ優先度＞BASEPRI）	0	0	Y	Y
現在の優先度レベルと同じかそれ以下のIRQを受信 （IRQ優先度=＜現在の優先度）OR（IRQ優先度=＜BASEPRI）	0	0	N	N
現在の優先度レベルよりも高いIRQを受信 （IRQ優先度＞現在の優先度）AND（IRQ優先度＞BASEPRI）	1	0	N	N

IRQ優先度条件	PRIMASK	SEVONPEND	ウェイクアップ	IRQ実行
現在の優先度レベルと同じかそれ以下のIRQを受信 (IRQ優先度 =< 現在の優先度) OR (IRQ優先度 =<BASEPRI)	1	0	N	N
現在の優先度レベルよりも高いIRQを受信 (IRQ優先度>現在の優先度) AND (IRQ優先度>BASEPRI)	0	1	Y	Y
現在の優先度レベルと同じかそれ以下のIRQを受信 (IRQ優先度 =< 現在の優先度) OR (IRQ優先度 =<BASEPRI)	0	1	Y	N
現在の優先度レベルよりも高いIRQを受信 (IRQ優先度>現在の優先度) AND (IRQ優先度>BASEPRI)	1	1	Y	N
現在の優先度レベルと同じかそれ以下のIRQを受信 (IRQ優先度 =< 現在の優先度) OR (IRQ優先度 =<BASEPRI)	1	1	Y	N

割り込み要求が到着すると，保留ステータスがセットされ，ウェイクアップ・イベントが発生します．これは，割り込みが無効になっている場合や，割り込みの優先度がプロセッサの現在のレベルと同じかそれよりも低い場合にも適用されます．

SEVONPEND機能は，保留ステータスが0から1に切り替わったときにのみウェイクアップ・イベントを発生することに注意してください．着信した割り込みの保留ステータスがすでにセットされている場合は，ウェイクアップ・イベントは発生しません．

10.4　低消費電力アプリケーションの開発

10.4.1　始めるには

ほとんどのCortex-Mマイクロコントローラには，製品設計者が製品の消費電力を削減するのに役立つさまざまな低消費電力機能が搭載されています．マイクロコントローラ製品はそれぞれ異なるため，設計者は使用するマイクロコントローラの低消費電力機能を理解するのに時間を費やす必要があります．マイクロコントローラのベンダからはさまざまな情報が提供されており，次のような情報があります．

- 事例または，チュートリアル
- アプリケーション・ノート／技術記事

さまざまな種類のマイクロコントローラの低消費電力設計手法を全て網羅することは不可能なので，ここでは，低消費電力の組み込みシステムを設計する際に考慮しなければならない基本的な考慮事項のみを取り上げます．

10.4.2　アクティブ電力の低減

10.4.2.1　適切なマイクロコントローラ・デバイスの選択

低消費電力を実現するためには，マイコンデバイスの選択が重要な役割を果たします．デバイスの電気的特性を考慮することに加えて，プロジェクトに必要なメモリのサイズも考慮する必要があります．例えば，使用する予定のマイクロコントローラが必要以上に大きなフラッシュまたはSRAMを搭載している場合，電力を浪費する可能性があります．

10.4.2.2　適切なクロック周波数での動作

ほとんどのアプリケーションでは，高いクロック周波数を必要としないため，クロック周波数を下げることでシステムの消費電力を削減できる可能性があります．しかし，クロック周波数を低くしすぎると，システムの応答性が低下し，アプリケーションのタイミング要件を満たすことができなくなる危険性があります．

ほとんどの場合，マイクロコントローラは，適切なクロック速度で実行し，システムの応答性を確保し，未処理の処理タスクがないときにシステムがスリープ・モードに移行するようにする必要があります．場合によって

第10章 低消費電力とシステム制御機能

は，システムを高速に実行してからスリープ状態にするか，またはアクティブ電流を抑えるために低速に実行するかを判断できるように，ベンチマークが必要になることもあります．

10.4.2.3 正しいクロック・ソースの選択

マイクロコントローラの中には，周波数と精度の点で異なる機能を持つ複数のクロック・ソースを提供しているものがあります．アプリケーションによっては，消費電力を節約するために内部クロック・ソースを使用する方が良い場合があります．これは，発振器と外部水晶振動子の合計消費電力が，内部クロック・ソースで使用する電力よりもはるかに高くなる可能性があるためです．または，処理負荷の要件に応じて異なるクロック・ソースに切り替えることもできます．

10.4.2.4 未使用のクロック信号をOFFにする

最近の多くのマイクロコントローラでは，使用していないペリフェラルのクロック信号をOFFにしたり，ペリフェラルを使用する前にクロック信号をONしたりできます．さらに，一部のデバイスでは，電力を節約するために，使用されていないペリフェラルの一部をパワーダウンさせることもできます．

10.4.2.5 クロックシステム機能の利用

マイクロコントローラの中には，システムのさまざまな部分にさまざまなクロック分周器を提供しているものがあります．それらを使用して，ペリフェラルやペリフェラル・バスなどの速度を低下させることができます．

10.4.2.6 電源設計

優れた電源設計は，高いエネルギー効率を達成するためのもう1つの重要な要素です．例えば，必要以上に高い電圧の電圧源を使用する場合，電圧を下げる必要があり，そうすることで電力を浪費してしまうことがよくあります．

10.4.2.7 RTOSのアイドル・スレッドを変更する

RTOSを持つアプリケーションでは，スリープ・モード機能を利用して消費電力を削減するためにアイドル・スレッドをカスタマイズすることが有益であることが多いです．アイドル・スレッド／タスクは，処理する他のスレッド／タスクがないときに実行されるRTOSの一部です．デフォルトでは，アイドル・スレッドはプロセッサをスリープ状態にするためにWFE命令を使用します．マイクロコントローラのベンダから入手可能なサンプルを使用して，アイドル・スレッドのコードをカスタマイズできます．そうすることで，システムがアイドル状態のとき（つまり，アイドル・スレッドが実行されているとき）に，システムの消費電力をさらに削減できます．

10.4.2.8 RTOSのクロック制御を変更する

Cortex-Mプロセッサ用に設計された多くのRTOSは，時間保持のためにSysTickタイマを使用しています．SysTickはほとんどのCortex-Mベースのシステムで利用できるため，RTOSは"箱から出してすぐに"動作できます．しかし，RTOSのクロック制御コードを切り替えて，システム・レベルのタイマ・ペリフェラルを使用することで，低消費電力化を実現できます．これらのシステム・レベル・タイマの中には，SysTickよりも低消費電力のものもあり，プロセッサへのクロックが停止している場合でも（例えば，プロセッサが状態保持を伴うスリープ・モードにある場合など）動作させることができます．

10.4.2.9 SRAMからのプログラム実行

プログラム・コードが十分に小さい場合は，アプリケーション・コードを完全にSRAMから実行し，電力を節約するために内部フラッシュ・メモリの電源をOFFにすることを検討できます．これを実現するには，マイクロコン

10.4 低消費電力アプリケーションの開発

トローラはフラッシュ・メモリ内のプログラム・コードで起動し，リセット・ハンドラはプログラム・イメージを SRAMにコピーしてそこから実行し，電力を節約するためにフラッシュ・メモリをOFFにする必要があります．

多くのマイクロコントローラでは，SRAMの容量が限られているため，プログラム全体をSRAMにコピーすることは不可能な場合が多いです．ただし，プログラムの中で使用頻度の高い部分をSRAMにコピーすることで，システムの消費電力を削減することは可能です．一度これを実行すると，これらのプログラム部分はSRAMから実行され，フラッシュ・メモリはプログラムの残りの部分が必要なときにのみONになります．

10.4.2.10 正しいI/Oポート構成の選択

マイクロコントローラの中には，ドライブ能力（チップ上のI/Oピンがサポートする電流）とスルー・レートを制御するためのプログラマブルI/Oポート・オプションを備えているものがあります．I/Oピンに接続されているデバイスに応じて，ドライブ能力を低くしたり，スルー・レートを遅くしたりすることで，I/Oインターフェース回路の消費電力を抑えることができます．

10.4.3 アクティブ・サイクルの削減

10.4.3.1 スリープ・モードの活用

消費電力を削減する方法の1つは，できるだけ多く，マイクロニントローラのスリープ・モード機能を利用することです．各アイドル期間が短い期間しか続かない場合でも，それらのアイドル期間にスリープ・モードを利用することで違いが出る可能性があります．さらに，sleep-on-exitのような機能は，アクティブなサイクルを減らすのにも役立ちます．

10.4.3.2 ラン・タイムの短縮

Cコンパイラが速度最適化オプションでプロジェクトをコンパイルするように設定されている場合，通常，使用されている最適化方法（ループのアンロールなど）によりますが，プログラムのサイズが大きくなります．フラッシュ・メモリに余裕がある場合は，プロジェクトのコンパイル・オプションで速度最適化を選択できます（少なくとも頻繁に実行されるコードについては）．そうすることで，タスクはより早く完了し，システムはより長くスリープ・モードにとどまることができます．

10.4.4 スリープ・モード電流低減

10.4.4.1 正しいスリープ・モードを使う

マイクロコントローラの中にはさまざまなスリープ・モードを提供していますが，ペリフェラルの中には，プロセッサをウェイクアップせずにそれらのスリープ・モード中に動作できるものもあります．アプリケーションに適したスリープ・モードを使用することで，マイクロコントローラの消費電力を大幅に削減できます．ただし，スリープ・モードの中にはウェイクアップ・レイテンシがはるかに長いものがあるため，スリープ・モードの構成は慎重に選択する必要があります．速い応答を必要とするアプリケーションでは，長いウェイクアップ・レイテンシを持つスリープ・モードは望ましくありません．

10.4.4.2 電力制御機能を活用

マイクロコントローラの中には，異なるモード，例えば，アクティブ・モードとスリープ・モードなどで，パワー・プロファイルの設定を微調整できるものがあります．例えば，各モードでは，マイクロコントローラは，PLLとペリフェラルの選択を自動的にOFFにできます．ただし，これは場合によってはシステムのウェイクアップ・レイテンシに影響を与えることがあります．

幾つかのマイクロコントローラ・システムでは，特定のスリープ・モードでフラッシュ・メモリを自動的に

OFFにできます．そうすることにより，スリープ・モード電流の大幅な低減を達成できます．

10.5 システム制御ブロック(SCB)とシステム制御機能

10.5.1 システム制御ブロック(SCB)のレジスタ

システム制御ブロック（System Control Block：SCB）は，プロセッサの制御機能を扱うCortex-Mプロセッサ内部のハードウェア・レジスタのグループです．これらのレジスタは，特権ソフトウェアとデバッガからアクセスできます．

例外と割り込み管理のためのSCBレジスタについては第9章で説明し，表10.7にも詳述しています．

表10.7　例外と割り込み管理用SCBレジスタ（第9章参照）

アドレス	レジスタ	カバーしている節	CMSIS-COREシンボル	非セキュア・エイリアス
0xE000ED04	割り込み制御と状態レジスタ	9.3.2	SCB->ICSR	SCB_NS->ICSR（0xE002ED04）
0xE000ED08	ベクタ・テーブル・オフセット・レジスタ	9.5	SCB->VTOR	SCB_NS->VTOR
0xE000ED0C	アプリケーション割り込み/リセット制御レジスタ	9.3.4	SCB->AIRCR	SCB_NS->AIRCR（0xE002ED0C）
0xE000ED18から0xE000ED23	システム・ハンドラ優先度レジスタ	9.3.3	SCB->SHPR[n]	SCB_NS->SHPR[n]（0xE002ED18 ～ 0xE002ED23）
0xE000ED24	システム・ハンドラ制御と状態レジスタ	9.3.5	SCB->SHCSR	SCB_NS->SHCSR（0xE002ED24）

TrustZoneセキュリティ拡張機能が実装されている場合，これらのレジスタの一部は次のようにセキュリティ状態間でバンクされます：
- セキュア状態の場合，SCBデータ構造体への特権的なソフトウェア・アクセスは，SCBレジスタのセキュア・ビューを参照する
- 非セキュア状態の場合，SCBデータ構造体への特権的なソフトウェア・アクセスは，SCBレジスタの非セキュア・ビューを参照する
- セキュア状態の場合，特権ソフトウェアは，非セキュア・エイリアス（SCB_NS）アドレス0xE002EDxxを使用してSCBレジスタの非セキュア・ビューを見ることができる（図10.13）

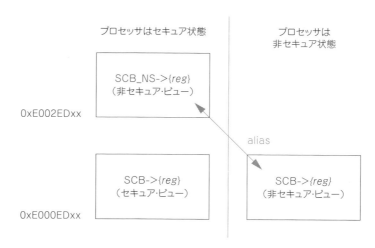

図10.13　SCBレジスタ，セキュア・ビューと非セキュア・ビュー

10.5 システム制御ブロック (SCB) とシステム制御機能

　セキュア・ワールドのソフトウェアのデバッグ権限を持つデバッガは，セキュアと非セキュアの両方のSCBデータ構造にアクセスできます．しかし，セキュア・ソフトウェアで使用するエイリアス・メソッドは，SCBとSCB_NSビューでレジスタにアクセスすることを可能にしますが，前述のデバッガには適していません．アドレス0xE000EDxxのSCBデータ・ビューは，プロセッサのセキュリティ状態に依存するため，その結果，SCBビューは頻繁に変更されます（注意：プロセッサが動作しているとき，プロセッサは頻繁にセキュア状態と非セキュア状態を切り替えることができます）．デバッグ・ツールは，ソフトウェアで使用されるのと同じエイリアス方法を使用する代わりに，DSCSR（デバッグ・セキュリティ制御とステータス・レジスタ）のSBRSEL（セキュア・バンク・レジスタ選択）とSBRSELEN制御ビットを使用して，どのSCBビューを使用するかを決定します．この構成では，プロセッサが頻繁にセキュアと非セキュアの状態を切り替えても，プロセッサの状態は，デバッガのSCBへのアクセスに影響を与えることはありません．これにより，デバッガは常に目的のSCBレジスタにアクセスできるようになります．

　TrustZoneセキュリティ拡張機能が実装されていない場合，SCBの非セキュア・ビューしか存在せず，結果としてSCB_NSのエイリアスは存在しません．

　SCBには他にも多くのレジスタがあります．SCBレジスタの全リストを表10.8に示します．

表10.8　Armv8.0-M用SCBレジスタ

アドレス	レジスタ	CMSIS-COREシンボル	コメント
0xE000ED00	CPUID ベース・レジスタ	SCB->CPUID	10.5.2 節を参照
0xE000ED04	割り込み制御と状態レジスタ	SCB->ICSR	9.3.2 節を参照
0xE000ED08	ベクタ・テーブル・オフセット・レジスタ	SCB->VTOR	9.5 節参照
0xE000ED0C	アプリケーション割り込み/リセット制御レジスタ	SCB->AIRCR	9.3.4節と10.5.3参照
0xE000ED10	システム制御レジスタ	SCB->SCR	10.2.3を参照
0xE000ED14	構成と制御レジスタ	SCB->CCR	10.5.5を参照
0xE000ED18から 0xE000ED23	システム・ハンドラ優先度レジスタ	SCB->SHPR[n]	9.3.3節を参照
0xE000ED24	システム・ハンドラ制御と状態レジスタ	SCB->SHCSR	9.3.5節を参照
0xE000ED28	構成可能フォールト・ステータス・レジスタ	SCB->CFSR	13.5節参照
0xE000ED2C	HardFaultステータス・レジスタ	SCB->HFSR	13.5.6節を参照
0xE000ED30	DebugFaultステータス・レジスタ	SCB->DFSR	13.5.7節を参照
0xE000ED34	MemManageFaultアドレス・レジスタ	SCB->MMFAR	13.5.9節を参照
0xE000ED38	BusFaultアドレス・レジスタ	SCB->BFAR	13.5.9節を参照
0xE000ED3C	AuxiliaryFaultステータス・レジスタ	SCB->AFSR	13.5.8節を参照
0xE000ED40〜 0xE000ED44	プロセッサ機能レジスタ 0,1	SCB->ID_PFR[n]	本書では取り上げられていない
0xE000ED48	デバッグ機能レジスタ	SCB->ID_DFR	本書では取り上げられていない
0xE000ED4C	補助機能レジスタ	SCB->ID_ADR	本書では取り上げられていない
0xE000ED50〜 0xE000ED5C	メモリ・モデル機能レジスタ 0〜3	SCB->ID_MMFR[n]	本書では取り上げられていない
0xE000ED60〜 0xE000ED74	命令セット属性レジスタ0〜5	SCB->ID_ISAR[n]	20.7節参照
0xE000ED78	キャッシュ・レベルIDレジスタ	SCB->CLIDR	Cortex-M23またはCortex-M33プロセッサでは利用できない（これら2つのプロセッサには内部キャッシュのサポートがないため）
0xE000ED7C	キャッシュ・タイプ・レジスタ	SCB->CTR	
0xE000ED80	現在のキャッシュ・サイズ IDレジスタ	SCB->CCSIDR	
0xE000ED84	キャッシュ・サイズ選択レジスタ	SCB->CSSELR	
0xE000ED88	コプロセッサ・アクセス制御レジスタ	SCB->CFACR	FPU, コプロセッサ, またはArmカスタム命令機能が実装されている場合, Cortex-M33で使用できる. FPUについては14章, コプロセッサとArmカスタム命令のサポートについては15章を参照
0xE000ED8C	非セキュア・アクセス制御レジスタ	SCB->NSACR	

333

第10章 低消費電力とシステム制御機能

CMSIS-COREヘッダ・ファイルには，幾つかのメディアやVFP機能レジスタ，キャッシュ・メンテナンス・サポートのための追加レジスタが含まれていることに注意してください．アーキテクチャ的には，これらはSCBの一部ではありませんが，便宜上，SCBのデータ構造に含まれています．

10.5.2 CPU IDベース・レジスタ

システム制御ブロック（System Control Block：SCB）の内部には，CPU IDベース・レジスタ（**表10.9**）と呼ばれるレジスタがあります．これは，プロセッサのID値とリビジョン番号を含む読み出し専用のレジスタです．このレジスタのアドレスは0xE000ED00です（特権アクセスのみ）．C言語プログラミングでは，"SCB->CPUID"シンボルを使用してこのレジスタにアクセスできます．

表10.9 CPU IDベース・レジスタ（SCB->CPUID, 0xE000ED00）

プロセッサとリビジョン	実装者ビット[31:24]	バリアント・ビット[23:20]	定数ビット[19:16]	製品番号ビット[15:4]	改訂ビット[3:0]
Cortex-M23 - r0p0	0x41	0x0	0xC	0xD20	0x0
Cortex-M23 - r1p0	0x41	0x1	0xC	0xD20	0x0
Cortex-M33 - r0p0〜r0p4	0x41	0x0	0xC	0xD21	0x0 〜 0x4

ソフトウェアとデバッグ・ツールは，このレジスタを読み出して，デバイスにどのCortex-Mプロセッサがあるかを検出します．参考までに，以前のCortex-MプロセッサのCPU ID値は**表10.10**のとおりです．

表10.10 Arm Cortex-MプロセッサのCPU IDベース・レジスタ（SCB->CPUID, 0xE000ED00）

プロセッサとリビジョン	実装者ビット[31:24]	バリアント・ビット[23:20]	定数ビット[19:16]	製品番号ビット[15:4]	改訂ビット[3:0]
Cortex-M0 - r0p0	0x41	0x0	0xC	0xC20	0x0
Cortex-M0+ - r0p0／r0p1	0x41	0x0	0xC	0xC60	0x0 / 0x1
Cortex-M1 - r0p0 / r0p1	0x41	0x0	0xC	0xC21	0x0 / 0x1
Cortex-M1 - r1p0	0x41	0x1	0xC	0xC21	0x0
Cortex-M3 - r0p0	0x41	0x0	0xF	0xC23	0x0
Cortex-M3 - r1p0 / r1p1	0x41	0x0 / 0x1	0xF	0xC23	0x1
Cortex-M3 - r2p0 / r2p1	0x41	0x2	0xF	0xC23	0x0 / 0x1
Cortex-M4 - r0p0 / r0p1	0x41	0x0	0xF	0xC24	0x0 / 0x1
Cortex-M7 - r0p2	0x41	0x0	0xF	0xC27	0x2
Cortex-M7 - r1p0〜r1p2	0x41	0x1	0xF	0xC27	0x0〜0x2

TrustZoneが実装されていて，プロセッサがセキュアな特権状態にある場合，プロセッサ上で実行されているソフトウェアは，0xE002ED00番地にあるCPU IDベース・レジスタの非セキュア・エイリアスを読み取ることができます（シンボルSCB_NS->CPUIDを使用）．SCB_NS->CPUIDを読み出すことで，特権ソフトウェアは，そのプロセッサがセキュア状態か非セキュア状態を検出でき：セキュア状態の場合，読み取り値はゼロ以外です．非セキュア状態の場合，非セキュア・ソフトウェアは，SCBの非セキュア・エイリアス・アドレスを認識しないため、読み取り値はゼロです．

10.5.3 AIRCR – 自己リセット生成（SYSRESETREQ）

アプリケーション割り込み/リセット制御レジスタ（SCB->AIRCR，9.3.4節参照）の重要な使用法の1つは，ソフトウェアまたはデバッガがシステム・リセットをトリガすることを可能にすることです．これは次で必要です．

- システムでエラーが検出され（フォールト・ハンドラがトリガされた場合など），ソフトウェアが自己リ

セットを使用して回復することを決定した場合

- デバッグ・セッション中、デバッガ・インターフェースを介してソフトウェア開発者によって、または、デバッグ接続を確立したときにシステム・リセットを生成するデバッグ・ツールによって、システム・リセットを要求された場合

SYSRESETREQビット（SCB->AIRCRのビット2）は、システム・リセット要求を生成するために使用されます。要求が受け入れられるためには、次の幾つかの条件を満たす必要があります。

- 書き込みデータのビット2（SYSRESETREQ）が1であること
- 書き込みデータの上位16ビットがキー値であること（つまり0x05FA．上位16ビットがこのキー値でない場合、書き込みは無視される）
- 次のいずれかの許可条件が存在すること
  ○ その書き込みは、デバッグ接続からトリガされている
  ○ その書き込みは、セキュアな特権ソフトウェアによって生成されている
  ○ その書き込みは非セキュア特権ソフトウェアによって生成され、SYSRESETREQS（SCB->AIRCRのビット4）がセキュア・ソフトウェアによって1にセットされていない．Cortex-M23/M33デバイスにTrustZoneが実装されていない場合、特権ソフトウェアは常にシステム・リセット要求を生成できる

AIRCRレジスタにアクセスするには（SYSRESETREQ機能へのアクセスを含む）、プログラムが特権状態で実行されている必要があります．SYSRESETREQ機能にアクセスする最も簡単な方法は、"NVIC_SystemReset (void)"と呼ばれるCMSIS-COREヘッダ・ファイルで提供されている関数を使用することです．CMSIS-COREを使うのではなく、次のコードを使って直接AIRCRレジスタにアクセスすることもできます．

```
// DMB(Data Memory Barrier)命令を使用して,
// 未処理のメモリ・アクセスが全て終了するまでプロセッサを待機させる
__DMB();
// PRIGROUPを読み返し, SYSRESETREQとマージする
SCB->AIRCR = 0x05FA0004 | (SCB->AIRCR & 0x700);
while(1); // リセットが起こるまで待つ
```

データ・メモリ・バリア（Data Memory Barrier：DMB）命令は、前のデータ・メモリ・アクセスのリセットが起こる前に完了するために必要です．AIRCRに書き込む場合、書き込み値の上位16ビットを0x05FAに設定する必要があり：このキー値は、自己リセット要求が誤って生成されるのを防ぐためにこのアーキテクチャに導入されました．

SCB->AIRCRレジスタには他のビット・フィールドがあり、問題を防ぐために、リセットを要求するためには読み出し―変更―書き込みシーケンスを使用することをお勧めします．

マイクロコントローラのリセット回路の設計によっては、SYSRESETREQに1を書き込んだ後、プロセッサはリセットが実行される前に幾つかの命令を実行し続ける可能性があります．この問題を克服するには、システム・リセット要求の後に無限ループを追加することをお勧めします．

Armv8-Mのセルフ-リセット・ロジックは、Armv7-Mと比較して幾つかの違いがあります．これらは次のとおりです．

- Armv7-Mプロセッサ（Cortex-M3/Cortex-M4など）で利用可能なVECTRESETビットが削除された
- SYSRESETREQSビットの追加により、SYSRESETREQSを1にセットすることで、セキュア特権ソフトウェアが非セキュア・ソフトウェアのセルフ-リセットの生成を停止できるようになった

場合によっては、PRIMASKを設定して、セルフ-リセット操作を開始する前に、割り込み処理を無効にできます．これは、システム・リセットのトリガに時間がかかる場合に　その遅延中に割り込みが発生しても、割り込みハンドラが実行されないようにするためです．そうしないと、システム・リセットが割り込みハンドラの途中で発生する可能性があり、アプリケーションによっては望ましくない場合があります．

10.5.4 AIRCR – 全ての割り込み状態をクリアする（VECTCLRACTIVE）

フォールト・モードのデバッグ中に、例外ハンドラ（フォールト例外など）内でプロセッサが停止している場合、

第10章　低消費電力とシステム制御機能

ソフトウェア開発者は，プロセッサを強制的にハンドラ外のコードに直接ジャンプさせたい場合があります．PC（Program Counter）を変更してプログラムの実行を再開するのは非常に簡単ですが，例外ハンドラ・モードのままプロセッサを続行すると問題が発生する可能性があります．コードがスレッド・モード用に書かれている場合，プロセッサがハンドラ・モードのときに，コードが動作しない可能性があります（例えば，プロセッサが，割り込み優先度の高いハンドラ・モードのときにSVCを実行できない可能性があります）．

　幸いなことに，アプリケーション割り込み/リセット制御レジスタ（SCB->AIRCR，9.3.4節）のVECTCLRACTIVEビットを使用すると，前述のデバッグ・シナリオのためにプロセッサの割り込み状態をクリアできます．VECTCLRACTIVE機能を使用する場合，AIRCRへの書き込み時には，書き込みデータの上位16ビットを0x05FAに設定する必要があります（つまり，AIRCRのSYSRESETREQビットを使用する場合と同じ要件）．

　VECTCLRACTIVE機能はシステムの残りの部分をリセットしないので，SYSRESETREQを使用して完全なシステム・リセットを生成することは，一般的に言えば，はるかに良いオプションです．この機能はデバッグ・ツールで使用するためのものであり，アプリケーション・ソフトウェアでは使用しないでください．

10.5.5　CCR – 構成と制御レジスタ（SCB->CCR, 0xE000ED14）

10.5.5.1　CCRの概要

　CCR（Configuration and Control Register）は，幾つかのプロセッサ構成を制御するためのSCBのレジスタです（**表10.11**）．このレジスタは特権アクセスのみとなっています．

10.5.5.2　CCR – STKOFHFNMIGNビット

　STKOFHFNMIGN（Stack Over-Flow HardFault NMI Ignore）は，HardFaultとNMIのハンドラがスタック限界チェックをバイパスできます．このビットは，スタック限界チェック機能を使用しているときに，メイン・スタックの最後に，HardFaultとNMIのハンドラ用のメモリ・スペースを確保したいときに便利です．

10.5.5.3　CCR – BFHFNMIGNビット

　このビットがセットされると，優先度が-1（HardFaultなど）または-2（NMIなど）のハンドラは，ロードとストアの命令によって発生するデータ・バス・フォールトを無視します．これは，構成可能なフォールト例外ハンドラ（BusFault，UsageFault，MemManageFaultなど）がFAULTMASKビットを1にセットして実行されている場合にも使用できます．

　このビットがセットされていない場合，NMIまたはHardFaultのハンドラで，データ・バス・フォールトが発生すると，システムはロックアップ状態になります（13.6節を参照）．

　このビットは通常，システム・バスとメモリ・コントローラに関連する問題の存在を検出するために，さまざまなメモリ位置をプローブする必要があるフォールト・ハンドラで使用されます．

10.5.5.4　CCR – DIV_0_TRPビット

　このビットがセットされていると，SDIV（signed divid：符号付き除算）命令またはUDIV（Unsigned Divide：符号なし除算）命令でゼロによる除算が発生した場合，UsageFault例外が発生します．このビットがセットされていない場合は，商が0の状態で処理が完了します．

　UsageFaultハンドラが有効になっていない場合，HardFault例外がトリガします．（13.2.3節と13.2.5節を参照）

10.5.5.5　CCR – UNALIGN_TRPビット

　Cortex-M33プロセッサは，アンアラインド（非整列）データ転送をサポートしています（6.6節を参照）．ただし，

10.5 システム制御ブロック（SCB）とシステム制御機能

表10.11 構成と制御レジスタ（SCB->CCR, 0xE000ED14）

ビット数	名前	タイプ	リセット値	説明
31:19	予約済み	-	0	予約済み
18	予約済み - BP	-	0	分岐予測を有効にする （Cortex-M23とCortex-M33プロセッサでは使用できない）
17	予約済み - IC	-	0	L1（レベル1）命令キャッシュを有効にする （Cortex-M23とCortex-M33プロセッサでは使用できない）
16	予約済み - DC	-	0	L1（レベル1）データ・キャッシュを有効にする （Cortex-M23とCortex-M33プロセッサでは使用できない）
15:11	予約済み	-	0	予約済み
10	STKOFHFNMIGN	R／W	0	HardFaultまたはNMIハンドラの実行中にスタック限界違反が発生した場合の動作を制御する（つまり，割り込み優先度が0以下の全ての例外） 0 の場合 - スタック限界フォールトは無視されない 1 の場合 - スタック限界フォールトは無視される このビットは，Cortex-M23（Armv8-M ベースライン）では使用できない
9	予約済み	-	1	予約済み - 常に1 注意：Cortex-M3/Cortex-M4では，これはSTKALIGN これは，例外スタックがダブルワードに整列されたアドレスで開始されるように強制する．Armv8-Mプロセッサでは，例外スタックのフレームは常にダブルワードに整列されている
8	BFHFNMIGN	R／W	0	HardFaultハンドラの実行中とNMIハンドラの実行中のデータ・バス・フォールトを無視する このビットは，Cortex-M23（Armv8-M ベースライン）では使用できない
7:5	予約済み	-	-	予約済み
4	DIV_0_TRP	R／W	0	0除算トラップ このビットは，Cortex-M23（Armv8-M ベースライン）では使用できない
3	UNALIGN_TRP	R／W	Cortex-M33では0，Cortex-M23では常に1	非整列アクセスでのトラップ このビットは，Cortex-M23（Armv8-M ベースライン）では書き込めない
2	予約済み	-	-	予約済み
1	USERSETMPEND	R／W	0	1にセットすると，非特権コードがソフトウェア・トリガ割り込みレジスタに書き込むことができる このビットは，Cortex-M23（Armv8-Mベースライン）では使用できない
0	予約済み	-	1	予約済み これは，Armv7-Mプロセッサで，NONBASETHRDENA（Non-base thread enabled：非ベース・スレッド対応）として使用されていた．1にセットすると，EXC_RETURN値を制御することで，例外ハンドラが任意のレベルでスレッド状態に戻ることを可能にする

非整列データ・アクセスは，アラインド（整列）されたデータ・アクセスよりも効率が悪くなることがあります．これは，各非整列転送に複数のクロック・サイクルが必要になるためです．また，場合によっては，非整列データ転送の発生は，誤ったプログラム・コード（誤ったデータ型の使用など）の使用を示している可能性があります．従って，ソフトウェア開発者が不要な非整列転送を検出して削除できるようにするために，非整列転送の存在を検出するためのトラップ例外メカニズムがプロセッサに実装されています．

UNALIGN_TRPビットが1にセットされている場合，非整列転送が発生したときにUsageFaultフォールト例外が発生します．そうでない場合（つまり，UNALIGN_TRPがデフォルト値の0に設定されている場合），非整列転送は許可されますが，次の単一ロードとストア命令に対してのみ許可されます：LDR，LDRT，LDRH，LDRSH，LDRHT，LDRSHT，LDA，LDAH STR，STRH，STRT，STRHT，STA，STAHH．

LDM，STM，LDRD，STRDなどの複数転送命令は，UNALIGN_TRP値に関係なく，アドレスが非整列の場合，常にフォールトをトリガします．

バイト・サイズの転送は，常に整列されています．

第10章　低消費電力とシステム制御機能

注意：USERSETMPENDをセットすると，他のNVICとSCBレジスタへの非特権アクセスを許可しなくなります．

10.5.5.6 CCR – USERSETMPENDビット

　デフォルトでは，ソフトウェア・トリガ割り込みレジスタ（NVIC->STIR）は特権状態でのみアクセスできます．USERSETMPENDが1にセットされている場合，このレジスタへの非特権アクセスが許可されます．

　USERSETMPENDをセットすると，次のようなシナリオになります．USERSETMPENDをセットすると，非特権タスクは，システムの例外を除いて，任意のソフトウェア割り込みをトリガできます．その結果，もしUSERSETMPENDが使用され，かつシステムに信頼されていないユーザ・タスクが含まれている場合，その信頼されていないプログラムから割り込みがトリガされた可能性があるため，割り込みハンドラは，例外処理を実行する必要が実際にあるかどうかを確認する必要があります．

10.6　補助制御レジスタ

10.6.1　補助制御レジスタの概要

　Cortex-Mプロセッサの中には，プロセッサ固有の動作を制御するための補助制御レジスタが用意されているものがあります．このレジスタの制御ビットの多く（EXTEXCLALL，ビット29を除く）は，デバッグのみを目的としており，通常のアプリケーション・プログラミングでは使用されません．

　補助制御レジスタのアドレスは0xE000E008です．CMSIS-CORE準拠のドライバを使用してプログラミングする場合，プロセッサが特権状態にあるときは，"SCnSCB->ACTLR"シンボルを使用して補助制御レジスタにアクセスできます．TrustZoneが実装されたCortex-Mプロセッサの場合，セキュア・ソフトウェアは，"SCnSCB_NS->ACTLR"シンボル（アドレス0xE002E008）を使用して補助制御レジスタの非セキュア・ビューにアクセスできます．

10.6.2　Cortex-M23プロセッサ用補助制御レジスタ

　Cortex-M23プロセッサの補助制御レジスタは1ビットしかありません（表10.12）．

表10.12　Cortex-M23プロセッサ用補助制御レジスタ（SCnSCB->ACTLR, 0xE000ED08）

ビット数	名 前	タイプ	リセット値	説 明
31:30	予約済み	-	0	予約済み
29	EXTEXCLALL	R/W	0	このビットが0（デフォルト）の場合，共有可能メモリへの排他アクセスのみが排他アクセス・サイドバンド信号を使用する（これにより，グローバル排他アクセス・モニタの使用が可能になる．6.7節を参照） このビットが1（デフォルト）の場合，全ての排他アクセスは，排他アクセス・サイドバンド信号を使用する
28:0	予約済み	-	0	予約済み

　EXTEXCLALLビットを使用すると，MPUを使用してメモリ・アドレス範囲を共有可能なものとしてマークする必要はなく，システム・レベルのグローバル排他アクセス・モニタを使用できます．デフォルトでは，ほとんどのメモリ領域は共有できません．特権ソフトウェアはMPUを使用して特定のアドレス範囲を共有可能としてマークできますが，そのためにはプロセッサ・システムにMPUが実装されている必要があります．超低消費電力設計では，消費電力とシリコン面積のコストのためにMPUが使用できない場合があります．従って，EXTEXCLALLビットは，システム・レベルのグローバル排他アクセス・モニタを使用できる代替手段を提供します．

　次の場合，EXTEXCLALLビットを1にセットする必要があります．

- システムに複数のバス・マスタが存在している
- 複数のバス・マスタは，排他アクセス・シーケンスに使用される同じデータ（セマフォなど）にアクセス

338

10.7　システム制御ブロックの他のレジスタ

しようとする可能性が高い
- ソフトウェアがMPUを使用して排他アクセス・データ用のメモリ領域を設定できない場合（MPUが使用できない場合など）

10.6.3　Cortex-M33プロセッサ用補助制御レジスタ

Cortex-M33プロセッサの補助制御レジスタには，EXTEXCLALLビットの他に，次の追加制御ビットがあります（表10.13）.

表10.13　Cortex-M33プロセッサ用補助制御レジスタ（SCnSCB->ACTLR, 0xE000ED08）

ビット数	名前	タイプ	リセット値	説明
31:30	予約済み	-	0	予約済み
29	EXTEXCLALL	R/W	0	このビットが0（デフォルト）の場合，共有可能メモリへの排他アクセスのみが排他アクセス・サイドバンド信号を利用できる（これにより，グローバル排他アクセス・モニタの使用が可能になる，6.7節参照） このビットが1の場合，全ての排他アクセスは，排他アクセス・サイドバンド信号を使用する
28:13	予約済み	-	0	予約済み
12	DISITMATBFLUSH	R/W	0	1にセットすると，ITMおよびDWTデバッグ・コンポーネントのATBフラッシュを無効にする．ATBフラッシュを無効にすると，フラッシュ要求信号（AFVALID）は無視され，フラッシュ確認信号（AFREADY）はハイレベルに保持される．これにより，トレース・インターフェースは，ATBフラッシュをサポートしない以前のCortex-M3/Cortex-M4プロセッサと同じ動作をできる．この機能は，デバッグ・ツールがATBフラッシュのサポートに問題がある場合にのみ必要
11	予約済み	-	0	予約済み
10	FPEXCODIS	R/W	0	1にセットすると，FPUの例外出力を無効にする（14.6を参照）．このビットはFPUが実装されている場合にのみ使用可能
9	DISOOFP	R/W	0	1にセットすると，インターリーブされた浮動小数点命令と非浮動小数点命令が命令列で定義された通りに完了する（アウトオブオーダ完了は無効）．FPUが実装されている場合のみ使用可能
8:3	予約済み	-	0	予約済み
2	DISFOLD	R/W	0	1にセットすると，2命令発行機能を無効にする（そうすることで，プロセッサの性能が低下する）
1	予約済み	-	0	予約済み
0	DISMCYCINT	R/W	0	LDM, STM, 64ビット乗算，除算命令などの複数サイクル命令の実行中の割り込みを無効にする．LDMやSTM命令は，プロセッサが現在の状態をスタックして割り込みハンドラに入る前に完了しなければならないため，このビットをセットすると，プロセッサの割り込みレイテンシが増加する

EXTEXCLALL以外の，表10.13に詳述されている制御ビット・フィールドは，デバッグにのみ使用されます.

10.7　システム制御ブロックの他のレジスタ

システム制御ブロックには，他にも幾つかのレジスタがあります．これらは次のとおりです.
- フォールト・ステータス・レジスタ – これは第13章の13.5節で説明されている
- コプロセッサ・アクセス制御（CPACRとNSACR）– これは，14.2.3節と14.2.4節で説明されている
- キャッシュ管理レジスタ – Cortex-M23とCortex-M33プロセッサでは使用できない
- ソフトウェアとデバッグ・ツールがプロセッサの利用可能な機能を識別できるようにする，読み出し専用の一連のレジスタ

第10章　低消費電力とシステム制御機能

第11章

OSサポート機能

OS support features

11.1 OSサポート機能の概要

Arm Cortex-Mプロセッサは，組み込みオペレーティングシステム（Operating Systems：OS）をサポートするように設計されており，OSとそのアプリケーションを効率的かつ安全に実行できるようにするためのさまざまな機能を提供しています．Cortex-Mプロセッサ用に設計された多くの組み込みOSは，リアルタイム・オペレーティング・システム（Real-Time Operating Systems：RTOS）と呼ばれています．これらのOSは，特定のハードウェア・イベントが発生した後，重要なタスクが事前に定義されたタイミング・ウィンドウ内で実行可能であるような，応答時間の保証されたタスク・スケジューリング機能を提供しています．

Cortex-Mプロセッサは，OS動作をサポートする機能付きで設計されています．TrustZoneが実装されていない場合，Cortex-M23とCortex-M33を含む多くのCortex-Mプロセッサでは，次の機能が利用できます．

- SysTickタイマ：OS動作のための定期的な割り込みイベント（すなわち，システム・ティック）を生成するためのプロセッサ内部のシンプルなタイマ．これにより，OSはCortex-Mプロセッサをすぐに，サポートできるようになる．ソフトウェア開発者は，SysTickがOSによって使用されていない場合，つまり，システムにOSがない場合，またはOSがシステム・ティック割り込みのために別のデバイス固有のタイマ・ペリフェラルを使用している場合に，SysTickタイマを他のタイミング目的で使用することもできる
- バンク化されたスタック・ポインタ：スタック・ポインタは，メイン・スタック・ポインタ（Main Stack Pointer：MSP）とプロセス・スタック・ポインタ（Process Stack Pointer：PSP）の間でバンクされる．
  - MSPは，起動，システムの初期化，例外ハンドラ（OSカーネルを含む）に使用される
  - PSPはアプリケーション・タスクで使用される
- スタック限界チェック：これはスタック・オーバフロー・エラーを検出するもので，Armv8-Mの新機能．

> 注意：この機能は，TrustZoneのないCortex-M23プロセッサでは使用できない．また，TrustZoneが含まれている場合は，セキュア・スタック・ポインタのみがスタック限界チェック機能をサポートしている

- SVCとPendSV 例外：SVC命令はSVCall例外イベントをトリガし，アプリケーション・タスク（通常は非特権スレッドとして実行される）がOSサービス（特権アクセス許可で実行される）にアクセスできるようにする．PendSV例外は，システム制御ブロック（SCB->ICSR：9.3.2 節参照）の割り込み制御および状態レジスタによってトリガされる．これは，コンテキストの切り替え操作に使用できる（11.9節参照）
- 非特権実行レベルとメモリ保護ユニット（Memory Protection Unit：MPU）：これにより，非特権アプリケーション・タスクのアクセス権を制限する基本的なセキュリティ・モデルが可能になる．特権ソフトウェアと非特権ソフトウェアの分離は，メモリ保護ユニット（MPU）と組み合わせて使用することもでき，組み込みシステムの堅牢性をさらに高めることができる
- 排他アクセス：排他ロードとストア命令は，OSのセマフォと相互排他（mutual exclusive：MUTEX）操作に便利

TrustZoneが実装されると，前述の一連のOS機能は，セキュア状態と非セキュア状態の間でバンクされます．TrustZoneが実装されている場合に利用できる追加機能を，次に示します．

- バンク化スタック・ポインタ – 合計4つのスタック・ポインタが利用可能：MSP_S（セキュアMSP），PSP_S（セキュアPSP），MSP_NS（非セキュアMSP），PSP_NS（非セキュアPSP）
- 全てのArmv8-Mプロセッサのセキュア・スタック・ポインタのスタック限界をチェック

341

第11章 OSサポート機能

- バンク化MPU（セキュアと非セキュアの両方）
- バンク化SVCallとPendSV例外
- セキュアSysTickタイマ（Armv8-Mベースライン/Cortex-M23プロセッサではオプション）

上記に加えて，プロセッサ内の多くの機能は，Cortex-MプロセッサにおけるOS展開にも間接的に利益をもたらします．例えば，Cortex-M33プロセッサ（および全てのArmv7-Mプロセッサも同様に）の計装トレース・マクロセル（Instrumentation Trace Macrocell：ITM）は，OSに対応したデバッグを可能にするために使用できます．また，Cortex-Mプロセッサの特徴である低い割り込みレイテンシは，コンテキスト切り替えの性能を向上させます．

11.2 SysTickタイマ

11.2.1 SysTickタイマの目的

組み込みOSを使用している場合，複数のアプリケーション・タスク間のコンテキスト切り替え用のOS例外をスケジュールするのに，OSはタイマ・ペリフェラルに依存しています．シンプルなOSの設計では，タイマ・ペリフェラルを使用して周期的な割り込み（システム・ティックと呼ばれることもあります）を生成します．タイマの割り込みハンドラでは，ソフトウェアはタスクの優先順位を再評価し，必要に応じて別のタスクにコンテキストを切り替えることができます．SysTickタイマはこのニーズに合わせて設計され：SysTickタイマはほとんどのCortex-Mデバイスで利用可能なので，組み込みOSはこのタイマの存在に依存して，カスタム変更を行う必要なく，すぐに実行できます．

アプリケーションにRTOSが含まれていない場合，またはRTOSが他のペリフェラル・タイマを使用するように設定されている場合，SysTickタイマを，次のような他のタイミング目的で使用できます．

- 制御用の定期的な割り込み用途
- タイミング測定用
- 遅延の発生用

SysTickタイマはArmv8-Mベースライン（つまり，Cortex-M23プロセッサ）ではオプションです．従って，Cortex-M23ベースのデザインを作成するSoC設計者は，SysTickタイマを省略して，総シリコン面積を削減します．しかし，ほとんどのマイクロコントローラ・デバイスでは，SysTickタイマが利用可能である可能性が高く，そのため，ソフトウェア開発者はOSコードを迅速に立ち上げて実行できるようになります．

SysTickタイマは，Cortex-M33プロセッサなどのArmv8-Mメインライン・プロセッサには常に存在します．

TrustZoneが実装されている場合，プロセッサには最大2つのSysTickタイマがあります．可能な構成を**表11.1**に示します．

表11.1 SysTickの実装オプション

	Cortex-M23	Cortex-M33
TrustZone が実装されていない	次のオプション： - SysTick タイマがない - 1つの SysTick タイマ	1つの SysTick タイマ
TrustZone が実装されている	次のオプション： - SysTick タイマがない - 1つの SysTick タイマ （セキュアまたは非セキュアとしてプログラム可能） - 2つの SysTick タイマ（セキュア1，非セキュア1）	2つの SysTick タイマ （セキュア1，非セキュア1）

TrustZoneを有効にしたシステムでのバンクされたSysTick動作の詳細については，11.2.4節を参照してください．

11.2.2 SysTickタイマ動作

SysTickタイマは単純な24ビット・タイマで，4つのレジスタを含んでいます（**図11.1**）．

342

11.2 SysTickタイマ

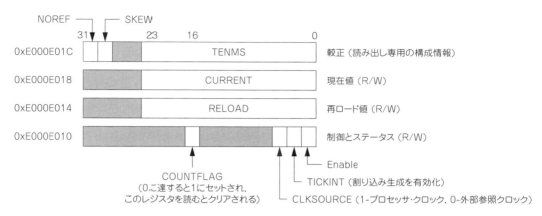

図11.1 SysTickレジスタ

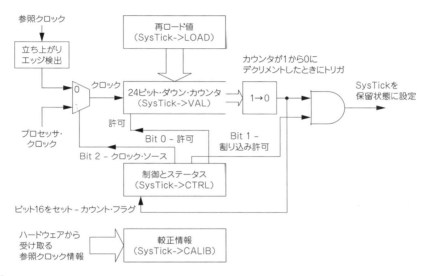

図11.2 SysTickブロック図

タイマはダウン・カウンタとして動作し，0に達するとSysTick例外をトリガします(**図11.2**)．0に到達した後，次の遷移でリロード値レジスタの値を使用して自動的にリロードします．SysTickはプロセッサのクロック周波数で動作させることができますが，もし参照クロックが使えれば，それを使用してデクリメントするように設定することもできます．通常，このような参照クロックは，固定のクロック速度を持つオンチップ・クロック・ソースとなります．もしプロセッサのクロックが停止し，それが特定のスリープ・モード中に発生した場合，SysTickタイマも停止することに注意してください．

SysTickレジスタへのアクセスを容易にするために，CMSIS (Common Microcontroller Software Interface Standard) - COREヘッダ・ファイルにSysTickと呼ばれるデータ構造が定義されており，これらのレジスタにアクセスできるようになっています (**表11.2**)．

表11.2 SysTickレジスタの概要

アドレス	CMSIS-COREシンボル	レジスタ
0xE000E010	SysTick->CTRL	SysTick 制御とステータス・レジスタ
0xE000E014	SysTick->LOAD	SysTick リロード値レジスタ
0xE000E018	SysTick->VAL	SysTick 現在値レジスタ
0xE000E01C	SysTick->CALIB	SysTick 較正レジスタ

343

第11章　OSサポート機能

SysTickレジスタへのアクセスのポイントは次になります.

- SysTickレジスタは,特権状態でのみアクセス可能
- SysTickへの非特権アクセスは,エラー応答をトリガする
- レジスタへのアクセスは,32ビット・アラインド(整列)転送を使用して行う必要がある

SysTickが有効な場合(SysTick->CTRLのビット0が1にセットされている),ダウン・カウンタ・レジスタ(SysTick->VAL)は,プロセッサのクロック速度(SysTick->CTRLのビット2が1の場合に適用),または参照クロック(SysTick->CTRLのビット2が0の場合に適用)の立ち上がりエッジ(0から1への遷移)のいずれかで減少します.参照クロックが使用可能な場合,正しく同期するには,プロセッサのクロック速度の1/2より低い速度でなければなりません.一部のデバイスでは,利用可能な参照クロックが無く;この場合,NOREFビット(SysTick->CALIBのビット31)が1である必要があり,その場合,CLKSOURCEビット(SysTickが減少するタイミングを決定する)が強制的に1になります.

ダウン・カウンタ(SysTick->VAL)が0にカウント・ダウンすると,COUNTFLAG(SysTick->CTRLのビット16)がハードウェアによって自動的に1にセットされます.TICKINTビットがセットされている場合,SysTick例外保留ステータスがトリガされ,プロセッサは,可能な場合には,SysTick例外ハンドラ(例外タイプ15)を実行します.リロード値(SysTick->LOAD)は,SysTickの次の減少時に,SysTickの現在のカウンタ(SysTick->VAL)にロードされます.このシナリオでは,COUNTFLAGは,レジスタの読み出しがあるか,または現在のカウンタ値がクリアされるまでクリアされません.

SysTick較正レジスタと呼ばれる追加のレジスタがあり,オンチップ・ハードウェアがソフトウェアの較正情報を提供できます.CMSIS-COREでは,"SystemCoreClock"と呼ばれるソフトウェア変数がCMSIS-COREによって用意されているため,通常はSysTick較正レジスタを使用する必要はありません.この変数はシステム初期化関数"SystemInit()"で設定され,システム・クロックの設定が変更されるたびに更新されます.このソフトウェアのアプローチは,柔軟性が高いので("SystemCoreClock"変数の更新が容易など),SysTick較正レジスタを使用するよりも優れています.

SysTickレジスタのプログラマーズ・モデルを**表11.3**から**表11.6**に示します.

SysTick較正値レジスタ(SysTick->CALIB)は読み出し専用で,タイミング較正情報を提供するように設計されています.この情報が利用可能な場合,SysTick->CALIBレジスタの最下位24ビットは,SysTick間隔を10ms

表11.3　SysTick制御とステータス・レジスタ(0xE000E010)

ビット	名　前	タイプ	リセット値	説　明
16	COUNTFLAG	R	0	このレジスタを最後に読み出した以降に,タイマが0になった場合に1を返す;読み出し,または現在のカウンタ値がクリアされると,自動的に0にクリアされる
2	CLKSOURCE	R/W	0	0 = 外部参照クロック(STCLK)を使用 1 = プロセッサ・クロックを使用
1	TICKINT	R/W	0	1 = SYSTICKタイマが0になるとSYSTICK割り込み発生を有効にする 0 = 割り込みを発生させない
0	ENABLE	R/W	0	SYSTICKタイマ有効化(1=有効, 0=無効)

表11.4　SysTickリロード値レジスタ(0xE000E014)

ビット	名　前	タイプ	リセット値	説　明
23:0	RELOAD	R/W	–	タイマが0になると値をリロード

表11.5　SysTick現在値レジスタ(0xE000E018)

ビット	名　前	タイプ	リセット値	説　明
23:0	CURRENT	R/Wc	–	タイマの現在値を読み出す.書き込むとカウンタを0にクリア.現在の値をクリアすると,SYSTICK制御とステータス・レジスタのCOUNTFLAGもクリアされる

表11.6 SysTick較正値レジスタ(0xE000E01C)

ビット	名前	タイプ	リセット値	説明
31	NOREF	R	–	1 = 外部参照クロックなし 0 = 外部参照クロック使用可能
30	SKEW	R	–	1 = 較正値が正確に10msではない 0 = 較正値が正確
23:0	TENMS	R	–	10msの較正値:チップ設計者は,プロセッサのハードウェア入力信号を介してこの値を提供できる.この値が0として読み出された場合,較正値は利用できない

にするために必要なリロード値を提供します.しかし,多くのマイクロコントローラはこの情報を持っていないため,TENMSビット・フィールドは通常0として読み込まれます.また,SysTick較正レジスタのビット31を使用して,参照クロックが使用可能かどうかを判断することもできます.

SysTick->CALIBに頼るのではなく,クロック周波数情報をソフトウェア変数(**SystemCoreClock**など)で提供するCMSIS-COREのアプローチは,より柔軟性が高く,ほとんどのマイクロコントローラ・ベンダでサポートされています.

CMSIS-COREヘッダ・ファイルを持つソフトウェア・プロジェクトでは,SysTick例外ハンドラは"SysTick_Handler (void)"と呼ばれています.

11.2.3 SysTickタイマの使用

11.2.3.1 RTOSでSysTickタイマを使用する

多くのRTOSでは,すぐに使用できるSysTickタイマのサポートが組み込まれていますので,OS動作用のデバイス固有のペリフェラル・タイマの使用を変更したい場合を除き,ソフトウェアの変更を行う必要はありません.これについての詳細は,関連するRTOSのドキュメントを参照してください.

11.2.3.2 CMSIS-COREでSysTickタイマを使用する

CMSIS-COREヘッダ・ファイルに,プロセッサのクロックをクロック・ソースとした周期的なSysTick割り込み発生関数を次のように提供しています.

```
uint32_t SysTick_Config(uint32_t ticks);
```

この関数は,SysTickの割り込み間隔を"ticks"に設定し,プロセッサ・クロックを使用してカウンタを動作させ,例外の優先順位が最も低いSysTick例外を有効化します.

例えば,クロック周波数が30MHzで,1kHzのSysTick例外をトリガしたい場合は,次のような関数呼び出しを使用します.

```
SysTick_Config(SystenCoreClock / 1000);
```

この例では,変数"SystemCoreClock"が30×10^6の正しいクロック周波数値を保持していると仮定しています.もし保持していない場合は,次を使えます.

```
SysTick_Config(30000); // 30MHz / 1000 = 30000
```

その後,SysTick_Handler()は1kHzのレートでトリガされます.

SysTick_Config関数の入力パラメータが24ビットのリロード値レジスタに収まらない場合(つまり0xFFFFFFより大きい場合),SysTick_Config関数は1を返し,操作に失敗したことを示します.操作が成功した場合は0を返します.

第11章　OSサポート機能

11.2.3.3 *SysTick_Config()* を使用せずに *SysTick* タイマを使用する

もしあなたが

- SysTick タイマを参照クロックで使用したい場合
- SysTick 例外を発生させずに SysTick タイマを使用したい場合には，SysTick タイマの設定コードを手動で作成する必要があります．そのためには，次の手順をお勧めします．
  - （1）SysTick->CTRL に 0 を書き込むことで，SysTick タイマを無効にする．このステップはオプション．SysTick は以前から有効になっていた可能性があるので，コンテキスに依存しないコードを作成することを推奨
  - （2）SysTick->LOAD に新しいリロード値を書き込む．リロード値はインターバル値−1とする
  - （3）任意の値を SysTick 現在値レジスタ SysTick->VAL に書き込み，現在の値を0にクリアする
  - （4）SysTick 制御とステータス・レジスタ SysTick->CTRL に書き込み，SysTick タイマを起動する

SysTick タイマは0までカウント・ダウンするため，リロード値はインターバル値から1を引いた値をプログラムする必要があります．例えば，SysTick のインターバルを1000にしたい場合は，リロード値（SysTick->LOAD）を999に設定する必要があります．

ポーリング・モードで SysTick タイマを使用したい場合は，SysTick 制御とステータス・レジスタ（SysTick->CTRL）のカウント・フラグを使用して，タイマが0に到達したタイミングを判断できます．例えば，SysTick タイマを特定の値に設定して，タイマが0になるのを待つことで，時間遅延を作成できます．

```
SysTick->CTRL = 0;      // SysTickを無効にする
SysTick->LOAD = 0xFF;   // 255～0までのカウント数（256サイクル）
SysTick-> VAL = 0;      // 現在の値とカウント・フラグをクリア
SysTick->CTRL = 5;      // プロセッサ・クロックでSysTickタイマを有効にする
while ((SysTick->CTRL & 0x00010000)==0); // カウント・フラグがセットされるまで待つ
SysTick->CTRL = 0;      // SysTickを無効にする
```

特定の時間内にトリガする"ワンショット"操作の SysTick 割り込みをスケジュールしたい場合，割り込みのレイテンシを補償するためにリロード値を12サイクル減らすことができます．例えば，SysTick ハンドラを300クロックのサイクル・タイムで実行させたい場合，次のようにします．

```
volatile int SysTickFired;  // SysTickAlarm が実行されたことを示す
                            // グローバル・ソフトウェア・フラグ
…
SysTick->CTRL = 0;          // SysTickを無効にする
SysTick->LOAD = (300-12);   // リロード値の設定
                            // 例外の待ち時間があるため，マイナス12
SysTick-> VAL = 0;          // 現在の値を0にクリア
SysTickFired = 0;           // ソフトウェア・フラグを0に設定
SysTick->CTRL = 0x7;        // SysTickを有効にし，SysTick例外を有効にし
                            // プロセッサ・クロックを使用
while (SysTickFired == 0);  // SYSTICKハンドラによってソフトウェア・フラグが
                            // 設定されるまで待機
```

"ワンショット"SysTick ハンドラの中では，SysTick 例外を1回だけトリガするように SysTick を無効にする必要があります．また，必要な処理タスクに時間がかかったために再び保留状態になってしまった場合に備えて，SysTick の保留状態をクリアする必要があるかもしれません．"ワンショット"SysTick ハンドラの例は次のとおりです．

```
void SysTick_Handler(void) // SYSTICK例外ハンドラ
{
```

```
SysTick->CTRL = 0x0;          // SysTickを無効
....;                         // 必要な処理タスクを実行
SCB->ICSR |= 1<<< 25;         // 再度保留されている場合用にSYSTICKの保留ビットをクリア
SysTickFired++;               // メイン・プログラムがSysTickアラーム・タスク実行中である
                              // ことが分かるようにソフトウェア・フラグを更新

return;
}
```

同時に別の例外が発生した場合，SysTickの例外が遅れる可能性があるので注意してください．

11.2.3.4 タイミング測定にSysTickタイマを使用する

SysTickタイマは，タイミング測定に使用できます．例えば，次のコードを使用して，短い関数の所要時間を測定できます．

```
Unsigned int start_time, stop_time, Cycle_count;
SysTick->CTRL = 0;                        // SysTick を無効に
SysTick->LOAD = 0xFFFFFFFF;               // リロード値を最大に設定
SysTick->VAL = 0;                         // 現在の値を0にクリア
SysTick->CTRL = 0x5;                      // SysTick を有効にし，プロセッサ・クロックを使用
while(SysTick->VAL == 0);                 // SysTickがリロードされるまで待つ
start_time = SysTick->VAL;                // 開始時刻を取得
function();                               // 測定する関数を実行
stop_time = SysTick->VAL;                 // 停止時刻を取得
cycle_count = start_time - stop_time;     // 所要時間を計算
```

SysTickはデクリメント・カウンタなので，"start_time"の値は，"stop_time"の値よりも大きくなります．測定されている関数の実行時間が長すぎる場合(つまり2^{24}クロック・サイクル以上)，タイマがアンダーフローしてしまいます．このことを考慮して，タイミング測定の最後にcount_flagのチェックを含める必要があるかもしれません．count_flagがセットされている場合，測定されている継続時間は0xFFFFFFFFクロック・サイクル以上になります．その場合，SysTick例外を有効にし，SysTickハンドラを使用してSysTickカウンタがアンダーフローした回数をカウントする必要があります．測定されたクロック・サイクルの合計数は，その後，SysTick例外も含むことになります．

11.2.4 TrustZoneとSysTickタイマ

11.2.1節の**表11.1**に記載されているように，TrustZoneが実装されたArmv8-Mプロセッサは，最大2つのSysTickタイマ，つまりセキュアSysTickと非セキュアSysTickを持つことができます．非セキュア・ソフトウェアは非セキュアSysTickしか見ることができませんが，セキュア・ソフトウェアはセキュアSysTickと非セキュアSysTickの両方を見ることができます(非セキュアSysTickのエイリアス・アドレスを介して)．これを**図11.3**に示します．

SysTick例外は，セキュア・ワールドと非セキュア・ワールドの間でバンクされます．SysTick例外は，次に説明するように，同じセキュリティ・ドメインのSysTickタイマにリンクされています．

- セキュアSysTickタイマは，セキュアSysTick例外をトリガし，例外エントリはセキュア・ベクタ・テーブルのSysTickベクタを使用する．セキュア・ベクタ・テーブルのベース・アドレスは，VTOR_Sによって指定される
- 非セキュアSysTickタイマは，非セキュアSysTick例外をトリガし，例外エントリは，非セキュア・ベクタ・テーブルのSysTickベクタを使用する．非セキュア・ベクタ・テーブルのベース・アドレスはVTOR_NSによって指定される

第11章 OSサポート機能

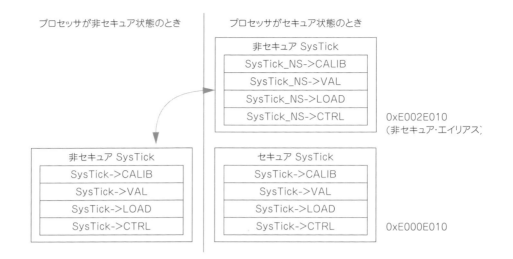

図11.3 アドレス空間におけるSysTick

SysTick例外は，SCB->ICSR（割り込み制御と状態レジスタ：9.3.2節を参照）を使用してソフトウェアでトリガすることもできます．SCB->ICSRを使用してSysTick例外をトリガする場合の動作を**表11.7**に示します．

表11.7 バンクされたSysTickの保留ステータスの動作

プロセッサがセキュア状態の場合	プロセッサが非セキュア状態の場合
SCB->ICSR で PENDSTSET をセットすると，セキュア SysTick の保留ステータスがセットされる SCB_NS->ICSR で PENDSTSET をセットすると，非セキュア SysTick の保留ステータスがセットされる	SCB->ICSR で PENDSTSET をセットすると，非セキュア SysTick の保留ステータスがセットされる

SysTickは，Armv8-Mベースライン・プロセッサではオプションです．チップ設計者がSysTickタイマを1つだけ実装することに決めた場合，セキュア特権ソフトウェアはSTTNSビット（SysTickは非セキュアがターゲット，SCB->ICSRのビット24）をプログラムして，実装されたSysTickタイマを次のどちらかを選択するかを決定します．
- セキュアSysTick（SCB->ICSRのSTTNSが0の場合，デフォルト値）
- 非セキュアSysTick（SCB->ICSRのSTTNSが1の場合）

次の場合，STTNS制御ビットは使用できません．
- SysTickが実装されていない
- 2つのSysTickタイマが実装されている
- TrustZoneが実装されていない

STTNSビットは，セキュア特権状態からのみアクセス可能です．

11.2.5 その他の考慮事項

SysTickタイマを使用する場合には，次の幾つかの配慮が必要です．
1. SysTickタイマ内のレジスタは，特権状態のときにのみアクセス可能で，32ビット整列アクセスでのみアクセス可能
2. マイクロコントローラの設計によっては，リファレンス・クロックが利用できない場合がある
3. アプリケーションで組み込みOSを使用している場合，SysTickタイマはOSが使用している可能性があるため，アプリケーションのタスクでは使用しない

4. デバッグ中にプロセッサが停止した場合，SysTick タイマのカウントは停止する
5. マイコンの設計によっては，特定のスリープ・モードで SysTick タイマが停止することがある

11.3 バンク化スタック・ポインタ

11.3.1 バンク化スタック・ポインタのメリット

スタック・ポインタ・レジスタとスタック操作については，第4章（4.2.2節のレジスタと4.3.4節のスタック・メモリ）で説明しています．Armv8-Mプロセッサは，2つのスタック・ポインタ（TrustZoneが実装されていない場合）または，4つのスタック・ポインタ（TrustZoneが実装されている場合）を持つことができます．複数のスタック・ポインタを持つ基本的な理由は次のとおりです．

- **セキュリティとシステムの堅牢性のため**：非特権アプリケーション・スレッドのスタック・メモリを特権コード（OSカーネルを含む）のスタック空間から分離できるようにするには，複数のスタック・ポインタが必要．TrustZoneが実装されている場合，セキュア・ソフトウェア・コンポーネントと非セキュア・ソフトウェア・コンポーネントのスタック空間を分離する必要がある
- **RTOS動作中のコンテキスト切り替えを容易かつ効率的に行う**：RTOSをCortex-Mプロセッサで使用する場合，プロセス・スタック・ポインタ（Process Stack Pointer：PSP）は，複数のアプリケーション・スレッドによって使用され，各コンテキスト切り替え操作の間に再プログラムする必要がある．コンテキスト切り替えのたびに，PSPは更新され，実行される予定の各スレッドのスタック空間を指し示す．プロセッサがOSカーネル機能（タスク・スケジューリング，コンテキスト切り替えなど）を実行しているとき，OS内部のコードはそれ自身のスタック・メモリを使用して動作する．そのため，OSによって使用されるスタック・データが，PSPの再プログラムによって影響を受けないように，別個のスタック・ポインタ［すなわち，メイン・スタック・ポインタ（Main Stack Pointer：MSP）］が必要となる．MSPとPSPを別々に持つことで，OSの設計はよりシンプルになり，より効率的になる
- **メモリ使用率の向上**：PSPを使用したアプリケーション・スレッドとMSPを使用した例外ハンドラでは，ソフトウェア開発者は，アプリケーション・スレッド用のスタック領域を割り当てる場合に，例外スタック・フレームの最初のレベルだけを考慮する必要がある．これは，複数レベルのネストした例外/割り込みに必要な総スタック空間をサポートする必要があるのは，メイン・スタックの割り当てだけである．アプリケーション・スレッドの各スタックにネストした例外のためのスタック空間を保持する必要がないため，メモリ使用量がより効率的になる

11.3.2 バンク化スタック・ポインタの操作

第4章の**図4.6**に示すように，Armv8-Mプロセッサには最大4つのスタック・ポインタがあります．これらは以下のとおりです．

- セキュア・メイン・スタック・ポインタ（Secure Main Stack Pointer：MSP_S）
- セキュア・プロセス・スタック・ポインタ（Secure Process Stack Pointer：PSP_S）
- 非セキュア・メイン・スタック・ポインタ（Non-secure Main Stack Pointer：MSP_NS）
- 非セキュア・プロセス・スタック・ポインタ（Non-secure Process Stack Pointer：PSP_NS）

使用されるスタック・ポインタの選択は，プロセッサのセキュリティ状態（セキュアまたは非セキュアのいずれか），プロセッサのモード（スレッドまたはハンドラ）と，CONTROLレジスタ内のSPSEL設定によって決定されます．これについては，第4章，4.2.2.3節と，4.3.4節で説明しています．TrustZoneが実装されていない場合，非セキュア・スタック・ポインタのみが利用可能です．

プログラミングのためには通常，次のようにします．

- MSPとPSPシンボルは，現在選択されている状態のスタック・ポインタを次のように参照する
  - プロセッサがセキュア状態の場合，MSPはMSP_S，PSPはPSP_Sを意味する
  - プロセッサが非セキュア状態の場合，MSPはMSP_NS，PSPはPSP_NSを意味する
- セキュア・ソフトウェアは，MSRとMRS命令を使用してMSP_NSとPSP_NSにアクセスできる

349

第11章 OSサポート機能

デフォルトでは, Cortex-Mプロセッサはメイン・スタック・ポインタ (MSP) を使用して次のように起動します.

- TrustZoneが実装されている場合, プロセッサはセキュア特権状態で起動し, デフォルトでMSP_S (セキュアMSP) を選択する. CONTROL_S.SPSEL (CONTROL_Sレジスタのビット1) のデフォルト値は0で, MSPが選択されていることを示す
- TrustZoneが実装されていない場合, プロセッサは (非セキュア) 特権状態で起動し, デフォルトでMSPを選択する. CONTROL.SPSEL (CONTROLレジスタのビット1) のデフォルト値は0で, MSPが選択されていることを示す

組み込みOSまたはRTOSのないほとんどのアプリケーションでは, MSPは全ての操作に使用でき, PSPは無視できます.

TrustZoneを使用しないほとんどのRTOSベースのシステムでは, PSPは, アプリケーション・スレッド用のスタック操作に使用されます. MSPは, ブートアップ, 初期化, および例外ハンドラ (OSカーネル・コードを含む) に使用されます. これらのソフトウェア・コンポーネントのそれぞれについて, スタック操作命令 (PUSH, POP, VPUSH, VPOPなど) と, SPを使用するほとんどの命令 (データ・アクセスのベース・アドレスとしてSP/R13を使用するなど) は, 現在選択されているスタック・ポインタを使用します.

各アプリケーション・タスク/スレッドは, それぞれ独自のスタック空間を持っています (図11.4を参照. この図でのスタック空間の配置は一例であることに注意), コンテキストが切り替わるたびにOSのコンテキスト切り替えコードがPSPを更新します.

コンテキスト切り替え動作の中で, OSコードはMRSとMSR命令を使用してPSPに直接アクセスします. PSPのアクセスには, 以下のようなものがあります.

- 切り替わってしまうタスクのPSP値を保存
- 切り替えるタスクのPSPに前のPSPの値を設定

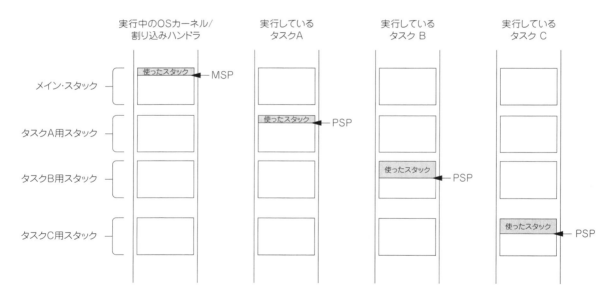

図11.4 各タスク/スレッドに割り当てられたスタック・メモリは, 他のスタックから分離される

スタック空間を分離することで, OSは, MPU (Memory Protection Unit: メモリ保護ユニット) または, スタック限界チェック機能を利用して, 各タスク/スレッドが使用するスタック空間の最大量を制限できます. 消費するスタック・メモリを制限するだけでなく, OSは, MPUを利用して, アプリケーション・タスク/スレッドがアクセスできるメモリ・アドレス範囲を制限することもできます. このトピックの詳細については, 第12章で説明します.

TrustZoneを搭載したCortex-Mプロセッサ・システムには, 4つのスタック・ポインタがあります. Trusted Firmware-M[1]とセキュア・ライブラリなどのセキュリティ・ソフトウェア・ソリューションを持つ典型的なシステムでは, 4つのスタック・ポインタを使用する方法は, 図11.5のとおりです.

11.3 バンク化スタック・ポインタ

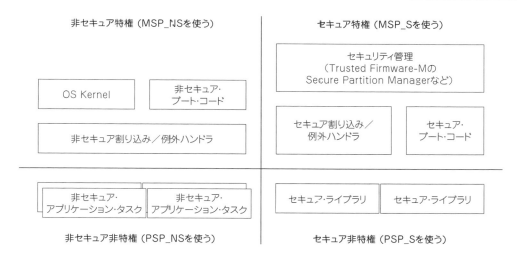

図11.5 TrustZoneシステムでのスタック・ポインタの使用例

図11.5に示すようなソフトウェア・アーキテクチャを使用することで

- セキュリティ管理ソフトウェア（Trusted Firmware-Mのセキュア・パーティション・マネージャなど）[1]はセキュア特権状態で実行される
- セキュアライブラリ（IoTクラウド・コネクタ/クライアントなど）は，セキュア非特権状態で実行される

これにより，セキュリティ管理ソフトウェアは，セキュアMPUを構成してさまざまなセキュア・ライブラリを分離し，それらのライブラリがセキュリティ管理ソフトウェアによって使用されている重要なデータにアクセスしたり，破損したりすることを防ぐことができます．PSP_S（Secure Process Stack Pointer：セキュア・プロセス・スタック・ポインタ）を使用することで，これらのライブラリのスタックを分離できます．

RTOS環境において非セキュア側で複数のタスクを実行するのと同様に，これらのセキュア非特権的ライブラリは，異なるときにアクセスされる必要があり，そのためには，これらのライブラリのコンテキスト切り替えを処理するセキュリティ管理ソフトウェアが必要になります．このため，コンテキスト切り替えのたびに，PSP_Sの再プログラミングとセキュアMPUの再構成が必要になります．

11.3.3 ベア・メタル・システムにおけるバンク化スタック・ポインタ

バンク化スタック・ポインタの使用は主に組み込みOS/RTOSシステム向けですが，ベア・メタル（つまりOSを使用していない）アプリケーションにもバンク化スタック・ポインタを利用できます．そのような使い方は，次のような理由で興味深いものになるかもしれません．

- スレッド・モードで実行されているアプリケーション（PSPを使用している）がスタック破損のためにクラッシュした場合でも，フォールト例外ハンドラ（HardFault_Handlerなど）は実行できる
- 連続していない複数のRAM領域があるデバイスでは，（PSPを使用して）スレッド・スタックをあるRAM領域に，ハンドラ・スタックを別のRAM領域に構成できる

この使い方を実現する簡単な方法は次のとおりです（図11.6）．

(1) プログラムの開始時に，MSPを使用して初期スタックを定義する（これはCortex-Mプロジェクトでは通常の方法）
(2) ハンドラのための別のスタック空間を確保する
(3) スレッド実行レベルでは，MSPの値をPSPにコピーする
(4) 割り込み禁止（PRIMASKを1に設定）で，スタック・ポインタの選択を切り替えて，スレッド・モードでPSPを使用するようにし，PSPをハンドラのスタックの先頭のアドレスに設定する
(5) PRIMASKをクリアして割り込みを有効にする

アセンブリ・スタートアップ・コードを使用する場合，前述のスタック設定のステップ(1)〜(5)はリセット・ハンドラの内部で実行できます．あるいは，次のようにC言語のプログラミング環境で同じステップを実行することもできます．

第11章　OSサポート機能

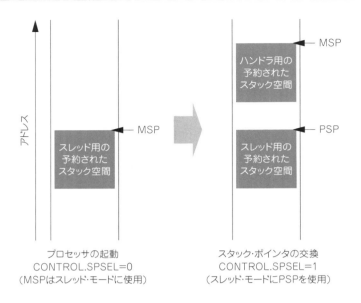

図11.6 ベア・メタル・システムでのバンク化スタック・ポインタの使用

PSPを初期化して使用する簡単な方法（ベア・メタル・システムのみに適している．RTOS環境には適していない）

```
    uint64_t MainStack[1024];              // 新しいメイン・スタックのためのスペース
    ...
int main(void)
{
    ...
    // メイン・スタックの初期値を，新しいメイン・スタックの先頭のアドレスに設定
    uint32_t new_msp_val = ((unsigned int) MainStack) + (sizeof (MainStack) );
    ...
    __set_PSP(__get_MSP());
    __disable_irq();                       // PRIMASK を設定して割り込みを無効化
    __set_CONTROL(__get_CONTROL()|0x2);    // SPSEL を設定
    __ISB();                               // CONTROLの更新後のISBはアーキテクチャ上の推奨事項
    __set_MSP(new_msp_val);                // MSPをMainStack[]の先頭にセット
    __enable_irq();                        // PRIMASK をクリアして割り込みを有効に
    ...
```

　このコード・シーケンスを実行する場合には，割り込みを短時間無効にしておく必要があります．割り込みが無効化されておらず，CONTROLレジスタのSPSELビットを設定した直後に割り込みが来た場合，次のようなイベントが発生する可能性があります．
- 例外スタッキングは，PSPを使って幾つかのレジスタをスタックにプッシュする
- ISR（MSPが使われるが，そのMSPはスタック操作の前にはPSPを指していた）が実行される間に、そのISRでのスタック操作は既にスタックに積まれている内容を破壊する結果になる恐れがある．
- ISRが終了し，"main()"プログラムが再開されたときに，"main()"プログラムが使用していたスタック内のデータがISRによって破損したため，ソフトウェア障害が発生する可能性がある

　前述のソフトウェア・ステップ（1〜5）は，ベア・メタル・システムにのみ適用されます．RTOSベースのシス

テムでは，複数のスタックの取り扱いは通常，RTOSに統合されており，ソフトウェア開発者には隠されています．ソフトウェア・プロジェクトでRTOSを使用する場合のスタック構成情報については，RTOSのドキュメントとRTOSベンダが提供するコード例を参照してください．

11.4 スタック限界チェック

11.4.1 概要

　スタック・オーバフローは，一般的なソフトウェア・エラーであり，アプリケーションまたは，マルチタスク・システム内のアプリケーション・タスクが，割り当てられたスタック空間よりも多くのスタック空間を消費することです．このような現象が発生すると，他のデータが破損してしまう可能性があり，その結果，アプリケーションが失敗する可能性があります（間違った結果を取得したり，クラッシュさせたりするなど）．また，IoTアプリケーションのセキュリティにも悪影響をおよぼす可能性があります．
　Armv8-Mアーキテクチャ以前は，ソフトウェアはスタック・オーバフローを検出するのに，スタックのメモリ空間割り当てを定義するためにMPUを使用できました．一部のRTOS製品では，コンテキスト切り替え中にソフトウェア・ステップを使用して，アプリケーション・スレッドでのスタック・オーバフロー検出をサポートしています．Armv8-Mアーキテクチャでは，専用のスタック限界チェック機能が追加されています．スタック限界レジスタ（図11.7）を持つことで，特権ソフトウェアは，メイン・スタックとプロセス・スタックの両方に割り当てられる最大スタック・サイズを定義できます．

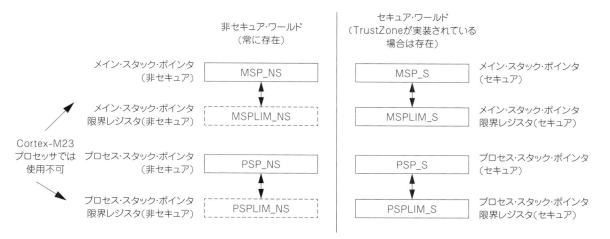

図11.7　スタック限界レジスタ

　スタック限界レジスタの最下位3ビットは0に固定されており，スタック限界は常にダブル・ワードに整列されていることを意味します．
　スタック・ポインタの値がスタック限界を下回り，かつスタック・ポインタ使用時にスタック関連の操作が発生した場合，スタック操作違反が検出され，次のようなフォールト例外がトリガされます．
- Armv8-Mベースラインの場合，HardFault例外がトリガされる（つまり，セキュアHardFault - これは，スタック限界チェック機能がセキュア状態でのみ利用可能なため）
- Armv8-Mメインラインの場合，UsageFault例外がトリガされ，またUsageFaultステータス・レジスタの中のSTKOFフォールト・ステータス・ビットは，フォールト状態を反映するために，1にセットされる．UsageFault例外は，スタック・オーバフロー違反が，セキュアまたは非セキュアのスタックに関連しているかに応じて，セキュアまたは非セキュアのいずれかになる．UsageFaultが有効になっていない場合，またはUsageFaultの優先度レベルがトリガされるのに不十分な場合，フォールト・イベントは，HardFaultにエスカレーションされる．

第11章　OSサポート機能

　スタック・オーバフローのフォールト例外は同期で，つまり，フォールトが検出されるとすぐにプロセッサは現在のコンテキストでそれ以上の命令を実行できません．プロセッサが実行を継続する唯一の例は，優先度の高い割り込み（NMIなど）が同時に到着した場合です；この場合，フォールト例外は保留状態のままになり，優先度の高い割り込みのISRが完了したときにのみ実行されます．

　スタック・オーバフロー・フォールトをトリガする可能性のある，スタック関連の操作は，次のようなものがあります．

- スタック・プッシュ／ポップ
- スタック・ポインタを更新するメモリ・アクセス命令（ベース・レジスタの更新によりスタック・ポインタを更新するロード／ストア命令など）
- スタック・ポインタを更新する加算／減算／移動命令
- 例外シーケンス（例外エントリ，セキュアISRから非セキュアISRへのテールチェーンなど）
- 非セキュア関数を呼び出しているセキュア・コード（現在選択されているセキュア・スタックにプッシュされているセキュア状態など）

次にご注意ください．

- MSR命令を使用したスタック限界レジスタの変更
- MSR命令を使用したセキュア・スタック・ポインタの変更

　上記は，スタック・オーバフローに違反してもすぐにフォールト例外をトリガしません．スタック関連の操作が行われるまでフォールト例外をトリガしないことで，OSのコンテキスト切り替えソフトウェアの設計が容易になります．例えば，次のようになります．

- 新しいPSPLIM_NSの値が以前のPSP_NSよりも高い可能性がある場合でも，非セキュア・ワールドで動作するRTOSは，コンテキスト切り替えの場合にPSPLIM_NSを更新し，それからPSP_NSを更新するだけで済む，つまり，PSPアップデート時のスタック限界チェックを無効にするために，PSPLIM_NSを0に設定する必要はない
- セキュア特権ソフトウェアは，MSP_S/PSP_Sと，そのMSPLIM_S/PSPLIM_Sレジスタを任意の順序で更新できる

11.4.2　スタック限界レジスタへのアクセス

　スタック限界レジスタにアクセスするには，MSR命令とMRS命令を使用します．アクセスのためのレジスタ・シンボルを**表11.8**に示します．

表11.8　MSRとMRS命令を使用して，スタック限界レジスタにアクセスするためのレジスタ・シンボル

実行される動作	プロセッサが非セキュア状態のときに使用するスタック限界レジスタ・シンボル	プロセッサがセキュア状態のときに使用するスタック限界レジスタ・シンボル
MSPLIM_NS(Non-secure Main Stack Pointer Limit Register)へのアクセス	MSPLIM	MSPLIM_NS
PSPLIM_NS(Non-secure Process Stack Pointer Limit Register) へのアクセス	PSPLIM	PSPLIM_NS
MSPLIM_S(Secure Main Stack Pointer Limit Register) へのアクセス	– (許されない)	MSPLIM
PSPLIM_S(Secure Processor Stack Pointer Limit Register)への アクセス	– (許されない)	PSPLIM

　CMSIS-COREでは，ソフトウェアを書く場合にこれらのレジスタにアクセスしやすくするために，次のようなスタック限界レジスタへのアクセス関数を実装しています（**表11.9**）．

　Cortex-M23プロセッサにはMSPLIM_NSとPSPLIM_NSがないため，Cortex-M23プロセッサ上でこれらのスタック限界レジスタを読み出そうとすると（**表11.9**に記載されているCMSIS-CORE関数を使用して）0を返し，これらのレジスタへの書き込みは無視されます．

354

表11.9 スタック限界レジスタ・アクセス関数

関 数	説 明
void __set_MSPLIM(uint32_t MainStackPtrLimit)	現在のセキュリティ・ドメインの MSPLIM を設定する
uint32_t __get_MSPLIM(void)	現在のセキュリティ・ドメインの MSPLIM を返す
void __set_PSPLIM(uint32_t ProcStackPtrLimit)	現在のセキュリティ・ドメインの PSPLIM を設定する
uint32_t __get_PSPLIM(void)	現在のセキュリティ・ドメインの PSPLIM を返す
void __TZ_set_MSPLIM (uint32_t MainStackPtrLimit)	MSPLIM_NS を設定する(セキュア・ソフトウェアでのみ使用可能)
uint32_t __TZ_get_MSPLIM(void)	MSPLIM_NS を返す(セキュア・ソフトウェアでのみ利用可能)
void __TZ_set_PSPLIM (uint32_t ProcStackPtrLimit)	現在のセキュリティ・ドメインの PSPLIM_NS を設定する(セキュア・ソフトウェアでのみ利用可能)
uint32_t __TZ_get_PSPLIM(void)	PSPLIM_NS を返す(セキュア・ソフトウェアでのみ利用可能)

11.4.3 メイン・スタック・ポインタの保護

プロセス・スタック・ポインタ(Process Stack Pointers：PSP)にスタック限界チェック機能を適用することの利点(例：RTOSのスタック・オーバフロー保護にPSPLIM_NSを使用し，セキュア・ライブラリのスタック保護にPSPLIM_Sを使用する)は容易に理解できます．このセキュリティ対策は容易に実装され，複数のRTOS製品や他のセキュリティ・ソフトウェア(Trusted Firmware-Mなど)に展開されています．スタック限界チェック機能は，メイン・スタック・ポインタ(Main Stack Pointer：MSP)をスタック・オーバフローから保護するためにも使用されます．これが必要となるのは，ソフトウェア・エラー，またはネストされた例外レベルの数が予想以上に多いために，スタック・オーバフローが発生する可能性があるためです．

メイン・スタック・ポインタでスタック限界チェックを使用する場合，フォールト・ハンドラが実行できることを保証する必要があります(注意：フォールト・ハンドラもMSFを使用します)．これを処理するには，次の幾つかの方法があります．

1. HardFaultとUsageFaultハンドラに，アセンブリ・ラッパを追加し，フォールト・ハンドラのC/C++部分を開始する前にMSPLIMを更新する

スタック限界を設定するときは，スタック限界の後に余分なRAMスペースが利用可能であることを確認し，UsageFault/HardFaultハンドラのためにそれを確保する必要があります．UsageFault/HardFaultハンドラは，フォールト・ハンドラのC/C++部分が実行できるように，MSPLIMを更新するためのアセンブリ・ラッパを必要とします(図11.8)．

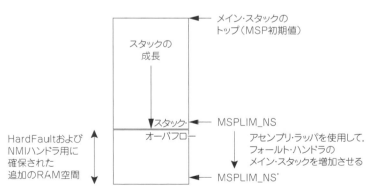

図11.8 実行時にスタック限界を調整するアセンブリ・ラッパによるMSPオーバフロー処理

この方法は，全てのArmv8-Mプロセッサで使用できます．

2. MSP_NS(非セキュアMSP)でのスタック・オーバフローを処理するため，セキュアHardFaultハンドラを使用する

TrustZoneを搭載したCortex-Mシステムの場合，デフォルトでは，HardFaultはセキュア側をターゲットにし

– これは，フォールト・ハンドラの実行中にMSP_Sを使用します（図11.9）．そのため，非セキュア・メイン・スタックが破損している場合，または，MSP_NSが無効なメモリを指している場合でも，フォールト・ハンドラは引き続き実行できます．

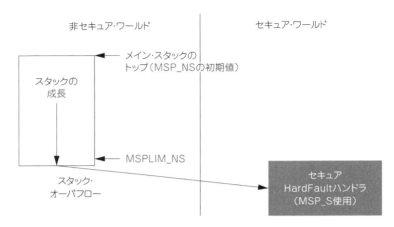

図11.9　MSP_Sを使用したハンドラでのMSP_NSオーバフロー処理

　この方法は，Armv8-Mメインライン・プロセッサで使用できます．非セキュアMSPには，スタック限界レジスタがないため，Cortex-M23のようなArmv8-Mベースライン・プロセッサには適していません．

3. フォールト・ハンドラとNMIにスタック空間を確保し，SCB->CCRのSTKOFHFNMIGNビットを設定するする

　STKOFHFNMIGN（SCB->CCRのビット10，10.5.5節参照）が1にセットされている場合，HardFaultハンドラまたはNMIハンドラのいずれかを実行する場合に，スタック限界チェックは無視されます．そうすることで，ソフトウェア開発者はスタック・オーバフローを扱うHardFaultハンドラのために追加のスタック空間を確保できます（図11.10）．

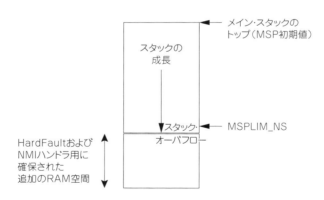

図11.10　MSPのオーバフロー処理

　STKOFHFNMIGNビットは，0にリセットされ，セキュリティ状態間でバンクします．Armv8-Mメインラインでのみ使用できます．

11.5　SVCallとPendSV例外

11.5.1　SVCallとPendSVの概要

　SVCall（Supervisor Call：スーパバイザ・コール）とPendSV（Pendable SuperVisor Call：保留可能サービ

ス・コール）例外は，OSの動作を支援するために設計された重要なプロセッサ機能です．SVCallは例外タイプ11，PendSVは例外タイプ14です．どちらもプログラム可能な例外優先度を持っています．

これら2つの例外の主要な側面の概要を表11.10に示します．

表11.10　SVCallとPendSV例外の主要な側面

特徴	SVCall（例外タイプ11）	PendSV（例外タイプ14）
OS環境での使用方法	非特権スレッド（アプリケーション・タスク）が特権OSサービスにアクセスできるようにする	コンテキスト切り替えを処理する
トリガ・メカニズム	SVC命令の実行	SCB->ICSR（割り込み制御と状態レジスタ，9.3.2節）に書き込むことで，その保留ステータスをセットする
優先度レベル	プログラム可能	プログラム可能．OS環境では，他の例外ハンドラが実行されていないときにコンテキスト切り替えを実行できるように，通常は優先度が最も低いレベルに設定される
TrustZoneシステムでのセキュリティ状態のターゲット	バンク化：SVCall例外は，SVC命令を実行したソフトウェアと同じセキュリティ状態になる	バンク化：SCB->ICSRのPendSV保留ステータス制御ビットは，セキュリティ状態間でバンクされる．PendSV例外のセキュリティ状態は，どちらが設定されているかによって異なる
CMSIS-COREの例外ハンドラの名前	void SVC_Handler(void)	void PendSV_Handler(void)
例外の特性	同期：SVCを実行した後，現在のコンテキストの後続の命令は，SVCハンドラが実行されるまで実行できない	非同期：PendSVステータス・ビットをセットした後，プロセッサがPendSVハンドラが実行される前に，現在のコンテキストで追加の命令を実行できる

11.5.2　SVCall

組み込みシステムをよりセキュアで堅牢なものにするために，アプリケーションのスレッド/タスクは通常，非特権レベルで実行されます．特権レベル分離を使用し，メモリ保護ユニット（Memory Protection Unit：MPU）を利用してアクセス許可を制御する場合，非特権スレッドは，本来アクセスできるはずのメモリとリソースにしかアクセスできません．しかし，アプリケーションのスレッド/タスクは時折，特権機能にアクセスする必要があるかもしれないので，多くのOSはこの目的のためにOSのサービスを提供しています．SVC命令とSVCall例外は，非特権スレッドが特権レベルのOSサービスにアクセスするためのゲートウェイを提供します（図11.11）．

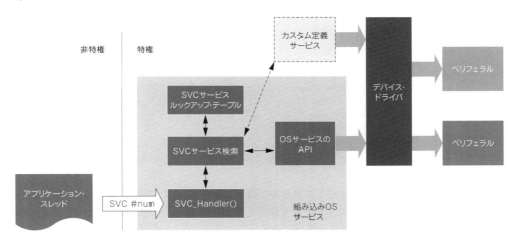

図11.11　OSサービスへのゲートウェイとしてのSVCall

第11章 OSサポート機能

SVCハンドラの内部では，特権状態のSVCサービスは，アプリケーションから渡されたパラメータを抽出し，どのアプリケーションがサービス要求を行ったかを調べます（例えば，OSカーネルから現在のOSタスクIDをチェックすることで）．そして，要求されたサービスを許可するかどうかを決定します．

SVC命令には8ビットの整数パラメータがあります．この値は，SVCall例外の例外エントリ・シーケンスには影響しません．しかし，SVCallハンドラの実行中に，ソフトウェアはプログラム・メモリからこのデータを抽出し，この値を使用して，非特権アプリケーションが要求しているSVCサービスを決定できます．このため，OSは非特権アプリケーションにさまざまなOSサービスを提供できます．多くのOS設計では，SVCサービスの選択部分を拡張して，カスタム定義された特権サービスを提供できます．

アセンブリ・プログラムにSVC命令を挿入するには，次のサンプル・コードを使用できます．

```
SVC #0x3  ; SVC関数3を呼び出す
```

即値の範囲は0 ～ 255です．

C言語のプログラミングでは，インライン・アセンブリを使用してSVC命令を生成できます．上記のSVCアセンブリ命令と同じ動作を行うには，次のようにします．

```
__asm("SVC #0x3");  // SVC関数3を呼び出す
```

SVCサービスがレジスタr0 ～ r3を使用して入力パラメータを取り，r0を使用して結果を返すようにする必要がある場合，次のインライン・アセンブリ・コードを使用できます．

```
// この関数は，名前付きレジスタ変数を使用して呼び出しを作成
// システム・コールの4つの引数はr0-r3に保持
// SVCのサービス番号は3であり
// 結果はr0に格納
int foo(register int d1, unsigned d2, int d3, unsigned d4) {
        register int      r0 __asm("r0") = d1;
        register unsigned r1 __asm("r1") = d2;
        register int      r2 __asm("r2") = d3;
        register unsigned r3 __asm("r3") = d4;
        __asm("svc #3"
                : "+r" (r0)
                : "r" (r1), "r" (r2), "r" (r3));
        return r0;
}
```

注意：上記の例は，Arm Compiler 6をベースにしています．インライン・アセンブリ・コードでのレジスタ変数の使用についての詳細は，Arm Compiler armclang Reference Guide[2]を参照してください：https://developer.arm.com/documentation/100067/0612/armclang-Inline-Assembler/Forcing-inline-assembly-operands-into-specific-registers.

SVC命令をトリガした後，SVCリクエストを処理するためのSVCハンドラが必要になります．一般的なSVCハンドラでは，次のようになります．

- プログラム・メモリからSVCサービス番号を抽出する必要がある．そのためには，スタック・フレーム内のスタックされたPCを抽出し，この値を使用してSVC番号を読み出す必要がある
- アクセスされるSVCサービスによっては，スタック・フレームから引数（つまりパラメータ）を抽出する必要があるかもしれない
- アクセスされるSVCサービスによっては，スタック・フレームを介して結果を返す必要があるかもしれない

11.5 SVCall と PendSV 例外

　SVCサービスがスタック・メモリを直接操作できるようにするために，SVCハンドラはアセンブラで書いたラッパを必要とします．このアセンブラ・ラッパは，2つの情報を収集し，それを関数の引数としてSVCハンドラに渡します（図11.12）．2つの情報は次のとおりです．
- EXC_RETURNの値
- SVCハンドラに入ったときのMSPの値 - これはC言語のSVCハンドラのプロローグでMSPを更新するために必要．一方，PSPの値はCMSIS-COREの関数__get_PSP()を使ってアクセスできる

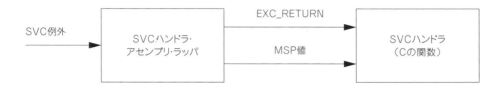

図11.12　C言語のSVCアセンブリ・ラッパとSVCハンドラの相互作用

　SVCハンドラのアセンブリ・ラッパ・コードは，次のように簡単です．

```
void __attribute__((naked)) SVC_Handler(void)
{
    __asm volatile ("mov r0, lr\n\t"
        "mov r1, sp\n\t"
        "B SVC_Handler_C\n\t"
    );
}
```

　以下に詳述するSVCハンドラ・コードの例は，C言語で記述されています．これをOSサービスに使用できるようにするには，ハンドラ・コードを次のようにする必要があります．
1. 正しいスタック・ポインタの抽出（SVCと同じセキュリティ・ドメインを持つMSPまたはPSPのいずれか）
2. スタック・フレーム・アドレスを計算．セキュアSVCの場合，ハンドラ・コードは，EXC_RETURNのDCRSビットからスタック・フレームに追加の状態コンテキスト（r4～r11と整合性署名）が含まれているかどうか（図8.18，8.21，8.22）を判断し，それに応じてスタック・フレーム・アドレスの計算を調整する必要がある
3. プログラム・メモリとスタック・フレーム内の関数引数からSVC番号を抽出

前述のCハンドラのコードは次のとおりです．

```
void SVC_Handler_C(uint32_t exc_return_code, uint32_t msp_val)
{
 uint32_t stack_frame_addr;
 unsigned int *svc_args;
 uint8_t svc_number;
 uint32_t stacked_r0, stacked_r1, stacked_r2, stacked_r3;
 // どのスタック・ポインタが使用されたかを決定
 if (exc_return_code & 0x4) stack_frame_addr = __get_PSP();
 else stack_frame_addr = msp_val;
 // 追加の状態コンテキストが存在するかどうかを決定
 if (exc_return_code & 0x20) {
```

第11章　OSサポート機能

```
  svc_args = (unsigned *) stack_frame_addr;}
 else {  //追加の状態コンテキストが存在する(セキュアSVCの場合のみ)
   svc_args = (unsigned *) (stack_frame_addr+40);}
 // SVC番号の抽出
 svc_number = ((char *) svc_args[6])[-2];//Memory[(スタックに積まれているPC)-2]
 stacked_r0 = svc_args[0];
 stacked_r1 = svc_args[1];
 stacked_r2 = svc_args[2];
 stacked_r3 = svc_args[3];
 ...
 //結果(例:最初の2つの引数の合計)を返す
 svc_args[0] = stgacked_r0 + stacked_r1;
 return;
}
```

　NVICの割り込み保留セット・レジスタを使用して例外をトリガする場合とは異なり，SVCall例外は同期なので，SVC命令が実行されると，プロセッサは現在のコンテキストでそれ以上の命令を実行できません．これは，ISR自体が実行される前にプロセッサが追加命令を実行できる，NVIC->ICSRを使用したソフトウェア・トリガIRQサービスの場合とは異なります．例外を処理する方法のせいで，SVCall例外よりも優先度の高い割り込みが同時に来た場合，その割り込みのISRが先に実行され，その後SVCハンドラにテールチェーンされてしまうことに注意してください．

　例外処理の性質と仕組みのため，ソフトウェア設計では，SVCを使用する場合に次の点を考慮する必要があります．

- SVC命令は，SVCall例外と同じかそれ以上の優先度を持つ例外/割り込みサービス・ルーチン中または，SVCall例外をブロックする割り込みマスキング・レジスタが設定されている場合には使用しない．SVCall例外を実行できない場合は，HardFault例外がトリガされる
- レジスタr0 〜 r3を介してSVCサービスにパラメータを渡す場合，SVCサービスはレジスタ・バンク中の現在の値を取るのではなく，例外スタック・フレームからパラメータを抽出する必要がある．これは，SVCハンドラの直前に別の割り込みサービスが実行され，SVCサービスにテールチェーンされた場合，前のISRによってr0 〜 r3とr12の値が変更されている可能性があるため
- SVCサービスが呼び出し元のタスク/スレッドに値を返す必要がある場合，例外のアンスタッキング中にr0 〜 r3に読み戻せるように，戻り値は例外スタック・フレームに書き込まれる必要がある

　SVCサービスを利用する上で興味深い点は，アプリケーション・コードがSVC番号とパラメータ/返り値(つまり，関数プロトタイプ)のみを知る必要があるということです．SVCサービスのアドレスを知る必要はありません．そのため，アプリケーション・コードとOSを別々に連携させることが可能です(つまり，別々のプロジェクトとして作成できる)．

11.5.3　PendSV

　PendSV機能により，ソフトウェアは例外サービスをトリガできます．IRQと同様に，PendSVは非同期です(つまり，遅延させることができます)．しかし，組み込みOS/RTOSにおいて，処理タスクを遅延させるのに，IRQを使用する代わりにPendSV例外をこの目的のために使用できます．例外番号の割り当てがデバイス固有であるIRQとは異なり，PendSVの例外番号と制御レジスタ・ビットが同一であるため，全てのArm Cortex-Mプロセッサで同じPendSV制御コードを使用できます．従って，カスタマイズなしで，全てのCortex-Mベースのシステム上で，組み込みOS/RTOSはPendSVをすぐに実行できます．

　RTOS環境で，PendSVは，通常最も低い割り込み優先度レベルを持つように設定されています．優先度の高いハンドラ・モードで実行されるOSカーネル・コードは，PendSVを使用して，幾つかのOS動作を後から実行するようにスケジューリングできます．PendSVを使用することで，他の例外ハンドラが実行されていないときに，これらの遅延されたOS動作を最も低い例外優先度で実行できます．これらの遅延OS動作の1つに，OSコンテキ

スト切り替えがあり，これは，マルチタスク・システムには欠かせない部分です．
　これをよりよく理解するために，まずコンテキスト切り替えの基本的な概念を見てみましょう．単純なOSの設計では，実行時間は幾つかのタイム・スロットに分割されています．2つのタスクを持つシステムでは，図11.13に示すように，OSはそれらのタスクを交互に実行します．

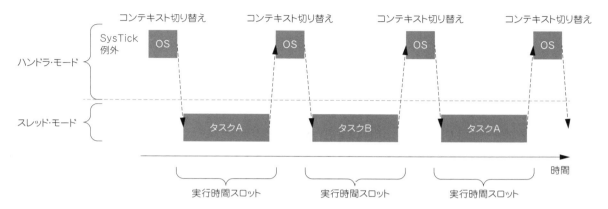

図11.13　2つのタスクを持つシンプルなマルチタスクOSシナリオ

　図11.13の例では，SysTickタイマを使用して定期的に例外を発生させ，コンテキスト切り替えをトリガしています．実際のOS環境では，コンテキストの切り替えは，OSのティック（周期的な処理間隔）ごとに起こらない場合があるので注意してください．SysTick例外に加えて，例外状態で実行されているOSカーネル・コードは，OSサービス・コール中からSVCによってトリガされる可能性があります．例えば，実行スレッドがイベントを待っていてそれ以上先に進めない場合，OSの"yield"サービスを呼び出して，想定よりも早くプロセッサが別のタスクに切り替わるようにできます．
　SysTick例外の直前に発生したペリフェラルの割り込み要求が，SysTickよりも優先度が低い場合は，ネストした例外シナリオが起こります（図11.14）．このような場合，コンテキスト切り替えを行うことは，ペリフェラルのISRを遅らせることになるため，良いタイミングではありません．その結果，非常に単純なOS設計では，ISRがまだ実行中にOSティック割り込みがトリガされた場合，コンテキスト切り替え動作は次のティックまで遅れることになります．

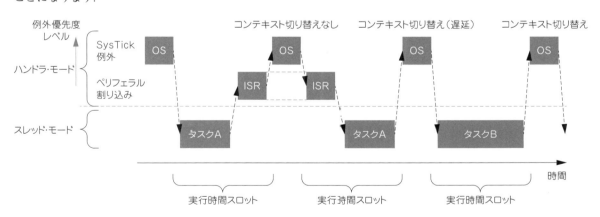

図11.14　OSが割り込みハンドラの実行中であることを検出したため，OSソフトウェアのコードはコンテキスト切り替えを遅延させる

　さて，想像してみてください．ペリフェラルがタイマで，割り込みレートがSysTick割り込みレートに近づいてきた，またはSysTick割り込みレートの整数倍に近づいてきたとします．このシナリオでは，タイマのIRQによってOSのコンテキスト切り替えが長時間停止してしまう可能性があるため，問題が発生します．
　可能性としては，この問題は，SysTickタイマの優先度を最低レベルに設定することで回避できます．しかし，

第11章　OSサポート機能

同時に複数の割り込みイベントが発生している場合，他のISRが現在の実行タイム・スロットを埋めてしまったために，SysTick例外がそのタイム・スロットで実行されない可能性があります．このような場合，スケジュールされたタスクが遅延してしまう可能性があります．

幸いなことに，Cortex-Mプロセッサで，OS設計者は，コンテキスト切り替え操作を別個のPendSV例外ハンドラに配置することで，コンテキスト切り替え操作をSysTickハンドラから分離できるため，これは問題になりません．別々の例外を持つことで次の利点があります．

- タスク・スケジューリングの評価を行うSysTickハンドラは，優先度の高いレベルのままで動作し，他の割り込みサービスが動作していない場合はコンテキストの切り替えを行うことができる
- OSのスケジューリング・コードによってトリガされるPendSV例外は，最も低い優先度で実行され，必要に応じて遅延されたコンテキスト切り替えを実行できる．これが必要になるのは，SysTickハンドラ内のOSコードがコンテキスト切り替えを実行する必要があるが，プロセッサが別の割り込みを処理していることを検出した場合である

PendSVを使用して遅延コンテキスト切り替え操作を処理する概念を図11.15に示します．

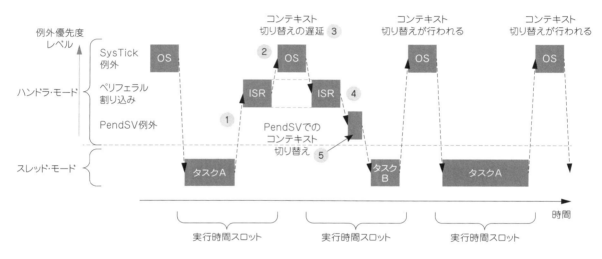

図11.15　ISRが既に実行されている場合のPendSVハンドラへのコンテキスト切り替えの遅延

コンテキスト切り替えの遅延は，図11.15に示されており，次の経路をたどります．
（1）ペリフェラル割り込みがトリガされ，ペリフェラルのISRに入る
（2）ペリフェラルISRの実行中にSysTick例外がトリガされ，OSカーネルはタスク・スケジューリングの評価を開始し，それによってタスクBへのコンテキスト切り替えの時期が来たと判断する
（3）しかし，OSのカーネルは，プロセッサがそれまで割り込みを処理していて直接にはスレッドに戻らないことを検知しているので（これは，SysTickハンドラに入ったときに生成されるEXC_RETURNコードをチェックするかRETTOBASEビット（SCB->ICSRのビット11でArmv8-M Mainlineのみで有効）をチェックすることによる），OSはコンテキスト切り替えを遅延し，PendSV例外の保留ステータスをセットする
（4）SysTickハンドラが終了すると，プロセッサはペリフェラルISRの実行を再開する
（5）ペリフェラルISRがタスクを終了すると，プロセッサはPendSVハンドラにテールチェーンし，コンテキスト切り替えを処理する．PendSVハンドラが例外リターンをトリガして終了すると，プロセッサはスレッド・モードでタスクBに戻る

SysTickが別の割り込みを横取りしなかった場合，OSはSysTick例外ハンドラ内でコンテキスト切り替えを実行するか，またはSysTickハンドラが終了した後にコンテキスト切り替えをトリガするようにPendSV保留ステータスをセットできます．

PendSVのもう1つの用途は，割り込みサービスに関連付けられた処理シーケンスの一部を，より低い割り込み優先度で実行できるようにすることです．これは，割り込みサービスを次のように，2つの部分に分割したい場合に便利です．

- 割り込みサービスの最初の部分は，通常，優先度の高いISRによって処理される必要がある短時間のタイミング・クリティカルな手続き
- 割り込みサービスの2番目の部分は，より長い処理タスクであるが，厳密なタイミングの要求はなく，優先度の低いISRで処理できる

このシナリオでは，PendSVは低い割り込み優先度に設定され，処理の2番目の部分に使用されます（図11.16）．これにより，進行中の2番目の部分の処理中に他の割り込み要求をサービスできます．

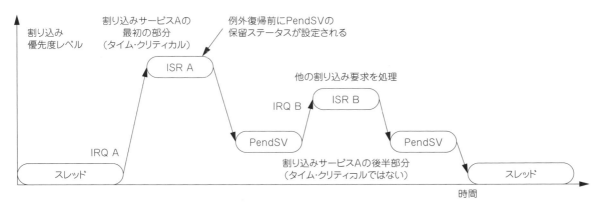

図11.16 PendSVを使用して割り込みサービスを2つのセクションに分割する

デバイスにTrustZoneセキュリティ拡張機能が実装されている場合，PendSVの例外はセキュリティ状態の間でバンクされます．PendSVの保留ステータスを設定するためのアクセス許可は次のとおりで，また表11.11に示します．

- セキュア特権ソフトウェアは，セキュアPendSVと非セキュアPendSVの両方の保留ステータスにアクセスできる
- 非セキュア特権ソフトウェアは，非セキュアPendSVの保留ステータスにのみアクセスできる

表11.11 バンク化されたPendSVの保留ステータスの動作

プロセッサがセキュア状態の場合	プロセッサが非セキュア状態の場合
SCB->ICSR で PENDSVSET を設定すると，セキュア PendSV の保留ステータスをセットする SCB_NS->ICSR で PENDSVSET を設定すると，非セキュア PendSV の保留ステータスをセットする	SCB->ICSR で PENDSVSET を設定すると，非セキュア PendSV の保留ステータスをセットする

11.6 非特権実行レベルとメモリ保護ユニット（MPU）

特権実行レベルと非特権実行レベルの分離は，最新の組み込みプロセッサでは一般的な機能であり，開発当初（Cortex-M3が開発されたとき）からArm Cortex-Mプロセッサのアーキテクチャの一部となっています．MPU機能と連動して，特権実行レベルと非特権実行レベルの分離を利用した堅牢なOSを作成できます．そうすることで，非特権状態で実行されている不正なアプリケーションのスレッド/タスクは次のようになります．

- OSまたは他のアプリケーションのタスク/スレッドが使用しているメモリ位置にアクセス/変更できない
- 重要な動作に影響を与えない（割り込み処理の設定やシステム構成を変更できない）

この構成では，アプリケーション・タスクがクラッシュしたり，ハッカーに攻撃されて危殆化した場合でも，OSや他のアプリケーション・タスクは実行可能です．他のアプリケーション・タスクも影響を受ける可能性がありますが，システムは，自己リセット（10.5.3節参照）を生成するなどのフェイルセーフ機構を実装してシステムを回復させることができます．

第11章 OS サポート機能

この構成は，セキュリティ（IoT アプリケーションの側面など）にメリットがあるだけでなく，機能安全（システムの堅牢性が重要な自動車や産業用アプリケーションなど）にも役立ちます．

セキュリティと機能安全の要求を満たすために，Cortex-M プロセッサは，次のような特徴を持っています．

- システム・リソース管理機能の制限 – これらの機能（ほとんどの特殊レジスタや NVIC，SCB，MPU，SysTick などの主要なハードウェア・ユニットのレジスタなど）は，非特権ソフトウェアからはアクセスできない
- メモリ保護 – OS などの特権ソフトウェアは，非特権スレッドのアクセス許可を制限する MPU を構成することができる．OS 環境では，MPU の設定は，非特権スレッドのコンテキスト切り替えのたびに変更される（注意：セキュア・ワールドと非セキュア・ワールドには別々の MPU があるため，セキュアと非セキュアのコンテキストを切り替えても，常に MPU を再構成する必要はない）
- システム命令の制限 – プロセッサの設定を変更する命令（例えば，CPS 命令は割り込みを無効にするために使用できる）の中には，非特権状態では使用できないものがある
- システム全体のセキュリティ構成をサポート – チップ設計者は，プロセッサのバス・インターフェース上のセキュリティ情報を利用して，システム・レベルのセキュリティ管理制御機能を実装し，セキュリティ侵害を防止できる．バス・インターフェース上のセキュリティ情報には，特権レベルとバス・トランザクションのセキュリティ属性が含まれている

メモリ保護ユニット（Memory Protection Unit：MPU）は，特権ソフトウェアと重要なソフトウェア・コンポーネントが使用するメモリを保護するために不可欠です．Cortex-M23 と Cortex-M33 プロセッサはいずれもオプションの MPU をサポートしており，これらのプロセッサの MPU は，前世代の Cortex-M プロセッサの MPU と比較して多くの機能が強化されています．これらの機能強化は次のとおりです．

- 従来の設計の最大8領域と比較して，最大16の MPU 領域
- MPU のメモリ領域設定をプログラミングする場合に，より柔軟なアプローチを可能にする新しいプログラマ・モデル

Cortex-M プロセッサの MPU コンポーネントはオプションです．特権レベルはバス・インターフェースにエクスポートされるため，次が可能です．

- ペリフェラルのアクセス許可を管理するためのシステム・レベルの MPU の実装
- MPU を使用する代わりに，カスタマイズされたバス・インターコネクトを使用してバス・レベルのセキュリティ管理制御ハードウェアの実装が可能．これは通常，超低消費電力に特化した SoC 製品でのみ見られる．これは，MPU ほど柔軟性はないが，シリコン面積が小さくなり，消費電力が低くなる

MPU の詳細については，第12章を参照してください．

11.7 排他アクセス

新しいロードアクワイヤ/ストアリリース（load-acquire/store-release）のバリエーションを含む排他アクセス命令については，5.7.11節，5.7.12節，6.7節で説明しています．前世代の Cortex-M プロセッサと比較して，Cortex-M23 と Cortex-M33 プロセッサには次のような機能強化が施されています．

- 排他アクセス命令 – これらは Armv6-M アーキテクチャでは利用できなかった
- ロードアクワイヤ/ストアリリース – これにより，明示的なメモリ・バリア命令を必要とせずに OS セマフォを処理できるようになる．この機能強化により，コードが短縮され，潜在的に，パフォーマンスが向上する可能性がある
- AMBA 5 AHB – これにより，標準化されたシステム・レベルの排他アクセス信号を提供し，設計の再利用性が向上

排他アクセスは，主にセマフォのために使用されます．マルチタスク・システムでは，多くのタスクが限られた数のリソースを共有するのが一般的です．例えば，利用可能なコンソール表示出力が1つある場合，それは多くの異なるタスクで使用される必要があります．その結果，ほとんどの OS には，タスクがリソースを“ロック”し，タスクがそれを必要としなくなったときに“解放”することを可能にするメカニズムが組み込まれています．ロック機構は通常，ソフトウェア変数に基づいています．ロック変数がセットされている場合，他のタスクはそれが“ロックされている”と見て，待たなければなりません．この機能は通常セマフォと呼ばれます．1つのリソースしか利用できない場合，それは相互排他（MUTEX）と呼ばれます．

364

MUTEXの詳細情報は6.7節に記載されています.

セマフォは,複数のトークンをサポートすることもできます.例えば,通信スタックは最大4つのチャネルをサポートする場合があります.これは最大4つのアプリケーション・タスクが同時に通信スタックを使用できることを意味します.通信スタックにアクセスできるアプリケーション・タスクの数（つまり,4）を制限するには,4つのトークンのセマフォ操作が必要です.これを実現するために,セマフォのソフトウェア変数を"トークン・カウンタ"として4から始まる値で実装できます（図11.17）.タスクがチャネルにアクセスする必要がある場合,排他アクセス命令を使用してカウンタをデクリメントします.カウンタが0になると,利用可能な全てのチャネルが使用され,通信チャネルを必要とするタスクは待機しなければならないことを示します.アクセス権を取得したタスクの1つがチャネルの使用を終了し,カウンタをインクリメントしてトークンを解放したとき,まだ待機しているタスクがあれば,排他アクセス命令を使用してチャネルを取得できます.

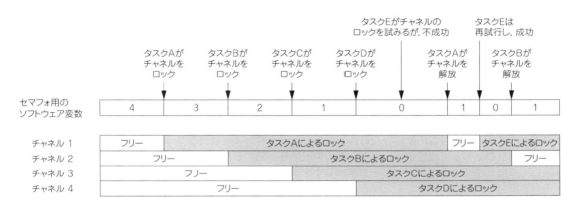

図11.17　複数のトークンを用いたセマフォの例

排他アクセス命令が利用できず,セマフォが通常のメモリ・アクセス命令（つまり,読み出し,変更,書き込み）を使って実装されている場合,セマフォのアクセスはアトミックではなく,他の保護機構が実装されていない限り,以下のような障害を引き起こす可能性があります.例えば,通常のメモリ・アクセスを用いた読み出し－変更－書き込みシーケンスの途中でOSのコンテキスト切り替えが発生した場合,別のタスクが同時に同じセマフォを取得して競合を起こす可能性があります（図11.18）.

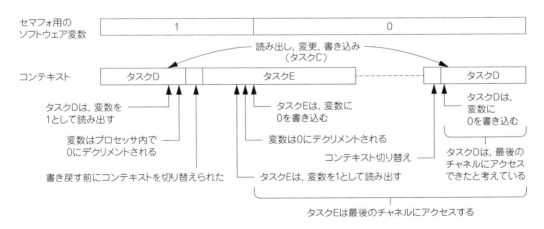

図11.18　排他アクセスやその他の保護なしではセマフォは失敗する可能性がある

潜在的には,この問題は次のどちらかの方法で回避できます.

- セマフォの読み出し－変更－書き込み中に割り込みを無効にする（これは割り込みのレイテンシに影響する）
- OSサービスを使用して（例：SVC例外を介して）セマフォを処理する（ただし,この方法は排他アクセ

スの場合よりも実行時間が長くなる).

これらのソリューションは,シングル・プロセッサ・システムでのみ機能しますので,ご注意ください.

ハードウェア・セマフォ(専用のメモリ・マップされたセマフォ・レジスタを使用する)を使用すれば,アクセス競合の問題は解決できますが,そのためのソフトウェアは,デバイスごとに異なるハードウェアのセマフォ・レジスタを持つ可能性があるため,あまり移植性がありません.

排他ロード命令と排他ストア命令を用いてセマフォの読み出し – 変更 – 書き込みシーケンスを実装することで,前述のアクセス競合の問題を回避できます.排他アクセス・シーケンスには,次のような大きな特徴があります.

- 排他ストアが失敗するとセマフォのデータが更新されない
- ソフトウェアは,排他ストアの成功/失敗のステータスを読み返すことができる

第6章,図6.9のフローチャートに示したように,アプリケーション・スレッドは,排他の失敗ステータスを得た場合には,再度セマフォにアクセスするには,読み出し – 変更 – 書き込みシーケンスを再起動しなければなりません.しかし,排他失敗ステータスは,必ずしもセマフォが他のスレッドから要求されたことを意味しないことに注意が必要です.Cortex-Mプロセッサでは,排他失敗は次のような原因で発生します.

- CLREX命令が実行され,ローカル・モニタをオープン・アクセス状態に切り替えた
- コンテキスト切り替え(割り込みなど)の発生
- 排他ストア命令の前に排他ロード(LDREXなど)が実行されなかった
- 外部ハードウェアがバス・インターフェースを介してプロセッサに排他失敗ステータスを返している

セマフォ・アクセスが排他失敗応答を取得した場合,その排他失敗はペリフェラル割り込みやコンテキスト切り替えによるものである可能性が高いです.排他失敗応答が発生した場合,コードはセマフォを取得するために読み出し – 変更 – 書き込みシーケンスを再試行します.

11.8 TrustZone環境でRTOSを実行するにはどうすればよいか?

Armv8-Mアーキテクチャで利用可能な,さまざまなOSサポート機能を見ていると,多くの経験豊富なソフトウェア開発者は,多くのOSサポート機能がセキュリティ状態の間でバンク化されていることに気付くかもしれません.その結果として,Armv8-Mプロセッサ上で,TrustZoneセキュリティ拡張を使用してRTOSを実行する方法は複数あります.例えば次になります.

- セキュア状態で実行されているRTOS – アプリケーションのスレッド/タスクは,セキュアまたは非セキュアのいずれかになる
- 非セキュア状態で動作しているRTOS – アプリケーションのスレッド/タスクは,非セキュアのみにすることができる

Armは,エコシステム全体でより良いIoTセキュリティを実現するために,Platform Security Architecture(PSA)[3]と呼ばれるイニシアチブを開始しました.PSAプロジェクトを通じて,Armは業界のさまざまな関係者と連携し,セキュアなIoTプラットフォームの仕様を定義しています.また,この取り組みでは,リファレンス・セキュリティ・ファームウェア(Cortex-Mプロセッサ用のTrusted Firmware-Mなど)を提供するだけでなく,推奨事項も提供しています.このイニシアチブでは,Armはさまざまなアプリケーションの要件を調査し,それによって,例えばRTOSのためのセキュリティ・ソフトウェアを設計するためのガイドラインを提供できました.PSAの勧告に基づいて,Armv8-MプロセッサのRTOSは,非セキュア状態で動作することが必要だと決定されました.

非セキュア状態でRTOSを実行すると次のようになります.

- ソフトウェア開発者は,セキュア・ファームウェアが固定されている場合でも,自分のプロジェクトに適したRTOSを選択してカスタマイズできる
- 製品のライフサイクル中に,標準的なファームウェア・アップデートの方法で,RTOSを簡単に更新することができる
- IoTデバイスは,RTOSコードに脆弱性があったとしても,完全に侵害されることはない.これは,IoTセキュリティ業界で強く推奨されている"最小の特権"アプローチと一致している

RTOSとそのアプリケーションのタスク/スレッドが非セキュア・ワールドで実行されている場合,セキュ

11.8 TrustZone環境でRTOSを実行するにはどうすればいいか？

アAPIのアクセスを扱う場合には，多くの複雑さがあります．非セキュア・ワールドに2つのアプリケーション・スレッドがあり，それぞれがセキュアAPIを呼び出すという単純なケースを考えてみましょう．このシナリオでは，非セキュア・ワールドとセキュア・ワールドの両方でコンテキストの切り替えが同時に必要になります（図11.19）．

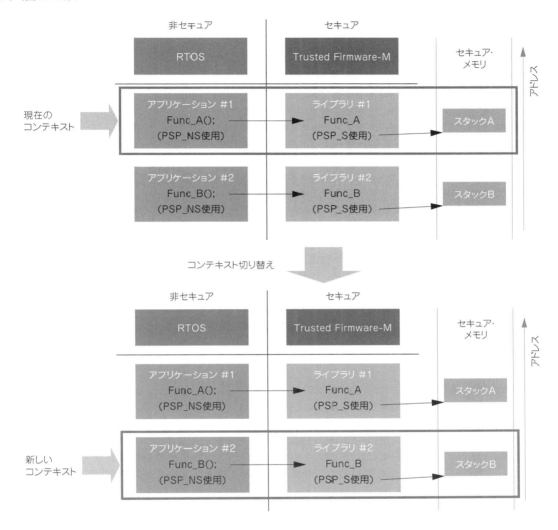

図11.19 非セキュアRTOSスレッドでのコンテキスト切り替えは，セキュア・ワールドでのコンテキスト切り替えを必要とする

図11.19に示すように，アプリケーション#1からアプリケーション#2への切り替えには，PSP_Sの切り替えも必要であり，セキュアMPUの設定も必要です（Trusted Firmware-M内のSecure Partition Managerが使用している場合は）．この協調された切り替えをサポートするために，Trusted Firmware-Mには，非セキュアRTOSと対話してコンテキスト切り替え操作を容易にするOSヘルパAPIを含みます．OSヘルパAPIとTrusted Firmware-Mのソース・コードは全てオープンソースです．

> このトピックに関する詳細な情報は，Embedded Worldに掲載された論文 "How should an RTOS work in a TrustZone for Armv8-M environment" に掲載されています．https://pages.arm.com/rtos-trustzone-armv8m [4]
> Trusted Firmware-Mのソース・コードへのアクセス方法など，Trusted Firmware-Mの詳細については，https://www.trustedfirmware.org/ を参照してください [1]．

11.9　Cortex-MプロセッサにおけるRTOS動作の概念

11.9.1　シンプルなOSの起動

このセクションでは，シンプルなOSで必要な構成要素を幾つか見た後，OSの起動方法から始めます．例を簡単にするために，TrustZoneが実装されていないか，使用されていない（つまり，全てのものが非セキュア状態で動作する）と仮定しています．次の条件で検討します．

- システムが特権状態（非セキュア）で起動し，MSP（MSP_NS）を使用
- 最初のアプリケーション・スレッドは，非特権状態で実行され，PSPを使用

RTOSの初期化は次の方法で行うことができます．

1. 使用する全てのスレッドのスタック・フレームを初期化する
2. OSの定期的なティック割り込みのためのSysTickを初期化する
3. スレッドの実行状態を非特権状態に切り替え，現在のスタック・ポインタとしてPSPを選択するために，CONTROLレジスタへの書き込みでビット0とビット1をセットする
4. 最初のアプリケーション・スレッドの始点に分岐する

しかし，メモリ保護のためにMPUを有効にする必要がある場合，次のような相反する要件があるため，この方法では動作しません．

- まず，セキュリティ上の理由から，MPUを有効にする必要があり，アプリケーション・スレッドに入る前にプロセッサを非特権レベルに切り替える必要がある
- 第2に，最初のアプリケーション・スレッドを起動するために使用されるOSコードは，非特権レベルで実行できない．これは，MPUが有効になってプロセッサが非特権状態に切り替わるとすぐに，特権アクセスのみのメモリ領域にあるOSコードがMPUによってブロックされてしまうから

次の例のプログラム・シーケンスは，この問題を示しています．使用されるシーケンスは次のとおりです．

　　MPU有効化　→　CONTROLレジスタ設定　→　スレッドへ分岐

このシーケンスを使用すると，CONTROLレジスタが0x3の値に更新されるとすぐにMPU違反が発生します．この違反の問題を克服するために，ほとんどのOSでは，分岐動作を使用する代わりに例外リターンを使用して最初のスレッドを開始します．この構成では，OSの初期化コードは，SVC命令を使用して自身をハンドラ・モードに切り替え，MPUとCONTROLレジスタを設定します．プロセッサがハンドラ・モードであるため，OSのコードはMPUによってブロックされません．OSは，最初のスレッドに切り替える準備ができたら，例外リターン動作を使用して，特権レベルとプログラム・アドレスを同時に変更できます（図11.20）．

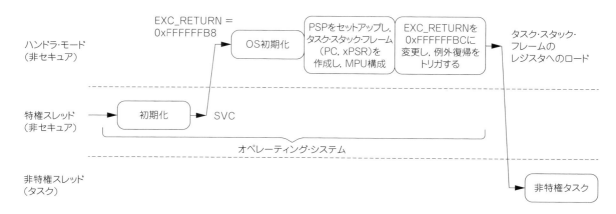

図11.20　シンプルなOSでの最初のスレッドへのエントリ（非セキュア状態での動作）

11.9.2 コンテキスト切り替え

シンプルなRTOSは，タイマ・ペリフェラルを使用して，次の周期的なTick割り込みを生成できます．
- タスク・スケジューラを実行してタスクの優先度を評価し，コンテキスト切り替えが必要かどうかを判断する．もしそうなら
- コンテキスト切り替えコードを実行．これには，次が含まれる
  - 現在実行中のスレッドのデータ，つまりレジスタ・バンク内のレジスタ，PSPの値，FPUのアクティブ状態（FPUが存在する場合）を保存

    > 注意：FPUのアクティブな状態を取得するために，ソフトウェアはEXC_RETURN値からタスクのCONTROL．FPCAの状態を抽出するか，またはEXC_RETURN値全体を保存して，このスレッドに切り替わって戻るときに再利用できる

  - 次のスレッドのメモリ・アクセス許可を定義するためのMPUの再構成
  - 次に実行中のスレッドのデータを復元
  - 例外リターンをトリガするために正しいEXC_RETURN値を選択する – これでプロセッサをスレッドに切り替えて次のスレッドを実行する

他のアクティブなISRが実行されていない場合（つまり，ネストされていない例外の場合），コンテキスト切り替えコードはタイマのティック例外ハンドラの内部で実行されます．他のアクティブなISRが実行されている場合，11.5.3節で説明されているように，PendSV例外がコンテキスト切り替えを処理するために使用されます（図11.21）．

> 注意：OSがコンテキストの切り替えを処理するためにPendSVだけを使用することも可能です．

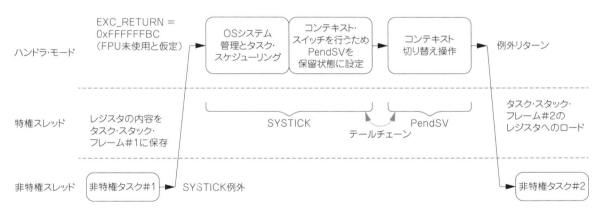

図11.21 コンテキスト切り替えの例

コンテキスト切り替えをサポートするために，PendSV例外の例外優先度は通常，最も低い優先度レベルにプログラムされていることに注意してください．これは，割り込みハンドラの途中でコンテキスト切り替えが発生するのを防ぐためです．これについては，11.5.3節で詳しく説明しています．

11.9.3 コンテキスト切り替えの実動作

実際の例でコンテキスト切り替え動作を示すために，ラウンド・ロビン構成で2つのタスクを切り替える単純なタスク・スケジューラを作成しました．これについては，このセクションの後半で説明します．この例では，以下のような仮定をしています．
1. RTOSが非セキュア側で動作していること – 注意：これは，スタック・フレーム内の追加の状態コンテキストを気にする必要がないという追加の利点がある

2. プロセッサがCortex-M33（オプションのFPUサポート付き）であること
3. コンテキストの切り替えはPendSVハンドラで処理され，このハンドラは他の目的では使用されない

ハンドラ・モードでのコンテキスト切り替えの間，例外エントリによって作成されたスタック・フレームには，呼び出し元保存レジスタr0～r3，r12，LRとFPUが存在し，有効になっている場合は，レジスタs0～s15とレジスタFPSCRが含まれます．呼び出し元保存レジスタに加えて，コンテキスト切り替えコードは，追加の呼び出し元保存レジスタと，コンテキスト切り替えを支援するその他のデータを保存する必要があります．例を簡単にするために，コンテキスト切り替えコードの例では，図11.22に示すように，これらの追加の呼び出し先保存レジスタをプロセス・スタックにプッシュしています．

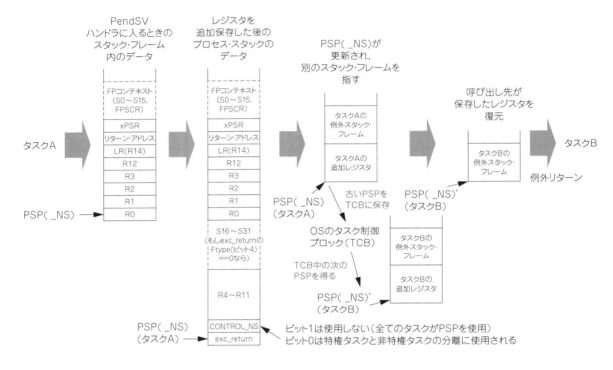

図11.22 コンテキスト切り替え時のプロセス・スタックへの追加レジスタの保存

スタック・フレーム内のデータ・レイアウトが定義されたら，次にコンテキスト切り替えを扱うコードを定義します．スタック内のデータ・レイアウトを扱うためには，次のコードが必要です．
- タスク制御ブロック（Task Control Block：TCB）を定義するOSカーネル・コード
- コンテキスト切り替えを実行するPendSV_Handlerコード

このOSの例では，タスクが2つしかないため，タスク識別とタスク制御ブロック（Task Control Block：TCB）のために次のデータ変数を定義する必要があります．

```
// OSによるデータ利用
uint32_t curr_task=0;  //現在のタスク
uint32_t next_task=0;  //次のタスク
struct task_control_block_elements {
  uint32_t psp_val;
  uint32_t psp_limit;
};
struct task_control_block_elements tcb_array[2];  // 2つのタスクのみ
```

11.9 Cortex-Mプロセッサにおける RTOS 動作の概念

PendSVハンドラのコード（コンテキストの切り替え）は次のように記述されます．

```
// ------------------------------------
//コンテキスト切り替えコード
void __attribute__((naked)) PendSV_Handler(void)
{ //コンテキスト切り替えコード
  __asm(
  "mrs r0, psp\n\t"              //現在のPSP値を取得
  "tst lr, #0x10\n\t"           // EXC_RETURNのビット4をテストし，0の場合，レジスタ16-s31を
                                // 保存する必要がある
  "it eq\n\t"
  "vstmdbeq r0!,{s16-s31}\n\t"  // FPU呼び出し先保存レジスタを保存
  "mov r2, lr\n\t"             // EXC_RETURNをコピー
  "mrs r3, CONTROL\n\t'         // CONTROLをコピー
  "stmdb r0!,{r2-r11}\n\t"     // EXC_RETURN, CONTROL, R2～R11を保存
  "bl PSP_update\n\t"          // PSPをTCBに保存し，次のタスクのPSPを戻り値で取得
  "ldmia r0!,{r2-r11}\n\t"     // タスクのスタックからEXC_RETURN, CONTROL, R2～
                                // R11をロード
  "mov lr, r2\n\t"             // EXC_RETURNを設定
  "msr CONTROL, r3\n\t'         // CONTROLを設定
  "isb \n\t"                    // CONTROL更新後，ISBを実行
                                // （アーキテクチャの推奨）
  "tst lr, #0x10\n\t"          // ビット4をテストし，0の場合，FPU s16-s31をアン
                                // スタック
  "it eq\n\t"
  "vldmiaeq r0!,{s16-s31}\n\t"  // FPU呼び出し先保存レジスタをロード
  "msr psp, r0\n\t"            // 次のタスクのためのPSPを設定
  "bx lr\n\t"                   // 例外リターン
  );
}
// PSPの値を新しいタスクに切り替える - PendSV_Handlerが使用する
uint32_t PSP_update(uint32_t Old_PSP)
{
  tcb_array[curr_task].psp_val = Old_PSP;  //旧タスクのPSPをTCBに保存
  curr_task = next_task; //タスクIDを更新
  __set_PSPLIM(tcb_array[curr_task].psp_limit);  //タスクのスタック上限を設定
  return (tcb_array[curr_task].psp_val);  //新しいタスクのPSPをPendSVに返す
}
```

RTOS環境では，複数のタスクが存在するため，スタック・フレームの作成と各種タスクの作成を容易にするための関数を作成します．この関数（次に示す create_task）は，タスク制御ブロック（Task Control Block：TCB）内のデータと，コンテキスト切り替え操作に必要なスタック・フレーム内の必須データを初期化します．

```
/*ワード・アクセス用マクロ*/
#define HW32_REG(ADDRESS) (*((volatile unsigned long *)(ADDRESS)))
//新規タスクのスタック・フレームを作成
void create_task(uint32_t task_id, uint32_t stack_base, uint32_t stack_size,
uint32_t privilege, uint32_t task_addr)
{
```

371

```
        uint32_t stack_val; //新しいスタック・フレームの開始アドレス
        //初期スタック構造 スタックフレーム(8 ワード) +
        // 追加のレジスタ(10 ワード)
        stack_val = (stack_base + stack_size - (18*4));
        tcb_array[task_id].psp_val = stack_val;
        //スタック限界 - タスクのプロセス・スタックに余分なレジスタを格納するため
        //このデータ保持用に26ワード(26x4バイト)確保する必要がある
        // (または，FPUを搭載しないCortex-M23/M33では10ワード)
        tcb_array[task_id].psp_limit = stack_base + (26*4);
        HW32_REG(stack_val ) = 0xFFFFFFBCUL; //例外リターン値：ハンドラ(NS)からスレッド
                                             //(NS)へ遷移，PSP 使用，FPCA=0
        HW32_REG(stack_val+ 4) = privilege;  //タスクが特権の場合は0に設定，または
                                             //タスクが非特権である場合，1に設定
        HW32_REG(stack_val+64) = task_addr;  // リターン・アドレス
        HW32_REG(stack_val+68) = 0x01000000UL;// xPSR
        return;
    }
```

最初のスレッドを開始するためには，PendSV(コンテキスト切り替えコード)を使用できないため，別のコードが必要です．これは，その最初のスレッドに切り替わる現在実行中のスレッドがないからです．11.9.1節で述べたように，最初のスレッドの開始を処理するために，SVCサービスを使用できます．そのためには，SVCハンドラの例外リターンを正しく処理できるように，PSPを例外スタック・フレームの1番下(追加のスタック・データを除く)を指すようにする必要があります(図11.23)．

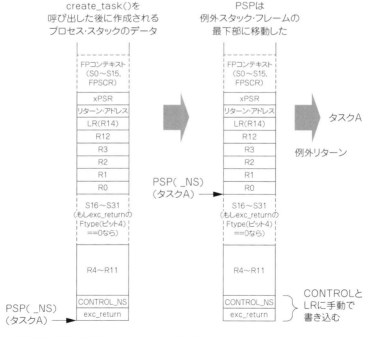

図11.23 SVCが最初のスレッドを開始するときのスタック・フレーム内のデータ

SVCサービスを利用してOSを起動するだけでなく，次のようなコードを作成する必要があります．
- タスク・スケジューリング用のSysTickハンドラ(例では2つのタスクを入れ替えるラウンド・ロビン方式)
- 2つの例題アプリケーション・タスク

11.9 Cortex-M プロセッサにおける RTOS 動作の概念

前述のコードを作成したら，次のコードを使って，簡単なコンテキストの切り替え操作を行います．

```c
#include "stdio.h"
#include "IOTKit_CM33_FP.h"
/* ワード，ハーフ・ワード，バイトのアクセス用マクロ */
#define HW32_REG(ADDRESS) (*((volatile unsigned long *)(ADDRESS)))
#define TASK_UNPRIVILEGED 0x1
#define TASK_PRIVILEGED 0x0
// 関数プロトタイプ
extern void UART_Config(void);
// システム・ハンドラ
void SysTick_Handler(void);
void __attribute__((naked)) PendSV_Handler(void);
void __attribute__((naked)) SVC_Handler(void);
uint32_t SVC_Handler_C(uint32_t exc_return_code, uint32_t msp_val);
void os_start(void); // SVC #0
void create_task(uint32_t task_id, uint32_t stack_base, uint32_t stack_size,
uint32_t privilege, uint32_t task_addr);
uint32_t PSP_update(uint32_t Old_PSP); // 古いPSPをTCBに保存しTCBから新しいPSPをロード
//スレッド
void task0(void); // LED0を点滅させる
void task1(void); // LED1を点滅させる
// 各タスク用スタック（各8Kバイト - 1024 x 8バイト）
uint64_t task0_stack[1024], task1_stack[1024];
// OSによるデータ使用
uint32_t curr_task=0; // 現在のタスク
uint32_t next_task=0; // 次のタスク
struct task_control_block_elements {
  uint32_t psp_val;
  uint32_t psp_limit;
};
struct task_control_block_elements tcb_array[2]; // 2つのタスクのみ
// LED I/O 関数
extern int32_t LED_On (uint32_t num);
extern int32_t LED_Off (uint32_t num);
void error_handler(vcid);
// ----------------------------------------------------------------
void __attribute__((noreturn)) task0(void) // LED #0 を点滅
{
  int32_t loop_count=0;
  while (1) {
    LED_On(0);
    for (loop_count=0;loop_count<50000; loop_count++) {
      __ISB();}
    LED_Off(0);
    for (loop_count=0;loop_count<50000; loop_count++) {
      __ISB();}
  }
}
```

373

第11章　OSサポート機能

```c
// ----------------------------------------------------------------
void __attribute__((noreturn)) task1(void) // LED #1 を点滅
{
  int32_t loop_count=0;
    while (1) {
      LED_On(1);
      for (loop_count=0;loop_count<110000; loop_count++) {
        __ISB();}
      LED_Off(1);
      for (loop_count=0;loop_count<110000; loop_count++) {
        __ISB();}
  }
}
// ----------------------------------------------------------------
int main(void)
{
  UART_Config();
  printf("Non-secure Hello world\n");
  // 2つのタスクを作成
  create_task(0, // タスクID
    (((unsigned) &task0_stack[0])), // スタック・ベース
        (sizeof task0_stack), // スタック・サイズ
    TASK_PRIVILEGED , // 特権/非特権レベル
    ((uint32_t) task0)); // スレッド開始アドレス
  create_task(1, // タスクID
    (((unsigned) &task1_stack[0])), // スタック・ベース
        (sizeof task1_stack), // スタック・サイズ
    TASK_PRIVILEGED , // 特権/非特権レベル
    ((uint32_t) task1)); // スレッド開始アドレス
  os_start(); // OS開始
  while(1){
    error_handler(); // プログラム・フローはここに到達しない
  }
}
void error_handler(void)
{ // プログラム・フローはここに到達しない
    __BKPT(0); // ブレークポイントによる停止
}
// ----------------------------------------------------------------
void os_start(void) {
    __asm("svc #0");
    return;
}
// アセンブリ・ラッパ
void __attribute__((naked)) SVC_Handler(void)
{
    __asm volatile (
    "mov r0, lr\n\t" // 第1引数 , EXC_RETURN
    "mov r1, sp\n\t" // 第2引数 , MSP値
```

11.9 Cortex-MプロセッサにおけるRTOS動作の概念

```c
    "BL SVC_Handler_C\n\t"
    "bx r0\n\t" // 戻り値をEXC_RETURNとして使用
  );
}
// SVCハンドラ - C言語の部分
uint32_t SVC_Handler_C(uint32_t exc_return_code, uint32_t msp_val)
{
    uint32_t stack_frame_addr;
    volatile unsigned int *svc_args;
    uint8_t svc_number; // 抽出されたSVCの番号
    uint32_t new_exc_return;
// どのスタック・ポインタが使用されたかを判断
if (exc_return_code & 0x4) stack_frame_addr = __get_PSP();
else stack_frame_addr = msp_val;
// 追加の状態コンテキストが存在するかどうかを判断
if (exc_return_code & 0x20) {
    svc_args = (unsigned *) stack_frame_addr;}
else {
    svc_args = (unsigned *) (stack_frame_addr+40);}
// プログラム・イメージからSVC番号を抽出
svc_number = ((char *) svc_args[6])[-2]; //メモリ[(stacked_pc)-2]
// デフォルトで同じexc_returnで返す
new_exc_return = exc_return_code;
// SVCサービス
switch (svc_number) {
  case 0: // OS初期化
    //注：SP_NSを更新する前にPSPLIM_NSを更新する必要がある
    __set_PSPLIM(tcb_array[0].psp_limit); //タスクのスタック限界
    __set_PSP(tcb_array[0].psp_val+40); //R4-R11, CONTROL_NSとEXC_RETURNで40バイトを占有
    new_exc_return = HW32_REG(tcb_array[0].psp_val); //タスクのexc_returnを取得し,
                                                     //PSPでスレッドに戻る
    //必要に応じて非特権に設定
    __set_CONTROL(__get_CONTROL() | (HW32_REG((tcb_array[0].psp_val+4)) & 0x1));
    __ISB(); // CONTROLが更新された後にISBを実行
             // (アーキテクチャ推奨)
    NVIC_SetPriority(PendSV_IRQn, 0xFF); // PendSVを最も低い優先順位に設定
    if (SysTick_Config(SystemCoreClock/1000) != 0){ // SysTickタイマを有効にする
      error_handler();
    }
    break;
  default:
    break;
  }
  return new_exc_return;
}
// -------------------------------------------------------------
//新しいタスクのスタック・フレームを作成
void create_task(uint32_t task_id, uint32_t stack_base, uint32_t stack_size,
uint32_t privilege, uint32_t task_addr)
```

375

第11章 OSサポート機能

```c
{
  uint32_t stack_val; //新しいスタック・フレームの開始アドレス
  //  スタック・フレーム（8ワード）+追加のレジスタ（10ワード）での初期スタック構造
  stack_val = (stack_base + stack_size - (18*4));
  tcb_array[task_id].psp_val = stack_val;
  //スタック限界 - 余分なレジスタを格納するのにタスクのプロセス・スタックを使うので
  //このデータを保持するために，26ワード（FPUを持たないCortex-M23/M33では10ワード）を確保
  //  する必要がある
  tcb_array[task_id].psp_limit = stack_base + (26*4);
  HW32_REG(stack_val ) = 0xFFFFFFBCUL; //例外リターン - ハンドラ(NS)からスレッド(NS)へ
                                      //遷移，PSP使用，FPCA=0
  HW32_REG(stack_val+ 4) = privilege; //タスクが特権の場合は0に，タスクが非特権の
                                      //場合は1に設定
  HW32_REG(stack_val+64) = task_addr; //リターン・アドレス
  HW32_REG(stack_val+68) = 0x01000000UL; // xPSR
  return;
}
// ----------------------------------------------------------------
// コンテキスト切り替えコード
void __attribute__((naked)) PendSV_Handler(void)
{ // コンテキスト切り替えコード
  __asm(
  "mrs r0, psp\n\t"      //現在のPSP値を取得
  "tst lr, #0x10\n\t"  // EXC_RETURNのビット4をテストし，0の場合，レジスタs16-s31を
                       //  保存する必要がある
  "it eq\n\t"
  "vstmdbeq r0!,{s16-s31}\n\t" // FPUの呼び出し先保存レジスタの保存
  "mov r2, lr\n\t"                // EXC_RETURNをコピー
  "mrs r3, CONTROL\n\t"           // CONTROLをコピー
  "stmdb r0!,{r2-r11}\n\t"        // EXC_RETURN, CONTROL, R2 ～ R11 を保存
  "bl PSP_update\n\t"          // PSPをTCBに保存し，リターン値中の次のタスクのPSPを取得
  "ldmia r0!,{r2-r11}\n\t"     //タスク・スタックからEXC_RETURN, CONTROL, R2 ～ R11を
                               //ロード
  "mov lr, r2\n\t"                // EXC_RETURNを設定
  "msr CONTROL, r3\n\t"           // CONTROLを設定
  "isb \n\t"                      // CONTROL更新後にISBを実行
                                  // （アーキテクチャ推奨）
  "tst lr, #0x10\n\t"       //ビット4をテストし，ゼロの場合，FPUのs16-s31をアンスタック
  "it eq\n\t"
  "vldmiaeq r0!,{s16-s31}\n\t" // FPUの呼び出し先保存レジスタのロード
  "msr psp, r0\n\t"               //次のタスクのためにPSPを設定
  "bx lr\n\t"                     //例外リターン
  );
}
// PSPの値を新しいタスクに切り替える - PendSV_Handlerが使用
uint32_t PSP_update(uint32_t Old_PSP)
{
  tcb_array[curr_task].psp_val = Old_PSP; //旧タスクのPSPをTCBに保存
  curr_task = next_task; //タスクIDの更新
```

11.9　Cortex-M プロセッサにおける RTOS 動作の概念

```
    __set_PSPLIM(tcb_array[curr_task].psp_limit); //タスクのスタック限界を設定
    return (tcb_array[curr_task].psp_val); //新しいタスクのPSPをPendSVに返す
}
// --------------------------------------------------------------
// SysTickハンドラ
void SysTick_Handler(void)
{
    //シンプルなタスク・スケジューラ(ラウンド・ロビン)
    switch(curr_task) {
      case(0): next_task=1; break;
      case(1): next_task=0; break;
    default: next_task=0;
    printf("ERROR:curr_task = %x\n", curr_task);
    error_handler();
    break; // //プログラム・フローはここに到達しない
    }
    if (curr_task!=next_task){ //コンテクスト切り替えが必要
      SCB->ICSR | = SCB_ICSR_PENDSVSET_Msk; // PendSVを保留に設定
    }
    return;
}
```

同じ例を Cortex-M23 プロセッサに移植する場合，次の変更が必要です．

- ソフトウェアが非セキュア・ワールドで使用する場合のスタック限界チェックの削除：これは，Cortex-M23 プロセッサでは，非セキュア側にスタック限界チェックがないため

- コンテキスト切り替えコードの簡素化：Cortex-M23 プロセッサには，FPU がないため，PendSV_Handler のコンテキスト切り替えコードは，FPU レジスタのコンテキスト保存と復元をスキップすることができる

- PendSV ハンドラの修正：Armv8-M ベースラインの複数ロードストア命令（LDMDB と STMIA）はハイ・レジスタ（r8 ～ r12）をサポートしていないため，ロー・レジスタを介して内容をコピーして，これらのレジスタを保存と復元するため，PendSV ハンドラを修正する必要がある

この単純な OS の例をセキュア側で実行する場合，`create_task()` にハードコードされている EXC_RETURN の初期値を 0xFFFFFFBC から 0xFFFFFFFD に変更する必要があります．以前に，Armv7-M 用に用意されていた OS コードでは，0xFFFFFFFD の値が使用されている可能性が高いです．そのため，Armv8-M プロセッサで使用する前に `create_task()`（またはそれに相当するもの）を更新する必要があります．

この例は，典型的な RTOS に見られる機能を示したものではないことに注意してください．典型的な RTOS は次になります．

- 例えば，スレッドを非アクティブ状態にしたり，タスクの優先度に基づいてタスクに優先順位をつけたりできる，より多くのタスク・スケジューリング機能がある

- 例えば，タスクをアクティブ化／無効化したり，タスクの優先順位を設定したりする追加の SVC サービスがある

- 例えば，イベント処理，メッセージ・キュー，セマフォなどの追加のプロセス間通信がある

前述の例は，完全な OS の実装ではないので，Trusted Firmware-M の OS ヘルパー API との統合を示していません．これに関する詳細な情報は，11.8 節の Embedded World の論文[4]に記載されており，詳細な例は Trusted Firmware のウェブサイト https://www.trustedfirmware.org/[1]に掲載されています．

この単純な例では，MPU のサポートについては言及していません．これは，この例で使用されているコードのさまざまな部分が，アプリケーション・タスクを含めて 1 つのファイルにマージされているからです．このような構成のため，OS 用とアプリケーションのコード／データ用に別々のメモリ領域を定義することは困難です．MPU を使用した場合，アプリケーション・タスクは通常，それぞれ別のコードファイルに格納されます．この構

第11章　OSサポート機能

成では，各タスクのメモリ割り当てはリンク時に個別に処理されることになります．

◈ **参考・引用＊文献** ………………………………………………

(1) Trusted Firmware-M
https://www.trustedfirmware.org/

(2) Arm Compiler armclang リファレンスガイド - インラインアセンブリの例
https://developer.arm.com/documentation/100067/0612/armclang-Inline-Assembler/Forcing-inline-assembly-operands-into-specific-registers

(3) プラットフォームセキュリティアーキテクチャ
https://developer.arm.com/architectures/security-architectures/platform-security-architecture

(4) TrustZone for Armv8-M 環境でどのようにRTOSを動作させるべきか
https://pages.arm.com/rtos-trustzone-armv8m

第12章
メモリ保護ユニット（MPU）

Memory Protection Unit (MPJ)

12.1 MPUの概要

12.1.1 導入

メモリ保護ユニット（Memory Protection Unit : MPU）は，Arm Cortex-Mプロセッサのオプション機能です．次のように主に2つの目的があります．

- アプリケーションまたはプロセスのアクセス許可を定義
  - OS環境では，MPUはプロセス分離のために使用でき ─ つまり，非特権状態で実行されているアプリケーション・タスクは，割り当てられたメモリ空間にのみアクセスできる．従って，アプリケーション・タスクがクラッシュしたり，ハッカーによって侵害されたりしても，OSまたは他のアプリケーション・タスクが使用するメモリを破損したり，アクセスしたりすることはできない．そのため，システムのセキュリティと堅牢性が向上する
  - MPUを使用すると，一部のアドレス範囲を強制的に読み出し専用にすることができる．例えば，プログラム・イメージをRAMにロードした後，誤って内部のプログラム・イメージを変更してしまうことを防ぐために，MPUを使用してRAM内のプログラム位置を強制的に読み出し専用にできる
  - MPUを使用して，特定のデータ・アドレス範囲（スタック，ヒープなど）を実行不可としてマークできる．これは，ハッカーがコード・インジェクション技術を使ってシステムを攻撃するのを防ぐための有用な対策である．MPUを使用してSRAMの一部を実行不可としてマークすることで，スタックとヒープに注入されたコードが実行されるのを防ぐことができる
- アドレス範囲のメモリ属性を定義
  - キャッシュを持つシステム（プロセッサの一部として組み込まれているか，またはシステム・レベルで統合されている）では，MPUを使用して，特定のアドレス範囲がキャッシュ可能かどうかを定義できる．キャッシュ可能の場合，MPUは，キャッシュ方式のタイプ（ライトバック，ライトスルーなど）とメモリ領域の共有属性を定義するために使用できる
  - 一般的には推奨されないが，可能なこととして，MPUを使用してデフォルトのメモリ・マップのメモリ／デバイス・タイプの定義を上書きできる（メモリ・タイプとメモリ属性については，第6章の6.3節，デフォルトのメモリ・マップのメモリ属性については表6.4を参照）．

> 注意：ただし，通常のアプリケーションでは，ソフトウェア開発者はアドレスを "Normal" から "Device"（またはその逆）に切り替えることを避けるべきであり，なぜなら メモリ・マップのデフォルトのメモリ／デバイス・タイプが上書きされたことをデバッガが認識できないためだ．前述の動作の結果として，システムのデバッグがより困難になる可能性がある．これは，デバッガによって生成されたバス転送は，メモリ属性が一致しない可能性があるので，アプリケーションとデバッグ・ビューの間で不整合が生じるためである

Armv6-MとArmv7-MベースのCortex-Mプロセッサ用に設計されたRTOSの中には，アプリケーション・スレッドのスタック・オーバフロー検出にMPUを使用するものがあります．しかし，Armv8-Mプロセッサでは，スタック・オーバフローの検出は，スタック限界チェック・レジスタで処理できます．具体的には，次のとおりです．

- Cortex-M33：スタック限界チェック・レジスタ（11.4節参照）は，セキュアと非セキュア・ソフトウェアの両方に使用できる

379

第12章　メモリ保護ユニット(MPU)

- Cortex-M23：スタック限界チェック・レジスタは，セキュア・ワールドでのみ利用可能．従って，非セキュア・ワールドで動作しているRTOSは，スタック・オーバフロー検出のためにMPUを使用することがある

MPU違反が検出されると，転送がブロックされ，また，フォールト例外が次のように生成されます．

- MemManageフォールト(例外タイプ4)が利用可能で(Cortex-M23プロセッサでは利用できない)，有効になっていて現在のレベルよりも高い優先度を持つ場合，MemManageフォールトが即座にトリガされる
- そうでない場合(MemManageフォールトが利用できないか，無効化されているか，またはその優先度が現在の優先度と同じかそれより低いかのいずれか)，HardFault(例外タイプ3)がトリガされる

例外ハンドラは，システムをリセットするか，OS環境の場合はOSが問題のあるタスクを終了させるか，システム全体を再起動するかなど，どのようにしてエラーを処理するのが最善かを決定できます．

MemManageフォールトは，次のようにセキュリティ状態間でバンク化されます．

- セキュアMPU違反が発生した場合，セキュアMemManageフォールトがトリガされる
- 非セキュアMPU違反が発生した場合，非セキュアMemManageフォールトがトリガされる

MemManageフォールト・イベントがHardFaultにエスカレートされると，ターゲットのセキュリティ状態は，TrustZoneがデバイスに実装されているかどうか，およびAIRCR.BFHFNMINSビットの構成に依存します(**表9.18**)．

アプリケーション・プロセッサ(Cortex-Aプロセッサなど)のメモリ管理ユニット(Memory Management Unit：MMU)とは異なり，MPUはアドレス変換を行いません(仮想メモリをサポートしていない)．Cortex-MプロセッサがMMU機能をサポートしない理由は，プロセッサ・システムがリアルタイム要件に対応できるようにするため：MMUが仮想メモリ・サポートに使用され，トランスレーション・ルックアサイド・バッファ(Translation Lookaside Buffer：TLB)ミス(論理アドレスを物理アドレスに変換する必要があるが，ローカル・バッファにアドレス変換の詳細がない)がある場合，MMUはページ・テーブル・ウォークを実行する必要があります．アドレス変換情報を取得するためにはページ・テーブル・ウォーク動作が必要です．しかし，ページ・テーブル・ウォーク動作中はプロセッサが割り込み要求を処理できなくなる可能性があるため，MMUの使用はリアルタイム・システムには適していません．

12.1.2　MPUの動作概念

MPUはプログラム可能なユニットであり，特権ソフトウェアによって制御されます．デフォルトでは，MPUは無効になっていて，従って，次の状態であることを意味します．

- システムのメモリ・マップのメモリ・アクセス許可は，デフォルトのメモリ・アクセス許可に基づいている(6.4.4節参照)
- システムのメモリ・マップのメモリ属性は，デフォルトのメモリ・マップに基づいている(6.3.3節参照)

デフォルトのメモリ・アクセス許可とデフォルトのメモリ属性の使用は，MPUが実装されていない場合にも適用されます．

MPUはMPU領域を定義することで動作します．Armv8-Mでは，各MPU領域は32バイトの粒度で開始アドレスと終了アドレスを持ちます．MPUを有効にする前に，特権ソフトウェアは，特権ソフトウェアと非特権ソフトウェアの両方のMPU領域を定義するためにMPUをプログラムする必要があります．各領域の設定は次のとおりです．

- MPU領域の開始アドレスと終了アドレス
- MPU領域のアクセス許可(特権アクセスのみなのか，または，フルアクセスなのか)
- MPU領域の属性(メモリ/デバイス・タイプ，キャッシュ属性など)

MPU領域をプログラミングした後，MPUを有効にできます．

OS環境では，MPU領域の設定は，非特権アプリケーション/スレッドがそれぞれ独自のアクセス可能なアドレス範囲を持つように，コンテキスト切り替えごとに再構成される可能性があります．各アプリケーション/スレッドは，コード(共有ライブラリ用の領域を含む)，データ(スタックなど)，およびペリフェラルのために複数のMPU領域を使用します．また，OSのコードは，特権コード(割り込みハンドラなど)のためのMPU領域を提供します．

MPUの設定を簡素化するために，Cortex-Mプロセッサ用のMPUには，プログラム可能なバックグラウンド領域機能もあります．これを有効にすると，特権ソフトウェアは，有効なMPU領域によって設定が上書きされない限り，デフォルトのメモリ・マップのアクセス許可とメモリ属性を参照できます．バックグラウンド領域機能を使用する

ことで，OSコードは，非特権コードに必要なMPU領域だけをプログラムする必要があります．

12.1.3 Cortex-M23とCortex-M33プロセッサのMPUサポート

Cortex-M23とCortex-M33プロセッサでは，MPU機能はオプションです．実装されている場合，MPUは4/8/12/16のMPU領域を持つことができます．TrustZoneセキュリティ拡張が実装されている場合，最大2つのMPUを持つことができ，1つはセキュア・ワールド用で，もう1つは非セキュア・ワールド用です．セキュアMPUと非セキュアMPUのMPU領域は異なる場合があります．

Cortex-M23とCortex-M33プロセッサには内部レベル1キャッシュはありませんが，MPUの設定で生成されたキャッシュ属性は，プロセッサのトップ・レベルにエクスポートされるため，システム・レベルのキャッシュがあれば，その属性情報を利用できます．

12.1.4 MPUを使用する場合のアーキテクチャ要件

MPUの設計は，プロテクテッド・メモリ・システム・アーキテクチャ(Protected Memory System Architecture：PMSA)に基づいています．PMSAv8は，Armv8-Mアーキテクチャ[1]の一部です．MPUを構成する場合の注意は次になります．
- MPUの構成を変更する前に，以前のメモリ・アクセス(そのうちの幾つかがまだ未完了の場合)が影響を受けないことを確実にするために，DMB命令を実行する必要がある
- システム・レベルのキャッシュが存在し，MPUの構成がキャッシュ方式を変更しようとしている場合，MPUの構成を更新する前にキャッシュをクリーンにする必要がある
- MPUの構成が完了後，DSB命令の次にISB命令を実行し，後続のプログラム操作が新しいMPU設定を使用することを確実にする

12.2 MPUレジスタ

12.2.1 MPUレジスタの概要

MPUレジスタ(表12.1)はメモリ・マップされており，システム制御空間(System Control Space：SCS)に配置されます．Armv8-Mアーキテクチャでは，MPUレジスタへのアクセスに常に32ビット・サイズでなければなりません．

表12.1 **MPUのレジスタの概要** (Cortex-M23プロセッサではエイリアス・レジスタは使用できない)

アドレス	レジスタ	CMSIS-COREシンボル	機能
0xE000ED90	MPU_TYPE	MPU->TYPE	MPUタイプ・レジスタ
0xE000ED94	MPU_CTRL	MPU->CTRL	MPU制御レジスタ
0xE000ED98	MPU_RNR	MPU->RNR	MPU領域番号レジスタ
0xE000ED9C	MPU_RBAR	MPU->RBAR	MPU領域ベース・アドレス・レジスタ
0xE000EDA0	MPU_RLAR	MPU->RLAR	MPU領域限界アドレス・レジスタ
0xE000EDA4	MPU_RBAR_A1	MPU->RBAR_A1	MPU領域ベース・アドレス・レジスタ・エイリアス1
0xE000EDA8	MPU_RLAR_A1	MPU->RLAR_A1	MPU領域限界アドレス・レジスタ・エイリアス1
0xE000EDAC	MPU_RBAR_A2	MPU->RBAR_A2	MPU領域ベース・アドレス・レジスタ・エイリアス2
0xE000EDB0	MPU_RLAR_A2	MPU->RLAR_A2	MPU領域限界アドレス・レジスタ・エイリアス2
0xE000EDB4	MPU_RBAR_A3	MPU->RBAR_A3	MPU領域ベース・アドレス・レジスタ・エイリアス3
0xE000EDB8	MPU_RLAR_A3	MPU->RLAR_A3	MPU領域限界アドレス・レジスタ・エイリアス3
0xE000EDC0	MPU_MAIR0	MPU->MAIR0	MPUメモリ属性間接レジスタ0
0xE000EDC4	MPU_MAIR1	MPU->MAIR1	MPUメモリ属性間接レジスタ1

第12章 メモリ保護ユニット(MPU)

Armv8-MアーキテクチャのMPUのプログラマーズ・モデルは，MPU_TYPE，MPU_CTRL，MPU_RNRレジスタを除いて，Armv6-MおよびArmv7-MアーキテクチャのMPUとは異なることに注意してください．

TrustZoneが実装された場合：
- プロセッサで非セキュア特権ソフトウェアを実行している場合，ソフトウェアは，アドレス0xE000ED90〜0xE000EDC4を介して非セキュアMPUレジスタにアクセスできる
- プロセッサでセキュア特権ソフトウェアを実行している場合，ソフトウェアは，アドレス0xE000ED90〜0xE000EDC4を介してセキュアMPUレジスタにアクセスできる
- プロセッサでセキュア特権ソフトウェアを実行している場合，ソフトウェアは，アドレス0xE002ED90〜0xE002EDC4（すなわち，非セキュアMPUのエイリアス・アドレス）を介して非セキュアMPUレジスタにアクセスできる

CMSIS-COREヘッダ・ファイルを使用する場合，セキュア特権ソフトウェアは，MPUデータ構造体ではなくMPU_NSデータ構造体を使用して非セキュアMPUレジスタにアクセスします．

12.2.2 MPUタイプ・レジスタ

MPUタイプ・レジスタ（図12.1と表12.2）は，選択されたセキュリティ状態のMPUに実装されているMPU領域の数を詳細に示します．DREGIONビットが0の場合，選択されたセキュリティ状態のMPUは実装されていません．このMPUタイプ・レジスタは読み出し専用です．

図12.1　MPUタイプ・レジスタ

表12.2　MPUタイプ・レジスタ（MPU->TYPE, 0xE000ED90）

ビット	名前	タイプ	リセット値	説明
31:16	予約済み	RO	0	予約済み
15:8	DREGION	RO	実装定義	選択されたセキュリティ状態のMPUがサポートするMPU領域の数
7:1	予約済み	RO	0	予約済み
0	SEPARATE	RO	0	命令領域とデータ領域の分離をサポートしていることを示す．Armv8-Mは統一されたMPU領域のみをサポートしているため，このビットは常に0

12.2.3 MPU制御レジスタ

MPU制御レジスタ（図12.2と表12.3）は，MPU機能の有効制御を定義します．

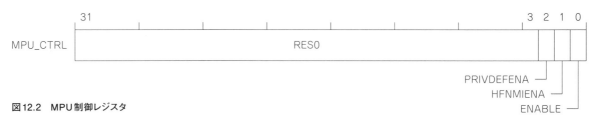

図12.2　MPU制御レジスタ

MPU制御レジスタのPRIVDEFENAビットは，バックグラウンド領域を有効にするために使用されます．PRIVDEFENAを使用することで，他の領域が設定されていなければ，特権プログラムは全てのメモリ位置にアクセスできます．ただし，非特権プログラムから発生するメモリ・アクセスはブロックされます．しかし，他の

12.2 MPU レジスタ

表12.3 MPU制御レジスタ (MPU->CTRL, 0xE000ED94)

ビット	名前	タイプ	リセット値	説明
31:3	予約済み	RO	0	予約済み
2	PRIVDEFENA	R/W	0	特権デフォルト・メモリ・マップ有効．1にセットされ，MPUが有効になっている場合，デフォルトのメモリ・マップは，どのMPU領域にもマップされていない特権アクセスに使用される (つまり，特権コード用のバックグラウンド領域を提供する)．このビットがセットされていない場合，バックグラウンド領域は無効になり，有効なMPU領域によってカバーされていないアクセスは，フォールトの原因となる
1	HFNMIENA	R/W	0	1にセットするとHardFaultハンドラとNMIハンドラ実行中にMPUを使用し，0に設定するとHardFaultハンドラとNMIハンドラ実行中にMPUをバイパスし，FAULTMASKを1にセットするとMPUもバイパスする
0	ENABLE	R/W	0	1にセットするとMPUを有効にする

MPU領域がプログラムされ，有効化されている場合，バックグラウンド領域を上書きできます．例えば，図12.3は似たような領域設定の2つのシステムを示していますが，右側のものだけがPRIVDEFENAビットが1にセットされており，このシステムはバックグラウンド領域への特権アクセスを許可していることを示しています．

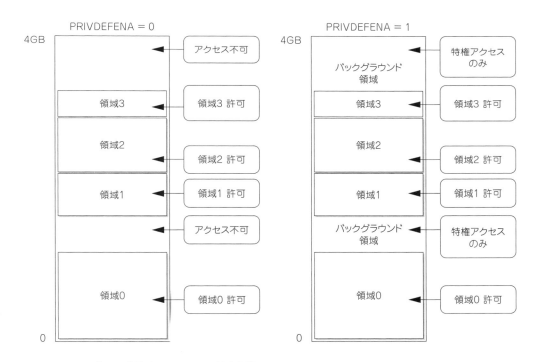

図12.3 PRIVDEFENAビットの効果 (バックグラウンド領域有効)

　HFNMIENAビットは，NMIとHardFaultハンドラの実行中，またはFAULTMASKが設定されているときのMPUの動作を定義するために使用されます．デフォルトでは (HFNMIENAビットが0のとき)，MPUは，これらの条件のうち1つ以上が満たされたとき，バイパスされます (無効化されます)．これにより，MPUが正しく設定されていない場合でも，HardFaultハンドラとNMIハンドラが実行できるようになります．

　MPU制御レジスタの有効化ビットの設定は，通常，MPU設定コードの最後のステップです．そうしないと，領域設定が完了する前に，MPUが誤ってフォールトを発生させてしまう可能性があります．多くの場合，特に動的なMPU構成を持つ組み込みOSの場合，MPU領域の構成中にMemManageFaultが偶発的に発生しないように，MPU構成ルーチンの開始時にMPUを無効にすべきです．

12.2.4 MPU領域番号レジスタ

　理論的には，Armv8-Mプロセッサは16個以上のMPU領域をサポートできます．MPUの全ての領域レジスタに個別のアドレスを割り当てるのではなく，MPUのレジスタ・アクセスはMPUの領域番号レジスタによってインデックス化され，制御されます．このため，MPUの全ての領域構成レジスタにアクセスするために必要なレジスタ・アドレスの数は少なくて済みます．

　MPU領域番号レジスタ（図12.4と表12.4）は8ビットなので，理論的には256個のMPU領域を設定できます．しかし，256個のMPU領域を持つと，シリコン面積のコストと消費電力が大幅に増加するため，Cortex-M23とCortex-M33プロセッサでは，最大16個のMPU領域しかサポートしていません．MPU領域を設定する前に，ソフトウェアはこのレジスタに書き込み，プログラムする領域を選択する必要があります．

図12.4　MPU領域番号レジスタ

表12.4　MPU領域番号レジスタ（MPU->RNR, 0xE000ED98）

ビット	名前	タイプ	リセット値	説明
31:8	予約済み	RO	0	予約済み
7:0	REGION	R/W	-	プログラミングを行う領域を選択する

> 注意：Armv7-Mでは，MPUの領域番号をMPU領域ベース・アドレス・レジスタの書き込み値にマージすることで，MPU_RNRのプログラミングをスキップできました．しかし，このメカニズムはArmv8-Mではサポートされていません．

12.2.5 MPU領域ベース・アドレス・レジスタ

　MPU領域ベース・アドレス・レジスタ（図12.5と表12.5）は，MPU領域の開始アドレスとその領域のアクセス許可を定義します．

図12.5　MPU領域ベース・アドレス・レジスタ

表12.5　MPU領域ベース・アドレス・レジスタ（MPU->RBAR, 0xE000ED9C）

ビット	名前	タイプ	リセット値	説明
31:5	BASE	R/W	-	MPU領域のベース・アドレス – MPU領域の下限アドレスのビット31〜ビット5．アドレス値の最下位5ビット（ビット4〜0）は，MPU領域のチェック目的のためにゼロで埋められる
4:3	SH	R/W	-	共有性 – ノーマル・メモリに対するこの領域の共有属性を定義する．この領域がDeviceとして設定されている場合，常に共有されたものとして扱われる 00 - 共有不可 11 - 内部共有可能 10 - 外部共有可能

ビット	名前	タイプ	リセット値	説明
2:1	AP[2:1]	R/W	-	アクセス許可 00 - 特権コードのみによる読み書き 01 - フル・アクセス（任意の特権レベルの読み書き） 10 - 特権コードのみの読み出し専用 11 - 特権コードと非特権コードの読み出し専用
0	XN	R/W	-	実行不可 – 1にセットすると，このMPU領域からのコードの実行は許可されない

　Cortex-M23とCortex-M33プロセッサには内蔵キャッシュはありませんが，構造的には，レベル1（内部キャッシュ属性を使用）とレベル2（外部キャッシュ属性を使用）を含む外部キャッシュをサポートしています．MPU領域のルックアップからのキャッシュ可能性属性と共有可能性属性に，そのMPで定義されたメモリ属性に基づいてキャッシュ・ユニットが転送を正しく処理できるように，バス・システムの転送に付随して伝播されます．
　複数のバス・マスタを有するシステムでは，それらのバス・マスタは共有性グループで分類され（**図12.6**），バス・トランザクションからの共有性属性は，キャッシュ・ユニットがその転送のためにコヒーレンシ管理を処理する必要があるかどうかを決定するのに使用されます．

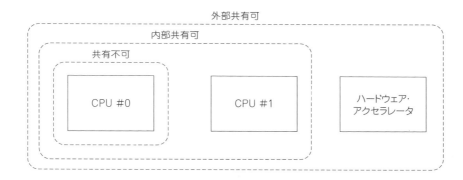

図12.6　共有性のグループ化の簡易図

図12.6に示したコヒーレンシ管理方式について次に説明します．
- 共有不可 – CPU#0による共有不可領域のデータの更新は，システム内の他のバス・マスタから常に観測されるわけではない．これは，より高い性能を達成するという利点があるが，ある段階で他のバス・マスタからデータにアクセスする必要がある場合，キャッシュ・クリーンなどのソフトウェア操作が必要になる
- 内部共有可能 – CPU#1による内部共有可能領域のデータの更新は，同じ内部共有可能グループに属する他のバス・マスタのみが見ることができる．しかし，同じグループに属していない他のバス・マスタは，更新されたデータを見ることができない場合がある．例えば，一部のArm Cortex-Aプロセッサはクラスタ構成をサポートし，複数のプロセッサ・コア間でのキャッシュ・コヒーレンシを維持する．これにより，プロセッサ間でのデータの共有が容易になる．しかし，コヒーレンシを処理するために，キャッシュ・ハードウェア内のスヌープ制御ユニット（Snoop Control Unit：SCU）は，一部のバス・トランザクションにわずかな遅延をもたらす可能性がある
- 外部共有可能 – システムによっては，他のバス・マスタを持ち，プロセッサと他のバス・マスタが幾つかのメモリ領域で一貫したビューを持つことを可能にする共有レベル2キャッシュを持つことができる．この構成では，前述のプロセッサとバス・マスタは，データを共有するためにこれらの領域を簡単に使用できる．メモリ領域が外部共有可能と定義されている場合，それは内部共有可能でもある

12.2.6　MPU領域限界アドレス・レジスタ

　MPU領域限界アドレス・レジスタ（**図12.7**と**表12.6**）は，MPU領域の終了アドレスとその領域のメモリ属性を

定義します．また，MPU領域の有効化制御ビットも含まれています．MPUを有効にする前は，未使用のMPU領域の有効ビットを0にセットしておく必要があります．MPU有効化は，制御ビットMPU_CTRL.ENABLE（**表12.3**）によって制御されます．

図12.7 MPU領域限界アドレス・レジスタ

表12.6 MPU領域限界アドレス・レジスタ（MPU->RLAR, 0xE000EDA0）

ビット	名前	タイプ	リセット値	説明
31:5	LIMIT	R/W	-	MPU領域の上限アドレス － MPU領域の上限アドレスのビット31～ビット5．アドレス値の最下位5ビット（ビット4～0）は，MPU領域のチェックのために"1"で埋められる
4	予約済み/PXN	- R/W	-	Armv8.0-Mでは予約済み Privileged eXecute Never（PXN）属性は，Armv8.1-M（Cortex-M55など）で使用でき，Cortex-M23とCortex-M33プロセッサでは使用できない
3:1	AttrIndx	R/W	-	属性インデックス － MAIR0とMAIR1からメモリ属性を選択するためのもの
0	EN	R/W	0	領域有効化

　MPU領域限界アドレスは，LIMITビット・フィールドを取りだし，5ビットの1を後ろに追加して生成されます．例えば，MPU_RLARが0x2000FFE7に設定されている場合，次のように解釈されます：

- LIMITは，限界アドレスのビット31～ビット5までを提供する．アドレスのビット4～ビット0までを"1"に置き換える前のアドレスは0x2000FFE0となる．LIMITアドレスの最下位5ビットを"1"に置き換えると，実際に得られる限界アドレスの値は0x2000FFFFとなる
- ビット4（予約/PXNビット）は0 － Cortex-M23とCortex-M33プロセッサでは使用されない
- 最下位4ビットのバイナリ値は0111（すなわち7）であり，これは属性インデックス（ビット・フィールド名：AttrIndx）の値である3と，MPU領域の有効化制御ビット（ビット・フィールド名：EN）の値である1（すなわちMPU領域が有効になっている）に対応している

"AttrIndx"は，MAIR0レジスタとMAIR1レジスタから正しいメモリ属性設定を取得するためのインデックス値です．インデックス方式を用いることで，MPU領域のメモリ属性ビット数の合計を減らすことができます．

　PXN（Privileged eXecute Never）属性ビットは，Armv8.1-Mアーキテクチャ（Cortex-M55プロセッサなど）で導入され，Armv8.0-Mでは利用できません．これにより，非特権アプリケーションまたは，ライブラリ・コードを含むMPU領域を非特権実行専用としてマークでき，特権のエスカレーション攻撃を防ぐことができます．

12.2.7　MPU RBARとRLARエイリアス・レジスタ

　MPU RBARとRLARエイリアス・レジスタはArmv8-Mメインラインでのみ使用可能であり，Cortex-M23プロセッサではサポートされていません．前述のこれらのレジスタの目的は，MPUのプログラミングを高速化することです．これは，領域がプログラムされるたびにMPU領域番号レジスタ（MPU_RNR）をプログラムする必要性を回避することで達成されます．エイリアス・レジスタを使用するには，MPU_RNRをN（Nは4の倍数）の値にプログラムし，MPU RBARとRLARのエイリアス・レジスタを使用してMPU領域N+1，N+2，N+3にアクセスします．MPU領域レジスタのエイリアスを**表12.7**に示します．

　MPU RBARとRLARエイリアス・レジスタ（すなわち，MPU_RBAR_A1/2/3およびMPU_RLAR_A1/2/3）内のビット・フィールドは，MPU_RBARとMPU_RLARレジスタ内のビット・フィールドと全く同じです．唯一の違いは，アクセスされるMPU領域の領域番号です．

表12.7 MPU RBARとMPU RLARのエイリアス・レジスタ使用時にアクセスされるMPU領域

	MPU_RNR=0の場合	MPU_RNR=4の場合	MPU_RNR=8の場合	MPU_RNR=12の場合
MPU_RBAR	MPU_RBAR[0]	MPU_RBAR[4]	MPU_RBAR[8]	MPU_RBAR[12]
MPU_RLAR	MPU_RLAR[0]	MPU_RLAR[4]	MPU_RLAR[8]	MPU_RBAR[12]
MPU_RBAR_A1	MPU_RBAR[1]	MPU_RBAR[5]	MPU_RBAR[9]	MPU_RBAR[13]
MPU_RLAR_A1	MPU_RLAR[1]	MPU_RLAR[5]	MPU_RLAR[9]	MPU_RBAR[13]
MPU_RBAR_A2	MPU_RBAR[2]	MPU_RBAR[6]	MPU_RBAR[10]	MPU_RBAR[14]
MPU_RLAR_A2	MPU_RLAR[2]	MPU_RLAR[6]	MPU_RLAR[10]	MPU_RBAR[14]
MPU_RBAR_A3	MPU_RBAR[3]	MPU_RBAR[7]	MPU_RBAR[11]	MPU_RBAR[15]
MPU_RLAR_A3	MPU_RLAR[3]	MPU_RLAR[7]	MPU_RLAR[11]	MPU_RBAR[15]

MPU_RNRが4の倍数に設定されていない場合，MPU RBARとMPU RLARのエイリアス・レジスタにアクセスすると，MPU_RNRのビット1と0は無視され，使用する領域番号は(MPU_RNR[7:2]) <<2 + alias_numberとなります．

12.2.8 MPU属性間接レジスタ0と1

最新のコンピューティング・システムにおけるメモリ・システムの動作は，非常に複雑になる可能性があります．メモリ・アクセス動作を制御するためには，必要な制御ニーズをカバーするために，MPUのメモリ属性に多くのビットが必要となります．しかし，組み込みシステムでは，数種類のメモリしか搭載されていない可能性がありま

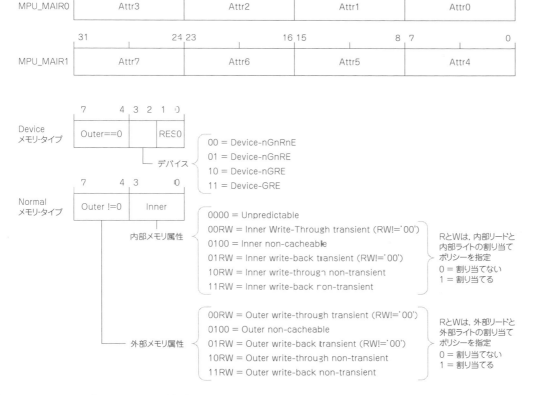

図12.8 MPU_MAIR0とMPU_MAIR1レジスタ

第12章 メモリ保護ユニット(MPU)

す．そこで，MPUの各領域にメモリ属性の制御ビットを多数用意する代わりに，MPU属性間接レジスタ(図12.8)には，最大8種類のメモリ属性のルックアップ・テーブルが用意されています．各MPU領域は，MPU_RLARレジスタのAttrIndxビット・フィールドを使用して，これら8つのメモリ属性タイプの中からメモリ属性を選択します．

メモリとデバイスの種類の詳細については，6.3節を参照してください．

Armv8-MのMPUは"transient(トランジェント)"と呼ばれる新しいメモリ属性を導入しています．その目的は，MPU領域内のデータが短期間だけキャッシュに存在する必要があるかもしれないというヒントをキャッシュ・ユニットに提供することです．このヒントは，キャッシュ・ラインの交換時に役立ちます．Cortex-M23とCortex-M33プロセッサをベースにしたシステムでは，これらのプロセッサには内部キャッシュがなく，AMBA5 AHBバス・プロトコル[2]ではtransient属性の転送のための信号が提供されないため，transient情報は使用されません．

12.3 MPUの構成

12.3.1 MPUの構成手順の概要

典型的なMPU設定シーケンスを図12.9に示します．

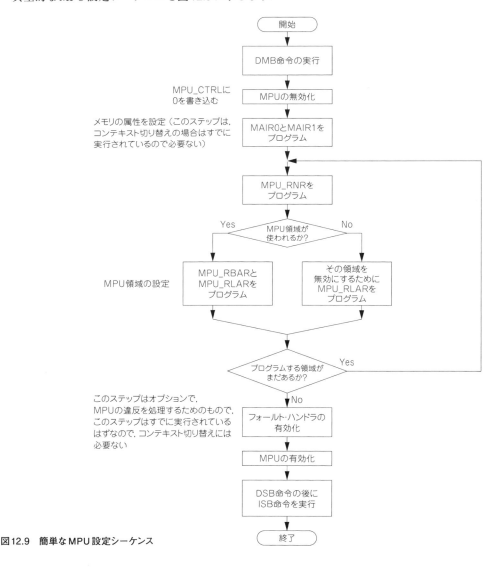

図12.9 簡単なMPU設定シーケンス

Armv8-Mメインライン・プロセッサを使用している場合，MPU RBARとRLARエイリアス・レジスタを使用することで，MPU構成ループの反復回数を減らすことができます．

MPUを設定するときに考慮すべき点が次のように幾つかあります．

- システム制御空間(System Control Space：SCS)と専用ペリフェラル・バス(PPB, アドレス0xE0000000〜0xE00FFFFF)のハードウェア・レジスタなど，プロセッサの内部メモリ・マップされたコンポーネント用にMPU領域を設定する必要はない
- 例外ベクタのフェッチは常にデフォルトのメモリ・マップを使用するため，ベクタ・テーブルにMPU領域を設定する必要はない
- バックグラウンド領域を使用する(PRIVDEFENAを1にセットする)ことで，必要なMPU領域の数を減らすことができ － これは，MPU領域の構成が非特権ソフトウェアの要件のみをカバーする必要があるため
- HFNMIENAを1にセットする場合，HardFaultとノンマスカブル割り込み(Non-Maskable Interrupt：NMI)ハンドラの両方の実行に必要なメモリ領域をMPU領域の設定がカバーしていることを確認する必要がある．あるいは，PRIVDEFENAを1にセットすることでバックグラウンド領域を有効にすることができ，そうすることでHardFaultとNMIハンドラがデフォルトのメモリ・マップを使用して実行できるようになる．HFNMIENAが1で，PRIVDEFENAを1にセットしない場合，これらのハンドラが実行されるときにMPUが使用される(すなわち，全てのアクセスはMPUの許可チェックの対象となる)．メモリがこれらのハンドラの1つによってアクセスされ，MPUによってブロックされた場合，これはプロセッサをLOCKUPに入ることになる(13.6節)
- ノーマル・メモリの属性をデバイス属性のメモリ領域に上書きすること，あるいはその逆の属性の上書きは避けなければならない．もしソフトウェアがメモリ属性を上書きする場合は，デバッガは，そのメモリ属性に合致するデバッガ・アクセスを生成できない恐れがある．また，システム・キャッシュが存在する場合，デバッガは，メモリ属性の不一致により，ソフトウェアで期待するものとは異なるデータを得る結果になる可能性がある
- マイクロコントローラ・アプリケーションの場合，単一のMPU領域を使用して全てのプログラム・フラッシュ(または，その他の形式の不揮発性メモリ)をカバーすることで，多くの場合，MPU領域のセットアップを単純化できる．多くのマイクロコントローラ・アプリケーションでは，RTOSが使用されている場合でも，アプリケーション・スレッドごとに個別のMPU領域を定義することは不必要であり，多くの場合，非現実的である．これは，これらのアプリケーション・スレッドが共有のC関数(CランタイムライブラリやOS固有のAPIなど)を使用することが多く，非特権ソフトウェア・スレッドのそれぞれのためのプログラム・メモリを別個のMPU領域に分離することが困難だからである．さらに，アプリケーション・ソフトウェアの開発者は通常，プログラム・メモリの完全な可視性を持っているため，これらの非特権ソフトウェア・スレッドがプログラム全体を読むことを許可しても，セキュリティ上の問題を引き起こす可能性はほとんどない

12.3.2 MAIR0とMAIR1のメモリ属性の定義

MPU構成を定義する場合に，最初に考えるべきことの1つは，どのようなメモリ・タイプをサポートする必要があるかということです．この情報は，MAIR0とMAIR1の構成に必要です．マイクロコントローラをベースにした組み込みシステムでは，通常，メモリ・タイプは数種類しかありません．マイクロコントローラの一般的なメモリ・タイプの幾つかの例を**表12.8**に示します．

表12.8　メモリ属性の例

メモリ/デバイスの種類	説　明	メモリ属性値(バイナリ)の例
組み込みフラッシュなどのプログラム・メモリ(キャッシュ可能)	内部キャッシュと外部キャッシュで，ライト・バックでノントランジェント属性．リード時とライト時にアロケートされる(ただし，ライトが発生する可能性は低い)	(8ビット)11111111
オンチップ高速SRAM	プロセッサに密接に結合された高速SRAM．これは，高速SRAMへのアクセスが他のキャッシュされた情報を置き換えることがないように，キャッシュ不可として構成できる	(8ビット)01000100

第12章 メモリ保護ユニット(MPU)

メモリ/デバイスの種類	説 明	メモリ属性値(バイナリ)の例
共有レベル2キャッシュのついた遅いRAM	アクセス・レイテンシの長いメモリ・デバイス．例：DRAM．内部キャッシュと外部キャッシュの両方でキャッシュ可能	(8ビット)11111111
ペリフェラル(バッファ可)	一般的なペリフェラル	(8ビット)00000001
ペリフェラル(バッファ不可)	通常は特殊なハードウェア・ブロックのためのもの．例：システム制御用のハードウェア・レジスタ．バッファ不可としてマークされているので，レジスタの更新の影響は後続のコードからほぼ即座に見える	(8ビット)00000000

　内部と外部属性は，システム・レベルのキャッシュまたはメモリ・インターフェース・コントローラによって使用できます(図12.10)．

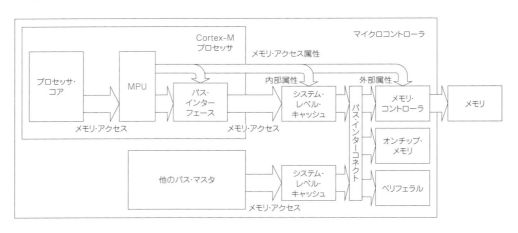

図12.10　チップ内のハードウェア・ユニットによるメモリ属性の使用

　必要な属性が定義されると，MPUの残りのプログラミング・シーケンスは，MPU_RLAR(領域限界アドレス・レジスタ)中のAttrIndx(属性インデックス)を指定することで，メモリ属性を参照できます．OSのコンテキスト切り替え時には，MAIR0とMAIR1のメモリ属性を更新する必要はありません(図12.11)．

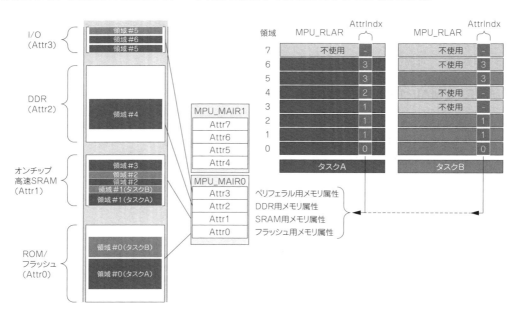

図12.11　コンテキスト切り替え中は，MPU_RBARとMPU_RLARのみが更新され，MAIRxの設定は変更されない

12.3.3 MPUプログラミング

12.3.3.1 概要

　低レベルのMPU構成関数は，CMSIS-COREで定義されています（ヘッダ・ファイル"include/mpu_v8.h"）．さらに，CMSIS-Zoneと呼ばれる別のCMSISプロジェクトは，プロジェクトの設定からMPU構成コードを生成するユーティリティを提供しています（XMLファイル形式）．

　CMSIS-COREで定義されている低レベルMPU制御関数は次のとおりです．

12.3.3.2 MPUを無効にする

　MPUを無効にするには（MPU構成を更新するときに必要になる場合があります），次の関数を使用します．

```
void ARM_MPU_Disable(void) ;
```

　TrustZoneが実装されている場合，セキュア・ソフトウェアは次の関数により，非セキュアMPUを無効にできます．

```
void ARM_MPU_Disable_NS(void) ;
```

12.3.3.3 MAIR0とMAIR1のプログラム

　MPUを初期化するための重要なステップの1つは，MPU属性リダイレクト・レジスタ（MAIR0とMAIR1）をプログラムすることです（**図12.9**）．CMSIS-COREのヘッダ・ファイルには，次の関数があります．

```
// 現在選択されているMPUの場合
void ARM_MPU_SetMemAttr(uint8_t idx, int8_t attr) ;
```

　TrustZoneが実装されている場合，セキュア・ソフトウェアは次の関数により，明示的に選択されたMPUの1つに属性リダイレクト・レジスタを設定できます．

```
// MPUを明示的に選択する場合（現在選択されているMPUには "MPU" を使用
// 非セキュアMPUの場合は "MPU_NS" を使用）
void ARM_MPU_SetMemAttrEx(MPU_Type* mpu, uint8_t idx, int8_t attr) ;
```

　非セキュアMPUの属性リダイレクト・レジスタを設定するときに使用するもう1つの関数は次のとおりです．

```
// MPU_NS用
void ARM_MPU_SetMemAttr_NS(uint8_t idx, int8_t attr);
```

ここで関数パラメータは次のとおりです．
- "mpu"はMPUまたはMPU_NSのいずれか
- "idx"はインデックス値0 ～ 7
- "attr"は8ビットのメモリ属性

　これらの関数を使用する場合，コードをより読みやすくするために多くのCマクロが定義されています．また，これらの関数を有効にするには，多くの定数が定義されています（**表12.9**）．

第12章　メモリ保護ユニット(MPU)

表12.9　メモリ属性の作成をサポートするCマクロ

特徴	マクロ	値	説明
デバイス	ARM_MPU_ATTR_DEVICE	0	デバイス用のattrの上位4ビット
デバイス・タイプ ビット3〜ビット2	ARM_MPU_ATTR_DEVICE_nGnRnE	0	バッファ不可のデバイス
	ARM_MPU_ATTR_DEVICE_nGnRE	1	バッファ可能のデバイス
	ARM_MPU_ATTR_DEVICE_nGRE	2	読み/書きのリオーダが可能なデバイス
	ARM_MPU_ATTR_DEVICE_GRE	3	読み/書きのリオーダとギャザリング(リサイズなど)が可能なデバイス
メモリ・タイプ	ARM_MPU_ATTR(O, I)	-	外部(O)属性と内部(I)属性の組み合わせ
	ARM_MPU_ATTR_NON_CACHEABLE	4	キャッシュ不可な通常メモリ
	ARM_MPU_ATTR_MEMORY_(NT, WB, RA, WA)	-	内部と外部のキャッシュ・ポリシ用の4ビット・キャッシュ可能メモリ属性

　これらのCマクロから適切なメモリ属性値を作成するために,次のCマクロ・コードを使用できます(**表12.10**).

表12.10　Cマクロを用いたメモリ属性の生成例

デバイスとメモリの種類の例	Cマクロの例
DEVICE-nGnRnE	`(ARM_MPU_ATTR_DEVICE<<4)	(ARM_MPU_ATTR_DEVICE_nGnRnE<<2)`
DEVICE-nGnRE	`(ARM_MPU_ATTR_DEVICE<<4)	(ARM_MPU_ATTR_DEVICE_nGnRE<<2)`
DEVICE-nGRE	`(ARM_MPU_ATTR_DEVICE<<4)	(ARM_MPU_ATTR_DEVICE_nGRE<<2)`
DEVICE-GRE	`(ARM_MPU_ATTR_DEVICE<<4)	(ARM_MPU_ATTR_DEVICE_GRE<<2)`
内部と外部キャッシュ不可の通常メモリ	`ARM_MPU_ATTR(ARM_MPU_ATTR_NON_CACHEABLE, ARM_MPU_ATTR_NON_CACHEABLE)`
内部キャッシュ不可,外部キャッシュ可の通常メモリ	`ARM_MPU_ATTR(ARM_MPU_ATTR_MEMORY_(NT,WB,RA,WA), ARM_MPU_ATTR_NON_CACHEABLE)` ここで,*NT(Non-transient), WB(Write-back), RA(Read-allocate), WA(Write-allocate)は0または1の値を持つ*
内部キャッシュ可,外部キャッシュ可の通常メモリ	`ARM_MPU_ATTR(ARM_MPU_ATTR_MEMORY_(NT,WB,RA,WA), ARM_MPU_ATTR_MEMORY_(NT,WB,RA,WA))` ここで,*NT(Non-transient), WB(Write-back), RA(Read-allocate), WA(Write-allocate)は0または1の値を持つ*

12.3.3.4　領域ベース・アドレスと限界アドレス・レジスタ

　MAIR0とMAIR1がプログラムされると,MPUベース・アドレスと限界アドレス・レジスタ(RBARとRLAR)がプログラムできます.CMSIS-COREのヘッダ・ファイルは,次の関数を提供します.

```
//  現在選択されているMPUの場合
void ARM_MPU_SetRegion(uint32_t rnr, uint32_t rbar, uint32_t rlar) ;
```

　TrustZoneが実装されている場合,次の関数により,セキュア・ソフトウェアは,明示的に選択したMPUの1つにRBARとRLARレジスタを設定できます.

```
//  MPUを明示的に選択する場合(現在選択されているMPUには "MPU" を使用
//  非セキュアMPUの場合は "MPU_NS" を使用)
void ARM_MPU_SetRegionEx(MPU_type* mpu, uint32_t rnr, uint32_t rbar,
uint32_t rlar) ;
```

非セキュアMPUのRBARとRLARのレジスタを設定するときに使用する別の関数は次になります.

```
// MPU_NS用
void ARM_MPU_SetRegion_NS(uint32_t rnr, uint32_t rbar, uint32_t rlar) ;
```

これらの関数を使用する場合,RBARとRLARの値を作成するための定義済みCマクロが多数存在し,コードをより読みやすくしています(**表12.11**).

表12.11 RBARとRLAR値の作成をサポートするCマクロ

特徴	マクロ	値	説明
RBAR	ARM_MPU_RBAR(BASE, SH, RO, NP, XN)	-	領域ベース・アドレス・レジスタ値 - BASE：ベース・アドレス(Base address) - SH：共有性(Shareability) - RO：読み出し専用(Read only)(0または1-true) - NP：非特権で許可(Non-privileged allowed) 　　　(0または1-true) - XN：実行不可(eXecute Never)(0または1-true)
RLAR	ARM_MPU_RBAR(LIMIT, IDX) または ARM_MPU_RBAR_PXN(LIMIT, IDX, PXN) Armv8.1-M専用,Cortex-M23/Cortex-M33には適していない	-	領域限界アドレス・レジスタ値 - LIMIT：領域上限アドレス(Region upper limit address) - IDX：MAIR0, MAIR1のattrへのインデックス - PXN：特権付き実行不可(Privileged eXecute Never) 　　　(0または1-true, Armv8.1-Mのみ)
共有性 (MPU_ RBARの SH)	ARM_MPU_SH_NON	0	MPU領域は共有されない
	ARM_MPU_SH_OUTER	2	MPU領域は外部共有可能(暗黙的に内部共有可能)
	ARM_MPU_SH_INNER	3	MPU領域は内部共有可能

MPU領域を使用しない場合は,次の関数を使用してMPU領域をクリアできます.

```
// 現在選択されているMPU用
void ARM_MPU_ClrRegion(uint32_t rnr);
```

TrustZoneが実装されている場合,次の関数により,セキュア・ソフトウェアは,明示的に選択したMPUの1つのMPU領域をクリアできます.

```
// MPUを明示的に選択する場合(現在選択されているMPUには "MPU" を使用
// 非セキュアMPUの場合は "MPU_NS" を使用)
void ARM_MPU_ClrRegionEx(MPU_Type* mpu, uint32_t rnr);
```

非セキュアMPUの領域をクリアするときに使用する別の関数は次のとおりです.

```
// MPU_NS用
void ARM_MPU_ClrRegion_NS(uint32_t rnr);
```

12.3.3.5 MPUを有効にする

全てのMPU領域が構成され,未使用の領域が全て無効化された後,MPUを有効にできます.CMSIS-COREのヘッダ・ファイルには次の関数があります.

```
// 現在選択されているMPU用
void ARM_MPU_Enable(uint32_t MPU_Control);
```

この関数では，MPU_CTRLに書き込む前に，MPU_Control値のビット0が1にセットされます．TrustZoneが実装されている場合，セキュア・ソフトウェアが非セキュアMPUを有効にするための別の関数があります．

```
// MPU_NS用
void ARM_MPU_Enable_NS(uint32_t MPU_Control);
```

これら2つの関数には，必要なメモリ・バリア命令(DSBとISB)の実行が含まれています．MPUを有効にする前に，フォールト例外処理に関する全ての構成(MemManageフォールトの有効化や優先度の設定など)が完了していることを確認する必要があります．

12.4 TrustZoneとMPU

TrustZoneがArmv8-Mプロセッサに実装されていない場合，プロセッサには1つのMPUしか搭載できません．TrustZoneが実装されている場合，プロセッサには最大2つのMPUを搭載できます．これは次のとおりです．
- セキュア・ソフトウェアの動作(非セキュア・メモリへのアクセスを含む)を監視するセキュアMPU(MPU_S)
- 非セキュア・ソフトウェアの動作を監視する非セキュアMPU(MPU_NS)

各MPUは，異なる数のMPU領域を持つことができ，互いに独立して動作できます．例えば，一方を有効にして，もう一方を無効にできます．一般的なTrustZoneが有効な環境では，以下のようになります．
- 非セキュアMPUを使用して，非特権アプリケーションのプロセス分離を処理できる
- セキュアMPUを使用して，非特権セキュア・ライブラリのプロセス分離を処理できる

MPUの使用方法の概念を図12.12に示します．

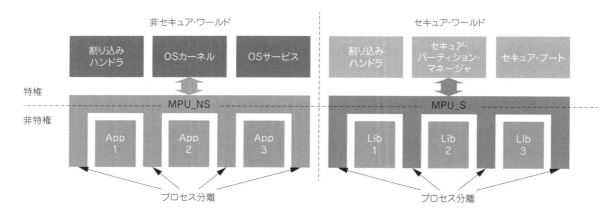

図12.12 TrustZone対応システムでのセキュアMPUと非セキュアMPUの両方の使用

このような環境では，セキュアMPUを使用する場合，セキュアMPUの構成はどのセキュアAPIが非セキュア・ワールドから呼び出されているかに基づいて行われます．非セキュア・ワールドでコンテキスト切り替えがある場合，セキュアMPU構成も切り替える必要があります．この要件は，11.8節で説明されているように，OSヘルパAPIによってサポートされています．

次の2つのアプローチを使用して，セキュアMPUが正しいセキュア・ライブラリ・コンテキストに構成されていることを確認できます．
- 非セキュア・ワールドのアプリケーションがセキュア・ワールドのライブラリ関数の呼び出しを開始する前に，セキュア・ファームウェア内の関数を呼び出してライブラリへのアクセスを要求し，セキュア・パーティション・マネージャがこのコンテキスト用にセキュアMPUを設定できるようにする．非セキュア・ソフトウェアが別のセキュア・ライブラリ内の別の関数を呼び出す必要がある場合，セキュアMPUのコンテキスト切り替えを要求するために，セキュア関数を呼び出す必要がある

- Armv8-Mメインラインの場合，セキュア・ワールドのセキュア関数を呼び出してセキュア・ライブラリへのアクセスを要求するのではなく，ライブラリを直接呼び出すことができる．セキュアMemManage Faultハンドラは，セキュアMPUのコンテキスト切り替えの必要性を検出し，それに応じて処理する．その後，セキュアAPIへの呼び出しを再開できる．この方法は，セキュアMemManageFaultがないことと，ベースライン・サブプロファイルにフォールト・ステータス・レジスタがないため，Armv8-Mベースライン（Cortex-M23プロセッサなど）には適していない

セキュア・パーティション・マネージャは，各非セキュア・スレッドでどのセキュア・ライブラリが使用されているかを追跡し，各コンテキスト切り替えでセキュアMPUがそれに応じて更新されるようにします．

図12.12に示すMPU設定を使用する場合，セキュアMPUと非セキュアMPUのMPU領域は異なります．セキュアAPIが非セキュア・アプリケーションにサービスを提供できるようにするためには，セキュア・ソフトウェアが非セキュア・アプリケーションのデータにアクセスし，非セキュア・アプリケーションに代わって動作を実行できるように，セキュアMPUを設定する必要があります．例えば，アプリケーションがデータを処理するためにセキュアAPIを呼び出す場合，図12.13に示すように，セキュアAPIへのポインタを渡す必要があります．

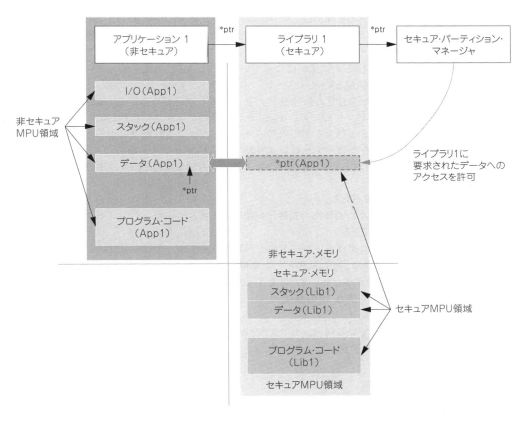

図12.13　非セキュア・アプリケーション・データにアクセスするセキュア・ライブラリ

図12.13の例では，セキュア・ライブラリが非特権状態で実行されている場合，セキュアMPU設定を自分で更新することはできません．その代わり，セキュア・ライブラリは，セキュア・パーティション・マネージャにポインタを渡し，データへのアクセス許可を要求します．セキュア・パーティション・マネージャは，ライブラリ1がアプリケーション1から呼び出されていることを認識しているため，アプリケーション1のアクセス許可をチェックすることで，要求されたアクセス許可を与えるべきかどうかを判断できます．このアクセス許可の確認は，次のように非セキュアMPU構成を確認（TT命令を使用）することで行います．
- アプリケーション1がそのポインタが指すアドレスへのアクセス許可を持っている場合，セキュア・パーティション・マネージャは，セキュア・ライブラリ1にそのポインタが指すデータへのアクセスを許可する

第12章　メモリ保護ユニット(MPU)

- アプリケーション1がそのポインタが指すアドレスへのアクセス許可を持っていない場合，要求は拒否され，セキュアAPIはアプリケーション1にエラー・ステータスを返す

この設定では，非セキュア・アプリケーションが，特権ソフトウェアを攻撃しようとして，非セキュアOSのセキュリティ対策(プロセス分離)を迂回するために，セキュアAPIを使用することはできません.

12.5　Armv8-MアーキテクチャのMPUと旧世代のアーキテクチャの主な違い

MPUの動作の概念はArmv6-MとArmv7-Mは似ていますが，Armv8-MアーキテクチャのMPUはプログラマーズ・モデルが異なります. 他にも様々な違いがあり，次のようになっています.

- Armv8-Mアーキテクチャでは，MPU領域のサイズは32バイトの単位であればどのようなサイズでも構わない. 領域サイズは2^N(2のN乗)でなければならないという以前の制限は取り除かれた
- MPU領域の開始アドレスは，32バイトの倍数である任意のアドレスに設定できるようになった. これにより，MPU領域の配置の柔軟性が向上した
- Armv8-Mの新しいプログラマーズ・モデルでは，サブ領域の無効化機能が削除された. MPU領域のサイズが2^Nに制限されなくなったため，1つの領域を8つのサブ領域に均等に分割することが難しくなった
- 新しいデザインでは，MPU領域をオーバーラップさせることはできない. 新しいプログラマーズ・モデルでは，MPU領域の定義はすでにはるかに柔軟になっているので，MPU領域をオーバーラップする必要がなくなった(バックグラウンド領域とのオーバーラップは別として)
- Armv7-MとArmv6-MのMPUでは，MPUの領域をアクセス不可と宣言できる. これはArmv8-Mでは必要ない. MPUの領域にアドレスをマッピングしないことで，そのアドレスは自動的にアクセス不可になる(ただし，アドレスがNVICやSysTickなどの内部のメモリ・マップされたコンポーネントにマップされる場合は除く). MPUが有効な場合，マッピングされていないアドレスの場所にアクセスすると，MemManageフォールトがトリガされる(バックグラウンド領域が有効な場合と，ソフトウェアが特権状態で実行されている場合を除く)
- デバイス・メモリの新しい属性定義がある
- Armv8-Mでは，メモリ属性生成のための属性の間接化が使用されるようになった：メモリ属性レジスタで検索されるインデックス値を使用する

TrustZoneテクノロジの追加は，MPUプログラム・コードにも影響を与えます. オプションのセキュリティ拡張(TrustZone)が実装されている場合，プロセッサは次のどれかを持つことができます.

- セキュア状態用のMPU構成レジスタの1セットと，非セキュア状態用のMPU構成レジスタのもう1セット
- 1つのセキュリティ状態だけで利用可能なMPU機能
- MPUなし

TrustZoneと非セキュアMPUが実装されている場合，セキュア・ソフトウェアはエイリアス・アドレス(アドレス0xE002ED90)を使用して非セキュアMPUにアクセスできます.

◆ **参考・引用＊文献** ……………………………………………………………

(1)　Armv8-Mアーキテクチャ・リファレンス・マニュアル
　　　https://developer.arm.com/documentation/ddi0553/am (Armv8.0-Mのみのバージョン)
　　　https://developer.arm.com/documentation/ddi0553/latest (Armv8.1-Mを含む最新版)
　　　注意：Armv6-M，Armv7-M，Armv8-M，Armv8.1-M用のMプロファイルアーキテクチャリファレンスマニュアルはここにあります.
　　　https://developer.arm.com/architectures/cpu-architecture/m-profile/docs
(2)　AMBA5高性能バス(AHB)プロトコル仕様書
　　　https://developer.arm.com/documentation/ihi0033/latest/

◆ 第13章 ◆

フォールト例外とフォールト処理

Fault exceptions and
fault handling

13.1 概要

　フォールト例外は，エラー処理専用の例外タイプであり，Armv8-Mアーキテクチャにおけるシステム例外の一部です[1]．例えば，前章（12章）では，MPUの違反が原因でMemManageFaultまたはHardFaultが発生する可能性があることを述べました．これらのフォールトに加えて，Arm Cortex-Mプロセッサは，その他にも多くのフォールト例外とハードウェア・リソースを次の目的で提供します．

- フォールト・イベントの管理
- フォールト例外の解析（フォールト・ステータス・レジスタはArmv8-Mメインラインでのみ使用可能）

Arm Cortex-M23とCortex-M33プロセッサで利用可能なフォールト例外の概要を**表13.1**に示します．

表13.1　Armv8-Mプロセッサで利用可能なフォールト例外

例外番号	例外名	Cortex-M33で利用可能	Cortex-M23で利用可能	説明
3	HardFault	Yes	Yes	ベクタ・フェッチ・フォールトとエスカレートされたフォールト用
4	MemManageFault	Yes	No - HardFaultにエスカレート	MPUに関連したフォールト用と，デフォルト・メモリ・マップのアクセス許可違反に関連したフォールト用
5	BusFault	Yes	No - HardFaultにエスカレート	バス・レベルのエラー応答に関連したフォールトと，非特権状態でのプライベート・ペリフェラル・バス内のレジスタへのアクセスに起因するフォールトに対応
6	UsageFault	Yes	No - HardFaultにエスカレート	命令の動作/実行に関するフォールト
7	SecureFault	Yes	No - HardFaultにエスカレート	TrustZoneセキュリティに関連するフォールト（これはArmv8-Mの新しい機能）

　MemManageFaultやBusFault，UsageFault，SecureFaultは，ソフトウェアで有効化/無効化できること，例外の優先度がプログラム可能であることから，構成可能フォールトと呼ばれることが多いです．

　第4章では，利用可能なフォールト例外を簡単に紹介しました（表4.14）．フォールト・イベントが検出されると，対応するフォールト例外ハンドラが実行されます．Armv8-Mベースライン（Cortex-M23プロセッサなど）では，利用可能なフォールト例外が1つしかないため，全てのフォールト・イベントがHardFaultハンドラをトリガします．Armv8-Mメインライン・プロセッサ（Cortex-M33プロセッサなど）では，複数のフォールト例外が利用可能で，オプションとして，異なるタイプのフォールトに対処するためにソフトウェアで有効にできます．

　フォールト・イベントは，次のさまざまな理由で発生することがあります．

- ハードウェアの故障 – 電源の不安定性，さまざまな形態の干渉，システムが動作する環境の問題（温度範囲など）と，ハードウェアにバグがある場合などの過渡的な要因によって引き起こされる可能性がある
- ソフトウェアの問題 – これらの問題は，ソフトウェアのバグ，好ましくない条件でシステムが動作していること（例：処理負荷が高い状態でシステムがクラッシュする），またはソフトウェアの脆弱性によって引き起こされる可能性がある
- ユーザ・エラー – 不正確なデータ入力など

　従来，多くのマイクロコントローラには，動作中のタイムアウトを検出するためのウォッチドッグ・タイマが組み込まれていました．ウォッチドッグは，一度有効にすると無効にしたり停止したりすることができないカウ

第13章　フォールト例外とフォールト処理

ンタを含むハードウェア・ペリフェラルです．しかし，ソフトウェアは定期的にカウンタの値をリセットして，カウンタがタイムアウト値に達するのを防ぐことができます．カウンタがタイムアウト値に達すると（つまり，ソフトウェアがタイムアウトする前にウォッチドッグ・カウンタをリセットしなければ），ウォッチドッグ・タイマは自動的にシステムをリセットします．

ウォッチドッグ・タイマは，プロセッサがクラッシュしたときにシステムを再起動できますが，システムが機能を停止してからウォッチドッグのリセットが行われるまでに遅延が生じる可能性があります．これは，システムがハードウェア・イベントに反応しなくなり，遅延中に追加データの破損が発生する可能性があるため，望ましくありません．

Cortex-Mプロセッサのフォールト例外により，問題が検出された後，可能な限り迅速に改善策を実行できます．フォールト例外ハンドラが実行されると，ソフトウェアがエラーに対処する方法は幾つかあります．例えば，次のような方法があります．

- システムを安全に停止
- 問題が発生したことをユーザまたは他のシステムに伝え，ユーザに介入を要請する
- 自己リセットを行う
- マルチタスク・システムの場合は，問題のあるタスクを終了させてから再起動する
- 他にも問題を解決するために試してみるべき復帰処理があれば実行する．例えば，浮動小数点ユニット（FPU）を許可しない状態で浮動小数点命令を実行した場合はエラーを発生するが，この問題は後にFPUを許可しなおすと容易に解決できる

検出されたフォールトの種類に応じて，システムは，問題を解決するために，上記のリストから幾つかの操作を実行できます．

フォールト・ハンドラでトリガされたエラー・タイプを検出するために，Cortex-M33プロセッサには，複数のフォールト・ステータス・レジスタ（Fault Status Registers：FSR）があります．これらのFSR内のステータス・ビットは，検出されたフォールト・タイプを示します．問題が発生した時期や場所を正確にピンポイントで特定することはできないかもしれませんが，これらの追加情報が利用できると，問題の原因を特定するのが容易になります．さらに，場合によっては，フォールトしているアドレスも，フォールト・アドレス・レジスタ（Fault Address Registers：FAR）によってキャプチャされます．FSRとFARの詳細については，13.5節で説明しています．

ソフトウェアを開発しているときに，プログラミング・エラーがフォールト例外につながることがあります．これらのエラーを修正するために，ソフトウェア開発者は，FSRとFARで提供される情報を利用して，ソフトウェアの問題点を特定できます．ソフトウェアの問題の分析をより簡単にするために，ソフトウェア開発者は命令トレースと呼ばれる機能を利用できます．この機能は，プロセッサ内のエンベデッド・トレース・マクロセル（Embedded Trace Macrocell：ETM）またはマイクロ・トレース・バッファ（Micro Trace Buffer：MTB）を使用して有効にできます（第16章，16.3.6節および16.3.7節）．命令トレースをサポートすることで，ソフトウェア開発者はフォールト例外が発生する前のプログラム・フローを抽出できます．

また，フォールト例外メカニズムにより，アプリケーションを安全にデバッグできます．例えば，モータ制御システムを開発する場合，デバッグのためにプロセッサを，すぐに停止してモータを動かしたままにするのではなく，フォールト・ハンドラでモータをOFFにしてからプロセッサを停止させることができます．

Cortex-M23プロセッサは，プロセッサを非常に小さく（シリコン面積の点で），可能な限り低消費電力に保つ必要があるため，Cortex-M33プロセッサと同レベルの故障診断機能を備えていません．例えば，フォールト・ステータス・レジスタや複数のフォールト例外ハンドラなどの機能は，Cortex-M23プロセッサでは利用できませんが，命令トレースはサポートされており，フォールト・デバッグを強力に支援します．

先ほど述べたとおり，Cortex-M23プロセッサのフォールト・イベントは，ソフトウェアがフォールト例外の原因を特定するのに役立つフォールト・ステータス・レジスタがないため，回復不可能と考えられています．さらに，複数のフォールト・ハンドラがないため，全てのフォールト・イベントは，HardFaultハンドラによって処理されます．従って，エラーを処理する唯一の方法は，システムを停止し，オプションでエラーを報告する（ユーザ・インターフェースを介して）か，または自己リセットを実行するか，あるいはその両方です．

13.2　フォールトの原因

13.2.1　メモリ管理（MemManage）フォールトの原因

MemManageFaultは，MPUの構成で定義されているアクセス・ルールの違反によって引き起こされることがあります．例えば，次のような場合です．

- 特権アクセスのみのメモリ領域に非特権タスクがアクセスしようとしている
- どのMPU領域によっても定義されていないメモリ位置へのアクセス［特権コードによって常にアクセス可能な専用ペリフェラル・バス（Private Peripheral Bus：FPB）を除く］
- MPUで読み出し専用と定義されているメモリ位置への書き込み
- eXecute Never（XN）とマークされたメモリ領域でのプログラム実行

フォールト例外のトリガとなるアクセスは，プログラム実行中のデータ・アクセス，プログラム・フェッチ，または例外処理シーケンス中のスタック操作などが考えられます．

TrustZoneセキュリティ拡張機能が実装されている場合，プロセッサには，次のようにセキュアと非セキュアの2つのMPUが存在する可能性があります．

- プログラム実行中のデータ・アクセスの場合
  - MPUの選択は，プロセッサのセキュリティ状態，すなわち，プロセッサがセキュア状態にあるかまたは，非セキュア状態にあるかに基づいて行われる
- 命令フェッチの場合
  - MPUの選択は，プログラム・アドレスのセキュリティ属性に基づいて行われる．これにより，プログラムは，他のセキュリティ状態から命令をフェッチできる（これは，他のセキュリティ領域にある関数/サブルーチンを呼び出す場合に必要）
  - MemManageフォールトをトリガする命令フェッチでは，失敗したプログラムの場所が実行ステージに入ったときにのみフォールトがトリガされる
- 例外処理シーケンス中にスタック操作によってトリガされたMemManageFaultの場合
  - 選択されたMPUは，中断されたバックグラウンド・コードのセキュリティ状態に基づく
  - 例外のエントリ・シーケンスでスタック・プッシュ中にMemManageFaultが発生した場合は，スタッキング・エラーと呼ばれる
  - 例外のエクジット・シーケンスでスタック・ポップ中にMemManageFaultが発生した場合は，アンスタッキング・エラーと呼ばれる

MemManageFaultは，PERIPHERAL領域，DEVICE領域，SYSTEM領域などのeXecute Never（XN）領域でプログラム・コードを実行しようとしたときにもトリガします（**表6.4**）．このフォールトは，Cortex-M23とCortex-M33プロセッサにオプションのMPUが実装されていない場合にも発生します．

13.2.2 BusFault

BusFaultは，メモリ・アクセス中にプロセッサ・バス・インターフェースから受信したエラー応答によってトリガされることがあります．例えば，次のようになります．

- 命令フェッチ（読み出し）– 従来のArmプロセッサではプリフェッチ・アボートとも呼ばれている
- データ読み出しまたはデータ書き込み – 従来のArmプロセッサではデータ・アボートとも呼ばれている

前述のメモリ・アクセスに加えて，例外処理シーケンスのスタッキングおよびアンスタッキング中にもBusFaultが発生する可能性があります．次のようにバス・エラーが発生した場合．

- 例外エントリ・シーケンス中のスタック・プッシュで発生した場合，スタッキング・エラーと呼ばれる
- 例外エクジット・シーケンス中のスタック・ポップで発生した場合，アンスタッキング・エラーと呼ばれる

命令フェッチ中にバス・エラーが発生した場合，BusFaultは，失敗したプログラム位置が実行ステージに入ったときにのみトリガされます．従って，分岐シャドウ・アクセスでバス・エラー応答が発生しても，命令が実行ステージに入らないため，BusFault例外は発生しません．

> 注意：分岐シャドウには，プロセッサによってフェッチされたが，前の分岐動作によって実行されなかった命令が格納されている

ベクタ・フェッチでバス・エラーが返された場合，BusFault例外が有効になっていても，HardFault例外がアクティブになることに注意してください．

メモリ・システムがエラー応答を返す理由は幾つかあります．これらは次のような理由です．

第13章　フォールト例外とフォールト処理

- プロセッサが無効なメモリ位置にアクセスしようとした場合．これが発生すると，転送はバス・システムのデフォルト・スレーブ・モジュールに送信される．デフォルト・スレーブはエラー応答を返し，プロセッサのBusFault例外をトリガする
- デバイスが転送を受け入れる準備ができていない場合：例えば，DRAMコントローラを初期化せずにDRAMにアクセスしようとすると，バス・エラーが発生することがある．この動作はデバイス固有のもの
- 転送要求を受信したバス・スレーブがエラー応答を返した場合．これは，転送タイプ/サイズがそのバス・スレーブでサポートされていない場合，またはペリフェラルが許可されていないと判断した場合に発生する可能性がある
- 非特権ソフトウェアが専用ペリフェラル・バス（Private Peripheral Bus：PPB）上の特権アクセス専用レジスタにアクセスする場合．デフォルトのメモリ・アクセス許可（6.4.4項参照）に違反する
- システム・レベルのTrustZoneアクセス許可制御コンポーネント（例：メモリ保護コントローラ，ペリフェラル保護コントローラ，または他のタイプのTrustZoneアクセス・フィルタ・コンポーネント．7.5節を参照）が許可されていない転送を検出した場合，これらのコンポーネントは，オプションとして，許可されていない転送をブロックする際にバス・エラー応答を生成する

BusFaultは次のように分類されます．

- 同期バス・フォールト – メモリ・アクセス命令が実行されるとすぐに発生するフォールト例外．これが発生すると，プロセッサはフォールトしている命令を完了できず，続行できなくなる．フォールト例外へのエントリの間，例外スタック・フレームのリターン・アドレスはフォールトした命令を指す

> 注意：Arm Cortex-M ドキュメントの初期バージョンでは，同期バス・フォールトは，正確なバス・フォールトと呼ばれていた

- 非同期バス・フォールト – メモリ・アクセス命令が実行された後しばらくして発生するフォールト例外．これは，バス・エラー応答がプロセッサによってすぐに受信されなかった場合に発生する

> 注意：Arm Cortex-M ドキュメントの初期バージョンでは，非同期バス・フォールトは不正確なバス・フォールトと呼ばれていた

　バス・フォールトが非同期（不正確）になる理由は，ライト・バッファの存在またはプロセッサのバス・インターフェース内のキャッシュが原因です．例えば，プロセッサがDevice-Eアドレス（実際の転送がまだ継続している間に命令を完了させることができるあるデバイス・アドレスの位置，表6.3と図6.3を参照）にデータを書き込むと，プロセッサは書き込み命令を完了させて次の命令を実行できます．同時に，書き込み動作はバス・インターフェースのライト・バッファによって処理されます．バス・スレーブがバス・エラーで応答した場合，プロセッサがバス・エラーを受信するまでに，プロセッサは書き込みの後に他の命令を複数実行している可能性があり，その結果，BusFaultは非同期（すなわち，フォールト・イベント・タイミングはプロセッサのパイプラインから切り離されている）となります．　同様に，データ・キャッシュの存在もまた，書き込み転送を遅延させ，その結果，非同期バス・フォールトを引き起こす可能性があります．

　ライト・バッファとデータ・キャッシュにより，プロセッサ・システムは高い性能を実現できますが，その欠点は，デバッグをより困難にする可能性があることです．これは，非同期バス・フォールト例外が発生した場合，プロセッサは複数の命令を実行していた可能性があるからです．これらの命令のうちの1つが分岐命令であり，分岐ターゲットが複数の実行パスを介してアクセス可能な場合，命令トレース情報（16.3.6節と16.3.7節）にアクセスできない限り，フォールトしたメモリ・アクセスがどこで発生したのかを知ることは難しいでしょう．

　Cortex-M23とCortex-M33プロセッサでは，内部キャッシュと内部ライト・バッファがありません．従って，データ・アクセス命令の実行によって受信したバス・エラーは常に同期しています．システム・レベルのキャッシュが存在する場合，キャッシュ・ユニットは通常，非同期バス・エラーを割り込み信号の形でプロセッサに転送します．

13.2.3　UsageFaults

　UsageFault例外が発生する理由は多岐にわたります．これは次のようなことが考えられます．

- 未定義命令の実行（浮動小数点ユニットが無効または存在しない場合の浮動小数点命令の実行を含む）

- コプロセッサ命令またはArmカスタム命令の実行 – Cortex-M33プロセッサはコプロセッサ命令とArmカスタム命令をサポートしているが、命令を正常に実行するためには、命令で指定されたコプロセッサまたはハードウェア・アクセラレータが存在し、有効になっている必要があり、プロセッサにエラー応答を返さない必要がある。そうでない場合は、UsageFaultがトリガされる。Cortex-M23は、コプロセッサ命令とArmカスタム命令をサポートしていない
- Arm状態への切り替えの試行 – Arm7TDMIなどの従来のArmプロセッサは、Arm命令セットとThumb命令セットの両方をサポートしているが、Cortex-MプロセッサはThumb ISAのみをサポートしている。クラシックArmプロセッサから移植されたソフトウェアには、プロセッサをArm状態に切り替えるコードが含まれている可能性があり、Cortex-Mプロセッサで実行するためには更新する必要がある
- 例外リターン・シーケンス中に発生した無効なEXC_RETURNコード（EXC_RETURNコードについては8.10節を参照）。例えば、スレッド・レベルに戻ろうとしたときに、スタック・フレーム内のスタックされたIPSRが0以外の値になっていた（つまり、まだ他のアクティブな例外が存在する）場合など
- Cortex-M23プロセッサ上のアンアラインド（非整列）メモリ・アクセス、またはArmv8-Mメインライン・プロセッサ（Cortex-M33プロセッサなど）で非整列アドレスを使用して複数ロード命令または複数ストア命令（ロード・ダブルとストア・ダブルを含む、6.6節参照）を実行する場合
- アンスタッキングのxPSRのICI（Interrupt-Continuable Instruction）ビットを持つ例外リターンで、しかし、例外からリターン後に実行される命令が複数ロード／ストア命令ではない
- スタック限界チェックの違反（11.4節参照）。これはArmv8-Mで新しく追加されたもので、Armv6-M、またはArmv7-Mでは利用できない

また、構成制御レジスタ（CCR、10.5.5.4節と10.5.5節を参照）を設定することで、次のケースでUsageFaultを発生させることも可能です。
- ゼロで除算
- 全ての非整列メモリ・アクセス

浮動小数点ユニットを有効にするか、コプロセッサ命令（MCR、MRCなど、5.21節を参照）を使用するためには、ソフトウェアは次に書き込む必要があります。
- コプロセッサ・アクセス制御レジスタ（CPACR、14.2.3節参照）
- TrustZoneが実装されている場合、非セキュア・アクセス制御レジスタ（NSACR、14.2.4節を参照）

これらのステップが実行されない場合、FPUまたはコプロセッサにアクセスしようとするとUsageFaultが発生します。

13.2.4 SecureFault

SecureFault例外は、TrustZoneセキュリティ拡張で説明されているセキュリティ・ルールの違反によってトリガされます。SecureFault例外は、TrustZoneが実装されていない場合と、Armv6-MまたはArmv7-Mのアーキテクチャでは、使用できません。SecureFaultのトリガとなるセキュリティ違反には、さまざまなものがありますが、その中には次のようなものがあります。
- セキュリティ許可に違反するメモリ・アクセス。これは次のとおり
  - データの読み／書き
  - 例外スタッキング、アンスタッキング
- セキュリティ・ドメイン間の不正な移行。例えば次のとおり
  - 有効なエントリ・ポイントを経由せずに、非セキュア・ワールドからセキュア・ワールドに分岐（注意: 有効なエントリ・ポイントには、非セキュア・コール可能とマークされた領域のSG命令が必要）
  - 正しい命令（BXNS、BLXNSなど）を使用せずに、セキュア・ワールドから非セキュア・ワールドへ分岐
- 例外シーケンス中にセキュリティ整合性チェックが失敗した場合。このような場合の例としては、次のとおり
  - 無効なEXC_RETURNコード
  - 例外スタック・フレーム内の無効な整合性署名。セキュア・コードの一部を実行しているときに非セキュア割り込みがトリガされると、セキュア例外スタック・フレームに整合性署名が挿入される。プロセッサが非セキュア割り込みハンドラから戻り、再びセキュア・ソフトウェアに切り替わったときに、整合性署名が無効または欠落していると、SecureFaultが発生する

第13章　フォールト例外とフォールト処理

　システム・レベルでは，バス・アクセスはTrustZoneセキュリティ・コンポーネント（メモリ保護コントローラ，ペリフェラル保護コントローラなど）によってフィルタリングされる可能性があることに注意してください．これらのコンポーネントは，SecureFaultをトリガする代わりに，バス・エラー応答を使用してBusFaultをトリガできます．

13.2.5　HardFault

HardFault例外は，次のような場合にトリガします．
- ベクタ・フェッチで受信したバス・エラー応答
- ベクタ・フェッチのセキュリティ違反またはMPU違反
- SVCall例外の優先度が現在のレベルと同じかそれより低い場合のSVC命令の実行
- デバッグが無効化されている状態でのブレークポイント（BKPT）命令の実行（すなわち，デバッグ接続がなく，デバッグ・モニタ例外が無効化されている，または現在のレベルよりも優先度が低い）

HardFaultは，MemManageFaultやBusFault，UsageFault，SecureFaultのエスカレーションによってもトリガされますが，それは，これらの例外が次の場合です．
- 利用できない（Cortex-M23プロセッサとArmv8-Mベースラインでは，全てのフォールト・イベントがHardFaultにエスカレートするなど）
- 有効になっていない（前述の構成可能なフォールト例外ハンドラは，使用する前にソフトウェアで有効にする必要がある）
- 現在の例外の優先度レベルと同じかそれより低い優先度のもの．これが起きる場合，前述の構成可能フォールト例外の優先度が不足しているため，構成可能フォールト例外を実行できず，代わりにHardFault例外にエスカレーションされる．この例外は非同期BusFaultで，これは保留にしておいて，他の優先度の高い割り込みハンドラの処理が終了したときに処理できる

13.2.6　例外処理によってトリガされるフォールト

　MemManageFault，BusFault，UsageFault（ただし，スタック限界違反によってトリガされた場合のみ），SecureFaultは全て，例外エントリと例外リターン・シーケンス中のメモリ・アクセスによって，トリガされる可能性があります．例えば，次のようになります．
- スタッキング／アンスタッキング – 通常のスタック操作が正常に機能している場合，スタックのオーバフローが原因でスタッキング・エラーが発生している可能性がある．スタッキングが正常に機能しているが，アンスタッキング操作中に失敗した場合，原因は次の可能性がある
  - MPU構成の予期せぬ変化
  - EXC_RETURNの不正な変更（例：正しくないスタック・ポインタがアンスタッキングに使用された）
  - スタック・ポインタの値の不正な変更
- レイジ・スタッキング – ただし，FPUが利用可能で有効な場合に限る．レイジ・スタッキングの詳細については，第14章14.4節に記載されている．通常のアプリケーションでは，例外のレイジ・スタッキングでフォールトが発生した場合，MPUの構成がその間に変更されていない限り，同じフォールトがスタッキングの段階でも発生していた可能性がある．レイジ・スタッキング中にフォールトが発生する別の原因として，浮動小数点コンテキスト・アドレス・レジスタ（Floating-point Context Address Register：FPCAR）の内容が予期せず変更されたり，破損したりしたことが考えられる
- ベクタ・フェッチ – これは常にHardFaultをトリガし，次のような原因の可能性がある
  - ベクタ・テーブル・オフセット・レジスタ（Vector Table Offset Register：VTOR）の不正な構成
  - SAU/IDAUの正しくない構成 – ベクタ・テーブル・アドレスのセキュリティ属性が正しくない
- EXC_RETURNの整合性チェックの失敗 – 例外処理ルーチン中のEXC_RETURNの破損は，例外リターン中にフォールト例外が発生するもう1つの原因である可能性がある．Cortex-Mプロセッサには，例外処理のシーケンスに複数の整合性チェックが含まれており，整合性チェックに失敗するとフォールト例外が発生する可能性がある

例外シーケンス中にスタッキング・エラーまたはアンスタッキング・エラーが発生した場合，エラー処理の現在の優先度レベルは，図13.1に示すように，中断されたプロセス／タスクの優先度レベル（レベルX）に基づいています．

402

13.3 フォールト例外を有効にする

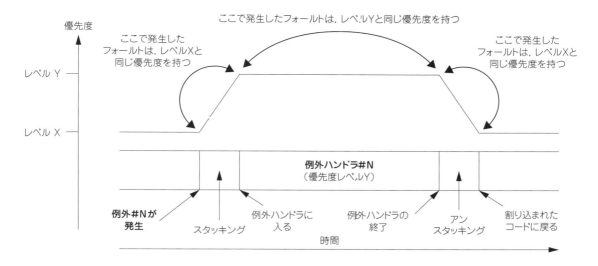

図13.1　例外 #N の処理のためのスタッキングとアンスタッキング・シーケンスでのフォールト例外の優先度

図13.1に示す図に基づいて，例外ハンドラのシーケンス中にフォールト・イベントが発生した場合，次のシナリオが発生する可能性があります．

- スタッキング／アンスタッキング中にフォールトが発生 #1 — フォールト例外（BusFault，MemManage Fault，UsageFault，SecureFaultなど）が無効になっているか，または現在の優先度レベルと同じかそれより低い優先度レベルになっている場合，直ちに HardFault 例外にエスカレートする
- スタッキング／アンスタッキング中にフォールトが発生 #2 — フォールト例外が有効で，現在の優先度レベルとサービス対象の例外の優先度レベルのどちらよりも高い優先度レベルを持つ場合，フォールト例外が最初に実行され，例外 #N が保留される
- スタッキング／アンスタッキング中にフォールトが発生 #3 — フォールト例外が有効になっていて，バックグラウンド優先度レベルとサービス対象の例外 #N の優先度レベルの中間の優先度レベルを持つ場合，例外 #N のハンドラが最初に実行され，トリガされたフォールト・ハンドラがその後に実行される
- レイジ・スタッキング中にフォールトが発生 — FPU が実装されており，レイジ・スタッキング機能も有効になっている場合（つまりデフォルト設定），例外ハンドラ #N でも FPU を使用していると，FPU レジスタのスタッキングは例外ハンドラ #N の実行中に後から発生する．レイジ・スタッキング機能は，第14章第14.8節で説明しているが，割り込みのレイテンシを減らすのに役立つ

前述のレイジ・スタッキング・シナリオでは，レイジ・スタッキングのためのメモリ・アクセスがフォールト・イベントをトリガする場合，スタッキング中にフォールトが発生したかのように処理されます．例えば，次のようになります．

- 構成可能なフォールト例外が無効になっているか，優先度レベル X と同じかそれより低い優先度レベルを持つ場合は，HardFault にエスカレートする
- 構成可能なフォールト例外が有効で，レベル Y よりも高い優先度レベル（現在実行中の例外ハンドラ #N が持っているレベル）を持っている場合，構成可能なフォールト例外は直ちに実行される
- 構成可能なフォールト例外が有効になっていて，レベル Y（現在実行中の例外ハンドラ #N が持っている優先度レベル）と同じかそれよりも低い優先度レベルを持つ場合，構成可能なフォールト例外の保留状態がセットされ，例外ハンドラ #N が終了したときに実行される

13.3　フォールト例外を有効にする

Cortex-M23 プロセッサ（Armv8-M ベースライン）を使用している場合，利用可能なフォールト例外は，常に有効なのは，HardFault だけなので，そのフォールト例外を有効にする必要はありません．CMSIS-CORE 準拠ドラ

第13章 フォールト例外とフォールト処理

イバでプログラミングする場合，HardFaultハンドラはベクタ・テーブル/スタートアップ・コードで次のように定義されています．

```
void HardFault_Handler(void)
```

Cortex-M33プロセッサ（または他のArmv8-Mメインライン・プロセッサ）を使用する場合，MemManageFaultやBusFault，UsageFault，SecureFaultをオプションで有効にできますが，SecureFaultは，セキュア・ワールドで実行されるソフトウェアを記述する場合にのみ使用できます．これらのハンドラを有効にする前に，アプリケーションの要件に基づいて例外の優先度を設定する必要があります．これを行う方法の1つは，次の関数を使用することです．

```
NVIC_SetPriority(MemoryManagement_IRQn, < priority>);
NVIC_SetPriority(BusFault_IRQn, < priority>);
NVIC_SetPriority(UsageFault_IRQn, < priority>);
NVIC_SetPriority(SecureFault_IRQn, < priority>);
```

これらのフォールト・ハンドラの有効化制御ビットは，システム・ハンドラ制御および状態レジスタ（SCB->SHCSR）にあります．フォールト例外は，次の例のように対応する有効化ビットを1にセットすることで有効にできます．

```
SCB->SHCSR |= SCB_SHCSR_MEMFAULTENA_Msk; //ビット16を1にセット
SCB->SHCSR |= SCB_SHCSR_BUSFAULTENA_Msk; //ビット17を1にセット
SCB->SHCSR |= SCB_SHCSR_USGFAULTENA_Msk; //ビット18を1にセット
SCB->SHCSR |= SCB_SHCSR_SECUREFAULTENA_Msk; //ビット19を1にセット
```

CMSIS-CORE準拠ドライバでプログラミングする場合，これらのフォールト・ハンドラは，ベクタ・テーブル/スタートアップ・コードで次のように宣言されています．

```
void MemManage_Handler(void)
void BusFault_Handler(void)
void UsageFault_Handler(void)
void SecureFault_Handler(void)
```

これらのハンドラのダミー・バージョン（空の関数）がスタートアップ・コードファイルで定義されているかもしれません．これらのダミーハンドラは通常，"weak"C属性で定義され，独自のフォールト・ハンドラ定義が追加されたときにオーバーライドされます．

13.4 フォールト・ハンドラの設計上の考慮事項

13.4.1 スタック・ポインタの検証チェック

多くの場合，スタックの問題（スタック・ポインタが無効なアドレス空間を指しているなど）が原因でフォールトが発生している可能性があるため，フォールト・ハンドラをCで始めることは理想的ではないかもしれません．HardFaultハンドラがCで書かれていて，HardFaultがトリガされたときに使用されているメイン・スタック・ポインタ（Main Stack Pointer：MSP）が無効なアドレスを指している場合，HardFaultの実行はロックアップ状態になる可能性があります（13.6節を参照）．

ロックアップは，HardFaultハンドラがメイン・スタックのメモリ・スペースも使用するために発生します．例えば，HardFaultハンドラが標準のC関数としてプログラムされている場合，CコンパイラはHardFaultハンド

404

ラのコードの最初に（C関数のプロローグの一部として）PUSH操作を挿入できます．これは，次のコード例で説明します．

```
HardFault_Handler
  PUSH {R4-R7,LR}  ; <= MSPが無効な場合にロックアップする
  ...
```

　その結果，幾つかのアプリケーションでは，Cでフォールト・ハンドラを呼び出す前に，MSPの値がまだ有効な範囲にあるかどうかをチェックするためのアセンブリ・ラッパを追加することが望ましいです．Armv8-Mでは，スタック限界チェック機能（11.4.3節で説明）のため，アセンブリ・ラッパも必要な場合があります．MSPが無効な範囲にある場合は，Cコードに分岐する前にMSPを有効な範囲に移動させる必要があります（図13.2）．このような状況ではソフトウェアの動作は回復できず，動作を再開するためにはリセットする必要があることに注意してください．アセンブリ・ラッパを使用して，HardFaultハンドラが正しく動作するようにすることは，機能安全が要求されるシステムでは特に重要です．

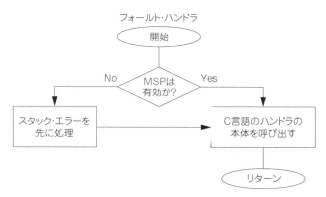

図13.2　Cのフォールト・ハンドラに入る前のMSP値チェックの追加

13.4.2　MPUHardFaultとNMIハンドラでSVCが誤って使用されないことを確認

　フォールト・ハンドラを作成するときのもう1つの考慮点は，HardFaultハンドラとNMIハンドラの内部でSVC関数が誤って使用されないようにすることです．幾つかのソフトウェア設計では，高レベルのメッセージ出力関数（エラー報告用など）が，共有ハードウェア・リソースを管理するセマフォ・コールなどのOS機能にリダイレクトできます．これらのOS関数をHardFaultハンドラで使用すると，SVCの例外は常にHardFaultハンドラよりも優先度が低いため，ロックアップ状態になります．同様に，他のフォールト例外ハンドラでOS関数を使用すると，SVC例外が他のフォールト例外ハンドラと同じかそれより低い優先度レベルを持つ場合があるため，同様の問題が発生する可能性があります．その結果，SVCと同じまたは，それよりも高い優先度レベルを持つフォールト・ハンドラで，SVCを使用しないように注意する必要があります．

13.4.3　自己リセットまたは停止のトリガ

　多くのアプリケーションでは，フォールト・ハンドラで自己リセットをトリガすることは，システムを回復するための良い方法です．しかし，アプリケーション開発中に自己リセットをトリガすると，システムの状態がすぐに失われるため，システムのデバッグがより困難になります．従って，ソフトウェアを書いたりデバッグしたりしている間は，フォールト例外が発生したときにシステムを亭止させるのが最善の方法です．
　フォールト例外ハンドラの先頭でシステムを停止させる方法は幾つかあります．これらは次のとおりです．
- デバッガ/IDE経由でブレークポイントを設定する
- フォールト・ハンドラの先頭にブレークポイント（Breakpoint：BKPT）命令を配置する

第13章 フォールト例外とフォールト処理

- ベクタ・キャッチ機能（幾つかの商用IDEでサポートされているデバッグ機能）を使用する．この機能を有効にすると，フォールト・ハンドラに入るとプロセッサは自動的に停止する．ベクタ・キャッチ機能の詳細については，第16章16.2.5節を参照

13.4.4 フォールト・ハンドラの分割

Cortex-M33または他のArmv8-Mメインライン・プロセッサを使用している場合，フォールト・イベントが発生した後，システムが回復して実行を継続できる場合があります．これは，フォールトの性質に依存します．このような状況では，フォールト処理プロセスを2つの部分に分割できます．

- フォールト処理プロセスの最初の部分は，そのフォールト・イベントによってトリガされたフォールト・ハンドラによって処理されるが，そのフォールト・イベントに対処するための即時の改善措置を取り，システムの回復を試みる
- エラー報告などのフォールト処理プロセスの残りの部分は，低い例外優先度で実行される別のハンドラで実行される（PendSV例外などを使用）

フォールト処理プロセスを分割することで，アプリケーションは優先度の高い例外の実行にかかる時間を短縮します．アプリケーションが優先度の高いフォールト例外を使用してプロセス全体を処理すると，システムの応答性に影響を与えます．

13.4.5 構成可能なフォールト・ハンドラでのフォールト・マスクの使用

Cortex-M33または他のArmv8-Mメインライン・プロセッサを使用している場合，構成可能なフォールト・ハンドラ（BusFaultやMemManageFault，UsageFault，SecureFaultハンドラなど）は，FAULTMASK機能（"割り込みマスキング・レジスタ"，4.2.2.3節参照）を利用して次のことを行うことができます．

- MPUをバイパスする（MPU制御レジスタのHFNMIENAビットを使用，12.2.3節）
- スタック限界チェックの抑制（構成と制御レジスタのSTKOFHFNMIGNビットを使用，10.5.5.2節）
- バス・フォールトの抑制（構成および制御レジスタのBFHFNMIGNビットの使用，10.5.5.3節）

FAULTMASKを設定すると，NMI（ノンマスカブル割り込み）を除いた全ての割り込みを無効にします（他の割り込みハンドラがセキュリティ・チェック機構をバイパスしてしまうのを防ぐため）．

FAULTMASKは，フォールト・ハンドラの外でも使用できます．例えば，プロセッサ・システムのメモリ・サイズを検出するためにソフトウェアを使用する必要がある場合，BusFaultを抑制するために構成と制御レジスタのFAULTMASKとBFHFNMIGNビットを設定できます．これにより，BusFault例外をトリガすることなく，メモリの読み‒書き‒テストを実行して，メモリ・サイズを検出できます．

13.5 フォールト・ステータスとその他の情報

13.5.1 フォールト・ステータス・レジスタとフォールト・アドレス・レジスタの概要

Armv8-Mメインライン・プロセッサの特徴の1つに，フォールト・イベントの診断を支援するフォールト・ステータス・レジスタがあります．これらのレジスタは，フォールト例外が発生したときにデバッガがフォールト診断を支援するために使用できます．フォールト例外ハンドラは，これらのレジスタをフォールト処理（アプリケーションが動作を再開できるようにするための簡単な改善措置を取ることができる場合など）やエラーの報告に使用することもできます．

Cortex-M23プロセッサを非常に小さく（シリコン面積の点で），可能な限り低消費電力に保つという要件のため，ほとんどのフォールト・ステータス・レジスタは省略されており，唯一のフォールト・ステータス・レジスタは，デバッグ・フォールト・ステータス・レジスタ（DFSR，アドレス0xE000ED30）です．これは一般的なフォールト処理用ではなく，デバッガが停止した理由を判断できるようにするためのものです．

表13.2は，フォールト・ステータスとフォールト・アドレス・レジスタの概要です．これらのレジスタは特権状態でのみアクセス可能です．

406

13.5 フォールト・ステータスとその他の情報

表13.2 フォールト・ステータス・レジスタとフォールト・アドレス・レジスタ

アドレス	レジスタ	CMSIS-COREシンボル	機能
0xE000ED28	構成可能フォールト・ステータス・レジスタ	SCB->CFSR	構成可能なフォールトのステータス情報
0xE000ED2C	HardFault ステータス・レジスタ	SCB->HFSR	HardFault のステータス
0xE000ED30	DebugFault ステータス・レジスタ	SCB->DFSR	デバッグ・イベントのステータス
0xE000ED34	MemManageFault アドレス・レジスタ	SCB->MMFAR	利用可能な場合は，MemManageFault のトリガとなったアクセスをしたアドレスを表示する
0xE000ED38	BusFault アドレス・レジスタ	SCB->BFAR	利用可能な場合は，BusFault のトリガとなったアクセスをしたアドレスを表示する
0xE000ED3C	Auxiliary Fault ステータス・レジスタ	SCB->AFSR	デバイス固有のフォールト・ステータス – アーキテクチャではオプションだが，現在の Cortex-M23 と Cortex-M33 プロセッサでは実装されていない
0xE000EDE4	SecureFault ステータス・レジスタ	SAU->SFSR	SecureFault のステータス（TrustZone が実装されている場合に利用可能）
0xE000EDE8	SecureFault アドレス・レジスタ	SAU->SFAR	利用可能な場合は，SecureFault のトリガとなったアクセスをしたアドレスを表示する

　プロセッサがセキュア状態の場合，セキュア特権ソフトウェアに，非セキュア・エイリアス0xE002EDxxを使用して，これらのレジスタ（Secure Fault Status Register：SFSRとSecure Fault Address Register：SFARを除く）の非セキュア・ビューにアクセスできます．
　構成可能フォールト・ステータス・レジスタ（Configurable Fault Status Register：CFSR）は，さらに3つの部分に分けられています（表13.3と図13.3）．

表13.3 構成可能フォールト・ステータス・レジスタ(SCB->CFSR)を3分割

アドレス	レジスタ	サイズ	機能
0xE000ED28	MemManageFault ステータス・レジスタ（MMFSR）	バイト	MemManageFault のステータス情報
0xE000ED29	BusFault ステータス・レジスタ（BFSR）	バイト	BusFault のステータス
0xE000ED2A	UsageFault ステータス・レジスタ（UFSR）	ハーフワード	UsageFault のステータス

図13.3 構成可能なフォルト・ステータス・レジスタ(CFSR)の分割

　CFSRレジスタは，32ビットのデータ転送で全体としてアクセスすることも，CFSR内の各部にバイトとハーフワードの転送でアクセスすることもできます．ただし，CMSIS-CORE準拠のソフトウェア・ドライバでプログラミングする場合，使用できるソフトウェア・シンボルは32ビット（SCB->CFSRまたはSCB_NS->CFSR）のみとなります．分割されたMMFSR（8ビット），BFSR（8ビット），UFSR（16ビット）には個別のCMSIS-COREシンボルはありません．

第13章　フォールト例外とフォールト処理

13.5.2　MemManageFaultステータス・レジスタ（MMFSR）

　MemManageFault ステータス・レジスタのプログラマーズ・モデルを表13.4に示します．TrustZoneセキュリティ拡張機能が実装されると，このレジスタはセキュリティ状態の間でバンクされ，MMFSRの次のビューが利用可能になります．
- MMFSRのセキュア・ビューには，セキュアMPUのMemManageFaultの原因が表示される
- MMFSRの非セキュア・ビューには，非セキュアMPUのMemManageFaultの原因が表示される（セキュアな特権ソフトウェアは，非セキュアSCBエイリアスを使用してMMFSRの非セキュア・ビューにアクセスできる）

表13.4　MemManageFaultステータス・レジスタ（MMFSR）（SCB->CFSRレジスタの最下位8ビット）

ビット	名　前	タイプ	リセット値	説　明
7	MMARVALID	読み出し専用	0	MMFARが有効であることを示す
6	–	–	– （0で読み出し）	予約済み
5	MLSPERR	R/Wc（読み書きクリア）	0	浮動小数点レイジ・スタッキング・エラー（浮動小数点ユニットを持つCortex-M33でのみ使用可能）
4	MSTKERR	R/Wc	0	スタッキング・エラー
3	MUNSTKERR	R/Wc	0	アンスタッキング・エラー
2	–	–	– （0で読み出し）	予約済み
1	DACCVIOL	R/Wc	0	データ・アクセス違反
0	IACCVIOL	R/Wc	0	命令アクセス違反

　各フォールト表示ステータス・ビット（MMARVALIDを除く）は，フォールトが発生したときにセットされ，レジスタに1の値が書き込まれるまでハイレベルのままです．MemManageFaultは，次でトリガされます．
- データ・アクセス命令の実行中にMPU違反が発生し，フォールト・ステータス・ビットDACCVIOLで示された場合
- eXecute Never（XN）としてマークされたメモリ領域からのコードの実行を含めて，命令フェッチでMPU違反がトリガされ，その命令が実行ステージに到達した場合 – このフォールト状態では，フォールト・ステータス・ビットIACCVIOLは，1にセットされる
- スタッキング，アンスタッキング，レイジ・スタッキング中に，MPU違反が発生した場合（13.2.6節参照），それぞれのフォールト・ステータス・ビットMSTKERR，MUNSTKERR，MLSPERRで示される

MMFSRのビット7（MMARVALIDビット）は，フォールト・ステータス・インジケータではありません．MMARVALIDビットがセットされている場合，MemManageFaultアドレス・レジスタ（SCB->MMFAR）を使用して，フォールトの原因となったアクセスされたメモリ位置を特定できます．
　MMFSRが，フォールトがデータ・アクセス違反（DACCVIOLが1にセットされていることで示される），または命令アクセス違反（IACCVIOLが1にセットされていることで示される）であることを示している場合，フォールトが発生しているコード・アドレスは通常，スタック・フレーム内のスタックされたプログラム・カウンタによって示されます（スタック・フレームがまだ有効である場合）．

13.5.3　BusFaultステータス・レジスタ（BFSR）

　BusFaultステータス・レジスタのプログラマーズ・モデルを表13.5に示します．TrustZoneセキュリティ拡張機能が実装されており，AIRCR.BFHFNMINSがゼロ（デフォルト）の場合，このレジスタは非セキュア・ワールドからアクセスできません（つまり，ゼロとして読み出され，書き込みは無視されます）．
　各フォールト表示ステータス・ビット（BFARVALIDを含まない）は，フォールトが発生するとセットされ，レジスタに1の値が書き込まれるまでハイレベルのままです．次でBusFaultがトリガされます．

13.5 フォールト・ステータスとその他の情報

表13.5　BusFaultステータス・レジスタ(BFSR) (SCB->CFSRレジスタの2バイト目)

CFSRビット	名 前	タイプ	リセット値	説 明
15	BFARVALID	–	0	BFARが有効であることを示す
14	–	–	–（読み出すと0）	予約済み
13	LSPERR	R/Wc（読み出し可能，書き込みでクリア）	0	浮動小数点レイジ・スタッキング・エラー（浮動小数点ユニットを持つCortex-M33でのみ使用可能）
12	STKERR	R/Wc	0	スタッキング・エラー
11	UNSTKERR	R/Wc	0	アンスタッキング・エラー
10	IMPRECISERR	R/Wc	0	不正確なデータ・アクセス・エラー
9	PRECISERR	R/Wc	0	正確なデータ・アクセス・エラー
8	IBUSERR	R/Wc	0	命令アクセス・エラー

- 命令フェッチ中にバス・エラーが発生し，フォールトした命令がパイプラインの実行段階に入ったとき．このフォールト状態は，IBUSERRビットで示される
- データ・アクセス命令の実行中にMPU違反が発生した場合，PRECISERRまたはIMPRECISERRステータス・ビットで示される．PRECISERRは，同期（正確な）バス・エラーを示す（13.2.2節を参照）．PRECISERRが設定されていると，フォールト命令のアドレスは，スタック・フレーム内のプログラム・カウンタの値から利用可能になる．フォールトの原因となったデータ・アクセスのアドレスは，BusFaultアドレス・レジスタ（SCB->BFAR）にも書き込まれるが，フォールト・ハンドラは，BFARを読み込んだ後にBFARVALIDが1であるかどうかをチェックする必要がある．IMPRECISERRがセットされている場合（BusFaultが非同期すなわち不正確な場合），スタックされたプログラム・カウンタはフォールト命令のアドレスを反映しない．非同期バス・フォールトの場合，フォールトした転送のアドレスはBFARに表示されず，BFARVALIDビットは0になる
- スタッキング，アンスタッキング，レイジ・スタッキング中にバス・エラーが発生した場合（13.2.6節参照），それぞれのフォールト・ステータス・ビットSTKERR，UNSTKERR，LSPERRで示される

BFARVALIDビットがセットされている場合，BusFaultアドレス・レジスタ（SCB->BFAR）を使用して，フォールトの原因となったアクセスのメモリの位置を特定できます．

BFSRが，フォールトは同期バス・エラー（PRECISERRが1にセットされていることで示される），または命令アクセス・バス・エラー（IBUSERRが1にセットされていることで示される）であることを示している場合，フォールト・コード・アドレスは，通常スタック・フレーム内のスタックされたプログラム・カウンタによって示されます（スタック・フレームがまだ有効である場合）．

13.5.4 UsageFaultステータス・レジスタ（UFSR）

UsageFaultステータス・レジスタのプログラマーズ・モデルを表13.6に示します．TrustZoneセキュリティ拡張機能が実装されている場合，このレジスタはセキュリティ状態間でバンクされます．セキュアな特権ソフトウェアは，非セキュアSCBエイリアスを使用してUFSRの非セキュア・ビューにアクセスできます．

表13.6　UsageFaultステータス・レジスタ(UFSR) (SCB->CFSRレジスタの上半分のワード)

CFSRビット	名 前	タイプ	リセット値	説 明
25	DIVBYZERO	R/Wc	0	ゼロによる除算が行われたことを示す（DIV_0_TRPがセットされている場合にのみセットが起きうる）
24	UNALIGNED	R/Wc	0	非整列アクセス・フォールトが発生したことを示す
23:21	–	–	-（0で読み出し）	予約済み
20	STKOF	R/Wc	0	スタック・オーバフロー・フラグ（スタック限界チェックの違反）

409

第13章　フォールト例外とフォールト処理

CFSRビット	名　前	タイプ	リセット値	説　明
19	NOCP	R/Wc	0	コプロセッサ/Armカスタム命令が存在しないか無効かアクセスできない場合に，コプロセッサ命令またはArmカスタム命令を実行しようとした
18	INVPC	R/Wc	0	EXC_RETURN番号に不正な値が含まれている例外リターンを実行しようとした
17	INVSTATE	R/Wc	0	無効な状態に切り替えようとした（例：EPSR.Tがクリアされている場合，Arm状態またはEPSR.IT値が命令タイプと一致しないことを示す）
16	UNDEFINSTR	R/Wc	0	未定義の命令を実行しようとした

　各フォールト表示ステータス・ビットは，フォールトが発生したときにセットされ，レジスタに1の値が書き込まれるまでハイレベルのままです．

13.5.5 SecurFaultステータス・レジスタ（SFSR）

　SecureFaultステータス・レジスタのプログラマーズ・モデルを表13.7に示します．SFSR（Secure Fault Status Register）とSFAR（Secure Fault Address Register）は，TrustZoneセキュリティ拡張が実装されている場

表13.7　SecureFaultステータス・レジスタ（SFSR）（SAU->SFSR）

SFSRビット	名　前	タイプ	リセット値	説　明
7	LSERR	R/Wc	0	レイジ状態エラー・フラグ - このフラグは，例外のエントリとリターンの間，およびセキュリティ整合性チェックが失敗した場合に1にセットされる．このチェック機構は，通常の状況では発生しないはずの次の組み合わせを検出する 例外エントリ - CONTROL.FPCAがセットされているが（FPUが使用されていることを示す），レイジ・スタッキング保留状態が継続している 例外リターン - CONTROL.FPCAがセットされているが，レイジ・スタッキング保留状態のセキュア・ビューがまだ有効な場合 - EXC_RETURN.Ftypeが0だが，セキュア例外からの戻りで，CONTROL.FPCAがセットされている場合
6	SFARVALID	読み出し専用	0	SFARが有効であることを示す
5	LSPERR	R/Wc	–	レイジ状態保存エラー - 浮動小数点レジスタのレイジ・スタッキング動作中のSAU/IDAU違反
4	INVTRAN	R/Wc	0	無効な遷移エラー・フラグ - BXNS/BLXNSを使用せずにセキュアから非セキュアへ分岐したことを示す．すなわち，その命令のオペランドにあるデスティネーション（LSB）のターゲット状態が非セキュアとマークされていなかった
3	AUVIOL	R/Wc	0	属性ユニット違反 - ソフトウェアで生成された非セキュア・メモリ・アクセス（LSPERRまたはベクタ・フェッチで示されるレイジ・スタッキングを含まない）がセキュア・アドレスをアクセスしようと試みた
2	INVER	R/Wc	0	無効な例外リターン・フラグ - これは，非セキュア状態の例外から戻るときにEXC_RETURN.DCRSが0に設定されている，または非セキュア状態の例外から戻るときにEXC_RETURN.ESが1に設定されていることによって発生する可能性がある
1	INVIS	R/Wc	0	無効な整合性署名 - 例外リターンがプロセッサを非セキュア状態からセキュア状態に切り替わり，アンスタッキングに使用されているセキュア・スタックに有効な整合性署名がない場合

SFSRビット	名 前	タイプ	リセット値	説 明
0	INVEP	R/Wc	0	無効なエントリ・ポイント – 最初の命令がSG命令ではないセキュア・アドレスに分岐しようとする非セキュア・コード；または，アドレスが SAU/IDAU によって非セキュア呼び出し可能としてマークされていない．

合にのみ使用できます．SecureFaultがトリガされると，SFSRのフォールト・ステータス・ビット（SFARVALIDビットを除く）の1つが1にセットされ　エラーの原因を示します．

　各フォールト表示ステータス・ビットは，フォールトが発生したときにセットされ，レジスタに1の値が書き込まれるまでハイレベルのままです．

13.5.6　HardFaultステータス・レジスタ（HFSR）

　HardFaultステータス・レジスタのプログラマーズ・モデルを表13.8に示します．TrustZoneセキュリティ拡張機能が実装されており，AIRCR.BFHFNMINSがゼロ（デフォルト）の場合，このレジスタは非セキュア・ワールドからアクセスできません（ゼロとして読み出され，書き込みは無視されます）．

表13.8　HardFaultステータス・レジスタHFSR（SCB->HFSR）

HFSRビット	名 前	タイプ	リセット値	説 明
31	DEBUGEVT	R/Wc	0	デバッグ・イベントによってHardFaultがトリガされたことを示す
30	FORCED	R/Wc	0	BusFault, MemManageFault, またはUsageFaultが原因でHardFaultがトリガされたことを示す
29:2	–	–	–（0で読み出し）	予約済み
1	VECTBL	R/Wc	0	ベクタ・フェッチの失敗によりHardFaultが発生したことを示す
0	–	–	–（0で読み出し）	予約済み

　HardFaultハンドラは，このレジスタを使用して，HardFaultがいずれかの構成可能なフォールトによって，引き起こされたかどうかを判断します．FORCEDビットがセットされている場合は，構成可能フォールトの1つからフォールトがエスカレートしており，フォールト・ハンドラはCFSRの値をチェックしてフォールトの原因を確認する必要があることを示します．

　他のフォールト・ステータス・レジスタと同様に，HardFaultステータス・レジスタの各ステータス・ビットは，フォールトが発生したときにセットされ，レジスタに1の値が書き込まれるまでハイレベルのままです．

13.5.7　DebugFaultステータス・レジスタ（DFSR）

　他のフォールト・ステータス・レジスタとは異なり，DFSRは，デバッグ・ホスト（パーソナル・コンピュータなど）上で動作するデバッガ・ソフトウェア，またはマイクロコントローラ上で動作するデバッグ・エージェント・ソフトウェアなどのデバッグ・ツールで使用するように設計されています．このレジスタのステータス・ビットは，どのデバッグ・イベントが発生したかを示します．

表13.9　DebugFaultステータス・レジスタ（DFSR）（SCB->DFSR）

ビット数	名 前	タイプ	リセット値	説 明
31:5	–	–	–	予約済み
4	EXTERNAL	R/Wc	0	デバッグ・イベントがEDBGRQと呼ばれる外部デバッグ・イベント信号によって引き起こされたことを示す（16章16.2.5節）．EDBGRQ信号はプロセッサ上の入力であり，通常，マルチプロセッサ設計ではデバッグ動作を同期させるために使用される

ビット数	名前	タイプ	リセット値	説明
3	VCATCH	R/Wc	0	デバッグ・イベントがベクタ・キャッチによって引き起こされたことを示す. これは, リセットから抜け出したときや, 特定の種類のシステム例外が発生したときにプロセッサが自動的に停止するようにプログラム可能な機能
2	DWTTRAP	R/Wc	0	デバッグ・イベントがウォッチ・ポイントによって引き起こされたことを示す
1	BKPT	R/Wc	0	デバッグ・イベントがブレーク・ポイントによって引き起こされたことを示す
0	HALTED	R/Wc	0	デバッガの要求によりプロセッサが停止したことを示す (シングル・ステップを含む)

DebugFault ステータス・レジスタのプログラマーズ・モデルを**表13.9**に示します. このレジスタは, セキュリティ状態の間でバンクされません.

他のフォールト・ステータス・レジスタと同様に, 各フォールト表示ステータス・ビットはフォールトが発生したときにセットされ, レジスタに1の値が書き込まれるまでハイレベルのままです.

13.5.8 AuxiliaryFault ステータス・レジスタ (AFSR)

アーキテクチャ上, Armv8-M プロセッサは, プロセッサ固有のデバイスのフォールト・ステータス情報を提供するための AuxiliaryFault ステータス・レジスタをサポートできます. このレジスタは, Cortex-M23 または Cortex-M33 プロセッサでは使用できません.

AFSRのプログラマーズ・モデルを**表13.10**に示します.

表13.10 AuxiliaryFault ステータス・レジスタ AFSR (SCB->AFSR)

ビット数	名前	タイプ	リセット値	説明
31:0	実装定義	R/W	0	実装定義されたフォールト・ステータス – Cortex-M23またはCortex-M33プロセッサでは使用できない

他のフォールト・ステータス・レジスタと同様に, 実装されている場合, 各フォールト表示ステータス・ビットはフォールトが発生したときにセットされ, レジスタに1の値が書き込まれるまでハイレベルのままです.

13.5.9 フォールト・アドレス・レジスタ (BFAR, MMFAR, SFAR)

Armv8-M メインライン・プロセッサには, フォールト・ステータス・レジスタの他に, フォールト・アドレス・レジスタもあります (**表13.11**). これらのレジスタを使用すると, フォールト・ハンドラはフォールトをトリガした転送のアドレス値を決定できます. この情報は常に利用できる訳ではないため, これらのアドレス・レジスタの値は, 対応するフォルト・ステータス・レジスタの有効なビットによって定量化される必要があります.

これらのレジスタのリセット値は予測できません.

表13.11 フォルト・ステータスとフォールト・アドレス・レジスタ

アドレス	レジスタ	CMSIS-CORE シンボル	有効なステータス	留意事項
0xE000ED34	MemManageFault アドレス・レジスタ	SCB->MMFAR	MMARVALID (SCB->CFSR のビット 7)	TrustZone が実装されている場合, このレジスタはセキュリティ状態間でバンクされる
0xE000ED38	BusFault アドレス・レジスタ	SCB->BFAR	BFARVALID (SCB->CFSRのビット15)	TrustZone が実装されており, AIRCR.BFHFNMINSが0の場合, 非セキュア・ソフトウェアからはアクセスできない
0xE000EDE8	SecureFault アドレス・レジスタ	SAU->SFAR	SFARVALID (SAU->SFSR のビット 6)	TrustZone が実装されている場合のみ利用可能. セキュア特権アクセスのみ

Armv8-Mアーキテクチャでは，これらのフォールト・アドレス・レジスタが物理レジスタ・リソースを共有することを許可しており，そのため，有効なフォールト・アドレスが，より高い優先度のフォールトの別のフォールト・アドレスに置き換えられる可能性があります．これは，優先度の低いフォールト・ハンドラが実行中の場合と，優先度の高いフォールトが優先度の低いフォールト・ハンドラの途中で発生した場合に起こります（つまり，ネストしたフォールトの状況）．プロセッサの設計では次を確実にすることでこの状況に配慮します．

   (a) 共有フォールト・アドレス・レジスタの有効なステータス・ビットがワンホットまたは0

   (b) セキュリティ状態間で情報が漏れることがない

ネストしたフォールト状況が発生する可能性があるため，ソフトウェアはフォールト・アドレス・レジスタを読み出す際にこれを考慮して，次のように読み出しを処理しなければなりません．

   (1) ソフトウェアは，フォールト・アドレス・レジスタを読み出す（MMFAR，BFAR，SFARのいずれかで，読み出しはどのフォールト例外ハンドラが実行されているかによって異なる）

   (2) ソフトウェアは，対応する有効なステータス・ビットを読み出す．有効なビットが0の場合，フォールト・アドレス・レジスタの値は破棄されなければならない

フォールトのトリガとなったメモリ・アクセスが非整列の場合，次のようなことが起こる可能性があります．メモリ・アクセスがバス・インターフェース・レベルで複数のトランザクションに分割され，フォールトが発生した場合，フォールト・アドレス・レジスタに置かれたアドレス値は，元のアドレスの代わりに生成されたバス・トランザクション・アドレスになる可能性があります（プログラム・コードで使用されたアドレス値とは異なる）．

13.6　ロックアップ

13.6.1　ロックアップとは？

エラー状態が発生すると，いずれかのフォールト・ハンドラがトリガされます．構成可能なフォールト・ハンドラの内部で別のフォールトが発生した場合，次のいずれかになります．

- 別の構成可能なフォールト・ハンドラがトリガされて実行される（すでにトリガされたフォールトとは異なるフォールトで，現在のレベルのフォールトよりも優先度が高い場合）
- HardFaultハンドラがトリガされて実行される

しかし，HardFaultハンドラの実行中に別のフォールト・イベントが発生した場合はどうなるのでしょうか？（非常に起こりそうもない状況ですが，起こる可能性はあります）．この場合，ロックアップの状況が発生します．次の場合ロックアップが発生する可能性があります．

- HardFaultまたはノンマスカブル割り込み（Non-Maskable Interrupt：NMI）例外ハンドラの実行中にフォールトが発生
- HardFaultまたはNMI例外のベクタ・フェッチ中にバス・エラーが発生
- SVC命令が誤ってHardFaultまたはNMI例外ハンドラに含まれている
- 起動シーケンス中にベクタをフェッチ

ロックアップ中，プロセッサはプログラムの実行を停止し，ロックアップと呼ばれる出力信号をアサートします．この信号がチップ内部でどのように使用されるかは，チップのシステム・レベルの設計に依存します．場合によっては，システム・リセットを自動的に生成するために使用できます．

ロックアップが優先度レベル-1のHardFaultハンドラ内のフォールト・イベント（二重フォールト状態）によって引き起こされた場合でも，プロセッサがNMI（優先度レベル-2）に応答してNMIハンドラを実行することは可能です．しかし，NMIハンドラが終了するとロックアップ状態に戻り，優先度レベルは-1に戻ります．ただし，AIRCR.BFHFNMISが1にセットされているときにシステムがセキュアHardFault状態にある場合（セキュアHardFaultの優先度が-3になっている場合），またはプロセッサがNMIハンドラ内からロックアップ状態に入った場合（優先度-2），プロセッサはNMIイベントに応答できなくなります．

ロックアップ状態の終了方法は次のようにいろいろあります．

- システム・リセットまたはパワー・オン・リセット
- デバッグ・セッション中にロックアップが発生した場合．デバッガはプロセッサを停止してエラー状態をクリアできる（例えば，リセットを使用したり，現在の例外処理ステータスをクリアしたり，プログラム・カ

ウンタの値を新しい開始点に更新したりするなど）

通常，システム・リセットやパワー・オン・リセットは，ペリフェラルや全ての割り込み処理ロジックが確実にリセット状態に戻るため，ロックアップ状態を終了するための最良の方法です．

さて，なぜロックアップが起こったときにプロセッサを自動的にリセットしないのか，不思議に思うかもしれません．動作中のシステムではそうするのが良いかもしれません．しかし，ソフトウェアを書いたりデバッグしたりするときに問題が発生したときは，その原因を突き止めて問題を解決することが重要です．自動でリセットしてしまうと，ハードウェアの状態が変わってしまうので，何が問題になったのかを分析できなくなってしまいます．

Cortex-Mプロセッサは，ロックアップ状態をインターフェースにエクスポートするように設計されているため，オートリセット機能が有効になったときに，システムが自動的にリセットできるように，チップ設計者はプログラマブルなオートリセット機能を実装できます．

注意：HardFaultハンドラまたはNMIハンドラに入る場合，スタッキングまたはアンスタッキング中（ベクタ・フェッチを含むものを除く）に発生したフォールト（バス・エラーまたはMPUアクセス違反など）は，システムをロックアップ状態にはしません（図13.4）．スタッキング中にバス・エラーが発生した場合，BusFault例外は保留され，HardFaultハンドラが終了した後にのみ実行されます．

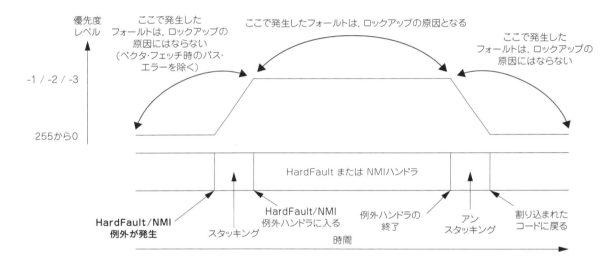

図13.4　HardFaultまたはNMIのスタッキングまたはアンスタッキング中に発生したバス・エラーはロックアップの原因にはならない

13.6.2　ロックアップの回避

アプリケーションによっては，ロックアップを回避することが重要であるため，HardFaultハンドラとNMIハンドラを開発する場合に，特に注意が必要です．13.4.1節で説明したように，メイン・スタック・ポインタが有効なメモリ範囲内にあることを確認するために，HardFaultハンドラとNMIハンドラの開始時にスタック・ポインタのチェックを行う必要があります．

HardFaultハンドラとNMIハンドラを開発するためのアプローチの1つは，例外処理タスクを分割して，HardFaultハンドラとNMIハンドラが重要なタスクのみを実行するようにすることです．HardFault例外のエラー報告などの他のタスクは，PendSVなどの別の例外を使用して実行できます（13.4.4節と11.5.3節の図11.16を参照）．分割は，HardFaultハンドラや／またはNMIが小さく保たれ（つまり，コードの品質をチェックして改善することが容易になる），堅牢であることを保証するのに役立ちます．

さらに，NMIおよびHardFaultハンドラ・コードが誤ってSVCを利用する関数を呼び出さないようにする必要があります．これに関する詳細な情報は，13.4.2節に記載されています．

13.7 フォールト・イベントの分析

13.7.1 概要

ソフトウェアの開発中にフォールト例外が発生することは珍しくありません．幸いなことに，問題の原因を特定するために必要な情報を入手する方法が幾つかあります．これらは次のとおりです．

- 命令トレース：使用しているデバイスがエンベデッド・トレース・マクロセル（Embedded Trace Macrocell：ETM）またはマイクロ・トレース・バッファ（Micro Trace Buffer：MTB）をサポートしている場合，ETMとMTBを使用して，フォールトがどのように発生したかを理解できる．つまり，フォールト例外の直前に実行された命令を表示できる．この情報は，フォールトの原因となったプロセッサ動作を特定するために使用できる．また，フォールト・ハンドラが起動したときにプロセッサを自動的に停止させるようにデバッグ環境を設定することも可能（13.4.3節を参照）．Cortex-M23とCortex-M33プロセッサは，ETMとMTBの両方をサポートしているが，これらのプロセッサをベースにしたデバイスには，これらの機能が必ずしも含まれていない場合があることに注意．ETMトレースを使用する場合は，トレース・ポート・キャプチャ機能付きのデバッグ・プローブが必要．MTBを使用した命令トレースでは，トレース・ポート・キャプチャ機能は必要ないが，限られた履歴しかキャプチャできないため，ETMよりも情報量が少なくなる．ETMとMTBについての詳細は16章を参照

- イベント・トレース：ときどき，フォールト例外が例外処理に関連していることがある（例外ハンドラによって，システム構成が予期せず変更されたなど）．Cortex-M33または，他のArmv8-Mメインライン・プロセッサを使用している場合，データ・ウォッチ・ポイントとトレース・ユニットのイベント・トレース機能（DWTの詳細については，16.3.4節を参照）を使用すると，どのような例外が発生したかを特定できるだけでなく，問題の原因を特定するのに役立つ場合がある．イベント・トレースは，シングル・ワイヤ出力（Single Wire Output：SWO）をサポートした低コストのデバッグ・プローブ，またはトレース・ポートをサポートしたデバッグ・プローブを使用してキャプチャできる

- スタック・トレース：トレース・キャプチャ機能のない低コストのデバッガを使用しても，フォールト・イベントが発生した時点でスタック・ポインタの構成がまだ有効であれば，フォールト例外に入るときに

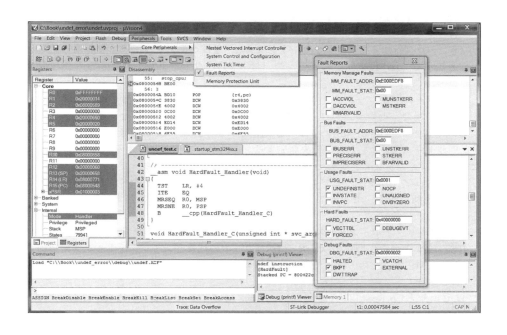

図13.5　フォールト・ステータス・レジスタを表示するKeil MDKのフォールト・レポート・ウィンドウ

第13章　フォールト例外とフォールト処理

スタック・フレームを抽出できるはずである．フォールト・ハンドラの開始時にプロセッサを停止したと仮定すると（13.4.3節のベクタ・キャッチ機能の説明を参照），プロセッサのステータスとメモリの内容を調べることができる．プロセッサがフォールト例外に入ったときに作成されるスタック・フレームは，デバッグに役立つ情報を提供し，例えば，スタックされたプログラム・カウンタ（PC）は，フォールト例外がトリガされたときにプログラムがどこで実行されたかを示す．スタック・フレームから得られた情報とフォールト・ステータス・レジスタの値を使用して，問題の原因を特定できる

- フォールト・ステータス・レジスタとフォールト・アドレス・レジスタ：Cortex-M33または他のArmv8-Mメインライン・プロセッサを使用している場合，フォールト・ステータス・レジスタとフォールト・アドレス・レジスタの情報は，何が問題を起こしたかについての重要な手がかりを提供してくれる可能性がある．幾つかのデバッグ・ツールには，これらのレジスタから得られた情報に基づいてエラーを解析する機能が組み込まれている．さらに支援するために，通信インターフェースを使用して，これらのレジスタの内容をコンソールに出力して，デバッグ・プロセスをさらに支援できる．スタックされたPCとフォールト・ステータス・レジスタをレポートできるフォールト・ハンドラの例は，13.9節に記載されている

一部のデバッグ・ツールでは，デバッガ・ソフトウェアには，フォールト・ステータス情報に簡単にアクセスできる機能が含まれています．例えば，Keil MDKでは，**図13.5**に示すように，"Fault Reports"ウィンドウを使用してフォールト・ステータス・レジスタにアクセスできます．これはプルダウン・メニュー"Peripherals"->"Core Peripherals"->"Fault Reports"からアクセスできます．

13.7.2　Armv8-Mアーキテクチャと旧世代のアーキテクチャのフォールト処理の主な違い

Armv8-Mプロセッサと前世代のCortex-Mプロセッサを比較すると，フォールト処理には幾つかの重要な変化があります．

Armv6-MプロセッサとCortex-M23プロセッサ（Armv8-Mベースライン）を比較した場合の変化は次のとおりです．

- HardFaultは，TrustZoneが有効な場合と，AIRCR.BFHFNMINSが0（デフォルト）の場合，セキュア状態で処理されるようになった．これは，デバイスにTrustZoneが実装されていて，セキュア・ワールドが使用されている場合，フォールト・イベントの発生は常にセキュア・ワールドのHardFaultハンドラが最初に実行されることを意味する．これが発生すると，セキュアHardFaultハンドラは，必要なセキュリティ・チェック（フォールトがセキュリティ攻撃に関連している場合）を実行でき，一旦実行すると，オプションとして，（a）通信インターフェースを利用してユーザにフォールトを通知する，（b）停止状態に入る，または（c）自己リセットをトリガする，ことができるようになる

- セキュア・ワールドがロック・ダウンされており，ソフトウェア開発者がセキュア・デバッグ権限を持っていない場合，セキュア・ワールドのHardFault例外中に，プロセッサは停止状態に入ることができない．セキュアHardFaultハンドラが通信インターフェースを使用して，フォールトを報告しない場合，非セキュア・ソフトウェアの開発者は，システムをデバッグする簡単な方法がない．従って，非セキュア・ソフトウェアが非セキュアUsageFaultおよび非セキュアMemManageFaultを有効にして，非セキュア・ソフトウェアの開発者がこれらのフォールト・イベントをデバッグできるようにしておくと便利である．セキュア・ワールドでのフォールト処理に関する追加情報は，第18章で説明されている

- セキュア・スタック・ポインタのスタック限界チェックの追加

- EXC_RETURNコードの拡張：EXC_RETURNコードの拡張とスタック・ポインタが追加されているため，エラーを報告するためのフォールト例外ハンドラを更新する必要がある．これに関する詳細な情報は13.9節を参照

Armv7-MプロセッサとCortex-M33プロセッサ（Armv8-Mメインライン）を比較する場合，上記の変更点（Armv6-MからArmv8-Mベースラインへ）に加えて，次の変更が含まれます．

- 非セキュア・スタック・ポインタに対するスタック限界チェックの追加（セキュアと非セキュアのスタック・ポインタの両方にスタック限界チェックがある）

416

- TrustZoneが実装されている場合，SecureFault例外が追加される

13.8 スタック・トレース

プロセッサがフォールト例外に入ると，幾つかのレジスタがスタック（スタック・フレーム）にプッシュされます．スタック・ポインタが有効なRAMの位置を指している場合，スタック・フレームの情報はデバッグに使用できます．スタック・フレームの解析はスタック・トレースと呼ばれることが多く，デバッグ・ツールの内部またはフォールト・ハンドラの内部で行うことができます．

スタック・トレースの最初のステップは，どのスタック・ポインタがスタッキング動作に使用されたかを特定

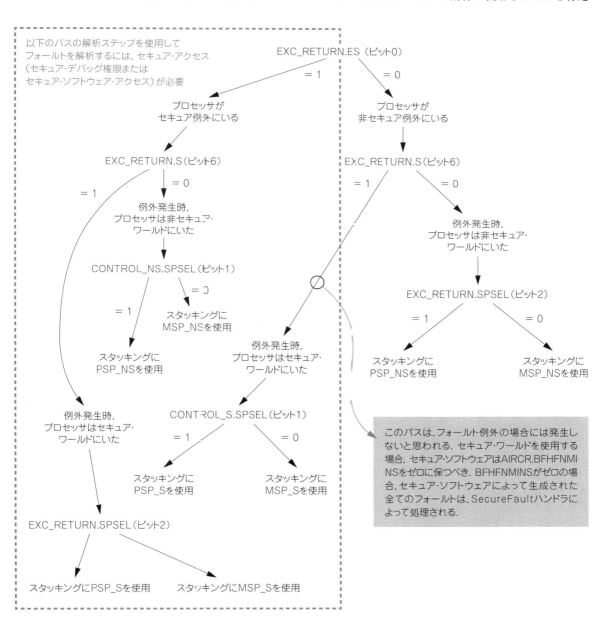

図13.6 EXC_RETURNとCONTROLレジスタのSPSELビットのチェックで，どちらのスタック・ポインタが使用されたかを判断する

することです(図13.6).Cortex-Mプロセッサでは,EXC_RETURN値とCONTROL_SとCONTROL_NSのレジスタを使用して識別されます.TrustZoneが実装されていて,セキュア・デバッグ・アクセス許可がない場合,セキュア・フォールト・イベント(SecureFault,セキュアMemManageFaultなど)と,セキュア・ソフトウェアの実行中にトリガされたフォールトは解析できないことに注意してください.

第2のステップは,スタック・フレームに追加の状態コンテキストが含まれているかどうかを判断することです(図13.7).この情報は,スタックされたリターン・アドレスを抽出したい場合に必要です.TrustZoneが実装されていて,セキュア・デバッグ・アクセス許可がない場合,追加の状態コンテキストを持たない非セキュア・スタック・フレームだけを調べることができます.

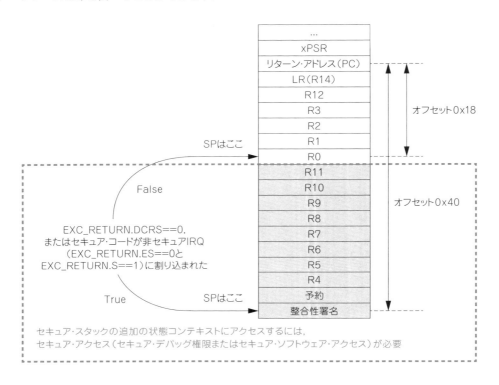

図13.7 スタック・トレースのためのスタック・フレーム・フォーマットの識別

> 注意:セキュア・コードが非セキュアIRQによって中断され,非セキュアISR内で停止された場合,セキュア・スタック・フレーム内の追加の状態コンテキストは,EXC_RETURN.DCRSが1の場合でも,セキュア・デバッグ権限を持つデバッガから見ることができます.

スタック・フレームの内容が特定されると,スタックされたリターン・アドレスと,スタックされたxPSRのようなスタックされたレジスタは,簡単に特定されます.これらのスタックされた値は,次の方法でデバッグに役立ちます.

- スタックされたリターン・アドレス:多くの場合,スタックされたリターン・アドレスは,フォールトをデバッグするときに最も重要な助けとなる.ツール・チェーン内のプログラム・イメージの逆アセンブル・コード・リストを生成することで,フォールトが発生したコード・フラグメントを簡単にピンポイントで特定できる.現在のスタックされたレジスタ値とフォールト・ステータス・レジスタから提供される追加情報により,フォールト例外が発生した理由を簡単に理解できる
- スタックされたxPSR:これは,フォールトが発生したときにプロセッサがハンドラ・モードにあったかどうかと,プロセッサをArm状態に切り替えようとしたかどうかを識別するために使用できる(EPSRのTビットがクリアされていれば,プロセッサをArm状態に切り替えようとしたと考えることができる)

- リンク・レジスタ（Link Register：LR）のEXC_RETURN値：フォールト・ハンドラに入るときのLRの EXC_RETURN値は，フォールトの原因に関する情報を提供する場合もある．フォールト・イベントが 例外リターン中に無効なEXC_RETURN値によって引き起こされた場合，フォールト・イベントはフォー ルト例外のテール・チェーンを引き起こすことになる．この状況では，フォールト・ハンドラのEXC_ RETURN値は，無効なEXC_RETURNの部分的な値を示す（フォールト・ハンドラが前のフォールト例 外ハンドラとは異なるセキュリティ状態にある可能性があるため，EXC_RETURN内のビットの幾つか は異なる可能性がある）．フォールト・ハンドラは，オプションでLR中のEXC_RETURN値を報告する ことができ，ソフトウェア・プログラマは，フォールトが例外ハンドラのEXC_RETURN値の破損によっ て引き起こされたかどうかを判断するために使用できる

13.9 スタック・フレームを抽出し， フォールト・ステータスを表示するフォールト・ハンドラ

スタック・フレームから情報を抽出するメソッドを確立したら，その情報を抽出してコンソールに表示するた めのフォールト・ハンドラを作成します（"printf"リダイレクトまたは，セミホスト化が行われていると仮定し て）．これを行うには，次を行うアセンブリ・ラッパが必要です．
- スタック・ポインタの値を抽出する（CコンパイラはC関数のプロローグにスタック操作を挿入するため， 現在選択されているSPの値を変更することになる）
- EXC_RETURNの値を抽出する

11.5.2節のSVCの例に基づいて，単純なアセンブリ・ラッパの形をとることができます．

```
void __attribute__((naked)) HardFault_Handler(void)
{
    __asm volatile ("mov r0, lr\n\t"
        "mov r1, sp\n\t"
        "B HardFault_Handler_C\n\t"
    );
}
```

Cハンドラでは，次のようにする必要があります．
- 正しいスタック・ポインタを抽出し，
- さまざまな有用な情報を抽出（スタックされたレジスタの値など）する

フォールト・ハンドラが非セキュア・ワールド向けに書かれている場合，フォールト・ハンドラのコードは SVCの例に似ています．

```
void HardFault_Handler_C(uint32_t exc_return_code, uint32_t msp_val)
{
    uint32_t stack_frame_r0_addr;
    unsigned int *stack_frame;
    uint32_t stacked_r0, stacked_r1, stacked_r2, stacked_r3;
    uint32_t stacked_r12, stacked_lr, stacked_pc, stacked_xPSR;
    //フォールトの原因を確認
    if (exc_return_code & 0x40) { // EXC_RETURN.Sは1 - error
      printf ("ERROR: fault is from Secure world.\n");
      while(1); } // 無限ループ
```

第13章　フォールト例外とフォールト処理

```
//どのスタック・ポインタが使用されたかを判断
if (exc_return_code & 0x4) stack_frame_r0_addr = __get_PSP();
else stack_frame_r0_addr = msp_val;

//スタック・フレームを抽出
stack_frame = (unsigned *) stack_frame_r0_addr;

//スタック・フレーム内のスタック・レジスタの抽出
stacked_r0 = stack_frame[0];
stacked_r1 = stack_frame[1];
stacked_r2 = stack_frame[2];
stacked_r3 = stack_frame[3];
stacked_r12 = stack_frame[4];
stacked_rlr = stack_frame[5];
stacked_pc = stack_frame[6];
stacked_xPSR = stack_frame[7];
...
return;
}
```

　フォールト・ハンドラがセキュア・ワールド用に書かれている場合，追加のステップが必要になります．例えば，セキュアな構成可能フォールト・ハンドラが，非セキュア IRQ よりも低い優先度レベルに構成されている場合，スタック・フレーム内の追加の状態コンテキスト（整合性署名とスタックされた r4 ～ r11 の値を含む）を表示できます．セキュアな構成可能フォールトがトリガされてスタッキングが開始された場合，その時点で到着した優先度の高い非セキュア IRQ が最初にサービスされ，追加の状態コンテキストがセキュア・スタックにプッシュされる可能性があります．この追加の状態情報は，構成可能なフォールト・ハンドラが実行されたときにスタック・フレーム上に残ります：スタック・フレーム・アドレスの計算では，これを考慮する必要があります（次のハンドラ・コードを参照）．

```
void HardFault_Handler_C(uint32_t exc_return_code, uint32_t msp_val)
{
  uint32_t stack_frame_r0_addr; // r0のアドレス
  uint32_t stack_frame_extra_addr;// 追加の状態のアドレス
  unsigned int *stack_frame_r0;
  unsigned int *stack_frame_extra;
  uint32_t sp_value;

  uint32_t stacked_r0, stacked_r1, stacked_r2, stacked_r3;
  uint32_t stacked_r12, stacked_lr, stacked_pc, stacked_xPSR;
  uint32_t stacked_r4, stacked_r5, stacked_r6, stacked_r7;
  uint32_t stacked_r8, stacked_r9, stacked_r10, stacked_r11;

  //フォールトの原因を確認
  if (exc_return_code & 0x40) { // EXC_RETURN.Sは1 - Secure
    //どのスタック・ポインタが使われたかを判断
    if (exc_return_code & 0x4) sp_value = __get_PSP();
```

13.9 スタック・フレームを抽出し，フォールト・ステータスを表示するフォールト・ハンドラ

```
    else sp_value = msp_val;
  }
  else { // 非セキュア
    //どのスタック・ポインタが使われたかを判断
    if (__TZ_get_CONTROL_NS() & 0x2) sp_value = __TZ_get_PSP_NS();
    else sp_value = __TZ_get_MSP_NS();
  }

  if ((exc_return_code & 0x20)!=0) { // EXC_RETURN.DCRS
    //追加の状態コンテキストなし
    stack_frame_r0_addr = sp_value;
    stack_frame_extra_addr = 0; // 0は利用不可と仮定
  }
  else {
    //追加の状態コンテキストが存在
    stack_frame_r0_addr = sp_value+40;
    stack_frame_extra_addr = sp_value;
    //スタック・フレーム内の追加状態コンテキストを抽出
    stack_frame_extra = (unsigned *) sp_value;
  }
  //スタック・フレームの抽出
  stack_frame_r0 = (unsigned *) stack_frame_r0_addr;

  //スタック・フレームの抽出
  stacked_r0 = stack_frame_r0[0];
  stacked_r1 = stack_frame_r0[1];
  stacked_r2 = stack_frame_r0[2];
  stacked_r3 = stack_frame_r0[3];
  stacked_r12 = stack_frame_r0[4];
  stacked_rlr = stack_frame_r0[5];
  stacked_pc = stack_frame_r0[6];
  stacked_xPSR = stack_frame_r0[7];
  if (stack_frame_extra_addr!=0){
    stacked_r4 = stack_frame_extra[2];
    stacked_r5 = stack_frame_extra[3];
    ...
    }
  ...
  return;
}
```

　より多くのスタック・ポインタから選択できるため，このハンドラの動作は第11章で詳述されているSVCの例よりもやや複雑です．

　スタック・フレームが抽出された後，"printf"文を使用して情報を表示できます．利用可能な場合，ハンドラは，フォールト・イベント情報を含むフォールト・ステータス・レジスタも表示できます．

　スタック・ポインタが無効なメモリ領域を指している場合（スタック・オーバ・フローのためなど），このハンドラは正しく動作しないことに注意してください．ほとんどのC言語の関数はスタック・メモリを必要とするため，これは全てのC言語のコードに影響を与えます．

第13章　フォールト例外とフォールト処理

　問題のデバッグを支援するために，逆アセンブル・コード・リスト・ファイルを生成して，レポートのスタックされたプログラム・カウンタの値を使用して，フォールトのトリガとなった命令を特定できます．

◈ 参考・引用＊文献 ……………………………………………………

（1）　Armv8-Mアーキテクチャ・リファレンス・マニュアル

　　　https://developer.arm.com/documentation/ddi0553/am（Armv8.0-Mのみのバージョン）

　　　https://developer.arm.com/documentation/ddi0553/latest（Armv8.1-Mを含む最新版）

　　　注意：Armv6-M，Armv7-M，Armv8-M，Armv8.1-M用のMプロファイルアーキテクチャリファレンスマニュアルは次にあります．

　　　https://developer.arm.com/architectures/cpu-architecture/m-profile/docs

第14章 Cortex-M33プロセッサの浮動小数点ユニット（FPU）

The Floating-Point Unit (FPU) in the Cortex-M33 processer

14.1 浮動小数点データ

14.1.1 導入

C言語のプログラミングでは，数値を浮動小数点データとして定義できます．例えば，π(pi)の値を単精度の浮動小数点データとして次のように宣言できます．

```
float pi = 3.141592F;
```

または倍精度では次のようになります．

```
double pi =3.14159265358979323846264338327950;
```

浮動小数点データにより，プロセッサは，非常に小さな値だけでなく，はるかに広いデータ範囲（整数または固定小数点データと比較して）を処理できます．また，16ビットの半精度浮動小数点データ形式もあります．半精度浮動小数点フォーマットは，一部のCコンパイラではサポートされていません．gccとArm Cコンパイラでは，半精度浮動小数点値は__fp16データ型を使用して宣言されます（注意：追加のコマンド・オプションが必要，表14.14）．

14.1.2 単精度浮動小数点数

単精度データのフォーマットを図14.1に示します．

図14.1 単精度浮動小数点フォーマット

ほとんどの場合，指数は1～254までの値の範囲にあり，単精度の値は図14.2に示す式で表されます．

$$Value = (-1)^{Sign} \times 2^{(Exponent - 127)} \times (1 + (1/2 \times Fraction[22]) + (1/4 \times Fraction[21]) + (1/8 \times Fraction[20]) \cdots (1/(2^{23}) \times Fraction[0]))$$

図14.2 単精度形式の正規化された数値

値を単精度浮動小数点に変換するには，1.0～2.0の範囲で正規化する必要があります．例を表14.1に示します．

表14.1　浮動小数点値の例

浮動小数点値	符号	指数部	2進数での仮数部	16進値
1.0	0	127(0x7F)	000_0000_0000_0000_0000_0000	0x3F800000
1.5	0	127(0x7F)	100_0000_0000_0000_0000_0000	0x3FC00000
1.75	0	127(0x7F)	110_0000_0000_0000_0000_0000	0x3FE00000
0.04→1.28*2^(-5)	0	127-5=122(0x7A)	010_0011_1101_0111_0000_1010	0x3D23D70A
-4.75→-1.1875*2^2	1	127+2=129(0x81)	001_1000_0000_0000_0000_0000	0xC0980000

指数部が0の場合，次の幾つかのシナリオが考えられます．
 (1) 仮数部が0に等しく，符号ビットも0の場合，ゼロ(+0)の値
 (2) 仮数部が0に等しく，符号ビットが1の場合，ゼロ(-0)の値．通常，+0と-0は演算中に同じ動作をする．しかし，幾つかの例では違いがある．例えば，ゼロによる除算が発生した場合，結果の無限大の符号は除算器が+0か-0かに依存する
 (3) 仮数部が0でない場合，非正規化値，つまり $-(2^{(-126)})$ と $(2^{(-126)})$ の間の非常に小さな値

単精度の非正規化値は，図14.3に示す式で表されます．

$$\text{Value} = (-1)^{\text{Sign}} \times 2^{(-126)} \times ((\tfrac{1}{2} * \text{Fraction}[22]) + (\tfrac{1}{4} * \text{Fraction}[21]) + (1/8 * \text{Fraction}[20]) \cdots (1/(2^{23}) * \text{Fraction}[0]))$$

図14.3　単精度フォーマットでの非正規化数値

指数部が0xFFの場合も，次の幾つかのシナリオがあります．
 (1) 仮数部が0で符号ビットも0の場合は，無限大(+∞)の値
 (2) 仮数部が0で符号ビットが1の場合は，マイナス無限大(-∞)の値
 (3) 仮数部が0でない場合，その浮動小数点データは浮動小数点値が無効であることを示している．より一般的には，非数(Not a Number：NaN)と呼ばれている

NaNには次の2種類あります．
 - 仮数部のビット22が0の場合，それはシグナリングNaN．仮数部の残りのビットは，0以外の任意の値にできる
 - 仮数部のビット22が1のとき，それはクワイエットNaN．仮数部の残りのビットは任意の値にできる

この2種類のNaNは，VCMPやVCMPEなどの幾つかの浮動小数点命令において，異なる浮動小数点例外動作を引き起こす可能性があります．

幾つかの浮動小数点演算では，結果が無効な場合，"デフォルトNaN"値を返します．これは0x7FC00000(符号=0，指数=0xFF，仮数部のビット22は1，残りの仮数部ビットは0)の値を持っています．

14.1.3　半精度浮動小数点数

半精度浮動小数点データは16ビット・サイズです．Cプログラミングでは，半精度浮動小数点データを"__fp16"または"_Float16"データ型として定義できます．"__fp16"はIEEE754のデータ型で，保存と変換専用です．そして"_Float16"は算術データ型で，2015年に導入されたC11拡張の一部です．Cortex-M33でプログラミングする場合，"__fp16"と"_Float16"のどちらのデータ型も使用できますが，一般的に新しいソフトウェア・プロジェクト，特に半精度浮動小数点をサポートするFPUを搭載したプロセッサ(Cortex-M55や

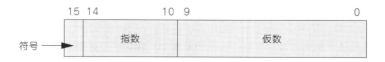

図14.4　半精度浮動小数点フォーマット

Cortex-M85など）では，"_Float16"を推奨します．Cortex-M33では，FPUがネイティブの半精度浮動小数点数演算をサポートしていないため，"__fp16"データ型を使用しても性能上の不利はありません．

半精度浮動小数点フォーマットは，多くの点で単精度に似ていますが，指数部と仮数部で使用するビット数が少ない点で異なります．**図14.4**を参照してください．

0<指数部<0x1Fの場合，半精度の値を**図14.5**の式で表した値が正規化された値となります．

$$\text{Value} = (-1)^{\text{Sign}} \times 2^{(\text{Exponent} - 15)} \times (1 + (\tfrac{1}{2} * \text{Fraction}[9]) + (\tfrac{1}{4} * \text{Fraction}[8]) + (1/8 * \text{Fraction}[7]) \cdots (1/(2^{10}) * \text{Fraction}[0]))$$

図14.5　半精度形式の正規化された数値

指数部が0の場合，次の幾つかのシナリオがあります．
(1) 仮数部が0に等しく，符号ビットも0の場合，それはゼロ（+0）の値
(2) 仮数部が0に等しく，符号ビットが1の場合，それはゼロ（-0）の値．通常，+0と-0は演算中に同じ動作をする．しかし，幾つかの例では違いがある．例えば，ゼロによる除算が発生した場合，無限大の結果の符号は除算器が+0か-0かに依存する
(3) 仮数部が0でない場合，それは非正規化値，すなわち，$-(2^{-14})$ と (2^{-14}) の間の非常に小さな値

半精度で非正規化値は，**図14.6**の式で表されます．

$$\text{Value} = (-1)^{\text{Sign}} \times 2^{(-14)} \times ((\tfrac{1}{2} * \text{Fraction}[9]) + (\tfrac{1}{4} * \text{Fraction}[8]) + (1/8 * \text{Fraction}[7]) \cdots (1/(2^{10}) * \text{Fraction}[0]))$$

図14.6　半精度形式の非正規化された数値

指数部が0x1Fの場合，状況は少し複雑になります．Armv8-Mアーキテクチャ[1]の浮動小数点機能（注意：これはArmv7-M[2]と同じです）では，半精度データに対して次の2つの演算モードをサポートしています．
- IEEE半精度
- 代替半精度．これは，InfinityやNaNには対応していないが，数値範囲が広く，場合によってはより高い性能を実現する．ただし，アプリケーションがIEEE754[3]に準拠する必要がある場合は，この動作モードは使用できない

指数部が0x1Fに等しいIEEE半精度モードでは，次の幾つかのシナリオがあります．
(1) 仮数部が0で符号ビットも0の場合は，無限大（+∞）の値とする
(2) 仮数部が0で符号ビットが1の場合は，マイナス無限大（-∞）の値とする
(3) 仮数部が0でない場合は，浮動小数点データが無効であることを示している．これは，より一般的にNaN（Not a Number）と知られている

単精度と同様に，NaNは次のように，シグナリングもあれば，クワイエットもあります．
- 仮数部のビット9が0の場合，それはシグナリングNaN．仮数部の残りのビットは，ゼロ以外の任意の値にできる
- 仮数部のビット9が1の場合，それはクワイエットNaN．仮数部の残りのビットは任意の値にできる

幾つかの浮動小数点演算では，結果が無効な場合は"デフォルトNaN"値を返します．これは0x7E00（符号=0，指数部=0x1F，仮数部のビット9は1，残りの仮数部ビットは0）の値を持ちます．

代替半精度モードでは，指数部が0x1Fに等しい場合，値は正規化された数値となり，**図14.7**に示す次式で表されます．

$$\text{Value} = (-1)^{\text{Sign}} \times 2^{16} \times (1 + (\tfrac{1}{2} * \text{Fraction}[9]) + (\tfrac{1}{4} * \text{Fraction}[8]) + (1/8 * \text{Fraction}[7]) \cdots (1/(2^{10}) * \text{Fraction}[0]))$$

図14.7　半精度フォーマットでの代替正規化数値

14.1.4　倍精度浮動小数点数

Arm Cortex-M33プロセッサの浮動小数点ユニットは倍精度浮動小数点演算をサポートしていませんが，アプ

第14章　Cortex-M33プロセッサの浮動小数点ユニット(FPU)

リケーションでは倍精度データを使用できます．これが必要な場合，Cコンパイラとリンカは，必要な計算を処理するために適切なランタイム・ライブラリ関数を挿入します．

倍精度データのフォーマットを図14.8に示します．

図14.8　倍精度浮動小数点フォーマット

リトルエンディアン・メモリ・システムでは，最下位のワードは64ビット・アドレスの下位アドレスに格納され，最上位のワードは上位アドレスに格納されます．ビッグエンディアン・メモリ・システムでは，その逆になります．
0 < 指数部 < 0x7FFの場合，値は正規化された値であり，倍精度の値は図14.9の式で表されます．

Value = (-1)^{Sign} × 2$^{(Exponent - 1023)}$ × (1 + (½* Fraction[51]) + (¼* Fraction[50]) + (1/8* Fraction[49]) ⋯ (1/(2^{52})* Fraction[0]))

図14.9　倍精度形式の正規化された数値

指数部が0の場合，次の幾つかのシナリオが考えられます．
(1) 仮数部が0に等しく，符号ビットが0の場合，それはゼロ(+0)の値
(2) 仮数部が0に等しく，符号ビットが1の場合，それはゼロ(-0)の値．通常，+0と-0は演算中に同じ動作をする．しかし，幾つかの例では違いがある．例えば，ゼロによる除算が発生した場合，無限大の結果の符号は除算器が+0か-0かに依存する
(3) 仮数部が0でない場合，それは非正規化値，つまり，-(2$^{(-1022)}$)から(2$^{(-1022)}$)の間の非常に小さな値になる

倍精度で非正規化値は，図14.10の式で表されます．

Value = (-1)^{Sign} × 2$^{(-1022)}$ × ((½* Fraction[51]) + (¼* Fraction[50]) + (1/8* Fraction[49]) ⋯ (1/(2^{52})* Fraction[0]))

図14.10　倍精度形式の正規化された数値

指数部が0x7FFの場合も，次の幾つかのシナリオがあります．
(1) 仮数部が0で，符号ビットも0の場合，それは無限大(+∞)の値
(2) 仮数部が0で，符号ビットが1の場合，マイナス無限大(-∞)の値
(3) 仮数部が0でない場合，それは非数(Not a Number：NaN)となる
非数(NaN)の値には2種類あります：
- 仮数部のビット51が0の場合，それはシグナリングNaN．仮数部の残りのビットは，ゼロ以外の任意の値にできる
- 仮数部のビット51が1の場合，それはクワイエットNaN．仮数部の残りのビットは任意の値にできる

14.1.5　Arm Cortex-Mプロセッサの浮動小数点サポート

浮動小数点ユニットは，幾つかのCortex-Mプロセッサではオプションです(表14.2)．
Cortex-M33プロセッサには，単精度浮動小数点ユニットを含めるオプションがあります．浮動小数点ユニットが利用可能な場合，浮動小数点ユニットを使用して単精度浮動小数点演算を高速化できます．ただし，倍精度計算は，Cランタイム・ライブラリ関数で処理する必要があります．

14.2 Cortex-M33浮動小数点演算ユニット（FPU）

表14.2　オプションの浮動小数点ユニットを備えたCortex-Mプロセッサ

プロセッサ	FPUオプション
Cortex-M4	オプションの単精度FPU（FPv4）
Cortex-M7	オプションの単精度FPU（FPv5），またはオプションの単精度と倍精度FPU（FPv5）
Cortex-M33, Cortex-M35P	オプションの単精度FPU（FPv5）
Cortex-M55	オプションの半精度，単精度，倍精度FPU（FPv5），Helium実装時はオプションのベクタ半精度，単精度

　浮動小数点ユニットが使えて，演算が単精度の場合でも，ランタイム・ライブラリの関数が必要になることがあります．例えば，sinf()，cosf()などの関数を扱う場合などです．これらの関数は一連の計算を必要とし，1個や数個の命令では実行できません．

　Cortex-Mプロセッサの中には，浮動小数点ユニットをサポートしていないものがあります．これには次が含まれます．

- Cortex-M0，Cortex-M0+，Cortex-M1（FPGA用），Cortex-M3，Cortex-M23プロセッサ

　これらのプロセッサでは，全ての浮動小数点計算は，ランタイム・ライブラリ関数を使用して実行する必要があります．

　浮動小数点ユニットを搭載したマイクロコントローラを使用している場合でも，確立されたツール・チェーンがあれば，アプリケーションをコンパイルして，浮動小数点ユニットのサポートを有効にしないと決めることもできます．そうすることで，コンパイルしたコードを，浮動小数点ユニットを持たない別のCortex-Mマイクロコントローラ製品で使用できます．ただし，浮動小数点データ処理はソフトウェアのランタイム関数として実行されるため，実行速度は遅くなります．

　幾つかのアプリケーションでは，ソフトウェア開発者は固定小数点データを使用できます．基本的に，固定小数点演算は整数演算と同じようなものですが，さらにシフト調整演算が追加されます．固定小数点処理は浮動小数点ランタイム・ライブラリ関数を使用するよりも高速ですが，指数が固定されているため，限られたデータ範囲しか扱えません．Armには，Armアーキテクチャで固定小数点演算を作成する方法についてのアプリケーション・ノート（アプリケーション・ノート33）[4]があります．

14.2　Cortex-M33浮動小数点演算ユニット（FPU）

14.2.1　FPUの概要

　Armv8-Mアーキテクチャでは，浮動小数点データおよび演算は，バイナリ浮動小数点演算のIEEE標準であるIEEE Std 754-2008に準拠しています．Cortex-M33プロセッサに搭載されている浮動小数点ユニット（Floating-Point Unit：FPU）は，浮動小数点データを効率的に処理できるように設計されています．この機能はCortex-M23プロセッサにはありません．

　Cortex-M33プロセッサのFPUサポートはオプションであり，単精度浮動小数点演算，および一部の変換機能とメモリ・アクセス機能をサポートしています．FPU設計はIEEE754標準に準拠していますが，完全な実装ではありません．例えば，次の演算はハードウェアでは実装されていません．

- 倍精度データの計算
- 浮動小数点の剰余（例：z = fmod(x, y)）
- 2進数から10進数，10進数から2進数への変換
- 単精度値と倍精度値の直接比較（比較される2つの値は同じデータ型でなければならない）

　実装されていない操作はソフトウェアで処理する必要があります．

　Cortex-M33プロセッサのFPUは，FPv5-SP-D16M（浮動小数点バージョン5-単精度）と呼ばれるArmv8-Mアーキテクチャの拡張機能に基づいています．これはArmv8-Mアーキテクチャ用のFPv5拡張のサブセットで，完全なFPv5では倍精度浮動小数点処理もサポートしています．FPUアーキテクチャ拡張はCortex-Aアーキテクチャから来ており，ベクタ浮動小数点演算をサポートしています．多くの浮動小数点命令はCortex-AとCortex-Mアーキテクチャの両方に共通しているため，浮動小数点命令のニーモニックは，ベクタ浮動小数点（Vectored

第14章　Cortex-M33プロセッサの浮動小数点ユニット(FPU)

Floating-point：VFP) 拡張で最初に導入されたように，文字"V"で始まります．
　浮動小数点ユニットの設計は次に対応しています．
- 浮動小数点型のレジスタ・バンクで，32個の32ビット・レジスタを内蔵している．これらは32個の単精度データ・レジスタとして使用することも，16個の倍精度レジスタとしてペアで使用することもできる
- 単精度浮動小数点演算
- 次のための変換命令
    ◦ "整数↔単精度浮動小数点"
    ◦ "固定小数点↔単精度浮動小数点"
    ◦ "半精度↔単精度浮動小数点"
- 浮動小数点レジスタ・バンクとメモリ間の，単精度とダブル・ワード・データのデータ転送
- 浮動小数点レジスタ・バンクと整数レジスタ・バンク間の，単精度のデータ転送
- レイジ・スタッキング動作

　過去には，Armプロセッサは，FPUをコプロセッサとして扱いました．他のArmアーキテクチャとの整合性を図るため，CPACR，NSACRとCPPWRのプログラマーズ・モデルでは，Armv8-Mプロセッサの浮動小数点演算ユニットはコプロセッサ#10，#11として定義されています（14.2.3，14.2.4，15.6節参照）．ただし，浮動小数点演算に関しては，コプロセッサ・アクセス命令の代わりに，一連の浮動小数点命令のセットが使用されます．
　Cortex-M33で利用可能なFPU機能の1つに，割り込みレイテンシを低減するための機能であるレイジ・スタッキングがあります．FPUは独自のレジスタ・バンクを持っているため，例外処理メカニズムは，FPUが次の場合，例外シーケンスの間にFPU内の追加のレジスタを保存して復元する必要があります．
　(a) 有効になっている
　(b) 中断されたソフトウェアと例外ハンドラの両方で使用されている
　しかし，例外ハンドラが浮動小数点ユニットを使用する必要がない場合，レイジ・スタック機能はFPUコンテキストの保存と復元のタイミング・オーバヘッドを回避します．レイジ・スタッキングの詳細については，14.4節を参照してください．

14.2.2　浮動小数点レジスタの概要

　FPUはプロセッサに次の多数のレジスタを追加します．
- システム制御ブロック（System Control Block：SCB）のコプロセッサ・アクセス制御レジスタ（Coprocessor Access Control Register：CPACR）
- SCBの非セキュア・アクセス制御レジスタ（Non-secure Access Control Register：NSACR）
- 浮動小数点レジスタ・バンクのレジスタ（s0 ～ s31，またはd0 ～ d15）
- 浮動小数点ステータスと制御レジスタ（Floating-point Status and Control Register：FPSCR）は特殊レジスタ
- コプロセッサ電力制御レジスタ（CPPWR，15.6節）
- 浮動小数点演算と制御のためにFPUに追加されたレジスタ（**表14.3**）

表14.3　FPU制御用の追加のFPUメモリ・マップ・レジスタ

アドレス	レジスタ	CMSIS-COREシンボル	機能
0xE000EF34	浮動小数点コンテキスト制御レジスタ	FPU->FPCCR	FPU制御データ
0xE000EF38	浮動小数点コンテキスト・アドレス・レジスタ	FPU->FPCAR	スタック・フレーム内の保存されていない浮動小数点レジスタ空間のアドレスを保持
0xE000EF3C	浮動小数点デフォルト・ステータス制御レジスタ	FPU->FPDSCR	浮動小数点ステータス制御データ（FPSCR）のデフォルト値
0xE000EF40	メディアとFP機能レジスタ0	FPU->MVFR0	読み出し専用．実装されているVFP命令の機能の詳細情報
0xE000EF44	メディアとFP機能レジスタ1	FPU->MVFR1	読み出し専用．実装されているVFP命令の機能の詳細情報
0xE000EF48	メディアとFP機能レジスタ2	FPU->MVFR2	読み出し専用．実装されているVFP命令の機能の詳細情報

428

TrustZoneセキュリティ拡張機能が実装されている場合，セキュア・ソフトウェアは，非セキュア・アドレス・エイリアス0xE002Exxxを介して，表14.3に示すレジスタの非セキュア・ビューにアクセスできます。

14.2.3 CPACRレジスタ

コプロセッサ・アクセス制御レジスタ（Coprocessor Access Control Register：CPACR）レジスタは，SCBの一部です。これにより，次を有効化または無効化することができます。

- FPU
- コプロセッサ（実装されている場合）
- Armカスタム命令（Cortex-M33のリビジョン1で利用可能なオプション機能）

CPACRはアドレス0xE000ED88にあり，CMSIS-COREの"SCB->CPACR"としてアクセスされます。ビット0～15はコプロセッサとArmカスタム命令用に予約されています。ビット16～19とビット24～31は実装されておらず，予約されています（図14.11）。

SCB->CPACR, 0xE000ED88

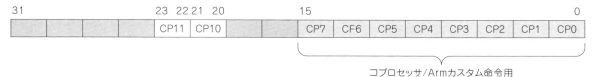

図14.11 コプロセッサ・アクセス制御レジスタ（SCB->CPACR, 0xE000ED88）

このレジスタのプログラマーズ・モデルは，最大16個のコプロセッサを有効化/無効化するビット・フィールドを提供します。Cortex-M33プロセッサでは，FPUはコプロセッサ10（CP10）と11（CP11）として定義されています。このレジスタをプログラムするときは，CP10とCP11の設定を同一にする必要があります。CPACRレジスタの各コプロセッサの設定ビット・フィールドを表14.4に示します。

表14.4 CPACRのCP0～CP11の設定ビット・フィールド

ビット	CPACRのCP0～CP11の設定
00	アクセス拒否．アクセスしようとすると，UsageFault（タイプNOCP - No Coprocessor）が発生する
01	特権アクセスのみ．非特権アクセスでは，UsageFaultが発生する
10	予約済み - 結果は予測不可能
11	フルアクセス

デフォルトでは，CPACRのCP10とCP11の設定は，リセット後にゼロになります。この設定はFPUを無効にするので，消費電力を抑えることができます。FPUを使用する前に，まずFPUを有効にするようにCPACRをプログラムする必要があります。例えば，次のようになります。

SCB->CPACR |= 0x00F00000; // 浮動小数点ユニットをフル・アクセス可能にする

このステップは通常，デバイス固有のソフトウェア・パッケージ・ファイルで提供されるSystemInit()関数の中で実行されます。SystemInit()はリセット・ハンドラによって実行されます。
TrustZoneセキュリティ拡張機能が実装されている場合，このレジスタはセキュリティ状態間でバンクされているため，FPUはあるセキュリティ・ドメインで有効になり，別のセキュリティ・ドメインでは有効にならないことがあります。

14.2.4 NSACRレジスタ

TrustZoneセキュリティ拡張機能が実装されている場合，SCB（System Control Block）のNSACR（Nonsecure Access Control Register：非セキュア・アクセス制御レジスタ）を使用して，非セキュア状態からアクセスできるかどうかをコプロセッサごとに定義できます．このレジスタは，セキュア特権状態からのみアクセスできます．TrustZoneが実装されていない場合，このレジスタは読み出し専用となり，利用可能な全てのコプロセッサが非セキュア状態で使用できます．

NSACRはアドレス0xE000ED8Cにあり，CMSIS-COREの"SCB->NSACR"としてアクセスされます．ビット0～7はコプロセッサとArmカスタム命令用に予約されています．ビット8～9とビット12～31は，実装されておらず，予約されています（図14.12）．

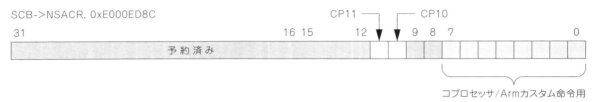

図14.12 コプロセッサ・アクセス制御レジスタ（SCB->NSACR, 0xE000ED8C）

このレジスタは，セキュア特権状態からのみアクセスできます．デフォルトでは，CP10とCP11のアクセス制御ビットはリセット後にゼロになります．これは，FPUがセキュア・アクセス専用になることを意味します．FPUを，非セキュア・ソフトウェアで使用できるようにするには，セキュア・ソフトウェアはCP10とCP11の両方を1にセットする必要があります．例えば，次のようになります．

```
SCB->NSACR|=0x00000C00;  // 浮動小数点ユニットを非セキュア用に有効にする
```

CP10ビットとCP11ビットに書き込まれる値は同一である必要があり，同一でない場合，結果はアーキテクチャ上予測不可能になります．

14.2.5 浮動小数点レジスタ・バンク

浮動小数点レジスタ・バンクには32個の32ビット・レジスタがあり，倍精度浮動小数点処理用の16個の64ビット・ダブルワード・レジスタとみなすこともできます（図14.13）．

S0～S15は呼び出し元が保存するレジスタで，関数Aが関数Bを呼び出す場合，関数Aは，関数Bを呼び出す前にこれらのレジスタの内容を保存しておく必要があります（スタック上など），なぜなら，これらのレジスタは関数呼び出し（結果を返すなど）によって変更できるためです．

S16～S31は呼び出し先保存レジスタです．関数Aが関数Bを呼び出し，関数Bがその計算に16個以上のレジスタを使用する必要がある場合，まずこれらのレジスタの内容を（スタック上などに）保存し，関数Aに戻る前にスタックからこれらのレジスタを復元しなければなりません．

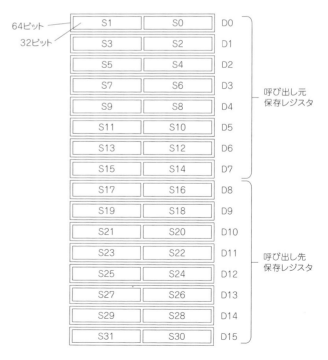

図14.13 浮動小数点レジスタ・バンク

これらのレジスタの初期値は未定義です．

14.2.6 浮動小数点ステータスと制御レジスタ（FPSCR）

FPSCRは特殊なレジスタで，算術演算の結果フラグやスティッキ・ステータス・フラグ，浮動小数点ユニットのふるまいを制御するためのビット・フィールドなどを保持しています（図14.14と表14.5）．

図14.14 FPSCRのビット・フィールド

表14.5 FPSCRのビット・フィールド

ビット	説明
N	ネガティブ・フラグ（浮動小数点比較演算で更新）
Z	ゼロ・フラグ（浮動小数点比較演算で更新）
C	キャリー/ボロー・フラグ（浮動小数点比較演算で更新）
V	オーバフロー・フラグ（浮動小数点比較演算で更新）
予約済み/QC	予約済み/ベクタ飽和用の累積飽和ビット（Armv8.1-M/Cortex-M55のみで使用可能）Cortex-M33プロセッサでは使用できない
AHP	代替半精度制御ビット 0 – IEEE半精度フォーマット（デフォルト） 1 – 代替半精度フォーマット，14.1.3節を参照
DN	デフォルトNot a Number（NaN:非数）モード制御ビット 0 – NaNオペランドは，浮動小数点演算の出力にまで伝搬する（デフォルト） 1 – 1つ以上のNaNになる演算は，デフォルトNaNを返す
FZ	単精度用のFlush-to-zeroモード制御ビット（アーキテクチャ的に倍精度にも適用可能だが，Cortex-M33 FFUには倍精度サポートは実装されていない） 0 – Flush-to-zeroモードは無効（デフォルト）．（IEEE754標準準拠） 1 – Flush-to-zeroモードは有効．非正規化値（指数が0に等しい小さな値）は0にフラッシュされる
RMode	丸めモード制御フィールド．指定された丸めモードは，ほとんど全ての浮動小数点命令で使用される 00 – 最近接丸め（Round to Nearest:RN）モード（デフォルト） 01 – 正の無限大への丸め（Round towards Plus Infinity:RP）モード 10 – 負の無限大への丸め（Round towards Minus Infinity:RM）モード 11 – ゼロへの丸め（Round towards Zero:RZ）モード
予約済み/FZ16	予約済み/半精度データ処理のFlush-to-zeroモード（Armv8.1-M/Cortex-M55でのみ使用可能）Cortex-M33プロセッサでは使用できない 0 – Flush-to-zeroモードは無効（デフォルト）．（IEEE754標準準拠） 1 – Flush-to-zeroモードは有効
予約済み/LTPSIZE	予約済み/ベクタ命令に低オーバヘッド・ループ・テール・プリディケーションを適用する場合のベクタ要素サイズ（Helium/MVE搭載のArmv8.1-Mで利用可能）．Cortex-M33プロセッサでは使用できない
IDC	入力非正規累積例外ビット．浮動小数点の例外が発生した場合は1にセットされ，0を書き込むことでクリアされる
IXC	不正確累積例外ビット．浮動小数点の例外が発生した場合は1にセットされ，0を書き込むことでクリアされる
UFC	アンダフロー累積例外ビット．浮動小数点の例外が発生した場合は1にセットされ，0を書き込むことでクリアされる
OFC	オーバフロー累積例外ビット．浮動小数点の例外が発生した場合は1にセットされ，0を書き込むことでクリアされる
DZC	ゼロ除算累積例外ビット．浮動小数点の例外が発生した場合は1にセットされ，0を書き込むことでクリアされる
IOC	無効演算累積例外ビット．浮動小数点の例外が発生した場合は1にセットされ，0を書き込むことでクリアされる

第14章　Cortex-M33プロセッサの浮動小数点ユニット(FPU)

N，Z，C，Vフラグは浮動小数点比較演算によって更新されます（表14.6）.

浮動小数点比較の結果は，次のように最初にフラグをAPSRにコピーすることで，条件分岐／条件実行に使用できます.

```
VMRS APSR_nzcv, FPSCR
; FPSCRのフラグをAPSRのフラグにコピーします
```

表14.6　FPSCRにおけるN,Z,C,Vフラグの動作

比較結果	N	Z	C	V
等しい	0	1	1	0
より小さい	1	0	0	0
より大きい	0	0	1	0
序列なし	0	0	1	1

ビット・フィールドAHP，DN，FZは，特殊動作モード用の制御レジスタ・ビットです. デフォルトでは，これらのビットは全て0になっており，IEEE754の単精度標準に準拠した動作となっています. ほとんどのアプリケーションでは，浮動小数点演算制御の設定を変更する必要はありません. ただし，アプリケーションがIEEE754準拠を必要とする場合は，これらのビットを変更しないことが重要です.

RModeビット・フィールドは，計算結果の丸めモードを制御します. IEEE754標準では，幾つかの丸めモードを定義しています. これらを表14.7に示します.

表14.7　Cortex-Mプロセッサ用FPUで利用可能な丸めモード

丸めモード	説明
最近接丸め	最も近い値に丸める. これはデフォルトの設定 IEEE754はこのモードを次のように細分化している - 最も近い偶数値に丸め：最下位ビット(Least Significant Bit：LSB)が偶数(ゼロ)の最も近い値に丸める. これは，2進浮動小数点のデフォルトの設定であり，10進浮動小数点の推奨されるデフォルトの設定 - 最も近いゼロから離れる値に丸め：最も近い上の値(正の値の場合)，または最も近い下の値(負の値の場合)に丸める. これは，10進浮動小数点型のオプションとして意図している この浮動小数点ユニットは2進浮動小数点のみを使用しているため，"0から遠いほうへ丸める"モードは利用できない
正の無限大への丸め	丸め上げ，またはシーリングとも呼ばれる
負の無限大への丸め	丸め下げ，またはフローリングとも呼ばれる
ゼロへの丸め	切り捨てとも呼ばれる

ビットIDC，IXC，UFC，OFC，DZC，IOCは，浮動小数点演算中の異常（浮動小数点の例外）を示すスティッキ・ステータス・フラグです. オプションで，浮動小数点演算が発生した後にソフトウェアがこれらのフラグをチェックし，フラグにゼロを書き込むことでクリアします. 浮動小数点例外についての詳細は，14.6節を参照してください.

Armv8.1-Mアーキテクチャでは，FPSCRレジスタに多くの新しいビット・フィールド（QC，FZ16，LTPSIZE）が追加されていることに注意してください. これらはCortex-M33プロセッサのFPUには実装されていないため，ここでは説明しません.

TrustZoneが実装されていても，FPSCRレジスタは，セキュリティ状態間でバンクされません. これは，次のように例外シーケンス中にFPSCR値の切り替えが自動的に処理されるためです.

- スタッキング（例外処理の一部）の間，FPSCRは浮動小数点レジスタの拡張スタック・フレームの一部として保存される
- 例外ハンドラに入るとき（すなわち，新しいコンテキストの開始），FPSCR内の設定は，浮動小数点デフォルト・ステータス制御レジスタ（14.2.9節参照）からコピーされる
- アンスタッキング中，拡張スタック・フレームからFPSCRが復元される

セキュリティ・ドメインをまたがる関数呼び出しがある場合，FPSCRの更新はソフトウェアで行い，必要なコードはCコンパイラで自動生成されます.

14.2.7　浮動小数点コンテキスト制御レジスタ（FPU->FPCCR）

浮動小数点コンテキスト制御レジスタ（Floating-Point Context Control Register：FPCCR，図14.15と表14.8）を使用して，例外処理の動作を制御できます. このレジスタによって制御される動作と機能には，"レイジ・ス

14.2 Cortex-M33 浮動小数点演算ユニット (FPU)

タッキング"と，TrustZoneが実装されている場合は，浮動小数点コンテキストを処理するためのセキュリティ設定が含まれます．さらに，このレジスタは，制御情報の一部にアクセスできます．

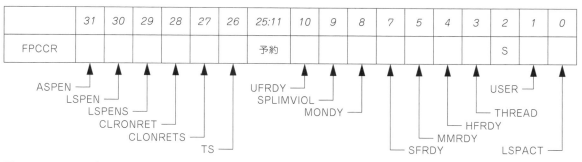

図14.15 FPCCRのビット・フィールド

表14.8 浮動小数点コンテキスト制御レジスタ (FPU->FPCCR, 0xE000EF34)

ビット	名前	タイプ	リセット値	説明
31	ASPEN	R/W	1	状態の自動保存有効化 FPCA(CONTROLレジスタのビット2)の自動設定の有効/無効を設定する．このビットを1(デフォルト)にセットすると，例外入力時と例外終了時の，呼び出し元保存レジスタ(S0～S15とFPSCR)の自動保存と復元が可能になる このビットが0にクリアされると，FPUレジスタの自動保存は無効になる．このシナリオでは，FPUを使用するソフトウェアは，コンテキストの保存を手動で管理する必要がある このビットはセキュリティ状態間でバンクされる
30	LSPEN	R/W	1	レイジ状態保存有効化 S0～S15とFPSCRのレイジ・スタッキング(状態保持)の有効/無効を設定する．1(デフォルト)にセットすると，例外シーケンスはレイジ・スタッキング機能を使用して低レイテンシを実現する
29	LSPENS	R/W	0	レイジ状態保存有効化セキュア このビットは，非セキュア・ソフトウェアがLSPEN(ビット30)に書き込むことができるかどうかを決定する - 0(デフォルト)の場合，セキュアと非セキュア・ワールドがLSPENへの読み書きを可能にする - 1の場合，LSPENはセキュア・ワールドでは書き込み可能であり，非セキュア・ワールドでは読み出し専用 このビットは，TrustZoneが実装されていない場合は使用できない このビットは，非セキュア・ソフトウェア/非セキュア・デバッグからはアクセスできない
28	CLRONRET	R/W	0	リターン時にクリア 1にセットすると，例外リターンで浮動小数点呼び出し元保存レジスタ(Armv8.1-Mの場合，s0～s15, FPSCR, VPR)をクリアする
27	CLRONRETS	R/W	0	リターン時にクリア，セキュアのみ CLRONRETSが0(すなわちデフォルト)の場合，非セキュア特権コードはCLRONRETに書き込むことができる．CLRONRETSが1の場合，CLRONRETは非セキュア・ワールドからの読み出し専用 このビットは，TrustZoneが実装されていない場合は使用できない このビットは，非セキュア・ソフトウェア/非セキュア・デバッグからはアクセスできない
26	TS	R/W	0	セキュアとして扱う 浮動小数点レジスタをセキュアとして扱うのを有効化 - 0(デフォルト)の場合，セキュア・ソフトウェアがFPUを使用している場合でも，FPU内のデータは非セキュアとして扱われる - 1の場合，セキュア・ソフトウェアがFPUを使用している場合，現在のコンテキストのFPU内の全てのデータがセキュアとして扱われる このビットを1にセットすると，FPUコンテキストをスタックにプッシュする際の割り込みレイテンシが増加するという副作用がある(追加のFPコンテキストがスタック・フレームに含まれる，図8.22) このビットは，TrustZoneが実装されていない場合は使用できない このビットは，非セキュア・ソフトウェア/非セキュア・デバッグからはアクセスできない
25:11	-	-	-	予約済み

第14章　Cortex-M33プロセッサの浮動小数点ユニット(FPU)

ビット	名前	タイプ	リセット値	説明
10	UFRDY	R	-	UsageFaultを有効化 レイジ・スタッキング中にフォールトが発生した場合，フォールト・イベントがUsageFault例外のトリガを許可するかどうかを示す 0 = 浮動小数点スタック・フレームが割り当てられたとき，UsageFaultが無効だったか，またはUsageFaultハンドラが保留状態に入ることをUsageFault優先度レベルが許可しなかった 1 = 浮動小数点スタック・フレームが割り当てられたとき，UsageFaultが有効であり，かつUsageFaultハンドラが保留状態に入ることをUsageFault優先度レベルが許可した このビットはセキュリティ状態間でバンクされる
9	SPLIMVIOL	R	-	スタック・ポインタの限界違反 レイジ・スタッキングがスタック・ポインタ限界違反を引き起こす場合に1にセットされる 注意:非セキュア割り込みのサービス中にスタック限界違反が発生し，FPUがセキュア・データを持っている場合，非セキュアISR実行中のデータ・リークを防ぐためにFPUレジスタ内のデータはゼロになる．この状況では，セキュアFPUデータは失われるこのビットはセキュリティ状態間でバンクされる
8	MONRDY	R	-	DebugMonitorレディ レイジ・スタッキング中にデバッグ・イベントが発生した場合，デバッグ・イベントがDebug Monitor例外のトリガを許可するかどうかを示す 0 = 浮動小数点スタック・フレームが割り当てられたとき，DebugMonitorが無効だったか，またはDebugMonitorの優先度がMON_PENDビット(DebugMonitorの保留状態)のセットを許可しなかった 1 = 浮動小数点スタック・フレームが割り当てられたとき，DebugMonitorが有効で，かつDebugMonitorの優先度がMON_PENDビットの設定を許可していた TrustZoneが実装され，セキュア・デバッグに対して，デバッグ・モニタが有効になっている場合，このビットは非セキュア状態からはアクセスできない
7	SFRDY	R	-	SecureFaultレディ レイジ・スタッキング中にフォールトが発生した場合，フォールト・イベントがSecureFault例外のトリガを許可するかどうかを示す 0 = 浮動小数点スタック・フレームが割り当てられたとき，SecureFaultが無効になっていたか，またはSecureFaultハンドラが保留状態に入ることをSecureFault優先度レベルが許可しなかった 1 = 浮動小数点スタック・フレームが割り当てられたとき，SecureFaultが有効で，かつSecureFaultハンドラが保留状態に入ることをSecureFault優先度レベルが許可した このビットはセキュリティ状態間でバンクされる このビットは，TrustZoneが実装されていない場合は使用できない このビットは，非セキュア・ソフトウェア/非セキュア・デバッグからはアクセスできない
6	BFRDY	R	-	BusFaultレディ レイジ・スタッキング中にフォールトが発生した場合，フォールト・イベントがBusFault例外のトリガを許可するかどうかを示す 0 = 浮動小数点スタック・フレームが割り当てられたとき，BusFaultが無効になっていたか，またはBusFaultハンドラが保留状態に入ることをBusFault優先度レベルが許可しなかった 1 = 浮動小数点スタック・フレームが割り当てられたとき，BusFaultが有効になり，かつBusFault優先度レベルが，BusFaultハンドラが保留状態に入ることを許可した
5	MMRDY	R	-	MemManageレディ レイジ・スタッキング中にフォールトが発生した場合，フォールト・イベントがMemManage例外のトリガを許可するかどうかを示す 0 = 浮動小数点スタック・フレームが割り当てられたとき，MemManageが無効になっていたか，またはMemManage優先度レベルが，MemManageハンドラが保留状態に入ることを許可しなかった 1 = 浮動小数点スタック・フレームが割り当てられたとき，MemManageが有効になり，かつMemManage優先度レベルでMemManageハンドラが保留状態に入ることを許可した TrustZoneが実装されている場合，このビットはセキュリティ状態間でバンクされる
4	HFRDY	R	-	HardFaultレディ レイジ・スタッキング中にフォールトが発生した場合，フォールト・イベントがHardFault例外の保留中のステータスをトリガすることを許可するかどうかを示す 0 = 浮動小数点スタック・フレームが割り当てられたとき，HardFaultハンドラが保留状態に入ることをプロセッサの優先度レベルが許可しなかった 1 = 浮動小数点スタック・フレームが割り当てられたとき，HardFaultハンドラが保留状態に入ることをプロセッサの優先度レベルが許可した

14.2 Cortex-M33浮動小数点演算ユニット（FPU）

ビット	名前	タイプ	リセット値	説明
3	THREAD	R	0	スレッド・モード 浮動小数点スタック・フレームを確保するときのプロセッサ・モードを示す 0 = 浮動小数点スタック・フレームが割り当てられたとき，プロセッサはハンドラ・モードになっていた 1 = 浮動小数点スタック・フレームが割り当てられたとき，プロセッサはスレッド・モードになっていた TrustZoneが実装されている場合，このビットはセキュリティ状態間でバンクされる
2	S	-	-	セキュリティ FPU内のデータのセキュリティ状態（浮動小数点コンテキスト） 0 = データは非セキュア状態のソフトウェアに属している 1 = データはセキュア状態のソフトウェアに属している このビットは，TrustZoneが実装されていない場合は使用できない このビットは，非セキュア・ソフトウェア／非セキュア・デバッグからはアクセスできない
1	USER	R	0	ユーザ特権 0 = 浮動小数点スタック・フレームが割り当てられたとき，プロセッサは特権状態にいた 1 = 浮動小数点スタック・フレームが割り当てられたとき，プロセッサは非特権状態にいた このビットはセキュリティ状態間でバンクされる
0	LSPACT	R	0	レイジ状態保存アクティブ 0 = レイジ状態保存はアクティブではない 1 = レイジ状態保存がアクティブ．浮動小数点スタック・フレームは確保されたが，状態はまだスタックに保存されていない（つまり，延期されていた） このビットはセキュリティ状態間でバンクされる

ほとんどの用途では次のようになります.
- セキュア・ソフトウェアは，FPCCRのFPUのセキュリティ設定を構成する必要がある
- 非セキュア・ソフトウェアは，FPCCRの設定を変更する必要はない

セキュア特権ソフトウェアで構成する必要がある通常のFPUのセキュリティ設定には，**表14.9**に示すものがあります.

表14.9　FPCCRのセキュリティ構成例

一般的な使い方	一般的な構成
セキュア・ソフトウェアがFPUを使用しない場合	セキュア特権ソフトウェアは，オプションで，SCB->NSACRのCP11とCP10ビットを設定することで，非セキュア・ソフトウェアがFPUにアクセスすることを可能にする
セキュアと非セキュアの両方のソフトウェアがFPUを使用している場合	セキュア特権ソフトウェアは，FPCCR.TS，FPCCR.CLRORET，FPCCR.CLRORETSビットを1にセットし，SCB->NSACRのCP11とCP10ビットを設定することで，非セキュア・ソフトウェアがFPUにアクセスできるようにする．また，CPPWR（15.6節）を設定することで，非セキュア・ワールドからFPUの電源制御設定が変更されないようにする
FPUがセキュア専用の場合	セキュア特権ソフトウェアは，FPCCR.TSを1にセットし，CPPWR（15.6節）を設定することで，非セキュア・ワールドからFPUの電源制御設定が変更されないようにする

　このレジスタの他の用途は，レイジ・スタッキングのメカニズムを構成することです. デフォルトでは，割り込みレイテンシを低減するために，"FPUコンテキストの自動保存と復元"（FPCCRのASPENビットで制御）と"レイジ・スタッキング"（FPCCRのLSPENビットで制御）が有効になっています. ASPENとLSPENは，次の構成で設定できます（**表14.10**）.

表14.10　利用可能なコンテキスト保存構成

ASPEN	LSPEN	構成
1	1	自動状態保存が有効，レイジ・スタッキングが有効（デフォルト） CONTROL.FPCAは，FPUを使用したとき，自動的に1に設定される．例外エントリでCONTROL.FPCAが1の場合，プロセッサはスタック・フレームにスペースを確保してLSPACTを1にセットする．しかし，実際のスタッキングは割り込みハンドラがFPUを使用するまで行われない

ASPEN	LSPEN	構成
1	0	レイジ・スタッキングは無効，状態の自動保存は有効 CONTROL.FPCAは，FPU使用時には自動的に1にセットされる．例外エントリでは，CONTROL.FPCAが1の場合，浮動小数点レジスタS0〜S15とFPSCRがスタックにプッシュされる
0	0	状態を自動保存しない．この設定は，次の場合使用できる 1. 組み込みOSを使わない，すなわち，マルチタスク・スケジューラがないアプリケーションで，割り込みハンドラや例外ハンドラがFPUを使用していない場合 2. 1つの例外ハンドラのみがFPUを使用し，スレッドでは使用しないアプリケーション・コードの場合．複数の割り込みハンドラがFPUを使用する場合，それらがネストすることを許可してはいけない．これは，全てのハンドラに同じ優先度を与えることで実現できる 3. 競合を避けるためにFPUコンテキストの保存/復元がソフトウェアによって手動で処理されるアプリケーションの場合（例えば，FPUを使用する全ての例外ハンドラは，使用しているFPUレジスタを手動で保存して復元する必要がある）
0	1	無効な構成

14.2.8 浮動小数点コンテキスト・アドレス・レジスタ（FPU->FPCAR）

本章の前半と第8章（8.9.4節）では，レイジ・スタッキング機能について簡単に説明しました．例外が発生し，現在のコンテキストにアクティブな浮動小数点コンテキストがある場合（つまり，FPUが使用されている場合），例外スタック・フレームには，整数レジスタ・バンク（R0〜R3，R12，LR，リターン・アドレスとxPSR）と，FPUからのレジスタ（S0〜S15，FPSCRと，TrustZoneが実装されており，セキュア・ソフトウェアもFPUを使用している場合は，レジスタS16〜S31）が格納されます．割り込みのレイテンシを減らすために，スタッキング・メカニズムがFPUレジスタ用のスタック空間を確保するレイジ・スタッキングがデフォルトで有効になっていますが，そのプロセスでは，必要になるまでこれらのレジスタをスタックにプッシュすることはありません．

FPCARレジスタはレイジ・スタッキング機構の一部です（図14.16）．これはスタック・フレーム内のFPUレジスタに割り当てられた空間のアドレスを保持しており，レイジ・スタッキング・メカニズムが必要なときにFPUレジスタをどこにプッシュするかを知っています．スタック・フレームはダブル・ワードでアラインされているため，ビット2〜0は使用されません．

TrustZoneセキュリティ拡張機能が実装されると，FPCARレジスタはセキュリティ状態間でバンクされます．

レイジ・スタッキング中に例外が発生すると，図14.17に示すように，スタック・フレーム内のFPU S0レジスタ空間のアドレスにFPCARが更新されます．

図14.16 浮動小数点コンテキスト・アドレス・レジスタのビット割り当て（FPU->FPCAR，アドレス0xE000EF38）

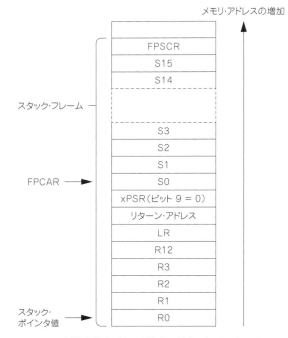

図14.17 FPCARはスタック・フレーム内の予約されたFPUレジスタ・メモリ空間を指し示す

14.2.9 浮動小数点デフォルト・ステータス制御レジスタ（FPU->FPDSCR）

FPDSCRレジスタは，浮動小数点ステータス制御データのデフォルト構成情報（動作モード）を保持しています．これらの値は例外エントリでFPSCRにコピーされます（図14.18）．

	31	30	29	28	27	26	25	24	23:22	21:20	19	18:16	15:0
FPDSCR			予約済み			AHP	DN	FZ	RMoce	予約済み			予約済み

予約済み／
FZ16（Armv8.1-M）

予約済み／
LTPSIZE（Armv8.1-M）

図14.18　浮動小数点デフォルト・ステータス制御レジスタ(FPU->FPDSCR)のビット割り当て

システム・リセット時にAHPやDN，FZ，RModeは，0にリセットされます．TrustZoneセキュリティ拡張が実装されている場合，このレジスタはセキュリティ状態の間でバンクされます．

複雑なシステムでは，異なるタイプのアプリケーションが並列に実行され，それぞれが異なるFPU構成（丸めモードなど）を持つことがあります．これに対処するために，FPU構成は例外エントリと例外リターンの間で自動的に切り替わる必要があります．FPDSCRは，例外ハンドラが起動するときのFPUの構成を定義します．OSのほとんどの部分はハンドラ・モードで実行されるため，OSカーネルが使用するデフォルトのFPU構成はFPDSCRの設定によって定義されます．

RTOSを使用する場合，アプリケーション・タスクごとに異なるFPU設定が必要なら，各タスクが起動時にFPSCRを設定する必要があります．タスクが1度FPSCRを設定すると，その構成は保存され，コンテキスト切り替えのたびにFPSCRに復元されます．

14.2.10 メディアとFP（Floating-point）機能レジスタ（FPU->MVFR0 〜 FPU->MVFR2）

Cortex-M33プロセッサのFPUには，ソフトウェアがどの命令機能をサポートしているかを判断できるように，3つの読み出し専用レジスタがあります．MVFR0，MVFR1，MVFR2の値はハード・コードされています（表14.11）．ソフトウェアはこれらのレジスタを使用して，利用可能な浮動小数点機能を決定します（図14.19）．

表14.11　メディアとFP機能レジスタ

アドレス	名前	CMSIS-CCREシンボル	FPU実装時のCortex-M33プロセッサの値
0xE000EF40	メディアとFPの機能レジスタ0	FPU->MVFR0	0x10110021
0xE000EF44	メディアとFPの機能レジスタ1	FPU->MVFR1	0x11000011
0xE000EF48	メディアとFPの機能レジスタ2	FPU->MVFR2	0x00000040

ビット・フィールドが0の場合，図14.19の機能は利用できません．ビット・フィールドが1または2の場合，その機能はサポートされています．単精度フィールドは2に設定されており，通常の単精度計算とは別に，浮動小数点除算と平方根関数を扱うことができることを示しています．

14.3 Cortex-M33のFPUとCortex-M4のFPUの主な違い

Cortex-M33の浮動小数点ユニットには，Cortex-M4の浮動小数点ユニットと比較して幾つかの変更点があります．これらは次のとおりです．

命令セット：Cortex-M4のFPUはFPv4をベースにしていますが，Cortex-M33のFPUはFPv5アーキテクチャをベースに基づいていて – 追加のデータ変換および，最大値と最小値の比較命令をサポートします．これにより，

第14章 Cortex-M33プロセッサの浮動小数点ユニット(FPU)

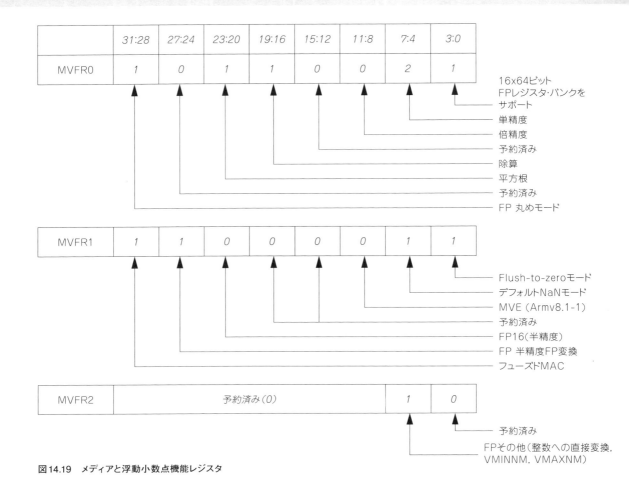

図14.19 メディアと浮動小数点機能レジスタ

浮動小数点性能が若干向上しています（参考までに，Cortex-M7プロセッサのFPUもFPv5をベースにしている）．

TrustZoneサポート：Armv8-MのTrustZoneサポートは，セキュア・ソフトウェアがFPUコンテキストを扱う際にセキュリティ対策が必要かどうかを決定するようにFPUを構成する必要があることを意味します．初期化中に，セキュア・ソフトウェアはFPUの構成を設定します．TrustZoneセキュリティ拡張をサポートするために，さまざまな新しい構成ビットがFPUレジスタ（FPU->FPCCR，FPSCRなど）に追加されました．これらの構成レジスタの一部は，セキュリティ状態の間でバンクされます．

スタック限界チェック：Armv8-Mでは，レイジ・スタッキング・メカニズムは，スタック限界チェックの対象となり，UsageFaultとスタック限界違反に対処するためにFPCCRに新しいビット・フィールドが追加されています．

14.4 レイジ・スタッキングの詳細

14.4.1 レイジ・スタッキング機能の主な要素

レイジ・スタッキングは，Cortex-M33プロセッサの重要な機能です．FPUが利用可能で使用されている場合，この機能がなければ，全ての例外に必要な時間が長くなってしまいます．これは，通常のレジスタ・バンク内のレジスタのみをスタックにプッシュするだけでなく，浮動小数点レジスタ・バンクのレジスタもプッシュする必要があるためです．

図8.20，8.21，8.22のスタック・フレーム図で見たように，例外ごとに必要な浮動小数点レジスタをスタックする必要がある場合，例外が発生するたびにFPUレジスタを追加でメモリにプッシュする必要があります．ス

14.4 レイジ・スタッキングの詳細

タックにプッシュする必要のあるFPUレジスタの数に応じて、割り込みレイテンシも増加します.

割り込みレイテンシを低減するために、浮動小数点ユニットを搭載したCortex-Mプロセッサには、レイジ・スタッキングと呼ばれる機能があります. CONTROL レジスタのビット2 (浮動小数点コンテキスト・アクティブ:Floating-point context active:FPCAと呼ばれる) で示される、浮動小数点ユニットが有効で使用されている状態で、例外が発生すると、長いスタック・フレームのフォーマットが使用されます. しかし、これらの浮動小数点レジスタの値は実際にはスタック・フレームに書き込まれません. 従って、レイジ・スタッキング機構は、FPUレジスタ用のスタック空間を確保し、R0 ～ R3、R12、LR、リターン・アドレス、xPSR – そして必要に応じて、オプションの追加コンテキストのみをスタックします.

レイジ・スタッキングが発生すると、レイジ・スタッキング保存アクティブ (Lazy Stacking Preservation Active:LSPACT) と呼ばれる内部レジスタがセットされ、Floating-Point Context Address Register (FPCAR) と呼ばれる別の32ビット・レジスタには、浮動小数点レジスタ用に予約されたスタック空間のアドレスが格納されます.

例外ハンドラが浮動小数点演算を必要としない場合、浮動小数点レジスタは例外サービス中ずっと変更されず、例外の終了時には復元されません. 例外ハンドラが浮動小数点演算を必要とする場合、プロセッサは競合を検出し、プロセッサを停止させ、浮動小数点レジスタを予約されたスタック空間にプッシュし、レイジ・スタッキングの保留状態をクリアします. これらの動作が実行された後、例外ハンドラは再開します. このため、浮動小数点レジスタは必要なときだけスタックされます.

割り込みが来たとき、現在の実行コンテキスト (スレッドまたはハンドラ) が浮動小数点ユニットを使用しない場合、FPCA (CONTROL レジスタのビット2) の値が0で示されますが、より短いスタック・フレームのフォーマットが使用されます.

レイジ・スタッキング機能により、追加の状態コンテキストをプッシュする必要がないと仮定すると、ゼロウエイト・ステートのメモリ・システムでは例外レイテンシはわずか12クロック・サイクルに留まり – これは、以前のArmv7-MのCortex-Mプロセッサと同じクロック・サイクル数です.

デフォルトでは、レイジ・スタッキング機能は有効になっており (制御ビットFPCCR.LSPENとFPCCR.ASPENは両方とも1にリセットされている、14.2.7節)、従って、ソフトウェア開発者がこの特定の機能を最大限に活用するためにレジスタを構成する必要はありません. さらに、必要な動作は全てハードウェアによって自動的に管理されるので、例外処理中にレジスタを設定する必要はありません.

レイジ・スタッキングの仕組みには、幾つかの重要な要素があります.

CONTROL レジスタのFPCA ビット:CONTROL.FPCAは、現在のコンテキスト (タスクなど) に浮動小数点演算があるかどうかを示します. 次で設定されます.

 – プロセッサが浮動小数点命令を実行するときに1にセットされる
 – 例外ハンドラの開始時にゼロにクリアされる
 – 例外リターン時にEXC_RETURNのビット4の反転に設定される
 – リセット後ゼロにクリアされる

EXC_RETURN:割り込みタスクに浮動小数点コンテキストがある場合 (つまり、FPCAが1である場合)、EXC_RETURNのビット4は例外エントリ時に0に設定されます. EXC_RETURNのビット4が0の場合、より長いスタック・フレーム (R0 ～ R3、R12、LR、リターン・アドレス、xPSR、S0 ～ S15、FPSCR、FPCCR.TSが1にセットされていた場合はレジスタS16 ～ S31を含む) がスタッキングに使用されたことを示します. 例外エントリで本ビットが1にセットされた場合、スタック・フレームがショート・バージョン (R0 ～ R3、R12、LR、リターン・アドレス、xPSRを含む) であったことを示します.

FPCCRのLSPACT ビット:レイジ・スタック保留アクティブ – プロセッサが例外ハンドラに入るとき、レイジ・スタッキングが有効で、中断されたタスクに浮動小数点コンテキストがあると (つまり、FPCAが1)、より長いスタック・フレームがスタッキングに使用され、LSPACTが1にセットされます. これは、浮動小数点レジスタのスタッキングが延期され、FPCARによって示されるように、スタック・フレームにスペースが割り当てられたことを示しています. LSPACTが1であるときにプロセッサが浮動小数点命令を実行すると、プロセッサはパイプラインをストールし、浮動小数点レジスタのスタッキングを開始し、完了すると演算を再開します. この段階でLSPACTも0にクリアされ – 延期された未処理の必要な浮動小数点レジスタのスタッキングがないことを示します. このビットは、EXC_RETURN値のビット4が0の場合の例外リターンでも0にクリアされます.

FPCAR レジスタ:FPCAR レジスタは、浮動小数点レジスタS0 ～ S15とFPSCRをスタックにプッシュする際に使用するアドレスを保持します. このレジスタは、例外エントリ時に自動的に更新されます.

14.4.2　シナリオ#1：割り込まれたタスクに浮動小数点コンテキストがない

その割り込みの前に浮動小数点コンテキストがない場合，CONTROL.FPCAはゼロで，スタック・フレームのショート・バージョンが使用されます（図14.20）．この状況は，FPUが無効か実装されていない全てのCortex-Mプロセッサに適用されます．例外ハンドラまたはISRがFPUを使用する場合，FPCAビットは1にセットされ，例外リターン中のISRの終了時にクリアされます．

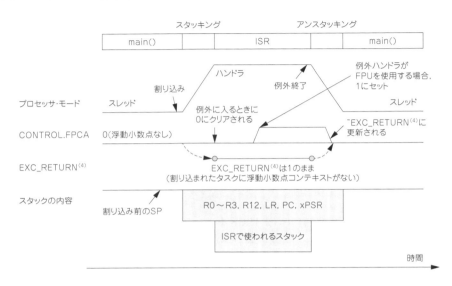

図14.20　割り込まれたタスクで浮動小数点コンテキストがない場合の例外処理

14.4.3　シナリオ#2：割り込まれたタスクは浮動小数点コンテキストを持つが，ISRは持たない

その割り込みが来る前にFPUを使用していた場合，割り込まれたタスクは浮動小数点コンテキストを持っています．このシナリオでは，CONTROL.FPCAを1にセットして浮動小数点コンテキストの存在を示し，スタッキング中はスタック・フレームのロング・バージョンを使用します（図8.20/8.21/8.22）．全てのレジスタをスタックにプッシュする通常のスタッキングとは異なり，スタック・フレームにはS0～S15，FPSCR，そして潜在的にはS16～S31のための空間が含まれています．しかし，これらのレジスタの値はスタックにプッシュされません．その代わりに，浮動小数点レジスタのスタックの延期を示すために，LSPACTは1にセットされます（図14.21）．

図14.21の例外リターンでは，プロセッサはEXC_RETURN[(4)]が0（つまり長いスタック・フレーム）であるにもかかわらず，LSPACTが1であり，これは浮動小数点レジスタがスタックにプッシュされていないことを示しています．これは，S0～S15，FPSCR，および潜在的にはS16～S31のアンスタッキングが行われず，変更されないままであることを意味します．

14.4.4　シナリオ#3：割り込まれたタスクとISRで浮動小数点コンテキストを持つ

割り込まれたコードに浮動小数点コンテキストがあり，ISR内に浮動小数点演算がある場合，遅延されたレイジ・スタック処理を実行しなければなりません．ISR内の最初の浮動小数点命令がデコード段に達すると，プロセッサは浮動小数点演算の存在を検出し，プロセッサをストールさせ，浮動小数点レジスタS0～S15，FPSCR，そして潜在的にはS16～S31をスタック内の予約された空間にプッシュします．このプロセスを図14.22に示します．スタッキングが終了すると，ISRは再開し，浮動小数点命令を実行できるようになります．

図14.22では，ISR実行中に浮動小数点命令が実行され，レイジ・スタッキングがトリガされます．この動作の間，FPCARに格納されていた，予約されたスタック空間のアドレスは，レイジ・スタッキング中にFPUレジスタのスタッキング時に使用されます．

14.4 レイジ・スタッキングの詳細

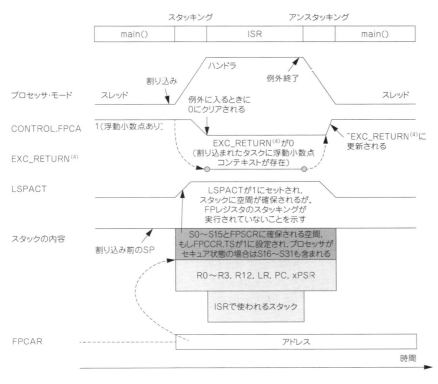

図14.21 割り込まれたタスクで浮動小数点コンテキストがあってISRでFPU演算がない場合の例外処理

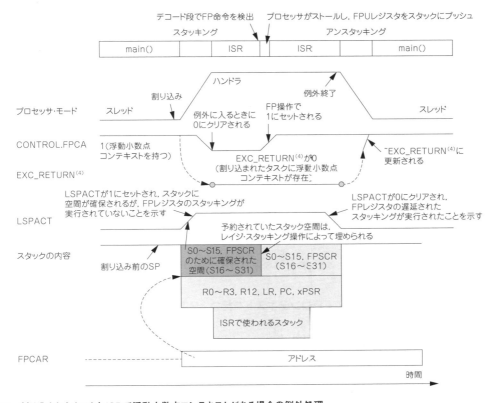

図14.22 割り込まれたタスクとISRで浮動小数点コンテキストがある場合の例外処理

第14章　Cortex-M33プロセッサの浮動小数点ユニット(FPU)

図14.22で，例外リターン時に，EXC_RETURN[4]が0（つまり，ロング・スタック・フレーム）であり，LSPACTも0であることを確認すると，プロセッサはスタック・フレームから浮動小数点レジスタをアンスタッキングします．

14.4.5　シナリオ#4：2番目のハンドラでFPコンテキストを持つネストした割り込み

レイジ・スタッキング機能は，複数のレベルのネストした割り込みでも動作します．例えば次の場合．
(a) スレッドは，浮動小数点のコンテキストを持っている
(b) 優先度の低いISRは，浮動小数点のコンテキストを持っていない
(c) 優先度の高いISRは，浮動小数点のコンテキストを持っている

延期されたレイジ・スタッキングは，FPCARが指す第1レベルのスタック・フレームに浮動小数点レジスタをプッシュします（図14.23）．

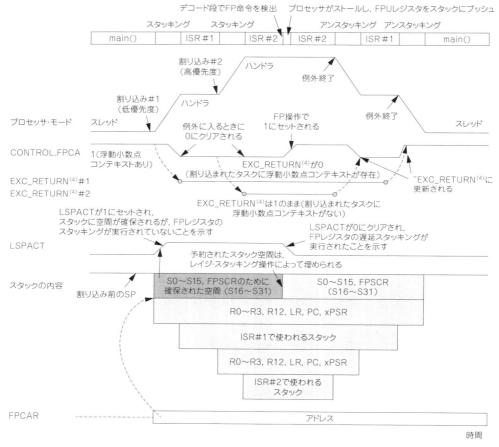

図14.23　割り込まれたタスクと優先度の高いISRで浮動小数点コンテキストがある場合のネストした例外処理

14.4.6　シナリオ#5：両方のハンドラでFPコンテキストを持つネストした割り込み

レイジ・スタッキング機構は，優先度の低いISRと高いISRの両方でFPコンテキストを持つネストしたISRに対しても動作します．このシナリオでは，プロセッサは浮動小数点レジスタの複数回分のスタック空間を確保します（図14.24）．

図14.24では，各例外リターンにおいて，プロセッサはEXC_RETURN[4]が0（つまり，ロング・スタック・フレーム）であり，LSPACTも0であることを確認すると，いずれの場合もスタック・フレームから浮動小数点レジ

14.4 レイジ・スタッキングの詳細

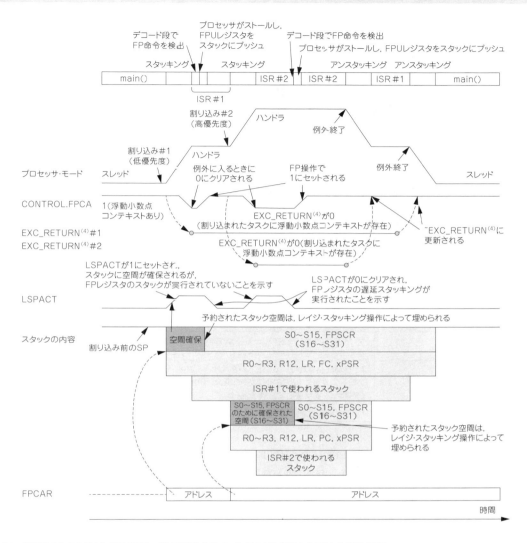

図14.24 割り込まれたタスクとISRの両レベルで浮動小数点コンテキストを持つネストした例外処理

スタをアンスタッキングする処理を行います.

14.4.7 レイジ・スタッキング動作中の割り込み

遅延したレイジ・スタッキング処理は,その処理中に中断されることがあります.このような場合,レイジ・スタッキング動作は中断され,優先度の高い割り込みがこれ以上遅延することなく処理されるようになります(注意:まだ,通常のスタッキング処理は必要です).レイジ・スタッキングのトリガとなった浮動小数点命令は,まだデコード中で実行されていないため,スタック・フレーム内のリターンPCはこの浮動小数点命令のアドレスを指すことになります.優先度の高い割り込みが浮動小数点演算を使用しない場合,最初にレイジ・スタッキングをトリガした浮動小数点命令は,優先度の高い割り込みからリターンした後,再びプロセッサのパイプラインに入り,2回目のレイジ・スタッキングをトリガすることになります.

14.4.8 浮動小数点命令の割り込み

多くの浮動小数点命令は複数のクロック・サイクルを必要とします.

第14章　Cortex-M33プロセッサの浮動小数点ユニット(FPU)

VPUSH，VPOP，VLDM，VSTM命令（つまり複数のメモリ転送）の間に割り込みが発生した場合，プロセッサは現在の命令をサスペンドし，EPSRのICIビットを使用してそれらの命令のステータスを保存します［EPSRについての詳細は第4章"プログラム・ステータス・レジスタ(PSR)"に記載されている］．その後，例外ハンドラを実行し，復元されたICIビットに基づいて，中断された命令を再開します．

VSQRT（浮動小数点平方根命令）やVDIV（浮動小数点除算命令）中に割り込みが発生した場合，プロセッサは計算を継続してスタッキング動作を並列に処理します．

14.5　FPUを使う

14.5.1　CMSIS-COREにおける浮動小数点のサポート

浮動小数点ユニットを使用するには，まずそれを有効にする必要があります．FPUの有効化(SCB->CPACRレジスタを使用)は，通常SystemInit()関数の中で処理されます．FPUの有効化コードはCマクロによって有効化されます．CMSIS-COREにはFPU構成に関連した3つの前処理命令／マクロがあります(表14.12)．

表14.12　FPUに関連したCMSIS-COREの前処理マクロ

前処理ディレクティブ	説明
__FPU_PRESENT	マイクロコントローラ内のCortex-MプロセッサがFPUを搭載しているかどうかを示す．FPUがある場合，このマクロはデバイス固有のヘッダで1にセットされる
__FPU_USED	FPUが使用されているかどうかを示す．__FPU_PRESENTが0の場合は0にクリアする必要がある．__FPU_PRESENTが1の場合は0か1になる．これはコンパイル・ツールによって設定される（プロジェクトの設定で制御できる）
__FPU_DP	FPUが倍精度演算をサポートしているかどうかを示す(Cortex-M33では本マクロは使用しない)

FPUのデータ構造は，__FPU_PRESENTマクロが1にセットされている場合にのみ利用可能です．もし__FPU_USEDが1にセットされている場合，SystemInit()関数は，リセット・ハンドラが実行されたときにCPACRに書き込むことでFPUを有効にします．

14.5.2　C言語での浮動小数点プログラミング

ほとんどのアプリケーションでは，単精度浮動小数点演算の精度で十分です．しかし，アプリケーションによっては，高い精度を得るために倍精度浮動小数点演算を使用する必要があります．Cortex-M33プロセッサで倍精度計算を使用することは可能ですが，その場合，コード・サイズが大きくなり，計算完了までに時間がかかります．これは，Cortex-M33プロセッサのFPUが単精度計算しかサポートしていないため，ソフトウェア（開発ツール・チェーンで挿入されたランタイム・ライブラリ関数を使用）で倍精度演算を行う必要があるためです．

ほとんどのソフトウェア開発者は，コード中の浮動小数点演算を単精度に制限するように努力しています．しかし，ソフトウェア開発者が誤って倍精度の浮動小数点演算をコード中で使用してしまうことも珍しくありません．これを説明するために，Wheatstoneベンチマークの次の行のコードを例として使用できます（これは，倍精度浮動小数点演算をサポートしているコンピュータ用に設計されている）．次のコードを使用して，変数X，Y，T，T2を"float"（単精度）として定義することで，演算を単精度に限定しようとしても，Cコンパイラは倍精度の演算を含むコンパイル済みコードを生成します．

```
X=T*atan(T2*sin(X)*cos(X)/(cos(X+Y)+cos(X-Y)-1.0))  ;
Y=T*atan(T2*sin(Y)*cos(Y)/(cos(X+Y)+cos(X-Y)-1.0))  ;
```

これは，使用される数学関数がデフォルトで倍精度であることに加え，定数1.0も倍精度として扱われるためです．前述のコードの単精度計算バージョンを生成するには，次のようにコードを修正する必要があります．

444

```
X=T*atanf(T2*sinf(X)*cosf(X)/(cosf(X+Y)+cosf(X-Y)-1.0F)) ;
Y=T*atanf(T2*sinf(Y)*cosf(Y)/(cosf(X+Y)+cosf(X-Y)-1.0F)) ;
```

コンパイルされたコードが誤って倍精度の計算を使用していないことを確認するために，コンパイル・レポート・ファイルを使用して，コンパイルされたコードに倍精度のランタイム関数が挿入されているかどうかを確認できます．開発ツールの中には，倍精度演算が使用された場合にレポートできるものもあり，浮動小数点演算を強制的に単精度にできるものもあります．

14.5.3 コンパイラのコマンド・ライン・オプション

ほとんどのツール・チェーンでは，プロジェクトの統合開発環境（Integrated Development Environment：IDE）でFPUオプションを選択することで，コマンド・ライン・オプションがIDEによって設定され，FPUを簡単に使用できるようになります．例えば，Keil MDKのμVision IDEでFPU機能を使用できるようにするには，プロジェクト・オプションで"Single Precision"を選択するだけで実現できます（図14.25）．

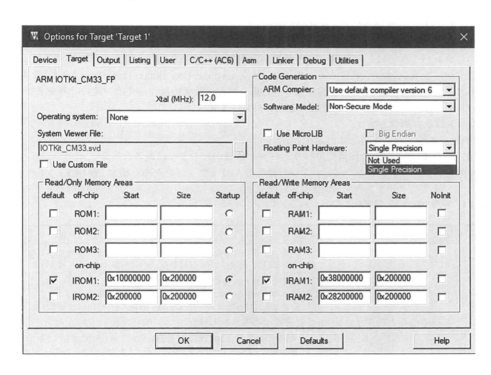

図14.25　Keil MDK μVision IDEのCortex-M33プロセッサ用FPUオプション

プロジェクトの設定で使用するFFUを選択すると，ツール・チェーンはコンパイラのオプションを自動的に設定して，次のFPUサポート・オプションを含むようにします．

```
"-mcpu=cortex-m33 -mfpu=fpv5-sp-d16 -mfloat-abi=hard"
```

Arm Compiler6（Arm DSまたはつS-5に付属）のユーザは，次のコマンド・ライン・オプションを使用して，ハードabiでコンパイル中にFPU機能を有効にできます（14.5.4節でハードABI/ソフトABIについて説明する）．

```
"armclang --target=arm-arm-none-eabi -mcpu=cortex-m33 -mfpu=fpv5-sp-d16
-mfloat-abi=hard"
```

第14章　Cortex-M33プロセッサの浮動小数点ユニット(FPU)

または

```
"armclang --target=arm-arm-none-eabi -marmv8-m.main -mfpu=fpv5-sp-d16
-mfloat-abi=hard"
```

GNU Cコンパイラ（gcc）のユーザは，次のコマンド・ライン・オプションを使用してFPUを使用できます.

```
"arm-none-eabi-gcc -mthumb -mcpu=cortex-m33 -mfpu=fpv5-sp-d16 -mfloat-
abi=hard"
```

または

```
"arm-none-eabi-gcc -mthumb -march=armv8-m.main -mfpu=fpv5-sp-d16 -mfloat-
abi=hard"
```

14.5.4　ABIオプション：Hard-vfpとSoft-vfp

ほとんどのCコンパイラでは，パラメータと浮動小数点演算の結果を関数の境界を越えて転送する方法を，さまざまなアプリケーション・バイナリ・インターフェース（Application Binary Interface：ABI）を用いて指定できます．例えば，プロセッサにFPUが搭載されている場合でも，数学関数の多くは一連の計算を必要とするため，多くのCランタイム・ライブラリ関数を使用する必要があります.
　ABIオプションは次に影響します.
　　– 浮動小数点ユニットを使用しているかどうか
　　– 呼び出し元と呼び出し先の関数間でパラメータと結果がどのように渡されるか
ほとんどの開発ツール・チェーン[5]では，3つの異なるABIオプションがあります（表14.13）.

表14.13　さまざまな浮動小数点ABI設定のコマンド・ライン・オプション

Arm Cコンパイラ6とgcc浮動小数点ABIオプション	説明
-mfloat-abi=soft	FPUハードウェアを使用しないソフトABI：全ての浮動小数点演算はランタイム・ライブラリ関数で処理される．値は整数レジスタ・バンクを介して渡される
-mfloat-abi=softfp	FPUハードウェアを使用したソフトABI：これにより，コンパイルされたコードがFPUに直接アクセスするコードを生成できる．しかし，計算がランタイム・ライブラリ関数を使用する必要がある場合は，soft-float呼び出し規約が使用される（つまり，整数レジスタ・バンクを使用する）
-mfloat-abi=hard	ハードABI：これにより，コンパイルされたコードがFPUに直接アクセスするコードを生成し，ランタイム・ライブラリ関数を呼び出すときにFPU固有の呼び出し規約を使用できるようになる

　表14.13に記載されているオプションの動作の違いは，図14.26に詳述されています.
　複数のCortex-M33ベースの製品用にあるソフトウェア・ライブラリをコンパイルする場合，FPUのあるデバイスとないデバイスを含む場合は，ソフトABIオプションを使用する必要があります．アプリケーションのリンク段階で，ターゲット・プロセッサがFPUをサポートしている場合，FPUを使用するランタイム・ライブラリ関数版をリンカによって挿入できます．プログラムをコンパイルするときに，ソフトABIを使用しても浮動小数点命令は生成されませんが，リンカが挿入したライブラリにより，アプリケーションはランタイム・ライブラリ関数を実行するときにもFPU機能を利用できます.
　ソフトABIよりも性能を向上させるためには，全ての浮動小数点演算が単精度のみの場合はハードABIを使用するべきです．しかし，倍精度の計算を大部分で必要とするアプリケーションでは，ハードABIの性能はソフトABIの性能よりも低くなる可能性があります．これは，ハードABIを使用する場合，処理する値は通常浮動小数点レジスタ・バンクを使用して転送されるためです．Cortex-M33プロセッサのFPUは倍精度浮動小数点演算を

446

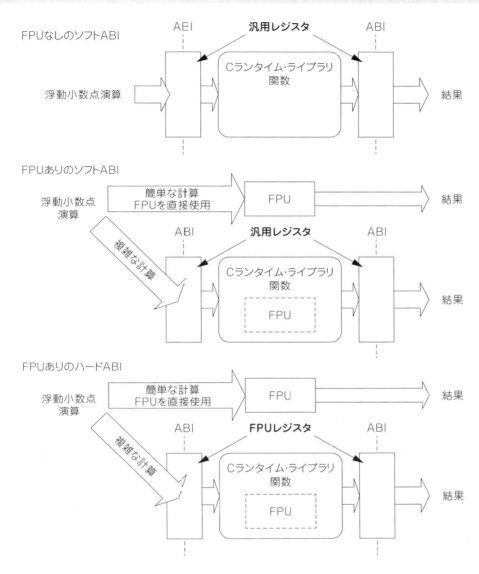

図14.26　一般的な浮動小数点ABIオプション

サポートしていないため，ソフトウェアで処理するには，値を整数レジスタ・バンクにコピーして戻す必要があります．これは追加のオーバ・ヘッドを生むので，結果的には，FPUハードウェアでソフトABIを使用した方が良いでしょう．

しかし，浮動小数点ランタイム関数への必要なアクセスがほとんどない，多くのアプリケーションでは，ハードABIを使用していてもソフトABIを使用していても，性能はほぼ同じです．

14.5.5　特別なFPUモード

デフォルトでは，Cortex-M33プロセッサのFPUはすでにIEEE754に準拠しています．従って，ほとんどの場合，以下に詳述するFPUモード設定を変更する必要はありません．アプリケーションで特殊なFPUモードのいずれかを使用する必要がある場合は，通常，FPSCRとFPDSCRをプログラムする必要があります．そうしないと，例外ハンドラはデフォルトのIEEE754の動作を使用し，他のアプリケーションは他の特別なFPUモードを使用するため，不整合が発生し，結果として浮動小数点計算の問題が発生する可能性があります．

第14章 Cortex-M33プロセッサの浮動小数点ユニット(FPU)

特別なFPUモードは次となります.

フラッシュツーゼロ・モード

　フラッシュツーゼロ・モードでは, 非正規化値範囲(つまり指数部=0)で結果を計算する必要がないため, 幾つかの浮動小数点演算を高速化できます. 値が小さすぎて正規化された値の範囲(0 < 指数 <0xFF)で表現できない場合, 値はゼロに置き換えられます. フラッシュツーゼロ・モードは, FPSCRとFPDSCRのFZビットをセットすることで有効になります.

デフォルトNaNモード

　デフォルトNot a Number(NaN:非数)モードでは, 計算の入力のいずれかがNaNである場合, 演算の結果が無効な結果となった場合, 計算はデフォルトNaN(つまり, 非シグナリングNaN, クワイエットNaNとしても知られている)を返します. これは, デフォルトの構成とは若干異なります. デフォルトでは, デフォルトNaNモードは無効になっており, 次のIEEE754標準の動作を持っています.

- 無効演算の浮動小数点例外を発生させる演算は, クワイエットNaNを発生させる
- クワイエットNaNオペランドを含むが, シグナリングNaNオペランドではない演算は, 入力NaNを返す

デフォルトNaNモードは, FPSCRとFPDSCRのDNビットをセットすることで有効になります. 場合によっては, デフォルトNaNモードを使用することで, 計算中のNaN値のチェックを迅速に行うことができます.

代替半精度モード

　このモードは, 半精度データ__fp16(14.1.3節を参照)を持つアプリケーションにのみ影響します. デフォルトでは, FPUはIEEE754標準に従います. 半精度浮動小数点データの指数部が0x1Fの場合, 値は無限大またはNaNです. 代替半精度モードでは, 値は正規化された値になります. 代替半精度モードでは, 値の範囲を広くできますが, 無限大やNaNには対応していません.

FPSCRとFPDSCRのAHPビットを設定することで, 代替半精度モードが有効になります. 半精度データを使用するには, **表14.14**のようにコンパイラのコマンド・ライン・オプションを設定する必要があります.

表14.14 半精度データを使用する場合のコマンド・ライン・オプション(__fp16)

半精度データ	コマンド・ライン・オプション
Arm Compiler 6 IEEE半精度	-mcpu=cortex-m33+fp16 -march=armv8-m.main+fp16
gcc IEEE半精度	-mfp16-format=ieee
gcc 代替半精度	-mfp16-format=alternative

丸めモード

　FPUはIEEE754標準で定義されている4つの丸めモードをサポートしています. 丸めモードは実行時に変更できます. C99(C言語標準)では, fenv.hは**表14.15**に示すように4つの利用可能なモードを定義しています.

表14.15 C99の浮動小数点丸めモードの定義

fenv.hマクロ	コマンド・ライン・オプション
FE_TONEAREST	最近接丸め(RN)モード(デフォルト)
FE_UPWARD	正の無限大への丸め(RP)モード
FE_DOWNWARD	負の無限大への丸め(RM)モード
FE_TOWARDZERO	ゼロへの丸め(RZ)モード

これらの定義は, fenv.hで定義されているC99関数と一緒に使用できます.

int fegetround(void) – 定義された丸めモードのマクロの値のいずれかで表されている, 現在選択されている丸めモードを返す

448

14.6 浮動小数点の例外

int fesetround(int round) - 現在選択されている丸めモードを変更する. fesetround()は, 変更が成功した場合は0を, 失敗した場合に0以外を返す

Cランタイム・ライブラリ関数がFPUの設定と同じように調整されるように, 丸めモードを調整するときにはCのライブラリ関数を使用する必要があります.

14.5.6 FPUをパワー・ダウン

Cortex-M33プロセッサの設計により, FPUはプロセッサのコア・ロジックから分離された電力ドメインを持つことができます. このオプションの構成により, FPUを使用しないときはパワー・ダウンが可能です. また, 設計が状態保持機能をサポートしている場合, プロセッサがスリープ中, またはFPUが無効になっているときに, FPUは自動的に状態保持モードに入ることができます.

Cortex-M33ベースのデバイスに別のFPU電力ドメインがあるが, 状態保持機能が利用できない場合, ソフトウェアは次の手順でFPUをパワー・ダウンできます.

（1）CPACRのCP10とCP11のビット・フィールドをクリアしてFPUを無効にする

（2）CPPWR（15.6節）のSU10とSU11の両方のビット・フィールドを設定する

前述の手順でFPUをパワー・ダウンすると, FPUのレジスタ内のデータは失われます. そのため, FPU内のデータ内容が後の動作に必要な場合は, FPUをパワー・ダウンしてはいけません. その代わり, CP10とCP11のビット・フィールドをクリアしてFPUを無効にするだけで電力を削減できます.

TrustZoneセキュリティ拡張が実装されている場合, セキュア・ソフトウェアは, 非セキュア・ソフトウェアがCPPWRのSU10とSU11のビット・フィールドにアクセスするのを, 防ぐ必要がある場合があります. そうしないと, FPU内の安全なデータが失われる可能性があります. これは, CPPWRのSUS10とSUS11のビット・フィールドをセットすることで防ぐことができ, セットした場合には, 非セキュア・ソフトウェアがSU10とSU11のビット・フィールドにアクセスすることを防ぐことができます.

Cortex-M33ベースのデバイスがFFU用に別個の電力ドメインを実装しており, 状態保持機能が利用可能な場合, FPUはプロセッサがスリープしているとき, またはFPUが無効になっているときに, CPACRのCP10とCP11のビット・フィールドをクリアすることで, 状態保持モードに自動的に切り替えることができます.

CPPWRのSU10とSU11のビットがセットされている場合, FPU命令の実行は, FPUが独自の電力ドメインを持っているかどうかにかかわらず, 常にUsageFault例外が発生します.

14.6 浮動小数点の例外

14.2.6節では（FPSCRについて説明した）, 幾つかの浮動小数点例外ステータス・ビットを強調しました. このセクションでは, 例外という用語は, NVICに存在する例外や割り込みという用語とは異なります. 浮動小数点の例外は, 浮動小数点処理中に発生する問題を指します. 表14.16に, IEEE754標準[3]で定義されている例外を示します.

表14.16　IEEE754標準で定義されている浮動小数点の例外

例外	FPSCRビット	例
無効な演算	IOC	負の数の平方根（デフォルトではクワイエットNaNを返す）
ゼロによる除算	DZC	ゼロまたは log(0)で除算（デフォルトでは+/−∞を返す）
オーバ・フロー	OFC	正しく表現するには大きすぎる結果（デフォルトでは+/−∞を返す）
アンダ・フロー	UFC	非常に小さい結果（デフォルトでは非正規化値を返す）
不正確	IXC	結果が丸められた（デフォルトでは丸められた結果を返す）

表14.16に示したFPUの例外に加えて, Cortex-M33のFPUは "Input Denormal（非正規入力）" の追加の例外もサポートしています. これを表14.17に示します.

449

第14章　Cortex-M33プロセッサの浮動小数点ユニット（FPU）

表14.17　Cortex-M33プロセッサのFPUで提供される追加の浮動小数点例外

例外	FPSCRビット	例
非正規入力	IDC	非正規化入力値は，Flush-to-zeroモードのため，計算でゼロに置き換えられる

FPSCRには6つのスティッキ・ビットが用意されており，ソフトウェア・コードがスティッキ・ビットの値をチェックして，計算が成功したかどうかを判断できるようになっています．ほとんどの場合，これらのフラグ（スティッキ・ビット）はソフトウェアでは無視されます（コンパイラが生成したコードはこれらの値をチェックしません）．

高い安全性が要求されるソフトウェアを設計している場合は，コードにFPSCRのチェックを追加できます．ただし，場合によっては，全ての浮動小数点計算がFPUによって実行される訳ではありません．幾つかは，Cランタイム・ライブラリ関数によって実行される可能性があります．C99では，浮動小数点の例外状態をチェックして，クリアするための関数を次のように定義しています．

```
#include < fenv.h>

// 浮動小数点例外フラグをチェック
int fegetexceptflag(fexcept_t *flagp, int excepts);

// 浮動小数点の例外フラグをクリア
int feclearexcept(int excepts);
```

また，次を使って浮動小数点ランタイム・ライブラリの構成を調べたり変更したりできます．

```
int fegetenv(envp);
int fesetenv(envp);
```

これらの機能の詳細については，C99のドキュメントや，ツール・チェーン・ベンダが提供するマニュアルを参照してください．

C99のC言語機能の代替として，幾つかの開発スイートでは，FPU制御にアクセスするための追加関数も提供しています．例えば，Armコンパイラ（Keil MDKを含む）では，__ieee_status()関数を使用することで，FPSCRを簡単に設定できます．関数のプロトタイプは次のとおりです．

```
// FPSCRを修正（古いバージョンの__ieee_status()は__fp_status()だった）
unsigned int __ieee_status(unsigned int mask, unsigned int flags);
```

__ieee_status()を使用する場合，"mask"パラメータは修正したいビットを定義し，"flags"パラメータはマスクでカバーされているビットの新しい値のパラメータを指定します．これらの関数をより使いやすくするために，fenv.hでは以下のマクロを定義しています．

```
#define FE_IEEE_FLUSHZERO        (0x01000000)
#define FE_IEEE_ROUND_TONEAREST  (0x00000000)
#define FE_IEEE_ROUND_UPWARD     (0x00400000)
#define FE_IEEE_ROUND_DOWNWARD   (0x00800000)
#define FE_IEEE_ROUND_TOWARDZERO (0x00C00000)
#define FE_IEEE_ROUND_MASK       (0x00C00000)
#define FE_IEEE_MASK_INVALID     (0x00000100)
#define FE_IEEE_MASK_DIVBYZERO   (0x00000200)
#define FE_IEEE_MASK_OVERFLOW    (0x00000400)
```

450

```
#define FE_IEEE_MASK_UNDERFLOW      (0x00000800)
#define FE_IEEE_MAS_INEXACT         (0x00001000)
#define FE_IEEE_MASK_ALL_EXCEPT     (0x00001F00)
#define FE_IEEE_INVALID             (0x00000C01)
#define FE_IEEE_DIVBYZERO           (0x00000C02)
#define FE_IEEE_OVERFLOW            (0x00000C04)
#define FE_IEEE_UNDERFLOW           (0x00000008)
#define FE_IEEE_INEXACT             (0x00000010)
#define FE_IEEE_ALL_EXCEPT          (0x0000001F)
```

例えば，アンダ・フローのスティッキ・フラグをクリアするには次のように使えます．

```
__ieee_status(FE_IEEE_UNDERFLOW, 0);
```

Cortex-M33プロセッサでは，FPU例外ステータス・ビットがプロセッサの最上位階層にエクスポートされます．この例外ステータス・ビットを使用して，NVICで例外をトリガできます．**図14.27**は，FPUの例外ステータス・ビットを割り込みとして使用できるハードウェア信号接続の例を示しています．

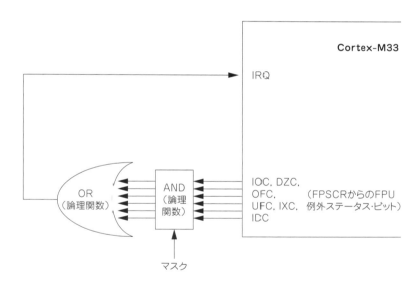

図14.27 ハードウェア例外生成のための浮動小数点例外ステータス・ビットの使用

図14.27に示すように，FPUの例外ステータス・ビットをNVICに接続することで，"0で除算"や"オーバ・フロー"などのエラー状態が発生した場合に，システムはほぼ即座に割り込みを発生させることができます．

割り込みイベントは不正確なので，**図14.27**に示すような生成された例外は，数サイクル遅延する可能性があることに注意してください．この遅延は，例外が他の例外によってブロックされていない場合でも発生します．その結果，どの浮動小数点命令が例外をトリガさせたのかを判断することはできません．プロセッサがより優先度の高い割り込みハンドラを実行していた場合，浮動小数点例外の割り込みハンドラは，他の割り込みハンドラのタスクが終了するまで起動できません．

FPU例外ステータスを，NVICで例外をトリガするために使用する場合，割り込みサービス・ルーチンの終了（例外リターン）前に，例外ハンドラは次をクリアする必要があります．

- FPSCRの例外ステータス・ビット
- 例外スタック・フレーム内のスタックされたFPSCR

これがクリアされていないと，再び例外が発生する可能性があります．

第14章　Cortex-M33プロセッサの浮動小数点ユニット(FPU)

14.7　ヒントとコツ

14.7.1　マイクロコントローラ用ランタイム・ライブラリ

　一部の開発スイートでは，メモリ・サイズの小さいマイクロコントローラ用に最適化された特別なランタイム・ライブラリを提供しています．例えば，Keil MDK，Arm DS，またはDS-5では，マイクロコントローラ・アプリケーション用に最適化された数学関数ライブラリのMicroLIBを選択できます（図14.25のFPUオプションのすぐ上を参照）．ほとんどの場合，これらのライブラリは標準のCライブラリと同じ浮動小数点機能を提供します．しかし，IEEE754のサポートに影響を与える制限がある場合があります．
　MicroLIBでは，IEEE754の浮動小数点のサポートに関して次の制限があります．
- NaN，無限大，または非正規入力を含む演算で，不確定な結果を生成する．例えば，ゼロに非常に近い結果を生成する演算は，結果としてゼロを返す．IEEE754では，これは通常，非正規値で表される
- MicroLIBではIEEE例外を通知できない．MicroLIBには__ieee_status() / __fp_status()レジスタ関数はない
- ゼロの符号はMicroLIBでは重要視されず，MicroLIBの浮動小数点演算で出力されるゼロはの符号ビットは不定である
- デフォルトの丸めモードのみをサポート

　前述の制限はともかく，次を指摘しておく価値はあると思います．
　（a）ほとんどの組み込みアプリケーションでは，このような制限は問題にならない
　（b）MicroLIBでは，ライブラリのサイズを小さくすることで，アプリケーションをより小さなサイズにコンパイルできる

14.7.2　デバッグ動作

　レイジ・スタッキングは，デバッグ時に複雑さが増します．例外ハンドラでプロセッサが停止した場合，スタック・フレームに浮動小数点レジスタの内容が含まれていないことがあります．シングル・ステップでコードをデバッグしているときにレイジ・スタッキングが保留されている場合，プロセッサが浮動小数点命令を実行したときにレイジ・スタッキングが行われます．

◆ 参考・引用＊文献 ···

(1)　Armv8-Mアーキテクチャ・リファレンス・マニュアル
　　　https://developer.arm.com/documentation/ddi0553/am（Armv8.0-Mのみのバージョン）
　　　https://developer.arm.com/documentation/ddi0553/latest（Armv8.1-Mを含む最新版）
　　　注意：Armv6-M，Armv7-M，Armv8-M，Armv8.1-M用のMプロファイルアーキテクチャリファレンスマニュアルは次にあります．
　　　https://developer.arm.com/architectures/cpu-architecture/m-profile/docs
(2)　Armv7-Mアーキテクチャ・リファレンス・マニュアル
　　　https://developer.arm.com/documentation/ddi0403/latest
(3)　IEEEEE754仕様
　　　IEEE754-1985：https://ieeexplore.ieee.org/document/30711
　　　IEEE754-2008：https://ieeexplore.ieee.org/document/4610935
(4)　AN33-Armでの固定小数点演算
　　　https://developer.arm.com/documentation/dai0033/a/
(5)　Arm Compiler 6 ABIオプション
　　　https://developer.arm.com/documentation/100748/0614/Using-Common-Compiler-Options/Selecting-floating-point-options
　　　GCC ABIオプション
　　　https://gcc.gnu.org/onlinedocs/gcc/ARM-Options.html

◆第15章◆

コプロセッサ・インターフェースと Armカスタム命令

**Coprocessor interface and
Arm Custom Instructions**

15.1 概要

15.1.1 導入

コプロセッサ・インターフェースとArmカスタム命令は，どちらもArm Cortex-M33プロセッサのオプション機能であり，シリコン設計者がカスタム・ハードウェア・アクセラレータを追加できるようにします．

概念的には，これら2つの機能の主な違いは，ハードウェア・アクセラレータがプロセッサの内部にあるか外部にあるかということです．コプロセッサの設計コンセプトを図15.1に示します．

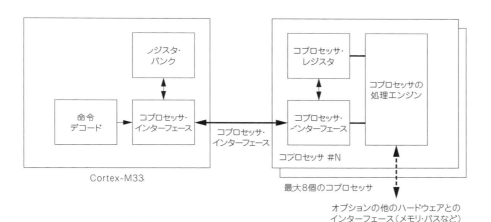

図15.1 コプロセッサ・インターフェースの概念

コプロセッサ・インターフェースは，次の特徴を持ちます．

- コプロセッサ・ハードウェアは，プロセッサの外部にある
- コプロセッサ・ハードウェアは，それ自身のレジスタを持ち，オプションとして，他のハードウェアへの独自のインターフェースを持つことができる．例えば，メモリ・システムにアクセスするための独自のバス・マスタ・インターフェースを持つことができる

Armカスタム命令のコンセプトを図15.2に示します．Armカスタム命令は，次のとおりです．

- カスタム定義されたデータ処理のためのカスタム・データパスがプロセッサの内部にある
- Armカスタム命令は，既存のプロセッサのレジ

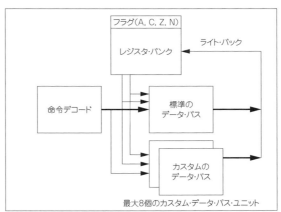

図15.2 Armカスタム命令の概念

453

第15章 コプロセッサ・インターフェースとArmカスタム命令

スタ・バンク内のレジスタを使用し，外部ハードウェアへの独自のインターフェースを持っていない

コプロセッサとArmカスタム命令の両方について，命令エンコーディングはArmv8-Mアーキテクチャ[1]で定義されています．Armカスタム命令は非常に新しいので，本書が書かれたときには，これらの命令の詳細はArmv8-Mアーキテクチャ・リファレンス・マニュアルに統合されていませんでした．しかし，現在ではArmv8-Mアーキテクチャの補足文書[2]に掲載されています．Armv8-Mアーキテクチャのドキュメントでは，Armカスタム命令をカスタム・データ・パス拡張（Custom Datapath Extension：CDE）と呼んでいます．これらは事実上同じ機能です．"Armカスタム命令"という名称はArm製品のためだけに予約されているのに対し，カスタム・データ・パス拡張（CDE）は一般的な技術用語です．

ソフトウェア開発者がC/C++プログラミング環境でコプロセッサとArmカスタム命令の機能に簡単にアクセスできるようにするために，これらの命令のためのCのイントリンジック関数（組み込み関数）がArm C言語拡張（Arm C Language Extension：ACLE）[3]で定義されました．これらの新機能を利用するためには，ソフトウェア開発者は開発ツールを新しい組み込み関数をサポートするバージョンにアップグレードする必要があります．チップ・ベンダのコプロセッサとArmカスタム命令ハードウェアの設計は異なりますが，命令エンコーディングと組み込み関数はアーキテクチャとツールで事前に定義されているため，チップ・ベンダがコンパイル・ツール・チェーンをカスタマイズする必要はありません．

Cortex-M33プロセッサでのArmカスタム命令のサポートは，2020年中頃にリリースされたリビジョン1から利用可能ですのでご注意ください．リビジョン1以前にリリースされたCortex-M33ベースの製品は，Armカスタム命令をサポートしていません．

コプロセッサ・インターフェースとArmカスタム命令はどちらもオプションの機能であるため，Cortex-M33ベースの製品の中には，これらの機能をサポートしていないものもあります．

15.1.2 コプロセッサとArmカスタム命令の目的

一般的に，コプロセッサとArmカスタム命令により，チップ・ベンダは，幾つかの特殊な処理負荷に対して設計を最適化でき，製品の差別化を可能にするような能力を持つことができます．コプロセッサ・インターフェースは，すでに幾つかのCortex-M33ベースのマイクロコントローラ製品で使用されています．例えば，次のように使用されています．

- 数学関数（サインやコサインなどの三角関数など）の高速化
- DSP機能の高速化
- 暗号機能の高速化

コプロセッサ・ハードウェアは，プロセッサの外部にあり，独自のレジスタを持っているため，コプロセッサの動作が開始された後，プロセッサが他の命令を実行している間も，Cortex-M33プロセッサと並行して動作し続けることができます．

コプロセッサ・レジスタは，コプロセッサ命令を使用して1クロック・サイクルでアクセスできるため，チップ設計によってはコプロセッサのインターフェースを利用して特定のペリフェラル・レジスタに素早くアクセスを可能にできます．

Armカスタム命令は，特殊なデータ演算を高速化するために設計されており，シングル・サイクルまたは数サイクルの演算に適しています．Armカスタム命令の利点としては，次のようなものがあります．

- 巡回冗長検査（Cyclic Redundancy Check：CRC）計算
- 特殊なデータ形式の変換（RGBAカラー・データなど）

Armカスタム命令の実行は，プロセッサのレジスタ・バンクへの直接アクセスを必要とするため，プロセッサは他の命令を並列に実行できません．従って，カスタム処理動作にある程度の時間（数クロック・サイクル以上）がかかることが予想される場合は，Armカスタム命令を使用するのではなく，ハードウェア・アクセラレータをコプロセッサとして実装するのが最善の方法です．そうすることで，ハードウェア・アクセラレータが動作しているときに，プロセッサは他の命令を実行できるようになります．

15.1.3 コプロセッサ・インターフェースとArmのカスタム命令機能

Cortex-M33のコプロセッサ・インターフェースは次をサポートしています．

- 最大8個のコプロセッサ
- 各コプロセッサに対して，最大16個のレジスタ．それぞれ34ビット幅まで可能
- 64ビット・データ・インターフェースにより，コプロセッサとプロセッサのレジスタ間で64ビットと32ビットのデータを1サイクルで転送が可能になる
- ウエイト・ステートとエラー応答をサポートするハンドシェイク・インターフェース
- 最大2つの動作オペコード（op1とop2）
  - op1は最大4ビット幅だが，命令によっては3ビットのop フィールドしかサポートしていないものもある
  - op2は3ビット幅．これは，MCR，MCR2，MRC，MRC2，CDP，CDP2命令でサポートされている
- 命令バリアント（MCR2，MRC2，MCRR2，MRRC2，CDP2など）を示すための追加のopフィールド・ビット
- TrustZoneセキュリティ拡張機能
  - 各コプロセッサは，SCB->NSACRレジスタを使用して，セキュアまたは非セキュアとして定義することができる
  - コプロセッサ・インターフェースは，セキュリティ属性のサイドバンド信号をサポートしており，コプロセッサがより細かいレベルでセキュリティ許可を決定できるようになっている（つまり，使用されるコプロセッサ・レジスタに基づいて，および／または，op1とop2信号に基づいて，操作ごとに許可を定義することが可能）
- 電力管理
  - Cortex-M33プロセッサは，各コプロセッサを個別にパワー・アップまたはダウンさせるための電力管理インターフェースを提供する
  - Cortex-M33プロセッサ内のコプロセッサ電力制御レジスタ（CPPWR，15.6節）のステータスは，プロセッサからコプロセッサにエクスポートされ – この信号接続は，各コプロセッサが非保持型低電力状態に入ることを許可されているかどうかを制御する（注意：コプロセッサが非保持型低電力状態になると，コプロセッサ内のデータは失われる）．TrustZoneセキュリティ拡張が実装されている場合，CPPWRはTrustZoneセキュリティをサポートする

同様に，Armカスタム命令は次のさまざまな機能をサポートしています．
- 最大8個までのカスタム・データパス・ユニットをサポートしている
- SCB->NSACRレジスタを使用して，各カスタム・データパス・ユニットをセキュアまたは非セキュアとして定義できるようにすることで，TrustZoneセキュリティ拡張をサポートしている
- アーキテクチャ定義では，Armカスタム命令は最大15クラスのデータ処理命令をサポートしている（注意：これらの命令の一部はCortex-M33プロセッサではサポートされていない）．これらの命令は次の特徴を持っている
  - 整数，浮動小数点，ベクタを含む32ビットと64ビット演算の幅広い選択肢（ベクタのサポートはArmv8.1-MアーキテクチャのM-profileベクタ拡張のためのもの）
  - サポートされているデータ型クラスごとに，0，1，2，3のオペランドを持つ演算のためのさまざまな命令がある
  - 整数データを操作するArmカスタム命令では，デスティネーション・レジスタまたは，APSRフラグのいずれかを更新する選択肢がある
  - Armカスタム命令の各クラスには，通常のバリアントと累積バリアントがあり – 累積バリアントは，デスティネーション・レジスタが入力オペランドの1つであることを意味する
  - Armカスタム命令の各クラスに対して，3ビット～13ビットの範囲の即値データがある．
これにより，複数のArmカスタム命令を定義し，個別に識別できます．
- Armカスタム命令は，シングルとマルチサイクルの操作をサポートしている
- Armカスタム命令はエラー処理をサポートしている．カスタム・データパスは，指定された命令／操作がサポートされていない場合，エラー状態を返す．これは，UsageFault［未定義命令（Undef）とNo Coprocessor（NoCP），**表13.6**］をトリガする

15.1.4　コプロセッサとArmカスタム命令をメモリ・マップされたハードウェア・アクセラレータと比較する

Cortex-M33プロセッサが利用可能になる前から，チップ設計者はすでに，メモリ・マップされたハードウェア

を使用して，多くのプロジェクトにハードウェア・アクセラレータを組み込んでいました（図15.3）．

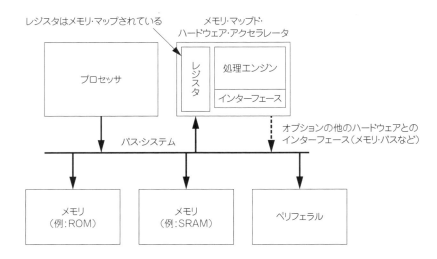

図15.3　メモリ・マップド・ハードウェア・アクセラレータの概念

多くの点で，これはコプロセッサ・インターフェースのソリューションと似ていますが，コプロセッサ・インターフェースの方法には多くの利点があります．

- プロセッサとコプロセッサ・ハードウェア間のコプロセッサのインターフェースは64ビット幅で，64ビットと32ビットの転送を処理できる．一方，Cortex-M33プロセッサのAMBA AHBバス・インターフェースは32ビットであるため，コプロセッサのインターフェースはより広帯域幅を提供する
- メモリ・マップされたレジスタを使用してデータを転送する場合，まず，アドレス値（またはアクセラレータのベース・アドレス値）をプロセッサのレジスタの1つに書きこむ命令が必要である．その後，実際のデータ転送を行うために別の命令が必要になる．メモリ・マップ・レジスタ方式とは異なり，コプロセッサ命令にはコプロセッサ番号とそのレジスタ番号が含まれているため，アドレスを設定するために別の命令を使用する必要はない
- コプロセッサ命令は，プロセッサとコプロセッサ・レジスタの間でデータを転送し，同時に制御情報（カスタム定義のオペコードなど）を渡すことができる．一方，メモリ・マップされたハードウェア・アクセラレータの場合は，追加のメモリ・アクセスで制御情報を転送する必要がある
- プロセッサとコプロセッサ・ハードウェア間のデータ転送は，バス・システム上の他の動作の影響を受けない．例えば，複数のウエイト・ステート・サイクルを持つ可能性のある別のバス転送によって遅延されることはない

これらの利点は全て，Armカスタム命令にも適用されます．

15.1.5　なぜこれらはコプロセッサと呼ばれているのか

歴史的には，Arm9プロセッサなどのArmプロセッサでは，浮動小数点演算を処理するために別のハードウェア・ユニットを使用していました．これらのハードウェア・ユニットは，独自のパイプライン構造を持ち，複雑なインターフェースでメイン・プロセッサ・パイプラインに結合されていたため，コプロセッサと呼ばれていました．コプロセッサのハードウェアには，命令の流れを監視するための"パイプライン・フォロワ"が必要だったため，このインターフェースが必要でした．これらのコプロセッサは，浮動小数点命令をデコードするための独自の命令デコーダを持っていました（図15.4）．

浮動小数点データの使用が一般的になるにつれ，後期のArmプロセッサではFPUをメイン・プロセッサに統合したのは当然のことでした．さらに，プロセッサのパイプラインが複雑になるにつれ，複雑なパイプライン・フォロワ・インターフェース（プロセッサごとに異なる）を持つことは，ますます不可能になってきました．そのため，後続のArmプロセッサ（例：Arm11プロセッサ）では，コプロセッサ・インターフェースは削除されました．しかし，

15.1 概要

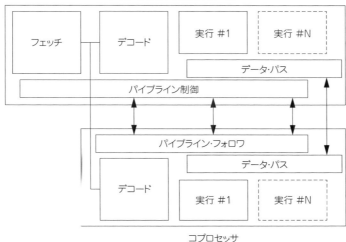

図15.4 旧世代のArmプロセッサ（例：Arm9）におけるコプロセッサの概念

コプロセッサを持つという概念は残っており，現在でも多くのArmプロセッサで内部ユニットとして使用されています．例えば，次の幾つかのコプロセッサ番号がArmプロセッサの内部で予約されています．

- CP15は，各種システム制御機能に使用される（Cortex-AとCortex-Rプロセッサで使用され，Cortex-Mプロセッサでは使用されない）
- CP14はデバッグ機能用に予約されている（Cortex-AとCortex-Rプロセッサで使用され，Cortex-Mプロセッサでは使用されない）
- CP10とCP11は，浮動小数点ユニット用に予約されている（全てのCortexプロセッサで使用される）

Cortex-M33プロセッサの製品コンセプトを策定していた頃，市場ではチップ・ベンダが競合他社との差別化を図りたいというニーズが高まっていることが明らかになっていました．この要求に応えるために，Armはコプロセッ

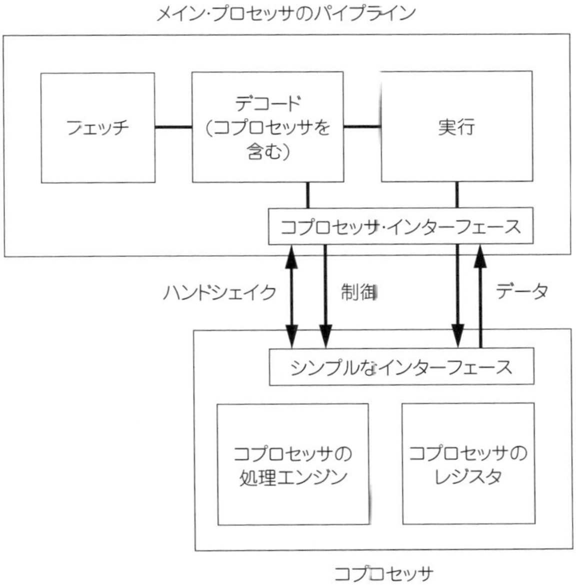

図15.5 コプロセッサの設計を大幅に簡素化するCortex-M33プロセッサのコプロセッサ・インターフェースの概念

457

機能を再導入しました．しかし，メイン・プロセッサのパイプラインと接続するために複雑なインターフェースを必要とするコプロセッサ・ハードウェアを顧客に要求する代わりに，よりシンプルなインターフェースを提供する新しい設計コンセプトが採用されました．この新しい設計では，コプロセッサ命令の最初のデコードはメイン・プロセッサの命令デコーダが行い，プロセッサとコプロセッサ間の制御情報とデータの転送は簡単なハンドシェイク信号を使用して制御されます（図15.5）．

Cortex-M33プロセッサに加えて，Cortex-M35PとCortex-M55プロセッサでもコプロセッサ・インターフェース機能が利用可能になりました．

15.2　アーキテクチャの概要

コプロセッサ・インターフェースとArmカスタム命令機能は両方とも，コプロセッサID値の概念を使用しています．命令セット・アーキテクチャでは，どのコプロセッサにアクセスするかを定義するために4ビットのビット・フィールドを使用し，つまり理論上，1つのプロセッサに最大16個のコプロセッサを接続できることになります．しかし，カスタム定義されたソリューションにはコプロセッサID#0～#7のみが割り当てられ，これらの8つのユニットは次のどちらかになります．
- コプロセッサ・インターフェースを介して接続されたコプロセッサ
- プロセッサ内のカスタム・データパス・ユニット

その他のコプロセッサ番号は，Armプロセッサの内部使用のために予約されています（例えば，CP10とCP11はFPUとCortex-M55プロセッサのHelium処理ユニットで使用される）．

各コプロセッサIDの使用方法をソフトウェアで変更することはできませんのでご注意ください．

コプロセッサID#0～#7は，コプロセッサ・インターフェースとArmカスタム命令の間で共有されています．チップ設計者は，各コプロセッサIDについて，命令をコプロセッサで扱うか，カスタム・データパス・ユニットで扱うかを決定する必要があります．これはチップ設計の段階で決定する必要があります．

コプロセッサ・インターフェース動作とArmカスタム命令の命令エンコードは，重複するため，プロセッサ内部の命令デコード・ロジックは，チップ設計者によって設定されたコプロセッサ・ハードウェア構成を考慮する必要があります（図15.6）．

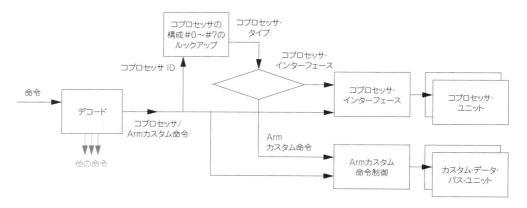

図15.6　命令は，ハードウェアの構成に基づいて，コプロセッサ・インターフェースまたはArmカスタム命令としてデコードできる

命令エンコーディングが重複しているため，開発ツールがデバッグ中に命令を正しく逆アセンブルできるように，Cortex-M33のハードウェア構成情報を開発ツールに提供する必要がある場合があります．

15.3　C言語の組み込み関数を介したコプロセッサ命令へのアクセス

Cプログラミング環境でコプロセッサ命令を利用するために，Arm C言語拡張（ACLE）[3]はコプロセッサ命令

15.3　C 言語の組み込み関数を介したコプロセッサ命令へのアクセス

にアクセスするための一連の組み込み関数を定義しています．これらを**表15.1**に示します．

これらの組み込み関数を使用するには，Arm ACLEヘッダ・ファイルを次のようにインクルードする必要があります．

```
#include < arm_acle.h>
```

"__ARM_FEATURE_COPROC"機能マクロが定義されている場合，ヘッダ・ファイルが利用可能です．

表15.1　ACLEが定義したコプロセッサ・アクセスのための組み込み関数

命令	ACLE定義のコプロセッサ・アクセスのための組み込み関数
MCR	void __arm_mcr(coproc, opc1, uint32_t value, CRn, CRm, opc2)
MCR2	void __arm_mcr2(coproc, opc1, uint32_t value, CRn, CRm, opc2)
MRC	uint32_t __arm_mrc(coproc, opc1, CRn, CRm, opc2)
MRC2	uint32_t __arm_mrc2(coproc, opc1, CRn, CRm, opc2)
MCRR	void __arm_mcrr(coproc, opc1, uint64_t value, CRm)
MCRR2	void __arm_mcrr2(coproc, opc1, uint64_t value, CRm)
MRRC	uint64_t __arm_mrrc(coproc, opc1, CRm)
MRRC2	uint64_t __arm_mrrc2(coproc, opc1, CRm)
CDP	void __arm_cdp(coproc, opc1, CRd, CRn, CRm, opc2)
CDP2	void __arm_cdp2(coproc, opc1, CRd, CRn, CRm, opc2)

コプロセッサ・レジスタを読み出す例を次に示します．

```
unsigned int val;
// CP[x],op1,CRn,CRm,cp2
val = __arm_mrc(1, 0, 0, 0, 0);
// coprocessor #1, Opc1=0, CRn=c0, CRm=c0, Opc2=0
```

コプロセッサ・レジスタに書き込む場合は次になります．

```
unsigned int val;
// CP[x],op1, value,CRn,CRm,op2
__arm_mcr(1, 0, val, 0, 4, 0);
// coprocessor #1, Opc1=0, CRn=c0, CRm=c0, Opc2=0
```

また，他のデータ型をサポートするために使用できる追加の組み込み関数もあります（**表15.2**）．

表15.2　ACLE定義のコプロセッサ・アクセスのための追加の組み込み関数

データ型	ACLEが定義したコプロセッサ・アクセスのための組み込み関数（RSR=システム・レジスタ読み出し, WSR=システム・レジスタ書き込み）
32-bit	uint32_t __arm_rsr(const char *special_register)
64-bit	uint64_t __arm_rsr64(const char *special_register)
float	float __arm_rsrf(const char *special_register)
double	float __arm_rsrd(const char *special_register)
pointer	void* __arm_rsrp(const char *special_register)

第15章　コプロセッサ・インターフェースとArmカスタム命令

データ型	ACLEが定義したコプロセッサ・アクセスのための組み込み関数（RSR＝システム・レジスタ読み出し，WSR＝システム・レジスタ書き込み）
32-bit	`void __arm_wsr(const char *special_register, uint32_t value)`
64-bit	`void __arm_wsr64(const char *special_register, uint64_t value)`
float	`void __arm_wsrf(const char *special_register, float value)`
double	`void __arm_wsrf64(const char *special_register, double value)`
pointer	`void __arm_wsrp(const char *special_register, const void *value)`

　表15.2に記載されている組み込み関数を使用する場合，定数文字列（"`*special_register`"など）は，次の形式に基づいています．

```
cp<coprocessor>:<opc1>:c<CRn>:c<CRm>:<op2>
```

使用できる同等の代替構文があり，それがこれです．

```
p<coprocessor>:<opc1>:c<CRn>:c<CRm>:<op2>
```

　次のコードは，**表15.2**に記載されている組み込み関数のいずれかを使用してコプロセッサ・レジスタを読み出す方法を示しています．

```
unsigned int val;
val = __arm_rsr("cp1:0:c0:c0:0"); // coproc #1, op1=0, op2=0
```

コプロセッサ・レジスタに書き込むには，次のコードを使用できます．

```
unsigned int val;
__arm_wsr("cp1:0:c0:c0:0", val); // coproc #1, op1=0, op2=0
```

　例えばCマクロのような，さまざまなプログラミング技術を使用することで，組み込み関数を包み込む使いやすいソフトウェア・ラッパを簡単に作成できます．ソフトウェア・ラッパを使用することで，ソフトウェアをより読みやすくできます．
　オペコード（opc1とopc2）と"value"パラメータ（**表15.1**）は命令内にエンコードされているため，コプロセッサ番号，レジスタ識別子，およびオペコードの値は定数でなければならないことに注意してください．組み込み関数呼び出しでレジスタやオペコード・フィールドに変数を渡そうとすると，コンパイル中にエラー・メッセージが表示されます．例えば，次の例の記号"i"は変数であり，コンパイラはエラーを報告します．

```
test.c:234:12: error: argument to '__builtin_arm_mrc' must be a constant integer
  data = __arm_mrc(1, 0, i, 1, 0); // 読み取り結果
         ^               ~
…/linux-x86_64/bin/../include/arm_acle.h:639:49: note: expanded from macro
'__arm_mrc'
#define __arm_mrc(coproc, opc1, CRn, CRm, opc2) __builtin_arm_mrc(coproc,
opc1, CRn, CRm, opc2)
                                      ^                          ~~~
1 error generated.
```

　ACLEの仕様[4]は，次のArmのウェブ・サイトに掲載されています．
https://developer.arm.com/architectures/system-architectures/software-standards/acle

15.4 Cの組み込み関数を介してArmカスタム命令にアクセスする

　2020年半ばにリリースされたCortex-M33プロセッサのリビジョン1は，Armカスタム命令をサポートしています．ソフトウェア開発者がArmカスタム命令にアクセスできるようにするための組み込み関数が定義されています[3]．
　Armカスタム命令の組み込み関数を使用するには，Arm ACLEヘッダ・ファイルを次のようにインクルードする必要があります．

```
#include < arm_cde.h>
```

　ヘッダ・ファイルは，"__ARM_FEATURE_CDE"機能マクロが定義されている場合に利用可能になります．
　32ビット整数値または64ビット整数値の結果を返すArmカスタム命令では，次の組み込み関数を使用できます（**表15.3**）.

表15.3　32ビットおよび64ビットのスカラ・データ型のArmカスタム命令のためのACLE定義の組み込み関数

命令	Armカスタム命令アクセスのためのACLE定義の組み込み関数
CX1	uint32_t __arm_cx1(int coproc, uint32_t imm);
CX1A	uint32_t __arm_cx1a(int coproc, uint32_t acc, uint32_t imm);
CX2	uint32_t __arm_cx2(int coproc, uint32_t n, uint32_t imm);
CX2A	uint32_t __arm_cx2a(int coproc, uint32_t acc, uint32_t n, uint32_t imm);
CX3	uint32_t __arm_cx3(int coproc, uint32_t n, uint32_t m, uint32_t imm);
CX3A	uint32_t __arm_cx3a(int coproc, uint32_t acc, uint32_t n, uint32_t m, uint32_t imm);
CX1D	uint64_t __arm_cx1d(int coproc, uint32_t imm);
CX1DA	uint64_t __arm_cx1da(int coproc, uint64_t acc, uint32_t imm);
CX2D	uint64_t __arm_cx2d(int coproc, uint32_t n, uint32_t imm);
CX2DA	uint64_t __arm_cx2da(int coproc, uint64_t acc, uint32_t n, uint32_t imm);
CX3D	uint64_t __arm_cx3d(int coproc, uint32_t n, uint32_t m, uint32_t imm);
CX3DA	uint64_t __arm_cx3da(int coproc, uint64_t acc uint32_t n, uint32_t m, uint32_t imm);

　コプロセッサの組み込み関数と同様に，これらの関数を使用するときに使用するコプロセッサID番号（"coproc"）と即値データ（"imm"）に，コンパイル時定数でなければなりません．
　FPUおよびArmカスタム命令サポートを実装した場合，32ビット浮動小数点レジスタを扱うために次の組み込み関数が利用できます（**表15.4**）.

表15.4　32ビット単精度レジスタをアクセスするArmカスタム命令のためのACLE定義の組み込み関数

命令	Armカスタム命令アクセスのためのACLE定義の組み込み関数
VCX1	uint32_t __arm_vcx1_u32(int coproc, uint32_t imm);
VCX1A	uint32_t __arm_vcx1a_u32(int coproc, uint32_t acc, uint32_t imm);
VCX2	uint32_t __arm_vcx2_u32(int coproc, uint32_t n, uint32_t imm);
VCX2A	uint32_t __arm_vcx2a_u32(int coproc, uint32_t acc, uint32_t n, uint32_t imm);
VCX3	uint32_t __arm_vcx3_u32(int coproc, uint32_t n, uint32_t m, uint32_t imm);
VCX3A	uint32_t __arm_vcx3a_u32(int coproc, uint32_t acc, uint32_t n, uint32_t m, uint32_t imm);

　追加の組み込み関数はアーキテクチャ的に定義されていますが，Cortex-M33プロセッサでは使用できません．

第15章 コプロセッサ・インターフェースとArmカスタム命令

Cortex-M33プロセッサで利用できない関数は，倍精度FPUデータ型を扱う組み込み関数と，Mプロファイル・ベクタ拡張（つまりHelium）のベクタを扱う組み込み関数です．

Arm Compiler 6とGCCでArmカスタム命令を使用する場合，追加のコマンド・ライン・オプションが必要です．これらのオプションでは，"Armカスタム命令"という名前ではなく，"カスタム・データパス拡張"（Custom Datapath Extension：CDE）という専門用語を使用しています．Arm Compiler 6では，次のオプションを使用することで，プログラムをコンパイルするときに，CDEにどのコプロセッサ番号を割り当てるかを指定できます．

- "armclang __target=arm-arm-none-eabi-march=armv8-m.main+cdecpN"

前述のコマンドは，メイン拡張を持つArmv8-Mプロセッサのためのもので，Nは0～7の範囲にあります．

Arm Compiler 6ツールチェーンの"fromelf"ユーティリティのコマンドラインも，CDE命令を使用するときに更新する必要があります．CDEに使用するコプロセッサ番号を指定するには，"__coprocN=value"コマンド・ライン・オプションを追加する必要があり：ここで，Nは0～7の範囲のコプロセッサIDで，"value"は"cde"または"CDE"です．コプロセッサIDがCDEに使用されていない場合，"value"は"generic"でなければなりません．なお，"__coprocN=value"を使用する場合は，"__cpu"オプションを使用する必要があることに注意してください．

GCCツールチェーンでは，CDE命令はバージョン10（GCC10）からサポートされており，次のコマンド・ライン・オプションを使用して，整数，浮動小数点，ベクトルCDE命令に使用されるコプロセッサID（次のコマンドでは"N"）を定義します．

- "-march=armv8-m.main+cdecpN -mthumb"
- "-march=armv8-m.main+fp+cdecpN -mthumb"
- "-march=armv8.1-m.main+mve+cdecpN -mthumb"

15.5 コプロセッサとArmカスタム命令を有効にするときに実行するソフトウェアの手順

デフォルトでは，全てのコプロセッサはリセット時に無効になっており，従って，ソフトウェアを続行するには，コプロセッサまたはArmカスタム命令を有効にするために，次の手順を実行する必要があります．

(1) 各コプロセッサIDのセキュリティ属性を構成する：各コプロセッサは，セキュアまたは非セキュアのいずれかとして定義できるため，NSACR（Non-secure Access Control Register，14.2.4節）と呼ばれるレジスタを使用することで，セキュア・ファームウェアは，非セキュア・ワールドからどのコプロセッサをアクセスできるか定義するためにはNSACRレジスタをプログラムする必要がある．NSACRレジスタは，セキュア特権アクセス専用である．コプロセッサ・インターフェースにはセキュリティ属性信号も含まれているため，コプロセッサが非セキュアと定義されていても，チップ設計者は，セキュリティ属性に基づいて動作をフィルタリングするコプロセッサ・ハードウェアを設計できる．これは，一部の動作／機能がセキュア・ソフトウェアでのみ利用可能になることを意味する．コプロセッサの電源制御はTrustZoneを認識しているため，TrustZoneセキュリティ拡張を使用している場合は，セキュア・ファームウェアもCPPWR（15.6節）を設定する必要がある

(2) コプロセッサを有効にする：リセット後，コプロセッサはデフォルトでは電力を節約するために無効化／パワーダウンされている．コプロセッサ命令やArmカスタム命令を使用する前に，SCB->CPACR（14.2.3節）をプログラミングして対応するコプロセッサ（#0～#7）を有効にする必要がある

コプロセッサ命令で指定されたコプロセッサが実装されていないか，また，無効化されている場合，UsageFaultがトリガされます．UsageFaultが無効またはマスクされている場合は，代わりにHardFaultが実行されます．

15.6 コプロセッサの電力制御

コプロセッサ・ユニットを無効にすると，電力を節約するためにパワー・ダウンできます．Cortex-M33プロセッサの内部には，コプロセッサ電力制御レジスタ（Coprocessor Power Control Register：CPPWR）と呼ばれるプロ

グラマブルなレジスタがあります．このレジスタは，電力管理の目的で使用されます（図15.7）．

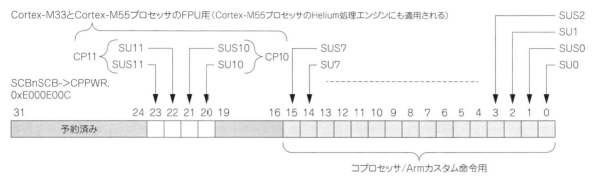

図15.7 コプロセッサ電力制御レジスタ（SCBnSCB->CPPWR, 0xE000E00C）

このレジスタは特権状態でのみアクセス可能であり，セキュリティ状態間でバンクされません．CPPWRでは，コプロセッサID（#0 ～ #7）ごとに2ビットあり，次のように記述されています（コプロセッサIDは，参考のため，以下では<n>と表記しています）．

- SU<n>（状態不明）ビットを1にセットすると，コプロセッサがSCB->CPACRレジスタによって無効化されたときに，完全にパワー・ダウンできる（状態が不明になる）．SU<n>ビットが0（つまりデフォルト）にクリアされている場合，コプロセッサは完全にパワー・ダウンできない．コプロセッサ<n>が有効になっている場合，コプロセッサはパワー・ダウンしない（システム電源喪失の場合を除く）
- SUS<n>（状態不明セキュア）ビットは，対応するSU<n>ビットがセキュア・アクセスのみであるか（SUS<n>が1にセットされている場合），またはセキュア・ワールドと非セキュア・ワールドの両方からアクセス可能であるかを示している（SUS<n>が0にクリアされている場合，すなわちデフォルト）

TrustZoneセキュリティ拡張が実装されていない場合，SUS<n>ビットは実装されていません．

TrustZoneセキュリティ拡張機能が実装されている場合，セキュア特権ソフトウェアは，非セキュア・エイリアス・アドレス0xE002E00C（SCBnSCB_NS->CPPWR）を介してCPPWRレジスタの非セキュア・ビューにアクセスできます．

CPPWRレジスタのSUS11，SU11，SUS10，SU10ビットはFPU（および，Cortex-M55プロセッサのHelium処理ユニット）に割り当てられています．CP10とCP11の設定は同じである必要があり－つまり，SUS11==SUS10とSU11 == SU10．

コプロセッサ<n>が無効化され，対応するSU<n>が1にセットされている場合，チップ内の電力管理は，コプロセッサをパワー・ダウンさせることができ，その結果，ハードウェア・ロジックの以前の状態が失われる可能性があります．しかし，チップの電力管理設計によっては，パワー・ダウン機能が利用できない可能性があり，または，潜在的には，状態保持機能が実装される可能性があります．このような場合，ソフトウェア制御によってコプロセッサのパワー・ダウンが許可されていても，コプロセッサ・ユニットの状態は保持される可能性があります．

Armカスタム命令用のカスタム・データパス・ユニットには内部状態保存がありませんが（つまり，動作状態はプロセッサのレジスタ・バンクに記憶されます），ソフトウェアは，Armカスタム命令を使用する前に，CPPWRのSU<n>ビットが0であることを確認しておく必要があります．

15.7　ヒントとコツ

アプリケーション・コードを作成するソフトウェア開発者は，15.3節と15.4節で説明した組み込み関数を直接使用する必要はほとんどありません．これは，マイクロコントローラ・ベンダが次の方法でチップをより使いやすくできるからです．

- ソフトウェア・ライブラリの作成－アプリケーションを作成するソフトウェア開発者は，ライブラリ内のAPIにアクセスするだけで済みます

第15章　コプロセッサ・インターフェースとArm カスタム命令

- 組み込み関数呼び出しにマッピングされるCマクロの追加 – これにより，ソフトウェア開発者は前述の
  Cマクロを介して間接的に組み込み関数にアクセスできる．これは，CのAPIを呼び出すのと同じ使い勝
  手を持っている

コプロセッサ・インターフェースを介して接続されたコプロセッサ・ユニットを使用している場合，また，複
数のアプリケーション・タスクが同じコプロセッサ・ユニットにアクセスしようとしている場合，ソフトウェア
はセマフォなどを追加してリソースの競合を管理する必要があります．この点では，メモリ・マップされたハー
ドウェア・アクセラレータを使用している場合と何ら変わりはありません．Arm カスタム命令を使用する場合，
全てのソフトウェア状態がプロセッサのレジスタに保持され，これらのレジスタのコンテキスト切り替えは，組
み込みOSによって処理されるため，リソース競合の問題は適用されません．

コプロセッサ・レジスタは，プロセッサの外部にあるため，デバッガはコプロセッサのレジスタを直接見るこ
とができないことに注意してください．そのため，多くのチップ設計者はバス・インターフェースを追加して，
これらのレジスタをメモリ・マップで表示するようにしています．この方法を使用すると，デバッガはこれらの
コプロセッサ・レジスタをペリフェラル・レジスタとして調べることができます．

◆ 参考・引用＊文献 ……………………………………………………

(1) Armv8-M アーキテクチャ・リファレンス・マニュアル
    https://developer.arm.com/documentation/ddi0553/am（Armv8.0-Mのみのバージョン）
    https://developer.arm.com/documentation/ddi0553/latest（Armv8.1-Mを含む最新版）
    注意：Armv6-M，Armv7-M，Armv8-M，Armv8.1-M用のMプロファイルアーキテクチャリファレンスマニュアルは次にあります．
    https://developer.arm.com/architectures/cpu-architecture/m-profile/docs
(2) Armv7-M アーキテクチャ・リファレンス・マニュアル
    https://developer.arm.com/documentation/ddi0403/latest
(3) ACLE バージョンQ2 2020 - カスタム・データパス拡張
    https://github.com/ARM-software/acle/releases/download/r2022Q4/acle-2022Q4.pdf
(4) ACLE仕様
    https://developer.arm.com/architectures/system-architectures/software-standards/acle

第16章

デバッグとトレース機能の紹介

Introduction to the Debug and Trace features

16.1 導入

16.1.1 概要

プロセッサは，プログラムできなければ何の役にも立ちません．そして，マイクロコントローラのようなプロセッサ・ベースのシステムをプログラムするには，コードの開発とテストを支援するさまざまな機能が必要です．そこで，デバッグとトレース機能が前面に出てきます．これらの機能をさらに重要にしているのは，多くの組み込みシステムには（パーソナル・コンピュータとは異なり）ディスプレイやキーボードがないことです．このように，デバッグとトレースの接続は，ソフトウェア開発者がソフトウェア動作だけでなく，プロセッサ・システムの内部状態を可視化することを可能にする重要な通信チャネルです．

第2章の図2.1と図2.2に示すように，多くの開発ボードにはデバッグ接続があり，その中にはUSBデバッグ・アダプタ（またはデバッグ・プローブ）が内蔵されているものもあります．ボードに装備されていない場合は，外付けのものを使用する必要があります．内部でも外部でも，不可欠なデバッグ接続は次に役立ちます．

- コンパイルされたプログラム・イメージをボードにダウンロード：これには，組み込みフラッシュ・メモリのプログラミングが含まれる場合がある
- デバッグ操作を処理（停止，再開，リセット，シングル・ステップなど）
- トレース・バッファ（デバイスに実装されている場合）を含むデバイス内のメモリにアクセス：これはトラブル・シューティング時に重要な情報を提供するのに役立つ

マイクロコントローラ・デバイスでは，一般的に使用されるデバッグ通信プロトコルには2つのタイプがあります．これらのプロトコルは，同じデバイス上に共存している場合があり，その場合は接続ピンを共有しますが，一度に使用できるのはどちらか一方だけです．これらのプロトコルは次のとおりです．

- シリアル・ワイヤ・デバッグ（Serial Wire Debug：SWD）- これは2つの信号（SWCLKとSWDIO）だけを必要とし，Armベースのマイクロコントローラでは非常に一般的
- JTAG（ジェイタグ）：Joint Test Action Group - これは，4つの信号（TCK, TMS, TDI, TDO）または5つの信号（テスト・リセット用にnTRSTを追加）を使用

デバッグ・ピンの使用数を減らすために，一部のマイクロコントローラでは，JTAG（Joint Test Action Group）デバッグ・プロトコル機能を省略し，SWD（Serial Wire Debug）プロトコルのみをサポートしています．一部のCortex-Mマイクロコントローラの中には，SWDとJTAGデバッグ・プロトコルの両方をサポートし，TMS/SWDIOピンでの特別なビット・シーケンスを使用して，2つのプロトコル間の動的な切り替えもサポートしているものがあります．これら2つのプロトコルは，ピンを共有できるため（図16.1），両方のプロトコルをサポートする単一のデバッグ接続を持つことができ，デバッグ環境でプロジェクトのデバッグ設定を調整することで，どちらのデバッグ・プロトコルを使用するかを選択できます．

図16.1　JTAGとSWDプロトコル間のピン共有

第16章 デバッグとトレース機能の紹介

デバッグ・アダプタの中には，リアルタイム・トレース接続を提供するものもあります．プロトコル・レベルでは，デバッグ接続とトレース接続は分離されていますが，同じデバッグ・コネクタとデバッグ・アダプタ上に共存させることができます．リアルタイム・トレースを使用すると，プロセッサ・システムがまだ実行中のときに，ソフトウェアの実行に関する情報を収集できます．これにより，次が提供されます．

- 命令実行情報［ただし，エンベデッド・トレース・マクロセル（Embedded Trace Macrocell：ETM）が実装されており，設定でパラレル・トレース接続がサポートされている場合のみ］
- プロファイリング情報
- 選択的なデータ・トレース
- ソフトウェアで生成されたトレース情報（例：printfメッセージをトレース接続にリダイレクトできる）

多くのCortex-Mデバイスでは，2種類のトレース・プロトコルがあります．

- SWOと呼ばれるシングル・ピンのトレース出力 – これは，トレース・データの帯域幅は限られているが，多くの低コストのデバッグ・アダプタでサポートされている．この信号はTDOと共有でき，シリアル・ワイヤ・デバッグ・プロトコルを使用している場合に有効になる
- パラレル・トレース・ポート・モード – これは一般的に5つの信号（4ビットのトレース・データとトレース・クロック）を持ち，より広いトレース帯域幅を持っている（これはETMトレースを使用する場合に不可欠）

幾つかの標準化された，デバッグとトレースのコネクタの配置があり，これらは付録Aに詳述されています．これらのデバッグ・コネクタの配置により，1つの接続で，JTAG／シリアル・ワイヤ・デバッグと，オプションでトレース接続を提供できます．図16.2を参照してください．

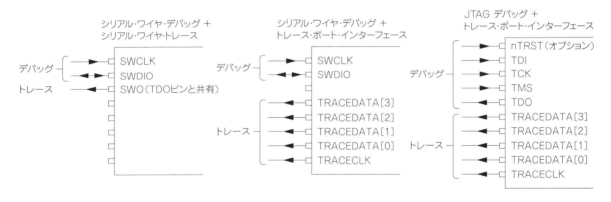

図16.2　一般的なデバッグとトレース接続の配置

図16.2の左側は，低コストのデバッグ・アダプタによく使われる設定を示しています．わずか3ピンの接続で，デバッグ操作ができるだけでなく，基本的なトレース機能にもアクセスできます．ETMを使用したリアルタイムの命令トレース（より広いトレース帯域幅が必要）には対応していませんが，他の多くのトレース機能をサポートしています．

トレース接続は，多くのCortex-Mベースのマイクロコントローラでは利用できません．ただし，全てのトレース機能が専用のトレース接続を必要とする訳ではありません．例えば，マイクロコントローラ・デバイスが命令トレース用のマイクロ・トレース・バッファ（Micro Trace Buffer：MTB）をサポートしている場合，SRAMの一部をトレース・バッファ用に割り当て，プロセッサが停止した後にデバッグ接続を介してトレース・データを収集できます．

16.1.2　CoreSightアーキテクチャ

Cortexプロセッサのデバッグとトレースのサポートは，CoreSightアーキテクチャに基づいています．このアーキテクチャは，デバッグ・インターフェース・プロトコル，デバッグ・アクセスのためのオンチップ・バス，デバッグ・コンポーネントの制御，セキュリティ機能，トレース・データ・インターフェースなど，幅広い範囲を

カバーしています．

ソフトウェアの開発には，CoreSight技術に関する深い知識は必要ありません．CoreSight技術の詳細な情報を知りたい方には，アーキテクチャの概要を説明するCoreSight技術システム設計ガイド[1]をお勧めします．CoreSightデバッグ・アーキテクチャとCortex-M固有のデバッグ・システム設計の詳細については，次のドキュメントを参照してください．

- CoreSightアーキテクチャ仕様（バージョン2.0 ARM IHI 0029)[2]
- ARM Debug Interface v5.0/5.1（例：ARM IHI 0031)[3] – これには，デバッグ接続コンポーネントのプログラマ・モデルの詳細が記載されている（この章では後ほどデバッグ・ポートとアクセス・ポートについて説明する）
- Embedded Trace Macrocellアーキテクチャ仕様（ARM IHI 0014 & ARM IHI 0064) – ETMトレース・パケット・フォーマットとプログラマーズ・モデルの詳細[4],[5]
- Armv8-Mアーキテクチャ・リファレンス・マニュアル[6] – Cortex-M23とCortex-M33プロセッサで利用可能なデバッグ・サポートをカバーしている

このCoreSightデバッグ・アーキテクチャは次のように非常にスケーラブルです．

- シングルプロセッサだけでなく，マルチプロセッサ・システムや，プロセッサではない他の回路（例：Mali GPU）もサポート
- デバッグとトレース・インターフェース・プロトコルに複数のオプションが可能

CoreSightデバッグ・システムの特徴の1つは，デバッグ・インターフェース（Serial Wire Debug/JTAG）モジュールとトレース・インターフェース（トレース・ポート・インターフェース・ユニットなど）モジュールが，プロセッサ内部のデバッグ・コンポーネントから分離されていることです（**図16.3**）．この構成により，スケーラブルなデバッグ・バスとトレース・バス・ネットワークを使用して，単一のデバッグとトレース接続を，複数のプロセッサ間で共有することが可能になり；また，同じ汎用デバッグとトレース・バス・インターフェースを使用して，シングルプロセッサ・システムとマルチプロセッサ・システムの両方でプロセッサを使用できるようになります．

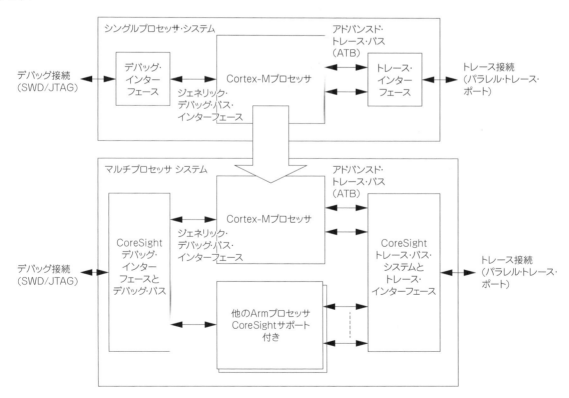

図16.3 デバッグとトレース・インターフェース・モジュールのプロセッサからの分離

第16章 デバッグとトレース機能の紹介

シングルプロセッサとマルチプロセッサをサポートするだけでなく，CoreSightアーキテクチャは，次のサポートも行います．

- TrustZoneデバッグ認証をサポート
- デバッグ・ツールが，ルックアップ・テーブルに基づくメカニズム経由で，利用可能なデバッグとトレース・コンポーネントを検出可能

多くのCortex-Mベースのマイクロコントローラで使用されているデバッグとトレース・インターフェース・コンポーネント（トレース・ポート・インターフェース・ユニットなど）は，CoreSightと互換性があるように設計されています．しかし，これらのコンポーネントは，より小さなシリコン面積と低消費電力のCortex-Mプロセッサ・システム用に特別に設計されているため，ハイエンドのシステムオンチップ設計で使用されるコンポーネントとは異なります．

16.1.3 デバッグ機能とトレース機能の分類

CoreSightのデバッグとトレース機能は，図16.4のように分類されています．

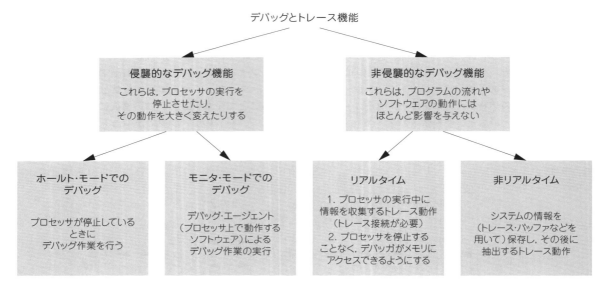

図16.4 デバッグ機能とトレース機能の分類

侵襲的なデバッグ：これには次の機能が含まれます．
- コア・デバッグ – プログラムの停止，シングル・ステップ，リセット，再開
- ブレーク・ポイント
- データ・ウォッチ・ポイント
- デバッグ接続を介してプロセッサの内部レジスタに直接アクセス（リードまたはライトのいずれか：これはプロセッサが停止しているときにのみ実行可能）

注意：デバッグ時にデバッグ・モニタの例外ハンドラを使用すると，プログラムの実行フローを変更するため，侵襲的なものに分類されます．

非侵襲的なデバッグ：これには以下の機能が含まれます．
- オンザフライ・メモリ/ペリフェラル・アクセス
- 命令トレース（ETMまたはMTB経由）
- データ・トレース（Armv8-Mメインライン・プロセッサで利用可能．データ・ウォッチ・ポイントで使用されるのと同じコンパレータを使用するが，この例ではデータ・トレース用に構成されている）
- ソフトウェアで生成されたトレースは，計装トレースとしても知られている．この機能を使用するには，

ソフトウェア・コードを追加する必要があり，ランタイム中に実行する必要がある．しかし，このソフトウェアを追加しても，アプリケーション全体のタイミングに影響が出ることはほとんどない

- プロファイリング（プロファイリング・カウンタまたはPCサンプリング機能を使用）

> 注意：これらの機能はプログラム・フローにほとんど影響を与えないか，あるいは全く与えないため，非侵襲的な機能として分類されます．

CoreSightアーキテクチャでは，デバッグとトレース操作の侵襲的と非侵襲的への分離は，TrustZoneセキュリティ拡張のデバッグ認証サポートと密接に関連しています．Cortex-Mプロセッサのデバッグ認証設定は，侵襲的と非侵襲的デバッグ／トレース権限を別々の信号で制御するインターフェースを使用して定義されます．これに関する詳細は，16.2.7節を参照してください．

16.1.4 デバッグとトレース機能の概要

利用可能なデバッグとトレース機能の概要を**表16.1**に示します．これらの機能はオプションであり，チップ設計者が使用していない場合がありますのでご注意ください．ブレーク・ポイントやウォッチ・ポイント用のハードウェア・コンパレータの数など，一部のオプションはチップ設計者が構成できます．

これらのデバッグ機能の多くは，チップ設計者によって構成可能です．例えば，Cortex-Mプロセッサをベース

表16.1　Cortex-M23とCortex-M33プロセッサのデバッグとトレース機能

機能	Cortex-M23	Cortex-M33	注意事項
JTAGまたはシリアル・ワイヤ・デバッグ・プロトコル	一般的に，デバッグ・プロトコルの1つだけを実装して，面積／電力を削減する	通常は両方をサポートし，ダイナミックな切り替えが可能	デバッグ・インターフェースはプロセッサの外部にあり，別のCoreSightデバッグ・アクセス・ポート・モジュールに交換できる
コア・デバッグ – 停止，シングル・ステップ，再開，リセット，レジスタ・アクセス	Yes	Yes	–
デバッグ・モニタ例外	No	Yes	これはArmv8-Mメインライン・プロセッサでのみ使用可能
メモリとペリフェラルのオンザフライ・アクセス	Yes	Yes	Yes
ハードウェア・ブレーク・ポイント・コンパレータ	最大4個まで	最大8個まで	–
ソフトウェア・ブレーク・ポイント（ブレーク・ポイント命令）	無制限	無制限	5.22節参照
ハードウェア・ウォッチ・ポイント・コンパレータ	最大4個まで	最大4個まで	–
ETMによる命令トレース	Yes（ETMv3.5）	Yes（ETMv4.2）	トレース接続が必要
MTBによる命令トレース	Yes	Yes	–
DWTを用いた選択的データ・トレース	No	Yes	トレース接続が必要
ソフトウェア・トレース（計装トレース）	No	Yes	トレース接続が必要
プロファイリング・カウンタ	No	Yes	トレース接続が必要
PCサンプリング	デバッガによる読み出しアクセスのみ	デバッガによる読み出しアクセスまたはトレース接続を介して	Cortex-M33では，周期的なPCサンプルをトレース出力にエクスポート可能
デバッグ認証	Yes	Yes	TrustZoneが実装されている場合は4つの制御信号，そうでない場合は2つの信号のみ
CoreSightアーキテクチャ準拠	Yes	Yes	大規模なマルチコアSoC設計のためのデバッグ・システムを簡単に統合可能

にした超低消費電力センサ・デバイスは，消費電力を低減するためにブレーク・ポイントとウォッチ・ポイント・コンパレータの数を減らすことができます．また，MTBやETMなどのコンポーネントの一部はオプションであるため，Cortex-M23とCortex-M33マイクロコントローラの中には命令トレースをサポートしていないものもあります．

DWTとITMが提供するトレース機能は，しばしばシリアル・ワイヤ・ビューワ（Serial Wire Viewer：SWV）と呼ばれ，Cortex-M33とArmv7-Mプロセッサで利用可能なトレース機能の集合体となっています．シングル・ピンのシリアル・プロトコルを使用することで，データ・トレース，例外イベント・トレース，プロファイリング・トレース，計装トレース（つまり，ソフトウェアで生成されたトレース）などの幅広い情報をリアルタイムでデバッグ・ホストに送信できます．これにより，システムの動作の可視性が向上します．

16.2　デバッグ・アーキテクチャの詳細

16.2.1　デバッグ接続

図16.5に示すように，Armプロセッサ・システムの内部では，シリアル・ワイヤ/JTAG信号は幾つかのステージを介してデバッグ・システムに接続されています．SWDまたはJTAGインターフェース・プロトコルを扱うハードウェア・モジュールは，デバッグ・アクセス・ポート（Debug Access Port：DAP）と呼ばれています．

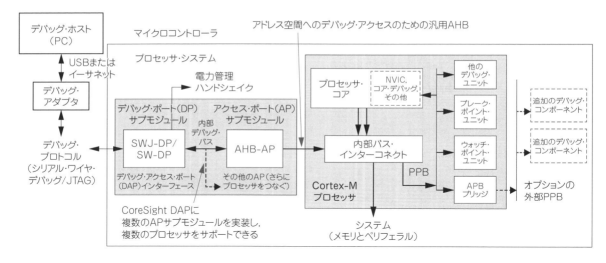

図16.5　デバッグ・インターフェースからプロセッサのデバッグ・コンポーネントとメモリ・システムへの接続

DAPは，一般的なAMBA AHBバス・インターフェースを提供し－これは，プロセッサがメモリ・システムにアクセスするために使用するのと同じバス・プロトコルです[7]．Cortex-Mベースのデバイスの大部分では，1つのプロセッサ接続のみをサポートする面積最適化されたDAPが使用されます．複数のプロセッサを搭載したデバイスでは，通常，複数のプロセッサ・システムをサポートするために，複数のアクセス・ポート・サブモジュールを含むように構成可能なCoreSight SoC-400/SoC-600の構成可能DAPが使用されます．

デバッグ接続の第一段階はDP（Debug Port）サブモジュールによって処理され，SWDまたはJTAGプロトコルをAMBA APBプロトコル[8]を使用して汎用のリード/ライト・バス・アクセスに変換します．汎用バス・プロトコルを使用してDAPモジュール内のデバッグ転送を処理することで，DAPの構造を拡張して複数のプロセッサをサポートできます．理論的には，数百個のCortex-MプロセッサをDAP内部の内部デバッグ・バスに接続し，それぞれがAP（Access Port）サブモジュールを介して接続できます．DPサブモジュールは，システム・オン・チップ・デザインのデバッグ・サブシステムが使用されていないとき，電力管理のハンドシェーク・インターフェースも提供します．デバッガが接続されると，デバッグ・ホストは，ハンドシェーク・インターフェースを使用し

てチップのデバッグ・サブシステムに電源投入を要求します．そうすることで，デバッグ操作を実行できます．

AP（Access Port）サブモジュールは，デバッグ転送の変換の第2段階を提供します．各APサブモジュールが内部デバッグ・バス上で占有するアドレス空間はわずかですが，APサブモジュールが処理するデバッグ転送の変換により，Cortex-Mプロセッサの4Gバイト・アドレス範囲への"読み/書き"アクセスが可能になります．AHBAPサブモジュールは，プロセッサの内部インターコネクトに接続されたAMBA AHBインターフェースを提供し，プロセッサ内部のメモリ，ペリフェラル，デバッグ・コンポーネントにアクセスできます．CoreSight SoC-400/SoC-600には，APBやAXIなど，他の形式のバス・インターフェースを提供するアクセス・ポートがあります．

TrustZoneベースのシステムでは，DAPは，デバッグ・アクセスをセキュアまたは，非セキュアとしてマークするようにプログラムできます．Armv8-Mプロセッサには，許可チェックを処理するための追加のデバッグ認証制御機能（詳細は16.2.7節を参照）が用意されています．デバッグ・アクセスが，TrustZone認証の設定で許可されていない場合，エラー応答がDAFに返されます．

DAPはプロセッサからデカップリング（分離）されており，汎用バス・インターフェースを介してプロセッサに接続されているため，DAPの異なるバージョン/バリアントと交換できます．Cortex-M23とCortex-M33プロセッサに付属するDAPモジュールは，小さなシリコン面積に最適化されており，Armデバッグ・インターフェース（Arm Debug Interface：ADI），仕様5.0-v5.2[3] に基づいています．しかし，チップ設計者がCortex-M23/Cortex-M33プロセッサ用にArm CoreSight SoC-600を使用してデバッグ・システムを設計する場合，DAPインターフェースはArm ADIv6[9] をベースにすることになります．デバッグ・ツールの観点からは，ADIv5.xとADIv6の間には違いがありますが，違いはデバッグ・ツールによって処理されるべきで，開発されているアプリケーション・ソフトウェアに影響を与えるべきではありません．従って，ソフトウェア開発者は，リリース・バージョンの異なるDAPモジュールのデバイスを使用していても，違いに気づくことはほとんどありません．

Cortex-M33プロセッサ上で実行されているソフトウェアは，そのデバッグ・コンポーネントとデバッグ・レジスタにアクセスできることに注意してください．ただし，Cortex-M23プロセッサの場合，プロセッサに接続されているデバッグ・ホストのみがデバッグ・コンポーネントにアクセスできますが，プロセッサ上で実行しているソフトウェアはアクセスできません．Armv8-Mベースラインは，デバッグ・モニタ機能をサポートしていないため，デバッグ・コンポーネントにアクセスするためにソフトウェアを有効にする必要はありません．これにより，プロセッサの内部バス・システムを簡素化でき，その結果，プロセッサのシリコン面積と消費電力を削減できます．

16.2.2　トレース接続 - リアルタイム・トレース

トレース接続は，プロセッサの動作に関するリアルタイムの情報を出力する方法を提供します．Cortex-Mプロセッサ内には，さまざまなタイプのトレース・ソースがあります．これらは次のとおりです．

- エンベデッド・トレース・マクロセル（Embedded Trace Macrocell：ETM）- 命令トレースを提供
- データ・ウォッチポイントとトレース（Data Watchpoint and Trace：DWT）ユニット - Armv8-Mメインライン・プロセッサのDWTは，選択的なデータ・トレース，プロファイリング・トレース，イベント（例外など）トレースを生成するために使用できる
- 計装トレース・マクロセル（Instrumentation Trace Macrocell：ITM）- このユニットは，ソフトウェアがデバッグ・メッセージを生成することを可能にする（例：printf, RTOSを意識したデバッグのサポート）

注意：ETMとは異なり，マイクロ・トレース・バッファ（Micro Trace Buffer：MTB）を使用した命令トレースはトレース接続を必要としません．

前述のトレース・ソースからのトレース・データは，AMBA ATB（Advanced Trace Bus）プロトコル[10] を使用して，内部トレース・バス・ネットワークを介して転送されます．情報の転送は，パケット化されたプロトコルに基づいており，各パケットには，数バイトの情報が含まれています．各トレース・ソースには，それぞれ独自のパケット・エンコーディングがあり，デバッグ・ホストは，情報を受信した後にパケットをデコードする必要があります．

図16.6に示すように，さまざまなトレース・ソースからのトレース・データは，CoreSightトレース・ファンネル・コンポーネントを使用して，単一のATBバスにマージされます．各トレース・ソースには，ID値が割り当てられ，そのIDはATBトレース・バス・システム内のトレース・パケットと一緒に転送されます．トレース・データがトレース・ポート・インターフェース・ユニット（Trace Port Interface Unit：TPIU）に到達すると，トレースID

値はトレース・ポート・データ・フォーマットの中にカプセル化され，デバッグ・ホストがトレース・ストリームを再び分離できるようになります．

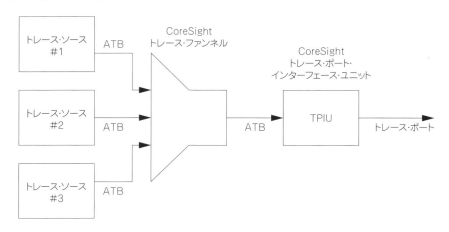

図16.6　CoreSightシステムにおける典型的なトレース・ストリームのマージ

　デバッガによって有効化された後，トレース・ソースは独立して動作します．異なるトレース・ストリーム間の相関を可能にするために，タイムスタンプ機構が提供されます．Cortex-M23とCortex-M33プロセッサでは，トレース・ソース・コンポーネント（ETMなど）は，複数のトレース・ソース間で共有される64ビット・タイムスタンプ入力値をサポートしています．

　Cortex-M33（Armv8-Mメインライン）とArmv7-Mプロセッサでは，DWTとITMは，同じトレース・データFIFOとATBインターフェースを共有しています（つまり，ATBバス内では1つのトレース・ソースとみなされる）．シリコン面積を削減するために，Cortex-M用のTPIUは，トレース・ポイント・インターフェース・ユニット（TPIU）とトレース・ファンネルの両方の機能を組み合わせるように設計されています（図16.7）．さらに，TPIUはシングル・ピンSWO出力もサポートしており，これ自体がシングル・ピンでの狭帯域幅トレース接続をサポートしていて‐これは，マイクロコントローラ・ソフトウェア開発者の間で非常に人気があります．

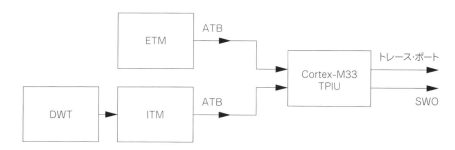

図16.7　単一のCortex-Mプロセッサ・システムにおけるトレース・ソースとトレース接続

　DWTとITMのトレース・パケット・プロトコルは，Armv8-Mアーキテクチャ・リファレンス・マニュアル[6]に記載されています．Armv7-Mプロセッサについては，Armv7-Mアーキテクチャ・リファレンス・マニュアル[11]を参照してください．ETMトレース・パケット・フォーマットの詳細については，ETMアーキテクチャ仕様書[4][5]を参照してください［Cortex-M23 ETMについては参考資料[4]，Cortex-M33 ETMについては参考資料[5]］．

16.2.3　トレース・バッファ

　TPIUを使用してトレース・データを出力する代わりに，トレース情報をトレース・バッファに入れて，デバッグ接続を使用してデバッガで収集できます．Cortex-Mプロセッサ・システムでは，次の2種類のトレース・バッ

ファ・ソリューションがあります．
- マイクロ・トレース・バッファ(Micro Trace Buffer：MTB) – システムのSRAMの一部を命令トレースに使用する．これには，トレース生成ユニット，SRAMインターフェースとバス・インターフェースで構成される．MTBトレースを使用しない場合，このユニットは，通常のAHBからSRAMへのブリッジング・デバイスとして機能する．MTBの詳細については，16.3.7節を参照[12]
- CoreSightエンベデッド・トレース・バッファ(Embedded Trace Buffer：ETB)[13] – これは，さまざまなトレース・ソースから生成され，トレース・バス(AMBA ATB)[10]で転送されたトレース・データを専用SRAMで保持する

　Cortex-Mベースのデバイスで，インターフェース・ピンの数が少なく，アプリケーションが全てのピンを使用してしまった場合，トレース・ポートを使用してトレース収集を行うことはできません．このような場合には，CoreSight ETBをトレース・データ収集に使用できます．デザインをより柔軟にするために，チップ内のトレース・バス・システムには，トレース・レプリケータ・コンポーネントを含めることができ，これはトレース・データをSRAMに格納するためのETBか，またはアプリケーションが全てのピンを必要としない場合はトレース接続に，選択的に送ります(図16.8)．デバッガが通常のメモリ・アクセスを使用してトレース・バッファからトレース・データを収集できるようにするために，ETBモジュールは，専用ペリフェラル・バスまたは，システム・バスを経由してアクセスされます．

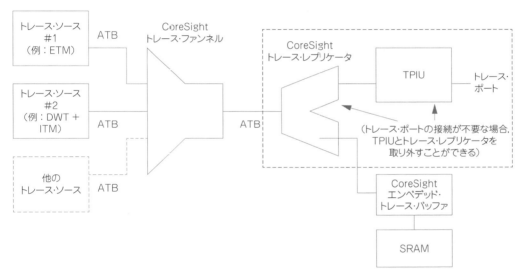

図16.8 Cortex-MプロセッサでのCoreSightエンベデッド・トレース・バッファ(ETB)の使用

　TPIUとレプリケータを取り除き，トレース・ファンネルからのトレース出力をETBで直接収集することも可能です．
　ETBとTPIUはそれぞれ独自の利点を持っています(表16.2)．

表16.2　ETBとTPIUのトレース収集ソリューションの比較

ETBトレース・ソリューションの利点	TPIUトレース・ソリューションの利点
トレース接続を必要とせず，同じJTAGまたはシリアル・ワイヤ・デバッグ接続を使用して，トレース情報を抽出できる ETBは高速クロックで動作し，非常に高いトレース帯域を提供できる．対照的に，TPIU使用で利用できるトレース帯域幅は，トレース・ピンのトグル速度によって制限される	トレース・データがリアルタイムでデバッグ・ホストにストリーミングされるため，トレース履歴は無制限 専用のSRAMは必要ない

　ほとんどのCortex-Mマイクロコントローラでは，専用のSRAMを必要としないTPIUソリューションが採用され，これはシリコン・コストが低く抑えられることを意味します．

16.2.4 デバッグ・モード

ソフトウェアを書くとき，次のためにソフトウェアの動作を分析する必要があります．
- システムがどのように動作するか理解する
- 故障の原因を特定する
- ソフトウェアを最適化するためのより良い方法があるかどうかを確認する

これらの目的を達成するためには，多くの場合，アプリケーションを停止し，システムの状態を調べたり，オプションでシステムの状態を修正したりすることが不可欠です．これには次の2つの方法があります．

1. ホールト・モード・デバッグ：ソフトウェア開発者がソフトウェアの停止を要求したとき，またはデバッグ・イベントが発生したとき，プロセッサは，ホールト・モードに入り，それ以上の命令の実行を停止する．プロセッサが停止すると，デバッガは，プロセッサの内部状態（レジスタ・バンク内のレジスタなど）を調べて修正し，動作を再開するか，シングル・ステップにするか，必要に応じてシステムをリセットするかを決定できる

2. モニタ・モード・デバッグ：デバッグ・エージェントと呼ばれるソフトウェアの一部は，ソフトウェアに統合するか，またはデバッグ操作をサポートするためにプリロードされたファームウェアに統合できる．デバッグ・エージェントは，通信チャネルを介してデバッガと通信し，ソフトウェアを介してデバッグ操作を行うことができる（図16.9）．デバッグ・イベントが発生すると，プロセッサは，デバッグ・エージェント内でデバッグ・モニタ例外（タイプ12）を実行し，実行していた"アプリケーション"は中断される．デバッグ・イベントによってデバッグ・エージェントをトリガする代わりに，通信チャネルを介してソフトウェア開発者からの"停止/中断"要求によってデバッグ・エージェントを起動できる．デバッグ・エージェントが実行されているとき，サスペンドされたアプリケーションの状態（メモリに保存されている）を調べることができ，再開またはシングル・ステップを行うことができる．しかし，同時に，デバッグ操作が実行されている間にも，より高い優先度の割り込みをまだ実行できる

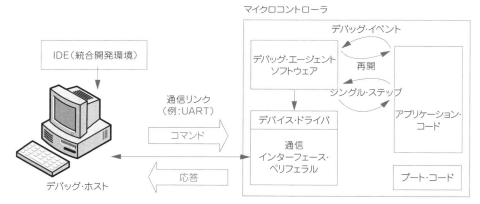

図16.9　モニタ・モード・デバッグの概念

Cortex-Mプロセッサのシステム制御空間（System Control Space：SCS）内には，デバッグ動作を制御するためのデバッグ制御レジスタが多数存在します．これらのレジスタには，ホールト・モードやモニタ・モード・デバッグを有効/無効にするためのレジスタが含まれます．ホールト・モード・デバッグは，最も一般的なデバッグ方法ですが，Armのエコシステムではモニタ・モード・デバッグもサポートされています（例：Segger-https://www.segger.com/products/debug-probes/j-link/technology/monitor-mode-debugging/）．

表16.3は，ホールト・モード・デバッグとモニタ・モード・デバッグを比較したものです．

ほとんどのマイクロコントローラ開発プロジェクトでは，強力で使いやすいという理由から，ホールト・モード・デバッグの方が，人気があります．しかし，モニタ・モード・デバッグの方が適している場合もあります．例えば，マイクロコントローラがエンジンやモータの制御に使用されている場合，ホールト・モード・デバッグのためにマイクロコントローラを停止することは，エンジンやモータの制御を失うことを意味する場合がありますが，これは明らかに望ましくない，あるいは危険でさえあります．場合によっては，モータ制御回路の突然の

16.2 デバッグ・アーキテクチャの詳細

表16.3 ホールト・モードとモニタ・モードのデバッグ比較

ホールト・モード・デバッグ	モニタ・モード・デバッグ
全てのArm Cortex-Mプロセッサでサポートされている	Armv7-MとArmv8-Mメインライン・プロセッサでサポートされている. Armv8-Mベースライン(Cortex-M23など)またはArmv6-Mプロセッサでは使用できない
デバッグ・エージェントのメモリを必要としない	幾つかのプログラムとRAMのメモリ空間を必要とする. デバッグ・エージェントがプログラムとRAMメモリ空間を必要とするため, 幾つかのRAM位置がデバッグ・エージェント・ソフトウェアによって変更される可能性がある
シリアル・ワイヤ・デバッグまたはJTAGインターフェースでのデバッグ	通信チャネル(UARTなど)上でのデバッグ
NMIとHardFaultハンドラを含むあらゆるコードのデバッグが可能	デバッグ・モニタよりも低い例外優先度のコードはデバッグできるが, 同じかそれ以上の優先度のNMIやHardFaultなどの例外ハンドラはデバッグできない. また, デバッグ・モニタが割り込みマスク・レジスタによってブロックされている場合もデバッグが禁止されている
シリコンの立ち上げに適している(チップにソフトウェアがプリロードされていない場合)	他のソフトウェア・コンポーネントがデバッグされている間, 幾つかのソフトウェアを実行し続けることができる
メイン・スタックが無効な状態(MSPが無効なアドレスを指しているなど)であってもデバッグ操作を行うことができる	メイン・スタックと通信インターフェース・ドライバ(デバッグ・エージェント用)が動作状態にあることが必要
ホールト・モードでSysTickタイマ停止される	デバッグ中もSysTickタイマは継続して実行される
シングル・ステッピング中に割り込みを保留, 呼び出し, または, マスクできる	新たに到着した割り込みは保留され, デバッグ・モニタよりも優先度が高い場合は, サービスできる

終了により, テスト対象のシステムに物理的な損傷を与える可能性があります. このような場合は, モニタ・モード・デバッグを使用してください.

デバッグにデバッグ・エージェントを使用するシステムでは, デバッグ・エージェントは起動後, 通信インターフェース(デバッグ・ホスト上で動作するデバッガと通信する)を起動して有効にします. アプリケーションを停止するには, デバッグ・ホストが停止コマンドを発行し, それによって実行はデバッグ・エージェントの内部に留まります. ソフトウェア開発者は, デバッグ・エージェント内のソフトウェア制御プロセスを介してシステムの状態を調べることができます. 同様に, アプリケーション・コードの実行中にデバッグ・イベントがトリガされた場合, デバッグ・エージェントが引き継ぎ, デバッグ・ホストはアプリケーション・コードが停止したという通知を受け取り, ソフトウェア開発者はアプリケーションをデバッグできます.

16.2.5 デバッグ・イベント

デバッグ中, 次の場合, プロセッサは, ホールト・モードに入るか, デバッグ・モニタに入ります.
- ソフトウェア開発者が停止(ホールト)要求を出した場合
- シングル・ステップ中に1つの命令を実行した後
- デバッグ・イベントが発生した場合

Cortex-Mプロセッサでは, 次のようにデバッグ・イベントが発生することがあります.
- ブレークポイント(breakpoint:BKPT)命令の実行によって
- プログラムの実行がブレークポイント・ユニットで示されたブレークポイントに到達した場合
- データ・ウォッチポイント・アンド・トレース(Data Watchpoint and Trace:DWT)ユニットから発せられるイベントによって:イベントは, データ・ウォッチポイント, プログラム・カウンタの一致, またはサイクル・カウンタの一致によってトリガされる可能性がある
- 外部からのデバッグ要求によって:プロセッサの境界には, EDBGRQと呼ばれる入力信号がある. この信号の接続は, デバイス固有のものである. EDBGRQ信号がLowレベルに接続したり, ベンダ固有のデバッグ・コンポーネントに接続したり, マルチコアの同期デバッグ・サポートに使用したりできる
- ベクタ・キャッチ・イベントによって:これはプログラム可能な機能で, 有効にするとシステム・リセット直後または, 特定のフォールト例外が発生した場合にプロセッサを停止させる. これは, デバッグ例外とモニタ制御レジスタ(DEMCR, アドレス0xE000EDFC)と呼ばれるレジスタによって制御され

る．DEMCRの詳細については，表16.11を参照．ベクタ・キャッチ・メカニズムは，デバッグ・セッションの開始時（フラッシュ・イメージが更新された後）やプロセッサがリセットされた後にプロセッサを停止させるために，一般的にデバッガで使用される

デバッグ・イベントが発生すると，プロセッサは，さまざまな条件に基づいて，ホールト・モードに入ったり，デバッグ・モニタ例外に入ったり，その要求を無視したりするかもしれません（図16.10）．

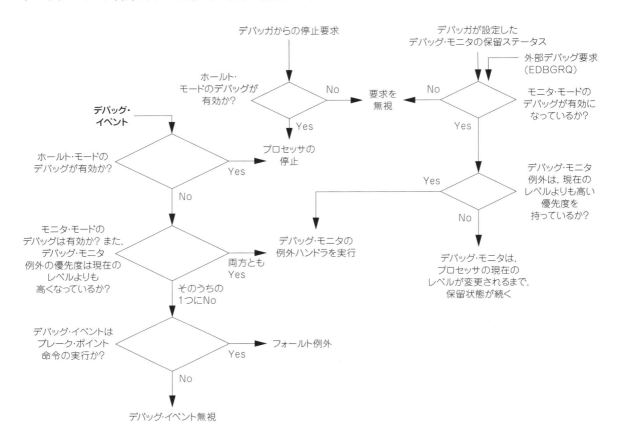

図16.10　デバッグ・イベントの処理（TrustZoneのデバッグ権限を考慮しない簡略図）

モニタ・モード・デバッグの扱いはホールト・モードとは異なります．なぜなら，デバッグ・モニタ例外は単なる別の種類の例外であり，プロセッサの現在の優先度に影響を受ける可能性があるためです．
デバッグ動作後次のようになります．
- ホールト・モード・デバッグを使用する場合，停止要求をクリアするためにプロセッサ内のデバッグ制御レジスタの1つに書き込みを行うことで，デバッガは動作を再開する
- モニタ・デバッグを使用する場合，デバッグ・エージェントは例外からのリターンで動作を再開する

例外と同様に，デバッグ・イベントは同期または非同期のどちらかです．例えば，次のようになります．
- ブレークポイント命令の実行，"ベクタ・キャッチ"または，プログラムの実行がブレークポイント・ユニットで設定されたブレークポイントに行き当たったときは，全て同期．ブレークポイント・イベントが受け入れられると，プロセッサは命令の実行を停止し，ホールト・モードまたは，デバッグ・モニタに入る．モニタ・モードのデバッグの場合，デバッガから見えるプログラム・カウンタ，すなわちスタックされた戻りアドレスは，ブレークポイントの位置と同じアドレスまたは，ベクタ・キャッチ・イベントの例外ハンドラの最初の命令になる
- データ・ウォッチポイント・イベント（PCマッチとサイクル・カウンタ・マッチを含む）と外部デバッグ要求は非同期．これは，プロセッサが停止する前に，すでにパイプライン内にある追加の命令を実行

16.2 デバッグ・アーキテクチャの詳細

し続ける可能性があることを意味する

デバッガは，デバッグ動作を処理するときに，これらの状況を考慮しなければなりません．例えば，ホールト・モード・デバッグのブレークポイントの後に動作を再開するには，デバッガは次のようにする必要があります．

（1）ブレークポイントを無効にしてから

（2）シングル・ステップ機能を使用して，プログラム・カウンタを次の命令に移動し

（3）連続して同じ場所を実行する場合に，プロセッサが再び停止できるように，ブレークポイントを再有効化する

（4）動作を再開するために停止要求をクリアする

上記のステップが実行されない場合　ブレークポイントによってプログラムが停止した後にソフトウェア開発者がプログラムの実行を再開しようとすると，プロセッサはすぐに同じブレークポイントにぶつかることになります．なぜなら，ブレークポイントによって指された命令が実行されていないため，プログラム・カウンタは，まだブレークポイントの位置（ブレークポイントの後のアドレスではなく）に設定されたままだからです．

16.2.6　ブレークポイント命令の使用

ソフトウェアを書くとき，ブレークポイント命令を挿入して，プログラムの実行を停止させることができます．ハードウェア・ブレークポイント・コンパレータとは異なり，ソフトウェア・ブレークポイントを好きなだけ挿入できます（当然ながら，使用可能なメモリ・サイズに依存します）．ブレークポイント命令（BKPT #immed8）は，16ビットのThumb命令で，エンコーディング0xBExxを使用し – 上位8ビットの0xBEのみがプロセッサによってデコードされます．命令の下位8ビットは、命令に続いて与えられる即値データに依存します．デバッグ・ツールがセミホストをサポートしている場合，即値データはセミホスト・サービスを要求するために使用できます．このシナリオでは，デバッガはプログラム・メモリから即値データの値を，または，プログラム・メモリの内容がチップ内の現在のプログラム・イメージと同一であることが保証されている場合で，プログラム・イメージが利用できれば，プログラム・イメージから抽出しなければなりません．Arm開発ツールの場合，セミホスト・サービスは通常，BKPT命令の下位8ビットである値0xABを使用します．

CMSIS-COREドライバを使用したC言語プログラミング環境では，CMSIS-COREで定義された関数を使用して次のように，ブレークポイント命令を挿入できます．

```
void __BKPT(uint8_t value) ;
```

例えば，次を使ってブレークポイントを挿入できます

```
__BKPT(0x00);
```

ほとんどのCコンパイラは，ブレークポイント命令を生成するための独自の組み込み関数を持っています．セミホスト機能を使用する場合（例えば　"printf"メッセージをセミホスト通信チャネルにリダイレクトするなど），ブレークポイント命令と関連するセミホスト・サポート・コードは，開発ツールチェーンによって自動的に挿入されます．セミホストをホールト・モード・デバッグする場合，プロセッサが頻繁に停止する可能性があることに注意してください．これは明らかにプロセッサの性能を著しく低下させ，一般的にリアルタイム・アプリケーションには適していません．

本番用のソフトウェアを最終的に完成させる場合，デバッグ用に挿入されたコードのブレークポイント命令を削除することが非常に重要です．ブレークポイント命令が削除されず，デバッグが有効になっていない状態で実行された場合（デバッガ接続がないなど），プロセッサはHardFault例外を発生させます．このHardFaultの原因は，ハード・フォールト・ステータス・レジスタ（Hard Fault Status Register：HFSR）のフォルト・ステータス・ビット "DEBUGEVT" と，デバッグ・フォールト・ステータス・レジスタ（Debug Fault Status Register：DFSR）の "BKPT" ビットによって示されます．

16.2.7　デバッグ認証とTrustZone

デバッグ認証メカニズムにより，システムはデバッグとトレース機能の許可レベルを定義できます．基本的な

第16章 デバッグとトレース機能の紹介

デバッグ認証機能は，Armv6-MとArmv7-Mアーキテクチャで利用可能でしたが，Armv8-Mアーキテクチャでは拡張され，TrustZoneをサポートするようになりました．

デバッグ認証機能をサポートするために，プロセッサのトップ・レベル（プロセッサの設計境界）には多くの入力信号があり，これらを**表16.4**に示します．

表16.4 デバッグ認証制御信号

信号	名前	説明
DBGEN	侵襲的なデバッグの有効化	信号が1の場合，ノーマル・ワールド（非セキュア）の侵襲的なデバッグ機能が有効になる
NIDEN	非侵襲的なデバッグの有効化	信号が1の場合，ノーマル・ワールド（非セキュア）の非侵襲的デバッグ機能（トレースなど）が有効になる
SPIDEN	セキュア特権の侵襲的なデバッグの有効化	信号が1の場合，セキュア・ワールドの侵襲的デバッグ機能が有効になる．TrustZoneが実装されている場合のみ使用できる
SPNIDEN	セキュア特権の非侵襲的なデバッグ有効化	信号が1の場合，セキュア・ワールドの非侵襲的デバッグ機能（トレースなど）が有効になる．TrustZoneが実装されている場合のみ使用できる

これらの信号の全ての組み合わせが許可されている訳ではありません．例えば次の場合が挙げられます．
- SPIDENがHigh（ロジック・レベル1）の場合，DBGENもHighでなければならない
- 同様に，SPNIDENがHighの場合，NIDENもHighでなければならない
- セキュリティ・ドメインで侵襲的なデバッグが許可されている場合，非侵襲的なデバッグも許可されていることが期待される

一般的に使用されている組み合わせを**表16.5**に示します．

表16.5 デバッグ認証制御信号の組み合わせ

DBGEN	NIDEN	SPIDEN	SPNIDEN	説明
0	0	0	0	全てのデバッグおよびトレース機能が無効
0	1	0	0	非セキュア・ワールドでの非侵襲的なデバッグ（トレースなど）のみを許可
1	1	0	0	非セキュア・ワールドでのデバッグおよびトレース機能のみを許可
0	1	0	1	両方のワールドで非侵襲的なデバッグ（トレースなど）のみを許可
1	1	0	1	セキュア・ワールドでは，非侵襲的なデバッグ（トレースなど）のみを許可．非セキュア・ワールドでの侵襲的なデバッグと非侵襲的なデバッグの両方を許可
1	1	1	1	セキュア・ワールドと非セキュア・ワールドの両方のための全てのデバッグおよびトレース機能を許可

これらのデバッグ認証信号は，プロセッサ（**図16.11**）上で実行されているか，または別のシステム管理プロセッサ（セキュア・エンクレーブなど）上で実行されているデバッグ認証制御ソフトウェアによって制御されます．

図16.11の灰色の四角で示されているように，デバッグ認証プロセスでは，暗号化機能を使用してソフトウェア開発者の認証情報を検証し，チップのセキュア・ストレージに保持されている秘密情報と比較します．これにより，認証されたソフトウェア開発者のみがデバッグ・アクセスを得ることができます．デバッグ認証の設定はチップのライフ・サイクルに依存するため，ライフ・サイクルの状態を保持するために不揮発性メモリが必要です．典型的なデバイスのライフ・サイクルの状態は，デバイスが製造された後，セキュア・ファーム・ウェアがロードされた後，非セキュア・ファームウェアがロードされた後，製品が市場に展開された後，製品がリタイアした後などです．

セキュア特権ソフトウェアは，デバッグ認証制御レジスタ（DAUTHCTRL，アドレス0xE000EE04）をプログラミングすることで，SPIDENおよびSPNIDENの値を上書きできます．この機能は次のように動作します．
- DAUTHCTRL.SPNIDENSEL（ビット2）が1のとき，DAUTHCTRL.INTSPNIDEN（ビット3）の値でSPNIDENの値を上書きする

16.2 デバッグ・アーキテクチャの詳細

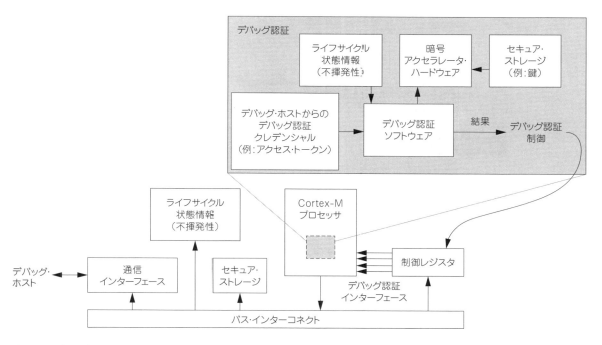

図16.11 デバッグ認証システムの例

- DAUTHCTRL.SPIDENSEL（ビット0）が1のとき，DAUTHCTRL.INTSPIDEN（ビット1）の値でSPIDENの値を上書きする

全てのデバッグ機能が無効になっている場合でも，IDレジスタやROMテーブルなどの特定のメモリ位置にアクセスすることは可能です．これは，デバッガが利用可能なデバッグ・リソースとプロセッサ・タイプを検出できるようにするために必要です．場合によっては，SoC製品の設計者は，全てのデバッグ・アクセスを無効にしたい場合があります．これを実現するために，全てのデバッグ・アクセスを無効にするための追加のデバッグ許可制御信号がDAPモジュールで利用可能です．

Armv8-Mアーキテクチャでは，非セキュア・ワールドでのデバッグを許可すると同時に，セキュアなデバッグのためのアクセスを無効にすることが可能です．次のような場合になります．

- セキュア・メモリには，ソフトウェア開発者はアクセスできない．DAP（16.2.1節を参照）は，デバッガによってセキュアまたは非セキュア転送を生成するようにプログラムできるが，セキュア・デバッグが許可されていない場合，全てのデバッグ・アクセスは非セキュアとして処理され，セキュア・アドレスへのアクセスがブロックされる
- プロセッサは，セキュアAPIの途中で停止することも，セキュアAPIでシングル・ステップすることもできない
- リセット・ベクタ・キャッチ・デバッグ・イベントは保留され，プロセッサが非セキュア・プログラムに分岐するとすぐに停止する．セキュア例外によって引き起こされる他のベクタ・キャッチ・イベントは無視される
- トレース・ソース（ETM，DWTなど）は，プロセッサがセキュア状態になると，命令/データ・トレース・パケットの生成を停止する
- トレース・ソース（ETM，DWTなど）は，プロセッサがセキュア状態にある場合でも，セキュア情報の漏洩につながらない限り，他のトレース・パッケージを生成できる
- プロセッサが非セキュア・アドレスで停止しているときに，デバッガがプログラム・カウンタをセキュア・プログラム・アドレスに変更しようとした場合，シングル・ステップまたは再開を試みると，プロセッサはSecureFaultまたはセキュアHardFaultになる

セキュアAPIの実行中にデバッガまたは外部デバッグ要求信号EDBGRQからの停止要求を受信した場合，その停止要求は保留され，プロセッサが非セキュア状態に戻ったときにのみ受け付けられます（**図16.12**）．

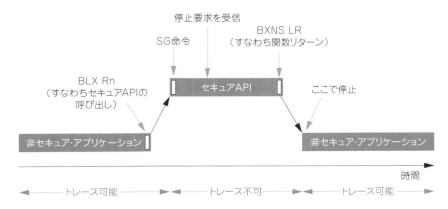

図16.12　デバッグ認証シナリオ – セキュアAPIの実行時に受信した要求の停止

　非セキュア・アプリケーションのシングル・ステッピング中，非セキュア・コードがセキュアAPIを呼び出すと，プロセッサはセキュアAPIの最初の命令（SG命）で停止します．しかし，シングル・ステッピングの次のステップでは，プロセッサは非セキュア・ワールドに戻るまで停止しません（図16.13）．プロセッサは，セキュア・アドレスの位置（SG命令のアドレス）で停止しますが，この動作は，次の理由から，セキュア情報の漏洩にはつながりません．
- セキュア・メモリ内のセキュアAPIコードとセキュア・データは，ソフトウェア開発者には見えない
- セキュアAPIはその時点では処理を行っていない

　停止アドレス（セキュアAPIのエントリ・ポイント）は，セキュア情報とはみなされないことに注意してください．非セキュア・ソフトウェアの開発者は，プログラム・コードの中でセキュアAPIを呼び出すために，この情報を必要とするため，エントリ・ポイントのアドレスをすでに知っているでしょう．

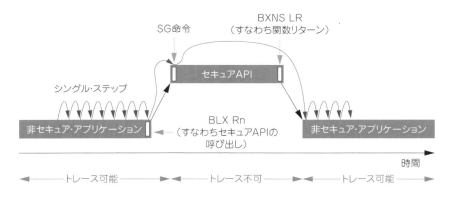

図16.13　デバッグ認証シナリオ – セキュアAPI上でのシングル・ステップ

　デバッグ認証設定は，デバッグ・モニタ例外のターゲットがセキュア状態か非セキュア状態かを定義します．セキュア・デバッグが許可されている場合，デバッグ・モニタ例外（タイプ12）はセキュア状態をターゲットとし，許可されていない場合は非セキュア状態をターゲットとします．

16.2.8　CoreSightディスカバリ：デバッグ・コンポーネントの特定

　CoreSightデバッグ・アーキテクチャは非常に拡張性が高く，多数のデバッグ・コンポーネントを搭載した複雑なシステム・オン・チップ設計でも使用できます．幅広いシステム構成をサポートするために，CoreSightデバッグ・アーキテクチャは，デバッガがシステム内のデバッグ・コンポーネントを自動的に特定できるようにするメカニズムを提供します．これには，各デバッグ・コンポーネント内のIDレジスタと1つ以上のルックアップROM

テーブルの使用が含まれます.

デバッガがCoreSightベースのデバッグ・システムに接続すると, さまざまなステップが実行され, これらの手順については, 次で詳しく説明します.

1. デバッガは, JTAGまたはシリアル・ワイヤ・デバッグ・プロトコルを介して, 検出されたID値を使用して, どのタイプのデバッグ・ポート・コンポーネント (図16.5の左側を参照) に接続されているかを検出する

2. デバッグ接続を使用して, デバッガはデバッグ・システムと必要に応じてシステム・ロジックに電源投入要求を発行する. このウェイクアップ要求は, デバッグ・ポート・モジュールのハードウェア・インターフェースによって処理される. 次のコマンドを発行する準備ができたことをデバッガに知らせるために, ハンドシェークのメカニズムが使用される

3. パワーアップ要求のハンドシェークが完了すると, デバッガはDAPの内部デバッグ・バスをスキャンして, アクセス・ポート・コンポーネントが何個接続されているかを確認する. CoreSightアーキテクチャ・バージョン2.0に基づいて, 内部デバッグ・バスには最大256個のAPモジュールがある. しかし, 大多数のCortex-Mデバイスでは, 1つのプロセッサのみが表示され, これはDPモジュールに接続された1つのAPモジュールのみを持っている

4. デバッガは, 接続されているAPモジュールのIDレジスタを読み取ることで, 接続されているAPモジュールのタイプを検出できるようになる. シングルコアのCortex-Mベースのデバイスの場合, これはAHB-APモジュールとして表示される (図16.5のデバッグ・ポート・モジュールの右側)

5. デバッガは, APモジュールがAHB-APであることを確認した後, AHB-AP内部のレジスタの1つを読み出すことで, プライマリROMテーブルのベース・アドレスを特定する. このレジスタには, 読み出し専用の値であるベース・アドレスが含まれている. ROMテーブルは, ステップ6〜8で後述するように, デバッグ・コンポーネントの検出に使用される

6. ステップ5で取得したROMテーブルのベース・アドレスを用いて, デバッガは1次ROMテーブルのIDレジスタを読み出し, ROMテーブルであることを確認する

7. デバッガはROMテーブルのエントリを読み出して, デバッグ・コンポーネントのベース・アドレスを収集し, 追加のROMテーブルが利用可能な場合はそれも収集する. ROMテーブルには, 1つ以上のデバッグ・コンポーネントのエントリが含まれている. 各エントリは次の内容がある.

   ◦ コンポーネントのアドレス・オフセット (ROMテーブルのベース・アドレスからの) を示すアドレス・オフセット値. バス・スレーブは通常4Kバイトのアドレス境界にアラインしているため, 32ビットのエントリの全てのビットがアドレスに使用される訳ではない

   ◦ 1ビット (エントリの最下位ビットの1つ). これは, そのエントリが指すアドレスにコンポーネントが実装されているかどうかを示すために使用される

   ◦ 1ビット (エントリの最下位ビットの1つ). そのエントリが現在のROMテーブルの最後の1つであるかどうかを示すために使用される

   次に, デバッガはこの情報を使用して, 利用可能な全てのデバイスのツリー状のデータベースを構築する

8. デバッガがスキャン中に追加のROMテーブルを検出した場合, デバッガは追加のROMテーブルのエントリもスキャンする

図16.14は, 前述のステップ1〜8を説明するための図です.

デバッグ・コンポーネント特定プロセスは, 全てのROMテーブルの全てのエントリが検出されるまで継続します. デバッグ・コンポーネントは, そのアドレス範囲の最後に位置する幾つかのIDレジスタを持っていて – この値は, システム内にどのようなコンポーネントが存在するかをデバッグ・ツールが特定できるように設計されていて, デバッグ・ツール・ベンダが利用できるものです.

ほとんどの最新のCortex-Mベースのマイクロコントローラは, 2つのレベルのROMテーブルを持っています: システム・レベル (プライマリ) とプロセッサ・レベル (セカンダリ) です. この場合, プライマリROMテーブルのエントリの1つがCortex-Mプロセッサ内のセカンダリROMテーブルを指し, セカンダリROMテーブルは, プロセッサのデバッグ・コンポーネント (ブレークポイント・ユニット, データ・ウォッチポイントとトレース・ユニットなど) へのエントリを提供します. 全てのデバッグ・コンポーネントとセカンダリROMテーブルは, デバッガがどのコンポーネントが利用可能かを判断できるように, ある範囲のID値を持っています. 場合によっては, 2つ以上のレベルのROMテーブルが存在します. このような場合, Cortex-Mプロセッサ内のROMテーブルは, ROMテーブル・ルックアップのより深いレベル (例えば, 第3レベル) に位置している可能性があります.

第16章 デバッグとトレース機能の紹介

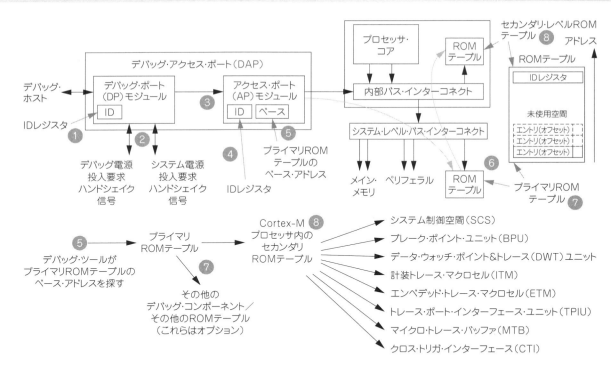

図16.14 CoreSightディスカバリ：ROMテーブルとIDレジスタを使用した利用可能なデバッグ・コンポーネントの特定

16.3 デバッグ・コンポーネントの紹介

16.3.1 概要

Cortex-Mプロセッサの内部には，多くのデバッグ・コンポーネントがあります．Cortex-M23とCortex-M33プロセッサには，次のデバッグ・コンポーネントがあります．

- プロセッサ・コア内部のデバッグ制御ブロック
- ブレークポイント・ユニット（Breakpoint unit：BPU － しかし，歴史的な理由から，フラッシュ・パッチとブレークポイント・ユニット"FPB"とも呼ばれている）
- データ・ウォッチポイント・アンド・トレース（Data Watchpoint and Trace：DWT）ユニット（注意：Cortex-M23ではDWTにトレース機能はない）
- トレース・スティミュラスをソフトウェアで生成するための計装トレース・マクロセル（Instrumentation Trace Macrocell：ITM）－ Armv8-Mメインライン・プロセッサのみで利用可能
- リアルタイム命令トレースのためのエンベデッド・トレース・マクロセル（Embedded Trace Macrocell：ETM）
- バッファ付き命令トレース用マイクロ・トレース・バッファ（Micro Trace Buffer：MTB）
- マルチコア・システムにおけるデバッグ同期のためのクロス・トリガ・インターフェース（Cross Trigger Interface：CTI）
- トレース・データを出力するためのトレース・ポート・インターフェース・ユニット（Trace Port Interface Unit：TPIU）

一般的に，アプリケーション開発者はデバッグ・コンポーネントの詳細な理解を必要としません．しかし，そうは言っても，それらがどのように動作するかを高いレベルで理解することは役立つ可能性があります．例えば，特定のデバッグ機能が期待通りに動作しない場合のトラブルシューティングに役立ちます．あなたがチップ設計者であれば，チップのデバッグ・サポートを実装するのに役立つ可能性があるので，デバッグ・システムがどのように動作するかの知識が重要になるかもしれません．

ほとんどの場合，BPU，DWT，ETMなどのデバッグ・コンポーネントはデバッグ・ツールによって管理され，

ソフトウェアからはアクセスできません．Cortex-M23プロセッサでに，デバッグ・レジスタはデバッガからのみアクセス可能で，プロセッサ上で実行するソフトウェアはデバッグ・コンポーネントにアクセスできません．Cortex-M33プロセッサでは，プロセッサ上で実行するソフトウェアがデバッグ・レジスタにアクセスできるようになっています．これは，デバッグ・モニタ機能を使用するデバッグ・エージェントをサポートするために必要です．

しかし，ソフトウェア開発者がソフトウェアの特定のデバッグ機能に直接アクセスしたい場合もあるでしょう．以下のような場合が考えられます．

- デバッグ中にコードにソフトウェア・ブレークポイントを追加する場合
- セキュア特権ソフトウェアがセキュア・デバッグ認証の設定をオーバーライドできるように，デバッグ制御ブロック内のDAUTHCTRLレジスタを使用する場合
- ITMを使用してソフトウェアでトレース・スティミュラスを生成する場合（Armv8-Mメインラインでは使用可能だが，Armv8-Mベースラインでは使用できない）
- モニタ・モード・デバッグ用のデバッグ・エージェントを統合する場合（Armv8-Mメインラインでは利用可能だが，Armv8-Mベースラインでは利用できない）

特に指定しない限り，Armv8.0-Mのデバッグ・コンポーネント用のレジスタは特権状態でのみアクセスされ，32ビット転送を使用してのみアクセスされます．Armv8.1-Mアーキテクチャでは，デバッグ・コンポーネントへの非特権アクセスを許可することが可能です．しかし，これは本書の範囲を超えており，説明していません．

16.3.2 プロセッサ・コアのデバッグ・サポート・レジスタ

プロセッサのコアには，デバッグ制御機能のためのレジスタが幾つかあります．これらには次が含まれます

- ホールト・モード・デバッグ用の制御レジスタ（DHCSR）．このレジスタは，停止とシングル・ステップを処理する
- モニタ・モード・デバッグ用の制御レジスタ（DEMCR）．このレジスタは，デバッグ・モニタ例外の管理や，デバッグ・モニタを使用したシングル・ステップの管理を行う
- プロセッサ内部の各種レジスタ（レジスタ・バンク内のレジスタ，特殊レジスタなど）にアクセスするための一対のレジスタ（DCRSRとDCRDR）
- ベクタ・キャッチ・デバッグ・イベント処理用の制御レジスタ（DEMCR）
- デバッグ認証を管理するための制御レジスタ（DAUTHCTRL）．このレジスタはArmv8-Mで新しく追加された

デバッグ・レジスタは，セキュリティ状態間でバンクされませんが，これらのデバッグ・レジスタの一部のビット・フィールドは，セキュア状態でのみアクセス可能です．プロセッサのデバッグ制御ブロックには，6つのレジスタがあります（**表16.6**）．

表16.6 デバッグ制御ブロック・レジスタ

アドレス（NSエイリアス）	名前	タイプ	リセット値
0xE000EDF0 (0xE002EDF0)	デバッグ停止制御ステータス・レジスタ (Debug Halting Control and Status Register：DHCSR)	R/W	0x00000000
0xE000EDF4 (0xE002EDF4)	デバッグ・コア・レジスタ・セレクタ・レジスタ (Debug Core Register Selector Register：DCRSR)	W	-
0xE000EDF8 (0xE002EDF8)	デバッグ・コア・レジスタ・データ・レジスタ (Debug Core Register Data Register：DCRDR)	R/W	-
0xE000EDFC (0xE002EDFC)	デバッグ例外およびモニタ制御レジスタ (Debug Exception and Monitor Control Register：DEMCR)	R/W	0x00000000
0xE000EE04 (0xE002EE04)	デバッグ認証制御レジスタ(Debug Authentication Control Register：DAUTHCTRL)．これは，セキュア特権ソフトウェアからのみアクセス可能で，デバッガからはアクセスできない	R/W	0x0
0xE000EE08 (0xE002EE08)	デバッグ・セキュリティ制御とステータス・レジスタ (Debug Security Control and Status Register：DSCSR)	R/W	0x00020000

さらに，デバッグ機能に必要なデバッグ識別ブロックとシステム制御空間には，他にもレジスタがあります．**表16.7**に詳細を示します．

第16章　デバッグとトレース機能の紹介

表16.7　プロセッサのコアにあるその他のデバッグ関連レジスタ

アドレス（NSエイリアス）	名前	タイプ	リセット値
0xE000EFB8 （0xE002EFB8）	デバッグ認証ステータス・レジスタ（Debug Authentication Status Register：DAUTHSTATUS）．これにより，デバッガ/ソフトウェアはデバッグ認証ステータスを決定できる（これはArmv8-Mの新機能）	RO	実装定義
0xE000ED30 （0xE002ED30）	デバッグ・フォールト・ステータス・レジスタ（Debug Fault Status Register：DFSR）．これにより，デバッガ/ソフトウェアは，どのイベントが停止またはデバッグ・モニタ例外（13.5.7節）のトリガとなったかを判断できる	RW	0x00

　ほとんどのシナリオでは，アプリケーション・ソフトウェアがこれらのレジスタに，アクセスする必要はありません（モニタ・モード・デバッグ用のデバッグ・エージェントを作成していない限り）．場合によっては，ソフトウェアがこれらのレジスタを変更した場合，デバッグ・ツールに問題が発生します．例えば，DHCSRはデバイスに接続されているデバッガで使用されており，ソフトウェアによってこのレジスタが読み出されると，その読み出し操作によってステータス・ビットの一部が変更される可能性があります．従って，アプリケーション・コードは，デバッガ・ツールの問題を引き起こす可能性があるため，DHCSRにアクセスすることは避けなければなりません．DHCSRに関する情報を**表16.8**に示します．

表16.8　Armv8.0-Mアーキテクチャのデバッグ停止制御とステータス・レジスタ（CoreDebug->DHCSR, 0xE000EDF0）

ビット	名前	タイプ	リセット値	説明
31:16	KEY	W	–	デバッグ鍵：このレジスタに書き込むには，0xA05Fをこのフィールドに書き込む必要があり，その他の書き込みは無視される
26	S_RESTART_ST	R	–	プロセッサの実行が再開されたことを示す（停止していない）：このビットは読み出し時にクリアされる
25	S_RESET_ST	R	–	コアがリセットされたか，またはリセットされている：このビットは読み出し時にクリアされる
24	S_RETIRE_ST	R	–	最後の読み出し以降で命令が完了した：このビットは読み出し時にクリアされる
20	S_SDE	R	–	セキュア・デバッグが有効（1の場合，セキュア侵襲型デバッグが許可される）．TrustZoneが実装されていない場合，このビットは常に0
19	S_LOCKUP	R	–	このビットが1の場合，コアはロックアップ状態
18	S_SLEEP	R	–	このビットが1の場合，コアはスリープ・モード
17	S_HALT	R	–	このビットが1の場合，コアは停止
16	S_REGRDY	R	–	レジスタの読み/書き動作が完了した
15:6	予約済み	–	–	予約済み
5	C_SNAPSTALL	R/W	0*	ストールしたメモリ・アクセスを解除するために使用する（Armv8-Mメインライン専用，Cortex-M23では使用できない）．転送がストールしてプロセッサがスタックした場合，停止要求を受けてもホールト・モードに入ることができない場合がある．C_SNAPSTALLは，転送を放棄することを可能にし，プロセッサを強制的にデバッグ状態にするのに役立つ
4	予約済み	–	–	予約済み
3	C_MASKINTS	R/W	–	ステッピング中の割り込みをマスクする：プロセッサが停止しているときにのみ変更することができる
2	C_STEP	R/W	0*	プロセッサをシングル・ステップする．C_DEBUGENがセットされている場合のみ有効
1	C_HALT	R/W	0	プロセッサ・コアを停止する：C_DEBUGENがセットされている場合のみ有効
0	C_DEBUGEN	R/W	0*	ホールト・モード・デバッグを有効にする

(*パワーオンリセットでリセット)

> 注意：DHCSRの場合，ビット5，2，0はパワーオン・リセットのみでリセットされます．ビット1は，パワーオン・リセット（コールド・リセット）とシステム・リセットで，リセットできます．Armv8.1-Mアーキテクチャでは，このレジスタに追加のビット・フィールドが追加されますが，Armv8.1-Mアーキテクチャに関して本書では説明しません．

16.3 デバッグ・コンポーネントの紹介

　ホールト・モードに入るには，デバッグ停止制御およびステータス・レジスタ（Debug Halting Control and Status register：DHCSR）のC_DEBUGENビットをセットする必要があります．このビットは，デバッグ・アクセス・ポート（Debug Access Port：DAP）を介したデバッガ接続を介してのみプログラムできるため，デバッガなしではCortex-Mプロセッサを停止させることはできません．C_DEBUGENがセットされた後，DHCSRのC_HALTビットをセットすることで，コアを停止させることができます．C_HALTビットは，デバッガ，またはArmv8-Mメインライン・プロセッサの場合はプロセッサ上で実行されているソフトウェアのいずれかによってセットできます．C_DEBUGENビットは，デバッガからのみアクセスできます．

　DHCSRのビット・フィールドの定義は，読み出し操作と書き込み操作で異なります．書き込み動作の場合，ビット31〜16にはデバッグ鍵の値を使用する必要があります．読み出し動作では，デバッグ鍵はなく，上位の

表16.9　Armv8.0-Mアーキテクチャのデバッグ・コア・レジスタ・セレクタ・レジスタ（CoreDebug->DCRSR, 0xE000EDF4）

ビット	名前	タイプ	リセット値	説明
16	REGWnR	W	–	データ転送の方向 書き込み = 1, 読み出し = 0
15:7	予約済み	–	–	–
6:0	REGSEL	W	–	アクセスされるレジスタ 0000000 = R0 0000001 = R1 … 0001111 = R15（デバッグ・リターン・アドレス） 0010000 = xPSR/フラグ 0010001 = MSP（現在のメイン・スタック・ポインタ） 0010010 = PSP（現在のプロセス・スタック・ポインタ） 0010100=特殊レジスタ 　[31:24] 制御 　[23:16] FAULTMASK（Armv8-Mベースラインではゼロで読み出される） 　[15:8] BASEPRI（Armv8-Mベースラインではゼロで読み出される） 　[7:0] PRIMASK 0011000 = MSP_NS（TrustZoneが実装されている場合に利用可能） 0011001 = PSP_NS（TrustZoneが実装されている場合に利用可能） 0011010 = MSP_S（TrustZoneが実装されている場合に利用可能） 0011011 = PSP_S（TrustZoneが実装されている場合に利用可能） 0011100 = MSPLIM_S（TrustZoneが実装されている場合に利用可能） 0011101 = PSPLIM_S（TrustZoneが実装されている場合に利用可能） 0011110 = MSPLIM_NS（Armv8-Mメインラインで利用可能） 0011111 = PSPLIM_NS（Armv8-Mメインラインで利用可能） 0100001 = 浮動小数点ステータス制御レジスタ 　　　　　（Floating Point Status and Control Register：FPSCR） 0100010=セキュア特殊レジスタ 　[31:24] CONTROL_S 　[23:16] FAULTMASK_S（Armv8-Mベースラインではゼロで読み出される） 　[15:8] BASEPRI_S（Armv8-M ベースラインではゼロで読み出される） 　[7:0] PRIMASK_S 0100011=非セキュア特殊レジスタ 　[31:24] CONTROL_NS 　[23:16] FAULTMASK_NS（Armv8-Mベースラインではゼロで読み出される） 　[15:8] BASEPRI_NS（Armv8-M ベースラインではゼロで読み出される） 　[7:0] PRIMASK_NS 1000000 = 浮動小数点レジスタ S0 … 1011111=浮動小数点レジスタS31 その他の値は予約されている

表16.10　デバッグ・コア・レジスタ・データ・レジスタ（CoreDebug->DCRDR, 0xE000EDF8）

ビット	名前	タイプ	リセット値	説明
31:0	データ	R/W	–	レジスタ読み出しの結果を保持，または選択したレジスタにデータを書き込むためのデータ・レジスタ

第16章 デバッグとトレース機能の紹介

ハーフ・ワードの戻り値にステータス・ビットが含まれます.

プロセッサが停止しているとき（S_HALTで示される），デバッガはDCRSR（**表16.9**）とDCRDR（**表16.10**）を使用してプロセッサのレジスタ・バンクと特殊レジスタにアクセスできます.

これらのレジスタを使用してレジスタの内容を読み出すには，次の手順に従う必要があります.

- プロセッサが停止していることを確認
- ビット16を0にしてDCRSRに書き込む：これは読み出し動作であることを示す
- DHCSRのS_REGRDYビット（0xE000EDF0）が1になるまでポーリングする
- DCRDRを読み出してレジスタの内容を取得する

レジスタへの書き込みにも次の同様の操作が必要です.

- プロセッサが停止していることを確認
- データ値をDCRDRに書き込む
- ビット16を1にセットしてDCRSRへ書き込む：これは書き込み動作であることを示す
- DHCSRのS_REGRDYビット（0xE000EDF0）が1になるまでポーリングする

DCRSRとDCRDRレジスタは，ホールト・モード・デバッグ中にのみレジスタ値を転送できます. デバッグ・モニタ・ハンドラを使用してデバッグする場合，幾つかのレジスタの内容はスタック・メモリからアクセスでき；他のレジスタは，モニタ例外ハンドラ内で直接アクセスできます.

DCRDRは，適切な関数ライブラリとデバッガのサポートが利用可能であれば，セミホスティングにも使用できます. 例えば，アプリケーションがprintf文を実行すると，テキスト出力は多くのputc（put character）関数呼び出しによって生成されます. putc関数呼び出しは，最初に出力文字とステータスをDCRDRに保存し，次にデバッ

表16.11 Armv8.0-Mアーキテクチャのデバッグ例外とモニタ制御レジスタ（CoreDebug->DEMCR, 0xE000EDFC）

ビット	名前	タイプ	リセット値	説明
24	TRCENA	R/W	0*	トレース・システム有効化：DWT, ETM, ITM, TPIUを使用するには，このビットを1にセットする必要がある
23:20	予約済み	–	–	予約済み
20	SDME	RO	–	セキュア・デバッグ・モニタの有効化：このビットの状態は，デバッグ認証の設定に依存する. これは，デバッグ・モニタ例外がセキュア状態（1）を対象とするか，非セキュア状態（0）を対象とするかを決定する
19	MON_REQ	R/W	0	デバッグ・モニタがハードウェア・デバッグ・イベントではなく，手動でモニタ例外保留要求によって引き起こされたことを示す
18	MON_STEP	R/W	0	プロセッサをシングル・ステップで実行. これはMON_ENがセットされている場合のみ有効
17	MON_PEND	R/W	0	モニタ例外要求を保留する. コアは優先度が許せばモニタ例外に入る
16	MON_EN	R/W	0	デバッグ・モニタ例外を有効にする
15:12	予約済み	–	–	予約済み
11	VC_SFERR	R/W	0*	SecureFaultでのデバッグ・トラップ
10	VC_HARDERR	R/W	0*	HardFaultでのデバッグ・トラップ
9	VC_INTERR	R/W	0*	割り込み/例外サービス・エラーのデバッグ・トラップ
8	VC_BUSERR	R/W	0*	BusFaultでのデバッグ・トラップ
7	VC_STATERR	R/W	0*	UsageFault状態エラーのデバッグ・トラップ
6	VC_CHKERR	R/W	0*	UsageFaultチェック・エラー時のデバッグ・トラップ. アンアラインド（非整列）チェックやゼロ除算チェックで発生したUsageFaultのデバッグ・トラップを有効にする
5	VC_NOCPERR	R/W	0*	無効なコプロセッサへのアクセスに起因するUsageFaultのデバッグ・トラップ（NOCPエラーなど）
4	VC_MMERR	R/W	0*	MemManageFaultのデバッグ・トラップ
3:1	予約済み	–	–	予約済み
0	VC_CORERESET	R/W	0*	コア・リセット時のデバッグ・トラップ

（*パワーオンリセットでリセット）

16.3 デバッグ・コンポーネントの紹介

グ・モードをトリガする関数として実装できます．プロセッサが停止されると，デバッガは，その後，プロセッサが停止していることを検出し，表示のために出力文字を収集します．しかし，この動作は，プロセッサを停止させる必要がありますが，ITMを使用したprintfソリューション（16.3.5節）では，この要件はありません．

デバッグをモニタ・モードで行う場合，デバッグ・エージェント・ソフトウェアは，デバッグ例外とモニタ制御レジスタ（Debug Exception and Monitor Control Register：DEMCR）の機能を使用する必要があります．DEMCRの情報を**表16.11**に示します．

DEMCRについては次にご注意ください．

- ビット16〜19は，システム・リセットとパワーオンリセットによってリセットされる．その他のビットは，パワーオンリセットのみでリセットされる
- ビット4〜9，ビット11はArmv8-Mベースラインでは使用できない
- Armv8.1-Mアーキテクチャでは，新機能のビット・フィールドが追加されているが，Armv8.1-Mアーキテクチャに関して本書では説明しない

DEMCRレジスタは，ベクタ・キャッチ機能とデバッグ・モニタ例外を制御し，トレース・サブシステムを有効にするために使用されます．トレース機能（命令トレース，データトレースなど）を使用したり，またはトレース・コンポーネント（DWT，ITM，ETM，TPIUなど）にアクセスする前に，TRCENAビットを1にセットする必要があります．

Armv8-Mでは，TrustZoneサポートの追加により，セキュリティのための新たなデバッグ管理機能が追加されています．デバッグ認証制御レジスタ（CoreDebug->DAUTHCTRL）は，セキュア特権ソフトウェアがSPIDENとSPNIDEN入力信号の設定をオーバーライドできるようにします（**表16.12**）．

表16.12　Armv8.0-Mアーキテクチャのデバッグ認証制御レジスタ（CoreDebug->DAUTHCTRL, 0xE000EE04）

ビット	名前	タイプ	リセット値	説明
31:4	予約済み	−	−	予約済み
3	INTSPNIDEN	R/W	0	SPNIDENSELを1にセットすると，INTSPNIDENはSPNIDENの設定を上書きする
2	SPNIDENSEL	R/W	0	
1	INTSPIDEN	R/W	0	SPIDENSELを1にセットすると，INTSPIDENはSPIDENの設定を上書きする
0	SPIDENSEL	R/W	0	

DAUTHCTRLレジスタは，セキュア特権ソフトウェアからのみアクセス可能です．Armv8.1-Mアーキテクチャでは，このレジスタに新機能のビット・フィールドが追加されていますが，Armv8.1-Mアーキテクチャに関して本書では説明しません．

デバッガとソフトウェアは，デバッグ認証ステータス・レジスタ（DAUTHSTATUS）を使用して，デバッグ認証ステータスを決定できます．**表16.13**を参照してください．Armv8.1-Mアーキテクチャでは，新機能のビット・フィールドがこのレジスタに追加されていますが，Armv8.1-Mアーキテクチャに関して本書では説明しません．

表16.13　Armv8.0-Mアーキテクチャのデバッグ認証ステータス・レジスタ（DAUTHSTATUS, 0xE000EFB8）

ビット	名前	タイプ	説明
31:8	予約済み	−	予約済み
7:6	SNID	RO	セキュアで非侵襲デバッグ 00 - TrustZoneセキュリティ拡張が実装されていない 01 - 予約済み 10 - セキュアで非侵襲デバッグが無効になっている（TrustZoneが実装されている） 11 - セキュアで非侵襲デバッグが許可されている（TrustZoneが実装されている）
5:4	SID	RO	セキュアで侵襲デバッグ 00 - TrustZoneセキュリティ拡張が実装されていない 01 - 予約済み 10 - セキュアで侵襲デバッグが無効になっている（TrustZoneが実装されている） 11 - セキュアで侵襲デバッグが許可されている（TrustZoneが実装されている）

487

第16章　デバッグとトレース機能の紹介

ビット	名前	タイプ	説明
3:2	NSNID	RO	非セキュアで非侵襲デバッグ 0× - 予約済み 10 - 非侵襲デバッグが無効になっている 11 - 非侵襲デバッグが許可されている
1:0	NSID	RO	非セキュアで侵襲デバッグ 0× - 予約済み 10 - 侵襲デバッグが無効になっている 11 - 侵襲デバッグが許可されている

　TrustZoneを実装すると，セキュリティ状態間で多くのリソースがバンクされます．システム制御空間（System Control Space：SCS）アドレス範囲をターゲットとするアクセスを処理する場合，デバッガによって生成されたアクセスとソフトウェアによって生成されたアクセスでは，転送の処理方法が異なります．ソフトウェアで生成されたアクセスの場合，同じアドレスは，その時点でのプロセッサのセキュリティ状態に応じて，セキュアまたは非セキュアのいずれかのリソースに向けられる可能性があります．デバッグ・アクセスでは，プロセッサが実行中であり，デバッグが実行されている間，セキュアまたは非セキュアのいずれかの状態になる可能性があるため，この方法を使用することはできません．この問題を解決するために，プロセッサ・セキュリティ状態に関わらず，デバッガで，デバッグ・アクセス・ビューを制御できるように，デバッグ・セキュリティ制御とステータス・レジスタ（DSCSR）が実装されています（**表16.14**）．

表16.14　デバッグ・セキュリティ制御とステータス・レジスタ（DSCSR, 0xE000EE08）

ビット	名前	タイプ	説明
31:18	予約済み	–	予約済み
17	CDSKEY	W/読み出すと1	現在のドメイン・セキュア（Current Domain Secure：CDS）への書き込み許可鍵：CDSビット（ビット16）を更新する場合，このビットは0でなければならない． DSCSRへの書き込み時，CDSKEYが1であればCDSへの書き込みは無視される．これにより，プロセッサの実行中とビットがDSCSRに書き込まれているとき，CDSビットが誤って変更されることを防ぐことができる
16	CDS	R/W	現在のドメイン・セキュア - デバッガで，プロセッサの現在のセキュリティ状態をチェック/変更できるようにする 0 - 非セキュア，1 - セキュア．CDSへの書き込みでは，CDSKEYが1の場合，CDSへの書き込みは無視される
15:2	予約済み	–	予約済み
1	SBRSEL	R/W	セキュア・バンク・レジスタ・セレクト（このビットは，DSCSR.SBRSELENが1のときのみ使用） - 0 - 非セキュア・ビュー - 1 - セキュア・ビュー
0	SBRSELEN	R/W	セキュア・バンク・レジスタ選択有効化：DSCSR.SBRSELENビットが1の場合，SBRSELは，デバッグ・アクセスが，セキュア・レジスタを対象とするか非セキュア・レジスタを対象とするかを決定する．1でない場合，プロセッサの現在のセキュリティ状態により，デバッグ・アクセスがセキュア・ビューまたは，非セキュア・ビューのどちらを見るかが決定される

　DSCSRを使用すると，デバッガでプロセッサのセキュリティ状態を変更することもできます．変更後，セキュリティ状態とプログラム・アドレスのセキュリティ属性が一致しない場合，フォールト例外が発生するので，これは慎重に実行しなければなりません．
　TrustZoneセキュリティ拡張が実装されていない場合，DSCSRレジスタは使用できません．
　これらのデバッグ・レジスタに加えて，プロセッサ・コアには，マルチコア・デバッグ・サポートのためのデバッグ機能が，幾つか追加されています．
- 外部デバッグ要求信号EDBGRQ（16.2.5節参照）：プロセッサは，マルチプロセッサ・システム内の他のプロセッサのデバッグ状態など，外部イベントを介して，Cortex-Mプロセッサがデバッグ・モードに入ることを可能にする外部デバッグ要求信号を提供する．この機能は，マルチプロセッサ・システムのデバッグに非常に有用．単純なマイクロコントローラでは，この信号はLowに固定されている可

16.3　デバッグ・コンポーネントの紹介

能性が高い
- デバッグ再起動インターフェース：プロセッサは，チップ上の他のハードウェアを使用してプロセッサを非停止にするためのハードウェア・ハンドシェーク信号インターフェースを提供する．この機能は，マルチプロセッサ・システムでの同期デバッグ再起動に一般的に使用される．シングル・プロセッサ・システムでは，通常，ハンドシェーク・インターフェースに使用されない

これらの機能は，Cortex-M23とCortex-M33プロセッサの両方で利用できます．

16.3.3　ブレークポイント・ユニット

Cortex-M23とCortex-M33プロセッサのブレークポイント・ユニットを使用すると，プログラム・コード内にブレークポイント命令を手動で追加することなく，特定のプログラム・アドレスにブレークポイントを設定できます．こうすることで，プログラム・コードを変更する必要がありません．ただし，ハードウェア・ブレークポイントを設定できる数には次のように制限があります．
- Cortex-M23プロセッサは，最大4つのハードウェア・ブレークポイント・コンパレータをサポート
- Cortex-M33プロセッサは，最大8つのハードウェア・ブレークポイント・コンパレータをサポート

ブレークポイント機能は非常に理解しやすいです．デバッグ中に　プログラム・アドレスに1つまたは複数のブレークポイントを設定できます．ブレークポイント・アドレスのプログラム・コードが実行されると，ブレークポイント・デバッグ・イベントがトリガされ，プログラムの実行が停止するか（ホールト・モード・デバッグの場合），デバッグ・モニタ例外がトリガされます（デバッグ・モニタが使用されている場合）．これが発生すると，レジスタの内容，メモリ，ペリフェラルの状態を調べることができ，デバッグ操作（シングル・ステッピングを使用するなど）を実行できます．

歴史的な理由から，ブレークポイント・ユニットはフラッシュ・パッチ・アンド・ブレークポイント（Flash Patch and Breakpoint：FPB）ユニットと呼ばれています．Cortex-M3とCortex-M4プロセッサでは，ブレークポイント・コンパレータは，ROMイメージをパッチするためのリマップ転送にも使用できます．この機能は，リマップ処理に関連したTrustZoneの複雑さのため，Armv8-Mではサポートされていません．

ブレークポイント・ユニットの主要なレジスタを**表16.15**に示します．

表16.15　ブレークポイント・ユニット・レジスタ

アドレス（NSエイリアス）	名前	タイプ	リセット値
0xE0002000 (0xE0022000)	フラッシュ・パッチ制御レジスタ (Flash Patch Control Register：FP_CTRL)	R/W	0x00000000
0xE0002004 (0xE0022004)	予約済み – FPBプログラマーズ・モデルの以前のバージョンの FP_REMAPレジスタ. Armv8-Mでは使用されない	–	–
0xE0002008 + n*4 (0xE0022008 + n*4)	フラッシュ・パッチ・コンパレータ・レジスタ (Flash Patch Comparator Register：FP_CCMPn)	R/W	–
0xE0002FBC (0xE0022FBC)	FPBデバイス・アーキテクチャ・レジスタ (FPB Device Architecture Register：FP_DEVARCH) CoreSightデバッグ・コンポーネントでの自動検出をサポートする	RO	0x47701A03 (Cortex-M33)/ 0x0 (Cortex-M23)
0xE0002FCC (0xE0022FCC)	FPBデバイス・タイプ・レジスタ (FPB Device Type Register：FP_DEVTYPE)	RO	0x00000000
0xE0002FD0 ～ 0xE0002FFC (0xE0022FD0 ～ 0xE0022FFC)	フラッシュ・パッチ・ペリフェラル・アンド・コンポーネントIDレジスタ CoreSightデバッグ・コンポーネントの自動検出をサポートする	RO	–

デフォルトでは，ブレークポイント・ユニットは無効になっています．ブレークポイント・ユニットを有効にするには，デバッグ・ツールはフラッシュ・パッチ制御レジスタ（Flash Patch Control Register：FP_CTRL）のENABLEビットを設定する必要があります．**表16.16**を参照してください．

ブレークポイント・コンパレータ・レジスタは，アドレス0xE0002008（FP_COMP0）から始まり，0xE000200C（FP_COMP1），0xE0002010（FP_COMP2）などの後続のアドレスに続きます．ハードウェア・ブレークポイント

489

第16章　デバッグとトレース機能の紹介

表16.16　FP_CTRLレジスタ

ビット	名前	タイプ	リセット値	説明
31:28	REV	RO	0001	FPBアーキテクチャ・リビジョン – Cortex-M23とCortex-M33プロセッサでは常に1
27:15	予約済み	–	–	予約済み
14:12	NUM_CODE[6:4]	RO	–	NUM_CODEは, ブレークポイント・ユニットに実装されているコード・コンパレータの数. このビット・フィールド（ビット14〜12 - 3ビット幅）は, NUM_CODEのビット6〜4のみを提供する. Cortex-M23とCortex-M33の両方で16未満のコード・コンパレータを実装しているため, これは常に0である
11:8	NUM_LIT	RO	0	実装されているリテラル・コンパレータの数 – 現在のArmv8-Mプロセッサでは常に0
7:4	NUM_CODE[3:0]	RO	実装定義	実装されているコード・コンパレータの数. – Cortex-M23プロセッサでは0〜4 – Cortex-M33プロセッサでは0, 4, または8 デバッグ機能が実装されていない場合は0
3:2	予約済み	–	–	予約済み
1	Key	WO	–	書き込み許可鍵. FP_CTRLレジスタに書き込むには, このビットを1にセットする必要があり, それ以外, 書き込みは無視される
0	ENABLE	R/W	0	有効化. 1にセットするとブレークポイント・ユニットが有効になる

を構成するには, デバッグ・ツールはこれらのブレークポイント・コンパレータ・レジスタの1つをプログラムする必要があります（**表16.17**）.

表16.17　FP_COMPnレジスタ

ビット	名前	タイプ	リセット値	説明
31:1	BPADDR	R/W	–	ブレークポイント・アドレス[31:1]
0	BE	R/W	0	ブレークポイント有効化. 1にセットすると, ブレークポイント・コンパレータが有効になる

　Cortex-M0/M0+/M1/M3/M4プロセッサのブレークポイント・ユニットとは異なり, FPBリビジョン1アーキテクチャを使用することで, ブレークポイントを任意の実行可能領域に設定できます. 以前のデザインでは, ブレークポイント・コンパレータはCODE領域（最初の512Mバイト・メモリ内）でしか動作しませんでした.

16.3.4　データ・ウォッチポイント・アンド・トレース（DWT）ユニット

　DWT（Data Watchpoint and Trace）には次のさまざまな機能が含まれています.
- DWTコンパレータ. 次の目的で使用できる
  - データ・ウォッチポイント・イベント生成（停止またはデバッグ・モニタ例外用）
  - ETMトリガ（ETMが実装されている場合）
  - データ・トレース生成（Armv8-Mメインライン専用, Cortex-M23プロセッサでは使用不可）
- プロファイリング・カウンタ（Armv8-Mメインラインでのみ使用可能）. 次の目的で使用できる.
  - プロファイリング・トレース
- 32ビット・サイクル・カウンタ（Armv8-Mメインラインでのみ使用可能）. 次の目的で使用できる.
  - プログラム実行時間の測定
  - トレース同期とプログラム・カウンタ・サンプリング・トレースのための周期制御の生成
- PCのサンプル・レジスタ. 実行されたコードの粗い粒度のプロファイリングに使用される. この機能を使用すると, デバッガはデバッグ接続を介して定期的にPCの値をサンプリングする（注意：Armv8-Mメインライン・プロセッサでは, PCサンプリングはトレース経由でも実行できる）

　DWTコンパレータの数は構成可能で, Cortex-M23プロセッサとCortex-M33プロセッサはそれぞれ最大4個のハードウェアDWTコンパレータをサポートしています.
　DWTレジスタにアクセスする前に, DEMCR（**表16.11**）のTRCENAビットを1にセットしてDWTを有効にす

16.3 デバッグ・コンポーネントの紹介

る必要があります．また，DWTのトレース機能が使用されている場合，次のようになります．
- ITMトレース制御レジスタ（ITM_TCR）のTXENAビット（ビット3）を1にセットする必要がある
- トレース出力を有効にするにはTPIUを初期化する必要がある

DWTには，次のレジスタが含まれています（**表16.18**）．

表16.18　データ・ウォッチポイントとトレース・ニニットのレジスタ

アドレス（NSエイリアス）	名前	タイプ
0xE0001000 （0xE0021000）	DWT制御レジスタ（DWT_CTRL）	R/W
0xE0001004 （0xE0021004）	DWTサイクル・カウント・レジスタ（DWT_CYCCNT） （Cortex-M23では使用できない）	R/W
0xE0001008 （0xE0021008）	DWT CFIカウント・レジスタ（DWT_CPICNT） （プロファイリング・トレース用 – Cortex-M23では使用できない）	R/W
0xE000100C （0xE002100C）	DWT例外オーバヘッド・カウント・レジスタ（DWT_EXCCNT） （プロファイリング・トレース用 – Cortex-M23では使用できない）	R/W
0xE0001010 （0xE0021010）	DWTスリープ・カウント・レジスタ（DWT_SLEEPEPCNT） （プロファイリング・トレース用 – Cortex-M23では使用できない）	R/W
0xE0001018 （0xE0021018）	DWTフォールデッド命令カウント・レジスタ（DWT_FOLDCNT） （プロファイリング・トレース用 – Cortex-M23では使用できない）	R/W
0xE000101C （0xE002101C）	DWTプログラム・カウンタ・サンプル・レジスタ（DWT_PCSR）	R/W
0xE0001020 + 16*n （0xE0021020 + 16*n）	DWTコンパレータ・レジスタ n（DWT_COMP[n]）	R/W
0xE0001028 + 16*n （0xE0021028 + 16*n）	DWTコンパレータ・ファンクション・レジスタ n（DWT_FUNCTION[n]）	R/W
0xE0001FBC （0xE0021FBC）	DWTデバイス・アーキテクチャ・レジスタ（DWT_DEVARCH）． CoreSightデバッグ・コンポーネントの特定をサポートする	RO
0xE0001FCC （0xE0021FCC）	DWTデバイス・タイプ・レジスタ（DWT_DEVTYPE）	RO
0xE0001FD0 〜 0xE0001FFC （0xE0021FD0 〜 0xE0021FFC）	DWTペリフェラル・アンド・コンポーネントIDレジスタ． CoreSightデバッグ・コンポーネント特定のサポート用	RO

DWT制御レジスタには次の多くの機能が含まれています．
- ソフトウェア/デバッガがハードウェア・リソースの可用性を判断するためのビット・フィールド
- 各種イネーブル制御ビット・フィールド

DWT制御レジスタのビット・フィールドを**表16.19**に示します．

表16.19　DWT制御レジスタ（DWT_CTRL, 0xE0001000）

ビット	名前	タイプ	リセット値	説明
31:28	NUMCOMP	RO	–	実装されているDWTコンパレータの数
27	NOTRCPKT	RO	–	トレース・パケットなし – Cortex-M23では常に1で，トレースがサポートされていないことを示す
26	NOEXTTRIG	RO	–	外部トリガなし．予約済み（ゼロとして読み出される）
25	NOCYCCNT	RO	–	サイクル・カウント・レジスタなし – Cortex-M23では常に1で，サイクル・カウント・レジスタが実装されていないことを示す
24	NOPRFCNT	RO	–	プロファイル・カウンタなし – Cortex-M23では常に1で，プロファイル・カウンタが実装されていないことを示す
23	CYCDISS	R/W	0	サイクル・カウント無効セキュア – 1にセットすると，セキュア状態でのサイクル・カウンタの増加を防止する．Cortex-M23プロセッサでは，サイクル・カウンタが実装されていないため，このビットは常に0

第16章　デバッグとトレース機能の紹介

ビット	名前	タイプ	リセット値	説明
22	CYCEVTENA	R/W	0	サイクル・イベント有効化 – 1にセットされている場合, POSTCNTアンダフロー時のイベント・カウンタ・パケット生成を有効にする. POSTCNTは, CYCCNTカウンタのタップ・ビットがオーバフローした場合にデクリメントする4ビット・カウンタ(タップ・ビットは, CYCTAP, DWT_CTRLのビット9によって制御される). Cortex-M23プロセッサでは, サイクル・カウンタが実装されていないため, このビットは常に0
21	FOLDEVTENA	R/W	0	本ビットが1にセットされると, DWT_FOLDCNTカウンタが有効になる. Cortex-M23プロセッサでは, FOLDCNTが実装されていないため, このビットは常に0
20	LSUEVTENDA	R/W	0	本ビットを1にセットすると, DWT_LSUCNTカウンタを有効にする(ロード・ストア・ユニット(Load Store Unit:LSU). 有効にすると, メモリ・アクセスによるパイプライン・ストール・サイクルごとにLSUCNTが増加される). Cortex-M23プロセッサでは, LSUCNTが実装されていないため, このビットは常に0
19	SLEEPEVTENA	R/W	0	このビットが1にセットされているとき, DWT_SLEEPCNTカウンタが有効になる(有効になると, スリープ・サイクルごとにSLEEPCNTが増加される). Cortex-M23プロセッサでは, SLEEPCNTが実装されていないため, このビットは常に0
18	EXCEVTENA	R/W	0	本ビットを1にセットすると, DWT_EXCCNTカウンタが有効になる(有効になると, EXCCNTは割り込み開始/終了オーバヘッドのサイクルごとに増加される). Cortex-M23プロセッサでは, EXCCNTが実装されていないため, このビットは常に0
17	CPIEVTENA	R/W	0	本ビットを1にセットすると, DWT_CPICNTカウンタが有効になる(有効になると, CPICNTは, 命令の実行に必要なサイクル(1サイクル目はカウントされない)を追加で増加する – DWT_LSUCNTで記録されたものを除く). Cortex-M23プロセッサでは, CPICNTが実装されていないため, このビットは常に0
16	EXCTRCENA	R/W	0	例外イベント・トレースを有効にする. Cortex-M23プロセッサでは, プロファイリング・トレースが実装されていないため, このビットは常に0
15:13	予約済み	–	–	予約済み
12	PCSAMPLENA	R/W	0	PCサンプリング・トレースを有効にする. 1にセットすると, 選択されたタップ・ビット(POSTCNTで)の値が変化したときに, PCの値をサンプリングしてトレースに出力する. Cortex-M23プロセッサでは, FOLDCNTが実装されていないため, このビットは常に0
11:10	SYNCTAP	R/W	0	同期タップ – 同期パケットのレートを定義する 00 - 同期パケットは無効 01 - 同期パケットはCYCCNTのビット24でタップ 10 - 同期パケットはCYCCNTのビット26でタップ 11 - 同期パケットはCYCCNTのビット28でタップ Cortex-M23プロセッサでは, CYCCNTが実装されていないため, このビットは常に0
9	CYCTAP	R/W	0	POSTCNTカウンタのサイクル・カウント・タップ 0 - POSTCNTはCYCCNTのビット6でタップ 1 - POSTCNTはCYCCNTのビット10でタップ POSTCNTはデクリメント・カウンタで, タップされたビット(CYCTAPで選択されたビット)の値が変化するとデクリメントする. Cortex-M23プロセッサでは, CYCCNTが実装されていないため, このビットは常に0
8:5	POSTINIT	R/W	--	POSTCNTカウンタの初期値. Cortex-M23プロセッサでは, POSTCNTが実装されていないため, このビットは常に0
4:1	POSTPRESET	R/W	--	POSTCNT PRESET – POSTCNTカウンタのリロード値. Cortex-M23プロセッサでは, POSTCNTが実装されていないため, このビットは常に0
0	CYCCNTENA	R/W	0	CYCCNT有効化 – 1にセットすると, CYCCNTの増加を有効にする

DWTサイクル・カウント・レジスタ(DWT_CYCCNT)は, Armv8-Mメインラインでのみ使用可能で, 次のように使用されます.

- プロセッサの実行サイクルの測定
- 周期的なPCサンプリング・トレース・パケットの制御(この機能はDWT_CTRL.PCSAMPLENAとDWT_CTRL.CYCTAPの設定に依存する)
- 制御周期トレース同期パケット(この機能はDWT_CTRL.SYNCTAPの設定に依存する)
- 制御周期サイクル・カウント・トレース・パケット(この機能はDWT_CTRL.CYCEVTENAビットによって制御される)

DWTサイクル・カウント・レジスタ(表16.20)は32ビット幅です.

16.3 デバッグ・コンポーネントの紹介

表16.20 DWTサイクル・カウント・レジスタ（DWT_CYCCNT, 0xE0001004）

ビット	名前	タイプ	リセット値	説明
31:0	CYCCNT	R/W	–	サイクル・カウンター – DWT_CTRL.CYCCNTENAが1で，DEMCR.TRCENAが1のときに増加する．オーバフローすると0になる

TrustZoneが実装されている場合，DWT_CTRL.CYCDISSを1にセットすると，セキュア状態の間CYCCNTが増加されないようになります．DWT_CTRL.CYCDISSは，非セキュア・ワールドからはアクセスできません．

Armv8-Mメインラインでは，DWTに，異なるタイプのアクティビティ（スリープ，メモリ・アクセス，割り込み処理のオーバヘッドなど）に使用されたサイクル数をカウントするためのプロファイリング・カウンタが，多数含まれています．これらのカウンタを**表16.21〜16.25**に示します．

表16.21 DWT CPIカウント・レジスタ（DWT_CPICNT, 0xE0001008）

ビット	名前	タイプ	リセット値	説明
31:8	予約済み	–	–	予約済み
7:0	CPICNT	R/W	–	マルチサイクル命令の実行に必要な追加サイクルと，命令フェッチでのストール・サイクルをカウントする．LSUCNTで記録される命令サイクルの1サイクル目と遅延サイクルは含まれない．カウンタが無効であり，DWT_CTRL.CPIEVTENAに1が書き込まれたときに0に初期化される

表16.22 DWT例外オーバヘッド・カウント・レジスタ（DWT_EXCCNT, 0xE000100C）

ビット	名前	タイプ	リセット値	説明
31:8	予約済み	–	–	予約済み
7:0	EXCCNT	R/W	–	例外処理に費やされた総サイクル数をカウントする．カウンタが無効で，DWT_CTRL.EXCEVTENAに1が書き込まれたとき，0に初期化される

表16.23 DWTスリープ・カウント・レジスタ（DWT_SLEEPEPCNT, 0xE0001010）

ビット	名前	タイプ	リセット値	説明
31:8	予約済み	–	–	予約済み
7:0	SLEEPCNT	R/W	–	プロセッサの総スリープ・サイクル数をカウントする．カウンタが無効で，DWT_CTRL.SLEEPEVTENAに1が書き込まれたときに，0に初期化される

表16.24 DWT LSUカウント・レジスタ（DWT_LSUCNT, 0xE0001014）

ビット	名前	タイプ	リセット値	説明
31:8	予約済み	–	–	予約済み
7:0	LSUCNT	R/W	–	ロードまたはストア命令の実行に必要な追加サイクルをカウントする（ロードとストア実行の最初のクロック・サイクルはカウントされない）．カウンタが無効で，またDWT_CTRL.LSUEVTENAに1が書き込まれたときに，0に初期化される

表16.25 DWTフォールデッド・インストラクション・カウント・レジスタ（DWT_FOLDCNT, 0xE0001018）

ビット	名前	タイプ	リセット値	説明
31:8	予約済み	–	–	予約済み
7:0	FOLDCNT	R/W	–	追加で実行された命令をカウントする（2命令発行など）．カウンタが無効で，DWT_CTRL.FOLDEVTENAに1が書き込まれたときに，0に初期化される

第16章 デバッグとトレース機能の紹介

　これらのプロファイリング・カウンタは8ビットで，動作中に簡単にオーバフローします．このため，いずれかのカウンタがオーバフローするたびに，対応するトレース・パケットが生成され，デバッグ・ホストによって記録されるように，トレース接続を使用する必要があります．そうすることで，デバッグ・ホストは，プロファイリング動作が停止したときに，これらのカウンタの値に"トレース・パケットの数×256"を加算して合計カウントを計算できます（注意：カウンタは8ビット幅なので，各オーバフロー・パケットは256サイクルを表します）．例として，デバッグ・セッション中にデバッグ・ホストが6つのスリープ・イベント・カウンタ・パケットを受信し，セッション終了時にSLEEPCNTカウンタの値が9である場合，プロセッサはそのセッション中に1545クロック・サイクルの間，スリープ・モードに入っていたことになります（6 × 256 + 9 = 1545）．
　総サイクル・カウントを組み合わせることで（DWT_CYCCNTを読み込むことで，またはDWT_CTRL.CYCEVTENAを介して有効なトレースによって），一定期間に実行された命令の総数は，次のように測定できます．

総実行命令数＝総サイクル数 − CPICNT − EXCCNT − SLEEPCNT − LSUCNT + FOLDCNT

　プログラム・トレース情報を関連付けることで（ETM命令トレースまたはPCサンプリング・トレースのいずれかを使用することで），性能の問題の幾つかを特定できます．例えば図16.15は，DWTトレースがコード実行中に幾つかの興味深い側面を示している場合のプロファイリング・シナリオを示しています．

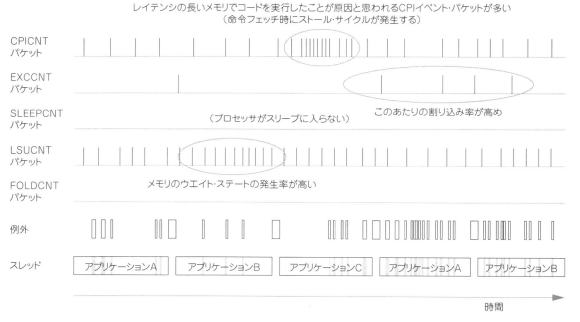

図16.15　DWTプロファイリング・カウンタを用いた性能解析

　EXCCNTパケットは例外のオーバヘッド情報を提供しますが，どの例外が発生したのか，詳細な情報は提供しません．この情報を取得するには，DWT_CTRL.EXCTRCENAをセットすることで例外トレースを有効化できます．これは，どの例外が発生したかを詳細に示し，トレースのためにタイムスタンプが有効になっている場合は，例外ハンドラが開始された時刻と終了した時刻も示すことができます．
　TrustZoneが実装され，セキュア・トレース（非侵襲型デバッグ）が無効になっている場合，セキュア・ソフトウェアの動作の間，プロファイリング・カウンタは増加されません．また，プロセッサが停止した場合も，プロファイリング・カウンタは停止します．
　基本的なプロファイリングの一部は，デバッグ接続を介してPCサンプリングで行うこともできます．これを実現するために，トレース接続がなくても，DWTプログラム・カウンタ・サンプル・レジスタ（表16.26）を介してPC値を定期的に読み出すことができます．これは，Cortex-M23とCortex-M33プロセッサの両方でサポートされています．

16.3 デバッグ・コンポーネントの紹介

表16.26 DWTプログラム・カウンタ・サンプル・レジスタ（DWT_PCSR, 0xE000101C）

ビット	名前	タイプ	リセット値	説明
31:0	EIASAMPLE	RO	–	実行命令アドレスのサンプル値

DWT PCサンプル・レジスタの読み出し値が0xFFFFFFFFの場合，次の条件のいずれかが真であることを意味します：

- プロセッサが停止した
- TrustZoneが実装されていて，プロセッサがセキュア状態で実行されていて，かつデバッグ認証設定でセキュア・デバッグが許可されていないこと
- デバッグ認証の設定がデバッグを許可していないこと
- DWTが無効になっている（DEMCR.TRCENAが0になっている）
- 最近実行した命令のアドレスが利用できない（リセット直後など）

デバッグ接続の速度制限のため，デバッグ接続を介したPCサンプリングのサンプリング・レートは通常かなり低くなります．その結果，トレース経由でのPCサンプリングが利用可能であれば，そちらを選択した方がよく，あるいはETM命令トレースを利用した方が – より多くのプロファイリング情報が提供されます．

DWTのデータ・ウォッチポイント機能は，DWT_COMP[n]とDWT_FUNCTION[n]レジスタで処理され，Cortex-M23とCortex-M33プロセッサでは"n"の値は，0～3です（注意：両方のプロセッサに最大4つのDWTコンパレータがあり；アーキテクチャ的には4つ以上存在する可能性がある）．

DWT_COMP[n]の値の定義は，DWT_FUNCTION[n]で定義されている機能（表16.27）に依存します．

表16.27 DWTコンパレータ・レジスタ[n]（DWT_COMP[n], 0xE0001020 + 16*n）

ビット	名前	タイプ	リセット値	説明
31:0	DWT_COMP[n]	R/W	–	値はDWTコンパレータの機能に依存する • CYCVALUE - DWT_FUNCTIONn.MATCH==0001（サイクル一致）の場合 • PCVALUE - DWT_FUNCTIONn.MATCH==001xの場合（PC一致：ビット31～1のみ使用，ビット0は0でなければならない） • DVALUE - DWT_FUNCTIONn.MATCH==10xxの場合（データ値の一致，Armv8-Mベースライン/Cortex-M23プロセッサではサポートされていない） • DADDR - DWT_FUNCTIONn.MATCH==x1xx（データ・アドレス一致）の場合

DWT_FUNCTION[n]のビット・フィールドを表16.28に示します．

表16.28 DWTコンパレータ機能レジスタ[n]（DWT_FUNCTION[n], 0xE0001028 + 16*n）

ビット	名前	タイプ	リセット値	説明
31:27	ID	RO	–	コンパレータ"n"に対するMATCH機能の識別，表16.30参照
26:25	予約済み	–	–	予約済み
24	MATCHED	RO	–	コンパレータ一致状態（読み出されると0にクリアされる）
23:12	予約済み	–	–	予約済み
11:10	DATAVSIZE	R/W	–	データ値サイズ – データ値とデータ・アドレス・コンパレータが監視するデータのサイズ： 00 = バイト，01 = ハーフワード，10 = ワード，次に注意 • 命令アドレス，または命令アドレス限界コンパレータとして使用する場合は，DATAVSIZEを10（0x2）に設定する必要がある • このDWTコンパレータを他のDWTコンパレータと組み合わせてデータ・アドレス範囲をチェックする場合は，DATAVSIZEを00に設定する必要がある
9:6	予約済み	–	–	予約済み

第16章 デバッグとトレース機能の紹介

ビット	名前	タイプ	リセット値	説明
5:4	ACTION	R/W	-	一致時のアクション • 00 ＝ トリガのみ（トリガ・パケット生成／ETMトリガ用） • 01 ＝ デバッグ・イベントを生成 • 10 ＝ データ・トレース一致パケット，またはデータ・トレース・データ値パケットを生成 • 11 ＝ データ・トレース・データ・アドレス・パケット，またはデータ・トレースPC値パケット，またはデータ・トレースPC値パケットとデータ・トレース・データ値パケットの両方を生成
3:0	MATCH	R/W	-	一致タイプ，表16.29を参照

使用可能な一致タイプ（DWT_FUNCTION[n]レジスタの最下位4ビット）を表16.29に示します．

表16.29 DWT_FUNCTION[n].MATCHの説明

MATCH[3:0]	説明
0000	無効化
0001	サイクル・カウンタ・マッチング：DWT_COMP[n]の値をDWT_CYCCNTの値と比較する（Armv8-Mベースラインでは使用できない）
0010	命令アドレス：DWT_COMP[n]の値を命令アドレスと比較する
0011	命令アドレス限界：プログラムの実行アドレスが下位命令アドレス限界（コンパレータ[n-1]で示される）と上位命令アドレス限界（コンパレータ[n]で示される）の間にある場合，一致イベントが発生する．両方のアドレスが含まれる．この機能を使用するには，DWTコンパレータのペアが必要．2つのコンパレータをペアで使用する場合，コンパレータ[n]のMATCHビット・フィールドを0011に設定する必要があり，またコンパレータ[n-1]のMATCHビット・フィールドを0010（命令アドレス）または0000（無効）に設定する必要がある
0100	データ・アドレス：DWT_COMP[n]の値は，データ・アドレス限界コンパレータでリンクされていない場合，データ・アドレスと比較される．通常のデータ・ウォッチ・ポイントに使用する：DATAVSIZEはウォッチ・データのサイズを設定する必要がある
0101	データ・アドレス，0100と同様だが，書き込みアクセスのみを監視する
0110	データ・アドレス，0100と同様だが，読み出しアクセスのみを監視する
0111	データ・アドレス限界：データ・アクセス・アドレスが下位データ・アドレス限界（コンパレータ[n-1]で示される）と上位データ・アドレス限界（コンパレータ[n]で示される）の間にある場合，一致イベントが発生する．両方のアドレスが含まれているこの機能を使用するために，DWTコンパレータが1組必要．2つのコンパレータをペアで使用する場合は，コンパレータ[n]のMATCHビット・フィールドを0111に設定し，コンパレータ[n-1]のMATCHビット・フィールドを0100/0101/0110（データ・アドレス），または1100/1101/1110（データ値付きデータ・アドレス），または0000（無効）に設定する
1000	データ値：DWT_COMP[n]の値をデータ値と比較する（Armv8-Mメインラインでのみ使用可能）
1001	データ値，1000に似ているが，書き込みアクセスのみを監視する
1010	データ値，1000に似ているが，読み出しアクセスのみを監視する
1011	リンクされたデータ値：データ・アドレスがコンパレータ[n-1]の値と一致し，データ値がコンパレータ[n]の値と一致すると，一致イベントが発生する．コンパレータ[n-1]は，0100/0101/0110（データ・アドレス），1100/1101/1110（データ値付きデータ・アドレス），または0000（無効）に設定する必要がある．コンパレータ[n-1]と[n]はペアで使用し，アドレス条件とデータ値条件の両方を定義して一致させることができる
1100	値付きのデータ・アドレス：データ値がトレースされることを除いて，データ・アドレス（0100）に似ている（最初の4つのコンパレータでのみ使用可能）
1101	書き込み専用の値付きのデータ・アドレス：書き込み用のデータ・アドレス（0101）と似ているが，データ値がトレースされる点が異なる（最初の4つのコンパレータでのみ使用可能）
1110	読み出し専用の値付きのデータ・アドレス：読み出し用のデータ・アドレス（0110）と似ているが，データ値がトレースされる点が異なる（最初の4つのコンパレータでのみ使用可能）

表16.29に記載されている機能の中には，2つのDWTコンパレータをペアで使用する必要があるものがあります．複数のコンパレータが実装されている場合は，通常，少なくとも1つのコンパレータがリンクをサポートしています．通常，リンク機能は奇数番目のコンパレータ（COMP1，COMP3など）によってサポートされており，コンパレータ#-1がないため，コンパレータ#0はリンクをサポートしていません．

デバッグ・ツールでは，DWT_FUNCTION[n]のIDビット・フィールドを読み出すことで，使用可能なDWT

コンパレータ機能を決定できます。DWT_FUNCTION[n].IDと使用可能な機能のマッピングは、表16.30を参照してください（注意：00000の値は予約されています）．

表16.30 DWT_FUNCTION[n].IDの説明

利用可能な機能	\multicolumn{8}{c}{DWT_FUNCTION[n].IDの値をバイナリ形式で指定}
	01000	01001	01010	01011	11000	11010	11100	11110
データ・アドレス	Y	Y	Y	Y	Y	Y	Y	Y
値付きデータ・アドレス（Cortex-M23プロセッサでは使用不可）	Y	Y	Y	Y	Y	Y	Y	Y
データ・アドレス限界					Y	Y	Y	Y
データ値							Y	Y
リンクされたデータ値							Y	Y
命令アドレス		Y	Y			Y		
命令アドレス限界						Y		Y
サイクル・カウンタ（Cortex-M23プロセッサでは使用不可）		Y		Y				

サイクル・カウンタ（DWT_CYCCNT）が実装されている場合，DWTコンパレータ#0はサイクル・カウンタ比較機能をサポートしている必要があります．

DWTコンパレータを使用すると，プロセッサの実行中に選択したデータ変数をトレースできます．これはDWT_FUNCTION.MATCHを1100/1101/1110（値付きデータ・アドレス）に設定することで実現できます．例えば，Keil MDKでロジック・アナライザ機能を使用している場合，選択データ・トレース機能を使用すると，データ値の変化を可視化できます（図16.16）．

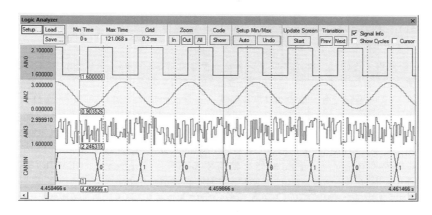

図16.16　Keil MDKのロジック・アナライザ機能

16.3.5　計装トレース・マクロセル（ITM）

16.3.5.1　概要

ITMはCortex-M33プロセッサでは利用できますが，Cortex-M23プロセッサでは利用できません．ITMは，次の複数の機能を持っています．

- ソフトウェア生成のトレース – ソフトウェアは，トレース・データを生成するためにITMスティミュラ

ス・ポート・レジスタに直接メッセージを書き込むことができる．そうすることで，ITMはトレース・パケットにデータをカプセル化し，トレース・インターフェースを介して出力できる
- タイムスタンプ・パケットの生成 – ITMは，デバッガによるイベントのタイミングの再構築を支援するために，トレース・ストリームに挿入されるタイムスタンプ・パケットを生成するようにプログラムすることができる
- トレース・パケットのマージ – ITMはプロセッサ内部のトレース・パケット・マージ・デバイスとして機能し，DWTからのトレース・パケットをマージしたり，スティミュラス・ポート・レジスタからソフトウェアで生成されたトレース・パケットをマージしたり，タイムスタンプ・パケット・ジェネレータからのタイムスタンプ・パケットをマージしたりする（図16.17）
- FIFO – トレース・オーバフローの可能性を減らすために，ITMには小さなFIFO（First-In-First-Out）バッファがある

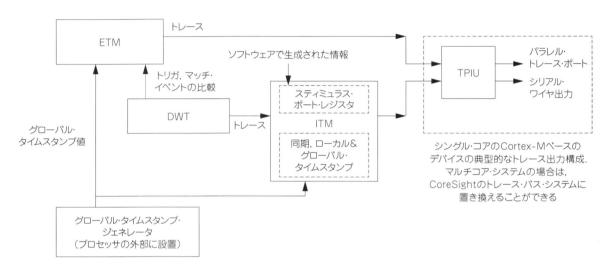

図16.17　ITMにおけるトレース・パケットのマージ

　デバッグにITMを使用するには，マイクロコントローラまたはSoCデバイスにトレース・ポート・インターフェースが必要です．デバイスにトレース・インターフェースがない場合，またはデバッグ・アダプタがトレース収集をサポートしていない場合でも，他のペリフェラル・インターフェース（UARTやLCDモジュールなど）を使用することで，コンソール・テキスト・メッセージを出力できます．ただし，DWTプロファイリングなどの他の機能は動作しません．一部のデバッガは，コア・デバッグ・レジスタ（CoreDebug->DCRDRなど）を通信チャネルとして使用することで，printf（および他のセミホスト機能）をサポートしています．

　ITMレジスタにアクセスしたり，ITM機能を使用する前に，CoreDebug->DEMCR（**表16.11**を参照）のTRCENAビット（トレースイネーブル）を1にセットしておく必要があります．

　CoreSightトレース・システムでは，各トレース・ソースにトレース・ソースID値を割り当てる必要があります．これはプログラム可能な値で，ITMトレース制御レジスタのビット・フィールド（TraceBusID）の1つです．通常，このトレースID値はデバッガによって自動的に設定されます．トレース・パケットを受信したデバッグ・ホストがITMのトレース・パケットを他のトレース・パケットから分離できるように，このID値は他のトレース・ソースのIDとは全く異なるものでなければなりません．

16.3.5.2　プログラマーズ・モデル

　ITMには，次のレジスタが含まれています（**表16.31**）．
　ITM機能を使用する前に，まずITMトレース制御レジスタ（ITM_TCR）に書き込み，マスタ・イネーブル（有効化）・ビットを設定する必要があります．ITM_TCRのビット・フィールドを**表16.32**に示します．

16.3 デバッグ・コンポーネントの紹介

表16.31 ITMレジスタ

アドレス(NSエイリアス)	名前	タイプ
0xE0000000 + n*4 (0xE0020000 + n*4)	ITM スティミュラス・ポート・レジスタ n(ITM_STIM[n])	R/W
0xE0000E00 + n*4 (0xE0020E00 + n*4)	ITMトレース・イネーブル(有効化)・レジスタ n(ITM_TER[n])	R/W
0xE0000E40 (0xE0020E40)	ITMトレース・プリビレッジ(特権)・レジスタ(ITM_TPR)	R/W
0xE0000E80 (0xE0020E80)	ITMトレース・コントロール(制御)・レジスタ(ITM_TCR)	R/W
0xE0000FBC (0xE0020FBC)	ITMデバイス・アーキテクチャ・レジスタ(ITM_DEVARCH) CoreSightデバッグ・コンポーネントの特定をサポートするため	RO
0xE0000FCC (0xE0020FCC)	ITMデバイス・タイプ・レジスタ(ITM_DEVTYPE)	RO
0xE0000FD0 ～ 0xE0000FFC (0xE0020FD0 ～ 0xE0020FFC)	ITMペリフェラル・アンド・コンポーネントIDレジスタ CoreSightデバッグ・コンポーネントの特定をサポートするため	RO

表16.32 ITMトレース制御レジスタ(ITM_TCR 0xE0000E80)

ビット	名前	タイプ	リセット値	説明
31:24	予約済み	–	–	予約済み
23	BUSY	RO	–	1の場合, ITMが現在(ソフトウェア, ITM自体, またはDWTからのパケットを処理することで)トレース・パケットを生成していることを示す
22:16	TraceBusID	R/W	–	ATB(Advanced Trace Bus)のバスID. 通常使用時は0x01～0x6Fに設定すること
15:12	予約済み	–	–	予約済み
11:10	GTSFREQ	R/W	00	グローバル・タイムスタンプの頻度 00 – グローバル・タイムスタンプは無効 01 – 約128サイクルごとにグローバル・タイムスタンプを生成 10 – 約8192サイクルごとにグローバル・タイムスタンプを生成 11 – トレース出力ステージのFIFOが空の場合, 全てのパケットの後にグローバル・タイムスタンプを生成
9:8	TSPrescale	R/W	00	ローカル・タイムスタンプのプリスケーラ. これはタイムスタンプ生成器のプリスケーラを制御する. この設定は, ITMを介して送信されるトレース・パケットのタイムスタンプに適用される 00 – プリスケーリングなし(タイムスケール発生器はプロセッサと同じ速度で動作) 01 – 4分周(タイムスケール発生器はプロセッサの速度の1/4で動作) 10 – 16分周(タイムスケール発生器はプロセッサの速度の1/16で動作) 11 – 64分周(タイムスケール発生器はプロセッサの速度の1/64で動作)
7:6	予約済み	–	–	予約済み
5	STALLENA	R/W	–	ストール有効化 – 1にセットすると, ITM FIFOが一杯になるとプロセッサがストール(停止)し, トレース・システムが追いついてデータ・トレース・パケットを配信できるようになる. 0にセットすると, FIFOが一杯になるとDWTデータ・トレース・パケットがドロップされ, オーバフロー・パケットが使用されてパケットが失われたことを示す. アーキテクチャ的には, この機能はオプション. リリース・バージョンr0p1以降のCortex-M33に含まれている
4	SWOENA	R/W	–	SWO有効化 – ローカル・タイムスタンプ・カウンタの非同期クロックを有効にする
3	TXENA	R/W	0	送信有効化 – 1にセットすると, DWTパケットの送信を有効にする
2	SYNCENA	R/W	0	同期有効化 – 同期パケットの生成を有効にする
1	TSENA	R/W	0	ローカル・タイムスタンプ有効化 – ローカル・タイムスタンプ・パケットの生成を有効にする
0	ITMENA	R/W	0	ITM用マスタ有効化

　ITMスティミュラス・ポート・レジスタは, ソフトウェアがデバッグ・ホストのためにメッセージを生成するのに使用します. 複数のスティミュラス・ポート・レジスタを使用することで, 複数のメッセージ・チャンネルを使用できます. データがスティミュラス・ポート・レジスタの1つに書き込まれると, データがどのメッセー

第16章 デバッグとトレース機能の紹介

ジ・チャネルに属するかをデバッグ・ホストが識別できるように，スティミュラス・ポート番号がトレース・パ
ケットにカプセル化されます．Cortex-M33と既存のArmv7-Mプロセッサでは，ITMは32個のスティミュラス・
ポートをサポートしています．スティミュラス・ポート（通常はスティミュラス・ポート#0）の最も一般的な使用
法は，デバッグ・ホスト上で実行されている，コンソール・プログラムにメッセージを表示できるように，
"printf"メッセージを処理することです．

Keil MDKでRTX RTOSを使用している場合，スティミュラス・ポート#31は，OS対応デバッグのサポートに
使用されます．OSは自分のステータスに関する情報を出力するので，デバッガはコンテキスト切り替えがいつ行
われたのか，また，プロセッサが実行中のタスクは何なのかを知ることができます．

ITMスティミュラス・ポートを使用する前に，次を行ってください．

- ITMを有効にする必要がある（DEMCR.TRCENAをセットし，それからITM_TCR.ITMENAをセッ
  トする必要がある）
- ITMトレース・イネーブル（有効化）・レジスタ（ITM_TER）を，スティミュラス・ポートが使用できる
  ように構成する必要がある
- ITM_TCRのTraceBusIDを構成する必要がある

読み出し動作の場合，ITM_STIM[n]は以下の返り値を持ちます（**表16.33**）．

表16.33 ITM_STIM[n]レジスタ読み出し値（ITM_STIM[n], 0xE0000000 + 4*n）

ビット	名前	タイプ	リセット値	説明
31:2	予約済み	–	–	予約済み
1	DISABLED	R	–	値が1の場合，スティミュラス・ポートは無効
0	FIFOREADY	R	–	値が1の場合，スティミュラス・ポートは1つのデータを受け入れる準備ができている

スティミュラス・ポートが無効になっておらず（つまり，ITM_STIM[n].DISABLEが0）また，FIFOステータス
がレディ（つまり，ITM_STIM[n].FIFOREADYが1）であれば，ソフトウェアは，ITMスティミュラス・ポート
に書き込むことによって，ITMスティミュラス・ポートにデータを出力できます（**表16.34**）．

表16.34 ITM_STIM[n]レジスタ書き込み値（ITM_STIM[n], 0xE0000000 + 4*n）

ビット	名前	タイプ	リセット値	説明
31:0	STIMULUS	W	–	スティミュラス・データ

ITMスティミュラス・ポート・レジスタへの書き込みは，バイト，ハーフ・ワード，ワードのサイズのいず
れかになります．書き込み転送サイズは，トレースに出力されるデータのサイズを定義します．ITMは，"printf"
のための一連の文字書き込みがデバッグ・ホストに正しく表示されるように，トレース・パケット・プロトコル
でデータ・サイズをカプセル化します（つまり，ホストはデータの正しいサイズが何であるかを知ることができ
ます）．

例えば，Keil MDK開発ツールのμVision IDEは，**図16.18**に示すように，ITMビューアでprintfテキスト出力
を収集して表示できます．

UARTベースのテキスト出力とは異なり，ITMを使って出力することで，アプリケーションの遅延が大きくな
ることはありません．ITM内部ではFIFOバッファが使用されているため，書き込み出力メッセージは，バッファ
リングされていますが，FIFOに書き込む前にFIFOが満杯になっているかどうかを確認する必要があります．

出力メッセージは，トレース・ポート・インターフェースまたは，TPIUのシリアル・ワイヤ出力（Serial Wire
Output：SWO）インターフェースで収集できます．デバッガが接続されていない場合，トレース・システムは無
効（TRCENA制御ビットがlow）になり，ITMへの書き込みは単純に無視されるため，最終コードからデバッグ・
メッセージを生成したコードを削除することは必須ではありません．最終コードでテキスト・メッセージ生成機
能が利用可能な場合，必要に応じて"出荷版"システムで出力メッセージのスイッチを入れることができます．この
シナリオでは，特定のスティミュラス・ポート内のメッセージの一部のみが出力されるように，トレース・イネー

ブル・レジスタを制御することで，ITMスティミュラス・ポートを選択的に有効にできます．

ソフトウェア開発を支援するために，CMSIS-COREは，次のように，ITMスティミュラス・ポートを使用してテキスト・メッセージを処理するための関数を提供します．

```
uint32_t ITM_SendChar(uint32_t ch)
```

この関数はスティミュラス・ポート#0を使用して"ch"を出力し，返り値として"ch"を返します．通常，デバッガがトレース・ポートとITMを設定してくれるので，表示したい文字をそれぞれ出力するには，この関数を呼び出すだけで済みます．この関数を使用するには，トレース収集を有効にするようにデバッガを設定する必要があります．例えば，SWO信号を使用する場合，デバッガは正しい伝送速度を使用してトレース収集をする必要があります．通常，デバッガのグラフィック・ユーザ・インターフェース（Graphical User Interface：GUI）で，TPIUの周波数とシリアル・ワイヤ出力の速度を設定できます（これはTPIUのSWO部分のクロック分周比を調整することで処理されます）．さらに，SWO出力をTDOピンと共有する場合は，シリアル・ワイヤ・デバッグ通信プロトコルを選択する必要があります．

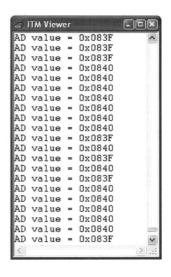

図16.18　Keil MDKでは，ITMビューアはソフトウェアで生成されたテキスト出力を表示する

ITMはデータ出力のみを許可しますが，CMSIS-COREヘッダ・ファイルには，デバッガがマイクロコントローラ上で動作しているアプリケーションに文字を出力できるようにする関数も含まれています．この関数は次のとおりです．

```
int32_t ITM_ReceiveChar(void)
```

この関数の名前には"ITM_"という接頭辞が付いていますが，デバッグ・ホストからCortex-Mプロセッサ上で動作するソフトウェアへの文字の転送は，実際にはデバッグ・インターフェース（シリアル・ワイヤ・デバッグ，またはJTAG接続など）で処理されます．この機能を使用するには，ITM_RxBufferと呼ばれる変数を宣言する必要があり，変数が格納されているメモリにデバッグ・ツールが直接アクセスしてこの変数を更新できるようにします．受信するデータがない場合，ITM_ReceiveChar()関数は-1を返します．データがある場合は，受信した文字を返します．文字が受信されたかどうかをチェックするために利用可能な次の別の関数があります．

```
int32_t ITM_CheckChar(void)
```

ITM_CheckChar()は，文字が利用可能な場合は1を返します．それ以外の場合は0を返します．

スティミュラス・ポートは，使用する前に有効にする必要があります．これは，ITMトレース有効化レジスタ（ITM_TER[n]）によって制御されます．表16.35を参照してください．アーキテクチャ的には，32個以上のITMスティミュラス・ポート・レジスタがある場合，ITM_TERは複数存在する可能性があります．ただし，Cortex-M33プロセッサには32個のITMスティミュラス・ポート・レジスタしか実装されていないため，1つのITM_TERレジスタだけが利用可能で，その中の各ビットは1つのスティミュラス・ポートの有効化制御を表します．

表16.35　ITMトレース有効化レジスタn（ITM_TER[n]，0xE0000E00 + 4*n）

ビット	名前	タイプ	リセット値	説明
31:0	STIMENA	R/W	0	スティミュラス・ポート有効化（1にセットするとスティミュラス・ポートが有効になる） ITM_TER[0]について： Bit[0] - スティミュラス・ポート#0 Bit[1] - スティミュラス・ポート#1 … Bit[31] - スティミュラス・ポート#31

第16章　デバッグとトレース機能の紹介

また，非特権アプリケーションが使用できるように，ITMスティミュラス・ポートを設定することも可能です．これは，ITMトレース特権レジスタ（ITM_TPR[n]）によって制御されます．**表16.36**を参照してください．ITMトレース有効化レジスタ（ITM_TER[n]）と同様に，アーキテクチャ的には，32個以上のITMスティミュラス・ポート・レジスタがある場合には，複数のITM_TPR[n]が存在する可能性があります．しかし，Cortex-M33プロセッサでは，ITMトレース特権レジスタは1つしかなく，このレジスタの各ビットは1つのスティミュラス・ポートの特権レベル制御を表します．

表16.36　ITMトレース特権レジスタ n（ITM_TPR[n], 0xE0000E40 + 4*n）

ビット	名前	タイプ	リセット値	説明
31:0	STIMENA	R/W	0	スティミュラス・ポートの特権制御 － 1にセットすると，スティミュラス・ポートは特権アクセスのみになる．そうでない場合，非特権のコードもこのスティミュラス・ポートにアクセスできる ITM_TER[0]について: Bit[0] － スティミュラス・ポート #0 Bit[1] － スティミュラス・ポート #1 … Bit[31] － スティミュラス・ポート #31

16.3.5.3　*ITMとDWTによるハードウェア・トレース*

ITMは，DWTからのパケットのマージを処理します．DWTトレースを有効にするには，ITMトレース制御レジスタのTXENAビットをセットし，さらにDWTトレース設定を構成する必要があります．通常，トレース機能（データ・トレース，イベント・トレースなど）はデバッガのGUIを介して構成され，構成された場合，トレース設定はデバッガによって自動的に設定されます．

16.3.5.4　*ITMタイムスタンプ*

ITMにはタイムスタンプ機能があり，トレース収集ツールで，タイミング情報を判断できます．これは，新しいトレース・パケットがITM内部のFIFOに入るたびに，タイムスタンプ・パケットをトレースに挿入することで実現します．タイムスタンプ・パケットは，タイムスタンプ・カウンタがオーバフローしたときにも生成されます．

Cortex-M33プロセッサには，次があります．

- ITM/DWTパケット間のタイミング関係を再構築するためのローカル・タイムスタンプ・メカニズム
- ITM/DWTトレースと他のトレース・ソース（ETMなど）間のタイミング関係を再構築するためのグローバル・タイムスタンプ・メカニズム

ローカル・タイムスタンプ・パケットは，現在のトレース・パケットと以前に送信されたパケットとの間の時間差（デルタ）を提供します．デルタ・タイムスタンプ・パケットを使用して，トレース収集ツールは各生成パケットのタイミングを確立し，さまざまなデバッグ・イベントのタイミングを再構築できます．

グローバル・タイムスタンプ・メカニズムは，異なるトレース・ソース間（例えば，ITMとETMの間，あるいは複数のプロセッサ間）のトレース情報の相関関係を可能にします．

DWTとITMのトレース機能を組み合わせることで，ソフトウェア開発者は多くの有用な情

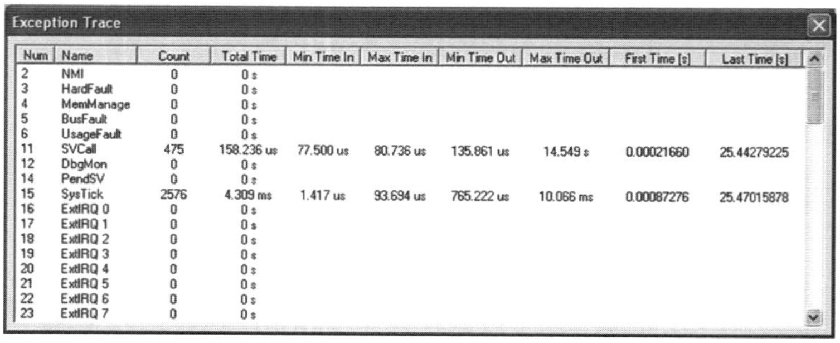

図16.19　Keil MDKデバッガの例外トレース

報を収集できます．例えば，Keil MDK開発ツールの例外トレース・ウィンドウ（**図16.19**）では，実行された例外とその例外に費やされた時間を表示できます．

16.3.6 エンベデッド・トレース・マクロセル（ETM）

ETM（Embedded Trace Macrocell）は命令トレースを提供するために使用されます．収集された情報は，次のような場合に役立ちます．

- プログラム問題の解析
- コード・カバレッジのチェック
- アプリケーションの詳細なプロファイリングを取得

ETMはオプションであり，一部のCortex-M23とCortex-M33ベースの製品では使用できない場合があります．有効にすると，プログラム・フロー情報（命令トレース）がリアルタイムで生成され，TPIU（Trace Port Interface Unit：トレース・ポート・インターフェース・ユニット）のパラレル・トレース・ポートを介してデバッグ・ホストによって収集されます．デバッグ・ホストはプログラム・イメージのコピーを持っている可能性が高いため，プログラムの実行履歴を再構築できます．**図16.20**にKeil MDKでの命令トレース表示を示します．

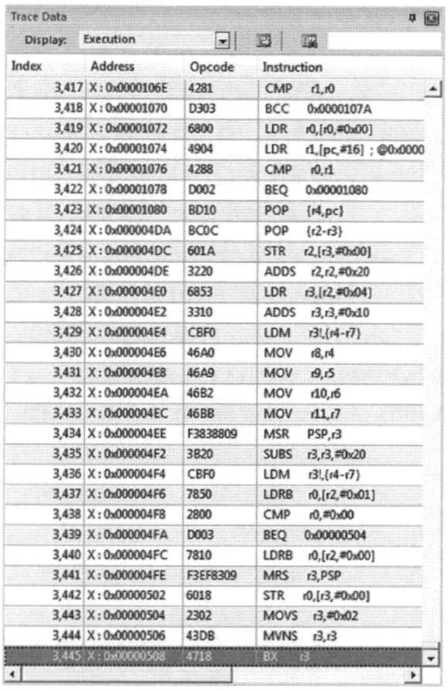

Index	Address	Opcode	Instruction
3,417	X : 0x0000106E	4281	CMP r1,r0
3,418	X : 0x00001070	D303	BCC 0x0000107A
3,419	X : 0x00001072	6800	LDR r0,[r0,#0x00]
3,420	X : 0x00001074	4904	LDR r1,[pc,#16] ; @0x0000
3,421	X : 0x00001076	4288	CMP r0,r1
3,422	X : 0x00001078	D002	BEQ 0x00001080
3,423	X : 0x00001080	BD10	POP {r4,pc}
3,424	X : 0x000004DA	BC0C	POP {r2-r3}
3,425	X : 0x000004DC	601A	STR r2,[r3,#0x00]
3,426	X : 0x000004DE	3220	ADDS r2,r2,#0x20
3,427	X : 0x000004E0	6853	LDR r3,[r2,#0x04]
3,428	X : 0x000004E2	3310	ADDS r3,r3,#0x10
3,429	X : 0x000004E4	CBF0	LDM r3!,{r4-r7}
3,430	X : 0x000004E6	46A0	MOV r8,r4
3,431	X : 0x000004E8	46A9	MOV r9,r5
3,432	X : 0x000004EA	46B2	MOV r10,r6
3,433	X : 0x000004EC	46BB	MOV r11,r7
3,434	X : 0x000004EE	F3838809	MSR PSP,r3
3,435	X : 0x000004F2	3B20	SUBS r3,r3,#0x20
3,436	X : 0x000004F4	CBF0	LDM r3!,{r4-r7}
3,437	X : 0x000004F6	7850	LDRB r0,[r2,#0x01]
3,438	X : 0x000004F8	2800	CMP r0,#0x00
3,439	X : 0x000004FA	D003	BEQ 0x00000504
3,440	X : 0x000004FC	7810	LDRB r0,[r2,#0x00]
3,441	X : 0x000004FE	F3EF8309	MRS r3,PSP
3,442	X : 0x00000502	6018	STR r0,[r3,#0x00]
3,443	X : 0x00000504	2302	MOVS r3,#0x02
3,444	X : 0x00000506	43DB	MVNS r3,r3
3,445	X : 0x00000508	4718	BX r3

図16.20 Keil MDKデバッガの命令トレース・ウィンドウ

ETMトレース・プロトコルは，トレース・データの転送に必要な帯域幅を最小限に抑えるように設計されています．生成されるデータ量を減らすために，ETMは実行する命令ごとにトレース・パケットを生成しません．その代わりに，プログラム・フローに関する情報のみを出力し，必要に応じてフル・アドレスのみを出力します（間接的な分岐が行われた場合など）．とはいえ，特に分岐が頻繁に発生する場合には，ETMはかなり多くのデータを生成します．データ・トレースを収集できるようにするために，ETMにはFIFOバッファが用意されており，トレース・ポート・インターフェース・ユニット（Trace Port Interface Unit：TPIU）がトレース・データを処理して再フォーマットするのに十分な時間を確保しています．必要なトレース帯域幅のせいで，シングル・ピンSWOトレース出力モードはETMトレースには適していません．

ETMプロトコルではデータのトレースが可能ですが，Cortex-M23とCortex-M33プロセッサ用のETMはデータ・トレースをサポートしていません．代わりに，DWTの選択的データ・トレース機能を使用して，データを収集する場合に使用できます．

次に紹介するMTBと比較すると，ETM命令トレースには次の多くのメリットがあります．

- 無制限のトレース履歴を持てる
- タイムスタンプ・パケットを介してタイミング情報を提供する
- リアルタイムで動作 ― プロセッサが動作している間にデバッグ・ツールによって情報が収集される
- システムのSRAMに場所を取らない

ETMは，DWTなどの他のデバッグ・コンポーネントとも相互動作します．DWT内のコンパレータを使用してトリガ・イベントを生成したり，ETM内のトレース・スタート/ストップ制御機能を使用したりできます．DWTとETMの間の相互動作により，ETMには専用のトレース・スタート/ストップ制御ハードウェアは必要ありません．

16.3.7 マイクロ・トレース・バッファ（MTB）

MTB（Micro Trace Buffer）もETMと同様に，命令トレースを提供するために使用されます．ただし，MTBソリューションでは，TPIUを通じて命令トレース・データをリアルタイムで出力する代わりに，オンチップSRAMの一部を使用して命令トレース・データを保持します．MTBは，Cortex-M0+，Cortex-M23，Cortex-M33プロセッサのオプション・コンポーネントです．

プログラム実行中，プログラム・フローの変更情報は収集され，SRAMに格納されます．プロセッサが停止すると，トレース・バッファ内のプログラム・フロー情報がデバッグ接続を介して取得され，再構築のために利用

されます.

　MTBはリアルタイムでの命令トレースができず，トレース履歴も限られていますが(命令トレース用に割り当てられたSRAM領域のサイズによって制限されます)，MTBの命令トレース・ソリューションには，次の幾つかの利点があります.

- ソフトウェア開発者は，低コストのデバッグ・プローブを使用してMTBトレース結果を収集できる．しかし，ETMトレースの場合は，パラレル(並列)・トレース・ポートの収集をサポートするデバッグ・プローブが必要で，通常はより高価になる
- MTBでは，パラレル・トレース出力に余分なピンを使用する必要はない．これは，ピン数の少ない一部のデバイスでは重要な考慮事項である
- MTBの全体的なシリコン面積は，ETMとTPIUの面積よりも小さい(チップ製造コストが低いことを意味する)．MTBはシステムのSRAMの一部をトレース・バッファとして使用できるので，専用のSRAMバッファは必要ない

　MTBは，SRAMとシステム・バスの間に配置される小型のコンポーネントです(図16.21)．通常の動作では，MTBはオンチップSRAMとAMBA AHBを接続するためのインターフェース・モジュールとして機能します.

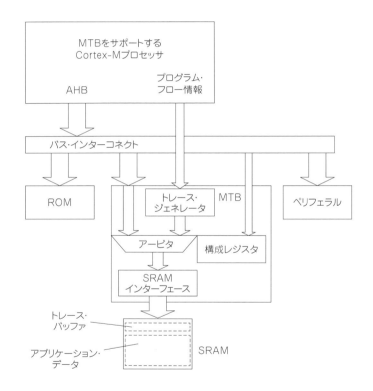

図16.21　MTBはAMBA AHBインターコネクトとオンチップSRAMの間のブリッジとして機能

　デバッグ動作の間，デバッガはMTBを構成して，SRAMのごく一部を，トレース情報を格納するためのトレース・バッファとして割り当てます．もちろん，トレース動作のために割り当てられたのと同じSRAM空間をアプリケーションが使用しないように注意しなければなりません．

　プログラム分岐が発生した場合や，割り込みによりプログラム・フローが変更された場合，MTBは分岐元のプログラム・カウンタと分岐先のプログラム・カウンタをSRAMに格納します．各プログラム・フローの変化を格納するためには，分岐ごとに合計8バイトのトレース・データが必要です．例えば，SRAMの512バイトだけを命令トレース用に割り当てれば，直近のプログラム・フローの変化を最大64個まで格納できます．これは，例えば，どのプログラム・コード・シーケンスがHardFaultの原因となったかを判断するなど，ソフトウェアをデバッグするときに非常に役立ちます．

MTBは次の2つの動作モードをサポートしています.

サーキュラ(循環)・バッファ・モード — サーキュラ・バッファ・モードでMTBは,割り当てられたSRAMを使用する.MTBトレースは連続的に動作し,古いトレース・データは常に新しいトレース・データで上書きされる.MTBがソフトウェア障害解析(HardFaultなどの原因)に使用される場合,デバッガは,ベクタ・キャッチ機能(16.2.5節を参照)を使用してHardFaultが発生すると自動的に停止状態に入るように,プロセッサを設定する.プロセッサがHardFaultに入ると,デバッガはトレース・バッファ内の情報を抽出し,トレース履歴を再生成する.サーキュラ・バッファ・モードは,MTBで最も一般的に使用されている動作モードである

ワン・ショット・モード — MTBは,割り当てられたトレース・バッファの開始位置からトレースの書き込みを開始し,トレース書き込みポインタが特定の位置に達すると自動的にトレースを停止する.MTBは,オプションとして,デバッグ要求信号をアサートすることでプロセッサの実行を停止できる

プロセッサが分岐を実行してもSRAMへのデータ・アクセスは発生しないため,アプリケーションへのMTB動作の影響は無視できます.しかし,DMAコントローラのような別のバス・マスタが同時にSRAMにアクセスしようとする可能性があります.これを管理するために,MTBにはアクセス競合を処理するための内部バス調停器があります.

MTBソリューションは,最初にArm Cortex-M0+プロセッサで導入され;その後,Cortex-M23とCortex-M33プロセッサで利用できるようになりました.Cortex-M33プロセッサでは,MTBソリューションはETMと共存できます.Cortex-M23プロセッサでは,シリコン面積を削減するために,チップ設計者はトレース・ソリューションのETMまたはMTBのいずれか1つしか実装できません.

16.3.8 トレース・ポート・インターフェース・ユニット(TPIU)

TPIU(Trace Port Interface Unit)モジュールは,Keil ULINKProなどのトレース収集デバイスで,トレース・データを収集できるように,トレース・パケットを外部に出力するのに使用されます.Cortex-Mデバイスで使用されるTPIUモジュールは,通常,マイクロコントローラ用に面積最適化されたTPIUのバージョンの1つです.次の2つの出力モードをサポートしています.

- パラレル・トレース・ポート・モード(クロック・モード):最大4ビットのパラレル・データ出力とトレース・クロック出力を提供
- シリアル・ワイヤ出力(Serial Wire Output:SWO)モード:シングル・ビットのシリアル出力を使用.SWOには2つの異なる出力モードがある.これらは次のとおり
    - マンチェスタ・コーディング
    - ノンリターン・ゼロ(Non-Return to Zero:NRZ)

NRZは,SWOをサポートするほとんどのデバッグ・プローブで使用されます.

クロック・モードでは,トレース・インターフェースで使用されるトレース・データ・ビットの実際の数は,異なるサイズに対応するようにプログラムできます(トレース・データは1/2/4ビットにトレース・クロックを加えたものになります).ピン数の少ないデバイスの場合,特にアプリケーションがすでに多くのI/Oピンを使用している場合,トレース出力に5ビットを使用することは,実現不可能かもしれません.そのため,少ないピン数で使用できることが非常に望ましいです.チップ設計者は,構成入力ポートを使用して最大ポート・サイズを制限でき,これにより,ハードウェア・レジスタから設定が見えるようになり,デバッグ・ツールがトレース・ポートの最大許容幅を決定できるようになります.

SWOモードでは,1ビットのシリアル・プロトコルが使用され,出力信号の数を1に減らすだけでなく,トレース出力の最大帯域幅を小さくできます.前述の他にも,プリスケーラを使用してトレース・データ出力の速度をプログラムできます.SWOとシリアルワイヤ・デバッグ・プロトコルを組み合わせる場合,通常JTAGプロトコルで使用されているテスト・データ出力(Test Data Output:TDO)ピンをSWOと共有できます(図16.22).例えば,SWOモードでのトレース出力は,JTAG用の標準デバッグ・コネクタを使用して,Keil ULINK2デバッグ・プローブを使用して収集できます.

SWO(Serial Wire Output)は,TDOと共有する代わりに,パラレル・トレース出力ピンと共有することもできます.トレース・データ(クロック・モードまたはSWOモード)は,Arm D-StreamやKeil ULINKPROなどの外部トレース・ポート・アナライザで収集できます.

第16章　デバッグとトレース機能の紹介

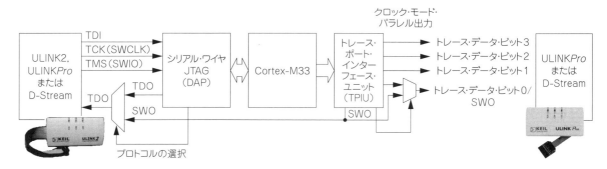

図16.22　シリアル・ワイヤ出力のトレース接続とピン共有

　SWOモードではトレース・データの帯域幅が制限されているため，ETM命令トレースには適していないので注意してください．しかし，SWOは"printf"メッセージ出力と基本的なイベント/プロファイリング・トレースには十分です．より多くの帯域幅を提供するために，トレース・ポートのクロックをより高い周波数にすることも潜在的には可能ですが，I/Oピンの最大速度には限界があるため，ある点までしか実現できません．

　TPIUの内部では，プロセッサからトレース・バスに接続するトレース・バス・インターフェース（AMBA ATB）が，トレース・ポート・インターフェースのクロックと非同期に動作します（図16.23）．これにより，トレース・ポートは，プロセッサよりも高いクロック周波数で動作し，より高いトレース帯域幅が得られます．これは，トレース・クロックがトレース収集ユニットにも出力されるので，パラレル・トレース・ポート・モードでは問題ありません．しかし，SWOトレースの場合は基準クロックがありません．その結果，SWOトレースが適切な速度で収集されるように，使用しているデバッグ・ツールでプロジェクトの構成を行う必要があります．

　潜在的に，デバッグ・セッションの開始時にトレース・クロックを構成するために，デバッグ初期化スクリプトが必要になる可能性があります（トレース・インターフェース・クロック設定がハードウェア・レジスタで制御されている場合など）．

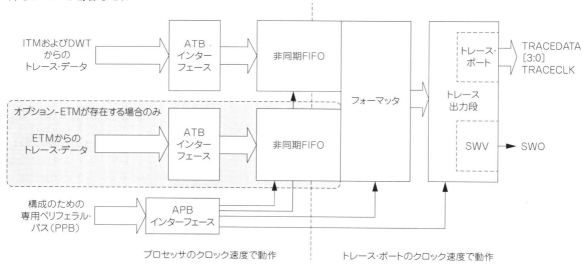

図16.23　Cortex-M TPIUブロック図

　TPIUに接続された複数のトレース・ソースが存在する可能性があるため，TPIUにはトレース・バスID値をトレース・データ出力にカプセル化するフォーマッタが含まれています．これにより，トレース・ストリームをマージしたり，デバッグ・ホストで分離したりできます．ETMなしのトレースにSWOモードを使用する場合，アクティブなトレース・バスは1つだけで；この場合はフォーマッタをOFFにして（バイパス・モード），より高いデータ・スループットを実現できます．バイパス・モードの場合，トレース・バスID値はトレース・データにカプセル化されません．

16.3 デバッグ・コンポーネントの紹介

Cortex-M TPIUを使用するには，次が必要です．
- DEMCRのTRCENAビットは1にセットする必要がある
- TPIUのトレース・インターフェース・ポートのクロック信号を有効にする必要がある（これはデバイス固有）．多くの場合，DEMCRのTRCENAビットは，TPIUのトレース・インターフェース・ポートのクロック信号を有効にするためにも使用される
- プロトコル（モード）選択レジスタとトレース・ポート・サイズ制御レジスタは，トレース収集ソフトウェアでプログラムする必要がある

TPIUはシステム制御空間内にないため，TPIUレジスタには非セキュア・エイリアス・アドレスがありません．TPIUには，次の主要なレジスタが含まれており，これらを表16.37に示します．

表16.37 Cortex-M TPIUの主要なレジスタ

アドレス	名前	タイプ
0xE0040000	TPIUサポーテッド・パラレル・ポート・サイズ・レジスタ（TPIU_SPPSR）	RO
0xE0040004	TPIUカレント・パラレル・ポート・サイズ・レジスタ（TPIU_CSPSR）	R/W
0xE0040010	TPIUアシンクロナス・クロック・プリスケーラ・レジスタ（TPIU_ACPR）	R/W
0xE00400F0	TPIUセレクテッド・ピン・プロトコル・レジスタ（TPIU_SPPR）	R/W
0xE0040300	フォーマッタ・アンド・フラッシュ・ステータス・レジスタ（TPIU_FFSR）	RO
0xE0040304	フォーマッタ・アンド・フラッシュ・コントロール・レジスタ（TPIU_FFCR）	R/W
0xE0040308	ピリオデック・シンクロナイゼーション・コントロール・レジスタ（TPIU_PSCR）	R/W
0xE0040FA0	クレーム・タグ・セット	R/W
0xE0040FA4	クレーム・タグ・クリア	R/W

TPIUサポーテッド・パラレル・ポート・サイズ・レジスタ（TPIU_SPPSR）により，デバッグ・ツールは，トレース・ポートの最大幅を決定できます（表16.38）．

表16.38 サポートされているパラレル・ポート・サイズ・レジスタ（TPIU_SPPSR, 0xE0040000）

ビット	名前	タイプ	リセット値	説明
31:0	SWIDTH	RO	–	トレース・ポートの最大幅 0x00000001 – 1 ビット幅 0x00000003 – 2 ビット幅 0x00000007 – 3 ビット幅 0x0000000F – 4 ビット幅 …

TPIUカレント（現在）・パラレル・ポート・サイズ・レジスタ（TPIU_CSPSR）により，デバッグ・ツールがトレース・ポートの幅を設定できます（表16.39）．

表16.39 カレント（現在）・パラレル・ポート・サイズ・レジスタ（TPIU_CSPSR, 0xE0040004）

ビット	名前	タイプ	リセット値	説明
31:0	CWIDTH	RO	–	トレース・ポートの現在の幅 0x00000001 – 1 ビット幅 0x00000002 – 2 ビット幅 0x00000004 – 3 ビット幅 0x00000008 – 4 ビット幅 …

アシンクロナス（非同期）・クロック・プリスケーラ・レジスタ（TPIU_ACPR）を使用すると，デバッグ・ツー

第16章　デバッグとトレース機能の紹介

ルで非同期SWO出力のクロック・プリスケーリングを定義できます(**表16.40**).

表16.40　アシンクロナス(非同期)・クロック・プリスケーラ・レジスタ(TPIU_ACPR, 0xE0040010)

ビット	名前	タイプ	リセット値	説明
31:12	予約済み	–	–	予約済み
11:0	PRESCALER	RW	0	トレース・クロック入力の除算値はPRESCALER+1 注意:アーキテクチャは最大16ビットのプリスケーラ比をサポートしているが,既存のCortex-M TPIUでは12ビットしか実装されていない

TPIUセレクテッド(選択された)・ピン・プロトコル・レジスタ(TPIU SPPR)は,出力モードを選択します(**表16.41**).

表16.41　セレクテッド・ピン・プロトコル・レジスタ(TPIU_SPPR, 0xE00400F0)

ビット	名前	タイプ	リセット値	説明
31:2	予約済み	–	–	予約済み
1:0	TXMODE	RW	1	送信モード 00 – パラレル・トレース・ポート・モード 01 – マンチェスタ・エンコーディングを使用した非同期SWO 10 – NRZエンコーディングを使用した非同期SWO

フォーマッタ・アンド・フラッシュ・ステータス・レジスタ(TPIU_FFSR)は,フォーマッタとフラッシュ・ロジックのステータスを示します(**表16.42**).CoreSightデバッグ・アーキテクチャは,オプションのトレース・バス・フラッシュ機能をサポートしており,トレース・コンポーネントが内部トレース・バッファ内の残りのデータを強制的にフラッシュ・アウトします.デバッグ・セッションの後,デバッガはオプションでTPIUにトレース・フラッシュ・コマンドを発行でき,発行された場合,フフラッシュ・コマンドはトレース・バス上の信号を使用してさまざまなトレース・ソースに伝搬されます.フラッシュ要求を受信すると,トレース・ソースは内部FIFOバッファ内の残りのトレース・データをフラッシュアウトし,デバッグ・ホストがデータを収集できるようにします.

表16.42　フォーマッタ・アンド・フラッシュ・ステータス・レジスタ(TPIU_FFSR, 0xE0040300)

ビット	名前	タイプ	リセット値	説明
31:4	予約済み	–	–	予約済み
3	FtNonStop	RO	1	フォーマッタを止められない
2	TCPresent	RO	0	このビットは常に0
1	FtStopped	RO	0	このビットは常に0
0	FlInProg	RO	0	フラッシュ進行中 0 – フラッシュが完了したか,またはフラッシュ中ではない 1 – フラッシュが開始される

フォーマッタ・アンド・フラッシュ・コントロール・レジスタ(TPIU_FFCR)により,デバッグ・ツールはトレース・バス上のトレース・データのフラッシュを開始できます(**表16.43**).

表16.43　フォーマッタ・アンド・フラッシュ・コントロール・レジスタ(TPIU_FFCR, 0xE0040304)

ビット	名前	タイプ	リセット値	説明
31:9	予約済み	–	–	予約済み

ビット	名前	タイプ	リセット値	説明
8	TrigIn	RO	1	このビットは1として読み出され, トリガ・イベントが検出されたときに, インターフェース信号のトレースにトリガが挿入されることを示す. トリガ・イベントは, DWTまたはETMのいずれかによって生成される
7	予約済み	–	–	予約済み
6	FOnMan	RW	0	マニュアルでフラッシュ. 1の書き込みは, トレース・パスのフラッシュを発生させる. フラッシュが完了するか, TPIUがリセットされると0にクリアされる
5:2	予約済み	–	–	予約済み
1	EnFCont	RW	1	連続フォーマットを有効にする 0 – 連続フォーマット無効（バイパス・モード） 1 – 連続フォーマット有効
0	予約済み	–	–	予約済み

TPIUピリオディック・シンクロナイゼーション・コントロール（周期同期制御）・レジスタ（TPIU_PSCR）は, TPIU同期パケットの生成頻度を決定します（**表16.44**）.

表16.44 TPIUピリオディック・シンクロナイゼーション・コントロール（周期同期制御）・レジスタ（TPIU_PSCR, 0xE0040308）

ビット	名前	タイプ	リセット値	説明
31:5	予約済み	–	–	予約済み
4:0	PSCount	RW	0	周期同期カウント. 0以外の値に設定すると, 同期間に出力されるTPIUトレース・データのおおよそのバイト数を決定する 00000 – 同期を無効にする 00111 – 128バイトごとの同期パケット 01000 – 256バイトごとの同期パケット … 11111 – 2^31バイトごとの同期パケット

TPIUクレーム・タグ・セット/クリア・レジスタ（TPIU_CLAIMSET, TPIU_CLAIMCLR）により, デバッグ・エージェント・ソフトウェア・コンポーネントはどのソフトウェア・コンポーネントでTPIUを制御するかを決定でき；これはハードウェア・セマフォに似ています（**表16.45**と**表16.46**）. アーキテクチャ的には, このレジスタは必須ではなく, 最新のデバッグ・ツールではほとんど使用されません. しかし, 以前のCortex-Mプロセッサの

表16.45 TPIUクレーム・タグ・セット・レジスタ（TPIU_CLAIMSET, 0xE0040FA0）

ビット	名前	タイプ	リセット値	説明
31:4	予約済み	–	–	予約済み
3:0	CLAIMSET	RW	0xF	読み出し – 0の場合, クレーム・タグ・ビットが実装されていないことを示す – 1の場合, クレーム・タグ・ビットが実装されていることを示す 書き込み – 0を書き込んでも効果はない – 1を書き込むとクレーム・タグ・ビットがセットされる

表16.46 TPIUクレーム・タグ・クリア・レジスタ（TPIU_CLAIMCLR, 0xE0040FA4）

ビット	名前	タイプ	リセット値	説明
31:4	予約済み	–	–	予約済み
3:0	CLAIMCLR	RW	0	読み出し – 現在のクレーム・タグの値 書き込み – 0を書き込んでも効果はない – 1を書き込むとクレーム・タグ・ビットがクリアされる

TPIUの上位互換性を維持するために含まれています．

複数のプロセッサを搭載したシステム・オン・チップでは，使用されるTPIUはシングル・プロセッサ・マイクロコントローラで使用されるものとは異なります．マルチプロセッサ・システムでは，TPIUは，より広いトレース・データ・ポート幅（最大32ビット）をサポートするCoreSight TPIUになる可能性が高いです．そのようなシステムでは，複数のトレース・ソースから受信したトレース・データをマージするために，追加のトレース・バス・コンポーネントが必要になります．SWO出力では，複数のトレース・ソースに十分なトレース・データ帯域幅を提供できそうにないため，CoreSight TPIUにはSWO出力がありません．ただし，Cortex-MのTPIUのそれと同様のプログラマーズ・モデルがあります．

16.3.9　クロス・トリガ・インターフェース（CTI）

クロス・トリガ・インターフェース（Cross Trigger Interface）は，マルチプロセッサのデバッグ処理を支援するオプションのコンポーネントです．マルチプロセッサ・システムでは，各プロセッサはそれにリンクされたCTIブロックを持ち，複数のCTIは，クロス・トリガ・マトリックス（CTM）コンポーネントで構成されたデバッグ・イベント通信ネットワークを使用して一緒にリンクされています（図16.24）．

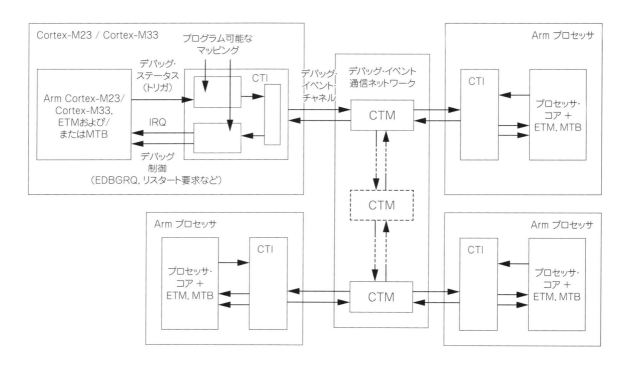

図16.24　マルチプロセッサ・システムのCTI

CTIとCTMコンポーネントを使用すると，異なるプロセッサ間のデバッグ動作をリンクできます．例えば次のようにできます．
- あるプロセッサがデバッグ・イベントのために停止状態になると，システム内の他のプロセッサを同時に停止させることができる
- 複数のプロセッサが停止している場合，全てのプロセッサを同時に再起動できる
- トレース・トリガ・イベントを複数のトレース・ソースに送信できるので，トレース・トリガ・パケットを複数のトレース・コンポーネントからほぼ同時に生成でき，トリガ・イベントを中心とした複数のプロセッサのアクティビティを簡単に相関させることができる
- あるプロセッサからのデバッグ・イベントは，別のプロセッサで割り込みをトリガする可能性があり，

例えば，高出力モータを制御するシステムでは，あるプロセッサが停止状態になると，他のプロセッサ割り込みをトリガし，まだ回転している可能性のあるモータの管理を要求できる

- あるプロセッサからのデバッグ・イベントは，別のプロセッサのデバッグ/トレース動作をトリガするために使用できる．例えば，あるプロセッサのDWT/ETMイベントは，別のプロセッサのETMのトレース開始/停止をトリガするために使用できる

デバッグ・トリガ・イベントとデバッグ・チャネル間のマッピングはプログラム可能です．通常，これはデバッグ・ツールによって管理されます．シングル・プロセッサ・システムでは，CTIコンポーネントが存在することはほとんどありません．前世代のArmプロセッサでは，CTIコンポーネントはプロセッサの外にありましたが，現在ではシステムの設計を容易にするためにオプションのコンポーネントとして統合されています.

16.4 デバッグ・セッションの開始

デバッガがデバッグ・ターゲットに接続されると，デバッグ・ホストによって，次の幾つかのステップが実行されます.

1. JTAGまたはシリアル・ワイヤ・デバッグ・インターフェース(デバッグ・ポート・モジュール)のIDレジスタの値を最初に検出しようとする
2. デバッグ・ポートでデバッグ・パワー・アップ要求を発行し，ハンドシェイクが完了するのを待つ．これにより，システムがデバッグ接続の準備ができていることを確認する
3. オプションで，デバッグ・アクセス・ポート(Debug Access Port：DAP)の内部デバッグ・バスをスキャンして，どのタイプのアクセス・ポート(Access Port：AP)が利用可能かを確認する．Cortex-Mシステムの場合，IDレジスタの値はAHB-APモジュールであることを示す
4. デバッガは，メモリ・マップにアクセスできるかどうかをチェックする
5. また，オプションでAHB-AFモジュールからプライマリROMテーブルのアドレスを取得し，ROMテーブルを介して，システム内のデバッグ・コンポーネントを検出する(16.2.8節で説明)
6. オプションで，プロジェクトの設定に基づいて，プログラム・イメージをデバイスにダウンロードする
7. オプションで，リセット・ベクタ・キャッシュ機能を有効にし，SCB->AIRCR(SYSRESETREQ)を使用してシステムをリセットする．リセット・ベクタ・キャッシュ機能は，どんなコードが実行されるよりも前にプロセッサを停止する

ステップ7が実行されると，プロセッサは，プログラムの実行の先頭で停止し，ユーザがソフトウェアを実行するための実行コマンドを発行する準備ができます.

手順6と7をスキップすることで，アプリケーションを停止やリセットすることなく，実行中のシステムに接続できます.

システムに有効なプログラム・イメージがない場合，プロセッサはリセットから復帰して間もなくHardFaultに陥る可能性があります．HardFaultになった場合でも，リセット・ベクタ・キャッシュ機能を使用して，プロセッサに接続してリセットし，何かをする前にプロセッサが停止していることを確認することは可能です．その位置から，ソフトウェア開発者は，プログラム・イメージをメモリにダウンロードして実行できます.

16.5 フラッシュ・メモリ・プログラミング・サポート

フラッシュ・メモリ・プログラミングは，デバッグ機能として分類されていませんが，フラッシュ・プログラミング動作は，Cortex-Mプロセッサに搭載されているデバッグ機能に依存することがよくあります．フラッシュ・プログラミングのサポートは，多くの場合，ツールチェーンに統合されており，オプションでデバッグ・セッションの開始時に実行できます.

フラッシュ・メモリは通常，幾つかのページに分割されています(例えば，これは512バイト〜数Kバイトまでの範囲になります)．このため，フラッシュ・プログラミング動作は，通常，フラッシュの更新をページごとに処理するように設計されています.

Cortex-Mマイクロコントローラのフラッシュ・プログラミングは，次のステップを使用してデバッガで実行できます.

第16章　デバッグとトレース機能の紹介

1. デバッグ接続を使用して，16.4節に記載されているようにステップ1～5を実行する
2. リセット・ベクタ・キャッチ機能を有効にして，SCB->AIRCR (SYSRESETREQ) を使用してシステムをリセットする

> 注意：このアクションは，プロセッサを停止させる

3. デバッガを使用して小さなフラッシュ・プログラミング・コードをダウンロードし，プログラム・データの最初のページをSRAMにダウンロードする

> 注意：フラッシュ・プログラミングを止めて，プロセッサを停止できるようにするには，コードの最後にブレークポイント命令を挿入する

4. プログラム・カウンタをSRAM内のフラッシュ・プログラミング・コードの始点に変更し，プロセッサの停止状態を解除する

> 注意：これにより，フラッシュ・プログラミング・コードの実行が開始される

5. フラッシュ・ページ・プログラミングの完了を検出することで，デバッガはSRAMを次のデータ・ブロックで更新し，フラッシュ・プログラミング・プロセスを再開する

> 注意：ダウンロードしたフラッシュ・プログラミング・コードの最後には，フラッシュ・プログラミング・コードの実行後にプロセッサを停止状態にするブレークポイント命令が使用される．デバッガが停止状態を検出すると，デバッガはエラーが発生したかどうかをチェックし，プログラム・イメージの次のページをSRAMにダウンロードし，PCをフラッシュ・プログラミング・コードの先頭に戻して再実行する

6. 全てのフラッシュ・ページが更新されるまで，プログラミングの手順を繰り返す

> 注意：この段階では，デバッガはオプションで別のコードを実行して，チェックサム・アルゴリズムを使用して，プログラムされたフラッシュ・ページが正しい内容であることを確認できる

7. SCB->AIRCR (SYSRESETREQ) を使用して，別のシステム・リセットを発行することで，プロセッサは停止し，新しいプログラム・イメージを実行する準備ができる

> 注意1：フラッシュ・プログラム・コードは，適切な速度と条件（電圧設定など）でフラッシュ・プログラムを実行するために，クロックや電源管理などのハードウェア・リソースの初期化から始まる場合がある

> 注意2：ダウンロードしたフラッシュ・プログラミング・コード内のフラッシュ・プログラミングの手順は，次のようにマイコン・システムの性質によって異なる．

a TrustZoneセキュリティが実装されており，セキュア・ファームウェアがプリロードされている場合，ダウンロードされたフラッシュ・プログラミング・コードは，セキュア・ファームウェア内のセキュア・ファームウェア更新機能を呼び出してフラッシュ・メモリを更新する

b TrustZoneセキュリティが実装されていない場合，またはセキュア・ファームウェア更新機能がプリロードされていない場合，ダウンロードしたフラッシュ・プログラミング・コードには，フラッシュ・プログラミング・アルゴリズムが含まれており，フラッシュ・プログラミング制御ステップを実行する必要がある

16.6 ソフトウェア設計の考察

Cortex-Mプロセッサは，幅広いデバッグ機能を提供します．しかし，デバッグ機能を最大限に活用するためには，ソフトウェア開発者は次の点に注意する必要があります．

- チップの設計によっては，デバッガがプロセッサの状態やメモリにアクセスし続けることができるように，低消費電力の最適化が無効になっている場合がある．これにより，デバッグ中のアプリケーションの消費電力が若干高くなる可能性がある
- 特定のCortex-Mデバイスの一部の低電力モードでは，デバッグ接続が失われる可能性がある．例えば，プロセッサの電源が切れると デバッガはプロセッサの状態にアクセスできなくなる
- 停止中は，SysTickタイマが停止する．しかし，システム・レベル（プロセッサの外）のペリフェラルはまだ動作している可能性がある
- 一般的に，アプリケーション・コードがデバッグ・レジスタを変更することは，デバッグ動作を妨げる可能性があるので避けるべき
- DWTデータ・トレースを使用するには，トレースされるデータをグローバルまたはスタティックとして宣言し，固定アドレスの場所を持つようにしなければならない．これは，ローカル変数がスタック・メモリに動的に割り当てられているため，固定アドレスを持たず，トレースできないからである
- 多くのデバイスには，デバッグ信号と機能的なI/O機能を組み合わせたI/Oピンがある．これらのI/Oピンはリセット直後，通常はデバッグ目的に割り当てられているが，デバッグ・ピンの機能を切り替えることで，デバイスをそれ以上のデバッグ活動からロックアウトできる．しかし，この構成は，デバッグ接続を防止したり，デバッグ機能へのアクセスを停止したりする安全な方法ではない．従って，シリコン・ベンダは，ソフトウェア資産が第三者に読み出されないようにするために，製品設計者が他の読み出し保護機能を提供するのが一般的である
- 開発ツールの中には，ソフトウェア開発者がアプリケーションを最適化できるように，さまざまなプロファイリング機能を提供している．

◆ 参考・引用＊文献

(1) CoreSight技術システム設計ガイド
https://developer.arm.com/documentation/dgi0012/latest

(2) CoreSightアーキテクチャ仕様書v2.0
https://static.docs.arm.com/ihi0029/d/IHI0029D_coresight_architecture_spec_v2_0.pdf

(3) Armデバッグ・インターフェース・アーキテクチャ仕様書（ADIv5.0 ～ ADIv5.2）
https://developer.arm.com/documentation/ihi0031/d

(4) ETMアーキテクチャ仕様v1.0 ～ v3.5，Arm Cortex-M23プロセッサに適用可能
https://developer.arm.com/documentation/ihi0014/latest

(5) ETMアーキテクチャ仕様v4.0 ～ v4.5，Arm Cortex-M33プロセッサに適用可能
https://developer.arm.com/documentation/ihi0064/latest

(6) Armv8-Mアーキテクチャ・リファレンス・マニュアル
https://developer.arm.com/documentation/ddi0553/am（Armv8.0-Mのみのバージョン）
https://developer.arm.com/documentation/ddi0553/latest/（Armv8.1-Mを含む最新版）
注意：Armv6-M，Armv7-M，Armv8-M，Armv8.1-M用のMプロファイル・アーキテクチャ・リファレンス・マニュアルは次にある
https://developer.arm.com/architectures/cpu-architecture/m-pROfile/docs

(7) AMBA 5 高性能バス（AHB）プロトコル仕様書
https://developer.arm.com/documentation/ihi0033/latest/

(8) AMBA 4 アドバンスト・ペリフェラル・バス（APB）プロトコル仕様書
https://developer.arm.com/documentation/ihi0024/latest/

第16章　デバッグとトレース機能の紹介

(9) Arm デバッグ・インターフェース・アーキテクチャ仕様書（ADIv6.0）
https://developer.arm.com/documentation/ihi0074/latest/

(10) AMBA 4 ATB プロトコル仕様書
https://developer.arm.com/documentation/ihi0032/latest/

(11) Armv7-M アーキテクチャ・リファレンス・マニュアル
https://developer.arm.com/documentation/ddi0403/ed/

(12) Arm CoreSight MTB-M33 テクニカル・リファレンス・マニュアル
https://developer.arm.com/documentation/100231/latest/

(13) CoreSight SoC-400 エンベデッド・トレース・バッファ
https://developer.arm.com/documentation/100536/0302/embedded-trace-buffer

第17章

ソフトウェア開発

Software development

17.1 導入

17.1.1 ソフトウェア開発の概要

ソフトウェア開発の概要については，すでに第2章の2.4節で説明しています．Armv8-Mアーキテクチャ[1]を使用する場合，さまざまなソフトウェア開発シナリオがあります．例えば，デバイスにTrustZoneが実装されている場合と，されていない場合があり，実装されている場合でも，第3章の3.18節で説明されているように，そのデバイス用のソフトウェアを作成するアプリケーション・ソフトウェア開発者は，TrustZoneについて何も知る必要がないかもしれません．

参考のために，図17.1にさまざまなソフトウェア開発シナリオを示しました．

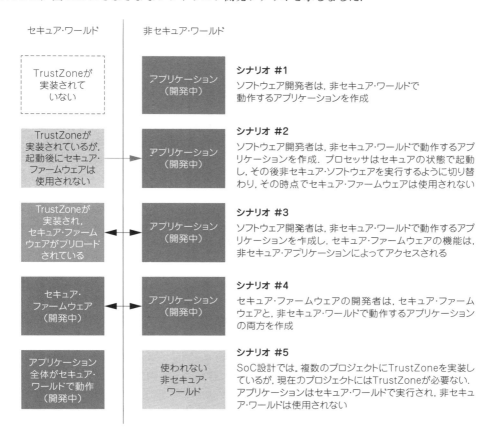

図17.1　Armv8-Mプロセッサにおけるソフトウェア開発シナリオ

この章では，単一のプロジェクトのみを作成して使用するシナリオ（図17.1のシナリオ#1，#2，#5）に焦点を

第17章 ソフトウェア開発

当て，典型的なソフトウェア・プロジェクトの設定の基本的な概念を詳述します．セキュアなソフトウェア・プロジェクトについては，第18章で説明しますが，そこではシナリオ#3と#4を取り上げます．これら2つのシナリオでは，セキュア・プロジェクトと非セキュア・プロジェクトの相互作用が関係しています．

17.1.2 典型的なCortex-Mソフトウェア・プロジェクトの内部

2.5.3節で述べたように，CMSIS-CORE準拠のソフトウェア・ドライバをベースにした基本的なソフトウェア・プロジェクトは，通常，幾つかのソフトウェア・ファイルを含んでいます（図17.2）．

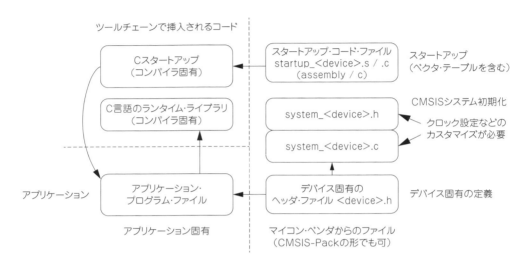

図17.2　あるMCUベンダのCMSIS-COREベースのソフトウェア・パッケージを用いたプロジェクトの例

その裏では，デバイス固有のヘッダ・ファイルは，追加のCMSIS-COREヘッダ・ファイルを取り込み，その中には一般的なArm CMSIS-COREファイルも含まれています（第2章の図2.19を参照）．これにより，割り込み管理，SysTickタイマ構成，特殊レジスタ・アクセス機能など，CMSISのさまざまな関数にアクセスできます．

典型的なマイクロコントローラ・デバイスを使用する場合，マイクロコントローラ・ベンダから参考例のソフトウェア・パッケージを見つけることができるでしょう．これらのサンプル・プロジェクトには通常，次のようなものが含まれています．

- Cortex-Mプロセッサ用のCMSIS-COREヘッダ・ファイル
- CMSIS-COREに基づいたデバイス固有のヘッダ・ファイル
- デバイス固有のスタートアップ・コード（これは，アセンブリ言語またはC言語も可能）．ツールチェーンごとに複数のバージョンを用意できる
- デバイス・ドライバ・プログラム・ファイル
- アプリケーションの例
- プロジェクト構成ファイル．ツールチェーンごとに複数のバージョンが存在する場合がある

これらの重要なファイルの配布と統合を支援するために，幾つかのデバイス固有のファイルは，CMSIS-Pack標準に基づいてソフトウェア・パックにパッケージ化されています．これらのソフトウェア固有のパッケージの中では，利用可能なソフトウェア・コンポーネントを指定して詳細に記述するためにXMLファイルが使用されています．これにより，ソフトウェア開発者は次のことが可能になります．

- 必須ファイルとオプション・ファイルのダウンロードと統合
- ソフトウェアの依存関係の要件を満たしていることを確認

CMSIS-Packサポート・ユーティリティは，しばしばマイクロコントローラ・ツールチェーンの一部として統合されており，Keil Microcontroller Development Kit（MDK）では"パック・インストーラ"と呼ばれています．Armはまた，サードパーティのソフトウェア開発ツールがCMSIS-Packを利用できるようにするためのCMSIS-

Pack Eclipseプラグイン（https://github.com/ARM-software/cmsis-pack-eclipse/releases）も提供しています．

CMSIS-Packを使用する利点は，Cortex-Mアプリケーションの作成が非常に簡単になることです．CMSIS-Packを使わずに，ソフトウェア・プロジェクトにさまざまなファイルを手動で追加することで，プロジェクトを作成することも可能です．しかし，そのためには，全てがそろっていることを確認する必要があるため，より多くの努力が必要になります．ゼロからソフトウェア・プロジェクトを作成するのではなく，代わりに，マイクロコントローラ・ベンダのサンプル・プロジェクトから始めて，そこからプロジェクトを修正することもできます．

17.2　Keil Microcontroller Development Kit（MDK）の使用を開始するには

17.2.1　Keil MDKの機能概要

Armv8-Mベースのデバイスでソフトウェアを開発する場合，Armv8-Mプロセッサをサポートするソフトウェア開発ツールチェーンが必要です．ソフトウェア開発プロセスを示すために，本書の例のほとんどはKeil Microcontroller Development Kit（MDK）を使用して作成されています．しかし，マイクロコントローラ・ベンダが提供するものを含め，Armv8-Mアーキテクチャをサポートするツールチェーンは他にもたくさんあります．

Keil MDKには次のコンポーネントが含まれています．

- *μ*Vision統合開発環境（IDE）
- 次を含むArmコンパイル・ツール
    - C/C++コンパイラ
    - アセンブラ
    - リンカとそのユーティリティ
- デバッガ – 複数のタイプのデバッグ・プローブをサポート：例えば，Keilデバッグ・プローブ（ULINK 2, ULINK Pro, ULINK Plus），CMSIS-DAPベースのプローブ，およびST-LINK（STMicroelectronics社製，複数のバージョン），Silicon Labs社製UDAデバッガ，NULinkデバッガなどのサードパーティ製品
- シミュレータ
- RTXリアルタイムOSカーネル
- CMSIS-PACKのサポート – ソフトウェア開発者が6,000以上のマイクロコントローラのリファレンス・ソフトウェア・パッケージにアクセス可能；これらのソフトウェア・パッケージには，デバイス固有のヘッダ・ファイル，プログラム例，フラッシュ・プログラミング・アルゴリズムなどが含まれる
- オプションとして，Keil MDKの幾つかのエディションでは，USBスタック，TCP/IPスタックなどのミドルウェア

Keil MDKのさまざまなバージョンがKeil（www.keil.com）から入手できます．また，特定のマイクロコントローラ・ベンダが提供しているマイクロコントローラ・デバイス用のKeil MDKのフリー版もあります．従って，始めるのに多額のお金を費やす必要はなく；多くの開発ボードには低コストのデバッグ・プローブが内蔵されているので，ボードのコストを考慮するだけで始められます．

17.2.2　典型的なプログラムのコンパイルの流れ

通常，Keil MDKを使用したプロジェクトのプログラム・コンパイルの流れは図17.3のようになります．プロジェクトが作成されると，コンパイルの流れは統合開発環境（IDE）によって処理され，簡単なステップを踏むだけでマイコンをプログラムしてアプリケーションをテストできます．

注意：Keil MDKには2種類のCコンパイラが含まれています．これらは次のとおり．

- Arm Compiler 6 – 最新バージョンで，Armv8-Mアーキテクチャをサポートしている
- Arm Compiler 5 – 前世代のCコンパイラで，Armv8-Mアーキテクチャをサポートしていない

Arm Compiler 5から，別のコンパイラ技術に基づいたArm Compiler 6に切り替えた結果，コンパイラ固有の機能の一部が変更されました．その結果，場合によっては，Arm Compiler 5用に作成されたCコードを更新する

第17章 ソフトウェア開発

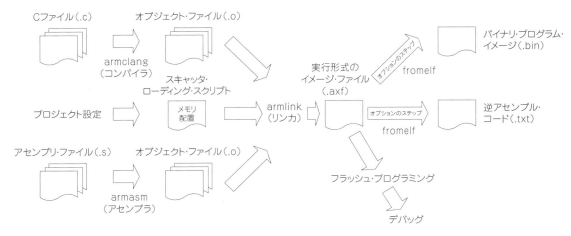

図17.3　Keil MDKを用いたコンパイル・フローの例

必要があります（例：関数属性，組み込みアセンブラの使用）．ソフトウェアの移行に関する詳細な情報は，次のKeilアプリケーション・ノートに記載されています．

```
http://www.keil.com/appnotes/files/apnt_298.pdf (2)
```

17.2.3　ゼロから新しいプロジェクトを作成する

　新しいソフトウェアを開発する際に最も簡単な方法は，MCUベンダの既存のプロジェクト例を再利用することです（プロジェクト・ファイルの名称には".uvproj"という拡張子が付いている）．しかし，MDK開発ツールがどのように動作するかを示すために，次では，新しいKeil MDKベースのプロジェクトをゼロから作成する場合の手順を詳しく説明します．この演習で使用するターゲット・ハードウェアは，MPS2+と呼ばれるArm FPGAボードです[注1]．このボードはIoTKitと呼ばれるプロセッサ・システム設計を使って構成され，Cortex-M33プロセッサが搭載されています．標準的なマイクロコントローラ・デバイスを使用している場合，ボード用のソフトウェア・パッケージの例（CMSIS-Packの形で）は異なっても，コンセプトは同じです．
　Keil MDKの統合開発環境（IDE）の名称はμVisionと呼ばれています．μVision IDEを起動すると，図17.4のよ

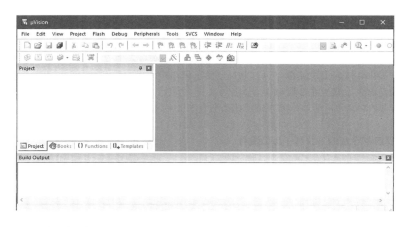

図17.4　μVision IDEの起動時のプロジェクト・ウィンドウ

```
注1：https://developer.arm.com/tools-and-software/development-boards/fpga-prototyping-
     boards/mps2
```

518

17.2 Keil Microcontroller Development Kit (MDK) の使用を開始するには

うな画面が表示されます．ただし，Keil MDKをインストール後に初めて起動すると，パック・インストーラが自動的に起動し，図17.6のような画面が表示されます．

IDEが開いたときに以前のプロジェクトの詳細が表示されている場合，前のプロジェクトはプルダウン・メニューから閉じることができます：[Project]→[Close project]を選択します．

新しいプロジェクトを作成する前に，正しいソフトウェア・パッケージをKeil MDKにインストールしたり，古くなっている可能性のあるソフトウェア・パックをアップデートするために，パック・インストーラを使用することをお勧めします．パック・インストーラは，図17.5に示すツール・バーからアクセスできます．

図17.5　Keil μVision IDEのパック・インストーラへのアクセス

パック・インストーラの画面を図17.6に示します．

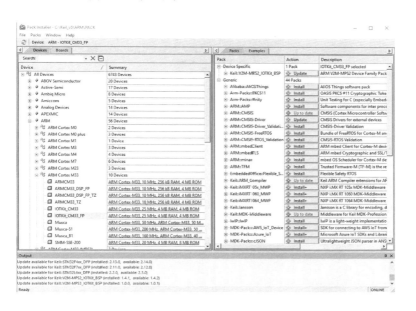

図17.6　パック・インストーラ

最新のCMSIS-Packインデックスをダウンロードし，以前にインストールされたソフトウェア・パックが古いものかどうかをチェックする必要があるため，新しくインストールしたばかりのPack Installerの実行には数分かかる場合があります．パック・インストーラ（図17.6）を使用して，左側に表示されている"IOTKit_CM33_FP"ハードウェア・プラットフォーム（または，お好みのハードウェア・プラットフォーム）を，他の利用可能なハードウェア・プラットフォームと一緒に選択します．完了したら，右側にある利用可能なソフトウェア・パックがリストされている[Install]ボタンをクリックして，必要なソフトウェア・パックをインストールします．

図17.6のKeil::V2M-MPS2_IOTKit_BSPと，ARM::CMSIS-Driverのように，ソフトウェア・コンポーネントの横にあるボタンに[Update]と表示されている場合は，クリックしてソフトウェア・パックを更新する必要があります．

必要なソフトウェア・パックがインストールされたら，ソフトウェア・プロジェクトの作成を開始します．新規プロジェクトを開始するには，プルダウン・メニューの[New μVision Project...]の項目をクリックします（図17.7）．

第17章 ソフトウェア開発

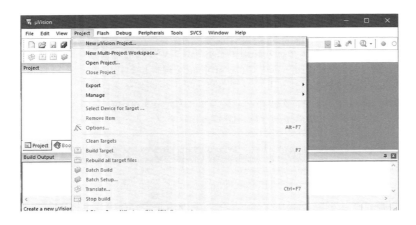

図17.7　μVision IDEでの新規プロジェクトの作成

次に，図17.8に示すように，IDEはプロジェクトの場所と名前を尋ねてきます．

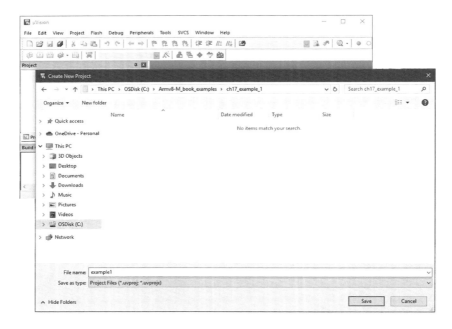

図17.8　プロジェクト・ディレクトリとプロジェクト名の選択

　プロジェクト名と場所を入力したら，プロジェクトで使用するマイクロコントローラ・デバイスを選択する必要があります．この例では，FPUを搭載したCortex-M33プロセッサをベースにした"IOTKit_CM33_FP"ハードウェア・プラットフォームが選択されています．これはデバイス・リストで確認できます：図17.9に示すように，Arm→Arm Cortex-M33→IOTKit_CM33_FPとなります．"Select Device"ダイアログに表示されるデバイスは，インストールされているCMSIS-Packをベースにしているため，使用したいデバイスがこのリストにない場合は，使用したいデバイスのCMSIS-Packがインストールされていないか，またはそのデバイス用のCMSIS-Packが存在しないことを意味します．
　必要なマイクロコントローラ・デバイスを選択すると，Manage Run-Time Environmentウィンドウ（図17.10）が表示されます．このウィンドウでは，さまざまなソフトウェア・コンポーネントを選択できます．
　デフォルトでは，図17.11に示すように，Keil MDKはグループ中の指定されたソフトウェア・コンポーネントをインポートします．

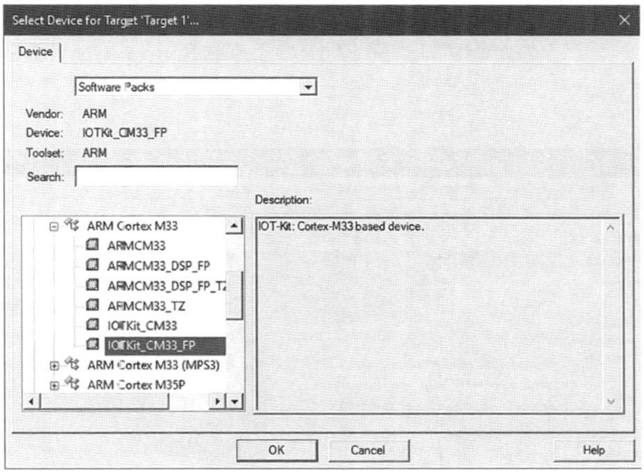

17.2 Keil Microcontroller Development Kit (MDK) の使用を開始するには

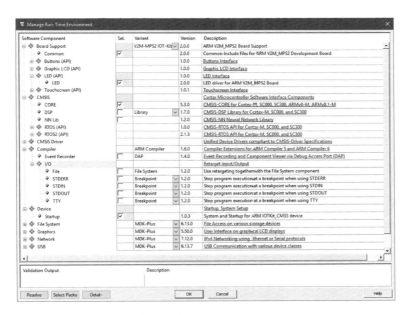

図17.9 プロジェクト作成時のデバイス選択

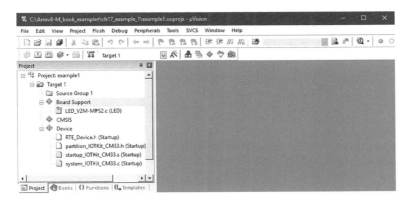

図17.10 プロジェクトに含めるソフトウェア・コンポーネントの選択

図17.11 ソフトウェア・コンポーネントを選択した後に作成されたプロジェクトの例；グループでまとめられる

521

第17章 ソフトウェア開発

必要なソフトウェア・コンポーネントが選択され，プロジェクトが作成されたら，次はアプリケーション・コード（Cプログラム）を追加します．そのためには，図17.12のようにSource Group1を右クリックして"Add New Item to Group ..."を選択します．

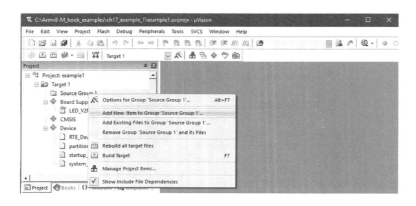

図17.12　新しいプログラム・コード・ファイルをプロジェクトに追加する

完了したら，図17.13に示すように，ファイル・タイプを選択してファイル名を入力する必要があります．

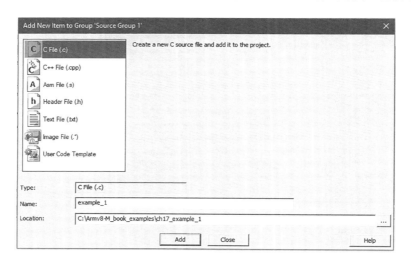

図17.13　新規Cプログラム・ファイル（"example_1.c"）の指定

これに続いて，LEDをトグルするプログラム・コード（LED点滅）の一部をexample_1.cに追加する必要があります（注意：これは図17.13で入力したファイル名）．プログラム・コードは次のとおりです．

---

example_1.c

```
// デバイス固有ヘッダ
#include "IOTKit_CM33_FP.h" /* デバイスヘッダー */
#include "Board_LED.h" /* :: ボード・サポート:LED */
int main(void)
{
  int i;
```

17.2 Keil Microcontroller Development Kit (MDK) の使用を開始するには

```
  LED_Initialize();
  while (1) {
    LED_On(0);
    for (i=0;i<100000;i++){
      __NOP();
    }
    LED_Off(0);
    for (i=0;i<100000;i++){

      __NOP();
    }
  }
}
```

全てのソース・ファイルの準備ができたら，プロジェクトをコンパイルできます．これは次のように行います．
- ツールバーのビルド・ターゲット・アイコンをクリックする
- プルダウン・メニューから"Project→Build Target"を選択する
- プロジェクト・ブラウザでターゲット1を右クリックし，"Build Target"を選択する
- ホット・キー"F7"を使う

プロジェクトのコンパイル後のコンパイル出力は，図17.14のようになります．

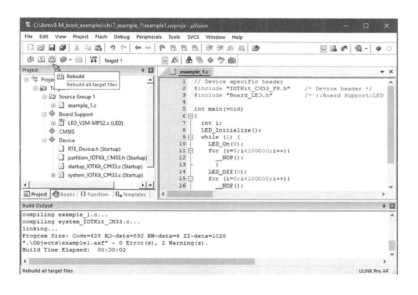

図17.14 コンパイル出力メッセージ

プログラムのコンパイル・プロセスでは，"example1.axf"と呼ばれる実行可能なイメージを生成します．プログラム・イメージが生成された後，プログラムをボードにダウンロードしてテストする前に，さらに幾つかのステップを実行する必要があります．これらのステップは次のとおりです．
- デバッグ・プローブ用のデバイス・ドライバをインストールする必要があるかどうかを確認する．インストールが必要な場合は，必要なデバイス・ドライバをインストールする必要がある
- デバッグ設定の更新により，正しいデバッグ・プローブが選択され，必要な設定が構成される

デバッグ設定は，プロジェクトのオプション・メニューからアクセスできます．アクセスする方法は次のように幾つかあります．

第17章 ソフトウェア開発

- プロジェクト・ブラウザの"Target1"を右クリックして"Options for target 'Target1'"のオプションを選択する
- プルダウン・メニューから"Project→Options for target 'Target 1'"のオプションを選択する
- ホット・キー Alt-F7
- ツールバーの "Target Optionsボタン"をクリックする

プロジェクト・オプションを開くと，図17.15のようなプロジェクト・オプション・ダイアログ・ウィンドウが表示されます．

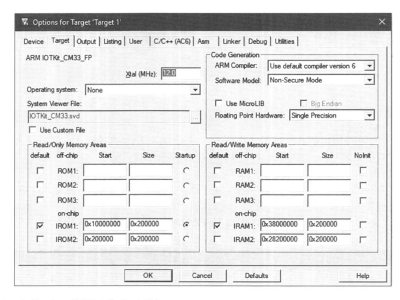

図17.15 プロジェクト・オプション・ダイアログ・ウィンドウ

プロジェクト・オプション・ダイアログ・ウィンドウの上部には，幾つかのタブがあります．以下にご注意ください．

- メモリ・マップの設定，Cの前処理マクロとフラッシュ・プログラミング・オプションは，CMSIS-Packに記載されている情報に基づいて正しく構成されている必要がある
- 幾つかのプロジェクト・オプション（プロジェクトにFPUを使用するかどうかや，クロック速度の設定など）は，ソフトウェア開発者が構成する必要がある．これらのオプションの定義は，アプリケーションのニーズに依存する
- デバッグ・プローブ・オプション（デバッグ・タブの下）は，使用するデバッグ・プローブに基づいてソフトウェア開発者が構成する必要がある

ここでデモしているサンプル・プロジェクトでは，コンパイルされたプロジェクトをテストできるようにデバッグ・プローブの設定を変更する必要があります．このシナリオでは，Keil社のULINKPro（図17.16）を使用しています（ULINKProについての詳細は，次のウェブ・ページを参照してください：www.keil.com/mdk5/ulink/ulinkpro/）．

プロジェクトをテストするためには，デバッグ・オプションで適切なデバッグ・プローブを選択する必要があります（図17.17）．

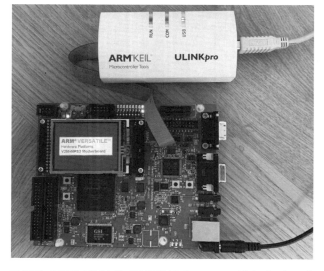

図17.16 MPS2+FPGAボードに接続されたULINKProデバッグ・プローブ

524

17.2 Keil Microcontroller Development Kit (MDK) の使用を開始するには

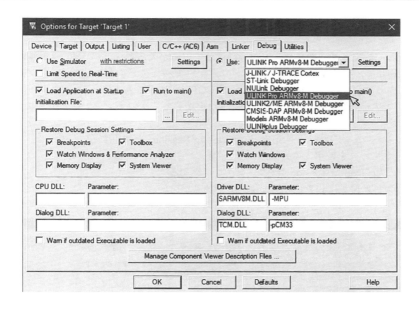

図17.17 デバッグ・オプションでの正しいデバッグ・プローブの選択

正しいデバッグ・プローブを選択したら，デバッグ・プローブ選択の横にある"Settings"ボタンをクリックして，次に示すデバッグ設定（図17.18）を定義する必要があります．

- JTAGまたはシリアル・ワイヤ・デバッグ接続プロトコルと接続速度
- プログラム"download"とリセット・オプション
- トレース・オプション（Traceタブの下）
- フラッシュ・プログラミング・オプション（Flash Downloadタブの下）
- デバッグ・セットアップ・シーケンス（"Pack"タブの下にある．これはオプションで，例えば，デバッグ認証制御シーケンスの設定などに使用できる）

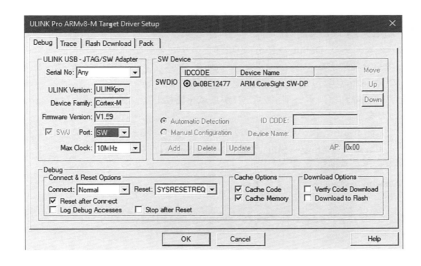

図17.18 デバッグ設定

この例では，FPGAボード（フラッシュ・メモリがない）を使用しているため，フラッシュ・プログラミング・オプションは削除され，"Do not erase（消去しない）"オプションのみが選択可能な状態になっています．しかし，

第17章 ソフトウェア開発

通常，標準的なマイクロコントローラを使用する場合は，フラッシュ・プログラミング・アルゴリズムを定義する必要があります．

デバッグ設定が正しく設定され，開発ボードが接続されて電源が入ると，デバッガ・ツールはデバッグ設定ウィンドウ(図17.18)を通じて，JTAGまたはシリアル・ワイヤ・デバッグ・インターフェースが接続されたかどうかを検出できるようになります．接続されている場合，IDCODEが表示されます．

この段階では，プロジェクト・オプション・ウィンドウを閉じて，次のオプションのいずれかでデバッグ・セッションを開始できます．

- プルダウン・メニュー"Debug→Start/Stop Debug Session"を使用する
- Ctrl-F5ホット・キーを使用する
- ツールバーの @ "Debug Sessionボタン"をクリックする

これでデバッガ・ウィンドウ(図17.19)が表示されます．

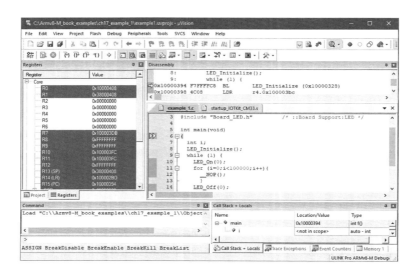

図17.19 デバッガ・ウィンドウ

プログラムの実行を次のいずれかで開始できます．

- プルダウン・メニューの"Debug→Run"の項目をクリックする
- F5ホット・キーを使用する
- ツールバーの "Run(実行)ボタン"をクリックする

全てが正しく設定されていれば，ボード上のLEDが点滅を開始し，点滅した場合はCortex-Mプロジェクトが正しく機能していることを示しています．

サンプルを起動して実行すると，次のいずれかの方法でデバッグ・セッションを停止できます．

- プルダウン・メニュー"Debug→Start/Stop Debug Session"を使う
- Ctrl-F5ホット・キーを使用する
- @ "Debug Sessionボタン"をクリックする

注意：これらのステップは，デバッグ・セッションの開始に使用されるものとほぼ同じです．

17.2.4 プロジェクト・オプションを理解する

17.2.4.1 概要

図17.15に示したように，プロジェクト設定ウィンドウのさまざまなタブの下には，さまざまなプロジェクト・

17.2 Keil Microcontroller Development Kit（MDK）の使用を開始するには

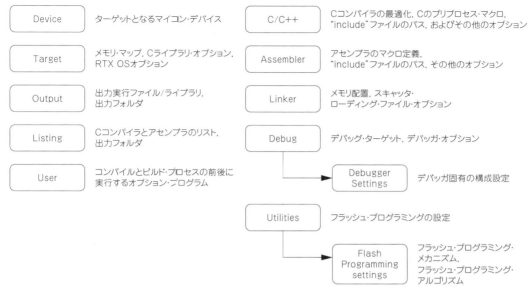

図17.20 プロジェクト・オプション・タブ

オプションがあり，それを図17.20に詳細に示します．

プロジェクト内に複数のプロジェクト・オプションのセットを定義し，プロジェクトをコンパイルするときにオプションのセットを切り替えられます．これはソフトウェア・プロジェクトで次を持つことが可能になるので便利です．

- 1つ（または，それ以上）のプロジェクト・オプションのセットは，ソフトウェアのデバッグを行うとき．デバッグ目的では，プロジェクト・オプションは低い最適化レベル（それにより，デバッグが容易になる）に設定してコンパイルされた出力にデバッグ・シンボルを埋め込むことが可能になる
- もう1つのプロジェクト・オプションのセットは，リリース用で，より高い最適化レベルが用いられ，デバッグ・シンボルは持っていない

Keil MDKを使用する場合，各オプションのセットをターゲットと呼びます．図17.11に示すプロジェクト例では，プロジェクト・ウィンドウに"Target1"が設定されています．ターゲットの名前は，カスタマイズできます（例えば，"Development"または"Release"の名前を使用することで，直感的にターゲットの目的を定義できます）．ターゲットを追加するには，ターゲット名を右クリックして"Manage Components"を選択し，"New (Insert)"ターゲットのボタンをクリックします．プロジェクト内に複数のターゲットがある場合，ツールバーのターゲット選択ボックスを使ってターゲットを切り替えることができます．

17.2.4.2 デバイス・オプション

このタブは，プロジェクトで使用するハードウェア・デバイス/プラットフォームを定義します．デバイス固有のソフトウェア・パック（CMSIS-Pack）がインストールされた後，このオプション・タブから選択したデバイスを選択できます．このダイアログ（図17.21）からデバイスを選択すると，コンパイラ・フラグ，メモリ・マップ，フラッシュ・アルゴリズムの設定がそのデバイス用にあらかじめ構成されています．使用しているデバイスがリストにない場合でも，ArmセクションでCortex-M23またはCortex-M33プロセッサを選択してから，手動で設定オプションを設定できます．

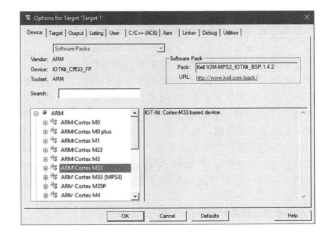

図17.21 デバイス・オプション

17.2.4.3 ターゲット・オプション

ターゲット・オプション・タブ（図17.15に既に示しています）で次を定義できます．

- デバイスのメモリ・マップ（スキャッタ・ファイルを使用して，プロジェクトのメモリ・マップを定義し，リンカ・タブのオプションを使用して，リンカに渡すこともできるので注意）
- 使用するコンパイラのバージョン（Armv8-Mデバイスの場合，Armコンパイラ6を選択する必要があり，Armv6-MまたはArmv7-Mデバイスの場合，Armコンパイラ5またはArmコンパイラ6を選択することができる）
- FPU機能が使用されているかどうか．ハードウェア・プラットフォームにFPUがある場合でも，アプリケーションが浮動小数点データ処理を必要としない場合，電力を節約するためにFPUを無効にできる
- プロジェクトが，非セキュア・ソフトウェア用にコンパイルされているか，セキュア・ソフトウェア用にコンパイルされているか．セキュア・ソフトウェア・モデルを選択した場合，TrustZoneのさまざまな機能（ポインタ・セキュリティ・チェック用の組み込み関数など）が利用できる．これらの機能は，セキュアなファームウェアまたはセキュアなライブラリを作成するときに必要．図17.1のソフトウェア開発シナリオ#1，#2，および#3では，非セキュア・ソフトウェア・モデルを使用する必要がある
- 使用するCランタイム・ライブラリの種類 — これは，完全な機能を備え，速度で最適化されている標準Cランタイム・ライブラリか，メモリ・サイズで最適化されたCランタイム・ライブラリであるMicroLibのいずれかになる
- ビルトインのRTXオペレーティング・システムを使用しているかどうか
- 水晶振動子の周波数 — この設定は，命令セット・シミュレータで使用され，場合によって，フラッシュ・プログラミング・アルゴリズムでも使用される．これは通常，デバイスの外部にあるメインの水晶発振器の周波数に設定する必要がある

ターゲット・オプション・タブのオプションは，別のマイクロコントローラ・デバイスが選択されると自動的に更新されます．

17.2.4.4 アウトプット・オプション

アウトプット・オプション・タブ（図17.22）では，プロジェクトが実行可能なイメージを生成するか，ライブラリを生成するかを選択できます．また，生成されたファイルが作成されるディレクトリを指定することもできます．例えば，プロジェクトのディレクトリにサブディレクトリを作成し，"Select Folder for Objects"ダイアログを使って出力ディレクトリをこの場所に設定できます．これは，メインのプロジェクト・ディレクトリをすっきりと整理整頓するのに役立ちます．プロジェクトのコンパイル中には，大量のファイル（例：Cオブジェクトファイル）が生成される可能性

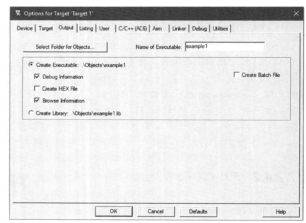

図17.22　アウトプット・オプション

があり，出力ディレクトリがメイン・プロジェクト・ディレクトリから分離されていないと，プロジェクト・ディレクトリが乱雑になり，プロジェクト・ファイルのメンテナンス（バックアップなど）が困難になります．

アウトプット・オプション・タブでは，最初のコンパイル後，バッチ・モード回帰テストに繰り返し使用できるバッチ・ファイル（Windows/DOSコマンドプロンプト用のスクリプト・ファイル）を生成することもできます．このコンパイルは，Keil μVision IDEを使用せずに行うことができます．

17.2.4.5 リスティング・オプション

リスティング・オプション・タブ（図17.23）では，アセンブリ・リスト・ファイルの有効化/無効化を行うこ

とができます．デフォルトでは，Cコンパイラ・リスト・ファイルはOFFになっています．ソフトウェアの問題をデバッグするときに，Cコンパイラ・リストを生成するオプションをONにしておくと，どのアセンブリ命令列が生成されたかを正確に確認できるので便利です．"アウトプット"オプションと同様に"Select Folder for Listings"をクリックして，出力リスト・ファイルの保存先を定義できます．逆アセンブリ・リストを生成するもう1つの方法は，リンク段階の後に実行するユーザ・コマンドを追加することで − これについては，セクション17.2.4.6節のユーザ・オプションで説明されています．

17.2.4.6 ユーザ・オプション

ユーザ・オプション・タブでは，ソフトウェアのコンパイルの各段階で実行する必要のある追加コマンドを指定できます．例えば，図17.24では，完全なプログラム・イメージの逆アセンブリ・リストを生成するコマンド・ラインが追加されており，コンパイル段階が終了した後に実行されます．

図17.24のユーザ・オプションに追加された完全なコマンドは次のとおりです．

```
$K\Arm\Armclang\bin\fromelf -c -d -e -s #L --output list.txt -cpu=cortex-m33
```

このコマンドは，生成されたプログラム・イメージの完全な逆アセンブリのlist.txtというファイルを生成します．上記のコマンド例では，"$K"はKeil開発ツールのルート・フォルダ，"#L"はリンカ出力ファイルです．これらの特殊なキーワードは，キー・シーケンスと呼ばれ，外部のユーザ・プログラムに引数を渡すために使用できます．キー・シーケンス・ニードのリストは，Keilのウェブ・サイト http://www.keil.com/support/man/docs/uv4/uv4_ut_keysequence.htm に掲載されています．

17.2.4.7 C/C++オプション

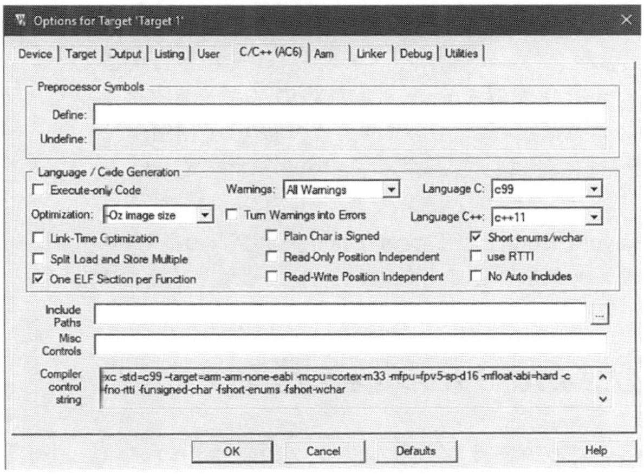

C/C++オプション・タブ（図17.25）では，最適化オプション，Cの前処理ディレクティブ（定義），"include-files"やその他のコンパイル・

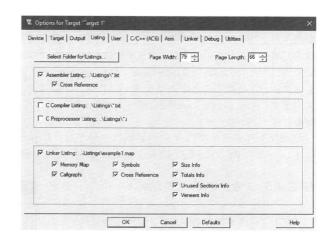

図17.23　リスティング・オプション

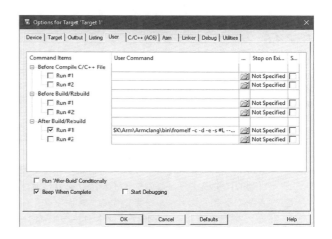

図17.24　ユーザ・オプション

図17.25　C/C++オプション

第17章 ソフトウェア開発

スイッチの検索パスを定義できます．デフォルトでは，Keil MDK プロジェクトのファイル検索パスには，幾つかのインクルード・ファイル・ディレクトリが自動的に含まれることに注意してください（どのディレクトリが検索パスに含まれているかは，C/C++オプション・タブの下部に表示されているCompile control stringから決定できます）．例えば，CMSIS-COREのインクルード・ファイルやデバイス固有のヘッダ・ファイルが自動的にインクルードされることがあります．CMSIS-COREファイルの特定のバージョンを使用したい場合は，オプション・タブの"No Auto Includes"ボックスをクリックして，この自動インクルード・パス機能を無効にする必要があります．

最適化レベル・オプションの詳細については，Keilのアプリケーション・ノートAN298：http://www.keil.com/appnotes/files/apnt_298.pdfを参照してください．

17.2.4.8 アセンブラ・オプション

アセンブラ・オプション・タブでは，前処理ディレクティブ "include-paths"，および必要に応じて追加のアセンブラ・コマンド・スイッチを定義できます．

アセンブラのオプションを図17.26に示します．

17.2.4.9 リンカ・オプション

リンカ・オプション・タブでは，次の2つのオプションのうち1つを選択して，ソフトウェア・プロジェクトのメモリ・マップを定義できます．

1. ターゲット・オプションの設定からメモリ配置を生成する（図17.15と17.2.4.3節を参照）．そうすることで，ビルド・プロセスはメモリ配置の詳細に基づいた構成ファイル（スキャッタ・ファイルとも呼ばれる）を自動的に生成する．このファイルはリンカに渡される
2. スキャッタ・ファイルを指定する．スキャッタ・ファイルは，ソフトウェア開発者が作成するか（つまり，カスタム定義），マイクロコントローラ・ベンダが提供することもある．この方法を使用するには，"Use Memory Layout from the Target Dialog"オプションのチェックを外し，スキャッタ・ファイルの場所を"Scatter File"オプション・ボックスに追加する必要がある

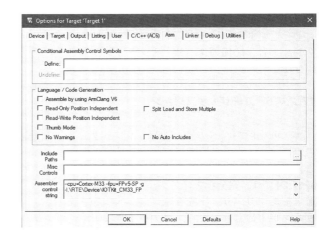

図17.26 アセンブラ・オプション

比較的新しいCMSIS-Packを搭載したデバイスを使用している場合，スタートアップ・コードはC言語を使用して書かれている可能性が高いです．このシナリオでは，CMSIS-Packにはほとんどの場合，ベクタ・テーブル，スタック，ヒープ・メモリのメモリ配置を定義するためのスキャッタ・ファイルが付属しています．この場合，CMSIS-Packに付属しているスキャッタ・ファイルはリンカ・オプションで指定し"Use Memory Layout from the Target Dialog"オプションはチェックを外してください．

リンカ・オプションを図17.27に示します．

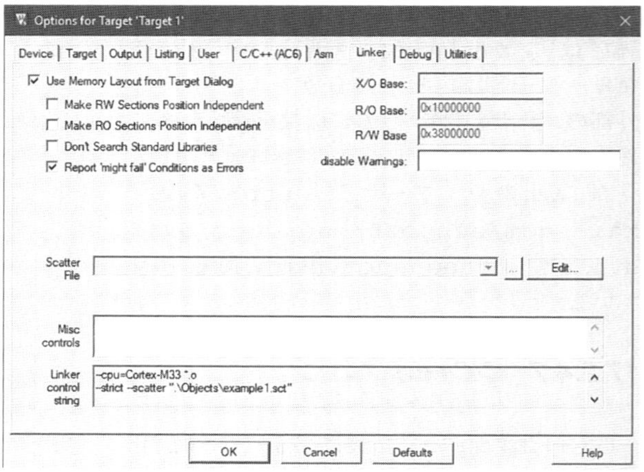

17.2.4.10 デバッグ・オプション

デバッグ・オプション・タブの幾つかのデバッグ・オプションは，17.2.3節で説明しました．さらに，デバッグ・オプション・タブでは，

図17.27 リンカ・オプション

命令セット・シミュレータでコードを実行する（図17.28の左側を参照）か，デバッグ・アダプタで実際のハードウェアを使用する（図17.28の右側を参照）かを選択することもできます．デバッグ・オプション・タブでは，デバッグ・アダプタのタイプを選択でき（図17.17），サブメニューからデバッグ・アダプタ固有のオプションにアクセスできます．

各デバッグ・セッションの開始前に実行される追加のスクリプト・ファイル（つまり"初期化ファイル"）は，デバッグ・オプション・タブで定義できます．

デバッグ・アダプタのサブメニューの中には，幾つかの異なるタブがあります．

1. デバッグ（図17.18デバッグ設定参照）
2. トレース（図17.29参照）
3. フラッシュ・ダウンロード

トレース機能を使用する予定がある場合（例えば，17.2.8節で説明するprintfメッセージ表示のためにシリアル・ワイヤ・ビューアを使用するなど），図17.29に示すように，トレース・オプション・タブで，クロック周波数などの設定を行う必要があります．

クロック周波数とトレース・ポート・プロトコルの設定に加えて，オプションで"Trace Events"を有効にして，追加のプロファイリング情報を取得できます．

17.2.4.11　ユーティリティ・オプション

ユーティリティ・オプション・タブ（図17.30）では，フラッシュ・プログラミングに使用するデバッグ・アダプタを定義できます．一部のデバイスでは，フラッシュ・プログラミングを実行する前にハードウェアの初期化シーケンスを実行する必要があります．これは，ユーティリティ・オプション・タブの"Init File"オプションにハードウェア初期化スクリプトを追加することで実現できます．

17.2.5　Keil MDKプロジェクトでのスタックとヒープのサイズ定義

17.2.5.1　必要なスタックとヒープ・サイズの決定

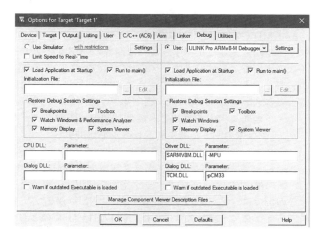

図17.28　デバッグ・オプション

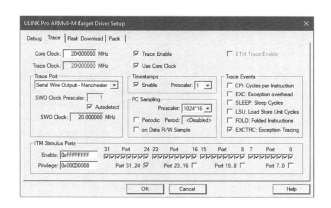

図17.29　トレース・オプション

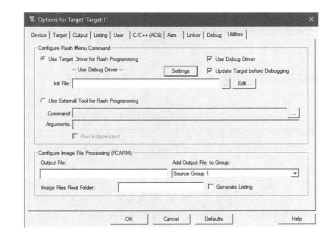

図17.30　ユーティリティ・オプション

組み込みソフトウェア・プロジェクトを行う際の重要な作業の一つは，メイン・スタックとヒープに十分なメモリが割り当てられているかどうかを確認することです．ヒープ・メモリは，"malloc()"のようなメモリ割り当て関数を使用する場合に必要となります．また，ツールチェーンによっては，"printf"のような関数を使用する場合

にもヒープ・メモリが使用されることがあります．
　Keil MDKを使用している場合，ソフトウェアのコンパイルが終了すると，"Objects"ディレクトリにHTMLファイルが見えるはずです．これは関数の呼び出しツリーと，各関数と呼び出しツリー自体の最大スタック・サイズの詳細を示しています．メモリ領域の割り当てを定義するときは，例外スタック・フレームと例外ハンドラが必要とするスタック領域のために必要な追加メモリ領域の量を考慮する必要があります．これを示すために，Cortex-M33ベースのシステムで，次のベアメタル・プロジェクトを非セキュア状態で実行していると仮定します．

- 処理にFPUを利用し，最大1000バイトのスタック・メモリ領域を使用するメイン・スレッドがある
- 2段階の割り込み優先度レベルを利用する
    - 処理にFPUを利用し，200バイトのスタック空間を使用する第1レベル
    - 300バイトのスタック空間を使用する第2レベル（FPUは使用しない）
- 最大100バイトのスタック空間を使用する可能性のあるHardFault例外ハンドラを持つ

　この例では，ノンマスカブル割り込み（NMI）がアプリケーションに使用されないと仮定すると，必要とされる最大スタック・メモリ・サイズは，図17.31の計算のとおりです．

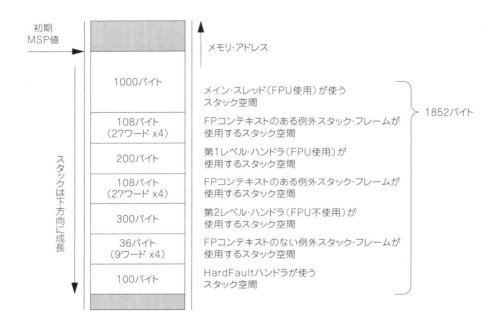

図17.31　必要とされるメイン・スタックの最大量の詳細な計算

　ソフトウェアの各実行レベルでは，最も優先度の高いレベルでない限り，例外スタック・フレームのための空間を提供する必要があります．スタック・フレームに必要な空間は，コード内でFPUが使用されているかどうかに依存します．バック・グラウンド・コードとハンドラ・コードの両方が非セキュアであると仮定すると，次のようになります．

- FPUを使用しない場合，スタック・フレームのサイズは8ワード
- FPUを使用した場合，スタック・フレームのサイズは26ワード

　図17.31に示す計算では，例外スタック・フレームの各レベルに4バイトのパディング空間を含めました．例外スタック・フレームはダブル・ワードのアドレス境界にアラインさせる必要があるため，パディング空間が必要になり；また，例外が発生したときにSP値がダブル・ワードでアライメントされていない場合，パディング・ワードが必要です．スタック・フレームに関する更なる情報は，第8章の8.9節で説明されています．
　アプリケーションでRTOSを使用する場合，各スレッドのスタック使用量は次のようになります．

- コールツリー内のスレッドのコードが使用する最大スタック・サイズに加えて
- 最大スタック・フレームサイズ

また，RTOSがスレッドのスタックを"他のデータ"用のストレージに使用している場合，必要なスタック空間の計算に追加の空間を含める必要があるかもしれません．

アプリケーション・コードが常に同じ量のヒープ空間を割り当てていれば，必要なヒープ・メモリ・サイズを決定が容易になります．残念ながら，これが常に可能であるとは限らないため，試行錯誤のアプローチが必要になることがあります．メモリの割り当てが成功したかどうかを検出するためには，メモリ割り当て関数のリターン・ステータス情報を確認する必要があります．OSが提供するメモリ割り当て関数を利用する場合，OSのスレッドがメモリを使いすぎたかどうかを検出できるように，OSのエラー検出ハンドラをカスタマイズする必要があるかもしれません．

17.2.5.2 アセンブリ・スタートアップ・コードを持つプロジェクト

この章の前半に説明したサンプル・プロジェクト（図17.8）では，図17.32に示すように，初期スタックとヒープのサイズはアセンブリ起動ファイルで定義されていました．

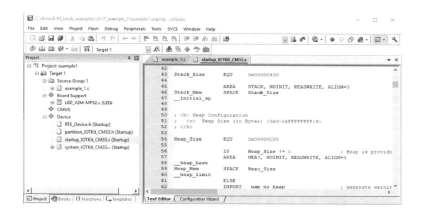

図17.32 スタートアップ・コードにおけるヒープとスタックのメモリ・サイズの定義

スタートアップ・コードには，幾つかのブロックのメタデータが含まれています．このメタデータを使用して，"Configuration Wizard"を使用してスタートアップ・コードを構成できます．コードの下にある"Configuration Wizard"タブをクリックすることで，構成可能な設定をそのユーザ・インターフェースで簡単に編集できます（図17.33）．

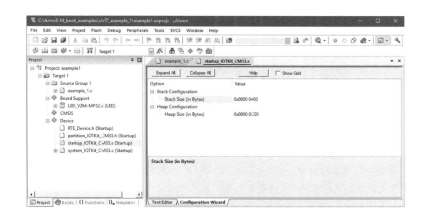

図17.33 Configuration Wizardを使用したヒープとスタックのメモリ・サイズの構成

第17章 ソフトウェア開発

ユーザ・インターフェースの下部にある"Text Editor"タブをクリックすると，ユーザ・インターフェースがコード・エディタ・ビューに戻ります．

17.2.5.3 Cのスタートアップ・コードを持つプロジェクト

Cのスタートアップ・コードを持つプロジェクトを使用する場合，初期ヒープとスタックのサイズを定義するためのスキャッタ・ファイルが利用できる可能性があります．これには次のテキストが含まれています．

```
...
/*...................... スタック/ヒープ構成 ......................*/
#define __STACK_SIZE 0x00000400
#define __HEAP_SIZE 0x00000C00
...
```

これらの値を編集して，プロジェクトの要件に基づいて，スタックとヒープのサイズを定義できます．

17.2.6 IDEとデバッガの使用

Keil μVision統合開発環境(IDE)は，ツールバーから簡単にアクセスできる多くの機能が用意されています．図17.34は，コード編集時に使用できるIDEのツールバーのアイコンを示しています．

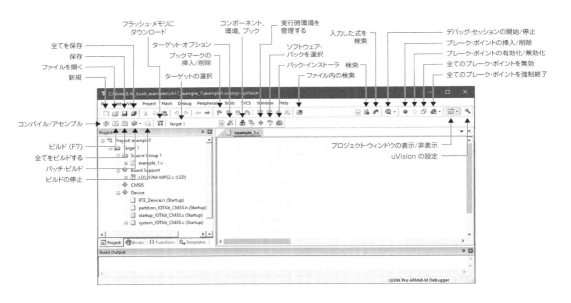

図17.34　μVision IDEのツールバー・アイコン

デバッガが起動すると，IDE表示が変化し(図17.19に示すように)，デバッグ・プロセス中に有用な情報やコントロールが表示されます．ディスプレイからは，コア・レジスタ(左側)を表示したり変更したりでき，ソースと逆アセンブリのウィンドウを見ることができます．ツールバーのアイコンもこの間に変化します(図17.35)．

デバッグ操作は，命令レベルまたはソースレベルでも実行できます．ソース・ウィンドウがハイライト表示されている場合，デバッグ操作のプロセス(シングル・ステップ，ブレークポイントなど)は，Cまたはアセンブリ・コードの各行を考慮して実行されます．逆アセンブラ・ウィンドウがハイライトされている場合，デバッグ処理は，命令レベルのコードに基づいて行われます－つまり，各アセンブリ命令は，Cコードからコンパイルされていてもシングル・ステップが可能です．

17.2 Keil Microcontroller Development Kit (MDK) の使用を開始するには

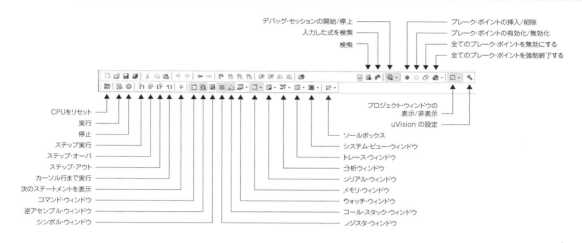

図17.35 デバッグ・セッション中のツールバーのアイコン

ソースまたは逆アセンブル・ウィンドウを使用する場合，IDEウィンドウの右上隅近くのツールバーのアイコンを使用して，ブレークポイントを挿入または削除できます．これは，ソース/命令行を右クリックして "insert breakpoint" を選択することでも可能です（図17.36）．

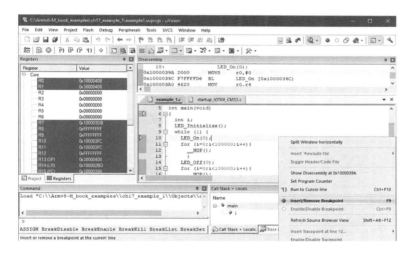

図17.36 コード上で右クリックして insert breakpoint を選択すると，ブレーク・ポイントを挿入できる

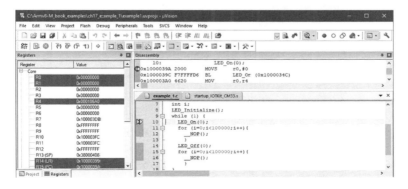

図17.37 ブレーク・ポイントに到達した後にプロセッサが停止する

第17章 ソフトウェア開発

プログラムの実行がブレークポイントで停止すると，ハイライト表示され，デバッグ操作を開始できます（図17.37）．例えば，"シングル・ステップ"を使って，プログラム・コードを実行し，レジスタ・ウィンドウを使って結果を調べることができます．

"Run to main()"デバッグ・オプション（図17.28参照）は，"main()"の先頭にブレークポイントを設定します．このオプションが設定され，デバッガが起動されると，プロセッサはリセット・ベクタから実行を開始し，"main()"に到達すると停止します．

Keilデバッガ機能をさまざまなCortex-M開発ボードで使用するための詳細情報は，http://www.keil.com/appnotes/list/arm.htmを参照してください．

17.2.7 UARTを使用したPrintf

ソフトウェアを開発するとき，C/C++のprintf関数を使ってデバッグ・メッセージを表示できると便利なことがよくあります．一般的な手法としては，printfメッセージをUARTインターフェースに転送して，デバッグ・ホストに表示する方法があります．これを行うには，デバッグ・ホスト（PCなど）にターミナル・ソフトウェア（Tera TermやPuttyなど）をインストールする必要があります．

Keil MDKでは，Manage Run-Time Environmentダイアログで，printfメッセージをリダイレクトするプログラム・コードの一部をインストールできます．これは次のようにして実現します：Compiler→I/O→ STDOUT（図17.38）．選択されたSTDOUTサポートのタイプは，次のいずれかであることに注意してください．

- ユーザ – printfメッセージをペリフェラル・インターフェースに送る
- ブレークポイント – Arm Development Studioのような，セミホスティングをサポートするデバッグ・ツールを使用
- EVR（イベント・レコーダ）– デバッガがデバッグ接続を介してイベント情報にアクセスできるようにするソフトウェア・アプローチ
- ITM – 計装トレース・マクロセル（Armv8-MメインラインとArmv7-Mプロセッサでのみ使用可能．Cortex-M23プロセッサでは使用できない）．これにより，printfメッセージをトレース・インターフェースに送信できるようになる（17.2.8節）

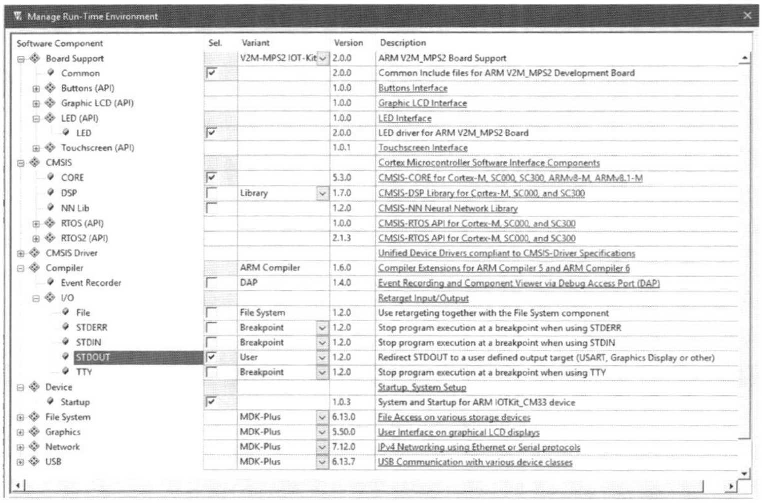

図17.38 Keil MDKプロジェクトにおける標準出力（STDOUT）サポートの追加

STDOUTソフトウェア・コンポーネントを追加すると，図17.39のように"retarget_io.c"という追加ファイルが利用可能になります．

ユーザ定義出力をサポートするSTDOUTオプションをプロジェクトに追加したら，"ユーザ定義"出力用のプログラム・コードを追加する必要があります．次の例では，数行のコード（太字）がメイン・プログラムに追加されています．

17.2 Keil Microcontroller Development Kit (MDK) の使用を開始するには

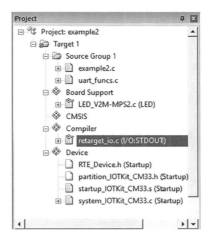

図17.39 標準出力(STDOUT)サポートが選択されている場合，Keil MDKは自動的にretarget_io.cをプロジェクトにインクルードする

```
// デバイス固有ヘッダ
#include "IOTKit_CM33_FP.h" /* Device header */
#include "Board_LED.h" /* ::Board Support:LED */
#include <stdio.h>
extern void UART_Config(void);
extern int UART_SendChar(int txchar);
// 再ターゲット・サポート
int stdout_putchar (int ch);

int main(void)
{
  int i;
  LED_Initialize();
UART_Config();
printf ("Hello world\n");

  while (1) {
    LED_On(0);
    for (i=0;i<100000;i++){
      __NOP();
    }
    LED_Off(0);
    for (i=0;i<100000;i++){
      __NOP();
    }
  }
}
// retarget_io.cで使われる関数
int stdout_putchar (int ch)
{
    return UART_SendChar(ch);
}
```

第17章 ソフトウェア開発

retarget_io.cファイルでは，"stdout_putchar(int ch)"関数が定義されている必要があります．この関数は，上記の例では，文字を送信するUART出力関数"UART_SendChar()"を呼び出しています．UARTインターフェースの初期化のための関数も追加する必要があり，この例では"UART_Config()"と記載されています．"UART_Config()"と"UART_SendChar()"関数は，この例では"uart_funcs.c"という別のプログラム・ファイルとして実装されています．この例では，"UART_Config()"および"UART_SendChar()"関数は，"uart_funcs.c"という別のプログラム ファイルとして実装されています．"UART_Config()"と"UART_SendChar()"のコーディングの詳細は，デバイス固有のものであり，本書では説明していません．

デバッグ・ホストでUARTの表示メッセージを収集するには，UARTからUSBへのアダプタが必要です．開発ボードの中には，この機能を内蔵しているものもあります．これが設定されていると仮定して，プログラム・コードをコンパイルして実行すると，ボードに接続されているターミナル・ソフトウェアに"Hello world"というメッセージが表示されます．

17.2.8 ITMを使用したPrintf

Armv8-Mメインライン・プロセッサ(Cortex-M33プロセッサなど)とArmv7-Mプロセッサは，デバッグ・ツールがトレース接続を使用してデバッグ・メッセージを収集できるようにするために計装トレース・マクロセル(Instrumentation Trace Macrocell：ITM)機能をサポートしています．デバッグ・メッセージをITM経由で出力できるようにするには，図17.40に示すように，STDOUTオプションを有効にして，ITM出力タイプを選択する必要があります．

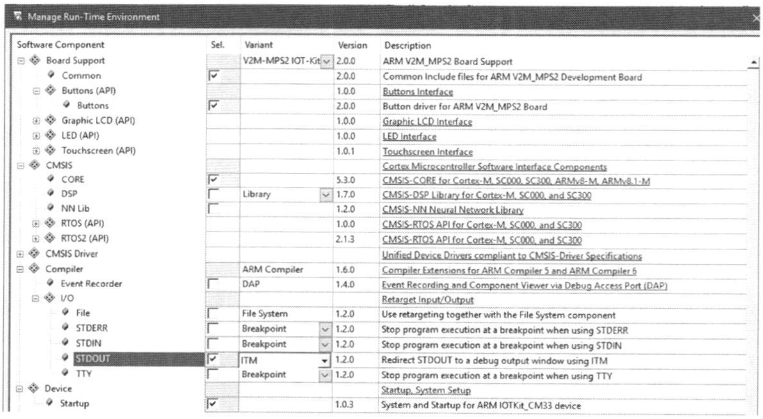

図17.40 Keil MDKプロジェクトにおけるITM経由の標準出力(STDOUT)の追加

プロジェクトにITM標準出力(STDOUT)のサポートを追加するのは，UART STDOUTのサポートを追加するよりも簡単です．必要なのは，次のようにprintfコードと"stdio.h"Cヘッダを追加するだけです．

```c
//デバイス固有ヘッダ
#include"IOTKit_CM33_FP.h"/*デバイスヘッダ*/
#include"Board_LED.h"/*::Board Support:LED */
#include <stdio.h>

int main(void)
{
    int i;
    LED_Initialize();
    printf ("Hello world\n");

    while (1) {
```

17.2 Keil Microcontroller Development Kit (MDK) の使用を開始するには

```
    LED_On(0);
    for (i=0;i<100000;i++){
        __NOP();
    }
    LED_Off(0);
    for (i=0;i<100000;i++){
        __NOP();
        }
      }
    }
```

プログラム・コードの中でITMでprintfを有効にするのは非常に簡単ですが，これを起動して実行するには追加のデバッグ構成が必要です．SWOピンを介してトレースを収集する低コストのデバッグ・アダプタを使用すると仮定すると（16.1.1節と図16.2の左側を参照），デバッグ設定でシリアル・ワイヤ・デバッグ（SWD）プロトコルを使用していることを確認する必要があります（図17.41）．JTAGプロトコルのTDOピンとSWOピンが共有されており，同時に使用できないため，JTAGプロトコルは適していません．

注意：パラレル・トレース・ポート・モードを使用している場合，ピン割り当ての競合がないため，JTAGプロトコルを使用しても安全です．

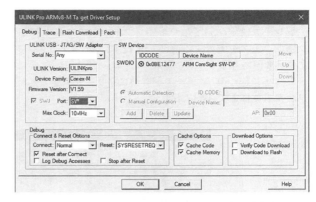

図17.41 SWOでITM printfを使用している場合のデバッグ接続のためのSWDプロトコルの選択

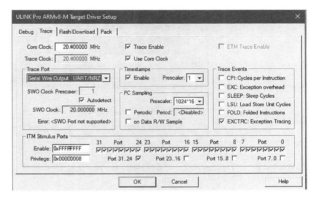

図17.42 SWO経由のITMトレースのトレース設定

SWO端子でトレースを有効にするためのデバッグ設定を行う処理の一環として，デバッグ設定でトレースを有効にする必要があります（図17.42），その場合，次のようにする必要があります．

- トレース・クロック速度の設定は，使用しているハードウェア・プラットフォームと一致
- NRZ（Non Return to Zero）出力モードを使用（ほとんどのデバッグ・アダプタ用）

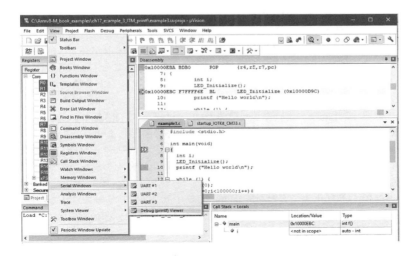

図17.43 デバッグ（printf）ビューアの有効化

539

- スティミュラス・ポート #0 を有効化

トレース設定が完了したら，ソフトウェアをコンパイルしてデバッグ・セッションを開始できます．ただし，ソフトウェアを実行する前に，図17.43 に示すように，プルダウンメニューから Debug (printf) Viewer を有効にする必要があります．

デバッグ (printf) ビューアが有効になり，アプリケーションが起動すると，"Hello world" という printf メッセージが表示されます（図17.44）．

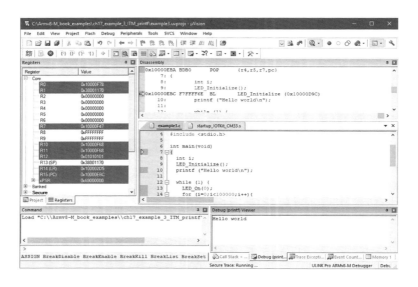

図17.44　デバッグ (printf) ビューアでの Hello world メッセージの表示

17.2.9　リアルタイム OS を使う - RTX

Keil MDK の特徴は，RTX RTOS をソフトウェア・プロジェクトに簡単に組み込むことができることです．RTOS は，一般的に，処理を分割して複数の並列タスクに配置する必要がある場合に必要とされます．これらのアプリケーションでは，RTOS は次のために使用されます．

- タスク・スケジューリング – ほとんどの RTOS 設計では，タスク・スケジューリングはタスクの優先順位付け機能をサポートしている
- タスク間のイベントとメッセージ通信（メールボックスなど）
- セマフォ（MUTEX を含む）
- プロセス分離の処理．これはオプションであり，MPU のサポートが必要．OS はスタック・オーバフロー・エラーを検出するためにスタック限界チェックを利用することもできる

市場で入手可能な RTOS の中には，通信スタックやファイル・システムなどの機能が含まれているものもあります．前述の機能は，MDK Professional と MDK Plus で利用可能ですが，別のソフトウェア・コンポーネントとして追加する必要があります．Linux のようなフル機能の OS とは異なり，RTX のようなほとんどの RTOS は，メモリ管理ユニット (MMU) のような仮想メモリ・サポート機能を必要としません．これらの RTOS は，非常に小さなメモリ・フットプリントを持っているので，小さなマイクロコントローラ・デバイスに収めることができます．

Keil RTX は，マイクロコントローラ・システム用に設計されたロイヤリティ・フリーの RTOS の1つです．Keil RTX の特徴は次のとおりです．

- オープンソースで，GitHub 上で寛容な Apache 2.0 ライセンスでリリースされている（詳細は https://github.com/ARM-software/CMSIS_5/tree/develop/CMSIS/RTOS2/RTX を参照）
- 商業品質の，完全に構成可能で，高速応答を提供している
- オープンな CMSIS-RTOS2 API の設計に基づいている（詳細情報は https://www.keil.com/pack/doc/CMSIS/RTOS2/html/index.html を参照）

17.2 Keil Microcontroller Development Kit (MDK) の使用を開始するには

- 複数のツールチェーンとの互換性（例：Arm/Keil，IAR EW-ARM，GCC）

CMSIS-RTOS APIが強化され，バージョン2が利用可能になったことに注意してください．Armv8-Mプロセッサ用に開発されるソフトウェアは，CMSIS-RTOS 2用のRTXコードを使用する必要があります．CMSIS-RTOSバージョン1のRTXコードは，Armv8-Mアーキテクチャではサポートされていません．

LEDを切り替える1つのアプリケーション・スレッドだけのRTXベース・アプリケーションを作成する手順は以下のとおりです．

ステップ1：Keil MDKプロジェクトにRTX OSを追加する

Keil MDKプロジェクトにRTX OSカーネルを追加するには，図17.45のように "Manage Run-Time Environment" ウィンドウでRTXソフトウェアを選択する必要があります．"Manage Run-Time Environment" ウィンドウにはRTXのオプションが幾つかあり，正しいタイプのRTXコンポーネントを選択することが重要であることに注意してください．オプションは次のとおりです．

- RTXに統合されたものがソース・コードかライブラリ形式か
- RTOSがセキュアまたは非セキュア・ワールドで動作するかどうか（注意：セキュアと非セキュアの例外の間で，EXC_RETURNコードの値が異なるため，これは自分のプロジェクトの状況と一致させる必要がある）

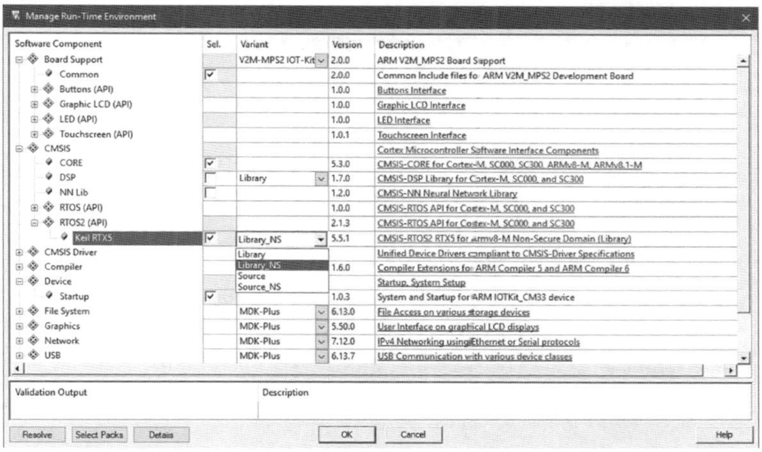

図17.45 "Manage Run-Time Environment" でのRTX RTOSのKeil MDKプロジェクトへの追加

この段階までに，RTXファイルが追加され，図17.46に示すようにプロジェクト・ウィンドウに反映されます．

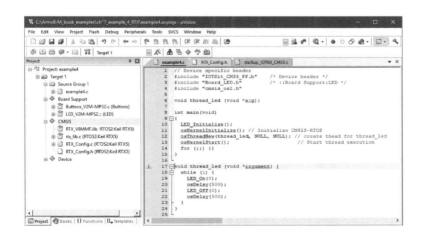

図17.46 RTXプロジェクトの例

541

第17章 ソフトウェア開発

ステップ2：プログラム・コードにアプリケーション・スレッドを追加する

アプリケーション・コードには，次が必要です．

- プログラム・コードがOSの機能にアクセスできるように，"cmsis_os2.h"というヘッダ・ファイルをインクルードする
- OSの初期化（osKernelInitialize），OSスレッドの作成（osThreadNew），OSの起動（osKernelStart）のためのOS関数呼び出しを追加する
- LEDを切り替えるスレッド・コード（thread_led）をインクルードする

これらのコードを図17.46に示します．

ステップ3：RTX構成のカスタマイズ

"RTX_Config.h"というファイルでは，さまざまなOSの構成をカスタマイズできます．構成を容易にするために，このファイルには，OSの構成を編集するときに"Configuration Wizard"を利用できるようにするためのメタデータが含まれています（図17.47）．

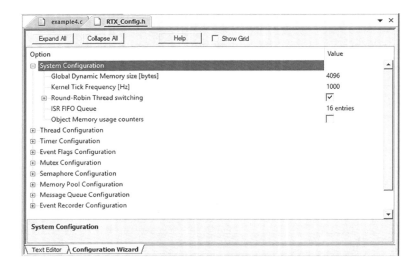

図17.47　RTX_Config.hにはほとんどのOSの構成が含まれており，Configuration Wizardを使って編集できる

デフォルトのRTX RTOSは，周期的なOSティック割り込みを発生させるために，SysTickタイマを使用します．CMSIS-COREファイル"system_<device>.c"で定義されている"SystemCoreClock"変数と，"RTX_Config.h"で定義されている"OS_TICK_FREQ"（カーネルティック周波数）を使用して，RTXコードは必要なクロック分周比を計算します．

プロジェクトがコンパイルされると，開発ボードにダウンロードしてテストできます．

RTX RTOSには多くの機能が含まれているため，この本でその全ての側面をカバーすることは不可能です．詳細については，CMSIS-RTOS2のドキュメントを参照してください．これは以下にあります．https://arm-software.github.io/CMSIS_5/RTOS2/html/index.html

17.2.10　インライン・アセンブリ

インライン・アセンブリを使用すると，Cコードにアセンブリ・コード・シーケンスを追加できます．Cortex-Mプロセッサ用のプログラムを書く場合，インライン・アセンブリは，OSのコンテキスト切り替えルーチン，OSのSVCallハンドラ，場合によってはフォールト・ハンドラ（スタック・フレームからスタック・レジスタを抽出するためなど）を作成するために必要になります．

インライン・アセンブリを使用するには，アセンブリ・コードをツールチェーンに固有のコード構文で記述する必要があります．ベースとなるコンパイラ技術の変更の結果，Arm Compiler 5からArm Compiler 6（LLVM

17.2 Keil Microcontroller Development Kit (MDK) の使用を開始するには

コンパイラ技術をベースにしている）に移行すると，インライン・アセンブリの機能が変更されます．幸いなことに，LLVMのインライン・アセンブリ・サポートは，広く採用されているGCCコンパイラと高い互換性を持っています．その結果，多くの場合，GCC用のインライン・アセンブリをArm Compiler 6で再利用できます．

GCCとArm Compiler 6では，パラメータをサポートしたインライン・アセンブリ・コード・フラグメントの一般的な構文は次のとおりです．

```
    __asm (" inst1 op1, op2, ... \n"
           " inst2 op1, op2, ... \n"
           ...
           " instN op1, op2, ... \n"
           : output_operands    /*オプション*/
           : input_operands     /*オプション*/
           : clobbered_operands /*オプション*/
           );
```

アセンブリ命令がパラメータを必要としない場合，構文は次のように簡単にできます．

```
    void Sleep(void)
    { // WFI命令でスリープ状態に入る
        __asm (" WFI\n");
        return;
    }
```

アセンブリ・コードが入出力パラメータを必要とする場合，またはインライン・アセンブリ動作によって他のレジスタを変更する必要がある場合，入出力オペランドと上書きされるレジスタ・リストを定義する必要があります．例えば，値に10を乗算するためのインライン・アセンブリ・コードは，次のように書かれます．

```
    int my_mul_10(int DataIn)
    {
        int DataOut;
        __asm(" movs r3, #10\n"
              " mul r2, %[input], r3\n"
              " movs %[output], r2\n"
              :[output] "=r" (DataOut)
              :[input] "r" (DataIn)
              : "cc", "r2", "r3");
        return DataOut;
    }
```

前記のコード中の“__asm”はインライン・アセンブリ・コードのテキストの開始を示し，コード内ではレジスタ・シンボリック名（“input”と“output”）が使用されています．GCCバージョン3.1のリリースやLLVMコンパイラの最近のリリースに続いて，ソフトウェア開発者が直感的なコードを作成するのに役立つシンボリックネーム機能が利用できるようになりました．

前記のインライン・アセンブリ・コードの例では，インライン・アセンブリ・コードのテキストの後に数行のオペランドがあります．オペランドの順番は次のとおりです．

- output_operands
- input_operands
- clobbered_operands

前記のアセンブリ・コードは，レジスタR2，R3と条件フラグ（“cc”）の値を変更するので，これらのレジスタ

543

第17章　ソフトウェア開発

を上書きされるオペランド・リストに追加する必要があります.

　Cファイル中にアセンブリ関数を作成できます. Cコード内にアセンブリ関数を作成する方法の例を13.9節に示します. "naked"C関数属性は, インライン・アセンブリ関数を宣言するときに使用され, CコンパイラがC関数のプロローグとエピローグ(すなわち, 関数本体の前後の追加の命令シーケンス)を生成するのを防ぐために使用されます. 例えば, 前記のインライン・アセンブリの例は, 次のように書き換えることができます.

```
/* r0は入力パラメータとして, また戻り値として使用される */
int __attribute__((naked)) my_mul_10(int DataIn)
{
    __asm(" movs r3, #10\n\t"
          " mul r0, r0, r3\n\t"
          " bx lr\n\t"
          );
}
```

　このタイプのインライン・アセンブリ関数では, オペランド(input_operands, output_operands, および上書きされるオペランド)を提供する必要はありません. しかし, このタイプの関数を作成する場合, 関数間の相互作用や, 関数のパラメータとその結果の転送に関する標準的な慣習を十分に理解し, それに従うことが不可欠です. Armアーキテクチャの場合, この情報は"Armアーキテクチャのプロシージャ・コール標準(Procedure Call Standard for the Arm Architecture)"と呼ばれるドキュメント[3]に記載されています. この文書は, 17.3節で述べるように, AAPCSとしても知られています.

17.3　Armアーキテクチャのプロシージャ・コール標準

　関数がアセンブリ言語を使って書かれていて, 他のCコードと相互作用する必要がある場合, ソフトウェア関数間のインターフェースが動作するようにするために「守らなければならない/満たされなければならない」一連の要件があります. これらの要件は, "Armアーキテクチャのプロシージャ・コール標準"(AAPCS)[3]と呼ばれる文書に記載されています. この文書では, Armプロセッサ上で動作するときに, 複数のソフトウェア関数がどのように相互に作用するかを説明しています.

　AAPCS文書に記載されているプログラミング規則に従うことで次が実現されます.

- さまざまなソフトウェア・コンポーネント(異なるツールチェーンによって生成されたコンパイルされたプログラム・イメージを含む)は, シームレスに相互に対話できる
- ソフトウェア・コードは, 複数のプロジェクトで再利用できる
- コンパイラによって生成されたプログラム・コード, または, サードパーティのプログラム・コードとアセンブリ・コードを統合する場合の問題を回避できる

　アセンブリ・コードのみを含むアプリケーションを作成している場合でも(これは現代のプログラミング環境では非常にありえないことです), デバッグ・ツールは, AAPCS文書で定義されている作法に基づいた, アセンブリ関数の動作を仮定している可能性があるため, AAPCSガイドラインに従うことは有用です.

　AAPCS文書でカバーされている主な内容は次のとおりです.

- 関数呼び出しにおけるレジスタの使用法 – この文書では, どのレジスタが呼び出し元で保存され, どのレジスタが呼び出し先で保存されるかを詳細に説明している. 例えば, 関数またはサブルーチンは, R4 ～ R11の値を保持しなければならない. これらのレジスタが関数またはサブルーチン中に変更された場合, 値はスタックに保存され, 呼び出しコードに戻る前に復元されなければならない
- 関数へのパラメータの受け渡し – 単純な場合, 入力パラメータは, R0(第1パラメータ), R1(第2パラメータ), R2(第3パラメータ), R3(第4パラメータ)を使用して関数に渡すことができる. 64ビット値を入力パラメータとして使用する場合は, 32ビット・レジスタのペア(例：R0-R1)を使用する. 4つのレジスタ(R0 ～ R3)では全てのパラメータを渡すのに十分でない場合(例えば, 4つ以上のパラメータを関数に渡す必要がある場合), スタックが使用される(詳細はAAPCSに記載されている). 浮動小数点デー

17.3 Armアーキテクチャのプロシージャ・コール標準

タ処理が含まれており，コンパイル・フローがHard-ABIを指定している場合（14.5.4節参照），浮動小数点レジスタ・バンクのレジスタも使用できる
- 呼び出し元への戻り値の受け渡し – 通常，関数の戻り値はR0に格納される．戻り値が64ビットの場合，R1とR0の両方が使用される．パラメータ渡しと同様に，浮動小数点データ処理が含まれ，コンパイル・フローがHard-ABI（14.5.4節参照）を指定している場合は，浮動小数点レジスタ・バンクのレジスタも使用できる
- スタック・アライメント – アセンブリ関数がC関数を呼び出す必要がある場合，現在選択されているスタック・ポインタがダブル・ワード・アライメントされたアドレス位置（0x20002000，0x20002008，0x20002010など）を指していることを確認する必要がある．これは，Embedded-ABI（EABI）標準[4]の要件である．この要件により，EABI準拠のCコンパイラは，プログラム・コードを生成するときに，スタック・ポインタがダブル・ワードでアラインされた位置を指していると仮定できる．アセンブリ・コードが直接または間接的にC関数を呼び出さない場合，アセンブリ・コードは関数境界でスタック・ポインタをダブル・ワードにアラインさせておく必要はない

これらの要件に基づいて，単純な関数呼び出しの場合（データの受け渡しに浮動小数点レジスタを使用せず，必要なレジスタが4つ以下であると仮定すると），呼び出し元と呼び出し先関数間のデータ転送は**表17.1**のとおりになります．

表17.1 関数呼び出しにおける簡単なパラメータの渡し方と結果の返し方

レジスタ	入力パラメータ	戻り値
R0	最初の入力パラメータ	関数の戻り値
R1	第2入力パラメータ	- ，または戻り値（64ビットの結果）
R2	第3入力パラメータ	-
R3	第4入力パラメータ	-

パラメータと結果の使用法に加えて次のようにします．
- 関数内のコードは，関数を終了するときに"呼び出し先保存レジスタ"の値が関数に入ったときの値と同じになるように保証しなければならない
- 関数を呼び出すコードは，"呼び出し元保存レジスタ"のデータを後で再度アクセスする必要がある場合，C関数を呼び出す前に，このデータがメモリ（スタックなど）に保存されていることを確認する必要がある．これは，C関数が呼び出し元保存レジスタのデータを削除することが許可されているので必要となる

前述の要件を**表17.2**にまとめました．

表17.2 関数境界での呼び出し元保存レジスタと呼び出し先保存レジスタの要件

レジスタ	関数呼び出しの動作
R0～R3, R12, S0～S15	呼び出し元保存レジスタ – これらのレジスタの内容は，関数によって変更できる．関数を呼び出すアセンブリ・コードは，後の段階で動作に必要な場合，これらのレジスタの値を保存する必要がある場合がある
R4～R11, S16～S31	呼び出し先保存レジスタ – これらのレジスタの内容は，関数によって保持される必要がある．関数が処理のために，これらのレジスタを使用する必要がある場合，スタックに保存し，関数が戻る前に復元する必要がある
R14（LR）	関数に"BL"または"BLX"命令が含まれている場合（つまり他の関数を呼び出す場合），リンク・レジスタの値をスタックに保存する必要がある．これは，"BL"または"BLX"命令が実行されるとLRの値が上書きされるため
R13（SP）, R15（PC）	通常の処理には使用しない

ダブルワード・スタック・アライメント要件には注意が必要です．ArmツールチェーンでArmアセンブラ（armasm）を使用する場合，アセンブラが次を提供しています．
- 関数がダブルワード・スタック・アライメントを必要とするかどうかを示すREQUIRE8ディレクティブ
- 関数がダブルワード・アライメントを保っているかどうかを示すPRESERVE8ディレクティブ

第17章

第17章　ソフトウェア開発

これらのディレクティブは，アセンブラがアセンブリ・コードを解析するのに役立ち，ダブルワード・スタック・アライメントを必要とする関数がダブル・ワード・スタック・アライメントを保証しない別の関数によって呼び出された場合に警告を生成します．アプリケーションによっては，特に完全にアセンブリ・コードで構築されたプロジェクトでは，これらのディレクティブは必要ないかもしれません．

17.4　ソフトウェア・シナリオ

17.4.1　ソフトウェア開発シナリオのまとめ

この章の冒頭では，5つの異なるソフトウェア開発シナリオを詳細に説明しました．これまで取り上げてきたソフトウェア開発の例は，主に図17.1のシナリオ#1に焦点を当ててきましたが，ここで，ソフトウェアは1つのセキュリティ・ドメイン（つまり，非セキュアな世界）でのみ実行されている場合です．シナリオ#1と同じソフトウェア開発手順は，シナリオ#2，#3，#5にも適用できます．このセクションでは，シナリオ#1や#2，#3，#5の間に存在する違いを見ていきます．シナリオ#4については，第18章で解説します．

17.4.2　シナリオ#1 – Armv8-MシステムはTrustZoneを実装していない

ソフトウェア開発プロセスは，従来のArmv6-MとArmv7-M Cortex-Mプロセッサに存在するものとほぼ同じです．セキュア状態と非セキュア状態の分離はなく，デバッグ接続により，ソフトウェア開発者はシステムを完全に把握できます．

ただし，Armv6-M/Armv7-MプロジェクトをArmv8-Mベースのシステムに移行する場合，ソフトウェア・コードの変更を考慮する必要があります．これらは次のとおりです．

- MPU構成コードの変更 – メモリ保護ユニット（MPU）のプログラマーズ・モデルの変更により，MPUを利用するコードを更新する必要がある
- OSコードの変更 – EXC_RETURNコード値の定義の変更により，OSを変更する必要がある（8.10節参照）．ソフトウェア開発者は，非セキュア状態で実行できるOSのバージョンを選択する必要がある（図17.45参照）．また，使用されるプロセッサがCortex-M33プロセッサ（または別のArmv8-Mメインライン・プロセッサ）である場合，OSはスタック限界チェック機能を利用してシステムをより堅牢にすることができる
- ビットバンド機能の削除 – Cortex-M3とCortex-M4プロセッサのオプション機能であるビットバンド機能は，Armv8-Mプロセッサでは使用できない
- ベクタ・テーブル・アドレス – Cortex-M0，Cortex-M0+，Cortex-M3，およびCortex-M4プロセッサとは異なり，Armv8-Mプロセッサの初期ベクタ・テーブル・アドレスは0以外の値にできる

ほとんどのアプリケーション・コードでは，ソフトウェア・コードの変更は最小限で済みます．デバッグ・コンポーネント（例：ブレークポイント・ユニット，データ・ウォッチポイント・ユニット，ETM）へのさまざまな変更のため，開発ツールはArmv8-Mアーキテクチャをサポートするバージョンに更新する必要があります．

17.4.3　シナリオ#2 – セキュア・ワールドを使わない非セキュアなソフトウェアの開発

このシナリオでは，ソフトウェア開発者は，シナリオ#1と同じ領域のソフトウェアを更新する必要があります．さらに，ソフトウェア開発者は次のような違いに気付くかもしれません．

- セキュア・ファームウェアを無効化するためのオプションAPI – 非セキュア・ソフトウェアの初期化の最初に，非セキュア・ソフトウェアはセキュアAPIを呼び出して，セキュア・ワールド・ソフトウェアが使用されないことをセキュア・ソフトウェアに伝える必要がある場合がある．これにより，セキュア・ワールドは，より多くのハードウェア・リソース（SRAMやペリフェラルなど）を非セキュア・ソフトウェアに解放できる．さらに，このセキュアAPIは，アプリケーション割り込みとリセット制御レジスタ（AIRCR，9.3.4節を参照）のBFHFNMINSビットを設定することで，NMIやHardFault，BusFault例外を，非セキュア状態のターゲットとするように構成する．

546

> 注意：このセキュアAPIが利用できない場合があるため，これはオプションである

- メモリ・マップ – セキュア・プログラムとセキュア・リソースを含むメモリ範囲にはアクセスできない

それ以外は，このようなシステムでのソフトウェア開発は，Armv6-MとArmv7-Mプロセッサを使用した場合と非常に似ています．

17.4.4　シナリオ#3 – セキュア・ワールドを利用した場合の非セキュア・ソフトウェアの開発

このシナリオでは，ソフトウェア開発者は，シナリオ＃1と同じ領域でソフトウェアを更新する必要があります．そして，それに加えて，ソフトウェア開発者は次のような変更点に気づくでしょう．

- アプリケーションは，利用可能なセキュアAPIを介してさまざまな機能を利用できる
- Trusted Firmware-MサポートのあるRTOSを使用する必要性 – ソフトウェアがRTOSを使用する場合，使用するRTOSはTrusted Firmware-M統合をサポートする必要があり – または，チップのセキュア・ワールドで，別のセキュア・ソフトウェア・ソリューションを使用している場合，他のセキュア・ファームウェアをサポートする．このトピックについては，11.8節で説明する
- フォールト処理およびフォールト解析 – NMIやHardFault，BusFault例外は，セキュア状態を対象としているため，非セキュア・ソフトウェアは，これらの機能に直接アクセスできない．非セキュア・ソフトウェアの開発者がソフトウェアの問題を認識できるようにするために，一部のセキュア・ファームウェアは，HardFaultまたはBusFault例外が発生した場合にエラーを報告するメカニズムを提供している．ETM/MTB命令トレースが利用可能な場合，HardFault/BusFaultの前に実行された非セキュア操作は命令トレースで観察可能である．その結果，ソフトウェア開発者は，ETM/MTB命令トレースを使用してフォールト・イベントを解析できる．また　ソフトウェア開発者は，非セキュアのデバッグ環境でMemManageFaultとUsageFaultのフォールト例外のトリガとなったエラー条件を診断できるように，非セキュア・ワールドでMemManageFaultとUsageFaultを有効にできる．非セキュアのMemManageFaultとUsageFaultが有効になっていない場合，これらのフォールト・イベントは，セキュアなHardFaultにエスカレーションされる

17.4.5　シナリオ#5 – 非セキュア・ワールドを利用しないセキュアなソフトウェアの開発

このシナリオでは，ソフトウェア開発者は，シナリオ#1と同じ領域のソフトウェアを更新する必要があります．唯一の違いは，RTOSを使用している場合，選択されているRTOSバリアント（図17.45）は，非セキュア・ワールドではなく，セキュア・ワールドをサポートする必要があるということです．

◉ 参考・引用＊文献 ……………………………………………………

(1)　Armv8-Mアーキテクチャ・リファレンス・マニュアル
　　　https://developer.arm.com/documentation/ddi0553/am （Armv8.0-Mのみのバージョン）
　　　https://developer.arm.com/documentation/ddi0553/latest/ （Armv8.1-Mを含む最新版）
　　　注意：Armv6-M，Armv7-M，Armv8-M，Armv8.1-M用のMプロファイル・アーキテクチャ・リファレンス・マニュアルは次にある
　　　https://developer.arm.com/architectures/cpu-architecture/m-pROfile/docs
(2)　Keilアプリケーションノート298 – Arm Compiler 5からArm Compiler 6への移行
　　　http://www.keil.com/appnotes/files/apnt_298.pdf
(3)　Armアーキテクチャのプロシージャ・コール標準（AAPCS）
　　　https://developer.arm.com/documentation/ihi0042/latest
(4)　Armアプリケーション・バイナリ・インタフェース（ABI）
　　　https://developer.arm.com/architectures/system-architectures/software-standards/abi

第17章　ソフトウェア開発

第18章 セキュアなソフトウェア開発

Secure software development

18.1 セキュアなソフトウェア開発の概要

18.1.1 紹介

　第3章の3.18節では，Arm TrustZoneセキュリティ拡張機能を使用することの利点を取り上げ，TrustZoneがIoTマイコン製品でどのように使用されているかについて，大まかな概要を説明しました．これらのIoTマイクロコントローラを使用するソフトウェア開発者の大半は，非セキュア・ワールドでのみアプリケーションを作成する可能性があります．セキュア・ファームウェアが提供するアプリケーション・プログラミング・インターフェース（API）を介してさまざまなセキュリティ機能にアクセスすることで，TrustZoneの詳細な理解がなくても，プロジェクトで堅牢なセキュリティを実現できます．

　とは言え，多くのソフトウェア開発者は，セキュア・ソフトウェア・プロジェクトに携わっているため，TrustZoneを使用してプログラミングを行う理由を理解する必要があります．この章では，このような開発者のために，セキュア・ソフトウェアを開発する方法と，さまざまなガイドラインを通じてセキュアなソフトウェアにする方法を説明します．

18.1.2 ソフトウェア・プロジェクトにおけるセキュアと非セキュアの分離

　TrustZoneテクノロジが使用されている場合，セキュアと非セキュアのソフトウェア・プロジェクトは別々にコンパイルされ，リンクされています．それぞれに独自のブート・コードとCライブラリがあります．これを図18.1に示します．

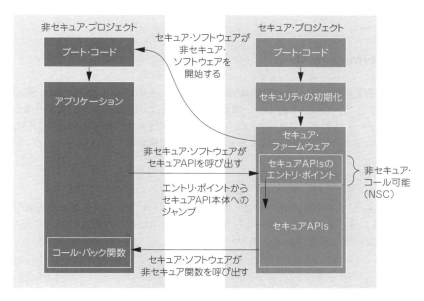

図18.1　ソフトウェア・プロジェクトにおけるセキュアと非セキュア・ワールドの分離

第18章　セキュアなソフトウェア開発

　セキュア・ソフトウェアの開発者が両者間の相互作用をテストできるように非セキュア・プロジェクトも作成する必要があると予想されるため，多くのツールチェーンは，複数のプロジェクトの同時開発とデバッグを可能にする，マルチプロジェクト・ワークスペースと呼ばれる機能をサポートしています．これの例を18.4節に示します．
　セキュア・プロジェクトが作成された場合，セキュア・ソフトウェア開発者は，非セキュア・プロジェクトがセキュアAPIにアクセスできるように，次のファイルを非セキュア・ソフトウェア開発者に提供する必要があります．

- セキュアAPIの関数プロトタイプ（すなわち，ヘッダ・ファイル）
- APIのアドレス（つまり，非セキュア・プロジェクトをリンクするとき，リンカ・ツールで必要となるアドレス・シンボルなど）の情報のみを提供するエクスポート・ライブラリ．このライブラリでは，命令コードなどのAPIの内部詳細は省略されているので注意が必要

これらのファイルの情報を使用して，セキュアAPIへの関数呼び出しを含む非セキュア・ソフトウェア・プロジェクトをコンパイルしてリンクできます．非セキュア・ソフトウェア・プロジェクトは，セキュア・プロジェクトを作成した人が作成するか，非セキュア・アプリケーションのみを作成するサードパーティの開発者が作成できます．
　次に注意してください．

- セキュア・プロジェクトと非セキュア・プロジェクトは，異なるツールチェーンを使用して作成することができる．これは，パラメータと結果の渡し方がArmアーキテクチャのプロシージャ・コール標準[1]で標準化されているため，実現可能である
- セキュア・プロジェクトは，非セキュア・プロジェクトをコンパイルしてリンクする前に，生成する必要がある．これは，セキュア・プロジェクトのリンク段階で生成されたエクスポート・ライブラリが，非セキュア・プロジェクトのリンク段階で利用できるようにするためである

セキュア・コードが非セキュア関数を呼び出す必要がある場合，非セキュア・コードはまず，非セキュア関数のポインタを，セキュアAPIを介してセキュア・ワールドに転送する必要があります．その場合，セキュアAPIは，関数ポインタが非セキュア・アドレスを指しているという事実を検証し，その後，必要に応じてその関数ポインタを実行します．

18.1.3　Cortex-Mセキュリティ拡張（CMSE）

　セキュア・ソフトウェアの開発を支援するために，ArmはCortex-Mセキュリティ拡張（Cortex-M Security Extension：CMSE）と呼ばれるCコンパイラ・サポート機能を導入しました．これは"Armv8-Mセキュリティ拡張：開発ツールの要件"[2]に記載されており，Arm C言語拡張（ACLE[注1][3]）の一部です．
　CMSE機能は，Arm Compiler 6やgcc，IAR Embedded Workbench for ARMなどの複数のツールチェーンでサポートされています．その結果，セキュア・ソフトウェア・コードは，さまざまなツールチェーン間で移植可能となります．

18.1.4　Trusted Firmware-M

　Armは2017年，電子業界のセキュリティ課題への対応を支援するために，PSA（Platform Security Architecture）イニシアチブを発表しました．この取り組みの一環として，Armは，Cortex-Mプロセッサをデバイスに使用するシリコンベンダに参照セキュリティ・ファームウェアを提供するTrusted Firmware-M（TF-M）プロジェクトを開始しました．TF-Mプロジェクトには多くの異なるセキュリティ機能があり，これらについては第22章で説明します．

18.1.5　開発プラットフォームの考慮事項

　Cortex-M23とCortex-M33デバイスの中には，TrustZoneセキュリティ拡張機能を実装していないものもあるので注意してください．TrustZoneをサポートするデバイスの中には，これらのデバイスのセキュア・ワールドがロックダウンされている可能性があります（つまり，セキュア・ワールドは変更できず，デバッグ機能は非セ

注1：https://developer.arm.com/architectures/system-architectures/software-standards/acle

550

キュア・ワールドのみに制限されている）．この場合，ソフトウェア開発者は，セキュアAPIにアクセスしてセキュリティ機能を利用できるアプリケーションを作成できますが，セキュア・ワールド上で実行するソフトウェアを作成することはできません．

その結果，セキュアなソフトウェア・ソリューションを作成しようとするソフトウェア開発者は，使用するハードウェア・プラットフォームがセキュア・ソフトウェアの開発をサポートしていることを確認する必要があります．さらに，ハードウェア・プラットフォームが適切なデバッグ認証機能を提供していることを確認する必要があるでしょう．これにより，開発ボードがその後，非セキュア・ソフトウェア開発のためにサードパーティに譲渡された場合でも，開発されたセキュア・ソフトウェアは確実に保護されます．

最後に重要なことですが，TrustZone機能はハードウェア・プラットフォームで利用可能なセキュリティ機能の一部にすぎません．このことを念頭に置いて，マイクロコントローラまたはSoCが，さまざまなハードウェア・セキュリティ機能，例えば，安全なストレージや真性乱数発生器（True Random Number Generator：TRNG），暗号化エンジンなどを提供する場合，IoTアプリケーションのセキュリティはさらに強化されます．

重要なのは，TrustZone自体がさまざまな物理攻撃からシステムを保護しないということです．例えば，ハッカーがデバイスに物理的なアクセス権を持っている場合，電圧グリッチ，クロック・グリッチ，フォールト・インジェクションなどの物理攻撃を実行したり，サイドチャネル攻撃を使用してデバイスから秘密を抽出したりする可能性があります．一部のTrustZone対応デバイスには，適切なレベルの物理的な保護機能を備えている場合もありますが，デバイスが物理的な保護機能をサポートしていることを確認するために，ソフトウェア開発者は，デバイスの製造元にデバイスのセキュリティ機能を常に確認する必要があります．

18.2　TrustZoneの技術的な詳細

18.2.1　プロセッサの状態

TrustZoneが実装されている場合，プロセッサは，セキュア状態または非セキュア状態のいずれかになります（図18.2）．

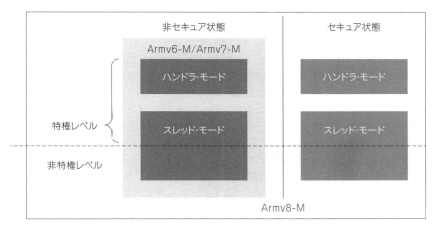

図18.2　Armv8-Mプロセッサのプロセッサ状態

以前のArmv6-MとArmv7-Mアーキテクチャと同様に，Armv8-Mプロセッサは，例外ハンドラを実行しているとき（ハンドラ・モード）に特権状態になります．プロセッサがスレッド・モードで実行されているとき（つまり，ハンドラ・モードではない），プロセッサは，CONTROLレジスタのnPRIVビットの値に応じて，特権状態または非特権状態のいずれかになります（4.2.2.3節参照）．

簡単にいうと：
- プロセッサがセキュア・メモリからコードを実行しているとき，プロセッサはセキュア状態
- プロセッサが非セキュア・メモリからコードを実行しているとき，プロセッサは非セキュア状態

第18章　セキュアなソフトウェア開発

詳細レベルでは，この簡略化された説明には例外があります．これは，非セキュア・コードがセキュアAPIを呼び出すときに，非セキュア状態からセキュア状態への移行中に発生します．この例外については，18.2.4節で説明します．

リセットからプロセッサが起動すると，プロセッサはセキュア特権スレッド・モードで実行されます．システムが起動した後，次の場合にセキュリティ状態の遷移が発生します．

- セキュア・コードは，非セキュア・ワールドを立ち上げるために，非セキュア・アプリケーション・コードに分岐する
- 非セキュア・アプリケーションは，セキュアAPIを呼び出し，APIがそのタスクを実行した後に非セキュア・ワールドに戻る
- セキュア関数は，非セキュア関数を呼び出し，タスクを実行した後にセキュア・ワールドに戻る
- 非セキュア・コードの実行中に，セキュア割り込み/例外イベントが発生する．状態遷移は，例外エントリとリターンの両方で発生する
- セキュア・コードの実行中に，非セキュア割り込み/例外イベントが発生する．状態遷移は，例外エントリとリターンの両方で発生する
- セキュア例外ハンドラと非セキュア例外ハンドラの間にはテール・チェーンがある（8.10節の**図8.29**と**図8.30**を参照）
- 非セキュア・コードの実行中にリセットが発生する

理論的には，デバッグ・セッション中，プロセッサが停止したときにデバッガはプロセッサのセキュリティ状態を変更できます．しかし，プロセッサが命令実行を再開したとき，またはデバッガが次の命令にシングル・ステップで入るときに発生するセキュリティ違反を止めるためには，ソフトウェア実行アドレスのセキュリティ属性がプロセッサの状態と一致するように，プログラム・カウンタも変更する必要があります．

18.2.2　メモリ分離

メモリ空間をセキュア範囲と非セキュア範囲に分割するには，セキュリティ属性ユニット（Security Attribution Unit：SAU）と実装定義属性ユニット（Implementation Defined Attribution Units：IDAU）を使用します – どちらも第7章の7.2節で取り上げられています．SAUはArmv8-Mプロセッサに統合されています．IDAUは，チップ/SoC設計者によって設計され，プロセッサに密接に結合されたデバイス固有のハードウェア・ユニットです．

SAUとIDAUは連携して動作します：各アドレスのルックアップでSAUとIDAUの結果が比較され，より高いセキュリティ・レベルが選択されます；しかし，IDAUのルックアップ結果が，そのアドレスがセキュリティ・チェックの適用除外であることを示している場合を除きます（**図7.1**）．適用除外されたアドレス範囲は，一般的に，セキュリティ対応のデバッグコンポーネントによって使用されます（すなわち，セキュア・データとセキュア動作が非セキュア・アクセスから保護されることを保証しています）．または，非セキュア・アクセスがセキュリティリスクをもたらさない場合に使用されます（例：CoreSight，ROMテーブル）．

Cortex-M23とCortex-M33プロセッサのSAUは，0，4，または8つのプログラマブルSAU領域をサポートするように構成できますが，IDAUは最大256の領域をサポートできます．セキュリティ初期化プロセスの一部として，セキュリティ初期化手順（**図18.1**の右側を参照）には，SAUのプログラミングと，デバイスベンダがIDAUの構成をプログラム可能にしている場合，IDAUのプログラミングも含まれる可能性があります．

IDAUをプログラム可能にする通常の理由は，プロセッサがSAU領域をほとんど，または全く含めないこともできるようになりますが，セキュア領域のNSC（Non-secure Callable）属性をソフトウェアで設定できるようにするためです．例として，**図18.3**に示すように，デバイスにSAU領域がなく，または，セキュリティ・パーティション・メモリ・マップがIDAUによって完全に処理される場合，ソフトウェアがNSC領域の位置とサイズを制御できるようにするために，IDAUをプログラム可能にする必要があります．

TrustZoneベースのシステムでメモリ・パーティショニングを構成することのもう1つの側面は，メモリ保護コントローラ（Memory Protection Controller：MPC）やペリフェラル保護コントローラ（PPC：Peripheral Protection Controller）などのシステムレベルのセキュリティ管理ハードウェアを設定することです．これらのユニットはリソース・パーティショニングのためにも使用されますが，SAUやIDAUと比較すると動作が異なります．違いは次のとおりです．

- SAUとIDAUは，4GBアドレス空間をセキュア領域と非セキュア領域にどのように分割するかを定義

552

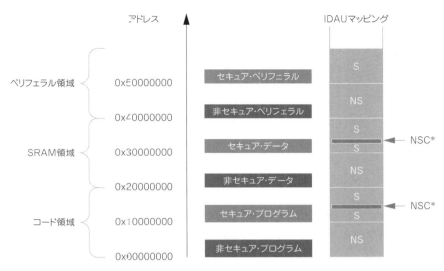

*プログラム可能 - チップ設計者は，NSC（非セキュアコール可能）領域を構成可能にするためにIDAUをプログラム可能にしてもよい

図18.3 IDAUメモリ・マップの例

- MPCとPPCは，各メモリ・ページまたはペリフェラルごとに，セキュアまたは，非セキュアのアドレス・エイリアスからアクセスできるかを定義

MPCとPPCのアドレス・エイリアシングの考え方については，7.5節で説明しています（**図7.11**）．MPCとPPC方式を使用すると，プロセッサが8つのSAUと256のIDAU領域に制限されている場合でも，多数のメモリ・ページ，またはペリフェラル・リソースを対象としたセキュリティ・ドメインを管理できます．これにより，ソフトウェアの複雑さの原因となりエラーが発生しやすくなるような，例えば，非セキュア・ソフトウェアからセキュア・ソフトウェアに渡されるポインタが，アドレス分割の変更により予期せず非セキュアからセキュアに切り替わる可能性があるような，実行時のアドレス・パーティショニングの動的変更（SAUとIDAUを再プログラムする）を避けることができます．

システムがセキュアであることを保証するために，セキュア・ソフトウェアの開発者は，セキュア・ソフトウェアが使用するリソースがセキュア・アドレス範囲に配置されていることを確認する必要があります．これには，次が含まれます．

- セキュア・ファームウェア・コード
- セキュア・データ・メモリ（スタックやヒープ・メモリを含む）
- セキュア・ベクタ・テーブル
- セキュア・ペリフェラル

そうすることで，非セキュア・ソフトウェアは，これらのセキュア・リソースに直接アクセスできなくなります．さらに，システムをセキュアにするために，ソフトウェア開発者は，非セキュア・ソフトウェアにサービスを提供するセキュアAPIを作成する場合に，細心の注意を払わなければなりません．セキュア・ソフトウェアを作成するための設計上の考慮事項の範囲は，18.6節で説明します．

18.2.3　SAUプログラマーズ・モデル

18.2.3.1　SAUのレジスタと概念のまとめ

セキュリティ属性ユニット（Security Attribution Unit：SAU）には，プログラム可能な複数のレジスタが含まれています．これらのレジスタはシステム制御空間（System Control Space：SCS）に配置され，セキュア特権状態からのみアクセス可能です．SAUレジスタへのアクセスは，常に32ビットのサイズです．SAUレジスタの概要を**表18.1**に示します．

表18.1　SAUレジスタの概要

アドレス	レジスタ	CMSIS-COREシンボル	フルネーム
0xE000EDD0	SAU_CTRL	SAU->CTRL	SAU制御レジスタ
0xE000EDD4	SAU_TYPE	SAU->TYPE	SAUタイプ・レジスタ
0xE000EDD8	SAU_RNR	SAU->RNR	SAU領域番号レジスタ
0xE000EDDC	SAU_RBAR	SAU->RBAR	SAU領域ベース・アドレス・レジスタ
0xE000EDE0	SAU_RLAR	SAU->RLAR	SAU領域限界アドレス・レジスタ
0xE000EDE4	SAU_SFSR	SAU->SFSR	SAU SecureFaultステータス・レジスタ
0xE000EDE8	SAU_SFAR	SAU->SFAR	SAU SecureFaultアドレス・レジスタ

SAU設定作業は，32バイトの粒度でベース（開始）アドレスと限界（終了）アドレスを使用してメモリ領域を定義することで，MPUと同様の方法で設定します．Cortex-M23とCortex-M33プロセッサのSAUは，0，4，または8のSAU領域を持つことができます．TrustZoneをサポートするArmv8-Mプロセッサでは，ゼロのSAU領域でSAUが構成されている場合でも，SAUは使用可能です．この場合，メモリ・パーティショニングはIDAUによって完全に処理されます．正確なメモリ・パーティショニングは，IDAUを設計したチップ設計者によって定義されます．

SAUアドレス・ルックアップ機能の概要を図18.4に示します．

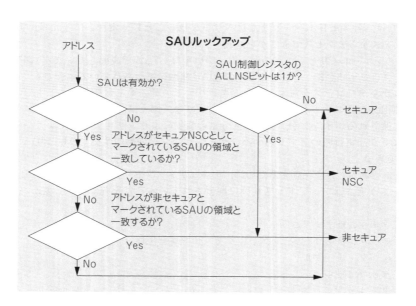

図18.4　SAUアドレス・ルックアップの概要

図18.4に示すように，SAUアドレス・ルックアップの動作を次に詳しく説明します．
- SAUが有効で，また，アドレスがSAU領域と一致する場合，結果は，アドレス・コンパレータの設定に基づき，非セキュア，またはセキュアの非セキュア・コール可能（Non-secure Callable：NSC）のいずれかになる
- SAUが有効で，アドレスがどのSAU領域にも一致しない場合，結果はセキュアになる
- SAUが無効で，SAU制御レジスタのALLNS（全非セキュア）ビットがセットされている場合，結果は非セキュア（IDAUがメモリ・マップを完全に決定する）となる
- SAUが無効になっており，SAU制御レジスタのALLNS（全非セキュア）ビットがゼロの場合，結果はセキュアになる．これはリセット後のデフォルト設定

テスト・ターゲット（Test Target：TT）命令の実行中，SAU領域がTTチェック入力のアドレスと一致した場合，一致したSAU領域の領域番号をTT実行結果の一部として報告します（7.4.2節，図7.6）。

SAUを使用してアドレスをルックアップすると同時に，IDAUも並行してアドレス・ルックアップを行っています。SAUとIDAUのルックアップ結果は，図18.5に示すように結合されます。

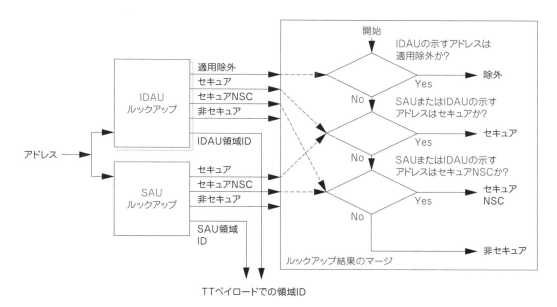

図18.5　SAUとIDAUの組み合わせによるアドレス・ルックアップ

超低消費電力アプリケーション用に設計され，シリコン面積が小さいチップは，IDAUをアドレス分割に使用でき，領域コンパレータのないSAUを持つことができます。このシナリオでは，TrustZone初期化を処理するセキュア・ソフトウェアは，SAU制御レジスタのALLNSビットを1にセットするだけで，セキュリティ・パーティショニングがIDAUによってのみ処理されるようになります。

18.2.3.2 SAU制御レジスタ

SAU制御レジスタ（表18.2）は，SAUのグローバル有効化制御ビットを提供します。SAUがゼロのSAU領域を持つように構成されている場合でも，SAU制御レジスタは存在します。デフォルトでは，SAUは無効になっており，ALLNS（全非セキュア）ビットはクリアされていますが，これはメモリ・マップ全体がデフォルトでセキュアになっていることを意味します。

表18.2　SAU制御レジスタ（SAU->CTRL, 0xE000EDD0）

ビット数	名前	タイプ	リセット値	説明
31:2	予約済み	-	0	予約済み
1	ALLNS	R/W	0	全て非セキュア。1にセットされている場合，SAUルックアップ結果は常に非セキュア。それ以外の場合，結果はセキュア
0	ENABLE	R/W	0	1にセットされている場合，SAUを有効にする。SAUにゼロ領域がある場合，このビットは0に固定される

SAU制御レジスタのENABLEビットを設定する前に，SAUを初期化するソフトウェアは，未使用のSAU領域の"有効化"ビットをクリアする必要があることに注意してください。各SAU領域の個々の有効化ビットは，リセット後に未定義になるので，これが必要です。

第18章　セキュアなソフトウェア開発

18.2.3.3　SAUタイプ・レジスタ

SAUタイプ・レジスタ(**表18.3**)は，SAUに実装されている領域の数を示しています．

表18.3　SAUタイプ・レジスタ(SAU->TYPE, 0xE000EDD4)

ビット数	名前	タイプ	リセット値	説明
31:8	予約済み	-	0	予約済み
7:0	SREGION	RO	0	実装されているSAUの領域数(0, 4または8)

18.2.3.4　SAU領域番号レジスタ

SAU領域番号レジスタ(**表18.4**)は，構成するSAU領域を選択します．

表18.4　SAU領域番号レジスタ(SAU->RNR, 0xE000EDD8)

ビット数	名前	タイプ	リセット値	説明
31:8	予約済み	-	0	予約済み
7:0	REGION	R/W	0	SAU_RBARとSAU_RLARレジスタが現在アクセスする領域を選択

18.2.3.5　SAU領域ベース・アドレス・レジスタ

SAU領域ベース・アドレス・レジスタ(**表18.5**)は，SAU領域番号レジスタによって現在選択されているSAU領域の開始アドレスを示します．

表18.5　SAU領域ベース・アドレス・レジスタ(SAU->RBAR, 0xE000EDDC)

ビット数	名前	タイプ	リセット値	説明
31:5	BADDR	R/W	-	領域ベース(開始)アドレス
4:0	予約済み	-	0	予約済み．ゼロとして読み出され，書き込みは無視される

18.2.3.6　SAU領域限界アドレス・レジスタ

SAU領域限界アドレス・レジスタ(**表18.6**)は，SAU領域番号レジスタで現在選択されているSAU領域の限界アドレスの詳細を示します．SAU領域の終了のアドレスは，このレジスタに設定された限界アドレスを含み，

表18.6　SAU領域限界アドレス・レジスタ(SAU->RLAR, 0xE000EDE0)

ビット数	名前	タイプ	リセット値	説明
31:5	LADDR	R/W	-	領域限界(終了)アドレス
4:2	予約済み	-	0	予約済み．ゼロとして読み出され，書き込みは無視される
1	NSC	R/W	-	非セキュアコール可能．このビットが1にセットされている場合，SAU領域マッチはセキュア非セキュアコール可能(NSC)メモリタイプを返す．1にセットされていない場合，SAU領域マッチは非セキュアメモリタイプを返す
0	ENABLE	R/W	-	1にセットすると，SAU領域を有効にする．1にセットされていない場合は，その領域は無効になる．

SAU領域終了アドレスの最下位5ビットが自動的に値0x1Fでパディングされます．このため，32バイトの粒度の最後のバイトもSAU領域に含まれます．

18.2.3.7 SecureFaultステータス・レジスタ(SFSR)とSecureFaultアドレス・レジスタ(SFAR)

SFSR (Secure Fault Status Register) と SFAR (Secure Fault Address Register) のレジスタは，Armv8-Mメインライン・プロセッサ (Cortex-M33など) で使用できますが，Armv8-Mベースライン・プロセッサ (Cortex-M23など) では使用できません．これらのレジスタについては，次のように第13章で説明しています．
- SFSRに関する情報は，第13章13.5.5節に記載
- SFARに関する情報は，第13章13.5.9節に記載

これらのレジスタにより，SecureFault例外ハンドラがフォールト例外に関する情報を報告し，場合によっては，そのフォールト例外ハンドラが問題に対処できるようになります．取得した情報は，デバッグ・セッション中にも使用でき，ソフトウェア開発者がソフトウェア動作中に発生した問題を理解するのに役立ちます．

18.2.4 セキュアAPIを呼び出す非セキュア・ソフトウェア

"TrustZone for Armv8-M"の主な機能の1つは，セキュア・ソフトウェアと非セキュア・ソフトウェアの間で直接関数呼び出しを可能にする機能です．これにより，セキュア・ファームウェアは，例えば，暗号化操作のためのAPI，セキュア・ストレージ，クラウド・サービスへのセキュアなIoT接続を確立するためのAPIなど，さまざまなサービスを提供できるようになります．

デザインをセキュアにするために，不正な状態遷移を防ぐためのさまざまなハードウェア機能が導入されています．非セキュア・ソフトウェアがセキュアAPI/関数を呼び出す場合，次の条件の両方が満たされている場合にのみ，この関数呼び出しは実行されます (図18.6)．
(1) セキュアAPIの最初の命令がSG (Secure Gateway) 命令
(2) SG命令は，非セキュアコール可能とマークされたメモリ領域にある

これらの条件のいずれも満たされていない場合，セキュリティ違反が検出され，エラーに対処するようにSecureFault または HardFault例外のいずれかがトリガされます．このため，セキュア関数の途中で分岐してセキュリティ・チェックをバイパスすることは不可能です．

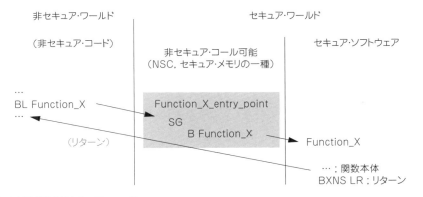

図18.6　セキュアAPIを呼び出す非セキュア・コード

非セキュア・コードがセキュアAPIを呼び出しているとき，非セキュア・コードがセキュアAPIに分岐するセキュア・アドレスの位置をエントリ・ポイントと呼びます．セキュア・ファームウェアに存在できるエントリ・ポイントの数に制限はなく：各NSC領域は複数のエントリ・ポイントを持つことができ，メモリ・マップには複数のNSC領域を持つことができます．非セキュア・ソフトウェアがセキュアAPIを呼び出すときは，通常の分岐とリンク命令 (すなわち，BL命令またはBLX命令) が使用されるため，非セキュア・ソフトウェア・プロジェクトは，セキュア・ソフトウェアで動作するためのツールチェーンからの特別なコンパイル・サポートを必要としないことに注意してください．

第18章　セキュアなソフトウェア開発

　また，SG命令の実行時には，プロセッサはまだ非セキュア状態になっていることに注意してください．SG命令が正常に実行されて初めて，プロセッサはセキュア状態になります．ソフトウェア開発者が非セキュア・デバッグ・アクセスしかできない場合でも，デバッグ・セッション中は，エントリ・ポイントへの分岐の実行を見ることができます．セキュア・エントリ・ポイントのアドレスは，非セキュア・ソフトウェア開発者には見えますが，セキュア・デバッグ許可が付与されない限り，セキュア・メモリ内のメモリ・コンテンツにはアクセスできないため，問題にはなりません．非セキュア・ソフトウェア開発者が見ることができる唯一のセキュア・ファームウェア情報は，エントリ・ポイントのアドレスです – これらは，セキュア・ソフトウェアの開発者が提供するエクスポート・ライブラリ内で入手できます．

　非セキュア・コール可能（Non-secure callable：NSC）メモリ属性が必要な理由は，SG命令のオペコードと一致するパターンを含むセキュア・ソフトウェア内のバイナリ・データが，ハッカーによって分岐され，悪用されることを防ぐためです．NSCとマークされたメモリにのみエントリ・ポイントを配置するようにすることで，不用意なエントリ・ポイントを持つリスクを排除できます．

　保護機構のもう1つの部分は，セキュアAPIの最後の関数リターンです．通常の"BX LR"命令を使用して呼び出しコードに戻る代わりに，"BXNS LR"命令を使用する必要があります．Armv8-Mでは，アドレス・レジスタ（<reg>で指定された）のビット0が0の場合に，プロセッサがセキュア状態から非セキュア状態に切り替えることができるように，"BXNS <reg>"命令と"BLXNS <reg>"命令を導入しました．SG命令が実行されると，プロセッサは自動的に次のことを行います．

- SG命令が実行される前にプロセッサが非セキュア状態になっていた場合，リンク・レジスタ（Link Register：LR）のビット0をゼロにクリアする
- SG命令の実行前にプロセッサがセキュア状態であった場合，LRのビット0を1にセットする

セキュアAPIの終了時に，関数のリターンが行われ，LRのビット0がゼロである場合（関数のエントリ時にSGによってクリアされているはず），プロセッサは，非セキュア・ワールドに戻る必要があることを知っています．このシナリオでは，プロセッサがセキュア・アドレスに戻った場合，フォールト例外が発生します．このメカニズムは，ハッカーがセキュア・プログラムの場所を指す偽の戻りアドレスを使用してセキュアAPIを呼び出すことを検出して防止します．

　同じセキュアAPIが別のセキュア関数によって呼び出された場合，関数エントリでのSG命令の実行によりLRのビット0が1にセットされます．セキュアAPIの最後には，ビット0の値が1であるLRの値が関数リターンに使用されます．LRのビット0を使用することで，プロセッサは，セキュア・プログラムの場所に戻ることが分かります．この機構により，セキュアAPIを非セキュア・コードまたはセキュア・コードで使用できるようになります．

　ソフトウェア開発者がC/C++でセキュアAPIを作成するのを支援するために，Cortex-Mセキュリティ拡張（Cortex-M Security Extension：CMSE）は，"cmse_nonsecure_entry"と呼ばれるC関数属性を定義しています．"cmse_nonsecure_entry"の使用例は，18.3.4節に記載されています．

18.2.5　非セキュア関数を呼び出すセキュア・コード

　TrustZone for Armv8-Mでは，セキュア・ソフトウェアが非セキュア関数を呼び出すことができます．これは次のような場合に便利です．

- セキュア・ワールドのミドルウェア・ソフトウェア・コンポーネントは，特定のペリフェラルにアクセスするために，非セキュア・ワールドのペリフェラル・ドライバにアクセスする必要がある
- セキュア・ファームウェアは，非セキュア・ワールドのエラー処理機能（コールバック機能）にアクセスする必要がある．コールバック機構は，エラーが発生したときに，セキュア・ソフトウェアが非セキュア・ソフトウェアに通知することを可能にする．例えば，非セキュア・ソフトウェア・コンポーネントに代わってバックグラウンド・メモリ・コピー・サービスを処理するセキュアAPIは，セキュアDMAコントローラを使用して操作を実行できる．セキュア・ソフトウェアは，DMA動作エラーが発生した場合，コールバック機構を使用して，非セキュア・ソフトウェアに通知できる

セキュア・ソフトウェアが非セキュア関数を呼び出す必要がある場合，BLXNS命令を使用する必要があります（図18.7）．BXNS命令の使用と同様に，分岐ターゲット・アドレスを保持するレジスタのビット0は，呼び出される関数のセキュリティ状態を示すために使用されます．そのビットが0の場合，プロセッサは，この分岐で非セキュア状態に切り替えなければなりません．ビットが1の場合，分岐はセキュア関数をターゲットとしています．

558

18.2 TrustZoneの技術的な詳細

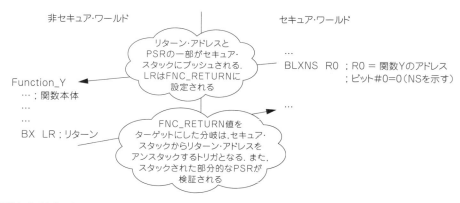

図18.7 非セキュア関数を呼び出すセキュア・ニード

非セキュア関数に分岐する場合，BLXNS命令はリターン・アドレスと部分的なxPSRをセキュア・スタックに保存し，LRをFNC_RETURN（Function Return）と呼ばれる特別な値に更新します．PSR（Program Status Register）の部分情報もセキュア・スタックに保存され，後にセキュア状態に戻るときに使用されます．

FNC_RETURN（**表18.7**）の値は0xFEFFFFFF または0xFEFFFFFEです．

表18.7 FNC_RETURNコード

ビット	説明
31:24	PREFIX − 0xFE でなければならない
23:1	予約済み − これらのビットは"1"でなければならない
0	S（セキュア）− 呼び出し元コードのセキュリティ状態を示す 　0 − 関数は非セキュア状態から呼び出された 　1 − 関数はセキュア状態から呼び出された このビットは，セキュア・コードが非セキュア・ワールドの関数を呼び出すときに，FNC_RETURNメカニズムが使用されるため，通常は1である．しかし，幾つかの関数チェイニング状況では，SG命令によってこのビットがクリアされる可能性がある．これを克服するために，FNC_RETURNへの分岐処理時には，関数リターン機構はビット0を無視する

非セキュア関数の終了時に，リターン動作（例："BX LR"）は，プログラム・カウンタ（PC）にFNC_RETURN値をロードし，セキュア・スタックからの実際のリターン・アドレスのアンスタッキングをトリガします．以前にセキュア・スタックにプッシュされた部分的なPSRを使用して整合性チェックも実行されます．

FNC_RETURNを使用すると，セキュア・プログラム・アドレスが非セキュア・ワールドから隠蔽され，秘密情報の漏えいを防ぐことができます．また，非セキュア・ソフトウェアがセキュア・スタックに格納されているセキュア・リターン・アドレスを変更するのを阻止します．

非セキュアAPIを呼び出したときにプロセッサがセキュア・ハンドラ・モードになっていた場合，プログラム・ステータス・レジスタの一部（IPSRの値）がセキュア・メイン・スタックに保存され，IPSRの値が1に切り替えられて，呼び出しているセキュア・ハンドラの身元がマスクされます．非セキュアAPIが終了してセキュア・ワールドに戻ると，プロセッサのモードが変更されていないことを確認するために整合性チェックが実行されます．非セキュアAPIの呼び出し時に1に変更されたIPSRは，その後，以前の値に戻ります．

18.2.6　BXNSとBLXNS命令のための追加情報

BXNSとBLXNS命令は，TrustZoneが実装されているArmv8-Mプロセッサで使用でき，セキュア・ソフトウェアでのみ使用できます．プロセッサが非セキュア状態にある場合，これらの命令を実行しようとすると，未定義命令のエラーとして処理され，HardFaultまたはUsageFault例外が発生します（**表18.8**）．

C/C++プログラミングでは，CMSEの機能を使ってセキュアAPIを作成したり，または非セキュア関数を呼び出す場合，インライン・アセンブラを使ってこれらの命令を手動で挿入する必要はありません．これは，BXNS

とBLXNS命令がCコンパイラによって生成されるからです.

表18.8　BXNS命令とBLXNS命令の挙動

実行状態(命令)	条件	結果
セキュア状態(BX, BLX)	アドレスのLSBは1	セキュア状態のアドレスに分岐
セキュア状態(BX, BLX)	アドレスのLSBは0	HardFault/UsageFaultの原因となる
セキュア状態(BXNS, BLXNS)	アドレスのLSBは1	セキュア状態のアドレスに分岐
セキュア状態(BXNS, BLXNS)	アドレスのLSBは0	非セキュア状態のアドレスへの分岐
非セキュア状態(BX, BLX)	アドレスのLSBは1	セキュア・アドレスまたは非セキュア・アドレスへの分岐
非セキュア状態(BX, BLX)	アドレスのLSBは0	HardFault/UsageFaultの原因となる
非セキュア状態(BXNS, BLXNS)	BXNS, BLXNSはサポートされていない	HardFault/UsageFaultの原因となる

18.2.7　セキュリティ状態の遷移 - 特権レベルの変更

関数の呼び出しまたは関数の戻り値によって引き起こされるセキュリティ状態の遷移は，プロセッサの特権レベルが変更される結果となることがあります．これは，プロセッサのCONTROLレジスタのnPRIVビットがセキュリティ状態間でバンク化されているためです（図18.8）.

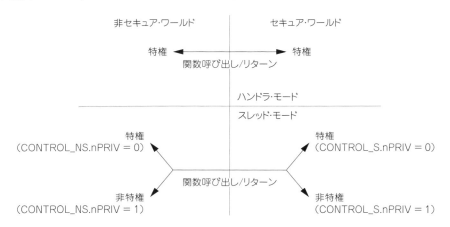

図18.8　セキュリティ状態の遷移によりプロセッサの特権レベルの変更になることがある

関数の呼び出し，または関数の戻り値による特権レベルの変更は，プロセッサがスレッド・モードのときにのみ発生します．

プロセッサがハンドラ・モードにある場合，プロセッサはクロスドメイン関数のコール／リターンで特権レベルに保持されます．これは，次のような理由からです.

(1) 割り込みプログラム・ステータス・レジスタ(Interrupt Program Status Register：IPSR) - 4.2.2.3節参照 - セキュア・ワールドと非セキュア・ワールドで共有されている

(2) アーキテクチャ定義では，プロセッサがハンドラ・モードの間は，特権状態でなければならないことを指定している

Armv8-Mアーキテクチャの定義のため，セキュア・ソフトウェア・ライブラリのセキュアAPIは，非セキュア例外ハンドラによって呼び出されているときに特権アクセス・レベルで実行されます．セキュアAPIのアクセス権限を非特権レベルに制限する必要がある場合，セキュアAPIのエントリ・ポイントは次のことを行う必要があります．

(1) まず，特権レベルをチェックするセキュア・ファームウェア・コードに関数呼び出しをリダイレクトする

(2) 必要に応じて，プロセッサを非特権状態に切り替える

(3) セキュアAPIの関数本体を実行する

セキュアAPIを非特権状態で実行することで、セキュア・メモリ保護ユニット (Secure Memory Protection Unit：MPU) を使用して、APIの操作を選択したメモリ領域に制限できます。

18.2.8 セキュリティ状態の遷移と例外優先度との関係

システム例外の中には、SysTickやSVC、PendSVなどの例外のように、セキュリティ状態間でバンク化されているものがあります。このため、これらの例外のためにセキュア例外と非セキュア例外の優先度レベル・レジスタがあります。前述のシステム例外ハンドラのいずれかが反対側のセキュリティ・ドメインから関数を呼び出すと、最初にトリガされた例外の例外優先度が使用されます。図18.9の例では、非セキュアSVCがセキュアAPIを呼び出し、そして、プロセッサがセキュア状態にあり、IPSR (Interrupt Program Status Register：割込みプログラム・ステータス・レジスタ) がSVCハンドラを実行していることを示している場合でも、非セキュアSVCの例外優先レベルが使用されます。

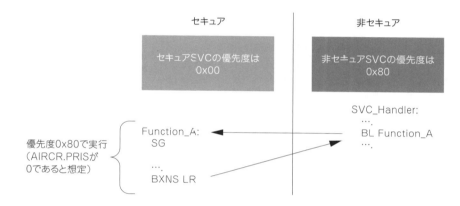

図18.9 クロスドメイン関数呼び出し時のバンク化されたシステム例外の優先度

クロスドメイン関数のコール／リターンで例外の優先度が変わる特殊なケースがあるので注意してください。
　AIRCR (Application Interrupt and Reset Control Register：アプリケーション割り込みとリセット制御レジスタ) のPRIS (Prioritize Secure：セキュア優先) ビットをセットすることで、セキュア例外に優先順位が付けられている場合、関数コール／リターンによるあるセキュリティ状態から別のセキュリティ状態への切り替えは、プロセッサの現在の例外優先度に影響を与える可能性があります。例えば、図18.9に詳述した同じコード例が実行され、AIRCR.PRISが1にセットされている場合、非セキュアSVCハンドラの実行中の実効的な例外優先度レベルは0xC0になります。しかし、セキュア関数（例、関数A）の実行中は実効的な優先度は0x80に変化します（図18.10）。

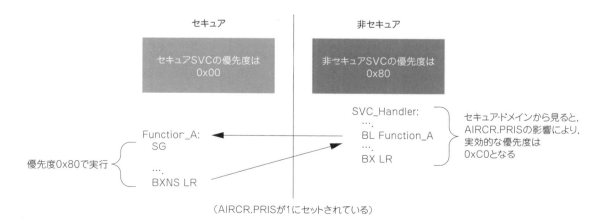

図18.10 セキュリティ状態の遷移により、プロセッサの例外優先度を変更する可能性がある

第18章　セキュアなソフトウェア開発

18.2.9　その他のTrustZoneの命令

TrustZoneのさまざまな動作をサポートするために，Armv8-Mは幾つかの命令を導入しました．これらを表18.9に示します．

表18.9　その他のTrustZoneサポート命令

命令	目的
テスト・ターゲット（TT, TTA, TTT, TTAT）	これらの命令は，ポインタ・チェックに使用される（5.20節と18.3.6参照）
VLSTM, VLLDM 注意：これらはArmv8-Mメインライン（Cortex-M33プロセッサなど）では利用できるが，Armv8-Mベースライン（Cortex-M23プロセッサなど）では利用できない	セキュア・コードが非セキュア関数を呼び出す必要がある場合，これらの命令は，FPU内のセキュア・データを保存して復元する．レイジ・スタッキング・サポート・ハードウェアを再利用することで，非セキュア・コードがFPUを利用しない場合，非セキュア関数を呼び出す時間のレイテンシを低減できる

これらの命令に関する情報は，第5章の5.20節に記載されています．

TT命令は組み込み関数を介してアクセスされ，18.3.6節で説明します．

VLSTMとVLLDM命令は，C/C++コンパイラによって次のように生成されます．

- 非セキュア関数の呼び出しが行われる前に，セキュア・ソフトウェアは，スタック上のメモリ領域のごく一部をFPUレジスタ用に確保してからVLSTM命令を実行する．これにより，FPU内のデータがマークされ，非セキュア状態のソフトウェアから保護される必要があることが伝えられるが，この動作では実際にFPUレジスタが割り当てられたスタック領域にプッシュされることはない
- 非セキュアC関数が呼び出されて実行される．これは次を意味する
  - 非セキュアC関数がFPU命令を実行すると，FPUレジスタのスタッキングが行われ，FPU内のセキュア情報がセキュア・スタックに保存される．その後，FPUレジスタはクリアされ，セキュア情報の漏洩を防止する．レジスタのスタッキングとクリアが完了すると，非セキュア関数が再開され，動作が継続される
- 非セキュアAPIからの復帰後，プロセッサはVLLDM命令を実行する．この命令が実行されると，次のようになる
  - 実行された非セキュア関数がFPUを使用しなかった場合，FPUレジスタは触れられず，VLLDM命令は保留中のFPUスタッキング要求をクリアするだけ
  - 実行された非セキュア関数がFPUを使用していた場合，以前のセキュアFPUデータはセキュア・スタックにあり，またVLLDM命令はセキュアFPUコンテキストを復元する

FPUが実装されていない，または無効になっている場合，VLSTMとVLLDM命令はNOP（No operation）として実行されます．

18.3　セキュア・ソフトウェア開発

18.3.1　セキュア・ソフトウェア開発の概要

セキュア・プロジェクトを構築するには，次のことを行う必要があります．

(1) C/C++コンパイラに，セキュア・プロジェクトを構築していることを伝える．これは，コンパイラが生成するコードがドキュメント "Armv8-Mセキュリティ拡張：開発ツールの要件"[2] で定義されている要件を満たすために必要．Arm Compiler 6とGCCでは，"-mcmse" オプションがこの目的のために利用できる．IARコンパイラでは，同等のコマンドライン・オプションは "--cmse"
(2) 次の行のコードを使用して，C/C++コードの中に，ヘッダ・ファイルをインクルードする

```
#include  <arm_cmse.h>
```

Keil Microcontroller Development Kit（MDK）を使用している場合は，図18.11に示すように，ターゲット・オ

18.3 セキュア・ソフトウェア開発

プション・メニューで"Secure Mode"を指定できます.

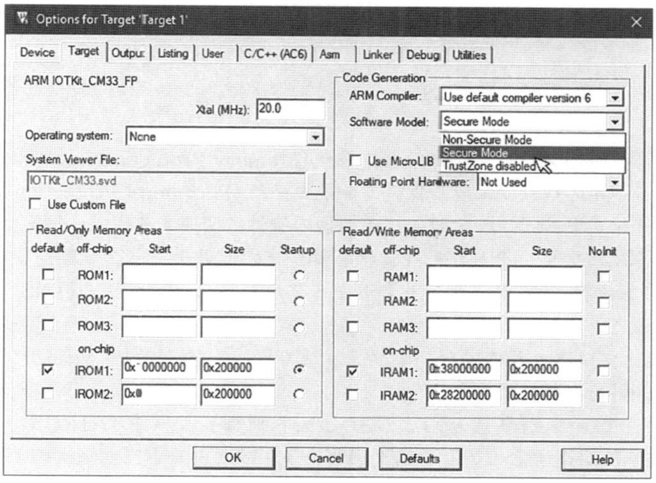

図18.11 Keil MDKの場合,ターゲット・オプションで"Secure Mode"を選択してセキュア・ソフトウェアをコンパイルする

セキュア・ソフトウェアをコンパイルする場合,Cコンパイラは,値が3に設定された__ARM_FEATURE_CMSE(表18.10)というビルトインの前処理マクロを生成します.

表18.10 __ARM_FEATURE_CMSEマクロの値と定義

ARM_FEATURE_CMSE値	定義
0または未定義	TT命令は利用できない
1	TT命令のサポートが利用可能.ただし,ソフトウェアはセキュア・モード用にコンパイルされていないため,TTのTrustZoneバリアント(TTA,TTAT)は利用できない
3	セキュア状態のコンパイル・ターゲット TrustZoneのTTサポートが利用できる

__ARM_FEATURE_CMSEビルトイン前処理マクロを使用すると,ソフトウェアをセキュア環境と非セキュア環境に適応させることができます.例えば,次のCコードは,セキュア状態用にコンパイルされた場合,"functions_1"を実行します.

```
  ...
#if defined (__ARM_FEATURE_CMSE) && (__ARM_FEATURE_CMSE == 3U)
  function_1();
##endif
  ...
```

この機能の使用は,Armv8-Mソフトウェア・プロジェクトでよく見られます.例えば,__ARM_FEATURE_CMSE前処理マクロは,CMSIS-COREヘッダ・ファイルとデバイス・ドライバ・ライブラリで使用されているのをよく見かけます.

18.3.2 セキュリティ設定

デバイスのセキュリティ構成は,通常,セキュア・ソフトウェアの初期化時に設定する必要があります.Cortex-M23/Cortex-M33ベースのシステムのセキュリティ構成を設定するときに考慮すべき点は次のとおりです.

563

第18章 セキュアなソフトウェア開発

- メモリ・マップの構成．これは次のプログラミングを含む
  - 非セキュアとNSC領域を定義するSAU
  - IDAU（ただし，IDAUがプログラマブルな場合のみ）．

  > 注意：システムには，IDAUの設定を制御するプログラム可能なレジスタが含まれている可能性がある

  - システムレベルのメモリ保護コントローラ（Memory Protection Controller：MPC）
  - システムレベルのペリフェラル保護コントローラ（Peripheral Protection Controller：PPC）
- 例外のセキュリティ・ドメインの設定と，その他の例外に関連する構成．例えば次になります．
  - 各割り込みについて，それがセキュア状態，または非セキュア状態をターゲットにすべきかの指定．これは，割り込みターゲット非セキュア・レジスタ（NVIC->ITNS，9.2.5節参照）を使用して定義される
  - Cortex-M33プロセッサの場合，オプションでSecureFault例外を有効にし，場合によっては他のシステム例外を有効にする
  - アプリケーション割り込みおよびリセット制御レジスタ（AIRCR，9.3.4節参照）の設定．TrustZoneに関連するこのレジスタのビット・フィールドには，次のようなものがある．
    - AIRCR.BFHFNMIHF：通常，TrustZoneが使用されている場合，このビットは0に保持される（NMIやHardFault，BusFault例外はセキュア状態のまま）
    - AIRCR.PRIS：オプションで，セキュア例外を優先するには，このビットを設定する
    - AIRCR.SYSRESETREQS：オプションで，非セキュア・ソフトウェアが自己リセットをトリガできるかどうかを決定するには，このビットを設定する
- 非セキュア・ソフトウェアで利用可能な機能の定義：Cortex-M33プロセッサの場合，非セキュア・アクセス制御レジスタ（SCB->NSACR）は，FPU，コプロセッサ，Armカスタム命令機能が，非セキュア状態からアクセスできるかどうかプログラムする必要がある（14.2.4節および15.5節参照）．さらに，非セキュア・ソフトウェアがFPUとカスタム・アクセラレータの電源制御にアクセスできないように，CPPWRレジスタ（15.6節参照）の設定も必要になる場合がある
- FPU設定の構成（FPUを搭載したArmv8-Mプロセッサにのみ適用）：セキュア・ソフトウェアが機密データのためにFPU（またはArmv8.1-MプロセッサのHelium機能）を使用することが予想される場合，セキュア・ソフトウェアは，起動時に，FPU浮動小数点コンテキスト制御レジスタ（FPU->FPCCR，14.2.7節参照）のTSやCLRONRET，CLRONRETS制御ビットを1にセットする必要がある．これらのビットは変更してはならず，常にハイのままにしておく必要がある．セキュア・ソフトウェアが機密データにFPU/Heliumレジスタを使用しない場合，セキュア・ソフトウェアは，TSとCLRONRETS制御ビットをゼロのままにしておくことができ；非セキュア特権ソフトウェアは，CLRONRET制御ビットを1に設定して，FPU内の特権データが非特権ソフトウェアに見られてしまうのを防ぐことができる
- システム制御レジスタ（SCB->SCR）のSLEEPDEEPSビットをプログラミングすることで，非セキュア・ソフトウェアがSLEEPDEEP機能を制御できるかどうかを決定する
- システム・レベル/デバイス固有のセキュリティ管理機能の構成 – 各チップ設計には，使用する前に構成または有効化が必要な追加のセキュリティ機能がある可能性がある
- デバッグ・セキュリティ設定の構成：必要に応じて，セキュア・ソフトウェアは，セキュア・デバッグ認証設定をオーバライドできる（16.2.7節を参照）

　CMSIS-COREに準拠したドライバを搭載したArmv8-Mデバイスでは，これらの構成のほとんどは"TZ_SAU_Setup()"と呼ばれる関数で行われます．この関数とそのパラメータはpartition_<device>.hというファイルの中に置かれます（注意：正確な名前はデバイス固有のもので，"<device>"は使用するデバイスの名前に置き換えられます）．"TZ_SAU_Setup()"関数は，"SystemInit()"関数からアクセスされ，リセット・ハンドラの実行中に実行されます．

　Keil MDKをセキュア・ソフトウェア・プロジェクトで使用する場合，partition_<device>.h内のパラメータはコンフィグレーション・ウィザードを使用して簡単に編集できます（**図18.12**）．

　次に注意してください．

- デバッグ認証のオーバライドは，"TZ_SAU_Setup()"の一部ではない

564

図18.12 `Partition_<device>.h`はコンフィグレーション・ウィザードを使って構成される

- プロセッサとメモリ・マップのセキュリティ構成に加えて，他のシステムレベルのセキュリティ構成を設定する必要がある場合がある．例えば，電源管理とクコック制御システムには，プログラムする必要があるセキュリティ管理制御レジスタが含まれている可能性がある

メモリ保護コントローラ（Memory Protection Controller：MPC）とペリフェラル保護コントローラ（Peripheral Protection Controller：PPC）を設定するための構成コードは，通常CMSIS-COREファイル"partition_<device>.h"，またはCMSIS-COREファイル"system_<device>.c"に記載されています．MPCとPPCのプログラマーズ・モデルは，デバイス固有のものです．MPCには，次のような分割方法に基づいた2種類のタイプがあります（図18.13）．

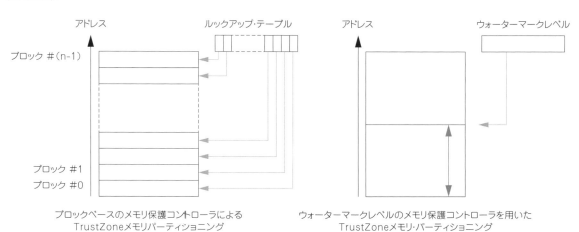

図18.13 ブロック・ベースとウォーターマーク・レベル・ベースのMPCにおけるメモリ分割アプローチ

第18章　セキュアなソフトウェア開発

- メモリ・ブロック・ベースの設計 – MPCに接続されたメモリ・ブロックは，複数のメモリ・ページに分割され，各メモリ・ページのターゲット・セキュリティ状態は，MPCハードウェア内の小さなプログラマブル・ルックアップ・テーブル（Look-up Table：LUT）によって定義される．LUTの各ビットは，ページのターゲット・セキュリティ状態を表す
- ウォーターマーク・レベル・ベースの設計 – MPCに接続されたメモリ・ブロックは，2つのセクションに分割され，その境界位置はプログラマブル・レジスタで制御される

メモリ・ブロック・ベース設計が，柔軟性に優れているのに対し，ウォーターマーク・レベル・ベースのMPC設計は，小型化が可能なため，さまざまな超低消費電力システムに理想的です．MPCのプログラマーズ・モデルは，ベンダ/デバイスごとに異なります．Arm Corstone-200ファウンデーションIPベースのマイクロコントローラの場合，MPC設計はメモリ・ブロック・ベースです．このコンポーネントのプログラマーズ・モデルは，次のリンク[4]を使用して見つけることができます．

```
https://developer.arm.com/documentation/ddi0571/e/programmers-model/ahb5-
trustzonememory-protection-controller
```

Arm Corstone-200 MPC設計では次のようになります．

- ルックアップ・テーブルは，BLK_LUT[n]レジスタでアクセス可能．このレジスタの各ビットは，メモリ・ブロックのセキュリティ状態を表す．32個以上のメモリ・ブロックが存在し得るので，結果的に複数のBLK_LUTレジスタが存在し得る
- BLK_IDX（ブロック・インデックス・レジスタ）と呼ばれる読み出し/書き込みレジスタは，インデックス"n"の値を定義する．これは，どのBLK_LUT[n]レジスタにアクセスするかを選択するために使用される．ルックアップ・テーブルにアクセスする前に，BLK_IDXを介してBLK_LUT[n]のインデックス"n"を設定する必要がある
- 追加の読み取り専用レジスタを使用するとソフトウェアは，BLK_CFGレジスタを介してブロックサイズを決定し，BLK_MAXレジスタを介して利用可能なブロックの最大数を決定できる
- MPCは，オプションとして，セキュリティ異常が検出された場合に，プロセッサに割り込みを送信することができる．例えば，非セキュア・プログラムが，非セキュア・エイリアス・アドレスを介してセキュア・ワールドに割り当てられたメモリ・ブロックにアクセスしようとした場合など．割り込み発生と割り込み処理の管理を支援するために，MPCは割り込み制御レジスタとステータス・レジスタを持っている

MPCと同様に，PPCもベンダ/デバイス固有のものです．通常，単純なプログラマブル・レジスタを使用して，ペリフェラルがセキュアか非セキュアかを各ビットが表すルックアップ・テーブルを提供します．一部のPPCの設計では，これらはArm Corstone-200ファウンデーションIPに含まれていますが，ペリフェラルに対して特権レベル，または特権レベルと非特権レベルの両方でアクセスさせることも可能にできます．Arm Corstone-200のPPC用のプログラマーズ・モデルは，次のリンクを使用して見つけることができます．

- AMBA AHB5 PPC[5]
```
https://developer.arm.com/documentation/ddi0571/e/functional-
description/ahb5-trustzone-peripheral-protection-controller/
functional-description
```
- AMBA APB4 PPC[6]
```
https://developer.arm.com/documentation/ddi0571/e/functional-
description/apb4-trustzone-peripheral-protection-controller/
functional-description
```

Arm Corstone-200のAHB5 PPCとAPB4 PPCの制御レジスタは，PPCコンポーネントには含まれていないため，ベンダ/デバイス固有です．

セキュア・ソフトウェア・プロジェクトと非セキュア・ソフトウェア・プロジェクトが存在する場合，TrustZoneメモリ分割の設定は，プロジェクトのメモリ使用量の設定と一致している必要があります．TrustZoneメモリ分割の設定には，次のようなものがあります．

- SAUの設定，およびオプションで，プログラム可能な場合はIDAUも，
- MPCとPPCの設定

566

18.3 セキュア・ソフトウェア開発

ソフトウェア・プロジェクトのメモリ使用量は，通常，プロジェクトのリンカ設定（リンカ・スクリプトまたはコマンドライン・オプション）によって定義されます．このことを念頭に置いて，セキュア・ソフトウェア開発者は次の設定を行う必要があります．

- NSC領域を配置する場所を含む，セキュア・プロジェクトのメモリ・マップとオプション
- 非セキュア・プロジェクトのメモリ・マップ

TrustZoneのパーティショニングとソフトウェア・プロジェクトの設定に不整合があると，デバイスのセキュリティが損なわれる可能性があります．このようなリスクを軽減するために，単一のデータ・ソースを使用して，さまざまな設定コードとリンカ・スクリプトを自動的に生成するツールを提供するためにCMSIS-Zoneプロジェクトが作成されました．XMLベースのファイルとCMSIS-Zoneユーティリティ（ソフトウェア・ツール）を使用して，次を生成できます．

- 設定コード – SAU，IDAU，MPC，PPC用
- リンカ・スクリプト
- オプションで，Trusted Firmware-MとRTOSによって使用できる，プロセス分離のためのMPUの設定コード

このアプローチにより，開発プロセスがはるかに容易になり，エラーが発生しにくくなります．

18.3.3 非セキュア・ワールドへの初期切り替え

セキュリティ初期化処理が行われた後，非セキュア・ワールドでアプリケーションを起動する前に，次のようなアクションが必要になる場合があります．

- アプリケーションの要件に応じて，セキュア・ペリフェラル（セキュア・ウォッチドッグ・タイマなど）の初期化
- セキュア・ファームウェア・フレームワークの初期化
- セキュア・スタック・ポインタのスタック限界の設定

完了すると，非セキュア・アプリケーションに分岐できるようになります．非セキュア・ソフトウェアの開始点（非セキュア・リセット・ハンドラの開始アドレス）は，非セキュア・ベクタ・テーブルの中にあります．セキュア・ファームウェアは，開始アドレスを読み取り，そこに分岐することで非セキュア・ワールドを開始します．RTOSなどの非セキュア・ソフトウェアが正しく動作するようにするためには，非セキュア・ソフトウェアの起動時に，プロセッサが特権スレッド・モードになっていなければなりません．

非セキュア・ワールドに分岐するために使用できるコードの例を次に示します．この例では，Cortex-Mセキュリティ拡張（Cortex-M Security Extension：CMSE）の関数属性を使用して，非セキュア関数ポインタを定義しています．この動作により，Cコンパイラは，非セキュア・ワールドのリセット・ハンドラに分岐するための正しいBLXNS命令を生成できます．

```
// cmse_non_secure_call属性を持つ非セキュアint関数のtypedef
typedef int __attribute__((cmse_nonsecure_call)) nsfunc(void);
...
int nonsecure_init(void) {
  // Armウェブサイトより改変
  // https://community.arm.com/developer/ip-products/processors/trustzone-
  forarmv8-m/b/blog/posts/a-few-intricacies-of-writing-armv8-m-secure-code

  //必要に応じて，非セキュアVTORを設定
  //このサンプルを作成するために使用したCortex-M33ベースのFPGAプラットフォームでは
  //（すなわち，MPS2 FPGAボード上で動作するIoTキットと呼ばれるシステム）
  //非セキュア・コード・イメージの開始アドレスは0x0C200000
  SCB_NS->VTOR=0x00200000UL;  //ほとんどのハードウェア・プラットフォームでオプション
  //しかし，今回使用したFPGAプラットフォームでは必要
  //次の行は，Non-secure ベクタ・テーブルへのポインタを作成
  uint32_t *vt_ns = (uint32_t *) SCB_NS->VTOR;
```

567

```c
  //非セキュア・メイン・スタック・ポインタ (MSP_NS) の設定
  __TZ_set_MSP_NS(vt_ns[0]);
  // NSリセット・ベクタへの関数ポインタの設定
  nsfunc *ns_reset = (nsfunc*)(vt_ns[1]);
  //非セキュア・リセット・ハンドラへの分岐
  ns_reset();  //非セキュア・ワールドへの分岐
#ifdef VERBOSE
  //デバッグのためのエラー表示
  printf("ERROR: should not be here\n");
#endif
  while(1);
}
```

18.3.4 シンプルなセキュアAPIの作成

セキュア・ソフトウェアを開発する場合，簡単なセキュアAPIを作成できます．次のコード例では，x^2の値を返すシンプルなセキュア関数を作成しています．

```c
//非セキュアint関数のプロトタイプ
int __attribute__((cmse_nonsecure_entry)) entry1(int x);
...
int __attribute__((cmse_nonsecure_entry)) entry1(int x)
{
return (x * x);
}
```

SG命令（エントリ・ポイント）はリンカによって生成されるため，前述の詳細な"シンプル"コードだけでセキュアAPIを作成できます．セキュア情報の漏洩を防ぐために，Cコンパイラは，レジスタ・バンク内のセキュア・データが，戻り結果を除いて，非セキュア・ワールドに戻される前に消去されることを保証するコード・シーケンスを生成します．

リンク段階（図18.14）では，リンカはセキュア・プロジェクト内にある全てのセキュアAPIを識別し，エントリ・ポイント・テーブルを生成し－このテーブルは，リンカ設定構成（リンカ・スクリプトなど）で指定された場所に配置されます．

同時に，リンカはエクスポート・ライブラリを生成します．このファイルには，エントリ・ポイントのシンボルとアドレスが含まれており，非セキュア・ソフトウェア開発者は，非セキュア・プロジェクトのリンク処理に使用できます．

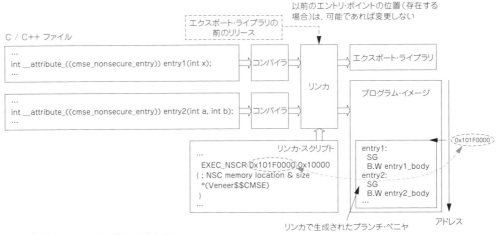

図18.14　リンク段階でのエントリ・ポイントの生成

18.3 セキュア・ソフトウェア開発

> 注意: 非セキュア・プロジェクトには，セキュアAPIへの関数呼び出しが含まれている場合があるため，リンカは，リンク処理を実行するためにエクスポート・ファイル内の情報を必要とします．

場合によっては，セキュア・プログラム・イメージが既存のものの新版であり，追加のセキュア関数を追加する必要がある場合があります．既存の非セキュア・プロジェクトを再コンパイルする必要性を回避するために（これは，リリースされた製品の非セキュア・プログラムを更新する必要があることを意味する可能性があります），以前のバージョンのセキュア・プログラム・イメージに存在するエントリ・ポイントのアドレスは，更新後も変更されないままにしておく必要があります．これを確実に実現するには，リンカは古いバージョンのエクスポート・ライブラリをインポートして，古いエントリ・ポイントのアドレスを知ったうえで，それらを変更しないようにする必要があります．

18.3.5 非セキュア関数の呼び出し

セキュア・ソフトウェアは，非セキュア関数を呼び出すことができます．しかし，呼び出される非セキュア関数のアドレス位置は，ソフトウェアのコンパイル時に，利用できないことが多いため，このプロセスは通常の関数呼び出しのように簡単ではありません（これは，非セキュア・ソフトウェアのコンパイルがセキュア・ソフトウェアのコンパイルの後に行われるためです）．この問題を解決するために使用される最も一般的な解決策は，セキュアAPIを使用して，非セキュア・ソフトウェアからセキュア・ワールドに関数ポインタを渡すことです．このシナリオでは，一度セキュア・ソフトウェアが，非セキュア関数ポインタを受け取ると，その後，非セキュア関数をセキュア・ソフトウェアから呼び出すことができます．

次の例は，非セキュア関数ポインタがセキュア・ワールドに渡され，その後，セキュア・ワールドから非セキュア関数を呼び出すプロセスを示しています．プロセスを開始するには，非セキュア・ワールドからの関数ポインタをセキュア・ワールドに渡すことができるように，セキュアAPIを作成する必要があります．呼び出し用の非セキュア関数には，整数の入力と整数の戻り値があります．

```
typedef int __attribute__((cmse_nonsecure_call)) tdef_nsfunc_o_int_i_int(int x);
int __attribute__((cmse_nonsecure_entry))
pass_nsfunc_ptr_o_int_i_int(tdef_nsfunc_o_int_i_int *callback);

void default_callback(void);

// 関数ポインタ*fpを宣言
// fpはセキュアまたは非セキュアな関数を指すことができる
// デフォルト・コールバックに初期化
tdef_nsfunc_o_int_i_int *fp = (tdef_nsfunc_o_int_i_int *) default_callback;

// 関数ポインタを入力パラメータとするセキュアなAPI
int __attribute__((cmse_nonsecure_entry))
pass_nsfunc_ptr_o_int_i_int(tdef_nsfunc_o_int_i_int *callback) {
  //関数ポインタの結果
  cmse_address_info_t tt_payload;
    tt_payload = cmse_TTA_fptr(callback);
    if (tt_payload.flags.nonsecure_read_ok) {
      fp = cmse_nsfptr_create(callback); //非セキュア関数ポインタ
      return (0);
    } else {
      printf ("[pass_nsfunc_ptr_o_int_i_int] Error: input pointer is not NS\n");
      return (1); //関数ポインタは非セキュア側からはアクセスできない
```

第18章　セキュアなソフトウェア開発

```
    }
  }
void default_callback(void) {
  __BKPT(0);
  while(1);
}
```

　このセキュアAPI（pass_nsfunc_ptr_o_int_i_int）は，CMSE定義の組み込み関数のうち，次の2つを使用します．

- (1) cmse_TTA_fptr − この組み込み関数は，TT（Test Target）命令を使用して関数ポインタをチェックする．これにより，a）関数ポインタが非セキュア・ワールドからアクセス可能であること，およびb）関数コードが読み取り可能であることが確認される．この組み込み関数は，CMSEサポートで定義されているcmse_address_info_tデータ構造（第7章7.4.2節参照）を用いて32ビットの結果を返す
- (2) cmse_nsfptr_create − この組み込み関数は，BLXNS命令が非セキュア関数呼び出しとして扱えるように，通常の関数ポインタを非セキュア関数ポインタに変換する（ビット0をゼロにクリアする）

　前述のサンプル・コード内では，既定のコールバック関数が定義されています［default_callback(void)］．これは，セキュア・ソフトウェアがセキュアAPI（pass_nsfunc_ptr_o_int_i_int）を使用して非セキュア関数ポインタをセットアップする前に，非セキュア関数を呼び出そうとする場合に必要です．

　関数ポインタを受け取るためのセキュアAPI（pass_nsfunc_ptr_o_int_i_int）がある場合，非セキュア・ソフトウェアは，このセキュアAPIを使用して，セキュア・ワールドに関数ポインタを渡すことができる状態になります．これを次のコードに示します．

```
extern int __attribute__((cmse_nonsecure_entry)) pass_nsfunc_ptr_o_int_i_int(void
*callback);

  ...
  int status;
  ...

//セキュア・ワールドに非セキュア関数のポインタを渡す
status = pass_nsfunc_ptr_o_int_i_int(&my_func);
  if (status==0) {
  //セキュア関数の呼び出し
  printf ("Result = %d\n", entry1(10)); // 注：このセキュアAPIはmy_funcを呼び出す
  } else {
  printf ("ERROR: pass_nsfunc_ptr_o_int_i_int() = %d\n", status);
}
int my_func(int data_in)
{
  printf(" [my_func]\n");
  return (data_in * data_in);
}
```

　非セキュア・ワールドから非セキュア関数ポインタを受信すると，セキュア・ソフトウェアは次のコードを使用して非セキュア関数を呼び出すことができます．

```
int call_callback(int data_in) {
  if (cmse_is_nsfptr(fp)){
    return fp(data_in); //非セキュア関数呼び出し
```

```
    } else {
      ((void (*)(void)) fp)();  //デフォルトのコールバックへの通常の関数呼び出し
      return (0);
    }
  }
```

前述のコードは，ビット0の値をチェックすることで，関数ポインタが非セキュアであるかどうかを検出するためにCMSEの組み込み関数(cmse_is_nsfptr)を使用しています．もし非セキュアであれば，その非セキュア関数を呼び出すことができます．もしそうでない場合，つまり非セキュア関数ポインタが転送されていないので，この例ではデフォルトのコールバック関数が代わりに実行されます．

C/C++コンパイラによって生成されたセキュア・コードは，関数パラメータを除いて，非セキュア関数が呼び出されたときに，レジスタ・バンクにセキュア・データが残っていないことを保証します．このため，BLXNS命令が実行される前に，多くのレジスタの内容をセキュア・スタックに保存する必要があります．非セキュア呼び出しから戻った後，レジスタ・バンクに以前に保存されていたセキュア・コンテンツは，その後，セキュア・スタックから復元されます．

18.3.6 ポインタ・チェック

セキュアAPIは，非セキュア・ソフトウェアに代わって動作を実行しなければならないことが多いため，非セキュア・ソフトウェアは，データ・ソースがどこにあるか，動作結果をどこに置くかを示すために，データポインタをセキュア・ソフトウェアに渡す必要があります．
セキュアAPIが非セキュア・ソフトウェアに代わってデータを処理する場合，次のセキュリティ・リスクがあります．
- セキュアAPIに渡されるポインタは，非セキュア・ソフトウェアが，通常アクセスできないセキュア・データを指す可能性がある．ポインタがセキュア・アドレスの場所を指しており，ポインタ・チェックが行われていない場合，結果としてセキュアAPIがセキュア・データを読み出したり変更したりする可能性がある．これは深刻なセキュリティ問題であり，回避しなければならない
- 非セキュアで非特権ソフトウェアは，特権アクセス専用のアドレスを指すポインタをセキュアAPIに渡す．この例では，セキュアAPIがポインタ・チェックを行わない場合，非セキュア・ソフトウェアはセキュアAPIを使用して，非セキュア・ワールドのセキュリティ・メカニズム（非セキュアMPUなど）をバイパスできる

これら2つのセキュリティ・リスクを図18.15に示します．

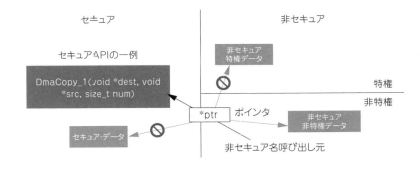

図18.15 セキュアなAPIは，非セキュア・フィールドからのデータ・ポインタをチェックする必要がある

面倒なことに，セキュアAPIが実行されると，プロセッサは非セキュア割り込みを処理でき，その際に，ポインタが指す非セキュア・データが非セキュア割り込みハンドラによってアクセスされたり変更されたりする可能性があります．そのため，セキュアAPIの設計では，処理中の非セキュア・データが予期せず変更される可能性がある例を考慮する必要があります．このトピックに関する詳細な情報は，18.6.4節を参照してください．

第18章　セキュアなソフトウェア開発

　TT（Test Target）命令（5.20節と7.4節参照）は，ポインタ・チェックを実行できるように設計されています．C/C++プログラミング環境でこれらの操作を容易にするために，Arm C言語拡張（Arm C Language Extension：ACLE）はポインタ・チェックを扱うための一連の組み込み関数を定義しています．18.3.5節の例では，関数ポインタが非セキュア・アドレスを指しているかどうかをチェックするためにcmse_TTA_fptr関数を使用することを示しました．

　次の組み込み関数（表18.11）は，非セキュア・ソフトウェアとセキュア・ソフトウェアの両方で使用でき，TrustZoneが実装されていなくても使用できます．

表18.11　単一のポインタをチェックするための組み込み関数

組み込み関数	意味
`cmse_address_info_t cmse_TT(void *p)`	TT命令を生成する
`cmse_address_info_t cmse_TT_fptr(p)`	TT命令を生成する. 引数pは任意の関数ポインタ型を指定
`cmse_address_info_t cmse_TTT(void *p)`	Tフラグ付きのTT命令を生成する
`cmse_address_info_t cmse_TTT_fptr(p)`	Tフラグ付きのTT命令を生成する. 引数pは任意の関数ポインタ型を指定

　表18.11に示す組み込み関数は，`cmse_address_info_t`と呼ばれる32ビットの結果（ペイロード）を返します（セキュア状態のソフトウェアで返される結果は図7.6，非セキュア状態のソフトウェアで返される結果は図7.7を参照）．C/C++プログラミングでは，Cortex-Mセキュリティ拡張（Cortex-M Security Extension：CMSE）の機能を使用する場合，CMSEサポート・ヘッダでcmse_address_info_tを宣言します．非セキュア状態のソフトウェアの場合，“typedef”の詳細は次のとおりです．

```
typedef union {
    struct cmse_address_info {
        unsigned mpu_region:8;
        unsigned :8;
        unsigned mpu_region_valid:1;
        unsigned :1;
        unsigned read_ok:1;
        unsigned readwrite_ok:1;
        unsigned :12;
    } flags;
    unsigned value;
} cmse_address_info_t;
```

セキュア・ソフトウェアの場合，“typedef”の詳細は次のとおりです．

```
typedef union {
    struct cmse_address_info {
        unsigned mpu_region:8;
        unsigned sau_region:8;
        unsigned mpu_region_valid:1;
        unsigned sau_region_valid:1;
        unsigned read_ok:1;
        unsigned readwrite_ok:1;
        unsigned nonsecure_read_ok:1;
        unsigned nonsecure_readwrite_ok:1;
        unsigned secure:1;
```

```
        unsigned idau_region_valid:1;
        unsigned idau_region:8;
    } flags;
    unsigned value;
} cmse_address_info_t;
```

　セキュア・ソフトウェアの`cmse_address_info_t`定義は，非セキュア・ワールドのアクセス許可とセキュリティ領域の属性を詳細に示す追加のビット・フィールドを提供します．

　セキュア・ソフトウェアが，非セキュア・ソフトウェア上のポインタ・チェックを処理できるように，TTTとTTAT命令が利用可能です．セキュア・ソフトウェアがこれらの命令にアクセスできるように，追加の組み込み関数（**表18.12**）も利用可能です．

表18.12　単一ポインタを検査するためのセキュアな組み込み関数

組み込み関数	意味
`cmse_address_info_t cmse_TTA(void *p)`	Aフラグ付きのTT命令を生成する
`cmse_address_info_t cmse_TTA_fptr(p)`	Aフラグ付きのTT命令を生成する．引数pは任意の関数ポインタ型
`cmse_address_info_t cmse_TTAT(void *p)`	TとAフラグ付きのTT命令を生成する
`cmse_address_info_t cmse_TTAT_fptr(p)`	TとAフラグ付きのTT命令を生成する．引数pは任意の関数ポインタ型

　7.4.3節で説明したように，領域のIDはTT命令が返すビット・フィールドの1つであり，データ構造体／データ配列全体が非セキュア領域に配置されているかどうかを検出するために使用される値です（**図7.8**）．**表18.12**の組み込み関数を使用して，前述のデータ構造／データ配列のセキュリティ属性を手動でチェックする代わりに，CMSEはデータ・オブジェクトとアドレス範囲をチェックするための追加の組み込み関数（**表18.13**）を定義しました．

表18.13　アドレス範囲とデータ・オブジェクトをチェックするためのセキュアな組み込み関数

組み込み関数	意味
`void *cmse_check_pointed_object` `(void *p, int flags)`	指定されたオブジェクトがフラグによって示されたアクセス許可を満たしているかどうかをチェックする．チェックに失敗した場合はNULLを，チェックに成功した場合は*pを返す
`void *cmse_check_address_range` `(void *p, size_t size, int flags)`	指定されたアドレス範囲が，フラグで説明されたアクセス許可を満たしているかどうかをチェックする．チェックに失敗した場合はNULLを，チェックに成功した場合は*pを返す

　これらの組み込み関数を使用する場合，アクセス許可条件をflagsパラメータで指定する必要があります．フラグの値はCMSEではCマクロを用いて定義されています（**表18.14**）．

表18.14　アドレス範囲とデータ・オブジェクトのチェックを支援するためにCMSEで定義されたCマクロ

マクロ	値	説明
（フラグ未使用）	0	フラグなしのTT命令は，あるアドレスの許可を取得するために使用される．結果はcmse_address_info_t構造体で返される
CMSE_MPU_UNPRIV	4	このマクロは，あるアドレスの許可を取得するために使用されるTT命令にTフラグを設定する．非特権モードのアクセス許可を取得する
CMSE_MPU_READWRITE	1	その許可でreadwrite_okフィールドが設定されているかどうかをチェックする
CMSE_MPU_READ	8	その許可でread_okフィールドが設定されているかどうかをチェックする
CMSE_AU_NONSECURE	2	その許可でsecureフィールドが設定されていないかどうかをチェックする
CMSE_MPU_NONSECURE	16	あるアドレスの許可を取得するために使用されるTT命令にAフラグを設定する
CMSE_NONSECURE	18	CMSE_AU_NONSECUREとCMSE_MPU_NONSECUREを組み合わせた意味

これらのフラグを組み合わせることで，セキュアAPIがポインタ・チェックの実行時に必要となるアクセス許可の種類を指定するのに役立ちます．一般的に使用される組み合わせを表18.15に示します．

表18.15 フラグの組み合わせにより，さまざまなポインタ・チェックが可能になる

#	CMSE組み込み関数と使うCマクロの組み合わせ（ポインタ・チェックに使用）	使用法（ポインタ・チェックがパスするために必要なアクセス許可）
1	CMSE_MPU_NONSECURE | CMSE_MPU_READWRITE	アドレス範囲/オブジェクトは，非セキュア・ワールドの呼び出し元が読み書き可能
2	CMSE_MPU_NONSECURE | CMSE_MPU_READ	アドレス範囲/オブジェクトは，非セキュア・ワールドの呼び出し元が読み出し可能
3	CMSE_MPU_NONSECURE | CMSE_MPU_READWRITE | CMSE_MPU_UNPRIV	アドレス範囲/オブジェクトは，非セキュア非特権ソフトウェアが読み書き可能
4	CMSE_MPU_NONSECURE | CMSE_MPU_READ | CMSE_MPU_UNPRIV	アドレス範囲/オブジェクトは，非セキュア非特権ソフトウェアが読み出し可能

　データ・ポインタが呼び出し元から直接セキュアAPIに渡される場合，通常，表18.15に示す最初の2つの組み合わせ（#1と#2）でポインタ・チェックを処理できます．最後の2つの組み合わせ（#3と#4）は，CMSE_MPU_UNPRIVフラグを含むため，最初の2つの組み合わせ（#1と#2）とは異なります．このフラグがセットされている場合，実行されるポインタ・チェックは，非特権ソフトウェアのアクセス許可設定を使用します．これは，ソフトウェア・サービス要求と対応するデータ・ポインタが，非セキュアな非特権の呼び出し元から始まり，そのソフトウェア・サービスが非セキュア特権ソフトウェアを経由してセキュアAPIにリダイレクトされる場合に必要となります（図18.16に示すように，非セキュア側で動作するOSサービスなど）．CMSE_MPU_UNPRIVフラグがセットされている場合，ポインタ・チェックの組み込み関数は，セキュアAPIが非セキュア特権ソフトウェアによって呼び出されたにもかかわらず，非セキュア非特権呼び出し元のアクセス許可に基づいた結果を提供します．

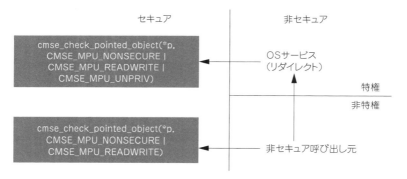

図18.16 オブジェクト・チェック関数とアドレス範囲チェックのフラグの組み合わせを示す例

　アドレス範囲とオブジェクト・チェック関数は，チェックに失敗した場合はNULL（0）を返します．例えば，次のコードでは，ポインタ・チェックに失敗した場合にアボート関数"cmse_abort()"が呼び出されます．

```
int DmaCopy_1(void *dest, void *src, size_t, num){
void *dest_chk, *src_chk;
//ソースポインタを確認する．コピー元は読み出し許可のみでよい
src_chk = cmse_check_address_range(*src, size, CMSE_MPU_NONSECURE |
CMSE_MPU_READ);
if (src_chk==0) {
   cmse_abort();
   }
//デスティネーション・ポインタの確認（リード/ライト）
```

```
dest_chk = cmse_check_address_range(*dest, size, CMSE_MPU_NONSECURE |
CMSE_MPU_READWRITE);
if (dest_chk==0) {
   cmse_abort();
   }
   ...
```

上のコードの"cmse_abort()"関数はCランタイム・ライブラリの一部であり，CMSEサポートが有効になっている場合に利用できます．この関数は"weak"宣言を持っているので，カスタマイズされたアプリケーション固有のアボート処理コードで上書きできます．デフォルトでは，Cライブラリの"cmse_abort()"関数は，ツールチェーンが提供する標準C関数である"abort()"関数を呼び出し，アボート関数内にとどまります．実世界のアプリケーションでは，デフォルトの"cmse_abort()"関数を使用する代わりに，アプリケーション固有のエラー処理コードを使用して，ポインタ・チェックが失敗したときにソフトウェア・エラーを処理できます．

18.3.7　その他のCMSEの特徴

C/C++コンパイラにおけるCMSEのサポートは，ポインタ・チェック組み込み関数に加えて，他にも幾つかの機能を提供しています（表18.16）．

表18.16　ポインタ・チェック組み込み関数ではないCMSE関数

組み合わせ	使用方法
cmse_nsfptr_create(p)	pのビット0をクリアした値を返す．引数pには任意の関数ポインタ型を指定できる
cmse_is_nsfptr(p)	pのビット0がアンセット（ゼロ）の場合はゼロ以外を返し，pのビット0がセットされている場合はゼロを返す．引数pには任意の関数ポインタ型を指定できる
int cmse_nonsecure_caller(void)	セキュアAPIで使用される－非セキュア状態からエントリ関数が呼び出された場合は0以外の値を返し，呼び出されなかった場合は0を返す
cmse_abort()	デフォルトのCMSEエラー処理関数．デフォルトでは，この関数はabort()を呼び出す

表18.16に記載されている関数のほとんど（"cmse_nonsecure_caller()"を除く）は，前述の例ですでに詳細に説明しているので，ここでは改めて取り上げません．cmse_nonsecure_caller()関数を使用すると，セキュアAPIが非セキュア・ソフトウェアから呼び出されたのか，セキュア・ソフトウェアから呼び出されたのかを判断できます．例えば，前のDmaCopy関数がセキュアまたは非セキュアのソフトウェア・コンポーネントによって呼び出された場合，この関数を使用してポインタ・チェックを行うべきかどうかを判断します．これを次のコードで説明します．

```
int __attribute__((cmse_nonsecure_entry)) DmaCopy_1(void *dest, void *src,
size_t,
num){
void *dest_chk, *src_chk;
if (cmse_nonsecure_caller()) {
   //呼び出し元が非セキュア．ポインタ・チェックが必要
   //ソースポインタを確認．コピー操作に必要なデータ・ソースは読み出し権限のみ必要
   src_chk = cmse_check_address_range(*src, size, CMSE_MPU_NONSECURE |
      CMSE_MPU_READ);
   if (src_chk==0) {
      cmse_abort();
      }
```

第18章　セキュアなソフトウェア開発

```
//デスティネーション・ポインタを確認. 読み書きの権限が必要
dest_chk = cmse_check_address_range(*dest, size, CMSE_MPU_NONSECURE |
    CMSE_MPU_READWRITE);
if (dest_chk==0) {
    cmse_abort();
    }
}
...
```

18.3.8　セキュリティ・ドメイン間でのパラメータの受け渡し

CMSEサポートがC/C++コンパイラに含まれ，有効になっている場合でも，クロス・セキュリティ・ドメイン間APIのスタックを使用したパラメータの受け渡しは，必ずしもCコンパイラでサポートされているとは限りません．これは，スタック・メモリを利用したパラメータの受け渡しは，CMSE仕様"Armv8-Mセキュリティ拡張：開発ツールに関する要求事項"[2]に基づくオプション機能（必須ではない）だからです．その結果，セキュアAPIを作成するソフトウェア開発者は，非セキュア・ソフトウェア開発者がどのC/C++コンパイラを使用するかを知らない場合，全てのセキュアAPIのパラメータがレジスタ（例えばr0～r3）だけを使用して渡すことができることを確認しなければなりません．

パラメータの受け渡しとその結果に関する詳細は，Armアーキテクチャのプロシージャ・コール標準[1]と呼ばれるArmの仕様書に記載されています．この文書はAAPCSとしても知られており，17.3節で簡単に説明しました．

18.3.9　TrustZoneを使用しない場合のソフトウェア環境

TrustZoneが実装されている場合，ノンマスカブル割り込みや，HardFault，BusFaultの例外は，セキュリティ上の理由から，デフォルトでセキュア状態をターゲットにします．アプリケーションが完全に非セキュア状態で実行され，TrustZoneが使用されていない場合，前述の例外のターゲット状態を非セキュア状態に変更できます．これは，AIRCR（アプリケーション割り込みとリセット制御レジスタ）のBFHFNMINSビットをセットすることによって実現されます．しかし，AIRCR.BFHFNMINSビットは，セキュア・ワールドが使用されていない場合にのみ使用してください．TrustZone環境と非TrustZone環境の両方をサポートするように設計されたシステムでは，次のことが可能です．
- セキュア・ファームウェアを使用して，セキュア・ブート後にTrustZone機能を無効にし，AIRCR.BFHFNMINSをセットしてから非セキュア・ワールドに分岐する
- セキュア・ファームウェアを使用し，TrustZoneサポートを有効にしてシステムを起動する．セキュア・ファームウェアは，セキュア・ワールド機能を無効にするセキュアAPIを提供し，全てのセキュアAPIへのさらなるアクセスを無効にする．非セキュア・ワールドの初期化ソフトウェアは，セキュアAPIを使用してAIRCR.BFHFNMINSビットをセットし，セキュア・ワールドの使用を無効にする

どちらのシナリオでも，セキュア・ワールド機能を無効にするには，次が必要です．
- 全ての非セキュアコール可能（NSC）領域を削除する．これは，非セキュア・ワールドからセキュアAPIにアクセスできなくなることを意味する
- セキュアなソフトウェア・フレームワーク（Trusted Firmware-Mなど）が初期化されている場合，セキュアなソフトウェア・フレームワークによって提供されるサービスは無効にする
- バックグラウンドのセキュア・サービス（セキュア・タイマ・ペリフェラルなど）は無効にする
- セキュア割り込みは無効にする

また，セキュア・ワールド機能を無効にするセキュリティ・ソフトウェアは，オプションでセキュアSRAMの一部を消去し，消去されたSRAM空間を非セキュア・ワールドに解放します．セキュアHardFaultハンドラがまだ実行される可能性があり，実行された場合セキュアHardFaultハンドラは，システムをリセットするか，デバイスをパワー・ダウンする必要があることに注意してください．パワー・ダウン方法を使用する場合，プロセッサ・システムは，パワー・ダウン状態を終了するときにリセットする必要があります．

18.3.10 フォールト・ハンドラ

TrustZoneセキュリティ機能を使用する場合，セキュア・ファームウェアは，HardFaultとBusFaultの例外が
セキュア状態をターゲットとするように構成する必要があります（AIRCR.BFHFNMINSビットはゼロに保持され
る）．さらに，セキュア・ワールドでフォールト例外がトリガされた後，フォールトが発生しているセキュア・コ
ンテキストで，動作をトリガする可能性のある非セキュア・コード（非セキュアからセキュアへの関数呼び出し，
例外リターンなど）のさらなる実行を防止するように，セキュア・ファームウェア内のフォールト例外を設定して
おくことを推奨します．これが必要となるのは，潜在的に，セキュリティ攻撃中に，セキュア・ワールドのフォー
ルト例外（MemManageまたはHardFaultなど）がトリガされても，フォールトが発生したセキュア・コンテキス
トのセキュア・スタックが破損する可能性があるため，セキュア・コンテキストを停止する必要があります．そ
の結果，フォールトが発生しているセキュア・コンテキストでさらなる動作をトリガする可能性のある非セキュ
ア・コードの実行を防止する必要性もあります．

破損したスタックがセキュア・プロセス・スタック（PSP_Sが使用されている）であり，そのスタックに関連付
けられたセキュア・コンテキスト（ソフトウェア・スレッド）を終了できる場合，通常の実行を再開しても安全で
す．この状況では，セキュア・ソフトウェアは，オプションとして　フォールトが発生したときに，非セキュア・
ソフトウェアに通知するように，コールバックAPI機能を含めることができます．破損しているスタックがセキュ
ア・メイン・スタックである場合，またはフォールトが発生しているセキュア・コンテキストを終了できない場
合は，システムを再起動する必要があります（注意：セキュア・メイン・スタックが破損している場合，動作を再
開する安全な方法はありません）．

セキュリティ・リスクをさらに低減するために，セキュア・ワールドでフォールト・イベントが発生したとき，
非セキュア・ソフトウェアがセキュア・ソフトウェアに対して攻撃を開始するのを，セキュア・ソフトウェアは
防ぐことができます．これは，セキュア・ワールド内のフォールト例外の優先度を，非セキュア例外よりも高い
例外優先度に設定することで実現します．これを実現するには，次の幾つかの方法があります．

(a) AIRCR.PRISを1にセットし，セキュア・ワールドのセキュア・フォールト例外（BusFaultや，UsageFault，
SecureFault，MemManageFault）が例外優先度0〜0x7Fの範囲にあることを確認する

(b) または，セキュア・ワールドでBusFaultや，UsageFault，SecureFault，MemManageFaultを有効に
せず，セキュア状態を対象としたフォールト・イベントがセキュアHardFaultにエスカレートするよう
にする

HardFaultとBusFaultの例外はセキュア状態を対象としているため，非セキュア・ソフトウェア開発者がデ
バッグ中にソフトウェアの障害の原因を突き止めるのは難しい場合があります．これは，これらのフォールト例
外のフォールト・ステータス情報に非セキュア・ワールドからアクセスできないためです．フォールト・イベン
トの一部を簡単にデバッグできるようにするために，Cortex-M33プロセッサを使用する非セキュア・ソフトウェ
ア開発者は，UsageFaultとMemManageFault（9.3.5節および13.3節を参照）を有効にして，これらのフォールト
例外の優先度を他の割り込みよりも高いレベルに設定する必要があります．そうすることで，これらのフォール
ト・イベントを非セキュア環境でデバッグできるようになります．

非セキュア・ソフトウェア開発者がソフトウェアをデバッグするのを支援するために，セキュア・ソフトウェ
アは，オプションで，ソフトウェア開発者にフォールト・イベントの発生を報告するための通信インターフェー
スを利用できます．エラー・メッセージを処理するために非セキュア関数を呼び出すのではなく，セキュア・
ファームウェアのフォールト・ハンドラがメッセージ出力を直接処理する方が安全です（例えば，ITM機能を使
用することで）．通信インターフェースが利用できない場合，プロジェクト内で非セキュアRAMバッファを宣言
し，非セキュア・ソフトウェアの開発者がメッセージを抽出できるように，セキュア・ファームウェアはバッファ
内にエラー・メッセージを出力できます．

18.4 Keil MDKでセキュア・プロジェクトを作成する

18.4.1 セキュア・プロジェクトの作成

セキュア・プロジェクトを開発するには，通常，非セキュア・プロジェクトも同時に作成し，セキュア・ワールド

第18章 セキュアなソフトウェア開発

と非セキュア・ワールドのインターフェースをテストする必要があります．これを支援するには，マルチプロジェクト・ワークスペースをサポートするツールチェーン（例：Keil MDK）を使用すると便利です．セキュア・プロジェクトを作成するときの通常の手順は次のとおりです．

(1) セキュア・プロジェクトを作成する – セキュア・ソフトウェア環境用のプロジェクト設定（セキュア・コードのコンパイルを有効にするコンパイラ・コマンドライン・オプション18.3.1節を参照）を使用する
(2) 非セキュア・プロジェクトを作成する – 非セキュア・ソフトウェア環境のプロジェクト設定を使用する
(3) マルチプロジェクトのワークスペースを作成し，そこにセキュア・プロジェクトと非セキュア・プロジェクトの両方を追加する

この例のセキュア・プロジェクトを作成する場合，第17章で詳述した例のプロジェクトで使用したものと同じFPGAハードウェア・プラットフォーム（MPS2+，Cortex-M33プロセッサ搭載）が使用されます．17.2.3節（図17.4～図17.13．ただし，プロジェクトを"example_1"ではなく"example_s"と呼ぶことで，これがセキュア・プロジェクトであることを示します）に記載されている手順に従うことで，セキュア・プロジェクトが作成されます．17章の例とは異なり，ターゲット・オプションタブの"Secure Mode"を選択する必要があります（図18.17）．

セキュア・プロジェクトを作成する場合，"Secure Mode"を選択する必要があります．この例を簡単にするために，セキュア・ワールドではFPUを使用しないことを前提としています．

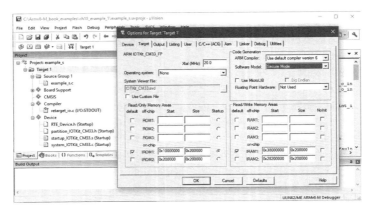

図18.17 セキュア・プロジェクトの作成（セキュア・モードを使用）

次の重要なステップは，リンカ設定の構成です．デフォルトでは，プロジェクトはターゲット・ダイアログからメモリ・マップの設定を取りこみます（図17.27にある"ターゲット・ダイアログからメモリ・レイアウトを使

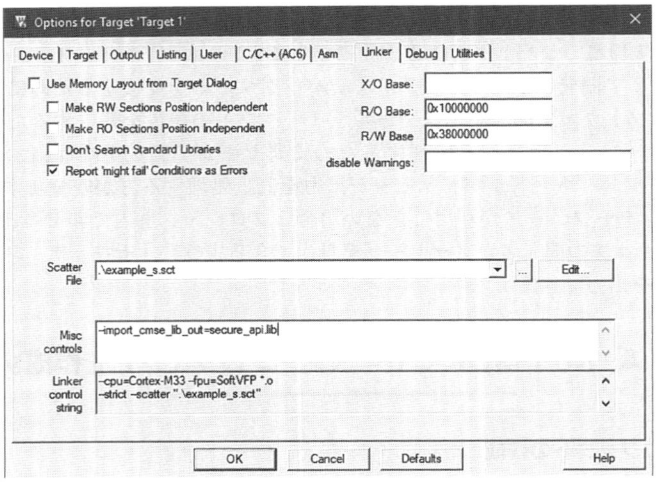

図18.18 セキュア・プロジェクトの例のリンカ設定

18.4 Keil MDKでセキュア・プロジェクトを作成する

用"オプションを参照).セキュア・プロジェクトの場合,NSC領域のレイアウトをカスタマイズする必要があり,その結果,リンカ設定(図18.18)はデフォルト設定で使用されるものとは異なります.

リンカのスキャッタ・ファイル(example_s.sct)には,次の設定が含まれています.

```
LR_IROM1 0x10000000 0x00200000 {  ; ロード領域(領域サイズ=0x00200000)
  ER_IROM1 0x10000000 0x00200000 {  ; ロード・アドレス = 実行アドレス
  *.o (RESET, +First)
  *(InRoot$$Sections)
  .ANY (+RO)
  .ANY (+XO)
  }
  EXEC_NSCR 0x101F0000 0x10000 {
  *(Veneer$$CMSE)                   ; partition.hで確認
  }
  RW_IRAM1 0x38000000 0x00200000 {  ; RWデータ
  .ANY (+RW +ZI)
  }
}
```

IDEによって生成される既定のスキャッタ・ファイルとカスタマイズされたバージョンの違いは,後者のバージョンでは,セキュア・エントリ・ポイントで使用されるメモリ領域の設定が異なることです.この設定は,スキャッタ・ファイルの"Veneer$$CMSE"を含むセクションで示されています.このアドレス範囲は,CMSIS-COREファイル"partition_<device>.h"で定義されている非セキュア・コール可能(NSC)領域の設定と一致している必要があります.一致しない場合,セキュア・コールが機能しないか,不一致によりセキュリティ上の脆弱性が発生する可能性があります.

セキュア・プロジェクトを設定する最後のステップは,次のコマンドを追加して,リンカにエクスポート・ライブラリの生成を指示することです.これは,リンカ設定ダイアログの"Misc controls"で挿入します.

リンカにエクスポート・ライブラリの生成を指示するコマンド:
`--import_cmse_lib_out=secure_api.lib`

この章の前半で詳しく説明した,さまざまな機能のデモンストレーションができるように,サンプル・プログラム・コードには,次の操作が含まれています(図18.19):
- 非セキュア・ワールドへの初期切り替え(18.3.3節)
- セキュアAPIを呼び出す非セキュア・ソフトウェア(18.3.4節)
- 非セキュア・ワールドからセキュア・ワールドへのコールバック関数ポインタの受け渡し(18.3.5節)
- 非セキュア・ワールドでコールバック関数を呼び出すセキュア・ソフトウェア(18.3.5節)

次に,図18.19に示す実際のセキュアなコードの例を示します.

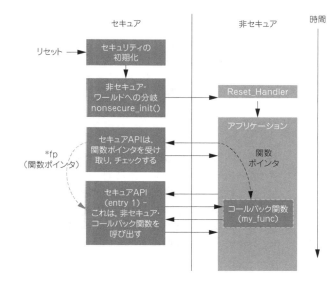

図18.19 サンプル・プロジェクトのプログラムフロー

第18章 セキュアなソフトウェア開発

```c
#include <arm_cmse.h>
#include "IOTKit_CM33_FP.h"
#include "stdio.h"

typedef int __attribute__((cmse_nonsecure_call)) tdef_nsfunc_o_int_i_void(void);
typedef int __attribute__((cmse_nonsecure_call)) tdef_nsfunc_o_int_i_int(int x);

int __attribute__((cmse_nonsecure_entry)) entry1(int x);
int __attribute__((cmse_nonsecure_entry))
pass_nsfunc_ptr_o_int_i_int(tdef_nsfunc_o_int_i_int *callback);

int nonsecure_init(void);
void default_callback(void);
int call_callback(int data_in);

// 関数ポインタ*fpの宣言
// *fpはセキュアな関数または非セキュアな関数を指すことができる
// デフォルト・コールバックに初期化
tdef_nsfunc_o_int_i_int *fp = (tdef_nsfunc_o_int_i_int *) default_callback;

int main(void)
{
    printf("Secure Hello world\n");
    nonsecure_init();
    while(1);
}
int nonsecure_init(void) {
    //次からの改変例
    // https://www.community.arm.com/iot/embedded/b/blog/posts/a-few-
intricaciesof-writing-armv8-m-secure-code

    // 必要であれば，非セキュアVTORを設定
    // この例を作成するために使用したCortex-M33ベースのFPGAプラットフォーム
    // (MPS2 FPGAボード上で動作するIoTキットと呼ばれるシステム)では
    // 非セキュアコードイメージの開始アドレスは0x00200000
    SCB_NS->VTOR=0x00200000UL; //ほとんどのハードウェア・プラットフォームでオプション
    //しかし，ここで使用するFPGAプラットフォームでは必要

    //次の行は，Non-secure ベクタ・テーブルへのポインタを作成
    uint32_t *vt_ns = (uint32_t *) SCB_NS->VTOR;
    //非セキュア・メイン・スタック・ポインタ(MSP_NS)の設定
    __TZ_set_MSP_NS(vt_ns[0]);
    // NSリセット・ベクタに関数ポインタを設定
    tdef_nsfunc_o_int_i_void *ns_reset = (tdef_nsfunc_o_int_i_void*)(vt_ns(1));
    //非セキュア・リセット・ハンドラへの分岐
    ns_reset(); //非セキュア・ワールドへの分岐
    //リセット・ハンドラがリターンを実行した場合，プログラムの実行はここに到達
    printf("ERROR: should not be here\n");
    while(1);
```

18.4 Keil MDK でセキュア・プロジェクトを作成する

```
}

//これはセキュアAPI
int __attribute__((cmse_nonsecure_entry)) entry1(int x)
{
    int result;
    result = call_callback(x);
    return (result);
}


//これは関数ポインタを入力パラメータとするセキュアAPI
int __attribute__((cmse_nonsecure_entry))
pass_nsfunc_ptr_o_int_i_int(tdef_nsfunc_o_int_i_int *callback) {
    //関数ポインタの結果
    cmse_address_info_t tt_payload;
    tt_payload = cmse_TTA_fptr(callback);
    if (tt_payload.flags.nonsecure_read_ok) {
        fp = cmse_nsfptr_create(callback); //非セキュア関数ポインタ
        return (0);
    } else {
        printf ("[pass_nsfunc_ptr_o_int_i_int] Error: input pointer is not NS\n");
        return (1); //関数ポインタは非セキュア側からはアクセスできない
    }
}
// 非セキュア関数をコールバック
int call_callback(int data_in) {
    if (cmse_is_nsfptr(fp)){
        return fp(data_in); //非セキュア関数呼び出し
    } else {
        ((void (*)(void)) fp)(); //通常の関数呼び出しとしてデフォルトコールバックを呼び出す
        return (0);
    }
}
//デフォルトのコールバック関数
void default_callback(void)
    { __BKPT(0);
    while(1);
}
```

　サンプル・セキュア・プログラム・コードの作成に加えて，アドレス分割の設定（SAU，MPC，PPCなど）は，プロジェクトの要件に基づいて更新する必要があります．この例では，**図18.20**に詳述したSAUの設定を使用し，MPCとPPCの設定は "system_<device>.c" ファイル内にあります．

　設定が終了したら，セキュア・プロジェクトをコンパイルできます．これにより，非セキュア・プロジェクトに必要なエクスポート・ライブラリ "secure_api.lib" が生成されます．この段階で，セキュア・プロジェクトを閉じて，非セキュア・ワールドのための新しいプロジェクトを開くことができます．

18.4.2　非セキュア・プロジェクトの作成

　非セキュア・プロジェクトの作成手順は，次を除けばセキュア・プロジェクトの場合とほぼ同じです．

第18章 セキュアなソフトウェア開発

（1）プロジェクトは非セキュア・モードで設定される
（2）メモリ・マップは非セキュア・メモリ用に設定される
（3）プロジェクトのターゲット・ダイアログのメモリ・マップの設定は，リンカの設定を生成するのに使える
（4）セキュア・プロジェクトから生成されたエクスポート・ライブラリを非セキュア・プロジェクトへ追加する必要がある

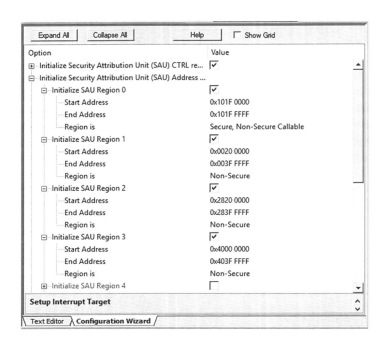

図18.20　SAUの設定(NSC領域など)はリンカ・スクリプトの設定と一致する必要がある

非セキュア・プロジェクトはexample_nsと呼びます．非セキュア・メモリを選択し，そして，"Startup"が非セキュア・メモリ・プログラムに設定されていることが重要です（図18.21）．

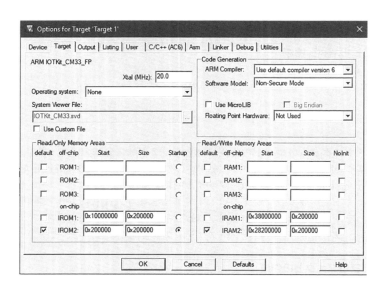

図18.21　非セキュア・プロジェクトのターゲット・オプション

582

18.4 Keil MDK でセキュア・プロジェクトを作成する

非セキュア・プロジェクトのプログラム・コードは次のとおりです.

```c
#include "IOTKit_CM33_FP.h"
#include "stdio.h"

extern int entry1(int x);
extern int pass_nsfunc_ptr_o_int_i_int(void *callback);

int my_func(int data_in); //コールバック関数

int main(void)
{
    int status;
    printf("Non-secure Hello world\n");
    //セキュア・ワールドに非セキュア関数のポインタを渡す
    status = pass_nsfunc_ptr_o_int_i_int(& my_func);
    if (status==0) {
        //セキュア関数の呼び出し
        printf ("Result = %d\n", entry1(10));
    } else {
        printf ("ERROR: pass_nsfunc_ptr_o_int_i_int() = %d\n", status);
    }
    // 通常，非セキュアのソフトウェアは，非セキュアの関数ポインタを セキュア・ワールドへ渡すだけ
    // この例では，セキュアなAPIによる関数ポインタのチェックを説明したいので
    // セキュアなアドレスを持つ関数ポインタを渡そうとする
    status = pass_nsfunc_ptr_o_int_i_int((void* )0x100000F1UL);
    if (status==0) {
        // セキュア関数の呼び出し
        printf ("Result = %d\n", entry1(10));
    } else {
        printf ("Expected: pass_nsfunc_ptr_o_int_i_int() = %d\n", status);
    }
    printf("Test done\n");
    while(1);
}
int my_func(int data_in)
{
    printf("[my_func]\n");
    return (data_in * data_in);
}
```

非セキュア・プログラム・コードの作成に加えて，エクスポート・ライブラリ"secure_api.lib"をプロジェクトに追加する必要があります(**図18.22**).

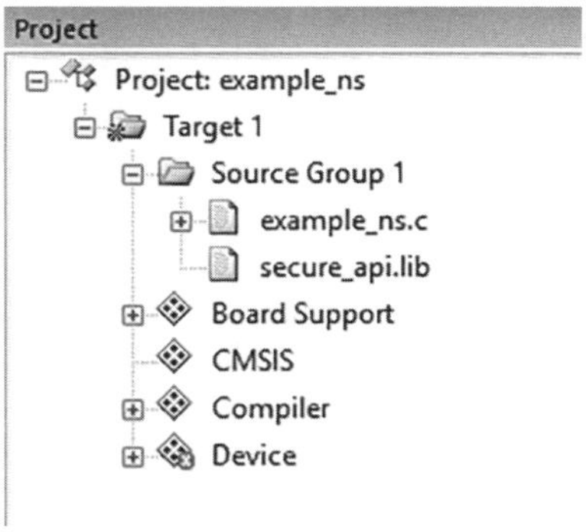

この段階に達すると，非セキュア・プロジェクトはコンパイルの準備ができています．非セキュア・プロジェクトを閉じ，マルチプロジェクト・ワークスペースを作成します．exampleプロジェクトでは，"example"という名前のマルチプロジェクト・ワークスペースを作成し，"example_s"(セキュア)と"example_ns"(非セキュア)プロジェクトを追加しています.

図18.22 非セキュア・プロジェクトに追加されたエクスポート・ライブラリ(secure_api.lib)

18.4.3 マルチプロジェクト・ワークスペースの作成

マルチプロジェクト・ワークスペースを作成するには，プルダウン・メニューの"Project→New multi-project workspace"を使用します．"Create New Multi-Project Workspace"ダイアログでは，右上の"New (Insert)"アイコンをクリックします（図18.23）．

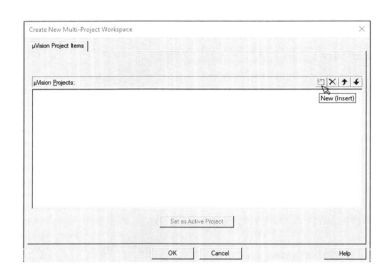

図18.23　マルチプロジェクト・ワークスペースへの新規プロジェクトの追加

そのアイコンをクリックした後，行の右側にある"..."ボタンをクリックして"example_s"を追加し，再度"example_ns"をプロジェクトに追加する必要があります（図18.24）．

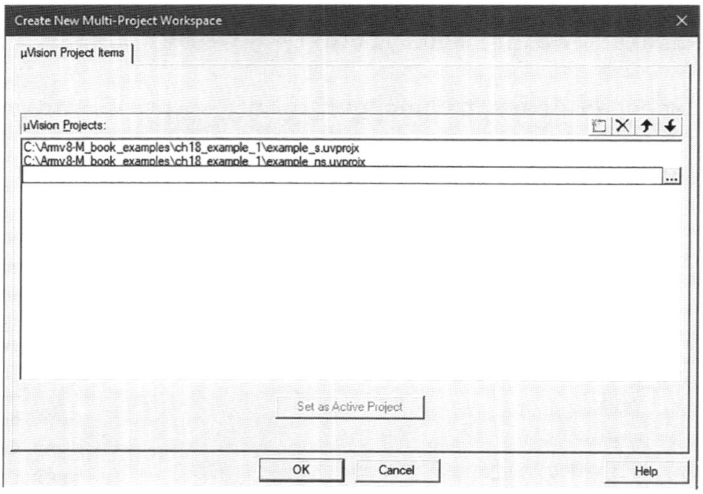

図18.24　マルチプロジェクト・ワークスペースに追加された"example_s"と"example_ns"プロジェクト

プロジェクトが追加されると，両方のプロジェクトがプロジェクト・ウィンドウのワークスペースに一覧表示されます（図18.25）．

マルチプロジェクトのワークスペースで作業する場合，プロジェクトの1つを"Active Project"として選択する必要があります．これにより，コンパイルやデバッグなどでどのプロジェクトを選択するかを定義できます．ア

18.4 Keil MDKでセキュア・プロジェクトを作成する

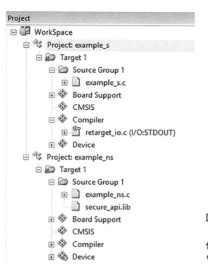

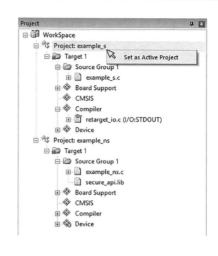

図18.25　セキュア・プロジェクトと非セキュア・プロジェクトで作成されたマルチプロジェクト・ワークスペース

図18.26　プロジェクトを"Active"として選択する

クティブ・プロジェクトの選択は，プロジェクト・ウィンドウでプロジェクト名を右クリックし，"Set as Active Project"を選択することで可能です（図18.26）．

　サンプル・プログラムをハードウェア上で実行する前の最後のステップは，デバッグ・オプションを設定することです．さまざまなデバッグ設定については，すでに第17章で紹介しました（図17.17，図17.18，図17.29）．さらに，デバッグ・セッションが開始されたときに，両方のイメージを同時にデバイスにロードするようにデバッグ・オプションを設定する必要があるかもしれません．これは，フラッシュ・メモリを持つデバイスを使用する場合にはオプションで，なぜなら，各プログラム・イメージをコンパイルした後にそのプログラム・イメージを個別にダウンロードでき，両方のイメージがフラッシュ・メモリにプログラムされた後にそのソフトウェアをテストできるからです．しかし，デバッグ・セットアップを使用せずに，セキュアと非セキュアのプログラム・イメージの両方を，フラッシュ・メモリにプログラムすると，プログラム・イメージの1つをプログラムし忘れがちなので，ソフトウェアのテストとデバッグ・プロセスがエラーになる可能性があります．

　デバッグ・スクリプト（図18.27）を使用することで，デバッグ・セッションの開始時に，両方のコンパイル済みイメージが，デバイスにロードされることを確認できます．アクティブなプロジェクトが非セキュアの場合，デバッグ・スクリプトを使用して，セキュア起動時にデバッグ・セッションが開始されるように設定することもできます．

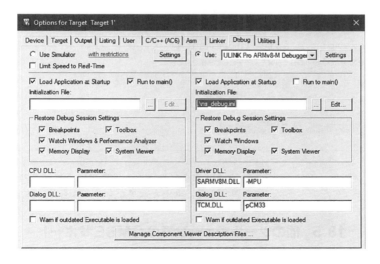

図18.27　デバッグ・スクリプトの指定

第18章　セキュアなソフトウェア開発

　図18.27では，"Run to main()"オプションが無効になっていることに注意してください．これは，このオプションが無効になっていると，プログラムが非セキュアな"main()"関数の先頭に到達するまで実行されてしまうためで – これは，セキュア初期化コードをデバッグする際に発生させたくない現象です．次のセクションでは，非セキュア・デバッグ・スクリプト"ns_debug.ini"の例を示します．このスクリプトでは，プログラム・イメージの読み込みに加えて，使用するハードウェア・プラットフォームに固有のデバッグ制御の設定を行うとともに，SPとPCの値をセキュア・ソフトウェアの開始値に設定します．

非セキュア・デバッグ・スクリプト"**ns_debug.ini**"

```
FUNC void Setup (void) {
    _WDWORD(0x50021104, 0x00000010); // RESET_MASKレジスタのビット4をセット
    //セキュア・ソフトウェアの値を使用するようにSPとPCを設定
    SP = _RDWORD(0x10000000); //スタック・ポインタの設定
    PC = _RDWORD(0x10000004); //プログラム・カウンタの設定
}


LOAD "Objects\\example_s.axf" incremental
LOAD "Objects\\example_ns.axf" incremental

Setup();

RESET /*ターゲット・プロセッサのリセット*/
```

　セキュア・プロジェクトの場合，同様のデバッグ・スクリプトは次のようになります．

セキュア・デバッグ・スクリプト"**s_debug.ini**"

```
FUNC void Setup (void) {
    _WDWORD(0x50021104, 0x00000010); // RESET_MASKレジスタのビット4をセット
}


LOAD "Objects\\example_s.axf" incremental
LOAD "Objects\\example_ns.axf" incremental

Setup();

RESET /*ターゲット・プロセッサのリセット*/
```

　デバッグ・セッションでは，デフォルトで，セキュアなソフトウェア環境のデバッグのための設定がすでに設定されているため，セキュアなデバッグ・スクリプトは，非セキュアなものよりもシンプルです．

18.5　他のツールチェーンでのCMSEサポート

18.5.1　GNU Cコンパイラ（GCC）

18.6　セキュアなソフトウェア設計の考察

　Armv8-MプロセッサでArm GCCコンパイラを使用する場合，セキュア状態のソフトウェアをコンパイルするには，"-mcmse"コマンドライン・オプションが必要です．

　GCCを使用してセキュア・ソフトウェア内の非セキュア・コール可能（Non-secure Callable：NSC）領域の場所を指定するには，次のいずれかを使用します．

- コマンドライン・オプション："--section-start=.gnu.sgstubs=<address>"
- リンカ・スクリプト：このためには，指定されたランタイム・アドレスを持つ".gnu.sgstubs"の出力セクション記述を作成する必要がある

　エクスポート・ライブラリを扱うための2つのコマンドライン・オプションも追加する必要があります．これらは次のとおりです．

- "--out-implib=<import library>"
- "--cmse-implib"

　そして，これらはインポート・ライブラリの生成に使用されます．セキュア・プロジェクトのコンパイル時にエクスポート・ライブラリを作成し，非セキュア・プロジェクトのコンパイル時にエクスポート・ライブラリをインポートする例を図18.28に示します．

```
# Secure build command
arm-none-eabi-gcc -march=armv8-m.base -mthumb -mcmse -static --specs=nosys.specs \
-Wl,--section-start,.gnu.sgstubs=0x190000,--out-implib=sg_veneers.lib,--cmse-implib -Wl,\
-Tsecure.ld -I$MDK/CMSIS/Include main_s.c Board_LED.c -I. \
$DEVICE_SRC $DEVICE_INC $OPTS \
-o secure_blinky_baseline.out

# Non-secure build command
arm-none-eabi-gcc -march=armv8-m.base -mthumb \
-static --specs=nosys.specs -Wl,-Tnonsecure.ld -I$MDK/CMSIS/Include \
main_ns.c Board_LED.c -I. sg_veneers.lib -ffunction-sections \
$DEVICE_SRC $DEVICE_INC $OPTS \
-o nonsecure_blinky_baseline.out
```

図18.28　GCC コンパイル・コマンドの例

18.5.2　IAR

　IAR Embedded Workbench for Arm（EWARM）は，バージョン7.70以降，Armv8-Mアーキテクチャをサポートしています．IARコンパイラをArmv8-Mプロセッサで使用する場合，セキュア状態ソフトウェアのコンパイルを有効にするには，"--cmse"コマンドライン・オプションが必要です．コンパイルがArmv8-Mプロセッサ用であることを指定するには，次のいずれかを実行します．

- プロセッサ・オプションを使用する：例："--cpu=Cortex-M23"または"--cpu=Cortex-M33"
- アーキテクチャ・オプションを使用する：例："--cpu=8-M.baseline"または"--cpu=8-M.mainline"

　リンカでは，エクスポート・ライブラリを指定する場合には，コマンドライン・オプション"--import_cmse_lib_out FILE/DIRECTORY"を，インポート・ライブラリを指定する場合には"--import_cmse_lib_in FILE"を使用する必要があります．

18.6　セキュアなソフトウェア設計の考察

18.6.1　非セキュア・ワールドへの初期分岐

　18.3.3節に示す例では，非セキュア・リセット・ハンドラが非セキュア関数ポインタとして宣言され，BLXNS命令を使用して呼び出され，非セキュア・ワールドを開始しました．リセット・ハンドラがリターンのみを含む

第18章　セキュアなソフトウェア開発

可能性がありますが，この場合，コード実行フローがセキュア・ワールドに戻ることを意味します．その結果，切り替えを処理するセキュア・コードは，分岐の後にエラー報告コードを配置するなどして，この状況に対処できなければなりません．

　BLXNSを使用して非セキュア・ワールドに分岐する代わりに，インラインのアセンブリ・コードを使用してBXNS命令を使用できます．ただし，この方法を使用する場合，アセンブリ・コードは，分岐前にレジスタ・バンクの内容を手動でクリアするためのステップを追加する必要があります（レジスタ・バンクにはセキュア情報が含まれている可能性があるため，これが必要です）．さらに，BXNS命令を実行する前に，2つの追加データ・ワードをセキュア・スタックにプッシュする必要があります（18.6.6.4節のスタックシーリングの説明を参照）．この方法を使用した場合，非セキュア・コードは，セキュア・コードに戻ることができなくなり，なぜなら，a) リンク・レジスタ（Link Register：LR）にリターン・アドレスまたはFNC_RETURNがなく，そして，b) セキュア・スタックにはスタックされたリターン・アドレスがないからです．

　非セキュア・ソフトウェアに分岐する前に，セキュア・スタック・ポインタのスタック・ポインタ限界を設定する必要があります．

18.6.2　非セキュア・コール可能（Non-secure callable：NSC）

18.6.2.1　NSC領域定義一致

　SAU/IDAUで定義されたNSC領域の位置とサイズは，リンカ・スクリプト内のCMSEベニヤ（"Veneer$$CMSE"）のみをカバーする必要があります．SAU/IDAUのNSC領域の定義が大きすぎると，他のプログラムのバイナリ・データをカバーしてしまい，SG命令に一致するバイナリ・データが含まれている可能性があり，結果的に不注意なエントリ・ポイントが発生してしまいます．一方，SAU/IDAUのNSC領域の定義が小さすぎると，有効なエントリ・ポイントの一部がNSC領域によってカバーされなくなります．理想的には，SAU/IDAUで定義されたNSCの定義は，リンカ・スクリプトの定義と一致している必要があります．

　注意：NSC領域を定義する場合，製品のライフサイクルを通してセキュア・ファームウェアを更新する必要がある場合が多いため，NSC領域に追加の領域，つまり既存のエントリ・ポイントが必要とする領域よりも多くの領域を確保しておくことが有益である場合があります．NSCメモリ空間がエントリ・ポイントによって必要とされる空間よりも大きい場合，予期しないエントリ・ポイントを引き起こさないように，CMSE互換ツールチェーンは，NSCの未使用アドレス空間を，事前に定義されたSG命令と一致しないデータ値（例えば，Armツールチェーンでは0が使用されます）で満たすようにします．

18.6.2.2　SRAMのNSC領域

　電源投入時にはSRAM（Static Random Access Memory）の内容が不明であるため，SRAM内のある領域のNSC属性は，その領域が初期化されるまで設定しないようにしてください．このセキュリティ対策により，未知のSRAMデータによる不用意な侵入を防ぐことができます．

18.6.3　メモリ分割

18.6.3.1　MPCとPPCの動作

　メモリ保護コントローラ（Memory Protection Controller：MPC）とペリフェラル保護コントローラ（Peripheral Protection Controller：PPC）の実装によっては，非セキュア・メモリ部分またはペリフェラルをターゲットにしたセキュアなトランザクションがブロックされる可能性があります．例えば，MPC/PPCがメモリ部分またはペリフェラルを非セキュアとして定義しているが，SAUが有効化されていない場合，メモリ部分またはペリフェラルにアクセスできない可能性があります．これは，SAUが無効化されている場合（SAU_CTRLが0に等しい），メモリ・アドレスの属性がセキュアとして扱われる（アクセスのためにセキュア・トランザクションが生成される）ためです．しかし，MPCまたはPPCは，その非セキュア・メモリ部分/ペリフェラルをターゲットにした転送が非セキュアであることを期待しているため，転送がブロックされる可能性があります．

18.6 セキュアなソフトウェア設計の考察

このMPCとPPCの動作は，正しい構成が使用されていることを確認するためのものです．セキュア・ソフトウェアが誤って，セキュアであるはずのあるメモリ部分／ペリフェラルを非セキュアとしてMPC/PPCを構成してしまうと，他の非セキュア・バス・マスタがそのメモリ部分／ペリフェラルにアクセスできる可能性があります．セキュア・ソフトウェアがそのメモリ部分／ペリフェラルをセキュアとして扱い，プロセッサにはそのメモリ部分／ペリフェラルへのアクセスを，セキュア・アドレス・エイリアスを介して（セキュア・トランザクションを使用して）許可された場合，セキュア・データが漏洩し，セキュリティ違反が発生する可能性があります．

18.6.3.2　SRAMページのセキュリティ属性の動的切り替え

実行中に，セキュア・ソフトウェアが使用していたメモリ・ページをセキュアから非セキュアに切り替えるためにメモリ分割を更新する必要がある場合，セキュア・ソフトウェアは次の手順を実行する必要があります．
1. そのSRAMページからのセキュア情報をクリアする
2. システム・レベルのキャッシュが実装されている場合は，そのページのためのキャッシュされているデータをフラッシュして，メイン・メモリ・システムもクリアする
3. データ・メモリ・バリアを実行して，そのデータ・メモリが更新されたことを確認する（これは通常，キャッシュ・メンテナンス・ルーチンの一部）
4. そのメモリ・ページのセキュリティ属性を更新するためにSAUまたはデバイス固有のレジスタ（MPCなど）に書き込む

一方，SRAM内のある非セキュア・メモリ・ページをセキュアに切り替える必要がある場合は，コード・インジェクション攻撃のリスクを低減するために次の手順が必要となります．
1. システム・レベルのキャッシュが存在する場合，切り替え中に非セキュアISRがメモリ・ページを更新するのを防ぐため，非セキュア割り込み（BASEPRI_SとAIRCR.PRISの組み合わせなど）を無効にする必要がある
2. セキュアMPUは，そのメモリ領域がXN（eXecute Never）とマークされるように設定する必要がある
3. システム・レベルのキャッシュが存在する場合，そのページのキャッシュされたデータをフラッシュするか（そのメモリ・ページ内のデータを使用する場合），無効にするか（そのメモリ・ページ内のデータを破棄する場合）する必要がある
4. データ・メモリが更新されることを確実にするために，データ・メモリ・バリアを実行する必要がある（これは通常，キャッシュ・メンテナンス・ルーチンの一部）
5. メモリ・ページのセキュリティ属性を更新するには，SAUまたはデバイス固有のレジスタ（MPCなど）への書き込みが必要
6. 非セキュア割り込みが，切り替えのために無効化されている場合は，再有効化する必要がある
7. SRAMページのデータが捨てられる場合は，データを消去するべきである
8. SRAMページのデータを使用する場合は，データの検証が必要な場合がある

18.6.3.3　ペリフェラルのセキュリティ属性の動的な切り替え

ペリフェラルを1つのセキュリティ・ドメインから別のセキュリティ・ドメインに切り替えるときに，そのペリフェラルが割り込みを生成する場合，NVICの割り込みターゲット非セキュア状態レジスタ（NVIC_ITNS[n]）を更新する必要があります．

ペリフェラルをセキュア・ワールドから非セキュア・ワールドに切り替える場合，次の手順で行う必要があります．
1. ペリフェラルを無効にしても，セキュア・データがそのペリフェラルに残らないようにする
2. メモリ・マップ構成（PPCの制御レジスタなど）を更新して，そのペリフェラルを非セキュア状態に切り替える
3. ペリフェラルの割り込みターゲット状態を更新する

また，非セキュア・ワールドで使用されていたペリフェラルをセキュアに切り替えることも可能です．ペリフェラルを非セキュアからセキュアに切り替える場合は，次の手順で行う必要があります．
1. 非セキュア割り込み発生（BASEPRI_SとAIRCR.PRISの組み合わせなど）は一時的に無効にする必要がある．これにより，非セキュア割り込みハンドラが切り替え処理の途中でそのペリフェラルを再有効化す

ることを防ぐことができる
2. そのペリフェラルを無効にする
3. メモリ・マップ構成 (PPCの制御レジスタなど) を更新して, そのペリフェラルをセキュア状態に切り替える必要がある
4. NVIC_ITNSレジスタを更新して, そのペリフェラル割り込みのターゲット状態をセキュアに設定する
5. 非セキュア割り込みを再有効にする必要がある

非セキュア割り込みを一時的に無効にすることで, 第2ステップと第3ステップの間に非セキュア例外ハンドラがそのペリフェラルを再有効にすることを防ぐことができますが, もし再有効化された場合, そのペリフェラルがセキュア状態に移行しようとしていたときに, 非セキュア・ソフトウェア制御の下で有効にされていたことを意味します.

18.6.4 入力データとポインタの検証

18.6.4.1 非セキュア・メモリでの入力データの検証

セキュア関数の入力データをポインタで渡す場合, その値を検証する前にデータをセキュア・メモリにコピーする必要があります. データがセキュア・メモリにコピーされない場合, 非セキュア・ハンドラによって, データが変更される可能性があり, セキュリティ侵害につながる可能性があります. 次のセキュアAPIコードは, この問題を説明しています.

悪いコードの例

```
int __attribute__((cmse_nonsecure_entry)) entry2a(int *idx)
{
    const char textstr[] = "Hello world\n";
    if (cmse_check_pointed_object(idx, CMSE_NONSECUREjCMSE_MPU_READ) != NULL) {
        if ((*idx>=0) && (*idx < 12)) {
            return ((int) textstr[*idx]); //非セキュア・メモリのデータをインデックスとして利用
        } else {
            return(0);
        }
    } else
        return (-1);
}
```

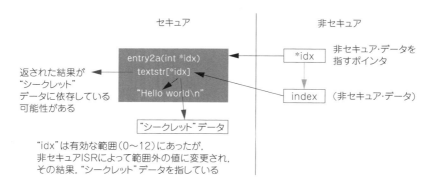

図18.29　非セキュア・データを配列のインデックスとして使用すると, セキュリティ侵害につながる可能性がある

上記のコードではポインタ・チェックと値域チェックを行っていますが，使用しているインデックス値（idx）は非セキュア・メモリ内にあります（**図13.29**）．この関数の実行中に非セキュア割り込みが発生した場合，インデックス値（idx）が変更され，理論的にはハッカーがインデックス値（idx）を設定してセキュア・メモリ内のデータを読み出すことが可能になります．

　この問題を解決するには，値が検証される前にデータをセキュア・メモリにコピーする必要があります．このプロセスを次のコードで示します．

良いコード例

```
int __attribute__((cmse_nonsecure_entry)) entry2(int *idx)
{
    const char textstr[] = "Hello world\n";
    int idx_copy;
    if (cmse_check_pointed_object(idx, CMSE_NONSECURE|CMSE_MPU_READ) != NULL) {
        idx_copy = *idx;
        if ((idx_copy >=0)&&(idx_copy < 12)) { //インデックスのセキュアコピーを検証
            return ((int) textstr[idx_copy]); //インデックスのセキュアコピーを使用
        } else {
            return(0);
        }
    } else
        return (-1);
}
```

　同様の課題は，ポインタを含む非セキュア・メモリに格納されている全てのデータにもあてはまります．例えば，ダブル・ポインタ（ポインタのポインタ）がセキュアAPIの入力パラメータとして使用される場合，非セキュアSRAMに格納されているポインタが，いつでも非セキュア例外ハンドラによって変更される可能性があるという大きなリスクがあります．これを次のコードで説明します．

悪いコードの例

```
int __attribute__((cmse_nonsecure_entry)) entry3a(int **idx)
{
    const char textstr[] = "Hello world\n";
    int *idx_ptr;
    int idx_copy;
    //ポインタのポインタが非セキュア・ワールドであることを確認
    if (cmse_check_pointed_object(*idx, CMSE_NONSECURE|CMSE_MPU_READ) != NULL) {
    //ポインタのポインタが非セキュアである
        idx_ptr = *idx;
        // idxの位置が非セキュアであることを検証
        if (cmse_check_pointed_object(idx_ptr, CMSE_NONSECURE|CMSE_MPU_READ) !=NULL)
{
    //問題：非セキュアのISRにより，非セキュア・ワールド中のidxのポインタが変更された可能性がある
        idx_copy = **idx; // 値をコピーする
        if ((idx_copy>=0) && (idx_copy < 12)) { //値の検証
```

```
                return ((int) textstr[idx_copy]); // インデックスのセキュア・コピーを使用
            } else {
                return(0);
            }
        } else
            return (-1);
    } else {
      return (-1);
    }
}
```

前述のコード例では，次のことが検証されています．
- ポインタのポインタが非セキュア・アドレスにある
- idx (インデックス) のポインタが非セキュア・アドレスにある
- idx (インデックス) の値

まだセキュリティ上の問題があります．これは，非セキュアな割り込みがポインタ・チェックの直後に起きた場合，非セキュア・ワールドのインデックスのポインタが変更され，セキュアなアドレスを指すようになってしまう可能性があるからです（図18.30）．

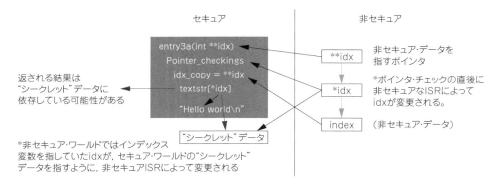

図18.30 非セキュア・メモリ内のポインタを直接使用するとセキュリティ侵害につながる可能性がある

この問題を克服するには，セキュアAPIがインデックス・ポインタのセキュア・コピーを作成し，そのセキュア・コピーを使用してインデックス変数をセキュア・メモリにコピーするようにする必要があります．そのためのコードは次のとおりです．

良いコード例

```
int __attribute__((cmse_nonsecure_entry)) entry3b(int **idx)
{
    const char textstr[] = "Hello world\n";
    int *idx_ptr;
    int idx_copy;
    //ポインタのポインタが非セキュア・ワールドにあることを確認
    if (cmse_check_pointed_object(*idx, CMSE_NONSECUREjCMSE_MPU_READ) != NULL) {
        //ポインタのポインタが非セキュア・ワールド
        idx_ptr = *idx;
```

```
    // idx の位置が非セキュアであることを検証
    if (cmse_check_pointed_object(idx_ptr, CMSE_NONSECURE|CMSE_MPU_READ) != NULL){
      idx_copy = *idx_ptr;  //検証されたポインタを使って値のコピー
      if ((idx_copy>=0) &&(idx_copy < 12)) {  //値の検証
        return ((int) textstr[idx_copy]); //インデックスのセキュア・コピーを使用
      } else {
        return(0);
      }
    } else
      return (-1);
  } else {
    return (-1);
  }
}
```

　非セキュア・ワールドのデータ構造の中にポインタの形でダブル・ポインタが存在する可能性があることに注意してください.

18.6.4.2　ポインタを使用する前に必ずチェックする

　データにアクセスする前にポインタを検証することが重要です. セキュア API はデータを読み取るだけで, その後にポインタのチェックが行われる場合でも, 使用前にポインタが検証されていないと, セキュリティ上の問題が発生する可能性があります. これを次のコードで説明します.

悪いコード例

```
int __attribute__((cmse_nonsecure_entry)) entry4a(char * src, char * dest)
{
#define MAX_LENGTH_ALLOWED 128
  int string_length;
  //ポインタが検証される前に使用される
  string_length = strnlen(src, MAX_LENGTH_ALLOWED);
  if ((string_length == MAX_LENGTH_ALLOWED) && (src[string_length] != '\0')) {
    //文字列が長すぎる
    return (-1); //エラーを返す
  } else {  //ソースのポインタ・チェック
    if (cmse_check_address_range ((void *)src, (size_t) string_length,
(CMSE_NONSECURE | CMSE_MPU_READ)) == NULL) {
      return (-1); //エラーを返す
    }
  // デスティネーションのポインタ・チェック
  if (cmse_check_address_range ((void *)dest, (size_t) string_length,
(CMSE_NONSECURE | CMSE_MPU_READWRITE)) == NULL) {
      return (-1); //エラーを返す
    }
    memcpy (dest, src, (size_t) string_length); //メモリー・コピー操作
    return (0);
```

第18章 セキュアなソフトウェア開発

```
    }
}
```

ポインタ・チェックはメモリ・コピー（memcpy）の前に行われますが，セキュアAPIが指すデータはポインタが検証される前にstrnlen関数によって読み込まれるため，セキュリティ上の問題が残る可能性があります．これは，"src"ポインタがセキュア・ペリフェラルを指している場合で，特定のレジスタの読み取りがセキュア・ワールドの動作に影響を与える可能性がある場合に問題となります．例えば，FIFOデータレジスタがペリフェラルにある場合，結果としてFIFO内のデータが失われる可能性があります．

この問題を解決するには，文字列長関数の実行責任を，セキュア・ワールドから非セキュア・ワールドに移す必要があります．これにより，文字列長（次のコードの"len"パラメータ）がセキュアAPI関数の追加パラメータになります．このためのコードは次のとおりです．

良いコード例

```c
int __attribute__((cmse_nonsecure_entry)) entry4b(char * src, char * dest,
    int32_t len) //良い例 - 文字列の長さがパラメータ
{
#define MAX_LENGTH_ALLOWED 128
    if ((len < 0) || (len > MAX_LENGTH_ALLOWED)) return (-1);

    // ソースのポインタ・チェック
    if (cmse_check_address_range ((void *)src, (size_t) len, (CMSE_NONSECURE |
CMSE_MPU_READ)) == NULL) {
      return (-1); // エラーを返す
    }
    // デスティネーションのポインタ・チェック
    if (cmse_check_address_range ((void *)dest, (size_t) len, (CMSE_NONSECURE |
CMSE_MPU_READWRITE)) == NULL) {
      return (-1); // エラーを返す
    }
    memcpy (dest, src, (size_t) len);
    return (0);
}
```

18.6.4.3 セキュアAPIにおける"printf"の危険性

printfは，セキュア・ソフトウェア開発者がアプリケーションのデバッグ時に使用する便利な関数ですが，非セキュア・ワールドからの文字列メッセージを表示するためにprintfを使用することについては，非常に注意する必要があります．まず，非セキュア・ワールドに格納されている文字列メッセージは，printf関数の実行時に非セキュア例外ハンドラによって変更される可能性があり，その結果，非セキュア・メモリ内で文字列が終了しない可能性があります．このような場合，非セキュア・メモリに隣接するセキュア・メモリの内容がプリント・アウトされ，結果としてセキュア情報が漏洩する可能性があります．

次に，表示されるテキスト文字列に"%s"形式指定子が含まれている場合，セキュアAPI内のprintf関数は，セキュア・スタック内の特定のメモリ位置に表示される文字列のアドレスが含まれていることを前提としています．ただし，これは当てはまらない場合があり，つまり非セキュア・ソフトウェアが"%s"形式指定子を使用して，メッセージを印刷する場合に，セキュア・ワールドが提供するprintf関数を使用すると，関数呼び出しのパラメー

タに有効な文字列ポインタが存在しない可能性があります．printfコードは誤ってセキュア・スタック内のデータを文字列ポインタとして使用し，これがセキュア・アドレスの場所と解釈される可能性があり – セキュアな情報を漏えいするという事態になりかねません．

printf関数に関連するもう1つのリスクは，入力パラメータで指定されたデータ・ポインタに文字出力数を書き込む特殊なフォーマット指定子"%n"の使用です．この機能は，"printf"を使用してLCDモジュールなどのペリフェラルにメッセージを送出する場合に便利で，印刷された文字数に基づいてカーソル位置をソフトウェアが制御できるようになります．printfで%nをどのように使用するかの例を次に示します．

---

printfでの%nの使用例

```
int lcd_cursor_x_pos; // LCDカーソルx位置
int lcd_cursor_y_pos; // LCDカーソルy位置
...
printf ("Speed: %d %n", currend_speed, &lcd_cursor_x_pos);
// LCDカーソルの情報はprintfで更新される
if (lcd_cursor_x_pos > 30) { //カーソルを次の行へ移動
    lcd_cursor_x_pos= 0;
    lcd_cursor_y_pos++; // 次の行
    ...
```

残念ながら，非セキュアなソフトウェアがセキュアAPIによってセキュア・ワールドでprintf関数を使用できるようになった場合，この機能はセキュリティ上の問題を引き起こす可能性があり：ポインタがセキュア・メモリの場所を指している場合，非セキュア関数が特別な文字列メッセージを作成することで，セキュアAPIがセキュア・メモリ位置に値を書き込む可能性があります．言うまでもなく，これは深刻なセキュリティ違反につながります．

前述の理由から，API中で非セキュア・ワールドからテキスト文字列を取得する"printf"機能を提供することは避けるべきです．メッセージの表示にAPIが必要な場合は，"puts"や"putchar"/"putc"のような関数を直接使用し，整数やその他の値の印刷を処理するためにカスタム定義されたセキュアAPIを追加すべきです．

putsを使用する場合，puts関数自体が最大文字数を提供していないため，putを呼び出す前に，文字列を非セキュアからセキュア・メモリにコピーする必要があります．非セキュア・ワールドのテキスト文字列は，非セキュア例外ハンドラによって変更される可能性があるため，"puts"を呼び出す前に，テキスト文字列をセキュア・ワールドにコピーする必要があります．このためのコード例を次に示します．

---

puts例

```
int __attribute__((cmse_nonsecure_entry)) entry5(char * src, int32_t len)
{
    int string_length;
    char ch_buffer[128];
#define MAX_LENGTH_ALLOWED 128
    if ((len < 0) || (len > MAX_LENGTH_ALLOWED)) return (-1);
    if (cmse_check_address_range ((void *)src, (size_t) len, (CMSE_NONSECURE |
CMSE_MPU_READ)) == NULL) {
        return (-1); // エラーを返す
    }
    //バッファにコピー - 非セキュア ISR によってテキストが変更される可能性があることに注意
```

第18章 セキュアなソフトウェア開発

```
memcpy (&ch_buffer[0], src, (size_t) len);
string_length = strnlen(src, MAX_LENGTH_ALLOWED);
if ((string_length == MAX_LENGTH_ALLOWED) && (src[string_length] != '\0')) {
  //文字列が長すぎる
  return (-1); // エラーを返す
}
puts (ch_buffer);
return (0);
}
```

18.6.4.4 CMSEポインタ・チェック関数の利用

　セキュアAPIが非セキュア・ソフトウェアに代わってデータを処理する必要がある場合，セキュアAPIは，CMSEが定義したポインタ・チェック関数を使用して，非セキュア呼び出し元から来るデータのアクセス許可を検出しなければなりません．この理由については，18.3.6節で説明しました．

　非セキュア非特権ソフトウェア（アプリケーション・タスクなど）が，非セキュア特権ソフトウェア（OSカーネルなど）を攻撃しないようにするために，ポインタ・チェックではMPUの権限レベルを考慮しています．その結果，SAUとIDAUからのセキュリティ属性のみをチェックするフラグCMSE_AU_NONSECUREはほとんど使用されません．ほとんどの場合，CMSE_NONSECUREフラグはCMSE_MPU_READ，またはCMSE_MPU_READWRITEと一緒に使用され：実際に使用されるフラグは，関数によってデータを変更する必要があるかどうかに依存します．

　TTA命令の実行は，非セキュア・ソフトウェアの特権状態（IPSRとCONTROL_NS.nPRIVに基づく）を自動的に検出し，その情報をもとに，非セキュアMPUの設定でアクセスが制限されているかどうかを判断します．非セキュア・ワールドで動作するOSサービスが，非特権ソフトウェアのタスクに代わってサービスを要求するためにセキュアAPIを呼び出す可能性があるため（図18.16），このシナリオでは，セキュアAPIは非特権ソフトウェアのアクセス許可に基づいてポインタ・チェックを行う必要があります．このシナリオでは，ポインタ・チェック関数にTTAT命令を強制的に使用させるCMSE_MPU_UNPRIVフラグが，ポインタ・チェック・コードによって使用されることになります．セキュア・ソフトウェアが，非セキュア特権ソフトウェアと非セキュア非特権ソフトウェアの両方に（特権OSリダイレクション機構を介して）セキュアAPIサービスを提供できるようにするには，同じセキュアAPIサービスの次の2つのバリエーションが必要です．

1. 非セキュア特権ソフトウェア（OSカーネルなど）および非セキュア非特権ソフトウェア（セキュアAPIに直接アクセスする非セキュア非特権ソフトウェア）にサービスを提供するためのセキュアAPI．このバリアントは，ポインタ・チェックにTTA命令を使用する
2. OSリダイレクト機構を介して，非セキュア非特権ソフトウェアにサービスを提供するためのセキュアAPI．このバリアントは，ポインタ・チェックにTTAT命令を使用する（CMSE_MPU_UNPRIVフラグが使用される）

データ・ポインタと同様に，非セキュア・ワールドから渡される関数ポインタもまた，安全に使用できるかどうかをチェックする必要があります．関数ポインタは，次のいずれかでなければなりません．

(a) "cmse_nsfptr_create"で処理され，アドレス値のビット0をクリアして非セキュアであることを示す．
(b) TTA/TTATでチェックされ，例えば，そのアドレスが非セキュアであることを確実にするために，"cmse_TTA_fptr"を使用する

(a)の方法は，アドレス値のビット0をクリアするだけで済むため，より高速です．単純な操作ではありますが，BXNS/BLXNS命令がセキュア・アドレスを指している関数ポインタで使用された場合，セキュリティ違反例外が確実にトリガーされます．これは，ターゲット・アドレスのビット0が0の場合，BXNS/BLXNS命令は，プロセッサが非セキュア・アドレスの場所に分岐しているか，または呼び出しているかをチェックするためです．

(b)の方法の利点は，ポインタの転送に使用したセキュアAPIが即座にエラー状態を返すことができることです．

18.6.5 ペリフェラル・ドライバ

18.6.5.1 ペリフェラル・レジスタの定義

　ペリフェラル保護コントローラ（Peripheral Protection Controller：PPC）を使用する場合，PPCを介して接続されたペリフェラルには，セキュアと非セキュアの両方のエイリアス・アドレスが割り当てられます（このトピックは7.5節で説明しました）．ペリフェラルの定義を作成する場合は，ペリフェラル内のレジスタを表すデータ構造を定義し，その後，セキュアと非セキュアの別々のポインタを定義する必要があります．例えば，次のようになります．

```
/*----------- Universal Asynchronous Receiver Transmitter (UART) ---------*/
typedef struct
{
    __IOM uint32_t DATA;  /* オフセット：0x000 (R/W) データ・レジスタ*/
    __IOM uint32_t STATE; /* オフセット：0x004 (R/W) ステータス・レジスタ*/
    __IOM uint32_t CTRL;  /* オフセット：0x008 (R/W) 制御レジスタ*/
    union {
    __IM uint32_t INTSTATUS; /* オフセット：0x00C (R/ ) 割り込みステータス・レジスタ*/
    __OM uint32_t INTCLEAR;  /* オフセット：0x00C ( /W) 割り込みクリア・レジスタ*/
    };
    __IOM uint32_t BAUDDIV; /* オフセット：0x010 (R/W) ボーレート分周レジスタ*/
} IOTKIT_UART_TypeDef;
    ...
    //セキュア・ベース・アドレス
#define IOTKIT_SECURE_UART0_BASE (0x50200C00UL)
#define IOTKIT_SECURE_UART1_BASE (0x50201C00UL)
    ...
    //非セキュア・ベース・アドレス
#define IOTKIT_UART0_BASE (0x40200000UL)
#define IOTKIT_UART1_BASE (0x40201000UL)
    ...
    //非セキュア・ペリフェラル・ポインタ
#define IOTKIT_UART0 ((IOTKIT_UART_TypeDef *) IOTKIT_UART0_BASE )
#define IOTKIT_UART1 ((IOTKIT_UART_TypeDef *) IOTKIT_UART1_BASE )
    ...
    //セキュア・ペリフェラル・ポインタ
#define IOTKIT_SECURE_UART0 ((IOTKIT_UART_TypeDef *) IOTKIT_SECURE_UART0_BASE )
#define IOTKIT_SECURE_UART1 ((IOTKIT_UART_TypeDef *) IOTKIT_SECURE_UART1_BASE )
    ...
```

18.6.5.2 ペリフェラル・ドライバ・コード

　ドライバ・コードを作成する場合，ドライバ関数の引数（パラメータ）として，ペリフェラル・ポインタを渡すのが一般的で，同じ関数をペリフェラルの複数のインスタンスに使用できます（例えば，チップに複数のUARTがある場合，同じデザインであるため，UART初期化関数を全てのUARTで使用できます）．これにより，ドライバ関数の呼び出し元は，ペリフェラル・ポインタのセキュア・バージョンと非セキュアバージョンのどちらを使用するべきかを決定できます．そのためのコード例を次に示します．

```
// ドライバ関数
```

第18章　セキュアなソフトウェア開発

```
int UART_init(IOTKIT_UART_TypeDef * UART_PTR, int baudrate ...) {
   {
   ...
   UART_PTR->CTRL |= IOTKIT_UART_CTRL_TXEN_MskjIOTKIT_UART_CTRL_RXEN_Msk;
   ...
   }
   // 呼び出し元
   ...
UART_init(IOTKIT_UART0, 9600, ...); // UART0は非セキュアに設定
...
UART_init(IOTKIT_SECURE_UART1, 9600, ...); // UART1はセキュアに設定
...
```

　場合によっては，セキュア・ライブラリ関数は，それがセキュア，または非セキュアとして構成されているかにかかわらず，ペリフェラルにアクセスして操作する必要がある場合があります．このような場合，コードは，ペリフェラル保護コントローラ(Peripheral Protection Controller：PPC)からペリフェラルのセキュリティ設定を読み返すことで，どちらのペリフェラル・ポインタを使用すべきかを判断します．次に，この情報に基づいてペリフェラル・ポインタを定義します．このためのコードの例を次に示します．

```
// ドライバ関数
int UART_putc(int ch ...) {
   {
   IOTKIT_UART_TypeDef * UART_PTR;
   ...
   if (check_uart0_is_Secure()) { //正しいポインタを自動的に選択
   UART_PTR = IOTKIT_SECURE_UART0;
   } else {
     UART_PTR = IOTKIT_UART0;
   }
   // バッファがフルの場合は待機
   while (UART_PTR->STATE & IOTKIT_UART_STATE_TXBF_Msk);
   UART_PTR->DATA = (uint32_t) ch;
   ...
}
```

　ペリフェラル・ポインタの選択に加えて，ペリフェラル・ドライバ・コードは，オプションでCMSEの事前定義マクロを利用して，ペリフェラル・ポインタ選択コードを条件付きでコンパイルできるようになります(必要なときに，前処理メソッドを使用して,セキュリティ設定を検出するコードを挿入します)．そうすることで，セキュアと非セキュアのソフトウェア開発者の両方が同じコードを使用できます．例えば，先述のセキュリティ設定を検出したコードを次のように変更できます．

```
// ドライバ関数
int UART_putc(int ch ...) {
   {
   IOTKIT_UART_TypeDef * UART_PTR;
   ...
#if defined (__ARM_FEATURE_CMSE) && (__ARM_FEATURE_CMSE == 3U)
   //セキュア・ソフトウェアは，セキュアと非セキュアのどちらのエイリアスからペリフェラルにアクセスするかを
   //決定する必要があるかもしれない
```

```
    if (check_uart0_is_Secure()) { //正しいポインタを自動的に選択
      UART_PTR = IOTKIT_SECURE_UART0;
    } else {
      UART_PTR = IOTKIT_UART0;
      }
#else
    //非セキュア・ソフトウェアは非セキュア・ペリフェラル・ポインタのみを使用
    UART_PTR = IOTKIT_UART0;
#endif
    //バッファがフルの場合は待機
    while (UART_PTR->STATE & IOTKIT_UART_STATE_TXBF_Msk);
    UART_PTR->DATA = (uint32_t) ch;
    ...
}
```

18.6.5.3 ペリフェラル割り込み

通常，システムは，非セキュア・ソフトウェアがセキュア例外を生成できるように構成すべきではありません．これは，サービス拒否やセキュア・ソフトウェアが予期していなかったセキュア割り込みイベントのトリガなどのセキュリティ攻撃を回避するためです．従って，ペリフェラルを非セキュアに設定する場合，その割り込みも非セキュアに(NVIC_ITNSレジスタを使用して)設定する必要があります．非セキュア・ソフトウェアがセキュア割り込み/例外を生成しても許容される場合が幾つかあります．これらは次のとおりです．

- フォールト例外の例：TrustZoneが使用されている場合，非セキュア動作によってトリガされたバス・エラーはセキュア状態を対象としたHardFault/BusFault例外が発生する
- プロセッサ間通信 (Inter-processor communications：IPC) の例：IPCメールボックスを持つシステムでは，セキュア・ソフトウェアは，非セキュア・ソフトウェアがセキュア・ソフトウェアに対してメッセージを生成することを許可する場合がある．

> 注意：通常，セキュア・ソフトウェアと非セキュア・ソフトウェアのプロジェクトが同じプロセッサ上で実行されている場合，セキュア・ソフトウェアにメッセージを送信するためには，セキュアAPIで十分．ただし，IPCメカニズムにより，セキュアと非セキュア・ソフトウェアのプロジェクトが異なるプロセッサ上で実行されている場合でも，メッセージの受け渡しを機能させることができる

18.6.6 その他の一般的な推奨事項

18.6.6.1 パラメータの受け渡し

CMSEの仕様に基づき，Cコンパイラがセキュリティ・ドメイン間の関数呼び出しにスタックを使用してパラメータを渡す機能をサポートすることは必須ではありません．セキュアAPIを作成していて，非セキュア・ソフトウェア開発者が使用するツールチェーンがこの機能をサポートしているかどうか分からない場合は，関数の受け渡しパラメータがレジスタのみを使用することを確認する必要があります．パラメータの受け渡しにスタックを使用する場合，より多くのソフトウェア・ステップを実行する必要があるため，パラメータの受け渡しにレジスタを使用すると性能が向上する可能性があります．セキュアAPIの操作で多数のパラメータが必要な場合，パラメータを個別に渡すのではなく，データ構造を定義してパラメータをグループ化し，そのデータ構造のポインタを単一のパラメータとしてセキュアAPIに渡すことができます．

18.6.6.2 XN (eXecute Never) 属性によるスタック，ヒープ，データRAMの定義

一般的に，MPUを使用して，スタックやヒープ，データに使用されるセキュアSRAM内の領域に対してXN

(eXecute Never)属性を設定するのは良い方法です．これは，セキュアSRAMの前述の領域には，さまざまな理由で非セキュア・ワールドから発信されたデータが含まれていることが多いからです．これらの理由の幾つかは次のとおりです．

- セキュアAPIの実行中に，処理のために非セキュア・ワールドからセキュア・ワールドにデータをコピーする必要が多くある
- レジスタ内の非セキュア・データは，セキュアAPI呼び出しとセキュア例外の間に，セキュア・スタックにプッシュされる可能性がある

セキュアMPUのXN属性を利用することで，コード・インジェクション攻撃のリスクを低減します．

18.6.6.3　メイン・スタックのスタック限界

一般的に，ソフトウェア開発者は，スタックがオーバフローするリスクを減らすために，スタック限界チェック機能を利用すべきです．ただし，ソフトウェア開発者は，スタック限界を設定する前に，どのくらいのスタック・スペースが必要かを見積もる必要があり，これは特にメイン・スタックを扱う場合に当てはまります．メイン・スタックはシステム例外（フォールト処理を含む）によって使用されるため，メイン・スタックの限界サイズが小さすぎると，幾つかのフォールト例外が機能しなくなります．

従って，ソフトウェア開発者は，過度にメイン・スタックを使用することになる多くのレベルにネストした割り込みの可能性を減らすために，多すぎる例外優先レベルの使用を避けるべきです．

18.6.6.4　スタック・アンダ・フロー攻撃の防止

場合によっては，例えばセキュア・スタックが空の場合（これは新しいスレッドが作成されたときに発生します），ハッカーが偽のEXC_RETURN，またはFNC_RETURN動作を使用してスタック・アンダ・フローのシナリオを誘発する可能性があります．スタック・メモリより上のメモリ内容は予測できない可能性があるため，スタック領域のすぐ上にある32ビット・データ値が，スタック・フレーム整合性署名と一致したり，セキュアな実行可能アドレス値と一致したりする可能性があります．このような事態が発生し，ハッカーが偽のEXC_RETURN，またはFNC_RETURN動作を使用して非セキュア・ワールドからセキュア・ワールドに切り替えた場合，この不正な動作は検出されない可能性があります．

前述の攻撃を確実に検出して停止させるために，セキュア・ソフトウェアの開発者は，スタック・メモリの2ワード（8バイト）を確保し，実際のスタック空間のすぐ上に特別な値0xFEF5EDA5を配置できます（図18.31）．

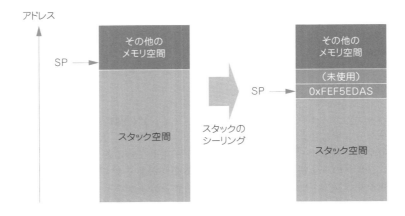

図18.31　スタック・アンダ・フロー攻撃を検出するためのスタックへの特別な値の追加

スタックをダブルワードでアラインさせておくためには，スタック・スペースに2ワードが必要です．前述の特別な値0xFEF5EDA5は，アドレス範囲0xE0000000～0xFFFFFFFFが実行不可能なのでプログラム・アドレスとして使用できないため，スタック・フレーム整合性署名と決して一致することはなく，偽のEXC_RETURN

18.6　セキュアなソフトウェア設計の考察

またはFNC_RETURN動作は常にフォールト例外を発生させることになります.

　この技法は，スタック・シーリングと呼ばれています. セキュア特権ソフトウェアは，CONTROL_S.SPSELビットを設定する前にセキュア・プロセス・スタックをシールする必要があり，また，スレッド・レベルに切り替えるときにもセキュア・メイン・スタックをシールする必要があります（18.6.6.8節）. この手法を適用することで，偽のEXC_RETURN，またはFNC_RETURN動作が常に検出されます.

18.6.6.5　不用意な侵入ポイントを防ぐために，セキュアなエントリ・ポイントを全てチェックする

　プロジェクト間でコードをコピーアンドペーストすることはよくあることなので，あるプロジェクトでセキュアなエントリ・ポイントとして宣言された関数が，別のプロジェクトではセキュアなエントリ・ポイントではない場合があります. そのため，関数のプロトタイプ宣言を確認して，セキュア・エントリ属性が誤ってコピーされないようにすることが重要です.

18.6.6.6　セキュア・ライブラリを非特権実行レベルに制限する

　セキュア・ソフトウェア・ライブラリを非特権レベルに制限する必要がある場合は，次のようにします.
- （a）セキュアCONTROLレジスタ（CONTROL_S）は，セキュア・スレッドが特権を持たず，プロセッサがスレッド・モードのときにスタック・ポインタとしてPSP_Sを使用するように設定する必要がある
- （b）セキュアMPUは，セキュア非特権ソフトウェアが特権メモリにアクセスできないように設定する必要がある
- （c）使用されるプロセッサがArmv8.1-M（Cortex-M55プロセッサなど）をベースにしている場合，ライブラリ・コード用のセキュアMPU領域は，その領域内のコードが非特権状態でのみ実行できるようにPXN MPU属性で構成する必要がある. このシナリオでは，ライブラリ・コード領域は，それ自身の非セキュアコール可能（NSC）領域を持つことができる. あるいは，同様の結果を得るために，システム・レベルの保護手段を実装することもできる. ただし，使用されているプロセッサがArmv8.0-Mプロセッサであり，特権状態でのライブラリの実行を防止するシステム・レベルのメカニズムが導入されていない場合，ライブラリ・コード・メモリ領域はNSC属性で構成されてはならない

18.6.6.7　セキュア関数のリエントラント性

　一部のセキュアAPIは，リエントラントをサポートしていない場合があり，その場合は，それらのセキュアAPI関数に関してリエントラントが発生しないようにするために，追加の対策を講じる必要があります. セキュアAPIのリエントラントは，次のシーケンスが発生した場合に発生します.
- （1）非セキュア・ソフトウェアが，セキュアAPIを呼び出す
- （2）プロセッサは，その後，非セキュア割り込みを行う
- （3）非セキュア・ソフトウェアは，その後，同じセキュアAFIを呼び出す

セキュアAPIがハンドラ・モードで実行する必要がある場合は，リエントラントをサポートするように設計する必要があります.

セキュアAPIがリエントラントを処理できない場合は，スレッド・モードを使用して非特権状態で実行する必要があります. このような状況では，ソフトウェア上の問題を防ぐために，次のようにする必要があります.
- Armv8.0-Mプロセッサを使用する場合，セキュアAPIに，API関数コードを実行する前に，前のAPI呼び出しがまだ進行中であるかどうかを検出するための追加のソフトウェア・ステップを実行する必要がある. これを行うための1つの方法は，ソフトウェアに単純な"APIビジー"フラグを実装することであるが，その場合，フラグのチェックと設定のシーケンスがスレッドセーフなステップであることを確認するように注意しなければならない. このスレッドセーフなステップは，LDREX/STREX命令を使用することで実現できる
- Armv8.1-Mプロセッサ（Cortex-M55など）を使用する場合，CCR_S.TRDビットを1にセットすると，リエントラントが発生したときに検出され，発生したときにフォールト例外がトリガされる（注意：CCR_S.TRDビットはスレッド・モードAPIの保護にのみ使用される）

第18章　セキュアなソフトウェア開発

18.6.6.8　セキュア・ハンドラは，例外ハンドラを非特権実行に切り替える際に，セキュア・メイン・スタックをシールする必要がある

　セキュア割り込みハンドラの中には，非特権レベルで実行する必要があるものがあります．その場合，セキュア割り込みは，まずセキュア・ファームウェア内のプロセスを実行してプロセッサを非特権レベルに切り替えてから，セキュア割り込みハンドラを実行する必要があります．切り替え処理では，SVC例外を使用し，SVCの例外リターンでは，偽のスタック・フレームを使用してプロセッサを非特権状態に切替えます．SVCハンドラは，プロセス・スタック上に偽のスタック・フレームを作成することに加えて，非特権ハンドラ・コードを開始する例外リターンを実行する前に，メイン・スタックをシールします（18.6.6.4節）．また，セキュア特権ソフトウェアが例外リターンを使用して，新しい非特権プロセスを作成する場合も，セキュア・メイン・スタックのシールが必要です．

18.6.6.9　セキュア・ワールドを使わない

　AIRCR.BFHFNMINSが1にセットされている場合，非セキュア・ソフトウェアがセキュア状態に再入しないように，次の対策が必要です．
  - 全てのNSC領域属性を無効にする
  - セキュア割り込みは無効にする必要がある
  - セキュア・スタックはシーリングする必要がある（18.6.6.4節）

18.6.6.10　PSA認証

　セキュア・ファームウェア開発に関しては，コード品質を確保するためのコード・レビューだけでなく，PSA（Platform Security Architecture）認証も検討する必要があります．"PSA認証"とは，セキュリティ製品に対する業界全体の信頼性を提供し，IoTセキュリティのより高い品質定義を可能にするIoT時代のセキュリティ評価スキームです．PSAの概要については，第22章で解説しています．PSA認証の要件に関する情報は本書の範囲外ですが，このトピックに関する詳しい情報は，`www.psacertified.org`にあります．

◆ **参考・引用＊文献** ……………………………………………………

(1)　Armアーキテクチャのプロシージャ・コール標準（AAPCS）
　　　https://developer.arm.com/documentation/ihi0042/latest
(2)　Armv8-M セキュリティ拡張：開発ツールの要件
　　　https://developer.arm.com/documentation/ecm0359818/latest
(3)　ACLE仕様
　　　https://developer.arm.com/architectures/system-architectures/software-standards/acle
(4)　Corstone-200/201 ファウンデーションIP：メモリ保護コントローラ
　　　https://developer.arm.com/documentation/ddi0571/e/programmers-model/ahb5-trustzone-memory-protection-controller
(5)　Corstone-200/201 ファウンデーションIP：AMBA AHB5 ペリフェラル保護コントローラ
　　　https://developer.arm.com/documentation/ddi0571/e/functional-description/ahb5-trustzone-peripheral-protection-controller/functional-description
(6)　Corstone-200/201 ファウンデーションIP：AMBA APB4ペリフェラル保護コントローラ
　　　https://developer.arm.com/documentation/ddi0571/e/functional-description/apb4-trustzone-peripheral-protection-controller/functional-description

第**19**章

Cortex-M33プロセッサでの ディジタル信号処理

Digital signal processing on the cortex-M33 processor

19.1 マイクロコントローラでDSP?

　ディジタル信号処理（Digital Signal Processing：DSP）には，数学的なアルゴリズムが幅広く含まれています．この包括的な用語には，オーディオやビデオ，測定，産業制御のアプリケーションが含まれます．ディジタル信号処理は，多くのマイクロコントローラ・アプリケーションにおける重要な要件の1つとなっています．2010年にArmv7-MアーキテクチャにDSP拡張機能を搭載したArm Cortex-M4プロセッサが登場して以来，信号処理アプリケーションにおけるCortex-Mベースのシステムの使用が大幅に増加しています．

　これらのアプリケーションの多くは，ポータブル・オーディオ・プレーヤなどのオーディオに焦点を当てており，2019年には，Cortex-M4システムがAmazon Alexa音声サービス（Alexa Voice Service：AVS）[注1]で使用されています．それだけでなく，Arm Cortex-Mプロセッサが他の形式の信号処理にも使用されているのを見てきましたが，これには次のようなものがあります．

- 携帯電話やウェアラブル・デバイスでのセンサ・フュージョン・アプリケーション
- 画像処理（例：OpenMVプロジェクト[注2]では画像処理にCortex-M7マイクロコントローラを使用）
- 音の検出と分析（例：ai3 – エントリ・レベルのCortex-M0プロセッサで動作するAudio Analytic社の音声検出ソフトウェア・ソリューション[注3]）
- 予知保全のための振動解析[注4]

表19.1　Cortex-MプロセッサのDSP処理機能

	積和演算（MAC）, 飽和調整	DSP拡張（SIMD,シングル・サイクルMAC,飽和演算命令）	ヘリウム（Mプロファイル・ベクトル拡張）
Cortex-M0, Cortex-M0+, Cortex-M23	-	-	-
Cortex-M3	Yes	-	-
Cortex-M4, Cortex-M7	Yes	Yes	-
Cortex-M33	Yes	オプション	-
Cortex-M55	Yes	Yes	オプション

注1：AWSプレスリリース：https://aws.amazon.com/about-aws/whats-new/2019/11/new-alexa-voice-integration-for-aws-iot-core-cost-effectively-brings-alexa-voice-to-any-connected-device/
注2：OpenMVプロジェクト：https://openmv.io/
注3：Cortex-M0マイクロコントローラ上で実行されるAudio Analytic ai3：https://www.audioanalytic.com/the-cortex-m0-challenge-part-one/
注4：STマイクロエレクトロニクスの予知保全に関する技術プレゼンテーション・スライド：https://www.st.com/content/ccc/fragment/corporate/event_information/event_image/group0/3b/11/0d/73/5f/5c/44/d1/IoT_World_ST_Industrial_Fault_Prediction/files/IoT_World_ST_Industrial_Fault_Prediction.pdf/jcr:content/translations/en.IoT_World_ST_Industrial_Fault_Prediction.pdf

第19章　Cortex-M33プロセッサでのディジタル信号処理

　Cortex-Mプロセッサ・ファミリのさまざまなメンバーは，異なるレベルの信号処理能力を持っています（**表19.1**）.

　Cortex-M33プロセッサは，オプション機能として，Cortex-M4とCortex-M7プロセッサと同じDSP命令セットをサポートしています．これらの命令は数値アルゴリズムを高速化し，外部のディジタル信号プロセッサを必要とせずに，Cortex-Mプロセッサ上で直接リアルタイム信号処理演算を実行できるようにします．この章では，DSP拡張の背景にある幾つかの動機から始めて，内積の計算を例に，この機能について簡単に解説していきます.

　引き続き，Cortex-M33命令セットを詳しく見ていき，このプロセッサのDSPコードを最適化するためのヒントやコツを紹介します．次の章（第20章）では，ArmがCortex-Mプロセッサ用に提供する既製の最適化DSPライブラリであるCMSIS-DSPライブラリを解説します.

19.2　なぜDSPアプリケーションにCortex-Mプロセッサを使用するのか？

　DSP機能を備えた最新のマイクロコントローラが登場する前は，ディジタル信号処理アプリケーションを実行するプロセッサを探しているときに最初に思い浮かぶのは，同じ頭文字を持つDSPと呼ばれるディジタル・シグナル・プロセッサです．DSPのアーキテクチャは，これらのアルゴリズムに見られる数学演算を実行するように最適化されています．しかし，ある意味，DSPは，特定の焦点に絞った演算には抜群の性能を発揮するのに，組み込みアプリケーションで見られる幾つかの要件に苦戦する，視野の狭い専門家のようでもあります.

　一方，マイクロコントローラは汎用で，ペリフェラルとのインターフェースやユーザ・インターフェースの処理，一般的な接続などの制御タスクを得意としています．その結果，マイクロコントローラは幅広いペリフェラルを備え，ADC，DAC，SPI，I²C/I³C，USB，Ethernetなどの共通インターフェースを持つ他のセンサやICとの接続が容易になりました．また，マイクロコントローラは，ポータブル製品に組み込まれてきた長い歴史があり，消費電力を最小限に抑え，優れたコード密度を実現することに重点が置かれています．しかし，多くの従来のマイクロコントローラは，高度な数学的アルゴリズムの計算をサポートするレジスタと適切な命令セットを欠いているため，必ずしもこれらの計算を実行するのに適しているとは限りません.

　近年のコネクテッド・デバイスのブームにより，マイクロコントローラとDSPの両方の機能を備えた製品が求められています．これは，マルチメディア・コンテンツを扱うデバイスを見れば明らかです．これらのデバイスには，ペリフェラルとの接続性とDSP処理能力の両方が必要とされます．従来，これらのコネクテッド・デバイスは，次のいずれかが備わっています.

- 2つの別々のチップ – 汎用マイクロコントローラとディジタル信号プロセッサ
- 1チップに，汎用プロセッサとディジタル信号プロセッサの両方を搭載

最新のCortex-Mベースのマイクロコントローラ，特にDSP命令拡張をサポートしているものは，一定レベルのDSP処理能力を必要とする幅広いアプリケーションをこれらのマイクロコントローラシステム上で実行可能にします．これには次の多くの利点があります.

- 回路基板上に専用のDSPチップが不要なため，製品コストと設計コストを削減できる
- 組み込み製品の開発者は，単一の開発ツールチェーンを使用して，アプリケーション全体を開発することができる
- 単一のプロセッサシステム上で，全てのソフトウェア・タスクを実行することで，ソフトウェアの複雑さを軽減する
- Cortex-MプロセッサのTrustZoneなどのIoTセキュリティ管理機能は，さまざまな信号処理アプリケーション（指紋などの生体認証データの処理など）に役立つ
- Cortex-Mプロセッサでは，そのRTOSサポート機能を利用して，コンテキスト切り替えのオーバヘッドをほとんど使わずに複数の信号処理スレッドを処理できる．それに比べて，多くのディジタル信号プロセッサは専用のRTOSのサポートがない

　マイクロコントローラの中には，複数のCortex-Mプロセッサを搭載しているものがありますが，これは，1つ以上のCortex-MプロセッサをDSP処理専用にできることを意味しており，DSP処理の負荷が重い場合に便利です．チップ内の他のプロセッサは，通信スタックの実行，ユーザ・インターフェース処理タスクの処理など，他の目的に使用できます．これらのデバイスには複数のプロセッサが搭載されていますが，ソフトウェア開発者は，これらのデバイス用のソフトウェアを開発するときに，単一のツールチェーンを使用できます．CoreSight

デバッグ・アーキテクチャでは，複数のCortex-Mプロセッサを搭載したマイクロコントローラ上でのマルチコア・デバッグが，汎用プロセッサとディジタル信号プロセッサを搭載したマルチコア・システムのデバッグよりも簡単です．これは，このようなシステムのデバッグには複数のデバッグ接続が必要になる可能性が高いためです．

CMSIS-DSPライブラリの利用により，Cortex-Mベースのシステム上でのDSPアプリケーション開発が非常に容易になりました．一方，特定のDSPアーキテクチャに精通した経験豊富なDSPソフトウェア開発者を見つけるのは非常に困難です．また，Cortex-Mベースの開発ボードは広く入手可能であり，ディジタル信号処理についての教育/学習の出発点としても理想的です．

Cortex-M33プロセッサは，ある程度のディジタル信号処理能力を必要とするアプリケーションには適していますが，多くの専用ディジタル信号プロセッサで実現されるような優れた信号処理性能を提供するように設計されていません．2020年にArmはCortex-M55プロセッサを発表しましたが，これは最新のミッドレンジのディジタル信号プロセッサに近い信号処理性能を提供するように設計されています．この性能レベルを達成するために，Cortex-M55プロセッサは，多くのベクトル演算を含む150以上の新しい命令を実装した拡張機能であるHelium技術をサポートしています．Cortex-M55プロセッサとArmv8.1-Mアーキテクチャは本書の範囲を超えているため，Heliumに関する情報はここでは詳しく説明しません．とはいえ，CMSIS-DSPライブラリは全てのArm Cortex-Mプロセッサで利用できるので，CMSIS-DSPライブラリを使ってArm Cortex-Mプロセッサ用に開発されたアプリケーションは，Cortex-M55ベースのデバイスに簡単に移行できます．

Cortex-M33プロセッサでは，DSP拡張はオプションなので注意してください．つまり，チップのターゲット用途が信号処理を含まない場合，また超低消費電力が優先度の高い場合，シリコンチップ設計者はDSP拡張を省略できます．DSP拡張を省略した場合でも（SIMDまたは飽和演算命令が利用できない場合），積和（MAC）命令と飽和調整命令の幾つかのバリエーションがまだ利用可能です．

Cortex-M33プロセッサとは異なり，Cortex-M23プロセッサにはDSP拡張機能がなく，同レベルの処理能力はありません．しかし，音声検出などの軽量な信号処理タスクや，比較的低いサンプリング・レートの信号（機械的振動の検出など）の解析に使用することは可能です．

19.3 内積の例

このセクションでは，DSPがどのようにして全体の性能を向上させるのかという点に着目して，DSPの顕著な特徴について説明します．信号処理に有用な処理アルゴリズムには多くの種類があります．低レベルのアルゴリズムの例としては，フィルタリング関数，変換，行列演算，ベクトル演算などがあります．これらの処理アルゴリズムの多くは，乗算と加算の一連の動作（積和演算）を伴うものであり，ここでは，積和を伴う幾つかの単純な関数から説明します．

例として，2つのベクトルを掛け合わせ，その積を要素ごとに累積する内積演算を見てみましょう（**図19.1**）．

入力$x[k]$と$y[k]$が32ビット値の配列であり，zに64ビット表現を使用したいと仮定します．そしてCコードでは，内積は次のように実装されます．

$$z = \sum_{k=0}^{N-1} x[k]y[k]$$

図19.1　内積の数学的表現

Cコードで実装された内積

```
int64_t dot_product (int32_t *x, int32_t *y, int32_t N) {
    int32_t xx, yy, k;
    int64_t sum = 0;
        for(k = 0; k < N; k++) {
            xx = *x++;
            yy = *y++;
            sum += xx * yy;
```

第19章　Cortex-M33プロセッサでのディジタル信号処理

```
            }
        return sum; }
```

　内積は，一連の乗算と加算で構成されます．この"積和"すなわち，MAC演算は，多くのDSP関数の中核をなしています．

　ここで，Cortex-M33プロセッサ上でのこのアルゴリズムの実行時間を考えてみましょう．メモリからのデータの取得とポインタのインクリメントは，わずか1クロック・サイクルで完了します．

```
    xx = *x++;  // 1 サイクル(ポスト・インクリメント・アドレッシング・モードでのLDR)
```

　同様に，次のフェッチにも1サイクルかかります．

```
    yy = *y++;  // 1サイクル
```

　1回のロード動作に2クロック・サイクルを要するCortex-M4プロセッサとは異なり，Cortex-M33プロセッサはメモリ・アクセス動作をわずかに高速化できます．

　積和演算(乗算と加算)は$32 \times 32 + 64$の形式で，Cortex-M33プロセッサは1つの命令でこれを行うことができます．理想的な状況では，積和演算は1サイクルで，連続して動作します．しかし，乗算演算のための入力データ(アキュムレータ値を含まない)が最後に実行された命令でレジスタ・バンクにロードされた場合，1サイクルのload-useペナルティが発生する可能性があります．

　ループ自体(前述のC言語のコード例で示されている)は，追加のオーバヘッドをもたらします．これには通常，ループ・カウンタをデクリメントしてから，ループの先頭に分岐する処理が含まれます．標準的なループ・オーバヘッドは，Cortex-M33プロセッサでは2 ～ 3サイクルです．従って，Cortex-M33では，内積の内側ループは，8サイクルで，実行時間はデータに依存します．

```
    xx = *x++.        // 1サイクル
    yy = *y++.        // 1サイクル
    sum += xx * yy ;  // 2サイクル(load-useペナルティのため1サイクル・パイプライン)
    (ループ・オーバヘッド)  // 4サイクル ループ・カウンタの更新と比較を含む
```

　内積関数全体は，次のようにアセンブリ・コードで書き換えることができます．

シンプルな内積のインライン・アセンブリ・コード

```
int64_t __attribute__((naked)) dot_product (int32_t *x, int32_t *y, int32_t N)
{
  __asm(
    " PUSH {R4-R5}\n\t"         /* 2サイクル*/
    " MOVS R4, #0\n\t"          /* 1サイクル*/
    " MOVS R5, #0\n\t"          /* 1サイクル*/
    "loop: \n\t"
  " LDR R3 , [R0], #4\n\t"      /* 1サイクル*/
    " LDR R12, [R1], #4\n\t"    /* 1サイクル*/
    " SMLAL R4, R5, R3, R12\n\t" /* 2サイクル- パイプライン・ハザード */
    " SUBS R2, R2, #1\n\t"      /* 1サイクル*/
    " BNE loop\n\t"             /* 3サイクル*/
    " MOVS R0, R5\n\t"          /* 1サイクル*/
```

```
    " MOVS R1, R4\n\t"                /* 1サイクル*/
    " POP {R4-R5}\n\t"                /* 2サイクル */
    " BX LR\n\t");                    /* 3サイクル */
}
```

命令の簡単な再スケジューリングで，SMLALのパイプライン・バブルを取り除き，内部ループを7サイクルに減らすことができます．

シンプルな内積のインライン・アセンブリ・コード

```
int64_t __attribute__((naked)) dot_product (int32_t *x, int32_t *y, int32_t N)
{
  __asm( " PUSH {R4-R5}\n\t"         /* 2サイクル*/
    " MOVS R4, #0\n\t"               /* 1サイクル*/
    " MOVS R5, #0\n\t"               /* 1サイクル*/
  "loop: \n\t"
    " LDR R3 , [R0], #4\n\t"         /* 1サイクル*/
    " LDR R12, [R1], #4\n\t"         /* 1サイクル*/
    " SUBS R2, R2, #1\n\t'           /* 1サイクル–LDRとSMLALの間に置かれる */
    " SMLAL R4, R5, R3, R12\n\t"     /* 1サイクル*/
    " BNE loop\n\t"                  /* 3サイクル*/
    " MOVS R0, R4\n\t"               /* 1サイクル*/
    " MOVS R1, R5\n\t"               /* 1サイクル*/
    " POP {R4-R5}\n\t"               /* 2サイクル*/
    " BX LR\n\t");                   /* 3サイクル*/
}
```

ループのオーバヘッドは，ループ・アンローリング（展開）を利用することで，減らすことができます．例えば，ベクトルの長さが4サンプルの倍数であることが分かっている場合，ループを4倍にアンロールできます．4サンプルを計算するには15サイクルが必要です．つまり，Cortex-M33では，内積演算に必要なサイクルは，1サンプル当たり3.75サイクルで，一方，Cortex-M4プロセッサでは，1サンプル当たり4.75サイクル必要で；Cortex-M3プロセッサでは，1サンプル当たり7.75〜11.75サイクルかかります．

シンプルな内積をループでアンローリング（展開）するインライン・アセンブリ・コード

```
int64_t __attribute__((naked)) dot_product (int32_t *x, int32_t *y, int32_t N)
{
  __asm( " PUSH {R4-R11}\n\t"        /* 8サイクル*/
    " MOVS R3, #0\n\t"               /* 1サイクル*/
    " MOVS R4, #0\n\t"               /* 1サイクル*/
  "loop: \n\t"
    " LDMIA R0 , {R5-R8}\n\t"        /* 4サイクル*/
    " LDMIA R1 , {R9-R12}\n\t"       /* 4サイクル*/
    " SMLAL R3, R4, R5, R9\n\t"      /* 1サイクル*/
    " SMLAL R3, R4, R6, R10\n\t"     /* 1サイクル*/
```

```
" SMLAL R3, R4, R7, R11\n\t"    /* 1サイクル*/
" SMLAL R3, R4, R8, R12\n\t"    /* 1サイクル*/
" SUBS R2, R2, #4\n\t"          /* 1サイクル*/
" BNE loop\n\t"                 /* 3サイクル*/
" MOVS R0, R3\n\t"              /* 1サイクル*/
" MOVS R1, R4\n\t"              /* 1サイクル*/
" POP {R4-R11}\n\t"             /* 8サイクル*/
" BX LR\n\t");                  /* 3サイクル*/
}
```

次にご注意ください．

- アセンブリ・コードの例は，手動で作成されている：Cコンパイラで生成されたコードは，ここで説明されているものとは全く異なるものに見えることがある
- 処理に必要なクロック・サイクル数は，メモリのウエイト・ステート（待機状態）に依存し，場合によっては，メモリ内の命令のアライメント（配置）に依存する

19.4 SIMD命令を利用して性能を向上させる

19.3節の内積の例では，SMLAL命令（MAC演算のひとつ）を使用しました．SMLAL命令はDSP拡張が実装されていない場合でも使用できます．DSP拡張が実装されている場合は，"単一命令，複数データ"（SIMD：Single-

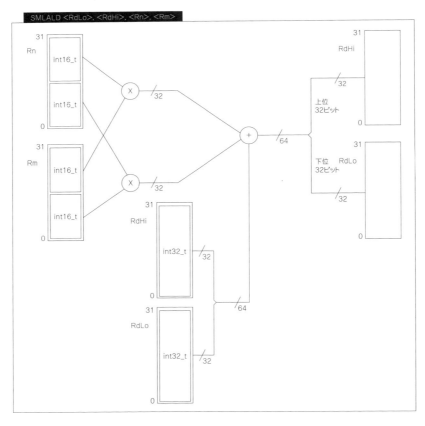

図19.2　SMLALD命令

Instruction, Multiple-Data)命令の機能を利用して，16ビットの内積演算の処理を高速化できます．

例えば，32ビットではなく16ビットのデータで内積演算を行う場合には，デュアルMAC命令であるSMLALDを使用できます．SMLALDの動作を図19.2に示します．

19.3節の内積の例の入力データ配列x[ ]とy[ ]が両方とも16ビットのデータに基づいている場合，1回のロード操作で2つのサンプルをロードできます．その結果，デュアルMAC動作全体（図19.3に示すように，ループ処理オーバヘッドを除く）にかかる時間はわずか3クロック・サイクル，つまりMAC当たりわずか1.5クロック・サイクルになります．

図19.3　SIMD演算による命令サイクル数の削減

19.3節で説明したように，ループ・アンローリング（展開）技術を利用することで，平均的なループ・オーバヘッドを削減できます．各デュアルMACが2つのデータ・サンプルを処理するため，ループ・カウンタのデクリメント値が4から8に変化することに注意してください．SIMD動作を利用して書き換えられた内積のアセンブリ・コードは次のとおりです．

SIMDとループ・アンローリングによるシンプルな内積のインライン・アセンブリ・コード

```
int64_t __attribute__((naked)) dot_product (int16_t *x, int16_t *y, int32_t N)
{
  __asm( " PUSH {R4-R11}\n\t"        /* 8サイクル */
     " MOVS R3, #0\n\t"              /* 1サイクル */
     " MOVS R4, #0\n\t"              /* 1サイクル */
  "loop: \n\t"
     " LDMIA R0 , {R5-R8}\n\t"       /* 4サイクル */
     " LDMIA R1 , {R9-R12}\n\t"      /* 4サイクル */
     " SMLALD R3, R4, R5, R9\n\t"    /* 1サイクル */
     " SMLALD R3, R4, R6, R10\n\t"   /* 1サイクル */
     " SMLALD R3, R4, R7, R11\n\t"   /* 1サイクル */
     " SMLALD R3, R4, R8, R12\n\t"   /* 1サイクル */
     " SUBS R2, R2, #8\n\t"          /* 1サイクル */
     " BNE loop\n\t"                 /* 3サイクル */
     " MOVS R0, R3\n\t"              /* 1サイクル */
     " MOVS R1, R4\n\t"              /* 1サイクル */
     " POP {R4-R11}\n\t"             /* 8サイクル */
     " BX LR\n\t");                  /* 3サイクル */
}
```

SIMDデュアルMACは，内積計算を行うことに加えて，有限インパルス応答（Finite Impulse Response：FIR）フィルタの処理など，他の多くのDSP処理タスクにも展開できます．例えば，図19.4に示されているFIRフィルタの点線の長方形はそれぞれ，デュアルMACとして実装できます．

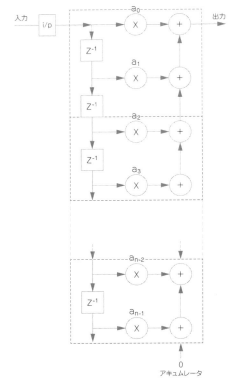

図19.4 FIRフィルタにおけるデュアルMACの使用

19.5 オーバフローへの対応

19.3節の内積の例では，入力データは32ビット幅で，アキュムレータは64ビット幅です．MAC演算の入力値が入力値範囲の限界に近いことが多く，配列の要素数が多い場合には，乗算結果が64ビットになるため，累積演算がオーバフローしやすくなる可能性があります．

この問題を解決するために，多くの従来のDSPでは，乗算結果の幅よりも広い専用のアキュムレータ・レジスタを使用しています．例えば，幾つかの従来のDSP（例えば，アナログデバイセズのSHARCプロセッサ）では，80ビットの幅を持つ専用のアキュムレータ・レジスタが利用可能であるため，この問題が発生しません．

しかし，Cortex-M33プロセッサには専用のアキュムレータ・レジスタがありません．従って，アプリケーション開発者は，前述の問題を回避するために，入力データ値の範囲を単純に制限して，アキュムレータがオーバフローする可能性を減らすことができます．ありがたいことに，ほとんどの信号処理アプリケーションでは，オーディオ信号のような入力ソースのデータ値は，16ビット〜24ビットのサイズしかありません．データ処理が固定小数点フォーマットで行われる場合，入力データ値はそれに応じてスケーリングされ，オーバフローの可能性を減らすことができます．

幾つかの事例では，オーバフローの発生を防ぐために入力データをスケーリングすることは現実的ではありません．例えば，SIMDを利用して処理性能を最大化したい場合，入力データの値はすでに16ビット（整数データでは-32768〜+32767）に制限されているため，そうすることはできません．この問題を解決するために，Cortex-M33プロセッサのDSP拡張は，飽和演算をサポートしています．2の補数演算の標準的な動作ではオーバフロー値で計算結果が反転してしまいますが，飽和演算では，演算結果を最大値（例：16ビット値の場合は+32767）または最小値（例：16ビット値の場合は-32768）に制限します．図19.5に示す波形を考えてみましょう．この例では，波形は16ビットの整数で表され，-32768〜+32767の範囲に制限されています．図19.5（a）のプロットは理想的な結果を示していますが，許容範囲を超えています．図19.5（b）のプロットは，標準的な2の補数加算を使用した場合の結果の折り返し方を示しています．図19.5（c）のプロットは，飽和した結果を示しています．

19.6 信号処理のためのデータ型の紹介

信号はわずかにクリップしていますが，サイン波として認識できます．

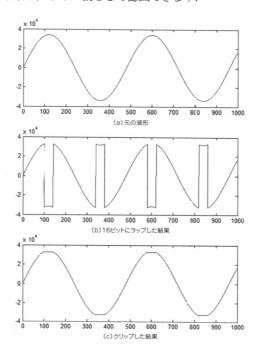

図19.5 飽和の有無による処理の効果．上の図は理想的な処理結果を示しているが，16ビットの許容範囲を超えている．中央のプロットは16ビットで反転した結果で，ひずみが激しい．下のプロットは，許容範囲内に飽和した結果であり，ひずみは軽度である

基本的な飽和算術演算は，Cortex-M33プロセッサ，他のArmv8-Mメインライン・プロセッサ，Cortex-M4とCortex-M7プロセッサのDSP拡張でサポートされています．このプロセッサは，飽和加算命令と飽和減算命令を提供しますが，飽和MAC命令は提供しません．飽和MAC命令を実行するには，2つの値を別々に乗算してから飽和加算を実行する必要があります．これには，さらに1クロック・サイクルが必要です．

19.6 信号処理のためのデータ型の紹介

19.6.1 固定小数点データ形式が必要な理由

信号処理の詳細に入る前に，組み込みプロセッサ・システムで信号値がどのように表現されるかを理解する必要があります．信号処理には，次のさまざまなデータ型を使用できます．
- さまざまなサイズの整数
- 浮動小数点値（単精度，倍精度など）
- さまざまなサイズの固定小数点

浮動小数点データ形式は信号値に非常に広いダイナミックレンジを提供するため，多くの信号処理アプリケーションでは，浮動小数点をサポートすることで信号処理アルゴリズムを簡単に実装できます．しかし，多くの従来の組み込みプロセッサ（一部のレガシー・ディジタル・シグナル・プロセッサを含む）は，浮動小数点ユニット（FPU）ハードウェアをサポートしておらず，浮動小数点計算を処理するためにソフトウェア・エミュレーションに依存しています．しかし，ソフトウェア・エミュレーションは非常に遅くなることがあります（最大で10倍遅くなります）．同時に，小数値で表現する必要性もしばしばあります．スケーリング比を追加した整数を使用しても動作しますが，異なるデータ型間で値を転送する場合，エラーが発生しやすくなります．

この問題を解決するために，整数演算で小数値を処理できる固定小数点フォーマットが導入されました．多くの信号処理アルゴリズムは固定小数点フォーマットを使用して開発され，整数演算命令を使用して計算を処理す

ることができますが - 信号値のダイナミック・レンジはある程度妥協が必要です．しかし，多くの組み込みプロセッサは浮動小数点演算命令を実行するために複数のクロック・サイクルを必要とするため，固定小数点演算は浮動小数点演算に比べて高い性能を達成する可能性があります．比較すると，整数処理命令は通常1クロック・サイクルで実行されます．

19.6.2 固定小数点データ演算

固定小数点データ型は信号処理で一般的に使用されていますが，多くのソフトウェア・プログラムには馴染みがありません．そのため，このセクションではそれらを紹介し，その利点を詳しく説明しています．

固定小数点データ演算では，通常の整数データ型（8ビット，16ビット，32ビットなど）を使用し，ビット・フィールドを複数の部分に分割します（図19.6）．通常，これらのデータ値は符号付きであるため，ほとんどの場合，MSB（最上位ビット）が符号ビットとして使用されます．データの残りのビットは，整数部と小数部に分割されます．整数部と小数部の分割のためのビット位置は，基数点と呼ばれています．

基数点の選択はアプリケーションに依存します．整数部分を省略して，符号ビットと小数部分だけにすることも可能です（表19.2）．この構成は，さまざまな組み込みアプリケーションで非常に一般的です．

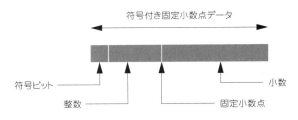

図19.6　一般化された固定小数点データ形式の表現

表19.2　一般的な固定小数点データ型

一般的な固定小数点データ型	プログラミングにおけるデータ型定義	符号ビット数	整数ビット数	小数ビット数
q0.7（q7 とも呼ばれる）	q7_t	1	0	7
q0.15（q15 とも呼ばれる）	q15_t	1	0	15
q0.31（q31 とも呼ばれる）	q31_t	1	0	31

整数ビットと小数ビットのフィールドの分割には，他の構成を使用できます．例えば，8ビットの符号付きデータでは，次のような固定小数点データ型を持つことができます（表19.3）．

表19.3　さまざまな基数点の配置が可能

8ビット固定小数点データ型	符号ビット数	整数ビット数	小数ビット数
q0.7	1	0	7
q1.6	1	1	6
q2.5	1	2	5
q3.4	1	3	4
q4.3	1	4	3
q5.5	1	5	2
q6.7	1	6	1
q7.0（符号付き整数データと同じ）	1	7	0

標準的な2の補数表現を用いたNビット符号付き整数は，$[-2^{(N-1)}, 2^{(N-1)} - 1]$の範囲の値を表します．$N$ビットの小数を表す整数は，$2^{(N-1)}$で暗黙のうちに除算され，$[-1, 1 - 2^{-(N-1)}]$の範囲の値を表します．$I$が整数値の場合，$F = \dfrac{I}{2^{(N-1)}}$ は対応する小数値になります．8ビットの小数値は次の範囲にあります．

$$\left[\frac{-2^7}{2^7}, \frac{2^7-1}{2^7}\right] \text{ すなわち } [-1, 1-2^{-7}]$$

2進法では，幾つかの一般的な符号付き2の補数値は次のように表されます．

最大	=	01111111	$= 1 - 2^{-7}$
最小の正数	=	00000001	$= 2^{-7}$
ゼロ	=	00000000	$= 0$
最小の負数	=	11111111	$= -2^{-7}$
最小	=	10000000	$= 1$

同様に，16ビットの小数値は次の範囲内にあります．

$$[-1, 1-2^{-15}]$$

8ビットと16ビットの小数表現では，値の範囲がほぼ同じであることに注意してください．これは，特定の整数の範囲を覚えておく必要がなく，−1から +1程度までを覚えておけばよいので，数学アルゴリズムのスケーリングが簡単になります．

8ビットの小数値がなぜ "q8_t" ではなく "q7_t" と名前が付いているのか不思議に思うかもしれません．その理由は，表現の中に暗黙の符号ビットがあり，実際には7つの小数ビットしかないからです．個々のビット値は次になっています．

$$\left[S, \frac{1}{2}, \frac{1}{4}, \frac{1}{8}, \frac{1}{16}, \frac{1}{32}, \frac{1}{64}, \frac{1}{128}\right]$$

ここで，Sは符号ビットを表します．小数を表す整数を一般化して，整数ビットと小数ビットの両方を含むようにできます．Qm.nは，符号ビットが1，整数ビットがm，小数ビットがnの固定小数点データを指します．例えば，q0.7は，上記で解説し，よく知られた8ビットのデータ型（q7_t）で，符号ビット1，整数ビットなし，小数ビットは7つあります．q8.7は，符号ビット1，整数ビット8，小数ビット7の16ビットの固定小数点データです．ビット値は次のとおりです．

$$\left[S, 128, 64, 32, 16, 8, 4, 2, 1, \frac{1}{2}, \frac{1}{4}, \frac{1}{8}, \frac{1}{16}, \frac{1}{32}, \frac{1}{64}, \frac{1}{128}\right]$$

整数ビットは，信号処理アルゴリズムにおいてガード・ビットとして使用できます．

小数値は整数で表され，整数変数またはレジスタに格納されます．小数値の足し算は，整数の足し算と同じです．しかし，乗算は根本的に異なります．2つのNビットの整数を乗算すると，$2N$ビットの結果が得られます．結果をNビットに切り捨てる必要がある場合は，通常は下位Nビットを取ります．

小数値は[−1 +1]の範囲にあるので，2つの値を乗算すると，同じ[注5]データ結果範囲の結果が得られます．2つのNビットの小数値を掛け合わせるとどうなるかを次で見てみましょう．

$$\frac{I_1}{2^{(N-1)}} \times \frac{I_2}{2^{(N-1)}}$$

最終的には$2N$ビットの結果が得られます．

$$\frac{I_1 I_2}{2^{(2N-2)}}$$

注5：これが唯一破綻するのは，ほぼ (-1) × (-1) を掛けて +1を得る場合です．この値は技術的には許容範囲から1LSB外れているので，許容範囲内の最大の正の値に切り捨てる必要があります．

ここでI_1I_2は標準的な整数の乗算です．結果は$2N$ビットの長さであり2^{2N-2}を分母に含む場合，これはq1.$(2N-2)$の数を表します．例えば，2つの0.5の8ビットq0.7固定小数点データ（バイナリ01000000）の場合，その整数の乗算結果は0x1000（バイナリ0001_0000_0000_0000_0000）となります．ご存じのように，結果は0.25であるはずなので，これは0x2000であるはずです．これをq0.$(2N-1)$の小数に変換するには，1ビット左にシフトします．あるいは，次のいずれかの方法でq0.$(N-1)$ビット数に変換することもできます．

(1) 1ビット左シフトして上位Nビットを取る
(2) $N-1$ビット右シフトして，下位Nビットを取る

これらの演算は，結果が[-1 +1]の範囲に戻る真の小数乗算を説明しています．

Cortex-Mプロセッサでは，(1)のアプローチを小数乗算に使用しますが，1ビット左シフトを省略しています．概念的には，結果は1ビット分スケール・ダウンされ，[-1/2 +1/2]の範囲になります．アルゴリズムを開発するときは，省略しているビット・シフトをいつかは考慮する必要があることを念頭に置いておく必要があります．

19.6.3　SIMDデータ

DSP拡張機能が実装されている場合，Cortex-M33プロセッサは，パックされた8ビットまたは16ビットの整数で動作するSIMD命令も提供します．32ビット・レジスタは，次に図示するように，1×32ビット値，2×16ビット値，または4×8ビット値のいずれかを保持できます（図19.7）．

図19.7　SIMDデータ

8ビットまたは16ビットのデータ型で動作する命令は，完全な32ビット精度を必要としないデータ（ビデオまたはオーディオ・データなど）を処理するのに便利です．ソフトウェア開発者は固定小数点データ型のSIMD演算を利用でき，CMSIS-DSPライブラリのプログラム・コードの多くはすでにこの方法で最適化されています．

CコードでSIMD命令を使用するには，int32_t変数に値をロードしてから，対応するSIMD組み込み命令を呼び出します．

19.7　Cortex-M33 DSP命令

Cortex-M33プロセッサ用のDSP拡張で使用できる命令は，Cortex-M4とCortex-M7プロセッサのものと同じです．これらの命令は，通常のレジスタ・バンク内のデータで動作し：Cortex-Mプロセッサには，16個の32ビット・レジスタを含むコア・レジスタ・セットがあります．次のように，下位の13個のレジスタR0～R12は，汎用で，中間変数やポインタ，関数引数，戻り値を格納できます．上位3つのレジスタは，特別な目的のために予約されています．

```
R0 ～ R12 － 汎用
R13  －  スタック・ポインタ   ［予約済み］
R14  －  リンク・レジスタ    ［予約済み］
R15  －  プログラム・カウンタ ［予約済み］
```

コードを最適化するときには，レジスタ・セットが13個の中間値しか保持できないことを覚えておく必要があります．これを超えると，コンパイラは中間値をスタックに保存する必要があり，アプリケーションの性能が低下します．19.3節の内積のCコードの例を考えてみましょう．必要なレジスタは次のとおりです．

```
x  －  ポインタ
y  －  ポインタ
xx －  32ビット整数
yy －  32ビット整数
```

z － 64ビット整数［2つのレジスタが必要］
k － ループ・カウンタ

　この関数は合計で7つのレジスタを必要とします．内積演算はかなり基本的なものですが，すでに半分のレジスタが使用されています．
　Cortex-M33プロセッサのオプションの浮動小数点ユニット（Floating-Point Unit：FPU）には，独自のレジスタ・セットがあります．この拡張レジスタ・ファイルには，S0 ～ S31とラベル付けされた32個の単精度レジスタ（各32ビット）が含まれています．浮動小数点コードの明白な利点の1つは，これらの追加の32レジスタにアクセスできることです．R0 ～ R12は整数変数（ポインタ，カウンタなど）を保持するために使用でき，合計45個のレジスタがCコンパイラで使用できます．後述しますが，浮動小数点演算は整数演算よりも一般的に遅いですが，追加のレジスタによって，特に高速フーリエ変換（Fast Fourier Transforms：FFT）のようなより複雑な関数の場合，効率的なコードにつながる可能性があります．賢いC言語のコンパイラは，整数演算を行う場合に浮動小数点レジスタを利用します．中間結果はスタックではなく，浮動小数点レジスタ・ファイルに格納され，これは，レジスタからレジスタへの転送が1サイクルであるのに対し，レジスタからメモリへの転送は，メモリ・アクセスにウエイトステートがある場合，複数のクロック・サイクルが必要になる可能性があるためです．
　Cortex-M33 DSP命令を使用するには，まずメインのCMSISファイルcore_cm33.hをインクルードします（これは，デバイス・ヘッダ・ファイルを"インクルード"するときに自動的に読み込まれます）．これは，次に示すように，さまざまな整数，浮動小数点，および固定小数点のデータ型を定義しています．

符号付き整数

```
int8_t    8ビット
int16_t  16ビット
int32_t  32ビット
int64_t  64ビット
```

符号なし整数

```
uint8_t    8ビット
uint16_t  16ビット
uint32_t  32ビット
uint64_t  64ビット
```

浮動小数点

```
float32_t 単精度32ビット
float64_t 倍精度64ビット
```

固定小数点

```
q7_t    8ビット
q15_t  16ビット
q31_t  32ビット
q63_t  64ビット
```

19.7.1　ロードとストア命令

　32ビットのデータ値のロードとストアは，標準的なCコンストラクトで行うことができます．Cortex-M33プロセッサでは，各ロード命令またはストア命令の実行に1サイクルかかります．ただし，読み出しデータはパイプ

第19章 Cortex-M33プロセッサでのディジタル信号処理

ラインの第3段でプロセッサにフェッチされます．もし後続の命令がパイプラインの第2段ですぐに読み出しデータを処理しようとすると，パイプラインを1サイクル停止（ストール）させなければなりません．しかし，データ・ロードとデータ処理の間に他の有用な命令をスケジュールすることによって，このパイプラインのストールを回避できます．

このパイプライン特性は，1つのデータ・ロード命令に2サイクルを要し，それ以降のロードまたはストアに1サイクルを要するCortex-M3とCortex-M4プロセッサとは異なるので注意してください．これらのプロセッサを使用する場合は，可能な限り，ロードとストアを一緒にグループ化して，1サイクル節約できる状況を生かして下さい．

パックされたSIMDデータをロードまたはストアするには，データを保持するためのint32_t変数を定義します．その後，CMSISライブラリに含まれる__SIMD32マクロを使用してロードとストアを実行します．例えば，1つの命令で4つの8ビット値をロードするには，次のようにします．

```
q7_t *pSrc *pDst ;
int32_t x ;
x = *__SIMD32(pSrc)++;
```

これはまた，pSrcを32ビットのワードでインクリメントします（次のグループの4つの8ビット値を指すように）．データをメモリに戻すには，次を使います．

```
*_SIMD32(pDst)++ = x;
```

このマクロは，パックされた16ビット・データにも適用されます．

```
q15_t *pSrc *pDst ;
int32_t x ;
x = *__SIMD32(pSrc)++;
*__SIMD32(pDst)++ = x;
```

19.7.2 算術命令

この節では，DSPアルゴリズムで最も頻繁に使用されるCortex-M算術演算について説明します．目的は，全てのCortex-M算術命令を網羅することではなく，実際に最も頻繁に使用されているものを強調することです．実際には，使用可能な命令のごく一部しか取り上げていません．次に焦点を当てています．

符号付きデータ	［符号なしは無視］
浮動小数点	
小数整数	［標準的な整数演算は無視］
十分な精度	［32ビットまたは64ビットアキュムレータ］

また，32ビット・レジスタ内の16ビット・ワードの上位または下位の位置に基づくバリアントや丸め，加算／減算バリアント，キャリー・ビットの小数演算も無視しています．これらの命令は使用頻度が低いので無視していますが，このセクションの内容を理解すれば，他のバリアントに適用するのは簡単なはずです．

命令は，Cコンパイラがどのように呼び出すかによって異なります．場合によっては，標準のCコードに基づいて，コンパイラが使用すべき正しい命令を決定します．例えば，小数の足し算は次のようにして実行されます．

```
z = x + y;
```

他のケースでは，イディオムを使用する必要があります．これは，コンパイラが認識し，適切な単一命令にマッ

616

ピングする，あらかじめ定義されたCコードのスニペットです．例えば，32ビット・ワードのバイト0と1, をバイト2と3で入れ替えるには，次のようなイディオムを使用します．

```
(((x&0xff)<<8)|((x&0xff00)>>8)|((x&0xff0000C0)>>8)|((x&0x00ff0000)<<8));
```

コンパイラはこれを認識し，1つのREV16命令にマッピングします．

そして最後に，基本的な命令に対応するC言語構文がなく，その命令は組み込み関数を介してのみ呼び出すことができる場合があります．例えば，32ビットの飽和加算を行うには，次のようにします．

```
z = __QADD(x, y);
```

一般的に，イディオムは標準のCコンストラクトであり，プロセッサやコンパイラ間での移植性を提供するため，イディオムを使用する方が良いでしょう．この章で説明するイディオムは，Keil Microcontroller Development Kit（MDK）に適用され　そのイディオムは正確に1つのCortex-M命令にマップされます．コンパイラによってはイディオムを完全にサポートしておらず，複数の命令が生成される場合があります．どのイディオムがサポートされているか，また，それらがどのようにCortex-M命令にマップされているかについては，コンパイラのドキュメントを確認してください．これに関する情報は，CMSISリファレンスページに掲載されています：https://arm-software.github.io/CMSIS_5/Core/html/group__intrinsic__SIMD__gr.html.

19.7.2.1 32ビット整数命令

ADD – 32ビット加算

飽和なしの標準的な32ビット加算 – オーバフローの状況になる可能性があります．int32_tとq31_tの両方のデータ型をサポートしています．

プロセッサ・サポート：全てのCortex-Mプロセッサ［1サイクルかかる］

Cコード例

```
q31_t x, y, z;
z = x + y;
```

SUB – 32ビット減算

飽和なしの標準的な32ビット減算 – オーバフローの状況になる可能性があります．int32_tとq31_tの両方のデータ型をサポートしています．

プロセッサ・サポート：全てのCortex-Mプロセッサ［1サイクルかかる］

Cコード例

```
q31_t x, y, z;
z = x - y;
```

SMULL – 符号付きロング乗算

2つの32ビット整数を乗算し，64ビットの結果を返します．これは，高精度を維持しつつ，小数データの積を計算するのに便利です．

プロセッサ・サポート：Cortex-M3［3〜7サイクルかかる］およびCortex-M4，Cortex-M7，Cortex-M33，Cortex-M55［1サイクルかかる］

Cコード例

第19章　Cortex-M33プロセッサでのディジタル信号処理

```
int32_t x, y ;
int64_t z ;
z = (int64_t) x * y ;
```

SMLAL – 符号付きロング積和

2つの32ビット整数を乗算し，64ビットの結果を64ビットのアキュムレータに加算します．これは，高精度を維持しつつ，小数データのMACを計算するのに便利です．

プロセッサ・サポート：Cortex-M3［3 〜 7サイクル］，Cortex-M4，Cortex-M7，Cortex-M33，Cortex-M55［1サイクル］

Cコード例

```
int32_t x, y ;
int64_t acc ;
acc += (int64_t) x * y ;
```

SSAT – 符号付き飽和

符号付き整数xを指定されたビット位置Bで飽和させます．結果は次の範囲に飽和されます．

$$-2^{B-1} \leq x \leq 2^{B-1} - 1$$

ここでB=1, 2, … 32です．この命令は，Cコードでは，組み込み関数を介してのみ利用可能です．

```
int32_t __SSAT(int32_t x, uint32_t B)
```

プロセッサ・サポート：全てのArmv7-MおよびArmv8-Mメインライン・プロセッサ［1サイクルかかる］

Cコード例

```
int32_t x, y ;
y = __SSAT(x, 16);  // 16ビットの精度で飽和させます
```

SMMUL – 上位32ビットを返す32ビット乗算

小数q31_tの乗算（結果が左に1ビット・シフトされた場合）．2つの32ビット整数を乗算し，64ビットの結果を生成し，結果の上位32ビットを返します．

プロセッサ・サポート：Cortex-M4，Cortex-M7，Armv8-M DSP拡張機能付きメインライン・プロセッサ［1サイクルかかる］

この命令は，次のイディオムを介してCコードで利用できます．

```
(int32_t) (((int64_t) x * y) >> 32)
```

Cコード例

```
// 真の小数乗算を行いますが，結果の最下位ビットを失います
int32_t x, y, z ;
z = (int32_t) (((int64_t) x * y) >> 32) ;
z <<= 1;
```

関連する命令にSMULLRがあり，これは単純に切り捨てるのではなく，64ビットの乗算結果を丸めます．丸め

の命令は，わずかに高い精度を提供します．SMULLRは次のイディオムを使ってアクセスします.

```
(int32_t) (((int64_t) x * y + 0x80000000LL) >> 32)
```

SMMLA – 上位32ビットを累積する32ビット乗算

小数q31_tのMAC（Multiply-and-Accumulate）．2つの32ビット整数を乗算し，64ビットの結果を生成し，その結果の上位ビットを32ビットのアキュムレータに加算します.

プロセッサ・サポート：Cortex-M4，Cortex-M7，Armv8-M DSP拡張機能付きメインライン・プロセッサ[1サイクルかかる]

この命令は，次のイディオムを介してCコードで利用できます.

```
(int32_t) (((int64_t) x * y + ((int64_t) acc << 32)) >> 32) ;
```

Cコード例

```
// 真の小数MACを実行
int32_t x, y, acc ;
acc = (int32_t) (((int64_t) x * y + ((int64_t) acc << 32)) >> 32) ;
acc <<= 1;
```

関連する命令には，丸めを含むSMMLARと，加算ではなく減算を行うSMMLSがあります.

QADD – 32ビット飽和加算

2つの符号付き整数（または小数整数）を加算し，結果を飽和させます．正の値は0x7FFFFFFFに，負の値は0x80000000に飽和します.

この命令は，Cコードでは組み込み関数を介してのみ利用可能です.

```
int32_t __QADD(int32_t x, uint32_t y)
```

プロセッサ・サポート：Cortex-M4，Cortex-M7，Armv8-M DSP拡張機能付きメインライン・プロセッサ[1サイクルかかる]

Cコード例

```
int32_t x, y, z;
z = __QADD(x, y);
```

関連する命令
QSUB – 32ビット飽和減算

SDIV – 32ビット除算

2つの32ビット値を除算し，32ビットの結果を返します.
プロセッサ・サポート：Armv7-MとArmv8-Mプロセッサ[2〜12サイクルかかる]

Cコード例

```
int32_t x, y, z;
z = x / y;
```

第19章　Cortex-M33プロセッサでのディジタル信号処理

19.7.2.2　16ビット整数命令

SADD16 - デュアル16ビット加算
SIMDを使用して2つの16ビット値を加算します．オーバフローが発生した場合は，結果が折り返されます．
プロセッサ・サポート：Cortex-M4，Cortex-M7，Armv8-M DSP拡張機能付きメインライン・プロセッサ［1サイクルかかる］

Cコード例

```
int32_t x, y, z;
z = __SADD16(x, y);
```

関連命令
SSUB16 - デュアル16ビット減算

QADD16 - デュアル16ビット飽和加算
SIMDを使用して2つの16ビット値を加算します．オーバフローが発生した場合，結果は飽和状態になります．正の値は0x7FFFに，負の値は0x8000に飽和します．
プロセッサ・サポート：Cortex-M4，Cortex-M7，Armv8-M DSP拡張機能付きメインライン・プロセッサ［1サイクルかかる］

Cコード例

```
int32_t x, y, z;
z = __QADD16(x, y);
```

関連命令
QSUB16 - デュアル16ビット飽和減算

SSAT16 - デュアル16ビット飽和
2つの符号付き16ビット値をビット位置Bで飽和させます．結果の値は次の範囲に飽和します．

$$-2^{B-1} \leq x \leq 2^{B-1} - 1$$

ここで，B = 1, 2, … 16．この命令は，Cコードでは，組み込み関数を介してのみ利用可能です．

```
int32_t __ssat16(int32_t x, uint32_t B)
```

プロセッサ・サポート：Cortex-M4，Cortex-M7，Armv8-M DSP拡張機能付きメインライン・プロセッサ［1サイクルかかる］

Cコード例

```
int32_t x, y ;
y = __SSAT16(x, 12); // ビット12で飽和させる
```

SMLABB - Q設定16ビット符号付き乗算，32ビット累積，ボトム・バイ・ボトム
2つのレジスタの下位16ビットを乗算し，その結果を32ビット・アキュムレータに加算します．加算中にオーバフローが発生した場合，結果は折り返されます．

プロセッサ・サポート：Cortex-M4，Cortex-M7，Armv8-M DSP拡張機能付きメインライン・プロセッサ［1サイクルかかる］

この命令は，標準的な算術演算を使用したCコードで利用できます．

```
int16_t x, y ;
int32_t acc1, acc2 ;
acc2 = acc1 + (x * y);
```

SMLAD – Q設定シングル32ビット・アキュムレータによるデュアル16ビット符号付き乗算

2つの符号付き16ビット値を乗算し，両方の結果を一つの32ビット・アキュムレータに加算します．（トップ*トップ)＋(ボトム*ボトム)．加算中にオーバフローが発生した場合，結果は折り返されます．これはSMLABBのSIMD版です．

プロセッサ・サポート：Cortex-M4，Cortex-M7，Armv8-M DSP拡張機能付きメインライン・プロセッサ［1サイクルかかる］

この命令は，Cコードでは組み込み関数を使用して利用できます．

```
sum = __SMLAD(x, y, z)
```

概念的には，組み込み関数は次の動作を実行します．

```
sum = z + ((short)(x>>16) * (short)(y>>16)) + ((short)x * (short)y)
```

関連命令

SMLADX – デュアル16ビット符号付き乗算加算と32ビット累積(トップ*ボトム)＋(ボトム*トップ)

SMLALBB – 16ビット符号付き乗算と64ビット累積，ボトム・バイ・ボトム

2つのレジスタの下位16ビットを乗算し，その結果を64ビットのアキュムレータに加算します．

プロセッサ・サポート：Cortex-M4，Cortex-M7，Armv8-M DSP拡張機能付きメインライン・プロセッサ［1サイクルかかる］

この命令は，標準的な算術演算を使用してCコードで利用できます．

```
int16_t x, y ;
int64_t acc1, acc2 ;
acc2 = acc1 + (x * y);
```

SMLALBT，SMLALTB，SMLALTTもご参照ください．

SMLALD – デュアル16ビット符号付き乗算とシングル64ビット累積

2つの16ビットの乗算を実行し，両方の結果を64ビットのアキュムレータに加算します．（トップ*トップ)＋(ボトム*ボトム)．累積中にオーバフローが発生した場合は，結果は折り返されます．この命令はCコードでは，組み込み関数を介してのみ使用できます．

```
uint64_t __SMLALD(uint32_t val1, uint32_t val2, uint64_t val3)
```

Cコード例

```
// 2つの16ビット値をパックした入力引数
// x[31:16] x[15:0], y[15:0]
uint32_t x, y;
```

第19章　Cortex-M33プロセッサでのディジタル信号処理

```
// 64ビット・アキュムレータ
uint64_t acc ;
// acc += x[31:15]*y[31:15] + x[15:0]*y[15:0] を計算
acc = __SMLALD(x, y, acc);
```

関連命令
SMLSLD – デュアル16ビット符号付き乗算減算，64ビット累積
SMLALDX – デュアル16ビット符号付き乗算加算，64ビット累積，（トップ*ボトム）+（ボトム*トップ）

19.7.2.3　8ビット整数命令

SADD8 – クワッド8ビット加算
SIMDを使用して4つの8ビット値を加算します．オーバフローが発生した場合は，結果が折り返されます．
プロセッサ・サポート：Cortex-M4，Cortex-M7，Armv8-M DSP拡張機能付きメインライン・プロセッサ［1サイクルかかる］

Cコード例

```
// 入力引数にはそれぞれ4つの8ビットの値が含まれる
// x[31:24] x[23:16] x[15:8] x[7:0]
// y[31:24] y[23:16] y[15:8] y[7:0]
int32_t x, y;

// 結果にも4つの8ビット値も含まれる
// z[31:24] z[23:16] z[15:8] z[7:0]
int32_t z ;

// 飽和なしで計算
// z[31:24] = x[31:24] + y[31:24]
// z[25:16] = x[25:16] + y[25:16]
// z[15:8] = x[15:8] + y[15:8]
// z[7:0] = x[7:0 ] + y[7:0]
z = __SADD8(x, y);
```

関連命令
SSUB8 – クワッド8ビット減算

QADD8 – クワッド8ビット飽和加算
SIMDを使用して4つの8ビット値を加算します．オーバフローが発生した場合，結果は飽和します．正の値は0x7Fに，負の値は0x80に飽和します．
プロセッサ・サポート：Cortex-M4，Cortex-M7，Armv8-M DSP拡張機能付きメインライン・プロセッサ［1サイクルかかる］

Cコード例

```
// 入力引数にはそれぞれ4つの8ビットの値が含まれる
// x[31:24] x[23:16] x[15:8] x[7:0]
// y[31:24] y[23:16] y[15:8] y[7:0]
int32_t x, y;
```

622

```
// 結果にも4つの8ビット値も含まれる
// z[31:24] z[23:16] z[15:8] z[7:0]
int32_t z ;

// 飽和つきで計算
// z[31:24] = x[31:24] + y[31:24]
// z[25:16] = x[25:16] + y[25:16]
// z[15:8] = x[15:8] + y[15:8]
// z[7:0] = x[7:0 ] + y[7:0]
z = __QADD8(x, y);
```

関連命令

QSUB8 – クワッド8ビット飽和減算

19.7.2.4 浮動小数点命令

Cortex-M33プロセッサの浮動小数点命令は非常に簡単で,そのほとんどはCコードを介して直接アクセスできます. Cortex-M33プロセッサに浮動小数点ユニット (FPU) が含まれている場合,命令はネイティブに実行されます. 結果が次の命令で使用されない場合,ほとんどの命令は1サイクルで実行されます. 浮動小数点命令はIEEE754規格に準拠しています[1].

FPUが実装されていない場合,命令はソフトウェアでエミュレートされ,実行速度ははるかに遅くなります. ここでは,浮動小数点命令の概要を簡単に説明します.

VABS.F32 – 浮動小数点絶対値
浮動小数点値の絶対値を計算します.

```
float x, y;
y = fabs(x);
```

VADD.F32 – 浮動小数点加算
2つの浮動小数点値を加算します.

```
float x, y, z;
z = x + y;
```

VDIV.F32 – 浮動小数点除算
2つの浮動小数点値を除算します (複数サイクル).

```
float x, y, z;
z = x / y;
```

VMUL.F32 – 浮動小数点乗算
2つの浮動小数点値を乗算します.

```
float x, y, z;
z = x * y;
```

VMLA.F32 – 浮動小数点積和
2つの浮動小数点値を乗算し,その結果を浮動小数点アキュムレータに加算します[注6].

注6:積和 (MAC) 命令ではなく,乗算命令と加算命令を分離して使用することで,1サイクルの節約が可能になりますので推奨します. 詳細は19.7.3.4節を参照してください.

第19章　Cortex-M33プロセッサでのディジタル信号処理

```
float x, y, z, acc;
acc = z + (x * y);
```

VFMA.F32 – 融合浮動小数点積和演算

2つの浮動小数点値を乗算し，その結果を浮動小数点アキュムレータに加算します．これは，2つの丸め演算を実行する標準の浮動小数点積和演算（VMLA）とは少し異なり；1つ目は乗算の後に，2つ目は加算の後に丸めます．融合積和演算は，乗算結果の完全な精度を維持し，加算後に1回の丸め演算を実行します．これにより，より正確な結果が得られ，丸め誤差は約半分になります．融合MACの主な用途は，除算や平方根などの反復演算です．

```
float x, y, acc;
acc = 0;
__fmaf(x, y, acc);
```

VNEG.F32 – 浮動小数点符号反転

浮動小数点値に–1を乗算します．

```
float x, y;
y = -x;
```

VSQRT.F32 – 浮動小数点平方根

浮動小数点値の平方根を計算します（複数サイクル）．

```
float x, y;
y = __sqrtf(x);
```

VSUB.F32 – 浮動小数点減算

2つの浮動小数点値を減算します．

```
float x, y, z;
z = x - y;
```

19.7.3　一般的なCortex-M33最適化戦略

この節では，前の節での命令セットの紹介を基に，Cortex-M33プロセッサ上のDSPアルゴリズムに適用できる一般的な最適化戦略について説明します．

19.7.3.1　ロードとストア命令のスケジューリング

Cortex-M33プロセッサ上のロードまたはストア命令は1サイクルかかりますが，次の命令がロードされたデータを使用すると，設計の性質上，パイプラインが停止する可能性があります．性能を最大化するには，ロード命令とデータ処理命令の間に他の命令をスケジューリングしてみてください．例えば，19.3節で示した内積の例では，ループ・カウンタの更新をロードと積和（SMLAL命令）の間に配置して，無駄なクロック・サイクルを回避しています．この最適化は，整数演算と浮動小数点演算の両方に適用されます．

19.7.3.2　中間アセンブリ・コードを調べる

基礎となるDSPアルゴリズムは簡単で最適化しやすいように見えますが，設定時にコンパイラが混乱することがあります．とるべき方法は，Cコンパイラの中間アセンブリ出力をダブル・チェックして，適切なアセンブリ

624

19.7 Cortex-M33 DSP命令

命令が使用されているかどうかを確認することです. また, 中間コードをチェックして, レジスタが正しく使われているか, 中間結果がスタックに保存されているかを確認してください. 何かが正しくないようであれば, コンパイラの設定をダブル・チェックするか, コンパイラのドキュメントを参照してください.

Keil MDK を使用している場合は, 次のようにプロジェクトの設定を調整することで, 中間アセンブリ出力ファイルの生成を有効にでき：ターゲット・オプション・ウィンドウの"Listings"タブに移動し, "Assembly Listing"にチェックを入れます. その後, プロジェクトを再構築してください.

19.7.3.3 最適化を有効にする

これは, 当然のことのように思えるかもしれませんが, 言及する価値はあります. コンパイラが生成するコードは, デバッグ・モードと最適化モードでは大きく異なります. デバッグ・モードで生成されるコードは, デバッグを容易にするために作られたものであり, 実行速度のために作られたものではありません.

コンパイラもさまざまなレベルの最適化を提供しています. Keil MDK で使用されている Arm Compiler 6 で提供されているオプションを**表19.4**に示します.

表19.4 Arm Compiler6で利用可能な最適化レベル

レベル	説 明
-O0	ほとんどの最適化をOFF. デバッグを有効にすると, このオプションはソース・コードに直接マップされるコードを生成するため, プログラム・イメージが非常に大きくなる. 従って, この最適化レベルは, 一般的なデバッグには推奨されない
-O1	制限付きの最適化. デバッグが有効な場合, このオプションは, イメージ・サイズ, 性能, デバッグ・ビューの品質の間で良い妥協点を選択する. これは現在, ソース・レベルのデバッグで推奨されているレベルである
-O2	高速化のための高度な最適化. ループのアンローリング（展開）と関数のインライン化によりコード・サイズが大きくなる. また, オブジェクト・コードとソース・コードのマッピングが必ずしも明確ではないため, デバッグ・ビューの満足度が低いかもしれない
-O3	速度のための非常に高い最適化. この最適化では, デバッグの視認性は一般的に悪くなる
-Ofast	fast math (-ffp-mode=fast armclangオプション)で実行される最適化を含め, レベル3からの全ての最適化が有効. このレベルでは, 言語標準への厳格なコンプライアンスに違反する可能性のある, その他の積極的な最適化も実行される
-Omax	最大限の最適化. 特に性能の最適化を行うことをターゲットとしている. 高速レベルからの全ての最適化を, 他の積極的な最適化とともに有効にする. リンク時最適化(Link Time Optimization：LTO)はこのレベルで有効になる. このレベルは, 生成されるコードが完全に標準に準拠していることが保証されていないため, デフォルトではKeil MDKプロジェクトオプションでは利用できない. このレベルの最適化が必要な場合は, "Misc control"フィールドにこのオプションを手動で追加する必要がある
-Os	最適化を実行してコード・サイズを削減する − コード・サイズとコード・スピードのバランスをとる
-Oz	イメージ・サイズを最小化するための最適化を実行

最高の性能を得るためには, 通常, -O3または-Ofastなどの高度な最適化レベルを使用します. しかし, コードが慎重に記述されていて, ある特定の方法で命令をスケジュールする場合, "-O3"または高い最適化レベルを使用すると, 命令の並び替えが発生する可能性があることが分かりました — これは明らかに望ましいことではありません. 従って, 最適化レベルのオプションを試してみて, 特定のアルゴリズムに最適な性能が何であるかを判断する必要があるかもしれません.

19.7.3.4 MAC命令における性能に関する考察

概念的には, MAC（積和）命令は乗算を計算し, その直後に加算を行います. 加算には乗算の結果が必要なので, MACの全体的な処理には複数のサイクルが必要になります. しかし, MACの結果が乗算段階の入力として使用されていなければ, 連続した整数積和演算が可能です. 言い換えれば, アキュムレータ結果を保持するためのレジスタは, 加算段階でMACによって使用されます.

浮動小数点MAC演算の場合 MAC（積和）命令(VMLA.F32/VFMA.F32)のサイクル・カウントは3サイクルです. MACを乗算部(VMUL.F32)と加算部(VADD.F32)に分割し, 2組のMAC演算シーケンスをインターリーブするなど, 命令のスケジューリングを適切に行うことで, 浮動小数点MACを2サイクルで実行できます. Cortex-M33プロセッサの速度を最適化する際には, 浮動小数点MACを避け, 個別の演算のみを使用することを

625

第19章　Cortex-M33プロセッサでのディジタル信号処理

お勧めします．ペナルティは，コード・サイズの増加と，融合MACの精度の若干の向上を利用できないことですが；コード・サイズの増加は通常無視できる程度で，ほとんどの場合，結果には影響しません．

19.7.3.5　ループ・アンローリング(ループ展開)

Cortex-M33では，ループの反復当たり2または3サイクルのオーバヘッドがあります[分岐先がアンアラインド(非整列)の32ビット命令の場合は3サイクル]．ループをN個に展開することで，ループのオーバヘッドは反復当たり2/Nまたは3/Nサイクルに効果的に削減されます．これは，特に内部ループが少ない命令数で構成されている場合には，かなりの節約になります．

ループを手動で展開するには，一連の命令を繰り返すか，コンパイラに実行してもらいます．Keil MDKコンパイラは，コンパイラの動作をガイドする，プラグマ(pragma)をサポートしています．例えば，ループを展開するようにコンパイラに指示するには次のようにします．

```
#pragma unroll
for(i= 0; i < L; i++)
  {
    ...
  }
```

Arm Compiler 6では，最適化レベルが-O2以上の場合にのみ，このプラグマが効果を発揮します．デフォルトでは，Arm Compiler 6(armclang)はループを完全に展開しますが，Arm Compiler 5(armcc)では4倍の倍率で展開します．このプラグマは，"for"，"while"，"do-while"ループで使用できます．#pragma unroll(N)を指定すると，ループがN回展開されます．

生成されたコードを必ず調べて，ループのアンローリング(展開)が有効であることを確認してください．アンローリング(展開)する場合に注意すべき点は，レジスタの使用量です．ループを展開しすぎると，利用可能なレジスタの数を超えるので，中間結果がスタックに格納され，性能の低下につながります．

19.7.3.6　内側のループに注目

多くのDSPアルゴリズムは，複数の入れ子になったループを含んでいます．内側のループ内の処理が最も頻繁に実行され，最適化作業の対象となります．内側ループでの節約は，基本的に外側ループのカウントで乗算されます．内側のループが良好な状態になって初めて，外側のループの最適化を検討すべきです．多くのエンジニアは，時間的に重要ではないコードの最適化に時間を費やしていますが，性能上のメリットはほとんどありません．

19.7.3.7　インライン関数

各関数の呼び出しには，幾つかのオーバヘッドがあります．関数が小さくて頻繁に実行される場合は，関数のコードをインラインに挿入して関数呼び出しのオーバヘッドを排除することを検討してください．

19.7.3.8　カウント・レジスタ

Cコンパイラはレジスタを使用して中間結果を保持します．コンパイラがレジスタを使い果たすと，結果はスタックに置かれます．その結果，スタック上のデータにアクセスするためにコストのかかるロード命令とストア命令が必要になります．アルゴリズムを開発するときには，必要なレジスタの数をカウントするために疑似コードから始めるのが良い方法です．カウントには，ポインタ，中間的な数値，ループ・カウンタを必ず含めてください．多くの場合，最良の実装は，中間レジスタの数が最も少ないものです．

固定小数点アルゴリズムでのレジスタ使用には特に注意してください．Cortex-M33プロセッサには，整数変数の格納に使用できる汎用レジスタが13個しかありません．一方，浮動小数点ユニットは，その13個の汎用レジス

タに32個の浮動小数点レジスタを追加します．浮動小数点レジスタの数が多いため，ループ・アンローリングやロード命令，ストア命令のグループ化を容易に適用できます．

19.7.3.9 適度な精度を使う

Cortex-M33プロセッサは，32ビット値で動作する幾つかの積和（MAC）命令を提供します．64ビットの結果を提供するもの（SMLALなど）と32ビットの結果を提供するもの（SMMULなど）があります．どちらも1つの命令で実行されますが，SMLALは64ビットの結果を保持するために2つのレジスタを必要とし，実行が遅くなることがあります．これは，値がプロセッサとメモリの間で頻繁に転送されるためか，レジスタを使い切ってしまったことが原因である可能性があります．一般的には64ビットの中間結果が好ましいですが，生成されたコードをチェックして実装が効率的であることを確認してください．

19.7.4 命令の制限

Cortex-M33プロセッサで使用できるDSP命令セットは非常に包括的ですが，一部のフル機能のDSPプロセッサとは異なる点が幾つかあります．これらの違いは次のとおりです．
- 固定小数点演算を飽和させることは，加算および減算でのみ使用できるが，積和（MAC）命令では使用できない．性能上の理由から，固定小数点MACを使用することが多いと思われるが，オーバフローを避けるために中間操作をスケール・ダウンする必要がある
- 8ビット値のSIMD MACはサポートされていない；代わりに16ビット SIMD MACを使用する

19.8 Cortex-M33プロセッサ用に最適化されたDSPコードの記述

ここでは，最適化ガイドラインとDSP命令を使って，最適化コードを開発する方法を紹介します．バイクワッド・フィルタやFFTバタフライ演算　FIRフィルタを見ていきます．それぞれについて，まず一般的なCコードから始め，最適化戦略を適用しながらCortex-M33 DSP命令にマッピングします．

19.8.1 バイクワッド・フィルタ

バイクワッド・フィルタは，二次の再帰的すなわち，無限インパルス応答（Infinite Impulse Response：IIR）フィルタです．バイクワッド・フィルタは，イコライゼーションやトーン・コントロール，ラウドネス補正，グラフィック・イコライザ，クロスオーバなどのオーディオ処理全般に使用されます．高次のフィルタは2次のバイク

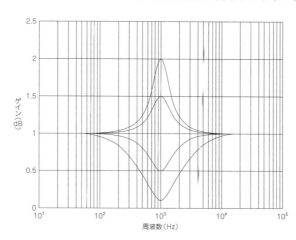

図19.8　バイクワッド・フィルタの典型的な振幅応答．このタイプのフィルタは"ピーキング・フィルタ"と呼ばれ，約1kHzの周波数をブーストまたはカットする．図は中心ゲインが0.1，0.5，1.0，1.5，2.0の幾つかのバリエーションを示している

ワッド・セクションのカスケードを使用して構築できます．多くのアプリケーションでは，バイクワッド・フィルタは処理チェーンの中で最も計算量の多い部分です．バイクワッド・フィルタは制御システムで使用されるPIDコントローラにも似ており，このセクションで開発された技術の多くはPIDコントローラに直接適用されます．

　バイクワッド・フィルタは線形の時不変系です．フィルタへの入力が正弦波の場合，出力は同じ周波数の正弦波ですが，大きさと位相が異なります．このフィルタの入力と出力の大きさや位相の関係を"周波数応答"といいます．バイクワッド・フィルタには5つの係数があり，その係数によって周波数特性が決まります．係数を変えることで，ローパスやハイパス，バンドパス，シェルフ，ノッチなどのフィルタを実装できます．例えば，図19.8は，オーディオの"ピーキング・フィルタ"の振幅応答が，係数の変化に応答してどのように変化するかを示しています．フィルター係数は通常，設計方程式[注7(2)]またはMATLABなどのツールを使用して生成されます．

　直接型Iで実装されたバイクワッド・フィルタの構造を図19.9に示します．入力$x[n]$が到着し，2つのサンプリング・ステージを持つディレイ・ラインに供給されます．z^{-1}と書かれたボックスは1サンプルの遅延を表します．図の左側がフィードフォワード処理，右側がフィードバック処理です．バイクワッド・フィルタはフィードバックを含むため，再帰フィルタとも呼ばれています．直接型Iのバイクワッド・フィルタは，5つの係数，4つの状態変数を持ち，出力サンプル当たり合計5つのMAC（積和）を行います．

　図19.9に示すシステムは線形で時不変なので，図19.10のようにフィードフォワード部とフィードバック部を切り替えることができます．この変更により，フィードバックとフィードフォワードのセクションのディレイ・ラインは両方とも同じ入力を取ることができ，従って組み合わせることができます．これが図19.11に示す構造

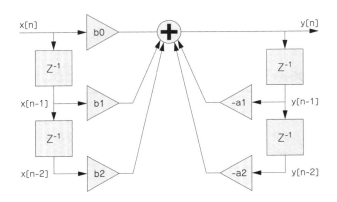

図19.9　直接型Iバイクワッド・フィルタ．これは2次フィルタを実装したもので，高次フィルタで使われる1つの構成要素

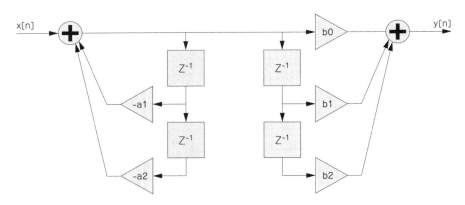

図19.10　この図では，フィルタのフィードフォワード部とフィードバック部が交換されている．2つのディレイ・チェーンは同じ入力を受け取り，図19.11に示すように組み合わせることができる

注7：さまざまな種類のフィルタのBiquad係数を計算するための有用な設計公式が，Robert Bristow-Johnsonによって提供されています．https://webaudio.github.io/Audio-EQ-Cookbook/audio-eq-cookbook.html

19.8 Cortex-M33プロセッサ用に最適化されたDSPコードの記述

になり，これは直接型IIと呼ばれています．直接型IIフィルタは5つの係数と2つの状態変数を持ち，出力サンプルごとに合計5つの積和を必要とします．直接型Iと直接型IIフィルタは数学的には等価です．

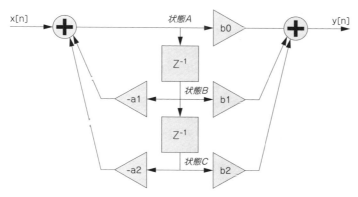

図19.11 直接型IIバイクワッド構造．これは5つの乗算を必要とするが，ディレイ状態変数は2つだけ必要とする．これは浮動小数点処理を行う場合に好ましい

直接型IIフィルタが直接型Iよりも明らかに有利なのは，状態変数の数が半分で済むことです．それぞれの構造の他の利点はもっと些細なものです．直接型Iフィルタを研究すると，入力状態変数が入力のディレイ・バージョンを保持していることが分かります．同様に，出力状態変数にも出力のディレイ・バージョンが含まれています．従って，フィルタのゲインが1.0を超えなければ，直接型Iの状態変数は決してオーバフロー[注8]しません．一方，直接型IIフィルタの状態変数は，フィルタの入力または出力とは直接関係がありません．実際には，直接型IIの状態変数は，フィルタの入出力よりもはるかに高いダイナミック・レンジを持っています．従って，フィルタのゲインが1.0を超えなくても，直接型IIの状態変数が1.0を超える可能性があります．このようなことから，固定小数点型の実装では直接型Iの実装が好まれるのに対し（数値的な振る舞いが良いため），浮動小数点型の実装では直接型IIの実装が好まれます（状態変数が少ないため）．

直接型IIを使用して実装されたバイクワッド・フィルタのシングル・ステージを計算するための標準Cコードを次に示します．この関数は，フィルタを通して，合計ブロック・サイズのサンプルを処理します．フィルタへの入力はバッファinPtr[ ]から取得され，出力はoutPtr[ ]に書き込まれます．浮動小数点演算が使用されます．

```
// b0, b1, b2, a1, a2 はフィルタ係数
// a1 とa2 は負にする
// stateA, stateB, stateC は中間状態変数を表す

for (sample = 0; sample < blockSize; sample++)
  {
    stateA = *inPtr++ + a1*stateB + a2*stateC;
    *outPtr++ = b0*stateA + b1*stateB + b2*stateC;
    stateC = stateB;
    stateB = stateA;
  }

// 次の呼び出しのために状態変数を維持
state[0] = stateB;
state[1] = stateC;
```

注8：これは100%真実ではありません．まだオーバフローが発生する場合があります．それでも，この経験則は依然として役に立ちます．

第19章　Cortex-M33プロセッサでのディジタル信号処理

中間状態変数のstateA，stateB，stateCは図19.11に示されています.

次に，関数の内部ループを調べて，必要なサイクル数を確認します．この動作を個々のCortex-M33命令に分けて説明します.

```
stateA = *inPtr++;     // データフェッチ [1サイクル]
stateA += a1*stateB;   // 次の命令で使用される結果をMAC [3サイクル]
stateA += a2*stateC;   // 次の命令で使用される結果をMAC [3サイクル]
out = b0*stateA;       // 次の命令で使用される結果をMult [2サイクル]
out += b1*stateB;      // 次の命令で使用される結果をMAC [3サイクル]
out += b2*stateC;      // 次の命令で使用される結果をMAC [3サイクル]
*outPtr++ = out;       // データ・ストア [1サイクル]
stateC = stateB;       // レジスタ移動 [1サイクル]
stateB = stateA;       // レジスタ移動 [1サイクル]
                       // ループ・オーバヘッド [2から3サイクル]
```

全体として，汎用Cコードの内部ループの実行には，1サンプル当たり合計20〜21サイクルが必要です.

関数を最適化する最初のステップは，MAC（積和）命令を別々の乗算と加算に分割することです．次に，浮動小数点演算の結果が次のサイクルで必要ないように計算を並べ替えます．中間結果を保持するために，幾つかの追加変数が使用されます.

```
stateA = *inPtr++     // データ・フェッチ [1サイクル]
prod1 = a1*stateB;    // Mult [1サイクル]
prod2 = a2*stateC;    // Mult [1サイクル]
stateA += prod1;      // Addition [1サイクル]
prod4 = b1*stateB;    // Mult [1サイクル]
stateA += prod2;      // Add [1サイクル]
out = b2*stateC;      // Mult [1サイクル]
prod3 = b0*stateA     // Mult [1サイクル]
out += prod4;         // Add [1サイクル]
out += prod3;         // Add [1サイクル]
stateC = stateB;      // レジスタ移動 [1サイクル]
stateB = stateA;      // レジスタ移動 [1サイクル]
*outPtr++ = out;      // データ・ストア [1サイクル]
                      // ループ・オーバヘッド [2から3サイクル]
```

これらの変更により，バイクワッドの内側のループを20サイクルから15サイクルに減します．これは正しい方向への一歩ですが，さらなる改善のためにバイクワッドに適用できるテクニックが次のように幾つかあります.

1. 中間変数を慎重に使うことでレジスタの移動を排除します．構造内の状態変数は，最初は上から下まで次のようになります.

    stateA, stateB, stateC

最初の出力が計算された後，状態変数は右にシフトされます．実際に変数をシフトするのではなく，次の順序で使って変数をその場で再利用します.

    stateC, stateA, stateB

次の繰り返しの後，状態変数は次のように並べ替えられます.

19.8　Cortex-M33プロセッサ用に最適化されたDSPコードの記述

```
stateB, stateC, stateA
```

そして，最後に，4回目の繰り返しの後，変数は次のようになります．

```
stateA, stateB, stateC
```

その後，このサイクルは繰り返され，当然3サンプル分の周期を持つことになります．つまり，次のように始めると

```
stateA, stateB, stateC
```

3つの出力サンプルが計算された後は，次のように戻っています．ループ3回分を展開すれば「レジスタ移動」の2サイクル（×3）が不要になります．

```
stateA, stateB, stateC
```

2. ループ・オーバヘッドを削減するために，ループをサンプルずつに展開します．2～3サイクルのループ・オーバヘッドは，サンプル3回に渡って償却されることになります

3. パイプラインでのストール・サイクルを回避するように命令をスケジュールします（Cortex-M33プロセッサに適用）．ある命令（メモリ・ロードやMACなど）に対してパイプラインの3段目で結果が出て，その結果がすぐにパイプラインの2段目の次の命令で使用される場合，ストール・サイクルが発生する可能性があります．これを避けるためには，ロード/MAC命令とそのロード/MAC命令の結果を使用する他の命令との間に別の命令を実行するようにスケジューリングする必要があります．

4. ロードとストア命令をグループにする（Cortex-M3/M4プロセッサにのみ適用）．上記のコードでは，ロード命令とストア命令は分離されており，それぞれ2サイクル必要です（Cortex-M3/M4プロセッサの場合）．複数の結果をロードしてストアすることで，2回目以降のメモリ・アクセスは1サイクルで済みます．

ループ・アンローリング（展開）により，結果のコードは次のようにかなり長くなりました．

```
in1 = *inPtr++;        // データ・フェッチ [1サイクル]
in2 = *inPtr++;        // データ・フェッチ [1サイクル]
in3 = *inPtr++;        // データ・フェッチ [1サイクル]

prod1 = a1*stateB;     // Mult [1サイクル]
prod2 = a2*stateC;     // Mult [1サイクル]
stateA = in1+prod1;    // Addition [1サイクル]
prod4 = b1*stateB;     // Mult [1サイクル]
stateA += prod2;       // Add [1サイクル]
out1 = b2*stateC;      // Mult [1サイクル]
prod3 = b0*stateA;     // Mult [1サイクル]
out1 += prod4;         // Add [1サイクル]
out1 += prod3;         // Add [1サイクル]

prod1 = a1*stateA;     // Mult [1サイクル]
prod2 = a2*stateB;     // Mult [1サイクル]
stateC = in2+prod1;    // Addition [1サイクル]
prod4 = b1*stateA;     // Mult [1サイクル]
stateC += prod2;       // Add [1サイクル]
out2 = b2*stateB;      // Mult [1サイクル]
prod3 = b0*stateC;     // Mult [1サイクル]
```

第19章 Cortex-M33プロセッサでのディジタル信号処理

```
out2 += prod4;      // Add [1サイクル]
out2 += prod3;      // Add [1サイクル]

prod1 = a1*stateC;  // Mult [1サイクル]
prod2 = a2*stateA;  // Mult [1サイクル]
stateB = in3+prod1; // Addition [1サイクル]
prod4 = b1*stateC;  // Mult [1サイクル]
stateB += prod2;    // Add [1サイクル]
out3 = b2*stateA;   // Mult [1サイクル]
prod3 = b0*stateB;  // Mult [1サイクル]
out3 += prod4;      // Add [1サイクル]
out3 += prod3;      // Add [1サイクル]

outPtr++ = out1;    // データ・ストア [1サイクル]
outPtr++ = out2;    // データ・ストア [1サイクル]
outPtr++ = out3;    // データ・ストア [1サイクル]
                    // ループ・オーバヘッド [2から3サイクル]
```

サイクルを数えると, 3つの出力サンプルを計算するには, 35ないし36サイクル, つまり1サンプル当たり12サイクルが必要になります. ここで紹介するコードは, 長さが3サンプルの倍数であるベクトルで動作します. 一般的に, サンプル数の合計が3の倍数でない場合, コードは残りの1または2サンプルを処理する別のステージを必要とします（これは上のコードでは示されていません）.

これをさらに最適化することは可能でしょうか？ループ・アンローリング（展開）はどこまでできるのでしょうか？バイクワッド・フィルタの核となる演算は, 5つの乗算と4つの加算で構成されています. これらの演算をストールを避けるために適切な順序で実行した場合, Cortex-M33プロセッサでは9サイクルかかります. メモリのロードとストアには, それぞれ最大で1サイクルかかります. これをまとめると, バイクワッドの絶対的に低いサイクル数はサンプル当たり11サイクルです. これは, 全てのデータ・ロードとストアが1サイクルで, ループ・オーバヘッドがないことを前提としています. 内側のループをさらに展開すると, 次のようになります.

アンロール数	合計サイクル数	サイクル数/サンプル
3	36	12
6	71	11.833
9	104	11.55
12	137	11.41

ある時点で, プロセッサは入力変数と出力変数を保持するための中間レジスタを使い果たし, それ以上のゲインを得ることができなくなります. 3または6サンプルでアンロールするのが妥当な選択です. これ以上の利益はわずかです.

19.8.2 高速フーリエ変換

高速フーリエ変換（Fast Fourier Transform：FFT）は, 周波数領域処理, 圧縮, 高速フィルタリング・アルゴリズムで使用される重要な信号処理アルゴリズムです. FFTは, 実際には離散フーリエ変換（Discrete Fourier Transform：DFT）を計算する高速アルゴリズムです. DFTは, N点の時間領域信号$x[n]$をN個の周波数成分$X[k]$に変換するもので, 各成分は大きさと位相の情報を含む複素数の値です. 長さNの有限長数列のDFTは次のように定義されます.

$$X[k] = \sum_{n=0}^{N-1} x[n] W_N^{kn}, k = 0, 1, 2, \ldots, N-1$$

19.8 Cortex-M33プロセッサ用に最適化されたDSPコードの記述

ここで W_N^k は k 番目の冪根を表す複素数値です．

$$W_N^k = e^{-j2\pi k/N} = \cos(2\pi k/N) - j\sin(2\pi k/N).$$

周波数領域から時間領域に戻す逆変換は，次のようにほぼ同じです．

$$x[n] = \frac{1}{N}\sum_{n=0}^{N-1} X[k]W_N^{-kn}, n = 0, 1, 2, \dots, N-1$$

上の式を直接実装すると，順変換または逆変換の全ての N 個のサンプルを計算するために，$O(N^2)$ 個の演算が必要になります．FFTを使うと，これは，$O(N\log_2 N)$ 回の操作で済むことが分かります．N の値が大きい場合，大幅な節約が可能で，それによりFFTは多くの新しい信号処理アプリケーションを可能にしてきました．FFTは1965年にCooleyとTukeyによって最初に記述され[3]，FFTアルゴリズムの一般的な参考文献はこちらにあります[4]．
FFTは一般的に，長さ N が小さな因数の積として表現できる合成数である場合に最もよく機能します．

$$N = N_1 \times N_2 \times N_3 \cdots N_m$$

アルゴリズムに従うのが最も簡単なのは，N が2の累乗の場合で；Radix-2変換と呼ばれます．FFTは"divide and conquer"アルゴリズムに従い，N 点FFTは2つの独立した $N/2$ 点変換を使用して計算され，幾つかの追加演算が行われます．FFTには主に2つのクラスがあり，それは：時間間引きと周波数間引きです．時間間引きアルゴリズムは，偶数および奇数の時間領域サンプルの $N/2$ 点FFTを組み合わせて N 点FFTを計算します．周波数間引きアルゴリズムも同様で，2つの $N/2$ 点FFTを使用して偶数および奇数の周波数領域のサンプルを計算します．どちらのアルゴリズムも数学演算の数は似ています．CMSIS-DSPライブラリは，周波数間引きアルゴリズムを使用しており，この章ではこれらのアルゴリズムに焦点を当てます．
8点Radix-2周波数間引きFFTの第1段階を図19.12に示します．8点変換は，2つの独立した4点変換を使用して計算されます．

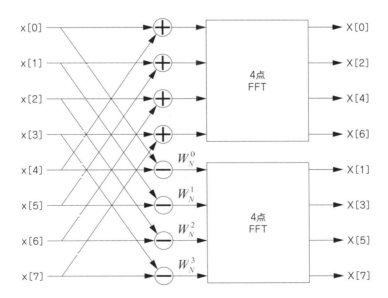

図19.12　8点Radix-2周波数間引きFFTアルゴリズムの第1段階

先に定義した乗算要素 W_N^k が登場しますが，その値を回転因子と呼びます．高速化のために，回転因子はFFT関数で計算されるのではなく，事前に計算されて配列に格納されます．

分解が続き，4点FFTはそれぞれ2つの2点FFTに分解されます．そして最後に4つの2点FFTが計算されます．最終的な構造を図19.13に示します．Log₂8=3段階の処理があることに注意してください．

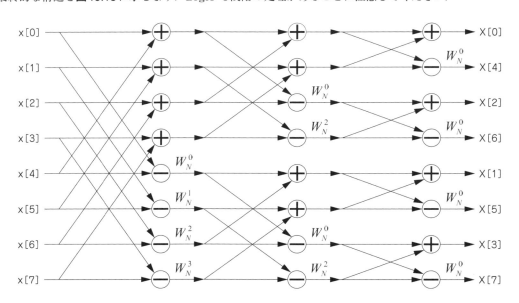

図19.13 8点FFTの全体構造．3つの段階があり，各段階は4つのバタフライ演算から構成されている

各段階は4つのバタフライ演算で構成されており，1つのバタフライ演算を図示すると次のようになります（図19.14）．

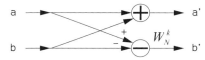

図19.14 シングル・バタフライ演算動作

それぞれのバタフライ演算には，複雑な足し算，引き算，掛け算が含まれています．バタフライ演算の特性は，メモリ内のその場で実行できることです．つまり，複素数値aとbを取得し，演算を実行し，その配列と同じ場所のメモリに戻すことができます．実際には，入力に使用されたのと同じバッファで出力を生成しながら，FFT全体をその場で行うことができます．

図19.13の入力は通常の順序で，x[0]〜x[7]まで順次進みます．処理後の出力値の順序は入れ替わっていて，この順序をビットリバース・オーダ（ビット反転順序）と呼びます．順番を理解するには，次のように，インデックス0〜7までを2進数で書き，ビット順を反転させて10進数に変換します．

```
0 → 000 → 000 → 0
1 → 001 → 100 → 4
2 → 010 → 010 → 2
3 → 011 → 110 → 6
4 → 100 → 001 → 1
5 → 101 → 101 → 5
6 → 110 → 011 → 3
7 → 111 → 111 → 7
```

ビット反転順序はインプレース処理をしたことによる副作用です．ほとんどのFFTアルゴリズム（CMSIS-DSPライブラリのものを含む）は，出力値を連続した順序に戻すオプションを提供しています．

19.8 Cortex-M33 プロセッサ用に最適化された DSP コードの記述

　バタフライ演算は FFT アルゴリズムの中核をなすものであり，このセクションでは1つのバタフライ演算の計算を分析し，最適化します．8点 FFT では $3 \times 4 = 12$ 個のバタフライ演算が必要です．一般に，長さ N の Radix-2 の FFT は，それぞれ $N/2$ 個のバタフライ演算を持つ $\log_2 N$ ステージを持ち，合計で $(N/2) \log_2 N$ 個のバタフライ演算になります．バタフライ演算への分解で，FFT の $O(N\log_2 N)$ の演算回数を計算します．FFT では，バタフライ演算自体に加えて，アルゴリズムの各段階でどの値を使用すべきかを追跡するためのインデックス付けが必要です．この分析では，このインデックス作成のオーバヘッドは無視しますが，最終的なアルゴリズムではこのオーバヘッドを考慮する必要があります．

　浮動小数点バタフライ演算の C コードを以下に示します．変数 index1 と index2 は，バタフライ演算への2つの入力の配列オフセットです．配列 x[ ] はインターリーブされたデータ (実数，複素数，実数，複素数など) を保持します．

浮動小数点バタフライ演算の C コード実装

```
// メモリから2つの複素サンプルをフェッチ [4サイクル]
x1r = x[index1];
x1i = x[index1+1];

x2r = x[index2];
x2i = x[index2+1];

// 和と差を計算 [4サイクル]
sum_r = (x1r + x2r);
sum_i = (x1i + x2i);

diff_r = (x1r - x2r);
diff_i = (x1i - x2i);

// 和の結果をメモリに格納 [2サイクル]
x[index1] = sum_r;
x[index1+1] = sum_i;

// 複素回転子の係数のフェッチ [2サイクル]
twiddle_r = *twiddle++;
twiddle_i = *twiddle++;

// 差分の複素乗算 [6サイクル]
prod_r = diff_r * twiddle_r - diff_i * twiddle_i;
prod_i = diff_r * twiddle_i + diff_i * twiddle_r;

// メモリに戻して保存 [2サイクル]
x[index2] = prod_r;
x[index2+1] = prod_i;
```

　コードにはさまざまな操作のサイクル・カウントも表示されており，Cortex-M33 プロセッサでは1つのバタフライに20サイクルかかることが分かります．サイクル・カウントをさらに詳しく見ると，10サイクルがメモリ・アクセスによるもので，10サイクルが演算処理によるものであることが分かります．ストール・サイクルを回避するには，本章で前述したように，命令を慎重にスケジューリングする必要があります (19.8.1節を参照)．それでも，Cortex-M33 プロセッサでは，Radix-2 バタフライはメモリ・アクセスに支配されており，これは FFT アルゴリズム

第19章　Cortex-M33プロセッサでのディジタル信号処理

全体にも当てはまります．Radix-2FFTバタフライ演算・コードを高速化するためにできることはほとんどありません．その代わり，性能を向上させるためには，より高いRadix（基数）アルゴリズムを検討する必要があります．

Radix-2アルゴリズムでは，1度に2つの複素数値が演算され，合計で$\log_2 N$の段階で処理を行います．各段階では，N個の複素数値をロードし，それらを演算してからメモリに戻す必要があります．Radix-4アルゴリズムでは，1度に4つの複素数値が演算され，合計で$\log_4 N$段階あります．これにより，メモリ・アクセスが2分の1に削減されます．中間レジスタが不足しない限り，より高いRadixを考慮できます．次は，Cortex-M33プロセッサ上で効率的に実装できます．

- 固定小数点フォーマットを用いたRadix-4バタフライ演算
- 浮動小数点フォーマットを使用したRadix-8バタフライ演算

Radix-4アルゴリズムは，4の累乗であるFFTの長さに制限されます：|4，16，64，256，1024など|．一方，Radix-8アルゴリズムは，8のべき乗である長さに制限されます：|8，64，512，4096など|．2の累乗である任意の長さを効率的に実装するには，混合Radixアルゴリズムが使用されます．コツは，可能な限り多くのRadix-8ステージを使用し（それらが最も効率的です），その後，必要に応じて1つのRadix-2またはRadix-4ステージを使用して，目的の長さを実現することです．次に，さまざまなFFTの長さがどのようにバタフライ演算ステージに分解されるかを示します．

長さ	バタフライ演算
16	2×8
32	4×8
64	8×8
128	$2 \times 8 \times 8$
256	$4 \times 8 \times 8$

CMSIS-DSPライブラリのFFT関数は，浮動小数点データ型にこの混合Radixアプローチを使用しています．固定小数点の場合は，Radix-2またはRadix-4を選択する必要があります．一般的には，必要な長さをサポートしている場合は，Radix-4固定小数点アルゴリズムを選択します．

多くのアプリケーションでは，逆FFT変換を計算する必要があります．順方向と逆方向のDFTの方程式を比較すると，逆変換はスケール・ファクタが$(1/N)$であり，回転因子の指数の符号が反転していることが分かります．これにより，逆FFTを実装するには次の2つの異なる方法があることが分かります．

(1) 以前と同様にFFTを計算するが，新しい回転因子表を使用する．新しいテーブルは，負の指数ではなく正の指数を使用して作成される．これにより，回転因子は単純に共役化される．その後，Nで割る

(2) 前と同じ回転因子テーブルを維持するが，回転因子の乗算を実行している間，回転因子表の虚数部分を無効にするようにFFTコードを修正する．その後，Nで割る

上記のアプローチはどちらもやや非効率的です．アプローチ(1)はコード・スペースを節約できますが，回転因子表のサイズが2倍になり，アプローチ(2)は回転因子表を再利用しますが，より多くのコードが必要です．もう1つのアプローチは，数学的な関係を利用することです．

$$IFFT(X) = \frac{1}{N} \text{conj}(FFT(\text{conj}(X)))$$

これはデータを2回共役化する必要があります．最初の（内側）共役は開始時に実行され，2回目の共役（外側）はNによる除算と組み合わせることができます．アプローチ(2)と比較して，このアプローチの実際のオーバヘッドは，大まかには内側の共役のみが必要であり – これにより，処理時間を大幅に増加させることはありません．

固定小数点フォーマットでFFTを実装する場合，アルゴリズム全体でのスケーリングと値の成長を理解することが重要です．バタフライ演算は，加算と減算の演算を行い，バタフライ演算の出力の値が入力の値の2倍になることがあります．最悪のシナリオでは，各段階で値が2倍になり，出力は入力のN倍になります．直感的には，全ての入力値が1.0に等しい場合に最悪のケースが発生します．これはDC信号を表し，結果として得られるFFT

は，k=0の配列値がNである以外は全て0です．固定小数点実装でオーバフローを避けるために，各バタフライ演算ステージは加算と減算の一部として0.5のスケーリングを組み込まなければなりません．これは実際にCMSIS-DSPライブラリの固定小数点FFT関数で使用されているスケーリングであり，FFTの出力は1/Nでスケール・ダウンされます．

標準FFTは複素数データで動作しますが，実データを扱うためのバリエーションもあります．一般的に，N点実数FFTは複素数N/2点FFTを用いて計算され，幾つかの追加ステップがあります．優れたリファレンスはここにあります[5]．

19.8.3 FIRフィルタ

3番目の標準的なDSPアルゴリズムは，有限インパルス応答（Finite Impulse Response：FIR）フィルタです．FIRフィルタは，多くのオーディオやビデオ，制御アルゴリズムで使用され，データの問題を分析するために使用されています．FIRフィルタは，（バイクワッドのような）IIRフィルタと比較して，次の幾つかの有用な特性を持っています．

1. FIRフィルタは本質的に安定している．これは全ての取り得る係数に対して当てはまる
2. 係数を対称にすることで線形位相が実現できる
3. シンプルな設計公式
4. 固定小数点を使って実装しても適切に動作する

FIRフィルタの動作は次の式で表されます：時刻nにおけるフィルタへの入力を$x[n]$，出力を$y[n]$とします．出力は差分方程式を用いて計算されます．

$$y[n] = \sum_{k=0}^{N-1} x[n-k]h[k]$$

ここで$h[n]$はフィルタ係数です．前述の差分方程式では，FIRフィルタはN個の係数です．

$$\{h[0], h[1], \cdots, h[N-1]\}$$

また，出力はN個前の入力サンプルを用いて計算されます．

$$\{x[n], x[n-1], \cdots, x[n-(N-1)]\}$$

前の入力サンプルは状態変数と呼ばれます．フィルタの各出力にはN回の乗算と$N-1$回の加算が必要です．最新のDSPでは，N点FIRフィルタを約Nサイクルで計算できます．メモリ内の状態データを扱う最も簡単な方法は，図19.15に示すようにFIFOを使用することです．サンプル$x[n]$が到着すると，前のサンプル$x[n-1]$～$x[n-N]$を1つ下にシフトした後，$x[n]$をバッファに書き込みます．このようにデータをシフトするのは非常に無駄が多く，入力サンプルごとに$N-1$回のメモリ読み出しと$N-1$回のメモリ書き込みを必要とします．

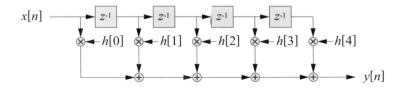

図19.15 シフト・レジスタを用いたFIRフィルタの実装．新しいサンプルが来るたびに状態変数を右にシフトさせなければならないため，実際にはほとんど使われない

データを扱う良い方法に，図19.16に示すようにリング・バッファを使用することです．リングの状態インデックスは，バッファ内の最も古いサンプルを指します．ナンプル$x[n]$が到着すると，バッファ内の最も古いサンプ

第19章　Cortex-M33プロセッサでのディジタル信号処理

ルを上書きして，円を描くようにインクリメントします．つまり，通常の方法でインクリメントを行い，バッファの終わりに達すると最初のサンプルに戻ります．

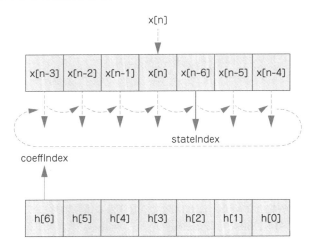

図19.16　状態変数用のリング・バッファを用いて実装されたFIRフィルタ（図19.16の上部）．stateIndexポインタは右に進み，バッファの終端に達すると円環状に折り返される．係数は線形順にアクセスされる

　FIRフィルタの標準Cコードを次に示します．この関数は，サンプルのブロックを動作するように設計されており，サーキュラ・アドレッシングが組み込まれています．前述の差分方程式に示すように，外側のループはブロック内のサンプルを対象とし，内側のループはフィルタ・タップを対象とします．

リング・バッファを利用したFIRフィルタを実装するための標準C言語コード．このコードはサンプルのブロックを処理する

```
// ブロックベースFIRフィルタ
// Nはフィルタの長さ（タップ数）
// blockSizeは処理するサンプルの数に相当
// state[] は状態変数バッファであり，入力の過去Nサンプルを含む
// stateIndexはstate bufferの中で最も古いサンプルを指す
// これは最新の入力サンプルで上書きされる
// coeffs[]はN個の係数を保持
// inPtrとoutPtrはそれぞれ入力バッファと出力バッファを指す

for(sample=0;sample<blockSize;sample++)
{
    //新しいサンプルをコピー
    state[stateIndex++] = inPtr[sample]
    if (stateIndex >= N)
        stateIndex = 0;
    sum = 0.0f;
    for(i=0;i<N;i++)
        {
            sum += state[stateIndex++] * coeffs[N-i];
            if (stateIndex >= N)
              stateIndex = 0;
        }
```

```
        outPtr[sample] = sum;
}
```

 各出力サンプルを計算するために，N個の状態変数｛$x[n]$, $x[n-1]$…，$x[n-(N-1)]$｝とN個の係数｛$h[0]$, $h[1]$, …, $h[N-1]$｝をメモリから取得する必要があります．DSPはFIRフィルタを計算するために最適化されています．状態と係数をMAC（積和）と並行してフェッチし，対応するメモリ・ポインタをインクリメントできます．また，DSPはサーキュラ・アドレッシングをハードウェアでサポートしており，オーバヘッドなしでサーキュラ・アドレッシングを実行できます．これらの機能を併用することで，最新のDSPはN点FIRフィルタを約Nサイクルで計算できます．
 Cortex-M33プロセッサでは，FIRコードの効率的な実装が困難でしょう．Cortex-M33プロセッサはサーキュラ・アドレッシングをネイティブにサポートしていないため，時間の大部分が内部ループ内の"if"文の評価に費やされます．より良い方法は，状態バッファにFIFOを使用し，入力データのブロックをシフトすることです．サンプルごとにFIFOデータをシフトするのではなく，ブロックごとに1回だけシフトします．これには，状態バッファの長さをblockSizeサンプル分だけ増やす必要があります．この処理は，4サンプルのブロック・サイズの場合が図19.17に示されています．入力データはブロックの右側にシフトされます．その後，最も古いデータが左側に現れます．図19.16に示すように，係数は時間反転し続けます．

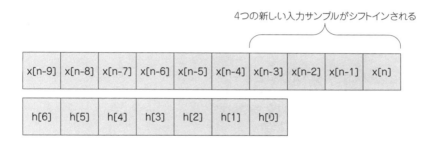

図19.17 サーキュラ・アドレッシングの回避 ステート・バッファのサイズはblockSize-1サンプル分だけ大きくなる．この例では3サンプルに相当

 図19.17の係数は$x[n-3]$に$h[0]$を揃えています．これは，次のように，最初の出力$y[n-3]$を計算するのに必要な位置です．

$$y[n-3] = \sum_{k=0}^{6} x[n-3-k]h[k]$$

 次の出力サンプルを計算するために，係数は概念的に1つずつシフトします．これが全ての出力サンプルで繰り返されます（図19.18）．このブロックベース・アプローチをFIFO状態バッファで使用することで，内側のループからコストのかかるサーキュラ・アドレッシングを排除できます．
 FIRフィルタをさらに最適化するためには，再度メモリ・アクセスに注目する必要があります．標準的なFIRの実装では，出力サンプルごとにN個の係数とN個の状態変数にアクセスします．そこで，複数の出力サンプルを同時に計算し，中間的な状態変数をレジスタにキャッシュするというアプローチをとります．次の例では，4つの出力サンプルが同時に計算されます[注9]．1つの係数がロードされ，4つの状態変数が乗算されます．これは，メモリ・アクセスを4分の1に減らすという正味の効果があります．分かりやすく簡潔にするため，次のコードは4サンプルの倍数のブロック・サイズのみをサポートしています．一方，CMSIS-DSPライブラリは汎用的であり，フィルタの長さやブロック・サイズに制約はありません．このように単純化されているとはいえ，コードは非常に複雑です．

注9：同時に計算する出力の数は，使用可能なレジスタの数に依存します．CMSIS-DSPライブラリでは，Q31 FIR3サンプルが同時に計算されます．浮動小数点バージョンでは8サンプルが同時に計算されます．

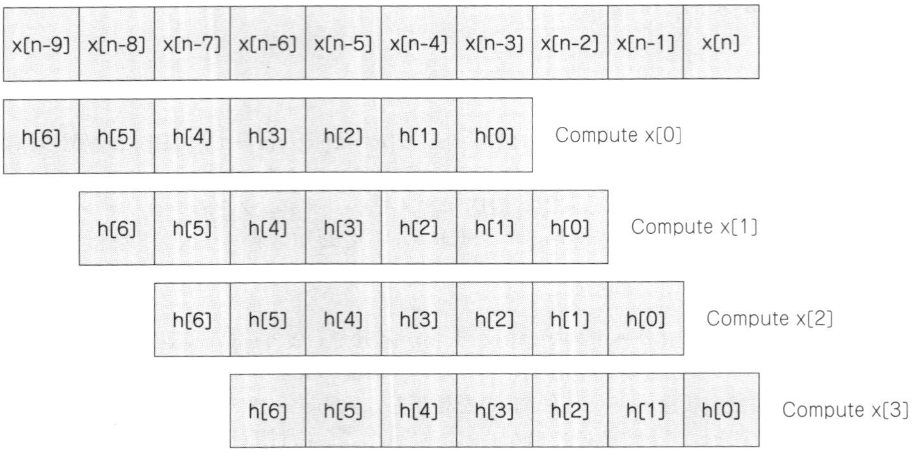

第19章　Cortex-M33プロセッサでのディジタル信号処理

x[n-9]	x[n-8]	x[n-7]	x[n-6]	x[n-5]	x[n-4]	x[n-3]	x[n-2]	x[n-1]	x[n]

| | h[6] | h[5] | h[4] | h[3] | h[2] | h[1] | h[0] | | | Compute x[0] |

| | | h[6] | h[5] | h[4] | h[3] | h[2] | h[1] | h[0] | | Compute x[1] |

| | | | h[6] | h[5] | h[4] | h[3] | h[2] | h[1] | h[0] | Compute x[2] |

| | | | | h[6] | h[5] | h[4] | h[3] | h[2] | h[1] | h[0] | Compute x[3] |

図19.18　サーキュラ・アドレッシングの回避で，各内部ループ計算は連続データを演算する

部分的に最適化された浮動小数点FIRコード．この例では，複数の結果を同時に計算することでメモリ・アクセス数を削減できることを示している

```
/*
** ブロック・ベースのFIRフィルタ引数：
** numTaps - フィルタの長さ．4の倍数でなければならない
** pStateBase - 状態変数配列の先頭を指す
** pCoeffs - 係数配列の先頭を指す
** pSrc - 入力データの配列を指す
** pDst - 結果を書き込む場所を指す
** blockSize - 処理するサンプルの数．4の倍数である必要がある
*/

void arm_fir_f32(
    unsigned int numTaps,
    float *pStateBase,
    float *pCoeffs,
    float *pSrc,
    float *pDst,
    unsigned int blockSize)
{
    float *pState;
    float *pStateEnd;
    float *px, *pb;
    float acc0, acc1, acc2, acc3;
    float x0, x1, x2, x3, coeff;
    float p0, p1, p2, p3;
    unsigned int tapCnt, blkCnt;
    /* FIFO内のデータを下にシフトし，新しい入力データブロックをバッファの最後に格納 */

    /*状態バッファの開始を指す*/
```

19.8 Cortex-M33プロセッサ用に最適化されたDSPコードの記述

```
    pState = pStateBase;

    /* blockSizeサンプル前を指す */
    pStateEnd = &pStateBase[blockSize];

    /*速度のために4でアンロール */
    tapCnt = numTaps >> 2u;
    while(tapCnt > 0u)
{

    *pState++ = *pStateEnd++;
    *pState++ = *pStateEnd++;
    *pState++ = *pStateEnd++;
    *pState++ = *pStateEnd++;

    /*ループ・カウンタをデクリメント */
    tapCnt-;
}

/* pStateEnd は, 新しい入力データを書き込むべき場所を指す */
pStateEnd = &pStateBase[(numTaps - 1u)];
pState = pStateBase;

/*ループ・アンローリングを適用し, 4つの出力値を同時に計算
 *変数 acc0 ... acc3 は, 計算中の出力値を保持 :
 *
 * acc0 = b[numTaps-1]*x[n-numTaps-1]+b[numTaps-2]*x[n-numTaps-2] +
 * b[numTaps-3]*x[n-numTaps-3]+ ... + b[0]*x[0]
 * acc1 = b[numTaps-1]*x[n-numTaps]+b[numTaps-2]*x[n-numTaps-1] +
 * b[numTaps-3]*x[n-numTaps-2] +... + b[0]*x[1]
 * acc2 = b[numTaps-1]*x[n-numTaps+1]+b[numTaps-2]*x[n-numTaps] +
 * b[numTaps-3]*x[n-numTaps-1] + ... + b[0]*x[2]
 * acc3 = b[numTaps-1]*x[n-numTaps+2] + b[numTaps-2]*x[n-numTaps+1] +
 * b[numTaps-3]*x[n-numTaps] + ... + b[0]*x[3]
 */

blkCnt = blockSize >> 2;

/*ループ・アンローリングによる処理. 一度に4つの出力を計算 */
while(blkCnt > 0u)
{
    /* 4つの新しい入力サンプルをステート・バッファにコピー */
    *pStateEnd++ = *pSrc++;
    *pStateEnd++ = *pSrc++;
    *pStateEnd++ = *pSrc++;
    *pStateEnd++ = *pSrc++;

    /*全てのアキュムレータをゼロにする */
    acc0 = 0.0f;
    acc1 = 0.0f;
```

第19章　Cortex-M33プロセッサでのディジタル信号処理

```
acc2 = 0.0f;
acc3 = 0.0f;

/*状態ポインタを初期化*/
px = pState;

/*係数ポインタの初期化*/
pb = pCoeffs;

/*状態バッファから最初の3つのサンプルを読み出す：
             x[n-numTaps], x[n-numTaps-1], x[n-numTaps-2]*/
x0 = *px++;
x1 = *px++;
x2 = *px++;

/*ループ・アンローリング. 一度に4つのタップを処理 */
tapCnt = numTaps >> 2u;

/*タップ数をループする. 4でアンロール
** numTaps-4 個の係数を計算するまで繰り返す */
while(tapCnt > 0u)
{
    /* b[numTaps-1] 係数を読み出す*/
    coeff = *(pb++);

    /* x[n-numTaps-3] サンプルを読み出す*/
    x3 = *(px++);

    /* p = b[numTaps-1] * x[n-numTaps] */
    p0 = x0 * coeff;

    /* p1 = b[numTaps-1] * x[n-numTaps-1]
    */ p1 = x1 * coeff;

    /* p2 = b[numTaps-1] * x[n-numTaps-2]
    */ p2 = x2 * coeff;

    /* p3 = b[numTaps-1] * x[n-numTaps-3]
    */ p3 = x3 * coeff;

    /* 累積*/
    acc0 += p0;
    acc1 += p1;
    acc2 += p2;
    acc3 += p3;

    /* b[numTaps-2] 係数を読み出す*/
    coeff = *(pb++);
```

19.8 Cortex-M33プロセッサ用に最適化されたDSPコードの記述

```
/* x[n-numTaps-4] サンプルを読み出す */
x0 = *(px++);

/* 積和演算を実行 */
p0 = x1 * coeff;
p1 = x2 * coeff;
p2 = x3 * coeff;
p3 = x0 * coeff;
acc0 += p0;
acc1 += p1;
acc2 += p2;
acc3 += p3;

/* b[numTaps-3] 係数を読み出す */
coeff = *(pb++);

/*x[n-numTaps-5] ナンプルを読み出す */
x1 = *(px++);

/*積和演算を実行*/
p0 = x2 * coeff;
p1 = x3 * coeff;
p2 = x0 * coeff;
p3 = x1 * coeff;
acc0 += p0;
acc1 += p1;
acc2 += p2;
acc3 += p3;

/* b[numTaps-4] 係数を読み出す */
coeff = *(pb++);

/* x[n-numTaps-6] サンプルを読み出す */
x2 = *(px++);

/*積和演算を実行*/
p0 = x3 * coeff;
p1 = x0 * coeff;
p2 = x1 * coeff;
p3 = x2 * coeff;
acc0 += p0;
acc1 += p1;
acc2 += p2;
acc3 += p3;

/* b[numTaps-5] 係数を読み出す */
coeff = *(pb++);

/* x[n-numTaps-7] サンプルを読み出す */
```

643

第19章　Cortex-M33プロセッサでのディジタル信号処理

```
        x3 = *(px++);

        tapCnt-;
    }

    /* 状態ポインタを進めて，次の4つのサンプルのグループを処理する */
    pState = pState + 4;

    /* 4つの結果をデスティネーション・バッファに格納 */
    *pDst++ = acc0;
    *pDst++ = acc1;
    *pDst++ = acc2;
    *pDst++ = acc3;

    blkCnt-;
  }
}
```

コンパイル・ツールチェーンとコンパイラの最適化設定にもよりますが，浮動小数点FIRフィルタの内部ループは，合計16個のMAC（積和）を実行するため，約43サイクルかかります．CMSIS-DSPライブラリはこれをさらに一歩進めて，8つの中間和を計算し，内部ループの性能をさらに向上させます．

CMSIS-DSPライブラリのq15FIRフィルタ関数は，先ほど紹介した浮動小数点関数の例と同様のメモリ最適化を使用しています．さらなる最適化として，q15関数はCortex-M33プロセッサのデュアル16ビットSIMD機能を適用しています．次の2つのq15関数が提供されています．

arm_fir_q15() – 64ビットの中間アキュムレータとSMLALD，SMLALDX命令を使用

arm_fir_fast_q15() – 32ビットの中間アキュムレータとSMLAD，SMLADX命令を使用

◆ **参考・引用＊文献** ···

(1)　IEEE754仕様

　　　IEEE754-1985: `https://ieeexplore.ieee.org/document/30711`

　　　IEEE754-2008: `https://ieeexplore.ieee.org/document/4610935`

(2)　オーディオイコライザのバイクワッド・フィルタ係数のためのクックブックの公式

　　　`https://www.w3.org/2011/audio/audio-eq-cookbook.html`

(3)　J.W. Cooley, J.W. Tukey，複雑なフーリエ級数の機械計算のためのアルゴリズム Math. Comput. 19 (90) (1965) 297–301.

(4)　C.S. Burrus, T.W. Parks,，DFT/FFTと畳み込みアルゴリズム，Wiley, 1984.

(5)　Matusiak, Robert, *Implementing Fast Fourier Transform Algorithms of Real-Valueed Sequences with TMS320 DSP Platform*, Texas Instruments Application Report SPRA291, August 2001.

第20章 Arm CMSIS-DSP ライブラリの使用

Using the Arm CMSIS-DSP library

20.1 ライブラリの概要

CMSIS-DSPライブラリは，Arm Cortex-MとCortex-Aプロセッサ用に書かれた，一般的な信号処理と数学関数のスイートです．Cortex-MプロセッサではDSP拡張，Cortex-AプロセッサではNeon（Advanced SIMD）拡張で最適化されています．このライブラリは，ArmのCMSISリリースの一部として無償で提供されており，全てのソースコードが含まれています．ライブラリ内の関数は次のように，幾つかのカテゴリに分かれています．

1. 基本的な算術関数
2. 高速な算術関数
3. 複素数算術関数
4. フィルタ
5. 行列関数
6. 変換
7. モータ制御関数
8. 統計関数
9. サポート関数
10. 補間関数

このライブラリには，8ビットの整数や16ビットの整数，32ビットの整数および32ビットの浮動小数点数を演算するための関数が別々に用意されています．

このライブラリは，Heliumテクノロジを搭載したArmv8.1-Mプロセッサなど，Cortex-Mプロセッサに搭載されているDSP拡張機能を利用できるように最適化されています．このライブラリは，DSP拡張機能を搭載していない他のCortex-Mプロセッサでも利用できますが，関数はこれらのコア用に最適化されておらず；関数は正常に動作しますが，動作が遅くなっています．

Keil Microcontroller Development Kit（Keil MDK）を使用している場合，CMSIS-DSPライブラリを簡単にプロジェクトに追加できます．Manage Run-Time Environment設定を使用することで，CMSIS-DSPのビルド済みライブラリ・ファイルまたはソースコードをプロジェクトに追加できます（図20.1）．

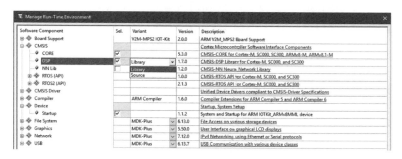

図20.1 CMSIS-DSPライブラリのKeil MDKプロジェクトへの追加

CMSIS-DSPライブラリをプロジェクトに組み込む場合，コンパイル済みライブラリまたはソースコードを選択できます．通常，プリコンパイルされたライブラリはArmツールチェイン（Keil MDKなど）での使用に最適化さ

645

第20章 Arm CMSIS-DSPライブラリの使用

れており，最高の性能を提供するため，プリコンパイルされたライブラリが好まれます.

Keil MDKなどのArmツールチェーン用のプリビルド・ライブラリに加え，GCCとArm用のIAR Embedded Workbenchのプリビルド・ライブラリも利用可能です. また，さまざまなFPU構成のCortex-Mプロセッサ用に複数のライブラリ・ファイルが用意され（例：複数のFPU構成が利用できるため，Cortex-M7プロセッサ用のライブラリは複数のバージョンが用意されています），また，リトルエンディアンとビッグエンディアンのメモリ構成用に個別のライブラリ・ファイルもあります. 現在のKeil MDKツールチェーンのCMSIS では，次のライブラリ・ファイル（**表20.1**）が利用可能です.

表20.1 Armツールチェーンで利用可能なコンパイル済みのCMSIS-DSPライブラリ・ファイル

ライブラリ名	プロセッサ	エンディアン	DSP拡張機能の使用	FPU使用
arm_ARMv8MMLldfsp_math.lib	Cortex-M33/ Cortex-M35P	リトル	Yes	Yes
arm_ARMv8MMLld_math.lib		リトル	Yes	No
arm_ARMv8MMLlfsp_math.lib		リトル	No	Yes
arm_ARMv8MMLl_math.lib		リトル	No	No
arm_ARMv8MBLl_math.lib	Cortex-M23	リトル	No	No
arm_cortexM7lfdp_math.lib	Cortex-M7	リトル	Yes	Yes（単精度+倍精度）
arm_cortexM7bfdp_math.lib		ビッグ	Yes	Yes（単精度+倍精度）
arm_cortexM7lfsp_math.lib		リトル	Yes	Yes（単精度）
arm_cortexM7bfsp_math.lib		ビッグ	Yes	Yes（単精度）
arm_cortexM7l_math.lib		リトル	Yes	No
arm_cortexM7b_math.lib		ビッグ	Yes	No
arm_cortexM4lf_math.lib	Cortex-M4	リトル	Yes	Yes
arm_cortexM4bf_math.lib		ビッグ	Yes	Yes
arm_cortexM4l_math.lib		リトル	Yes	No
arm_cortexM4b_math.lib		ビッグ	Yes	No
arm_cortexM3l_math.lib	Cortex-M3	リトル	No	No
arm_cortexM3b_math.lib		ビッグ	No	No
arm_cortexM0l_math.lib	Cortex-M0/ Cortex-M0+	リトル	No	No
arm_cortexM0b_math.lib		ビッグ	No	No

IARとGCCでは同様の一連のプリビルド・ライブラリが利用可能ですが，ファイル名が若干異なり，GCC用のプリコンパイル・ライブラリはリトル・エンディアンのみで利用可能です. 何らかの理由でライブラリを再構築する必要がある場合は，CMSIS-DSPライブラリのHTMLドキュメントを最初に参照してください.

20.2 関数命名規則

ライブラリ内の関数は次の命名規則に従います.

arm_OP_DATATYPE

ここでOPは実行される演算を表し，DATATATYPEは次のようにオペランドを表します.

- q7 – 8ビットの固定小数点データ型
- q15 – 16ビットの固定小数点データ型
- q31 – 32ビットの固定小数点データ型
- f32 – 32ビット浮動小数点

例えば，ライブラリの関数名の中には次のようなものがあります.

```
arm_dot_prod_q7 – 8ビットの固定小数点の内積
arm_mat_add_q15 – 16ビットの固定小数点の行列加算
arm_fir_q31 – 32ビットの小数のデータと係数を持つFIRフィルタ
arm_cfft_f32 – 32ビット浮動小数点値の複素FFT
```

20.3 Helpの利用方法

ライブラリ・ドキュメントはHTML形式で，CMSIS-PACK内の次のフォルダにあります.

```
CMSIS\Documentation\DSP\html
```

index.htmlというファイルが主な出発点です．ドキュメントは，ArmソフトウェアのGitHubのWebページからもアクセスできます[1].

20.4 例1 – DTMF復調

4行3列の標準的なプッシュホン・ダイヤル・パッドを図20.2に示します．それぞれの行と列は，それに関連付けられた対応する正弦波を持ちます．ボタンが押されると，ダイヤル・パッドは2つの正弦波を生成します．1つは行インデックスに基づいており，もう1つは列インデックスに基づいています．例えば，数字の4が押された場合，770Hzの正弦波（行に対応）と1209Hzの正弦波（列に対応）が生成されます．この信号方式は，デュアルトーン・マルチ周波数（Dual-tone multi-frequency：DTMF）信号と呼ばれ，アナログ電話回線で使用されている標準的な信号方式です.

	1209 Hz	1336 Hz	1447 Hz
697 Hz	1	2	3
770 Hz	4	5	6
352 Hz	7	8	9
941 Hz	*	0	#

図20.2 DTMF信号方式のキーパッド・マトリックス．ボタンが押されたときに生成される，それぞれの行と列に対応した正弦波を持っている

この例では，DTMF信号のトーンを検出する3つの異なる方法を実演します．これらは次のとおりです.
- FIRフィルタ[q15]
- FFT[q31]
- バイクワッド・フィルタ[float]

ここでは，697Hzという1つの周波数のデコードに焦点を当てますが，この例は7つのトーン全てをデコードするように簡単に拡張できます．しきい値の設定や判別など，DTMFデコードの他の側面は説明していません．この例で使われているコードは全て，"20.4.5節 DTMFコードの列"に示されています.

この例の目的は，さまざまなCMSIS-DSP関数をどのように使用するか，また，異なるデータ型をどのように扱うかを説明します．結論から言うと，バイクワッド・フィルタはFIRフィルタよりもはるかに計算効率が良い

第20章　Arm CMSIS-DSPライブラリの使用

です．その理由は，202ポイントのFIRフィルタよりも，1つのバイクワッド・ステージで正弦波を検出できるからです．バイクワッドはFIRの約40倍の効率を持っています．特に完全なDTMF実装では7つの周波数をチェックする必要があるため，FFTは良い選択のように思えるかもしれません．それでも，これら全てを考慮すると，バイクワッドはFFTよりも計算効率が高く，必要なメモリもはるかに少なくて済みます．実際には，ほとんどのDTMF受信機はGoetzelアルゴリズムを使用しており，この例で使用されているバイクワッド・フィルタと計算量が非常に似ています．

20.4.1　正弦波の生成

典型的なDTMFアプリケーションでは，入力データはA-Dコンバータから取得されます．この例では，数学関数を使用して入力信号を生成します．サンプルコードの開始時に，697Hzまたは770Hzの正弦波が生成されます．この正弦波は最初に浮動小数点を使って生成され，Q15とQ31の表現に変換されます．全ての処理は，電話アプリケーションで使用される標準サンプル・レートである8kHzのサンプル・レートで実行されます．アルゴリズムをテストするために，正弦波の512サンプルを振幅0.5で生成しました．

20.4.2　FIRフィルタを用いた復号化

DTMF信号を復調するための最初のアプローチはFIRフィルタです．FIRフィルタは697Hzを中心とした通過帯域を持ち，次に近い770Hzの周波数をフィルタリングするのに十分な幅を持たなければなりません．次のMATLABコードでフィルタを設計します．

```
SR = 8000;        %サンプル・レート
FC = 697;         %　通過帯域の中心周波数，単位：Hz

NPTS = 202;

h = fir1(NPTS-1, [0.98*FC 1.02*FC] / (SR/2), 'DC-0' );
```

770Hzまでに十分な減衰が得られるようにフィルタの正しい長さを決定するためには，幾つかの実験が必要でした．その結果，201点のフィルタ長で十分であることが分かりました．CMSISライブラリではQ15FIRフィルタ関数のために偶数長のフィルタが必要とされているため，フィルタ長は202点に切り上げられました．設計したフィルタのインパルス応答を図20.3に，振幅応答を図20.4に示します．

このフィルタは通過帯域の利得が1.0になるように設計されています．結果として得られるフィルタの最大の係数の値は約0.019です．8ビット・フォーマット（q7）に変換すると，最大の係数は約2LSBの大きさにしかなりません．結果として得られるフィルタは小さい値に量子化されており，8ビットでは使用できません．少なくとも16ビットが必要であり，この例ではQ15 mathを使用しています．MATLABを使ってフィルタ係数をQ15形式に変換し，コンソール・ウィンドウに書き出しました（以下のコードを参照してください）．その後，係数はCortex-M33プロジェクトにコピーしました．

```
hq = round(h * 32768);      // Q15に量子化

fprintf(1, 'hfir_coeffs_q15 = {\n');
for i=1:length(hq);
        fprintf(1, '%5d', hq(i));
        if (i == length(hq))
                fprintf(1, '};\n');
        else
                fprintf(1, ', ');
                if (rem(i, 8) == 0)
```

```
            fprintf(1, '\n');
          end
        end
      end
```

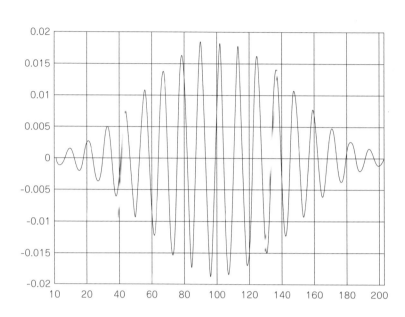

図20.3 FIRフィルタのインパルス応答. このフィルタは通過帯域の中心である697Hzに強い正弦波成分を持っている

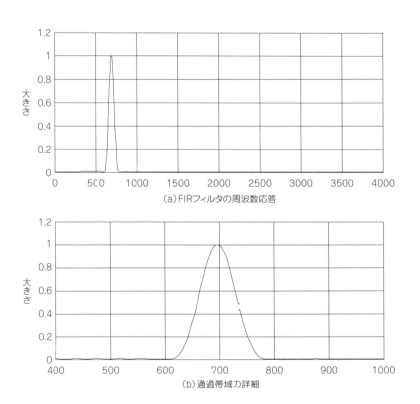

図20.4 フィルタの周波数特性. (a)は周波数帯域全体の振幅応答を示している. (b)は通過帯域の周波数697Hz付近の詳細を示している

第20章 Arm CMSIS-DSPライブラリの使用

FIRフィルタを適用するために使用するCMSIS-DSPのコードは簡単です．まず，関数arm_fir_init_q15()が呼ばれ，FIRフィルタ構造を初期化します．この関数は，フィルタの長さが均等で4サンプル以上であることを確認し，幾つかの構造要素を設定します．次に，この関数は信号を1ブロックずつ処理します．マクロBLOCKSIZEは32と定義されており，arm_fir_q15()関数を呼び出すたびに処理されるサンプル数に等しくなります．呼び出すたびに32の新しい出力サンプルが生成され，これらは出力バッファに書き込まれます．

697Hzと770Hzの入力に対してフィルタの出力を計算し，その結果を図20.5に示します．図20.5 (a)は入力が697Hzのときの出力を示しています．正弦波は帯域の中央に位置し，期待される出力振幅は0.5です（入力された正弦波の振幅は0.5で，フィルタのゲインは帯域の中央で1.0であることに注意してください）．図20.5 (b)は，入力周波数を770Hzに上げたときの出力を示しています．予想通り，出力は大きく減衰しています．

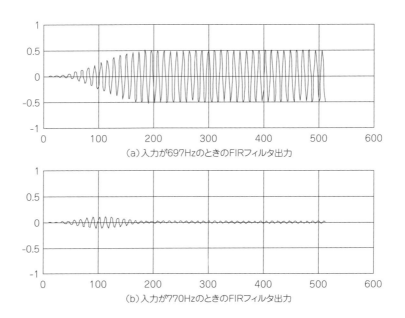

図20.5 二つの異なる正弦波を入力した場合のFIRフィルタの出力．(a)は，帯域の中央にある697Hzの正弦波を入力したときの出力を示している．(b)は770Hzの正弦波を入力して適切に減衰させたときの出力を示している

20.4.3　FFTを用いた復号化

DTMFトーンをデコードするための次のアプローチは，FFTを使用することです．FFTを使用する利点は，信号の完全な周波数表現を提供し，7つのDTMF正弦波全てを同時にデコードできることです．この例では，Q31FFTと512サンプル長のバッファを使用します．入力データは実数なので，実数変換（すなわち実数FFT）が使用されます．

FFTは512サンプルのバッファ全体で動作します．幾つかのステップがあります．まず，バッファのエッジでの過渡現象を減らすために，データにウィンドウを掛けます．ウィンドウ関数（長いサンプルのシーケンスから特定の期間内の信号サンプルを抽出する方法）には，ハミング，ハニング，ブラックマンなど幾つかの異なるタイプがあり‐これらは必要な周波数分解能と隣接する周波数間の分離に応じて選択します．このアプリケーションでは，ハニング・ウィンドウすなわち，レイズド・コサインを使用しました．入力信号は図20.6 (a)に，ウィンドウ処理後の結果は図20.6 (b)に示されています．ウィンドウ処理されたバージョンは，エッジでゼロに向かって滑らかに減衰していることが分かります．全てのデータはQ31の値で表されています．

Arm CMSIS-DSPライブラリ関数arm_rfft_init_q31をデータに適用します．この関数は複素周波数領域データを生成します．次に関数arm_cmplx_mag_q31が各周波数ビンの振幅を計算します．結果の振幅を図20.7に示します．FFTは512ポイントの長さで，サンプル・レートは8000Hzなので，FFTビンごとの周波数間隔は次のようになります．

$$\frac{8000}{512} = 15.625\ Hz$$

最大の大きさはビン45で発見され,これは703Hzの周波数に対応し-697Hzに最も近いビンです.

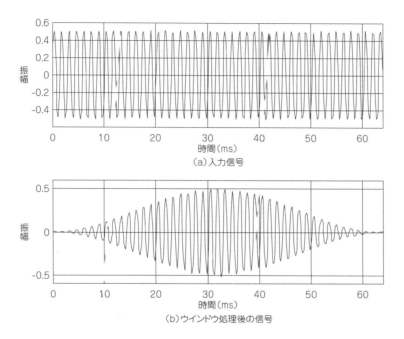

図20.6 (a)は697Hzの入力正弦波を示している.信号のエッジに幾つかの不連続性が見られるが,これがピーク周波数を誤認させる原因となる.(b)は,ハニング・ウインドウを掛けた後のサイン波を示している

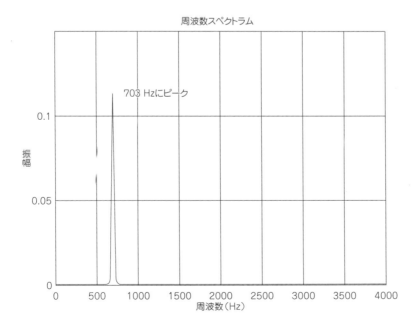

図20.7 FFT出力の振幅.周波数成分のピークは703Hzであり,これは実際の周波数697Hzに最も近いビンである

入力周波数が770Hzの場合，FFTは図20.8に示すような振幅プロットを生成します．ピークは766Hzに対応するビン49に発生します．

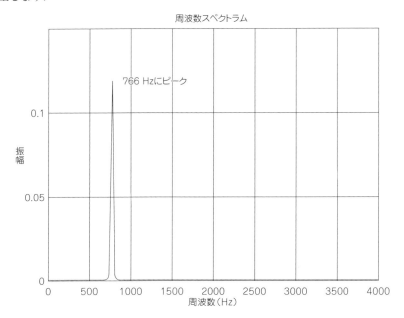

図20.8　入力周波数が770HzのときのFFT出力

20.4.4　バイクワッド・フィルタを用いた復号化

最終的に採用されたのは，2次の無限インパルス応答（Infinite Impulse Response：IIR）フィルタを使用してトーンを検出することでした．このアプローチは，ほとんどのDSPベースのデコーダで使用されているGoertzelアルゴリズムに似ています．このバイクワッド・フィルタは，目的の周波数697Hzで，単位円の近くにポール（極）を持ち，DC（ゼロHz）とナイキスト（サンプリング・レートの半分）でゼロを持つように設計されています．これにより，狭いバンドパス形状が得られます．フィルタのゲインは，通過帯域のピーク・ゲインが1.0になるように調整されています．ポール（極）を単位円に近づけることで，フィルタのシャープネスを調整できます．ポール（極）を，半径0.99で次の角度の位置に置くことにしました．

$$\omega = 2\pi \left(\frac{697}{8000} \right)$$

ポール（極）は複素共役のペアの一部を形成し，負の周波数にも一致するポールがあります．フィルタ係数を生成するMATLABコードを次に示します．Kによるスケーリングにより，通過帯域のピーク・ゲインは1.0となります．

```
r = 0.99;
p1 = r * exp(sqrt(-1)*2*pi*FC/SR);   %ポールの位置
p2 = conj(p1) ;                       %共役ポール
P  = [p1; p2];                        %ポールの配列を作る

Z  = [1; -1];                         %DCおよびナイキストでのゼロ

K  = 1 - r;                           %ユニティ・ゲインのゲイン係数
SOS = zp2sos(Z, P, K);                %バイクワッド係数に変換
```

結果として得られたフィルタの周波数特性を図20.9に示します．フィルタはシャープで，非常に狭い帯域の周

波数を通過させます.

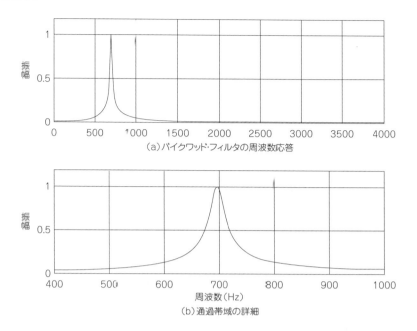

図20.9 DTMFトーン検出で使用されるIIRフィルタの周波数応答

CMSIS-DSPライブラリは，浮動小数点バイクワッド・フィルタの2つのバージョンを提供しています：直接型Iと転置型IIです．浮動小数点フォーマットを使用したバイクワッド処理では，使用するのに最良のバージョンは常に転置型IIです．これはバイクワッドごとに4つの状態変数を必要とするのではなく，2つの状態変数だけを必要とするからです．固定小数点の場合は，常に直接型Iを使うべきですが，今回の場合は転置型IIを使うのが正しいバージョンとなります．

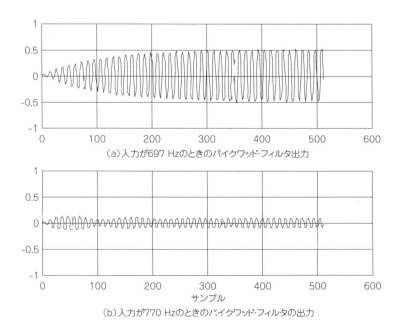

図20.10 バイクワッドDTMF検出フィルタの出力

第20章　Arm CMSIS-DSPライブラリの使用

　バイクワッド・フィルタを処理するためのコードは簡単です．この例では，1つのバイクワッド・フィルタ段に対応して，1つの2次フィルタを用いています．このフィルタには次の2つの関連する配列があります．

　　係数 – 5つの値
　　状態変数 – 2つの値

　これらの配列は関数の先頭で定義され，係数配列はMATLABで計算された値に設定されています．唯一の変更点は，フィードバック係数が標準のMATLAB表現と比較して負数にされることです．次に，関数arm_biquad_cascade_df2T_init_f32 () を呼び出してBiquadインスタンス構造体を初期化します．フィルタの処理は，arm_biquad_cascade_df2T_f32 () 関数によって処理され，入力データをプログラム・ループ内のブロックで処理するために呼び出されます．各呼び出しは，32サンプル（すなわちBLOCKSIZE）をフィルタを通して処理し，その結果を出力配列に格納します．

　バイクワッド・フィルタの出力を図20.10に示します．図20.10 (a) は入力が697Hzのときの出力を示し，図20.10 (b) は入力が770Hzのときの出力を示しています．入力が697Hzのとき，出力は期待される0.5の振幅まで増加します．入力が770Hzの正弦波の場合，出力にはまだ少しの信号が残っており，除去率は図20.5に示したFIRの結果ほど大きくありません．それでも，このフィルタはさまざまな信号成分を識別するのに十分な働きをしています．

20.4.5　DTMFコードの例

　次のコードは，CMSIS-DSPライブラリ関数を使用して3つのDTMFデコード技術を示しています．

DTMFプログラム・コード例

```
#include "IOTKit_CM33_FP.h"
#include <stdio.h>

#include "arm_math.h"

#define L 512
#define SR 8000
#define FREQ 697
// FREQ 770を定義する
#define BLOCKSIZE 8

q15_t inSignalQ15[L];
q31_t inSignalQ31[L];
float inSignalF32[L];

q15_t outSignalQ15[L];
float outSignalF32[L];

q31_t fftSignalQ31[2*L];
q31_t fftMagnitudeQ31[2];

#define NUM_FIR_TAPS 202
q15_t hfir_coeffs_q15[NUM_FIR_TAPS] = {
  -9 , -29, -40, -40, -28,  -7,  17,  38,
  49 ,  47,  29,   1, -30, -55, -66, -58,
```

20.4 例1 – DTMF復調

```
-31 ,     9,    51,    82,    91,    72,    29,   -28,
-82 ,  -117,  -119,   -84,   -20,    57,   124,   160,
149 ,    91,     0,   -99,  -176,  -206,  -175,   -88,
33  ,   153,   235,   252,   193,    72,   -80,  -217,
-297,  -293,  -199,   -40,   141,   289,   358,   323,
189 ,    -9,  -213,  -364,  -412,  -339,  -161,    73,
294 ,   436,   453,   336,   114,  -149,  -376,  -499,
-477,  -312,   -51,   233,   456,   548,   480,   269,
-27 ,  -320,  -525,  -579,  -462,  -207,   113,   404,
580 ,   587,   422,   131,  -201,  -477,  -614,  -572,
-362,   -45,   287,   534,   526,   534,   287,   -45,
-362,  -572,  -614,  -477,  -201,   131,   422,   587,
580 ,   404,   113,  -207,  -462,  -579,  -525,  -320,
-27 ,   269,   480,   548,   456,   233,   -51,  -312,
-477,  -499,  -376,  -149,   114,   336,   453,   436,
294 ,    73,  -161,  -339,  -412,  -364,  -213,    -9,
189 ,   323,   358,   289,   141,   -40,  -199,  -293,
-297,  -217,   -80,    72,   193,   252,   235,   153,
33  ,   -88,  -175,  -206,  -176,   -99,     0,    91,
149 ,   160,   124,    57,   -20,   -84,  -119,  -117,
-82 ,   -28,    29,    72,    91,    82,    51,     9,
-31 ,   -58,   -66,   -55,   -30,     1,    29,    47,
49  ,    38,    17,    -7,   -28,   -40,   -40,   -29,
-9  ,     0};

q31_t hanning_window_q31[L];

q15_t hfir_state_q15[NUM_FIR_TAPS + BLOCKSIZE] = {0};

float biquad_coeffs_f32[5] = {0.01f, 0.0f, -0.01f, 1.690660431255413f, -0.9801f};
float biquad_state_f32[2] = {0};
```

```
/*————————————————————————————————————————————————————————————
メイン・プログラム
*-————————————————————————————————————————————————————————————*/

int main (void) {  /*ここから実行が始まる*/
   int i, samp;
   arm_fir_instance_q15 DTMF_FIR;
   arm_rfft_instance_q31 DTMF_RFFT;
   arm_biquad_cascade_df2T_instance_f32 DTMF_BIQUAD;

   //入力の正弦波を生成
   //信号の振幅は0.5, 周波数はFREQ Hz
   //浮動小数点版, Q31版, Q7版を作成

   for(i=0; i<L; i++) {
      inSignalF32[i] = 0.5f * sinf(2.0f * PI * FREQ * i / SR);
      inSignalQ15[i] = (q15_t) (32768.0f * inSignalF32[i]);
```

第20章　Arm CMSIS-DSPライブラリの使用

```c
        inSignalQ31[i] = (q31_t) ( 2147483647.0f * inSignalF32[i]);
    }

/* ─────────────────────────────────────────────────────────────
** FIRフィルタでの処理
** ───────────────────────────────────────────────────────────*/

    if (arm_fir_init_q15(&DTMF_FIR, NUM_FIR_TAPS, &hfir_coeffs_q15[0],&hfir_
state_q15[0], BLOCKSIZE) != ARM_MATH_SUCCESS) {
    // error condition
    // exit(1);
    }

    for(samp = 0; samp < L; samp += BLOCKSIZE) {
        arm_fir_q15(&DTMF_FIR, inSignalQ15 + samp, outSignalQ15 + samp, BLOCKSIZE);
    }

    /* ───────────────────────────────────────────────────────
    **浮動小数点Biquadフィルタでの処理
    ** ─────────────────────────────────────────────────── */

    arm_biquad_cascade_df2T_init_f32(&DTMF_BIQUAD, 1, biquad_coeffs_f32,biquad_state_f32);
    for(samp = 0; samp < L; samp += BLOCKSIZE) {
        arm_biquad_cascade_df2T_f32(&DTMF_BIQUAD, inSignalF32 + samp,
outSignalF32 + samp, BLOCKSIZE);
    }

    /* ───────────────────────────────────────────────────────
    ** Q31 FFTでの処理
    ** ─────────────────────────────────────────────────── */

//ハニング・ウィンドウを作成．通常，プログラム開始時に一度だけ行われる
    for(i=0; i<L; i++) {
        hanning_window_q31[i] =
            (q31_t) (0.5f * 2147483647.0f * (1.0f - cosf(2.0f*PI*i / L)));
    }

    //入力バッファにウィンドウを適用
    arm_mult_q31(hanning_window_q31, inSignalQ31, inSignalQ31, L);

    arm_rfft_init_q31(&DTMF_RFFT, 512, 0, 1);

    // FFTを計算
    arm_rfft_q31(&DTMF_RFFT, inSignalQ31, fftSignalQ31);

    arm_cmplx_mag_q31(fftSignalQ31, fftMagnitudeQ31, L);
}
```

20.5 例2 – 最小二乗モーション・トラッキング

　オブジェクトの動きをトラッキングすることは，多くのアプリケーションで共通の要件となっています．例として
は，ナビゲーション・システム，運動機器，ビデオ・ゲーム・コントローラ，ファクトリ・オートメーションな
どが挙げられます．ノイズを含む，物体の過去の位置の測定が利用でき，かつ将来の位置を推定するにはそれらを
組み合わせる必要があります．この課題を解決する1つのアプローチは，複数のノイズの多い測定値を組み合わせ
て，基礎となる軌跡（位置，速度，加速度）を推定し，これらから将来を予測することです．
　一定の加速度を持つ物体を考えてみます．時間tの関数としての物体の動きは次になります．

$$x(t) = x_0 + v_0 t + a t^2$$

ここで，x_0は初期位置，v_0は初速度，aは加速度とします．
　この例では，加速度は一定であると仮定しますが，使用されているアプローチは，時間的に変化する加速度に拡
張できます．
　時刻t_1, t_2, ..., t_Nにおける対象物の過去の位置を測定してあると仮定します．また，位置測定は，ノイズが多
く，おおよその位置しか分からないと仮定します．次のように測定値と時刻を列ベクトルに配置します．

$$x = \begin{bmatrix} x_1 \\ x_2 \\ \vdots \\ x_N \end{bmatrix} \quad t = \begin{bmatrix} t_1 \\ t_2 \\ \vdots \\ t_N \end{bmatrix}$$

測定値と未知数であるx_0, v_0, aを関連付ける全体的な方程式は以下となります．

$$\begin{bmatrix} x_1 \\ x_2 \\ \vdots \\ x_N \end{bmatrix} = x_0 + v_0 \begin{bmatrix} t_1 \\ t_2 \\ \vdots \\ t_N \end{bmatrix} + a \begin{bmatrix} t_1^2 \\ t_2^2 \\ \vdots \\ t_N^2 \end{bmatrix}$$

前述の式は，行列の乗算を用いて計算できます．

$$x = Ac$$

ここで

$$A = \begin{bmatrix} 1 & t_1 & t_1^2 \\ 1 & t_2 & t_1^2 \\ \vdots & \vdots & \vdots \\ 1 & t_N & t_N^2 \end{bmatrix}$$

そして

$$c = \begin{bmatrix} x_0 \\ v_0 \\ a \end{bmatrix}.$$

3つの未知数があるので，結果ベクトルcを計算するには少なくとも3つの測定が必要です．ほとんどの場合，

第20章　Arm CMSIS-DSPライブラリの使用

未知数よりも多くの測定値があり，問題は過剰決定状態です．この問題の標準的な解決法の1つは，最小二乗近似を行うことです．この解$\hat{c}$は，N個の推定位置と実際のN個の測定位置との間の誤差を最小にするものです．最小二乗解は，次の行列方程式を解くことで求めることができます．

$$\hat{c} = (A^T A)^{-1} A^T x$$

このタイプの方程式は，CMSIS-DSPライブラリの行列関数を使って解くことができます．CMSIS-DSPライブラリの行列は，データ構造を用いて表現されます．浮動小数点データの場合，構造体は次のようになります．

```
typedef struct
{
  uint16_t numRows;  /**< 行列の行数 */
  uint16_t numCols;  /**< 行列の列数 */
  float32_t *pData;  /**< 行列のデータを指す */
} arm_matrix_instance_f32;
```

基本的に，行列構造体は，行列のサイズ（numRows, numCols）を追跡し，データ（pData）へのポインタを含みます．行列の要素（R, C）は，次の配列の位置に保存されます．

```
pData[R*numRows + C]
```

つまり，配列には1行目のデータが含まれ，その後に2行目のデータが続いています．内部フィールドを設定して行列インスタンス構造体を手動で初期化することもできますし，関数arm_mat_init_f32()を使用することもできます．実際には，行列を手動で初期化する方が簡単です．

最小二乗解を計算する全体的なコードを20.5.1節に示します．この関数の先頭には，行列で利用される全てのpData配列のメモリが確保されています．行列tとxは実際のデータで初期化され，他の全ての行列は初期値としてゼロが設定されます．この後，個々の行列インスタンス構造体が初期化されます．

> 注意：中間結果を保存できるように複数の行列が定義されています．次の行列が定義されています．

A – 上述の行列A
AT – Aの転置行列
ATA – 積$A^T A$
invATA – $A^T A$の逆行列
B – 積$(A_T A)^{-1} A^T$
c – 上述の最終的な結果

main関数の開始で，行列Aの値を初期化します．この後，幾つかの行列演算関数が呼び出され，最終的に結果のベクトルcに到達します．結果には3つの要素が含まれており，デバッガ内のcDataを調べることで確認できます．そうすることで，次が求められます．

$$x_0 = c[0] = 8.7104$$

$$v_0 = c[1] = 38.8748$$

$$a = c[2] = -9.7923$$

元の入力データと結果の近似を図20.11に示します．細い線はランダム・ノイズを含む測定データで，太い線は結果のデータの近似です．この図は，基礎となる最小二乗近似が非常に正確であり，この近似を使用して，将来の測定データを推定できます．

658

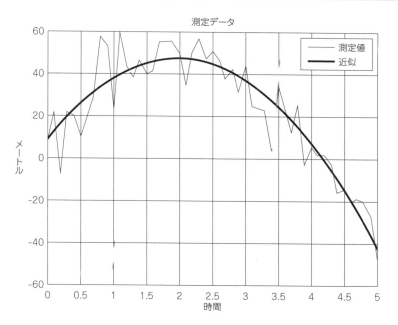

図20.11　実際の測定値（細い線）とその結果の最小二乗近似（太い線）

20.5.1　最小二乗コードの例

最小二乗計算のコード例

```
#include "arm_math.h"  /* CMSIS-DSP のメイン・インクルード・ファイル*/
#define NUMSAMPLES 51  /* 測定数*/
#define NUMUNKNOWNS 3  /* 多項式近似における未知数の数*/
//行列の配列にメモリを割り当てる．tとxのみ初期データが定義されている
//データがサンプリングされた時刻が含まれる
//この例では，データは等間隔であるが，これは最小二乗法による近似では必要とされない
float32_t tData[NUMSAMPLES] =
{
  0.0f, 0.1f, 0.2f, 0.3f, 0.4f, 0.5f, 0.6f, 0.7f,
  0.8f, 0.9f, 1.0f, 1.1f, 1.2f, 1.3f, 1.4f, 1.5f,
  1.6f, 1.7f, 1.8f, 1.9f, 2.0f, 2.1f, 2.2f, 2.3f,
  2.4f, 2.5f, 2.6f, 2.7f, 2.8f, 2.9f, 3.0f, 3.1f,
  3.2f, 3.3f, 3.4f, 3.5f, 3.6f, 3.7f, 3.8f, 3.9f,
  4.0f, 4.1f, 4.2f, 4.3f, 4.4f, 4.5f, 4.6f, 4.7f,
  4.8f, 4.9f, 5.0f
};

//ノイズの多い位置測定値を格納
float32_t xData[NUMSAMPLES] =
{
  7.4213f, 21.7231f, -7.2828f, 21.2254f, 20.2221f, 10.3585f, 20.3033f, 29.2690f,
  57.7152f, 53.6075f, 22.8209f, 59.8714f, 43.1712f, 38.4436f, 46.0499f, 39.8803f,
  41.5188f, 55.2256f, 55.1803f, 55.6495f, 49.8920f, 34.8721f, 50.0859f, 57.0099f,
```

第20章 Arm CMSIS-DSPライブラリの使用

```
  47.3032f, 50.8975f, 47.4671f, 38.0605f, 41.4790f, 31.2737f, 42.9272f, 24.6954f,
  23.1770f, 22.9120f, 3.2977f, 35.6270f, 23.7935f, 12.0286f, 25.7104f, -2.4601f,
  6.7021f, 1.6804f, 2.0617f, -2.2891f, -16.2070f, -14.2204f, -20.1870f, -18.9303f,
  -20.4859f, -25.8338f, -47.2892f
};

float32_t AData[NUMSAMPLES * NUMUNKNOWNS];
float32_t ATData[NUMSAMPLES *NUMUNKNOWNS];
float32_t ATAData[NUMUNKNOWNS * NUMUNKNOWNS];
float32_t invATAData[NUMUNKNOWNS * NUMUNKNOWNS];
float32_t BData[NUMUNKNOWNS * NUMSAMPLES];
float32_t cData[NUMUNKNOWNS];

//構造体インスタンスの配列の初期化. 各インスタンスについて, そのインスタンスは次のとおり
// MAT = {numRows, numCols, pData};

//列ベクトル t
arm_matrix_instance_f32 t = {NUMSAMPLES, 1, tData};

//列ベクトル x
arm_matrix_instance_f32 x = {NUMSAMPLES, 1, xData};

// 行列 A
arm_matrix_instance_f32 A = {NUMSAMPLES, NUMUNKNOWNS, AData};

//行列Aの転置
arm_matrix_instance_f32 AT = {NUMUNKNOWNS, NUMSAMPLES, ATData};

// 行列積 AT * A
arm_matrix_instance_f32 ATA = {NUMUNKNOWNS, NUMUNKNOWNS, ATAData};

// 逆行列 inv(AT*A)
arm_matrix_instance_f32 invATA = {NUMUNKNOWNS, NUMUNKNOWNS, invATAData};

// 中間結果 invATA * AT
arm_matrix_instance_f32 B = {NUMUNKNOWNS, NUMSAMPLES, BData};

// 解
arm_matrix_instance_f32 c = {NUMUNKNOWNS, 1, cData};

/*-------------------------------------------------------------------------
** メイン・プログラム
**-----------------------------------------------------------------------*/
int main (void) {
  int I;
  float y;

  y = sqrtf(xData[0]);
  cData[0] = y;
```

660

```c
//行列Aの値を入力. 各行には次が含まれる
// [1.0f t t*t]

for(i=0; i<NUMSAMPLES; i++) {
  AData[i*NUMUNKNOWNS + 0] = 1.0f;
  AData[i*NUMUNKNOWNS + 1] = tData[i];
  AData[i*NUMUNKNOWNS + 2] = tData[i] * tData[i];
}

// 転置
arm_mat_trans_f32(&A, &AT);

// 行列乗算 AT * A
arm_mat_mult_f32(&AT, &A, &ATA);

// 逆行列 inv(ATA)
arm_mat_inverse_f32(&ATA, &invATA);

//行列乗算 invATA * x;
arm_mat_mult_f32(&invATA, &AT, &B);

// 最終結果
arm_mat_mult_f32(&B, &x, &c);

//デバッガでcDataを調べ, 最終的な値を確認
}
```

20.6 例3 – リアルタイム・フィルタ設計

20.6.1 フィルタ設計の概要

　フィルタリングは, リアルタイムの組み込みシステムで最も一般的に使用される信号処理タスクの1つです. 20.4節では, 入力信号シーケンスにフィルタを適用する方法を説明しました. しかし, 多くのアプリケーションでは, 入力信号は常にアクティブであるため, 連続的なフィルタリングが必要になります. この節では, CMSIS-DSPライブラリを使ってリアルタイム・フィルタを作成する方法を見ていきます.

　フィルタ設計の最初のステップは, フィルタの仕様を定義することです. 定義する必要がある領域には, 次のようなものがあります.

- フィルタの種類
- ディジタル・フィルタが使用するデータ型
- サンプリング周波数
- 周波数応答

フィルタの周波数応答は, さまざまな側面を用いて特徴付けることができます. 例えば, **図20.12**は, これらの特性の幾つかを示しています.

　フィルタを設計する際には, 考慮すべき多くの要因があります. 周波数特性(例:除去率)に加えて, アプリケーションによっては位相特性も重要になります. 場合によっては, 設計決定の際にフィルタ応答の遅延も考慮する必要があるかもしれません. 本書ではフィルタ設計技術の詳細については触れていませんが, フィルタ設計に関する情報は広く入手可能です(例えば, Advanced Solutions NederlandのIIRフィルタ設計ガイド[注1]では, こ

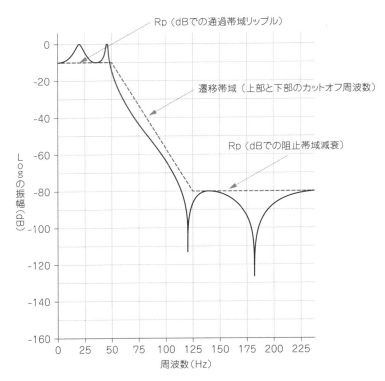

図20.12 フィルタ設計で考慮すべき一連のフィルタ特性(画像提供:Advanced Solutions Nederland)

のトピックの概要が分かりやすく説明されています)[2].また,作業をより簡単にするためのさまざまなフィルタ設計ツールも用意されています.

　20.4節では,フィルタ設計のためのMATLABの使用について簡単に説明しました.MATLABは,市販されている数学ツールの中で最も人気のあるものの1つで,フィルタの設計をサポートする機能を備えています.フィルタ設計のソフトウェア・ツールは,他にもあり,その中にはオープンソース・プロジェクトの形で提供されているものもあります.

　多くの市販のフィルタ設計ソフトウェア・ツールには,フィルタ設計作業のために特別に設計されたものがあり,フィルタの特性をより簡単に分析できるようになっています.フィルタ設計に慣れていないソフトウェア開発者にとって,これらのツールは非常に役立ちます.次の例は,Advanced Solutions Nederland(http://www.advsolned.com)が開発したASN Filter Designer Professional(バージョン4.33)を使用してフィルタを作成しています.

　ASN Filter Designer Professionalソフトウェアは,幅広いタイプのフィルタをサポートしています.その設計では,インタラクティブなユーザ・インターフェースを介してフィルタを設計でき,さまざまなパラメータを調整したり,設計の出力をすぐに確認できます.また,フィルタ応答のシミュレーションもサポートしているので,シミュレーション出力を確認して,フィルタがアプリケーションの要件を満たしているかどうかを判断できます.Cortex-Mプロセッサ用のソフトウェアを作成する開発者のための追加ボーナスとして,CMSIS-DSPライブラリ関数を直接呼び出すCコードを生成できます(設計されたフィルタは,C/C++,Python,MATLABなどにエクスポートすることもできます).

　ASN Filter Designerを起動し,ライセンス・キーがインストールされていると仮定すると,**図20.13**に示すようなデフォルトの起動画面が表示されます.

　この例では,48kHzのサンプリング・レートと単精度浮動小数点データ型のシステム用に,ロー・パス・バイ

注1:Advanced NederlandのWebサイトには,フィルタ設計に関する記事があります.http://www.advsolned.com/iir-filters-a-practical-guide/

20.6 例3 – リアルタイム・フィルタ設計

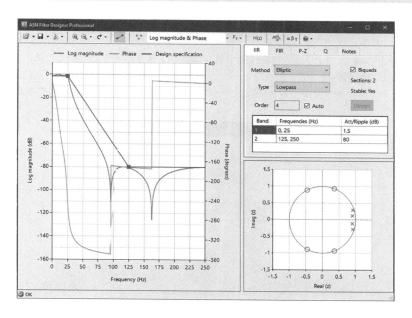

図 20.13　ASN Filter Designer Professional のデフォルトの起動画面

クワッド・フィルタを設計します．基本的なフィルタの設計を始めるときに，最初に行うべきステップは，サンプリング・レートを定義することです．これを行うには，ツール・バーの[Fs]アイコンをクリックし，サンプリング周波数ダイアログに，サンプリング・レートを入力することで実現できます（図20.14）．

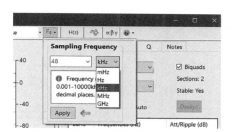

図 20.14　サンプリング・レートの設定

次のステップは，フィルタのタイプを定義することです．デフォルトでは，フィルタの種類は "Elliptic IIR" フィルタで；これは，ユーザ・インターフェースの右上の[Method]フィルタを選択することで，単純なバターワース・バイクワッド・フィルタに変更できます（図20.15）．

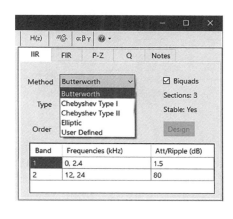

図 20.15　フィルタ・タイプを定義

663

第20章 Arm CMSIS-DSPライブラリの使用

次のステップでは，データ・タイプと構造を定義します．これらの設定は，図20.16に示すように，ユーザ・インターフェースの右上にある"Q"タブをクリックすることで見つけることができます．FPUを搭載したCortex-M33プロセッサの場合，FPUは単精度浮動小数点ユニットをサポートしているため，この例ではこのオプションを選択しました．固定小数点データ・フォーマットを選択することもできます．それが必要な場合は，適切な固定小数点データ・フォーマット（ワード長とデータ中の小数部のビット数）を選択する必要があります．

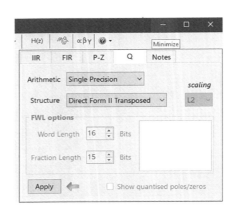

図20.16 フィルタのデータ型と構造の定義

プロセスのこの段階では，フィルタ特性（図20.17）を定義する必要があります．そのためにはIIRタブをもう一度クリックすると，必要なバイクワッド・セクションの数とフィルタの次数が表示されます．左側のグラフの四角いカーソルはフィルタの周波数特性を調整するために調整できます．フィルタの応答を調整した後は，フィルタのデザインを更新するためにIIRフィルタ・タブ（右側）の"Design"ボタンをクリックする必要があります．

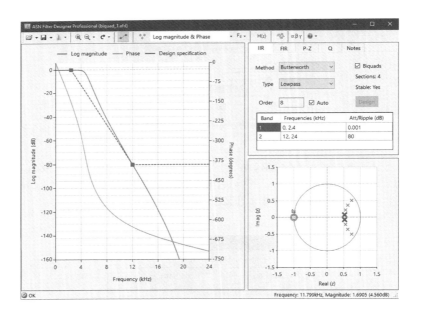

図20.17 フィルタの周波数特性の定義

フィルタが定義されると，設計がCコードにエクスポートされます（Arm CMSIS-DSPオプションを使用）．Cコードには，生成されたフィルタ係数と，必要なCMSIS-DSPライブラリ関数にアクセスする関数呼び出しが含まれています．Cコードをエクスポートする関数は，ツール・バーの"H(z)"ボタンをクリックすることでアクセスできます（図20.18）．

20.6 例3 – リアルタイム・フィルタ設計

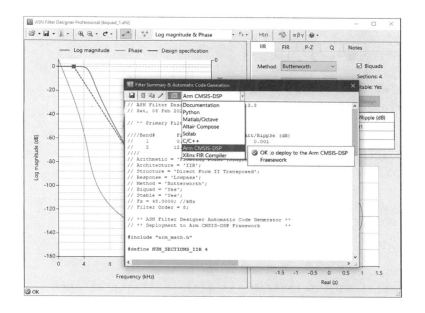

図20.18　CMSIS-DSPライブラリを使ったフィルタ・デザインのCコードへのエクスポート

生成されたバイクワッド・フィルタのコードは次のとおりです

CMSIS-DSPライブラリを利用したバイクワッド・フィルタCコードの生成

```
// ASN Filter Designer Professional v4.3.3
// Sat, 08 Feb 2020 11:50:38 GMT

// ** Primary Filter (H1)**

////バンド#        周波数（kHz）        減衰/リップル (dB)
//    1          0.000,     2.400         0.001
//    2         12.000,    24.000        80.000
////
// Arithmetic = 'Floating Point (Single Precision)';
// Architecture = 'IIR';
// Structure = 'Direct Form II Transposed';
// Response = 'Lowpass';
// Method = 'Butterworth';
// Biquad = 'Yes';
// Stable = 'Yes';
// Fs = 48.0000; //kHz
// Filter Order = 8;

// ** ASN Filter Designer Automatic Code Generator **
// ** Deployment to Arm CMSIS-DSP Framework **

#include "arm_math.h"
```

第20章　Arm CMSIS-DSPライブラリの使用

```c
#define NUM_SECTIONS_IIR 4

// ** IIR直接形式II転置バイクワッド実装**
// y[n] = b0 * x[n] + w1
// w1 = b1 * x[n] + a1 * y[n] + w2
// w2 = b2 * x[n] + a2 * y[n]

// IIR 係数
float32_t iirCoeffsf32[NUM_SECTIONS_IIR*5] =
  {// b0, b1, b2, a1, a2
    0.0582619, 0.1165237, 0.0582619, 1.0463270, -0.2788444,
    0.0615639, 0.1231277, 0.0615639, 1.1071010, -0.3531238,
    0.0688354, 0.1376707, 0.0688354, 1.2402050, -0.5158056,
    0.0815540, 0.1631081, 0.0815540, 1.4713260, -0.7982877
  };

// ************************************************************
// テスト・ループのコード（マウス右ボタン -> テストループのコードを表示）
// ************************************************************

#define ARM_MATH_CM4 // Cortex-M4 （デフォルト）. CMSIS-DSPv1.7.0以上にデプロイする場合は省略可

#define TEST_LENGTH_SAMPLES 128
#define BLOCKSIZE 32
#define NUMBLOCKS (TEST_LENGTH_SAMPLES/BLOCKSIZE)

float32_t iirStatesf32[NUM_SECTIONS_IIR*5];

float32_t OutputValues[TEST_LENGTH_SAMPLES];
float32_t InputValues[TEST_LENGTH_SAMPLES];

float32_t *InputValuesf32_ptr = &InputValues[0]; //入力ポインタを宣言
float32_t *OutputValuesf32_ptr = &OutputValues[0]; //出力ポインタを宣言

arm_biquad_cascade_df2T_instance_f32 S;

int32_t main(void)
{
  uint32_t n,k;

  //テスト用正弦波入力を設定
  for (n=0; n<TEST_LENGTH_SAMPLES; n++)
  InputValues[n]= arm_sin_f32(2*PI*4.8*n/48.0);

  // バイクワッドを初期化
  arm_biquad_cascade_df2T_init_f32 (&S, NUM_SECTIONS_IIR, &(iirCoeffsf32[0]),
&(iirStatesf32[0]));

  // IIRフィルタ演算を行う
```

```
for (k=0; k < NUMBLOCKS; k++)
  arm_biquad_cascade_df2T_f32 (&S, InputValuesf32_ptr + (k*BLOCKSIZE),
OutputValuesf32_ptr + (k*BLOCKSIZE), BLOCKSIZE); // フィルタ処理を実行

while (1);
}
```

選択したフィルタ・デザインがCMSIS-DSPライブラリでサポートされていない場合，代わりにC/C++コードとしてエクスポートできます．

デフォルトでは，生成されたCコードは，Cortex-M4プロセッサが使用されていることを前提としています．全てのCortex-MプロセッサのCMSIS-DSP APIは，同一なので，このコードはCortex-M33プロセッサで使用できます．事前に計算された一連の入力値（データ配列に格納されている）を使用して，生成されたコードは設計されたフィルタの動作を行います．プログラムは，入力データ配列内の全てのデータが処理された時点で終了します．このコードを，入力データを連続的に処理するリアルタイム・フィルタに変換するには，コードを修正する必要があります．

20.6.2　リアルタイム・フィルタの作成：ベア・メタル・プロジェクトの例

フィルタ計算をより効率的にするために，CMSIS-DSPライブラリのフィルタはサンプルのブロックが収集された後にのみ実行されます．ブロック・サイズはフィルタの設計に依存し，取り上げたバイクワッドの例では，ブロック・サイズは32で - これは，32サンプルが収集されるたびにフィルタ関数が実行されることを意味します．この動作をサポートするために，入力バッファと出力バッファを定義する必要があります（図20.19）．

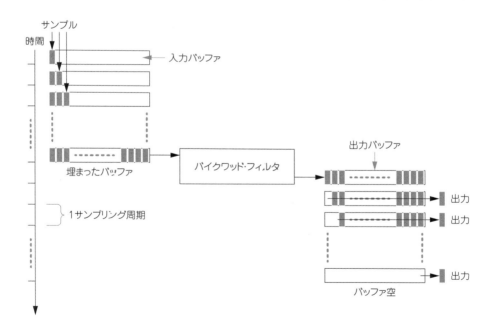

図20.19　CMSIS-DSPのフィルタ機能はサンプルのブロックで動作するため，入力と出力のバッファを必要とする

フィルタ処理関数が1サンプリング期間内に終了する場合，バイクワッド・フィルタ計算が行われた後，同じ入出力バッファのセットを直ちに次のサンプル・ブロックのために再利用できます．しかし，フィルタ機能の実行に必要な処理時間は，1サンプルのタイミング・ギャップを超えることが多いものです．その結果，1セットの

第20章 Arm CMSIS-DSPライブラリの使用

入力と出力のバッファを持つだけでは十分ではありません．この問題を解決するために，通常，2組の入力と出力のデータ・バッファが必要です．フィルタ処理に，1組の入力と出力のバッファを使用する場合，もう1つのペア

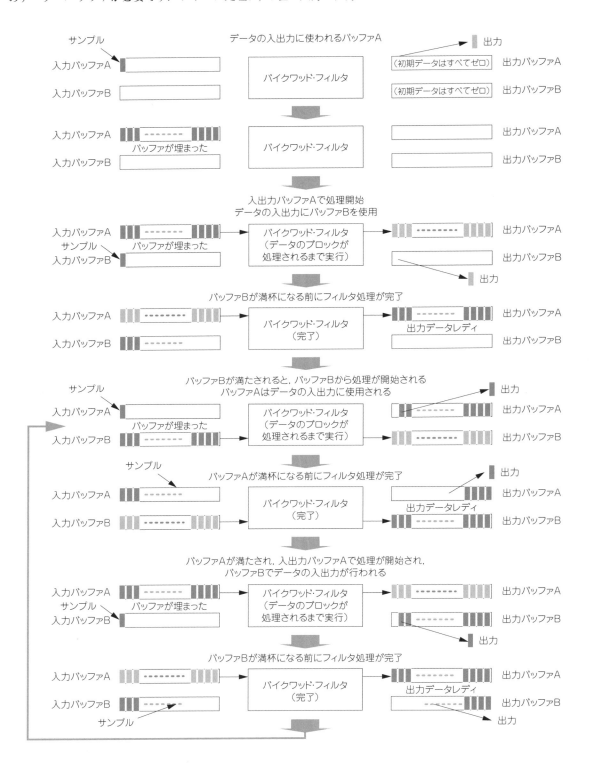

図20.20 ピンポン・バッファを持つCMSIS-DSPフィルタ

は，データ・サンプルの入力と先に実行された処理結果の出力に使用されます．これは，しばしばピンポン・バッファ動作と呼ばれます（図20.20）．

"ピンポン"バッファ操作を使ったリアルタイム・フィルタを示す目的で，オーディオ・フィルタのコード例を作成しました．この例では，入力と出力はオーディオ・インターフェースの割り込みハンドラによって処理されます．これはサンプリング・レート（設定では48kHz）でトリガされ，バイクワッド・フィルタ機能はスレッド・モードで動作します（これはオーディオ・インターフェースの割り込みによって割り込まれる可能性があります）．バッファがいっぱいになった後に処理をキック・スタートできるようにするには，以下のデータ変数が必要です．

- 入力バッファA／Bに収集されたサンプル数をカウントするためのデータ変数（"Sample_Counter"）
- ピンポン状態を示すデータ変数（"PingPongState"）
- 十分なサンプルが収集されると，オーディオ割り込みハンドラがフィルタ処理の開始をトリガすることを可能にするデータ変数（"processing_trigger"）
- そしてもちろん，2組の入出力バッファ（"InputValues_A/B"，"OutputValues_A/B"）

プログラムの開始時には，バッファと前述の変数，バイクワッド・フィルタのデータ構造とオーディオ・インターフェース・ハードウェア（NVICの割り込み設定を含む）を全て初期化する必要があります．ASN Filter Designerによって生成されたフィルタ・コードはデフォルトでCortex-M4プロセッサをターゲットにしているため，コードにはCマクロ "ARM_MATH_CM4" が含まれています．このCマクロは，CMSIS-DSPライブラリの最近のリリースでは使用されていないため，無視できます．

前述の全ての修正が行われた後，リアルタイム・オーディオ・フィルタのデザインをテストできます．そのためのプログラム・コードを次に示します．

リアルタイム・フィルタ・コード

```
// ASN Filter Designer Professional v4.3.3
// Fri, 07 Feb 2020 18:41:12 GMT

// ** Primary Filter (H1)**


////バンド#        周波数 (kHz)        減衰/リップル (dB)
//    1        0.000,    2.400        0.001
//    2       12.000,   24.000       80.000
////
// Arithmetic= 'Floating Point (Single Precision)';
// Architecture = 'IIR';
// Structure = 'Direct Form II Transposed';
// Response = 'Lowpass';
// Method = 'Butterworth';
// Biquad = 'Yes';
// Stable = 'Yes';
// Fs = 48.0000; //kHz
// Filter Order = 8;

// ** ASN フィルタ・デザイナ自動コード生成**

// ** Arm CMSIS-DSP フレームワークへの展開**

// 含まれるヘッダ
#include "IOTKit_CM33_FP.h"
```

第20章　Arm CMSIS-DSPライブラリの使用

```c
#include "arm_math.h" // CMSIS-DSPライブラリ・ヘッダ

extern uint8_t audio_init(void); //オーディオ・ハードウェアの初期化
extern void read_sample(int16_t *left, int16_t *right);
extern void play_sample(int16_t *left, int16_t *right);
void I2S_Handler(void);


#define BLOCKSIZE 32

#define NUM_SECTIONS_IIR 4

// ** IIR直接形式II転置バイクワッド実装 **
// y[n] = b0 * x[n] + w1
// w1 = b1 * x[n] + a1 * y[n] + w2
// w2 = b2 * x[n] + a2 * y[n]

// IIR係数
float32_t const static iirCoeffsf32[NUM_SECTIONS_IIR*5] =
        {// b0, b1, b2, a1, a2
          0.0582619f, 0.1165237f, 0.0582619f, 1.0463270f, -0.2788444f,
          0.0615639f, 0.1231277f, 0.0615639f, 1.1071010f, -0.3531238f,
          0.0688354f, 0.1376707f, 0.0688354f, 1.2402050f, -0.5158056f,
          0.0815540f, 0.1631081f, 0.0815540f, 1.4713260f, -0.7982877f
        };

float32_t static iirStatesf32[NUM_SECTIONS_IIR*5];

static arm_biquad_cascade_df2T_instance_f32 S;

//ピンポン・バッファ
float32_t static InputValues_A[BLOCKSIZE];
float32_t static OutputValues_A[BLOCKSIZE];
float32_t static InputValues_B[BLOCKSIZE];
float32_t static OutputValues_B[BLOCKSIZE];
volatile int static PingPongState=0; // 0 = processing A, I/O = B
                                      // 1 = processing B, I/O = A
volatile int static Sample_Counter=0; // 0からBLOCKSIZE-1までサンプルをカウント
  //それから，処理をトリガして0に戻る
volatile int static processing_trigger=0;
  // 1にすると，処理を開始
  //処理中は2にセットされ，処理が終了すると0に戻す

//両オーディオ・チャンネルからのサンプル
int16_t static left_channel_in;
int16_t static right_channel_in;
int16_t static left_channel_out;
int16_t static right_channel_out;

int main(void) {
```

670

20.6 例3 − リアルタイム・フィルタ設計

```c
int i;

//ピンポンバッファのデータを初期化
for (i=0;i<BLOCKSIZE;i++) {
  OutputValues_A[i] = 0.0f;
  OutputValues_B[i] = 0.0f;
  }

// Biquadsを初期化
arm_biquad_cascade_df2T_init_f32 (&S, NUM_SECTIONS_IIR, &(iirCoeffsf32[0]), &
(iirStatesf32[0]));

audio_init(); //オーディオ・インターフェースの初期化
// I2S IRQの発生を待ち，それをサービス
// WFEスリープを使用し，省電力を可能にする
while(1){
  if (processing_trigger>0) {
  //データのBLOCK がサンプリングされると，I2S_Handlerによりprocessing_triggerが1にセットされる
  processing_trigger=2; //バイクワッドが動作していることを示す
  if (PingPongState==0) {
  arm_biquad_cascade_df2T_f32 (&S, &InputValues_A[0], &OutputValues_A[0],
BLOCKSIZE); //フィルタリングを実行
} else {
  arm_biquad_cascade_df2T_f32 (&S, &InputValues_B[0], &OutputValues_
B[0],BLOCKSIZE); // フィルタリングを実行
  } // endif-if (PingPongState==0)
    processing_trigger=0; //状態を0に戻す
  } // end-if (processing_trigger!=0)
    __WFE(); //処理終了後，スリープに入る
  }
}
/********************************************************************/
/* I2SオーディオIRQハンドラ．48KHzでトリガ          */
/********************************************************************/
void I2S_Handler(void) {
  int local_Sample_Counter;

  // Sample_Counterは0からBLOCKSIZE-1までカウント
  local_Sample_Counter = Sample_Counter;

  // ADCからサンプルを読み出す
  read_sample(&left_channel_in, &right_channel_in);

  if (PingPongState==0) {
  InputValues_B[local_Sample_Counter] = (float) left_channel_in;
    left_channel_out=(int16_t) OutputValues_B[local_Sample_Counter];
  } else {
  InputValues_A[local_Sample_Counter] = (float) left_channel_in;
  left_channel_out=(int16_t) OutputValues_A[local_Sample_Counter];
```

第20章　Arm CMSIS-DSPライブラリの使用

```
}
  right_channel_out = right_channel_in;  //左チャンネルのみ処理される

  // DACにサンプルを書き込む
  play_sample(&left_channel_out, &right_channel_out);

  local_Sample_Counter++;
  if (local_Sample_Counter>=BLOCKSIZE) {
    // ラップ・アラウンドして，ピンポンバッファを切り替え
    local_Sample_Counter = 0;
    PingPongState = (PingPongState+1) & 0x1; // ピンポンの状態を切り替え
    if (processing_trigger==2) {
      // Biquadはまだ動作中 - オーバラン・エラーが発生した
      __BKPT(1); // エラー
    } else {
      processing_trigger = 1; // 新しいbiquadを開始
    }
}
  Sample_Counter = local_Sample_Counter; //新しいSample_Counterを保存
  return;
}
```

現実のアプリケーションでは，デバイスには多数の割り込みソースが存在する可能性があります．万が一，プロセッサが短時間に大量の割り込み要求を受信した場合，フィルタ関数は，次のサンプルのブロックを受信する前に処理を完了できない可能性があります．これを検出するために，I²Sハンドラの内部でチェックが行われます．もしサンプルのブロックを受信したときに"processing_trigger"の値が2のままであれば，スレッド・モードで動作しているフィルタ処理関数がまだ動作していることを意味しているため，エラーとしてフラグが立てられます．

20.6.3　優先度の低いハンドラでのフィルタ処理

プロセッサが次のデータ・ブロックに間に合うように，フィルタ処理を終了できない可能性を減らすため，フィルタ処理機能は，優先度の低い（オーディオ・インターフェース割り込みよりも低い優先度の）別の割り込みハンドラとして実行できます．この構成により，幾つかの遅い処理関数（非実時間）をスレッド・レベルで実行することも可能になります．フィルタ処理を割り込みハンドラとして実行することで，フィルタの処理時間を測定したり，結果を表示したりするコード（printf文を使用）をスレッド・レベルのバックグラウンド処理の形でプロジェクトに追加できます．これにより，フィルタ処理の遅延を防ぐことができます．

次の例では，前の例で使用したのと同じフィルタ・アルゴリズムを使用していますが，フィルタ関数の実行はPendSVの例外ハンドラの内部で行われます．

フィルタ処理にPendSV例外を使用したリアルタイム・フィルタ・コード．スレッド・モードは，プロセッサの負荷を表示するために使用される

```
// ASN Filter Designer Professional v4.3.3
// Fri, 07 Feb 2020 18:41:12 GMT


// ** Primary Filter (H1)**
```

20.6 例3 - リアルタイム・フィルタ設計

```
////バンド#        周波数 (kHz)        減衰/リップル (dB)
//    1        0.000,   2.400        0.001
//    2       12.000,  24.000       80.000
////
// Arithmetic = 'Floating Point (Single Precision)';
// Architecture = 'IIR';
// Structure = 'Direct Form II Transposed';
// Response = 'Lowpass';
// Method = 'Butterworth';
// Biquad = 'Yes';
// Stable = 'Yes';
// Fs = 48.0000; //kHz
// Filter Order = 8;


// ** ASN Filter Designer Automatic Code Generator **
// ** Deployment to Arm CMSIS-DSP Framework **

//含まれるヘッダ
#include "IOTKit_CM33_FP.h"
#include "arm_math.h" // CMSIS-DSPライブラリ・ヘッダ
#include "stdio.h"


extern uint8_t audio_init(void); //オーディオ・ハードウェアの初期化
extern void read_sample(int16_t *left, int16_t *right);
extern void play_sample(int16_t *left, int16_t *right);
void I2S_Handler(void);
void PendSV_Handler(void);


#define BLOCKSIZE 32

#define NUM_SECTIONS_IIR 4

// ** IIR直接形式II転置バイクワッド実装 **
// y[n] = b0 * x[n] + w1
// w1 = b1 * x[n] + a1 * y[n] + w2
// w2 = b2 * x[n] + a2 * y[n]

// IIR係数
float32_t const static iirCoeffsf32[NUM_SECTIONS_IIR*5] =
        {// b0, b1, b2, a1, a2
          0.0582619f, 0.1165237f, 0.0582619f, 1.0463270f, -0.2788444f,
          0.0615639f, 0.1231277f, 0.0615639f, 1.1071010f, -0.3531238f,
          0.0688354f, 0.1376707f, 0.0688354f, 1.2402050f, -0.5158056f,
          0.0815540f, 0.1631081f, 0.0815540f, 1.4713260f, -0.7982877f
        };


float32_t static iirStatesf32[NUM_SECTIONS_IIR*5];

static arm_biquad_cascade_df2T_instance_f32 S;
```

第20章　Arm CMSIS-DSP ライブラリの使用

```c
// ピンポン・バッファ
float32_t static InputValues_A[BLOCKSIZE];
float32_t static OutputValues_A[BLOCKSIZE];
float32_t static InputValues_B[BLOCKSIZE];
float32_t static OutputValues_B[BLOCKSIZE];
volatile int static PingPongState=0; // 0 = processing A, I/O = B
                                     // 1 = processing B, I/O = A
volatile int static Sample_Counter=0; // 0からBLOCKSIZE-1までサンプルをカウント
   // それから，処理をトリガして0に戻る
volatile int static processing_trigger=0;
   // 1にすると，処理を開始
   //処理中は2にセットされ，処理が終了すると0に戻す

//両オーディオ・チャンネルからのサンプル
int16_t static left_channel_in;
int16_t static right_channel_in;
int16_t static left_channel_out;
int16_t static right_channel_out;

//サンプルのブロックあたりのサイクル数
#define CPUCYCLE_MAX ((20000000/48000)*BLOCKSIZE)
static volatile uint32_t cycle_cntr=0;

int main(void) {
  int i;

// ピンポン・バッファのデータを初期化
for (i=0;i<BLOCKSIZE;i++) {
   OutputValues_A[i] = 0.0f;
   OutputValues_B[i] = 0.0f;
   }

// Biquadsを初期化
arm_biquad_cascade_df2T_init_f32 (&S, NUM_SECTIONS_IIR, &(iirCoeffsf32[0]), &
(iirStatesf32[0]));

NVIC_SetPriority(PendSV_IRQn, 7); // PendSVは低優先度に設定

audio_init(); // オーディオ・インターフェースの初期化

// I2S IRQの発生を待ち，それをサービス
while(1){
   printf ("cpu load=%d percent\n", (100*cycle_cntr/CPUCYCLE_MAX))
  }
}


/**********************************************************************/
/* PendSVハンドラ. 48KHz/BLOCKSIZEでトリガ                            */
```

20.6 例3 – リアルタイム・フィルタ設計

```c
/***************************************************************************/
void PendSV_Handler(void)
{
        processing_trigger=2; // バイクワッドが動作していることを示す
        SysTick->LOAD=0x00FFFFFFUL;
        SysTick->VAL=0;
        SysTick->CTRL=SysTick_CTRL_CLKSOURCE_MskjSysTick_CTRL_ENABLE_Msk;

        if (PingPongState==0) {
                arm_biquad_cascade_df2T_f32 (&S, &InputValues_A[0], &Output
Values_A[0], BLOCKSIZE); // フィルタリングを実行
        } else {
                arm_biquad_cascade_df2T_f32 (&S, &InputValues_B[0], &Output
Values_B[0], BLOCKSIZE); // フィルタリングを実行
        } // endif-if (PingPongState==0)
        processing_trigger=0; //状態を0に戻す
        cycle_cntr = 0x00FFFFFFUL - SysTick->VAL;
        SysTick->CTRL=0;
        return;
}
/***************************************************************************/
/* I2SオーディオIRQハンドラ. 48KHzでトリガ                               */
/***************************************************************************/
void I2S_Handler(void) {
int local_Sample_Counter;

// Sample_Counterは0からBLOCKSIZE-1までカウント
local_Sample_Counter = Sample_Counter;

// ADCからサンプルを読み出す
read_sample(&left_channel_in, &right_channel_in);

if (PingPongState==0) {
InputValues_B[local_Sample_Counter] = (float) left_channel_in;
   left_channel_out=(int16_t) OutputValues_B[local_Sample_Counter];
} else {
   InputValues_A[local_Sample_Counter] = (float) left_channel_in;
   left_channel_out=(int16_t) OutputValues_A[local_Sample_Counter];
}

   right_channel_out = right_channel_in; //左チャンネルのみ処理される

   // DACにサンプルを書き込む
   play_sample(&left_channel_out, &right_channel_out);

   local_Sample_Counter++;
   if (local_Sample_Counter>=BLOCKSIZE) {
      // ラップ・アラウンドして，ピンポン・バッファを切り替え
      local_Sample_Counter = 0;
PingPongState = (PingPongState+1) & 0x1; // ピンポンの状態を切り替え
```

675

第20章 Arm CMSIS-DSPライブラリの使用

```
if (processing_trigger==2) {
        // Biquadはまだ動作中 - オーバラン・エラーが発生した
        __BKPT(1); // Error
    } else {
        processing_trigger = 1; //新しいbiquadを開始
        SCB->ICSR j= SCB_ICSR_PENDSVSET_Msk; // トリガPendSV
    }
  }
  Sample_Counter = local_Sample_Counter; //新しいSample_Counterを保存

  return;
}
```

　ここで使用しているFPGAプラットフォームには，20MHzで動作するCortex-M33プロセッサが含まれており，測定された処理負荷は約22%です．プロセッサの利用率の測定値は，オーディオ・インターフェースの割り込みサービスを処理するために必要なクロック・サイクルも含まれているため，フィルタ処理時間よりも多くなっていることに注意してください．

20.6.4 フィルタ処理を行うためのRTOSの使用

　多くのアプリケーションでは，大量の処理タスクを管理するためにRTOSが使用されています．最新のRTOSのタスク優先化機能を利用することで，他の時間的に重要でない処理タスクより，フィルタ処理を優先することができ，そうすることで，優先度の低い例外ハンドラを使って，フィルタ処理機能を実行するのと同じ効果を得ることができます．
　次の例では，RTX RTOSを使用して，RTOS環境でアプリケーション・スレッドの1つとしてフィルタ処理タスクを実行する様子を示します．オーディオ・インターフェース割り込みがフィルタ処理タスクの実行をトリガするように，OSイベントが使用されます．フィルタ処理タスク（以下のコードでは"biquad_processing()"）はOSイベントを待ち，オーディオ・インターフェース割り込みハンドラ（"I2S_Handler()"）からOSイベントを受信すると処理を進めます．

フィルタ処理をリアルタイム・アプリケーション・スレッドとして実行する，RTXを使用したリアルタイム・フィルタ・コード

```
// ASN Filter Designer Professional v4.3.3
// Fri, 07 Feb 2020 18:41:12 GMT

// ** Primary Filter (H1)**

////バンド#       周波数 (kHz)          減衰/リップル (dB)
//   1        0.000,    2.400          0.001
//   2       12.000,   24.000         80.000
////
// Arithmetic = 'Floating Point (Single Precision)';
// Architecture = 'IIR';
// Structure = 'Direct Form II Transposed';
// Response = 'Lowpass';
// Method = 'Butterworth';
// Biquad = 'Yes';
```

20.6 例3 - リアルタイム・フィルタ設計

```c
// Stable = 'Yes';
// Fs = 48.0000; //kHz
// Filter Order = 8;

// ** ASN Filter Designer Automatic Code Generator **
// ** Deployment to Arm CMSIS-DSP Framework **

//含まれるヘッダ
//#include "IOTKit_CM33_FP.h"
#include "SMM_MPS2.h"

#include "arm_math.h" // CMSIS-DSPライブラリ・ヘッダ
#include "stdio.h"
#include "cmsis_os2.h"

extern uint8_t audio_init(void); // オーディオ・ハードウェアの初期化
extern void read_sample(int16_t *left, int16_t *right);
extern void play_sample(int16_t *left, int16_t *right);
void biquad_processing (void *arg);
void report_utilization (void *arg);

void I2S_Handler(void);
osEventFlagsId_t evt_id; //メッセージ・イベントID
osThreadId_t biquad_tread_id;
osThreadId_t report_tread_id;
#define FLAGS_MSK1 0x00000001ul

const osThreadAttr_t report_thread1_attr = {
.stack_size = 1024 //スレッド・スタックを1024バイトの大きさで作成
};
#define BLOCKSIZE 32

#define NUM_SECTIONS_IIR 4

// ** IIR直接形式II転置バイクワッド実装 **
// y[n] = b0 * x[n] + w1
// w1 = b1 * x[n] + a1 * y[n] + w2
// w2 = b2 * x[n] + a2 * y[n]

// IIR 係数
float32_t const static iirCoeffsf32[NUM_SECTIONS_IIR*5] =
        {// b0, b1, b2, a1, a2
          0.0582619f, 0.1165237f, 0.0582619f, 1.0463270f, -0.2788444f,
          0.0615639f, 0.1231277f, 0.0615639f, 1.1071010f, -0.3531238f,
          0.0688354f, 0.1376707f, 0.0688354f, 1.2402050f, -0.5158056f,
          0.0815540f, 0.1631081f, 0.0815540f, 1.4713260f, -0.7982877f
        };

float32_t static iirStatesf32[NUM_SECTIONS_IIR*5];
```

第20章　Arm CMSIS-DSPライブラリの使用

```c
static arm_biquad_cascade_df2T_instance_f32 S;

// ピンポン・バッファ
float32_t static InputValues_A[BLOCKSIZE];
float32_t static OutputValues_A[BLOCKSIZE];
float32_t static InputValues_B[BLOCKSIZE];
float32_t static OutputValues_B[BLOCKSIZE];
volatile int static PingPongState=0; // 0 = processing A, I/O = B
                                     // 1 = processing B, I/O = A
volatile int static Sample_Counter=0; // 0からBLOCKSIZE-1までサンプルをカウント
    // それから，処理をトリガして0に戻る
volatile int static processing_trigger=0;
    // 1に設定すると，処理を開始
    //処理中は2にセットされ，処理が終了すると0に戻す

//両オーディオ・チャンネルからのサンプル
int16_t static left_channel_in;
int16_t static right_channel_in;
int16_t static left_channel_out;
int16_t static right_channel_out;

// サンプルのブロックあたりのサイクル数
#define CPUCYCLE_MAX ((20000000/48000)*BLOCKSIZE)
static volatile uint32_t cycle_cntr=0;

int main(void) {
  int i;
  osStatus_t status;

  // ピンポン・バッファ内のデータを初期化
  for (i=0;i<BLOCKSIZE;i++) {
    OutputValues_A[i] = 0.0f;
    OutputValues_B[i] = 0.0f;
  }
  // Biquadsを初期化
  arm_biquad_cascade_df2T_init_f32 (&S, NUM_SECTIONS_IIR, &(iirCoeffsf32[0]), &
(iirStatesf32[0]));

  osKernelInitialize(); // CMSIS-RTOSを初期化
  // biquad_processing用のスレッドを作成
  biquad_tread_id=osThreadNew(biquad_processing, NULL, NULL);
  //スレッドの優先順位を設定
  status = osThreadSetPriority (biquad_tread_id, osPriorityRealtime);
  if (status == osOK) {
  //スレッド優先度の変更に成功
  }
  else {
  //優先度の設定に失敗
  __BKPT(0);
```

20.6 例3 - リアルタイム・フィルタ設計

```c
}
    //プロセッサの使用率を報告するスレッドを作成
    report_tread_id=osThreadNew(report_utilization, NULL, &report_thread1_attr);
    //スレッドの優先度を設定
    status = osThreadSetPriority (report_tread_id, osPriorityNormal);
    if (status == osOK) {
    //スレッド優先度の変更に成功
    }
    else {
    // 優先度の設定に失敗
    __BKPT(0);
    }
    evt_id = osEventFlagsNew(NULL); //イベント・オブジェクトを作成する(osKernelInitializeが
完了するまで呼び出すことはできない)

    audio_init(); //オーディオ・インターフェースの初期化

    osKernelStart(); //スレッドの実行を開始
    while(1);
}
/*******************************************************************/
/*バイクワッド・スレッド. 48KHz/BLOCKSIZEでトリガ */
/*******************************************************************/
void biquad_processing (void *arg)
{
  uint32_t flags;
  while (1) {
    flags = osEventFlagsWait (evt_id,FLAGS_MSK1,osFlagsWaitAny, osWaitForever);
    processing_trigger=2; // バイクワッドが動作していることを示す
    MPS2_SECURE_FPGAIO->COUNTER=0;

    if (PingPongState==0) {
      arm_biquad_cascade_df2T_f32 (&S, &InputValues_A[0], &OutputValues_A[0],
BLOCKSIZE); // フィルタリングを実行
    } else {
      arm_biquad_cascade_df2T_f32 (&S, &InputValues_B[0], &OutputValues_B[0],
BLOCKSIZE); // フィルタリングを実行
    } // endif-if (PingPongState==0)
    processing_trigger=0; //状態を0に戻す
    cycle_cntr = MPS2_FPGAIO->COUNTER;
  }
  return;
}
/*******************************************************************/
/*プロセッサ負荷報告スレッド*/
/*******************************************************************/
void report_utilization (void *arg)
{
  while (1) {
```

第20章　Arm CMSIS-DSPライブラリの使用

```c
    osDelay(1000);
    printf ("cpu load=%d percent\n", (100*cycle_cntr/CPUCYCLE_MAX));
  }
}


/************************************************************************/
/* I2SオーディオIRQハンドラ. 48KHzでトリガ */
/************************************************************************/
void I2S_Handler(void) {
  int local_Sample_Counter;

  // Sample_Counterは0からBLOCKSIZE-1までカウント
  local_Sample_Counter = Sample_Counter;

  // ADCからサンプルを読み出す
  read_sample(&left_channel_in, &right_channel_in);

  if (PingPongState==0) {
  InputValues_B[local_Sample_Counter] = (float) left_channel_in;
    left_channel_out=(int16_t) OutputValues_B[local_Sample_Counter];
  } else {
    InputValues_A[local_Sample_Counter] = (float) left_channel_in;
    left_channel_out=(int16_t) OutputValues_A[local_Sample_Counter];
  }
  right_channel_out = right_channel_in;  //左チャンネルのみ処理される

  // DACにサンプルを書き込む
  play_sample(&left_channel_out, &right_channel_out);
  local_Sample_Counter++; if (local_Sample_Counter>=BLOCKSIZE) {
  // ラップ・アラウンドして，ピンポン・バッファを切り替える
  local_Sample_Counter = 0;
  PingPongState = (PingPongState+1) & 0x1;  // ピンポンの状態を切り替える
  if (processing_trigger==2) {
      // Biquadはまだ動作中 - オーバーラン・エラーが発生した
      __BKPT(1); // Error
    } else {
      processing_trigger = 1;  //新しいbiquadを開始
      osEventFlagsSet(evt_id, FLAGS_MSK1);
    }
  }
  Sample_Counter = local_Sample_Counter;  //新しいSample_Counterを保存

  return;
}
```

　　RTOSでフィルタ処理タスクを実行すると，20.6.3節で述べた例に比べて，フィルタ処理タスクを完了するのに必要な処理時間の測定値が増加しているのが分かるかもしれません．これは，測定された処理時間に次の実行に要した時間が含まれているためです．

20.6 例3 – リアルタイム・フィルタ設計

- オーディオ割り込みサービス
- オーディオ・フィルタの処理
- OSのティック例外ハンドラ
- 場合によって，他のリアルタイム・スレッド

20.6.5 ステレオ・オーディオ・バイクワッド・フィルタ

多くのオーディオ・アプリケーションでは，フィルタ処理タスクはステレオ・オーディオ・データを処理します．これを処理する簡単な方法は，フィルタ・アルゴリズムを2回実行することです：1回は左チャンネル，1回は右チャンネルです．処理をより効率的にするために，CMSIS-DSPライブラリはステレオ・データを処理するためのバイクワッド・フィルタ機能も提供しています．

ステレオ・データを扱う場合，左右のチャンネルの値はインターリーブします．左右のチャンネルを結合した結果，入出力バッファのサイズが2倍になります．両チャンネルに同じフィルタリングが適用されるため，フィルタ係数は両チャンネルで共有されます．次にステレオ・フィルタのコード例を示します．

ステレオ・フィルタの例 – ベアメタル環境 (OSなし) の場合

```
// ASN Filter Designer Professional v4.3.3
// Fri, 07 Feb 2020 18:41:12 GMT

// ** Primary Filter (H1)**

////バンド#        周波数 (kHz)         減衰/リップル (dB)
//    1        0.000,    2.400       0.001
//    2       12.000,   24.000      80.000
////
// Arithmetic = 'Floating Point (Single Precision)';
// Architecture = 'IIR';
// Structure = 'Direct Form II Transposed';
// Response = 'Lowpass';
// Method = 'Butterworth';
// Biquad = 'Yes';
// Stable = 'Yes';
// Fs = 48.0000; //kHz
// Filter Order = 8;

// ** ASN Filter Designer Automatic Code Generator **
// ** Deployment to Arm CMSIS-DSP Framework **

//含まれるヘッダ
#include "IOTKit_CM33_FP.h"
#include "arm_math.h" // CMSIS-DSPライブラリ・ヘッダ

extern uint8_t audio_init(void); // オーディオ・ハードウェアの初期化
extern void read_sample(int16_t *left, int16_t *right);
extern void play_sample(int16_t *left, int16_t *right);
void I2S_Handler(void);
```

第20章　Arm CMSIS-DSPライブラリの使用

```
#define BLOCKSIZE 32

#define NUM_SECTIONS_IIR 4

// ** IIR直接形式II転置バイクワッド実装 **
// y[n] = b0 * x[n] + w1
// w1 = b1 * x[n] + a1 * y[n] + w2
// w2 = b2 * x[n] + a2 * y[n]

// IIR係数
float32_t const static iirCoeffsf32[NUM_SECTIONS_IIR*5] =
        {// b0, b1, b2, a1, a2
           0.0582619f, 0.1165237f, 0.0582619f, 1.0463270f, -0.2788444f,
           0.0615639f, 0.1231277f, 0.0615639f, 1.1071010f, -0.3531238f,
           0.0688354f, 0.1376707f, 0.0688354f, 1.2402050f, -0.5158056f,
           0.0815540f, 0.1631081f, 0.0815540f, 1.4713260f, -0.7982877f
        };

float32_t static iirStatesf32[NUM_SECTIONS_IIR*5];

static arm_biquad_cascade_stereo_df2T_instance_f32 S;

// ピンポン・バッファ
float32_t static InputValues_A[BLOCKSIZE*2];
float32_t static OutputValues_A[BLOCKSIZE*2];
float32_t static InputValues_B[BLOCKSIZE*2];
float32_t static OutputValues_B[BLOCKSIZE*2];
volatile int static PingPongState=0; // 0 = processing A, I/O = B
                                     // 1 = processing B, I/O = A
volatile int static Sample_Counter=0; // 0からBLOCKSIZE-1までサンプルをカウント
  // それから，処理をトリガして0に戻る
volatile int static processing_trigger=0;
  // 1にすると，処理を開始
  //処理中は2にセットされ，処理が終了すると0に戻す

//両オーディオ・チャンネルからのサンプル
int16_t static left_channel_in;
int16_t static right_channel_in;
int16_t static left_channel_out;
int16_t static right_channel_out;

int main(void) {
  int i;

  // ピンポン・バッファ内のデータを初期化
  for (i=0;i<BLOCKSIZE*2;i++) {
    OutputValues_A[i] = 0.0f;
    OutputValues_B[i] = 0.0f;
  }
```

20.6 例3 - リアルタイム・フィルタ設計

```c
// Biquadsを初期化
arm_biquad_cascade_stereo_df2T_init_f32 (&S, NUM_SECTIONS_IIR,
&(iirCoeffsf32[0]), &(iirStatesf32[0]));

audio_init(); // オーディオ・インターフェースの初期化

// I2S IRQの発生を待ち, それを処理する
// WFEスリープを使用し, 省電力を可能にする
while(1){
  if (processing_trigger>0) {
  //データのBLOCKがサンプリングされると, I2S_Handlerによりprocessing_triggerが1にセットされる
    processing_trigger=2; // バイクワッドが動作していることを示す
    if (PingPongState==0) {
      arm_biquad_cascade_stereo_df2T_f32 (&S, &InputValues_A[0],
&OutputValues_A[0], BLOCKSIZE); // フィルタリングを実行
    } else {
      arm_biquad_cascade_stereo_df2T_f32 (&S, &InputValues_B[0],
&OutputValues_B[0], BLOCKSIZE); // フィルタリングを実行
    } // endif-if (PingPongState==0)
    processing_trigger=0; //状態を0に戻す
  } // end-if (processing_trigger!=0)
  __WFE(); //処理終了後, スリープに入る
  }
}
/***************************************************************************/
/* I2SオーディオIRQハンドラ. 48KHzでトリガ */
/***************************************************************************/
void I2S_Handler(void) {
  int local_Sample_Ccunter;

  // Sample_Counterは0からBLOCKSIZE-1までカウント
  local_Sample_Counter = Sample_Counter*2;

  // ADCからサンプルを読み出す
  read_sample(&left_channel_in, &right_channel_in);

  if (PingPongState==0) {
    InputValues_B[local_Sample_Counter ] = (float) left_channel_in;
    InputValues_B[local_Sample_Counter+1] = (float) right_channel_in;
    left_channel_out =(int16_t) OutputValues_B[local_Sample_Counter];
    right_channel_out=(int16_t) OutputValues_B[local_Sample_Counter+1];
  } else {
    InputValues_A[local_Sample_Counter] = (float) left_channel_in;
    InputValues_A[local_Sample_Counter+1] = (float) right_channel_in;
    left_channel_out =(int16_t) OutputValues_A[local_Sample_Counter];
    right_channel_out=(int16_t) OutputValues_A[local_Sample_Counter+1];
  }
```

```
  // DACにサンプルを書き込む
  play_sample(&left_channel_out, &right_channel_out);

  local_Sample_Counter=local_Sample_Counter+2;
  if (local_Sample_Counter>=(2*BLOCKSIZE)) {
    // ラップ・アラウンドして，ピンポン・バッファを切り替え
    local_Sample_Counter = 0;
    PingPongState = (PingPongState+1) & 0x1; // ピンポンの状態を切り替え
    if (processing_trigger==2) {
      // Biquadはまだ動作中 ― オーバーラン・エラーが発生した
      __BKPT(1); // エラー
    } else {
      processing_trigger = 1; //新しいbiquadを開始
    }
  }
  Sample_Counter = local_Sample_Counter>>1; //新しいSample_Counterを保存

  return;
}
```

20.6.6 代替バッファ構成

これまでに詳述したリアルタイム・フィルタの例では，2組の入力と出力バッファ，合計4ブロックのバッファ空間を使用しています．SRAMスペースが少ないマイクロコントローラ・システムでは，SRAMの使用量を減らすことが望ましい場合がよくあります．これを実現するために，代替バッファ構成を使用でき，その例を**図20.21**に示します．

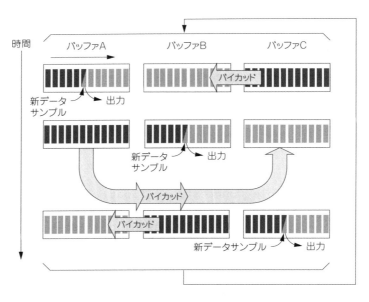

図20.21 リアルタイム・フィルタのための代替バッファ構成

この代替バッファ構成では次のようになります．
- 3つのバッファを使用

- 各バッファは入力と出力の両方に使用
- バッファ・システムは3つの状態で動作(2つのピンポン状態を使用する前の例とは異なる)

この設計は,メモリ使用量を削減できますが,各バッファが入力と出力の両方に使用されるため,ソフトウェアのデバッグが困難になる可能性があります.

20.7 Cortex-M33ベースのシステムで実装されている命令セットの仕様を決定する方法

Cortex-M33プロセッサでは,FPUおよびDSP拡張機能はオプションであるため,Cortex-M33ベースのデバイスにはこれらの拡張機能が実装されていない場合があります.通常,実装されている機能に関する情報は,デバイスの仕様/データシートから入手できます.しかし,場合によっては,デバッグ接続を介して,またはシステム上でソフトウェアを実行して,チップに何が実装されているかを確認する必要がある場合があります.

Cortex-M33プロセッサには,ソフトウェアまたはデバッガがどのような命令セット機能が実装されているかを判断できるように,多数の読み出し専用レジスタが含まれています(表20.2).

表20.2 Cortex-M33プロセッサの実装命令セットを決定するために使用できるレジスタ

アドレス	レジスタ(非セキュアエイリアス)	CMSIS−COREシンボル	説 明
ID_ISAR1	0xE000ED64 (0xE002ED64)	SCB-> ID_ISAR[1] SCB_NS-> ID_ISAR[1]	命令セット属性レジスタ1 • DSP拡張機能が実装されていない場合,このレジスタは0x02211000として読み出される • DSP拡張機能が実装されている場合,このレジスタは0x02212000として読み出される
ID_ISAR2	0xE000ED68 (0xE002ED68)	SCB-> ID_ISAR[2] SCB_NS-> ID_ISAR[2]	命令セット属性レジスタ2 • ビット[11:8]がマスクされている状態で,DSP拡張が実装されていない場合,このレジスタは0x20112032として読み出される • ビット[11:8]がマスクされている状態で,DSP拡張が実装されている場合,このレジスタは0x20232032として読み出される
ID_ISAR3	0xE000ED6C (0xE002ED6C)	SCB-> ID_ISAR[3] SCB_NS-> ID_ISAR[3]	命令セット属性レジスタ3 • DSP拡張機能が実装されていない場合,このレジスタは0x01111110と読み出される • DSP拡張機能が実装されている場合,このレジスタは0x01111131として読み出される
MVFR0	0xE000EF40 (0xE002EF40)	FPU->MVFR0 FPU_NS->MVFR0	メディアとVFP機能レジスタ0 • 浮動小数点拡張が実装されていない場合,このレジスタは0x00000000として読み出される • 単精度浮動小数点ユニットがサポートされている場合,このレジスタは0x10110021として読み出される • 単精度と倍精度の浮動小数点ユニットがサポートされている場合,このレジスタは0x10110221として読み出される(この構成はCortex-M33プロセッサではサポートされていない)
MVFR1	0xE000EF44 (0xE002EF44)	FPU->MVFR1 FPU_NS->MVFR1	メディアとVFP機能レジスタ1 • 浮動小数点拡張が実装されていない場合,このレジスタは0x00000000として読み出される • 単精度浮動小数点ユニットのみサポートされている場合,このレジスタは0x11000011として読み出される • 単精度と倍精度の浮動小数点がサポートされている場合,このレジスタは0x12000011として読み出される(この構成はCortex-M33プロセッサではサポートされていない)

第20章 Arm CMSIS-DSPライブラリの使用

アドレス	レジスタ（非セキュアエイリアス）	CMSIS-COREシンボル	説　明
MVFR2	0xE000EF48 (0xE002EF48)	FPU->MVFR2 FPU_NS->MVFR2	メディアとVFP機能レジスタ2 • 浮動小数点拡張が実装されていない場合，この 　レジスタは0x00000000として読み出される • 浮動小数点ユニットが実装されている場合，この 　レジスタは0x00000040として読み出される

　表20.2にリストされたレジスタを直接読み出すことに加えて，CMSIS-COREにはどのタイプのFPUが実装されているかを決定するための関数呼び出しがあります．この関数は次のとおりです．

```
uint32_t SCB_GetFPUTyper(void);
```

そして，次の値を返します
- 0 – FPUは実装されていない
- 1 – 単精度FPUを実装
- 2 – 倍精度＋単精度のFPUを実装

◈ **参考・引用＊文献** ･･

(1)　CMSIS-DSPライブラリのドキュメント

　　https://arm-software.github.io/CMSIS_5/DSP/html/index.html

(2)　古典的なIIRフィルタ設計：実用的なガイド

　　http://www.advsolned.com/iir-filters-a-practical-guide/

◆第**21**章◆

高度なトピック

Advanced topics

21.1 スタック・メモリ保護の詳細情報

21.1.1 スタック・メモリ使用量の決定

　スタック・オーバフローは，一般的なソフトウェア障害であり，セキュリティ上の脆弱性だけでなく，ソフトウェアの障害につながる可能性があります．Armv8-Mアーキテクチャ[1]では，さまざまな組み込みアプリケーションのセキュリティを強化するために，スタック限界チェック機能が導入されました．この機能に関する情報やメイン・スタックの保護に関する情報は，第11章の11.4節で説明しました．スタック・チェック機能は非常に便利ですが，スタックの潜在的な問題を避けるためには，スタックのために十分なメモリ領域を確保しておくことが最善です．従って，スタック・メモリの設定を正しく構成できるように，アプリケーションが必要とするスタックの量を見積もる必要があります．

　スタック・サイズを推定するために幾つかの方法が開発されてきました．従来，ソフトウェア開発者が事前に定義されたパターン（例えば "0xDEADBEEF" [注1]）でSRAMを埋めてプログラムを実行した後，プロセッサを停止し，スタックの内容を調べることで，どのくらいのスタック・スペースが使用されたかを判断するのが一般的でした．この方法はある程度機能しますが，スタック使用量が最大になる条件が満たされていない可能性があるため，特に正確という訳ではありません．

　幾つかのツール・チェーンでは，必要なスタック・サイズは，プロジェクトがコンパイルされた後のレポート・ファイルから推定できます．例えば，次を使用している場合．

- （1）Keil Microcontroller Development Kit（MDK）：コンパイル後，関数が使用する最大スタック・サイズの情報を，プロジェクト・ディレクトリ内のHTMLファイルで提供する
- （2）IAR Embedded Workbench：2つのプロジェクト・オプション（リンカの "List" タブの "Generate linker map file" オプションとリンカの "Advanced" タブの "Enable stack usage analysis" オプション）を有効にすると，コンパイル後，"Debug\List" サブディレクトリのリンカ・レポート（.map）の中の "Stack Usage" セクションを見ることができる

ソフトウェア解析ツールの中には，スタックの使用状況をレポートし，プログラム・コードの品質向上に役立つ詳細な情報を提供したりするものもあります．

　コンパイル・ツールは，1つの関数コール・チェーン内のスタック使用量の合計を含むその関数のスタック使用量を報告できますが，この分析には例外処理に必要な追加のスタック・スペースは含まれていません．ソフトウェア開発者は，次の方法でこれを自分で行う必要があります．

- ステップ1：例外の優先度レベルの構成に基づいてネストした割り込み/例外の最大レベルを見て，次に
- ステップ2：例外処理のスタック使用量とスタック・フレームのサイズを足し合わせて推定することで，例外処理の最悪のスタック使用量を算出する

　しかし，ソフトウェアにスタック・リークなどのスタック問題がある場合，コンパイル・レポート・ファイルや他のスタック解析方法は役にも立ちません．その結果 幾つかのアプリケーションでは，スタック・オーバフロー・エラーを検出するための更なるメカニズムが必要になるでしょう．

注1：これは，初期のIBMシステムで使用されていたよく知られた特別なデバッグ値です − https://en.wikipedia.org/wiki/Deadbeef

第21章

687

第21章　高度なトピック

21.1.2　スタック・オーバフローの検出

Armv8-Mアーキテクチャではスタック限界チェック機能が導入されましたが，Cortex-M23プロセッサではこの機能は非セキュア・ワールドでは利用できません．幸いなことに，スタック・オーバフローを検出する方法は他にも幾つかあります．

そのような方法の1つは，スタック・オーバフローを検出するためにMPUを使用することで，つまり，MPUを使用してスタック使用のためのMPU領域を定義するか，または，MPUを使用してスタック空間の最後にHardFault例外ハンドラ用に予約された読み出し専用のメモリ領域を定義するかのいずれかです．MPU_CTRL.HFNMIENA（第12章の**表12.3**）を0にクリアすることで，HardFault例外は，MPUをバイパスし，万一スタック・オーバフローが発生しても予約されたSRAMを使用して正しく実行できます．

ベアメタル・アプリケーションにのみ適した別の方法として，スレッドのスタック（プロセス・スタック・ポインタを使用する）とハンドラのスタック（メイン・スタック・ポインタを使用する）を分離し，スレッドのスタックをSRAM空間の底部に配置する方法があります．スタック・プッシュ操作中にスタックがオーバフローした場合，プロセッサは，転送が有効なメモリ領域ではなくなったため，バス・エラー応答を受け取り，フォールト・ハンドラを実行します．ハンドラのスタックを使用するフォールト・ハンドラは，このシナリオでも正しく動作します．スレッドとハンドラのスタックの分離についての詳細な情報は，11.3.3節を参照してください．

ソフトウェア開発中に，スタック・メモリ限界にデータ・ウォッチポイント（デバッグ機能）を設定することで，非セキュア・ワールドでのスタック・オーバフローを検知することも可能です．スタック・プッシュ操作が限界に達した場合，データ・ウォッチポイント・イベントによりプロセッサが停止するため，ソフトウェア開発者は問題の解析を行うことができます．Cortex-M23プロセッサは，デバッグ・モニタ例外をサポートしていないため，このメソッドはホールト・モードのデバッグ中にのみ使用できます．セキュア・ワールドやCortex-M33プロセッサを使用している場合は，スタック限界チェック機能が利用できるため，このメソッドは必要ありません．

OSを使用するアプリケーションの場合，OSは各コンテキスト・スイッチの間にプロセス・スタック・ポインタ（Process Stack Pointer：PSP）の値をチェックして，アプリケーション・タスクが割り当てられたスタック・スペースのみを使用することを確認できます．これはMPUを使用するほど信頼性は高くありませんが，それでも有用な方法であり，RTOSの設計に簡単に実装できます．

RTX（Arm/Keil社のRTOS）をKeil MDKツール・チェーンと共に使用している場合，RTX構成ファイル（RTX_Config.h）のスタック使用量ウォータマーク機能を有効にすることで，各スレッドのスタック使用量を解析できます．機能を有効にしてプロジェクトをコンパイルすると，スタック使用状況の情報は，Keil MDKデバッガのRTX RTOSビューア・ウィンドウからアクセスできます（プルダウン・メニューのView → Watch windows → RTX RTOS経由）．

21.2　セマフォ，ロードアクワイヤとストアリリース命令

第5章5.7.12節では，ロードアクワイヤ命令とストアリリース命令を紹介しました．そして，第11章11.7節では，排他アクセス動作とセマフォの関係を取り上げました．このセクションでは，セマフォ／ミューテックスにおけるロードアクワイヤ命令とストア・リリース命令の使用について説明します．

ミューテックス（相互排他）は，セマフォの特殊な形態で，利用可能なトークンは1つだけで共有リソースへのアクセスを管理するためのものです．ミューテックスを使うとトークンが付与されている1つのソフトウェア・プロセスだけが共有リソースへのアクセスを得ることができます．

セマフォ／ミューテックスの操作は，2つの部分に分けられ - セマフォ／ミューテックスの取得と，セマフォ／ミューテックスの解放です．伝統的な排他アクセス命令を使用して，ミューテックスを取得するための最も単純なコードは次のように記述されます．

```
//共有資源をMUTEX（相互排他）でロックする関数
void acquire_mutex(volatile int * Lock_Variable)
{ //注意：__LDREXWと__STREXWはCMSIS-COREの関数
  int status;
```

688

21.2 セマフォ，ロードアクワイヤとストアリリース命令

```
  do {
    while ( __LDREXW(Lock_Variable) != 0);
        //ポーリング：ロック変数が解放されるまで待つ
    status = __STREXW(1, Lock_Variable);
        // STREX命令でLock_Variableを1にセットしようとする
    } while (status != 0);
        //ロックが成功するまで リード ― モディファイーライト操作を再試行する
    __DMB(); //データ・メモリ・バリア
    return;
}
```

共有リソースが必要なくなったら，セマフォを解放するコードは次のように記述されます．

```
//  MUTEX（相互排他）で共有資源を解放する関数
void release_mutex(volatile int * Lock_Variable)
{
    __DMB();                // データ・メモリ・バリア
    Lock_Variable = 0; //ロック変数をクリアしてセマフォを解放
    return;
}
```

どちらの機能についても，メモリ・アクセスのリオーダーがアプリケーションの機能にエラーを発生させないようにするために，データ・メモリ・バリア（Data Memory Barrier：DMB）命令が必要となります．Armv8-Mアーキテクチャで許可されているメモリ・アクセスのリオーダーは，ハイエンド・プロセッサの性能を向上させるために使用される一般的な最適化手法です．Cortex-M23とCortex-M33プロセッサは，メモリ・アクセスのリオーダーをサポートしていませんが，前述のミューテックス関数（acquire_mutex(), release_mutex()）にDMB（または，Data Synchronization Barrier：DSB）メモリ・バリア命令を追加することで，ハイエンドのArmプロセッサでもプログラム・コードを再利用できるようにしました．基本的に，DMB（またはDSB）命令は，次の方法でミューテックス/セマフォの操作を保証します．

- "acquire_mutex()"関数では – DMBは，ミューテックスが取得される前に，プロセッサがクリティカル・セクション（ミューテックスで保護されたコード・シーケンス）のデータ・メモリ・アクセスを行わないようにしている
- "release_mutex()"関数では – DMBは，ミューテックスが解放される前に，クリティカル・セクション内の全てのデータ・メモリ・アクセスが完了することを保証する

これら2つのミューテックス関数で必要とされるバリア動作は，一方向にのみ機能しなければなりません．しかし，DMB命令を使用すると，メモリ・アクセスはDMBの前と後に分離されます（二方向のデータ・アクセスに分離するバリア）．ハイエンドのプロセッサでは，これが性能の低下につながることがあります．例えば，"acquire_mutex()"関数ではDMB命令の実行により，プロセッサのライト・バッファが（実装されている場合）不必要に排出されます．

この問題を解決するために，ロードアクワイヤ命令とストアリリース命令には排他アクセス・バリアントがあり，DMB命令を使用することなく，セマフォ・コードが安全に動作することを可能にします．これらの命令では"acquire_mutex()"関数を次のように修正できます

```
//MUTEX（相互排他）での共有リソースをロックする関数
void acquire_mutex(volatile int * Lock_Variable)
{ //注意：__LDAEX, __STREXWは，CMSIS-CORE中の関数
    int status;
    do {
        while ( __LDAEX(Lock_Variable) != 0);
```

689

第21章　高度なトピック

```
    // ポーリング：ロック変数が解放されるまで待つ
    // 注意： LDAEXはオーダ・セマンティック属性を持つ
  status = __STREXW(1, Lock_Variable);
    // STREX命令でLock_Variableを1にセットしようとする
  } while (status != 0);
    //ロックが成功するまで リード - モディファイ - ライト動作を再試行する
  return;
}
```

"release_mutex()"関数も次のように変更できます.

```
//MUTEX（相互排他）での共有リソースを解放する関数
void release_mutex(volatile int * Lock_Variable)
{
  __STL(0, Lock_Variable);
  // ロック変数をクリアしてセマフォを解放する
  // 注意： STLはオーダ・セマンティック属性を持つ
  return;
}
```

　設計をさらに改善するために，"acquisition_mutex()"のポーリング・ループを変更して，処理の帯域幅とエネルギーの無駄を防ぐことができます．Lock_variableが0以外の値で，ミューテックスが他のソフトウェア・プロセスによってロックされたことを示す場合，プロセッサは次のことを行うことができます.
　－ RTOSが実行されていて，他のソフトウェア・プロセスが実行可能な状態であれば，それらを実行する
　－ または，スリープモードに入る
これを実現するために，"acquire_mutex()"関数を次の例のように更新できます.

```
// MUTEX（相互排他）で共有リソースをロックする関数
void acquire_mutex(volatile int * Lock_Variable)
{ //注意：__LDAEXと，__STREXWは，CMSIS-CORE中の関数
int status;
do {
  while ( __LDAEX(Lock_Variable) != 0){// ロック変数が解放されるまで待機
    osThreadYield(); //CMSIS-RTOS2関数：実行待ちの次のスレッドに制御を渡す.
                     // 全てのスレッドが待機状態（すなわち実行準備ができていない）であれば,
                     // プロセッサはWFE命令を用いてスリープに入る
  }
  status = __STREXW(1, Lock_Variable);
    // STREX命令でLock_Variableを1にセットしようとする
  } while (status != 0);
  // ロックが成功するまでリード － モディファイ － ライト動作を再試行する
  return;
}
```

"release_mutex()"関数については，次のようにコードを修正できます.

```
// MUTEX（相互排他）で共有リソースを解放する関数
void release_mutex(volatile int * Lock_Variable)
{
```

```
    __STL(0, Lock_Variable);
      // ロック変数をクリアしてセマフォを解放する
      // 注意：STLはオーダ・セマンティック属性を持つ
    __DSB(); // SEV命令実行前にLock_Variableへの書き込みが完了することを確実にする
    __SEV(); // イベント送信
  return;
}
```

データ同期バリア（Data Synchronisation Barrier：DSB）命令は，SEV命令によって生成されたイベント・パルスが，Lock_Variableへの書き込みが終了する前に，他のプロセッサに到達するのを防ぐために必要です．

この構成を使うと，ミューテックス／セマフォは，複数のプロセッサにまたがって動作します．図21.1では2つのプロセッサ上で実行される2つのミューテックス操作の相互作用を示しています．

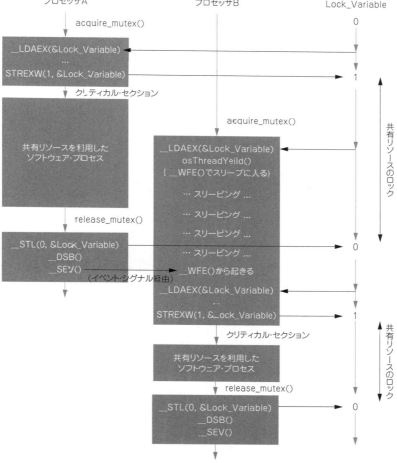

図21.1 2つのプロセッサ間のミューテックス／セマフォ操作で，セマフォを解放したプロセッサがSEV命令を使って，もう一方のプロセッサをWFEスリープからウェイクアップさせる

21.3 非特権割り込みハンドラ

Cortex-Mプロセッサでは，例外ハンドラはデフォルトの特権レベルで実行されます．これは，例外リクエスト

を低レイテンシで処理するために必要です．この特性がなければ，例外要求を処理する前に，メモリ保護ユニット（MPU）の設定を再プログラムする必要があります．これにより，遅延とソフトウェアのオーバヘッドの両方が増加することになります．

しかし，場合によっては，セキュリティ上の理由から，例外ハンドラ内で非特権レベルの関数を実行することが有益な場合もあります．例えば，ハンドラは，信頼できないサードパーティ製のソフトウェア・ライブラリの中で関数を実行する必要があるかもしれません．これは，Armv8-MとArmv7-Mプロセッサでは，以前 "Non-base thread enable" として知られていた機能を使用して実行できます．Armv7-Mアーキテクチャでは，この機能を有効にするには，構成と制御レジスタ（SCB->CCR）のビット0を手動で設定する必要があります．Armv8-Mプロセッサでは，この機能は例外処理アーキテクチャの一部として常に有効になっており，"Non-base thread enable" という用語は使われなくなりました．

この機能は注意して使用
スタック・ポインタを調整したり，スタック・メモリ内のデータを手動で操作したりする必要があるため，ソフトウェア開発者は，このようなコードを作成する際には，その動作を慎重にテストしなければなりません．

ハンドラの実行を非特権に変更し，割り込みサービス・ルーチンを終了する前に特権に戻すには，切り替え手順を助けるための追加の例外（通常はSVCall）が必要です（図21.2）．

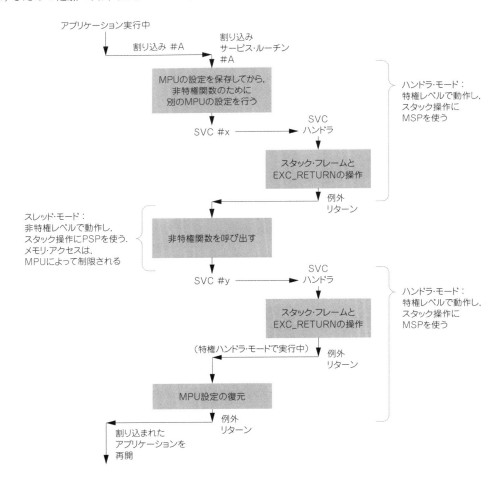

図21.2　SVCサービスを使用してハンドラ・コードの実行を非特権レベルに切り替え，その後特権レベルに戻す

21.3 非特権割り込みハンドラ

TrustZoneベースのシステムでは，例外ハンドラを非特権に切り替えるときに，セキュアと非セキュア両方のMPUの設定を更新する必要があります　MPU設定を処理するコードを作成する場合，幾つかの異なるアプローチを取ることができます．これらは次のとおりです．

1. 非特権関数がもう1つのセキュリティ・ドメイン内の関数の呼び出しを許可されている場合，セキュリティ・ドメインをまたがる関数呼び出しが正しいメモリ許可で実行されるように，そのもう1つのセキュリティ状態のMPU設定も更新する必要がある

2. 非特権関数がもう1つのセキュリティ領域の関数を呼び出す必要がない場合，プロセッサのMPUは，そのもう1つのセキュリティ状態でのコードの実行をブロックするように設定できる．この構成は，次のようにして実現できる

   a. もう1つのドメインのMPUが特権のバックグラウンド領域のみを持つように設定する．これは，MPUの制御ビットMPU_CTRL.PRIVDEFENAを使用し，MPUの全ての領域を無効にすることで実現する

   b. もう1つのドメインのCONTROL.nPRIVビットを1にセットすることで，そのもう1つのドメインのスレッド・モードを非特権に設定する（スレッド・モードは非特権）

2番目の方法を使って非特権関数がもう1つのセキュリティ状態の関数を呼び出した場合，MPU違反が発生し，そのフォールト・ハンドラは非特権関数の呼び出しを再開できるようにMPUの完全な再構成を実行します．

例外ハンドラが非特権状態で関数呼び出しを実行する様子を示すコードを作成するには，まず，SVC呼び出しと非特権コードへの呼び出しを含む例外ハンドラを作成する必要があります．例ではSysTick例外ハンドラを使用しています（次のコードを参照してください）．簡単にするために，MPUの設定は含まれていません．この関数の一部は非特権状態で実行されるため，実際のアプリケーションで，このメソッドのためのMPU領域を定義する場合，この関数のプログラム・コード（プロセッサを特権状態と非特権状態の間で切り替える）は，非特権コードがアクセス可能なMPU領域に配置する必要があることに注意してください．

SVCサービスを呼び出して非特権ハンドラを呼び出す，SysTickハンドラ・コードの例

```
void SysTick_Handler(void)
{
  //注意：この例では，MPU構成コードは省略される
  __ASM("svc #0\n\t");
  unprivileged_handler();  //非特権関数を呼び出す
  __ASM("svc #1\n\t");
  //注意：この例ではMPU設定の復元は省略される
  return;
}
```

次のステップは，SVCハンドラの作成です．このハンドラは第11章で示したSVCの例を基にしており，割り込みサービス・ルーチン（Interrupt Service Routine：ISR）に入るときに，EXC_RETURN値とMSP値を抽出するアセンブリ・ラッパと，それ以外の動作のためにC言語で書かれたハンドラに分かれています．Cハンドラはアセンブリ・ラッパに値を返し，アセンブリ・ラッパはこの値をEXC_RETURN値として使用して例外ハンドラを終了します．アセンブリ・ラッパとSVCハンドラのCコードを次に示します．

```
#define PROCESS_STACK_SIZE 512
#define MEM32(ADDRESS) (*((unsigned long *)(ADDRESS)))
static uint32_t saved_exc_return;
static uint32_t saved_old_psp;
static uint32_t saved_old_psplim;
static uint32_t saved_control;
```

第21章　高度なトピック

```c
static uint64_t process_stack[PROCESS_STACK_SIZE/8];
void __attribute__((naked)) SVC_Handler(void)
{
  __asm volatile (
    "mov r0, lr\n\t"
    "mov r1, sp\n\t"
    "bl SVC_Handler_C\n\t"
    "bx r0\n\t"
    ); /* C言語のSVCハンドラの戻り値はEXC_RETURNとして使用される */
}
uint32_t SVC_Handler_C(uint32_t exc_return_code, uint32_t msp_val)
{
uint32_t new_exc_return;
uint32_t stack_frame_addr;
uint8_t svc_number;
unsigned int *svc_args;
uint32_t temp,
i; new_exc_return = exc_return_code; //デフォルトの戻り
// ---------------------------------------------
//SVC番号の抽出
//どのスタック・ポインタが使用されたかを判断する
if (exc_return_code & 0x4) stack_frame_addr = __get_PSP();
else stack_frame_addr = msp_val;
//追加の状態コンテキストが存在するかどうかを判断する
if (exc_return_code & 0x20) {//追加の状態コンテキストが存在しない
  svc_args = (unsigned *) stack_frame_addr;}
else {//追加の状態コンテキストが存在する（セキュアSVCのみ）
  svc_args = (unsigned *) (stack_frame_addr+40);}
// SVC番号の抽出
svc_number = ((char *) svc_args[6])[-2]; // メモリ[(stacked_pc)-2]
if (svc_number == 0) {
  // ---------------------------------------------
  // SVCサービスはハンドラを特権から非特権に切り替え,
  // 例外の戻りでPSPを使用するためにEXC_RETURNを設定する
  saved_exc_return = exc_return_code; // 後で使用するために保存
  saved_old_psp = __get_PSP();        // 後で使用するために保存
  saved_old_psplim = __get_PSPLIM();  // 後で使用するために保存
  saved_control = __get_CONTROL();    // 後で使用するために保存
  //PSPを予約済みプロセス・スタック空間の先頭 - 32（スタック・フレーム・サイズ）に設定
  temp = ((uint32_t)(&process_stack[0])) + sizeof(process_stack) - 32;
  __set_PSP(temp);
  __set_PSPLIM(((uint32_t)(&process_stack[0])));
  for (i=0;i<7;i++){ //PSPが指すスタックにスタック・フレームをコピー
    MEM32((temp + (i*4))) = svc_args[i];
    }
  //IPSRとスタックされたxPSRのスタック・アライメント・ビットをクリア
  MEM32((temp+0x1C)) = (svc_args[7]) & (~0x3FFUL);
  //スレッドが非特権状態で実行されるようにCONTROL[0]を設定
  __set_CONTROL(__get_CONTROL()|0x1);
```

21.3 非特権割り込みハンドラ

```
    //PSP, DCRS=1, Ftype=1でスレッドに戻るようEXC_RETURNを更新
    new_exc_return = new_exc_return|(1<<5)|(1<<4)|(1<<3)|(1<<2);
  } else if (svc_number == 1) {
    // ----------------------------------------------
    //ハンドラを非特権から特権へ切り替えるためのSVCサービス
    new_exc_return = saved_exc_return;
    __set_PSP(saved_old_psp);
    __set_PSPLIM(saved_old_psplim);
    __set_CONTROL(saved_control);
  } else {
    printf ("ERROR: Unknown SVC service number %d\n", svc_number);
  }
  return (new_exc_return);
}
```

また，ハードウェアの初期化中に，発生する例外の優先度も定義する必要があります．SVCサービスはSysTickハンドラ内から呼び出されるため，SysTick例外はSVC例外よりも低い優先度レベルでなければなりません．例えば，次のようになります．

```
...
NVIC_SetPriority(SysTick_IRQn,7);  // 低優先度
NVIC_SetPriority(SVCall_IRQn, 4);  // 中優先度
...
```

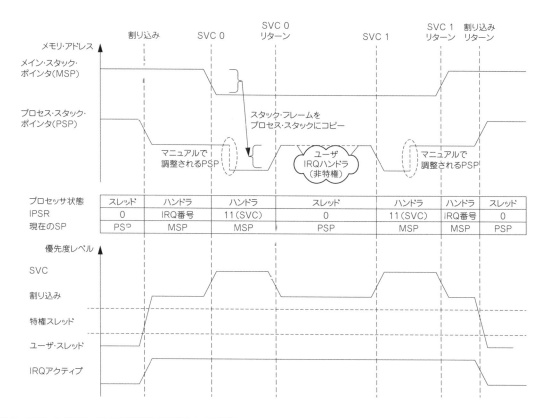

図21.3 例外ハンドラの一部を非特権状態で動作させる操作

そしてもちろんプロセッサが非特権状態にあるときに実行されるカスタム定義の非特権関数（"unprivileged_handler()"）も作成する必要があります。

割り込みプログラム・ステータス・レジスタ（Interrupt Program Status register：IPSR）は直接書き込んでも変更できないため，SVCサービスが使用されます．IPSRを変更できる唯一の方法は，例外エントリまたはリターンを経由することです．ソフトウェア・トリガ割り込みのような他の例外を使用することもできますが，不正確でマスクされる可能性があるため，お勧めできません；その結果，スタックのコピーと切り替え操作が実行されなくなる可能性があります．

図21.3に，必要なSVCサービスを含め，例外ハンドラが非特権状態で関数を呼び出すことを可能にするイベントの全体像を示します．

図21.3では，SVCサービスの中のPSPの手動調整が点線で示された円で強調表示されています．

21.4　リエントラント割り込みハンドラ

Cortex-Mプロセッサのアーキテクチャを他の幾つかのプロセッサ・アーキテクチャと比較した場合の違いの1つは，Cortex-Mプロセッサがリエントラント（再入可能）例外をネイティブにサポートしていないことです．Cortex-Mプロセッサでは，例外が受け入れられたとき，および例外サービスが終了したときに，プロセッサの優先度レベルが自動的に更新されます．例外（割り込みを含む）のサービス中に，同じまたは低い優先度の例外が発生した場合，それらは受けつけられません．その代わり，例外は保留状態のままで，進行中のハンドラがそのタスクを完了したときに後からサービスされます．

多すぎる再入可能な割り込み／例外のレベルは，ソフトウェアでスタック・オーバフローやデッドロックが発生する可能性があるので，同じかそれより低い優先度の例外をブロックすることは，システムの信頼性を向上させる上で有益です．しかし，古いソフトウェアの一部は，リエントラント例外動作に依存して動作するため，このブロッキング動作は，古いソフトウェアを移植する必要があるソフトウェア開発者にとっては問題となる可能性があります．

幸いなことに，この問題はソフトウェアで回避できます．割り込みハンドラのラッパを作成して，それ自身をスレッド・モードに切り替え，必要に応じて再び同じ割り込みを実行できるようにできます．ラッパ・コードには2つの部分が含まれていて：1番目の部分は，自分自身をスレッド状態に戻してISRタスクを実行する割り込みハンドラで，2番目の部分は，プロセッサの例外状態を復元して元のスレッドを再開するSVC例外ハンド

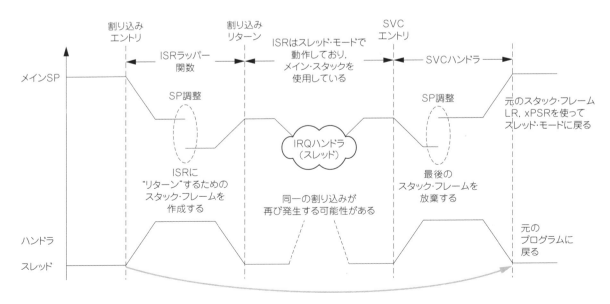

図21.4　スレッド・モードでISRを実行してリエントラント割り込みを許可するためのコード・ラッパの使用

21.4 リエントラント割り込みハンドラ

ラです.

この回避策は注意して使用すること

　一般的に，リエントラント割り込みの使用は避けるべきです．この方法では，非常に多くのネストした割り込みを実行する可能性があり，その結果，スタックがオーバフローしてしまう可能性があります．ここで実演したリエントラント割り込みのメカニズムは，サンプル割り込みの優先度がシステム内で最も低い例外の優先度であることも必要とします．そうでない場合，リエントラント例外が他のより優先度の低い例外を横取りした場合，この回避策は失敗します.

　リエントラント割り込みコードの動作の概念を**図21.4**に示します.
　図21.4に示す動作を説明するためのコード例を次に示します.

```
#include "IOTKit_CM33_FP.h"
#include "stdio.h"
//関数宣言
void Reentrant_SysTick_Handler(void);
      //リエントラント例外のデモ用Cハンドラ
void __attribute__((naked)) SysTick_Handler(void); //ハンドラ・ラッパ
void __attribute__((naked)) SVC_Handler(void);
                             // SVC#0はスタック状態の復元に使用される
uint32_t Get_SVC_num(uint32_t exc_return_code, uint32_t msp_val);
uint32_t Get_SVC_stackframe_top(uint32_t exc_return_code, uint32_t msp_val);
//変数宣言
int static SysTick_Nest_Level=0;
int main(void)
{
  printf("Reentrant handler demo\n");
  NVIC_SetPriority(SysTick_IRQn , 7); //低優先度に設定
  SCB->ICSR |= SCB_ICSR_PENDSTSET_Msk; //SysTickの保留ステータスを設定
  __DSB();
  __ISB();
  printf("Test ended\n");
  while(1);
}
void Reentrant_SysTick_Handler(void)
{
  printf ("[SysTick]\n");
  if (SysTick_Nest_Level < 3){
    SysTick_Nest_Level++;
    SCB->ICSR |= SCB_ICSR_PENDSTSET_Msk; // SysTickの保留ステータスを設定
    __DSB();
    __ISB();
    SysTick_Nest_Level-;
  } else {
    printf ("SysTick_Nest_Level = 3\n");
  }
  printf ("leaving [SysTick]\n");
```

第21章　高度なトピック

```c
        return;
}
//ハンドラ・ラッパ・コード
void __attribute__((naked)) SysTick_Handler(void)
{
/*現在ハンドラ・モードで，MSPが選択され，ダブルワードにアライメントされていなければならない*/
    __asm volatile (
#if (__CORTEX_M >= 0x04)
#if (__FPU_USED == 1)
        /*次の3行は，FPUを搭載したCortex-Mプロセッサのみを対象としている*/
        "tst lr, #0x10\n\t"  /*ビット4をテストし，0であればスタッキングをトリガ*/
        "it eq\n\t" "vmoveq.f32 s0,
        s0\n\t" /*レイジ・スタッキングをトリガ */
#endif
#endif
        "mrs r0, CONTROL\n\t"
        "push {r0, lr}\n\t"        /* CONTROLとLRをスタックに保存 */
        "bics r0, r0, #1\n\t"      /* スレッドを特権として設定*/
        "msr CONTROL, r0\n\t"      /* CONTROLを更新 */
        "sub sp, sp, #0x20\n\t"    /* 例外処理を行うための偽のスタックフレームを8ワード確保*/
        "ldr r0,=SysTick_Handler_thread_pt\n\t" /* リターン・アドレス取得 */
        "str r0,[sp, #24]\n\t"     /* リターン・アドレスをスタック・フレームに格納*/
        "ldr r0,=0x01000000\n\t"   /* 偽スタック・フレーム用のデフォルトAPSRの作成*/
        "str r0,[sp, #28]\n\t"     /* xPSRをスタック・フレームに配置 */
        "mov r0, lr\n\t"           /* EXC_RETURN を取得*/
        "ubfx r1, r0, #0, #1\n\t"  /* EXC_RETURN.ES を EXC_RETURN.S にコピーし， */
        "bfi r0, r1, #6, #1\n\t"   /* 同じセキュリティ・ドメインに戻るようにする*/
        "orr r0, r0, #0x38\n\t"    /* DCRS-std, FType-FPなし, Mode-threadに設定*/
        "bics r0, r0, #0x4\n\t"    /* ハンドラ用MSPをスレッドで使用 */
        "mov lr, r0\n\t"
        "bx lr\n\t"                /*例外リターンを実行*/
"SysTick_Handler_thread_pt:\n\t"
        "bl Reentrant_SysTick_Handler\n\t"
        /* SVCの直前にSysTickがトリガされるのをブロック*/
        "ldr r0,=0xe000ed23\n\t"   /* SysTick優先度レベル・レジスタのアドレスをロード*/
        "ldr r0,[r0] \n\t"
        "msr basepri, r0\n\t"      /* SysTickがトリガされるのをブロック*/
        "isb\n\t"                  /* 命令同期バリア */
        "mrs r0, CONTROL\n\t"
        "bics r0, r0, #0x4\n\t"    /* CONTROL.FPCAをクリアしてスタック・フレームを簡素化*/
        "msr CONTROL, r0\n\t"      /* CONTROLを更新*/
        "svc #0\n\t"               /* SVCを使用して，特権状態に切り替え*/
        "b .\n\t"                  /* プログラムの実行はここに到達してはならない*/
        );
}
void __attribute__((naked)) SVC_Handler(void)
{
    __asm volatile (
        "movs r0, #0\n\t"          /* BASEPRIをクリアし，SysTickを許可*/
```

698

21.4 リエントラント割り込みハンドラ

```
    "msr basepri, r0\n\t"
#if (__CORTEX_M >= 0x04)
#if (__FPU_USED == 1)
    /* 次の3行は，FPUを搭載したCortex-Mプロセッサの場合のみを対象 */
    "tst lr, #0x10\n\t"        /* ビット4をテストし，0であればスタッキングをトリガ */
    "it eq\n\t"
    "vmoveq.f32 s0, s0\n\t"    /* レイジ・スタッキングをトリガ */
#endif
#endif
    "mov r0, lr\n\t"
    "mov r1, sp\n\t"
    "push {r0, r3}\n\t'        /* r3は不要だが，SPの64bアライメントを維持するためにプッシュ */
    "bl Get_SVC_num\n\t"       /* "Get_SVC_num"関数で SVC 番号を r0 に格納 */
    "pop {r2, r3}\n\t'         /* EXC_RETURNは今r2の中 */
    "cmp r0, #0\n\t"
    "bne Unknown_SVC_Request\n\t"
    "mov r0, r2\n\t"           /* 第1パラメータにEXC_RETURNを設定 */
    "mov r1, sp\n\t"           /* 第2パラメータにMSPを設定 */
    "bl Get_SVC_stackframe_top\n\t" /* SVC スタック・フレームの先頭は r0 に返される */
    "mov sp, r0\n\t"
    "pop {r0, lr}\n\t"         /* オリジナルのCONTROLとEXC_RETURNを取得 */
    "msr CONTROL, r0\n\t"
    "bx lr\n\t"                /* 元の割り込まれたコードに戻る */
    "Unknown_SVC_Request: \n\t" /* エラー条件 - SVC 番号が不明（0でない） */
    "bkpt 0\n\t"  /* ブレークポイントをトリガーしてプロセッサを停止させる */
    "b .\n\t" /* プログラムの実行はここに到達してはいけない */
  );
}
// ------------------------------------------------
uint32_t Get_SVC_num(uint32_t exc_return_code, uint32_t msp_val)
{ /* SVC番号の抽出 */
  uint32_t stack_frame_addr;
  uint8_t svc_number;
  unsigned int *svc_args;
  // ------------------------------------------------
  //どのスタック・ポインタが使用されたかを判断
  if (exc_return_code & 0x4) stack_frame_addr = __get_PSP();
  else stack_frame_addr = msp_val;
  //追加の状態コンテキストが存在するかどうかを判定
  if (exc_return_code & 0x20) {
    svc_args = (unsigned *) stack_frame_addr;}
  else {//追加の状態コンテキストが存在するが，セキュアSVCのためだけ
    svc_args = (unsigned *) (stack_frame_addr+40);}
  // SVC番号の抽出
  svc_number = ((char *) svc_args[6])[-2]; // メモリ[(stacked_pc)-2]
  return (svc_number);
}
// ------------------------------------------------
uint32_t Get_SVC_stackframe_top(uint32_t exc_return_code, uint32_t msp_val)
```

第21章 高度なトピック

```c
{ //スタック・フレームの先頭を返す. 仮定は次のとおり
  // - SVC#0の前にCONTROL.FPCAがクリアされるため, FPUにFPコンテキストはない
  // 計算にパディング・ワードを含める必要はない. なぜなら
  // スタックがダブル・ワードにアラインされているときにSVC#0が呼び出されるから
  uint32_t stack_frame_addr;
  // -------------------------------------------------
  //どのスタック・ポインタが使用されたかを判断する
  if (exc_return_code & 0x4) stack_frame_addr = __get_PSP();
  else stack_frame_addr = msp_val;
  //追加の状態コンテキストが存在するかどうかを判定する
  if ((exc_return_code & 0x20)==0)
    {//追加の状態コンテキストが存在するが, セキュアSVCのためだけ
    stack_frame_addr = stack_frame_addr+40;
    }
  stack_frame_addr = stack_frame_addr+0x20; //スタック・フレームの先頭に
                                            //到達するように8ワードで調整
  return (stack_frame_addr);
}
```

> 注意:
> - リエントラント割り込みハンドラの優先度は, 他の割り込みや例外と比較して最も低く設定する必要がある
> - BASEPRIは, SVCをトリガする前に設定する必要がある. これにより, リエントラント例外(今回の場合はSysTick)がSVCの直前に発生し, その結果, リエントラント割り込みハンドラからSVCへのテール・チェーン遷移が発生することを防ぐ. この場合, リエントラント例外によってSP値が変更されるため, SVCハンドラはスタック・ポインタを正しく再調整できない
> - ハンドラは, FPU操作が実行されたときに, ネストされたISRでFPUコンテキストが保存されるように, 遅延されたレイジ・スタッキングを強制的に実行する

21.5 ソフトウェア最適化のトピック

21.5.1 複雑な決定木と条件分岐

プログラム・コードを作成するときは, 複雑な条件セットに基づいて条件分岐を作成する必要があることがよくあります. 例えば, 条件分岐は整数変数の値に依存するかもしれません. 例えば0から31のように変数の範囲が小さい場合, プログラム・コードを単純化して, プログラム内の意思決定プロセスをより効率的にする方法があります.

0から31までの範囲の整数の値が素数であるかどうかを検出したいと仮定すると, 使用する最も単純なコードは次のとおりです.

```c
int is_a_prime_number(unsigned int i)
{
  if ((i==2) || (i==3) || (i==5) || (i==7) ||
    (i==11) || (i==13) || (i==17) || (i==19) ||
    (i==23) || (i==29) || (i==31)) {
    return 1;
  } else {
    return 0;
  }
}
```

21.5 ソフトウェア最適化のトピック

しかし，このコードをコンパイルすると，非常に長い分岐ツリーが生成される可能性があります．これを防ぐには，条件をバイナリパターンにエンコードして，次の条件分岐動作に使用します．

```
int is_a_prime_number(unsigned int i)
{
  /* ビット・パターンは31:0 - 1010 0000 1000 1010 0010 1000 1010 1100 = 0xA08A28AC */
  if ((1<<i) & (0xA08A23ACUL)) {
    return (1);
  } else {
    return (0);
  }
}
```

この例では，条件チェックのコードを大幅に簡素化し，結果としてプログラムの速度が速くなり，コードサイズが小さくなります．最近のCコンパイラの中には，コード変換をするものもありますので，ご注意ください．

このコードをアセンブリ・プログラミング・レベルで最適化する方法は幾つかあります．最初の方法は，次の手順と図21.5のとおりです．
(1) この例のように，"LSLS"命令でシフトすることにより値#1をNビット左シフトする（ここで，Nは条件入力を表す）
(2) 次に，シフト結果と条件パターンの間で"ANDS"演算を行う（図21.5の下段のビット・パターン）．これにより，"ANDS"演算によりZフラグが更新される
(3) そして最後に，Zフラグを使った条件分岐を使う

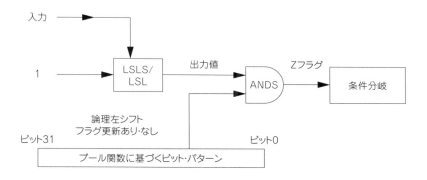

図21.5　事前に定義された条件パターン・テーブルを持つ条件分岐 – 方法1

2番目の方法は，N>0（Nは条件入力を表します）である必要がありますが，次のとおりです（図21.6を参照）．
(1) 必要な条件ビットが，キャリ・フラグにシフトされるように，条件パターンをNビット右シフト（N>0）する
(2) その後，キャリ・フラグの状態に基づいて決定された条件分岐を使用する

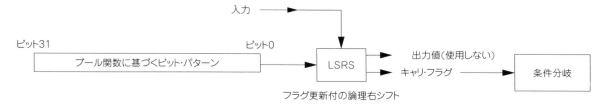

図21.6　事前に定義された条件パターン・テーブルを用いた条件分岐 – 方法2

第21章　高度なトピック

　方法2は，入力値（条件入力の2進表現）が常に0より大きい場合，方法1よりも1サイクル速い可能性があります．この要件が満たされない場合，入力を調整するために追加のADD命令が必要となり，結果として，方法1と方法2の実行にかかるクロック・サイクル数はほぼ同じになります．

　条件分岐の決定が複数のバイナリ入力に依存している場合，この条件検索方法の修正版を使用できます．例えば，ソフトウェア・ベースの有限ステート・マシン（Finite State Machine：FSM）設計は，複数のバイナリ入力に基づいて次の状態を決定する必要がある場合があります．次のコードは4つのバイナリ入力を1つの整数に結合し，条件分岐に使用します．

```
int branch_decision(unsigned int i0, unsigned int i1, unsigned int i2,
unsigned int i3,unsigned int i4,unsigned int i)
{
  unsigned int tmp;
  tmp = i0<<0;
  tmp |= i1<<1;
  tmp |= i2<<2;
  tmp |= i3<<3;
  tmp |= i4<<4;
  if ((1<<tmp) & (0xA08A28AC)) {  //条件のパターン（つまり，ルックアップ・テーブル）
    return(1);
  } else {
    return(0);
}
```

　可能な条件の数が32以上である場合，条件ルックアップ・パターンの複数のワード（各ワードは32ビット）が必要です．例えば，0～127までの値を持つ入力数が素数であるかどうかを判断するには，次のコードを使用できます．

```
int is_a_prime_number(unsigned int i)
{
  /* ビット・パターンは：
   31: 0 - 1010 0000 1000 1010 0010 1000 1010 1100 = 0xA08A28AC
   63:32 - 0010 1000 0010 0000 1000 1010 0010 0000 = 0x28208A20
   95:64 - 0000 0010 0000 1000 1000 0010 1000 1000 = 0x02088288
  127:96 - 1000 0000 0000 0010 0010 1000 1010 0010 = 0x800228A2
  */
  const uint32_t bit_pattern[4] = {0xA08A28AC,0x28208A20,0x02088288,0x800228A2};
  uint32_t i1, i2;
  i1 = i & 0x1F; // ビット位置
  i2 = (i & 0x60) >> 5; // マスク・インデックス
  if ((1<<i1) & (bit_pattern[i2])) {
    return(1);
  } else {
    return(0);
  }
}
```

21.5.2　複雑な決定木

　多くの場合，条件分岐の決定木は，多くの異なる宛先パスを持つことがあります（結果はバイナリではありませ

ん)．Armv8-MメインラインとArmv7-Mプロセッサにおいて，これらの分岐操作を処理するための2つの重要な命令は，テーブル分岐命令のTBBとTBHです．テーブル分岐命令に関する情報は，第5章5.14.7節に記載されています．同じ章では，ビット・フィールド抽出命令であるUBFXとSBFXについて，5.12節で取り上げました．この章では，ビット・フィールド抽出命令とテーブル分岐命令を組み合わせることで，複雑な決定木を効率的に処理できることを説明します．

通信プロトコルの処理のような多くのアプリケーションでは，通信パケット・ヘッダのデコード，または他の形式のバイナリ情報に，かなりの処理時間が掛かることがあります．このタイプの処理では，データをさまざまなタイプのパケット・フォーマットにパックでき，データ・ヘッダ内の特定のビット・フィールドは，データのデコードに使用するパケット・フォーマットのタイプを選択するために使用されます．このようなデコード処理は，決定木の形式で表すことができます．例えば，8ビット値(入力A)をデコードする決定木を図21.7に示します．

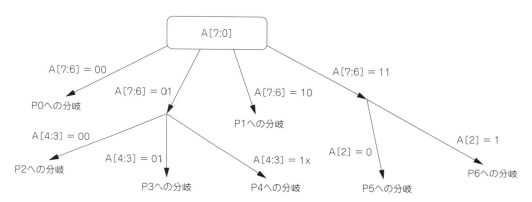

図21.7 ビット・フィールド・デコーダの例 - UBFXとTBBの命令がどのように利用されているかを示す状況

前述の決定木は，次のアセンブリ・コードの例で示されるように，幾つかの小さなテーブル分岐に分解できます．

```
DecodeA
    LDR R0,=A           ; Aの値をメモリから取得
    LDR R0,[R0]
    UBFX R1, R0, #6, #2 ; ビット[7:6]をR1に取り出す
    TBB [PC, R1]
BrTable1
    DCB ((P0 -BrTable1)/2)       ; A[7:6] = 00の場合P0へ分岐
    DCB ((DecodeA1-BrTable1)/2)  ; A[7:6] = 01の場合DecodeA1へ分岐
    DCB ((P1 -BrTable1)/2)       ; A[7:6] = 10の場合P1に分岐
    DCB ((DecodeA2-BrTable1)/2)  ; A[7:6] = 11の場合DecodeA2へ分岐
DecodeA1
    UBFX R1, R0, #3, #2 ; ビット[4:3]をR1に取り出す
    TBB [PC, R1]
BrTable2
    DCB ((P2 -BrTable2)/2) ; A[4:3] = 00の場合P2に分岐
    DCB ((P3 -BrTable2)/2) ; A[4:3] = 01の場合P3に分岐
    DCB ((P4 -BrTable2)/2) ; A[4:3] = 10の場合P4に分岐
    DCB ((P4 -BrTable2)/2) ; A[4:3] = 11の場合P4に分岐
DecodeA2
    TST R0, #4 ; 1ビットしかテストしないので，UBFXを使用する必要はない
```

第21章 高度なトピック

```
      BEQ P5
      B P6
   P0 ... ; プロセス0
   P1 ... ; プロセス1
   P2 ... ; プロセス2
   P3 ... ; プロセス3
   P4 ... ; プロセス4
   P5 ... ; プロセス5
   P6 ... ; プロセス6
```

　上記のコードは，短いアセンブラ・コード・シーケンスで決定木が完成します．分岐先アドレス・オフセットがTBB命令では大きすぎる場合，テーブル分岐操作の一部はTBH命令を使用して実装できます．

　もちろん，多くのアプリケーション開発者にとって，最新のプロジェクトでアセンブリ言語を使用することはほとんどありません．幸いなことに，C/C++プログラミング言語を使ってビット・フィールドを効率的に扱うことが可能です‐このトピックについては21.5.3節で説明します．

21.5.3　C/C++でのビット・データの処理

　CまたはC++では，ビット・フィールドを定義できますが，この機能を正しく使うことで，ビット・データとビット・フィールドの処理において，より効率的なコードを生成できます．例えば，I/Oポート制御タスクを扱う場合，ビットのデータ構造体と共用体をCで定義することで，次のようにコーディングを容易にできます．

ビット・データ処理におけるヘルパーC構造体と共用体の定義

```
typedef struct /*構造体を用いて32ビットを定義*/
{
  uint32_t bit0:1;
  uint32_t bit1:1;
  uint32_t bit2:1;
  uint32_t bit3:1;
  uint32_t bit4:1;
  uint32_t bit5:1;
  uint32_t bit6:1;
  uint32_t bit7:1;
  uint32_t bit8:1;
  uint32_t bit9:1;
  uint32_t bit10:1;
  uint32_t bit11:1;
  uint32_t bit12:1;
  uint32_t bit13:1;
  uint32_t bit14:1;
  uint32_t bit15:1;
  uint32_t bit16:1;
  uint32_t bit17:1;
  uint32_t bit18:1;
  uint32_t bit19:1;
  uint32_t bit20:1;
  uint32_t bit21:1;
```

21.5 ソフトウェア最適化のトピック

```
    uint32_t bit22:1;
    uint32_t bit23:1;
    uint32_t bit24:1;
    uint32_t bit25:1;
    uint32_t bit26:1;
    uint32_t bit27:1;
    uint32_t bit28:1;
    uint32_t bit29:1;
    uint32_t bit30:1;
    uint32_t bit31:1;
} ubit32_t; /*!<ビット・アクセスに使用する構造体*/
typedef union
{
    ubit32_t ub; /*!<符号なしビット・アクセスに使用する型*/
    uint32_t uw; /*!<符号なしワード・アクセスに使用する型*/
} bit32_Type;
```

この新しく作成されたデータ型を使用して，変数を宣言し，ビット・フィールドへのアクセスを簡単にできます．例えば，次のようになります．

```
    bit32_Type foo;
    foo.uw = GPIOD->IDR;  // .uwアクセスでワード・サイズを使用
    if (foo.ub.bit14) {   // .ubアクセスでビット・サイズを使用
        GPIOD->BSRRH = (1<<14); //ビット14をクリア
      } else {
        GPIOD->BSRRL = (1<<14); //ビット14をセット
      }
```

上記の例では，コンパイラは，必要なビット値を抽出するためにUBFX命令を生成します．ビット・フィールドが符号付き整数として定義されている場合は，代わりにSBFX命令が使用されます．
ビット・フィールド型定義はさまざまな方法で使用でき，例えば次のようにレジスタへのポインタを宣言するために使用できます．

```
    volatile bit32_Type * LED;
    LED = (bit32_Type *) (&GPIOD->IDR);
    if (LED->ub.bit12) { //抽出されたビットを条件分岐に使用する
        GPIOD->BSRRH = (1<<12); //ビット12をクリア
      } else {
        GPIOD->BSRRL = (1<<12); //ビット12をセット
      }
```

この種のコードを使用してビットまたはビット・フィールドに書き込むと，Cコンパイラによってソフトウェアのリード−モディファイ−ライト・シーケンスが生成される可能性があることに注意してください．I/O制御の場合，読み出しと書き込みの間に，割り込みハンドラによって別のビットが変更された場合，割り込みが戻ってきた後に，割り込みハンドラによって行われたビット変更が上書きされる可能性があるため，これは望ましくない可能性があります．
ビット・フィールドは複数のビットを持つことができます．例えば21.5.2節で説明した複雑な決定木は，C言語で次のように書くことができます．

705

第21章　高度なトピック

```c
typedef struct
{
uint32_t bit1to0:2;
uint32_t bit2 :1;
uint32_t bit4to3:2;
uint32_t bit5 :1;
uint32_t bit7to6:2;
}
A_bitfields_t;
typedef union
{
  A_bitfields_t ub;  /*!<ビット・アクセスに使用される型*/
  uint32_t uw;        /*!<ワード・アクセスに使用される型*/
} A_Type;
void decision(uint32_t din)
{
  A_Type A;
  A.uw = din;
  switch (A.ub.bit7to6) {
  case 0:
    P0();
    break;
  case 1:
    switch (A.ub.bit4to3) {
     case 0:
       P2();
       break;
     case 1:
       P3();
       break;
     default:
       P4();
       break;
    };
   break;
  case 2:
   P1();
   break;
  default:
   if (A.ub.bit2) P6();
   else P5();
   break;
  }
  return;
}
```

21.5.4　その他の性能に関する考慮事項

　一般的に，市場に出回っているCortex-MベースのマイクロコントローラとSoC製品は，すでに性能が十分に最

21.5 ソフトウェア最適化のトピック

適化されています．マイクロコントローラまたはSoCの設計段階では，チップ設計者は通常，次のようなことを行います．

- メモリ・アクセス・パスが少なくとも32ビット幅であることを確認
- Cortex-M33プロセッサを使用する場合，可能な限り命令とデータ・アクセスを同時に行えるように，メモリ・システムの設計を最適化

ソフトウェア開発者にとって，システムの性能や効率を最大化するために検討する価値のあるものは，次のように数多くあります．

(1) Cortex-Mデバイスを最適なクロック速度で実行してメモリの待機状態を回避：ほとんどのマイクロコントローラ・デバイスでは，プログラムの保存にフラッシュ・メモリを使用している．プロセッサ・システムを内蔵フラッシュよりも速いクロック速度で実行するように設定すると，プログラムのフェッチ中に待機状態が発生し，システムのエネルギー効率が低下するストール・サイクルが発生する．従って，システムを遅いクロック速度で実行してフラッシュ・メモリ内の待機状態を回避すると，エネルギー効率を向上させることが可能である．システム・レベルのキャッシュを持つCortex-Mシステムの場合，フラッシュ・メモリはキャッシュ・ミス（比較的まれな出来事）があった場合にのみアクセスされるため，フラッシュ・メモリの待機状態の影響はごくわずかである可能性がある

(2) プログラムの性能を高めるようにメモリ配置を調整する：プロセッサがハーバード・バス・アーキテクチャ（Cortex-M33プロセッサなど）をベースにしている場合，そのソフトウェア・プロジェクトで使用されるメモリ構成は，その性質を利用すべきである．例えば，プロジェクトのメモリ・マップは，まず，プログラムがCODE領域から実行され，次に，データ・アクセスの大部分（プログラム・コード内のリテラル・データを除く）はシステム・バスを介して実行されるように配置されるべきである．そうすることで，データ・アクセスと命令フェッチを同時に行うことができる

(3) ハーバード・バス・アーキテクチャを利用して割り込みレイテンシを低減する：ハーバード・バス・アーキテクチャを採用したプロセッサを使用する場合，スタッキング操作（RAMアクセス）と割り込みベクタ・テーブルや命令へのアクセス（プログラム・アクセス）を並行して行うことができるようにプロジェクトのメモリを配置する必要がある．このように配置することで，割り込みのレイテンシを減らすことができる．これは，ベクタ・テーブルを含むプログラム・コードをCODE領域に，スタック・メモリをSRAM領域に配置することで実現できる

(4) 可能であれば，ソフトウェアでアンアラインド（非整列）データ転送を使用しないようにする：非整列データ転送は，完了するのに2つ以上のバス・トランザクションを必要とするため，性能を低下させる可能性がある．ほとんどのCプログラムのコンパイルでは非整列データは生成されないが，直接のポインタ操作やパックされた構造体（__pack）を含むプログラム・コードでは非整列データ・アクセスが発生する可能性がある．データ構造体のレイアウトを慎重に計画すれば，通常はパック構造体の必要性を回避できる．アセンブリ言語プログラミングでは，ALIGNディレクティブを使ってデータ位置が整列されていることを確認できる

(5) スタックベースのパラメータの受け渡しを避ける：可能であれば，関数呼び出しの入力パラメータを4個以下に制限して，パラメータの受け渡しにレジスタのみを使用するようにする．入力パラメータが多くなると，残りのパラメータはスタック・メモリを介して転送されるため，セットアップやアクセスに時間がかかる．転送される情報が多い場合は，データをデータ構造体にグループ化し，データ構造体を指すポインタを渡すと，必要なパラメータの数を減らすことができる

Cortex-M3とCortex-M4プロセッサとは異なり，システム・バスからプログラム・コードを実行しても，Cortex-M33プロセッサの性能は低下しません．Cortex-M33ベースのシステムで，ゼロウェイトステートのメモリを持っていると仮定すると，次のシナリオ(a)と(b)の性能は同じになります．

(a) SRAM領域にデータがある状態でCODE領域からプログラムを実行
(b) CODE領域にデータがある状態でSRAM領域からプログラムを実行

しかし，ほとんどの実行形態では，Cortex-M33プロセッサに基づくデバイスの場合，ペリフェラルが，ペリフェラル領域のシステム・バス上に配置されるため，メモリ・システムは，シナリオ(a)に最適化されます．その結果，シナリオ(a)は，ペリフェラル・アクセスと命令アクセスを並列に実行することが可能です．

第21章 高度なトピック

21.5.5 アセンブリ言語レベルでの最適化

ほとんどのソフトウェア開発者は組み込みプログラミングにC/C++言語を使用していますが，アセンブリを使用している人は，プログラムの一部を高速化するために幾つかのトリックを使用できます．

> 注意：次のコード例では，幾つかの最適化技術を説明するためにNVIC優先度レベル構成を使用しました．しかし，実際のアプリケーションでは，CMSIS-CORE APIは，よりポータブルであるため，それらはNVICの優先度レベルの構成のために使用されるのが一般的です．

(1) オフセット・アドレッシングでのメモリ・アクセス命令を使用：小さな領域の複数のメモリ位置にアクセスする場合，次のように記述する代わりに，

```
LDR   R0, =0xE000E400 ; 割り込み優先度#3,#2,#1,#0のアドレスを設定
LDR   R1, =0xE0C02000 ; 優先度レベル(#3, #2, #1,#0)
STR   R1,[R0]
LDR   R0, =0xE000E404 ; 割り込み優先度#7,#6,#5,#4のアドレスを設定
LDR   R1, =0xE0E0E0E0 ; 優先度レベル(#7,#6,#5,#4)
STR   R1,[R0]
```

プログラム・コードを次のように縮小する

```
LDR   R0, =0xE000E400 ; 割り込み優先度#3,#2,#1,#0のアドレスを設定
LDR   R1, =0xE0C02000 ; 優先度レベル(#3, #2, #1,#0)
STR   R1,[R0]
LDR   R1, =0xE0E0E0E0 ; 優先度レベル(#7,#6,#5,#4)
STR   R1,[R0,#4]  ;
```

2番目のストア(すなわちSTR命令)は最初のアドレスからのオフセットを使用し，そのため命令の数を減らせる

(2) 複数のメモリ・アクセス命令を1つのロード/ストア複数命令(LDM/STM)に結合します：前述の例は，次のようにSTM命令を使用することでさらに短縮できる

```
LDR R0,=0xE000E400 ; 割り込み優先度のベースを設定
LDR R1,=0xE0C02000 ; 優先レベル#3,#2,#1,#0
LDR R2,=0xE0E0E0E0 ; 優先レベル#7,#6,#5,#4
STMIA R0, {R1, R2}
```

(3) メモリ・アドレッシング・モードを利用：利用可能なアドレッシング・モード機能を利用することで，性能を向上させることができる．例えば，ルックアップ・テーブルを読み出す場合に，LSL(シフト)とADD演算で読み出しアドレスを計算するのではなく，次を実行する(次のコードを参照)

```
Read_Table
; Input R0 = index
LDR R1,=Look_up_table ; ルックアップ・テーブルのアドレス
LDR R1, [R1]          ; ルックアップ・テーブルのベース・アドレス取得
LSL R2, R0, #2        ; インデックス×4倍
                      ; (テーブルの各項目は4バイト)
ADD R2, R1            ; 実アドレス(base+offset)を計算
LDR R0, [R2]          ; テーブルを読み出す
```

21.5 ソフトウェア最適化のトピック

```
BX LR                        ;  関数リターン
ALIGN 4
Look_up_table
DCD 0x12345678
DCD 0x23456789
...
```

Cortex-M33プロセッサでは，次のコードを使用して，レジスタの相対アドレッシング・モードでシフト演算を利用してコードを大幅に削減できる

```
Read_Table
  ; Input R0 = index
  LDR R1,=Look_up_table       ; ルックアップ・テーブルのアドレス
  LDR R1, [R1]                ; ルックアップ・テーブルのベースアドレス取得
  LDR R0, [R1, R0, LSL #2]    ; テーブルをbase+(Index << 2)で読み出す
  BX LR                       ; 関数リターン
  ALIGN 4
Look_up_table
  DCD 0x12345678
  DCD 0x23456789
  ...
```

（4）小さな分岐をIT（IF-THEN）命令ブロックに置き換える：Cortex-M33はパイプライン型プロセッサであるため，分岐処理が発生すると分岐ペナルティが発生する．条件分岐の一部をIT命令ブロックに置き換えることで，分岐ペナルティの問題を回避し，より良い性能を達成できる可能性がある．これを次のコードで示す

条件分岐の使用

```
CMP R0, R1 ; 1サイクル
BNE Label1 ; 2サイクルまたは1サイクル
ADDS .... ; 1サイクル
B Label2   ; 2サイクル
Label1
MOVS .... ; 1サイクル
Label2
```

注意：条件"not equal"は4サイクル，条件"equal"は5サイクルかかる

IT命令ブロックを使用した条件分岐の置き換え

```
CMP R0, R1 ; 1サイクル
ITTTT EQ   ; 1サイクル
ADDEEQ .... ; 1サイクル
MOVNE .... ; 1サイクル
```

注意：ITフォールディングが行われないと仮定すると，どちらの実行パスも4サイクルかかる．（条件が"equal"場合は1クロック・サイクルの節約）

ただし，クロック・サイクルを節約できるかどうかはケース－バイ－ケースで確認する必要がある．例えば，次のコード例では，IT命令を使用してもクロック・サイクルを節約することはできない

条件分岐の使用

```
CMP R0, R1 ; 1サイクル
```

ITの利用

```
CMP R0, R1 ; 1サイクル
```

第21章　高度なトピック

```
BNE Label1  ; 2サイクルまたは1サイクル
MOVS ....   ; 1サイクル
MOVS ....   ; 1サイクル
MOVS ....   ; 1サイクル
MOVS ....   ; 1サイクル
Label1
```

```
ITTTT EQ    ; 1サイクル
MOVEQ ....  ; 1サイクル
MOVEQ ....  ; 1サイクル
MOVEQ ....  ; 1サイクル
MOVEQ ....  ; 1サイクル
```

注意：条件"not equal"は3サイクル，"equal"の場合は6サイクルかかる

注意：ITフォールディングが行われないと仮定すると，どちらの実行パスも6サイクルかかる．条件分岐と比較して，性能が低下する

(5) 命令数を減らす：Cortex-M23とCortex-M33プロセッサでは，2つのThumb命令，または1つのThumb-2命令で演算を実行できる場合は，Thumb-2命令方式を使用すべきである．これは，メモリ・サイズが同じでも実行時間が短くなる可能性があるため[注2]

(6) 分岐先の命令が32ビット長なら，32ビットにアラインされたアドレスに配置する：分岐先が32ビットの命令で，32ビットのアドレスにアラインされていない場合，完全な命令をフェッチするために2回のバス転送が必要となるため，分岐には1クロック・サイクル余分にかかる．この性能低下は，32ビットの分岐先の命令がアラインされているようにすることで回避できる．アライメントを有効にするには，先行する16ビットthumb命令を32ビット版に置き換える必要があるかもしれない

(7) プロセッサのパイプライン動作に基づいて命令シーケンスを最適化：Cortex-M33プロセッサを使用している場合，データ読み出し命令の後に，読み出したデータを処理するデータ処理命令が続くと，ストール・サイクルが発生する可能性がある．読み出し命令とデータ処理命令の間に他の命令をスケジューリングすることで，ストール・サイクルによる性能低下を回避できる

注2：Cortex-M33プロセッサの場合，二命令発行機能が限定的なため，必ずしもそうとは限りません．

◆ **参考・引用＊文献** ………………………………………………………

(1) Armv8-Mアーキテクチャ・リファレンス・マニュアル
https://developer.arm.com/docs/ddi0553/amhttps://developer.arm.com/documentation/ddi0553/am/
（Armv8.0-Mのみのバージョン）
https://developer.arm.com/documentation/ddi0553/latest/（8.1-Mを含む最新版）
注意: Armv6-M，Armv7-M，Armv8-M，Armv8.1-M用のMプロファイル・アーキテクチャ・リファレンス・マニュアルは次のアドレスにあります．
https://developer.arm.com/architectures/cpu-architecture/m-profile/docs

◆第22章◆

IoTセキュリティとPSA Certified フレームワークの紹介

Introduction to IoT security and the PSA Certified framework

22.1 プロセッサ・アーキテクチャからIoTセキュリティまで

　これまでの章では，"low"レベルのプロセッサの動作/挙動とそのアーキテクチャに焦点を当ててきました．システムまたはソフトウェア・プロジェクトのセキュリティ機能は　製品レベルのセキュリティ機能によって定義されていることが多いため，多くのアプリケーション開発者は，"low"レベルの詳細に触れる必要はほとんどありません．これらの機能には次のようなものがあります．

- 通信データの暗号化
- 認証
- セキュア・ブート
- セキュア・ファームウェア・アップデート…

Armv8-MプロセッサのArm TrustZoneテクノロジのセキュリティ機能は，前述のアプリケーション・レベルのセキュリティ機能とは大きく異なるように見えますが，実際には，TrustZoneのサポートは，前述の機能を構築して保護するために必要な必須のハードウェアを提供しています．

　つまり，アプリケーション・レベルの要件とプロセッサのセキュリティ機能との間のギャップを埋める必要があるということです．最も基本的なIoTアプリケーションであっても，セキュリティ・ニーズの複数の側面が関与しているため，これは，簡単な作業ではありません．セキュアなIoT製品ソリューションを作成するためには，必要な専門知識と経験を持つソフトウェア開発者とハードウェア開発者の両方が，これらのセキュリティの側面に対処する必要があります．

　過去には，組み込みソフトウェア・エコシステムからさまざまなセキュリティ・ソフトウェア・ソリューションが提供されていましたが，これらのソリューションのほとんどは，IoTのセキュリティ要件の幾つかの側面にしか対応してなく；従って，全ての要件を満たすために利用可能な複数のセキュリティ・ソリューションを統合するには，さらなる努力が必要でした．これらのソフトウェア・ソリューションの統合が正しく行われていない場合，またはソリューションの中にセキュリティの側面の1つでも欠けている場合，統合されたソリューションがセキュリティの脆弱性に悩まされる可能性が高くなります．

　ソフトウェア・ソリューションが完全だとしても，シリコン製品のセキュリティ機能の設計に潜在的な欠陥があるため，セキュリティ上の問題が発生する可能性があります．従って，ハードウェア・システムの設計に不可欠なセキュリティ要件を定義する必要があることは明確でした．

　また，IoT業界では，安価で拡張性のあるIoT製品のセキュリティのための"ゴールド・スタンダード"を確立する必要があることも明らかになりました．Arm社は，プロセッサやシステム・コンポーネント設計の大手プロバイダであり，さまざまなオープンソース・プロジェクトに多大な投資を行ってきましたが，この課題に取り組むためには，Arm社が単独で取り組むのではなく，エレクトロニクス業界の企業間で協力することが必要であることが明らかになりました．この目的を達成するため，Armは，シリコン・パートナやさまざまなエコシステム・パートナなど，IoT産業に関わる企業と協力関係を築きました．

　2017年10月，Armは，IoTデバイスのセキュリティ要件を定義したフレームワークであるプラットフォーム・セキュリティ・アーキテクチャ（Platform Security Architecture：PSA）[1]を発表し[注1]，2019年にはPSA認証[2]へと拡大しました．これは，コネクテッド・デバイスのセキュリティ標準を推進し，セキュアなIoT製品の開発を容易に

注1：https://www.arm.com/company/news/2017/10/a-common-industry-framework

するための継続的な取り組みです．

発表当初，PSA認証は，テクノロジ・エコシステムから広く支持され，その中には次のような企業がありました．
- 世界をリードする幅広いシリコン・パートナ
- RTOSベンダ
- オリジナル機器メーカ（OEM）
- セキュリティ・ソフトウェア・ソリューション・ベンダ
- システム・ソリューション・ベンダ
- クラウド・サービス・プロバイダ

多くの政府規制当局は，IoT製品を取り巻くセキュリティ問題への認識を高めており，IoT製品が健全なIoTセキュリティ機能を備えていることを保証するための法整備に取り組んでいます．そのため，製品開発者は，自社の設計が安全であることを保証する必要性がますます強くなっています．

PSA認証は，製品の安全性を高めるだけでなく，ソフトウェア開発者の業務をより容易にすることも目的としています．PSA Functional API（Trusted Firmware-Mの一部として実装されている，TF-Mとも呼ばれる）は，アプリケーションやファームウェア開発のためのポータブルなソフトウェア・インターフェースを提供します．これについての詳細は，22.3.3節，PSA Functional APIを参照してください．

22.2　PSA認証の紹介

22.2.1　セキュリティ原則の概要

IoTセキュリティはさまざまな側面をカバーしています．従来，セキュリティといえば，IoTデバイスとクラウド・サービス間のデータ転送のセキュリティが最初に思い浮かぶかもしれません．多くの場合，情報が漏洩しないようにするために暗号化技術が使用されます．しかし，前述のデータを安全に転送する段階に行くよりずっと前の段階の，例えば次のようなセキュリティが必要です．

- デバイスがIoTサービスに接続できるようになる前に，何らかの認証が必要．これは多くの場合，デバイスのアイデンティティを確立するためのチップ内のメカニズムを使用して，アテステーション（このプロセスは製品のアクティベーションの中に隠されている可能性がある）によって処理される
- デバイス上のソフトウェアにはバグがある可能性があるため，暗号鍵などの秘密情報はセキュア・ストレージ（一般的なソフトウェアの実行中にはアクセスできないストレージ領域）に保存する必要がある
- 時間が経って，ソフトウェアのバグが発見されたり，追加機能の追加/更新を可能にするために，デバイスのソフトウェアを更新する必要が生じる場合がある．これを可能にするためには，セキュアなファームウェアの更新メカニズムが必要になる

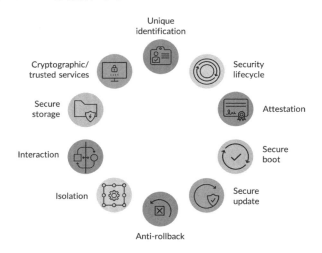

図22.1　PSA認証は，セキュリティのベスト・プラクティスを満たすために10のセキュリティ目標を定義

- "小さな"データを生成する何百万ものIoTデバイスのクローンを誰かが作成または変更できる場合，ビッグ・データ（潜在的に何百万ものIoTデバイスからの"小さな"データで構成される）が悪意を持って操作される可能性があるので，これらのデバイスがセキュア・ブートと一意のID機能をサポートする必要がある

それでは，どのようにしてセキュリティ要件を定義するのでしょうか？これは難しい質問で：多くの点で，セキュリティ要件はアプリケーションに依存しており，多くのセキュリティ脅威にさらされる可能性があります．アプリケーションに適用可能な脅威の特定と対策の定義は，一般的に"脅威モデル"と呼ばれています．脅威モデルが定義されると，脅威に対処するために必要な方法を定義し，脅威に対処するためにどのような解決策が必要かを検討できます．

PSA認証（PSA Certified）は，多数のIoTアプリケーションとその脅威モデルを徹底的に分析した結果，大多数のIoTシステムに共通し，セキュリティ要件を満たすために実装する必要がある10のセキュリティ目標（図22.1）を特定しました[3]．

セキュリティ目標を定義することで，製品のセキュリティ要件を定義できますが，アプリケーションごとに固有のセキュリティ・ニーズがあるため，さらに製品固有の定義が必要となります．

IoT製品がセキュリティ目標を達成するためには，"Root of Trust"として知られている主要なアンカ・ポイントの1つの要件を満たす必要があります．図22.2は，Root of Trustを構成するPSA認証の主要要素を示しています．

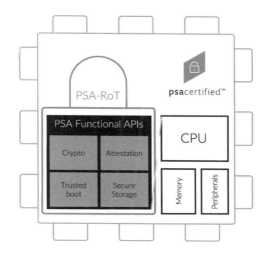

図22.2　PSA Root of Trust（PSA-RoT）は，完全性と機密性の基礎となる4つの重要な要件を定義している

PSA Root of Trust（PSA-RoT）は，機密性（暗号鍵などの秘密を保持できる）と完全性（このシステムが意図した状態から変更されていないことを信頼できる）の源泉です．ソフトウェア開発者がRoot of Trust機能にアクセスできるように，PSA認証はPSA Functional API[注2]を定義しています．これらのシンプルで使いやすいAPIは，セキュア・ストレージ，暗号化，アテステーション動作をカバーしています．セキュア・ブート（図22.2に示すTrusted boot）は，デバイスの起動時に使用され，一度システムが実行を始めてしまえば，使用されないため，セキュア・ブートAPIは必要ありません．

22.2.2　どうやって達成するか？

22.2.2.1　PSA認証の4つの柱

セキュリティのニーズに対処するために，PSA認証は，セキュリティの課題に対処するための4つの主要な段階を定義しています．これらを図22.3に示します．

注2：https://www.psacertified.org/getting-certified/functional-api-certification/

第22章　IoTセキュリティとPSA Certifiedフレームワークの紹介

図22.3　PSA認証でセキュリティ・ニーズに対応するための4つのステージ

注意：次の節（22.2.2.2節～22.2.2.5節）で参照する資料は，ArmのWebページのリンクからダウンロードできます[4]．

22.2.2.2　ステージ1 - 分析

　製品のセキュリティ要件に対処する際の第一段階は，セキュリティ・リスクが何であるかを分析し，それから，求められる主要なセキュリティ対策を特定することです．PSA認証では，業界を支援するために，最も一般的なIoTアプリケーションに適用可能な脅威モデルとセキュリティ分析（Threat Model and Security Analysis：TMSA）の幾つかの事例を無償で提供しています．次のTMSA文書が利用可能です．
- アセット・トラッカ TMSA
- スマート水道メータ TMSA
- ネットワーク・カメラ TMSA

これらの文書は，業界標準（コモン・クライテリアなど）に沿った用語で書かれています．TMSAを出発点として，セキュリティ目標と詳細なセキュリティ機能要件（Security Functional Requirements：SFR）を定義できます．
　提供されているTMSA文書は，全てのIoTアプリケーションをカバーしている訳ではありませんが，独自のIoTプロジェクトのTMSAを作成したいと考えているシステム設計者にとって，スタート時に役立ちます．

22.2.2.3　ステージ2 - 設計

　設計のステージでは，ステージ1で特定されたセキュリティ要件をカバーするために必要なアーキテクチャを定義します．さまざまなトピックをカバーするさまざまな仕様があります．これらには，次のものが含まれます．
- Security Model（PSA-SM）- 全ての製品のセキュアな設計のための最上位の要件を詳述している．この文書では，既知のセキュリティ特性を持つ製品を設計するための主要な目標を概説している．また，PSA認証を取得するための重要な用語や方法論も記載している
- "PSA Trusted Base System Architecture for Armv6-M, Armv7-M and Armv8-M"（TBSA-M）[5] - Arm Cortex-Mプロセッサをベースにしたマイクロコントローラと SoCハードウェア設計のための仕様書
- Trusted Boot and Firmware Update（PSA-TBFU）- ファームウェアのブートと更新のためのシステムとファームウェアの要件をカバーする仕様
- PSA Firmware Framework for M（PSA-FF-M）- Cortex-Mベースの製品上でセキュア・アプリケーションを実現するための標準的なプログラミング環境と基本的なRoot of Trust（RoT）の仕様
- PSA Firmware Framework for A（PSA-FF-A）- Cortex-Aベースの製品上でセキュア・アプリケーションを実現するための標準的なプログラミング環境と基本的なRoot of Trust（RoT）の仕様

　PSA Functional API認証を目指す製品では，使用するソフトウェア・フレームワークがPSA-FF-M/Aで定義されている要件に準拠している必要があります．PSA Functional API認証の詳細については，22.2.4節を参照してください．

22.2.2.4　ステージ3 – 実装

　セキュリティ・システムの実装の第三ステージは，実装そのものです．セキュア・ソフトウェアを実装するには，多くの知識が必要です．ソフトウェア開発者は，プロセッサのセキュリティ機能を理解するだけでなく，暗号技術やその他の専門的なトピックを理解する必要があり，例えば，さまざまな形式のソフトウェア攻撃とその発生を防ぐ方法に関する知識が必要です．

　セキュア・ファームウェアは，PSA Functional APIに基づいて，基盤となるRoot of Trustハードウェアとセキュリティ機能への一貫したインターフェースを提供します．APIは次のように3つの分野に分かれています．

- RTOSとソフトウェア開発者のためのPSA Functional API
- セキュリティ専門家のためのPSAファームウェア・フレームワークAPI
- シリコン・メーカ向けのTBSA API

　ファームウェアのフレームワークの大部分はデバイス間で共通なので，Armは，Trusted Firmware-M（TF-M）と呼ばれるPSAファームウェア・フレームワークのオープンソースの参照実装を提供しています．TF-Mは，PSAファームウェア・フレームワークAPIとPSA Functional APIのソース・コードを提供しています

> 注意：TF-Mはハードウェア抽象化層（Hardware Abstraction Layer：HAL）API を提供しており，TBSA APIとは異なりますが，TBSA仕様で要求されている機能をカバーしています．

　Trusted Firmware-Mリファレンス実装は，Arm Cortex-Mプロセッサ用に設計されています．セキュリティ分離のためのTrustZoneを備えたArmv8-Mプロセッサ，または　複数のCortex-Mプロセッサを持つシステムで使用でき – セキュリティ機能を提供するメカニズムとしてプロセッサ間の分離を使用します．

　セキュアなソフトウェア開発者が，移植されたTrusted Firmware-Mソフトウェアをテストできるように，TF-MにはAPIテスト・スイートが付属しています．全体として，TF-Mの提供は，IoTエコシステム全体のセキュリティを容易にし，セキュリティ認証への道筋を可能にします．PSA認証の詳細については，22.2.2.5節を参照してください．

22.2.2.5　ステージ4 – 認証

　認証ステージでは，製品の能力の具体的な尺度としてセキュリティ能力を定義できます．PSA 認証の認証段階は，7社の創設メンバによって開発・維持されている独立した評価・認証スキームです（`https://www.psacertified.org/what-is-psa-certified/founding-members/`）．PSA認定スキームを使用すると次のことが可能になります．

- IoT業界は，IoT製品のセキュリティ能力を示すために使用できる共通の定義を持てる．以前，企業は，個々の機能を強調して製品のセキュリティ能力を説明していたが，これでは全体像がつかめず，誤解を招く可能性があった．PSA認証スキームは，より広範なセキュリティ目標に対してセキュリティ能力を評価することで，この問題を解決した（図22.1）
- ネットワークに接続された電子製品を購入する消費者は，セキュアな製品を簡単に見分けることができる．PSA認証は，エレクトロニクス業界の多くの関係者に採用され，サポートされているため，将来的には，PSA認定が電子製品を購入する組織の製品要件になる可能性がある
- 規制とセキュリティ標準の整合性を促進することが可能である．現在，複数の地域のガイドラインが存在する（欧州ではETSI 303 645，米国ではNIST 8259，SB-327など）．PSA認証は，分断化を減らすために，認証をこれらのスキームに積極的に調整している

PSA認証スキームには，次の主要な範囲が含まれています．

- PSA Functional API認証 – APIテスト・スイートを通じて，ソフトウェアがPSAソフトウェア・インターフェースを正しく実装しているかをチェックする
- PSA認証は，3つの段階的な保証レベルと堅牢性試験で構成されており，デバイス・メーカはサードパーティ製のソリューションや，またはアプリケーションに適した認証レベルを選択できる

　認証プロセスは独立したテスト・ラボが担当しており，次のWebページに参加しているテスト・ラボのリストが掲載されています：`https://www.psacertified.org/getting-certified/evaluation-labs/`

第22章　IoTセキュリティとPSA Certifiedフレームワークの紹介

独立した認証機関が，テスト・ラボに基づく評価の品質を保証しています．

次のWebページでは，PSA認証を取得している製品のリストを掲載しています：https://www.psacertified.org/certified-products/

22.2.3　PSA認証のセキュリティ評価レベル

22.2.3.1　概要

デバイスまたはシステムのセキュリティ能力の正式な評価がなければ，アプリケーションのセキュリティ・ニーズの一部が見落とされてしまう可能性があります．ホワイトハット・ハッカーやセキュリティ研究者が，（a）デバイスの脆弱性を示し，（b）セキュリティの改善を促すために，倫理的に，デバイスをハッキングする方法を示した多くの事例があります．しかし，ハッカーが悪意のある理由で，コネクテッド製品に対して犯罪的な攻撃を仕掛けてきたケースも数多くあります．

犯罪的な攻撃が起こる可能性を減らすためには，IoTデバイスのセキュリティの水準を高める必要があります．PSA認証は，この問題に取り組み，IoT市場に適したセキュリティ評価スキームを作成し，業界の多くのパートナーと協力して，セキュリティ評価が公正かつ独立して実施され，IoT業界のニーズを満たすことを保証します．

コネクテッド製品によって，セキュリティ・ニーズは異なります．例えば，電力網のインフラに接続されたスマート・メータは，チップに限られたデータ量しか含まれていない低価格の電子玩具とは全く異なるセキュリティ・ニーズを持っています．無数にある製品のセキュリティ要件を確実に満たすために，PSA認証では3つのレベルのセキュリティを定義しています．これらのレベルの定義は，システムのセキュリティ能力だけでなく，導入されているソフトウェア・アーキテクチャに基づいています．

> 注意：PSA認証セキュリティ評価レベルの全てが，各IoTソリューションに関連する訳ではありません．

表22.1は，さまざまなIoTソリューションに適用されるレベルを示しています．

表22.1　さまざまなIoT製品のPSA認証レベル

IoTソリューション	適用レベル	何を意味するのか
シリコン・デバイス	1,2,3	チップ・ベンダは，PSA-RoT規格と照らし合わせて，自社デバイスのセキュリティ・レベルとその能力を実証できる．PSA認証レベル1～3の評価を受けたシリコン製品を持つことは，製品のセキュリティが独立して評価されていることを意味し，OEMはテスト結果を信頼してテストを行うことができるため，テストの実施回数を減らすことができる
リアルタイムOS（RTOS）	1	PSA Functional APIを統合したRTOSに適用される．前述のRTOSを販売するRTOSベンダは，PSA認証レベル1の質問票に回答し，10のセキュリティ目標（**図22.1**）と業界のベスト・プラクティスを順守していることを示す
製品/デバイス	1	コネクテッド製品/デバイスを開発している製品メーカは，PSA認証レベル1の"ドキュメントと宣言"質問票に回答し，テスト・ラボでチェックされ，セキュリティ・モデルの目標と業界のベスト・プラクティスに従っているかどうかを確認する

テスト・ラボが，チップ，OS，デバイスが評価に合格したと評価すると，デジタル証明書が固有のデジタル証明書番号とともに提供されます（International Article Number EAN-13が使用される）．PSA認証で推奨されているように，EAN-13はチップの認証トークンに"Hardware version claim"として使用され，第三者（サービス・プロバイダなど）がPSA-RoTを識別し，そして，チップまたはデバイスをPSA-RoTの認証レベルにリンクします．

22.2.3.2　PSA認証レベル1

PSA認証レベル1は，PSA認証のセキュリティ認証の最低レベルです．PSA認証レベル1のシステムでは，ハードウェアで次をサポートしなければなりません．

- PSA Root-of-Trust（PSA-RoT，図22.2参照）
- セキュア・ドメイン・リソースを分離して，通常のアプリケーションからのアクセスを防止する．例えば，Cortex-M23またはCortex-M33プロセッサを使用する場合，システム設計は"Trusted Base System Architecture for Armv6-M, Armv7-M and Armv8-M"（TBSA-M）[5]で概説されている推奨事項に基づいて行うことができる．これらのTBSA-Mの推奨事項は，分離やその他のセキュリティ対策を実現するために必要なハードウェア要件を規定している．

ソフトウェア・アーキテクチャでは，ハードウェアの分離機能を利用して，非セキュア・ワールドで実行される通常のアプリケーションからセキュア・ソフトウェアを保護します．例えば，Cortex-M23またはCortex-M33ベースのマイクロコントローラを使用する場合，TrustZoneセキュリティ拡張を使用して，PSA-RoTの整合性を守るために必要な保護を提供できます（分離タイプ1，図22.4）．オプションとして，例えば，デバイスはさらに分離タイプ2以上を持つことによって，セキュア・ワールド内の追加の分離を選択することもできます（図22.6と図22.8）．

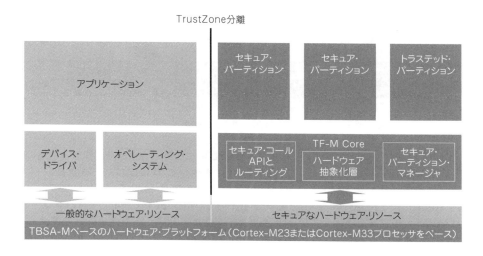

図22.4　Armv8-MプロセッサとTrusted Firmware-Mを使用した分離タイプ1の高位表現

PSA認証レベル1は，マイクロコントローラ，RTOS，IoT製品など，IoT製品に対してセキュリティのベスト・プラクティスを独自に保証するものです．製品のPSA認証レベル1を取得するには，ベンダは，重要なセキュリティ上の質問を含む質問票に回答することで自己評価を行います．これに続いて，ラボでのレビューが行われ，どちらの作業も製品がセキュリティに基づいた設計で開発されていることを確認します．

PSA認証レベル1を通過した製品は，PSA-RoTを含む主要なセキュリティ機能を持っていることを示す品質マーカ（ロゴ，図22.5）が付与されます．従って，製品開発者は，製品設計が適切に行われていれば，これらの機能を頼りにして，一般的なIoTセキュリティ要件を満たすコネクテッド・デバイスを構築できます．

22.2.3.3　PSA認証レベル2

図22.5　PSA認証レベル1品質マーカ

PSA認証レベル2は，シリコン・デバイスを対象としており，その目的は，セキュリティの堅牢性を高め，それにより，デバイスは，スケーラブルなリモート・ソフトウェア攻撃から保護します．レベル1と比較して，PSA認証レベル2を達成するための追加要件は次のとおりです．

- PSA-RoT内の各デバイスに固有の暗号鍵
- セキュア・ファームウェア内の追加のセキュリティ機能 – PSA Root of Trust（PSA-RoT）は，アプリケー

第22章 IoTセキュリティとPSA Certifiedフレームワークの紹介

ションRoot of Trustによってアクセスされないように保護される．例えば，PSA認証レベル2の場合，Trusted Firmware-MはセキュアMPUを使用してセキュア非特権パーティションを分離し，それらのセキュア特権コードへのアクセスを阻止する．これは分離タイプ2として知られており，図22.6に示す．

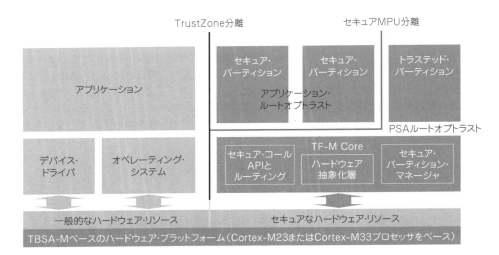

図22.6 Armv8-MプロセッサとTrusted Firmware-Mによる分離タイプ2の高位表現

PSA認証レベル2のステータスを取得するには，チップはセキュリティ・ラボが実施する一連の侵入テストに合格しなければなりません．これは1ヶ月以内で行われます．この評価は，PSA認証レベル2 PSA-RoT Protection Profileに概説されているように，セキュリティ機能の要件もカバーしています(これは，リンクhttps://www.psacertified.org/development-resources/を使用してダウンロードできる)．

FPGAまたはテスト・チップを使用しているとき，ハードウェア・プラットフォームの開発者は，ソリューションのセキュリティ機能を実証する必要がある場合があります．このような場合は，PSA認証レベル2スキームを使用するのではなく，PSA認証レベル2Readyスキームを使用して事前認証評価を行う必要があります．この特定のスキームは，ハードウェア・プロトタイプのセキュリティ能力を実証し，そして，その後の完全なPSA認証評価への道を開きます．PSA認証レベル2とPSA認証レベル2Readyスキームの品質マーカを図22.7に示します．

図22.7 PSA認証レベル2とPSA認証レベル2Readyの品質マーカ

オプションとしてデバイスは，例えば，セキュア・ソフトウェア内に分離タイプ3を配置することで，セキュア・ワールド内に追加の分離を持つように設計することもできます(図22.8)．

22.2.3.4 PSA認証レベル3

PSA認証レベル3は，PSA認証レベル2と同様にシリコン・デバイスを対象としています．そして，PSA認証

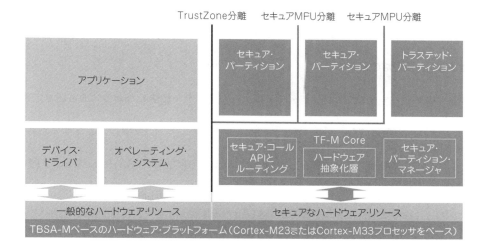

図22.8 Armv8-MプロセッサとTrusted Firmware-Mに基づく分離タイプ3の高位表現

レベル2に求められるセキュリティ要件に加えて，PSA認証レベル3を対象とするデバイスには，物理的な攻撃に対するさまざまな保護機能（すなわち，耐タンパ機能）が必要となります．

22.2.4 PSA Functional API認証

IoTソリューション・ベンダは，PSA認証されたセキュリティ・レベルとは別に，PSA Functional API認証によって製品を認証することもできます．PSA Functional API認証の品質マークを図22.9に示します．

PSA Functional APIは，ソフトウェア開発者にセキュリティ機能へのアクセスを提供し，PSA Functional API認証を取得することで，ソフトウェアがPSA Functional API仕様と互換性があることを証明します（図22.10）．この認証を取得するには，ソフトウェア・ソリューションは，実装

図22.9 PSA Functional API認証品質マーカ

されたソフトウェアの正しさをチェックする一連のソフトウェア・テストに合格する必要があります．このテスト・プロセスには，テスト・スイートが用意されています．テスト・スイートの詳細については，https://www.psacertified.org/getting-certified/functional-api-certification/ を参照してください．

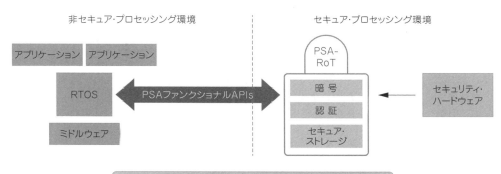

図22.10 PSA Functional API

第22章　IoTセキュリティとPSA Certifiedフレームワークの紹介

PSA Functional API認証は，システム/デバイスのセキュリティ機能や堅牢性を意味するものではないことに注意してください．これを意味するのは，PSA認証レベル1〜3のみです．

22.2.5　なぜPSAが重要なのか？

PSAは，セキュリティ・ニーズ，スレッド・モデル，セキュリティ機能のための共通言語を定義しています．PSAは次のとおりです．

- セキュリティへの全体的なアプローチと，異なるアプリケーションの要件に対応するための複数のプロファイルを使用する
- プロセッサ・アーキテクチャに依存しない − これは，PSA認証やPSA Functional APIの設計などのPSA活動がArm製品に限定されないことを意味する
- 独立 − PSA認証評価は，独立したセキュリティ・ラボによって実施される
- オープン − 仕様書は無料でダウンロードでき，リファレンス実装（Trusted Firmware-Mなど）はオープンソース・プロジェクト．PSA認証は7社の創設メンバによって管理されており，仕様はセキュリティの専門知識を持つエコシステム・パートナによって作成されている
- 柔軟性 − PSAアプローチにより，システム設計者は，独自のアプリケーション要件に基づいてスレッド・モデルとセキュリティ分析（TMSA）文書を定義できるため，ターゲット市場に適したPSAセキュリティ・レベルを選択できる
- Root of Trustの課題に対応した規格 − デバイスがサービス（クラウド・サービスなど）に接続されると，サービス・プロバイダは，Entity Attestation Token（暗号署名された一連の要請を可能にする内蔵の"レポート・カード"）を介して，ネットに接続されたデバイスの"信頼の証拠"を取得できる

さまざまなPSA活動や，Armとそのセキュリティ・パートナとの共同作業により，IoT業界がIoT製品やソリューションのセキュリティを向上させることが容易になりました．リファレンス・ファームウェアとアーキテクチャ仕様に加えて，TMSAやセキュリティ・モデル文書のようなPSAリソースにより，製品設計者はIoTデバイスのセキュリティ要件にどのように対処するのが最善かを確認できます．

PSA認証によって，業界はIoTセキュリティを定量化するための独立した"セキュリティ標準"を確立しました．IoTセキュリティの課題に取り組むことは困難で複雑ですが，PSAプロジェクトは勢いを増しており，順調に進展しています．最新のIoTマイクロコントローラ製品やRTOSの多くがPSA認証レベル1を達成し，多くのシリコン・パートナがPSA認証レベル2を取得しています．

OEMなどの製品メーカは，チップのPSA認証レベルを考慮して，どのシリコン製品を使用するかを決めることができます．PSA認証を取得したシリコン製品を選択することで，製品メーカは，セキュリティ上の脆弱性を持つチップを使用するリスクを低減できるだけでなく，セキュリティへの取り組みを実証できます．

22.3　Trusted Firmware-M（TF-M）プロジェクト

22.3.1　TF-Mプロジェクトについて

TF-Mは，さまざまな団体のセキュリティ専門家によって開発されたオープンソースのプロジェクトで，プラットフォーム・セキュリティ・アーキテクチャ（Platform Security Architecture：PSA）の実装段階をカバーしています．TF-Mは，一般的なセキュリティ・ニーズに対応し，Cortex-Mベースのマイクロコントローラ・デバイス上で動作するように設計されています．TF-Mプロジェクト・コードは，生産品質レベルで開発・テストされていて；開発されたコードを使用することで，IoT業界はPSAの原則を迅速に採用し，市場投入までの時間を短縮できます．

Trusted Firmwareは，オープンソース・ガバナンス・コミュニティ・プロジェクトによってホストされており，Cortex-MとCortex-Aの両方のTrusted Firmwareが含まれています．Trusted Firmwareプロジェクトのリンクはhttps://www.trustedfirmware.orgです．TF-Mの技術的な方向性は，技術運営委員会によって監督されています．TF-MはArmv8-Mプロセッサと同様に，Armv6-MとArmv7-Mプロセッサでも動作します．しかし，これらのプロセッサを使用する場合，システムには複数のプロセッサが含まれていなければな

720

らず，セキュア処理環境と非セキュア処理環境が分離されていなければなりません．
　誰でも Trusted Firmware プロジェクトに参加し，貢献できます．参加するには，Trusted Firmware のウェブサイトにアクセスし，次のメーリング・リストに登録してください．https://lists.trustedfirmware.org/mailman/listinfo/tf-m．TF-M プロジェクトのソース・コードは，Trusted Firmware の Git リポジトリにホストされています．これへのリストは次です．https://git.trustedfirmware.org/trusted-firmware-m.git/

22.3.2　TF-M を利用したソフトウェア実行環境

　TF-M は，PSA Root of Trust（PSA-RoT）機能を搭載した Cortex-M プロセッサ・システム用に設計されています．TF-M は次のどちらでも使用できます．
- TrustZone が実装された Armv8-M プロセッサ
- プロセッサの分離をソフトウェア分離の基本としたマルチプロセッサ Cortex-M システム

　この章の残りの部分では，TF-M が TrustZone ベースの Armv8-M プロセッサ・システムにどのように展開されているかを説明します．
　TF-M を備えた TrustZone ベースのシステムでは，ソフトウェアの実行環境は，セキュア処理環境と非セキュア処理環境に分けられます（図 22.11）．

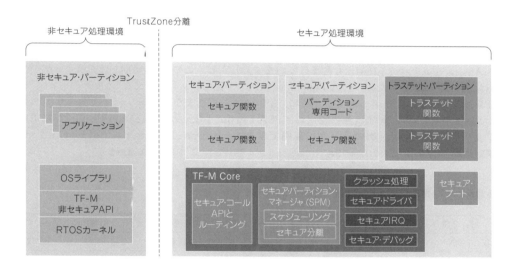

図 22.11　TF-M を用いたソフトウェア・システムにおけるセキュアと非セキュアの処理環境

　セキュア・ブート，TF-M コア，および多数のセキュア・パーティションは，セキュア・ワールドで実行されます．アプリケーションと RTOS は，第 11 章 11.8 節で説明したように，通常のアプリケーション環境（非セキュア・ワールド）で実行されます．同じ節では，コンテキスト切り替えを円滑に進めるために RTOS とセキュア・ソフトウェア間の相互動作が必要であることにも言及しました．この機能は TF-M に統合されており，Armv8-M アーキテクチャをサポートする多くの RTOS でサポートされています．
　TF-M は TF-M コアと幾つかのパーティションに分割されています．この構成により，セキュア MPU は，セキュア・パーティション（非特権）を TF-M コア（特権）から分離できます．複数のセキュア・パーティションが存在するため，セキュア MPU の設定を管理する必要があり，これは MPU の設定（セキュア分離）とスケジューリング（セキュア・ライブラリのコンテキスト切り替え）を処理する Secure Partition Manager（SPM）によって行われます．
　PSA の Functional API は，暗号化やアテステーションなどの API を含み，トラステッド・パーティションに配置されています．また，保護されたストレージや，必要に応じて他のサードパーティの API など，外部向け API 用のセキュア・パーティションもあります．TF-M のこのようなソフトウェア分割により，重要なデータとコードが確実に保護されます．

TF-Mの全体的なソフトウェア・アーキテクチャを図22.12に示します．

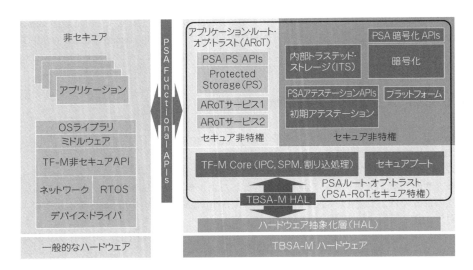

図22.12　TF-M ソフトウェア・アーキテクチャ — PSA Functional APIs

　TF-Mには，新しいハードウェア・プラットフォームへの移植を可能にするためのハードウェア抽象化層（Hardware Abstraction Layer：HAL）も含まれています．しかし，この特定のHALは非セキュア・アプリケーションからはアクセスできないため，PSA Functional APIの一部ではありません．

　PSA認証レベル2の要件をサポートするために，TF-Mはさまざまなセキュリティ機能をサポートするように設計されています．これらの機能（表22.2）は，"PSA Certified Level2 Protection Profile"[6]に規定されております．このプロファイルは，次のリンクで参照できます．https://www.psacertified.org/app/uploads/2019/12/JSADEN002-PSA_Certified_Level_2_PP-1.1.pdf

表22.2　PSA認証レベル2保護プロファイル仕様書に記載されているセキュリティ要件

セキュリティ機能	セキュリティ機能要件を満たすために何が行われるか
F.INITIALIZATION	このシステムは，ファームウェアの信頼性と完全性を確認するセキュアな初期化プロセスを経て起動する
F.SOFTWARE_ISOLATION	このシステムは，非セキュア処理環境（Non-Secure Processing Environment：NSPE）とセキュア処理環境（Secure Processing Environment：SPE）の間を分離する；また，PSA Root of Trustとセキュア処理環境内の他の実行可能コード（Application Root of Trustなど）の間の分離を提供する
F.SECURE_STORAGE	このシステムは，セキュア・ストレージ内の資産の機密性と完全性を保護する．セキュア・ストレージは，プラットフォームにバインドされている．そして，信頼されたセキュア・ファームウェアのみが，このセキュア・ストレージから資産を取得し，変更できる
F.FIRMWARE_UPDATE	このシステムは，アップデートを実行する前にシステム・アップデートの完全性と信頼性を検証する；また，ファームウェアのダウングレードの試みを拒否する
F.SECURE_STATE	このシステムは，そのセキュリティ機能が正しく動作することを保証する．特にシステムは次のとおり ● プログラマのエラーやシステムの外部，すなわちSPEやNSPEから実行されるコードのグッド・プラクティスに対する違反によって引き起こされる異常事態から自分自身を保護する ● アプリケーションによるサービスへのアクセスを制御し，アプリケーションから要求された操作のパラメータの妥当性をチェックする ● プラットフォームの初期化エラーまたはソフトウェア障害の検出時に，機密データを露出させることなく安全な状態に入る
F.CRYPTO	このシステムは，システムのセキュアな資産を保護するために，最先端の暗号アルゴリズムと鍵サイズを実装している．推奨事項は，国家安全保障機関（米国のNIST，ドイツのBSI，英国のCESG，フランスのANSSIなど）や学界からの勧告である可能性がある．脆弱な暗号アルゴリズムまたは鍵サイズは，特定の用途と特定のガイダンスによって利用可能な場合があるが，提供される最先端の暗号のセキュリティを低下させてはならない

セキュリティ機能	セキュリティ機能要件を満たすために何が行われるか
F.ATTESTATION	このシステムは，デバイスのID，ファームウェアの測定，および実行時の状態をレポートするアテステーション・サービスを提供する．アテステーションはリモート・エンティティによって検証される必要がある
F.AUDIT	このシステムは，全ての重要なセキュリティ・イベントのログを維持し，それらのログへのアクセスと分析を許可するのは，許可されたユーザ（システムの管理者など）のみ
F.DEBUG	このシステムは，デバッグ機能へのアクセスを，無効化または，このシステムで実装されている，他のセキュリティ機能と同レベルのセキュリティ保証を持つアクセス制御メカニズムによって制限する

保護プロファイル文書に記載されている機能要件の大部分は，"Common Criteria"などの確立されたセキュリティ基準に沿ったものとなっています．この特性により，すでに他のセキュリティ標準を使用している組織でも，PSA認証レベル2の保護プロファイルを容易に採用できます．

22.3.3 **PSA Functional API**

TF-Mプロジェクトは現在，PSA Functional APIを幅広くサポートしています．これらは次のとおりです．
- PSA暗号化API
- PSAアテステーションAPI
- PSA内部トラステッド・ストレージAPI
- PSA保護ストレージAPI

これらのAPIの主な目的は，使いやすいセットのAPIを提供することで，非セキュア・ワールドでのアプリケーション開発を簡素化することです．これらのAPIを使用することで，ソフトウェア開発者は，基礎となる複雑な技術動作を完全に理解しなくても，マイクロコントローラが提供するセキュリティ機能を利用できます．これらのAPIを持つもう1つの利点は，さまざまなハードウェア・プラットフォーム間で標準化されていることであり，つまり，アプリケーションを別のハードウェア・プラットフォームで再利用できることを意味します．

TF-Mコード・ベースは，モジュール式に設計されており，セキュア・ソフトウェア開発者は必要な分離レベルを選択できます．APIの詳細については，**表22.3**を参照してください．

表22.3 PSA API仕様

仕　様
PSA ファームウェア・フレームワーク・フォーM（PSA-FF-M）
PSA 暗号化API
PSAストレージAPI（これは，PSA内部トラステッド・ストレージAPIとPSA保護ストレージAPIを対象としている）
PSA アテステーションAPI

これらのAPIの仕様書は，以下のArm DeveloperのWebサイトの場所にあります[4]．`https://developer.arm.com/architectures/security-architectures/platform-securityarchitecture/documentation`

これらのドキュメントには，前述のAPIに関する多くの情報が含まれています．情報提供のために，次の例では，セキュア・ストレージのためのPSA APIの使い方について詳細に説明します．IoTアプリケーションでは，アプリケーションは，セキュアに保存する必要がある暗号鍵を持っているかもしれません．TF-Mを使用して，PSA暗号化APIとPSAストレージAPIライブラリで提供されているさまざまな機能を使用することでセキュア・ストレージを処理します．基本的な動作は非常に複雑ですが，非セキュア側で実行されるアプリケーションは，**図22.13**に示すような高レベルの関数を呼び出すだけで済みます．

図22.13に示すように，非セキュア・ワールドで実行されるアプリケーションは，セキュアな鍵の保存を処理するために，2つの関数を呼び出すだけで済みます．アプリケーションは次を実行します．
- psa_crypto_init関数を呼び出して，暗号ライブラリを初期化し，暗号鍵を保存する必要があるときに実行する

第22章 IoTセキュリティとPSA Certifiedフレームワークの紹介

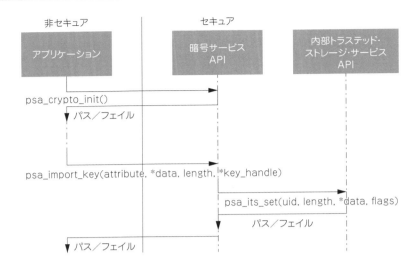

図22.13 PSA Functional APIを使用した暗号鍵の格納

- psa_import_key関数を呼び出し，その関数はPSA内部トラステッド・ストレージAPIのpsa_its_setを使用して，内部トラステッド・ストレージに鍵を格納

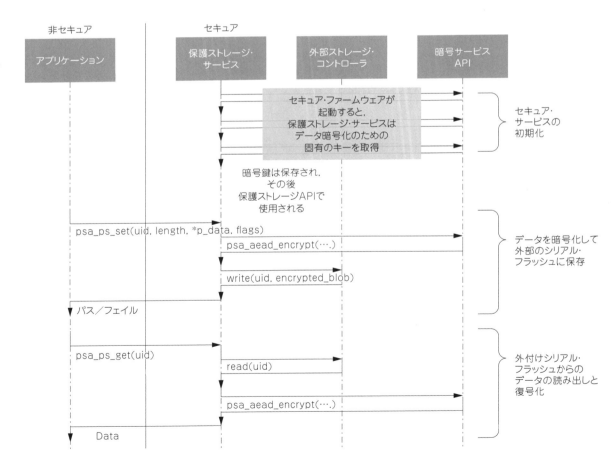

図22.14 外部暗号化メモリを使用して保護データ・ストレージにアクセスするためのPSA Functional APIの使用

操作が成功した場合，API関数は更新された"key_handle"をアプリケーションに返し，その後の操作に利用できるようにします．例えば次のとおりです．

- psa_cipher_encrypt - 対称暗号用
- psa_cipher_decrypt - 対称復号用
- psa_asymmetric_encrypt - 非対称暗号用
- psa_asymmetric_decrypt - 非対称復号用
- psa_destroy_key - 鍵を破棄

別の例として，アプリケーションが外部シリアル・フラッシュなどのデータ・ストレージ・デバイスにデータを保存する必要がある場合があります．このデータは機密性が高いため，同じマイクロコントローラ上で実行されている他のアプリケーションが読み取れないように暗号化する必要があります．この例では，PSA保護ストレージAPIを次のように使用できます（図22.14）．

セキュア・ファームウェアが起動すると，保護されたストレージ・ハードウェアで使用するための固有の暗号鍵を生成するためにTF-M内で一連のステップが実行されます．その鍵は，保護ストレージAPIが将来使用するために保存されます．アプリケーションが外部シリアル・フラッシュにデータを安全に保存する必要がある場合，データを暗号化して保存するには保護ストレージAPIのpsa_ps_set()を使用し，データを取得するにはpsa_ps_get()を使用するだけです．

前述の例の保護ストレージAPIが機能するためには，このハードウェア・プラットフォーム用のセキュア・ファームウェアを作成するソフトウェア開発者は，デバイスの"プラットフォーム"コードを開発する必要があります．これには，TF-Mとハードウェア・ドライバ間のソフトウェアのインターフェースであるハードウェア抽象化層（Hardware Abstraction Layer：HAL）コードが含まれます．外部ストレージ・コントローラ（外部シリアル・フラッシュ）用のHALを含む，ハードウェア・プラットフォーム用の"プラットフォーム"コードは，デバイス固有のものです．

22.3.4　PSAプロセス間通信

TF-Mは，暗号化，ストレージ，認証のAPIに加えて，非セキュア・クライアント・ライブラリがセキュア・パーティションと通信できるようにするIPC（プロセス間通信）APIもサポートしています．図22.15は，TF-MにおけるIPCの使用を示しています．

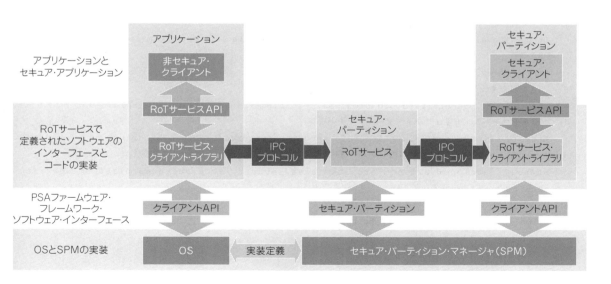

図22.15　TF-Mのルート・オブ・トラスト・サービスにおけるIPC使用例

IPC APIの仕様は，PSAファームウェア・フレームワークに詳しく記載されています．
追加のRoTサービスを利用するアプリケーション・コードは，通常，IPCインターフェースを介して直接接続

第22章　IoTセキュリティとPSA Certifiedフレームワークの紹介

する代わりに，非セキュア・ワールドで動作するRoTサービス・クライアント・ライブラリを使用することが期待されます．

Root of Trustクライアント・ライブラリを開発する開発者にとって，RoTサービス・ラッパを作成するのにIPCプロトコル・サポートを使用することが不可欠です．

22.4　追加情報

22.4.1　始めるには

TF-Mをサポートするマイクロコントローラを使用するアプリケーション開発者が，プロジェクトを開始するときは，マイクロコントローラ・ベンダが提供する例を研究するのが最善です．TF-Mサポートに加えて，マイクロコントローラ製品レベルでは，それを使用することで製品設計者がセキュアなIoT製品を構築できるようになる他の多くのセキュリティ機能があります．従って，製品設計者は，使用しようとしている製品に関連する情報を知るために時間を費やし，その機能を理解し，その機能が正しく使用されていることを確認する必要があります．

22.4.2　設計上の配慮

TF-MとPSA暗号化APIは幅広い暗号化メソッドをサポートしていますが，どの暗号化機能をサポートするかはシリコン・ベンダが決めることができます．従って，何が実装されていて何が実装されていないのかを確認するために，マイクロコントローラ・ベンダのドキュメントを十分に読み，理解しておく必要があります．

従って，セキュリティ・アプリケーション用のマイクロコントローラまたはSoC製品を選択する場合，PSA認証レベルとPSA Functional API認証の両方を考慮する必要があります．

◆ **参考・引用＊文献** ……………………………………………………

(1) プラットフォーム・セキュリティ・アーキテクチャ（PSA）
https://developer.arm.com/architectures/security-architectures/platform-security-architecture

(2) PSA認証
https://www.psacertified.org/

(3) PSA認証セキュリティ目標
https://www.psacertified.org/blog/psa-certified-10-security-goals-explained/

(4) プラットフォーム・セキュリティ・アーキテクチャ資料
https://www.arm.com/ja/architecture/security-features/platform-security

(5) Armv6-M, Armv7-M, Armv8-M用のトラステッド・ベース・システム・アーキテクチャ（TBSA-M）
https://developer.arm.com/architectures/security-architectures/platform-security-architecture/documentation

(6) PSA認証レベル2保護プロファイル
https://www.psacertified.org/app/uploads/2019/12/JSADEN002-PSA_Certified_Level_2_PP-1.1.pdf

索引

Index

数字

16ビット整数命令	620
32ビット整数命令	617
8ビット整数命令	622

A

A-Dコンバータ(ADC)	15
ADD – 32ビット加算	617
Amazon Alexa Voice Service(AVS)	603
Arm CMSIS-DSPライブラリ	645
Arm Cortex-M23プロセッサのブロック図	58
Arm Cortex-M33プロセッサのブロック図	59
Arm Cortex-Mプロセッサの浮動小数点サポート	426
ArmC言語拡張(ACLE)	47
Armv6-Mアーキテクチャ	17
Armv7-Mアーキテクチャ	17
Armv8-Mアーキテクチャ	17
Armv8-MアーキテクチャのMPU	396
Armv8-Mアーキテクチャの背景	84
Armv8-Mアーキテクチャ概要	83
Armv8-Mメインラインでの優先度のグループ化	260
ARMアーキテクチャ・プロシージャ・コール標準(AAPCS)	56, 544
Armカスタム命令	66
Armカスタム命令にアクセス	461
Armカスタム命令の概念	453
ASN Filter Designer Professional	662
AuxiliaryFaultステータス・レジスタ(AFSR)	412

B

BASEPRI(ベース・プライオリティ)	302
BusFault	399
BusFaultステータス・レジスタ(BFSR)	408
BXNSとBLXNS命令のための追加情報	559

C

C/C++オプション	529
C/C++でのビット・データの処理	704
C99データ型	182
CMSEポインタ・チェック関数の利用	596
CMSIS-COREアクセス関数	283
CMSIS-COREでSysTickタイマを使用する	345
CMSIS-COREベースのソフトウェア・パッケージ	516
CMSIS-CORE準拠のデバイス・ドライバ	195
CMSIS-COREでの特殊レジスタへのアクセス	204
CMSIS-COREにおける浮動小数点のサポート	444
CMSIS-CORE標準化	52
CMSISのメリット	55
CMSISの紹介	50
Common Microcontroller Software Interface Standard(CMSIS)	25
CONTROLレジスタ	85, 94
CoreSightアーキテクチャ	466
CoreSightディスカバリ	480
Cortex-M TPIUの主要なレジスタ	507
Cortex-M TPIUブロック図	506
Cortex-M23/M33の主な変更点	208
Cortex-M23とCortex-M33のアプリケーション	20
Cortex-M23とCortex-M33プロセッサのMPUサポート	381
Cortex-M23とCortex-M33プロセッサの特徴	18
Cortex-M23プロセッサとCortex-M33プロセッサの利点	24
Cortex-M23プロセッサ用補助制御レジスタ	338
Cortex-M33 DSP命令	614
Cortex-M33のFPUとCortex-M4のFPUの主な違い	437
Cortex-M33プロセッサ用補助制御レジスタ	339
Cortex-M55プロセッサ	18
Cortex-Mセキュリティ拡張(CMSE)	550
Cortex-MプロセッサにおけるRTOS動作	368
Cortex-Mプロセッサの命令セットの特徴	129
CPIカウント・レジスタ	491
CPU IDベース・レジスタ	334
Cのスタートアップ・コード	43, 534
Cの例外ハンドラ	271
Cライブラリ・コード	44
C関数のインターフェース	270
C言語でのペリフェラルへのアクセス	39
C言語での浮動小数点プログラミング	444
C言語の組み込み関数	458
C言語プログラミング – データ型	38

D

DebugFaultステータス・レジスタ(DFSR)	411
DMA(Direct Memory Access)コントローラ	16
DSPアプリケーションにCortex-Mプロセッサを使用する	604
DSP拡張概要	180
DTMFコードの例	654
DWT_FUNCTION[n].MATCHの説明	496
DWTレジスタ	490

E

eXecute-Never(XN)属性 ･････････････････････････ 210
eXecute-Only-Memory(XOM) ･･･････････････････ 81

F

FAULTMASK(フォールトマスク) ･･･････････････ 301
FFTを用いた復号化 ･････････････････････････････ 650
FIFO(First-In-First-Out) ･････････････････････ 498
FIRフィルタ ･･･････････････････････････････････ 637
FIRフィルタを用いた復号化 ･･･････････････････ 648
FNC_RETURNコード ･･･････････････････････････ 559
FP_COMPnレジスタ ･･････････････････････････ 490
FP_CTRLレジスタ ･･･････････････････････････ 490
FPUの概要 ･････････････････････････････････････ 427
FPUメモリ・アクセス命令 ･･････････････････････ 152
FPUを有効にする ･･･････････････････････････････ 188

G

GEビット ･･･････････････････････････････････････ 103
GNU Cコンパイラ(GCC) ･･･････････････････････ 586
Goetzelアルゴリズム ･･･････････････････････････ 648

H

HardFault ･･･････････････････････････････････････ 402
HardFaultステータス・レジスタ(HFSR) ･･･････ 411
HardFaultハンドラとNMIハンドラ ･･･････････････ 405
Hard-vfpとSoft-vfp ･････････････････････････････ 446

I

IAR(EWARM) ･･･････････････････････････････････ 587
IBRDレジスタ ･････････････････････････････････ 41
IDEとデバッガの使用 ･･････････････････････････ 534
Internet-of-Things(IoT) ･･････････････････････ 57
IoTセキュリティ ･････････････････････････････ 711
IoTマイクロコントローラ ･･････････････････････ 76
ITMスティミュラス・ポート・レジスタ ･･･････････ 499
ITMタイムスタンプ ･･････････････････････････ 502
ITMトレース制御レジスタ ･･･････････････････ 491
ITMとDWTによるハードウェア・トレース ･･････ 502
ITMを使用したPrintf ･････････････････････････ 538

J

JTAG(ジェイタグ) ･････････････････････････････ 465

K

Keil MDK ･･････････････････････････････････････ 645
Keil MDKでセキュア・プロジェクトを作成する ･･･ 577

L

LSUカウント・レジスタ ･････････････････････････ 493

M

MAC命令における性能に関する考察 ･･･････････ 625
MAIR0とMAIR1のプログラム ･･････････････････ 391
MAIR0とMAIR1のメモリ属性 ･･････････････････ 389
MATLAB ･･････････････････････････････････････ 648
MemManageFaultステータス・レジスタ(MMFSR) ･･ 408
μVision統合開発環境(IDE) ･･･････････････････ 517
MPU RBARとRLARエイリアス・レジスタ ･･････ 386
MPU設定シーケンス ･･････････････････････････ 388
MPUタイプ・レジスタ ･････････････････････････ 382
MPUの目的 ･･･････････････････････････････････ 379
MPUの概要 ･･･････････････････････････････････ 379
MPUプログラミング ･･･････････････････････････ 391
MPUを使用する場合のアーキテクチャ要件 ･･････ 381
MPUを無効にする ･･･････････････････････････ 391
MPUを有効にする ･･･････････････････････････ 393
MPU制御レジスタ ･･･････････････････････････ 382
MPU属性間接レジスタ0と1 ･･････････････････ 387
MPU領域ベース・アドレス・レジスタ ･･･････････ 384
MPU領域限界アドレス・レジスタ ･･････････････ 385
MPU領域番号レジスタ ･･･････････････････････ 384

N

NaN(Not a Number) ･･･････････････････････････ 192
Neoverse ･･･････････････････････････････････････ 17
NSC領域定義一致 ･･････････････････････････････ 588
NVICの機能強化 ･･･････････････････････････････ 292

O

OSサポート機能 ･････････････････････････････ 66, 341

P

PRIMASK(プライオリティマスク) ･･････････････ 300
PRIVDEFENAビット ･････････････････････････ 382
PSA Functional API ･････････････････････････ 712
PSA Functional API認証 ･･････････････････････ 719
PSA認証 ･････････････････････････････････････ 602
PSA認証レベル1 ･･･････････････････････････････ 716
PSA認証レベル2 ･･･････････････････････････････ 717
PSA認証レベル3 ･･･････････････････････････････ 718
PSA-RoT ･･････････････････････････････････････ 713
PSA認証の概要 ･･･････････････････････････････ 716
POP/PUSH ･･･････････････････････････････････ 151

Q

QADD – 32ビット飽和加算 ･･････････････････････ 619
QADD16 – デュアル16ビット飽和加算 ･･････････ 620
QADD8 – クワッド8ビット飽和加算 ･･････････････ 622
Qステータス・フラグ ･･･････････････････････････ 102

R

RTOSでSysTickタイマを使用する ································ 345

S

SADD16 – デュアル16ビット加算 ························ 620
SADD8 – クワッド8ビット加算 ························· 622
SAU/IDAUとMPUの違い ································ 216
SAUタイプ・レジスタ ··································· 556
SAUプログラマーズ・モデル ····························· 553
SAU制御レジスタ ····································· 555
SAU領域ベース・アドレス・レジスタ ························ 556
SAU領域限界アドレス・レジスタ ························· 556
SAU領域番号レジスタ ·································· 556
SCBレジスタ ······································· 292
SDIV – 32ビット除算 ································· 619
SecureFault ······································· 401
SecureFaultアドレス・レジスタ(SFAR) ··················· 557
SecurFaultステータス・レジスタ(SFSR) ·············· 410, 557
Send Event On Pending(SEVONPEND) ················ 318
SIMDデータ ·· 614
SIMDと飽和演算命令 ·································· 182
SIMD概念 ·· 181
SIMD命令を利用して性能を向上 ························· 608
SLEEPDEEP ·· 316
Sleep-On-Exit機能 ··································· 317
SMLABB – Q設定16ビット符号付き乗算 ················· 620
SMLAD – Q設定シングル32ビット・アキュムレータによる
　　デュアル16ビット符号付き乗算 ····················· 621
SMLAL – 符号付きロング積和 ·························· 618
SMLALBB – 16ビット符号付き乗算と64ビット累積 ········· 621
SMLALD – デュアル16ビット符号付き乗算とシングル64ビット累積
　　··· 621
SMLAL命令 ·· 608
SMMLA – 上位32ビットを累積する32ビット乗算 ··········· 619
SMMUL – 上位32ビットを返す32ビット乗算 ·············· 618
SMULL – 符号付きロング乗算 ························· 617
SRAMページのセキュリティ属性の動的切り替え ·············· 589
SSAT – 符号付き飽和 ································ 618
SSAT16 – デュアル16ビット飽和 ······················ 620
Static Random Access Memory(SRAM) ··············· 588
SUB – 32ビット減算 ································· 617
SVCallとPendSV例外 ································· 356
SystemCoreClock ··································· 344
SysTick ·· 59
SysTickの実装オプション ····························· 342
SysTickの保留ステータスの動作 ······················· 348
SysTick較正レジスタ ································· 343
SysTick現在値レジスタ ······························ 343
SysTick制御とステータス・レジスタ ····················· 343
SysTick_Handler(void) ······························ 346

SysTickタイマの目的 ································· 342
SysTickタイマ考慮事項 ······························ 348
SysTickタイマ動作 ·································· 342
SysTickブロック図 ·································· 343
SysTickリロード値レジスタ ·························· 343
SysTickレジスタの概要 ······························ 343
SysTick較正値レジスタ ······························ 344

T

TF-Mを利用したソフトウェア実行環境 ··················· 721
Thumb命令セット ···································· 127
transient(トランジェント) ····························· 388
Trusted Firmware-M(TF-M) ························· 550
TrustZone ·· 18
TrustZone for Armv8-M ······························ 76
TrustZoneの影響 ···································· 104
TrustZone環境でRTOSを実行 ························· 366
TrustZoneサポート命令 ······························ 197
TrustZoneシステムの例外 ···························· 267
TrustZoneセキュリティ ······························ 233
TrustZoneとMPU ··································· 394
TrustZoneとSysTickタイマ ·························· 347
TrustZoneと例外 ···································· 116
TrustZoneの技術的な詳細 ···························· 551
TrustZoneを使用しない場合のソフトウェア環境 ············· 576
TrustZone内のアドレス空間の分割 ····················· 107
TXEV(送信イベント) ································· 321

U

UARTを使用したPrintf ······························ 536
ULINKPｒoデバッグ・プローブ ·························· 524
UsageFaults ·· 400
UsageFaultステータス・レジスタ(UFSR) ················· 409

V

VABS.F32 – 浮動小数点絶対値 ························ 623
VADD.F32 – 浮動小数点加算 ·························· 623
VDIV.F32 – 浮動小数点除算 ·························· 623
VFMA.F32 – 融合浮動小数点積和演算 ··················· 624
VMLA.F32 – 浮動小数点積和 ·························· 623
VMUL.F32 – 浮動小数点乗算 ·························· 623
VNEG.F32 – 浮動小数点符号反転 ······················ 624
VSQRT.F32 – 浮動小数点平方根 ······················ 624
VSUB.F32 – 浮動小数点減算 ·························· 624

X

XN(eXécute Never)属性 ····························· 599

729

あ

アーキテクチャ・バージョン	17
アーキテクチャの概要	458
アウトプット・オプション	528
アクセス許可管理の概要	214
アクセス制御機構	215
アクティブ・ステータス	289
アクティブ電力の低減	329
アシンクロナス・クロック・プリスケーラ・レジスタ	507
アセンブラ・オプション	530
アセンブリ・スタートアップ・コード	533
アセンブリ言語の構文	130
アセンブリ言語レベルでの最適化	708
新しいC組み込み関数	152
アドレス空間におけるSysTick	348
アドレス範囲とデータ・オブジェクト	573
アプリケーション・コード	43
アプリケーション・プロセッサ	16
アプリケーション割り込みとリセット制御レジスタ(AIRCR)	123, 296
暗号化の設計上の配慮	726
アンスタッキング	269

い

位相同期回路(PLL)	32
イベント・トレース	415
イベント通信インターフェース	321
インライン・アセンブラ	56
インライン関数	626

う

ウェイクアップ割り込みコントローラ(WIC)	319
ウェイクアップ条件	327
ウェイクアップ遅延	319
ウォッチドッグ・タイマ	397
内側のループ	626

え

エンベデッド・トレース・マクロセル(ETM)	47, 503

お

オートモーティブ	20
オーバフローへの対応	610
オペレーティング・システム(OS)	341

か

回転因子	633
開発プラットフォームの考慮事項	550
開発ボード	25
カウント・レジスタ	626
カスタム・データ・パス拡張(CDE)	454

仮想メモリ・サポート	380
カレント・パラレル・ポート・サイズ・レジスタ	507
関数命名規則	646
関数呼び出し	173
簡単なパラメータの渡し方と結果の返し方	545

き

キーパッド・マトリックス	647
技術的特徴(Cortex-M23とCortex-M33)	21
基数点	612
キャッシュ可能と共有可能	213
旧世代のArmプロセッサにおけるコプロセッサの概念	457
脅威モデル	713
脅威モデルとセキュリティ分析(TMSA)	714
共有性のグループ化	385
強誘電体RAM(FRAM)	229

く

組み込みアプリケーション・バイナリ・インターフェース(EABI)	56
組み込みシステムにおけるセキュリティ	73
グラフィカル・ユーザ・インターフェース(GUI)	26
グループ優先度レベル	260
クレーム・タグ・クリア・レジスタ	509
グローバル排他アクセス・モニタ	155
クロス・トリガ・インターフェース(CTI)	510
クロック	32

け

計装トレース・マクロセル(ITM)	122, 497
結果の最上位ビット(MSB)	165

こ

構成可能なフォールト・ハンドラでのフォールト・マスクの使用	406
構成可能フォールト	397
構成可能フォールト・ステータス・レジスタ(CFSR)	407
構成と制御レジスタ(CCR)	336
高速フーリエ変換(FFT)	632
後着(Late Arrival)	309
固定小数点データ演算	612
固定小数点データ形式	611
コヒーレンシ管理を処理する	385
コプロセッサ・アクセス制御レジスタ(CPACR)	100, 429
コプロセッサ・インターフェース	66, 453
コプロセッサ・レジスタ	88
コプロセッサとArmカスタム命令のサポート	198
コプロセッサとArmカスタム命令を有効にするとき	462
コプロセッサの電力制御	462
コプロセッサ電力制御レジスタ(CPPWR)	462
コプロセッサ命令へのアクセス	458
コンテキスト切り替えの実動作	369
コンテキスト保存構成	435

コンパイラのコマンド・ライン・オプション ･･････････ 445
コンパイル出力メッセージ ･･･････････････････････ 523
コンパレータ・ファンクション・レジスタ n ･･･････････ 491
コンパレータ・レジスタ n ･････････････････････････ 491

さ

再帰フィルタ ･･････････････････････････････････ 628
サイクル・カウント・レジスタ ･･････････････････････ 491
最小二乗コードの例 ･･･････････････････････････ 659
最適化を有効にする ･･･････････････････････････ 625
サフィックス ･･････････････････････････････････ 134
サブ優先度レベル ･････････････････････････････ 260
サポーテッド・パラレル・ポート・サイズ・レジスタ ･････ 507
さまざまなIoT製品のPSA認証レベル ･･･････････ 716
算術演算 ････････････････････････････････････ 160
算術命令 ････････････････････････････････････ 616
サンプリング・レートの設定 ････････････････････ 663

し

時間的に変化する加速度 ･･･････････････････････ 657
磁気抵抗RAM（MRAM） ･･･････････････････････ 229
自己リセット生成 ･･････････････････････････････ 334
自己リセットまたは停止のトリガ ･･････････････････ 405
システム・オン・チップ（SoC） ･･･････････････ 20，22
システム・コントロール・ブロック（SCB） ･･･････････ 123
システム・ティック ･････････････････････････････ 342
システム・ハンドラ制御と状態レジスタ ･･･････････ 297
システム・ハンドラ優先度レジスタ ･･･････････････ 294
システム・リセット ･･････････････････････････････ 122
システム制御ブロック（SCB） ････････････････････ 108
システム制御ブロック（SCB）のレジスタ ･･････････ 332
システム制御レジスタ（SCR） ･･･････････････････ 316
システム制御空間（SCS） ･･･････････････････････ 108
システム例外管理 ････････････････････････････ 286
実装定義属性ユニット（IDAU） ････････ 58，236，552
シナリオ#1：割り込まれたタスクに浮動小数点コンテキストがない･･ 440
シナリオ#2：割り込まれたタスクは浮動小数点コンテキストを持つが，
　　　　ISRは持たない ････････････････････････ 440
シナリオ#3：割り込まれたタスクとISRで
　　　　浮動小数点コンテキストを持つ ･･･････････ 440
シナリオ#4：2番目のハンドラでFPコンテキストを持つ
　　　　ネストした割り込み ･･････････････････････ 442
シナリオ#5：両方のハンドラでFPコンテキストを持つ
　　　　ネストした割り込み ･･････････････････････ 442
シフトとローテートの命令 ･･･････････････････････ 164
シフトとローテート操作 ･････････････････････････ 164
柔軟な例外と割り込み管理 ･････････････････････ 116
周波数応答 ･･････････････････････････････････ 628
周波数のデコード ････････････････････････････ 647
重要な通信チャネル ･･･････････････････････････ 465
縮小命令セット・コンピュータ（RISC）アーキテクチャ ･･･ 19

受信イベント（RXEV）信号 ･････････････････････ 319
条件付き実行 ････････････････････････････････ 177
条件分岐 ･･････････････････････････････ 174，700
乗算命令とMAC命令 ･････････････････････････ 185
状態保持 ････････････････････････････････････ 315
状態保持電力ゲーティング（SRPG） ･････････････ 320
シリアル・ペリフェラル・インターフェース（SPI） ･･････ 15
シリアル・ワイヤ・デバッグ（SWD） ･････････････････ 465
シリアル・ワイヤ・ビューア（SWV） ･･････････････････ 122
シリアル・ワイヤ出力（SWO） ･････････････ 121，505
シングル・サイクルI/Oポート ････････････････････ 227
シングル・メモリ・アクセス ･･････････････････････ 142
信号処理タスク ･･････････････････････････････ 661
侵襲的なデバッグ ････････････････････････････ 468
シンプルなセキュアAPIの作成 ･････････････････ 568

す

スーパ・ループ ･･････････････････････････････ 34
スーパ・バイザ・コール（SVCall） ･･････････････････ 356
スターアップ・コードのベクタ・テーブル ･･･････････ 304
スタッキング ･････････････････････････････････ 269
スタッキングとアンスタッキング・シーケンス ･･･････ 403
スタック・アンダ・フロー攻撃の防止 ･･････････････ 600
スタック・オーバフローの検出 ･･････････････ 379，688
スタック・サイズを推定 ･･････････････････････････ 687
スタック・トレース ･････････････････････････････ 417
スタック・フレームのフォーマット ･････････････････ 271
スタック・フレームを抽出 ･･･････････････････････ 419
スタック・ポインタ ････････････････････････････ 269
スタック・ポインタ（SP）相対ロード/ストア ･･･････ 144
スタック・ポインタとスタック限界レジスタ ･････････ 112
スタック・ポインタの検証チェック ･･･････････････ 404
スタック・メモリ ･･････････････････････････････ 109
スタック・メモリ使用量の決定 ･･････････････････ 687
スタック限界チェックの概要 ････････････････････ 353
スタック限界レジスタ ･･････････････････････ 97，353
スタック限界レジスタ・アクセス関数 ･･･････････････ 355
スタック操作 ････････････････････････････････ 97
スタティック・ランダム・アクセス・メモリ（SRAM） ･･･ 44
ステージ1 – 分析 ･････････････････････････････ 714
ステージ2 – 設計 ･････････････････････････････ 714
ステージ3 – 実装 ･････････････････････････････ 715
ステージ4 – 認証 ･････････････････････････････ 715
ステレオ・オーディオ・バイクワッド・フィルタ ･･･････ 681
ストア・ダブルワード（STRD） ･･･････････････････ 308
全ての割り込み状態をクリア ････････････････････ 335
スリープ・カウント・レジスタ ･････････････････････ 491
スリープ・モード ･･････････････････････････ 57，315
スリープ・モードに入る ･････････････････････････ 316
スリープ・モード関連命令 ･･････････････････････ 194
スリープ・モード対応に関するTrustZone ･････････ 324

731

スリープ・モード電流低減 ･･････････････････････････ 331
スリープの延長 ･･･････････････････････････････････ 319

せ

正弦波の生成 ･･････････････････････････････････････ 648
整数ステータス・フラグ ･････････････････････････････ 101
性能に関する考慮事項 ･･･････････････････････････････ 706
セキュア・ゲートウェイ(SG) ････････････････････････ 77
セキュア・ソフトウェア開発の概要 ･････････････････････ 562
セキュア・プロジェクトの作成 ････････････････････････ 577
セキュア・ワールドを使わない ･･･････････････････ 546, 602
セキュア・ワールドを利用した ･･･････････････････････ 547
セキュアAPIにおける"printf"の危険性 ･･････････････････ 594
セキュアAPIを呼び出す非セキュア・ソフトウェア ･････････ 557
セキュアと非セキュアの分離 ･････････････････････････ 549
セキュアなソフトウェア開発 ･････････････････････････ 549
セキュアな例外と割り込み ･･･････････････････････････ 260
セキュア関数のリエントラント性 ･････････････････････ 601
セキュア処理環境と非セキュア処理環境 ･･････････････････ 721
セキュア例外/割り込み優先機能 ･･･････････････････････ 261
セキュリティ・ドメイン間でのパラメータの受け渡し ･･････ 576
セキュリティ・ニーズに対応 ･････････････････････････ 714
セキュリティに対応したペリフェラル ･････････････････ 247
セキュリティ管理 ･･････････････････････････････････ 232
セキュリティ機能 ･･････････････････････････････････ 720
セキュリティ原則 ･･････････････････････････････････ 712
セキュリティ状態の遷移 ･････････････････････････････ 560
セキュリティ設定 ･･････････････････････････････････ 563
セキュリティ属性ユニット(SAU) ･･･････････ 58, 236, 552
セキュリティ要件 ･･････････････････････････････････ 73
積和(MAC)命令 ･･･････････････････････････････････ 181
セマフォ ･･ 364
セレクテッド・ピン・プロトコル・レジスタ ･････････････ 507
ゼロから新しいプロジェクトを作成する ･･････････････････ 518
専用ペリフェラル・バス(PPB) ･･････････････････････ 60

そ

相互排他(MUTEX) ･･･････････････････････････････ 221
即値データ生成 ･･･････････････････････････････････ 138
その他のTrustZoneの命令 ･･･････････････････････････ 562
ソフトウェア・コンポーネントの選択 ･････････････････ 521
ソフトウェア・トリガ割り込みレジスタ ･･･････････ 254, 291
ソフトウェアで生成されたテキスト出力 ･････････････････ 501
ソフトウェア開発シナリオ ･･･････････････････････････ 515
ソフトウェア開発の流れ ･････････････････････････････ 48
ソフトウェア生成のトレース ･････････････････････････ 497
ソフトウェア設計の考察 ･････････････････････････････ 513
ソリッド・ステート・ドライブ(SSD) ･･･････････････ 17

た

ターゲット ･･･････････････････････････････････････ 527

代替バッファ構成 ･･････････････････････････････････ 684
タイミング測定 ･･･････････････････････････････････ 347
タイムスタンプ・パケットの生成 ･････････････････････ 498
タスク/スレッドに割り当てられたスタック・メモリ ･･････ 350
タスク制御ブロック(TCB) ･･･････････････････････ 370
単一命令、複数データ(SIMD) ･･･････････････････ 18, 608
単精度形式 ･･･････････････････････････････････････ 423
断線検出器(BOD) ･･･････････････････････････････ 251

ち

中間アセンブリ・コード ･････････････････････････････ 624

つ

ツールチェーンでのCMSEサポート ･･･････････････････ 586

て

ディープ・スリープ ･･･････････････････････････････ 315
停止制御とステータス・レジスタ ･････････････････････ 484
ディジタル信号処理(DSP) ･･･････････････････････ 21, 603
低消費電力 ･･･････････････････････････････････････ 313
低消費電力の特徴 ･････････････････････････････････ 65
データ・ウォッチポイント・アンド・トレース(DWT) ･･･ 490
データ整列と非整列データのアクセス・サポート ･･･････ 220
データ通信 ･･･････････････････････････････････････ 20
データ同期バリア(DSB)命令 ･･･････････････････････ 691
データ変換 ･･･････････････････････････････････････ 166
テーブル分岐(TBBとTBH) ･･････････････････････ 178
テールチェーン ･･･････････････････････････････････ 308
適度な精度を使う ･････････････････････････････････ 627
テクニカル・リファレンス・マニュアル(TRM) ･･･････ 83
テクノロジ・エコシステム ･･･････････････････････････ 712
テスト・ターゲット(TT)命令 ･･･････････････････････ 239
デバイス・オプション ･･･････････････････････････････ 527
デバッガ・ウィンドウ ･･･････････････････････････････ 526
デバッグ ･･･ 120
デバッグ・アーキテクチャ ･･･････････････････････････ 470
デバッグ・アクセス・ポート(DAP) ･･･････････････････ 470
デバッグ・イベント ･･･････････････････････････････ 475
デバッグ・オプション ･･･････････････････････････････ 530
デバッグ・コア・レジスタ・セレクタ・レジスタ(DCRSR) ･･ 483
デバッグ・コア・レジスタ・データ・レジスタ(DCRDR) ･･ 483
デバッグ・コンポーネント ･･･････････････････････････ 482
デバッグ・スクリプトの指定 ･････････････････････････ 585
デバッグ・セキュリティ制御とステータス・レジスタ(DSCSR) ･･ 483
デバッグ・セッションの開始 ･････････････････････････ 511
デバッグ・フォールト・ステータス・レジスタ(DFSR) ･･ 484
デバッグ・モード ･･････････････････････････････････ 474
デバッグとトレース接続の配置 ･･･････････････････････ 466
デバッグとトレースのサポート ･･･････････････････････ 67
デバッグ機能 ･････････････････････････････････････ 25
デバッグ機能とトレース機能の分類 ･･･････････････････ 468

デバッグ制御ブロック・レジスタ ……………………… 483
デバッグ接続 ……………………………………… 470
デバッグ設定 ……………………………………… 525
デバッグ通信プロトコル …………………………… 465
デバッグ停止制御ステータス・レジスタ（DHCSR） … 483
デバッグ動作 ……………………………………… 452
デバッグ認証ステータス・レジスタ（DAUTHSTATUS） … 484
デバッグ認証とTrustZone ……………………… 477
デバッグ認証制御レジスタ（DAUTHCTRL） ……… 483
デバッグ例外およびモニタ制御レジスタ（DEMCR） … 483
デフォルトのメモリ・アクセス許可 ………………… 217
デフォルトのメモリ・マップ ………………………… 214
電圧レベル ………………………………………… 32
典型的なCortex-Mソフトウェア・プロジェクトの内部 … 516
電磁干渉（EMI） …………………………………… 313
電池寿命 …………………………………………… 313
電力管理IC（PMIC） ……………………………… 21

と

同期と非同期 ……………………………………… 282
同期例外と非同期例外 …………………………… 282
統合開発環境（IDE） ……………………………… 31
同時進行プロセスの処理 ………………………… 36
特権レベルの変更 ………………………………… 560
特殊レジスタ ……………………………………… 90
特殊レジスタ・アクセス命令 ……………………… 139
特定用途向け集積回路（ASIC） ……………… 22, 57
特定用途向け標準製品（ASSP） ………………… 22
特別なFPUモード ………………………………… 447
トランスレーション・ルックアサイド・バッファ（TLB） … 380
トレース・イネーブル・レジスタ …………………… 499
トレース・オプション ……………………………… 531
トレース・コントロール（制御）・レジスタ ………… 499
トレース・パケットのマージ ……………………… 498
トレース・バッファ ………………………………… 472
トレース・ファンネル ……………………………… 471
トレース・ポート・インターフェース・ユニット（TPIU） … 505
トレース接続 ……………………………………… 471

な

内積の例 …………………………………………… 605
内部でも外部でも，不可欠なデバッグ接続 ……… 465

に

入力と出力 ………………………………………… 33

ね

ネストされた割り込み/例外処理 ………………… 257
ネストされた例外/割り込みのサポート ………… 117
ネスト型ベクタ割り込みコントローラ（NVIC） …… 24
ネットワーク接続ストレージ（NAS） ……………… 17

の

ノイズの多い測定値 ……………………………… 657
ノー・オペレーション（NOP）命令 ………………… 202
ノンマスカブル割り込み（NMI） ………………… 251

は

ハードウェア・プラットフォーム …………………… 46
ハーバード・バス・アーキテクチャ ………………… 19
バイクワッド・フィルタ ………………………… 627, 652
倍精度浮動小数点数 ……………………………… 425
排他アクセス ……………………… 154, 221, 364
バス・インターフェース …………………………… 63
バス・ウェイト・ステートとエラーのサポート ……… 225
バス・エラーはロックアップの原因にはならない … 414
バス・システムの設計 …………………………… 229
バス・レベルの電源管理 ………………………… 233
パッキングとアンパッキング命令 ………………… 187
パック・インストーラ ……………………………… 519
パラメータの受け渡し …………………………… 599
パラレル・トレース・ポート・モード ……………… 505
バレル・シフタ …………………………………… 147
パワーオン・リセット ……………………………… 122
バンク化スタック・ポインタの操作 ……………… 349
バンク化レジスタと非バンク化レジスタ ………… 237
半精度浮動小数点数 …………………………… 424
汎用入出力（GPIO） ……………………………… 227

ひ

ピーキング・フィルタ ……………………………… 628
比較と分岐（CBZ，CBNZ） ……………………… 176
非侵襲的なデバッグ ……………………………… 468
非セキュア・コール可能（NSC） ……………… 77, 588
非セキュア・プロジェクトの作成 ………………… 581
非セキュア・メモリでの入力データの検証 ……… 590
非セキュア・ワールドへの初期切り替え ………… 567
非セキュア・ワールドへの初期分岐 …………… 587
非セキュア・ワールドを利用しない ……………… 547
非セキュアRTOSスレッドでのコンテキスト切り替え … 367
非セキュア関数の呼び出し ……………………… 569
非セキュア関数を呼び出すセキュア・コード …… 558
非セキュア・アクセス制御レジスタ（NSACR） …… 430
ビット・フィールド処理 …………………………… 168
ビット反転順序 …………………………………… 634
必要なスタックとヒープ・サイズの決定 ………… 531
非特権アクセス命令 ……………………………… 152
非特権実行レベル ………………………………… 601
非特権実行レベルとメモリ保護ユニット ………… 363
非特権割り込みハンドラ ………………………… 691
標準出力（STDOUT） …………………………… 536
ピリオディック・シンクロナイゼーション・コントロール・レジスタ … 507

733

ピンポン・バッファ ················· 668

ふ

ファームウェア資産保護 ············· 81
フィルタ・タイプを定義 ············· 663
フィルタ・デザインのCコードへのエクスポート ··· 665
フィルタのデータ型と構造の定義 ······· 664
フィルタの仕様 ················· 661
フィルタの周波数特性の定義 ········· 664
フィルタ処理を行うためのRTOS ······· 676
フィルタ特性 ·················· 662
フォーマッタ・アンド・フラッシュ・コントロール・レジスタ ··· 507
フォーマッタ・アンド・フラッシュ・ステータス・レジスタ ··· 507
フォールデッド命令カウント・レジスタ ····· 491
フォールト・アドレス・レジスタ（FAR） ····· 398
フォールト・イベントの管理 ·········· 397
フォールト・ステータス・レジスタとフォールト・アドレス・レジスタ
·························· 406，416
フォールト・ハンドラ ·············· 577
フォールト・ハンドラの分割 ·········· 406
フォールト処理 ················· 119
フォールト例外 ················· 380
フォールト例外とフォールト処理 ······· 397
フォールト例外の解析 ············· 397
フォールト例外を有効にする ········· 403
不揮発性メモリ（NVM） ············ 228
複合命令セット・コンピュータ（CISC）プロセッサ ·· 19
複雑な決定木 ················· 700
複数サイクル命令中の割り込み ······· 308
複数ロード/ストア命令 ············· 150
複数ロードと複数ストア命令の使用 ····· 233
符号付きおよび符号なしの拡張命令 ····· 166
符号付き飽和（SSAT） ············· 170
符号なし飽和（USAT） ············· 170
浮動小数点（FP）コンテキスト ········· 275
浮動小数点コンテキスト・アクティブ（FPCA） ·· 439
浮動小数点コンテキスト・アドレス・レジスタ（FPCAR） ··· 436
浮動小数点コンテキスト制御レジスタ（FPCCR） ··· 432
浮動小数点サポート命令 ··········· 188
浮動小数点状態制御レジスタ（FPSCR） ··· 99
浮動小数点ステータスと制御レジスタ（FPSCR） ·· 431
浮動小数点即値データ生成 ········· 141
浮動小数点データ ············ 423，658
浮動小数点デフォルト・ステータス制御レジスタ（FPU） ··· 437
浮動小数点の例外 ··············· 449
浮動小数点命令 ············· 189，623
浮動小数点命令の割り込み ·········· 443
浮動小数点ユニット（FPU） ··········· 46
浮動小数点レジスタ ··············· 99
浮動小数点レジスタ・アクセス ········· 140
浮動小数点レジスタ・バンク ·········· 430

不用意な侵入ポイントを防ぐために ····· 601
フラッシュ・パッチ・アンド・ブレークポイント（FPB） ··· 489
フラッシュ・メモリ・プログラミング・サポート ··· 511
プラットフォーム・セキュリティ・アーキテクチャ（PSA） ··· 711
プリインデックスとポストインデックス ···· 145
プリコンパイル ················· 645
フルディセンディング（完全降順）スタック ··· 109
ブレーク・ポイントを挿入 ··········· 535
ブレークポイント（BKPT）命令 ········· 475
ブレークポイント・ユニット ··········· 489
プログラマーズ・モデル ·········· 104，498
プログラミング ·················· 25
プログラム・カウンタ（PC） ············ 89
プログラム・カウンタ・サンプル・レジスタ ··· 491
プログラム・コード・ファイル ·········· 522
プログラム・ステータス・レジスタ（PSR） ··· 91
プログラム・フロー制御概要 ·········· 172
プログラムのコンパイルの流れ ········ 517
プロジェクト・オプション・ダイアログ・ウィンドウ ·· 524
プロジェクト・オプション・タブ ········· 527
プロジェクト・オプションを理解する ····· 526
プロジェクト・ディレクトリとプロジェクト名の選択 ·· 520
プロジェクト作成時のデバイス選択 ····· 521
プロセス・スタック・ポインタ（PSP） ······ 95
プロセス間通信（IPC） ············· 725
プロセッサ・コアのデバッグ・サポート・レジスタ ·· 483
プロセッサのモードと状態 ··········· 85
プロセッサの構成オプション ·········· 72
プロセッサの状態 ··············· 551
プロセッサの分類 ··············· 16
プロセッサ内部でのデータ移動 ······· 136
プロセッサ内部のコンポーネント ······· 58
ブロック・ベースとウォーターマーク・レベル ··· 565
プロテクテッド・メモリ・システム・アーキテクチャ（PMSA） ··· 381
プロファイリング・カウンタを用いた性能解析 ··· 494
分岐 ······················ 172

へ

ベア・メタル・システムにおけるバンク化スタック・ポインタ ··· 351
ベア・メタル・プロジェクトの例 ········ 667
ベクタ・テーブル ················· 43
ベクタ・テーブル・オフセット・レジスタ（VTOR） ·· 262
ベクタ・テーブルの再配置 ········ 108，306
ベクタ・テーブル定義 ············· 304
ベクタ化された例外/割り込みエントリ ···· 117
ベクタ浮動小数点（VFP） ··········· 427
ペリフェラル・ドライバ・コード ········· 597
ペリフェラル・レジスタ ·············· 90
ペリフェラル・レジスタの定義 ········· 597
ペリフェラルのセキュリティ属性 ······· 589
ペリフェラルの割り込み動作 ·········· 249

734

ペリフェラル割り込み ·································· 599
ペリフェラル保護コントローラ(PPC) ·········· 244, 588

ほ

ポインタ・チェック ·································· 571
ポインタを使用する前に必ずチェックする ·········· 593
飽和演算 ·································· 170
飽和調整命令 ·································· 170
ポーリング方式 ·································· 34
ホールト・モード・デバッグ ·································· 474
他のCortex-Mプロセッサとの互換性 ·········· 71
補助制御レジスタ ·································· 338
ポップの横取り ·································· 310

ま

マイクロ・トレース・バッファ(MTB) ·········· 47, 503
マイクロ・エレクトロ・メカニカル・システム(MEMS) ·· 21
マイクロコントローラ・プロセッサ ·········· 17
マイクロコントローラでDSP ·································· 603
マイクロコントローラのメモリ・システム ·········· 228
マイクロコントローラ開発キット(MDK) ·········· 49
マスタ・セキュリティ・コントローラ(MSC) ·········· 233
マルチコア・システムの設計支援 ·········· 67
マルチプロジェクト・ワークスペース ·········· 584
丸めモード ·································· 432

み

ミックスド・シグナル・アプリケーション ·········· 21

む

無限インパルス応答(IIR) ·································· 627

め

命令セット ·································· 61
命令セット・アーキテクチャ(ISA) ·········· 127
命令セットの仕様を決定する方法 ·········· 685
命令セットの背景 ·································· 127
命令同期バリア(ISB)命令 ·································· 97
命令トレース ·································· 398, 415
命令トレース・ウィンドウ ·································· 503
命令の制限 ·································· 627
メイン・スタック・ポインタ(MSP) ·········· 111
メイン・スタック・ポインタの保護 ·········· 355
メイン・スタックのスタック限界 ·········· 600
メディアとFP機能レジスタ ·································· 437
メモリ・アクセスの概要 ·································· 142
メモリ・オーダリングとメモリ・バリア命令 ·········· 224
メモリ・システム ·································· 104, 207
メモリ・システムの特徴 ·································· 207
メモリ・セキュリティ属性 ·································· 235
メモリ・タイプの分類 ·································· 211

メモリ・バリア命令 ·································· 195
メモリ・マップ ·································· 62, 105
メモリ・マップされたハードウェア・アクセラレータ ·· 455
メモリ・マップ・レジスタ ·································· 88
メモリのエンディアン ·································· 218
メモリの種類とメモリの属性 ·································· 211
メモリ管理(MemManage)フォールトの原因 ·········· 398
メモリ属性の概要 ·································· 211
メモリ分割 ·································· 588
メモリ分離 ·································· 552
メモリ保護 ·································· 64
メモリ保護コントローラ(MPC) ·········· 232, 244
メモリ保護ユニット(MPU) ·········· 47, 114, 379
メモリ要件 ·································· 228

も

モニタ・モード・デバッグ ·································· 474

ゆ

有限状態マシン(FSM) ·································· 20
ユーザ・オプション ·································· 529
優先度の低いハンドラ ·································· 672
優先度レベル ·································· 290
ユーティリティ・オプション ·································· 531
ユニファイド・アセンブリ言語(UAL) ·········· 134

よ

呼び出し元保存レジスタと呼び出し先保存レジスタ ·· 545

ら

ライブラリ内の関数のカテゴリ ·································· 645

り

リアルタイム・オペレーティング・システム(RTOS) ·· 16
リアルタイム・プロセッサ ·································· 16
リアルタイムOSを使う – RTX ·································· 540
リエントラント割り込みハンドラ ·································· 696
離散フーリエ変換(DFT) ·································· 632
リスティング・オプション ·································· 528
リセット ·································· 31
リセット・ハンドラ/スタートアップ・コード ·········· 43
リセットとリセット・シーケンス ·································· 122
リソース ·································· 31
リテラル・データ読み出し ·································· 148
領域ID番号 ·································· 239
領域ベース・アドレスと限界アドレス・レジスタ ·········· 392
リンカ・オプション ·································· 530
リンク・レジスタ(LR) ·································· 256

る

ループ・アンローリング(ループ展開) ·········· 626

れ

例1 – DTMF復調	647
例2 – 最小二乗モーション・トラッキング	657
例3 – リアルタイム・フィルタ設計	661
例外エントリ・シーケンス	256
例外オーバヘッド・カウント・レジスタ	491
例外からのリターン・シーケンス	257
例外シーケンス	255
例外処理によってトリガされるフォールト	402
例外トレース	502
例外と割り込み	114, 249
例外と割り込みの優先度レベル	257
例外に関連する命令	192
例外ハンドラの実行	256
例外ハンドラを非特権実行に	602
例外優先度との関係	561
例外要求の受け付け	256
レイジ・スタッキング	310
レイジ・スタッキング機能の主な要素	438
レイジ・スタッキング動作中の割り込み	443
レイジ・スタッキング保存アクティブ（LSPACT）	439
レジスタ	88
レジスタ・オフセットのオプションのシフト	147
レジスタ・シンボル	354
レジスタ・バンク	88
レジスタとコプロセッサのレジスタ間のデータ移動	142
レジスタの種類	88
レジスタ間のデータ移動	137

ろ

ローカル排他アクセス・モニタ	155
ロード・ダブルワード（LDRD）	308
ロードアクワイヤとストアリリース命令	157
ロードストア・アーキテクチャ	88
ロードとストア命令	615
ロードとストア命令のスケジューリング	624
ロジック・アナライザ機能	497
ロックアップ	413
ロックアップの回避	414
論理演算	163
論理命令	163

わ

割り込みアクティブ・ステータス・ビット・レジスタ（IABR）	289
割り込み管理	118
割り込み管理用NVICレジスタ	287
割り込み駆動方式	35
割り込みコントローラ・タイプ・レジスタ	292
割り込みサービス・ルーチン（ISR）	111
割り込み制御と状態レジスタ（ICSR）	293

割り込みターゲット非セキュア・レジスタ	290
割り込みと例外管理	253
割り込みと例外処理	64
割り込み入力と保留中の動作	264
割り込みのターゲット状態	267
割り込み保留クリア・レジスタ（ICPR）	289
割り込み保留セット・レジスタ（ISPR）	289
割り込み保留セットと保留クリア・レジスタ	288
割り込みマスキング	117
割り込みマスキング・レジスタ	93, 298
割り込みマスク・レジスタのバンク化	262
割り込み待ち（WFI）命令	325
割り込み有効化クリア・レジスタ（ICER）	288
割り込み有効化セット・レジスタ（ISER）	288
割り込み有効化レジスタ	287
割り込み優先度レベル・レジスタ	291
割り込み要求（IRQ）	252
割り込みレイテンシ	307

略 語
Abbreviations

A

AAPCS	Procedure Call Standard for the ARM Architecture	27, 56, 270
ABI	Application Binary Interface	446
ACLE	Arm C Language Extension	47, 71, 152, 240, 247, 454, 550, 572
ACTLR	Auxiliary Control Register	157
ADC	Analog to Digital Converter	15, 16, 181
ADI	Arm Debug Interface	471
AFSR	Auxiliary Fault Status Register	412
AHB	Advanced High-performance Bus	19, 207, 225
AHB5	Advanced High-performance Bus version 5	58, 63
AIRCR	Application Interrupt and Reset Control Register	123, 218, 561
ALU	Arithmetic Logic Unit	18
AMBA	Advanced Microcontroller Bus Architecture	19, 63, 207
AP	Access Port	470, 471, 482, 511
APB	Advanced Peripheral Bus	19, 63, 125, 207, 225
API	Application Programming Interface	26, 52, 77, 85
APSR	Application Program Status Register	101, 135, 139, 170
Arm DS	Arm Development Studio	44, 51, 56
ARoT	Application Root of Trust	722
ASIC	Application Specific Integrated Circuit	22, 57
ASSP	Application Specific Standard Products	22
ATB	Advanced Trace Bus	125, 226, 467, 471, 499
AVS	Alexa Voice Service	603

B

BASEPRI	Base Priority Mask Register	139
BASEPRI_MAX	Base Priority Mask MAX Register	139
BASEPRI_NS	Non-secure Base Priority Mask Register	140
BFC	Bit Field Clear	168
BFI	Bit Field Insert	169
BFSR	BusFault Status Register	407, 408, 409

BKPT	Breakpoint	202, 405, 475
BL	Branch and Link	173
BLX	Branch and Link with eXchange	173
BLXNS Rm	Branch with link and exchange	197
BPU	Break Point Unit	59, 217, 482
BXNS Rm	Branch and exchange	197

C

CCR	Configuration Control Register	221, 336
CDE	Custom Datapath Extension	454, 462
CDS	Current Domain Secure	488
CFSR	Configurable Fault Status Register	407
CISC	Complex Instruction Set Computing	19
CMSE	Cortex-M Security Extension	71, 550, 558, 567, 572
CMSIS	Common Microcontroller Software Interface Standard	25, 50, 223, 343
CONTROL	CONTROL register	140
CONTROL_NS	Non-secure CONTROL register	140
CoreDebug	Core Debug register	239
CPACR	Coprocessor Access Control Register	100, 188, 428, 429
CPPWR	Coprocessor Power Control Register	462
CPS	Change Processor State	193, 300
CRC	Cyclic Redundancy Check	454
CSDB	Consumption of Speculative Data Barrier	204
CTI	Cross Trigger Interface	59, 73, 482, 510
CTM	Cross Trigger Matrix	510

D

DAC	Digital to Analog Converter	16
DAP	Debug Access Port	59, 470, 482, 485, 511
DAUTHCTRL	Debug Authentication Control Register	483
DAUTHSTATUS	Debug Authentication Status Register	484
DB	Decrement Before	150
DCRDR	Debug Core Register Data Register	483
DCRSR	Debug Core Register Selector Register	483
DDR-DRAM	Double Data Rate Dynamic Random-Access Memory	63

737

DEMCR	Debug Exception and Monitor Control Register	483, 487
DFSR	Debug Fault Status Register	411, 477, 484
DFT	Discrete Fourier Transform	632
DHCSR	Debug Halting Control and Status register	483, 485
DMA	Direct Memory Access	16, 207, 323
DMB	Data Memory Barrier	159, 196, 335, 689
DP	Debug Port	470, 482
DRAM	Dynamic RAM	228
DSB	Data Synchronisation Barrier	196, 263, 689, 691
DSCSR	Debug Security Control and Status Register	483, 488
DSP	Digital Signal Processing	21, 180, 603
DTMF	Dual-tone multi-frequency	647
DWT	Data Watchpoint and Trace	59, 211, 217, 471, 475, 482, 490
DWT_COMP[n]	DWT Comparator Register n	495
DWT_CPICNT	DWT CPI Count Register	491
DWT_CTRL	DWT Control Register	491
DWT_CYCCNT	DWT Cycle Count Register	491
DWT_DEVARCH	DWT Device Architecture Register	491
DWT_DEVTYPE	DWT Device Type Register	491
DWT_EXCCNT	DWT Exception Overhead Count Register	491
DWT_FOLDCNT	DWT Folded Instruction Count Register	491
DWT_FUNCTION[n]	DWT Comparator Function Register n	495
DWT_PCSR	DWT Program Counter Sample Register	491
DWT_SLEEPCNT	DWT Sleep Count Register	492

E

EABI	Embedded Application Binary Interface	56
EEMBC	Embedded Microcontroller Benchmark Consortium	314
EEPROM	Electrically Erasable Read Only Memory	105
EMI	Electromagnetic Interference	313
EPSR	Execution Program Status Register	139
EPSR	Execution Program Status Register	308

ERG	Exclusives Reservation Granule	156
ETB	Embedded Trace Buffer	473
ETM	Embedded Trace Macrocell	22, 47, 48, 59, 68, 73, 121, 122, 211, 398, 415, 466, 471, 482, 503
EWARM	Electronic Workbench for Arm	26
EXTEXCLALL	External Exclusive All	157

F

FAULTMASK	Fault Mask Register	139
FAULTMASK_NS	Non-secure Fault Mask Register	140
FFT	Fast Fourier Transform	615, 632
FIQ	Fast Interrupt Request	116
FIR	Finite Impulse Response	609, 637
FP	Floating-Point	275, 276, 437
FP_COMPn	Flash Patch Comparator Register	489
FP_CTRL	Flash Patch Control Register	489
FP_DEVARCH	FPB Device Architecture Register	489
FP_DEVTYPE	FPB Device Type Register	489
FPB	Flash Patch and Breakpoint	211, 489
FPCA	Floating Point Context Active	95, 439
FPCAR	Floating-Point Context Address Register	439
FPCCR	Floating-Point Context Control Register	432
FPSCR	Floating Point Status and Control Register	99, 102, 137, 270, 428, 431
FPU	Floating Point Unit	48, 60, 66, 70, 94, 99, 140, 142, 188, 211, 239, 423, 427, 615, 623
FRAM	Ferroelectric RAM	63, 229
FSM	Finite State Machine	20, 702
FSR	Fault Status Registers	398

G

GCC	GNU C Compiler	586
GE	Greater than or Equal	103, 181
GPIO	General Purpose Input/Output	16, 227, 250
GUI	Graphical User Interface	26, 501

H

HAL	Hardware Abstraction Layer	715, 722, 725
HFSR	HardFault Status Register	411

I

I²C	Inter-Integrated Circuit	16
I²S	Inter-IC Sound	16
IA	Increment After	150

IABR	Interrupt Active Bit Register	290
IAPSR	APSR + IPSR	139
IBRD	Integer Baud Rate Divider	41
ICE	In-Circuit Emulator	49
ICER	Interrupt Clear-Enable Registers	288
ICI	Interrupt-Continuable Instruction	92, 308, 401
ICPR	Interrupt ClearPending Registers	289
ICSR	Interrupt Control and State Register	269, 292, 293
ID	Interrupt Disable	193
IDAU	Implementation Defined Attribution Unit	58, 63, 77, 107, 108, 215, 236, 552, 555, 567, 588
IDE	Integrated Development Environment	31, 49, 445, 518, 534
IE	Interrupt Enable	193
IIR	Infinite Impulse Response	627, 652
IoT	Internet of Things	20, 57
IoTMark-BLE	IoTMark-Bluetooth Low Energy	314
IPC	Inter-processor communications	599
IPSR	Interrupt Program Status Register	139, 253, 289, 561, 696
IRQ	Interrupt Request	64, 115, 238, 252
ISA	Instruction Set Architecture	18, 127
ISB	Instruction Synchronization Barrier	97, 196
ISER	Interrupt Set-Enable Registers	288
ISPR	Interrupt Set-Pending Registers	289
ISR	Interrupt Service Routine	65, 111, 112, 114, 249, 255, 289, 308, 328, 693
IT	IF-THEN	92, 135
ITM	Instrumentation Trace Macrocell	60, 122, 211, 342, 482, 538
ITNS	Interrupt Target Non-secure Register	269, 290, 292
ITS	Internal Trusted Storage	722

J

JTAG	Joint Test Action Group	465

K

Keil MDK	Keil Microcontroller Development Kit	26, 51, 130

L

LCS	Life-Cycle-State	80
LDM	Load Multiple registers	149
LDRD	load double-word	308

LR	Link Register	173, 256, 257, 419, 558, 588
LSB	Least Significant Bit	432
LSPACT	Lazy Stacking Preservation Active	439
LSU	Load Store Unit	492
LTO	Link Time Optimization	625
LUT	Look-up Table	566

M

MAC	Multiply-and-Accumulate	160, 181, 185, 603
MDK	Microcontroller Development Kit	49, 516, 517, 617, 687
MEMS	Micro Electro Mechanical Systems	21
MISRA	Motor Industry Software Reliability Association	56
MMFSR	MemManage Fault Status Register	407
MMU	Memory Management Unit	380
MPC	Memory Protection Controller	232, 237, 244, 552, 564, 565, 567, 588
MPU	Memory Protection Unit	18, 20, 21, 22, 47, 49, 58, 63, 64, 68, 69, 72, 74, 79, 83, 85, 98, 108, 114, 152, 157, 196, 197, 208, 210, 215, 217, 239, 254, 341, 350, 357, 363, 364, 379, 692
MRAM	Magnetoresistive Random-Access Memory	63, 229
MSB	Most Significant Bit	165, 259
MSC	Master Security Controllers	233
MSP	Main Stack Pointer	90, 95, 111, 114, 123, 139, 256, 263, 285, 306, 341, 349, 350
MSP_NS	Nonsecure Main Stack Pointer	89, 90, 123, 140, 268, 349
MSP_S	Secure Main Stack Pointer	89, 268, 349
MSPLIM	MSP Stack Limit	139
MSPLIM_NS	Non-secure MSP Stack Limit	140
MTB	Micro Trace Buffer	22, 23, 47, 59, 69, 73, 122, 398, 415, 466, 471, 473, 482, 503
MUTEX	Mutual Exclusion	221, 341
MVE	M-profile Vector Extension	18

N

NaN	Not a Number	100, 424, 426, 431, 448
NAS	Network Attached Storage	17
NMI	Non-Maskable Interrupt	21, 65, 115, 251, 252, 413
NOP	No Operation	202

739

nPRIV	Not privileged	95, 97
NRZ	Non Return to Zero	505, 539
NS	Non-secure	79
NSACR	Nonsecure Access Control Register	101, 428, 430, 462
NSC	Non-Secure Callable	107, 235, 552, 558, 587, 588
NSPE	Non-secure processing environment	722
NVIC	Nested Vectored Interrupt Controller	18, 21, 24, 59, 63, 64, 69, 70, 84, 108, 115, 116, 210, 239, 250, 269
NVM	Non-volatile memory	63, 80, 228, 229

O

OS	Operating System	64, 111, 341

P

PC	Program Counter	148, 151, 172, 178, 256, 257, 278, 336
PendSV	Pendable SuperVisor call	66, 356
PLD	Preload Data	203
PLI	Preload Instruction	203
PLL	Phase Locked Loop	16, 32, 328
PMIC	Power Management IC	21
PMSA	Protected Memory System Architecture	381
PMSAv8	Protected Memory System Architecture version 8	68, 69
PPB	Private Peripheral Bus	60, 63, 106, 124, 210, 218, 221, 231, 399, 400
PPC	Peripheral Protection Controller	232, 237, 245, 552, 564, 565, 567, 588, 597, 598
PRIMASK	Priority Mask Register	139
PRIMASK_NS	Non-secure Priority Mask Register	140
PRIS	Prioritize Secure	561
PS	Protected Storage	722
PSA	Platform Security Architecture	217, 366, 550, 602, 711, 720
PSA-FF-A	PSA Firmware Framework for A	714
PSA-FF-M	PSA Firmware Framework for M	714
PSA-RoT	PSA Root of Trust	713, 717, 721
PSA-SM	Security Mode	714
PSA-TBFU	Trusted Boot and Firmware Update	714
PSP	Process Stack Pointer	90, 95, 97, 98, 111, 114, 139, 256, 341, 349, 355, 688
PSP_NS	Non-secure Process Stack Pointer	90, 140, 269, 349
PSP_S	Secure Process Stack Pointer	349, 351
PSPLIM	PSP Stack Limit	139

PSPLIM_NS	Non-secure PSP Stack Limit	140
PSR	Program Status Register	91, 253, 256, 289, 559
PSSBB	Physical Speculative Store Bypass Barrier	204
PWM	Pulse Width Modulator	16

R

RA	Read Allocated	214
RISC	Reduced Instruction Set Computing	19
RM	Round towards Minus Infinity	431
RN	Round to Nearest	431
ROM	Read Only Memory	16, 63
ROR	Rotate Right	187
RoT	Root of Trust	79, 713, 714
RP	Round towards Plus Infinity	431
RTC	Real Time Clock	16
RTOS	Real Time Operating System	16, 23, 26, 29, 38, 71, 341
RXEV	Receive Event	321
RZ	Round towards Zero	431

S

SAU	Security Attribution Unit	21, 58, 63, 72, 77, 108, 210, 215, 236, 552, 553, 555, 556, 567, 588
SCB	System Control Block	54, 108, 123, 210, 221, 239, 283, 292, 293, 316, 332, 334, 341, 428, 430
SCR	System Control Register	316, 317, 318
SCS	System Control Space	108, 116, 218, 239, 254, 283, 287, 311, 381, 474, 482, 488, 553
SCTLR	System control regist	239
SCU	Snoop Control Unit	385
SDIV	signed divide	336
SecureMark-TLS	SecureMark-Transport Layer Security	314
SEV	Send Event	195, 317, 321
SFAR	Secure Fault Address Register	407, 410, 557
SFPA	Secure Floating-Point Active	95
SFR	Security Functional Requirements	714
SFSR	Secure Fault Status Register	407, 410, 557
SG	Secure Gateway	77, 197, 235, 268, 557
SHPR	System Handler Priority Registers	295
SHSCR	System Handler Control and State Register	226

SIMD	Single-Instruction, Multiple-Data	18, 83, 181, 608
SO	Strongly Ordered	208, 213
SoC	System-on-Chip	20, 22, 252
SP	Stack Pointer	44, 109, 144, 149, 151, 256
SP_main	Main Stack Pointer	90
SP_NS	Non-secure current selected stack pointer	140
SP_process	Process Stack Pointer	90
SPE	Secure Processing Environment	722
SPI	Serial Peripheral Interface	15, 16
SPSEL	Stack Pointer select	95, 97
SRAM	Static Random Access Memory	16, 44, 105, 228
SRPG	State Retention Power Gating	65, 66, 320
SSAT	Signed Saturation	170
SSBB	Speculative Store Bypass Barrier	204
SSD	Solid State Drive	17
STIR	Software Trigger Interrupt Register	254, 287
STM	Store Multiple registers	149
STRD	Store Double-word	308
SVC/SVCall	SuperVisor Call	66, 75, 152, 356
SVD	System View Description	52
SWD	Serial Wire Debug	120, 465
SWO	Serial Wire Output	121, 415, 505
SWV	Serial Wire Viewer	122, 470
SysTick	System Tick Timer	48, 59, 108, 210, 239

T

TBB	Table Branch Byte	178
TBH	Table Branch Halfword	178
TBSA-M	Trusted Base System Architecture for Armv6-M, Armv7-M and Armv8-M	714, 717
TCB	Task Control Block	370
TDO	Test Data Output	505
TF-M	Trusted Firmware-M	216, 229, 550, 720
TLB	Translation Lookaside Buffer	380
TMSA	Threat Model and Security Analysis	714
TPIU	Trace Port Interface Unit	59, 211, 471, 472, 482, 503, 505
TPIU SPPR	TPIU Selected Pin Protocol Register	507
TPIU_ACPR	TPIU Asynchronous Clock Prescaler Register	507
TPIU_CSPSR	TPIU Current Parallel Port Size Register	507
TPIU_FFCR	Formatter and Flush Control Register	507
TPIU_FFSR	Formatter and Flush Status Register	507
TPIU_PSCR	Periodic Synchronisation Control Register	507

TPIU_SPPSR	TPIU Supported Parallel Port Size Register	507
TRM	Technical Reference Manual	83
TRNG	True Random Number Generator	74, 80, 551
TT	Test Target	152, 197, 239, 555, 570, 572
TXEV	Transmit Event	321

U

UAL	Unified Assembly Language	134, 135
UART	Universal Asynchronous Receiver/Transmitter	16
UDIV	Unsigned Divide	336
UFSR	UsageFault Status Register	407, 409
ULPMark-CM	Ultra Low Power Mark – CoreMark	314
ULPMark-CP	Ultra Low Power Mark – CoreProfile	314
ULPMark-PP	Ultra Low Power Mark – PeripheralProfile	314
USAT	Unsigned Saturation	170

V

VDIV	floating-point divide	308
VFP	Vectored Floating-point	428
VLLDM Rn	floating-point Lazy Load Multiple	198
VLSTM Rn	floating-point Lazy Store Multiple	198
VSQRT	floating-point square root	308
VTOR	Vector Table Offset Register	69, 108, 118, 197, 254, 262, 263, 402

W

WA	Write Allocate	214
WB	Write Back	214
WFE	Wait for Event	194, 326
WFI	Wait for Interrupt	194, 325
WIC	Wakeup Interrupt Controller	59, 65, 68, 70, 72, 319
WT	Write Through	214

X

XN	eXecute Never	210, 211, 212, 252, 408, 599
XOM	eXecute-Only-Memory	69, 81

Armv8-M命令セット・アーキテクチャの概要

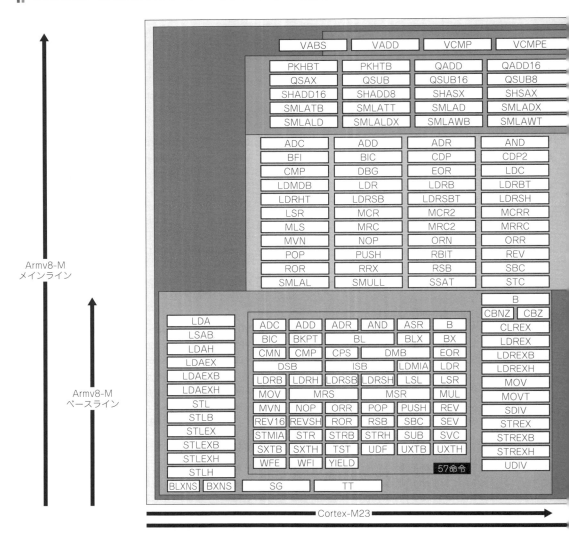

図23.1 Armv8-MベースラインとメインラインのISA

Cortex-Mプロセッサの命令セット

Armプロセッサは，Armアーキテクチャに基づいて実装されていて，Cortex-Mプロセッサは，Armアーキテクチャ中のArmX-Mアーキテクチャに基づいています．「X」には数字が入り，2024年9月時点では，Xは，6, 7, 8, 8.1がラインナップしています．従って，Cortex-Mプロセッサのアーキテクチャは，Armv6-M, Armv7-M, Armv8-M, Armv8.1-Mのどれかになります．

Armv6-Mアーキテクチャのプロセッサは，Cortex-M0，Cortex-M0+です．ArmvX-Mアーキテクチャでも一番基本的な命令だけで構成された命令セットです．大半が16ビット長のわずか57命令です．

Armv7-Mアーキテクチャのプロセッサは，Cortex-M3，Cortex-M4，Cortex-M7です．Armv7-Mアーキテクチャでは，Armv6-Mアーキテクチャの命令にさらに236命令が追加されていますが，実際のプロセッサに実装されている命令は，プロ

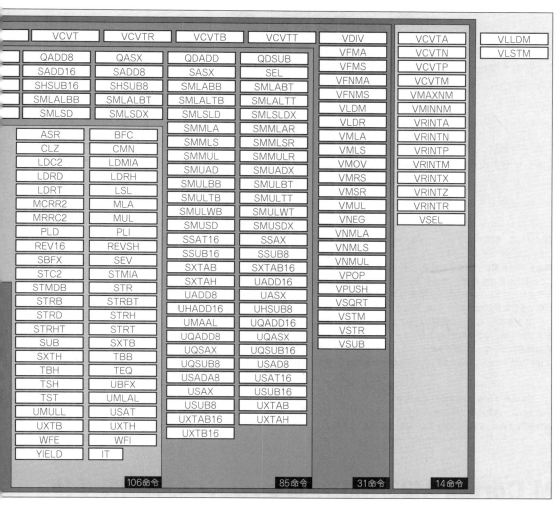

　セッサによって異なり，例えば，Cortex-M3 ではビット操作や整数処理に 106 命令が追加されています．Cortex-M4 ではさらに信号処理や浮動小数点処理の命令が 116 命令が追加されています．さらに，Cortex-M7 では，14 命令が追加されています．

　本書の Cortex-M33/23 プロセッサは，Armv8-M アーキテクチャのプロセッサです．Armv8-M にはメインラインとベースラインのバリエーションがあります．Cortex-M33 が Armv8-M メインラインで，Cortex-M23 が Armv8-M ベースラインになります．Armv8-M メインラインは，Armv7-M アーキテクチャの v8 への進化版という位置付けです．Armv7-M アーキテクチャの命令に加えて，アーキテクチャの進化に対応する 18 命令が追加されています．

　Armv8-M ベースラインは，Armv6-M アーキテクチャの v8 への進化版という位置付けで，Armv6-M アーキテクチャの命令に加えて，アーキテクチャの進化に対応する 16 命令と Armv7-M の一部の 14 命令が追加されています．

　本書では解説しませんが，Armv8.1-M アーキテクチャもあります．Cortex-M52, Cortex-M55, Cortex-M85 は，Armv8.1-M アーキテクチャに基づいています．Armv8.1-M アーキテクチャには Helium というベクタ拡張技術があり，さらに多くの命令が追加されています．

― 著者，翻訳者の略歴 ―

◎ 著者 ◎　Joseph Yiu（ジョセフ・ユー）

ジョセフ・ユーは，Arm IoT/組み込みプロセッサ・チームの優秀なエンジニアです．2000年にSoCの設計を開始し，組み込み分野のリーダとして20年以上活躍しています．担当は，組み込みアプリケーション向けの技術開発と製品に重点を置いています．

◎ 翻訳者 ◎　五月女 哲夫

大学卒業後，計測器メーカのR&Dで製品開発を担当．その後アーム株式会社において技術サポートや営業を担当し，現在はIP製品の営業活動を支援中です．

●本書記載の社名，製品名について － 本書に記載されている社名および製品名は，一般に開発メーカの登録商標です．なお，本文中では™，®，©の各表示を明記していません．
●本書掲載記事の利用についてのご注意 － 本書掲載記事は著作権法により保護され，また産業財産権が確立されている場合があります．したがって，記事として掲載された技術情報をもとに製品化をするには，著作権者および産業財産権者の許可が必要です．また，掲載された技術情報を利用することにより発生した損害などに関して，CQ出版社および著作権者ならびに産業財産権者は責任を負いかねますのでご了承ください．
●本書に関するご質問について － 文章，数式などの記述上の不明点についてのご質問は，必ず往復はがきか返信用封筒を同封した封書でお願いいたします．勝手ながら，電話での質問にはお答えできません．ご質問は著者に回送し直接回答していただきますので，多少時間がかかります．また，本書の記載範囲を越えるご質問には応じられませんので，ご了承ください．
●本書の複製等について － 本書のコピー，スキャン，デジタル化等の無断複製は著作権法上での例外を除き禁じられています．本書を代行業者等の第三者に依頼してスキャンやデジタル化することは，たとえ個人や家庭内の利用でも認められておりません．

[JCOPY]　〈出版者著作権管理機構委託出版物〉
本書の全部または一部を無断で複写複製（コピー）することは，著作権法上での例外を除き，禁じられています．本書からの複製を希望される場合は，出版者著作権管理機構（TEL：03-5244-5088）にご連絡ください．

ARM Cortex-M23/M33プロセッサ・システム開発ガイド
Armv8-Mアーキテクチャの基礎からTrustZoneテクノロジ，ソフトウェア開発までを完全詳解

2024年11月1日　初版発行

© Joseph Yiu 2024
© 五月女 哲夫 2024

著　者　Joseph Yiu
翻訳者　五月女 哲夫
発行人　櫻田 洋一
発行所　CQ出版株式会社
〒112-8619 東京都文京区千石4-29-14
電話　03-5395-2122（編集）　03-5395-2141（販売）

ISBN978-4-7898-3648-7
定価はカバーに表示してあります

乱丁，落丁本はお取り替えします

■ 編集担当者　松元 道隆
■ 編集協力　河本 恭彦
■ デザイン／DTP　（株）ケイグラフィス　ウエダ ケン
■ 印刷・製本 三共グラフィック（株）
Printed in Japan